KB245424

Practical Rendering & Computation with Direct 3D 11

# 실용 Direct3D 11 렌더링 & 계산

JASON ZINK
MATT PETTINEO 저 | 류광 역
JACK HOXLEY

CRC Press
Taylor & Francis Group

WOWbooks
와우북스

# 실용 Direct3D 11 렌더링 & 계산
### Practical Rendering & Computation with Direct3D 11


| | |
|---|---|
| 초 판 | 1쇄 발행 2013년 3월 18일 |
| 저 자 | JASON ZINK 외 |
| 역 자 | 류 광 |
| 발행, 출판 | 와우북스 |
| 본문디자인 | 김덕중 |
| 표지디자인 | 포인기획 |
| 등 록 | 제313-2008-000043호 |
| 주 소 | 서울 마포구 연남동 223-102 유일빌딩 3층 |
| 전 화 | 02-334-3693  fax 02-334-3694 |
| e-mail | mumongin@wowbooks.kr |
| 홈페이지 | www.wowbooks.co.kr |
| ISBN | 978-89-94405-13-1  13560 |
| 가 격 | 43,000원 |

이 책을 내 아내 Janice와 두 딸 Jaylay와 Juilet에게 바친다. 그들의 끝없는 사랑과 지원에 감사한다. 그것이 없었다면 이 책이 나오지 못했을 것이다.

—Jason Zink

내가 쓴 글은 수년간의 경험과 오프라인 및 온라인 공동체의 여러 사람들이 보내준 성원의 결실이다. 그들 모두에게 감사한다.

—Jack Hoxley

내 부모님께 바친다.

—Matt Pettineo

# 역자의 글

이 책은 2011년 출판된 *Practical Rendering & Computation with Direct3D 11*(CRC Press) 을 번역한 것으로, Direct3D 11을 본격적으로 다룬 한국어 서적으로는 이 책이 처음이 아닌가 합니다. Direct3D 11을 충분히 넓게, 충분히 깊게 다루는 이 책이, MSDN의 상세 하지만, 파편적인 정보나 웹의 산발적인 블로그 또는 강좌 게시물을 통해서 마치 장님 코끼리 만지듯이 Direct3D 11을 익히느라 고생이 많았던 현업 게임 개발자들과 게임 개발자 지망생들에게 가뭄의 단비 같은 존재가 되길 희망합니다.

한 가지 걱정은, 흔히 볼 수 있는 튜토리얼 성격의 책들을 기대했던 독자라면 이 책의 '장중한' 흐름이 다소 부담스럽지 않을까 하는 것입니다. 이 책을 끝까지 다 읽는다면 독자는 현재 다른 어떤 자료로도(적어도 제가 아는 한에서) 얻기 힘든, Direct3D 11 활용 에 대한 견고한 기반을 갖추게 될 것입니다. 그러나 손쉽게 따라 해볼 만한 예제는 거의 등장하지 않으며 눈요기라도 할 만한 예제도 책의 후반부에 가서야 나오기 때문에 자칫 하면 학습 의욕을 잃을 수 있겠습니다. 이를 극복하는 한 가지 방법은 부록 A에 언급된 Hieroglyph 3엔진의 라이브러리와 예제 프로젝트들을 설치, 설정한 후, 본문을 읽으면서 관련 코드를 읽고, 실행하고, 직접 고쳐도 보는 것입니다. 해당 장에 명시적으로 연관된 예제 프로젝트가 없는 경우에도 라이브러리 소스 코드 자체에 관련 코드가 포함되어 있을 수 있으니 VS의 검색 기능을 활용해 보시기 바랍니다.

예제 이야기가 나온 김에 한 마디 덧붙이자면, 이 책의 예제들이 기반으로 삼는 Hieroglyph 3은 계속해서 발전하고 있는 오픈소스 프로젝트이며, 그런 만큼 시간이 지날수록 부록 A의 내용에 오류가 생길 수밖에 없습니다. 예를 들어 부록 A에는 Visual Studio 2008이 언급되어 있지만 2013년 1월 현재의 Hieroglyph 3은 Visual Studio 2012를 기준으로 합니다. 이런 불일치를 고정된 지면에서 해결하는 것은 본질적으로 불가능하므로, Hieroglyph 3 및 예제 코드에 관련된 사항은 GpgStudy의 독자 게시판을 통해서 독자 여러분과 역자인 제가 함께 해결해 나갔으면 합니다. 독자 게시판에는 GPG 카탈로그의 이 책 페이지 (http://gpgstudy.com/catalog/prcd3d11)를 통해서 접근할 수 있습니다. 또한, 독자 게시판이 독자들과 제가 서로 배우고 가르치면서 이 책을 더욱 잘 활용하기 위한 공간으로도 작용하길 희망합니다.

2013년 1월

옮긴이 류광

## 역자 약력

옮긴이 류광은 1996년부터 활동해온 프로그래밍 서적 전문 번역가로, 『Game Programming Gems』 시리즈와 Knuth 교수의 고전 『컴퓨터 프로그래밍의 예술』(*The Art of Computer Programming*) 시리즈, Bjarne Stroustrup의 『C++로 배우는 프로그래밍의 원리와 실제』(*Programming—Principles and Practice Using C++*)를 비롯한 다양한 분야의 프로그래밍 서적을 50권 넘게 번역했다. 최근의 게임 그래픽 관련 번역서로는 『Game Engine Gems 1』과 『GPU Pro: 고급 렌더링 기법』이 있다.

번역과 프로그래밍 외에 소프트웨어 문서화에도 많은 관심을 가지고 있으며, 수많은 오픈소스 프로젝트들의 표준 문서 형식으로 쓰이는 DocBook의 국내 사용자 모임인 닥북 한국(http://docbook.kr/)의 일원이다.

현재 번역서 정보 사이트 occam's Razor(http://occamsrazr.net/)와 Game Programming Gems 스터디 사이트 GpgStudy(http://www.gpgstudy.com/)를 운영하고 있다.

# Contents

## Chapter 4  테셀레이션 파이프라인  317



## Chapter 5  계산 파이프라인  345



## Chapter 6  HLSL—고수준 셰이딩 언어  373

# 서문

지난 몇 년간 컴퓨터 체험의 시각적 측면이 빠른 속도로 개선되었다. 복잡한 그래픽을 처리할 수 있는 전자기기들의 범위가 최근 몇 년 사이에 크게 넓어졌으며, 예전에는 주로 그래픽만을 처리하던 그래픽 하드웨어들이 이제는 범용 계산 장치로 간주될 정도로 강력해졌다.

최종 사용자의 관점에서 이는 커다란 진보이나, 개발자에게는 어려운 도전 과제들로 다가온다. 경량 노트북에서 게임용 최고급 데스크톱에 이르기까지의 다양한 기기들과 그래픽 하드웨어들은 그 기능만 다양한 것이 아니라 성능도 차이가 크다.

이러한 상황에서 우리 개발자들에게 필요한 것은, 그러한 방대한 가능성들을 포괄하는 하나의 기술 플랫폼이다. 여기서 Microsoft의 Direct3D 11이 등장한다. Direct3D 11에 의해, 수많은 기능들과 방대한 성능 스펙트럼을 일관적이고 직관적인 방식으로 포괄하는 것이 가능해졌다.

길고긴 역사를 가진 Direct3D의 가장 최근 릴리스인 Direct3D 11은 Direct3D 10에 비해 그 기능성이 크게 확장되었다. 새로운 다중 스레드 지원 기능을 통해서 개발자는 현재의 다중 코어 CPU 아키텍처는 물론 향후의 다수 코어(many-core)* 아키텍처에서도 성능이 우아하게 향상되는 응용 프로그램을 만들 수 있다. 테셀레이션은 이미지 해상도와 GPU 성능 모두의 변화에 따라 자연스럽게 규모가 변하는, 그럼으로써 처리 능력이 이득이 가장 커지고 콘텐트 생성이 가장 단순화되는 부분에 투여되는 방식의 콘텐트 개발을

---

* [역주] 다중 코어(multi-core)는 코어가 '하나가 아님'을 강조하는 용어인 반면, 다수 코어는 코어가 실제로 '많음'을 강조하는 용어이다.

가능하게 한다. 범용 계산 기능으로는 새로운 접근방식들과 알고리즘들로 가용 처리 능력을 최대한 활용할 수 있으며, 성능상의 병목을 더욱 줄일 수 있다.

이러한 풍부한 기능들 덕분에 Direct3D 11 API의 잠재적 응용 분야가 훨씬 넓어졌다. Direct3D 11은 이전 버전에 비해 훨씬 다양한 용도로 사용할 수 있다. 그러나 기능성의 증가는 주어진 과제를 수행하는 최적의 방법을 찾기가 더 어려워졌다는 뜻이기도 하다. 소프트웨어 개발이 항상 그렇듯이 어떠한 하나의 알고리즘을 구현하는 방법은 여러 가지일 수 있으며, 각 구현 기법마다 고려해야 할 선택 및 절충 사항들이 다르다. Microsoft의 Direct3D 11 문서화는 개별 API 함수의 사용법에 관한 저수준 세부사항을 확인하는 데에는 유용하지만, API 함수의 사용법을 기술적인 수준에서 아는 것과 그 함수의 잠재적 능력을 완전히 발휘하는 법을 아는 것은 상당히 다른 일이다. 대체로 Direct3D 11 문서화에는 렌더링과 계산의 고수준 개념들을 실제 API와 하드웨어 파이프라인에 대응시키는 데 관한 정보가 부족하다.

이 책의 저자들은 Direct3D를 오랫동안 사용해 왔으며, Direct3D가 여러 릴리스들을 거치면서 진화해온 과정을 지켜보았다. 저자들은 Direct3D 공동체들에서 매우 활발하게 활동하면서, 새 버전이 나올 때마다 초보자들이 이 환상적이고 강력한 기술에 적응하는 데 도움을 주었다. 정리하자면, 저자들은 Direct3D 사용에 관한 수년간의 실무 경험을 가지고 있으며, Direct3D를 고수준 개념에서부터 저수준 세부사항까지 속속들이 이해하면서도 기술의 전반적인 구성과 그 활용 방법을 파악하고 있다. 이 책은 Direct3D 11의 문서화에 빠져 있는 정보를, 독자가 Direct3D 11의 활용에 관련된 고수준 개념과 저수준 세부사항 모두를 깊이 이해할 수 있는 방식으로 제공하고자 한다.

저자들은 책 전반의 예제 이미지에 쓰인 모형들을 제공한 Radioactive Software의 Dan Green에게 감사하며, 곧 나올 Radioactive Software의 Gettysburg−Armored Warfare가 큰 성공을 이루길 기원한다.

## 이 책이 다루는 내용

이 책의 저술 프로젝트는 Direct3D 11을 이용한 렌더링에 관한 실용적이고 종합적인 지침서를 제공하고자 하는 희망(이는 책 제목에도 반영되어 있다)에서 시작되었다. 이 책의 주된 초점은 알고리즘 수준에서 Direct3D 11을 어디에 어떻게 사용하면 되는지를 독자에게 알려 주는 것이다. 우리 저자들은 주어진 한 기능 자체를 시시콜콜하게 설명하는 것보다는 그 기능을 어떻게 활용하면 되는지를 알려주는 것이 훨씬 더 가치있는 일이라고 생각한다. 그런 만큼, 이 책은 개별 API 함수의 저수준 세부사항보다는 알고리즘의 설계와 구현에 더 집중한다. 이 책을 통해서 독자는 Direct3D 11의 전반적인 구성을 확실하게 이해할 수 있으며, Direct3D 11의 여러 기능을 실제 문제들에 적용할 수 있는 경험을 쌓게 될 것이다.

주된 초점이 알고리즘 수준에 놓여 있지만, 개별 API의 구체적인 사용법을 아는 것도 여전히 중요한 문제이다. 이 점을 염두에 두고, 저자들은 알고리즘 설계를 위한 고수준 개념들을 알려주는 것과 그러한 알고리즘의 구현에 필요한 실무적인 지식을 전달하는 것 사이의 적절한 균형점을 찾고자 노력했다. 이 책을 읽으면서, API 활용의 서로 다른 두 측면으로서의 그러한 서로 경쟁적인 두 개념들을 명확히 이해하게 되길 희망한다.

이 책을 저술하면서 우리는 업계 베테랑인 우리 자신이 읽고 싶어 하는 그런 책을 만들고자 했다. 이 책이 정보가 풍부함과 동시에 재미도 있는 책으로 독자에게 다가갔으면 좋겠다.

Direct3D 11 저수준 연산들의 작동 방식을 이해하는 데 도움이 되도록, 이 책의 모든 소스 코드를 오픈소스 렌더링 라이브러리의 형태로 독자에게 제공한다. 이 책의 예제들은 모두 Hieroglyph 3이라는 오픈소스 렌더링 프레임워크를 바탕으로 만들어진 것이다. 이 Hieroglyph 3 라이브러리는 저수준 API 사용법을 보여주는 예제 코드를 제공하는 것은 물론, 좀 더 완결적인 예제 프로그램들을 구축하기 위한 하나의 프레임워크를 제공하기 위해 만들어진 것이다. 예제 응용 프로그램들과 프레임워크 자체를 http://hieroglyph3.codeplex.com에서 내려 받을 수 있다. 이 라이브러리는 활발하게 유지 및 갱신되고 있으니, 종종 방문에서 새 버전이 나왔는지 확인하기 바란다. 소스 코드를 받아서 사용하는 방법과 여러분의 응용 프로그램에 맞게 라이브러리를 확장하는 데 관련된 정보가 부록 A에 나와 있다.

# 이 책의 구성

이 책은 접근방식과 주제가 서로 다른 두 부분으로 나뉜다. 기본적으로는 처음부터 끝까지 순서대로 읽길 권하지만, 제2부의 개별 알고리즘 관련 장을 읽으면서 필요에 따라 제1부의 기초 내용을 참고하는 식으로 읽는 것도 가능하다.

이 책의 처음 절반, 즉 제1부에서는 Direct3D 11을 전반적으로 개괄한 후 Direct3D 11의 주된 구성요소 각각을 자세히 소개한다. 이 제1부는 Direct3D 11 렌더링 파이프라인의 개념적 세부사항과 그러한 개념들이 바탕 하드웨어에 어떻게 연관되는지를 다루며, 파이프라인과의 연동에 쓰이는 실제 API도 설명한다.

나머지 절반, 즉 제2부에서는 흔히 겪는 렌더링 과제들에 Direct3D 11을 적용하는 방법을 구체적인 예제를 통해서 제시한다. 제2부에서는 제1부에서 배운 지식을 바탕으로 여러 가지 렌더링 알고리즘들을 설계하고 구현한다. 각 주제를 개별적인 장에서 설명하며, 여러 관련 알고리즘들을 상세히 논의한다.

이러한 2부 구성이 Direct3D 11 활용법 학습의 두 측면, 즉 API의 설계를 배우는 것과 실무 상황에서 그것들을 사용하는 법을 배우는 것 사이의 간극을 메워 주길 희망한다. 우리는 이것이 Direct3D 11이라는 방대하고도 복잡한 대상을 명료하고 유익한 방식으로 다루기에 적합한 접근방식이라고 생각한다.

## 제1부: Direct3D 11의 기초

이 책의 처음 절반은 독자가 Direct3D 11의 전반적인 구성과 개별 기능들에 익숙해지게 하기 위한 것이다. 제1부는 총 7개의 장들로 구성되어 있다. 각 장에서 배울 수 있는 것을 간략하게 소개하자면 다음과 같다.

### 제1장: Direct3D 11 둘러보기

이 책의 첫 장에서는 Direct3D 11을 소개하고 그 전체적인 구조를 설명한다. API의 주요 기능들을 설명하고, 응용 프로그램이 API와 연동하는 방식도 소개한다.

### 제2장: Direct3D 11의 자원들

제2장에서는 Direct3D 11의 다양한 메모리 기반 자원들을 소개한다. 여러 파이프라인 단계들을 배우기 전에 자원이라는 개념을 확실하게 이해하고 넘어가는 것이 중요하다. 이는 자원들이 여러 파이프라인 단계들의 입력과 출력에 쓰이기 때문이다. 제2장에서는 여러 종류의 자원들을 소개하고 각 자원마다 그것을 생성하는 방법과 언제 어디에 사용하는지도 논의한다.

### 제3장: 렌더링 파이프라인

다음으로는 Direct3D 11의 주된 개념인 렌더링 파이프라인을 다룬다. 제3장은 렌더링 파이프라인의 전체 구조를 소개하고 개별 단계들을 좀 더 자세히 설명한다. 각 단계의 작동 방식과 일반적인 용도, 전체 렌더링 패러다임에서의 역할 등을 논의한다.

### 제4장: 테셀레이션 파이프라인

Direct3D 11은 Direct3D의 역사에서 처음으로 하드웨어 테셀레이션을 API 표준 기능의 일부로 도입했다. 우리는 이 기술을 상세히 다루기 위해 하나의 장 전체를 할애했다. 제3장에서 테셀레이션 관련 단계들 각각과 상호 연동 방식을 개괄적으로 소개한 것에 기초해서, 제4장에서는 테셀레이션 시스템의 작동 방식과 가능한 활용 방법을 좀 더 자세히 이야기한다.

### 제5장: 계산 파이프라인

제4장과 비슷하게, 우리는 새로운 범용 계산 단위인 계산 셰이더 단계에도 하나의 장 전체를 할애했다. 이 새로운 파이프라인 단계는 GPU의 대규모 병렬 처리 능력을 통상적인 렌더링 이외의(좀 더 정확하게는 렌더링과 함께 수행할) 과제들에 사용하기 위한 것이다. 제5장에서는 계산 셰이더라는 흥미로운 새 처리 개념을 소개하고, 계산 셰이더의 스레드 적용 모형과 계산 셰이더에 사용할 수 있는 여러 메모리 시스템을 상세히 설명한다.

### 제6장: HLSL—고수준 셰이딩 언어

그 다음으로는 파이프라인의 프로그램 가능 단계들에서 실행되는 프로그램을 작성하는 데 쓰이는 Direct3D 고유의 언어인 HLSL로 초점을 옮긴다. Direct3D 파이프라인에서 렌더링과 계산의 대부분을 이 HLSL로 작성된 코드가 담당하는 만큼, HLSL을 확실하게 이해하는 것은 특히나 중요한 일이다. 제6장에서는 HLSL을 소개하고 그 문법을 설명하며 바탕 하드웨어를 효율적으로 활용하기 위해 사용할 수 있는 여러 객체들과 함수들도 소개한다.

### 제7장: 다중 스레드 렌더링

Direct3D 11에 추가된 주요 기능들 중 마지막으로 살펴볼 것이 바로 다중 스레드 지원 기능이다. 이를 잘 활용하면 응용 프로그램을 다중 코어 CPU에서 실행할 때 성능이 크게 향상되게 만들 수 있다. 제7장에서는 새로운 다중 스레드 지원 기능들을 전체적으로 설명하고, 이를 활용할 수 있는 시나리오 몇 개도 살펴본다.

## 제2부: Direct3D 11 활용

이 책의 나머지 절반을 읽어보면 서로 연관된 주제들이 공통의 테마로 묶여서 개별적인 장을 이루고 있음을 알게 될 것이다. 제2부의 각 장은 실질적인 예제 응용 프로그램을 갖추고 있으며, 독자가 전반적인 개념은 물론 Direct3D 11을 다양한 실제 응용 상황에 적용하는 방법을 좀 더 잘 이해할 수 있도록 하는 완결된 형태로 구성되어 있다. 이러한 구성은 렌더링과 계산 파이프라인의 다재다능함을 보여주는 광범위한 주제들을 살펴보는 데 적합하다. 제2부의 각 장은 먼저 예제의 주된 알고리즘을 전체적으로 설명하고, 그런 다음에는 그 알고리즘을 Direct3D 11의 기능을 이용해서 실제로 구현해 본다. 마지막으로는 Direct3D 11 활용의 관점에서 그 구현의 주된 특징을 논의한다. 다음은 제2부 각 장의 간략한 소개이다.

### 제8장: 메시 렌더링

제2부의 첫 장은 삼각형 메시의 렌더링을 위해 렌더링 파이프라인을 사용하는 방법을

이해하기에 좋은 출발점이다. 이 제8장에서는 먼저 렌더링에 필요한 기본적인 수학 개념들을 살펴보고, 그런 다음 하나의 물체를 표현하는 세 가지 기법을 설명한다. 정적 메시, 정점 스키닝, 변위 매핑을 적용한 정점 스키닝으로 이어지는 렌더링 기법들을 이용해서, 하나의 물체를 점점 더 정교하게 표현해본다.

### 제9장: 동적 테셀레이션

제4장에서 테셀레이션 전반을 소개하고 여러 가지 응용 가능성들을 살펴보았다. 제9장에서는 그러한 이론을 바탕으로 두 가지 실질적인 예제들을 살펴본다. 하나는 알고리즘적 접근방식의 지형 렌더링 예제이고 또 하나는 수학적 스타일의 매끄러운 곡면 예제이다. 테셀레이션을 자세히 다루는 제9장은 아주 다양한 그래픽 응용 프로그램들에서 조금만 수정하면 사용할 수 있는 구현 예제들을 제공한다. 또한 이 예제들을 통해서, 기존 알고리즘을 통상적인 CPU 기반 처리에서 좀 더 현대적인 GPU 아키텍처로 이전하는 방법도 배울 수 있다.

### 제10장: 이미지 처리

제10장에서는 계산 셰이더의 범용 처리 능력을 이용해서 흔히 쓰이는 이미지 필터 두 개를 구현해 본다. 하나는 가우스 필터이고 또 하나는 양방향 필터이다. 각 필터의 해당 알고리즘을 계산 셰이더의 다양한 기능을 이용해서 여러 가지 방식으로 구현해 본다. 각 구현은 성능 특성도 각자 다르다.

### 제11장: 지연 렌더링

제11장은 동적 광원이 아주 많은 장면의 렌더링에서 점점 더 인기를 끌고 있는 지연 렌더링에 초점을 둔다. 이 장은 지연 렌더링의 두 가지 주된 접근방식인 '고전적' 지연 렌더링과 사전 조명 패스 렌더링을 다루는데, 각 기법마다 그 기초를 설명하고 실제 구현 예를 제시한다. 또한 Direct3D 11의 능력과 유연성을 이용해서 두 기법을 최적화하는 방법과 몇 가지 공통적인 함정 및 한계를 피하는 방법도 이야기한다.

### 제12장: 시뮬레이션

제12장은 계산 셰이더를 이용해서 물리 시뮬레이션을 수행하고, 그 시뮬레이션의 결과를 렌더링 파이프라인을 이용해서 렌더링하는 방법을 설명한다. 이러한 설명을 위한 예제로 쓰이는 것은 유체 시뮬레이션 기법과 GPU 기반 입자 시스템이다. 이 두 예제에 깔린 일반적인 개념은 Direct3D 11로 다른 종류의 시뮬레이션을 처리하는 데에도 적용할 수 있다.

### 제13장: 다중 스레드 포물면 렌더링

마지막 장에서는 특별한 형태의 환경 매핑인 이중 포물면 환경 매핑을 이용해서 다중 스레드 렌더링의 성능 향상을 파악해 본다. 이중 포물면 기법은 주변 환경을 반사하는 물체의 렌더링에 쓰인다. 그러한 반사체들을 장면에 여러 개 배치하고 서로를 반사하게 함으로써 복잡한 반사 효과를 얻는다. 이러한 반사체들을 만들고 표현하는 데에는 CPU의 처리 능력이 많이 소비되며, 따라서 다중 스레드 렌더링 기법을 적용하면 성능이 크게 향상된다.

# 1
# Direct3D 11 둘러보기

Direct3D 11은 Direct3D 렌더링 API의 여러 핵심 영역을 확장했다. 한편으로는, Direct3D 10에서 도입된 API 구조의 상당 부분은 그대로 유지되었다. 이번 장에서는 Direct3D 11을 소개하고 API의 여러 변경 사항을 이야기하겠다. 우선 Direct3D의 구조를 간략하게 설명하고, Direct3D가 컴퓨터에 설치된 GPU와 연동하는 방식도 간단히 살펴본다. 이를 통해서, Direct3D 활용에 연관된 여러 소프트웨어 구성요소들이 렌더링 과정에서 어떤 일을 하는지 알게 될 것이다.

다음으로는 렌더링 파이프라인으로 초점을 돌려서, 렌더링 파이프라인의 각 단계(stage)들을 간단하게 소개한다. 그런 후 GPU를 보통의 렌더링이 아닌 범용적인 계산에 사용할 수 있게 해주는 새로운 API 요소들을 살펴본다. 이러한 논의로 렌더링 파이프라인의 구조를 명확하게 파악한 후에는 그 파이프라인에 연결할 수 있는 여러 종류의 자원들을 소개하고 그 자원들이 파이프라인의 어떤 지점에 연결되는지도 설명한다. 파이프라인과 자원들의 연동 방식을 파악한 다음에는 Direct3D 11을 다룰 때 주되게 사용하는 두 가지 인터페이스, 즉 '장치'와 '장치 문맥'을 살펴본다. 이 두 인터페이스는 API의 필수 요소이므로 이들이 어디에 쓰이는지를 충분히 논의하고 넘어갈 필요가 있다. 이 주된 인터페이스들을 논의한 후에는 Direct3D 11을 사용하는 기본적인 렌더링 응용 프로그램 예제를 자세히 살펴본다.

이번 장은 앞에서 언급한 주제들을 간단하게 소개만 할 뿐이다. 이번 장의 목표는 Direct3D 11의 개념적인 개요와 응용 프로그램이 Direct3D 11을 사용하는 방식에 대한 실용적인 지식을 제공하는 것이다. 이번 장의 전반부에는 실제 코드가 거의 나오지 않는다. 한편 후반부에서는 API를 좀 더 실질적인 방식으로 소개한다. 이번 장을 다 읽고 나면 Direct3D 11이 어떤 구조인지, 그리고 응용 프로그램이 화면의 내용을 조작하려면 무엇을 해야 하는지를 개괄적으로 이해할 수 있을 것이다. 이 '둘러보기' 장에서 간단하게만 언급한 여러 개념들은 이후의 장들에서 훨씬 자세히 다루어진다.

## 1.1 Direct3D의 큰 틀

Direct3D 11은 컴퓨터의 비디오 하드웨어를 제어하고 연동해서 어떠한 이미지를 렌더링하는 데 쓰이는 하나의 네이티브 API(application programming interface)이다. 여기서 네이티브(native)라는 말은, 이 API가 어떤 '관리되는(managed)' 언어가 아니라 C/C++를 통해서 접근하도록 만들어진 것임을 뜻한다. 따라서 이 API를 사용하는 가장 직접적인 방식은 C/C++ 응용 프로그램 안에서 사용하는 것이다. 네이티브 창 관리(windowing) 프레임워크로는 여러 가지가 있지만, 이 책에서는 Win32 API를 사용한다. Win32 API를 선택한 이유는 단지 Direct3D 11을 사용해 보는 데 필요한 추가적인 소프트웨어 기술들의 개수를 줄이기 위한 것일 뿐이다.

Direct3D 아래에는 최종 응용 프로그램은 인식하지 못하는 여러 가지 소프트웨어 계층(layer)들이 존재한다. 이 계층들이 모여서 Windows 클라이언트 환경에 쓰이는 전체적인 그래픽 아키텍처를 구성한다. 그럼 응용 프로그램과 Direct3D가 이 전체적인 아키텍처에서 어떤 자리를 차지하는지, 그리고 다른 구성요소들은 어떤 역할을 하는지 살펴보자. 이들을 살펴보면 Direct3D 11이라는 API를 다룰 때 실제로 어떤 일이 일어나는지를 좀 더 잘 이해할 수 있을 것이다.

### 1.1.1 그래픽 아키텍처

그림 1.1은 Windows에 쓰이는 전반적인 그래픽 아키텍처를 나타낸 것이다. 이 도표에서 보듯이, 응용 프로그램은 최상층의 위치에서 주로 Direct3D와 상호작용한다. 응용 프로그램 계층 아래에는 Direct3D 실행시점 모듈(런타임)이 있다. 이 실행시점 모듈은 응용 프로그램이 지시한 명령들을 가지고 그 아래에 있는 비디오 하드웨어 사용자 모드 구동기(driver)와 상호작용한다. 구동기 계층은 DXGI 프레임워크와 상호작용하는데, 이 프

레임워크는 커널 모드 구동기와의 저수준 통신을 책임지며, 가용 하드웨어 자원을 관리하는 임무도 담당한다. 이처럼 다양한 계층들과 인터페이스들이 존재하기 때문에 각 요소들이 어떤 역할을 하는지 이해하기가 좀 복잡하게 느껴질 것이다. 그럼 각각이 어떤 작업을 수행하는지 간단하게나마 살펴보자.

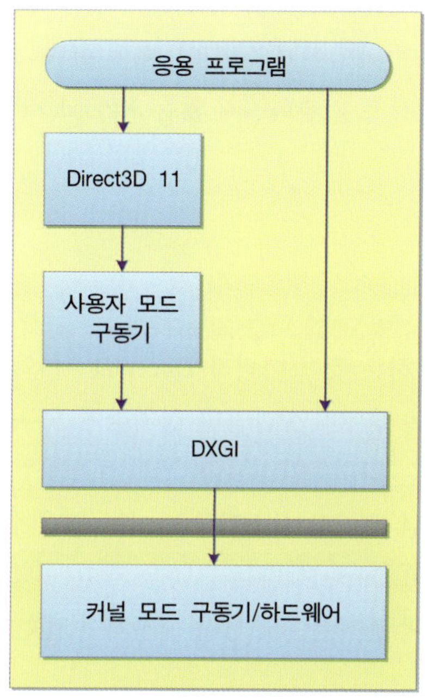


**그림 1.1.** Direct3D에 쓰이는 그래픽 하위 시스템의 여러 구성요소.

최상위의 응용 프로그램은 응용 프로그램 창을 통해서 사용자에게 보이는 내용을 궁극적으로 제어한다. 2차원·3차원 물체나 이미지, 텍스트, 애니메이션 등을 비롯한 모든 고수준 내용물(content)을 바로 이 응용 프로그램이 제공한다. 일반적으로 그러한 내용물은 해당 응용 프로그램의 구체적인 요구에 맞게 특화된 형태이다.

Direct3D는 응용 프로그램의 고수준 내용물을 사용자 모드 구동기가 해석 가능한 형식으로 변환하는 데 사용할 수 있는 여러 API 함수들을 제공한다. 응용 프로그램의 내용물을 제대로 변환하려면 Direct3D의 규칙을 따라야 한다. 그 규칙에는 자료의 구체적인 형식은 물론 함수들의 적절한 호출 순서도 포함된다. Direct3D의 요구를 잘 따르기만 한다면, 응용 프로그램은 전체적인 그래픽 아키텍처 안에서 제대로 작동하게 된다.

응용 프로그램이 일련의 함수들을 호출하면 Direct3D는 사용자 모드 구동기와 연동해서, GPU에서 실행할 명령들의 목록을 생성한다. 그 결과로 만들어진 명령 목록은 DXGI 인터페이스로 전달되며, DXGI는 그 목록에 기초해서 하드웨어 자원들을 조작한다. DXGI는 저수준 하드웨어 인터페이스를 다루는데, 이를테면 컴퓨터에 설치되어 있는 각각의 비디오 카드를 위한 "어댑터" 인터페이스를 제공하는 등의 작업을 수행한다. 소위 **교환 사슬**(swap chain)이라고 부르는 것에 접근할 수 있게 하는 것도 바로 이 DXGI이다. 교환 사슬이란 렌더링된 내용물을 창에 표시하는 데 쓰이는 실제 버퍼들을 추상화한 것이다.

그림 1.1에는 나와 있지 않지만, 하나의 컴퓨터에서 여러 개의 응용 프로그램이 Direct3D 실행시점 모듈을 동시에 사용하는 일도 흔히 벌어진다. 이런 일이 가능한 것은, 비디오

자원들을 가상화(假想化, virtualization)해서 모든 응용 프로그램이 공유할 수 있게 하는 Windows 디스플레이 구동기 모형(Windows display driver model, WDDM) 덕분이다. WDDM 하에서 GPU가 모든 응용 프로그램에게 동시에 주어지므로, 응용 프로그램은 GPU에 대한 접근 권한을 획득하는 문제에 신경을 쓸 필요가 없다. 물론, 그래픽 처리량이 큰 응용 프로그램, 이를테면 고급 게임을 실행하고 있는 도중에는 GPU를 사용하는 응용 프로그램의 수가 더 적을 가능성이 크며, 그러면 게임에게 GPU의 계산 능력이 더 많이 돌아가게 된다. 이는 GPU로의 접근을 명시적으로 가상화하지 않는 XPDM(XP의 구동기 모형)과의 중요한 차이점이다.*

## 1.1.2 추상화의 이점

응용 프로그램은 그래픽 하드웨어 구동기와 직접 연동하는 것이 아니라 Direct3D API와 연동한다. 이는, 사용자의 컴퓨터에 설치되어 있을 수 있는 다종다양한 장치들에 모두 적응하려고 들 필요 없이, 단 한 종류의 API와 연동하는 규칙들만 배우면 원하는 결과를 얻을 수 있다는 뜻이다. 이러한 접근방식에서는 통합된 렌더링 시스템을 만드는 부담이 여러 비디오 카드 제조사들에게 넘어간다. 제조사들이 Direct3D라는 표준을 지키는 덕분에 응용 프로그램 개발자들이 각자 자신만의 "표준" 렌더링 시스템을 구현해야 하는 부담이 사라졌다.

일반적으로 요즘 컴퓨터들의 비디오 시스템은 그래픽 연산들을 수행하는 데 특화된 하드웨어를 장착하고 있다. 그러나 초보적인 컴퓨터에는 Direct3D를 지원하는 하드웨어가 설치되어 있지 않을 수 있으며, 또는 설치된 하드웨어가 주어진 응용 프로그램에 필요한 기능성의 일부만 지원할 수도 있다. 다행히도 Direct3D 11은 Direct3D 대응 하드웨어가 없을 때 사용할 수 있는 소프트웨어 구동기 구현을 제공한다(Direct3D 10.1 수준의 기능까지). Direct3D는 개발자의 편의를 위해 그런 하드웨어의 존재 여부를 추상화해준다.

이 모든 추상화는 개발자에게 큰 이득이 된다. Direct3D 11과 적절히 상호작용하기만 한다면 응용 프로그램은 표준화된 렌더링 시스템에 접근해서 시스템에 존재하는 장치의 지원을 받을 수 있게 된다(그 장치가 실제 하드웨어이든 소프트웨어 구현물이든).

---

* [역주] 노파심에서 언급하자면, DirectX 11은 Windows Vista 이상의 운영체제만 지원한다. 따라서 이 책에서 특별한 부가 설명 없이 그냥 'Windows'라고 하면 Windows Vista 이상을 뜻한다.

## 1.2 파이프라인

Direct3D 11을 이해하는 데 있어서 가장 중요한 개념은 아마도 파이프라인(pipleline)일 것이다. Direct3D 11의 명세서는 렌더링 계산을 수행하는, 그럼으로써 궁극적으로는 렌더링된 이미지를 산출하는 개념적인 처리 파이프라인을 정의하고 있다. **파이프라인**이라는 용어는 렌더링 과정을 공장의 파이프라인에 비유한 것에서 비롯된다. 실제 파이프라인과 비슷하게, 렌더링에서도 원재료(그래픽 자원)가 파이프라인으로 '투입'되어서 파이프라인의 여러 단계를 거치면서 '가공'(처리)되고 결국에는 파이프라인으로부터 '배출'된다. Direct3D API의 여러 버전 갱신 과정에서 이 파이프라인이 더 간단해지고 더 많은 기능을 제공하도록 변했다. 파이프라인 개념 자체는 각자 다른 연산을 수행하는 여러 '단계(stage)'들로 구성된다. 각 단계는 이전 단계가 넘겨준 자료를 일정한 방식으로 처리한 후 다음 단계에 전달한다. 각 단계는 개발자가 조절할 수 있는 일단의 고유한 매개변수들을 제공하는데, 응용 프로그램 개발자는 이들을 적절히 설정함으로써 해당 단계의 자료 처리 방식을 자신의 요구에 맞게 커스텀화한다. 파이프라인의 단계들 중에는 **고정 기능**(fixed function) 단계라고 부르는 것들이 있는데, 이들은 커스텀 구성 가능성이 제한적이다. 대체로 이런 단계들은 하나의 상태 객체를 제공하며, 개발자는 그 객체에 자신이 원하는 새로운 구성(configuration) 설정들을 연결시킨다.

고정 기능 단계가 아닌 단계들은 **프로그래밍이 가능한**(programmable, 줄여서 프로그램 가능) 단계들이다. 프로그램 가능 단계는 구성 가능성이 아주 크다. 개발자가 지정한 커스텀 프로그램을 단계 안에서 실행할 수 있기 때문이다. 그런 프로그램을 흔히 **셰이더**(shader) 프로그램 또는 간단히 셰이더라고 부르며, 셰이더가 쓰이는 단계를 **프로그래밍이 가능한 셰이더 단계**라고 부른다. 이런 프로그램 가능 셰이더 단계에서는 주어진 자료에 대해 일단의 고정된 연산들만 수행하는 것에서 벗어나 훨씬 더 다양한 기능을 수행할 수 있다.

커스텀 렌더링 알고리즘이나 계산 알고리즘의 구현에서 최대의 유연성을 제공하는 것이 바로 이러한 셰이더 프로그램들이다. 각각의 프로그램 가능 셰이더 단계는 소위 **공통 셰이더 코어**(common shader core)라고 부르는 공통의 기능 집합을 제공한다. 이 코어는 여러 프로그램 가능 셰이더 단계들의 능력들에 어느 정도의 통일성을 부여한다. 이 코어를 모든 프로그램 가능 셰이더 단계가 사용할 수 있는 일종의 도구 상자라고 생각해도 좋을 것이다. 한편 각 단계는 각자 특화된 연산들을 수행하기 위한 고유한 기능성(그 단계만의 명령 집합이나 고유한 입·출력 의미구조 등)도 제공한다.

Direct3D 11에는 크게 두 가지의 일반적인 파이프라인 패러다임이 있는데, 하나는 렌더 링에 쓰이고 또 하나는 일반 계산에 쓰인다. 엄밀히 볼 때, 이 두 구성의 구분에는 다소 모호한 구석이 있다. 둘 다 다른 목적으로 쓰일 수 있기 때문이다. 그러나 두 파이프라인 사이의 구분은 실제로 존재하며, 둘의 능력에도 명확한 차이가 있다. 이 두 파이프라인 에 대해서 좀 더 이야기해보겠다. 먼저 렌더링 파이프라인부터 살펴보자.

## 1.2.1 렌더링 파이프라인

현대적인 GPU들이 자라난 기원이 바로 **렌더링 파이프라인**(rendering pipeline)이다. 초 창기 그래픽 가속기는 3차원 그래픽 응용 프로그램의 속도를 높이기 위한 하드웨어 정 점 변환 기능을 제공했다. 이후 세대를 거듭하면서 그래픽 하드웨어들은 좀 더 복잡한 렌더링을 수행하기 위한 추가적인 기능들을 제공하게 되었다. 오늘날의 그래픽 하드웨 어들은 하드웨어 안에서 실행하지 못할 알고리즘이 거의 없을 정도로 상당히 복잡한 파이프라인을 갖추고 있다. 또한 최신 하드웨어를 활용하는 새 기법을 소개하는 서적도 계속해서 나오고 있다(이를테면 [Engel, 2009]나 [Nguyen, 2008]). 지난 5~10년간 실시 간 렌더링은 어마어마하게 발전했다.

렌더링 파이프라인은 일단의 3D 물체들을 서술하는 자료를 받아서 그것을 응용 프로그 램의 출력 창에 표시하기에 적합한 형식의 이미지 자료로 변환한다. 그림 Direct3D 11 렌더링 파이프라인의 전체적인 모습부터 살펴보자(파이프라인의 개별 단계들은 잠시 후에 소개하겠다). 그림 1.2는 렌더링 파이프라인을 도식화한 것으로, 이후에도 이와 비슷한 형태의 블록 도해가 종종 나올 것이다.

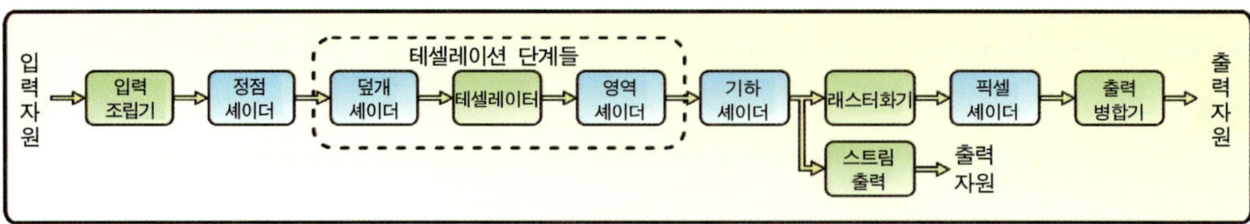


**그림 1.2.** Direct3D 11 렌더링 파이프라인의 전체 구조.

그림은 두 종류의 파이프라인 단계들, 즉 고정 기능 단계들과 프로그램 가능 단계들을 다른 색으로 표시하고 있다. 초록색 바탕의 블록이 고정 기능 단계이고 파란색 바탕은 프로그램 가능 단계이다. 각 단계는 자신의 작업에 필요한 입력 자료 형식을 정의하며, 또한 그 단계가 출력하는 자료의 형식도 정의한다. 그럼 이 파이프라인을 왼쪽에서 오른쪽으로 따라가면서 각 단계와 그 목적을 살펴보자.

렌더링 파이프라인의 진입점은 입력 조립기(input assembler) 단계이다. 이 단계는 자원들로부터 입력 자료를 읽어 들여서 파이프라인의 이후 단계들이 사용할 정점들을 "긁어모으는" 작업을 담당한다. 이 단계 덕분에 응용 프로그램은 여러 개의 정점 버퍼들을 사용할 수 있으며, 또한 인스턴싱 방식의 렌더링(제3장에서 설명)이라는 것도 가능해진다. 이 단계는 또한 입력 자원들에 기초해서 정점들 사이의 연결성을 파악하고 바람직한 렌더링 구성을 결정한다. 이 단계는 취합한 정점들과 기본도형(primitive) 연결성 정보를 파이프라인의 다음 단계로 넘겨준다.

다음 단계인 정점 셰이더(vertex shader) 단계는 입력 조립기가 넘겨준 정점 자료의 정점들을 한 번에 하나씩 처리한다. 전체 렌더링 파이프라인에서 첫 번째의 프로그램 가능 단계인 정점 셰이더 단계는 각 입력 정점마다 현재 지정된 정점 셰이더 프로그램을 적용한다. 정점 셰이더 프로그램이 새로운 정점을 생성하거나 기존 정점을 삭제하지는 못한다. 단지 주어진 정점을 처리할 뿐이다. 또한 모든 정점은 각자 고립적으로 처리된다. 즉, 정점 셰이더의 한 실행은 다른 실행의 정보에 접근하지 못한다. 정점 셰이더의 주된 용도는 정점 위치를 절단 공간(clip space)으로 변환하는 것이었으나, 테셀레이션 단계들(잠시 후 소개한다)이 도입되면서 상황이 조금 달라졌다. 일반화하자면, 입력 모형의 모든 정점에 대해 수행해야 하는 연산이라면 이 정점 셰이더 단계에서 수행해야 한다.

그 다음 세 단계는 하드웨어의 테셀레이션(tessellation) 기능을 활용하기 위해서 최근에 파이프라인에 추가된 것으로, 반드시 셋을 함께 사용해야 한다. 덮개 셰이더(hull shader) 단계는 정점 셰이더가 넘겨준 기본도형들을 받아서 두 가지 작업을 수행한다. 첫 작업은 각 기본도형마다 실행되는 것으로, 여기서 덮개 셰이더는 기본도형에 대한 일단의 테셀레이션 계수들을 결정한다. 이 계수들은 이후 과정에서 해당 기본도형을 얼마나 세밀하게 분할해야 하는지를 파악하는 데 쓰인다. 둘째 작업은 바람직한 출력 제어 패치 구성의 각 제어점마다 실행되는 것으로, 여기서 덮개 셰이더는 이후 영역 셰이더 단계에서 기본도형을 실제로 분할하는 데 사용할 제어점들을 만들어낸다.

덮개 셰이더 단계의 작업 결과를 넘겨받은 테셀레이터 단계는 여러 가지 알고리즘 중 하나를 이용해서 현재 기본도형 종류에 적합한 표본 추출 패턴(sampling pattern)을 결정한다. 테셀레이터 단계는 테셀레이션 계수들(덮개 셰이더가 넘겨준)과 자신만의 구성(사실 이 역시 덮개 셰이더에서 지정된 것이다)을 이용해서, 현재 기본도형의 정점들 중 기본도형을 더 작은 조각으로 분할하기 위한 표본으로 사용할 정점들을 결정한다. 그 정점들로부터 산출한 일단의 무게중심 좌표들을 다음 단계인 영역 셰이더에게 넘긴다.

영역 셰이더(domain shader) 단계는 그 무게중심 좌표(barycentric coordinates)들과 덮개 셰이더가 생성한 제어점들을 입력으로 받아서 새 정점들을 생성한다. 이 단계는 현재 기본도형에 대해 생성된 제어점들 전체와 텍스처, 절차적 알고리즘 등을 이용해서, 테셀레이션된 각 점마다 무게중심 '위치'들을 출력 기하구조(geometry)로 변환해서 다음 단계로 넘겨준다. 테셀레이션 단계들에서 증폭된 정점 자료들로부터 출력 기하구조를 생성하는 부분의 유연성 덕분에 파이프라인 안에서 좀 더 다양한 테셀레이션 알고리즘들을 구현할 수 있는 여지가 생긴다.

다음 단계인 기하 셰이더(geometry shader) 단계는 이름에서 짐작하겠지만 기하 수준에서 작업을 진행한다. 좀 더 구체적으로 말하면, 기하 셰이더는 완성된 형태의 기본도형(다각형)들을 처리하거나 생성한다. 이 단계에서는 파이프라인에 새로운 자료 요소를 추가하거나 제거할 수 있으며, 덕분에 전통적인 렌더링 파이프라인에서는 불가능했던 흥미로운 응용이 가능해진다. 특히, 주어진 하나의 기하구조와는 다른 종류의 기하구조를 출력할 수 있다. 예를 들어 정점 하나를 받아서 온전한 삼각형 하나를 만들어 낼 수 있으며, 심지어 여러 개의 삼각형을 만들어 낼 수도 있다. 기하 셰이더는 또한 처리된 기하구조를 파이프라인 바깥의 버퍼 자원으로 내보낼 수 있는 분기점이기도 하다. 기하 셰이더 단계에서 갈라져 나온 스트림 출력 단계가 바로 그러한 버퍼 출력을 담당한다.

기하 셰이더에서 기하구조가 뽑아져 나오면 파이프라인의 기하 수준 처리가 끝난 것이다. 이 지점부터는 기하구조가 래스터화되어서 단편 수준에서 처리된다. 여기서 **단편**(fragment)이란 간단히 말하면 렌더 대상(render target)의 한 픽셀에 해당하는 일단의 자료 집합을 가리킨다. 단편이 파이프라인의 나머지 부분을 모두 통과한다면 그 픽셀의 현재 값을 갱신하는 데 쓰이게 된다. 단편 수준 자료의 생성은 고정 기능 래스터화기 단계(rasterizer stage)*에서 시작한다. 래스터화기는 주어진 기하구조가 렌더 대상의 어떤 픽셀들을 덮는지 파악해서 그 픽셀들에 대한 단편 자료를 산출한다. 각 단편은 모든 정점별(per-vertex) 특성을 해당 픽셀 위치에 맞게 보간한 값들을 가진다. 이 특성 값들은 파이프라인의 나머지 부분에서의 추가 처리에 쓰인다. 또한 래스터화기 단계는 각 단편의 깊이 값도 결정한다. 이 깊이 값은 이후 출력 병합기 단계에서 가시성 판정에 쓰인다.

이런 식으로 생성된 단편은 픽셀 셰이더 단계로 넘어간다. 픽셀 셰이더 단계는 그 단편에 대해 픽셀 셰이더 프로그램(간단히 픽셀 셰이더)을 실행한다. 픽셀 셰이더 프로그램은 파이프라인에 연결된 각 렌더 대상을 위한 색상 값을 출력해야 한다. 이를 위해 픽셀 셰이더 프로그램은 여러 텍스처에서 표본을 추출하거나 주어진 단편의 특성 값들로 계산을 수행하는 등의 작업을 진행한다. 그리고 특정 알고리즘을 픽셀 셰이더 단계 안에서 구현하기 위해, 래스터화기 단계에서 계산된 깊이 값을 픽셀 프로그램 안에서 덮어 쓸 수도 있다.

픽셀 셰이더의 출력은 출력 병합기(output merger) 단계로 넘어간다. 이 단계는 픽셀 셰이더 출력을 파이프라인에 연결된 깊이/스텐실 자원 및 렌더 대상 자원에 제대로 '합치는' 작업을 담당한다. 이 과정에서 출력 병합기는 깊이 판정과 스텐실 판정, 혼합 함수 적용 등을 수행하며, 최종적으로는 출력을 해당 자원에 실제로 기록한다.

이렇게 해서 파이프라인의 각 단계를 간단하게나마 살펴보았다. 물론 각각의 단계를 실제로 사용하기 위해서는 배워야 할 것들이 많이 남아 있다. 각 단계의 사용 가능한 구성들과 기능들을 제3장 "렌더링 파이프라인"에서 훨씬 자세히 논의하게 될 것이다. 일단은 지금까지 설명한 파이프라인의 개요 정도만 머리에 넣어 두고 Direct3D API의 나머지 부분에 대한 소개를 읽어 나가기 바란다.


## 1.2.2 계산 파이프라인

Direct3D 11에 새로 도입된 파이프라인 단계들 중 아직 이야기하지 않은 것이 하나

---

* [역주] 흔히 래스터화 단계(rasterization stage)라고 부르지만, Direct3D은 ~shader, ~merger 등의 다른 단계 이름들과 운이 맞는 rasterizer라는 단어를 사용한다. "래스터화가 수행되는 단계"가 아니라 "래스터화를 수행하는 장치가 있는 단계"라는 뜻이라고 해석할 수 있겠지만(비슷하게, "출력이 병합되는 단계"가 아니라 "출력을 병합하는 장치가 있는 단계" 등등), 그런 구분이 의미가 있는 경우는 적어도 이 번역서에서는 없다. 래스터화기라는 번역어는 입력 조립기, 출력 병합기와 운이 맞고 래스터라이저보다 글자 수가 적다는 점에서 선택되었다. tessellater를 '테셀레이션기'라고 하지 않은 것은 테셀레이터보다 글자 수가 많기 때문이다.

있는데, 바로 계산 셰이더(compute shader) 단계이다. 이 단계는 통상적인 렌더링 패러다임에서 벗어나는 계산을 수행하기 위해 만들어진 것으로, 그런 만큼 통상적인 렌더링 파이프라인과는 개별적으로 수행된다고 생각하면 된다. 즉, 계산 셰이더 단계는 전적으로 범용 계산에만 쓰이는 하나의 독립적인 파이프라인이라고 할 수 있다. GPU를 그래픽 렌더링 이외의 용도로 사용하는 경향이 일반화되면서 Direct3D 11 API에 그러한 응용을 위한 기능이 직접 추가되었는데, 그것을 명시화한 것이 바로 이 계산 셰이더 단계인 것이다.

계산 셰이더에는 좀 더 일반적인 알고리즘들을 구현할 수 있는 유연한 처리 환경으로 작용하는 데 필요한 여러 가지 기능이 갖추어져 있다. 가장 먼저 언급할 것은 구조화된 스레드 모형으로, 이를 통해서 개발자는 GPU의 가용 병렬성을 좀 더 자유롭게 활용해서 고도로 병렬적인 알고리즘을 구현할 수 있다. 이전에는 셰이더 프로그램의 호출(실행)이 특정 단계에서 입력이 처리되는 방식에 제약을 받았다(예를 들어 픽셀 셰이더는 생성된 단편당 한 번씩만 호출할 수 있었다). 그리고 스레드가 쓰이는 방식을 개발자가 직접 제어하는 것이 불가능했다. 계산 셰이더 단계에서는 더 이상 그렇지 않다.

계산 셰이더 단계를 좀 더 유연하게 만드는 또 다른 기능은 '그룹 공유 메모리' 블록이다. 한 스레드 그룹에 속하는 모든 스레드는 그 그룹의 공유 메모리에 접근할 수 있다. 실행 도중 스레드들은 이 메모리 블록을 통해서 서로 자료를 주고받을 수 있는데, 전통적인 렌더링 파이프라인에서는 이러한 소통이 불가능했다. 그런 소통이 가능해지면, 적재한 자료나 중간 계산 결과를 공유함으로써 효율성을 더욱 개선할 여지가 생긴다.

마지막으로, 다음 절(§1.3)에서 좀 더 이야기하겠지만, 계산 셰이더 단계에서는 자원들에 대한 임의 읽기 접근과 쓰기 접근이 동시에 가능하다. 이러한 능력은 앞에서 말한 셰이더 단계들과의 중요한 차이에 해당한다. 다른 셰이더 단계들은 하나의 자원을 입력용과 출력용 중 하나로만 사용할 수 있다. 하나의 자원을 읽을 수도 있고 쓸 수도 있는 능력 역시 스레드 간 소통을 돕는 기능이다.

이러한 새로운 개념들이 합쳐져서, 렌더링을 위한 계산은 물론 다른 용도의 계산에도 사용할 수 있는 아주 유연한 범용 처리 단계가 생겨난다. 계산 셰이더는 제5장 "계산 파이프라인"에서 훨씬 더 자세히 설명하겠다. 또한 이 책의 후반부에는 계산 셰이더를 적극 활용하는 여러 예제 알고리즘들이 등장한다.

# 1.3 자원

앞에서 설명한 렌더링 파이프라인과 계산 파이프라인은 Direct3D 11 API를 배울 때 반드시 이해하고 넘어가야 하는 주요 개념들 중 두 가지이다. 또 다른 주요 개념은 파이프라인의 여러 지점들에 연결되는 **자원**(resource)이다. 렌더링 파이프라인을 자동차 조립 라인이라고 생각한다면, 자원은 그 라인에서 자동차를 조립하는 데 쓰이는 모든 부품에 해당한다. 자원이 없으면 파이프라인은 아무 것도 만들어내지 못하며, 파이프라인이 없으면 자원은 아무 것도 되지 않는다.

알고리즘을 구축할 때 사용할 수 있는 자원의 종류는 대단히 다양하며, 각 종류마다 나름의 쓰임새가 있다. 크게 보았을 때 자원은 두 부류로 나뉜다. 바로 텍스처와 버퍼이다. **텍스처**(texture)는 차원으로 분류할 수 있는데, 1차원 텍스처, 2차원 텍스처, 3차원 텍스처 등이 있다. **버퍼**(buffer)는 좀 더 균일하며 항상 1차원으로 간주된다(경우에 따라서는 0차원 버퍼도 쓰이는데, 자료점 하나만 담는 버퍼가 바로 0차원 버퍼이다). 버퍼는 그 내용이나 용도로 분류되는데, 이를테면 정점 버퍼, 색인 버퍼, 상수 버퍼, 구조화된 버퍼, 추가 및 소비 버퍼, 바이트 주소 버퍼 등이 있다.

텍스처이든 버퍼이든, 여러 종류의 자원들에는 각자 다른 사용 패턴이 존재한다. 제3장 "렌더링 파이프라인"에서 다양한 자원들을 좀 더 자세히 살펴볼 것이다. 여기에서는 파이프라인에서 자원이 쓰이는 방식에 관련된 일반적인 공통 개념 몇 가지를 짚고 넘어가겠다. 대체로 자원은 크게 두 영역에서 쓰이는데, 하나는 C/C++이고 또 하나는 HLSL이다. C/C++은 주로 자원을 생성하고 파이프라인의 적절한 장소에 연결하거나 떼는 작업을 담당하는 반면, HLSL은 그러한 자원의 내용을 실제로 조작하고 소비하는 작업을 담당한다. 이 책 전반에서 이러한 구분을 자주 보게 될 것이다.

파이프라인에서 자원을 사용하려면 자원을 반드시 파이프라인에 연결(binding, 묶기)해야 한다. 자원을 일단 파이프라인에 묶고 나면 그 자원을 입력 자료나 출력 대상 또는 둘 다로 사용할 수 있게 된다. 입력이냐 출력이냐는 주로 자원이 어디에 묶이느냐에 따라 결정되는데, 예를 들어 입력 조립기 단계에 묶인 정점 버퍼가 입력으로 쓰일 것임은 자명하며, 마찬가지로 출력 병합기 단계에 묶인 2차원 텍스처는 출력 대상으로 쓰이는 것이 당연하다. 그러나 출력 렌더 대상의 내용을 이후의 렌더링 패스*의 입력으로 사용하고 싶을 수도 있다. 즉, 출력 대상 자원을 다음 번 렌더링 작업에서 픽셀 셰이더 단계에 텍스처 자원으로 묶어서 텍스처 추출용으로 사용할 수도 있는 것이다.

자원의 적절한 용도를 Direct3D의 실행시점 모듈이(그리고 개발자도!) 잘 파악할 수 있게 하기 위해, API는 **자원 뷰**(resource view)라는 개념을 제공한다. 어떤 한 자원을 파이프라인의 서로 다른 종류의 지점들에 묶을 수 있는 경우, 개발자는 그 자원의 구체적인 용도를 서술하는 자원 뷰를 반드시 제공해야 한다. 자원 뷰의 종류는 네 가지인데, **렌더 대상 뷰, 깊이·스텐실 뷰, 셰이더 자원 뷰, 순서 없는 접근 뷰**이다. 처음 둘은 렌더 대상과 깊이 대상을 파이프라인에 묶는 데 쓰인다. 셰이더 자원 뷰는 그 둘과 조금 다른데, 임의의 프로그램 가능 셰이더 단계에서 읽을 자원을 묶는 데 쓰인다. 순서 없는 접근 뷰(unordered access view) 역시 조금 다른 뷰로, 자원을 동시에 읽고 쓸 수 있게 한다. 이 뷰는 계산 셰이더 단계와 픽셀셰이더 단계에서만 사용할 수 있다. 한편, 자원 뷰가 없어도 파이프라인에 묶을 수 있는 자원들이 있다. 정점 버퍼, 색인 버퍼, 상수 버퍼처럼 용도가 단일하고 분명한 자원들이 주로 그런 종류에 해당한다.

이처럼 여러 가지 선택과 구성 가능성이 존재하기 때문에, 어떤 종류의 자원을 언제 어떻게 사용하면 되는지를 배우기가 좀 혼란스러울 수도 있다. 그러나 차차 배우겠지만 이런 다양한 자원 구성 가능성은 새로운 알고리즘을 설계하고 구현하는 데 중요한 자유도와 능력을 제공한다.


## 1.4 Direct3D와의 상호작용

Direct3D 11의 고수준 개요를 마쳤으니, 이제 응용 프로그램이 API와 연동해서 API의 기능을 사용하는 방법으로 눈을 돌리자. 먼저, 응용 프로그램이 사용할 두 가지 주된 인터페이스인 장치와 장치 문맥을 설명하고, 그런 다음에는 응용 프로그램이 Direct3D 11을 사용하기 위해 무엇을 해야 하는지를 간단한 예제 응용 프로그램을 통해서 살펴보자.

---

* [역주] 렌더링 패스(pass)는 렌더링 파이프라인을 끝까지 한 번 거쳐 가는 것을 말한다.

### 1.4.1 장치

Direct3D 11을 사용할 때 반드시 이해해야 하는 두 가지 주된 인터페이스로 장치(device) 와 장치 문맥(device context)이 있다. Direct3D 11 API의 기능성을 관리하거나 사용하기 위한 수단들이 이 두 인터페이스에 나뉘어져 있다. 앞에서 말한 자원들을 생성하고 연동할 때에는 장치 인터페이스가 쓰이며, 파이프라인이나 자원을 조작할 때에는 장치 문맥 인터페이스가 쓰인다.

Direct3D 11의 장치 인터페이스(구체적으로는 ID3D11Device)는 셰이더 프로그램 객체, 자원, 상태 객체, 질의 객체 등의 생성을 위한 여러 메서드들을 제공한다. 또한 여러 하드웨어 기능들의 사용 가능 여부를 점검하는 메서드들과 진단 및 디버깅 관련 메서드들도 제공한다. 대체로 말하자면 장치라는 것은 응용 프로그램에서 사용할 여러 자원들을 공급하는 존재라고 생각할 수 있다. 장치를 사용하기 위해 장치를 초기화하고 설정하는 방법은 이번 장 후반부에서 예제와 함께 이야기한다. 이 인터페이스의 크기와 사용 빈도 때문에, 해당 메서드들은 한 자리에서 모두 이야기하는 것보다는 책 전반에서 관련 주제가 나올 때마다 설명하는 방식으로 살펴보는 것이 바람직하다. 모든 메서드를 한 눈에 보고 싶다면 DXSDK 를 참고하기 바란다. 모든 메서드에 대한 링크를 담은 페이지를 찾을 수 있을 것이다.

Direct3D 11의 자원 공급자 역할과 함께, 장치는 기능 수준(feature level)이라는 개념을 캡슐화하는 역할도 한다. 기능 수준을 잘 활용하면, 응용 프로그램은 Direct3D 11 API와 실행시점 모듈을 Direct3D 10 GPU처럼 이전 버전의 기능성 집합을 구현하는 하드웨어 에서도 실행할 수 있다. Direct3D 11 API의 이 멋진 기능을 활용하는 방법 역시 이번 장 후반부에서 좀 더 이야기하겠다.

### 1.4.2 장치 문맥

장치는 파이프라인이 사용할 여러 자원들을 생성하는 데 쓰인다. 그러한 자원들을 실제로 사용하기 위해서는, 그리고 파이프라인 자체를 조작하기 위해서는 장치 문맥을 사용해야 한다. 장치 문맥은 장치로 생성한 자원이나 셰이더 객체, 상태 객체를 파이프라인에 묶는 데 쓰인다. 또한 장치 문맥은 렌더링 파이프라인과 계산 파이프라인의 실행을 제어하는 수단을 제공하며, 장치로 생성한 자원을 조작하는 수단도 제공한다. 일반화하자면, 장치 문맥은 장치가 공급하는 자원의 소비자에 해당하며, 응용 프로그램이 파이프라인과 상호작용하기 위한 인터페이스 역할을 한다.

응용 프로그램은 ID3D11DeviceContext 인터페이스를 통해서 장치 문맥에 접근한다. Direct3D는 다중 스레드 렌더링을 좀 더 잘 지원하기 위해서 두 종류의 장치 문맥을 제공하는데, 하나는 즉시 문맥(immediate context)이고 또 하나는 지연 문맥(deferred context)이다. 둘 다 동일한 장치 문맥 인터페이스를 구현하지만, 그 사용법은 매우 다르다. 그럼 이 두 문맥에 깔린 개념을 살펴보자.

## 즉시 문맥

어떤 의미로 보면, 즉시 문맥은 파이프라인에 직접 연결되는 통로라고 할 수 있다. 이 문맥에서 어떤 메서드를 호출하면 그 호출은 Direct3D 11 실행시점 모듈에 '즉시' 제출되어서 해당 명령이 구동기에서 실행된다. 하나의 응용 프로그램은 단 하나의 즉시 문맥만 사용할 수 있으며, 이 즉시 문맥은 장치가 생성될 때 함께 만들어진다. 이 문맥을 파이프라인의 모든 구성요소와 직접 상호작용하기 위한 인터페이스라고 생각하면 된다. 이 문맥은 반드시 주 렌더링 스레드에서, GPU에 대한 1차적인 인터페이스로서 사용해야 한다.

## 지연 문맥

지연 문맥은 2차적인 장치 문맥으로, 주 렌더링 스레드 이외의 2차적인 스레드들이 보낸 일련의 명령들을 스레드에 안전하게 기록하는 메커니즘을 제공한다. 이 문맥으로 소위 '명령 목록(command list)' 객체를 생성하고, 나중에 주 스레드에서 그 명령 목록을 '재생'하는 것이 가능하다. 주 스레드가 아닌 스레드에서 명령 목록을 만들어 낼 수 있으면 다중 코어 CPU 시스템에서 성능을 향상시킬 여지가 생긴다. 또한 Direct3D 11에서는 여러 스레드들에서 자원들을 비동기적으로 생성할 수 있는데, 그러면 다중 스레드 자원 적재 시스템을 좀 더 간단하게 만들 수 있다. 현재와 미래의 PC 하드웨어 환경에서는 한 PC에 더욱 더 많은 CPU 코어들이 장착될 것이라는 점을 생각한다면 이런 개념들이 왜 중요한지 이해할 수 있을 것이다.

다중 스레드 렌더링은 제7장 "다중 스레드 렌더링"에서 좀 더 자세히 논의하겠다. 사실 이 주제는 책 한 권 분량에 해당하므로, 제7장에서는 Direct3D 11을 충분히 다룬다는 목적 하에서 다중 스레드 방식을 언제, 어떻게 사용할 것인지에 대한 설계 수준의 정보만을 제공한다(전반적인 다중 스레드 프로그래밍의 모든 세부사항을 설명하는 대신).

# 1.5 Direct3D 11 맛보기

이번 절에서는 기본적인 Direct3D 11 응용 프로그램을 만들고 실행하는 전반적인 과정을 살펴본다. 이번 절을 통해서 독자는 응용 프로그램이 Direct3D 11과 상호작용하는데 쓰이는 여러 가지 기본 개념들을 익힐 수 있을 것이며, 또한 일반적인 Direct3D 11 응용 프로그램에 쓰이는 기본적인 프로그램 흐름도 배우게 될 것이다. 이번 절은 Direct3D 11을 사용하려면 어떤 일을 해주어야 하는지에 초점을 둔 '소개문'으로, 따라서 Win32 프로그래밍의 모든 세부사항을 설명하지는 않는다. 이번 절 끝에서는 이 책 전체의 예제들에 쓰이는 응용 프로그램 틀(프레임워크)을 소개하는데, 그 틀은 Win32와의 상호작용 대부분을 추상화해서 개발자로부터 숨겨준다.

## 1.5.1 Direct3D 11과의 상호작용

예제 응용 프로그램을 구체적으로 살펴보기 전에 우선 Direct3D 11의 기본 개념 몇 가지를 짚고 넘어가자. 우선 Direct3D가 속해 있는 COM 기반 프레임워크가 무엇이고 어떻게 호출하는지 살펴본 후, 응용 프로그램이 반드시 사용해야 하는 여러 API 함수들을 소개하겠다.

### COM 기반 인터페이스

이전의 Direct3D 버전들처럼 Direct3D 11도 일련의 COM(component object model, 구성요소 객체 모형) 인터페이스로 구현되어 있다. COM이 익숙하지 않은 독자라면 COM이 API를 필요 이상으로 복잡하게 만든다고 생각할지도 모르겠다. 그러나 COM을 이용한다는 것이 설계에 어떤 영향을 미치는지 이해하고 나면 Direct3D 11을 왜 COM으로 구현하게 되었는지 수긍할 수 있을 것이다. 여기서 COM 자체를 자세히 파고 들어가지는 않겠다. 대신 응용 프로그램이 자주 사용할 가장 가시적인 세부사항 몇 가지만을 다루기로 한다. COM은 모든 COM 객체가 반드시 구현해야 할 일단의 기본적인 인터페이스 메서드들을 정의하는 하나의 객체 모형을 제공한다. 그 인터페이스 메서드들 중에는 COM 객체의 참조 계수(reference counting)을 위한 메서드들과 COM 객체가 어떤 인터페이스를 구현하고 있는지를 실행 시점에서 조사하기 위한 메서드들이 있다.

**참조 계수**. 참조 계수(참조 횟수 세기)가 중요한 것은, COM 객체의 수명이 바로 이 참조 계수 방식으로 관리되기 때문이다. 어떤 함수가 Direct3D 기반 COM 객체를 생성한 경우, 그 함수는 그 객체에 대한 참조(reference)를 돌려준다. 이 때 함수의 실제 반환값이 아니라 함수 호출 시 인수로서 제공된 포인터를 통해서 참조를 돌려주는 경우가 대부분이다. Direct3D에서는 객체(클래스의 인스턴스)를 new 연산자로 직접 생성하는 것이 아니라 항상 이렇게 함수나 인터페이스 메서드로 생성하고 포인터 인수를 통해서 그 결과(객체)를 돌려받는다.*

일반적으로, 객체가 생성되어 참조가 반환된 상태에서 객체의 참조 횟수는 1이다. 응용 프로그램이 객체를 다 사용하고 나면 객체를 해제(release)하는 메서드가 호출된다. 그러면 객체의 참조 횟수가 1 감소한다. 보통의 C++ 프로그램에서처럼 delete 연산자로 객체를 해제하는 것이 아님을 주의하기 바란다. 해제 메서드를 호출한 후에는 반드시 포인터 참조를 지워야 한다(또한 그 포인터를 마치 delete로 직접 삭제한 것처럼 취급해야 한다). 응용 프로그램이 자신이 생성한 객체에 대한 모든 참조를 정확하게 해제한다면, 객체들의 적절한 생성과 파괴의 나머지 모든 일은 COM이 관리한다.

이러한 용법에서는 응용 프로그램과 Direct3D 11 실행시점 모듈 모두가 객체들을 여러 개의 참조들로 공유할 수 있다. 한 자원이 하나의 렌더 대상으로서 파이프라인에 묶이면 실행시점 모듈은 그 자원을 참조한다(즉, 참조 횟수가 증가된다). 따라서 응용 프로그램이 그 자원을 해제한다고 해도 자원은 삭제되지 않는다. 비슷하게, 응용 프로그램과 실행시점 모듈이 같은 객체에 대한 참조를 가지고 있는 경우, 어떤 메서드 호출에 의해 실행시점 참조가 삭제된다고 해도 응용 프로그램이 자신의 참조를 해제하지 않는 한 그 객체는 파괴되지 않는다. 이러한 참조 계수 기반 객체 수명 관리 방식은 IUnknown 인터페이스를 상속하는 모든 Direct3D 11 객체에 적용되며, 응용 프로그램이 종료된 후에 아직 해제되지 않고 남아 있는 객체가 생기지 않게 하려면 반드시 이 방식을 지켜야 한다.

**인터페이스 질의**. IUnknown 인터페이스는 또한 객체가 구현하고 있는 추가적인 인터페이스들을 알려주는 '질의(query)'용 메서드도 제공한다. 바로 *IUnknown::QueryInteface()*가 그것으로, 이 메서드는 알고자 하는 인터페이스를 식별하는 UUID(universally unique

---

* [역주] 이 책에서 함수나 메서드가 어떤 결과를 '돌려준다'라고 할 때 그 정보가 반드시 함수의 반환값을 통해 전달된다는 뜻은 아니다. 이 문장의 예에서처럼, 매개변수로 지정된 포인터가 가리키는 곳에 결과를 기록하는 경우에도 '돌려준다' 또는 '반환된다' 같은 표현을 사용함을 기억하시길.

identifier, 보편 고유 식별자) 하나와 포인터를 가리키는 포인터를 받는데, 객체가 해당 인터페이스를 구현하는 경우 적절한 객체 참조가 그 포인터에 채워진다. 그런 경우 그 객체의 참조 횟수가 증가하며, 따라서 다른 참조 계수 기반 객체들과 마찬가지 방식으로 관리해야 한다.

Direct3D에서 이 질의 메커니즘은 주로 **ID3D11Device** 인터페이스와 함께 쓰인다. 추가적인 장치 인터페이스가 필요한 상황은 여러 가지인데, 이를테면 Direct3D 장치로부터 장치의 디버그 인터페이스를 얻거나 DXGI 인터페이스를 얻고자 할 때 이런 메커니즘이 쓰인다. 이 책에서도 실제로 이런 용법이 쓰이는 부분이 나오는데, 그때그때 적절히 언급하겠다.

Direct3D 11에서는 그리 자주 쓰이지 않는 COM 객체의 측면들도 있다. 이진 인터페이스의 언어 독립성이라던가 원격 컴퓨터에서 객체를 생성하고 사용하는 능력 등이 그러한 예인데, 이들은 이 책의 주제를 벗어나므로 더 이상 이야기하지 않겠다. 궁금한 독자라면 MSDN을 참고하기 바란다. 또한 COM은 오래전부터 많이 쓰여 온 것이라서, MSDN 외에 웹에도 관련 자료가 많이 있다.

## API 호출 결과의 해석

Direct3D 11은 함수나 메서드*의 결과를 해석하는 표준적인 수단도 갖추고 있다. 일반적으로 한 메서드의 호출 반환값은 메서드 실행의 성공·실패 여부를 나타내는 결과 코드이다. 결과 코드의 형식은 **HRESULT**인데, 이 형식은 사실 그냥 긴(long) 정수일 뿐이다.

메서드가 돌려줄 수 있는 결과 코드들은 DXSDK 문서화에 나와 있으며, 새로운 릴리즈가 나오면 또 다른 결과 코드들이 추가될 수도 있다. 그런데 결과 코드가 메서드의 성공·실패를 명확하게 나타내지 않는 경우도 있다. 그런 경우 결과 코드의 구체적인 의미를 파악하는 방식은 그 메서드를 호출한 상황에 따라 다르다. 결과 코드의 해석을 돕기 위해, Direct3D는 메서드의 실패 여부를 간단히 파악할 수 있는 **FAILED**라는 매크로를 제공한다. 목록 1.1은 이 **FAILED** 매크로의 용법을 보여주는 예이다.

일반적인 원칙을 말하자면, 이 매크로가 참에 해당하는 값을 돌려주었다면 반드시 오류

---

* [역주] 이하의 논의에서(그리고 이 책 전반에서) 특별한 경우가 아닌 이상 메서드에 대한 언급은 함수에도 적용되며, 그 역도 마찬가지이다. 그리고 둘에 구분이 필요한 경우는 글의 맥락으로 충분히 감지할 수 있을 것이다.

를 적절히 처리해야 한다. 반대로 이 매크로가 거짓에 해당하는 값을 돌려주었다면 메서드 호출이 성공했으며 오류는 없었다고 간주해야 한다. 이러한 관례 덕분에 메서드 호출의 결과를 판정하고 처리하는 것이 훨씬 간단해진다.

```cpp
HRESULT hr = m_pDevice->CreateBlendState( &Config, &pState );

if ( FAILED( hr ) )
{
    Log::Get().Write( L"Failed to create blend state!" );
    return( -1 );
}
```

**목록 1.1.** FAILED 매크로의 용례.

## 1.5.2 응용 프로그램 요구사항

COM의 기초와 HRESULT에 대해서는 이 정도로 마무리하고, 이제 Win32 응용 프로그램이 Direct3D 11을 사용하기 위해 반드시 해야 하는 일이 구체적으로 무엇인지 살펴보자. 응용 프로그램의 의무 사항들 전체를 개괄하고, 각 필수 과정의 구체적인 구현 방법을 예제와 함께 보여주겠다.

### 전반적인 프로그램 흐름

Direct3D 11 응용 프로그램의 수명주기(lifecycle)는 다른 Win32 응용 프로그램의 것과 크게 다르지 않다. 그림 1.3에 이 표준적인 절차의 블록 도표가 나와 있다.

그림 1.3에서 보듯이, 자신의 주(main) 함수에 진입한 응용 프로그램은 먼저 초기화 과정을 한 번 수행한다. 이 초기화에서는 장치와 장치 문맥에 대한 참조들을 얻고, 응용 프로그램의 실행 기간 동안 사용할 다른 여러 자원들도 생성한다. 사용할 자원은 응용 프로그램마다 다를 수 있으나, 장치와 장치 문맥 생성 부분은 여러 응용 프로그램들에서 동일한 것이 보통이다.

초기화를 마친 후 응용 프로그램은 자신의 **메시지 루프**(message

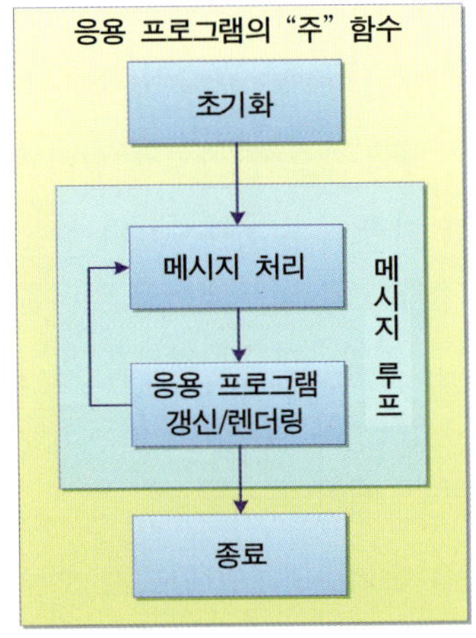


**그림 1.3.** Win32 응용 프로그램이 수행하는 표준적인 작업들.

loop)로 진입한다. 이 루프는 두 가지 국면(phase)*으로 이루어진다. 첫 국면에서는 아직 처리되지 않은 모든 Windows 메시지를 응용 프로그램의 메시지 처리부(message handler)에서 처리한다. 모든 메시지를 처리한 후에는 둘째 국면으로 넘어가서 응용 프로그램의 실질적인 임무를 수행한다. 렌더링 응용 프로그램의 경우 '실질적인 임무'는 렌더 대상들을 비우고, 필요한 렌더링 연산들을 수행하고, 그 결과를 응용 프로그램 창의 클라이언트 영역에 최종적으로 표시하는 것으로 구성된다. 이러한 과정을, 사용자가 응용 프로그램의 종료를 요청할 때까지 반복한다.

사용자의 종료 요청에 의해 메시지 루프에서 벗어난 응용 프로그램은 단 한 번의 종료(shutdown) 과정을 수행한다. 이 부분에서 응용 프로그램은 자신이 생성한 모든 자원을 해제하고, 그런 다음 장치 문맥과 장치 자체를 해제한다. 응용 프로그램이 모든 Direct3D 11 객체의 참조 횟수를 적절히 관리했다고 하면, 이 시점에 와서는 모든 객체의 참조가 완전히 해제된 상태이다. 종료 과정이 완료되면 응용 프로그램은 자신의 주 함수에서 벗어나며, 그러면 응용 프로그램의 실행이 끝난다.

그럼 이상의 각 과정이 Direct3D 11과 어떻게 연관되는지, 그리고 각 과정에서 Direct3D 11의 API를 어떤 식으로 사용하면 되는지를 구체적인 코드와 함께 살펴보자.

## 응용 프로그램 초기화

응용 프로그램 초기화 과정은 우선 렌더링 연산들의 결과를 표시할 Win32 창(window)을 생성하는 것으로 시작한다. 창을 만드는 기본적인 Win32 코드는 수많은 서적과 강의에서 여러 번 나왔으므로 여기서 되풀이하지는 않겠다. 예제 프로그램 렌더링 프레임워크에도 이런 종류의 코드가 포함되어 있으니 참고하기 바란다. 예제 코드 모음(부록 A 참고)의 `Win32RenderWindow` 클래스 정의 파일에서 찾으면 된다. 지금 논의에서는 응용 프로그램이 창 클래스를 적절히 등록해서 창을 생성했으며, 이후 과정에서 사용할 창 핸들이 마련되었다고 가정하고 넘어간다.

**장치와 장치 문맥 생성.** 창을 생성한 다음에는 장치에 대한 참조를 얻는다. 이 과정에 쓰이는 메서드는 `D3D11CreateDevice()` 또는 `D3D11CreateDeviceAndSwapChain()`이

---

* [역주] phase를 국면이라고 번역한 것은 단지 step이나 stage와의 구분을 위한 것일 뿐이다. 대부분의 문맥에서는 그냥 '단계'로 간주해도 큰 무리가 없다.

다. 지금 예제에서는 후자를 사용하는데, 메서드 하나로 장치와 장치 문맥은 물론 교환 사슬(swap chain)까지 얻을 수 있기 때문이다.

이 함수의 원형(prototype)이 목록 1.2에 나와 있다. 그럼 각 매개변수를 좀 더 구체적으로 살펴보자. 이를 통해서, 장치를 만드는 데 무엇이 필요한지 이해하게 될 것이다.

```
HRESULT  D3D11CreateDeviceAndSwapChain(
    IDXGIAdapter *pAdapter,
    D3D_DRIVER_TYPE DriverType,
    HMODULE Software,
    UINT Flags,
    const D3D_FEATURE_LEVEL *pFeatureLevels,
    UINT FeatureLevels,
    UINT SDKVersion,
    const DXGI_SWAP_CHAIN_DESC *pSwapChainDesc,
    IDXGISwapChain **ppSwapChain,
    ID3D11Device  **ppDevice,
    D3D_FEATURE_LEVEL *pFeatureLevel,
    ID3D11DeviceContext **ppImmediateContext
);
```

**목록** 1.2. D3D11CreateDeviceAndSwapChain() 함수의 원형.

첫 매개변수 **pAdapter**는 장치를 생성할 그래픽 어댑터(간단히 말하면 비디오 카드)를 가리키는 포인터이다. 기본 어댑터를 사용하는 경우에는 그냥 NULL을 지정하면 된다. 둘째 매개변수는 아주 중요한 것으로, 반드시 지정해야 한다. 이 **DriverType** 매개변수는 이 호출로 생성하는 장치가 사용할 구동기의 종류를 지정한다. **DriverType** 매개변수에 사용할 수 있는 값들이 목록 1.3에 나와 있다.

```
enum D3D_DRIVER_TYPE {
    D3D_DRIVER_TYPE_UNKNOWN,
    D3D_DRIVER_TYPE_HARDWARE,
    D3D_DRIVER_TYPE_REFERENCE,
    D3D_DRIVER_TYPE_NULL,
    D3D_DRIVER_TYPE_SOFTWARE,
    D3D_DRIVER_TYPE_WARP
}
```

**목록** 1.3. 사용할 구동기 종류들을 대표하는 **D3D_DRIVER_TYPE** 열거형.

열거형의 둘째 값은 실제 하드웨어 장치와 상호작용하는 하드웨어 기반 구동기를 사용하고자 할 때 쓰인다. 대부분의 경우 하드웨어 기반 구동기가 쓰이지만, 그 외의 여러 구동기 종류들도 알아둘 필요가 있다. 셋째 것은 **기준 구동기**(reference driver)로, 이것은 Direct3D 11 명세를 완전히 구현하는 소프트웨어 구동기이다. Direct3D 11의 모든 것을 구현하고 있긴 하지만 소프트웨어 기반이라서 속도가 그리 빠르지 않다. 이 종류의 구동기는 특정한 렌더링 명령들의 집합에 대해 하드웨어 구동기가 제대로 작동하는지를 점검할 때 주로 쓰인다. 하드웨어 구동기의 결과가 기준 구동기의 결과와 동일하다면 제대로 작동하는 것이다. 그 다음은 '널' 구동기이다. 이것은 시험용으로만 쓰이는 것으로, 아무런 렌더링 연산도 구현하지 않는다. 그 다음은 소프트웨어 구동기 종류인데, 응용 프로그램이 커스텀 소프트웨어 구동기를 사용하고자 할 때 이것을 지정한다. 이를 위해서는 대상 컴퓨터에 서드 파티 소프트웨어 구동기가 완비되어 있어야 하므로, 이 옵션을 선택할 일은 그리 많지 않을 것이다. 마지막 종류가 좀 더 흥미로울 것이다. 이것은 *WARP 장치*를 위한 것으로, WARP 장치는 렌더링 속도를 위해 최적화되며 CPU의 특별한 기능들(다중 코어, SIMD 명령 등)을 사용하는 소프트웨어 렌더러를 말한다. 이를 통해서 모든 대상 컴퓨터에 비교적 빠른 소프트웨어 구동기를 갖출 수 있게 된다. 그러면 대상 사용자층을 훨씬 키울 수 있는 응용 프로그램들이 많다. 그러나 이런 구동기 종류는 Direct3D 10.1 기능 수준[1])까지의 기능성만을 지원한다. 이는 이 책에서 말하는 대부분의 기법을 구현하는 데 사용할 수 없다는 뜻이다.

이 매개변수로 소프트웨어 구동기를 지정한 경우, 그 다음 매개변수 `Sotware`로는 그 구동기의 DLL을 지정한다. 소프트웨어 구동기를 지정하지 않은 경우에는 NULL을 지정하면 된다(대부분의 경우에 해당). 그 다음의 `Flags` 매개변수로는 장치를 생성할 때 활성화할 여러 특수 기능들을 지정한다. 이 매개변수에 설정할 수 있는 플래그들이 목록 1.4에 나와 있다.

첫 플래그는 이 장치를 단일 스레드용으로 생성해야 한다는 뜻이다. 이 플래그를 설정하지 않으면 다중 스레드용 장치, 즉 여러 개의 스레드에서 사용할 수 있는 장치가 만들어진다. 둘째 플래그는 장치의 디버그 계층의 활성화 여부를 뜻한다. 이 플래그를 설정하면 `ID3D11Debug` 인터페이스도 구현하는 장치가 만들어진다. 이 인터페이스는 여러 가

---

[1]) 기능 수준이라는 개념은 잠시 후에 설명한다.

지 디버깅 작업에 쓰이는 것으로, COM 인터페이스 질의 기법을 이용해서 장치에서 뽑아낼 수 있다. 둘째 플래그를 설정하면 또한 실행 시점에서 완전한 오류/경고 메시지가 출력되며, 메모리 누수 검출 기능도 활성화된다. 셋째 플래그는 Direct3D 11에서는 쓰이지 않으므로 따로 설명하지 않겠다. 넷째 플래그는 장치를 다중 스레드용으로 유지하면서도 장치 안에서의 다중 스레드 **최적화**들을 비활성화기 위한 것이다. 이 플래그를 설정하면 성능이 하락할 가능성이 있지만, 디버깅이나 프로파일링 특성들(또는 둘 다)이 더 간단해진다. 마지막 플래그는 Direct2D API와 함께 사용할 수 있는 장치를 만들기 위한 것이다. 이 책에서 Direct2D는 다루지 않지만, 이런 기능이 있다는 점은 기억해 둘 필요가 있다.

```
enum D3D_FEATURE_LEVEL {
    D3D_FEATURE_LEVEL_9_1,
    D3D_FEATURE_LEVEL_9_2,
    D3D_FEATURE_LEVEL_9_3,
    D3D_FEATURE_LEVEL_10_0,
    D3D_FEATURE_LEVEL_10_1,
    D3D_FEATURE_LEVEL_11_0
}
```

**목록 1.4**. D3D11_CREATE_DEVICE_FLAG 열거형.

그 다음 두 매개변수 역시 장치 생성을 위한 아주 흥미로운 기능들을 제공한다. 둘 중 처음 것은 소위 **기능 수준**(feature level)을 지정하는 D3D_FEATURE_LEVEL 값들의 배열을 가리키는 포인터이다. 기능 수준은 예전 Direct3D들의 CAPS 비트를 대신하는 것이다. 예전에는 특정 GPU가 지원하거나 지원하지 않는 수많은 옵션들을 CAPS* 비트들이라고 불렀으며, 현재의 GPU에서 특정 기능을 사용할 수 있는지의 여부를 반드시 응용 프로그램 자신이 이 비트들을 점검해서 판단해야 했다.

그런데 하드웨어의 세대가 바뀔 때마다 사용 가능한 CAPS 비트들이 늘어나서 관리하기가 불가능할 정도로 많아졌다. 응용 프로그램이 수많은 옵션들을 일일이 파악해야 하는 부담을 없애기 위해, Direct3D 11 API는 여러 옵션들을 **기능 수준**이라고 부르는 여러 범주들로 분류한다. 이 기능 수준들은 주어진 GPU와 구동기에서 사용할 수 있는 기능들

---

* [역주] CAPS의 cap는 capability, 즉 '능력'의 약자이다.

을 좀 더 성긴 단위로 표현하므로 제어의 세밀함은 떨어지지만, 대신 GPU가 어떤 능력을 제공하는지를 판단하는 과정이 훨씬 단순해진다. 목록 1.5는 이 매개변수에 지정할 수 있는 기능 수준들이다.

```
enum D3D_FEATURE_LEVEL {
    D3D_FEATURE_LEVEL_9_1,
    D3D_FEATURE_LEVEL_9_2,
    D3D_FEATURE_LEVEL_9_3,
    D3D_FEATURE_LEVEL_10_0,
    D3D_FEATURE_LEVEL_10_1,
    D3D_FEATURE_LEVEL_11_0
}
```

**목록** 1.5. `D3D_FEATURE_LEVEL` 열거형.

목록에서 보듯이, 버전 9부터 시작해서 지금까지의 모든 Direct3D 부(minor) 릴리스마다 그에 대응되는 기능 수준이 존재한다. 각 기능 수준은 그 이전 기능 수준을 완전히 포함한다. 즉, 더 높은 수준의 GPU는 그보다 낮은 수준의 모든 기능을 지원한다(응용 프로그램이 요구하는 경우). 예를 들어 10.0 기능 수준의 기능들만 요구하는 응용 프로그램은 11.0 기능 수준을 요구하는 응용 프로그램보다 훨씬 더 다양한 하드웨어에서 실행될 수 있다. 그 다음 매개변수인 `FeatureLevels`는 그 앞의 매개변수로 넘겨주는 배열의 원소 개수이다. 장치 생성 함수가 기능 수준 배열을 처리할 때 배열 범위를 넘는 오류를 범하지 않게 하려면 이 매개변수를 제대로 지정해야 한다. 함수는 배열의 첫 원소부터 시작해서 그 원소에 해당하는 기능 수준으로 장치를 생성해 본다. 만일 이 호출에서 요청된 구동기 종류가 그 기능 수준을 지원한다면 그 기능 수준으로 장치를 생성한다. 아니라면 다음 기능 수준으로 넘어간다. 배열에 지정된 기능 수준들 중 구동기가 지원하는 것이 하나도 없으면 함수는 실패를 뜻하는 결과 코드를 돌려준다.

다음으로, `SDKversion` 매개변수는 DirectX SDK의 버전을 뜻한다. Direct3D 11에서는 그냥 `D3D11_SDK_VERSION`을 지정하면 된다. 이것은 매크로 상수로, 구체적인 값은 DirectX SDK의 새 버전이 나올 때마다 달라진다. 그러나 SDK를 설치하면 그 값이 자동으로 갱신되므로, 새 SDK를 설치했다고 해서 개발자가 뭔가를 변경할 필요는 없다.

다음으로, 장치 생성 함수의 나머지 입력 매개변수 두 개를 보자. 둘 중 첫째 것은 교환 사슬을 서술하는 구조체를 가리키는 포인터이다. 앞에서 언급했듯이 교환 사슬(swap chain) 객체는 DXGI가 생성하는 것으로, 응용 프로그램 창 클라이언트 영역 안의 내용을 관리하는 데 쓰인다. 교환 사슬 객체는 DXGI가 창의 내용을 적절히 관리하는 데 필요한 모든 저수준 옵션을 정의한다. **pSwapChainDesc** 매개변수는 바로 그러한 옵션들을 정의하는 **DXGI_SWAP_CHAIN_DESC** 구조체를 가리킨다. 그림 1.4에 이 구조체의 구조 및 각 구성원에 사용할 수 있는 값들이 나와 있다.

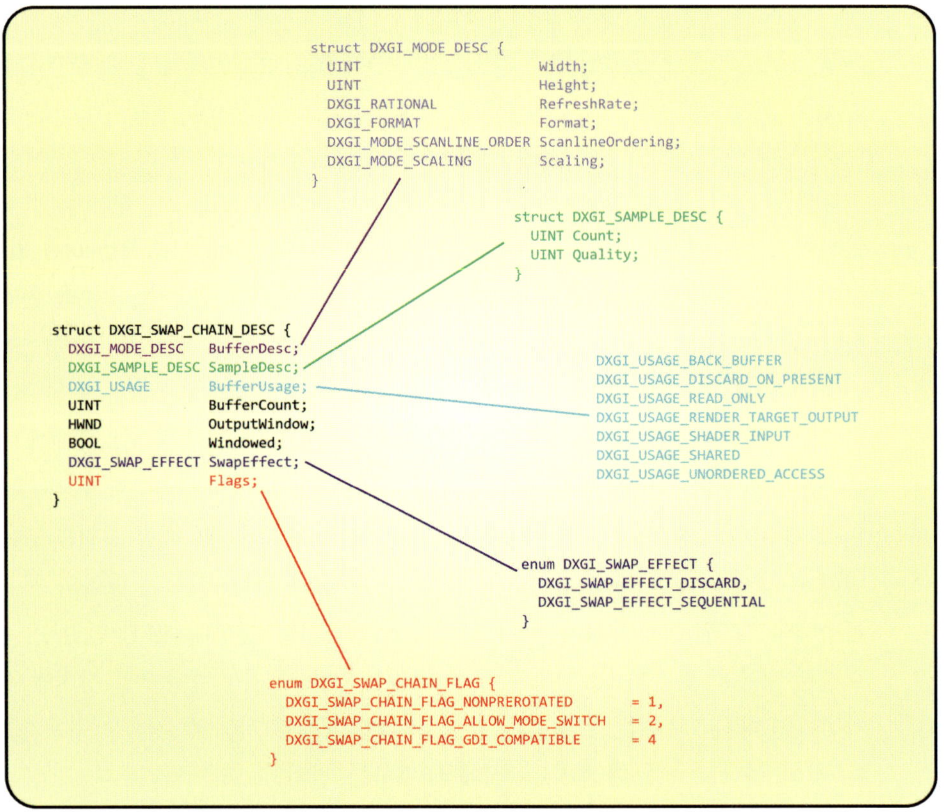


**그림** 1.4. DXGI_SWAP_CHAIN_DESC 구조체와 그 구성원.

구조체의 각 구성원(필드)은 교환 사슬의 행동의 여러 측면을 제어한다. **BufferDesc** 필드는 창의 내용을 담을 버퍼의 세부사항을 정의하는 또 다른 구조체이다. **BufferDesc**의 **Width** 필드와 **Height** 필드는 각각 버퍼의 가로, 세로 크기(단위는 픽셀)이다. **RefreshRate**

필드는 또 다른 구조체로, 창 내용의 갱신율의 분모와 분자를 담고 있다. BufferDesc의 Format 필드는 FXGI_FORMAT 열거형의 값으로, 버퍼의 텍스처 자원으로 사용할 수 있는 형식들을 제공한다. ScanlineOrdering 필드는 이미지 생성을 위한 래스터 기법들을 정의한다. 마지막으로, Scaling 필드는 버퍼를 창의 클라이언트 영역에 적용하는 방식(가운데에 배치하거나 영역 크기에 맞게 비례)을 결정한다. 이 옵션들 중에는 한 번만 설정해 두고 이후에는 기본 행동으로서 재사용하면 되는 것들이 많다.

버퍼를 서술하는 BufferDesc 필드 다음의 필드는 MSAA(multisample anti-aliasing, 다중 표본 앨리어싱 제거)에 관한 옵션들을 담는 구조체이다. 이를 통해서 표본 개수와 표본 추출 패턴의 품질을 지정한다. 다중 표본에 관해서는 제2장과 제3장에서 좀 더 이야기하겠다. 지금 예제에서는 픽셀당 표본 하나와 품질 0을 설정하기로 한다.

그 다음 필드는 교환 사슬의 용도를 지정하는 것인데, 지금 예제에서는 렌더 대상 출력에 교환 사슬을 사용하도록 한다. 그 다음의 BufferCount 필드는 교환 사슬에서 버퍼를 몇 개나 사용할 것인지를 결정한다. DXGI가 여러 개의 버퍼를 허용하는 덕분에, 예를 들어 렌더링된 이미지를 한 버퍼에 표시함과 동시에 또 다른 버퍼에서 Direct3D가 다음 프레임의 이미지를 생성하는 것이 가능하다. 이렇게 하면 창 안에서 애니메이션이 좀 더 매끄럽게 갱신된다. 이런 목적으로 버퍼를 두 개 사용하는 것*이 일반적이나, 필요하다면 버퍼들을 더 사용할 수도 있다.

그 다음 두 필드는 교환 사슬을 응용 프로그램의 창과 연결하기 위한 정보이다. OutputWindow 필드는 교환 사슬의 내용을 받을 창의 핸들이고, 그 다음 필드 Windowed 는 그 창이 바탕화면 안의 한 창으로 표시되는지(창 모드) 아니면 화면 전체를 차지할 것인지(전체 화면 모드)를 결정한다. 둘 중 무엇이 바람직한지는 응용 프로그램의 요구에 따라 다르겠지만, 지금 예제에서는 창 모드를 사용하기로 한다.

다음으로, SwapEffect 필드는 버퍼 내용을 응용 프로그램 창에 표시한 후 그 내용을 어떻게 처리할 것인지를 결정한다. 일반적으로는 버퍼의 내용을 폐기하도록 하는 값을 설정하지만, 필요하다면 다른 방식으로 바꿀 수 있다. 마지막 필드 Flags는 버퍼와 DXGI의 버퍼 사용 방식에 관한 여러 설정들을 위한 플래그들을 담는다. 대략 말하자면, 이들은 디스플레이 회전 처리, 창 모드와 전체 모드 전환, GDI로 버퍼에 접근하기 같은

---

* [역주] 이를 흔히 '이중 버퍼링(double buffering)'이라고 부른다.

특별한 연산을 응용 프로그램이 수행할 수 있도록 하는 특수 용도의 플래그들이다.

다시 장치 생성 함수로 돌아가서, 앞에서 말한 필드들을 채운 DXGI_SWAP_CHAIN_DESC 구조체를 지정한 다음에는 함수가 생성한 객체들을 돌려받을 포인터들을 지정한다. 함수 호출이 성공하면 이 포인터들은 생성된 교환 사슬, 장치 객체, 장치의 기능 수준 객체, 즉시 장치 문맥 객체를 가리키게 된다. Direct3D API를 호출한 후에는 반드시 그 반환값을 점검해서 호출이 성공했는지를 확인하는 것이 중요하다. 장치 생성 함수가 돌려주는 객체들 중 기능 수준을 제외한 모든 객체는 COM 객체이므로 그 참조 횟수를 적절히 관리해 주어야 한다.

위와 같은 함수로 장치와 그 교환 사슬 객체를 얻은 다음에는, 교환 사슬의 인터페이스를 이용해서 텍스처 자원 인터페이스를 얻어야 한다. 그래야 렌더링 파이프라인에서 텍스처를 사용할 수 있다. 이에 필요한 메서드가 IDXGISwapChain::GetBuffer()로, 사용법은 이전에 이야기한 COM 인터페이스 질의 메서드와 비슷하다. 차이는, 얻고자 하는 버퍼의 색인을 첫 매개변수로 지정해야 한다는 것이다. 목록 1.6에 텍스처 인터페이스를 얻는 코드가 나와 있다.

```cpp
ID3D11Texture2D* pSwapChainBuffer = 0;
hr = pSwapChain->GetBuffer( 0,
                            __uuidof( ID3D11Texture2D ),
                            (void **)&pSwapChainBuffer );
```

**목록** 1.6. 교환 사슬로부터 텍스처 인터페이스를 얻는 예.

추가로, 만일 디버그 계층을 포함하는 장치를 생성한 경우에는 장치 자체로부터 디버그 인터페이스를 얻어야 한다. 목록 1.7에서 보듯이, 얻는 방식은 방금 전과 비슷하다.

```cpp
m_pDebugger = 0;
hr = pDevice->QueryInterface( __uuidof( ID3D11Debug ), (void **)&pDebugger );
```

**목록** 1.7. 인터페이스 질의 메서드를 이용해서 장치로부터 디버그 인터페이스를 얻는 예.

이 인터페이스들을 성공적으로 얻었다면 Direct3D 11의 초기화가 완료된 셈이다. 이제 응용 프로그램의 다음 단계로 넘어가자.

**자원 생성.** 응용 프로그램을 초기화하고 장치와 장치 문맥, 그리고 렌더링 대상으로 사용할 교환 사슬을 얻었다면, 다음으로 할 일은 응용 프로그램의 렌더링 작업에서 사용할 여러 자원과 셰이더 객체, 상태 객체들을 생성하는 것이다. 이 객체들을 최대한 응용 프로그램의 초기 단계에 얻는 것이 바람직하다. 렌더링 작업 도중에 이들을 얻으면 렌더링이 순간적으로 지연될 것이기 때문이다. 다중 스레드 렌더링을 이용해서 그러한 지연을 최대한 완화하는 것도 한 방법이지만, 문제를 아예 제거할 수 있는 최선의 방법은 응용 프로그램 초반에 자원을 생성하는 것이다.

그런데 사용할 수 있는 자원이나 셰이더 객체, 상태 객체들을 아직 이야기하지 않았기 때문에, 여기서 그것들의 생성 방법을 다루기가 좀 곤란하다. 가용 자원과 렌더링 파이프라인을 위한 객체들은 각각 제2장과 제3장에서 자세히 이야기하므로 지금 이 자리에서 그냥 대충 설명하는 것은 비효율적이다. 그러나 교환 사슬에서 얻은 텍스처 인터페이스를 사용하기 위해서는, 텍스처를 파이프라인의 렌더 대상으로 묶기 위한 **자원 뷰**(resource view)라는 객체가 필요하다. 좀 더 구체적으로는, 여러 종류의 자원 뷰들 중 **렌더 대상 뷰**라는 자원 뷰가 있어야 한다. Direct3D 11의 다른 대부분의 객체들처럼 이 객체도 장치 인터페이스를 통해서 생성하며, 객체로 어떤 작업을 수행할 때에는 장치 문맥을 거치게 된다. 목록 1.8은 텍스처 자원이 이미 만들어져 있다는 가정 하에서 렌더 대상 뷰를 생성하는 코드이다.

```
ID3D11RenderTargetView* pView = 0;
HRESULT hr = m_pDevice->CreateRenderTargetView( pSwapChainBuffer,
                                        0, &pView);
```

**목록 1.8.** 교환 사슬 텍스처를 렌더링용으로 파이프라인에 묶기 위한 렌더 대상 뷰를 생성하는 예.

이 예의 호출에서 첫 인수에는 텍스처 자원을 지정했다. 그리고 둘째 인수에는 뷰를 서술하는 구조체(이하 뷰 서술)를 가리키는 포인터 대신 그냥 NULL을 지정했는데, 이렇게 하면 기본 뷰 서술이 쓰인다. 자원 뷰 역시 참조 계수 방식의 객체이므로, 응용 프로그램은 뷰를 다 사용한 후 반드시 해당 참조를 해제해야 한다. 이렇게 자원 뷰를 얻었으면 이제 교환 사슬 텍스처 자원을 사용할 준비가 끝난 것이다.

렌더 대상 외에도 **깊이·스텐실 버퍼**(depth stencil buffer)와 그것을 파이프라인에 묶기 위한 **깊이·스텐실 뷰**가 필요하다. 이들을 얻는 코드가 목록 1.9에 나와 있다. 이 생성 과정 역시 제2장에서 좀 더 자세히 설명하겠다.

```cpp
D3D11_TEXTURE2D_DESC desc;
desc.Width = width;
desc.Height = height;
desc.MipLevels = 1;
desc.ArraySize = 1;
desc.Format = DXGI_FORMAT_D32_FLOAT;
desc.SampleDesc.Count = 1;
desc.SampleDesc.Quality = 0;
desc.Usage = D3D11_USAGE_DEFAULT;
desc.BindFlags = D3D11_BIND_DEPTH_STENCIL;
desc.CPUAccessFlags = 0;
desc.MiscFlags = 0;

ID3D11Texture2D* pDepthStencilBuffer = 0;
HRESULT hr = m_pDevice->CreateTexture2D( &desc,
                                  0, &pDepthStencilBuffer );


ID3D11DepthStencilView* pDepthView = 0;
HRESULT hr = m_pDevice->CreateDepthStencilView( pDepthStencilBuffer,
                                  pDesc, &pDepthView );
```

**목록 1.9.** 깊이·스텐실 버퍼와 그것을 사용하기 위한 깊이·스텐실 뷰를 생성하는 과정.

지금 예제에서는 이상의 자원들만 사용하지만, 응용 프로그램의 초기화 단계에서 생성해야 하는 다른 종류의 항목들을 짚고 넘어가도 좋을 것 같다. 본질적으로 모든 Direct3D 자원은 반드시 초기화 단계에서 생성해야 한다. 물론 자원을 실행 시점에서 생성하고 파괴해야 하는 특별한 경우가 없는 것은 아니다. 예를 들어 어떤 텍스처를 절차적으로 생성해야 하는데 그 텍스처의 크기가 어떤 실행 시점 매개변수에 따라 달라지는 경우라면 초기화 단계에서 생성하기가 쉽지 않을 것이다. 그런 경우라도, 생성을 좀 더 일찍 수행할 수 있도록 알고리즘을 고쳐보는 것이 바람직하다. 예를 들어 커다란 자원 하나를 미리 만들어 두고 절차적 텍스처를 필요로 하는 모든 객체가 그 자원을 공유하게 하는 방법이 있다. 또한, 초기화 단계에서 자원을 하나 만들어 두고 실행 시점에서 그 내용을 수정하는 것도 가능하며, 특히 Direct3D 11의 다중 스레드 능력을 활용한다면 얼마든지 해볼 만한 일이다.

자원들뿐만 아니라 모든 파이프라인 구성요소도 미리 만들어 두어야 한다. 그러한 구성요소들에는 고정 기능 단계들에 쓰이는 상태 객체들과 프로그램 가능 셰이더 단계들에 쓰이는 셰이더 프로그램 객체들이 포함된다. 이런 항목들은 그 개수나 종류, 용도를 미리 충분히 계획할 수 있으므로, 초기화 단계에서 생성하지 못할(그리고 반드시 실행 시점에서 동적으로 적재해야 할) 이유가 없다. 응용 프로그램이 이런 객체들을 엄청나게 많이 사용하는 것이 아닌 한 메모리 소비량 면에서 문제가 될 일도 없을 것이다. 특히, 셰이더 프로그램 객체들을 동적으로 적재한다는 것은 실행 시점에서 하드 디스크로부터 셰이더 프로그램들을 읽어 들인다는 뜻인데, 그러면 응용 프로그램의 실행이 간헐적으로 지연될 수밖에 없다.

## 응용 프로그램 루프

초기화 단계를 마친 응용 프로그램은 자신의 실행을 반복하는 루프로 진입하게 된다. 루프의 몸통은 크게 세 부분으로 나뉜다. 그럼 각 부분을 차례로 살펴보자.

**남아 있는 메시지 처리.** 루프의 한 반복의 시작에서 응용 프로그램은 반드시 운영체제가 보낸 Windows 메시지들에 적절히 반응해야 한다. 이 메시지 처리 작업은 응용 프로그램 창을 등록하고 생성할 때 지정한 콜백 함수에서 일어난다. 이러한 운영체제 메시지 처리 자체는 Direct3D에 직접 연관된 것이 아니므로 더 자세히 설명하지는 않겠다. 이 책의 모든 예제 프로그램은 메시지 처리를 구현하고 있으므로, 기본적인 메시지 처리 방식을 알고 싶다면 그 부분의 코드를 참고하기 바란다. 메시지 처리부는 해당 예제의 `main.cpp` 파일에 있다.

**갱신.** 이번 예제는 아주 간단한 것이라서 특별한 시뮬레이션이나 물리 계산은 수행하지 않는다. 그렇다고 아무 일도 하지 않는 것은 아니고, 렌더 대상의 색상을 시간에 따라 변경한다. 이러한 변경을 수행하는 장소가 바로 응용 프로그램 루프의 '갱신' 부분이다. 이 부분에서는 응용 프로그램의 상태를 변경하며, 변경된 상태는 루프의 다음 부분인 렌더링 부분에 반영된다. 지금 예제의 갱신 부분은 렌더링 시 창의 배경색으로 쓰일 색상 값을 계산한다. 목록 1.10의 코드에서 보듯이, 이 값은 시간에 따라 사인곡선 형태로 변한다.

```cpp
float fBlue = sinf( m_pTimer->Runtime() * m_pTimer->Runtime() ) * 0.25f + 0.5f;
```

**목록** 1.10. 애니메이션을 위한 시간 가변 매개변수의 계산.

이 코드는 한 타이머 클래스를 이용해서 응용 프로그램이 지금까지 실행된 시간을 얻는다. 이 Timer 클래스는 이 책의 예제 프레임워크에 속한 것으로, 내부 작동방식이 궁금하다면 예제 코드 모음의 해당 소스 파일을 참고하기 바란다. 지금은 그냥 이 클래스의 Runtime() 메서드가, 응용 프로그램이 지금까지 실행된 초 단위 시간에 해당하는 부동소수점 값을 돌려준다고 이해하면 될 것이다.

**렌더링.** 응용 프로그램의 상태를 갱신한 후에는 현재 장면(scene)을 사용자가 볼 수 있도록 표시하는 작업, 즉 렌더링(rendering) 작업을 수행한다. 이 과정은 우선 렌더 대상 뷰와 깊이·스텐실 뷰를 파이프라인에 묶는 것으로 시작한다. 이렇게 연결을 해 두어야 렌더링 파이프라인의 연산 결과가 깊이·스텐실 버퍼와 렌더 대상 버퍼에 전달된다. 이 연결 과정은 파이프라인을 조작하는 것이므로 장치 문맥을 통해서 수행된다. 목록 1.11에 이 부분의 코드가 나와 있다.

```cpp
ID3D11RenderTargetView* RenderTargetViews[1] = { pView };
ID3D11DepthStencilView* DepthTargetView = pDepthView;

pContext->OMSetRenderTargets( 1, RenderTargetViews, DepthTargetView );
```

**목록** 1.11. 렌더링을 위해 렌더 대상과 깊이·스텐실 대상을 파이프라인에 묶는 코드.

렌더 대상과 깊이·스텐실 대상을 하나의 메서드로 파이프라인에 묶는다는 점을 주목하자. 이 메서드는 렌더 대상 뷰들의 배열을 받으므로, 지금 예제처럼 렌더 대상이 하나인 경우라고 해도 원소 하나짜리 배열을 만들어서 넘겨주어야 한다. 메서드 호출이 성공해서 대상들이 파이프라인에 잘 연결되었다면, 다음으로 할 일은 이후의 렌더링 패스를 위해 대상들을 비우는(clear) 것이다. 목록 1.12에 이러한 비우기 작업을 수행하는 한 메서드의 본문이 나와 있다. 코드에서 보듯이, 이 비우기 작업 역시 장치 문맥을 통해서 수행한다.

```cpp
ID3D11RenderTargetView*
    pRenderTargetViews[D3D11_SIMULTANEOUS_RENDER_TARGET_COUNT] = {NULL};
ID3D11DepthStencilView* pDepthStencilView = 0;

m_pContext->OMGetRenderTargets( D3D11_SIMULTANEOUS_RENDER_TARGET_COUNT,
                                pRenderTargetViews, &pDepthStencilView );

for ( UINT i = 0; i < D3D11_SIMULTANEOUS_RENDER_TARGET_COUNT; ++i )
{
    if ( pRenderTargetViews[i] != NULL )
    {
        float clearColours[] = { color.x, color.y, color.z, color.w }; // RGBA
        m_pContext->ClearRenderTargetView( pRenderTargetViews[i],
                                           clearColours );
        SAFE_RELEASE( pRenderTargetViews[i] );
    }
}

if ( pDepthStencilView )
{
    m_pContext->ClearDepthStencilView( pDepthStencilView,
                                       D3D11_CLEAR_DEPTH, depth, stencil );
}

// 깊이·스텐실 뷰를 해제한다.
SAFE_RELEASE( pDepthStencilView );
```

**목록 1.12.** 렌더 대상과 깊이·스텐실 대상의 내용을 비우는 코드.

렌더 대상과 깊이·스텐실 대상을 비운 후에는 실질적인 렌더링 작업을 수행한다. 현재 장면이나 사용자 인터페이스를 위한 2차원 화면 요소, 텍스트 등 현재 프레임에서 표시할 내용을 이 부분에서 렌더링하면 된다. 지금 예제 프로그램은 아무런 렌더링도 수행하지 않고, 그냥 목록 1.12에 나온 메서드를 이용해서 렌더 대상을 앞의 갱신 부분에서 계산한 색으로 채우기만 한다.

**결과를 창에 표시.** 이번 프레임의 렌더링 작업을 모두 마친 후에는 렌더링 결과를 담은 버퍼의 내용을 창의 클라이언트 영역에 표시한다. 이 부분은 교환 사슬 인터페이스의 메서드 하나만 호출하면 끝난다. 목록 1.13이 바로 그것이다.

이 메서드를 호출하면 렌더 대상의 내용이 창의 클라이언트 영역에 표시된다. 여러 개의 버퍼들을 교환 사슬 안에서 사용하는 경우, 응용 프로그램이 렌더 대상을 직접 조작할 필요는 없다. 렌더 대상들을 교환 사슬 자신이 관리하므로 응용 프로그램의 책임이 가벼워진다. 이 메서드가 성공적으로 호출되고 나면 드디어 사용자가 렌더 대상의 내용을 창 안에서 보게 된다.

```
pSwapChain->Present( 0, 0 );
```

**목록 1.13.** 교환 버퍼 자원의 내용을 창에 표시하는 코드.

렌더링 결과를 표시하고 나면 응용 프로그램 루프의 다음 번 반복으로 넘어가서, 그 사이에 도착한 Windows 메시지들을 처리하는 작업부터 다시 시작한다. 이러한 과정이 사용자가 응용 프로그램을 종료할 때까지 되풀이되는 것이다. 일반적으로 사용자가 ESC 키를 누르거나 응용 프로그램 사용자 인터페이스에서 '종료'에 해당하는 수단을 선택하면 응용 프로그램이 종료된다.

## 응용 프로그램 종료 과정

응용 프로그램의 실행이 완전히 끝나기 전에, 응용 프로그램이 생성했던 객체나 자원들을 반드시 '마무리(cleanup)' 해야 한다. 한다. Direct3D 11 객체의 경우 '마무리'란 응용 프로그램이 사용했던 참조를 해제하는 것에 해당한다. 여기서 한 가지 고려할 점은, 파이프라인 자체도 자신에 묶였던 일부 객체들에 대한 참조를 유지하고 있다는 것이다. 그런 파이프라인 참조들도 확실히 해제되게 하려면 장치 문맥의 **ClearState** 메서드를 호출해야 한다. 그러면 파이프라인의 모든 참조가 해제되어서 기본 상태로 돌아간다. 목록 1.14에 예제 프로그램의 종료 과정 코드가 나와 있다.

제대로 해제되지 않은 참조가 남아 있는 채로 응용 프로그램이 종료하려 하면 디버그 콘솔에 디버그 메시지가 나타날 것이다. 그 메시지를 보면 여전히 참조가 남아 있는 객체의 인터페이스 형식을 알 수 있다. 모든 참조를 적절히 해제했다면 응용 프로그램은 다른 종류의 응용 프로그램처럼 정상적으로 종료된다.

```
pContext->ClearState();

SAFE_RELEASE( pView );
SAFE_RELEASE( pDepthView );
SAFE_RELEASE( pDepthStencilBuffer );


SAFE_RELEASE( pSwapChainBuffer );
SAFE_RELEASE( pSwapChain );
SAFE_RELEASE( pContext );
SAFE_RELEASE( pDebugger );
SAFE_RELEASE( pDevice );
```

**목록 1.14**. 응용 프로그램이 사용했던 여러 인터페이스들을 해제하는 코드.

## 1.5.3 기타 응용 프로그램 고려사항

이번 장 후반부에서 차례로 살펴본 예제 응용 프로그램의 여러 작업 단계들을 이해하는 것이 중요하긴 하지만, 이 작업들이 여러분이 만들 모든 응용 프로그램에서 아주 흥미로운 부분에 해당하는 것은 아니다. 창 생성이나 장치 초기화 같은 여러 공통 과제들은 모든 응용 프로그램에서 재사용할 라이브러리의 함수들로 만들어 두면 그만이다. 실시간 렌더링의 맥락에서 그런 종류의 라이브러리를 흔히 **엔진**(engine)이라고 부른다. 이를 엔진이라고 처음 부른 이는 id Software의 John Carmack이다.

이 책의 여러 예제 응용 프로그램들 역시 그런 방식을 사용한다. 이 책의 모든 예제는 저자들이 개발한 오픈소스 엔진인 Hieroglyph 3을 바탕으로 구축된 것이다. 이 엔진과 예제들 모두 Hieroglyph 3 프로젝트 페이지에서 자유로이 내려 받을 수 있다. 프로젝트 페이지의 주소는 http://hieroglyph3.codeplex.com이다. 프로젝트의 소스 코드 저장소에는 이 책의 예제들 외에도 라이브러리의 기초를 배우기에 좋은 수많은 예제 응용 프로그램들이 있다.

이런 오픈소스 라이브러리를 사용한 덕분에, 기본적인 Win32 응용 프로그램 코드나 되풀이되는 코드 조각들을 설명하는 데 시간을 낭비하지 않고 Direct3D 11의 개념과 용법에 지면을 좀 더 할애할 수 있었다. Hieroglyph 3 라이브러리가 기본적인 작업들을 처리해 주므로 저자들은 원래 다루고자 했던 실질적인 주제들에 좀 더 집중할 수 있었으며, 결과적으로 더 나은 책이 만들어졌다. MIT 라이선스 하에서 제공되는 Hieroglyph 3 라이브러리에는 격식에 얽매이지 않는 사용 지침 문서들도 포함되어 있다. 이 라이브러리를 여러분 자신의 프로젝트의 기반으로 사용하면 좋을 것이다.

# 2 Direct3D 11의 자원들

현대적인 실시간 렌더링 기법들의 논의는 프로그래밍이 가능한 파이프라인과 그것을 어떻게 활용할 것인가를 중심으로 진행되는 경우가 많다. 실제로 파이프라인은 실시간 렌더링이라는 퍼즐의 중요한 한 조각이다. 특히, 그래픽 개발자의 주된 임무 중 하나가 파이프라인에 쓰일 셰이더 프로그램을 작성하는 것이라는 점을 생각하면 더욱 그렇다. 그러나 그러한 논의에서 파이프라인에 연결된 메모리 자원들의 중요성이 간과되기도 한다. 특정 알고리즘에 어떤 자원이 필요하고 그 자원들을 언제 어떻게 사용해야 하는지를 이해하는 것도 파이프라인 자체만큼이나 중요한 문제이다.

이번 장에서는 Direct3D 11의 메모리 자원(memory resource)을 상세히 살펴본다. 우선 Direct3D 11 API로 자원들을 조직화하고 관리하는 방법을 소개한 다음, 주된 두 가지 자원인 버퍼와 텍스처를 살펴본다. 이들 각각의 생성 방법과 사용 방법, 그리고 다 사용하고 난 후의 해제 방법을 자세히 이야기할 것이다. 또한 자원을 파이프라인의 특정 장소에 연결하기 위한 일종의 접속기(adapter)에 해당하는 자원 뷰도 소개한다.

자원을 이야기하자면 자원 사용의 두 측면을 모두 살펴봐야 마땅하다. 응용 프로그램의 관점에서 중요한 것은 자원의 생성과 준비, 파이프라인과의 연결이다. 그러나 자원이 파이프라인 안에서 어떻게 쓰이는지도 알 필요가 있다. 프로그램 가능 셰이더 안에서 자원을 선언하고 사용하는 방법을 아는 것은 자원을 적절히 생성하는 방법을 아는 것만큼이나 중요하다. 제3~7장에 나오는 셰이더 프로그램들에서 자원의 쓰임새를 제대로 이해할 수 있도록, 이번 장에서는 프로그램 가능 셰이더 안에서 자원을 어떤 식으로 선언하고 사용하는지도 자세히 설명한다.

이번 장에서 보겠지만, 자원을 제대로 생성하려면 그 전에 그 자원이 어떻게 쓰일 것인지를 명확하게 파악하고 있어야 한다. 자원 생성을 위한 매개변수들 중에 자원의 사용 영역에 대한 것들이 포함되어 있기 때문이다. 그런 매개변수들을 제대로 지정하지 않고 자원을 생성하면 응용 프로그램에 여러 가지 악영향이 미치게 된다. 응용 프로그램의 성능이 떨어질 수도 있고, 심지어는 파이프라인 안의 오류 때문에 응용 프로그램이 제대로 작동하지 않을 수도 있다. 이는 자원이 얼마나 중요한 주제인지를 말해주는 증거이다!

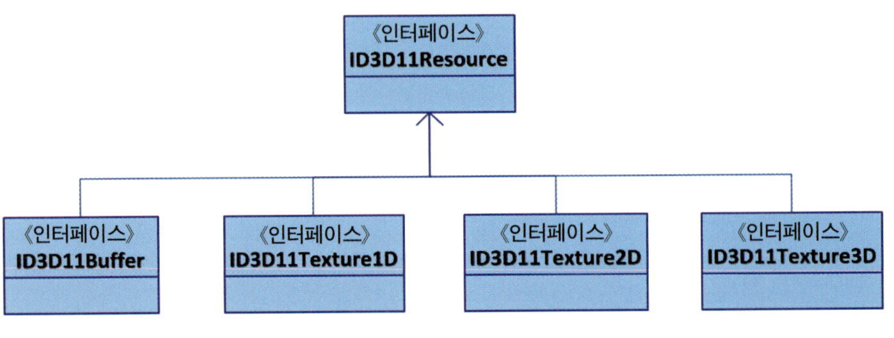

**그림 2.1.** Direct3D 11 자원 인터페이스 계통구조.

## 2.1 자원의 개요

Direct3D 11의 자원은 크게 두 종류로 나뉘는데, 하나는 버퍼(buffer)이고 또 하나는 텍스처(texture)이다. 버퍼와 텍스처 모두 좀 더 세분화된 하위 종류들이 존재하며, 각 하위 종류마다 구성 옵션들이 다르다. 자원 생성 시 지정할 수 있는 옵션들이 너무 많아서 처음에는 좀 질릴 수도 있으므로, 일단은 이들이 Direct3D 11 API 안에 어떻게 조직화되어 있는지부터 살펴보자. 자원을 고수준에서 살펴보면서 여러 자원들의 차이점을 파악하고, 그러한 차이에 따라 자원의 사용법이 세부적으로 어떻게 달라지는지를 이해하는 방향으로 나아가는 것이 바람직할 것이다.

그림 2.1은 Direct3D 11의 자원 클래스들의 계통구조를 나타낸 것이다. 그림에서 보듯이, 전체 API에서 자원에 관한 클래스는 단 네 개로, 버퍼를 위한 클래스 하나와 각각 1차원, 2차원, 3차원 텍스처를 위한 클래스 세 개가 있다.

이 계통도는 또한 자원 클래스들이 모두 ID3D11Resource라는 단일한 공통 기반 클래스로부터 파생된 것임을 보여준다. 이러한 구조는 자원이라는 것이 결국은 파이프라인에 부착(연결)할 수 있고 입력 또는 출력(경우에 따라서는 둘 다)에 쓰이는 메모리 블록이라는 점을 생각하면 당연한 것이다. 다른 말로 하면, 자원은 GPU가 사용하고 조작하도록 마련된 메모리 블록일 뿐이다. 이러한 점이 이번 장 전반에서 자주 등장할 것이다. 이름이나 지원하는 개념이 다르다고 해도, 여러 종류의 자원들의 차이는 자원을 파이프라인에 묶는 데 쓰이는 의미구조와 자원의 형식, 접근, 사용에 관한 규칙들 뿐이다.

## 2.1.1 자원 생성

제1장에서 설명했듯이 모든 메모리 자원의 생성은 ID3D11Device 인터페이스가 책임진다. 생성된 자원을 파이프라인에 직접 부착(연결)할 수도 있고 자원 뷰를 통해서 부착할 수도 있다. 일단 연결이 되면 이후 파이프라인 실행 과정 안에서 자원이 실제로 사용된다. 자원 생성에 쓰이는 ID3D11Device의 메서드는 자원의 종류마다 다르지만, 모두 동일한 일반 패턴을 따른다.

모든 자원 생성 메서드는 세 개의 매개변수를 받는다. 첫 매개변수는 자원 생성에 관한 모든 옵션을 지정하는 구조체이다. 이를 **자원 서술**(resource description)이라고 부른다. 자원 종류마다 자원 서술 구조체가 다르다(자원마다 선택 가능한 옵션이 다르므로). 그러나 이 구조체들은 모두 동일한 목적, 즉 생성된 자원의 원하는 특성들을 정의하는 데 쓰인다. 이번 장에서는 이 구조체들을 자세히 살펴볼 것이다. 자원을 원하는 대로 생성하는 과정의 대부분을 차지하는 것이 이 구조체를 채우는 작업이다. 생성 메서드의 둘째 매개변수는 D3D11_SUBRESOURCE_DATA 구조체를 가리키는 포인터인데, 이 구조체는 자원에 적재할 초기 자료를 제공하는 데 쓰인다. 예를 들어 정적 정점 자료를 담을 버퍼 자원을 만드는 경우 이 구조체를 이용해서 모형의 정점 자료를 버퍼 자원에 채워 넣을 수 있다. 내용이 변하지 않을 버퍼의 경우 이렇게 하면 먼저 버퍼를 만든 후에 일일이 자료를 채워 넣는 수고를 덜 수 있다. 자원 생성 메서드의 마지막 매개변수는 자원 종류에 맞는 자원 인터페이스를 가리키는 포인터의 포인터로, 자원 생성이 성공하면 해당 자원을 가리키는 포인터가 이 매개변수에 설정된다.

자원 생성 메서드에서 실질적인 구성 설정이 일어나는 곳은 바로 자원 서술 구조체이다. 앞에서 언급했듯이 각 자원 종류마다 자원의 속성들을 지정하는 구조체가 다르다. 그런

데 그 구조체들이 모두 공유하는 공통의 요소들도 존재한다. 용도 플래그, 연결 플래그, CPU 접근 플래그, 기타 여러 플래그들을 위한 구조체 필드들이 그런 공통의 요소이다. 이 요소들은 모든 자원 종류가 공유하므로, 여기서 이들을 자세히 설명하고 넘어가는 것이 좋겠다. 특정 종류의 자원에 고유한 구조체 필드들은 각 자원 종류를 다룰 때 이야기하겠다.

## 자원 용도 플래그

처음으로 살펴볼 자원 서술 구조체의 필드는 용도 명세(usage specification) 필드이다. 간단히 말해서 이 필드는 응용 프로그램이 자원을 어떤 용도로 사용할 것인지를 나타낸다. 자원은 컴퓨터 안의 어딘가에 있는 메모리 블록이다. 그런데 자원이 존재하는 '메모리'는 비디오 카드의 메모리일 수도 있고 시스템의 주 메모리일 수도 있다. 또한 Direct3D 11 실행 시점 모듈이 자원을 비디오 카드 메모리에서 시스템 메모리로, 또는 그 반대 방향으로 이동할 수도 있다. 실행 시점 모듈/구동기가 자원을 최적의 장소에 두고 내부적으로 자원을 효율적으로 처리할 수 있게 하기 위해, 응용 프로그램은 반드시 자원의 사용 방식에 대한 자신의 '의도'를 용도 명세 필드를 통해서 명시적으로 밝혀야 한다. 이는 이전 버전의 Direct3D와는 다른 점으로, 이전 버전에서는 자원이 상주할 메모리 풀을 응용 프로그램이 직접 지정할 수 있었다. 그러나 자원의 사용 의도를 지정하는 것으로도 이전과 비슷한 수준의 제어가 가능하다. 이 필드에 사용할 수 있는 값들은 **D3D11_USAGE** 열거형에 정의되어 있다(목록 2.1).

```
enum D3D11_USAGE {
    D3D11_USAGE_DEFAULT,
    D3D11_USAGE_IMMUTABLE,
    D3D11_USAGE_DYNAMIC,
    D3D11_USAGE_STAGING
}
```

**목록 2.1.** D3D11_USAGE 열거형.

이 값들은 각각 서로 다른 용법을 나타낸다. 구체적으로, 이들은 자원에 대한 CPU와 GPU의 읽기/쓰기 가능 여부를 결정한다. 예를 들어 GPU만 읽고 쓰고 CPU는 결코 접근하지 않을 자원이라면 비디오 메모리에 두어도 무방하다. 그런 자원은 결코 시스템 자원으로 이동되지 않는다(CPU는 접근할 수 없으므로). 그런 자원을 GPU 가까이에 두면 성능 향상에 도움이 된다. 표 2.1에 각 자원 용도의 읽기/쓰기 허용 여부가 정리되어 있다.

| 자원 용도 | DEFAULT | DYNAMIC | IMMUTABLE | STAGING |
|:---:|:---:|:---:|:---:|:---:|
| GPU 읽기 | 예 | 예 | 예 | 예 |
| GPU 쓰기 | 예 | | | 예 |
| CPU 읽기 | | | | 예 |
| CPU 쓰기 | | 예 | | 예 |

표 2.1. 각 용도의 자원 접근 가능성.

**불변 용도.** 가장 간단한 사용 패턴은 **D3D11_IMMUTABLE**에 해당하는 **불변**(immutable) 용도이다. 이 용도를 지정해서 생성한 자원은 오직 GPU가 읽을 수만 있고 CPU는 아예 접근하지 못한다. GPU와 CPU 모두 이 자원을 기록(쓰기)하지 못한다. 즉, 일단 생성된 후에는 자원을 결코 수정할 수 없다. 자원을 수정할 수 없기 때문에 '불변(不變)'이라는 이름이 붙은 것이다. 이런 종류의 자원의 예로는 응용 프로그램의 수명동안 변하지 않는 자료로 생성되는 정적인 상수나 정점, 색인 버퍼를 들 수 있다. 일반적으로 이런 자원들은 GPU에 자료를 공급하는 데 쓰인다.

**기본 용도.** **D3D11_DEFAULT**는 **기본** 용도를 뜻한다. 표에서 보듯이, 기본 용도 자원은 GPU의 읽기와 쓰기를 허용하며 CPU 접근은 모두 거부한다. 이는 GPU가 읽을 뿐만 아니라 종종 변경하기도 하는 자원에 가장 최적인 용도이다. 이런 용도가 유용한 자원의 예로는 렌더 대상 텍스처(GPU의 렌더링 결과가 기록되고, 이후 GPU가 다시 읽어 들인다)나 스트림 출력 정점 버퍼(GPU의 처리 결과가 기록되고, 이후 GPU가 렌더링을 위해 읽어 들인다)가 있다. 이런 자원은 비디오 메모리에 상주할 수 있으므로 GPU는 이런 자원에 최대한 빠르게 접근할 수 있으며, 결과적으로 응용 프로그램의 전체적인 성능이 향상된다.

**동적 용도.** **D3D11_DYNAMIC**에 해당하는 **동적** 용도는 CPU의 쓰기가 가능한 두 가지 용도 중 하나이다. GPU는 읽기만 가능하다. 이 사용 패턴에서는 CPU가 자원의 내용을 생산하고 GPU가 그것을 소비한다. 이런 종류의 자원으로 가장 흔한 예는 프레임마다 바뀔 수 있는 렌더링 자료(이를테면 변환 행렬)를 프로그램 가능 셰이더 단계에 공급하기 위한 상수 버퍼이다. CPU가 자원의 내용을 읽어 들이지는 못한다는 점에 주목하기 바란다. 즉, 자료는 CPU에서 GPU로 한 방향으로만 흘러간다.

**예비 용도.** 마지막으로, **D3D11_STAGING**에 해당하는 **예비** 용도는 특별한 종류의 사용 패턴을 제공한다. 앞에서 말한 세 가지 용도는 렌더링 수행을 위한 전형적인 자원 사용 시나리오들에 해당하는 것이다. 그러나 GPU에서 자료를 계산, 조작하고 그것을 저장이나 추가 조사를 위해 CPU로 읽어 들여야 하는 경우도 있다. **DirectCompute** 기술에 의해 GPGPU를 위한 수단이 Direct3D에 도입되어서, 이제는 GPU로 정보를 처리하고 CPU로 그것을 읽어 들이는 것이 가능해졌다. 그런 목적의 응용 프로그램에서는 다른 사용 패턴들에 CPU의 읽기 접근을 강제로 허용하는 대신 이 예비 용도의 자원을 중간 계산을 위한 장소로 활용하면 된다.

기본적인 사용 패턴은, 원하는 자원을 GPU로 조작하고, 그것을 또 다른 예비 용도 자원에 복사하고, 그것을 CPU에서 읽어 들이는 것이다. 자료를 받을 추가적인 예비 자원을 생성해야 한다는 부담이 있지만, GPU가 사용하는 다른 자원들을 CPU 접근을 신경쓰지 않고 GPU에 최대한 가까이 유지할 수 있다는 점이 중요하다. 자원의 내용을 조작하는 방법에 대해서는 나중에 이번 장에서 좀 더 이야기하겠다.

## CPU 접근 플래그

자원의 용도를 지정했다면, 다음으로는 자원에 대한 CPU의 접근 방식을 지정해야 한다. 용도 플래그처럼 CPU 접근 플래그도 자원에 대한 접근 허용 여부를 결정하나, CPU에만 국한된 것이라는 점이 다르다. CPU 접근 플래그로 가능한 값은 두 가지 뿐이다(목록 2.2).

```
enum D3D11_CPU_ACCESS_FLAG {
    D3D11_CPU_ACCESS_WRITE,
    D3D11_CPU_ACCESS_READ
}
```

**목록 2.2.** D3D11_CPU_ACCESS_FLAG 열거형.

이 열거형의 두 값을 비트 단위 OR로 결합해서 CPU 접근 필드에 지정할 수 있다. 즉, CPU 읽기나 쓰기 둘 중 하나만이 아니라 읽기와 쓰기를 모두 허용할 수도 있는 것이다. 이 플래그를 설정할 때에는 반드시 자원의 용도 플래그도 고려해야 한다. 표 2.1에서 보듯이, 예비 용도 자원은 CPU의 읽기와 쓰기를 모두 허용한다. 반면 기본 용도는 CPU의 접근을 아예 거부하므로 CPU 접근 플래그를 반드시 0으로 설정해야 한다.

## 연결 플래그

자원 서술 구조체의 또 다른 공통 필드로 **연결 플래그**(bind flag)가 있다. 이 필드는 자원을 파이프라인의 어디에 연결할 수 있는지를 나타낸다. 다양한 장소들에 대한 열거형 값들이 마련되어 있으며, 그 값들을 비트 단위 OR로 결합함으로써 연결 가능 장소를 여러 개 지정하는 것도 가능하다. 이 플래그를 제대로 지정하지 않고 자원을 생성하면 나중에 응용 프로그램이 자원을 파이프라인에 연결하려 할 때 오류가 발생한다. 목록 2.3은 자원 연결 장소들을 정의하는 **D3D11_BIND_FLAG** 열거형이다.

```
enum D3D11_BIND_FLAG {
    D3D11_BIND_VERTEX_BUFFER,
    D3D11_BIND_INDEX_BUFFER,
    D3D11_BIND_CONSTANT_BUFFER,
    D3D11_BIND_SHADER_RESOURCE,
    D3D11_BIND_STREAM_OUTPUT,
    D3D11_BIND_RENDER_TARGET,
    D3D11_BIND_DEPTH_STENCIL,
    D3D11_BIND_UNORDERED_ACCESS
}
```

**목록 2.3.** D3D11_BIND_FLAG 열거형.

열거형 정의에서 보듯이, 자원을 파이프라인에 연결할 수 있는 지점은 총 여덟 가지이다. 처음 둘은 정점 버퍼와 색인 버퍼에 해당하는 것으로, 파이프라인에 기하구조 자료를 공급하기 위한 입력 조립기 단계에 부착할 자원에 쓰인다. 반면 여섯 번째와 일곱 번째의 렌더 대상 플래그와 깊이·스텐실 버퍼 플래그는 파이프라인의 렌더링 결과를 받는 출력 병합기 단계에 연결할 자원을 위한 것이다. 다섯 번째의 스트림 출력 플래그 역시 파이프라인으로부터의 출력을 위한 것이나, 래스터화된 이미지 자료가 아니라 기하구조 자료를 받는다는 점이 다르다. 지금까지 말한 플래그 값들은 모두, 각각 파이프라인의 하나의 연결 지점에 대응된다.

반면 D3D11_BIND_CONSTANT_BUFFER와 D3D11_BIND_SHADER_RESOURCE, D3D11_BIND_UNORDERED_ACCESS는 자원을 프로그램 가능 셰이더 단계들 전부 또는 일부에 연결해서 셰이더 프로그램 안에서 사용할 수 있음을 뜻한다. 이런 용법을 이번 장에서 나중에 좀 더 설명하겠다. 일단은, 원하는 파이프라인 연결 지점에 맞는 적절한 연결 플래그를 설정하는 것이 중요하다는 점만 기억하고 넘어가기 바란다. 이상의 연결 지점들이 파이프라인의 어디에 위치하는지가 그림 2.2에 나와 있다.

## 기타 플래그들

마지막으로 살펴볼 공통 필드는 여러 가지 플래그들을 설정하기 위한 것이다. 이 필드는 자원이 사용할 수 있는 특별한 속성들 대부분을 포괄한다. 이들 중 일부는 GDI의 그리기 명령들과의 연동이나 여러 ID3D11Device 인스턴스들 사이의 자원 공유 같은 특별한 상황들에서 자원을 사용할 수 있게 하기 위한 것이다. 목록 2.4에 이 플래그들이 나와 있다.

```
enum D3D11_RESOURCE_MISC_FLAG {
    D3D11_RESOURCE_MISC_GENERATE_MIPS,
    D3D11_RESOURCE_MISC_SHARED,
    D3D11_RESOURCE_MISC_TEXTURECUBE,
    D3D11_RESOURCE_MISC_DRAWINDIRECT_ARGS,
    D3D11_RESOURCE_MISC_BUFFER_ALLOW_RAW_VIEWS,
    D3D11_RESOURCE_MISC_BUFFER_STRUCTURED,
    D3D11_RESOURCE_MISC_RESOURCE_CLAMP,
    D3D11_RESOURCE_MISC_SHARED_KEYEDMUTEX,
    D3D11_RESOURCE_MISC_GDI_COMPATIBLE
}
```

**목록 2.4.** D3D11_RESOURCE_MISC_FLAG 열거형.

이 플래그들 중 일부는 이후에 관련 주제가 나올 때 자세히 설명하기로 하고, 여기에서는 좀 더 일반적인 성격의 것들만 간단히 소개하기로 한다. D3D11_RESOURCE_MISC_SHARED 플래그는 자원을 여러 ID3D11Device 인스턴스들이 공유할 수 있게 한다. 그런

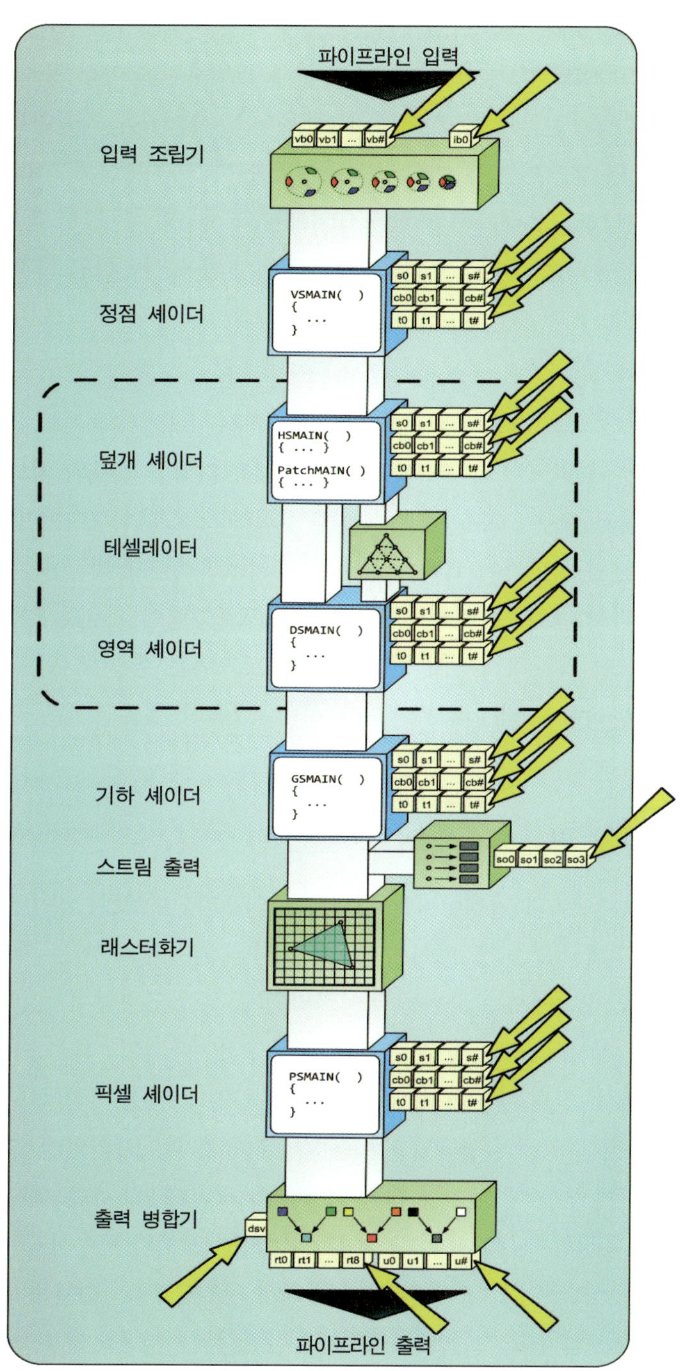



**그림 2.2.** 렌더링 파이프라인에 자원을 연결할 수 있는 지점들(노란 화살표).

용법은 고급 응용 프로그램에서만 쓰이며, 이 책에서는 더 이상 다루지 않는다. `D3D11_RESOURCE_MISC_KEYEDMUTEXT` 플래그도 자원을 여러 장치들이 사용할 수 있게 하는 것이나, 자원의 공유 제어를 위한 뮤텍스 시스템을 지원한다는 점이 다르다. 이 기능 역시 이 책에서는 더 이상 논의하지 않는다. 마지막으로 `D3D11_RESOURCE_MISC_ GDI_COMPATIBLE` 플래그는 자원을 GDI에서도 사용할 수 있게 하는 것이다. 일부 예제 프로그램이 텍스트 렌더링 구현을 위해 그런 기법을 사용하긴 하지만, 본문에서 설명하지는 않겠다.

### 자원 해제

이번 장에는 응용 프로그램에서 사용할 수 있는 다양한 종류의 메모리 자원들이 나온다. 이런 자원들은 모두 COM 인터페이스를 구현하는 객체의 형태이며, 따라서 해당 객체의 계통구조 안의 어딘가에 `IUnknown` 인터페이스가 존재한다. 이는 자원들이 참조 계수 방식으로 관리된다는 뜻이며, 따라서 응용 프로그램이 자원을 다 사용하고 난 후에는 반드시 참조를 해제해 주어야 한다. 응용 프로그램은 자신이 사용하는 자원의 참조들을 세심하게 관리하고 적절히 해제해야 하며, 그렇지 않으면 메모리가 새게 된다.

## 2.1.2 자원 뷰

자원의 종류는 여러 가지이지만 자원을 파이프라인에 묶는 방법은 한 가지이다. 앞의 연결 플래그에서 보듯이, 파이프라인에 자원을 연결할 수 있는 지점은 총 여덟 군데이다. 그들 중 절반에서는 자원을 파이프라인에 직접 연결할 수 있다. 정점 버퍼와 색인 버퍼, 상수 버퍼, 스트림 출력 버퍼가 바로 그것이다. (이 버퍼 종류들에 관해서는 이번 장 §2.2.1에서 좀 더 자세히 설명하겠다.) 나머지 네 연결 지점들에서는 **자원 뷰**(resource view)라고 하는 일종의 접속기를 이용해서 자원을 파이프라인에 연결해야 한다. 자원을 파이프라인에 묶는 데 쓰이는 적응 객체(adaptor)인 자원 뷰는, 개념적으로 말하자면 자원에 대한 특정한 '시각(view)'을 제공한다. 자원 자체와 비슷하게, 자원 뷰 역시 다양한 옵션들로 구성할 수 있다. 자원 뷰를 통해서 자원을 어느 정도는 자유로이 '해석'할 수 있기 때문에, 하나의 자원을 여러 가지 자원 뷰를 이용해서 파이프라인의 각자 다른 위치에 연결하는 것이 가능하다. 실제로, 잠시 후에 보겠지만 한 자원의 부분집합들을 나타내는 데에도 자원 뷰들을 사용할 수 있다.


## 자원 뷰의 종류

자원 뷰는 크게 네 종류로, 각각 자원을 파이프라인에 연결하는 서로 다른 네 장소에 대응된다. 이 뷰들은 파이프라인의 해당 장소에 묶인 자원으로 할 수 있는 일과 할 수 없는 일을 결정한다. 네 종류의 자원 뷰는 다음과 같다.


- 렌더 대상 뷰(ID3D11RenderTargetView)
- 깊이·스텐실 뷰(ID3D11DepthStencilView)
- 셰이더 자원 뷰(ID3D11ShaderResourceView)
- 순서 없는 접근 뷰(ID3D11UnorderedAccessView)


같은 자원이라도 어떤 자원 뷰로 연결되는가에 따라 자원의 '의미론(semantics; 용도 또는 용법)'이 달라진다. 또한 각 자원 뷰는 자원 사용 방식을 더욱 세밀하게 제어하기 위한 일단의 서로 다른 구성 옵션들도 제공한다. 여기에서는 각 자원 뷰의 용도를 간략하게 살펴보고, 구체적인 사용 방법은 제3장 "렌더링 파이프라인"에서 훨씬 자세하게 설명하겠다.

**렌더 대상 뷰.** 렌더 대상 뷰(render target view, RTV)는 렌더링 파이프라인의 출력을 받을 자원을 연결하는 데 쓰인다. 렌더링 파이프라인은 이러한 자원에 대해 자료를 기록하며, 경우에 따라서는 혼합 연산을 위해 자원으로부터 자료를 읽어 들이기도 한다. 전통적으로 렌더 대상은 2차원 텍스처이나, 다른 종류의 자원을 렌더 대상으로 연결하는 것도 가능하다. 렌더 대상 뷰의 구성 옵션으로는 자원의 DXGI 형식이 있으며, 그 외에도 자원의 종류에 따라 다양한 구성 옵션들이 존재한다. 렌더 대상 뷰는 또한 자원의 일부분을 파이프라인에 노출시키는 다양한 메서드들도 제공한다.

**깊이·스텐실 뷰.** 깊이·스텐실 뷰(depth stencil view, DSV)도 렌더 대상 뷰처럼 렌더링 파이프라인의 출력을 받는 자원을 위한 것이다. 차이는, 렌더 대상 뷰가 색상 값들을 담는 버퍼를 위한 것인 반면 깊이·스텐실 뷰는 깊이와 스텐실 값들을 담는 버퍼를 위한 것이라는 점이다. 깊이·스텐실 버퍼 자원은 빈번하게 쓰이는 렌더링 연산인 깊이 판정과 스텐실 판정을 수행하는 데 사용되며, 이 때문에 파이프라인의 효율성에 아주 중요한 요인이 된다. 따라서, 성능 향상을 위해 깊이·스텐실 뷰는 부착된 자원에 기록이 필요한지를 나타내는 추가적인 플래그를 제공한다. 이를 통해서 하나의 자원을 깊이·스텐실 버퍼로 부착함과 동시에, 셰이더 자원 뷰(다음 문단에서 설명)를 이용해서 자원을 셰이더 프로그램 안에서 사용할 수 있게 만드는 것이 가능하다. 이러한 구성에서 두 뷰 모두 읽기 전용이다. 즉, 자원은 전혀 수정되지 않는다. 하나의 자원을 이처럼 읽기/쓰기에 따른 위험 요소 없이 파이프라인의 여러 지점에 연결함으로써 자원을 좀 더 유연한 방식으로 활용할 수 있다. 깊이·스텐실 버퍼를 통상적인 방식으로 사용하고 싶다면, 두 번째 자원 뷰를 읽기 전용이 아니라 쓰기도 가능한 뷰로 대신하면 된다.

**셰이더 자원 뷰.** 셰이더 자원 뷰(shader resource view, SRV)는 파이프라인의 프로그램 가능 셰이더 단계가 자원을 읽을 수 있게 한다. 이 뷰는 예전에 픽셀 셰이더에서 텍스처가 하던 역할, 즉 셰이더 프로그램 안에서 읽고 사용할 수는 있지만 기록하지는 못하는 자료에 해당하는 것이다. 셰이더 자원 뷰는 여러 가지 프로그램 가능 셰이더 단계들 모두에서 사용할 수 있다.

**순서 없는 접근 뷰.** 순서 없는 접근 뷰(unordered access view, UAV)는 Direct3D 11에서 자원의 가장 흥미로운 새 용법들 몇 가지를 가능하게 하는 뷰이다. 셰이더 자원 뷰처럼 순서 없는 접근 뷰 역시 자원 읽기를 가능하게 한다. 더 나아가서, 같은 셰이더 프로그램 안에서 자원을 읽음과 동시에 기록까지 할 수 있다. 게다가, 출력 장소가 미리 정해져 있지 않기 때문에 셰이더 프로그램 안에서 자원 안의 임의의 위치에 '흩어 쓰기(scatter)' 연산을 수행하는 것도 가능하다. 이 뷰로는 자원을 훨씬 더 유연한 방식으로 사용할 수 있기 때문에 전혀 새로운 부류의 자원 접근이 가능해진다. 그러나 이런 종류의 뷰를 프로그램 가능 셰이더 단계들 전부가 지원하지는 않는다는 점을 주의해야 한다. 이 자원 뷰는 픽셀 셰이더 단계와 계산 셰이더 단계에만 사용할 수 있다.

## 자원 뷰의 생성

자원 뷰를 생성하는 과정은 §2.1.1에서 본 자원 생성 과정과 다소 비슷하다. 자원 뷰의 생성에도 `ID3D11Device`가 쓰인다. 이 인터페이스는 각 자원 종류별 생성 메서드를 제공하는데, 이 생성 메서드들은 모두 같은 패턴을 따른다. 메서드의 매개변수들에 대해 응용 프로그램이 제공하는 값이 다를 뿐이다. 예를 들어, 목록 2.5는 셰이더 자원 뷰를 생성하는 코드이다.

```
ID3D11ShaderResourceView* CreateShaderResourceView( ID3D11Resource* pResource,
                                    D3D11_SHADER_RESOURCE_VIEW_DESC* pDesc )
{
    ID3D11ShaderResourceView* pView = 0;
    HRESULT hr = m_pDevice->CreateShaderResourceView( pResource,
                                        pDesc, &pView );

    return( pView );
}
```

**목록 2.5.** 셰이더 자원 뷰를 생성하는 예.

자원 뷰 생성 메서드들은 모두 세 개의 매개변수를 받는데, 첫 매개변수는 자원 뷰를 적용할 자원을 가리키는 포인터이다. 둘째 매개변수는 자원 뷰를 서술하는 구조체를 가리키는 포인터로, 그 구조체는 해당 종류의 자원 뷰를 위한 모든 옵션을 담는다. 셋째이자 마지막 매개변수는 해당 종류의 자원 뷰 객체에 대한 포인터로, 호출이 성공한 경우 그 포인터가 가리키는 곳에 자원 뷰 객체가 만들어진다. 자원 뷰를 응용 프로그램의 요구에 맞게 만드는 데 있어 가장 중요한 매개변수는 둘째 매개변수이다. 네 가지 자원 뷰 종류마다 각자 고유한 서술 구조체가 존재하며, 각 구조체는 해당 자원 뷰를 위한 고유한 구성 옵션들을 제공한다. 그럼 그 구조체들을 살펴보면서 각 자원 뷰마다 어떤 옵션들을 설정할 수 있는지 배워보자.

**렌더 대상 뷰의 구성 설정.** 우선, 렌더 대상 뷰를 생성할 때 지정할 수 있는 옵션들을 자세히 살펴보겠다. 그림 2.3은 이 종류의 뷰를 생성하는 **D3D11Device::CreateRenderTargetView()** 메서드를 호출할 때 반드시 채워 넣어야 하는 구조체를 나타낸 것이다.

그림 2.3에서 보듯이, 이 구조체는 두 개의 일반 필드와, 여러 가지 구조체들 중 하나를 선택할 수 있는 공용체 필드 하나로 구성되어 있다. 이러한 구조 덕분에 다양한 종류의 자원들에 대해 동일한 서술 구조체를 사용하면서도 각 자원 종류마다 고유한 속성들을 제공할 수 있다. **Format** 필드는 자원을 읽어 들일 때 자원의 내용을 어떤 형식의 자료로 변환할 것인지를 결정한다. 상황에 따라서는, 이를 통해서 자원의 형식을 자원 뷰가 제

공한 형식에 따라 실행 시점에서 결정하는 것이 가능하다. 비디오 형식 변환기 같은
응용 프로그램이라면 그런 기법이 도움이 될 것이다. 그런 기법을 위해서는 이 구조체에
지정된 자료 형식과 호환되는 형식으로 자원을 생성해 두어야 한다.

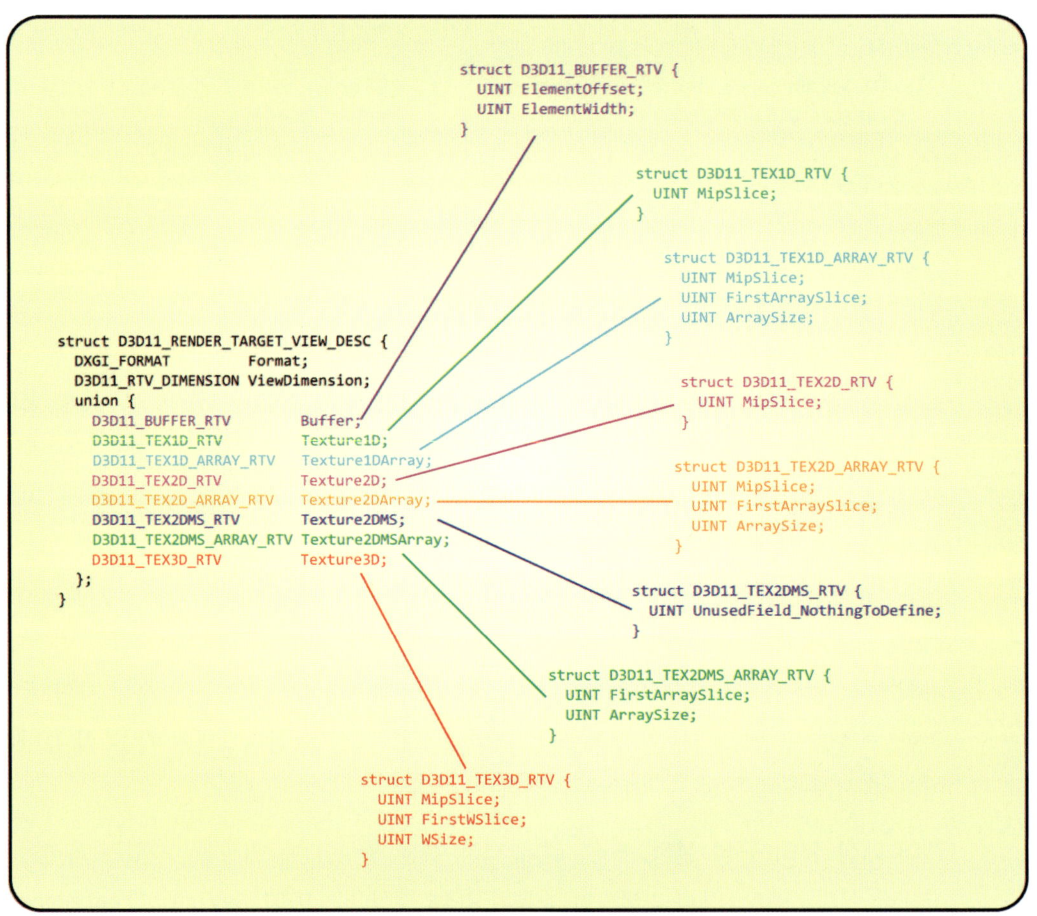



**그림 2.3.** D3D11_RENDER_TARGET_VIEW_DESC 구조체.

둘째 필드인 ViewDimension은 이 자원 뷰를 이용해서 묶을 자원의 종류를 뜻한다. 자
원 뷰 생성 메서드는 이 필드에 근거해서 공용체의 구조체 중 하나를 선택한다. 이러한
공용체 방식 덕분에 여러 자원 종류에 대해 동일한 생성 메서드와 구조체를 사용할 수
있으며, 또한 구조체의 크기를 최소한으로 유지할 수 있다. 공용체로 묶인 모든 구조체

는 자원의 어떤 부분들을 자원 뷰가 사용할 수 있게 할 것인지를 지정하는 역할을 한다. 물론 각 자원 종류마다 메모리 배치 방식이나 옵션이 다르므로, 각 자원 종류에 따라 서로 다른 구조체를 두는 것이 합당하다. 아직 자원 종류들(그리고 여러 구성 옵션들)을 구체적으로 살펴보지 않았으므로, 여기에서 공용체로 묶인 이 하위 구조체들에 대해 자세히 이야기하는 것은 바람직하지 않다. 이번 장에서 나중에 각 자원 종류를 자세히 설명할 때 이 구조체들을 다시 끄집어내어서, 이들을 통해 자원의 하위 부분들을 어떻게 선택하는지 살펴보도록 하겠다.

**깊이·스텐실 뷰의 구성 설정.** 깊이·스텐실 뷰 서술 구조체도 렌더 대상 뷰 서술 구조체와 비슷한 구조이다. 그림 2.4에 이 구조체의 개별 필드들이 명시되어 있다.

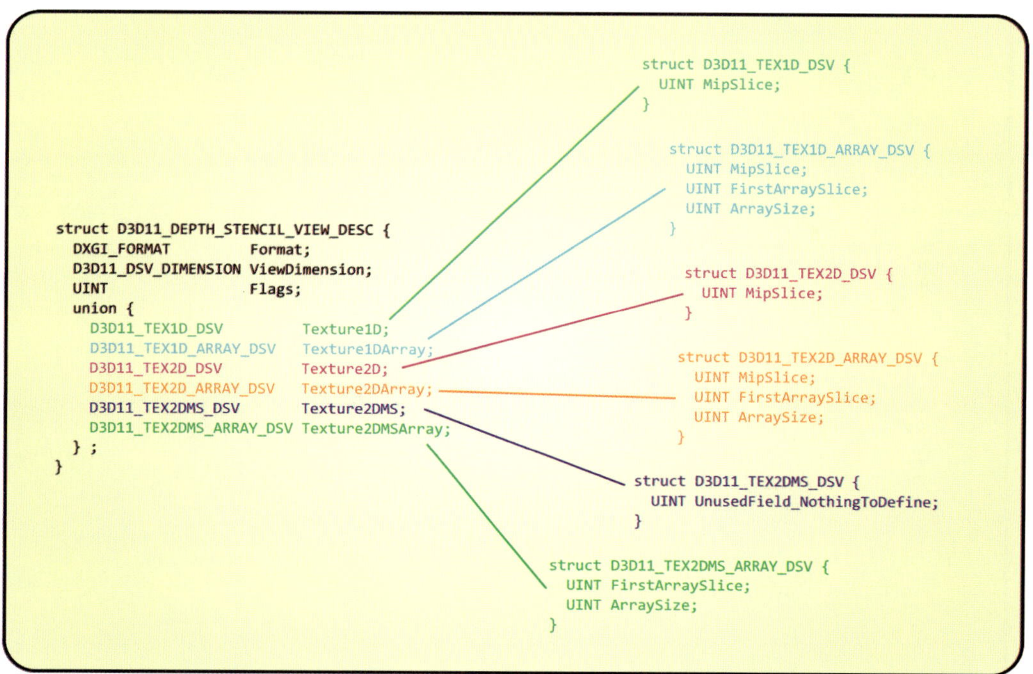


**그림 2.4.** D3D11_DEPTH_STENCIL_VIEW_DESC 구조체.

그림에서 보듯이, 이 자원 뷰도 DXGI 자료 형식과 뷰로 묶을 자원의 종류를 지정해야 한다. 한 가지 흥미로운 점은, 깊이·스텐실 자원 뷰에 사용할 수 있는 자원 종류가 렌더

대상 뷰보다 조금 적다는 것이다. 이는 깊이·스텐실 자원으로 수행하는 연산의 고유한
특성 때문이다.

이 구조체에서 주목할 또 다른 사항은 **Flags**라는 필드가 있다는 점이다. 이 필드에는
파이프라인이 이 자원 뷰를 통해서 자원의 깊이 부분이나 스텐실 부분에 읽기 전용으로
접근할 수 있게 할 것인지의 여부를 뜻하는 플래그들을 비트단위 **OR**로 결합해서 지정
한다. 이 필드 덕분에, 깊이나 스텐실 값을 읽어야 하는 알고리즘을 구현하는 경우 하나
의 깊이·스텐실 자원에 대한 여러 개의 뷰들을 동시에 파이프라인에 연결할 수 있다.

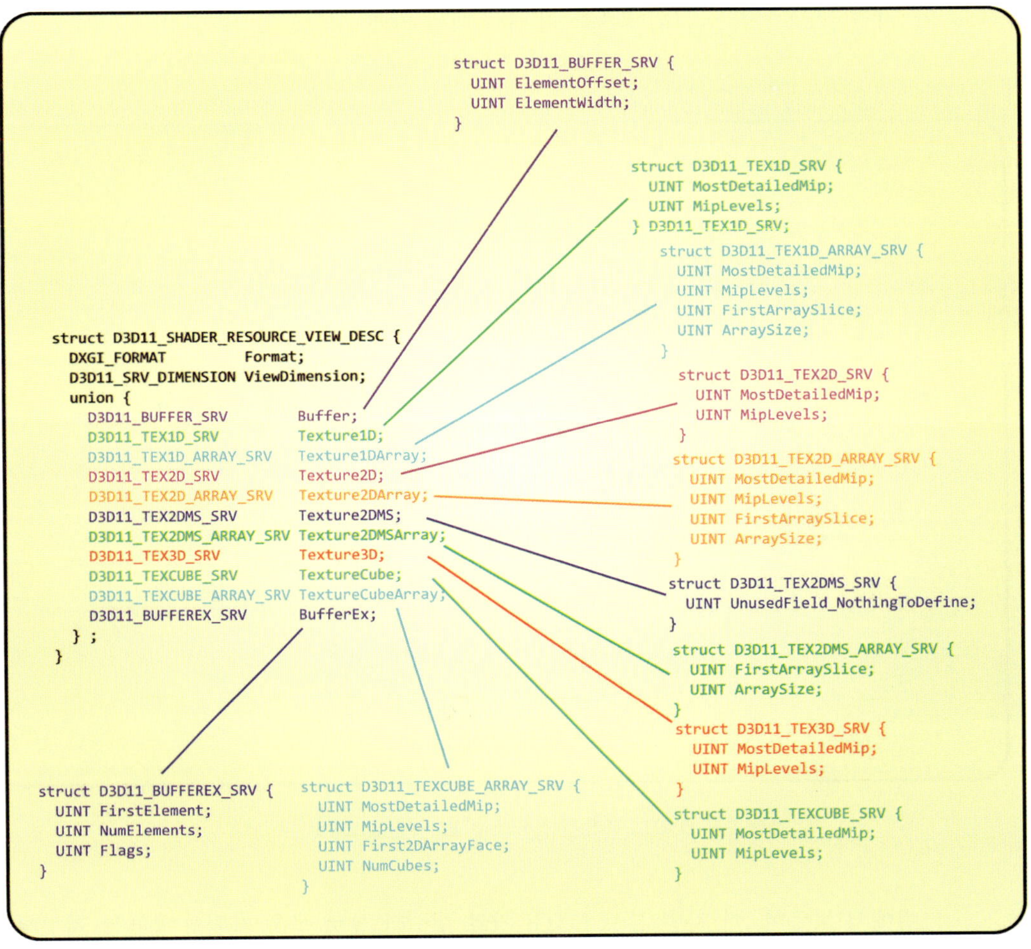


**그림 2.5.** D3D11_SHADER_RESOURCE_VIEW_DESC 구조체.

**셰이더 자원 뷰의 구성 설정.** 셰이더 자원 뷰의 서술 구조체 역시 앞에 나온 구조체들과 같은 패턴을 따른다. 이 구조체에도 자료 형식과 자원 종류를 지정하는 필드들이 있다. 이 구조체의 특징은, 그림 2.5에서 보듯이 공용체에 속한 하위 구조체들이 더 많다는 것이다. 이는 셰이더 자원 뷰가 다른 뷰들보다 더 많은 종류의 자원을 지원한다는 뜻이다.

추가된 자원 종류는 총 세 개인데, 공용체의 **TextureCube** 필드에 해당하는 텍스트 입방체 자원과 **TextureCubeArray** 필드에 해당하는 텍스처 입방체 배열 자원, 그리고 **BufferEx** 필드에 해당하는 확장 버퍼 자원이다. 텍스처 입방체는 **Texture2D** 배열 자원을 입방체 버퍼로 재해석하기 위한 것으로, 이에 의해 HLSL 프로그램은 특화된 고유(intrinsic) 명령들을 이용해서 텍스처를 추출할 수 있게 된다. 텍스처 입방체 배열도 마찬가지로, 이것은 텍스처 입방체 자원과 같은 방식으로 해석되는 배열이다. 이것이 무슨 뜻인지는 "텍스처 자원" 절에서 좀 더 이야기하겠다. 일단은, 이처럼 자원 뷰라는 것이 어떤 자원의 자료를 특정 목적을 위해 또 다른 '시각(뷰)'으로 볼 수 있게 한다는 점에 주목하기 바란다.

**BufferEx** 필드에 해당하는 새 자원 종류는 주어진 자원 버퍼를 하나의 '생(raw)*' 버퍼로 볼 수 있게 한다. 이를 통해서, HLSL은 셰이더 프로그램 안에서 주어진 자원을 자신의 임의대로 해석할 수 있다. 이에 대해서는 이번 장의 "버퍼 자원" 절에서 좀 더 이야기하겠다.

**순서 없는 접근 뷰의 구성 설정.** 마지막으로 살펴볼 자원 뷰 종류는 순서 없는 접근 뷰이다. 이 뷰의 서술 구조체 역시 표준적인 패턴을 따른다(그림 2.6).

순서 없는 자원 뷰는 셰이더 자원 뷰에 비해 적은 종류의 자원들을 지원한다. 그러나 이 뷰에는 버퍼 자원 구성을 위한 옵션이 더 많다. "버퍼 자원" 절에서 보겠지만, 버퍼들 중에는 특별한 목적을 위해 생성하는 독특한 종류의 것들이 있다. 이 자원 뷰 서술 구조체 안에는 버퍼를 추가 버퍼와 소비 버퍼로 사용하기 위한 플래그들과 버퍼 객체가 내장 카운터를 제공하게 만드는 플래그도 있다.

---

* [역주] 가공되지 않은 또는/그리고 특정한 구조를 가지지 않은 어떤 대상을 표현하는 용어이다.

```
struct D3D11_UNORDERED_ACCESS_VIEW_DESC {              struct D3D11_BUFFER_UAV {
  DXGI_FORMAT           Format;                           UINT FirstElement;
  D3D11_UAV_DIMENSION ViewDimension;                      UINT NumElements;
  union {                                                 UINT Flags;
    D3D11_BUFFER_UAV          Buffer;                    }
    D3D11_TEX1D_UAV           Texture1D;
    D3D11_TEX1D_ARRAY_UAV Texture1DArray;               struct D3D11_TEX1D_UAV {
    D3D11_TEX2D_UAV           Texture2D;                   UINT MipSlice;
    D3D11_TEX2D_ARRAY_UAV Texture2DArray;               }
    D3D11_TEX3D_UAV           Texture3D;
  } ;                                                   struct D3D11_TEX1D_ARRAY_UAV {
}                                                         UINT MipSlice;
                                                          UINT FirstArraySlice;
                                                          UINT ArraySize;
                                                        }

                                                        struct D3D11_TEX2D_UAV {
                                                          UINT MipSlice;
                                                        }

                                                        struct D3D11_TEX2D_ARRAY_UAV {
                                                          UINT MipSlice;
                                                          UINT FirstArraySlice;
                                                          UINT ArraySize;
                                                        }

                                                        struct D3D11_TEX3D_UAV {
                                                          UINT MipSlice;
                                                          UINT FirstWSlice;
                                                          UINT WSize;
                                                        }
```

**그림 2.6.** D3D11_UNORDERED_ACCESS_VIEW_DESC 구조체.

## 2.2 자원에 대한 좀 더 자세한 설명

자원과 자원 뷰에 대한 몇 가지 기본 사항을 배웠으니, 이제 여러 종류의 자원들을 좀
더 자세히 살펴보면서 종류별 차이와 능력을 설명할 때가 되었다. 이번 절에서는 자원들
을 크게 버퍼 자원과 텍스처 자원으로 분류해서 각 분류마다 구체적인 자원 종류들을
논의한다. 먼저 버퍼 자원부터 시작해서 개별 버퍼 자원 종류와 그에 딸린 여러 속성들
을 살펴본다. 그런 다음에는 텍스처 자원을 전반적으로 논의한 후, 버퍼 자원들에서 했
던 것처럼 각 텍스처 자원 종류를 여러 구성 및 옵션들과 함께 자세히 살펴본다. 자원을
다룰 때에는 자원의 이중성을 이해하는 것도 중요하다. 고수준에서 볼 때의 자원은 그냥
C/C++ 안에서 생성하고, 파이프라인에 연결하고, 해제하는 어떤 대상이다. 그러나 프로
그램 가능 셰이더 단계의 HLSL 셰이더 안에서는 자원을 훨씬 더 세밀한 방식으로 다루
게 된다. 물론 이 두 가지 자원 사용 패턴은 서로 얽혀있다(HLSL 안의 특정 연산을

위해서는 C/C++에서 특정 종류의 자원을 마련해야 한다 등등으로). 이후의 내용에서
자원의 이러한 이중성과 자원 사용의 두 측면을 모두 살펴볼 것이다.

## 2.2.1 버퍼 자원

버퍼 자원(buffer resource)에 속하는 자원들은 Direct3D 11이 사용할 1차원 선형 메모리
블록을 제공한다. 그림 2.7에 버퍼 자원의 구조가 나와 있다. 다양한 옵션들을 설정함으
로써 행동 방식이 서로 다른 다양한 버퍼들을 만들어 낼 수 있으나, 그림에 나온 것
같은 기본적인 직선형 배치 구조만큼은 모두 동일하다.

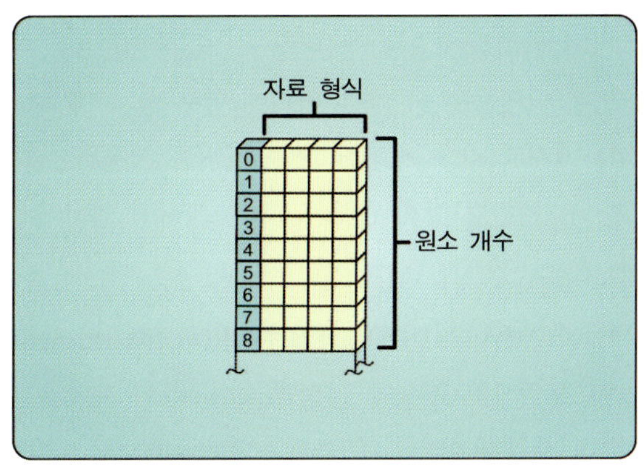


**그림 2.7.** 버퍼 자원의 배치 구조.

그림 2.7에서는 명확하지 않지만, 버퍼의 크기는 바이트 단위이다. 버퍼를 구성하는 원
소의 크기는 버퍼의 종류에 따라 다를 수 있으며, 같은 종류의 버퍼라도 특정 설정에
따라 원소의 크기가 다를 수 있다. 원소 개수에 원소 하나의 크기(바이트 개수)를 곱한
것이 버퍼의 전체 크기이다. 이런 단순한 배열 비슷한 구조 때문에 사용 가능한 버퍼
종류는 놀랄 만큼 다양하다. 버퍼들 중에는 응용 프로그램의 C++ 쪽에서 주로 쓰이는
것도 있고, 파이프라인에 부착된 후 HLSL 셰이더 프로그램 안에서 주로 쓰이는 것도
있다. 그럼 여러 종류의 버퍼들을 각각 살펴보면서 각 버퍼가 제공하는 기능과 생성
방법을 배워보자. 또한 버퍼들의 공통적인 용법과, 셰이더 프로그램 안에서 버퍼 자원을
선언하고 사용하는 기본적인 HLSL 구문도 논의하겠다.

## 정점 버퍼

가장 먼저 살펴볼 버퍼 종류는 **정점 버퍼**(定點~, vertex buffer)이다. 정점 버퍼는 결국에는 정점들로 조립되어서 렌더링 파이프라인에 투입될 자료를 담는 역할을 한다. 가장 단순한 형태의 정점 버퍼는 정점 구조체들의 배열이다. 그러한 배열의 각 원소는 정점의 위치, 법선 벡터, 텍스처 좌표 같은 자료를 담는다. 이러한 정점 원소들은 반드시 사용 가능한 서식(format)과 형식 명세를 따라야 한다. 그러나, 특정 렌더링 알고리즘을 위해 입력 자료를 커스텀화하는 경우 그에 필요한 일반적인 정보를 정점 구조체에 포함시키는 것도 가능하다.

위에서 말한 단순한 배열 형태의 정점 버퍼 외에, 좀 더 복잡한 형태의 버퍼를 구성하는 것도 가능하다. 예를 들어 동시에 여러 개의 정점 버퍼를 사용할 수도 있다. 즉, 정점 자료를 여러 개의 버퍼들에 나누어 담을 수 있는 것이다. 이를테면 정점 위치들을 한 버퍼에, 정점 법선 벡터들은 또 다른 버퍼에 담는 등. 이렇게 하면 응용 프로그램은 모든 렌더링 시나리오에서 하나의 커다란 전체 버퍼를 사용하는 대신, 필요에 따라 선택적으로 정점 자료를 추가할 수 있게 된다. 그러면 렌더링 연산에 필요한 자료 전송 대역폭을 줄일 수 있다.

또한 다중 버퍼 접근방식은 **인스턴싱 방식의 렌더링**(instanced rendering)을 수행하는 데에도 쓰인다. 이 경우에는 모형의 **정점별**(per-vertex) 자료를 제공하는 하나 이상의 정점 버퍼들과, 정점별 자료가 아니라 **인스턴스별**(per-instance) 자료를 제공하는 추가적인 정점 버퍼를 둔다. 정점별 자료를 담은 버퍼(들)를 이용해서 동일한 모형의 여러 인스턴스들을 렌더링하되, 인스턴스별 자료를 담은 버퍼를 각 인스턴스에 적용한다. 그림 2.8은 지금까지 말한 여러 정점 제출 구성들을 도식화한 것이다. 세계 변환 행렬, 색상 변형 등 모형의 인스턴스들을 각자 차별화하는 데 사용할 수 있는 것이면 어떤 것도 인스턴스별 자료가 될 수 있다. 이러한 구성에서는 한 번의 **그리기**(draw) 메서드 호출*로 여러 개의 물체를 렌더링할 수 있으므로 렌더링 연산의 전반적인 CPU 부담이 줄어든다.

그림 2.8에서 보듯이, 여러 정점 버퍼 종류들은 앞에서 말한 일반적인 선형 버퍼 배치를 따른다. 각 버퍼는 같은 크기의 원소들로 이루어진 1차원 배열이다. 자료 원소의 크기는

---

* [역주] Draw, DrawIndexed, DrawInstanced 등등 Draw로 시작하는 장치 문맥의 메서드들을 통칭해서 그리기 메서드라고 부르고, 그러한 메서드를 호출하는 것을 그리기 호출 또는 그리기 연산이라고 표현한다.

자신이 속한 버퍼의 다른 원소들과 같다. 그러나 여러 개의 버퍼를 사용하는 경우 각
버퍼의 원소 크기는 서로 다를 수 있다. 인스턴싱 방식의 렌더링을 수행하는 방법은
제3장에서 좀 더 자세히 이야기하겠다.

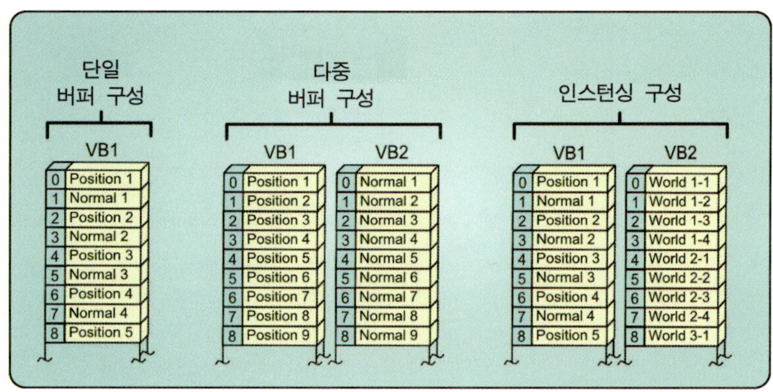


**그림 2.8.** 응용 프로그램이 사용할 수 있는 다양한 정점 버퍼 구성들.

**정점 버퍼의 용도 및 용법.** 앞에서 언급했듯이, 정점 버퍼의 주된 용도는 파이프라인에
정점별 정보를 제공하는 것이다. 정점별 정보를 다중 버퍼 구성에서 직접 제공할 수도
있고, 아니면 인스턴싱을 통해서 간접적으로 제공할 수도 있다. 이런 용도에서 정점 버
퍼를 파이프라인에 부착하는 주된 지점은 파이프라인의 진입점 역할을 하는 입력 조립
기 단계이다. 정점 버퍼를 스트림 출력 단계에 연결할 수도 있다. 이 경우 스트림 출력
단계를 통해 나온 자료가 정점 버퍼에 기록된다(그 자료를 다음 번 렌더링 패스에서
입력으로 사용할 수 있다). 두 파이프라인 단계 모두 제3장 "렌더링 파이프라인"에서
자세히 이야기하겠다. 그림 2.9에 해당 연결 지점들이 나와 있다.

**정점 버퍼의 생성.** 이번 장 "자원 생성"에서 설명했듯이, 파이프라인에 자원을 부착하는
지점마다 그에 해당하는 연결 플래그(bind flag)가 존재한다. 자원을 특정 위치에 연결하
기 위해서는 자원을 생성할 때 반드시 그 위치에 해당하는 연결 플래그를 설정해 주어야
한다. 정점 버퍼의 경우 정점 버퍼를 파이프라인에 정점 자료를 입력하는 용도로 사용하
려면 D3D11_BIND_VERTEX_BUFFER 연결 플래그를 설정해야 하며, 파이프라인의 정점
자료 스트림 출력용으로 사용하려면 D3D11_BIND_STREAM_OUTPUT 연결 플래그를 설정
해야 한다.

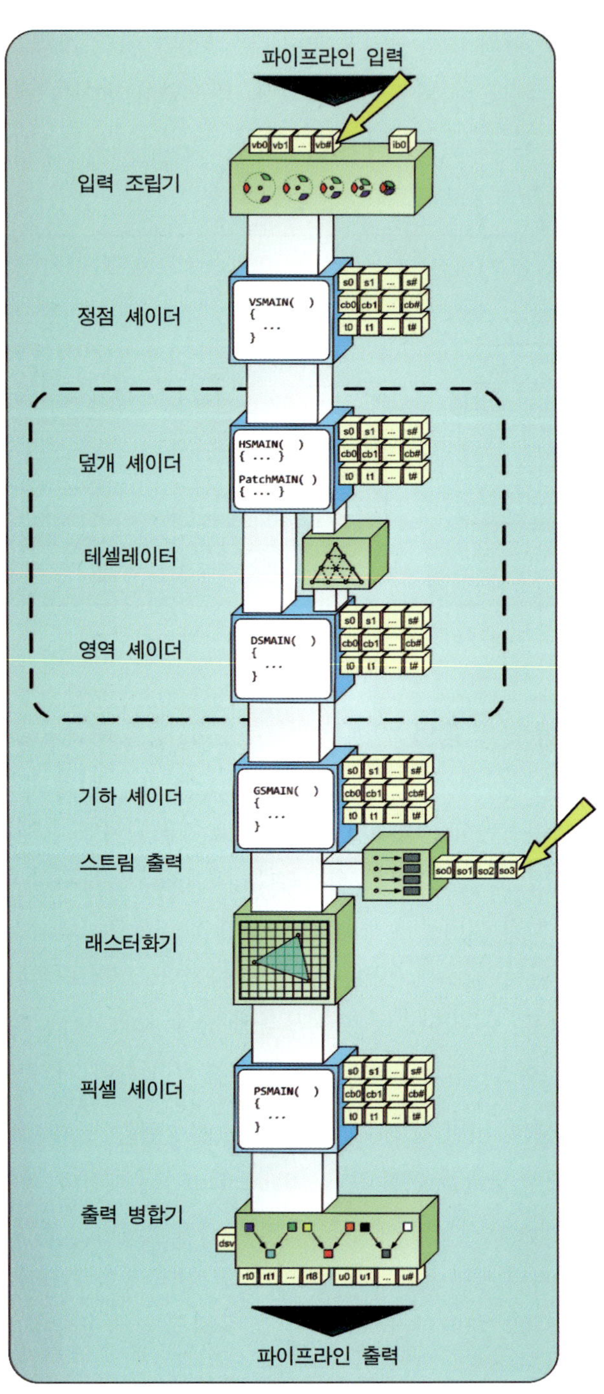


**그림 2.9.** 렌더링 파이프라인에 정점 버퍼를 연결할 수 있는 지점들.

연결 플래그 설정 외에 정점 버퍼 생성 시 중요하게 고려할 사항은 버퍼의 사용 패턴에 대한 옵션들이다. 정점 버퍼의 내용이 자주 변할 것인가, 그리고 내용을 누가(CPU 또는 GPU) 변경할 것인가에 따라 서로 다른 사용 패턴 플래그들을 설정해야 한다. 예를 들어, 버퍼에 정적인 자료를 넣을 셈이라면 **D3D11_USAGE_IMMUTABLE** 용도 플래그를 지정해서 버퍼 자원을 생성해야 한다. 이 경우, 생성 메서드의 한 인수에 **D3D11_SUBRESOURCE_DATA**를 지정해서 정점 자료로 버퍼를 일단 초기화한 후에는 버퍼의 내용을 결코 수정할 수 없다. 정적인 지형 메시를 위한 내용을 담는 버퍼가 이런 용도의 정점 버퍼의 예이다.

CPU가 자주 갱신할 정점 버퍼라면 버퍼 자원 생성 시 **D3D11_USAGE_DYNAMIC** 용도 플래그를 설정해야 하며, 또한 CPU 접근 매개변수에 CPU 쓰기 플래그도 설정해 주어야 한다. 예를 들어 매 프레임마다 GPU가 아니라 CPU에서 정점 변환을 수행해서 갱신된 버퍼를 복사하는 경우 이런 종류의 정점 버퍼가 적합하다. 이런 CPU 쪽 정점 버퍼 갱신 기법은 다수의 **그리기 호출**들을 하나의 호출로 축약하기 위해 모든 모형 자료를 하나의 기준계 (일반적으로 세계 공간 아니면 국소 공간)에 맞게 취합하고자 할 때 흔히 쓰인다. 또 다른 예로, 스트림 출력 기능을 통해서 GPU가 수정할 정점 버퍼라면 **D3D11_USAGE_DEFAULT** 용도 플래그를 설정하면 된다. 목록 2.6는 이상의 세 가지 용법을 위한 정점 버퍼 생성 방법을 보여주는 예제 코드이다.

```cpp
// 자원을 사용할 장치를 초기화한다.
ID3D11Device* g_pDevice = 0;

ID3D11Buffer* CreateVertexBuffer( UINT size,
                                  bool dynamic,
                                  bool streamout,
                                  D3D11_SUBRESOURCE_DATA* pData )
{
    D3D11_BUFFER_DESC desc;
    desc.ByteWidth = size;
    desc.MiscFlags = 0;
    desc.StructureByteStride = 0;

    // 주어진 인수에 기초해서 적절한 연결 지점들을 선택한다.
    if ( streamout )
        desc.BindFlags = D3D11_BIND_VERTEX_BUFFER | D3D11_BIND_STREAM_OUTPUT;
    else
```

```cpp
    desc.BindFlags = D3D11_BIND_VERTEX_BUFFER;

// 주어진 인수에 기초해서 적절한 용도 플래그와 CPU 접근
// 플래그를 선택한다.
if ( dynamic )
{
    desc.Usage = D3D11_USAGE_DYNAMIC;
    desc.CPUAccessFlags = D3D11_CPU_ACCESS_WRITE;
}
else
{
    desc.Usage = D3D11_USAGE_IMMUTABLE;
    desc.CPUAccessFlags = 0;
}
// 선택한 구성으로 버퍼를 생성한다.
ID3D11Buffer* pBuffer = 0;
HRESULT hr = g_pDevice->CreateBuffer( &desc, pData, &pBuffer );

if ( FAILED( hr ) )
{
    // 여기서 오류 처리
    return( 0 );
}

return( pBuffer );
}
```

**목록 2.6.** 여러 가지 용도에 따라 적절한 정점 버퍼를 생성해주는 메서드.

이 함수는 여러 사용 시나리오에 따라 버퍼 서술 구조체를 각각 다르게 설정한다. 버퍼 요소(배열 원소)들의 개수와 버퍼 전체 크기는 버퍼 사용 방식에 무관하게 동일하나, 연결 플래그와 용도 플래그, CPU 접근 플래그는 사용 방식에 따라 달라진다. 다른 종류의 버퍼들에서도 버퍼 서술 구조체를 설정할 때 이와 비슷한 패턴이 쓰인다.

**자원 뷰 요구사항.** 정점 버퍼는 입력기 조립 단계나 스트림 출력 단계에 직접 연결되므로 따로 자원 뷰를 생성해서 적용할 필요가 없다.

## 색인 버퍼

두 번째로 살펴볼 버퍼 자원은 **색인 버퍼**(index buffer)이다. 색인 버퍼는 정점 버퍼에

저장된 정점 자료를 참조해서 기본도형(primitive)을 정의하는 아주 유용한 능력을 제공한다. 간단히 말하자면, 색인 버퍼는 정점들의 목록 안을 가리키는 색인들의 목록을 담는다. 원하는 기본도형의 종류에 따라 적절한 개수(점은 1, 선분은 2, 삼각형은 3 등)의 색인들로 기본도형을 구성하는 정점(꼭짓점)들을 지정함으로써 기본도형을 정의하는데, 그림 2.10을 보면 쉽게 이해할 수 있을 것이다.

색인 버퍼를 사용하면 정의해야 할 전체 정점 개수를 크게 줄일 수 있다. 서로 인접한, 따라서 정점들을 공유하는 기본도형들을 정의하는 경우, 그런 정점들을 정점 버퍼에 중복해서 저장할 필요 없이 색인 버퍼를 이용해서 여러 번 참조하면 되기 때문이다. 또한 이러한 정점 공유는 여러 개의 기본도형들이 한 정점 셰이더의 동일한 출력 정점을 사용할 수 있게 한다. 정점 셰이더에 대해서는 제3장 "렌더링 파이프라인"에서 좀 더 이야기하겠다. 일단 지금은, 정점 셰이더를 거친 정점을 캐시에 담아 두고 여러 개의 기본도형들에 재사용하는 것이 가능하다는 점만 기억해 두기 바란다. 그런 재사용은 주어진 하나의 모형에 대한 정점 셰이더의 처리량을 줄일 수 있다.

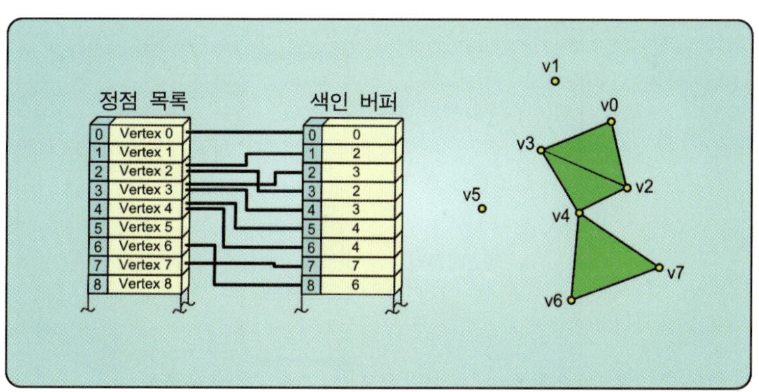


**그림 2.10.** 색인 버퍼로 정점들을 참조해서 삼각형을 형성한다.

**색인 버퍼의 용도 및 용법.** 색인 버퍼는 기본도형 설정 연산에서 쓰일 정점들을 지정하므로, 색인 버퍼를 사용하려면 파이프라인에서 사용할 기본도형들의 위상 구조를 미리 알아야 한다. 그렇지 않으면 색인 버퍼에 색인들을 어떤 순서로 저장하면 되는지를 알 수가 없다. 일반적으로 기본도형의 특성들은 구체적인 코딩 이전에 렌더링 알고리즘과 기하구조 적재 루틴을 선택, 설계하는 과정에서 함께 결정한다. 색인 버퍼를 생성하고

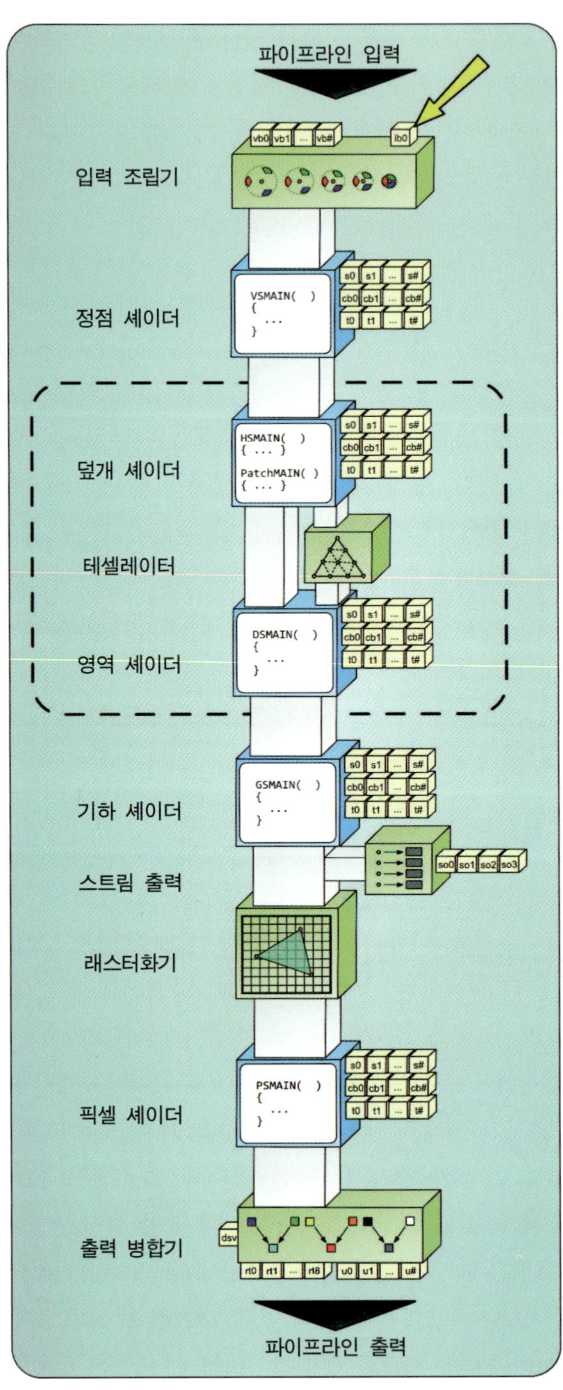


**그림 2.11.** 렌더링 파이프라인에 색인 버퍼를 연결할 수 있는 지점.

채운 후에는, 그리기 연산의 수행을 위해 파이프라인을 구성하는 과정에서 색인 버퍼를 **입력 조립기** 단계에 부착한다. 그 단계는 색인 버퍼를 이용해서 기본도형을 생성해 파이프라인의 다음 단계로 넘겨준다. 색인 버퍼는 아주 구체적인 용도로 쓰이므로, 파이프라인의 다른 어떤 지점에 부착되는 경우는 (거의)없다. 색인 버퍼의 연결 지점이 그림 2.11에 나와 있다.

**색인 버퍼의 생성.** 색인 버퍼의 생성 역시 표준적인 버퍼 생성 과정을 따른다. 핵심은 버퍼 서술 구조체 D3D11_BUFFER_DESC을 적절히 채우는 것인데, 색인 버퍼의 경우에는 이 구조체의 설정이 개별 색인 버퍼마다 그리 다르지 않다. 왜냐하면 색인 버퍼에 채울 자료는 대체로 콘텐트 제작 프로그램에서 정의해 뽑아낸 것이기 때문이다. 일반적으로 색인 버퍼는 응용 프로그램 초기 단계에서 생성된 후에 별로 변하지 않는다. 그러나 색인 버퍼를 동적으로 갱신해야 하는 새로운 알고리즘을 채택할 수도 있다. 그런 경우를 위해, 이번 장의 "정점 버퍼" 절에서 논의한 동적 갱신 설정들로 색인 버퍼를 생성하는 것도 가능하다. "정점 버퍼" 절에서 언급한 예처럼 **그리기 호출 횟수를 줄이기 위해** 여러 개의 기하구조 집합들을 실행 시점에서 하나의 정점 버퍼와 하나의 색인 버퍼로 합치는 경우 동적 갱신이 가능한 색인 버퍼가 필요하다. 목록 2.7에 전형적인 색인 버퍼 생성 방법을 보여주는 예가 나와 있다.

```cpp
ID3D11Buffer* CreateIndexBuffer( UINT size,
                                 bool dynamic,
                                 D3D11_SUBRESOURCE_DATA* pData )
{
    D3D11_BUFFER_DESC desc;
    desc.ByteWidth = size;
    desc.MiscFlags = 0;
    desc.StructureByteStride = 0;
    desc.BindFlags = D3D11_BIND_INDEX_BUFFER;

    // 주어진 인수에 기초해서 적절한 용도 플래그와 CPU 접근
    // 플래그를 선택한다.
    if ( dynamic )
    {
        desc.Usage = D3D11_USAGE_DYNAMIC;
        desc.CPUAccessFlags = D3D11_CPU_ACCESS_WRITE;
    }
```

```cpp
    desc.Usage = D3D11_USAGE_IMMUTABLE;
    desc.CPUAccessFlags = 0;
}
// 선택한 구성으로 버퍼를 생성한다.
ID3D11Buffer* pBuffer = 0;
HRESULT hr = g_pDevice->CreateBuffer( &desc, pData, &pBuffer );


if ( FAILED( hr ) )
{
    // 여기서 오류 처리
    return( 0 );
}


return( pBuffer );
}
```

**목록 2.7.** 용도에 따라 적절한 색인 버퍼를 생성하는 함수.

이 함수는 우선 버퍼의 크기(바이트 단위)를 비롯해서 서술 구조체의 여러 필드들을 설정한다. 코드에서 보듯이, 색인 버퍼를 생성할 때에는 연결 플래그를 항상 D3D11_BIND_INDEX_BUFFER로 설정한다. 정적 색인 버퍼의 경우 함수는 용도 플래그를 D3D11_USAGE_IMMUTABLE로 하고 CPU 접근 플래그는 0으로 설정한다. 이 경우 호출자는 반드시 D3D11_SUBRESOURCE_DATA 구조체를 통해서 버퍼의 내용을 제공해야 한다. 동적 색인 버퍼의 경우에는 용도 플래그를 D3D11_USAGE_DYNAMIC으로, CPU 접근 플래그를 D3D11_CPU_ACCESS_WRITE로 설정한다.

**자원 뷰 요구사항.** 색인 버퍼는 파이프라인의 입력 조립기 단계에 직접 연결되므로 자원 뷰를 생성해서 적용할 필요가 없다.


## 상수 버퍼

상수 버퍼(constant buffer)는 앞에서 본 두 버퍼와는 달리 프로그램 가능 셰이더 단계의 접근해서 HLSL 코드 안에서 직접 접근할 수 있는 종류의 자원이다. 상수 버퍼는 파이프라인 안에서 실행되는 프로그램 가능 셰이더 프로그램에 상수(고정) 정보를 제공하는 데 쓰인다. 상수라는 이름이 붙은 것은, 이 상수 버퍼 안의 자료가 한 번의 그리기 호출이나 배분(dispatch) 호출*이 실행되는 동안에는 결코 변하지 않기 때문이다. 일반적으로 파이프라인 실행들 사이에서만 변하고 한 파이프라인 패스 안에서는 변하지 않는 정보, 이를테면 세계 변환 행렬이나 물체의 색상 같은 것을 이 상수 버퍼에 담아서 셰이더 프로그램에 제공한다. 이러한 메커니즘은 호스트(CPU 쪽) 응용 프로그램에서 각 프로그램 가능 셰이더 단계들 각각에 자료를 공급하는 주된 수단이다. 상수 버퍼 안에 담는 정보의 형식과 양은 상수 버퍼마다 다를 수 있다. 상수 버퍼 안에 담긴 정보의 형식과 양은 전적으로 각 셰이더 프로그램에 필요한 자료의 종류와 성격에 의존한다. HLSL의 기본 형식들을 임의로 조합해서 상수 버퍼를 구성할 수 있으며, 또는 그런 기본 형식들로 이루어진 구조체들로 구성할 수도 있다. HLSL 자료 형식들에 대해서는 제6장 "HLSL— 고수준 셰이딩 언어"에서 자세히 이야기하겠지만, 스칼라나 벡터, 행렬 형식과 그런 형식들의 배열, 클래스 인스턴스, 그리고 이 모든 형식들의 조합을 상수 버퍼에 담을 수 있다는 점은 지금 언급하겠다. 이런 형식들을 조합한 예가 그림 2.12에 나와 있다.

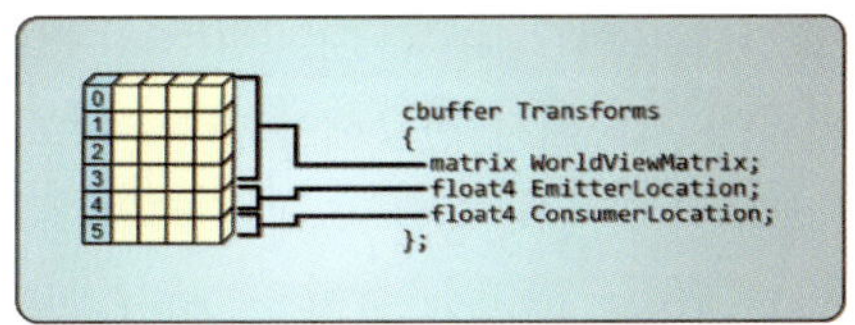



**그림 2.12.** 구조체 형태를 가진 상수 버퍼의 예.

상수 버퍼는 지금까지 살펴본 다른 버퍼들과는 다소 다르다. 정점 버퍼와 색인 버퍼는 하나의 기존 자료 원소를 정의하고 그 원소를 여러 번 되풀이한다. 즉, 마치 배열과 같은 구조이다. 그러나 상수 버퍼는 여러 종류의 자료 원소들을 정의하되, 각 원소를 되풀이하지는 않는다. 버퍼는 정의된 원소들을 담을 만큼의 크기로만 생성된다. 다른 말로 하면, 상수 버퍼는 배열이 아니라 구조체라고 할 수 있다.

**상수 버퍼의 용도 및 용법.** 프로그램 가능 파이프라인 단계들 각각마다 하나 이상의 상수 버퍼들을 받을 수 있다. 그 단계들은 연결된 상수 버퍼에 담긴 정보를 자신의 셰이더 프로그램에게 넘겨준다. 셰이더 프로그램 안에서는 상수 버퍼의 자료를 마치 셰이더 프로그램

---

* [역주] **그리기** 메서드와 비슷하게, **Dispatch**로 시작하는 장치 문맥 메서드들을 통칭해서 **배분** 메서드라고 부르고, 그러한 메서드를 호출하는 것을 배분 호출 또는 배분 연산이라고 표현한다. 배분 메서드들은 제5장에서 자세히 이야기한다.

안에서 전역으로 선언된 구조체처럼 사용한다. 이는 각 구조체의 요소들이 이 가상 전역 범위 안에서 반드시 고유한 이름을 가져야 한다는 뜻이기도 하다. 버퍼를 구조체처럼 사용할 수 있게 하는 능력 덕분에, 특정 렌더링 알고리즘을 위해 변형된 셰이더 프로그램을 추가하는 과정이 좀 더 유연해진다. 상수 버퍼로서 묶기 위해 생성한 버퍼를 파이프라인의 다른 종류의 연결 지점들에는 묶지 못할 수도 있다는 점을 주의하기 바란다. 사실 이는 별로 문제가 되지 않는다. 어차피 상수 버퍼의 내용은 이미 모든 프로그램 가능 단계가 사용할 수 있는 상태이기 때문이다. 그림 2.13에 상수 버퍼를 묶을 수 있는 지점들이 나와 있다.

비교적 큰 상수 버퍼를 만드는 것이 가능하긴 하지만, 그렇다고 셰이더 프로그램에 필요한 모든 매개변수를 담은 커다란 하나의 버퍼를 만드는 것이 바람직한 것은 아니다. 상수 버퍼의 내용을 CPU에서 갱신할 때마다 버퍼를 GPU로 다시 전송해야 한다. 이것이 응용 프로그램에 어떤 영향을 미치는지를 가상의 시나리오 하나를 통해서 살펴보자. 셰이더 프로그램 하나에 열 개의 매개변수들이 필요하나, 물체를 렌더링할 때마다 변하는 것은 그 중 둘 뿐이라고 하자. 그렇다고 해도 **그리기** 메서드를 호출할 때마다 매개변수 열 개를 모두 버퍼에 기록해서 전송해야 한다. 상수 버퍼의 일부만 갱신해서 일부만 전송할 수는 없기 때문이다. 렌더링할 물체의 개수에 따라서는, 이런 추가적인 갱신이 누적되어서 불필요한 대역폭 낭비가 커질 수 있다. 좀 더 나은 방법은 상수 버퍼를 두 개 만들어서 하나에는 자주 변하지 않는 매개변수 여덟 개를 담고 또 하나에는 자주 변하는 두 매개변수를 담는 것이다. 이렇게 하면 매 프레임마다 두 번째 버퍼만 갱신함으로써 프레임당 자료 갱신량을 크게 줄일 수 있다. 물론, 두 번째 버퍼 역시 정말로 필요한 때에만 갱신되도록 하는 데에도 신경을 써야 한다.

셰이더 프로그램이 상수 버퍼를 읽기 전용으로만 사용한다는 점을 이용해서도 상수 버퍼 갱신을 줄일 수 있다. 상수 버퍼는 읽기 전용이므로, 하나의 상수 버퍼를 파이프라인의 여러 지점들에 동시에 연결해도 메모리 접근 충돌은 생기지 않는다.

**상수 버퍼의 생성.** 상수 버퍼는 최적의 성능을 위한 다양한 자원 구성 옵션들을 제공한다. 상수 버퍼의 구성은 CPU가 얼마나 자주 갱신할 것인가에 따라 크게 두 가지로 나뉜다. 응용 프로그램의 수명주기 동안 상수 버퍼를 자주 갱신할 것이라면 상수 버퍼를 동적 버퍼 형태로 구성하는 것이 바람직하다. 반대로 응용 프로그램 전반에서 변하지 않을 자료(고정된 후면 버퍼 크기 등)를 담는다면 불변 용도 플래그를 지정해서 정적 버퍼로 만드는 것이 당연하다. 목록 2.8에 전형적인 상수 버퍼 생성 방법을 보여주는 예가 나와 있다.

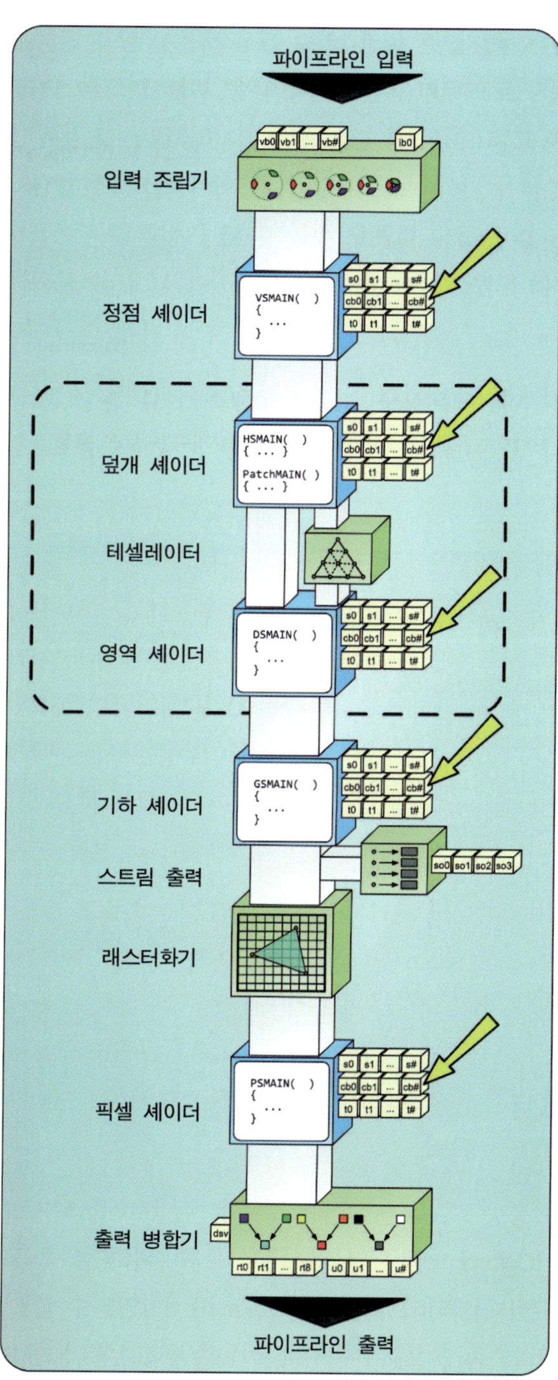



**그림 2.13.** 렌더링 파이프라인에 상수 버퍼를 연결할 수 있는 지점들.

```cpp
ID3D11Buffer* CreateConstantBuffer( UINT size,
                                    bool dynamic,
                                    bool CPUupdates,
                                    D3D11_SUBRESOURCE_DATA* pData )
{
    D3D11_BUFFER_DESC desc;
    desc.ByteWidth = size;
    desc.MiscFlags = 0;
    desc.StructureByteStride = 0;
    desc.BindFlags = D3D11_BIND_CONSTANT_BUFFER;

    // 주어진 인수들에 기초해서 적절한 용도 플래그와 CPU 접근
    // 플래그를 선택한다.
    if ( dynamic && CPUupdates )
    {
        desc.Usage = D3D11_USAGE_DYNAMIC;
        desc.CPUAccessFlags = D3D11_CPU_ACCESS_WRITE;
    }
    else if ( dynamic && !CPUupdates )
    {
        desc.Usage = D3D11_USAGE_DEFAULT;
        desc.CPUAccessFlags = 0;
    }
    else
    {
        desc.Usage = D3D11_USAGE_IMMUTABLE;
        desc.CPUAccessFlags = 0;
    }

    // 선택한 구성으로 버퍼를 생성한다.
    ID3D11Buffer* pBuffer = 0;
    HRESULT hr = g_pDevice->CreateBuffer( &desc, pData, &pBuffer );

    if ( FAILED( hr ) )
    {
        // 여기서 오류 처리
        return( 0 );
    }

    return( pBuffer );
}
```

**목록 2.8.** 용도에 따라 적절한 상수 버퍼를 생성하는 함수.

정점 버퍼나 색인 버퍼처럼, 동적인 상수 버퍼를 생성할 때에도 용도 플래그 D3D11_ USAGE_DYNAMIC을 지정한다. 또한, 실행 시점에서 CPU가 자원을 갱신할 수 있도록 CPU 접근 플래그 D3D11_CPU_ACCESS_WRITE도 지정한다. 정적 상수 버퍼의 경우에는 D3D11_USAGE_IMMUTABLE 용도 플래그를 지정하고 CPU 접근은 전혀 없는 것으로 설정한다. 이런 기본 구성 외에, 실행 시점에서 GPU만이 상수 버퍼를 갱신하게 할 수도 있다. 이를테면 추가/소비 버퍼의 원소 개수를 ID3D11DeviceContext::CopyStructureCount() 메서드를 이용해서 상수 버퍼에 기록하는 등이 그러한 GPU 갱신의 예이다. 이런 경우에는 기본 용도 플래그를 지정하고 CPU 접근은 전혀 없는 것으로 두면 된다. 그러면 Direct3D 11 실행 시점 모듈이 그 자원을 GPU만 사용하도록 최적화할 수 있게 된다.

목록 2.8에는 나오지 않았지만 주목할 만한 사항이 몇 가지 있다. 첫째로, 일반적인 경우 응용 프로그램은 HLSL 안에서 보이는 상수 버퍼의 내용에 대응되는 C++ 구조체를 정의해서 사용한다. 그러면 응용 프로그램은 주 메모리 안에서 그 구조체 인스턴스를 갱신하고, 그것을 그대로 버퍼에 복사할 수 있다. 이런 자원 갱신 방법을 이번 장에서 나중에 좀 더 살펴볼 것이다. 둘째로, 상수 버퍼의 크기(ByteWidth)는 반드시 16바이트의 배수이어야 한다. 이러한 요구사항은 GPU의 4쌍(4-tuple) 레지스터 형식들로 버퍼를 효율적으로 처리하기 위한 것인데, 오직 상수 버퍼에만 적용된다. C/C++ 안의 구조체를 정의할 때 이러한 제약에 유의해야 한다. 셋째로, 상수 버퍼 서술 구조체의 연결 플래그에는 오직 D3D11_BIND_CONSTANT_BUFFER만 지정할 수 있다. 이것은 별로 중요한 제약이 아닌데, 어차피 상수 버퍼를 파이프라인의 다른 위치에 연결해야 할 일은 거의 없기 때문이다.

**자원 뷰 요구사항.** 상수 버퍼는 파이프라인의 프로그램 가능 셰이더 단계들에 연결하고 HLSL에서 접근하는 버퍼이지만, 그 내용을 자원 뷰가 다르게 해석해야 할 여지는 없다. 상수 버퍼의 내용은 버퍼에 정의된 그대로 HLSL에 노출되므로 자원 뷰를 사용할 필요가 없다.

**HLSL의 상수 버퍼 자원 객체.** 이전의 두 버퍼와는 달리 상수 버퍼는 프로그램 가능 셰이더 단계의 HLSL 코드에서 직접 접근할 수 있다. HLSL 안에서 상수 버퍼는 cbuffer 라는 키워드를 이용해서 선언하는 구조체에 대응된다. 목록 2.9에 상수 버퍼를 선언하는 예가 나와 있다.

```
cbuffer Transforms
{
    matrix WorldMatrix;
    matrix ViewProjMatrix;
    matrix SkinMatrices[26];
};


cbuffer LightParameters
{
    float3 LightPositionWS;
    float4 LightColor;
};


cbuffer ParticleInsertParameters
{
    float4 EmitterLocation;
    float4 RandomVector;
};
```

**목록 2.9.** HLSL 코드 안에서 몇 가지 상수 버퍼를 선언한 예.

HLSL 셰이더 프로그램은 **cbuffer**로 선언된 상수 버퍼 구조체 안의 필드들을 마치 전역 범위에서 선언된 변수처럼 사용할 수 있다. 목록에서 보듯이 상수 버퍼 구조체 자체에도 이름이 붙어 있는데, 이 이름은 응용 프로그램이 버퍼를 이름으로 식별해서 적절한 내용을 버퍼에 적재하는 데 쓰인다. HLSL 프로그램 자체는 버퍼 이름을 사용하지 않음을 주의할 것. 상수 버퍼의 이름이나 상수 버퍼의 개별 원소(필드)의 이름과 형식은 셰이더 반영 API(shader reflection API)[1]를 이용해서 알아낼 수 있다. 이 API는 각 필드의 이름과 형식을 알려주는 메서드들을 제공한다. 이들을 이용해서 응용 프로그램은 실행 시점에서 버퍼에 어떤 정보를 집어넣어야 하는지를 파악할 수 있다.

### 표준/구조적 버퍼 자원

다음으로 살펴볼 버퍼 자원의 구체적인 이름은 그 안에 어떤 자료를 담느냐에 따라 달라진다. **표준 버퍼 자원**(standard buffer resource)은 그 원소들이 내장 자료 형식인 버퍼이다. 원소들이 내장 형식이라는 점에서 이 버퍼는 통상적인 값 배열과 비슷하다. 이 버퍼

---

[1] 셰이더 반영 API는 제6장 "HSLS—고수준 셰이딩 언어"에서 좀 더 자세하게 설명하겠다.

의 각 원소는 배열 안의 각자 고유한 위치에 저장되며, 그 위치에 해당하는 색인을 통해서 접근된다. 이 덕분에 GPU에서 한 셰이더 프로그램의 서로 다른 여러 인스턴스들이 자원에 손쉽게 접근할 수 있다. 각 원소가 고유하게 식별되므로, 개발자는 그 어떤 메모리 충돌도 일어나지 않도록 프로그램의 구조를 짤 수 있다. 그림 2.14는 이 버퍼 자원을 도식화한 것이다.

다음으로, 표준 버퍼 자원과 아주 비슷한 **구조적 버퍼 자원**(structured buffer resource)이 있다. 둘의 유일한 차이는, 구조적 버퍼 자원의 경우 내장 자료 형식 대신 사용자 정의 구조체를 기본 원소로 사용할 수 있다는 것이다. 덕분에 특정 문제의 처리를 위해 준비한 자료를 자원에 비교적 간단하게 대응시킬 수 있다. 개발자가 C++에서 적절한 구조체를 정의하고 HLSL에서 그에 해당하는 구조체를 정의할 수만 있다면, 그런 구조체들의 배열을 버퍼에 담아 프로그램 가능 셰이더 단계에서 하나의 자원 객체로 사용하는 것이 가능하다.

구조적 버퍼의 목적은 커스텀 알고리즘 개발을 단순화하기 위한 유연한 메모리 자원을 제공하는 것이다. HLSL의 가용 형식들을 임의로 조합해서 구조체를 정의할 수 있으므로, 특정 시나리오에 맞게 특화된 버퍼를 만드는 것이 얼마든지 가능하다. 가능한 구조체 구성은 상수 버퍼와 상당히 비슷하나, 상수 버퍼는 구조체의 인스턴스 하나만 담는 반면 구조적 버퍼는 그런 구조체 인스턴스들의 배열을 담는다. 이러한 개념이 그림 2.15에 도식화되어 있다. 이 그림이 표현하는 가상의 구조체는 입자 시스템의 한 입자를 위한 자료를 나타낸다.

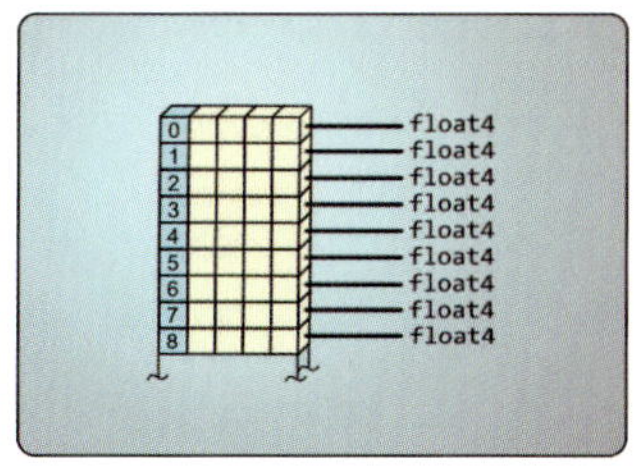


**그림 2.14.** 표준 버퍼 자원의 도해.

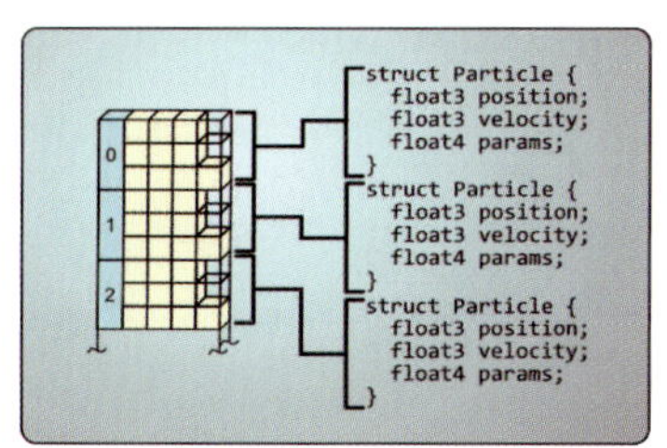


**그림 2.15.** 입자 시스템의 자료를 담는 구조적 버퍼 자원의 예.

그림에서 보듯이 하나의 입자 구조체는 여러 개의 필드들로 이루어지며, 구조적 버퍼는 그러한 입자들이 여러 개 모여 있는 하나의 입자 시스템 전체를 담는다. 아주 흥미로운 점 하나는, 이전까지 살펴본 자원들과는 달리 이 종류의 버퍼는 프로그램 가능 파이프라인 단계에서 읽기와 쓰기가 모두 가능하다는 점이다. 이러한 읽기/쓰기 능력을 활용하는 방법은 이번 절의 나머지 부분에서 좀 더 이야기할 것이다.

**표준/구조적 버퍼의 용도 및 용법.** 표준 버퍼와 구조적 버퍼는 구조화된 대량의 자료를 제공하는 능력을 제공하기 때문에 프로그램 가능 셰이더 단계들이 접근할 좀 더 커다란 자료 구조들에 아주 적합하다. 지금까지 나온 버퍼들과는 달리, 이 두 버퍼 종류는 파이프라인에 직접 연결할 수 없고 반드시 자원 뷰를 이용해야 한다. 이 버퍼들은 모든 프로그램 가능 파이프라인 단계에서 읽을 수 있으며, 픽셀 셰이더 단계와 계산 셰이더의 경우에는 쓰기도 가능하다(어떤 자원 뷰를 사용하느냐에 따라 다름). 쓰기가 가능하다는 점은, 이 자원들을 같은 파이프라인 단계 안의 개별 처리 요소들 사이의 통신은 물론 파이프라인의 여러 단계들 사이의 소통 수단으로도 활용할 수 있음을 뜻한다.

표준/구조적 버퍼 자원에 대한 파이프라인 단계의 자원 접근 권한은 그 자원을 파이프라인에 연결하는 데 쓰인 자원 뷰에 의해서 결정된다. 상수 버퍼와 달리 표준/구조적 버퍼는 반드시 자원 뷰를 통해서 파이프라인에 묶어야 한다. 따라서 자원 생성 시 반드시 자원 뷰 연결을 위한 적절한 연결 플래그들을 지정해 주어야 한다. 이때 셰이더 자원 뷰나 순서 없는 접근 뷰, 또는 둘 다를 지정할 수 있다. 셰이더 자원 뷰를 지정하면 이 자원을 모든 프로그램 가능 단계에 연결할 수 있게 된다. 순서 없는 접근 뷰를 지정하면 픽셀 셰이더 단계와 계산 셰이더 단계에만 연결할 수 있다. 자원에 대한 쓰기 접근을 위해서는 반드시 순서 없는 접근 뷰를 지정해야 한다. 결국, 이 버퍼들에 대한 쓰기 접근은 픽셀 셰이더 단계와 계산 셰이더 단계에서만 가능한 셈이다. 셰이더 자원 뷰와 순서 없는 접근 뷰를 위한 연결 지점들이 그림 2.16에 나와 있다.

상수 버퍼처럼 표준/구조적 버퍼도 읽기 전용으로 사용할 때에는 여러 개의 지점들에 동시에 연결할 수 있다. 이는 셰이더 뷰 자원을 사용하는 경우의 이야기이다. 순서 없는 접근 뷰를 사용해서 파이프라인에 연결할 때에는 하나의 지점에만 연결할 수 있다. 이러한 제한은 실행시점 모듈에 의해 강제되는 것으로, 만일 자원을 쓰기 접근을 위해 여러 지점에 연결하려 하면 오류 메시지가 출력된다. 순서 없는 접근 뷰를 사용하면 여러 셰이더 자원 뷰들의 동시 사용도 불가능해진다. 그런 동시 사용을 허용하면 소위 '쓰기 후 읽기(read-after-write)' 문제가 발생할 여지가 있기 때문이다.

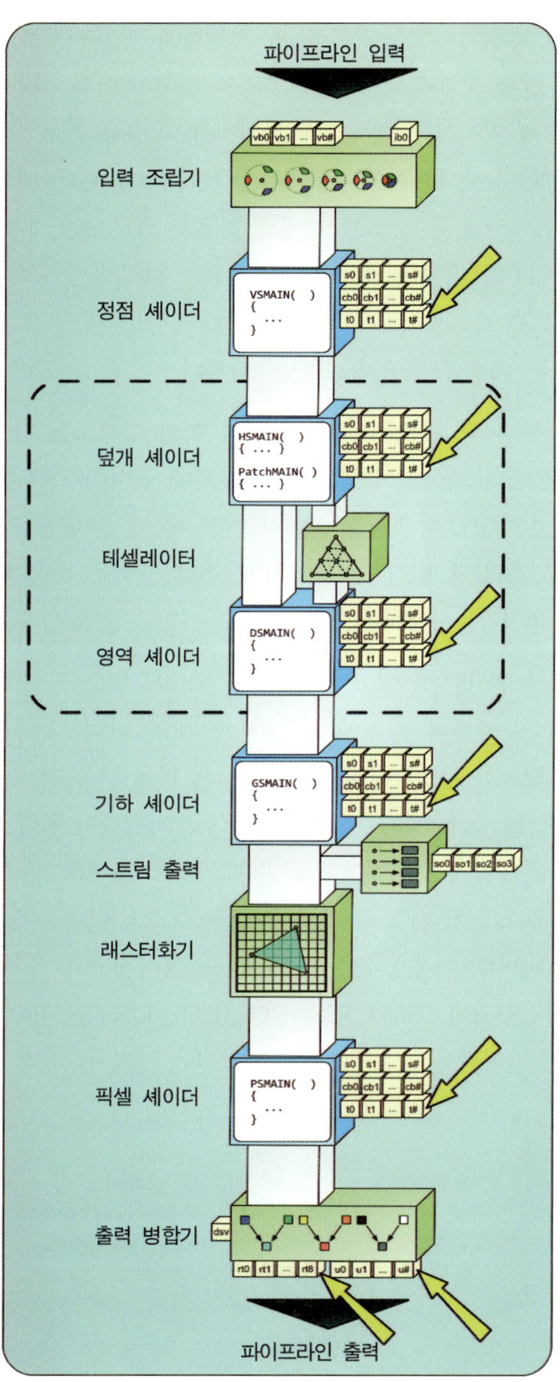


그림 2.16. 표준/구조적 버퍼를 연결할 수 있는 지점들.

**표준/구조적 버퍼의 생성.** 다른 버퍼 자원들과 마찬가지로, 표준/구조적 버퍼 자원을 생성하려면 먼저 그 자원의 용도를 결정해 두어야 한다. 표준/구조적 버퍼의 경우 사용 패턴은 크게 세 가지이다. 첫째는 버퍼의 내용이 응용 프로그램의 수명 전체에서 정적인 경우이다. 예를 들어 미리 계산된 자료들, 이를테면 복사휘도 전달 함수나 기타 함수의 값들을 미리 계산해 둔 참조표 형태의 자료를 표준/구조적 버퍼에 담아서 재사용하는 등. 둘째는 CPU가 버퍼의 자료를 주기적으로 갱신해서 GPU에 전송하는 것이다. GPU를 CPU의 보조 프로세서로 사용하는 범용 계산 응용 프로그램에서 이런 패턴이 자주 쓰인다. 이 두 패턴 모두에서 GPU는 버퍼의 자료를 읽기만 하고 기록하지는 않는다.

마지막 경우는 버퍼 내용을 GPU 자신이 어떤 형태로든 갱신하는 것이다. 예를 들어 GPU가 어떤 물리 계산을 수행하고 그 결과를 렌더링에 적용하는 경우에 이런 패턴이 쓰인다. 이 경우 GPU가 버퍼를 읽어서 어떤 계산을 수행한 후 결과를 다시 버퍼에 기록해야 하므로, GPU에 읽기 접근과 쓰기 접근을 모두 허용해야 한다. 이 세 시나리오 모두, 버퍼 생성 시 사용하는 용도 플래그, CPU 플래그, 연결 플래그가 각자 다르다.

구조적 버퍼를 생성할 때에는 이 플래그들 외에도 몇 가지 추가적인 크기 정보를 제공해야 한다. 모든 종류의 버퍼에서, 버퍼 자체의 바이트 크기를 버퍼 서술 구조체의 `ByteWidth` 필드로 지정한다. 구조적 버퍼의 경우 그 크기 외에 자신이 담는 원소(구조체)의 크기도 `StructureByteStride` 필드로 지정해야 한다. 이 정보는 프로그램 가능 파이프라인 단계들에서 자원에 접근할 때의 '보폭(stride, 연속적인 저장소에서 한 원소와 그 다음 원소의 거리)'으로 쓰인다. 또한 구조적 버퍼를 생성할 때에는 이 버퍼 자원을 구조적 버퍼로 사용할 것이라는 점도 명시적으로 지정해야 한다. 기타 플래그(`MiscFlags` 필드)에 `D3D11_RESOURCE_MISC_BUFFER_STRUCTURED`를 지정하면 된다. 목록 2.10에 전형적인 표준/구조적 버퍼 생성 방법이 나와 있다.

```cpp
ID3D11Buffer* CreateStructuredBuffer( UINT count,
                                      UINT structsize,
                                      bool CPUWritable,
                                      bool GPUWritable,
                                      D3D11_SUBRESOURCE_DATA* pData )
{
    D3D11_BUFFER_DESC desc;
    desc.ByteWidth = count * structsize;
```

```cpp
    desc.MiscFlags = D3D11_RESOURCE_MISC_BUFFER_STRUCTURED;
    desc.StructureByteStride = structsize;

    // 주어진 인수에 기초해서 적절한 용도 플래그와 CPU 접근 플래그를 선택한다.
    if ( !CPUWritable && !GPUWritable )
    {
        desc.BindFlags = D3D11_BIND_SHADER_RESOURCE;
        desc.Usage = D3D11_USAGE_IMMUTABLE;
        desc.CPUAccessFlags = 0;
    }
    else if ( CPUWritable && !GPUWritable )
    {
        desc.BindFlags = D3D11_BIND_SHADER_RESOURCE;
        desc.Usage = D3D11_USAGE_DYNAMIC;
        desc.CPUAccessFlags = D3D11_CPU_ACCESS_WRITE;
    }
    else if ( !CPUWritable && GPUWritable )

    {
        desc.BindFlags = D3D11_BIND_SHADER_RESOURCE |
                         D3D11_BIND_UNORDERED_ACCESS;
        desc.Usage = D3D11_USAGE_DEFAULT;
        desc.CPUAccessFlags = 0;
    }
    else if ( CPUWritable && GPUWritable )
    {
    // 여기서 오류를 처리한다.
    // CPU와 GPU 둘 다 자원에 대한 쓰기 접근이 가능할 수는 없음!
    }

    // 선택한 구성으로 버퍼를 생성한다.
    ID3D11Buffer* pBuffer = 0;
    HRESULT hr = g_pDevice->CreateBuffer( &desc, pData, &pBuffer );

    if ( FAILED( hr ) )
    {
        // 여기서 오류를 처리한다.
        return( 0 );
    }

    return( pBuffer );
}
```

**목록** 2.10. 구조적 버퍼를 생성하는 함수.

이 함수는 크기 정보를 버퍼에 포함시킬 구조체 원소들의 **개수**(count 매개변수)와 그러한 구조체 원소 하나의 바이트 크기(structsize 매개변수)를 받아서 버퍼의 전체 크기를 계산한다. 그 다음 부분에서는 앞에서 말한 세 가지 용법에 따라 CPU 접근 플래그와 용도 플래그, 연결 플래그를 적절히 설정한다.

**자원 뷰 요구사항.** 앞에서 언급했듯이, 표준 버퍼나 구조적 버퍼에 사용할 수 있는 자원 뷰는 셰이더 자원 뷰와 순서 없는 접근 뷰뿐이다. 사실, 그 두 자원 뷰를 통해서만 이 버퍼들을 파이프라인에 연결할 수 있다. 표준 버퍼의 경우 원소의 자료 형식을 셰이더 자원 뷰 서술 구조체를 통해서 지정해야 한다. 구조적 버퍼 자원의 경우에는 원소 형식을 '알 수 없음'에 해당하는 DXGI_FORMAT_UNKNOWN으로 설정해야 한다. 이는, 구조적 버퍼의 원소가 사용자 정의 구조체이므로 DXGI가 모든 가능한 형식을 미리 정의해 두는 것이 불가능하기 때문이다. 버퍼 원소의 구체적인 형식은 셰이더 프로그램 안의 HLSL 구조체 선언으로부터 도출되며, 원소의 크기는 버퍼 자원 생성 시 응용 프로그램이 제공한다.

버퍼 자원을 위한 셰이더 자원 뷰 서술 구조체를 준비할 때, 뷰에 포함시킬(즉, 뷰를 통해 접근할 수 있는) 원소 범위의 첫 원소와 개수를 지정해야 한다. 응용 프로그램의 요구에 따라서는 버퍼의 모든 원소를 뷰에 포함시킬 수도 있고 일부만 포함시킬 수도 있다. 일부만 포함시키는 경우라도 HLSL 안에서 그 원소들의 색인 범위는 [0, 개수-1]이며, 그 바깥에 있는 색인을 사용하는 것은 범위 위반 오류로 간주된다. 첫 원소와 원소 개수를 지정하기 위한 필드는 Buffer인데, 이 필드는 D3D11_BUFFER_SRV 형식의 또 다른 구조체이다. 목록 2.11에 셰이더 자원 뷰 서술 구조체를 생성하는 예가 나와 있다.

```
ID3D11ShaderResourceView* CreateBufferSRV( ID3D11Resource* pResource )
{
    D3D11_SHADER_RESOURCE_VIEW_DESC desc;
    // 구조적 버퍼를 생성할 때에는 반드시 DXGI_FORMAT_UNKNOW을 사용해야 함!
    // 표준 버퍼의 경우에는 원소 형식에 맞는 플래그를 지정하면 된다.
    desc.Format = DXGI_FORMAT_R32G32B32_FLOAT;

    desc.ViewDimension = D3D11_SRV_DIMENSION_BUFFER;
    desc.Buffer.ElementOffset = 0;
    desc.Buffer.ElementWidth = 100;
```

```cpp
    ID3D11ShaderResourceView* pView = 0;
    HRESULT hr = g_pDevice->CreateShaderResourceView( pResource, &desc, &pView );

    return( pView );
}
```

**목록** 2.11. 버퍼 자원을 위한 셰이더 자원 뷰를 생성하는 함수.

`ElementOffset`과 `ElementWidth` 필드를 적절히 조정함으로써, 하나의 커다란 버퍼 자원에 여러 개의 더 작은 자료집합들을 담는 것이 가능하다. 그러한 자료집합마다 자료집합에 대한 접근을 제공하는 개별적인 셰이더 자원 뷰가 쓰임을 주목할 것. 자원의 특정 부분집합에 대한 접근을 셰이더 자원 뷰를 통해 제한할 수 있다는 것은, 셰이더 프로그램의 각 실행에서 접근할 수 있는 자료를 응용 프로그램이 제어할 수 있다는 뜻이다(해당 셰이더 단계에 대해 특정 셰이더 자원 뷰를 지정함으로써). 또한, 여러 개의 뷰들이 한 버퍼의 여러 범위들을 동시에 선택하는 것도 가능하다.

순서 없는 접근 뷰도 셰이더 자원 뷰와 마찬가지 방식으로 원소 범위를 선택하고 형식을 지정한다. 그 외에도 순서 없는 접근 뷰는 특별한 용법을 위한 추가적인 플래그들을 제공한다. 이 플래그들을 적절히 설정하면 순서 없는 접근 뷰를 추가/소비 버퍼(append/comsume buffer)나 바이트 주소 버퍼 용으로 사용할 수 있게 된다. 이 둘은 순서 없는 접근 뷰를 통해서 버퍼의 내용을 특화된 방식으로 사용하는 예에 해당한다. 이 두 버퍼는 다음 두 절들에서 좀 더 자세히 설명하겠다. 목록 2.12는 순서 없는 접근 뷰를 생성하는 방법을 보여주는 함수이다.

```cpp
ID3D11UnorderedAccessView* CreateBufferUAV( ID3D11Resource* pResource )
{
    D3D11_UNORDERED_ACCESS_VIEW_DESC desc;

    // 구조적 버퍼를 생성할 때에는 반드시 DXGI_FORMAT_UNKNOW을 사용해야 함!
    // 표준 버퍼의 경우에는 원소 형식에 맞는 플래그를 지정하면 된다.
    desc.Format = DXGI_FORMAT_R32G32B32_FLOAT;

    desc.ViewDimension = D3D11_UAV_DIMENSION_BUFFER;
    desc.Buffer.FirstElement = 0;
    desc.Buffer.NumElements = 100;
```

```cpp
    desc.Buffer.Flags = D3D11_BUFFER_UAV_FLAG_COUNTER;
    //desc.Buffer.Flags = D3D11_BUFFER_UAV_FLAG_APPEND;
    //desc.Buffer.Flags = D3D11_BUFFER_UAV_FLAG_RAW;
    ID3D11UnorderedAccessView* pView = 0;
    HRESULT hr = g_pDevice->CreateUnorderedAccessView( pResource, &desc,
                                                       &pView );


    return( pView );
}
```

**목록 2.12.** 버퍼 자원을 위한 순서 없는 접근 뷰를 생성하는 함수.

이 함수는 D3D11_BUFFER_UAV_FLAG_COUNTER 플래그를 설정한다. 추가 버퍼를 위한 플래그와 '생' 버퍼를 위한 플래그를 설정하는 코드는 주석으로 처리되어 있다. D3D11_BUFFER_UAV_FLAG_COUNTER 플래그는 HLSL이 버퍼 자원에 접근한 횟수를 세기 위한 것으로, 잠시 후 설명하겠지만 그 횟수는 HLSL 버퍼 자원 객체의 메서드들에 의해 증가한다.

**HLSL의 구조적 버퍼 자원 객체.** 이 종류의 버퍼 자원은 프로그램 가능 셰이더 단계들에서 쓰이는 것이므로, HLSL를 통해서 이런 버퍼 자원들에 접근하는 방법을 이해할 필요가 있다. 다행히 자원 객체를 선언하고 사용하는 방식은 상당히 간단하다. 구조적 버퍼를 사용하려면 그에 대응되는 구조체를 셰이더 프로그램 안에서 정의해야 한다. 적절한 구조체를 정의한 후에는 C++ 템플릿 비슷한 구문으로 구조적 버퍼를 선언한다. 목록 2.13은 구조적 버퍼 선언 예로, 제12장의 유체 시뮬레이션 예제에서 뽑은 것이다.

```cpp
// 유체 격자의 한 열의 상태를 나타내는 구조체를 선언한다.
struct GridPoint
{
    float  Height;
    float4 Flow;
};


// 입, 출력 자원들을 선언한다.
RWStructuredBuffer<GridPoint> NewWaterState     : register( u0 );
StructuredBuffer<GridPoint>   CurrentWaterState : register( t0 );
```

**목록 2.13.** HLSL 안에서 구조적 버퍼 하나와 읽기/쓰기 구조적 버퍼 하나를 선언한 예.

이 코드를 보면 구조적 버퍼를 선언하는 구문이 두 가지임을 알 수 있다. 하나는 `StructuredBuffer<>`를 사용하고 또 하나는 `RWStructuredBuffer<>`를 사용한다. 이 두 형태는 각각 셰이더 자원 뷰를 통해 파이프라인에 연결된 구조적 버퍼(읽기 전용)와 순서 없는 접근 뷰를 통해 파이프라인에 연결된 구조적 버퍼(읽기/쓰기)를 위한 것이다. 이 둘은 레지스터도 다르다. 읽기/쓰기 자원은 u# 레지스터를 사용하고 읽기 전용 자원은 t#레지스터를 사용한다. 어떤 선언 방식을 사용할 것인지는 응용 프로그램이 자원을 이 셰이더 프로그램에 사용하기 위해 프로그램 가능 셰이더 단계에 연결하는 데 사용하는 자원 뷰의 종류에 따라 결정하면 된다.

구조적 버퍼에 대응되는 자원 객체를 선언한 후에는, HLSL 안에서 간단한 방식으로 구조적 버퍼와 상호작용할 수 있다. 버퍼의 개별 원소에 접근할 때에는 C/C++에서 배열을 사용할 때처럼 대괄호쌍 안에 색인을 지정하면 된다. 원소 구조체의 개별 필드에 접근하는 방법도 C/C++에서와 비슷하다. 마침표와 필드 이름을 사용하면 되는 것이다. 자원을 셰이더 자원 뷰로 묶은 경우에는 원소들을 읽을 수만 있다. 반면 순서 없는 접근 뷰로 묶은 자원의 경우에는 동일한 접근 구문을 이용해서 원소를 수정하는 것도 가능하다. 버퍼 자원의 부분집합을 자원 뷰를 통해서 선택한 경우, 부분집합의 첫 번째 원소의 색인이 0이고 그 이후에는 1씩 증가하는 식으로 원소들의 색인이 재조정된다.

이러한 HLSL 자원 객체들은 `GetDimensions()`라는 메서드도 제공하는데, 이 메서드는 버퍼의 크기를 돌려주거나 구조적 버퍼의 경우 버퍼의 크기와 함께 구조체 원소의 크기도 돌려준다. 이 값들은 셰이더 프로그램 안에서 범위 점검을 수행할 때 유용하다. 목록 2.12에서처럼 `D3D11_BUFFER_UAV_FLAG_COUNTER` 플래그를 지정해서 생성한 순서 없는 접근 뷰로 자원을 연결한 경우, 그에 해당하는 `RWStructuredBuffer` 객체는 자원 접근 횟수를 뜻하는 카운터 변수를 제어하는 수단들도 제공한다. HLSL 프로그램은 `IncrementCounter()` 메서드와 `DecrementCounter()` 메서드로 그 카운터를 증가하거나 감소할 수 있다. 이들은 이를테면 커스텀화된 자료구조를 구현하기 위해 구조적 버퍼에 저장된 원소들의 개수를 세는 등의 목적으로 쓰인다. 이 기능을 사용하려면 UAV의 자료 형식을 `DXGI_FORMAT_UNKNOWN`으로 설정해야 한다.


### 추가/소비 버퍼

추가 버퍼(append buffer)와 소비 버퍼(consume buffer)는 구조적 버퍼의 특별한 변형들이다. 반드시 순서 없는 접근 뷰를 통해서 파이프라인에 연결해야 하는 이 두 버퍼는, 간단히 요약하자면 HLSL 안에서 버퍼를 마치 스택처럼 사용할 수 있는 새로운 수단을 제공한다. 순서 없는 접근 뷰 생성 시 특별한 플래그들을 지정하기만 하면 그런 새로운 접근수단을 제공하는 버퍼가 만들어진다. 좀 더 구체적으로 말하면, HLSL 코드는 이 버퍼에해당하는 자원 객체의 append() 메서드를 이용해서 원소를 버퍼에 집어넣거나(push), consume() 메서드를 이용해서 버퍼에서 원소를 뽑아낼 수 있다(pull). 이런 메서드들덕분에 어떤 자료를 누적하거나 분산하는 용도로 버퍼 자원을 활용할 수 있게 된다. 여기서 버퍼에 원소들이 추가되는 순서는 중요하지 않다. 중요한 것은 추가된 원소들의 개수이다. 순서 없는 접근 뷰는 버퍼에 추가되거나 제거된 항목들의 개수를 내부적으로 관리한다. 버퍼 안 원소들의 순서를 개별 GPU 실행 스레드들이 동기화할 필요가 없기 때문에, 일부 경우에서 실행시점 모듈과 구동기가 좀 더 효율적으로 작동할 수 있다.

**추가/소비 버퍼의 용도 및 용법.** 이 기능성은 예제와 함께 설명하는 것이 좋겠다. 셰이더 프로그램 하나로 GPU 기반 입자 시스템을 구현한다고 하자(사실 이 예는 나중에이 책에 실제로 나오는 예제 알고리즘들 중 하나이다). 입자 시스템은 입자 정보를 두개의 버퍼 자원에 담는다. 한 버퍼는 입자들의 현재 상태를 담고, 또 하나는 갱신된 입자들을 받는 용도로 쓰인다. 실행 시점에서는 한 계산 셰이더 프로그램이 한 스레드당입자 하나를 현재 상태 버퍼에서 읽어 들이는데, 이 때 바로 소비 메서드(consume())가쓰인다. 입자를 읽어 들인 후에는 입자를 갱신하고, 갱신된 상태를 출력 버퍼에 기록한다. 이 때 부가 메서드(append())가 쓰인다. 입자들이 각각 따로 갱신되기 때문에, 입자갱신 코드의 입장에서 버퍼 안에서의 입자들의 순서는 아무 의미가 없다. 또한 버퍼에담긴 원소들의 개수를 버퍼 자신이 관리하므로, 갱신 코드는 원소 개수 갱신 문제에신경쓰지 않고 편하게 원소를 추가하거나 제거할 수 있다. 버퍼의 내부 카운터는 현재버퍼에 있는 원소들의 전체 개수를 추적한다. 이 덕분에 GPU 스레드들이 입자 원소개수를 정확하게 알아내기 위해 서로 동기화할 필요가 없다. 그림 2.17은 이상의 입자시스템을 도식화한 것이다.

**추가/소비 버퍼의 생성.** 추가 버퍼나 소비 버퍼로 사용할 버퍼를 생성하는 과정은 이전의 버퍼들에 비해 약간 제한적이다. 추가/소비 버퍼는 프로그램 가능 셰이더 단계들이읽기는 물론 쓰기(기록)도 수행해야 하므로 용도 플래그를 D3D11_USAGE_DEFAULT로 설정해야 한다. 또한, 순서 없는 접근 뷰가 필요하므로 연결 플래그에 반드시 D3D11_BIND_

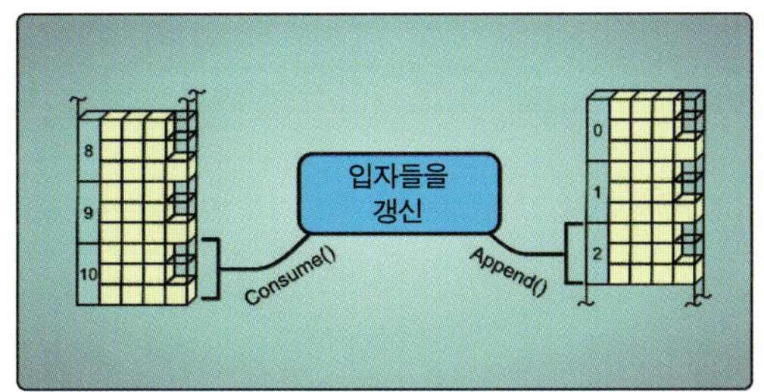


**그림 2.17.** 추가/소비 버퍼를 이용한 입자 시스템 구현.

UNORDERED_ACCESS를 포함시켜야 한다. 이와 함께 D3D11_BIND_SHADER_RESOURCE 플래그를 포함시키는 경우도 많다. 기본 용도 플래그를 설정했기 때문에 CPU는 버퍼 내용에 직접 접근하지 못함을 주의하기 바란다. 나머지 설정은 표준/구조적 버퍼의 생성 예에서 본 것과 동일하다. 목록 2.14에 추가/소비 버퍼의 생성 방법을 보여주는 코드가 나와 있다.

```cpp
ID3D11Buffer* CreateAppendConsumeBuffer( UINT size,
                                         UINT structsize,
                                         D3D11_SUBRESOURCE_DATA* pData )
{
    D3D11_BUFFER_DESC desc;
    desc.ByteWidth = size * structsize;
    desc.MiscFlags = D3D11_RESOURCE_MISC_BUFFER_STRUCTURED;
    desc.StructureByteStride = structsize;

    // 적절한 용도 플래그와 CPU 접근 플래그를 설정한다.
    desc.BindFlags = D3D11_BIND_SHADER_RESOURCE | D3D11_BIND_UNORDERED_ACCESS;
    desc.Usage = D3D11_USAGE_DEFAULT;
    desc.CPUAccessFlags = 0;

    // 설정한 구성으로 버퍼를 생성한다.
    ID3D11Buffer* pBuffer = 0;
    HRESULT hr = g_pDevice->CreateBuffer( &desc, pData, &pBuffer );

    if ( FAILED( hr ) )
    {
        // 여기서 오류 처리
        return( 0 );
    }
```

```
    return( pBuffer );
}
```

**목록 2.14.** 추가/소비 버퍼로 사용할 버퍼 자원을 생성하는 함수.

반드시 '기본 용도' 플래그를 설정해야 한다는 점을 빼고는 구조적 버퍼를 생성할 때와 거의 같은 구성을 사용한다는 점을 주목하기 바란다. 이는 추가/소비 버퍼를 사용하는 데 어떤 특별한 버퍼 내용이 요구되는 것은 아니라는 뜻이다. 추가/소비 기능성은 순서 없는 접근 뷰를 적절히 설정함으로써 생기는 것일 뿐이다. 버퍼 자원을 추가/소비 버퍼로서 파이프라인에 연결하기 위한 UAV를 생성할 때에는 해당 서술 구조체에 D3D11_BUFFER_UAV_FLAG_APPEND 플래그를 반드시 설정해야 한다.

**자원 뷰 요구사항.** 추가/소비 버퍼를 위한 자원 뷰를 만드는 과정은 다른 버퍼들과 비슷하지만 차이가 있다. 우선, 추가/소비 기능성을 위해서는 자원 뷰의 형식 필드를 반드시 DXGI_FORMAT_R32_UNKNOWN으로 지정해야 한다. 그리고 D3D11_BUFFER_UAV_FLAG_APPEND 플래그도 반드시 설정해야 한다(추가 버퍼뿐만 아니라 소비 버퍼의 경우에도). 이러한 요구사항들만 만족하면 버퍼를 추가/소비 버퍼로 사용하는 데 필요한 순서 없는 접근 뷰를 생성할 수 있다.

앞에서 버퍼 자원을 소개할 때 언급했듯이, 한 버퍼 자원에 여러 개의 자원 뷰를 동시에 사용하는 것이 가능하다. 그러나 안타깝게도 순서 없는 접근 뷰는 그럴 수 없다. 하나의 버퍼 자원 전체는 단일한 하나의 하위 자원으로 구성된 것으로 간주된다. 순서 없는 접근 뷰는 그 자원에 대한 읽기 및 쓰기 접근을 가능하게 하나, 하나의 하위 자원에 여러 개의 쓰기 가능 자원 뷰를 붙일 수는 없다. 이는 이를테면 두 개의 UAV를 이용해서 한 버퍼 자원의 서로 다른 영역에서 원소들을 동시에 추가하고 소비할 수는 없다는 뜻이다. 추가 UAV와 소비 UAV를 동시에 사용하려면 둘을 각자 다른 버퍼 자원과 연결해야 한다. 그림 2.18은 하나의 버퍼를 여러 개의 자원 뷰가 참조하는 예를 보여준다.

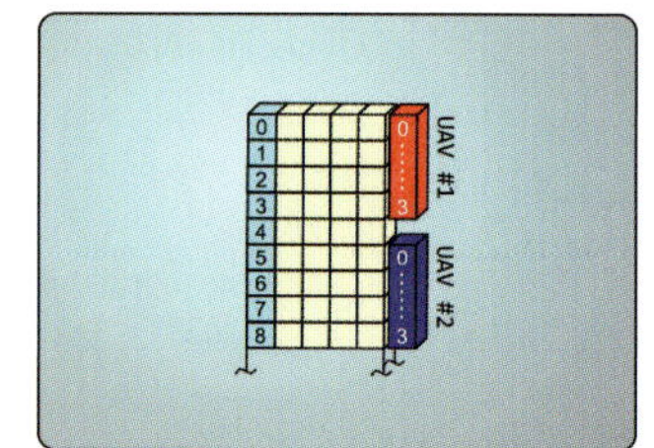


**그림 2.18.** 하나의 버퍼를 여러 개의 순서 없는 접근 뷰(UAV)가 참조하는 예.

**HLSL의 추가/소비 버퍼 자원 객체.** 적절한 자원 뷰를 지정해서 버퍼를 생성하고 파이프라인에 연결했다면 셰이더 프로그램 안에서 그 버퍼를 사용할 수 있게 된다. 목록 2.15는 HLSL 코드에서 추가/소비 버퍼 자원 객체를 선언하는 예이다.

```
struct Particle
{
    float3 position;
    float3 velocity;
    float  time;
};


AppendStructuredBuffer<Particle>   NewSimulationState : register( u0 );
ConsumeStructuredBuffer<Particle>  CurrentSimulationState : register( u1 );
```

**목록 2.15.** HLSL 안에서 추가/소비 버퍼를 선언하는 예.

추가/소비 버퍼 자원 객체에서 가장 자주 쓰이는 메서드는 append()와 consume()일 것이다. 짐작했겠지만, append()는 주어진 원소를 버퍼에 추가하고 consume()은 버퍼에서 원소를 꺼내 돌려준다. 목록 2.15의 코드에서 보듯이, 이 자원 객체는 GetDimensions()라는 메서드도 제공한다. HLSL은 이 메서드를 통해서 버퍼에 현재 몇 개의 원소들이 있는지 알아낼 수 있다. 원소 개수는 이를테면 버퍼에 너무 많은 원소를 추가하지 않도록 하는 데 사용할 수 있다(버퍼 용량을 초과해서 추가된 자료는 사라져버린다).


## 바이트 주소 버퍼

아직도 살펴볼 버퍼 종류가 남아 있다. **바이트 주소 버퍼**(byte address buffer)는 HLSL에서 좀 더 저수준의 방식으로 조작할 메모리 블록을 제공하기 위한 것이다. 고정된 크기의 원소들이 담긴 버퍼에서는 색인을 통해서 특정 원소에 접근하지만, 바이트 주소 버퍼에서는 바이트 오프셋(버퍼 시작 위치와의 거리)을 이용해서 원하는 자료에 직접 접근한다. 바이트 주소 버퍼는 주어진 오프셋(32비트 정수)에 있는 바이트부터 총 네 개의 바이트들을 돌려준다. 바이프 주소 버퍼가 돌려주는 자료는 항상 4바이트 단위이며, 오프셋 주소 역시 반드시 4의 배수이어야 한다. 이러한 최소 크기 요구조건 말고는 HLSL이 이 버퍼를 사용하는 데 별다른 제약이 없다. 자신의 용도에 맞게 임의로 사용하면 된다. 버퍼가 돌려준 4바이트를 하나의 부호 없는 정수 값으로 사용해도 되고, HLSL 고유의 형식 변환 함수들을 이용해서 다른 자료 형식으로 재해석해도 된다.

이런 버퍼가 과연 유용할지 의심이 드는 독자도 있을 것이다. 이 버퍼의 중요한 장점은, HLSL 프로그램이 버퍼의 내용을 자신의 입맛에 맞게 해석해서 사용할 수 있으므로, 다른 버퍼들에서처럼 각 자료 레코드가 같은 길이이어야 할 필요가 없다는 것이다. 가변 길이 레코드가 가능하다는 것은 HLSL 프로그램이 자원의 범위 안에서 거의 모든 자료 구조를 구현할 수 있다는 뜻이다. 원소들의 길이가 서로 다를 수 있는 연결 목록(linked list)을 만드는 것도 가능하고, 배열 기반 이진 트리를 구현하는 것도 가능하다. 프로그램 이 자료구조에 대한 접근 의미론을 구현할 수만 있다면 버퍼의 메모리 내용을 얼마든지 자신의 뜻대로 사용할 수 있다. 이는 실로 강력한 능력으로, 이전에는 GPU에서 구현하 기가 불가능하거나 비현실적이었던 수많은 알고리즘들로 이어지는 문이 활짝 열린 것이 라 할 수 있다.

**바이트 주소 버퍼의 용도 및 용법.** 앞에서 언급했듯이, 바이트 주소 버퍼는 개발자가 버퍼 자원 안에서 커스텀 자료구조를 구현할 수 있게 하기 위한 것이다. 따라서 버퍼 메모리 블록을 사용하는 구체적인 방법은 전적으로 그 자료구조의 알고리즘에 달려있 다. 예를 들어 32비트 색상 값들을 연결 목록 자료구조에 담는다고 하면, 각 목록의 각 노드는 색상 값 하나와 다음 노드로의 연결 고리로 구성될 것이다. 목록에 첫 원소를 추가할 때에는 우선 색상 값을 메모리 주소 0에 기록하고, 다음 노드 연결 고리는 -1로 설정한다. 다른 원소를 목록에 추가할 때 HLSL 프로그램은 우선 주소 0에서 32비트 값 두 개를 읽는다. 하나는 색상 값이고 또 하나는 다음 원소로의 연결 고리이다. 연결 고리가 −1이면 이 원소가 목록의 마지막 원소('꼬리')인 것이므로 프로그램은 목록 끝 에 새 원소를 추가한다. 이러한 연결 목록 자료구조의 예가 그림 2.19에 나와 있다.

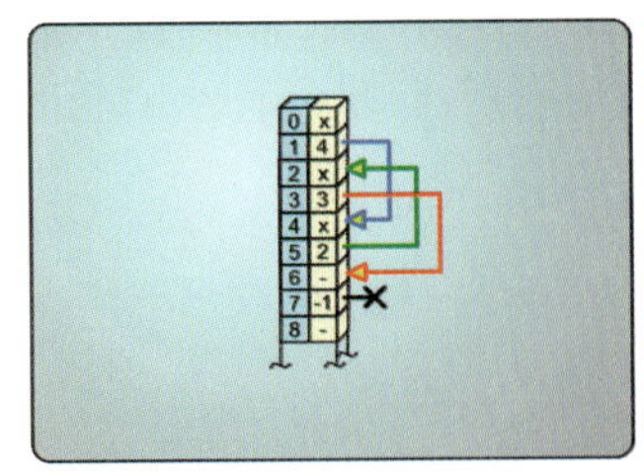

**그림 2.19.** 바이트 주소 버퍼를 이용한 연결 목록 구현.

이런 연결 목록이 있다면 HLSL 프로그램에서도 전통적인 CPU 기반 프로그램에서와 마찬가지 방식으로 노드들을 삽입하거나 제거할 수 있다. 그러면 GPU 안에서 자원들을 사용하는 완전히 일반적인 수단을 갖추게 되는 것이다. 그러나 GPU의 병렬적 본성 때문에 이런 자원 활용에 약간의 복잡성이 끼어들 수 있다. 메모리 접근 패턴이 HLSL 프로그램에 의해 정의되므로, 여러 실행 스레드들 사이에서 메모리 접근이 일관되고 안전한 방식으로 일어나게 해야 한다. 이런 종류의 동기화에 대해서는 제5장 "계산 파이프라인"에서 자세히 논의하겠지만, 스레드에 안전한 자원 접근을 위해 사용할 수 있는 기법들은 아주 다양하다는 점도 기억해두기 바란다.

**바이트 주소 버퍼의 생성.** 바이트 주소 버퍼를 생성하는 과정은 이전에 살펴본 버퍼들에서와 아주 비슷하다. 다른 버퍼들처럼 이 버퍼 역시 버퍼를 어떻게 사용할 것인지, 그리고 파이프라인의 어디에 부착할 것인지를 결정해 두어야 한다. 그리고 바이트 주소 버퍼를 생성할 때에는 그 서술 구조체의 기타 플래그(MiscFlags 필드)에 D3D11_RESOURCE_MISC_BUFFER_ALLOW_RAW_VIEWS를 반드시 설정해야 한다. 목록 2.16에 바이트 주소 버퍼의 생성 방법을 보여주는 코드가 나와 있다.

```cpp
ID3D11Buffer* CreateRawBuffer( UINT size,
                               bool GPUWritable,
                               D3D11_SUBRESOURCE_DATA* pData )
{
    D3D11_BUFFER_DESC desc;
    desc.ByteWidth = size;
    desc.MiscFlags = D3D11_RESOURCE_MISC_BUFFER_ALLOW_RAW_VIEWS;
    desc.StructureByteStride = 0;

    // 적절한 용도 플래그와 CPU 접근 플래그를 설정한다.
    desc.BindFlags = D3D11_BIND_SHADER_RESOURCE | D3D11_BIND_UNORDERED_ACCESS;
    desc.Usage = D3D11_USAGE_DEFAULT;
    desc.CPUAccessFlags = 0;

    // 설정한 구성으로 버퍼를 생성한다.
    ID3D11Buffer* pBuffer = 0;
    HRESULT hr = g_pDevice->CreateBuffer( &desc, pData, &pBuffer );

    if ( FAILED( hr ) )
    {
```

```
    // 여기서 오류 처리
    return( 0 );
  }


  return( pBuffer );
}
```

**목록 2.16.** 바이트 주소 버퍼 자원을 생성하는 함수.


**자원 뷰 요구사항.** 바이트 주소 버퍼의 사용 방법은 크게 두 가지이다. 셰이더 자원 뷰로 파이프라인에서 연결해서 읽기 전용 버퍼로 사용할 수도 있고, 순서 없는 접근 뷰로 파이프라인에 연결해서 읽기-쓰기용 버퍼로 사용할 수도 있다. 셰이더 자원 뷰로 연결하면 읽기 전용이 되지만, 대신 파이프라인의 모든 프로그램 가능 셰이더 단계에 부착할 수 있게 된다. 순서 없는 접근 뷰를 사용할 때에는 계산 셰이더 단계와 픽셀 셰이더 단계에만 연결할 수 있다. 두 경우 모두 자원 뷰의 자료 형식으로 DXGI_FORMAT_R32_TYPELESS를 지정해야 한다. 순서 없는 접근 뷰를 사용하는 경우, 자료를 바이트 주소 버퍼로서 공급할 것이라는 점을 명시하기 위해 D3D11_BUFFER_UAV_FLAG_RAW를 지정해서 자원 뷰를 생성해야 한다.

**HLSL의 바이트 주소 버퍼 자원 객체.** 버퍼를 생성해서 파이프라인에 연결한 후, HLSL 프로그램 안에서 그 버퍼를 사용하려면 그에 대응되는 자원 객체를 선언해야 한다. 선언할 객체의 형식은 쓰기 접근 여부에 따라 두 가지로 나뉜다. 셰이더 자원 뷰를 이용해서 버퍼를 파이프라인에 묶었다면 ByteAddressBuffer 형식의 객체를 선언해야 한다. 순서 없는 접근 뷰의 경우에는 RWByteAddressBuffer 형식을 사용해야 한다. 목록 2.17에 이 두 버퍼 객체 형식의 선언 예가 나와 있다.


```
ByteAddressBuffer  rawBuffer1
RWByteAddressBuffer rawBuffer2;
```

**목록 2.17** HLSL 안에서 바이트 주소 버퍼 객체를 선언하는 예.


대체로 이 두 객체의 메서드들은 버퍼 안에서 자신의 연산을 수행할 위치를 뜻하는 주소를 받는다. 이 주소는 반드시 4바이트 경계에 정렬된 것이어야 한다. 이 메서드들은 자료를 uint 형식으로 다루는데, 다른 형식의 자료가 필요하다면 HLSL 고유의 형식 변환 함수들을 사용하면 된다.[2] 두 객체 모두, 버퍼 자원으로부터 자료를 가져오기 위한 다양한 자료 **적재**(load)용 메서드들을 제공한다. 이들을 이용해서, 한 번에 최대 4개의 32비트 메모리 주소들로부터 자료를 가져올 수 있다. 그리고 읽기/쓰기용 바이트 주소 버퍼 자원 객체는 버퍼의 내용을 조작하기 위한 아주 다양한 **저장**(store) 메서드들도 제공한다. 이 적재, 저장 메서드들 중에는 단순한 형태의 것도 있고 여러 스레드가 자원을 안전하게 갱신할 수 있도록 원자적 연산을 수행하는 것들도 있다.

## 간접 인수 버퍼

마지막으로 살펴볼 종류의 버퍼는 **간접 인수 버퍼**(indirect argument buffer)이다. 이 책에서 자주 보게 되겠지만, Direct3D 11은 GPU를 좀 더 유용하게, 그리고 좀 더 독자적으로 작동할 수 있게 만들기 위해 많은 것을 도입하고 개선했다. 간접 인수 버퍼도 그 중 하나이다. 이 버퍼는 렌더링, 계산 파이프라인 실행 메서드들을 위한 매개변수들을 호스트 프로그램이 직접 지정하는 것이 아니라 자원을 통해서 공급하는 데 쓰인다. 이런 종류의 파이프라인 제어에 깔린 개념은, 렌더링이나 계산에 필요한 기하구조나 입력 자료를 CPU가 미리 알지 못하는 상태에서, 파이프라인의 한 패스에서 GPU가 그 기하구조나 자료를 생성하고, 그 다음 패스에서 그것들을 렌더링 또는 계산할 수 있게 한다는 것이다. 파이프라인을 실행하고 간접 인수 버퍼 참조를 넘겨주는 것은 여전히 CPU가 담당하지만, 이 시나리오에서 CPU의 역할은 GPU 패스들 사이의 단순한 중재자로 축소된다.

**간접 인수 버퍼의 용도 및 용법.** 간접 인수 버퍼는 여러 가지 파이프라인 실행 메서드들에서 사용할 수 있다. 아직 파이프라인 실행을 자세히 살펴보지 않았지만, 관련 매개변수들을 자세히 알지 못하더라도 이 버퍼가 어떻게 작용하는지는 지금 논의할 수 있다. 간접 인수 버퍼를 사용할 수 있는 파이프라인 실행 메서드는 다음 세 가지이다.

- DrawInstancedIndirect( ID3D11Buffer *pBufferForArgs,
  UINT AlignedByteOffsetForArgs )
- DrawIndexedInstancedIndirect( ID3D11Buffer *pBufferForArgs,
  UINT AlignedByteOffsetForArgs )

---

[2] 고유 변환 함수들은 제6장 "HLSL—고수준 셰이딩 언어"에서 설명한다.

```
•DispatchIndirect( ID3D11Buffer *pBufferForArgs,
 UINT AlignedByteOffsetForArgs )
```

이 간접 인수 메서드들의 이름은 보통의 파이프라인 실행 메서드 이름에 Indirect라는 단어가 붙은 형태이다. 또한 보통의 메서드는 다양한 매개변수들을 받는 반면, 이 메서드들은 그런 매개변수 값(인수)들이 있는 버퍼 자원에 대한 포인터와 그 버퍼 안에서의 오프셋만 받는다. 예를 들어 보통의 메서드인 DrawInstanced()는 네 개의 uint 매개변수, 즉 VertexCountPerInstance, InstanceCount, StartVertexLocation, StartInstanceLocation을 받는다. 메서드 호출 시 응용 프로그램이 직접 지정한 이 인수들은 실행 시점 모듈과 구동기에 전달되어서, 파이프라인에서 무엇을 어떤 식으로 그릴 것인지를 결정하는 데 쓰인다. 반면 DrawInstancedIndirect() 메서드를 호출할 때에는 이 인수들을 직접 지정하는 것이 아니라 인수들이 들어 있는 버퍼 자원과 그 위치(오프셋)를 지정한다. 이것이 제대로 작동되려면 응용 프로그램이 그 간접 인수 버퍼 안의 해당 오프셋 위치에 네 개의 uint 값들을 연달아, 그리고 실제 매개변수들의 순서대로 저장해 두었어야 한다. 이 간접 인수 메서드들이 버퍼 자원 참조만이 아니라 버퍼 안에서의 오프셋도 받는 덕분에, 하나의 버퍼를 서로 다른 여러 파이프라인 실행들에 사용할 수 있다. 서로 다른 인수 집합을 버퍼의 여러 장소들에 담아두면 되는 것이다. 그림 2.20에 이러한 간접 인수 버퍼의 예가 도식화되어 있다. 버퍼 안 위치 오프셋이 반드시 4바이트 경계에 정렬된 값이어야 한다는 점도 기억하기 바란다. 이는 개별 값들이 표준적인 32비트 변수 크기 단위로 저장되게 하기 위한 것이다.

간접 인수 버퍼 안의 자료를 갱신하는 방법은 여러 가지이다. 그 어떤 파이프라인 출력 메서드나 CPU 조작 기법도 사용 가능하다. 어떤 방법으로든 적절한 자료를 버퍼 안에 마련하기만 한다면 파이프라인의 실행에 사용할 수 있다. 예를 들어 GPU에서 계산 셰이더를 이용해서 기하구조를 생성해 추가

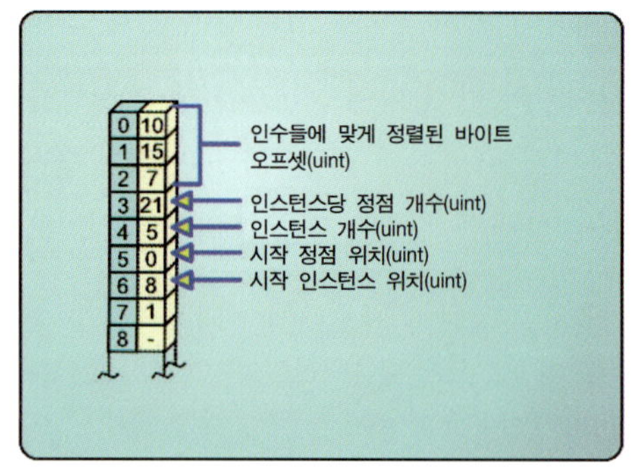


**그림 2.20.** 렌더링 파이프라인의 실행에 쓰이는 간접 인수 버퍼의 예.

버퍼에 채운다고 하자. 이 경우 ID3D11DeviceContext::CopyStructureCount() 메서드를 이용해서 그 버퍼 안에 담긴 원소 개수를 간접 인수 버퍼에 복사할 수 있다. 이후

`ID3D11DeviceContext::DrawInstancedIndirect()` 메서드를 호출해서 해당 기하구조를 렌더링하면 된다. 이렇게 하면 GPU가 추가 버퍼 안에 생성한 내용을, CPU가 그 버퍼 안에 항목이 몇 개나 있는지를 알지 못하고도 직접 렌더링할 수 있다.

**간접 인수 버퍼의 생성.** 간접 인수 버퍼를 생성하는 방법 역시 다른 버퍼들의 생성과 아주 비슷하다. 용도별 접근 제어 선택 사항들도 이전의 버퍼들과 동일하다. 대략 이야기하자면, 만일 GPU에서 자료를 생성해서 버퍼에 집어넣고 다음 패스에서 버퍼를 파이프라인의 입력으로 사용하고자 한다면, GPU의 읽기 접근과 쓰기 접근이 모두 가능한 기본 용도 플래그를 설정해야 한다. 그리고 실행 시점에서 이 버퍼가 간접 인수로 사용될 것임을 명시하기 위해 기타 플래그 필드에 **D3D11_RESOURCE_MISC_DRAWINDIRECT_ARGS**라는 플래그를 반드시 지정해야 한다. **ByteWidth** 필드는 반드시 4바이트의 배수를 지정해야 한다. 그리기 메서드나 배분 메서드의 인수들이 모두 32비트 형식이기 때문이다. 목록 2.18에 간접 인수 버퍼를 생성하는 방법을 보여주는 예제 코드가 나와 있다.

```cpp
ID3D11Buffer* CreateIndirectArgsBuffer( UINT size, D3D11_SUBRESOURCE_DATA* pData )
{
    D3D11_BUFFER_DESC desc;
    desc.ByteWidth = size;
    desc.MiscFlags = D3D11_RESOURCE_MISC_DRAWINDIRECT_ARGS;
    desc.Usage = D3D11_USAGE_DEFAULT;
    desc.StructureByteStride = 0;
    desc.BindFlags = 0;
    desc.CPUAccessFlags = 0;

    // 설정한 구성으로 버퍼를 생성한다.
    ID3D11Buffer* pBuffer = 0;
    HRESULT hr = g_pDevice->CreateBuffer( &desc, pData, &pBuffer );
    if ( FAILED( hr ) )
    {
        // 여기서 오류 처리
        return( 0 );
    }

    return( pBuffer );
}
```

**목록 2.18.** 간접 인수 버퍼 자원을 생성하는 함수.

**자원 뷰 요구사항.** 간접 인수 버퍼의 사용은 두 단계로 나뉜다. 첫 단계는 GPU나 CPU가 파이프라인 실행 시 매개변수들로 쓰일 자료를 버퍼에 집어넣는 것이고, 둘째 단계는 그 버퍼를 CPU의 **그리기/배분** 호출의 한 인수로 지정하는 것이다. 첫 단계의 경우에는 자원 뷰가 필요할 수도 있으나 둘째 단계에서는 전혀 필요하지 않다.

버퍼를 GPU로 채우는 경우 스트림 출력 기능을 통해서 버퍼를 갱신할 수도 있고, 렌더 대상으로 지정해서 기록할 수도 있고, 순서 없는 접근 뷰를 통해 수정할 수도 있다. CPU로 버퍼를 갱신하는 경우에는 `ID3D11DeviceContext::UpdateSubresource()` 메서드 같은 표준 메서드를 이용해서 버퍼의 내용을 수정할 수도 있고, 아니면 다른 어떤 버퍼의 내부 카운터를 `ID3D11DeviceContext::CopyStructureCount()` 메서드로 읽어 와서 기록할 수도 있다. 버퍼를 갱신하는 방법은 이번 장이나 제3장의 여러 부분에서 이야기하므로 여기서 되풀이하지는 않겠다. 중요한 것은, 자료를 버퍼에 기록할 수만 있다면 그 자료를 이후의 파이프라인 실행에서 사용할 수 있다는 점이다.

**HLSL의 간접 인수 버퍼 자원 객체.** 간접 인수 버퍼는 파이프라인 실행 메서드들의 입력으로 쓰이는 것이며, HLSL이 직접 사용하지는 않는다. 앞에서 이야기했듯이 매개변수 자료를 버퍼에 집어넣는 방법은 여러 가지인데, 그 중에는 자원 뷰가 필요하며 반드시 HLSL 프로그램에서 자료를 버퍼에 기록해야 하는 것도 있고 그렇지 않은 것도 있다. 각 방법의 논의를 살펴보면 HLSL 자원 객체를 통해서 자료를 버퍼에 기록해야 하는지의 여부를 충분히 파악할 수 있을 것이다.


## 2.2.2 텍스처 자원

앞 절에서 살펴보았듯이 버퍼 자원의 종류는 매우 많으며, 여러 가지 용도를 위해 그 버퍼들을 구성하는 방법 역시 다양하다. 그러나 버퍼가 자원의 전부는 아니다. 텍스처는 렌더링 보조 처리장치로서 GPU가 발전해온 역사의 기원부터 존재한 중요한 자원이다. **텍스처**(texture)라는 용어는 그 본성이 이미지와 비슷한 메모리 자원을 뜻한다. 그런데 크기나 위상구조, 다중표본화 특성 면에서 차이가 나는 다양한 텍스처들이 존재하기 때문에, 이러한 정의는 상당히 느슨한 감이 있다. 특히, 전통적인 2차원 이미지와는 전혀 동떨어진, 따라서 '이미지와 비슷한'이라는 표현을 적용하기 힘든 텍스처들도 있다. 이 모든 텍스처 자원과 이미지의 연결 고리는 **픽셀**(pixel, 화소)이라는 개념이다. 모든 종류의 텍스처는 픽셀을 기본 원소로 삼는다. 텍스처의 픽셀을 흔히 **텍셀**(texel)이라고 부른다. 픽셀은 텍스처를 구성하는 가장 작은 단위의 자료 원소이다. 각 픽셀은 최대 네 개의 성분으로 구성된다. 각 성분의 형식은 텍스처 자원의 기능에 따라 다를 수 있다.

내부적으로는 텍스처 자원도 버퍼 자원처럼 GPU가 접근할 수 있는 메모리 블록일 뿐이나, 그래픽 하드웨어에는 몇 가지 텍스처 연산들을 전담하는 장치가 포함되어 있다. 덕분에 그런 연산을 버퍼에 대해 수행할 때보다 훨씬 더 효율적으로 수행할 수 있게 된다. 한 예가 GPU의 텍스처 필터링 하드웨어이다. 이 추가적인 하드웨어 덕분에, 버퍼 자원에 비해 텍스처 자원에서 인접한 두 자료 원소들을 훨씬 더 빠르게 보간할 수 있다. 또한 버퍼보다는 텍스처에 더 적합한 용도들이 존재한다. 이를테면 렌더 대상이나 깊이·스텐실 대상이 그렇다. 이처럼 버퍼와 텍스처의 특성이 다소 다르므로, 주어진 상황에서 어떤 종류의 자원을 선택할 것인가가 중요한 문제가 된다. 또한 텍스처에는 밉맵(mip-map)을 사용할 수 있는데, 이는 기하구조에 텍스처를 입혀서 렌더링할 때 성능과 시각적 품질 모두를 높게 유지하는 데 필수인 요소이다.

그럼 여러 종류의 텍스처 자원들을 좀 더 자세히 살펴보자. 우선 텍스처를 전반적으로 설명하고, 그 용도와 가능한 연산들에 대한 구체적인 사항도 몇 가지 살펴본다. 그런 다음에는 각종 텍스처 자원의 사용, 생성, 조작 방법을 자세히 논의한다.

## 텍스처의 공통 속성

이전에 언급했듯이, 텍스처 자원에는 1차원, 2차원, 3차원 버전이 있다. 이들은 차원이 다르기 때문에 각자 다른 메모리 배치 구조를 사용한다. C/C++의 1차원, 2차원, 3차원 배열들의 차이와 비교해보면 이를 빠르게 이해할 수 있을 것이다. 그림 2.21에 1, 2, 3차원 텍스처가 도식화되어 있다. 그림에서처럼 메모리 배치 방식이 다르긴 하지만, 서로 공유하는 공통의 속성들도 많다. 각각의 텍스처 종류를 이야기하기 전에 먼저 텍스처들의 공통 속성들부터 살펴보겠다.

그림 2.21에서 보듯이 텍스처를 구성하는 원소들은 친숙한 $X$, $Y$, $Z$축들에 따라 배치된다. 그림 2.21에는 $U$, $V$, $W$로 표시되어 있는데, 이는 Direct3D 11에서 텍스처에 접근하는 데 쓰이는 주소 관례를 따른 것이다. 이 주소 관례에서 텍스처의 $X$, $Y$, $Z$축 방향 크기가 각각 $U$, $V$, $W$의 [0, 1] 범위로 사상(mapping)된다. 이러한 좌표계는 텍스처

표본화(sampling, 표본 추출)의 편의를 위한 것이다. 예를 들어 1차원 텍스처의 주소 $u=0.5$에 해당하는 표본을 추출하는 경우, 1차원 텍스처가 원소 16개로 구성되어 있든 16000개로 구성되어 있든 상관없이 항상 텍스처의 절반 위치에 해당하는 원소를 얻게 된다. 이는 표본화를 수행할 때 반드시 고려해야 하는 중요한 사항으로, 이후 "표본 추출기 상태 객체" 절에서 좀 더 자세히 이야기하겠다.

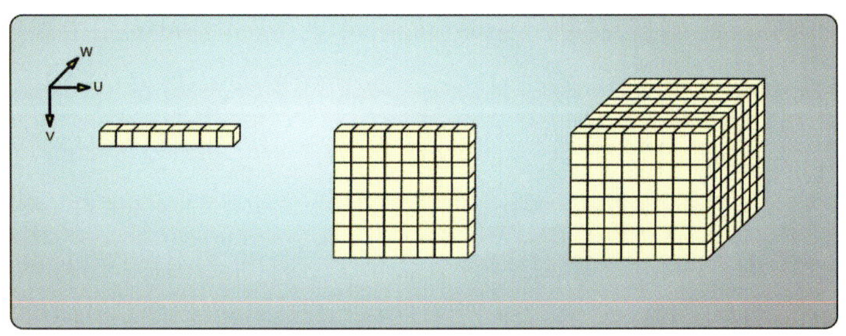


**그림 2.21.** 차원이 서로 다른 텍스처들.

**텍스처 자원 밉맵.** 모든 종류의 텍스처 자원은 **밉맵**을 지원한다. 밉맵은 간단히 말하면 텍스처 자원의 저해상도 버전이다. 하나의 텍스처에는 여러 수준의 밉맵들이 있다. 각 수준의 밉맵은 그 전 수준 밉맵의 절반이다. 밉맵을 이용하면 최고 해상도 버전을 사용한다고 해서 품질이 나아지지 않는, 심지어는 렌더링 결함이 생길 수도 있는 상황에서 더 낮은 해상도의 텍스처를 사용할 수 있게 된다. 후자(고해상도 텍스처가 렌더링 결함을 발생하는 경우)는 이를테면 텍스처 입힌 모형이 카메라에서 멀리 떨어져 있는 상황에서 흔히 발생한다. 그런 경우 렌더링된 이미지의 표본화 패턴이 텍스처 내용의 표본화 패턴보다 해상도가 훨씬 낮기 때문에, 모형이 움직임에 따라 모형에 입혀진 텍스처가 지글거리는 현상이 발생한다. 이 때 최고 해상도 텍스처 대신 적절한 밉맵 수준을 참조함으로써 유효 텍스처 해상도를 낮추면 두 표본화 패턴이 비슷해져서 그런 현상이 사라진다.

그림 2.22는 1, 2, 3차원 텍스처의 밉맵들을 나타낸 것이다. 밉맵을 적용하면 렌더링에 실제로 쓰이는 유효 자원 크기가 줄어들기 때문에 **텍스처 캐시 과다 갱신**(texture cache thrasing) 문제가 크게 감소한다. 여기서 텍스처 캐시 과다 갱신이란 커다란 메모리 블록이 적재되어 있으나 실제로 쓰이지는 않아서 계속해서 텍스처 캐시 적중이 실패하는 현상을 말한다. 그러면 결국에는 메모리 요청 잠복지연이 아주 높아져서 성능이 하락한다.

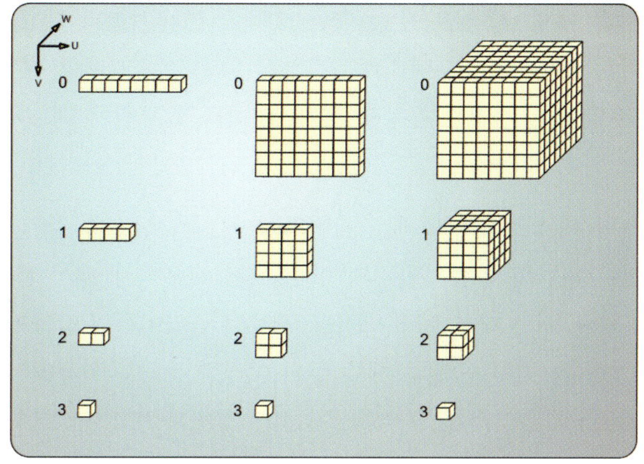

**그림 2.22.** 텍스처 밉맵의 도해.

한 텍스처 자원의 각 밉맵은 그 자원의 하위 자원(부분 자원)으로 간주된다. 각 밉맵 수준의 각 차원(축)의 크기는 그 이전 수준의 각 차원 크기의 절반이다. 그러다가보면 결국에는 더 이상 절반으로 나눌 수 없는 수준(2차원 텍스처의 경우 1×1 픽셀)에 도달한 다. 이에 의해 한 텍스처 자원이 가질 수 있는 최대 밉맵 수준 개수가 결정된다. 하위 차원들의 개수는 자원 뷰를 생성할 때 선택할 수도 있고 자원 내용을 다룰 때 선택할 수도 있는데, 이에 대해서는 나중에 해당 주제를 설명할 때 다시 이야기하겠다.

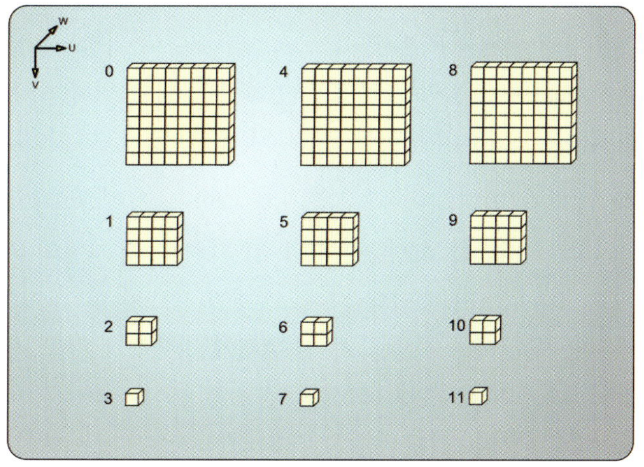

**그림 2.23.** 텍스처 슬라이스들로 이루어진 하나의 텍스처 자원.

**텍스처 자원 배열.** 텍스처 자원 종류 중에는 텍스처들의 배열 형태로 된 것도 있다. 예를 들어 한 장의 2차원 텍스처는 2차원 텍스처들의 배열 형태로 된 텍스처 자원의 한 하위 자원이다. 이러한 구성을 통해서, 하나의 자원에 **텍스처 슬라이스**라고 부르는 여러 개별 하위 자원들을 담을 수 있다. 그림 2.23에 이러한 구성이 나와 있다.

배열 형태의 텍스트 자원에서는 개별 텍스처 슬라이스를 자원 뷰를 이용해서 선택해 마치 그것이 하나의 독립적인 자원인 것처럼 사용하는 것이 가능하다. 이러면 하나의 텍스처 자원을, 서로 다른 여러 내용을 각각의 슬라이스에 담아서 통합한 일종의 고수준 자료구조처럼 활용할 수 있다. 예를 들어 이러한 능력을 이용해서 일종의 **텍스처 대지도**(texture atlas)를 간단하게 구현할 수 있는 것이다. 텍스처 대지도란 간단히 말하자면 여러 개의 개별 텍스처들로 구성된 텍스처 자원으로, 이를 이용하면 여러 개의 물체들을 렌더링할 때 **그리기 호출들** 사이에서 파이프라인 상태를 변경할 필요 없이 물체들을 연달아 렌더링할 수 있게 된다. 배열 기반 자원에 대한 접근 능력이 있으면 이런 종류의 기법을 구현하기가 아주 간단해진다.

1차원 텍스처와 2차원 텍스처로 텍스처 배열을 만들 수 있으며 **텍스처 입방체**(texture cube, 일종의 2차원 텍스처 배열)들의 배열도 가능하다. 그러나 3차원 텍스처들의 배열을 만들 수는 없다. 이것이 큰 문제는 아닌 것이, 3차원 텍스처들의 배열은 결국 4차원 자료를 나타내는 것이기 때문이다. 그런 자원의 메모리 소비량은 각 차원의 자원 크기가 커짐에 따라 폭발적으로 증가하게 된다. 혹시라도 그런 자료구조가 필요하다면, 3차원 텍스처 자원 여러 개를 각각 만들어서 사용하거나, 그냥 하나의 3차원 텍스처 자원을 사용하되 세 번째 차원을 기본 레코드 크기의 배수로 지정하고 셰이더 프로그램 안에서 특정 텍셀에 접근하는 논리를 직접 구현하는 방법이 있다. 또는, 자원의 적절한 부분 영역을 선택하는 일련의 자원 뷰들을 사용할 수도 있을 것이다.

**하위 자원.** 앞에서 밉맵 수준이나 텍스처 배열을 설명하면서 **하위 자원**(subresource, 부분 자원)이라는 개념을 소개했는데, 하위 자원은 한 자원의 완결적인 일부분을 뜻한다. 예를 들어 한 텍스처 배열의 각 원소(개별 텍스처)의 각 밉맵 수준은 각자 고유한 하위 자원이다. 특정 하위 자원을 좀 더 편하게 선택하기 위해, 각 하위 자원마다 고유한 색인이 주어진다. 하위 자원들에 색인 번호를 붙이는 과정은 배열의 첫 원소의 최고 해상도 밉맵 수준에서부터 시작한다. 이후 색인 번호를 증가해 가면서 그 원소의 나머지 밉맵 수준들에 번호를 부여하고, 그런 다음에는 배열의 둘째 원소의 최고 해상도 밉맵 수준으로 넘어간다. 이런 식으로 모든 원소의 모든 밉맵 수준에 번호를 붙이는 것이다. 이러한 색인들은 이번 절 끝 부분에서 자원들을 조작하는 방법을 논의할 때 아주 중요한 역할을 한다.

**2차원 다중 표본 텍스처 자원.** 2차원 텍스처 자원의 한 종류로, **다중 표본 텍스처**(multisample texture)라는 것이 있다. 이것은 이미지 품질을 높이기 위한 것인데, 이를테면 다중 표본 앨리어싱 제거(multismaple anti-aliasing, MSAA)를 구현하는 데 쓰인다. 이 자원 종류에 깔린 개념은 이렇다. 각 픽셀마다, 그 픽셀 범위 안에서 일정한 패턴으로 여러 개의 부분 표본(subsample, 하위 표본)들을 저장한다. 이 부분 표본들은 렌더링 과정에서 기본도형의 래스터화에 의해 만들어진 픽셀이 그 기본도형에 얼마나 포함되는지('포괄도')를 하위 픽셀 수준에서 계산하는 데 쓰인다. 이를 이용하면 각 픽셀을 기본도형에 포함되는 부분 표본 개수에 근거해서 생성할 수 있으며, 그러면 렌더 대상의 유효 표본율이 높아져서 결과적으로 기하구조 윤곽선의 품질이 높아진다(앨리어싱 제거). 그림 2.24는 한 픽셀의 부분 표본 패턴의 예이다.

응용 프로그램은 하드웨어의 지원 수준에 따라 픽셀당 최대 32개의 부분 표본들을 선택할 수 있다. 주어진 하드웨어 구성에서 유효한 부분 표본 개수로 텍스처를 생성하는 방법을 "2차원 텍스처" 절에서 이야기하겠다. MSAA를 사용할 때에는 해당 자원들의 메모리 소비량이 보통의 경우에 부분 표본 개수를 곱한 것으로 증가한다는 점을 주의해야

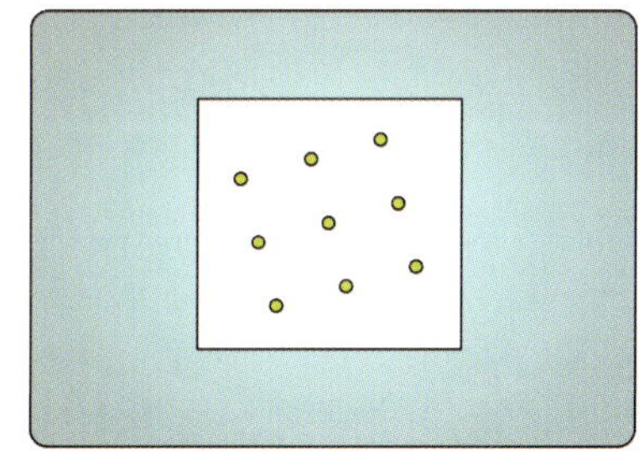

그림 2.24. 한 픽셀 안의 부분 표본 패턴의 예.

한다. MSAA가 왜 유용하며 MSAA를 위해 다중 표본 텍스처를 어떻게 사용하면 되는지에 대해서는 제3장의 "래스터화기 단계" 절과 "픽셀 셰이더 단계" 절, "출력 병합기 단계" 절에서 좀 더 이야기하겠다.

## 1차원 텍스처

본격적으로 살펴볼 첫 번째 텍스처 자원 종류는 1차원 텍스처이다. 1차원 텍스처의 원소들은 하나의 축을 따라 배치된다. 이 원소들의 형식은 `DXGI_FORMAT` 열거형에 정의되어 있는 기본 DXGI 자료 형식들 중 하나이다. 그림 2.25에 1차원 텍스처의 다양한 하위 자원 구성들이 나와 있다. 그림에서 보듯이 1차원 텍스처를 밉맵과 함께 생성할 수도

있고 밉맵 없이 생성할 수도 있으며, 1차원 텍스처 배열 역시 밉맵을 둘 수도 있고 안 둘 수도 있다.

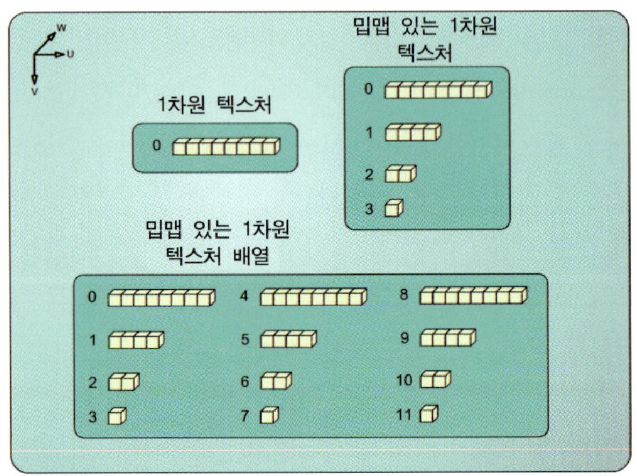

**그림 2.25.** 1차원 텍스처의 여러 가지 구성.

**1차원 텍스처의 용도 및 용법.** 1차원 텍스처는 주로 참조표(lookup table)로 쓰인다. 예를 들어 어떤 아주 복잡한 함수를 1차원 참조표로 만들 수 있다면, 여러 개의 산술 명령들을 하나의 텍스처 참조 명령으로 대신할 수 있다. 주어진 셰이더 프로그램의 기존 작업 부하에 따라서는 이러한 명령 절감이 셰이더의 성능에 커다란 이득이 된다. 게다가 GPU 에는 표본추출기를 통해서 텍스처 자료를 필터링하는 전용 하드웨어가 있으므로, 셰이더 프로그램의 관점에서는 필터링 작업이 거의 공짜로 일어나는 셈이다. 그림 2.26에 복잡한 삼각함수와 그것을 대신하는 참조표로서의 1차원 텍스처가 도식화되어 있다. 1차원 텍스처를 이런 용도로 사용하는 경우 그 원소로는 `DXGI_FORMAT_R32_FLOAT` 같은 단일 성분 형식의 원소를 사용하면 된다.

1차원 텍스처는 또한 색상 시각화(color visualization)를 위한 척도(scale)로도 흔히 쓰인다. 이 경우 1차원 텍스처 자료에 색상 값들을 채워 넣는데, 각 색상은 어떤 스칼라 자료 값의 범위를 대표한다. 예를 들어

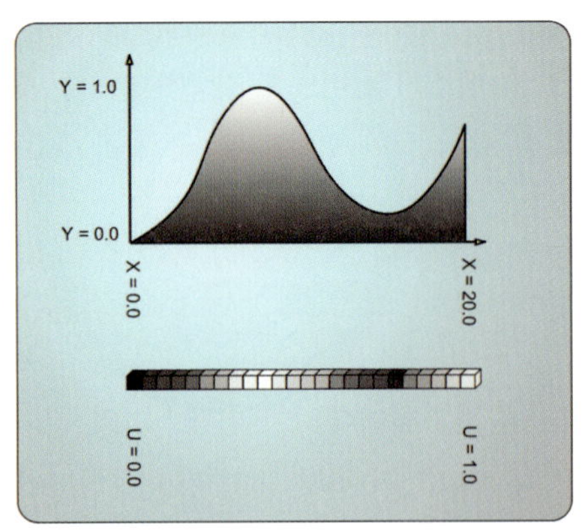

**그림 2.26.** 복잡한 함수를 간단한 참조표로 대체한 예. 1차원 텍스처를 참조표로 사용한다.

정상 범위의 값들에는 파란 색을 대응시키고, 임계 범위로 갈수록 좀 더 "뜨거운(빨간)" 색상들을 대응시키는 등이다. 이런 색상 척도를 셰이더 프로그램 안에서 구현할 때에는, 시각화할 스칼라 속성 값을 [0, 1] 범위로 사상하고 그것을 텍스처 주소로 사용해서 1차원 텍스처의 적절한 색상을 추출하면 된다. 그림 2.27에 이러한 용법의 예가 나와 있다.

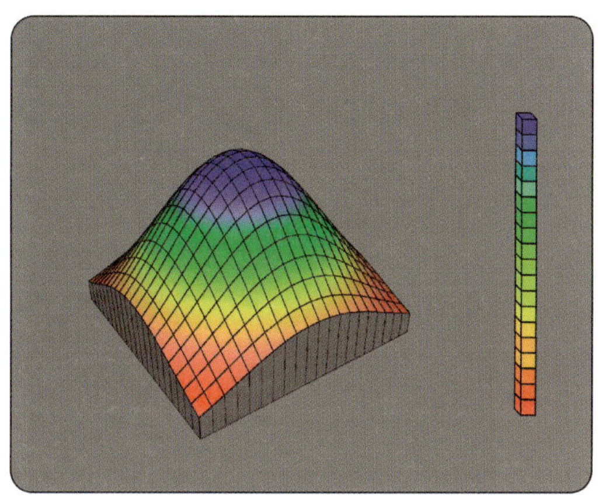

**그림 2.27.** 1차원 텍스처로 색상 척도를 구현하는 예.

1차원 텍스처 자원은 계산 셰이더의 계산 문맥에서도 쓰인다. 그 어떤 1차원 배열이라도, 1차원 텍스처로 담아서 계산 셰이더의 범용 계산을 위한 자료로 사용할 수 있는 것이다. 자료를 하나의 텍스처에 담을 수만 있다면, 즉 자료의 기본 원소가 어떤 구조체가 아니라 기본 형식이라면, 앞에서 설명한 것처럼 계산 비용을 거의 또는 전혀 들이지 않고 GPU의 표본화 능력을 활용할 수 있다.

**1차원 텍스처의 생성.** 1차원 텍스처를 생성하는 과정은 Direct3D 11의 다른 자원들과 동일하다. 생성 메서드인 `ID3D11Device::CreateTexture1D()`는 1차원 텍스처 서술 구조체 `D3D11_TEXTURE1D_DESC`를 가리키는 포인터를 받는다. 생성할 텍스처의 모든 속성을 이 구조체로 지정하면 된다. 목록 2.19에 이 구조체의 구조가 나와 있다.

텍스처가 1차원이므로, 너비를 뜻하는 `Width` 필드는 텍스처 전체의 크기이기도 하다. 이 필드는 텍스처에 포함될 텍셀들의 개수를 나타낸다. `MipLevels`는 원하는 밉맵 수준 개수를 지정하는 것이다. 밉맵 수준 개수를 지정할 때 주의할 점은, 1을 지정하면 최상위

```
struct D3D11_TEXTURE1D_DESC {
    UINT          Width;
    UINT          MipLevels;
    UINT          ArraySize;
    DXGI_FORMAT   Format;
    D3D11_USAGE   Usage;
    UINT          BindFlags;
    UINT          CPUAccessFlags;
    UINT          MiscFlags;
}
```

**목록** 2.19. D3D11_TEXTURE1D_DESC 구조체의 정의.

수준 밉맵 하나만 생기는 반면 0을 지정하면 픽셀 하나로 이루어진 수준까지의 모든 밉맵 수준이 만들어진다는 것이다. 그리고 1보다 큰 값을 지정하면 그 개수만큼의 밉맵 수준이 생성되나, 지정된 값이 최대 밉맵 수준 개수(단일 픽셀 수준까지의)를 넘는 경우 Format 필드는 각 텍스처 원소의 형식이다. 이 필드에는 반드시 **DXGI_FORMAT** 열거형의 한 값을 지정해야 한다. **DXGI_FORMAT**에는 정밀도와 성분 개수, 자료 형식이 각기 다른 다양한 형식들이 정의되어 있다. 그 다음의 세 필드들은 자원의 사용 패턴을 결정하는 것으로, 이번 장 앞부분에서 이야기했던 것과 동일하다. 마지막의 **MiscFlags** 필드는 특별한 용도를 위해 자원의 행동 방식을 커스텀화할 여지를 제공한다. 1차원 텍스처를 생성할 때 이 기타 플래그 필드에 지정할 수 있는 값은 다음 두 가지이다.

- D3D11_RESOURCE_MISC_GENERATE_MIPS
- D3D11_RESOURCE_MISC_RESOURCE_CLAMP

Direct3D 실행시점 모듈이 최상위 수준(최고 해상도)의 자료에 기초해서 밉맵 수준들을 자동으로 생성하게 하려면 밉맵 생성 플래그(D3D11_RESOURCE_MISC_GENERATE_MIPS)를 지정해야 한다. 이 경우 텍스처 자원을 렌더 대상으로 사용해서(따라서 연결 플래그를 D3D11_BIND_RENDER_TARGET으로 설정해야 한다) 최상위 밉맵 수준을 채워두고, 그런 다음 ID3D11DeviceContext::GenerateMips() 메서드를 호출하면 그 아래의 밉맵 수준들이 생성된다.

자원 한정 플래그(D3D11_RESOURCE_MISC_RESOURCE_CLAMP)는 텍스처 자원이 최소한의

LOD 기능성을 사용할 것임을 뜻한다. 이후 장치 문맥을 이용해서 자원의 최소 세부수준을 지정하기 위해서는 이 플래그를 반드시 지정해야 한다. 최소 세부수준을 지정하는 메서드는 `ID3D11DeviceContext::SetResourceMinLOD()`인데, 이 메서드는 자원을 가리키는 포인터와 0과 1사이의 **float** 값을 받는다. 이러한  설정에 기초해서 GPU는 해당 자원 중 쓰이지 않는 부분의 메모리 페이지들을 좀 더 자주 쓰이는 자원들에 활용한다. 이를테면 카메라와의 거리에 기초한 자원 LOD(물체가 카메라에서 아주 멀리 떨어져 있으면 최상위 밉맵 수준이 쓰이지 않게 하는 식의)를 구현할 때 이러한 기능이 유용하다.

**자원 뷰 요구사항.** 1차원 텍스처 자원은 자원 뷰가 없으면 파이프라인에 연결할 수 없다. 네 종류의 자원 뷰 모두 1차원 텍스처에 사용할 수 있다. 각 자원 뷰에 연관된 사용 의미론은 이전에 버퍼 자원들에서 살펴본 것과 동일하다. 단, 텍스처 자원의 차원수와 자원 뷰의 종류에 따라서는 자원의 부분집합(하위 자원)들이 자원 뷰를 통해 노출되도록 지정할 수 있다. 이를 통해서 한 번에 자원의 한 부분만 조작하게 한다거나 자원의 서로 다른 하위 자원들을 여러 개의 뷰들이 동시에 참조하게 하는 등의 구성이 가능하다. 그럼 그런 구성이 가능한 자원 뷰들과 그 하위 자원 선택 방식을 좀 더 자세히 살펴보자.

**1차원 텍스처 셰이더 자원 뷰.** 보통의(배열이 아닌) 1차원 텍스처 자원을 셰이더 자원 뷰로 파이프라인에 연결하는 경우, 프로그램 가능 단계들이 특정 범위의 밉맵 수준들에 접근하게 할 수 있다. 이를 통해서 개발자는 자원 전체가 쓰이거나 아니면 그 중 일부분만 쓰이도록 선택할 수 있다. 일반적으로 셰이더 프로그램은 자원 뷰 뒤에 있는 자원의 실제 모습을 보지 못하기 때문에, 셰이더 프로그램에서는 밉맵 수준들의 부분집합이 그냥 하나의 완전한 자원으로 취급된다. 부분집합을 지정할 때에는, 이번 장 "자원 뷰" 절에서 설명한 자원 뷰 서술 구조체(**D3D11_SHADER_RESOURCE_VIEW_DESC**) 안에 있는 공용체의 한 구성원인 **D3D11_TEX1D_SRV** 구조체를 사용한다. 목록 2.20에 이 구조체의 정의가 나와 있다.

```
struct D3D11_TEX1D_SRV {
    UINT MostDetailedMip;
    UINT MipLevels;
}
```

**목록 2.20.** D3D11_TEX1D_SRV 구조체의 정의.

밉맵 범위의 시작 밉맵 수준을 이 구조체의 `MostDetailedMip` 필드에, 그리고 밉맵 수준 개수를 `MipLevels` 필드에 지정하면 된다. 그림 2.28에 선택 가능한 밉맵 수준 범위의 예들이 나와 있다.

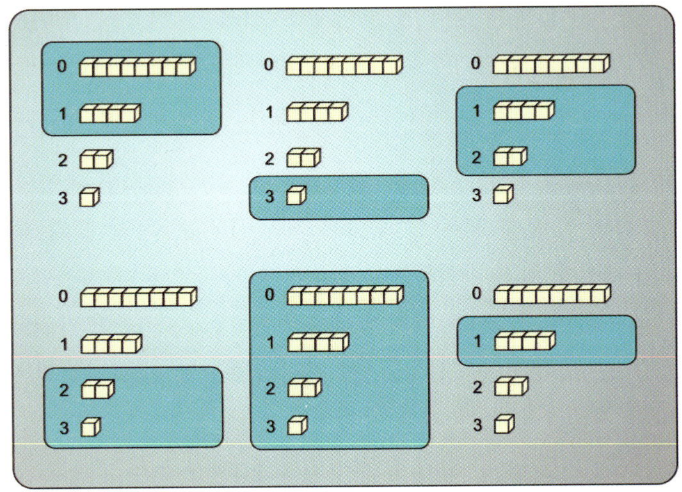

**그림 2.28.** 선택 가능한 여러 밉맵 수준 범위의 예.

1차원 텍스처 배열 자원의 경우 셰이더 자원 뷰는 텍스처 슬라이스의 밉맵 수준들의 부분집합에 방금 말한 것과 같은 방식으로 접근한다. 더 나아가서, 전체 텍스처 슬라이스들 중 일부의 밉맵 수준들에만 접근하게 할 수도 있다. 그러한 하위 자원 범위를 선택할 때에는 `D3D11_SHADER_RESOURCE_VIEW_DESC` 구조체 안의 `D3D11_TEX1D_ARRAY_SRV` 구조체를 사용한다. 목록 2.21에 이 구조체가 나와 있다.

목록 2.21에서 보듯이 이 구조체에도 `MostDetailedMip` 필드와 `MipLevels` 필드가 있는데, 이들의 의미는 비 배열 자원의 경우에서와 동일하다. 이 구조체에는 또한 `FirstArraySlice` 필드와 `ArraySize` 필드가 있는데, 이들은 뷰에 포함시킬 텍스처 슬라이스 범위의 첫 슬라이스와 슬라이스 개수이다. 그림 2.29에 이러한 범위 선택의 예가 나와 있다.

```
struct D3D11_TEX1D_ARRAY_SRV {
    UINT MostDetailedMip;
    UINT MipLevels;
    UINT FirstArraySlice;
    UINT ArraySize;
}
```

**목록 2.21.** D3D11_TEX1D_ARRAY_SRV 구조체의 정의.

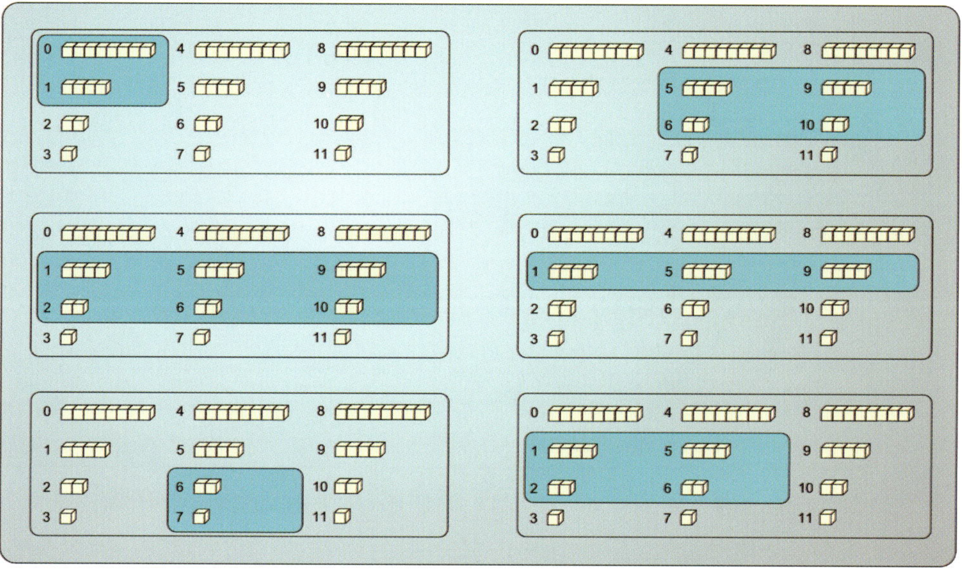

**그림 2.29.** 1차원 텍스처 배열 자원의 하위 자원 선택의 예.

**1차원 텍스처 순서 없는 접근 뷰.** 보통의(배열이 아닌) 1차원 텍스처 자원에 대한 순서 없는 접근 뷰는 하나의 단일한 밉맵 수준을 파이프라인의 단계들에 제공한다. 단 하나의 수준으로 제한된다는 것이 큰 문제는 아니다. 다른 밉맵 수준들에 접근하고 싶다면 그만큼 순서 없는 접근 뷰를 더 만들면 되기 때문이다. 물론 사용 가능한 순서 없는 접근 뷰 전체 개수에도 제한이 있으므로 문제가 완전하게 해결된 것은 아니지만, 꼭 필요하다면 밉맵들을 여러 패스들에 걸쳐서 처리하는 식으로 문제를 극복할 수도 있다. 사용할 밉맵 수준은 순서 없는 접근 뷰 서술 구조체 D3D11_UNORDERD_ACCESS_VIEW_DESC 안의 D3D11_TEX11_UVA 구조체로 지정한다(목록 2.22).

```
struct D3D11_TEX1D_UAV {
    UINT MipSlice;
}
```

**목록 2.22.** D3D11_TEX1D_UVA 구조체의 정의.

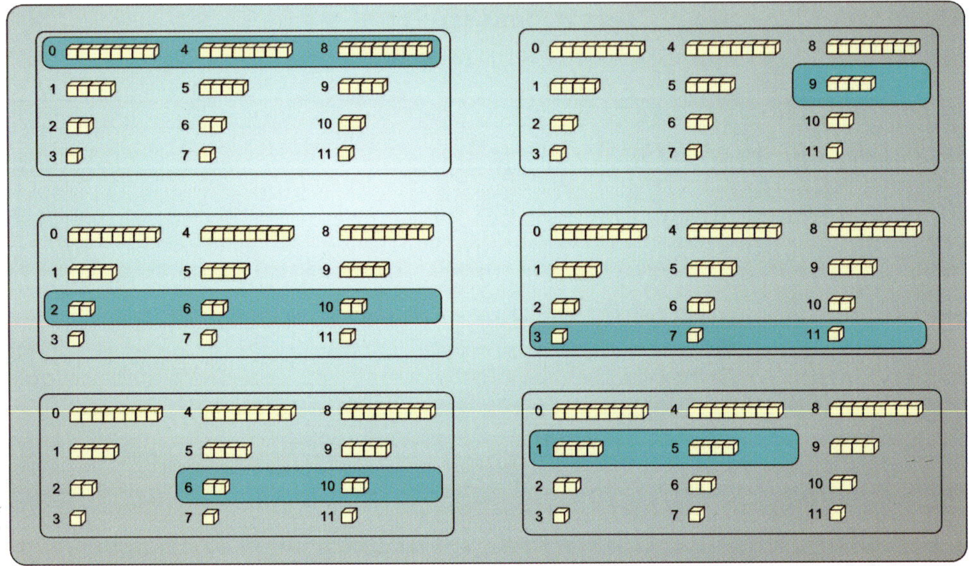

**그림 2.30.** 순서 없는 접근 뷰로 1차원 텍스처 배열의 밉맵 수준을 선택하는 예.

배열 기반 1차원 텍스처 자원의 경우 배열 순서 없는 접근 뷰로 특정한 하나의 밉맵
수준만 선택할 수도 있고, 셰이더 자원 뷰에서처럼 배열의 일부 슬라이스들을 지정할
수도 있다. 후자는 순서 없는 접근 뷰 자원 서술 구조체 안의 **D3D11_TEX1D_ARRAY_UAV**
구조체로 지정한다. 그림 2.30에 순서 없는 접근 뷰를 이용해서 1차원 텍스처 배열의
슬라이스들과 밉맵 수준들을 선택하는 여러 가지 예가 나와 있다.

```
struct D3D11_TEX1D_ARRAY_UAV {
    UINT MipSlice;
    UINT FirstArraySlice;
    UINT ArraySize;
}
```

**목록 2.23.** D3D11_TEX1D_ARRAY_UAV 구조체의 정의.

**1차원 텍스처 렌더 대상 뷰.** 1차원 텍스처 자원을 렌더 대상으로 사용하는 경우에는 렌더 대상 뷰로 하나의 밉맵 수준만 지정해야 한다. 이러한 제한은 렌더 대상의 자료 기록 방식에 의한 것이다. 렌더 대상으로 묶인 자원에서는 자원의 여러 밉맵 하위 자원들을 동시에 기록할 수 없다. 렌더 대상에서 사용할 밉맵 자원을 지정할 때에는 렌더 대상 뷰 서술 구조체 D3D11_RENDER_TARGET_VIEW_DESC 안의 D3D11_TEX1D_RTV 구조체를 사용한다(목록 2.24).

```
struct D3D11_TEX1D_RTV {
    UINT MipSlice;
}
```

**목록 2.24.** D3D11_TEX1D_RTV 구조체의 정의.

렌더 대상 뷰를 1차원 텍스처 배열에 적용하는 경우 뷰는 텍스처 슬라이스들의 부분집합의 한 밉맵 수준을 제공한다. 슬라이스 범위는 렌더 대상 뷰 서술 구조체 안의 D3D11_TEX1D_ARRAY_RTV 구조체(목록 2.25)로 지정하는데, 지정 방식은 텍스처 배열에 대한 순서 없는 접근 뷰에서와 동일하다.

```
struct D3D11_TEX1D_ARRAY_RTV {
    UINT MipSlice;
    UINT FirstArraySlice;
    UINT ArraySize;
}
```

**목록 2.25.** D3D11_TEX1D_ARRAY_RTV 구조체의 정의.

**1차원 텍스처 깊이·스텐실 뷰.** 1차원 텍스처 자원과 1차원 텍스처 배열 자원에 대한 깊이·스텐실 뷰는 렌더 대상 뷰와 동일한 방식으로 작동한다. 렌더 대상과 깊이·스텐실 대상은 그 크기와 차원이 항상 일치해야 하므로, 작동 방식이 같은 것은 당연한 일이다. 1차원 텍스처 및 1차원 텍스처 배열의 하위 자원들을 선택하는 데 쓰이는 두 구조체가 목록 2.26에 나와 있다.

```
struct D3D11_TEX1D_DSV {
    UINT MipSlice;
}
struct D3D11_TEX1D_ARRAY_DSV {
    UINT MipSlice;
    UINT FirstArraySlice;
    UINT ArraySize;
}
```

**목록 2.26.** D3D11_TEX1D_DSV 구조체와 D3D11_TEX1D_ARRAY_DSV 구조체의 정의.


**HLSL의 1차원 텍스처 자원 객체.** 프로그램 가능 셰이더 단계들에서 실행되는 HLSL 프로그램에서 1차원 텍스처 자원에 접근하려면 그에 해당하는 자원 객체들을 HLSL 소스 코드에서 선언해 두어야 한다. 이 객체들은 자원을 파이프라인에 묶는 자원 뷰가 제공하는 자료를 셰이더 프로그램과 연결하는 역할을 한다. 자원을 파이프라인에 연결할 때 셰이더 자원 뷰를 사용하면 읽기 전용으로 연결되고 순서 없는 접근 뷰를 사용하면 읽기와 쓰기가 모두 가능해진다. 1차원 텍스처 자원을 전자, 즉 셰이더 자원 뷰로 연결했다면 HLSL에서는 그 자원이 배열이냐 아니냐에 따라 Texture1DArray 또는 Texture1D 형식의 객체를 선언해야 한다. 읽기와 쓰기가 모두 가능한 순서 없는 접근 뷰의 경우에는 방금 말한 형식 이름 끝에 RW(read & write를 뜻함)가 붙은 형식들을 사용해야 한다. 목록 2.27에 이러한 총 네 가지 경우의 선언 예가 나와 있다.


```
Texture1D<float> tex01;
Texture1DArray<uint3> tex02;
RWTexture1D<float4> tex03;
RWTexture1DArray<int2> tex04;
```

**목록 2.27.** HLSL 코드 안에서 여러 가지 1차원 텍스처 자원 객체를 선언한 예.


HLSL에서 텍스처 객체를 선언할 때에는 C++의 템플릿 비슷한 구문을 통해서 텍스처 자원의 픽셀 자료와 호환되는 내부 형식을 지정해야 한다. 이는 자원 뷰를 파이프라인에 묶을 때 형식 일치를 보장하기 위한 것이다. HLSL 자원 객체의 사용법에 대해서는 제6장에서 좀 더 설명하겠다.

## 2차원 텍스처

다음으로 살펴볼 텍스처 자원은 2차원 텍스처이다. 이 텍스처 종류는 표준적인 2차원 이미지와 밀접한 관련이 있기 때문에 아주 널리 쓰인다. 2차원 텍스처 자원의 원소들은 2차원 격자 형태로 배치되며, 그 자료 형식은 DXGI_FORMAT 열거형의 한 필드에 해당하는 것이다. 그림 2.31에 2차원 텍스처의 여러 가지 하위 자원 구성이 나와 있다.

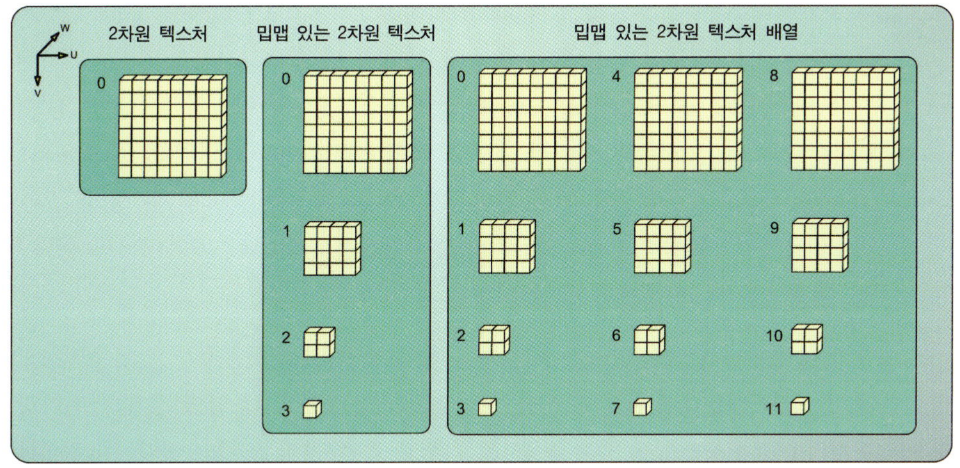


**그림 2.31.** 2차원 텍스처의 여러 가지 구성.

그림 2.31에서 보듯이 2차원 텍스처도 1차원 텍스처처럼 배열과 밉맵을 지원한다. 그러나 1차원 텍스처와는 달리, 2차원 텍스처는 MSAA 구현을 위한 다중 표본 자원을 지원한다. 다중 표본화를 지원하는 자원은 2차원 텍스처가 유일하며, 그런 만큼 2차원 텍스처는 아주 중요한 종류의 자원이다.

**2차원 텍스처의 용도 및 용법.** 2차원 텍스처는 Direct3D 11에서 주된 텍스처 자원으로, 실제로 실시간 렌더링 응용 프로그램에서 2차원 텍스처의 용도는 아주 다양하다. 가장 두드러진 용도는 렌더 대상이다. Direct3D 11의 렌더링 파이프라인은 모든 Direct3D 기반 실시간 렌더링 응용 프로그램의 골간이며, 렌더링 파이프라인 안에서 일어나는 모든 계산의 결과를 받는 곳이 바로 렌더 대상이다. 2차원 텍스처는 또한 렌더링 공정 도중에서 깊이·스텐실 대상으로도 쓰인다. 이 때문에 렌더 대상과 깊이·스텐실 대상은 그 크기와 차원이 반드시 일치해야 한다. 한 장면의 렌더링이 완전히 끝나면 렌더 대상의 내용이 화면의 출력 창에 나타난다. 이러한 사용 패턴을 이 책 전반에서 자주 보게 될 것이다.

통상적인 렌더 대상이나 깊이·스텐실 대상 외에, 2차원 텍스처는 렌더링할 기하구조에 표면 속성들을 적용하는 데에도 흔히 쓰인다. 예를 들어 벽돌담을 렌더링하는 경우 렌더링 도중 파이프라인은 2차원 텍스처에서 벽돌의 세부적인 색상들을 읽어서 담 표면에 적용한다. 이런 식으로 적용할 수 있는 표면 속성이 색상 외에도 다양하다. 요즘 렌더링 시스템들 대부분은 소위 **법선 맵**(normal map)이라는 것을 이용해서 표면 법선 벡터들을 수정하는 기법을 구현하고 있다. 법선 맵은 표면 법선으로 사용할 3차원 벡터들로 제공하는 텍스처로, 그러한 벡터의 X, Y, Z 성분을 텍스처 텍셀의 R, G, B 성분(채널)에 담아둔 것이다. 법선뿐만 아니라 표면의 광택도(glossiness), 변위(displacement), 발광도(emmissivity) 같은 속성들 역시 얼마든지 2차원 텍스처에 담을 수 있다. 그런 종류의 텍스처를 흔히 **맵**이라고 부른다. 이러한 속성들을 담은 텍스처들이라면 **광택 맵**, **변위 맵**, **발광 맵**이라고 부르면 될 것이다.

앞의 문단에서 언급한 예들은 텍스처를 물체(모형)별로 사용하는 것에 해당한다. 그 외에, 요즘은 사용자에게 보이는 출력의 품질을 높이기 위해 장면 전체의 렌더링 결과를 후처리(post-processing, '후보정')하는 기법도 점점 많이 쓰이고 있다. 이 경우에는 렌더링 출력을 입력 이미지로 삼아서 다양한 이미지 처리 알고리즘을 적용하거나 그 이미지에 또 다른 정보를 결합해서 이미지 품질을 개선한다. 제10장에 이런 후처리를 위한 여러 알고리즘들이 나온다.

**2차원 텍스처의 생성.** 2차원 텍스처의 생성은 1차원 텍스처의 경우와 상당히 비슷하다. 2차원 텍스처는 1차원 텍스처보다 차원이 하나 더 많으므로, 자원 서술 구조체에 그 차원의 크기('높이')를 지정하는 필드가 하나 더 추가되었다. 또한, 텍스처에 쓰일 다중 표본 수준을 지정하는 필드도 있다. 2차원 텍스처 자원을 생성하는 메서드는 `ID3D11Device::CreateTexture2D()`이다. 이 메서드는 목록 2.28에 나온 `D3D11_TEXTURE2D_DESC` 구조체를 가리키는 포인터를 받는다.

```
struct D3D11_TEXTURE2D_DESC {
    UINT              Width;
    UINT              Height;
```

```
struct D3D11_TEXTURE2D_DESC {
    UINT              Width;
    UINT              Height;
    UINT              MipLevels;
    UINT              ArraySize;
    DXGI_FORMAT       Format;
    DXGI_SAMPLE_DESC  SampleDesc;
    D3D11_USAGE       Usage;
    UINT              BindFlags;
    UINT              CPUAccessFlags;
    UINT              MiscFlags;
}
struct DXGI_SAMPLE_DESC {
    UINT Count;
    UINT Quality;
}
```

**목록** 2.28. D3D11_TEXTURE2D_DESC 구조체의 정의.

앞에서 말했듯이, 이 구조체는 1차원 텍스처를 생성할 때 쓰이는 자원 서술 구조체와 상당히 비슷하다. 2차원의 경우에는 텍스처의 크기를 Width 필드와 Height 필드로 지정한다. MipLevels와 ArraySize는 각각 밉맵 수준 개수와 배열 크기(슬라이스 개수)이다. Format 필드는 텍스처 원소의 형식으로, 1차원 텍스처에서처럼 반드시 DXGI_FORMAT 열거형의 한 값을 지정해야 한다. SampleDesc 필드는 2차원 텍스처에 적용할 다중 표본화의 특성을 서술하는 구조체이다. 이 구조체는 Count와 Quality라는 두 필드로 이루어져 있다. Count 필드는 텍스처에 포함시킬 부분 표본들의 개수이고, Quality 필드는 부분 표본들을 하나의 픽셀 값으로 환원하는(resolve) 데 쓰이는 패턴과 알고리즘을 결정하는 '품질 수준'이다.

품질 수준의 구체적인 값들과 의미는 그래픽 하드웨어 제조사 고유의 정의를 따른다. 그리고 그래픽 하드웨어가 단 하나의 품질 수준만 지원할 수도 있다. 여러 개의 품질 수준들을 지원하는지는 전적으로 GPU 제조사의 마음이므로, 응용 프로그램은 주어진 텍스처 형식과 표본 개수에 대해 품질 수준들이 몇 개나 지원되는지를 실행 시점에서 반드시 조회해 보아야 한다. 이를 위한 메서드가 ID3D11Device::CheckMultisampleQualityLevels()이다. 목록 2.29에 이 메서드를 사용하는 예가 나와 있다.

```
UINT NumQuality;
HRESULT hr = m_pDevice->CheckMultisampleQualityLevels(
                        DXGI_FORMAT_R8G8B8A8_UNORM, 4, &NumQuality );
```

**목록 2.29.** 주어진 텍스처 형식과 다중표본 개수에 대한 가용 품질 수준을 점검하는 예.

이 예는 형식이 DXGI_FORMAT_R8G8B8A8_UNORM이고 표본 개수가 4인 텍스처에 사용할 수 있는 품질 수준 개수를 조회하는 것이다. 호출이 성공하면 품질 수준 개수가 NumQuality 변수에 설정된다. 그 개수가 0이면 해당 형식과 표본 개수가 지원되지 않는 것이다. 개수가 1 이상이면 그 개수를 넘지 않는 적절한 품질 수준 번호를 앞에서 말한 표본 서술 구조체의 해당 필드에 설정하면 된다. 품질 수준은 0부터 시작하므로, NumQuality 변수의 값이 $n$이면 Quality 필드에는 $n$-1 이하의 값을 지정해야 한다는 점을 주의하기 바란다.

다시 자원 서술 구조체로 돌아가서, Usage와 BindFlags, CPUAccess는 용도, 연결 지점, CPU 접근을 지정한다. 이들은 이번 장 시작 부분에서 설명했던 것과 동일하므로 되풀이해서 이야기하지 않겠다.

마지막으로 MiscFlags 필드를 보자. 2차원 텍스처에서 이 필드에 설정할 수 있는 플래그들은 다음과 같다.

- D3D11_RESOURCE_MISC_GENERATE_MIPS
- D3D11_RESOURCE_MISC_RESOURCE_CLAMP
- D3D11_RESOURCE_MISC_TEXTURECUBE

처음 두 플래그는 1차원 텍스처에서와 같은 의미이다. 텍스처 최상위 수준을 렌더 대상으로 두어서 렌더링 결과가 기록된 후 Direct3D 11이 텍스처의 밉맵 수준들을 자동으로 채우게 하려면 첫 플래그(밉맵 생성 플래그)를 설정해야 한다. 한편 둘째 플래그, 즉 자원 제한 플래그는 비디오 메모리 안에 반드시 상주해야 하는 밉맵 수준들을 응용 프로그램이 직접 제어하기 위한 것이다.

마지막의 텍스처 입방체 플래그는 2차원 텍스처 자원에만 있는 것으로, 입방체 맵으로 사용할 텍스처 입방체 자원을 생성하려면 이 플래그를 설정해야 한다. 텍스처 입방체 또는 **입방체 맵**(cube map)은 여섯 개의 텍스처 슬라이스들로 이루어진 하나의 2차원 텍스처 배열 자원으로, 여섯 슬라이스들은 한 입방체(정육면체)의 여섯 면으로 쓰인다. 입방체 맵의 표본은 3차원 벡터를 이용해서 추출한다. 그 벡터를 입방체 중심에 두었을 때 벡터의 연장선이 입방체의 한 면과 만나는 지점이 바로 추출할 표본이다. 그림 2.32를 보면 이해가 될 것이다. GPU에는 이런 종류의 텍스처 자원 객체(잠시 후에 이야기한다)에 사용할 수 있는 텍스처 참조 명령들이 갖추어져 있다.

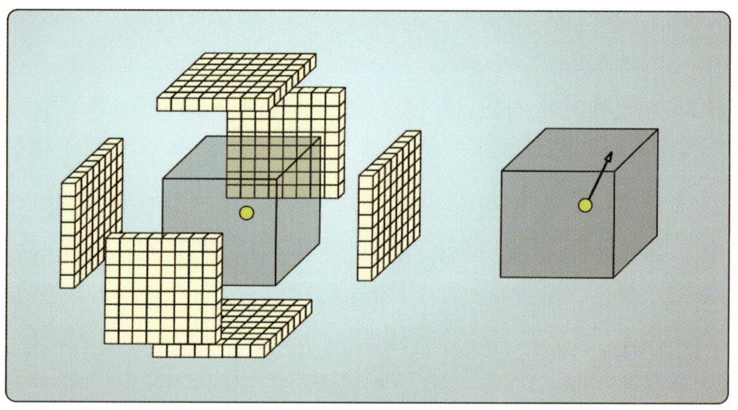

**그림 2.32.** 입방체 맵으로 쓰이는 2차원 텍스처 자원과 그 참조 방식.

2차원 텍스처 자원을 생성하는 메서드는 자원 서술 구조체를 가리키는 포인터뿐만 아니라 텍스처 자원에 채울 초기 자료를 정의하는 **D3D11_SUBRESOURCE_DATA** 구조체들의 배열(텍스처의 하위 자원당 구조체 하나씩)을 가리키는 포인터도 받는다. 그림 2.33에 자원 초기화를 위한 자료 배치가 나와 있다. 다중 표본 텍스처의 경우에는 이 포인터 매개변수에 반드시 NULL을 지정해야 한다. 그런 종류의 자원은 초기화가 허용되지 않기 때문이다.

**자원 뷰 요구사항.** 1차원 텍스처 자원처럼 2차원 텍스처 자원도 자원 뷰가 없으면 파이프라인에 연결할 수 없다. 네 종류의 자원 뷰 모두 2차원 텍스처에 사용할 수 있다는 점도 1차원의 경우와 같다. 2차원 텍스처 자원은 자원 생성 시의 선택 사항이 다양한 만큼이나 자원 뷰 구성 방식도 다양하다. 그럼 각각의 구성을 차례로 살펴보자.

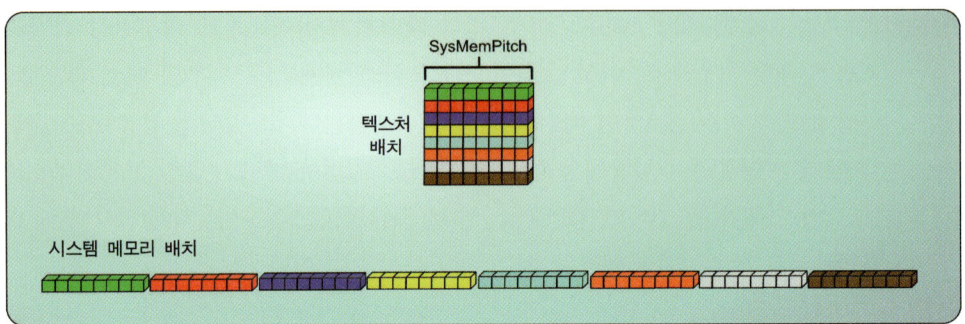


**그림 2.33.** 2차원 텍스처의 초기 내용에 적용할 하위 자원 자료의 배치 구조.

**2차원 텍스처 셰이더 자원 뷰.** 보통의(배열이 아닌) 2차원 텍스처 자원을 셰이더 자원 뷰로 파이프라인에 연결하는 경우, 프로그램 가능 단계들이 특정 범위의 밉맵 수준들에 접근하게 할 수 있다. 그 선택 방식은 1차원 텍스처 자원에서 본 것과 본질적으로 동일하다. 각 밉맵 수준이 1차원 하위 자원이 아니라 2차원 하위 자원이라는 점이 다를 뿐이다. 밉맵 수준 범위는 셰이더 자원 뷰 서술 구조체(**D3D11_SHADER_RESOURCE_VIEW_DESC**)의 일부인 **D3D11_TEX2D_SRV** 구조체로 지정한다. 목록 2.30에 이 구조체의 정의가 나와 있다.

```
struct D3D11_TEX2D_SRV {
    UINT MostDetailedMip;
    UINT MipLevels;
}
```

**목록 2.30.** D3D11_TEX2D_SRV 구조체의 정의.

밉맵 범위의 시작 밉맵 수준을 이 구조체의 **MostDetailedMip** 필드에, 그리고 밉맵 수준 개수를 **MipLevels** 필드에 지정하면 된다. 그림 2.34에 보통의 2차원 텍스처 자원에서 선택 가능한 밉맵 수준 범위의 예들이 나와 있다.

2차원 텍스처 배열 역시 1차원 텍스처 배열에서처럼 배열 원소(슬라이스) 범위와 밉맵 수준 범위를 선택할 수 있다. 선택 수단은 **D3D11_SHADER_RESOURCE_VIEW_DESC** 구조체 안의 **D3D11_TEX2D_ARRAY_SRV** 구조체이다(목록 2.31).

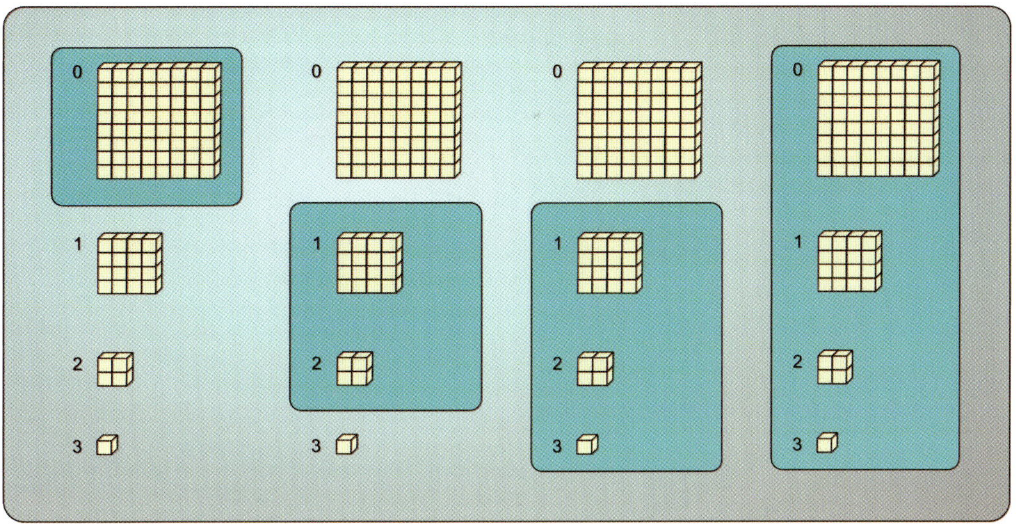

**그림 2.34.** 셰이더 자원 뷰를 이용한 2차원 텍스처 자원의 하위 자원 선택 예.

```
struct D3D11_TEX2D_ARRAY_SRV {
    UINT MostDetailedMip;
    UINT MipLevels;
    UINT FirstArraySlice;
    UINT ArraySize;
}
```

**목록 2.31.** D3D11_TEX2D_ARRAY_SRV 구조체의 정의.

이전과 마찬가지로, 밉맵 수준 범위를 결정하는 것은 MostDetailedMip 필드와 MipLevels 필드이다. 그리고 FirstArraySlice와 ArraySize 필드는 배열 원소 범위를 결정한다. 그림 2.35에 몇 가지 예가 나와 있다.

다중표본 2차원 텍스처 자원에도 셰이더 자원 뷰를 사용할 수 있다. 다중표본 텍스처는 밉맵들을 담지 않으므로 밉맵 수준 범위는 지정할 필요가 없다. D3D11_TEX2DMS_SRV 구조체에 해당 필드들이 없는 이유가 바로 그것이다. 그러나 다중표본 2차원 텍스처 배열 자원에서 배열 원소 범위의 선택은 가능하다. 선택 수단은 D3D11_SHADER_RESOURCE_VIEW_DESC 구조체 안의 D3D11_TEX2DMS_ARRAY_SRV 구조체이다(목록 2.32).

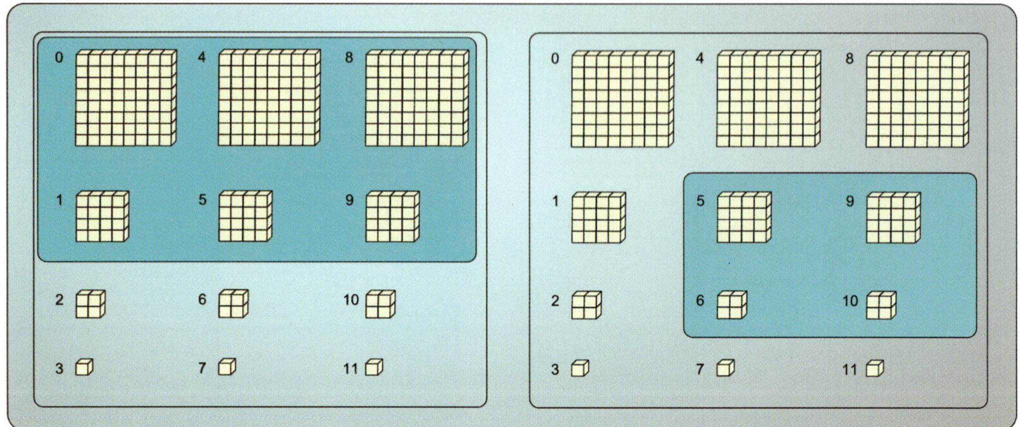

그림 2.35. 2차원 텍스처 배열 자원에 대한 셰이더 자원 뷰의 여러 가지 하위 자원 선택 예.

```
struct D3D11_TEX2DMS_SRV {
    UINT UnusedField_NothingToDefine;
}
struct D3D11_TEX2DMS_ARRAY_SRV {
    UINT FirstArraySlice;
    UINT ArraySize;
}
```

목록 2.32. D3D11_TEX2DMS_SRV 구조체와 D3D11_TEX2DMS_ARRAY_SRV 구조체의 정의.

여러 번 나온 것처럼, **FirstArraySlice**와 **ArraySize** 필드는 배열 원소 범위를 결정한다. 그림 2.36에 이러한 범위 선택의 몇 가지 예가 나와 있다.

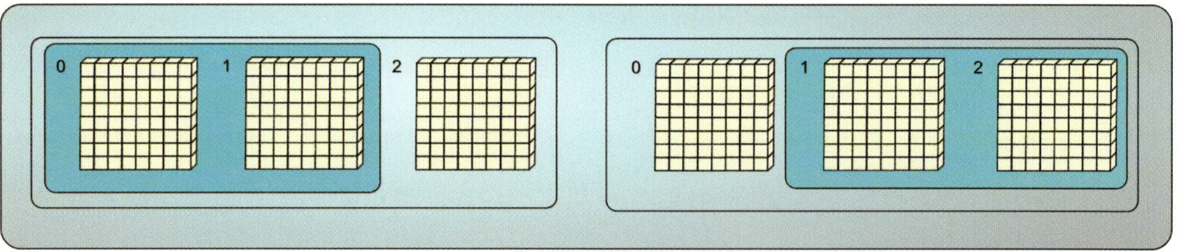

그림 2.36. 2차원 다중 표본 텍스처 배열 자원에 대한 셰이더 자원 뷰의 여러 가지 하위 자원 선택 예.

기타 플래그 필드에 **D3D11_RESOURCE_MISC_TEXTURECUBE** 플래그를 지정해서 생성한 2차원 텍스처 배열 자원, 즉 입방체 맵에는 특별한 용법 두 가지가 있다. 이런 자원의 경우 셰이더 자원 뷰를 이용해서 입방체의 여섯 면에 해당하는 여섯 배열 원소(입방체 면의 여섯 면에 해당)에 접근하는 것이 가능하다. 입방체 맵 하나를 위한 셰이더 자원 뷰에는 **D3D11_TEXCUBE_SRV** 구조체가 쓰인다. 이 경우 텍스처 배열 자원의 원소는 딱 여섯 개이어야 한다. 이 구조체를 통해서 각 면의 밉맵 수준들의 부분 범위도 지정할 수 있다. 목록 2.33에 이 구조체의 정의가 나와 있다.

```
struct D3D11_TEXCUBE_SRV {
    UINT MostDetailedMip;
    UINT MipLevels;
}
```

**목록 2.33.** D3D11_TEXCUBE_SRV 구조체의 정의.

입방체 맵들의 배열을 위한 셰이더 자원 뷰도 있다. 이 경우에는 **D3D11_TEXCUBE_ARRAY_SRV** 구조체를 사용한다. 단일 입방체 맵의 경우처럼 이 구조체에도 입방체 맵에서 사용할 밉맵 수준 범위를 지정하는 필드가 있다. 물론 단일 입방체 맵의 구조체에는 없는 필드들도 있는데, 사용할 첫 번째 텍스처 배열 원소를 지정하는 필드와 입방체 맵들의 개수를 지정하는 필드가 그것이다. 입방체 맵 개수에 6(한 입방체의 면 수)을 곱하면 텍스처 배열에 필요한 원소들의 개수가 된다. 목록 2.34에 이 구조체의 정의가 나와 있으며, 그림 2.37은 여러 가지 부분 자원 선택의 예이다.

```
struct D3D11_TEXCUBE_ARRAY_SRV {
    UINT MostDetailedMip;
    UINT MipLevels;
    UINT First2DArrayFace;
    UINT NumCubes;
}
```

**목록 2.34.** D3D11_TEXCUBE_ARRAY_SRV 구조체의 정의.

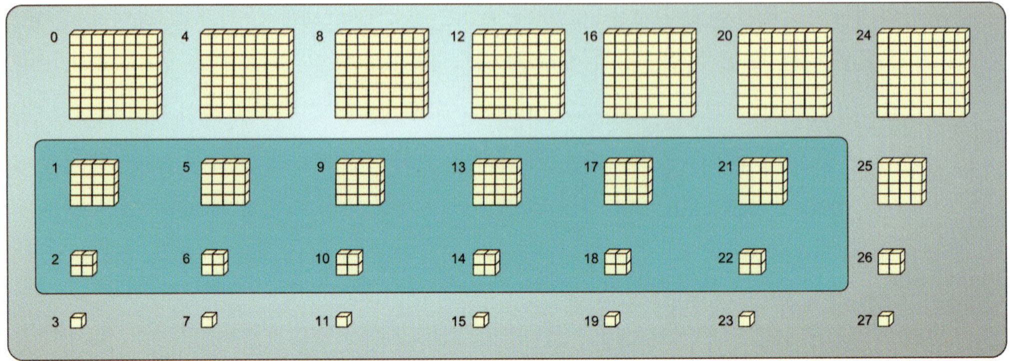

**그림 2.37.** 입방체 맵으로 쓰이는 2차원 텍스처 배열 자원에 대한 셰이더 자원 뷰의 여러 가지 하위 자원 선택 예.


**2차원 텍스처 순서 없는 접근 뷰.** 순서 없는 접근 뷰도 2차원 텍스처 자원을 파이프라인에 연결하는 데 사용할 수 있다. 이 경우 선택 가능한 하위 자원 구성은 두 가지로, 범위 선택 방식은 1차원 텍스처 자원에서 본 것과 동일하다. 배열이 아닌 2차원 텍스처 자원의 경우에는 순서 없는 접근 뷰를 통해서 단 하나의 밉맵 수준만을 노출할 수 있다. 이 설정에는 D3D11_UNORDERED_ACCESS_VIEW_DESC 구조체 안의 D3D11_TEX2D_UAV 구조체(목록 2.35)가 쓰인다.

```
struct D3D11_TEX2D_UAV {
    UINT MipSlice;
}
```

**목록 2.35.** D3D11_TEX2D_UAV 구조체의 정의.


MipSlice 필드는 파이프라인에 제공할 밉맵 수준이다. 셰이더 자원 뷰 하위 자원 선택에서와 다른 점은, 단 하나의 밉맵 수준만 지정할 수 있다는 것이다. 그림 2.38에 이 점이 잘 나와 있다.

배열 기반 2차원 텍스처 자원 역시 순서 없는 접근 뷰를 통해서 프로그램 가능 셰이더 프로그램들에 제공할 수 있다. 이 경우에는 배열의 부분 범위 원소들마다 하나의 밉맵 수준이 노출된다. 이를 지정하는 데 쓰이는 것이 D3D11_UNORDERED_ACCESS_VIEW_DESC 구조체 안의 D3D11_TEX2D_ARRAY_UAV 구조체이다(목록 2.36).

```
struct D3D11_TEX2D_ARRAY_UAV {
    UINT MipSlice;
    UINT FirstArraySlice;
    UINT ArraySize;
}
```

**목록** 2.36. D3D11_TEX2D_ARRAY_UAV 구조체의 정의.

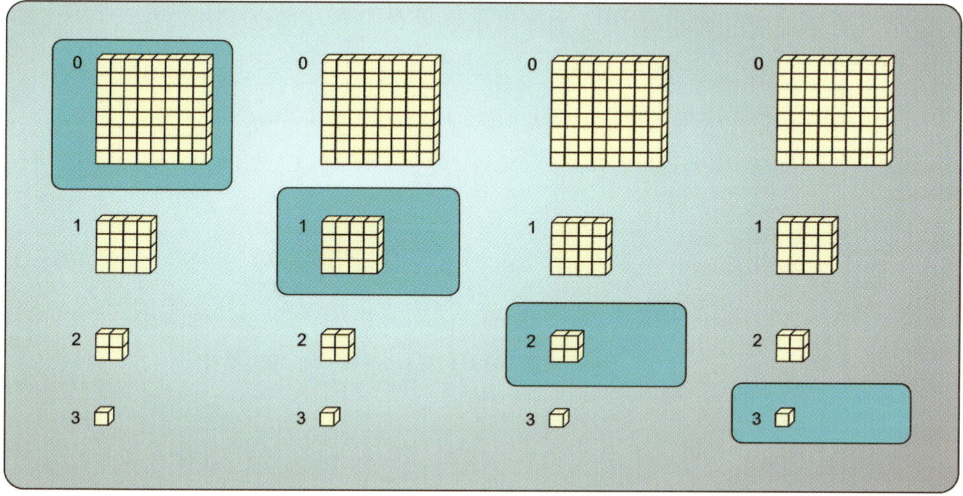

**그림** 2.38. 2차원 텍스처 자원에 대한 순서 없는 접근 뷰의 여러 가지 하위 자원 선택 예.

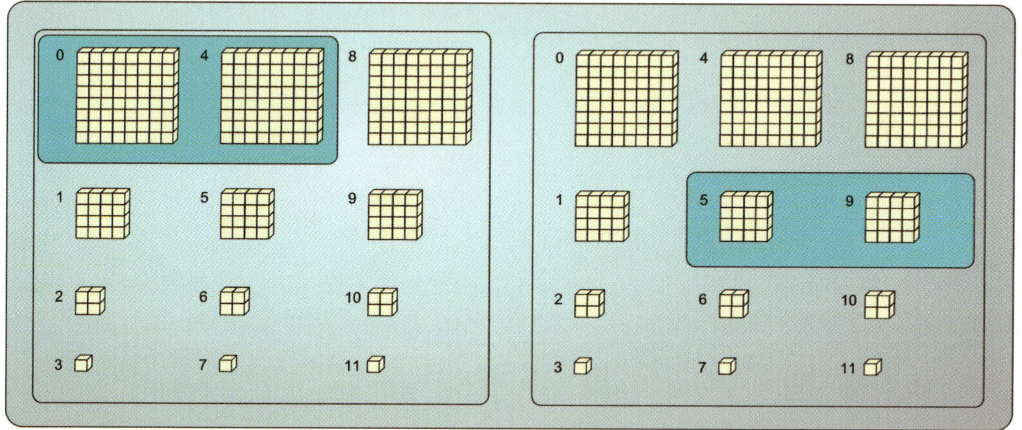

**그림** 2.39. 2차원 텍스처 배열 자원에 대한 순서 없는 접근 자원 뷰의 여러 가지 하위 자원 선택 예.

배열 범위 선택 방식은 이전에 나왔던 경우들과 비슷하다. `FirstArraySlice` 필드는 범위의 첫 원소, `ArraySize`는 범위의 원소 개수이다. 이미 익숙하겠지만, 그림 2.39에 이러한 부분 범위 선택의 예들이 나와 있으니 참고하기 바란다.

**2차원 텍스처 렌더 대상 뷰.** "2차원 텍스처의 용도 및 용법" 절에서 보았듯이, 렌더 대상 역할을 하는 것은 2차원 텍스처의 주된 용도 중 하나이다. 렌더 대상으로서의 2차원 텍스처를 구성하는 방식은 텍스처 자원의 생성 옵션에 따라 크게 네 가지로 나뉜다. 다중 표본이나 배열이 아닌 보통의 2차원 텍스처는 렌더 대상 뷰를 통해서 단 하나의 밉맵 수준만 노출할 수 있다. 밉맵 수준을 선택하는 수단은 **D3D11_RENDER_TARGET_VIEW_DESC** 구조체 안의 **D3D11_TEX2D_RTV** 구조체이다(목록 2.37).

```
struct D3D11_TEX2D_RTV {
    UINT MipSlice;
}
```

**목록 2.37.** D3D11_TEX2D_RTV 구조체의 정의.

2차원 텍스처 배열 자원을 렌더 대상으로 사용할 때의 하위 자원 구성 방식은 순서 없는 접근 뷰의 경우와 동일하다. 즉, 텍스처 배열의 부분 범위 원소들마다 하나의 밉맵 수준이 노출된다. 이들을 지정하는 수단은 **D3D11_RENDER_TARGET_VIEW_DESC** 구조체 안의 **D3D11_TEX2D_ARRAY_RTV** 구조체이다(목록 2.38).

```
struct D3D11_TEX2D_ARRAY_RTV {
    UINT MipSlice;
    UINT FirstArraySlice;
    UINT ArraySize;
}
```

**목록 2.38.** D3D11_TEX2D_ARRAY_RTV 구조체의 정의.

다중 표본 2차원 텍스처 자원의 주된 임무는 렌더 대상으로서 렌더링 연산의 결과를 받는 것이다. 그리고 그런 자원들을 파이프라인에 부착하는 주된 수단이 바로 렌더 대상 뷰이다. 보통 및 배열 기반 다중 표본 2차원 텍스처 자원의 하위 자원 선택을 위한 구조체들이 목록 2.39에 나와 있다.

```
struct D3D11_TEX2DMS_RTV {
    UINT UnusedField_NothingToDefine;
}
struct D3D11_TEX2DMS_ARRAY_RTV {
    UINT FirstArraySlice;
    UINT ArraySize;
}
```

**목록 2.39.** D3D11_TEX2DMS_RTV 구조체와 D3D11_TEX2DMS_ARRAY_RTV 구조체의 정의.

목록 2.39에서 보듯이, 보통의 2차원 다중 표본 텍스처 자원에서는 하위 자원 선택의 여지가 전혀 없다. 반면 2차원 다중 표본 텍스처 배열에서는 배열 원소들의 부분 범위를 선택할 수 있다. 그림 2.40은 몇 가지 선택 예를 나타낸 것이다.

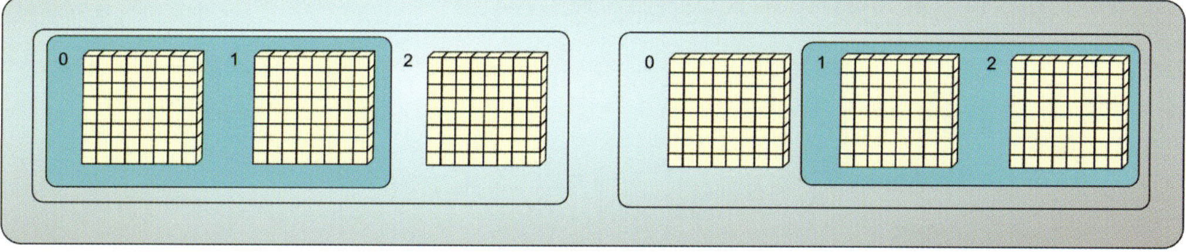

**그림 2.40.** 2차원 다중 표본 텍스처 배열 자원에 대한 렌더 대상 뷰의 여러 가지 하위 자원 선택 예.

**2차원 텍스처 깊이·스텐실 뷰.** 깊이·스텐실 뷰의 구성 방식은 렌더 대상 뷰와 동일하다. 덕분에 렌더 대상과 깊이·스텐실 대상을 일치시키기가 비교적 간단하다. 목록 2.40에 깊이·스텐실 뷰의 여러 구성을 위한 구조체들이 나와 있으니 참고하기 바란다.

```
struct D3D11_TEX2D_DSV {
    UINT MipSlice;
}
struct D3D11_TEX2D_ARRAY_DSV {
    UINT MipSlice;
    UINT FirstArraySlice;
```

```
    UINT ArraySize;
}
struct D3D11_TEX2DMS_DSV {
    UINT UnusedField_NothingToDefine;
}
struct D3D11_TEX2DMS_ARRAY_DSV {
    UINT FirstArraySlice;
    UINT ArraySize;
}
```

**목록 2.40.** 깊이·스텐실 뷰의 하위 자원 선택을 위한 구조체들.

**HLSL의 자원 객체.** 1차원 텍스처 자원의 경우에서 보았듯이, HLSL 프로그램이 텍스처 자원과 상호작용하려면 적절한 자원 객체를 선언해야 한다. 그리고 이 자원 객체의 형식은 해당 자원을 파이프라인에 부착하는 데 쓰인 셰이더 자원 뷰나 순서 없는 접근 뷰의 설정과 반드시 부합해야 한다. 셰이더 자원 뷰를 사용한 경우 자원 객체의 내용을 읽을 수만 있으며, 이 점은 셰이더 자원 뷰를 위한 자원 객체의 형식 자체에 반영되어 있다. 다음은 이러한 읽기 전용 자원 객체 형식들이다.

- Texture2D
- Texture2DArray
- Texture2DMS
- Texture2DMSArray
- TextureCube
- TextureCubeArray

이들 각각은 셰이더 자원 뷰로 연결할 수 있는 특정 자원 종류와 대응된다. 예를 들어 Texture2DMS 형식의 HLSL 자원 객체는 반드시 셰이더 자원 뷰로 연결한 다중 표본 2차원 텍스처 자원에 대해 사용해야 한다. 한편 순서 없는 접근 뷰로 연결된 자원은 읽기와 쓰기가 모두 가능하나, 연결 가능한 자원의 종류가 셰이더 자원 뷰보다 제한적이다. 2차원 텍스처 자원과 순서 없는 접근 뷰에 대해 사용할 수 있는 자원 객체 형식은 다음 두 가지 뿐이다.

- RWTexture2D
- RWTexture2DArray

즉, 순서 없는 접근 뷰로 연결할 수 있는 2차원 자원 종류는 보통의(다중 표본이 아닌) 2차원 텍스처 자원과 그 배열 자원뿐이며, 다중 표본 텍스처와 입방체 맵 텍스처는 둘 다 빠져 있다. 단, 입방체 맵을 RWTexture2DArray 객체로서 조작하는 것은 가능하다. 목록 2.41에 지금까지 말한 2차원 텍스처 자원 객체들의 선언 예가 나와 있다.

```
Texture2D<float>        tex01;
Texture2DArray<int3>    tex02;
Texture2DMS<float4, 4>  tex03;
Texture2DMS<float2, 16> tex04;
TextureCube<float3>     tex05;
TextureCubeArray<float> tex06;
RWTexture2D<uint3>      tex07;
RWTexture2DArray<float3> tex08;
```

**목록 2.41.** 여러 가지 2차원 텍스처 자원 종류에 대한 HLSL 자원 객체 선언 예.

이 선언 예들에서 보듯이, 다중 표본 텍스처 자원 객체를 선언할 때에는 자료의 형식뿐만 아니라 부분 표본들의 개수도 지정할 수 있다. Direct3D 10에서는 부분 표본 개수를 반드시 지정해야 했지만 Direct3D 10.1부터는 생략이 가능해졌다. 사실 이제는 HLSL에서 GetDimensions 메서드로 표본 개수를 알아낼 수 있으므로 이처럼 개수를 명시하는 것이 꼭 필요하지는 않다. 그러나 형식 자체에 표본 개수를 지정해 두면, 부분 표본에 접근하는 메서드에서 실제보다 많은 표본을 사용하는 실수를 방지할 수 있다. 이 자원 객체들의 좀 더 구체적인 활용 방법에 대해서는 제6장에서 이야기하겠다.

## 3차원 텍스처

1차원 텍스처에 차원이 하나 더 추가된 것이 2차원 텍스처이듯이, 3차원 텍스처는 2차원 텍스처에 차원이 하나 더 추가된 것이다. 3차원 텍스처 자원의 구성 방식은 이전 두 종류와 비슷하나, 세 번째 축(차원)이 추가되었다는 점이 다르다. 3차원 텍스처는 텍스처 원소들이 3차원 격자 형태를 이루고 있는 자료구조로, 한 3차원 텍스처의 모든 원소의 형식은 **DXGI_FORMAT** 열거형에 정의된 형식들 중 하나이다. 그림 2.41에 3차원 텍스처 자원의 다양한 구성이 나와 있다.

그림 2.41에서 보듯이, 3차원 텍스처 자원 역시 단일 텍스처는 물론 밉맵 있는 텍스처를 지원한다. 단, 텍스처 배열은 지원하지 않는다. 또한 3차원 텍스처에는 다중 표본화를 적용할 수 없다.

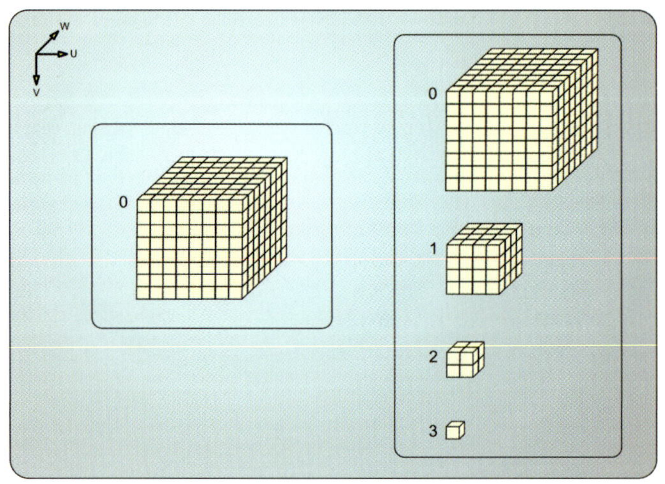


**그림 2.41.** 3D 텍스처 자원의 여러 구성들.

**3차원 텍스처의 용도 및 용법.** 3차원 텍스처는 1, 2차원 텍스처보다 좀 더 특수한 용도로 쓰이는 것이 일반적이다. 3차원 텍스처는 차원이 하나 더 늘었기 때문에 자료를 담는 데 필요한 메모리의 양이 상당히 크다. 그래서 낮은 해상도로만 쓰이거나 완전한 3차원 표현이 꼭 필요한 경우에만 사용된다. 물론 GPU의 가용 메모리 용량이 점점 늘어나고 있으므로 이러한 상황도 점차 나아질 것이다. 언뜻 보면 3차원 텍스처가 2차원 텍스처 배열과 거의 같아 보일 것이며, 사실 둘은 여러 모로 상당히 비슷하다. 가장 큰 차이라면, 2차원 텍스처 배열의 표본화는 특정 텍스처 슬라이스 하나에서 표본을 추출, 필터링하는 것이지만 3차원 텍스처의 표본화는 인접한 두 슬라이스에서 표본들을 추출해서 필터링하는 것이라는 점이다. 이는 3차원 텍스처의 경우 3선형(trilinear) 표본 필터링에 무려 16회의 메모리 적재가 필요하다는 뜻이다.

현재의 GPU 성능 및 용량상의 제한 때문에 3차원 텍스처 자원을 흥미롭고도 독창적으로 사용하는 요령들이 많이 고안되었다. 전형적인 예가 복셀(voxel) 자료구조이다. 여기서 **복셀**(voxel, 부피소)은 volume element의 준말로, picture element의 준말인 2차원 픽셀 (pixel, 화소)을 3차원으로 확장한 것이다. 복셀 자료구조는 3차원 격자의 각 점마다 하나의 스칼라 값을 저장한다. 렌더링에서는 격자의 자료에서 등치면(等値面, isosurface) 정보를 추출해서 모형의 입체적인 형상을 재현한다. 예를 들어 모형에서 스칼라 값이 0.5에 해당하는 하나의 표면(곡면)을 추출할 수 있다. 이때 입방체 행진(marching cube) 알고리즘([Lorensen, 1987])이나 그것을 변형한 알고리즘들이 흔히 쓰인다. 시각화하기 쉬운 복셀 기반 자료의 좋은 예로 MRI(자기공명영상) 스캔 자료가 있다. 이 스캔 자료는 환자의 생체물질 밀도를 3차원 격자 각 점의 스칼라 값으로 나타낸 것이다.

전역 조명에서도 3차원 텍스처가 흥미로운 방식으로 쓰인다. 이 시나리오에서는 복잡한 장면 입체에 대해 빛의 전파를 계산해서 하나의 3차원 텍스처 형태로 저장해 둔다. 그런데 3차원 격자는 그 해상도가 제한적이므로, 장면 안에서 어떤 형태로든 빛의 개별 경로들을 추적해야 하는 광선 추적(ray-tracing)에 비해 계산 비용이 낮다. 최근 들어 이런 종류의 알고리즘들을 전문적으로 다루는 연구 논문들이 많이 나왔다([Kaplanyan, 2010] 등).

**3차원 텍스처의 생성.** 1, 2차원 텍스처에서처럼 3차원 텍스처 자원 역시 장치 인터페이스의 메서드들 중 하나를 이용해서 생성한다. 적절한 텍스처 서술 구조체를 설정해야 한다는 점도 동일하다. 3차원 텍스처 생성에 쓰이는 메서드는 ID3D11Device::CreateTexture3D() 이고, 서술 구조체는 D3D11_TEXTURE3D_DESC이다(목록 2.42).

```
struct D3D11_TEXTURE3D_DESC {
    UINT        Width;
    UINT        Height;
    UINT        Depth;
    UINT        MipLevels;
    DXGI_FORMAT Format;
    D3D11_USAGE Usage;
    UINT        BindFlags;
    UINT        CPUAccessFlags;
    UINT        MiscFlags;
}
```

**목록 2.42.** D3D11_TEXTURE3D_DESC 구조체의 정의.

이 구조체는 1차원이나 2차원 텍스처의 서술 구조체와 상당히 비슷하다. 3차원 텍스처의 경우에는 차원 크기들을 `Width`, `Height`, `Depth` 필드로 지정한다. 이전과 마찬가지로, `MipLevels` 필드와 `Format` 필드는 각각 밉맵 수준 개수와 원소 자료 형식이다. `Usage`, `BindFlags`, `CPUAccessFlags` 필드들은 자원의 사용 패턴을 결정하는 것으로, 이번 장 앞부분에서 설명한 그대로이다. 마지막으로, 3차원 텍스처의 경우 `MiscFlags` 필드에 다음과 같은 플래그들을 설정할 수 있다.

- D3D11_RESOURCE_MISC_GENERATE_MIPS
- D3D11_RESOURCE_MISC_RESOURCE_CLAMP

이전에도 본 적이 있는 플래그들이다. 첫째 것은 렌더 대상 텍스처로부터 밉맵들을 자동으로 생성하기 위한 것이고, 둘째 것은 가장 높은 해상도의 밉맵 수준을 제한하기 위한 것이다(Direct3D 구동기가 GPU 메모리를 좀 더 유연하게 관리할 수 있도록).

**자원 뷰 요구사항.** 텍스처 자원들 중 사용할 수 없는 자원 뷰가 존재하는 유일한 자원이 바로 3차원 텍스처 자원이다. 구체적으로 말하면, 3차원 텍스처는 셰이더 자원 뷰와 순서 없는 접근 뷰, 렌더 대상 뷰를 지원하나 깊이·스텐실 뷰와는 사용할 수 없다. 언뜻 생각하면 깊이·스텐실 대상이 그 크기와 차원, 부분 표본 개수에서 항상 렌더 대상과 일치한다는 규칙이 깨진 경우로 보일 것이다. 그러나 렌더 대상 뷰의 경우 3차원 텍스처는 사실 2차원 배열처럼 취급되어서, 텍스처의 각 깊이(셋째 차원) 수준이 하나의 텍스처 슬라이스처럼 작용한다. 따라서 깊이·스텐실 뷰에 2차원 텍스처 배열을 사용한다면 결과적으로는 렌더 대상과 깊이·스텐실 대상의 형식이 여전히 일치하게 된다. 그럼 3차원 텍스처의 여러 자원 뷰 구성을 좀 더 자세히 살펴보자.

**3차원 텍스처 셰이더 자원 뷰.** 3차원 텍스처 자원에 셰이더 자원 뷰를 사용하는 경우 선택 가능한 하위 자원 구성은 한 종류뿐이다. 이 구성에는 `D3D11_SHADER_RESOURCE_VIEW_DESC` 구조체 안의 `D3D11_TEX3D_SRV` 구조체가 쓰인다(목록 2.43).

목록 2.43에서 보듯이, 이 구조체를 통해서 전체 밉맵 수준들 중 셰이더 자원 뷰가 제공한 부분집합을 지정할 수 있다. 그러면 나머지 밉맵 수준들은 자원 뷰에서 보이지 않게 된다. 여러 번 나왔듯이, `MostDetailedMip` 필드는 부분 범위의 가장 높은 밉맵 수준을 지정하고 `MipLevels`는 부분 범위의 밉맵 수준 개수를 지정한다. 그림 2.42에 몇 가지 밉맵 수준 부분 범위 선택의 예들이 나와 있다.

```
struct D3D11_TEX3D_SRV {
    UINT MostDetailedMip;
    UINT MipLevels;
}
```

**목록 2.43.** D3D11_TEX3D_SRV 구조체의 정의.

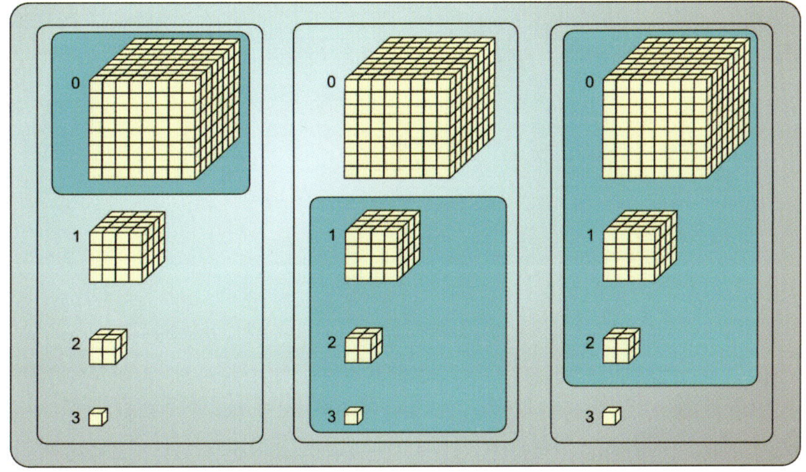

**그림 2.42.** 셰이더 자원 뷰를 이용한 3차원 텍스처 자원의 하위 자원 선택 예.

**3차원 텍스처 순서 없는 접근 뷰.** 순서 없는 접근 뷰 역시 단 한 종류의 3차원 텍스처 접근 방식만을 지원한다. 순서 없는 접근 뷰는 하나의 밉맵 수준만을 제공하며, 그 밉맵에서의 깊이 범위 선택은 가능하다. 이 구성에는 **D3D11_UNORDERED_ACCESS_VIEW_DESC** 구조체 안의 **D3D11_TEX3D_UAV** 구조체가 쓰인다(목록 2.44).

```
struct D3D11_TEX3D_UAV {
    UINT MipSlice;
    UINT FirstWSlice;
    UINT WSize;
}
```

**목록 2.44.** D3D11_TEX3D_UAV 구조체의 정의.

이 구조체의 **MipSlice** 필드는 뷰가 노출할 밉맵 수준이고 **FirstWSlice** 필드와 **WSize** 필드는 그 밉맵에서 제공할 일부 슬라이스들(깊이 범위)들을 결정한다. 이런 구성 설정 능력 덕분에 하나의 3차원 텍스처 자원을 서로 다른 여러 용도로 사용하기가 상당히 쉽다. 그림 2.43에 이 특별한 범위 선택의 몇 가지 예가 나와 있다.

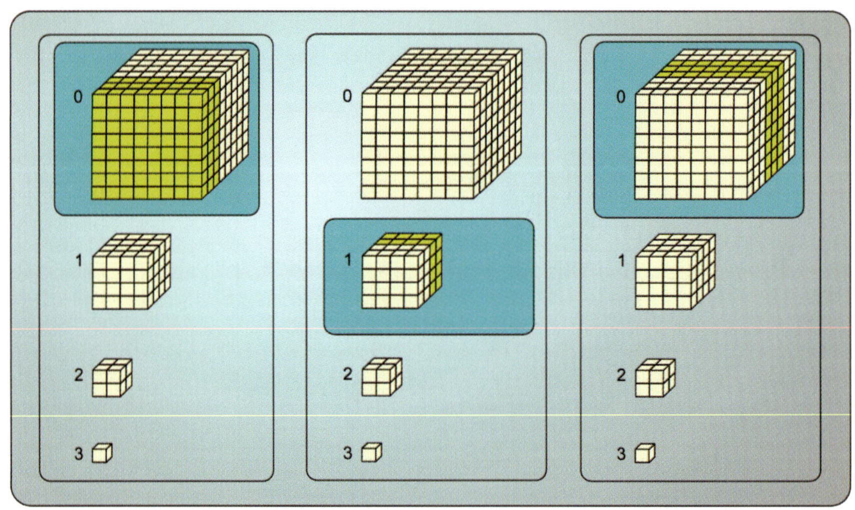

**그림 2.43.** 순서 없는 접근 자원 뷰를 이용한 3차원 텍스처 자원의 하위 자원 선택 예.

**3차원 텍스처 렌더 대상 뷰.** 3차원 텍스처 자원을 렌더 대상으로 사용할 수는 있으나, 그런 경우 3차원 텍스처는 사실상 2차원 텍스처 배열로 취급된다. 즉, 각 깊이 층이 개별적인 배열 원소로 사용되는 것이다. 렌더 대상 뷰와 묶을 자원 부분집합은 **D3D11_RENDER_TARGET_VIEW_DESC** 구조체 안의 **D3D11_TEX3D_RTV** 구조체로 지정한다(목록 2.45). 범위 선택 방식은 앞에서 본 순서 없는 접근 뷰의 경우에서와 완전히 동일하므로 설명을 되풀이하지는 않겠다.

```
struct D3D11_TEX3D_RTV {
    UINT MipSlice;
    UINT FirstWSlice;
    UINT WSize;
}
```

**목록 2.45.** D3D11_TEX3D_RTV 구조체의 정의.

**3차원 텍스처 깊이·스텐실 뷰.** 앞에서 언급했듯이, 깊이·스텐실 뷰는 3차원 텍스처에 적용하지 못한다. 대신, 2차원 텍스처 배열 자원을 3차원 텍스처 렌더 대상에 대응되는 깊이·스텐실 대상으로 사용해야 한다.

**HLSL의 자원 객체.** 3차원 텍스처를 셰이더 프로그램 안에서 사용하는 방법은 1, 2차원 텍스처 자원들에서와 동일하다. 3차원 텍스처 자원은 자원 뷰 구성의 종류가 적기 때문에 선언할 수 있는 자원 객체 형식도 적다. 셰이더 자원 뷰에 대응되는 형식 하나와 순서 없는 접근 뷰에 대응되는 형식 하나가 있을 뿐이다.

- Texture3D
- RWTexture3D

이제는 군이 이야기하지 않아도 짐작하겠지만, 읽기 전용 셰이더 자원 뷰에 사용할 형식은 **Texture3D**이고 순서 없는 접근 뷰에 사용할 형식은 **RWTexture3D**이다. 구체적인 자원 객체 형식 선언 구문 역시 이전의 1, 2차원 텍스처들에서와 흡사하다. 목록 2.46에 몇 가지 예가 나와 있으며, 이런 객체들을 활용하는 구체적인 방법은 제6장에서 이야기한다.

```
Texture3D<float4>  tex01;
RWTexture3D<uint3> tex02;
```

**목록 2.46.** 3차원 텍스처 자원들에 대한 HLSL 자원 객체 선언 예.

## 한 자원에 자원 뷰 여러 개 사용하기

같은 자원에 여러 개의 자원 뷰들을 동시에 사용하는 것이 가능하다. 예를 들어, 어떤 자원을 렌더 대상 뷰로 파이프라인에 붙이려면 세 가지 일을 해 주어야 한다. 첫째는 자원을 렌더 대상으로 사용할 수 있도록 하는 적절한 연결 플래그들을 지정해서 자원을 생성하는 것이고, 둘째는 그 자원을 참조하는 렌더 대상 뷰를 생성하는 것이다. 그리고 셋째는 그 렌더 대상 뷰를 실제로 파이프라인에 연결하는 것인데, 좀 더 구체적으로는 출력 병합기 단계에 연결해야 한다. 렌더 대상 뷰를 묶을 수 있는 유일한 장소가 바로 그 곳이기 때문이다.

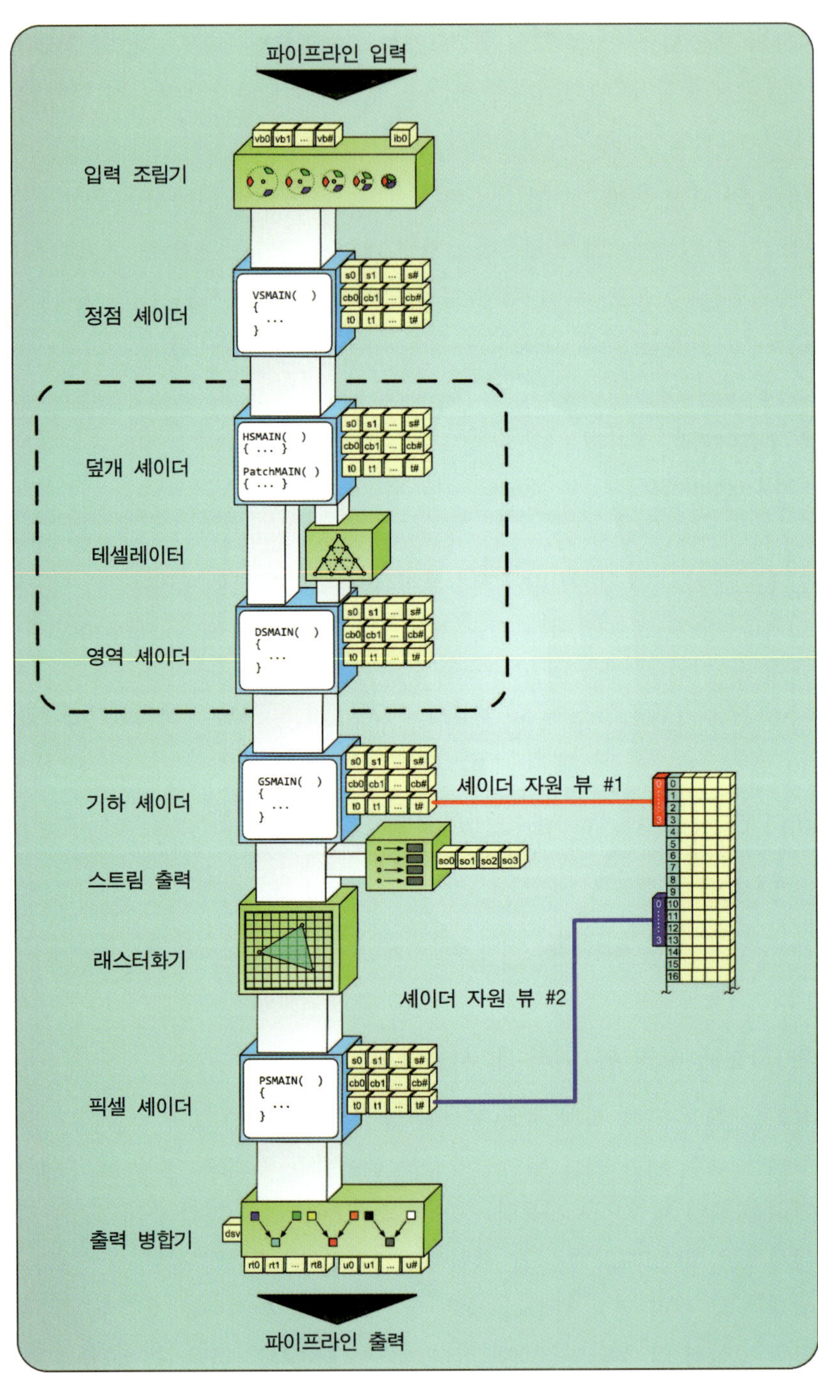


**그림 2.44.** 같은 자원을 여러 패스들에서 서로 다른 자원 뷰로 사용하는 예.

그런데 그 자원을 다음 번 렌더링 패스에서 픽셀 셰이더의 입력으로 사용해야 할 수도 있다. 이 경우 렌더 대상의 내용을 또 다른 메모리 자원에 복사할 필요가 없다. 자원 생성 시 자원을 셰이더용으로 사용할 수 있도록 하는 적절한 연결 플래그를 지정했다면, 그 자원에 대한 셰이더 자원 뷰를 생성해서 픽셀 셰이더 단계에 붙이면 그만이다. 그러면 그 단계의 셰이더 프로그램이 그 자원을 사용하게 된다. 이런 '다중 연결' 개념이 그림 2.44에 나와 있다. 이러한 다중 연결 능력은 이전에 언급했던, 자원이라는 것이 파이프라인의 입력이나 출력(또는 둘 다)으로 쓰이는 메모리 블록일 뿐이라는 점을 다시금 상기시킨다. 자원의 용도는 자원이 어떻게 생성되었는지, 그리고 자원을 파이프라인의 어디에 어떻게 연결했는지에 의해 결정된다.

하나의 자원에 여러 개의 자원 뷰들을 동시에(같은 렌더링 패스에서) 사용하는 것도 가능하다. 일반적으로, 자원을 읽기만 하는 경우라면 그 자원에 대해 얼마든지 많은 자원 뷰들을 사용할 수 있다. 예를 들어 2차원 텍스처 자원의 각 밉맵 수준마다 셰이더 자원 뷰 하나씩을 사용하는 셰이더 프로그램을 작성해야 한다면, 그냥 그만큼의 셰이더 자원 뷰들을 생성해서 각각을 마치 개별적인 자원인 것처럼 파이프라인에 묶으면 그만이다.

기록(쓰기)이 일어나는 자원의 경우에는 상황이 조금 다르다. 자원 뷰의 쓰기를 허용하는 경우 그 자원 뷰와 같은 하위 자원을 참조하는 다른 자원 뷰들은 파이프라인에 전혀 묶을 수 없다. 이러한 제약은, 하위 자원 내용을 파이프라인의 한 부분에서 읽는 도중에 다른 부분에서 그것을 변경하면 예측할 수 없는 결과가 빚어지기 때문이다. 정리하자면, 쓰기 가능 자원 뷰에 연관된 자원을 읽는 또 다른 자원 뷰를 파이프라인에 묶으려 하면 디버깅 출력 창에 경고나 오류 메시지(또는 둘 다)가 출력된다.

## 2.2.3 표본추출기 상태 객체

이번 절에서 살펴볼 마지막 객체는 표본추출기 상태 객체(sampler state object)이다. 표본추출기 상태 객체는 셰이더 프로그램이 텍스처 자원을 표본화(sampling, 표본 추출)할 때 쓰이는 모든 설정을 담는다. 한 텍스처에서 표본을 추출할 때에는 텍스처 자원의 여러 픽셀들을 가져와서 그것들을 개발자가 선택한 메커니즘을 이용해 결합하는 필터링 과정이 수반된다. 이는 흔히 발생하는 다양한 인위적 결함(artifact)들을 줄이기 위한,

그리고 텍스처 참조 연산의 성능을 높이기 위한 것이다. 현실적으로 모든 GPU 아키텍처는 이러한 표본화 연산을 추가적인 하드웨어에서 구현한다. 따라서, 일반적으로 이런 표본화 공정을 프로그램 가능 셰이더 안에서 흉내내는 것보다는 GPU의 하드웨어를 사용해서 수행하는 것이 훨씬 빠르다.

표본추출기 상태 객체로 지정할 수 있는 설정으로는 표본을 추출할 위치를 결정하는 데 쓰이는 텍스처 좌표 주소지정 모드(addressing mode), 표본화 공정 도중 수행되는 필터링 연산의 종류, 여러 LOD 매개변수들, 텍스처 가장자리의 색상, 표본추출 함수가 돌려주는 자료를 수정하는 데 쓰이는 비교 함수 등이 있다. 이런 여러 설정 사항들에 의해 아주 다양한 표본화 방식이 가능하다. 그리고 이 설정들은 텍스처 표본화 연산의 성능에 상당히 큰 영향을 미칠 수 있다. 따라서 표본화하려는 텍스처의 용도에 맞게 표본추출기 상태 객체를 적절히 설정하는 것은 중요한 문제이다.

표본추출기 상태 객체는 사실 버퍼나 텍스처 같은 자원이 아니지만, 프로그램 가능 파이프라인에서 자원들과 마찬가지 방식으로 관리되기 때문에 이번 절에서 함께 다루기로 한다. 그럼 이 객체를 생성하는 방법을 알아보고, 프로그램 가능 셰이더 단계에서 이 객체를 어떻게 사용하는지도 간략하게나마 살펴보기로 하자.


## 표본추출기 상태 객체의 생성

표본추출기 상태 객체의 여러 구체적인 용법을 배우려면 우선 이 객체가 어떤 일을 할 수 있는지부터 파악해야 한다. 이를 파악하는 가장 좋은 방법은 객체를 생성하는 과정을 살펴보는 것이다. 표본추출기 상태 객체의 설정 사항들을 모두 생성 과정에서 지정해야 하기 때문이다. 이번 장에서 살펴본 다른 종류의 객체들처럼, 표본추출기 상태 객체 역시 적절한 서술 구조체를 채우고 그것을 장치 인터페이스의 한 메서드에 지정해서 생성한다. 이 경우 메서드는 `ID3D11Device::CreateSamplerState()`로, 이 메서드는 `ID3D11SamplerState` 객체를 생성한다. 그리고 서술 구조체는 `D3D11_SAMPLER_DESC`로, 목록 2.47에 나와 있다.

```
struct D3D11_SAMPLER_DESC {
    D3D11_FILTER                  Filter;
    D3D11_TEXTURE_ADDRESS_MODE AddressU;
    D3D11_TEXTURE_ADDRESS_MODE AddressV;
```

```
    D3D11_TEXTURE_ADDRESS_MODE  AddressW;
    FLOAT                       MipLODBias;
    UINT                        MaxAnisotropy;
    D3D11_COMPARISON_FUNC       ComparisonFunc;
    FLOAT                       BorderColor[4];
    FLOAT                       MinLOD;
    FLOAT                       MaxLOD;
}
```

**목록 2.47.** D3D11_SAMPLER_DESC 구조체의 정의.

이 구조체에서 가장 눈에 띄는 것은 아마도 첫 필드일 것이다. 이 `Filter` 멤버는 표본화 공정에서 수행될 필터링의 종류를 지정한다. 기본적으로 텍스처 표본화 연산은 텍스처 축소, 텍스처 확대, 밉매핑 상황에서 일어나는데, 이 상황들 각각에 서로 다른 종류의 필터링을 적용할 수 있다.

**텍스처 축소**(texture minification)는 텍스처가 시점에서 멀리 떨어져서 개별 픽셀(텍스처의 픽셀을 줄여서 흔히 **텍셀**이라고 부른다)이 출력 렌더 대상의 픽셀보다 작아질 때 발생한다. 이처럼 텍스처의 텍셀이 화면의 픽셀보다 작으면 프레임이 진행됨에 따라 한 픽셀을 여러 개의 텍셀들이 거쳐 가기 때문에 텍스처가 번뜩이거나 튀어 보이는 결함이 발생한다. 적절한 필터링을 선택하면 이런 현상을 크게 줄이거나 아예 제거할 수 있다. **텍스처 확대**(texture magnification)는 그 반대 상황에서 발생한다. 즉, 텍스처가 시점에 아주 가까우면 텍셀 하나가 화면의 여러 픽셀들을 덮어서 소위 '덩어리진' 모습이 나온다. 그런 모습이 바람직한 경우도 있겠지만, 그렇지 않다면 적절한 필터링으로 커다란 텍셀들이 덜 두드러지게 해서 화질을 높일 수 있다. 마지막으로 **밉매핑**(mip-mapping)을 보자. 밉맵에 대해서는 이번 장 앞에서 텍스처 자원을 이야기할 때 논의했었다. 본질적으로 밉맵은 텍스처 자원의 다해상도(multi-resolution) 표현을 제공하는 것으로, 밉맵에서 표본을 추출하는 과정에서도 특정한 종류의 필터링을 적용할 수 있다.

서술 구조체에서 필터링 종류를 지정하는 `Filter` 필드에는 `D3D11_FILTER`라는 열거형의 한 값을 지정해야 한다. 목록 2.48에서 보듯이, 이 열거형에는 앞에서 말한 세 가지 필터링 상황을 모두 반영하는 다양한 필터링 종류가 정의되어 있다. 이름에 `MIN`이 있는 필드들은 텍스처 축소 상황에 해당하고, `MAG`이 있는 필드들은 텍스처 확대, `MIP`은 밉매핑에 해당한다.

```
enum D3D11_FILTER {
    D3D11_FILTER_MIN_MAG_MIP_POINT,
    D3D11_FILTER_MIN_MAG_POINT_MIP_LINEAR,
    D3D11_FILTER_MIN_POINT_MAG_LINEAR_MIP_POINT,
    D3D11_FILTER_MIN_POINT_MAG_MIP_LINEAR,
    D3D11_FILTER_MIN_LINEAR_MAG_MIP_POINT,
    D3D11_FILTER_MIN_LINEAR_MAG_POINT_MIP_LINEAR,
    D3D11_FILTER_MIN_MAG_LINEAR_MIP_POINT,
    D3D11_FILTER_MIN_MAG_MIP_LINEAR,
    D3D11_FILTER_ANISOTROPIC,
    D3D11_FILTER_COMPARISON_MIN_MAG_MIP_POINT,
    D3D11_FILTER_COMPARISON_MIN_MAG_POINT_MIP_LINEAR,
    D3D11_FILTER_COMPARISON_MIN_POINT_MAG_LINEAR_MIP_POINT,
    D3D11_FILTER_COMPARISON_MIN_POINT_MAG_MIP_LINEAR,
    D3D11_FILTER_COMPARISON_MIN_LINEAR_MAG_MIP_POINT,
    D3D11_FILTER_COMPARISON_MIN_LINEAR_MAG_POINT_MIP_LINEAR,
    D3D11_FILTER_COMPARISON_MIN_MAG_LINEAR_MIP_POINT,
    D3D11_FILTER_COMPARISON_MIN_MAG_MIP_LINEAR,
    D3D11_FILTER_COMPARISON_ANISOTROPIC,
    D3D11_FILTER_TEXT_1BIT
}
```

**목록 2.48.** 사용 가능한 필터링 종류들을 정의하는 **D3D11_FILTER** 열거형.

각 상황에서 사용 가능한 필터링 연산의 종류로는 점 표본화, 선형 표본화, 비등방 표본
화가 있다. **점 표본화**(point sampling)는 그냥 주어진 입력 텍스처 좌표에 해당하는 텍셀
을 돌려준다. 이것은 비용이 가장 낮은 표본 추출 방식이나, 대부분의 경우 품질도 제일
낮다. **선형 표본화**(linear sampling)는 입력 텍스처 좌표 주위의 텍셀들을 보간해서 그
텍셀들 사이 어딘가의 근삿값을 계산한다. 이렇게 하면 텍셀들이 매끄럽게 전이되어서
화질이 좋아지나, 여러 개의 텍셀들을 읽어야 하며 그 텍셀(표본)들에 대해 산술 연산을
수행해야 하므로 비용이 좀 더 비싸다. 마지막으로 **비등방 표본화**(非等方~, ansiotropic
sampling)는 이전 두 방식보다 품질이 훨씬 높은 표본화 기법이다. 텍스처를 카메라 시
선 방향과 수직이 아닌 각도로 보는 경우 비등방 필터링은 여러 개의 표본들을 추출해
서, 관찰자에게 보이는 평균 색상을 계산해서 돌려준다. 이 때 추출할 표본들의 최대
개수는 표본추출기 상태 서술 구조체의 **MaxAnisotropy** 필드에 지정한다. 이 필터링
모드의 경우 최상의 결과를 얻을 수는 있지만 최종 표본 값을 산출하는 데 필요한 대역
폭과 계산량이 훨씬 많기 때문에 비용이 아주 높다.

**D3D11_FILTER** 열거형의 처음 절반은 여러 가지 필터링 상황과 표본화 기법들의 조합에 해당한다. 나머지 절반은 이름들이 처음 절반과 같되 **COMPARISON**이라는 단어가 포함되어 있다. 이는 표본화 과정에서 표본들을 결합하기 **전에** 각 표본에 비교 함수를 적용한다는 뜻이다. 이를 통해서, 필터링을 적용하지 않을 표본들을 미리 제외시킬 수 있다(필터링을 먼저 수행한 후에 제외시키는 것보다 효율적이다).

다시 표본추출기 상태 객체 서술 구조체로 돌아가서, 그 다음 세 필드들은 텍스처의 $X$, $Y$, $Z$ 좌표에 대응되는 $U$, $V$, $W$ 방향으로의 텍스처 주소지정 모드들을 지정하는 것이다.[3] 이 모드들은 표본화 도중에 [0,1] 범위 밖의 텍스처 좌표가 주어졌을 때 그 좌표를 처리하는 방식을 결정한다. 1보다 큰 좌표를 다시 0으로 순환시킬 수도 있다. 이러면 텍스처가 같은 방향으로 반복해서 적용된다("wrapping"). 2보다 큰 텍스처 좌표가 지정된 경우에도 다시 0으로 돌아가서 텍스처가 반복된다. 이 모드를 이용하면 표면에 한 텍스처의 복사본 여러 개를 입힐 수 있다. 또 다른 주소지정 모드로 **거울**(mirror) 모드가 있는데, 이 경우에는 텍스처 주소가 정수(1, 2, …)를 지나칠 때마다 텍스처의 방향이 바뀐다. 이를 이용하면 텍스처의 복사본 여러 개를 입히되 복사본마다 그 방향이 바뀌게 할 수 있다. **제한**(clamp)이라는 모드도 있는데, 이 경우에는 텍스처 좌표가 [0,1] 범위로 제한된다. 결과적으로, 텍스처 바깥의 지점에 해당하는 좌표의 경우 텍스처 테두리의 색상이 선택된다. 이와 비슷한 모드로 **테두리 지정**(border addressing) 모드가 있는데, 이 경우 [0,1] 범위 바깥의 좌표에 대해 돌려줄 색상을 표본추출기 상태 객체의 **BorderColor** 필드로 지정할 수 있다. 마지막으로 **거울 한번**(mirror once)이라고 부르는 모드도 있는데, 이 경우에는 텍스처 좌표의 절댓값을 사용하되 그것이 [0,1] 범위 바깥이면 제한 모드와 동일하게 처리한다.

다음으로, 서술 구조체의 **MipLODBias**, **MinLOD**, **MaxLOD** 필드는 모두 표본화 과정에서 쓰일 밉맵 수준을 조작하기 위한 것이다. **MinLOD**와 **MaxLOD**는 표본화 도중 접근 가능한 최소, 최대 수준을 지정하고 **MipLODBias**는 표본화 하드웨어가 선택하는 밉맵 수준에 더할 상수 오프셋이다. 이 필드들에서 가장 상세한 밉맵 수준은 0이므로, 양의(0보다 큰) 오프셋을 더하면 덜 상세한 밉맵 수준이 선택된다.

서술 구조체의 마지막 필드 **ComparisonFunc**는 필터링 연산을 수행하기 전 텍스처 표

---

[3] 이 좌표 성분들은 텍스처의 차원을 따른다. 예를 들어 1차원 텍스처의 경우에는 $Y$ 성분과 $Z$ 성분이 무의미한 반면 3차원 텍스처의 경우에는 세 성분 모두 필요하다.

본에 적용할 비교 함수의 종류를 지정하는 것이다. 비교 대상 값은 이후 텍스처 객체의 표본을 추출하는 메서드를 호출할 때 지정한다. 비교가 '성공'하면 비교 함수는 1을 돌려주고 실패하면 0을 돌려준다. 표본추출기는 개별 비교 결과들을 선택된 필터링 방법에 따라 결합해서 돌려준다.

### 표본추출기 상태 객체의 용도 및 용법

표본추출기 상태 객체를 사용하려면 위에서 상세히 설명한 것처럼 객체를 생성한 후 프로그램 가능 파이프라인 단계들 중 하나에 연결해야 한다. 프로그램 가능 단계 하나에 최대 16개의 서로 다른 표본추출기 상태 객체들을 연결할 수 있으며, 같은 상태 객체를 여러 개의 프로그램 가능 단계들에 사용하는 것도 가능하다. 상태 객체가 프로그램 가능 단계에 잘 연결되었다고 할 때, 그 단계에서 실행되는 HLSL 프로그램이 상태 객체를 사용하려면 해당 표본추출기 슬롯에 대응되는 적절한 **SamplerState** 객체를 반드시 선언해야 한다. 그런 다음부터는 여러 텍스처 자원 종류들이 제공하는 표본화 메서드들에 그 **SamplerState** 객체를 넘겨줄 수 있다. 이처럼 **SamplerState** 객체를 표본화 메서드의 한 인수로 전달하는 덕분에, 한 셰이더 프로그램 안에서 여러 개의 텍스처 자원들에 대해 동일한 표본추출기 상태 객체를 동시에 사용할 수 있게 된다. 하나의 셰이더 프로그램 안에서 많은 수의 자원들이 쓰이므로(최대 128개), 같은 종류의 옵션들을 여러 번 사용하는 경우 이처럼 상태 객체를 공유하는 것이 큰 도움이 된다.[4]

## 2.3 자원 조작

지금까지 Direct3D 11에서 사용할 수 있는 여러 종류의 자원들을 소개하고 각 자원마다 전형적인 사용법과 구성 방식, 해당 HLSL 객체의 선언 방법을 살펴보았다. '자원 생성' 절에서는 또한 자원들을 아주 구체적인 용도와 접근 패턴을 지정해서 생성하는 방법도

---

[4] 이전 버전의 Direct3D에서는 표본추출기를 한 번에 한 텍스처에만 사용할 수 있었다. 이 때문에 하나의 셰이더 프로그램 안에서 사용할 수 있는 텍스처 전체 개수가 제한되었다. Direct3D 11에는 이러한 제한이 없기 때문에, 하나의 셰이더 안에서 훨씬 더 많은 수의 텍스처(좀 더 정확히는 자원)들에 접근할 수 있다.

이야기했다. 어떤 자원의 용도와 성격에 따라서는 자원을 GPU에서만 접근하게 하는 것이 바람직한 경우도 있고, 반대로 호스트 C/C++ 응용 프로그램에서 자원을 직접 조작할 수 있어야 하는 경우도 있다.

Direct3D 11은 자원의 내용을 수정, 조작하는 여러 가지 기법들을 제공한다. 이번 절에서는 그런 기법들 각각을 자세히 살펴보고, 어떤 상황에서 어떤 기법이 유용한지도 이야기한다.

## 2.3.1 자원 조작

첫 번째로 살펴볼 자원 조작 메서드들은 자원의 내용을 수정하는 것이다. 잠시 후 보겠지만, 이 메서드들 중 일부는 자원의 내용을 읽는 기능도 제공한다.

### 자원 매핑

버퍼 자원의 내용을 CPU에서 읽고 쓸 수 있게 하는 기본적인 수단은 장치 문맥의 *Map / Unmap* 메서드이다. 자원 생성 시 CPU 읽기 접근이나 쓰기 접근 플래그를 지정했다면 응용 프로그램은 자원의 내용을 시스템 메모리에 매핑(mapping)할 수 있다. 목록 2.49는 이를 위한 Map, Unmap 메서드의 원형이다.

```
HRESULT Map(
    ID3D11Resource *pResource,
    UINT Subresource,
    D3D11_MAP MapType,
    UINT MapFlags,
    D3D11_MAPPED_SUBRESOURCE *pMappedResource
);
void Unmap(
    ID3D11Resource *pResource,
    UINT Subresource
);
```

**목록 2.49**. Map, Unmap 메서드의 원형.

pResource 매개변수와 Subresource 매개변수는 매핑할 자원과 하위 자원을 지정한다.

**MapType** 매개변수는 매핑의 종류를 지정하는 것으로, 매핑 종류는 자원의 읽기/쓰기 가능 여부와 쓰기 수행 방식을 결정한다. 이 매개변수에는 **D3D11_MAP** 열거형(목록 2.50)의 한 값을 지정할 수 있다.

```
enum D3D11_MAP {
    D3D11_MAP_READ,
    D3D11_MAP_WRITE,
    D3D11_MAP_READ_WRITE,
    D3D11_MAP_WRITE_DISCARD,
    D3D11_MAP_WRITE_NO_OVERWRITE
}
```

**목록 2.50.** D3D11_MAP 열거형의 정의.

이 열거형의 처음 세 값은 더 설명이 필요하지 않을 것이다. 자원을 읽으려면 반드시 **D3D11_CPU_ACCESS_READ** 플래그를 지정해서 자원을 생성했어야 하며, 자원을 기록하려면 반드시 **D3D11_CPU_ACCESS_WRITE** 플래그를 지정해서 자원을 생성했어야 한다. **Map** 메서드의 호출이 성공하면 자원의 내용이 시스템 메모리의 블록에 "매핑"되는데, 그 메모리 블록은 **pMappedResource** 매개변수가 가리키는 **D3D11_MAPPED_SUBRESOURCE** 구조체를 통해서 알 수 있다. 자원의 내용을 읽으려면 그 메모리 블록의 내용을 읽으면 되고, 수정하려면 그 메모리 블록을 덮어 쓰면 된다. 읽기 접근과 쓰기 접근이 모두 가능한 자원의 경우에도 마찬가지 방식으로 자원의 내용을 읽거나 기록하면 된다. 이후 **Unmap** 메서드를 호출하면 응용 프로그램이 자원에 가한 모든 변경이 실제로 반영된다.

**D3D11_MAP_WRITE_DISCARD** 플래그와 **D3D11_MAP_WRITE_NO_OVERWRITE** 플래그의 조합은 자원의 동적 사용을 가능하게 한다. **D3D11_MAP_WRITE_DISCARD**를 지정하면 매핑 시 자원의 내용(GPU 쪽의)이 무효화된다. 자원의 하위 자원들 중 단 하나만 매핑하는 경우에도 그렇다. **D3D11_MAP_WRITE_NO_OVERWRITE**를 지정하면 **D3D11_MAP_WRITE_DISCARD**를 지정해서 호출한 마지막 Map 호출 이후 갱신된 적이 없는 버퍼의 일부에 대한 기록이 허용된다. 이렇게 하면 동적 자원의 일부로 적재된 자원 내용을, 자원의 나머지 부분이 아직 다 채워지지 않은 상태에서도 바로 사용할 수 있다.

매핑된 하위 자원 구조체를 통해서 자원을 읽거나 기록한 후에는 매핑을 해제해 주어야

GPU가 그 자원을 사용할 수 있게 된다. 매핑 해제는 그냥 `ID3D11DeviceContext::`
`Unmap()` 메서드를 호출하면 된다. 이 메서드는 해제할 자원을 가리키는 포인터와 하위
자원 색인을 받는다.

자원 매핑에서 한 가지 명심할 것은 매핑의 단위는 하나의 온전한 하위 자원 전체라는
것이다. 다른 말로 하면, 한 하위 자원의 일부분만 매핑할 수는 없다. 물론 매핑된 하위
자원의 일부분만 갱신하는 것은 가능하다. 하위 자원의 크기에 따라서는 매핑 과정에서
GPU와 시스템이 상당한 양의 메모리 블록을 주고받게 된다. 그러한 매핑이 꼭 필요한
경우도 있겠지만, 그렇지 않은 경우라면 하위 자원의 일부만 갱신하는 다른 방법을 사용
하는 것이 나을 것이다. 이에 대해서는 잠시 후 "하위 자원 갱신" 절에서 이야기하겠다.

Map·Unmap 메서드의 흔한 용도 하나는 파이프라인이 사용할 상수 버퍼를 파이프라인
실행 전에 갱신하는 것이다. 이 경우에는 상수 버퍼의 내용을 읽을 필요는 없고 새 자료
를 기록하기만 하면 되므로 `D3D11_MAP_WRITE` 플래그를 지정하는 것이 마땅하다.
`pMappedResource`가 가리키는 구조체에서 알아낸 시스템 메모리 블록에 자료를 다 기
록한 후 Unmap 메서드를 호출하면 변경된 내용이 반영되어서 파이프라인이 사용하게
된다.

## 하위 자원의 갱신

장치 문맥의 `UpdateSubresource()` 메서드를 이용해서도 자원의 내용을 수정할 수 있
다. 자원 매핑과의 차이는, 이 메서드로는 자원 내용의 기록만 가능하고 읽기는 불가능
하다는 것이다. 목록 2.51에 이 메서드의 원형이 나와 있다.

```
void UpdateSubresource(
    ID3D11Resource *pDstResource,
    UINT DstSubresource,
    const D3D11_BOX *pDstBox,
    const void *pSrcData,
    UINT SrcRowPitch,
    UINT SrcDepthPitch
);
```

**목록 2.51.** UpdateSubresource() 메서드의 원형.

이 메서드는 갱신할 자원을 가리키는 포인터와 그 하위 자원의 색인, 그리고 갱신에 사용할 원본 자료가 담긴 메모리 블록을 가리키는 포인터와 그 블록의 구조를 말해주는 행 피치(row pitch), 깊이 피치(pitch)를 받는다(둘 다 바이트 단위). 중간의 **pDstBox** 매개변수는 **D3D11_BOX** 구조체를 가리키는 포인터인데, 이 구조체는 하위 자원의 일부분만 갱신하기 위한 것이다. 원본 자료는 그냥 바이트들로만 주어지므로 형식에 의존적이나, 대상 하위 자원은 색인으로 지정되며 자원의 형식에 의존적이 아니다.

자원 매핑과는 달리, 이 하위 자원 갱신 메서드로는 한 하위 자원의 일부분만 갱신하는 것이 가능하다. 커다란 자원의 작은 부분 하나만 갱신해야 하는 경우, 일부 조건에서는 이 메서드가 더 효율적이다(대역폭을 덜 사용하므로).

이런 자원 갱신 방법은 이를테면 사용자의 행동에 기초해서 텍스처의 내용을 변경할 때 유용할 것이다. 사용자의 행동이 장면에 미친 영향을 표현하기 위해 텍스처의 작은 부분을 수정해야 하는 경우 지금 말하는 하위 자원 갱신 메서드를 이용하면 쉽게 해결된다.


## 2.3.2 자원 복사

한 자원의 내용을 다른 자원에 복사해야 하는 상황이 많이 있다. 특정한 알고리즘의 구현에 필요해서일 수도 있고 접근 능력이 다른 둘째 자원으로 자료를 복사해야 하기 때문일 수도 있는데, 어떤 경우이든 사용할 수 있는 복사 방법은 다양하다. 이번 절에서는 장치 문맥의 여러 복사 메서드들을 소개하고, 그 메서드들이 각각 어떤 상황에 적합한지도 이야기한다. 이 메서드들이 "자원 조작" 절에 나온 메서드들과 다른 점은, 그 메서드들에서는 자료를 CPU에서 읽거나 기록하는 반면 이 메서드들에서는 복사할 자료가 이미 자원 안에 들어 있다는 점이다.


### CopyResource 메서드

한 자원의 내용 전체를 다른 자원으로 복사할 때에는 장치 문맥의 **CopyResource** 메서드가 적합하다. 목록 2.52에 이 메서드의 원형이 나와 있다.

상당히 간단한 메서드인데, 대상 자원을 가리키는 포인터와 원본 자원을 가리키는 포인터만 지정하면 된다. 두 자원은 그 종류와 크기가 일치해야 하며, 서로 호환되는 형식이어야 한다. 불변 자료나 깊이·스텐실 자원은 대상 자원으로 사용할 수 없다. 그리고 다중 표본 자원은 원본으로도, 대상으로도 사용할 수 없다(다중 표본 자원의 내용을 읽는 방법은 잠시 후에 이야기하겠다).

```
void CopyResource(
    ID3D11Resource *pDstResource,
    ID3D11Resource *pSrcResource
);
```

**목록** 2.52. CopyResource 메서드의 원형.

이 메서드는 자원 전체를 복사하므로, 사용 패턴이 다른 두 번째 자원을 만들기 위해 자료를 복사하는 경우에 적합할 가능성이 크다. 예를 들어 계산 셰이더를 이용해서 생성한 자료 버퍼의 내용을 응용 프로그램에서 하드 디스크에 기록하려는 경우, 응용 프로그램이 그 자료 버퍼를 시스템 메모리에 직접 매핑해서 읽어 들일 수는 없다. 왜냐하면 순서 없는 접근 뷰에 쓰인 버퍼는 반드시 기본 용도이어야 하는데, 기본 용도 자원은 CPU가 읽을 수 없기 때문이다. 이는 파이프라인의 모든 출력에 적용되는 이야기이다. 정리하자면, 파이프라인의 출력을 받으려면 반드시 기본 용도 자원이어야 하는데, 그런 자원은 CPU가 직접 읽지 못한다. 대신 예비(staging) 용도의 또 다른 버퍼 자원을 생성해서 원래의 자료 버퍼의 내용을 그 버퍼에 복사해야 한다. 예비 용도 자원은 CPU가 읽을 수 있으므로 문제가 해결된다.

계산 셰이더가 추가용 구조적 버퍼에 채운 자료를 응용 프로그램이 읽고자 할 때 그런 상황이 발생한다. 추가 버퍼는 기본 용도 자원이므로 CPU가 직접 읽지 못한다. 따라서 일단 CopyResource() 메서드를 이용해서 그 자료를 또 다른 예비 버퍼에 복사하고, Map·Unmap 메서드로 시스템 메모리에 매핑한 후 CPU에서 읽으면 된다.

## CopySubresourceRegion 메서드

다음으로 살펴볼 장치 문맥의 복사 메서드는 CopySubresourceRegion()이다. 자원 전체를 복사해야 하는 CopyResource() 메서드와는 달리 이 메서드로는 자원의 일부분만 복사할 수 있다. 목록 2.53에 이 메서드의 원형이 나와 있다.

```
void CopySubresourceRegion(
    ID3D11Resource *pDstResource,
    UINT DstSubresource,
    UINT DstX,
    UINT DstY,
    UINT DstZ,
    ID3D11Resource *pSrcResource,
    UINT SrcSubresource,
    const D3D11_BOX *pSrcBox
);
```

**목록 2.53.** CopySubresourceRegion() 메서드의 원형.

이 메서드로는 자원의 일부분만 복사할 수 있으므로 원본 자원과 대상 자원의 크기가 달라도 된다. 그러나 종류는 같아야 하고 형식도 호환되어야 한다. 원본도 그렇지만, 대상이 하나의 하위 자원일 수 있다. 이를 지정하는 수단이 **DstSubresource** 매개변수로, 여기에 원하는 하위 자원의 색인(0부터 시작)을 지정하면 된다. 그 다음의 세 매개변수는 자료가 복사될 위치를 결정하는 오프셋 좌표들이다. 원본 역시 색인을 이용해서 하위 자원을 지정할 수 있다. 복사할 영역은 **D3D11_BOX** 구조체로 지정한다.

한 자원의 일부만 선택해서 다른 자원에 복사할 수 있는 이 메서드의 능력을 이용하면 동적인 텍스처 대지도(texture atlas)를 구현할 수 있다. 텍스처 대지도는 여러 개의 텍스처들을 하나의 커다란 텍스처로 합친 것으로, 장면 렌더링에 필요한 **그리기** 메서드 호출 횟수를 줄이는 데 도움이 된다(이에 대해서는 제3장에서 좀 더 이야기하겠다).

## CopyStructureCount 메서드

마지막으로 살펴볼 복사 메서드는 장치 문맥의 **CopyStructureCount()**이다. 다소 덜 직접적인 복사 기법을 위한 이 메서드는 버퍼 자원의 숨겨진 카운터를 다른 자원에 복사한다. 목록 2.54에 이 메서드의 원형이 나와 있다.

이번 장 앞부분에서 이야기했듯이, 순서 없는 접근 뷰 서술 구조체의 플래그 설정에 따라서는 버퍼의 내용을 관리하는 데 쓰이는 숨겨진 카운터가 만들어진다. 그런 플래그가 두 개 있는데, 하나는 버퍼를 추가·소비 버퍼로 사용할 수 있게 하는 **D3D11_BUFFER_UAV_FLAG_APPEND**이다. 또 하나는 **D3D11_BUFFER_UAV_FLAG_COUNTER**로, 이것은 HLSL

에서 IncrementCounter()나 DecrementCounter() 메서드로 조작할 수 있는 숨겨진 카운터를 직접 추가한다. CopyStructureCount() 메서드는 셋째 매개변수가 가리키는 순서 없는 접근 뷰에 담긴 카운터의 값을 첫째 매개변수가 가리키는 대상 버퍼의 한 위치에 기록한다. 그 위치는 둘째 매개변수(DstAlignedByteOffset)로 지정된 오프셋에 의해 결정된다.

```
void CopyStructureCount(
    ID3D11Buffer *pDstBuffer,
    UINT DstAlignedByteOffset,
    ID3D11UnorderedAccessView *pSrcView
);
```

**목록 2.54.** CopyStructureCount 메서드의 원형.

카운터 값을 다른 버퍼에 복사하는 기능은 간접 렌더링 연산들에서 유용하다. 계산 셰이더나 픽셀 셰이더 프로그램으로 버퍼에 정점 자료를 채운 후에 그 버퍼를 이용해서 모형을 **간접적으로** 렌더링할 때에는 렌더링할 기본도형의 개수를 알아야 하는데, 그 개수를 바로 이 복사 기법으로 지정할 수 있는 것이다. CopyStructureCount() 메서드를 이용해서 카운터 값을 버퍼 안의 적절한 위치(오프셋 매개변수를 이용)에 기록하고, 그 버퍼를 인수로 해서 적절한 **그리기** 메서드를 호출하면 된다. 간접 렌더링에 대해서는 이번 장의 "버퍼 자원" 절에서 이야기했으며, 제3장에서도 다룬다.

이 기능을, 파이프라인이 기록한 버퍼에서 CPU가 읽어 들일 구조체 개수를 준비하는 용도로 사용할 수도 있다. 그런 버퍼를 CPU가 직접 읽지 못하는 문제는 "CopyResource 메서드" 절에서 이야기한 방법으로 해결하면 된다.


## 자원 내용 생성

장치 문맥에는 자원의 내용을 생성하는 데 사용할 수 있는 메서드도 두 개가 있다. 그 두 메서드를 차례로 살펴보자.

### GenerateMips 메서드

이번 장 앞부분에서 자원 생성 방법을 설명하면서, 최상위 밉맵 수준을 렌더링할 때 더 낮은 해상도의 밉맵 수준들도 생성할 수 있게 만드는 기타 플래그를 언급했었다. D3D11_RESOURCE_MISC_GENERATE_MIPS 플래그가 바로 그것이다. ID3D11DeviceContext::GenerateMips() 메서드를 호출하면 그러한 텍스처 자원의 밉맵 수준 자료 생성 과정이 진행된다. 목록 2.55에 이 메서드의 원형이 나와 있다. 이 메서드는 갱신할 셰이더 자원 뷰를 가리키는 포인터 하나만 받는다. 그 자원 뷰로 연결된 자원은 반드시 방금 말한 플래그를 지정해서 생성한 것이어야 한다. 그리고 이 호출에 의해 생성되는 밉맵 수준 개수는 셰이더 자원 뷰로 선택한 하위 자원 범위에 의해 결정된다.

```
void GenerateMips(
    ID3D11ShaderResourceView *pShaderResourceView
);
```

**목록** 2.55. GenerateMips 메서드의 원형.

### ResolveSubresource 자원

자원 내용 생성을 위한 둘째 메서드는 ID3D11DeviceContext::ResolveSubresource()이다. 이 메서드는 원본으로 지정된 다중 표본 텍스처 자원의 텍셀들의 부분 표본들을 이용해서 비 다중 표본 대상 자원의 해당 텍셀의 최종 색상을 계산한다. 다중 표본 렌더 대상의 내용을 화면에 표시하려면 이처럼 부분 표본들을 하나의 픽셀로 '환원하는 (resolve)' 과정이 반드시 필요하며, 따라서 이는 고화질의 렌더링 이미지 출력에 꼭 필요한 연산이라고 할 수 있다. DXGI 교환 사슬의 설정에 따라서는, Present() 메서드 호출에 의한 버퍼 교환 도중에 이러한 환원 연산이 자동으로 수행되게 할 수 있다. 그렇게 하면 응용 프로그램이 환원 공정을 직접 수행하지 않아도 된다. 그러나 다중 표본 렌더 대상을 또 다른 알고리즘(이를테면 후처리 기법 등)의 입력으로 사용한다면, 렌더 대상에 어떤 픽셀별 알고리즘을 적용하기 전에 반드시 환원 공정을 적용해 주어야 한다. 목록 2.56은 이 메서드의 원형이다.

이 메서드는 원본 자원과 대상 자원의 포인터 및 하위 자원 색인을 받는다. 하위 자원의 일부분을 지정하는 매개변수들은 없다는 점을 주목할 것. 즉, 반드시 하나의 하위 자원 전체를 환원해야 하며, 하위 자원의 일부분만 처리하지는 못한다. 마지막 매개변수는 두 자원이 서로 호환되는 TYPELESS 형식인 경우 적용할 형식이다.

```
void ResolveSubresource(
    ID3D11Resource *pDstResource,
    UINT DstSubresource,
    ID3D11Resource *pSrcResource,
    UINT SrcSubresource,
    DXGI_FORMAT Format
);
```

**목록 2.56.** ResolveSubresource 메서드의 원형.

# 3 렌더링 파이프라인

Direct3D 11 렌더링 파이프라인(rendering pipeline)은 메모리 자원들을 GPU로 처리해서 하나의 렌더링된 이미지를 만들어 내는 데 쓰이는 메커니즘이다. 파이프라인은 여러 개의 더 작은 논리적 단위들로 이루어져 있는데, 그런 단위를 파이프라인 단계(pipeline stage)라고 부른다. 렌더링을 위한 자료는 이 파이프라인의 단계들을 하나씩 차례로 거쳐 가며, 각 단계는 나름의 방식으로 자료를 처리한다. 파이프라인의 개별 단계의 작동 방식과 사용법을 이해하고 나면, 파이프라인을 하나의 전체로서 사용해서 광범위한 실시간 알고리즘들을 구현하는 방법도 터득하게 될 것이다.

GPU 아키텍처의 세대가 거듭될 때마다 GPU의 성능이 향상되었으며, 그에 따라 파이프라인의 크기와 기능들도 크게 확장되었다. 또한 각 파이프라인 단계의 복잡도와 구성 설정 능력도 꾸준히 증가해왔다. 현재의 렌더링 파이프라인의 단계들은 크게 고정 기능 단계들과 프로그램 가능 셰이더 단계들로 나뉜다. 이번 장에서는 우선 이 두 종류의 단계들의 차이점을 살펴본다. 특히, 이들이 작동하는 데 필요한 상태들과 이들이 수행할 수 있는 처리들에 초점을 둔다. 둘의 차이점을 이야기한 후에는 좀 더 높은 수준으로 올라가서, 파이프라인을 실행하는 방법과 파이프라인 단계들이 서로 의사소통하는 방법을 자세히 논의한다.

그런 다음에는 각각의 파이프라인 단계를 좀 더 자세히 살펴본다. 각 단계가 실행하는 개별 기능들은 물론 단계의 구성 방법과 일반적인 사용법도 상세히 이야기한다. 파이프라인의 각 구성요소가 하는 일을 확실하게 이해한 후에는, 일단의 파이프라인 단계들을 다양하게 구성해서 몇 가지 고수준 기능성들을 구현하는 방법을 살펴본다. 또한 파이프라인(하나의 전체로서의)을 위한 고수준 자료 처리 개념들 몇 가지도 논의한다. 그 과정에서 렌더링 파이프라인이라는 복잡한 처리 아키텍처를 적절히 관리하는 방법도 살펴보게 될 것이다. 렌더링 파이프라인은 정교한 API들의 집합으로 진화했으며, 그러한 API들을 이용하면 아주 다양한 알고리즘들을 구현하는 것이 가능하다. 이번 장을 마치고 나면 실시간 렌더링 응용 프로그램에 써먹을만한 흥미롭고도 효율적인 렌더링 기법들을 구현하기 위해 렌더링 파이프라인을 활용하는 방법을 깊고 넓게 이해하게 될 것이다.

## 3.1 파이프라인 상태

사실 파이프라인의 기본적인 작동 방식은 '파이프라인'이라는 이름 자체에서 충분히 짐작할 수 있다. 모든 것은 자료가 파이프라인의 한 쪽 끝에 하나의 '입력'으로서 투입되는 것으로 시작한다. 이 자료는 최대 네 개의 성분들로 이루어진 벡터 기반 변수들로 구성된 것이다. 파이프라인의 첫 단계는 그 자료를 처리하고, 처리가 끝나면 수정된 출력 결과는 파이프라인의 다음 단계로 입력된다. 또한 파이프라인의 첫 단계에는 다음번의 자료 집합이 투입된다. 이러한 과정이 반복되면서 파이프라인의 모든 단계가 입력 자료의 각각 다른 부분을 동시에 처리하게 된다. 파이프라인 아키텍처는 서로 다른 파이프라인 단계들이 동시에 작동하도록 특별히 설계된 것이다. 이 덕분에 하나의 자료 항목이 파이프라인을 거쳐 가는 동안 자료에 여러 개의 특화된 처리들을 가할 수 있게 되었다. 하나의 자료 항목이 파이프라인의 끝에 도달하면 그 항목은 호스트 응용 프로그램이 자신의 필요에 맞게 사용할 수 있는 하나의 출력 자원으로 간주된다. 이러한 파이프라인 개념은 간단하지만 강력한 처리 기법으로, 공장의 조립 라인과 본질적으로 비슷하다. 그림 3.1에 파이프라인이 자료를 처리하는 방식이 나와 있다.

이러한 파이프라인 활용에서 개발자의 첫 임무는, 자료가 파이프라인의 끝에서 출력되었을 때 원하는 결과가 나오도록 파이프라인의 각 단계를 적절히 구성(설정)하는 것이다. 파이프라인을 구성한다는 것은 파이프라인의 각 단계의 상태를 조작하는 것이다. 파이프라인을 여러 개의 단계들로 조직화함으로써, Direct3D 11은 상태들을 관련성에 따라 여러 집합으로 묶어서 각각의 조작 방식을 통일시켰다. 앞에서 말했듯이, 파이프라인 단계들은 크게 고정 기능 단계들과 프로그램 가능 셰이더 단계들로 나뉜다. 자료가 흘러가는 방식이나 응용 프로그램이 단계의 상태들을 조작하는 방식에 관련해서, 두 단계 종류 모두에 적용되는 공통의 개념들이 존재한다. 그럼 두 종류의 단계들을 살펴보고 이들의 작동방식에 관련된 몇 가지 일반적인 개념들도 알아보자.

### 3.1.1 고정 기능 파이프라인 단계

**고정 기능**(fixed-function) 파이프라인 단계들은 주어진 자료에 일단의 고정된 연산들을 수행한다. 이 단계들은 미리 정해진 특정한 연산들만 수행할 수 있다. 즉, 사용할 수 있는 기능의 범위가 '고정되어' 있는 것이다. 고정 기능 단계도 다양한 방식으로 구성할 수 있지만, 그래도 주어진 자료에 적용하는 연산들의 종류는 항상 동일하다. C++에서 보통의 변수가 작동하는 방식을 생각하면 이해가 쉬울 것이다. C++의 함수는 형식과 개수가 미리 정해진 일련의 매개변수들을 받아서 자료를 처리한 후 그 결과를 반환('출력')한다. 함수의 본문은 고정 기능 단계가 구현하는 연산들에 해당하고, 입력 매개변수들은 설정 가능한 구성들과 실제 입력 자료에 해당한다. 실행 시점에서 함수의 본문은 바꿀 수 없지만, 입력 자료를 처리하는 과정에 쓰이는 설정들은 변경할 수 있다.

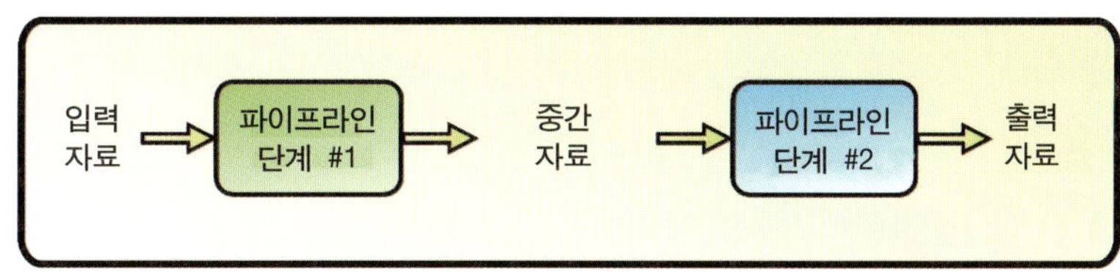


**그림 3.1.** Direct3D 11 렌더링 파이프라인의 자료 처리 방식.

Direct3D 이전 버전에서는 이를테면 정점 선별 순서(vertex culling order), 깊이 판정 함수 선택, 알파 혼합 모드 설정 등이 이런 고정 기능 단계의 구성 가능한 상태들이었다 (Direct3D 11에서 정점 선별 순서는 래스터화기 단계의 일부가 되었고 나머지 둘은 출력 병합기 단계의 일부가 되었다). 고정 기능 단계들이 각자 단일한 기능 영역에만 초점을 두는 것은 주로 성능상의 고려사항 때문이다. 일반적으로, 어떤 한 파이프라인 단계를 특정한 하나의 과제에 대해서만 설계하면, 더 범용적인 기능을 가지도록 설계할 때보다 해당 과제를 좀 더 최적으로 수행할 수 있게 만들 수 있다.

Direct3D 9에서는 이런 고정 기능 단계의 상태를 구성할 때 변경할 개별 설정마다 따로

API 함수를 호출해야 했다. 이 때문에 특정 처리를 위해 단계를 설정할 때 API 함수를 여러 번 호출해야 했는데, 장면의 내용과 렌더링 구성에 따라서는 호출 횟수가 너무 많아서 성능에 문제가 될 정도였다. Direct3D 10에서는 개별 상태 설정들을 대신하는 **상태 객체**라는 개념이 도입되었다. 상태 객체로는 API 호출 한번으로 하나의 완전한 기능적 상태를 구성할 수 있다. 이 덕분에 상태 하나를 구성하는 데 필요한 API 호출 횟수가 크게 감소했으며, 따라서 실행시점 모듈의 오류 점검량도 줄었다. Direct3D 11도 이러한 상태 객체 패러다임을 따른다. 응용 프로그램은 원하는 상태를 나타내는 서술 구조체를 마련해서 그것으로부터 상태 객체를 생성한다. 그런 다음 그 상태 객체를 이용해서 고정 기능 파이프라인 단계들을 제어한다.

이처럼 온전한 상태 객체를 준비해서 적용하는 방식에서는 상태의 유효성 점검이 실행 시점의 API 호출 과정이 아니라 상태 생성 과정에서 일어난다. 서로 모순되는 상태들을 함께 구성하면 상태 객체 생성 시 오류가 반환되므로, 고정 기능 파이프라인에 대해 유효하지 않은 상태가 설정되는 일이 아예 없다. 결과적으로 상태 설정 API 호출들의 유효성 점검 부담이 사라진다. 정리하자면, 이처럼 파이프라인의 상태를 상태 객체로 표현하면 파이프라인의 구성 과정이 좀 더 원활해지며, 응용 프로그램의 개입이 최소화된다.

## 3.1.2 프로그램 가능 파이프라인 단계

파이프라인에서 고정 기능이 아닌 모든 단계는 **프로그램 가능 파이프라인 단계**(programmable pipeline stage)들이다. 여기서 '프로그램 가능'이란 말은 이 단계들이 HLSL(High Level Shading Language, 고수준 셰이딩 언어)로 작성된 프로그램을 실행할 수 있다는 뜻이다. 앞에서처럼 C++와 비유하자면, 프로그램 가능 단계는 입력 매개변수들은 물론 함수의 **본문까지도** 지정하는 것이라 할 수 있다. 프로그램을 실행할 수 있는 능력 덕분에 이 프로그램 가능 단계들은 아주 다양한 처리 과제들을 수행할 수 있다. 이는 특정한 한 종류의 과제만 수행하고 구성 가능성도 그리 크지 않은 고정 기능 단계들과 대비되는 특징이다. 이러한 프로그램 가능 파이프라인 단계들에서 실행되는 프로그램을 흔히 **셰이더 프로그램**(shader program)이라고 부르는데, 이는 초창기의 프로그램 가능 파이프라인에 쓰인 정점 셰이더 단계나 픽셀 셰이더 단계(물체가 조명에 반응하는 방식을 수정하는 역할을 한다)에서 비롯된 이름이다. 이후 더 많은 프로그램 가능 단계들이 파이프라인에 추가되었는데, 그런 단계들에도 모두 셰이더라는 이름이 채용되었다. 이 책에서 프로그램 가능 단계라는 용어와 셰이더 단계라는 용어는 같은 것을 가리킨다. 그럼 프로그램 가능 셰이더 단계들을 전체적인 관점에서 살펴보면서 기본적인 개념들을 익히고, 그런 다음 각각의 구조를 좀 더 자세히 논의하기로 하자.

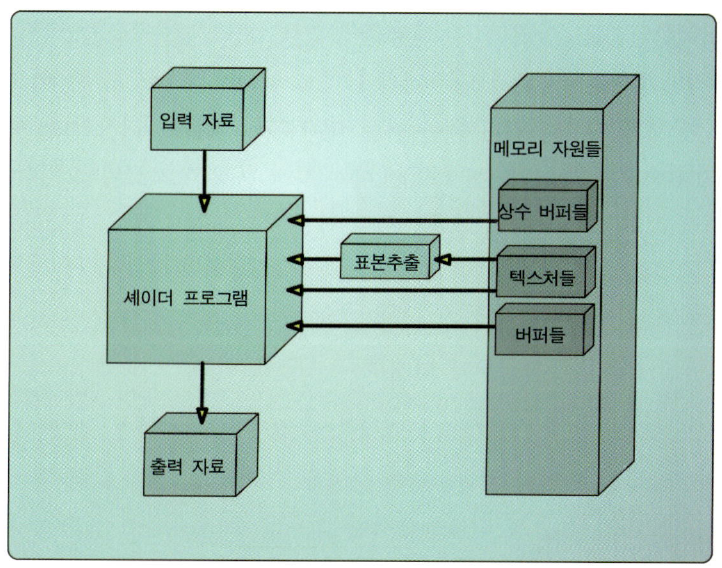


**그림 3.2.** 공통 셰이더 코어의 구조도.

## 공통 셰이더 코어

모든 프로그램 가능 셰이더 단계에 공통인 일단의 기능들이 있는데, 그러한 공통 기능들이 정의된 기반을 공통 셰이더 코어(common shader core)라고 부른다. 공통 셰이더 코어는 파이프라인 단계의 일반적인 입력 및 출력 설계를 정의하며, 모든 프로그램 가능 셰이더 단계가 지원하는 일단의 고유(intrinsic) 함수들을 제공한다. 또한 프로그램 가능 셰이더 프로그램이 자원을 사용하는 데 필요한 인터페이스도 제공한다. 그림 3.2에 공통 셰이더 코어의 작동 방식이 나와 있다. 앞에서 설명했듯이 자료는 파이프라인의 여러 단계들을 거치면서 흘러가는데, 셰이더 단계의 경우 입력된 자료가 셰이더 코어 안에서 처리된 후 그 결과가 바깥으로 출력된다. 셰이더 단계 안에서 실행되는 셰이더 프로그램은 특정한 목적을 위해 HLSL로 작성한 하나의 함수이다. 셰이더 단계 안에서 자료가 처리되는 동안 셰이더 프로그램은 응용 프로그램이 그 단계에 연결시킨 상수 버퍼, 표본 추출기, 셰이더 자원 뷰들에 접근한다. 셰이더 프로그램이 주어진 자료를 다 처리하고 나면 셰이더 단계는 그 결과를 단계 바깥으로 배출하고 다음 번 입력 자료를 받아서 같은 과정을 반복한다.

프로그램 가능 파이프라인 단계의 구성가능성이 셰이더 프로그램 안에서 실행되는 처리 에만 국한된 것은 아니다. 이 단계들의 입력, 출력 자료구조들 역시 셰이더 프로그램이 지정하며, 덕분에 자료를 단계에서 단계로 넘겨주는 방식을 좀 더 유연하게 정의할 수 있다. 단계들 사이의 인터페이스에는 몇 가지 규칙들이 적용된다. 예를 들어 특정한 단 계들 사이의 경계면(인터페이스)에서는 특정 종류의 자료가 오가야 한다. 필수 출력의 좋은 예로, 래스터화 이전 단계들은 주어진 기하구조가 렌더 대상의 어떤 픽셀들을 덮는 지를 결정하는 데 필요한 위치 정보를 제공해야 한다. 그런 단계들 중에는 해당 매개변 수들을 수정하지 않고 그대로 다음 단계에 넘겨주는 것들도 있고 보간(interpolation)을 통해서 자료를 변경한 후에 넘겨주는 것들도 있다.

모든 프로그램 가능 단계가 공통의 기능들을 공유하는 한편, 각 단계마다 자신만의 고유 한 기능들도 갖추어져 있다. 그런 특화된 기능들은 주로 입력 및 출력 의미소 특성에 연관되며, 따라서 특정 단계들에서만 적용할 수 있다. 이런 단계 특화 기능들은 이번 장에서 파이프라인의 각 단계를 설명할 때 좀 더 자세히 이야기하겠다.

다양한 파이프라인 단계들과 유연한 구성 가능성 덕분에, 알고리즘들 중에는 파이프라 인 단계들 중 일부만 활성화해서 구현할 수 있는 것들도 많다. 즉, 특정 프로그램 가능 셰이더 단계를 비활성화하는 것이 가능하다(해당 셰이더 프로그램을 제거하면 된다). 또한, 각 단계의 자료 처리 공정 자체도 대단히 유연하기 때문에, 어떠한 과제를 수행하 기 위한 파이프라인 구성이 여러 가지일 수 있다. 이는 특정 연산을 수행할 단계를 응용 프로그램에 득이 되는 방식으로 선택할 여지가 있음을 뜻한다. 예를 들어 어떤 계산을 자료 증폭(data amplification) 이전에 수행할 수 있다면, 같은 자료를 훨씬 더 적은 연산 으로 계산하는 것이 가능하다. 이에 대한 좋은 예가 제8장 "메시 렌더링"에 나온다. 그 예제에서는 모형을 테셀레이션하기 전에 정점 스키닝(제8장에서 자세히 설명한다)을 수 행함으로써 스키닝할 정점들의 개수를 줄인다.

## 셰이더 코어 아키텍처

앞 절에서 이야기했듯이, 프로그램 가능 단계는 이전 단계가 넘겨준 입력 자료에 대해 HLSL 프로그램을 실행하고 그 결과를 다음 파이프라인 단계에 넘겨준다. 그런데 이는 프로그램 가능 단계의 작동 방식을 아주 개괄적으로 설명할 것일 뿐이다. 프로그램 가능 단계 안에서 실행되는 셰이더 프로그램은 HLSL로 작성된 소스 코드를 GPU에 있는 특화된 셰이더 처리기(processor) 코어들에 맞게 설계된 벡터 레지스터 기반 어셈블리 언어로 컴파일한 결과물이다. Direct3D 11에서 모든 셰이더 프로그램은 반드시 HLSL로 작성된 것이어야 하나, 실제로 렌더링 파이프라인에서 쓰이려면 HLSL 코드를 반드시 이 어셈블리 바이트 코드로 컴파일해야 한다.[1] [2]

이 어셈블리 언어에서 아주 많은 것을 배울 수 있다. 이 어셈블리 언어는 컴파일러가 HLSL 프로그램을 어셈블리 언어로 변환하는 데 사용할 수 있는 특정한 레지스터들의 집합을 정의한다. 이 레지스터들은 대부분 성분이 네 개인 벡터 레지스터인데, 개별 성분을 스칼라 레지스터로 사용하는 것도 가능하다. 셰이더 코어가 입력 자료를 받는 데 쓰이는 레지스터들도 있고 계산을 수행하기 위한 임시 레지스터들도 있으며 자원들과 상호작용하는 데 쓰이는 레지스터들과 단계에서 자료를 출력하기 위한 레지스터들도 있다. 어셈블리 언어의 명령들은 이러한 레지스터들을 이용해서 자신의 연산을 수행한다. 어셈블리 프로그램이 이 레지스터들을 사용하는 방식을 이해하면 셰이더 단계의 작동 방식을 좀 더 깊게 이해할 수 있다.

그림 3.2에 나온 공통 셰이더 코어의 개요를 생각해보자. 이를 어셈블리 언어의 관점에서 본다면 그림 3.3이 표현할 수 있다.

그림 3.3에서 보듯이, 셰이더 코어에 대한 입력은 v# 레지스터들[3]에 담겨서 전달된다. 단계에 입력을 제공하는 것이므로 이 레지스터들은 당연히 읽기 전용이다. 셰이더 프로그램은 이 **v#** 레지스터들에 담긴 입력 자료를 읽어서 수정하거나 다른 자료와 결합한다.

---

[1] HLSL 프로그램을 컴파일해서 얻은 어셈블리 프로그램이 GPU 안에서 직접 실행되는 것은 아니다. 그 어셈블리 프로그램을 비디오 카드 구동기가 해당 그래픽 하드웨어에 고유한 명령들(이는 GPU마다 다를 수 있다)로 변환한다. 그렇긴 하지만, 어셈블리 언어는 우리가 셰이더 처리기의 작동 방식을 이해하는 데 도움이 되는 하나의 공통 기준을 제공한다.

[2] 이 컴파일 과정은 제6장 "HLSL—고수준 셰이딩 언어"에서 좀 더 자세히 이야기한다.

[3] **#** 기호는 같은 종류의 레지스터들이 여러 개 있으며 그 중 하나를 정수 색인을 통해서 식별한다는 뜻이다. 예를 들어 **v0**과 **v1**은 사용 가능한 첫째, 둘째 입력 레지스터를 뜻한다.

이러한 중간 계산 과정에서 자료를 r# 레지스터들과 x#[n] 레지스터들에 저장할 수 있다. 이런 레지스터들을 **임시 레지스터**(temporary register)라고 부른다. 이들은 중간 값들을 담으므로 읽기와 쓰기가 모두 가능하다. 또한 셰이더 프로그램은 텍스처 레지스터(t#)와 상수 버퍼 레지스터(cb#[n]), 즉석 상수 버퍼 레지스터(icb[index]), 순서 없는 접근 레지스터(u#)들도 자료원(자료의 출처)으로 사용한다. 이 레지스터들은 제2장에서 설명한 여러 장치 메모리 자원들에 대한 접근을 제공하는 것으로, 순서 없는 접근 레지스터 빼고는 모두 읽기 전용이다. 마지막으로, 계산된 값들을 출력 레지스터들(o#)에 기록하면 그 값들이 다음 파이프라인 단계로 전달된다. 셰이더 프로그램의 실행이 끝나면 이 출력 레지스터들에 담긴 값들이 다음 단계의 입력 레지스터들로 전달되며, 거기서도 마찬가지 과정이 진행된다. 이 외에도 특정 단계들에서만 사용할 수 있는 특수 목적의 레지스터들이 몇 가지 있는데, 이에 대해서는 이번 장에서 해당 단계들을 다룰 때 다시 이야기하겠다.

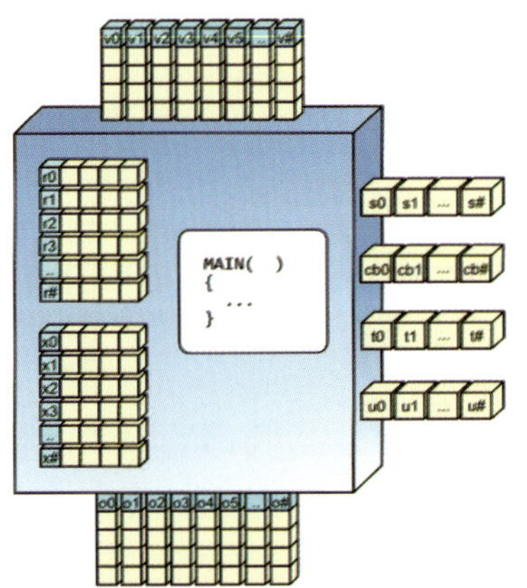

**그림 3.3.** 어셈블리 언어의 관점에서 본 공통 셰이더 코어.

일반적으로, 세밀한 성능 최적화 때문이 아니라면4) 컴파일된 셰이더 프로그램의 어셈블리 코드를 응용 프로그램 개발자가 살펴볼 필요는 없다. 따라서 어셈블리 명령들의 작동 방식을 세부적으로 아는 것이 아주 중요하지는 않다. 그러나 이 어셈블리 수준의 세계에 대한 기본적인 지식을 갖추는 것은 여전히 도움이 되는 일이다. 예를 들어 어떤 셰이더

---

4) 셰이더를 어셈블리 언어로 컴파일해서 어셈블리 코드를 보는 구체적인 방법은 제6장에서 이야기한다.

프로그램의 입, 출력 자료구조들을 정의할 때에는 각 단계에서 입력 벡터들과 출력 벡터들을 최대 몇 개나 사용할 수 있는지를 반드시 고려해야 한다. 이 최대 개수는 해당 단계에서 사용할 수 있는 입, 출력 레지스터 개수에 의해 결정된다. 비슷하게, 사용 가능한 상수 버퍼, 텍스처, 순서 없는 접근 자원 개수 역시 해당 레지스터들의 개수에 의해 결정된다. 이는 매우 중요한 정보이므로, 파이프라인 단계들 각각을 설명할 때 꼭 언급하겠다.

## GPU 아키텍처

어셈블리 언어 명세가 엄밀하게 정의되어 있다고 해도, 실제 GPU 하드웨어가 그 명세를 직접 구현할 필요는 없다. 아키텍처 구현의 종류는 아주 많으며, 제조사마다 구현이 상당히 다를 수 있다. 심지어 같은 제조사의 인접한 GPU 하드웨어 세대들에서도 아키텍처가 크게 다를 수 있다. 이 때문에 주어진 한 셰이더 프로그램이 현재의 또는 향후의 GPU에서 얼마나 효율적으로 실행될 것인지를 예측하기가 엄청나게 어렵다. 예를 들어, 셰이더 프로그램의 어떤 특정한 메모리 접근 패턴이, 그 프로그램을 어떤 아키텍처의 GPU에서 실행하느냐에 따라 아주 효율적일 수도 있고 아닐 수도 있는 것이다.

구현들의 차이점이 아주 많기 때문에 여기서 차이점들을 자세히 이야기하는 것은 바람직하지 않다. 이 매혹적인 주제를 독자도 좀 더 탐구해 보길 권한다. [Fatahalian]이 좋은 출발점이 될 것이다. 그러나 GPU가 어떻게 구성되어 있는지에 대해, 이 책 나머지 부분의 논의에 도움이 되는 기반 상식 정도의 수준으로는 여기서 짚고 넘어가도 좋을 것이다. GPU는 수백 개의 개별 ALU 처리 코어들을 담은 대규모 병렬 처리기로 진화했다. 이러한 처리기는 커스텀 프로그램을 실행하는 능력을 가지고 있으며, 고대역 자료 전송이 가능한 큰 메모리 뱅크에 접근할 수 있다. GPU는 일종의 메모리 캐시 시스템을 이용해서 메모리 요청들의 유효 잠복지연(latency)을 줄인다. 그러나 이 캐시 시스템은 제조사마다 다르며, 그 저수준 설계가 공개되어 있는 경우는 별로 없다. 과거에는 성능을 최상으로 끌어올리려면 응용 프로그램이 대상으로 하는 특정 GPU의 개별 아키텍처 세부사항을 파악해야 했다. 그리고 GPU가 아주 빠르게 진화하고 있다는 점을 생각하면, 현재 그리고 어느 정도의 미래까지도 그럴 필요가 있을 것이다.

## 3.2 파이프라인 실행

고정 기능 단계들과 프로그램 가능 단계들을 적절히 조합함으로써 흥미롭고도 다양한 렌더링 파이프라인을 구성할 수 있다. 그러한 파이프라인을 실제로 실행(execution)하는 과정은 모든 파이프라인 단계 상태를 설정하고, 입력 자원들과 출력 자원들을 파이프라인에 연결하고, 이름에 Draw가 있는 여러 그리기 메서드들 중 하나를 호출하는 것으로 이루어진다. 이 모든 과제는 응용 프로그램이 ID3D11DeviceContext 인터페이스의 메서드들을 호출함으로써 수행된다. 하나의 프레임을 렌더링하기 위해 파이프라인을 실행하는 횟수는 응용 프로그램에 따라, 그리고 현재 장면에 따라 다르겠지만, 일반적으로 프레임당 적어도 한 번은 파이프라인을 실행해야 한다.

그리기 메서드들 중 하나의 호출로 파이프라인의 실행이 시작되면 입력 메모리 자원들의 자료가 파이프라인의 첫 단계로 투입된다. 첫 단계가 입력 메모리 자원들로부터 읽어들이는 자료의 양은 파이프라인을 실행하기 위해 어떤 그리기 메서드를 호출했으며 호출 시 어떤 인수들을 지정했느냐에 따라 다르다. 입력된 자료는 단계들을 차례로 거쳐서 결국에는 파이프라인의 끝에 도달한다. 파이프라인의 끝에서는 최종적인 자료가 출력 메모리 자원에 기록된다. 그리기 호출에 지정된 모든 자료가 파이프라인을 통과한 후에는, 그 결과로 출력된 자원(보통은 2차원 렌더 대상)을 화면에 표시하거나 파일에 저장하면 된다.

이번 장 전반에서 파이프라인의 각 단계를 구성하는 방법과 여러 그리기 메서드들의 차이점을 살펴볼 것이다. 렌더링 파이프라인을 실행하는 데 사용할 수 있는 그리기 메서드는 총 7가지이다. 참고하기 쉽도록, 그리고 렌더링 파이프라인의 실행 방법이 상당히 다양하다는 점을 보이기 위해, 그 메서드들을 여기서 모두 나열해 보겠다.

- Draw(…)
- DrawAuto(…)
- DrawIndexed(…)
- DrawIndexedInstanced(…)
- DrawInstanced(…)
- DrawIndexedInstancedIndirect(…)

● DrawInstancedIndirect(...)

이 메서드들 중 어떤 것을 사용하느냐에 따라 파이프라인이 입력 자료를 해석하는 방식이 달라진다. 또한 이 메서드들은 어떤 입력 자료를 얼마나 많이 처리할 것인지를 더욱 세밀하게 지정하기 위한 여러 매개변수들도 제공한다. 파이프라인 실행이 시작되면 **그리기** 메서드가 지정한 입력 자료가 한 조각씩 파이프라인으로 투입되어서 처리된다.

하나의 파이프라인 실행 도중 수행될 작업을 계획할 때 가장 중요한 고려사항은, 모든 단계(고정 기능이든 프로그램 가능이든)에서 그 입력과 출력 형식들이 다르다는 점이다. 또한 그러한 자료 형식들의 사용 의미론 역시 성능에 상당히 커다란 영향을 미친다. 예를 들어 간단한 렌더링 과정에서 두 개의 삼각형을 정의하는 정점 네 개를 파이프라인에 투입한다고 하자. 그러면 정점 셰이더가 총 4회 실행될 것이며, 그 결과가 래스터화기 단계에 도달해서 여러 개의 단편(fragment)들이 만들어질 것이다. 이 단편들은 픽셀 셰이더를 거쳐서 최종적으로 출력 병합기에 도달한다. 두 삼각형이 관찰자에 가깝다면 단편들이 많이 만들어질 것이며, 따라서 픽셀 셰이더의 실행 횟수도 많아진다. 이 예에서 정점들의 개수는 고정되어 있지만 단편들의 개수는 장면의 조건에 따라 달라진다. 이 반대의 상황도 발생할 수 있다. 예를 들어 테셀레이션 단계들이 수많은 정점들을 생성해서 래스터화기 단계에 넘겨준다고 해도, 물체가 화면상에서 항상 같은 크기를 유지한다면 픽셀 개수는 변하지 않는다. 알고리즘을 설계할 때에는, 이상의 사항을 고려해서 GPU에 가해지는 작업 부하의 균형을 맞추는 것이 아주 중요하다.

파이프라인이 하드웨어에서 실제로 실행되는 과정에서, 파이프라인의 각 단계는 자신의 계산을 가용 GPU 하드웨어에서 최대한 빠르게 실행해야 한다. 많은 경우 GPU는 여러 종류의 연산을 서로 다른 처리기 집합들에서 동시에 수행할 수 있다. 방금 이야기한 예의 경우 이런 시나리오가 가능하다: GPU는 첫째 삼각형을 처리하고 래스터화해서 단편들을 생성한다. 그런 다음 자신의 처리 코어들 중 일부만을 사용해서 픽셀 셰이더를 실행하는 한편, 다른 코어들로는 정점 셰이더의 나머지 작업을 실행한다. 이와는 반대로, GPU가 모든 정점을 다 처리하고 나서 모든 단편을 처리할 수도 있다. GPU가 자료를 어떤 순서로 처리하는지에 대해서는 어떠한 보장도 없다(파이프라인에 내재된 논리적 순서를 따르리라는 점을 제외하면).

### 3.2.1 단계들 사이의 통신

자료가 파이프라인의 개별 단계들에 의해 처리되기 위해서는, 한 단계에서 다른 단계로의 자료 전달이 반드시 필요하다. 이를 위해 프로그램 가능 단계는 자신이 실행하는 셰이더 프로그램의 필수 입력 및 출력 형식들을 정의한다. 이러한 입력, 출력 자료들을 **특성**(attritbute)이라고 부른다. 이 특성들은 성분이 하나 또는 2, 3, 4개인 벡터 형식이고 벡터의 각 성분은 스칼라 형식(정수 또는 부동소수점 형식)이다. 이 특성들을 의미소(semantic, 意味素)* 또는 **연결 의미소**(binding semantic)라고 부르기도 하는데, 엄밀히 말해서 의미소는 각 입·출력 특성에 주어진 텍스트 기반 식별자의 이름이다. 이후 논의에서, 단계 간 통신을 위한 변수를 문맥에 따라 특성이라고 부르기도 하고 의미소라고 부르기도 할 것인데, 딱히 혼동할 여지는 없을 것이다.**

한 셰이더 프로그램의 입력 특성들은 그 프로그램의 실행에 필요한 정보를 정의한다. 입력 특성들은 사실상 셰이더 프로그램 함수의 입력 매개변수들이다. 마찬가지로, 셰이더 프로그램 함수의 반환값은 프로그램의 출력 특성들을 정의한다. 따라서 한 단계의 출력 매개변수들은 그 다음 단계의 필수 입력 매개변수들과 반드시 부합해야 한다. 이 입·출력 특성들은 "셰이더 코어 아키텍처" 절에서 이야기한 입·출력 레지스터들로 구현된다. 목록 3.1은 간략한 셰이더 함수의 선언 예 두 가지이다. 두 함수는 각자 자신의 입력들과 출력들을 정의하고 있는데, 첫 함수의 출력이 둘째 함수의 입력과 일치함을 주목하기 바란다.

```
struct VS_INPUT
{
    float3 position : POSITION;
    float2 coords : TEXCOORDS;
```

---

* [역주] 일반적으로 단수 semantic은 형용사이며, 언어학에서 의미소라는 용어는 semantic이 아니라 semantic feature 또는 semantic primitive에 대응된다. 그러나 적어도 Direct3D와 HLSL의 문맥에서 단수 semantic은 하나의 명사로 쓰이며(이를테면 DirectX HLSL 문서화에는 "A semantic is a string attached to a ..." 같은 문장이 나온다), semantic이라는 것이 변수의 전체 명세 중 변수의 '의미'를 결정하는 역할을 한다는 점에서, 이 책에서는 단수 semantic 자체를 '의미소'라고 번역하기로 한다. 한편, 복수 semantics는 문맥에 따라 의미소들의 복수형인 '의미소들' 또는 불가산 집합 명사로서의 '의미론'으로 적절히 번역했다.

** [역주] 부연하자면, 이후의 내용에서 'X 의미소' 또는 '의미소 X'라는 표현은 문맥에 따라 'X라는 의미소 자체'일 수도 있고 '의미소가 X인 특성'일 수도 있는데, 역시 딱히 혼동할 여지 없을 것이다. 후자는 '형식이 int인 값(또는 변수) 하나'를 그냥 'int 하나'라고 간결하게 부르기도 하는 것과 같은 맥락이다.

```
    uint vertexID : SV_VertexID;
};

struct VS_OUTPUT
{
    float4 position : SV_POSITION;
    float4 color : COLOR;
};

VS_OUTPUT VSMAIN( in VS_INPUT v )
{
    // 여기서 정점 처리를 수행한다...
}

float4 PSMAIN( in VS_OUTPUT input ) : SV_Target
{
    // 여기서 픽셀 처리를 수행한다...
}
```

**목록 3.1.** 두 셰이더 함수의 예. 한 함수의 출력 특성들이 다른 함수의 입력 특성들과 일치한다.

함수들이 여러 개의 입력 또는 출력 특성들을 구조체로 묶어서 매개변수로 사용한다는 점도 주목하기 바란다. 구조체 안의 각 특성 선언은 C/C++에서처럼 특성의 형식을 지정하고 그 다음에 특성의 이름을 지정하는 형태이다. C/C++과 다른 점은 그 다음에 콜론과 텍스트 이름이 더 붙는다는 것인데, 그 텍스트 이름은 특성에 부여된 '의미소'이다. 이 의미소는 한 단계의 출력 항목과 다른 단계의 입력 항목을 연결하는 역할을 한다.

첫 함수의 입력 구조체에서 **vertexID** 특성을 보면 의미소가 **SV_VertexID**이다. 그리고 둘째 함수의 선언을 보면 함수 자체에 **SV_Target**이라는 의미소가 지정되어 있다. 목록 3.1에 나온 사용자 정의 의미소 특성들 외에, 프로그램 가능 셰이더는 또 다른 일단의 매개변수들을 입력 또는 출력 서명*에 사용할 수 있는데, 그런 것들을 **시스템 값 의미소**라고 부른다. 이들은 실행시점 모듈이 생성 또는 소비하는 특성들을 대표한다(생성이냐 소비냐는 특성이 선언된 위치와 시스템 값 의미 구조의 구체적인 종류에 따라 결정된

---

* [역주] 입력·출력 매개변수·특성들의 개수와 종류, 형식을 통틀어 '서명(signature)'이라고 부른다. 현실의 서명처럼 입·출력 서명은 두 이해당사자(셰이더 프로그램 함수, 파이프라인 단계, 자원 등등)가 서로를 인식하고 승인하는 근거로 쓰인다. 예를 들어 함수를 호출하는 쪽에서 지정한 매개변수들의 개수와 형식이 함수의 입력 서명과 일치하지 않으면 컴파일 오류가 된다.

다). 이 시스템 값 의미소들은 HLSL 프로그램 안에서 쓰이는 유용한 정보를 제공하며, 파이프라인에 꼭 필요한 값들을 지정하는 데에도 쓰인다. 시스템 값들은 이름이 항상 SV_로 시작한다(사용자 정의 특성이 아니며 특별한 의미를 가지는 것임을 알 수 있도록). 이후 파이프라인의 단계들을 좀 더 자세히 살펴볼 때 이 시스템 값들이 어떻게 쓰이는지를 알게 될 것이다.

렌더링 파이프라인을 제대로 사용하려면, 자료가 파이프라인에 어떻게 투입되고 각 파이프라인 단계의 상태들이 그 단계에서 수행되는 처리의 종류에 어떻게 영향을 미치는지를 잘 알아둘 필요가 있다. 이제부터 파이프라인의 각 단계를 훨씬 자세하게 설명하겠다. 파이프라인 안에 단계들이 배치된 순서에 따라, 입력 조립기 단계부터 시작한다.

# 3.3 입력 조립기 단계

**입력 조립기**(input assembler) 단계는 렌더링 파이프라인의 첫 경유지이다. 입력 조립기 단계는 고정 기능 단계의 하나로, 주된 임무가 파이프라인의 나머지 부분에서 처리할 정점들을 모두 모아 '조립'하는 것이라서 그런 이름이 붙게 되었다. 파이프라인의 진입점인 입력 조립기는 파이프라인의 다음 단계인 정점 셰이더에 필요한 특성들을 가진 정점들을 산출해야 한다. 잠시 후에 좀 더 자세히 살펴보겠지만, 하나 이상의 정점 버퍼 자원들에서 자료를 가져와서 정점들을 조립하는 과정을 구체적으로 구성하는 방법은 아주 다양하다. 다른 말로 하면, 이 단계는 구성가능성이 아주 크다. 응용 프로그램은 입력 조립기에 정점 배치(vertex layout) 객체를 제공하는데, 이 객체는 입력 조립기가 정점들을 생산할 때 참고하는 '계획서'라고 할 수 있다. 이 객체는 또한 응용 프로그램이 좀 더 유연한 방식으로 정점 버퍼 자원들을 만들 수 있게 하는 요인이기도 하다. 파이프라인 안에서 입력 조립기 단계의 위치가 그림 3.4에 나와 있다.

입력 정점들을 구축하는 것 외에, 입력 조립기는 렌더링할 기하구조(geometry)의 위상구조(topolgy)를 지정함으로써 그 정점들이 서로 어떻게 연결되는지도 결정한다. 이에 의해 파이프라인의 이후 단계들에서 개별 정점들이 서로 연관되는 방식을 정의하는 기본도형(primitive) 또는 제어점의 종류가 정해진다. 같은 입력 정점들이라도, 입력 조립기에서 기하구조의 위상구조를 어떻게 지정하느냐에 따라 파이프라인의 나머지 부분에서 그 정점들을 사용하는 방식이 크게 달라진다. 어떤 기하학적 물체를 삼각형들로 렌더링하느냐 일단의 점들로 렌더링하느냐에 따라 렌더링 결과는 상당히 다르게 나온다(정확히 같은 입력 정점 버퍼들이 쓰임에도).

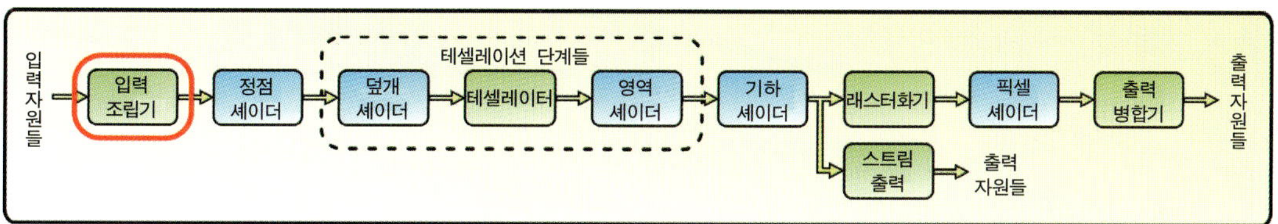



**그림 3.4.** 입력 조립기 단계.

입력 조립기는 또한 렌더링 파이프라인이 서로 다른 종류의 여러 렌더링 연산들을 수행하게 만드는 요인이기도 하다. 렌더링 파이프라인은 표준적인 렌더링은 물론 색인화된 렌더링, 인스턴싱 방식 렌더링, 간접 렌더링을 지원하며, 이들의 여러 조합들도 지원한다. 이 모든 종류의 렌더링 방식마다 그 입력 자원의 구성이 다르다. 입력 조립기는 그런 렌더링 방식들에 대응되는 적절한 **그리기** 메서드를 통해 전달된 정보를 이용해서 다양한 입력 구성요소들을 파이프라인의 나머지 부분이 사용할 하나의 형식으로 변환한다. 사실 **그리기** 메서드의 종류에 따라 다른 방식으로 작동하는 파이프라인 단계는 이 입력 조립기뿐인 경우가 많다. 이 입력 조립기 단계가 일관된 형식의 자료를 출력하는 덕분에, 파이프라인의 나머지 부분은 응용 프로그램의 자료 제출에 관한 세부사항을 신경쓰지 않아도 된다. 입력 조립기는 응용 프로그램의 모형 자료와 렌더링 파이프라인 사이의 주된 연결 고리를 형성한다는 점에서 아주 중요한 기능을 하는 단계이다. 그럼 이 입력 조립기 단계를 제대로 사용하는 구체적인 방법을 좀 더 자세히 살펴보자. 파이프라인을 실행하는 여러 가지 방법들도 이야기하겠다.

## 3.3.1 입력 조립기 단계의 파이프라인 입력

응용 프로그램이 파이프라인에 자료를 제공하려면 입력 조립기에 적절한 자원을 연결해서 입력 조립기가 그 자원으로부터 입력 기하구조 자료를 읽어 들이게 해야 한다. 이 입력 자료는 정점 자료와 색인 자료로 구성되는데, 둘 다 버퍼 자원의 형태이다. 그럼 이 두 버퍼 자원을 입력 조립기에 연결하는 방법을 차례로 살펴보자.

## 정점 버퍼의 용도 및 용법

입력 조립기의 주된 임무는 파이프라인의 나머지 부분이 사용할 정점들을 정확하게 조립하는 것이다. 따라서 당연히 입력 조립기는 응용 프로그램이 제공한 정점 자료에 접근해야 한다. 이 자료는 하나 이상의 정점 버퍼 자원들에 들어 있는데, 그 버퍼들의 구성과 자료 배치 방식은 아주 다양하다. 이해를 돕기 위해, 입력 조립기에 여러 개의 입력 슬롯이 있으며 슬롯마다 하나의 정점 버퍼 자원을 채워 넣는다고 하자. 이를 표현한 것이 그림 3.5이다.

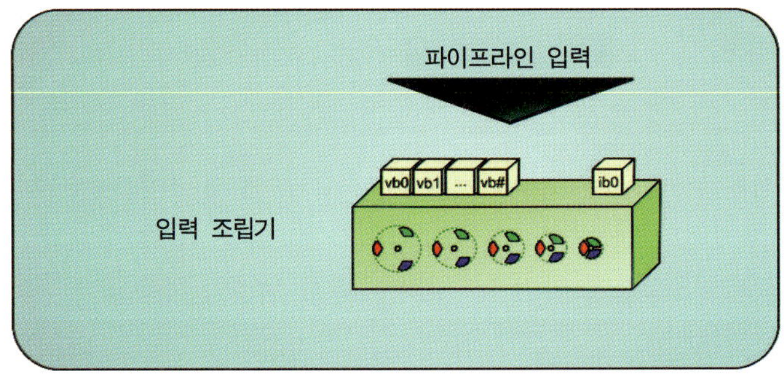


**그림 3.5.** 입력 조립기의 가용 입력 슬롯들.

각 슬롯에 채워 넣는 정점 버퍼 자원은 정점을 구성하는 여러 종류의 특성들 중 하나 또는 여러 개를 담는다. 예를 들어 한 버퍼에는 정점의 위치 정보만 담고 또 다른 버퍼에는 법선 벡터 자료만 담는 등. 한편, 모든 정점 자료를 하나의 정점 버퍼에 구조체들의 배열 형태로 담는 것도 가능하다. 현재 응용 프로그램이 설정 가능한 입력 슬롯은 총 16개이다. 이 정도면 필요한 정점 자료를 상당히 유연한 방식으로 저장, 배치할 수 있다. 정점의 특성들을 개별적인 버퍼에 담으면 특정한 렌더링 연산에 어떤 정점 성분들이 필요한지를 동적으로 결정하는 것이 가능하다. 그렇게 하면 정점 자료를 읽는 데 필요한 대역폭을 절감할 여지가 생긴다(쓰이지 않는 특성들을 제외시킬 수 있으므로). 다양한 자료를 여러 개의 버퍼들에 저장하는 방법은 이번 장에서 나중에 좀 더 자세히 이야기하겠다.

정점 버퍼를 입력 조립기 단계에 연결하려면 장치 문맥 인터페이스가 필요하다. 제1장
에서 보았듯이, 장치 문맥(device context)은 파이프라인을 완성시키기 위한 주된 인터페
이스이다. **ID3D11DeviceContext::IASetVertexBuffers** 메서드를 이용해서 여러 개
의 정점 버퍼들을 입력 조립기에 연결하는 예제 코드가 목록 3.2에 나와 있다. 정점 버퍼
연결 메서드를 호출하기 전에 버퍼 참조, 항목 간격(stride), 오프셋 등을 지정하는 변수
들을 적절히 설정해야 하는데, 그 부분은 생략되어 있음을 주의하기 바란다.

```cpp
UINT StartSlot;
UINT NumBuffers;
ID3D11Buffer* aBuffers[D3D11_IA_VERTEX_INPUT_RESOURCE_SLOT_COUNT];
UINT aStrides[D3D11_IA_VERTEX_INPUT_RESOURCE_SLOT_COUNT];
UINT aOffsets[D3D11_IA_VERTEX_INPUT_RESOURCE_SLOT_COUNT];

// ...여기서 모든 변수를 적절히 설정한다...

pContext->IASetVertexBuffers( StartSlot, NumBuffers, aBuffers, aStrides,
                              aOffsets );
```

**목록 3.2.** 여러 개의 정점 버퍼들을 입력 조립기 단계에 연결하는 예.

이 메서드의 **StartSlot** 매개변수는 입력 조립기의 정점 버퍼 슬롯들 중 자원을 연결할
첫 슬롯의 색인 번호이고, **NumBuffers** 매개변수는 슬롯들에 연결할 버퍼들의 전체 개수
이다. 그 다음 매개변수는 **ppVertexBuffers** 형식으로, 여기에는 연결할 버퍼 자원들을
가리키는 포인터들을 담은 연속적 배열을 지정해야 한다. 마지막 두 매개변수 **pStrides**
와 **pOffsets**는 각 정점 버퍼마다 '보폭(한 정점에서 그 다음 정점까지의 거리)'과 버퍼
에서 처음으로 쓰일 정점의 위치를 지정하기 위한 것이다. 이 호출에 의해, 정점 버퍼
배열에서 **StartSlot**으로 지정된 색인에 해당하는 원소(정점 버퍼)부터 **NumBuffers** 개
의 원소들이 입력 조립기의 슬롯들에 입력된다. 반대로 말하면, 이 메서드를 호출하기
전에 반드시 배열들을 적절한 크기로 생성해서 채워 두어야 한다. 그렇지 않으면 메서드
는 유효하지 않은 메모리 장소에 접근한다. 또한, 입력 조립기에 연결하는 버퍼들을 파
이프라인의 다른 장소에 쓰기 가능으로 연결해서도 안 된다. 버퍼를 읽으면서 동시에
기록하면 예측할 수 없는 결과가 벌어질 것이므로 이는 당연한 제한이다.

## 색인 버퍼의 용도 및 용법

정점 버퍼들만 제공하는 경우 입력 조립기는 그냥 정점 버퍼들에 있는 순서대로 정점 자료를 해석한다. 예를 들어 삼각형들을 렌더링하기 위한 정점 자료를 투입하는 경우, 처음 세 정점은 첫째 삼각형에 쓰이고 그 다음 세 정점은 둘째 삼각형, 그 다음 세 정점은 셋째 삼각형에 쓰이는 식으로 진행된다.[2] 그런데 인접한 두 삼각형이 같은 정점(꼭짓점)을 공유하는 경우에는 정점 자료에 중복이 존재하게 된다. 사실 대부분의 삼각형 메시에는 정점들을 공유하는 인접 삼각형들이 상당히 많다. 이처럼 같은 정점 자료를 정점 버퍼에 여러 번 담는다면 메모리 낭비가 아주 커질 수 있다. 이러한 비효율성은 색인 버퍼를 이용하면 없앨 수 있다. 색인 버퍼(index buffer)는 정점 버퍼들에 대한 색인들을 담은 버퍼로, 렌더링할 기본도형의 정점들을 이 색인들을 이용해서 지정한다. 같은 정점이 여러 기본도형들에 쓰인다고 해도 정점 버퍼에는 한 번만 저장해 두고 그냥 해당 색인을 여러 번 지정하면 되므로 정점 자료의 중복을 피할 수 있다. 이렇게 색인 버퍼를 이용한 렌더링을 색인화된 렌더링(indexed rendering)이라고 부른다. 삼각형을 이런 식으로 렌더링하는 경우, 삼각형 하나당 색인 버퍼의 연속된 색인 세 개가 소비된다.

색인화된 렌더링을 사용하려면 응용 프로그램은 반드시 색인 버퍼 하나를 입력 조립기에 연결해야 한다. 입력 조립기에서 색인 버퍼의 연결을 위한 슬롯은 단 하나이다. 그리고 색인 버퍼는 색인화 방식의 **그리기** 메서드들 중 하나의 호출에서 기본도형들의 생성에 쓰이는 정점들을 지정하는 용도로만 쓰인다. 색인 버퍼를 입력 조립기에 연결하는 데 쓰이는 메서드는 `ID3D11DeviceContext::IASetIndexBuffer`이다. 목록 3.3에 이 메서드를 이용해서 색인 버퍼를 연결하는 예가 나와 있다. 이 메서드는 간단한 세 개의 매개변수를 받는데, 순서대로 색인 버퍼를 가리키는 포인터, 버퍼에 저장된 색인의 형식 (16비트 또는 32비트 부호 없는 정수), 색인 버퍼에서 기본도형의 생성에 사용될 첫 색인의 오프셋이다.

어떤 정점 버퍼나 색인 버퍼를 파이프라인에 연결한 후에, 해당 입력 슬롯에 NULL 포인터 값을 설정해서 같은 메서드를 호출하면 연결이 해제된다. 이러한 연결 해제 방식을 반드시 기억해두기 바란다. 여러 **그리기** 호출들 사이에서 파이프라인을 재구성할 때 이런 해제가 특히 중요해진다. 다중 정점 버퍼 구성을 이용해서 파이프라인을 실행한

---

2) 정점들과 색인들의 순서는 기본도형의 종류마다 다르다. 이에 대해서는 이번 장에서 나중에 좀 더 이야기한다.

후 그 다음 **그리기** 호출에서 더 적은 수의 정점 버퍼들을 사용한다면, 더 이상 쓰이지 않는 슬롯들에 대해 NULL 포인터를 지정해서 해당 버퍼들을 반드시 떼어내야 한다. 정점 버퍼 연결 메서드가 항상 정점 버퍼 최대 개수에 해당하는 크기의 배열을 사용하고 배열 원소들을 미리 NULL 값으로 초기화한 후에 지정된 버퍼들을 배열에 채우는 것은 이 때문이다.*

```
ID3D11Buffer* pBuffer = 0;
UINT offset = 0;


// ... 여기서 원하는 색인 버퍼에 대한 참조를 pBuffer에 설정하고,
// offset에는 버퍼 안의 적절한 위치에 대한 오프셋을 설정한다.


m_pContext->IASetIndexBuffer( pBuffer, DXGI_FORMAT_R32_UINT, offset );
```

**목록 3.3**. 색인 버퍼를 입력 조립기 단계에 연결하는 예.


## 3.3.2 입력 조립기 단계의 상태 구성

적절한 자원들을 정점 버퍼 슬롯들과 색인 버퍼 슬롯에 연결한 후에도, 입력 조립기를 사용하기 위해서는 두 가지가 더 필요하다. 첫째는 입력 배치 객체를 설정하는 것으로, 입력 조립기는 정점별 자료를 읽어 들일 입력 슬롯들을 이 입력 객체에 기초해서 결정한다. 또 하나는 기본도형 위상구조를 지정하는 것으로, 기본도형 위상구조는 입력 조립기가 여러 개의 정점들을 묶어서 기본도형을 만들 때 쓰인다. 파이프라인이 정점과 기본도형 자료를 해석하는 방식은 바로 이 두 상태 항목과 파이프라인을 실행하는 **그리기** 메서드의 종류에 의해 결정된다. 그럼 이 두 상태 항목들을 좀 더 자세히 설명하고, 이들과 여러 **그리기** 메서드들의 조합에 의해 만들어지는 다양한 입력 구성들도 살펴보겠다.


### 입력 배치

**입력 배치**(input layout) 객체는 비유하자면 입력 조립기가 정점들을 생산하는 데 사용하

---

* [역주] 이 문장은 Direct3D 11의 `IASetVertexBuffer` 메서드가 아니라 Hieroglyph 3 엔진의 어떤 메서드(아마도 `InputAssemblerStageDX11::ApplyDesiredState`)에 대한 이야기로 보인다.

는 청사진 같은 것이다. 하나의 완전한 정점은 일단의 정점 특성들로 구성되며, 각 특성은 최대 네 개의 성분으로 이루어진다. 입력 조립기에 동시에 여러 개의 정점 버퍼들(최대 16개)을 묶을 수 있으므로, 어떤 버퍼에 어떤 정점 특성이 들어 있는지를 입력 조립기에 알려줄 필요가 있다. 또한 그 특성들을 어떤 순서로 조립해서 정점 자료를 완성시켜야 하는지도 알려주어야 한다. 그러한 정보를 입력 조립기에 제공하는 것이 바로 입력 배치 객체이다.

입력 배치 객체를 생성하려면 원하는 정점 구성의 각 성분당 하나의 **D3D11_INPUT_ELEMENT_DESC** 구조체를 담은 배열을 준비해야 한다. 목록 3.4에 이 입력 원소 서술 구조체 **D3D11_INPUT_ELEMENT_DESC**의 정의가 나와 있다. 그럼 이 구조체의 각 필드가 뜻하는 바와 입력 조립기의 작동에 필요한 정보를 어떻게 정의하는지 살펴보자.

```
struct D3D11_INPUT_ELEMENT_DESC {
    LPCSTR                      SemanticName;
    UINT                        SemanticIndex;
    DXGI_FORMAT                 Format;
    UINT                        InputSlot;
    UINT                        AlignedByteOffset;
    D3D11_INPUT_CLASSIFICATION  InputSlotClass;
    UINT                        InstanceDataStepRate;
}
```

**목록 3.4.** D3D11_INPUT_ELEMENT_DESC 구조체의 정의.

**정점별 자료를 위한 필드들.** 이 구조체의 첫 필드 SemanticName은 의미소 이름, 즉 정점 특성의 텍스트 이름을 지정하는 것이다. 이 이름은 정점 셰이더 프로그램에 지정된 해당 특성의 의미소 이름과 일치해야 한다. 정점 셰이더의 HLSL 프로그램은 자신이 사용할 입력마다 해당 의미소를 정의해야 한다. 그 의미소 이름은 정점 셰이더 입력을 입력 조립기가 제공하는 정점 자료와 부합시키는 데 쓰인다. SemanticIndex 필드는 하나의 정수로, SemanticName을 여러 번 사용하기 위한 것이다. 예를 들어 하나의 정점 배치 안에서 여러 개의 텍스처 좌표 집합을 사용하는 경우 그 좌표 집합들이 모두 같은 SemanticName을 사용하되 SemanticIndex에는 점차 증가하는 값을 지정해서 서로 구별하게 하면 된다.

그 다음 필드인 **Format**은 특성 성분의 형식이다. 이 필드는 특성 성분의 자료 형식과 개수를 알려준다. 자료 형식으로는 정수와 부동소수점이 가능하고, 성분 개수는 1에서 4까지이다. 그 다음 필드 **InputSlot**은 16개의 정점 버퍼 슬롯들 중 이 성분의 자료가 담긴 버퍼가 연결된 슬롯의 번호를 뜻한다. **AlignedByteOffset** 필드는 이 구조체가 지정하는 버퍼에서 처음으로 쓰일 원소의 오프셋이다. 입력 조립기는 이 필드로 지정된 원소부터 시작해서 자료를 읽어 들인다.

**인스턴스별 자료를 위한 필드들.** 구조체의 나머지 두 필드는 한 물체의 여러 복사본('인스턴스')을 장면의 여러 장소에 렌더링할 때 많이 쓰이는 '인스턴싱(instancing)'에 관련된 것이다. 인스턴스 방식의 **그리기** 메서드들은 한 번의 호출에서 모형 하나를 파이프라인에 제출한다. 그 모형은 파이프라인 안에서 여러 번 '인스턴스화'되는데, 각 인스턴스마다 개별 정점 수준의 자료는 물론 인스턴스 수준의 자료도 쓰인다. 그런 인스턴스별 요소의 좋은 예는 변환 행렬이다. 모형의 모든 인스턴스에 대한 변환 행렬들을 정점 버퍼에 넣어서 입력 조립기에 연결하고 적절한 **그리기** 메서드를 호출하면 정점 자료가 한 번에 한 복사본씩 정점 셰이더에 제출되며, 인스턴스가 바뀔 때마다 버퍼의 그 다음 변환 행렬이 쓰이게 된다.

정점 성분이 인스턴스 수준의 요소인지 아닌지는 서술 구조체의 **InputSlotClass** 필드로 지정한다. 그 다음의 **InstanceDataStepRate** 필드는 인스턴스별 자료의 변화 속도를 거칠게나마 제어하는 수단이다. 이 필드에 지정된 개수의 인스턴스들이 제출된 경우에만 버퍼의 다음 원소로 넘어가게 된다. 정점의 각 특성마다 이 필드를 지정할 수 있으므로, 여러 특성들이 각자 다른 속도로 다음 원소로 넘어가게 만드는 것이 가능하다. 이런 식으로 모든 정점 특성에 대해 적절한 서술 구조체를 채워서 서술 구조체 배열을 준비한 후 **ID3D11Device::CreateInputLayout()** 메서드를 호출해서 **ID3D11InputLayout** 형식의 입력 배치 객체를 생성한다. 목록 3.5에 이러한 과정을 수행하는 예제 코드가 나와 있다.

이 코드는 우선 **D3D11_INPUT_ELEMENT_DESC** 구조체들의 배열을 할당하고, 한 입력 컨테이너 객체(미리 준비해 두었다고 가정)에 담긴 구조체들로 그 배열을 채운다. 그런 다음 **ID3D11 Device::CreateInputLayout()**을 호출하는데, 처음 두 인수는 입력 원소 서술 구조체들의 배열과 그 배열의 원소 개수이다. 셋째, 넷째 인수들은 정점 셰이더 소스 코드를 컴파일해서 얻은 셰이더 바이트 코드를 가리키는 포인터와 그 바이트 코드

의 길이이다. 메서드는 구조체 배열과 바이트 코드를 비교해서, 지정된 정점 특성 의미
소들이 잘 부합하는지 점검한다. 이를 여기서 미리 점검하는 덕분에, 실행 시점에서 해
당 입력 배치를 사용하는 셰이더의 유효성 검증 부담이 줄어든다.

```cpp
// API 호출에 사용할 서술 구조체 배열을 생성한다.
D3D11_INPUT_ELEMENT_DESC* pElements =
                            new D3D11_INPUT_ELEMENT_DESC[elements.count()];

// 배열 원소들을 차례로 채운다. (이 과정은 배열이 이 메서드에 어떻게 전달되었느냐에
// 따라 달라질 수 있다.)
for ( int i = 0; i < elements.count(); i++ )
    pElements[i] = elements[i];

// 입력 정보로부터 입력 배치 객체를 생성해 본다. (컴파일된 셰이더 바이트 코드 저장소 역시
// 사용된 자료구조에 따라 달라진다.)
ID3DBlob* pCompiledShader = m_vShaders[ShaderID]->pCompiledShader;
ID3D11InputLayout* pLayout = 0;

// 입력 배치 객체를 생성한다. 이후 HRESULT 반환 코드를 반드시 점검해 보아야 한다.
HRESULT hr = m_pDevice->CreateInputLayout( pElements, elements.count(),
    pCompiledShader->GetBufferPointer(), pCompiledShader->GetBufferSize(),
    &pLayout );
```

**목록 3.5.** 입력 배치 객체의 생성.

## 기본도형 위상구조

입력 조립기를 사용하기 위해 설정해야 할 마지막 상태 항목은 **기본도형 위상구조**
(primitive topology)이다. 입력 조립기의 임무는 크게 두 가지인데, 첫째는 주어진 입력
자원들로부터 정점들을 조립해 내는 것이고(이 때 입력 배치 객체가 쓰인다), 둘째는
그러한 일련의 정점들('정점 스트림')을 일련의 기본도형들('기본도형 스트림')로 조직
화하는 것이다. 각 기본도형은 많지 않은 수의 연속적인 정점들(이 정점들의 순서는 보
통의 렌더링에서는 정점들이 원래 정점 버퍼에 들어 있는 순서이고 색인화된 렌더링에
서는 색인 버퍼의 색인 순서이다)로 구성된다. 흔히 쓰이는 기본도형 위상구조로는 삼각
형 목록, 삼각형 띠(strip), 선 목록, 선 띠 등이 있다. 삼각형 목록의 경우 정점 스트림의
정점 세 개마다 하나의 기본도형(삼각형)이 만들어진다.

기본도형 위상구조 설정은 조립된 정점 스트림으로부터 다양한 기본도형들을 만들어 내는 방법을 입력 조립기에 알려준다. 이 설정에 따라 하나의 기본도형에 필요한 정점 개수와 그 정점들을 정점 스트림에서 선택하는 방법이 결정된다. 목록 3.6에 사용 가능한 위상구조 종류가 나와 있다. 제일 끝줄은 위상구조를 실제로 설정하기 위해 `ID3D11DeviceContext::IASetPrimitiveTopology()` 메서드를 호출하는 방법을 보여준다.

```cpp
enum D3D11_PRIMITIVE_TOPOLOGY {
    D3D11_PRIMITIVE_TOPOLOGY_UNDEFINED,
    D3D11_PRIMITIVE_TOPOLOGY_POINTLIST,
    D3D11_PRIMITIVE_TOPOLOGY_LINELIST,
    D3D11_PRIMITIVE_TOPOLOGY_LINESTRIP,
    D3D11_PRIMITIVE_TOPOLOGY_TRIANGLELIST,
    D3D11_PRIMITIVE_TOPOLOGY_TRIANGLESTRIP,
    D3D11_PRIMITIVE_TOPOLOGY_LINELIST_ADJ,
    D3D11_PRIMITIVE_TOPOLOGY_LINESTRIP_ADJ,
    D3D11_PRIMITIVE_TOPOLOGY_TRIANGLELIST_ADJ,
    D3D11_PRIMITIVE_TOPOLOGY_TRIANGLESTRIP_ADJ,
    D3D11_PRIMITIVE_TOPOLOGY_1_CONTROL_POINT_PATCHLIST,
    D3D11_PRIMITIVE_TOPOLOGY_2_CONTROL_POINT_PATCHLIST,
    D3D11_PRIMITIVE_TOPOLOGY_3_CONTROL_POINT_PATCHLIST,
    D3D11_PRIMITIVE_TOPOLOGY_4_CONTROL_POINT_PATCHLIST,
    D3D11_PRIMITIVE_TOPOLOGY_5_CONTROL_POINT_PATCHLIST,
    D3D11_PRIMITIVE_TOPOLOGY_6_CONTROL_POINT_PATCHLIST,
    D3D11_PRIMITIVE_TOPOLOGY_7_CONTROL_POINT_PATCHLIST,
    D3D11_PRIMITIVE_TOPOLOGY_8_CONTROL_POINT_PATCHLIST,
    D3D11_PRIMITIVE_TOPOLOGY_9_CONTROL_POINT_PATCHLIST,
    D3D11_PRIMITIVE_TOPOLOGY_10_CONTROL_POINT_PATCHLIST,
    D3D11_PRIMITIVE_TOPOLOGY_11_CONTROL_POINT_PATCHLIST,
    D3D11_PRIMITIVE_TOPOLOGY_12_CONTROL_POINT_PATCHLIST,
    D3D11_PRIMITIVE_TOPOLOGY_13_CONTROL_POINT_PATCHLIST,
    D3D11_PRIMITIVE_TOPOLOGY_14_CONTROL_POINT_PATCHLIST,
    D3D11_PRIMITIVE_TOPOLOGY_15_CONTROL_POINT_PATCHLIST,
    D3D11_PRIMITIVE_TOPOLOGY_16_CONTROL_POINT_PATCHLIST,
    D3D11_PRIMITIVE_TOPOLOGY_17_CONTROL_POINT_PATCHLIST,
    D3D11_PRIMITIVE_TOPOLOGY_18_CONTROL_POINT_PATCHLIST,
    D3D11_PRIMITIVE_TOPOLOGY_19_CONTROL_POINT_PATCHLIST,
    D3D11_PRIMITIVE_TOPOLOGY_20_CONTROL_POINT_PATCHLIST,
    D3D11_PRIMITIVE_TOPOLOGY_21_CONTROL_POINT_PATCHLIST,
    D3D11_PRIMITIVE_TOPOLOGY_22_CONTROL_POINT_PATCHLIST,
    D3D11_PRIMITIVE_TOPOLOGY_23_CONTROL_POINT_PATCHLIST,
```

```
    D3D11_PRIMITIVE_TOPOLOGY_24_CONTROL_POINT_PATCHLIST,
    D3D11_PRIMITIVE_TOPOLOGY_25_CONTROL_POINT_PATCHLIST,
    D3D11_PRIMITIVE_TOPOLOGY_26_CONTROL_POINT_PATCHLIST,
    D3D11_PRIMITIVE_TOPOLOGY_27_CONTROL_POINT_PATCHLIST,
    D3D11_PRIMITIVE_TOPOLOGY_28_CONTROL_POINT_PATCHLIST,
    D3D11_PRIMITIVE_TOPOLOGY_29_CONTROL_POINT_PATCHLIST,
    D3D11_PRIMITIVE_TOPOLOGY_30_CONTROL_POINT_PATCHLIST,
    D3D11_PRIMITIVE_TOPOLOGY_31_CONTROL_POINT_PATCHLIST,
    D3D11_PRIMITIVE_TOPOLOGY_32_CONTROL_POINT_PATCHLIST
}

// 사용할 기본도형 위상구조의 종류를 설정한다.
m_pContext->IASetPrimitiveTopology( primType );
```

**목록 3.6**. 사용 가능한 위상구조 종류들, 그리고 장치 문맥 인터페이스의 메서드를 이용해서 위상구조를 설정하는 예.

목록 3.6에서 보듯이, 사용 가능한 기본도형은 상당히 다양하다. Direct3D 10을 사용해 본 독자라면 처음 아홉 항목들이 익숙할 것이다. 이들은 Direct3D 11 이전부터 쓰였던 것이다. 그 나머지는 여러 가지 제어점 패치 목록들에 해당하는 것으로, 제어 패치에 포함되는 점들의 개수(1에서 32)마다 하나씩의 항목이 존재한다. 이 기본도형 위상구조들은 Direct3D 11에서 새로 도입된 테셀레이션 단계들을 지원하기 위한 것이다. 이런 다양한 기본도형 위상구조들이 정점 스트림을 어떤 식으로 조직화하는지 좀 더 자세히 살펴보자. 이해를 돕기 위해 총 11개의 정점들로 이루어진 스트림을 예로 사용하겠다(그림 3.6).

**점 목록.** 점 목록(point list)은 가장 간단한 기본도형 위상구조이다. 이 경우 정점들은 하나의 정점으로 이루어진 점 기본도형들로 쓰인다. 따라서 정점 스트림의 길이와 기본도형 스트림의 길이가 같다. 결과적으로, 그림 3.6의 예제 정점 스트림으로부터 생성한 점 목록은 그림 3.6과 동일한 모습이 된다.

**선 목록과 선 띠.** 선 목록(line list) 기본도형 위상구조는 점 목록보다 아주 조금만 더 복잡할 뿐이다. 선 목록의 경우 인접한 정점 두 개가 하나의 선(좀 더 정확히는 선분) 기본도형을 형성한다. 따라서 정점 버퍼에는 렌더링할 선 하나당 두 개의 정점이 들어 있어야 한다. 한편 선 띠(line strip)는 선 기본도형들을 좀 더 압축적으로 표현하되, 선분들이 모두 연결된다는 제약이 따른다. 입력 조립기는 정점 스트림의 처음 두 정점으로 하나의 선분을 형성한다. 그 이후부터는 정점 하나당 하나의 선분이 생기는데, 각 선분은 그 이전 선분의 끝점과 연결된다. 끊어지지 않고 연결된 선분들을 그리는 경우에는 이처럼 선 띠를 사용하면 정점 버퍼의 크기를 줄일 수 있다. 그림 3.7에 예제 정점 스트림으로부터 생성된 선 목록과 선 띠의 예가 나와 있다.

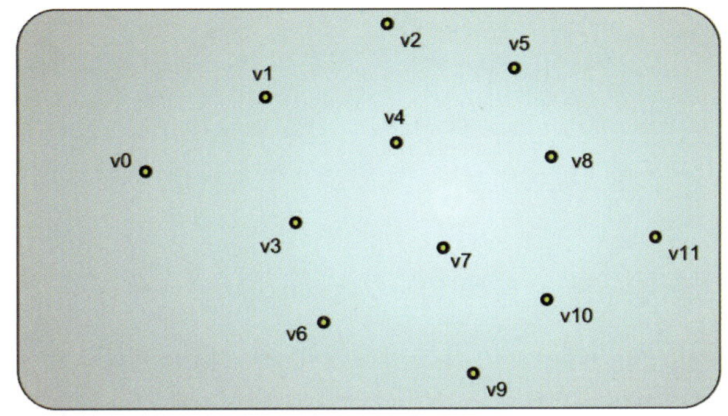

**그림 3.6.** 여러 가지 기본도형 위상구조의 예로 사용할 일단의 정점들.

**삼각형 목록과 삼각형 띠.** 기본도형이 삼각형인 위상구조들 역시 선 위상구조들과 동일한 방식이다. **삼각형 목록**(triangle list)은 정점 스트림의 정점 세 개로 하나의 삼각형 기본도형을 만들어 낸다. **삼각형 띠**(triangle strip)는 스트림의 처음 세 정점으로 삼각형 하나를 만들고, 그 이후에는 새 정점 하나와 그 이전 삼각형의 두 정점으로 삼각형을 만들어 낸다. 선 띠의 경우와 마찬가지로 삼각형 띠 기본도형 위상구조는 삼각형들이 '띠'처럼 서로 연결된 형태만 가능하다. 그림 3.8에 이 두 기본도형 위상구조가 나와 있다. 삼각형을 형성하는 정점들의 순서도 눈여겨보기 바란다.

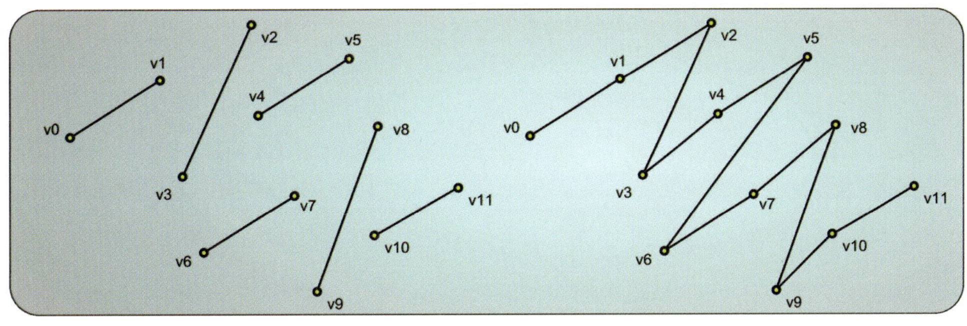

**그림 3.7.** 예제 정점 스트림으로부터 생성된 선 목록과 선 띠.

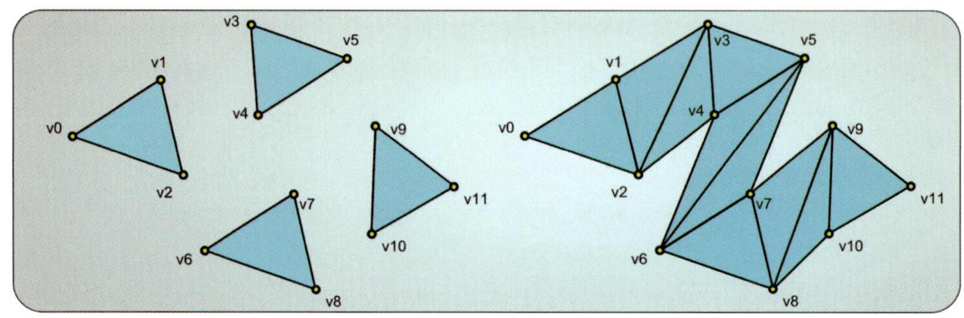

그림 3.8. 예제 정점 스트림으로부터 생성된 삼각형 목록과 삼각형 띠.

**인접 기본도형 정보를 포함한 위상구조.** 파이프라인에서 한 기본도형을 처리하는 도중에 그 기본도형의 바로 이웃 기본도형들에 접근할 수 있다면 편리한 경우가 종종 있다. 선 목록, 선 띠, 삼각형 목록, 삼각형 띠 위상구조에는 인접성 정보를 포함하는 변종들이 존재한다. 목록 3.6의 열거형에서 이름이 **_ADJ**로 끝나는 항목들이 바로 그런 위상구조들이다. 이 **인접 정보 포함 선 목록, 인접 정보 포함 선 띠, 인접 정보 포함 삼각형 목록, 인접 정보 포함 삼각형 띠** 위상구조들은 기본도형 수준의 처리에서 파이프라인에 훨씬 더 많은 정보를 제공하므로 기본도형당 메모리와 대역폭 소비량도 크다. 그림 3.9와 3.10에 이러한 기본도형 위상구조들의 예가 나와 있다.

**제어점 기본도형 위상구조.** Direct3D 11에는 파이프라인의 테셀레이션 단계들에서 고차 기본도형을 활용하기 위한 32개의 새로운 기본도형 위상구조들이 추가되었다. 1에서 32개까지의 제어점 개수마다 개별적인 기본도형 위상구조가 존재한다. 이들을 이용해서 대단히 다양한 제어 패치 기법들을 수행할 수 있다. 그림 3.11은 제어점 패치 기본도형의 한 예이다.

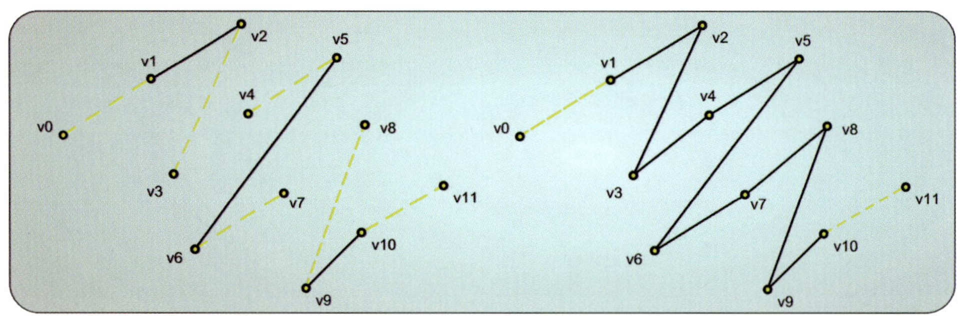

그림 3.9. 예제 정점 스트림으로부터 생성된, 인접 정보를 포함하는 선 목록과 선 띠.

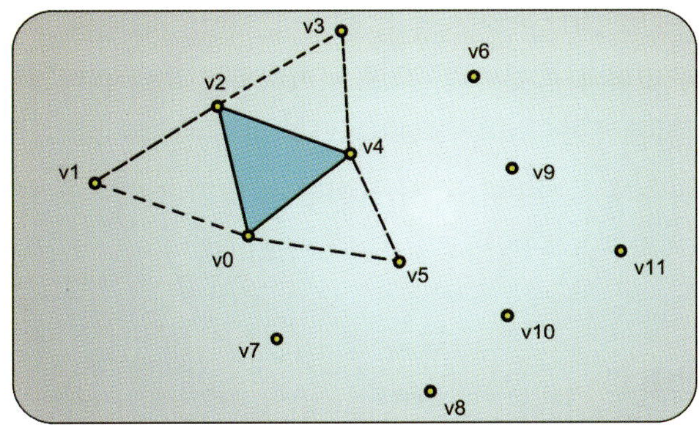



**그림 3.10.** 예제 정점 스트림으로부터 생성된, 인접 정보를 포함하는 삼각형 목록과 삼각형 띠.

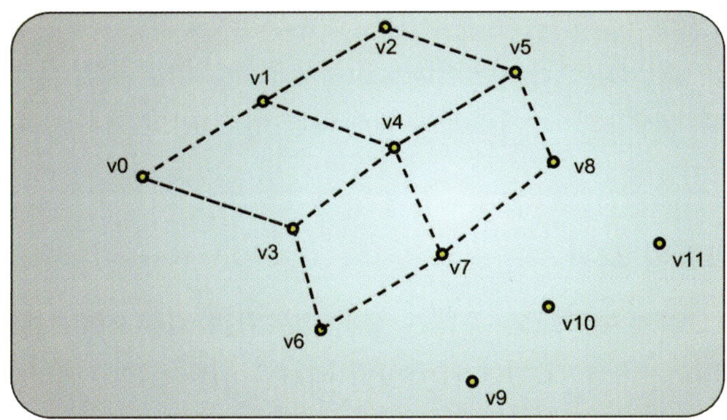



**그림 3.11.** 예제 정점 스트림으로부터 생성된 제어 패치 기본도형.

## 3.3.3 입력 조립기 단계의 처리 공정

입력 조립기의 여러 설정 항목들에 따라 다양한 구성이 가능하며, 각 구성마다 입력 조립기의 출력 자료(파이프라인의 나머지 부분이 사용할)의 형태가 다르다. 각 구성마다 어떤 자료가 만들어지는지 살펴보기 전에, 입력 조립기 안에서 구체적으로 어떤 일이 일어나는지부터 좀 더 자세히 살펴보기로 하자.

### 정점 스트림

입력 조립기가 정점 버퍼에서 자료를 읽어서 개별 정점들을 생성하는 방식은 앞에서 이미 이야기했다. 이 결과로 만들어진 정점 스트림은 그 정점들의 순서에 따라 두 종류로 분류할 수 있는데, 하나는 정점 버퍼 안에서의 순서와 동일한 순서인 경우이고 또 하나는 정점 버퍼와 함께 쓰인 색인 버퍼의 색인들에 의해 순서가 재조정된 경우이다. 둘 중 어떤 정점 스트림이 만들어지는가는 파이프라인 실행을 위해 호출한 **그리기** 메서드의 종류에 의해 결정된다. 순서가 어떻든, 정점 스트림의 정점들은 이후 단계들이 사용할 입력 기하구조를 형성하는 용도로 쓰이게 된다.

## 기본도형 스트림

입력 조립기는 정점 스트림을 더욱 정련해서 일련의 기본도형들을 만들어낸다. 파이프라인의 단계들 중에는 정점들만 처리하는 것도 있고(정점 셰이더) 정점과 기본도형 모두를 처리하는 것도 있으며(덮개 셰이더와 영역 셰이더), 완성된 기본도형들만 처리하는 것도 있다(기하 셰이더). 어떤 경우이든, 기본도형들의 스트림이 만들어지는 방식은 선택된 기본도형 위상구조와 파이프라인 실행에 쓰인 **그리기** 메서드의 종류에 의해 결정된다.

## 그리기 호출의 효과

그렇다면 **그리기** 메서드의 종류가 정점 스트림과 기본도형 스트림에 정확히 어떻게 영향을 미치는 것일까? 이는 각 **그리기** 메서드마다 입력 조립기의 출력을 살펴보면 잘 파악할 수 있다. 다음은 여러 종류의 **그리기** 메서드들이 자료 스트림 생성 결과에 어떤 영향을 미치는지를 간략하게나마 정리한 것이다.

**기본적인 그리기 메서드들.** 가장 간단한 그리기 메서드로는 Draw( ) 메서드와 DrawAuto( ) 메서드를 꼽을 수 있다. 이 두 메서드의 경우 입력 조립기는 주어진 입력 배치에 기초해서 정점들을 조립한다. 이에 의해 정점들의 스트림이 만들어져서 파이프라인의 나머지 부분으로 입력된다. 이 **그리기** 메서드들이 생성하는 기본도형의 종류는 입력 조립기에 현재 지정된 기본도형 위상구조에 의해 결정되며, 각 기본도형에 쓰이는 정점들의 순서는 정점 버퍼 안에서의 순서를 그대로 따른다. 이러한 과정은 가장 기본적인 정점 및 기본도형 구축 공정이라고 할 수 있다.

**색인화된 그리기 메서드들.** 위의 두 그리기 메서드가 수행하는 기본적인 렌더링에서 한 걸음 더 나아간 것이 색인화된 렌더링(indexed rendering)이다. 이전에도 이야기했듯이, 색인화된 렌더링에서는 기본도형을 구축하는 데 쓰이는 정점들이 색인 버퍼의 색인들에 의해 결정된다(정점 버퍼에 있는 그 순서대로 쓰이는 것이 아니라). 정점 스트림 자체는 기본 렌더링에서와 다르지 않다. 단지, 스트림 안의 정점들이 색인 버퍼의 색인들에 의해 선택된다는 점이 다를 뿐이다. 기본도형들 역시 정점 버퍼 순서가 아니라 색인 버퍼 순서를 따른다. 색인화된 렌더링을 지원하는 메서드로는 DrawIndexed(), DrawIndexedInstanced(), DrawIndexedInstancedIndirect()가 있다.

**인스턴싱 방식의 그리기 메서드들.** 색인화된 렌더링 외에 Direct3D 11은 인스턴싱 방식의 렌더링(instanced rendering)도 지원한다. 인스턴싱은 D3D11_INPUT_ELEMENT_DESC 구조체의 필드들을 설명할 때 간단하게나마 이야기했었다. 정점 버퍼의 정점 성분을 인스턴스별 자료로 선언했으며 파이프라인을 인스턴스 방식 **그리기** 메서드들 중 하나로 실행했을 때 만들어지는 정점 스트림과 기본도형 스트림은 기본 렌더링이나 색인화된 렌더링에서와 크게 다르지 않다. 주된 차이는, 정점 스트림과 색인 스트림이 모형(물체)의 각 인스턴스마다 반복된다는 점이다. 그리고 인스턴스별 정점 성분들은 인스턴스 하나가 완료될 때마다 갱신된다. 인스턴스 개수는 **그리기** 메서드 호출에 주어진 매개변수에 의해 결정되며, 인스턴스별 정점 성분들은 입력 조립기에 연결된 정점 버퍼(들)에서 공급된다.

대략 말하자면, 인스턴싱 방식의 **그리기** 메서드를 호출한 경우 정점 스트림과 기본도형 스트림은 렌더링되는 인스턴스 개수만큼 반복된다. 인스턴싱 방식 렌더링을 지원하는 **그리기** 메서드는 DrawInstanced(), DrawIndexedInstanced(), DrawInstancedIndirect(), DrawIndexedInstancedIndirect()로 네 가지이다.

**간접 그리기 메서드들.** 기본, 색인화, 인스턴싱 방식 외에 또 다른 종류의 렌더링 방법이 있는데, 바로 간접 렌더링(indirect rendering)이다. 사실 정점, 기본도형 스트림의 측면에서는 이 메서드들이 다른 메서드들과 다를 바 없지만, 모든 종류의 **그리기** 메서드들을 나열한다는 취지에서 이 메서드들도 함께 논의하기로 하겠다. 간접 렌더링의 주된 특징은, **그리기** 메서드의 매개변수들을 코드에서 직접 지정하는 것이 아니라가 버퍼 자원을 통해서 간접적으로 지정한다는 것이다. 그 버퍼는 보통의 경우라면 응용 프로그램이 지정했을 입력 정보를 담고 있다. 간접 렌더링을 지원하는 **그리기** 메서드는 DrawInstancedIndirect()와 DrawIndexedInstancedIndirect()이다. DrawInstancedIndirect()의 경우 이를테면 정점 개수, 시작 정점, 인스턴스 개수, 시작 인스턴스를 호출 코드가 아니라 버퍼 자원을 통해서 지정할 수 있다.

이런 간접 방식은 GPU에서 입력 매개변수 버퍼를 채움으로써 렌더링 수행 방식을 동적으로 제어하기 위한 것이다. 즉, 그리기 호출의 제어권이 응용 프로그램에서 GPU로 넘어가는 셈인데, 이는 GPU가 좀 더 자율적으로 작동하게 만드는 첫 걸음이라고 할 수 있다. 간접 렌더링이 정점 스트림과 기본도형 스트림의 구축 방식에는 영향을 미치지 않는다. 단지 그리기 메서드의 인수들이 실행시점 모듈에 전달되는 방식이 다를 뿐이다.

**혼성 그리기 메서드들.** 앞에서 언급한 메서드 이름들에서 짐작했겠지만, 여러 렌더링 방식들이 서로 배타적이지는 않다. 메서드 이름을 보면 여러 렌더링 기법들이 함께 포함되어 있는 것들이 많으며, 이들을 통해서 파이프라인을 아주 다양한 방식으로 실행할 수 있다. 이러한 혼성 그리기 메서드들이 만들어 내는 정점 스트림과 기본도형 스트림은 포함된 개별 렌더링 방식들의 조합에 해당한다.


## 3.3.4 입력 조립기 단계의 파이프라인 출력


### 사용자 정의 특성

앞에서 입력 조립기가 어떤 자료를 만들어 내며 그것을 어떤 식으로 조작하는지를 배웠다. 그러한 지식을 바탕으로, 이번 절에서는 입력 조립기의 출력 스트림들이 파이프라인의 나머지 부분과 어떤 식으로 상호작용하는지 살펴보기로 하자. 입력 조립기가 산출한 출력이 그 다음 단계의 정점 셰이더가 요구하는 입력과 호환되려면, 입력 배치 객체를 생성하는 데 쓰인 D3D11_INPUT_ELEMENT_DESC 구조체들의 배열이 정점 셰이더에 선언된 입력 서명(signature)과 반드시 부합해야 한다. 즉, 개별 정점 특성의 자료 형식과 의미소 이름이 정점 셰이더가 기대하는 것들과 부합해야 하는 것이다. 목록 3.7에 HLSL로 작성된 정점 셰이더 프로그램의 예가 나와 있다.

```
struct VS_INPUT
{
    float3 position : POSITION;
    float2 tex : TEXCOORDS;
```

```
    float3 normal : NORMAL;
};

VS_OUTPUT VSMAIN( in VS_INPUT v )
{
    ...
}
```

**목록 3.7.** 정점세이더의 입력 선언 예.

이 예의 경우 응용 프로그램은 의미소가 POSITION이고 부동소수점 성분이 세 개인 특성 하나와 의미소가 TEXCOORDS이고 부동소수점 성분이 두 개인 특성 하나, 그리고 의미소가 NORMAL이고 부동소수점 성분이 세 개인 특성 하나로 구성된 정점 자료를 제공해야한다. 앞에서 설명한 입력 배치 객체 덕분에, 개발자는 정점 자료와 정점 세이더 안의서명이 부합함을 좀 더 확실하게 보장할 수 있다. 정점 자료는 응용 프로그램이 제공하는 것이므로, 특정 정점 세이더에 필요한 형식으로 자료를 생성하거나 만들거나 적재하는 것은 응용 프로그램의 몫이다. 정점 세이더는 이러한 입력 자료를 받아서 자신의계산을 수행한다. 정점 세이더는 또한 여러 개의 출력 특성들도 정의한다. 정점 세이더가 그 특성들에 기록한 자료는 파이프라인의 다음 번 활성 단계의 입력으로 쓰인다.이러한 과정은 파이프라인의 나머지 단계들에서도 마찬가지로 벌어진다. 즉, 각 단계는자신의 출력 서명을 선언하고, 그 서명에 부합하는 형태의 출력 자료를 다음 단계에넘겨준다. 다음은 입력 조립기가 만들어내는 전형적인 출력 자료(다음 단계의 입력 자료)의 예 몇 가지이다. 물론 이들이 전부는 아니다.

- `float3 position` — 입력 정점의 위치.
- `float3 normal` — 입력 정점의 법선 벡터.
- `float3 tangent` — 입력 정점의 접선 벡터.
- `float3 bitangent` — 입력 정점의 겹접선 벡터.
- `uint4 boneIDs` — 스키닝에 쓰이는, 정점의 뼈대 ID 네 개.
- `float4 boneWeights` — 스키닝에 쓰이는, 정점의 뼈대 가중치 네 개.

입력 조립기는 또한 세 가지 시스템 값 의미소들도 출력할 수 있는데, 바로 SV_VertexID

와 SV_PrimitiveID, SV_InstanceID이다. 이 시스템 값 의미소들은 응용 프로그램이 제 공하는 것이 아니라 입력 조립기가 출력 자료 스트림을 만드는 과정에서 생성하는 것이다. SV_VertexID는 부호 없는 정수로, 파이프라인의 이후 단계들에서 개별 정점을 간단하게 식별하는 수단으로 쓰인다. 비슷하게, SV_PrimitiveID로는 기본도형 스트림의 각 기본 도형을 식별할 수 있다. 정점 셰이더는 기본도형 수준의 정보를 사용하지 않으므로, 이 값이 처음으로 쓰이는 단계는 덮개 셰이더 단계이다. 마지막으로 SV_InstanceID는 인스 턴싱 방식의 **그리기** 호출에서 기하구조의 각 인스턴스를 식별하는 용도로, 사용 가능한 첫 단계는 정점 셰이더 단계이다. 이 세 시스템 값들을 이용하면 입력 조립기가 생산하 는 자료 요소들을 아주 상세하게 식별할 수 있다.

## 3.4 정점 셰이더 단계

렌더링 파이프라인의 프로그램 가능 셰이더 단계들 중 첫째 것이 바로 정점 셰이더 단계 이다. 이전에 언급했듯이, 프로그램 가능 셰이더 단계들은 HLSL로 작성된 셰이더 프로 그램을 실행한다. 정점 셰이더 단계에서는 입력 조립기가 산출한 정점 스트림의 각 정점 마다 정점 셰이더 프로그램이 실행된다. 각각의 입력 정점은 정점 셰이더 프로그램의 주 함수의 인수로 주어진다. 함수는 그 정점을 처리한 결과를 반환하며, 그 반환값이 바로 정점 셰이더의 출력이다. 각각의 정점 셰이더 호출은 다른 호출과 독립적으로 진행 되며, 호출들 사이에는 어떠한 소통도 일어나지 않는다. 정점 셰이더 프로그램은 각 입 력 정점마다 실행되므로, 정점 셰이더의 입력 정점과 출력 정점 사이에는 일대일 대응관 계가 성립한다. 파이프라인 안에서 정점 셰이더의 위치가 그림 3.12에 표시되어 있다.

정점 셰이더 프로그램은 입력 조립기가 생성한 기본 스트림을 인식하지 못한다. 정점 셰이더는 전적으로 정점 자료만 처리할 뿐이며, 그 이상의 고수준 처리는 파이프라인의 이후 단계들의 몫이다. 정점 셰이더에는 기본도형에 대한 정보가 주어지지 않으므로, 정점 셰이더의 작동방식과 기본도형 위상구조의 종류는 서로 무관하다. 즉, 기하구조가 점으로 주어졌든 아니면 선이나 삼각형, 제어 패치로 주어졌든, 정점 셰이더는 모든 개 별 정점을 동일하게 취급한다. 기본도형에 대한 정보는 파이프라인의 이후 단계에서 정점 셰이더의 출력과 병합된다. 이런 분리 덕분에 정점 셰이더 단계의 작업이 간단해진다. 기본도형의 종류와 무관하게 동일한 연산을 수행하면 되는 것이다.

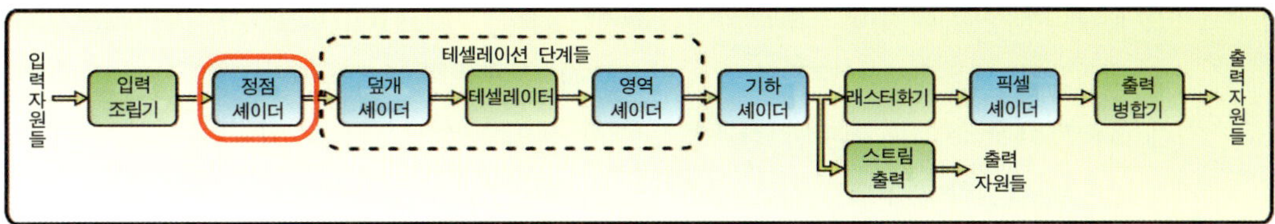


**그림 3.12.** 정점 셰이더 단계.

정점 셰이더는 입력 조립기 단계와 덮개 셰이더 단계 사이에 있다. 달리 말하면, 정점 셰이더 단계는 기하자료가 파이프라인에 투입된 직후에, 그리고 테셀레이션이 일어나기 직전에 실행되는 것이다. 정점 셰이더에서 흔히 하는 작업으로는 입력 기하구조에 변환 행렬 적용, 뼈대 기반 애니메이션(소위 **정점 스키닝**[6]) 변환 수행, 정점별 조명 계산 수행 등이 있다. 이번 절의 나머지 부분에서는 정점 셰이더 단계의 일반적인 작동 방식과 조작 방법들을 좀 더 자세히 살펴본다. 우선 정점 셰이더가 어떤 자료를 입력받는지 이야기한 후 정점 셰이더가 수행하는 처리 연산들의 종류를 살펴보고, 마지막으로 정점 셰이더가 어떤 자료를 출력하는지 이야기하겠다.

## 3.4.1 정점 셰이더 단계의 파이프라인 입력

정점 셰이더는 파이프라인에서 입력 조립기 바로 다음에 있는 것이므로, 당연히 입력 조립기로부터 자료를 입력 받는다. 입력 조립기의 입력 배치 객체(`ID3D11InputLayout`)를 공들여 설정한 것은, 바로 이 정점 셰이더 프로그램이 요구하는 형식에 부합하는 정점들을 입력 조립기가 생성하도록 만들기 위한 것이었다. 입력 조립기가 조립한 정점이 해당 정점 셰이더 프로그램의 실행에 필요한 정점과 부합하는지 보장하기 위해, 입력 배치 객체 생성 시 컴파일된 셰이더 바이트 코드를 지정해야 했음을 기억할 것이다.

입력 조립기의 출력에 대한 설명에서 짐작했겠지만, 정점 셰이더는 조립된 정점들의

---

[6] 정점 스키닝은 제8장 "메시 렌더링"에서 자세히 이야기한다.

특성들은 물론 시스템 값 의미소 특성들도 사용한다. 정점 셰이더 프로그램의 입력으로 주어지는 시스템 값 의미소는 SV_VertexID와 SV_InstanceID 두 가지로, 정점 셰이더 프로그램의 입력 서명에 이들을 포함시키기만 하면 프로그램 안에서 이들을 사용할 수 있다. 둘 다 정점 셰이더 프로그램에 유용한 정보를 제공한다. 예를 들어 SV_VertexID를 색인으로 사용해서 난수표를 참조함으로써 셰이더 안에서 의사난수를 생성할 수 있다. SV_InstanceID를 어떠한 참조표에 대한 색인으로 사용할 수 있지만, 이 값은 인스턴스 단위로 변할 뿐이므로 같은 인스턴스의 모든 정점에 대해 항상 동일한 결과가 참조됨을 주의해야 한다. SV_InstanceID는 이를테면 메시의 각 인스턴스가 좀 더 고유하게 보이도록 만들기 위해 인스턴스마다 약간의 변형을 도입하고자 할 때 유용하다.

정점 셰이더 안에서 두 시스템 값 의미소들을 사용할 수 있게 만드는 방법은 앞에서 이야기했다. 이들은 파이프라인의 이후 단계들에도 제공되지만, 이후 단계들에서 쓰이려면 반드시 정정 셰이더 출력을 거쳐 가야 한다. 다른 말로 하면, 정점 셰이더가 시스템 값 의미소들을 파이프라인의 이후 단계들로 전달하지 않는다면 이후 단계들에서는 그 시스템 값 의미소들이 나타나지 않는다. 이를 통해서 개발자는 시스템 값 의미소들을 선택적으로 전파하거나 차단할 수 있다. 이후 단계들에 필요한 시스템 값 의미소를 실수로 차단하는 일은 없어야 할 것이다.

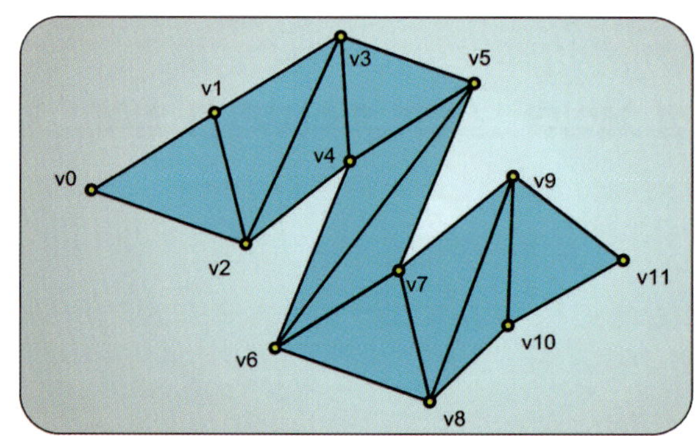

**그림 3.13.** 하나의 삼각형 띠가 여러 개의 기본도형들에 속하는 예.

입력 조립기의 세 시스템 값 의미소들 중 SV_PrimitiveID는 정점 셰이더에 주어지지 않음을 주의하기 바란다. SV_PrimitiveID는 기본도형 스트림 안에서 각 기본도형의 식별자 역할을 하는 값이다. 정점 셰이더는 렌더링할 기본도형의 종류와 무관하게 모든 정점을 하나씩 처리할 뿐이다. 그리고 정점 셰이더가 산출한 하나의 출력 정점이 여러 개의 기본도형들에 쓰일 수도 있다. 색인화된 렌더링을 이야기할 때 나온 삼각형 띠가 그러한 경우이다. 하나의 정점이 여러 개의 기본도형들에 쓰일 수 있다면 하나의 입력 정점에 어떤 고유한 기본도형 ID를 부여한다는 것은 비논리적이다. 그림 3.13에 이러한 상황을 잘 보여주는, 삼각형 띠로서 제출된 간단한 기하구조의 예가 나온다.

이런 종류의 기하구조가 파이프라인에 투입되었을 때 정점 셰이더는 각 정점을 개별적으로 처리한다. 정점 셰이더에도 **SV_PrimitiveID**가 주어진다고 가정할 때, 정점 v3에는 어떤 기본도형 색인을 배정해야 할까? 이 정점은 두 개의 기본도형에 속하므로 정점 셰이더에 어떤 색인을 알려주어야 할지가 명확하지 않다.

## 3.4.2 정점 셰이더 단계의 상태 구성

정점 셰이더 단계는 프로그램 가능 셰이더 단계인 만큼 공통 셰이더 코어 기능성을 구현하고 있다. 이는 정점 셰이더 프로그램이 일정한 표준적인 인터페이스를 통해서 필요한 자원에 접근할 수 있음을 뜻한다. 다른 모든 파이프라인 조작 수단과 마찬가지로, 정점 셰이더 단계의 상태를 변경하는 메서드들은 모두 **ID3D11DeviceContext** 인터페이스에 속한다. 그럼 정점 셰이더 단계에서 사용할 수 있는 여러 자원들의 구성 방법과 사용법을 살펴보자.

### 셰이더 프로그램

정점 셰이더 단계에서 가장 중요한 자원은 바로 셰이더 프로그램 자체일 것이다. 셰이더 프로그램을 컴파일해서 하나의 셰이더 객체로 만드는 자세한 방법은 제6장에 나오므로, 여기에서는 정점 셰이더 프로그램을 컴파일해서 유효한 정점 셰이더 객체를 생성해 두었다고 가정하고 설명을 진행하겠다. 하나의 응용 프로그램이 다양한 물체들을 렌더링하기 위해 여러 개의 셰이더 객체들을 만들어서 사용하는 것이 가능하며, 실제로 여러 개를 사용하는 것이 일반적이다. 정점 셰이더 단계에 특정 셰이더 프로그램을 설정하려면 **ID3D11DeviceContext::VSSetShader** 메서드를 호출해야 한다. 목록 3.8에 예가 나와 있다.

```
// pShader1이 유효한 셰이더 객체를 가리킨다고 가정한다.

ID3D11VertexShader* pNextShader = pShader1;
m_pContext->VSSetShader( pNextShader, 0, 0 );
```

**목록 3.8**. 정점 셰이더 프로그램의 설정.

셰이더 객체를 설정하는 메서드는 세 개의 인수를 받는데, 첫 인수는 설정할 셰이더 프로그램 객체이고 둘째와 셋째는 그 셰이더 프로그램에 쓰일 셰이더 클래스 인스턴스들의 배열을 지정하기 위한 것이다. 이 클래스 인스턴스들은 셰이더 프로그램의 일부에 외부 객체를 제공하는 데 사용하는 객체들로, 비슷비슷한 수많은 렌더링 시나리오들을 지원하는 데 필요한 개별 셰이더 객체들의 개수를 줄이기 위한 것이다.[7] 이 메서드와 쌍을 이루는 메서드로 **ID3D11DeviceContext::VSGetShader**가 있다. 현재 정점 셰이더 단계에 설정되어 있는 셰이더와 클래스 인스턴스 객체들을 얻고자 하는 경우 이 **VSGetShader** 메서드를 사용하면 된다. 예를 들어 기존 셰이더 객체의 설정을 저장해 두었다가 어떤 중간 연산 이후에 다시 복원하고자 할 때 이 메서드가 유용하다.

## 상수 버퍼

정점 셰이더 프로그램을 위해 응용 프로그램이 설정할 수 있는 또 다른 자원은 상수 버퍼 자원이다. 상수 버퍼 자원은 제2장에서 자세히 이야기했었다. 응용 프로그램이 상수 버퍼 자원에 값들을 담아두면 셰이더 프로그램의 HLSL 코드 안에서 그 값들을 직접 사용할 수 있게 된다. 한 번의 파이프라인 실행 전반에서 변하지 않는 값들을 셰이더 프로그램에 전달하고자 할 때 유용하다. 상수 버퍼에 원하는 값들을 채우는 방법 역시 제2장에서 이야기했으므로 생략하고, 대신 상수 버퍼 자원을 정점 셰이더 단계에 묶는 방법에 집중하자. 목록 3.9에 하나 이상의 상수 버퍼들을 정점 셰이더 단계에 연결하는 예제 코드가 나와 있다.

목록 3.9는 여러 개의 상수 버퍼들을 하나의 장치 문맥 메서드로 연결하는 방법을 보여준다. 이 예는 사용 가능한 상수 버퍼 슬롯들을 모두 설정한다. **ID3D11Buffer*** 배열의 모든

---

7) 이 클래스 인스턴스들은 제6장에서 간략하게만 소개한다. 이 객체들의 좀 더 자세한 사용법을 알고 싶다면 DXSDK 문서화를 참고하기 바란다.

원소가 원래 NULL로 초기화되어 있었다고 할 때, 이렇게 하면 이전에 이 단계에 연결되어 있던 상수 버퍼들 중 배열의 NULL 원소에 해당하는 것들이 자동으로 셰이더 단계에서 탈착되므로 편리하다. 그림 3.14는 이러한 '전체' 슬롯 설정을 실행하기 이전과 이후의 정점 셰이더 단계 상수 버퍼 슬롯들을 나타낸 것이다. 정점 셰이더 단계에 현재 설정되어 있는 상수 버퍼들에 접근하고 싶다면 ID3D11DeviceContext::VSGetConstantBuffers 메서드를 호출해서 해당 포인터 배열을 얻으면 된다. 이 메서드 역시 어떤 중간 연산을 수행한 후 원래 설정을 복원할 때 유용하다.

```
ID3D11Buffer* cbuffers[D3D11_COMMONSHADER_CONSTANT_BUFFER_API_SLOT_COUNT];

// ... 여기서 배열의 각 원소에 상수 버퍼를 배정 ...

pContext->VSSetConstantBuffers( 0, count, cbuffers );
```

**목록** 3.9. 상수 버퍼 배열을 정점 셰이더 단계에 연결.

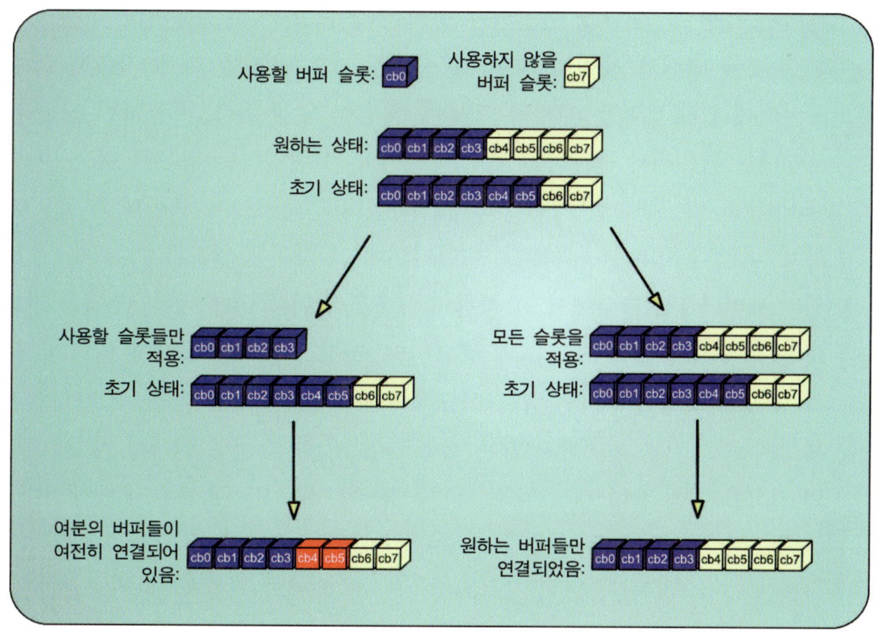


**그림** 3.14. 버퍼 자원 포인터 배열을 미리 NULL로 초기화해 두면 사용하지 않을 상수 버퍼들의 연결을 자동으로 해제할 수 있다.

## 셰이더 자원 뷰

정점 셰이더 프로그램에서 읽기 전용 자원들에 접근하려면 그 자원들을 셰이더 자원 뷰를 이용해서 정점 셰이더 단계에 연결해 두어야 한다. 버퍼 자원과 텍스처 자원 모두, **ID3D11DeviceContext::VSSetShaderResources** 메서드를 이용해서 파이프라인에 연결한다. 상수 버퍼에서처럼 한 번의 메서드 호출로 여러 개의 셰이더 자원 뷰들을 부착할 수 있다. 목록 3.10이 그러한 예이다.

```
ID3D11ShaderResourceView*
ShaderResourceViews[D3D11_COMMONSHADER_INPUT_RESOURCE_SLOT_COUNT];

// ... 여기서 배열의 각 원소에 셰이더 자원 뷰를 설정 ...

Context->VSSetShaderResources( start, count, ShaderResourceViews );
```

**목록 3.10.** 셰이더 자원 뷰 배열을 정점 셰이더 단계에 연결.

셰이더 자원 뷰 배열을 연결하는 방식은 상수 버퍼 배열을 연결하는 것과 거의 같다. 한 슬롯에 연결된 셰이더 자원 뷰는 다른 셰이더 자원 뷰에 자리를 내주거나 NULL 포인터에 의해 해제될 때까지 그 슬롯에 남아 있게 된다. 사용하지 않을 자원을 NULL 포인터를 이용해서 해제하는 기법은 자원 뷰가 관여하는 경우에 더욱 중요해진다. GPU에서 동적으로 생성한 자원을 다음 번 렌더링 패스에서 셰이더 자원으로 사용한다고 하자. 이 경우 첫 패스에서는 파이프라인이 그 자원에 뭔가를 기록하고, 그 다음 패스에서는 셰이더 프로그램에서 그 자원의 내용을 읽어 들이게 된다. 자원을 기록하려면 렌더 대상 뷰나 순서 없는 접근 뷰가 필요하며, 자원을 읽기만 한다면 셰이더 자원 뷰로 충분하다. 그런데 셰이더 자원 뷰를 이용해서 읽기 전용으로 자원을 연결해 렌더링을 수행한 후 실수로 그것을 해제하지 않은 채로 다음 번 동적 생성 렌더링 패스를 진행하면, 자원의 기록을 위해 렌더 대상 뷰로 자원을 연결하려고 할 때 오류가 발생한다. 하나의 자원을 여러 자원 뷰가 동시에 읽고 쓸 수는 없기 때문이다. 그림 3.15에 이러한 상황이 나와 있다. 이런 일을 방지하는 가장 간단한 방법은 새로운 렌더링 효과를 위해 파이프라인을 구성할 때마다 정점 셰이더 단계에서 필요 없는 셰이더 자원 뷰들을 모두 떼어 내는 것이다.

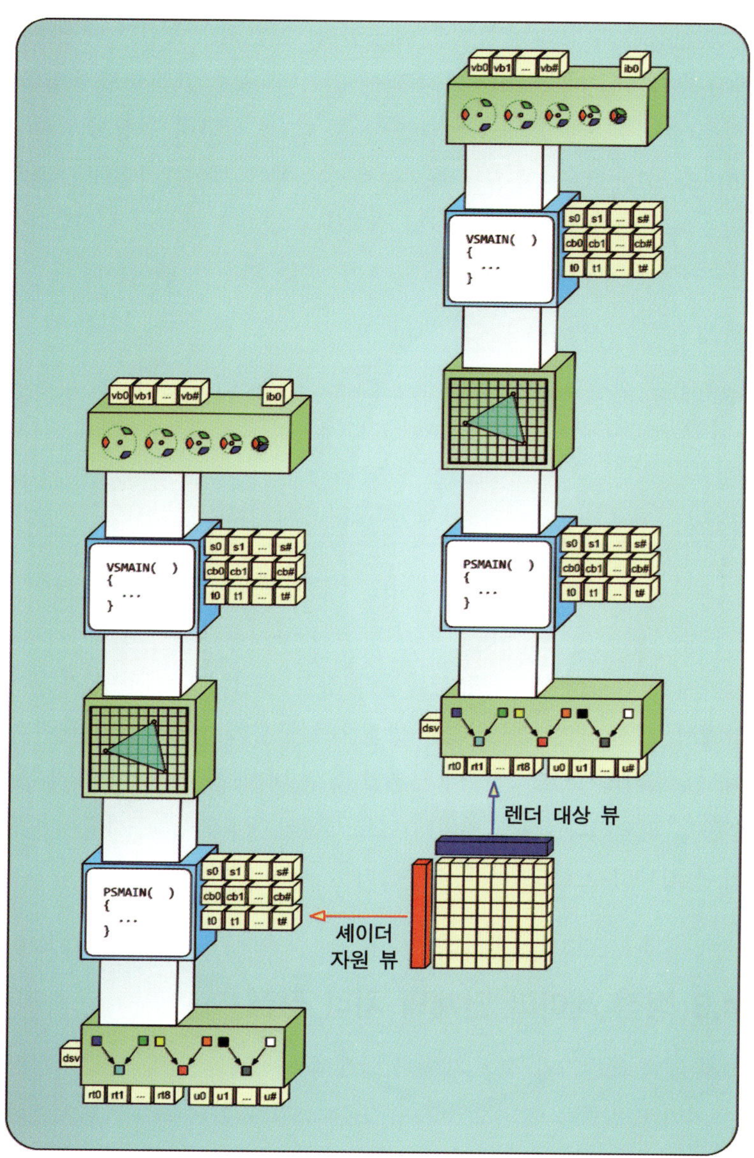


**그림 3.15.** 하나의 자원이 서로 다른 렌더링 패스에서 읽기와 쓰기용으로 사용되는 상황.

## 표본추출기

응용 프로그램이 정점 셰이더 단계에 제공할 수 있는 마지막 구성 항목은 **표본추출기 상태 객체**[8])이다. 표본추출기(sampler)는 텍스처 자원에서 텍셀들을 읽을 때 다양한 필터링 연산들을 수행하는 능력을 제공한다. 일반적으로 GPU에는 이런 종류의 연산에 특화된 추가적인 하드웨어가 장착되어 있기 때문에, 표본추출기를 잘 활용하면 전체적인 성능이나 추출된 표본의 품질(또는 둘 다)을 상당히 향상시킬 수 있다. 목록 3.11은 **ID3D11SamplerState** 형식의 표본추출기 객체를 파이프라인에 연결하는 예이다. 이 경우에도 여러 개의 표본추출기 상태 객체들을 배열에 담아서 설정한다. 이 덕분에 렌더링 파이프라인을 구성하는 데 필요한 API 호출 횟수가 줄어든다.

```cpp
ID3D11SamplerState* SamplerStates[D3D11_COMMONSHADER_SAMPLER_SLOT_COUNT];

// ... 여기서 배열의 각 원소에 상수 버퍼를 배정 ...

pContext->VSSetSamplers( start, count, SamplerStates );
```

**목록 3.11.** 표본추출기 상태 객체들의 배열을 정점 셰이더 단계에 연결.

지금까지 이야기한 네 가지 항목들이 정점 셰이더 단계의 상태들이라고 할 수 있다. 정리해서, 정점 셰이더를 원하는 방식으로 구성하려면 적절한 셰이더 프로그램이 필요하며, 그 셰이더 프로그램에서 사용할 상수 버퍼들과 셰이더 자원 뷰들, 그리고 표본추출기들도 필요하다. 정점 셰이더 프로그램의 용도와 요구사항이 다양한 만큼, 이러한 여러 상태들의 조합도 아주 다양하다.

## 3.4.3 정점 셰이더 단계의 처리 공정

앞에서 입력 조립기가 정점 셰이더 단계에 제공하는 입력 자료와 응용 프로그램이 제공하는 여러 자원들을 살펴보았으며, 또한 정점 셰이더 프로그램이 기본도형 위상구조와는 무관하게 개별 정점을 처리한다는 점도 이야기했다. 그렇다면 정점 셰이더 프로그램이 수행하는 '처리'는 구체적으로 어떤 연산들일까? 그리고 이 단계의 의미소들에 더 잘 맞는 종류의 연산들은 무엇일까? 이번 절에서는 정점 셰이더 단계에서 주로 어떤 연산들이 쓰이는지, 그리고 이 단계를 가장 잘 활용하는 방법은 무엇인지 이야기한다.

---

8) 표본추출기 상태 객체는 제2장에서 소개했다.

## 기하학적 조작

전통적으로 정점 셰이더는 입력된 자료를 기하학적으로 조작하는 용도로 쓰였다(그 결과는 파이프라인의 이후 단계에서 래스터화된다). 정점 셰이더가 기하학적 조작을 담당하는 것은, 모형의 정점들이 렌더링할 물체의 기하학적 표면을 나타내는 정보를 담고 있기 때문이다. 모든 정점은 파이프라인의 입구 쪽에 위치한 정점 셰이더를 거쳐 가므로, 정점 셰이더 단계에서 기하학적 조작을 수행하는 것이 합리적이다. 몇 가지 예를 들어보면 이 점이 더욱 명확해질 것이다.

정점 셰이더에서 주로 수행되는 전형적인 연산은 정점 위치에 변환 행렬을 적용하는 것이다. 이 연산은 응용 프로그램이 상수 버퍼에 담아 둔 변환 행렬을 정점 위치에 곱하는 것으로, 입력 정점의 위치 특성을 장면 안에서 해당 기하구조가 놓여 있는 위치와 방향에 맞게 수정하려면 이러한 연산이 필요하다.[9][주 9] 또한, 모형의 좌표계에 의존하는 다른 모든 정점 특성 역시 이와 비슷한 행렬 곱셈을 이용해서 새 좌표계로 변환해야 한다. 정점의 위치와 법선 벡터는 모형의 물리적 표현을 결정하는데, 위치와 법선 모두 변환 행렬을 이용해서 수정할 수 있다. 정점 셰이더 안에서 이러한 연산을 수행함으로써, 파이프라인의 이후 단계들에서 추가적인 처리가 일어나기 전에 모형의 모든 기하구조가 바람직한 좌표계로 변환된다.

정점 셰이더 단계에서 흔히 수행되는 또 다른 연산은 **정점 스키닝**(vertex skinning)[10]이다. 정점 스키닝은 모형에 또 다른 종류의 좌표계 변환을 적용한다. 정점 스키닝 연산을 적용할 모형은 여러 개의 뼈대들이 계통적으로 연결된 골격(skeleton) 구조를 가지고 있다. 이 뼈대들을 움직이면 모형의 해당 부분이 함께 움직인다. 손가락뼈가 움직이면 손가락 피부('스킨')도 따라 이동한다는 점을 생각하면 이를 이해할 수 있을 것이다. 앞에서 말한 보통의 변환이 물체의 전체적인 위치와 방향을 변경한다면, 이 정점 스키닝은 모형의 외곽선이나 자세를 형성하는 물리적 구조를 수정하기 위한 것이라고 생각하면 된다. 이 연산 역시 다른 추가적인 처리가 진행되기 전에 정점 셰이더에서 수행하는 것이 마땅한 종류의 연산이다.

---

9) 변환 행렬(그리고 좌표 공간)에 대해서는 제8장 "메시 렌더링"에서 기본적으로나마 소개한다.
10) 정점 스키닝 역시 제8장 "메시 렌더링"에서 좀 더 자세히 논의한다.

## 정점 조명

기하학적 조작과 정점 스키닝을 정점 셰이더에서 효율적으로 수행할 수 있는 것은, 그런 연산들이 정점들이 대표하는 자료, 즉 렌더링할 기하구조의 물리적 형태와 구조, 방향, 위치에 직접 수행되기 때문이다. 물론 정점 셰이더에서 수행할 수 있는 연산이 기하 조작과 정점 스키닝만인 것은 아니다. 정점 셰이더 단계는 프로그램 가능 단계의 하나이므로, 이 단계에서 특별한 종류의 여러 처리들을 수행해서 이후 단계들에 넘겨주는 것이 가능하다. 그런 종류의 연산으로 흔히 쓰이는 것 하나가 정점별 조명(per-vertex lighting)이다. 정점별 조명은 정점이 반사하는 빛의 양을 계산하는 것인데, 보통의 경우 단순화된 조명 모형([Hoxley])을 이용해서 반사량을 계산한다. 계산한 조명 값을 출력 정점 형식의 3성분 또는 4성분 부동소수점 특성에 저장해 두는데, 각 성분은 0.0에서 1.0 사이의 값을 가진다. 0.0은 그 성분에 해당하는 색의 빛이 전혀 반사되지 않는다는 뜻이고, 1.0은 그 색의 빛이 최대로 반사된다는 뜻이다.

그러한 정점별 조명 값들이 파이프라인을 따라 흘러가다가 결국에는 래스터화기 단계에 도달한다. 그 단계에서는 그 값들을 기본도형의 각 정점 사이에서 보간하고, 보간된 값들을 래스터화기가 생성한 각 픽셀에 적용한다. 픽셀에 적용된 값들은 이후 렌더 대상에 기록할 최종 색을 결정할 때 쓰이게 된다. 정점별 조명 값을 정점 셰이더에서 계산하면 모형이 만들어 내는 모든 픽셀마다가 아니라 픽셀들보다 훨씬 적은 수의 정점마다 조명 공식을 계산하게 되므로 효율적이다. 계산된 값들이 이후 정점들 사이에서 보간되므로 계산의 해상도가 낮아서 생기는 결함들이 가려진다. 단, 정점들이 화면상에서 너무 많이 떨어져 있으면 실제보다 어두운 결과가 만들어진다.

## 일반적인 정점별 계산

다른 여러 종류의 계산들도 방금 전 설명한 조명 계산과 비슷한 모형을 따라 수행할 수 있다. 정점별 자료를 보간한 값을 픽셀 수준의 처리에서 사용해도 문제가 되지 않는 기법이라면 해당 계산을 정점 셰이더 단계에서 수행하는 것이 이득이 된다(계산을 정점별 한 번씩만 수행하면 되므로). 래스터화 이후에 계산을 한다면 훨씬 여러 번 수행해야 할 것이다. 그림 3.16에 정점별 계산과 픽셀별 계산의 빈도 차이가 나와 있다.

수학적으로 말하면, 주어진 계산이 입력들의 일차결합(linear combination, 선형결합)이면

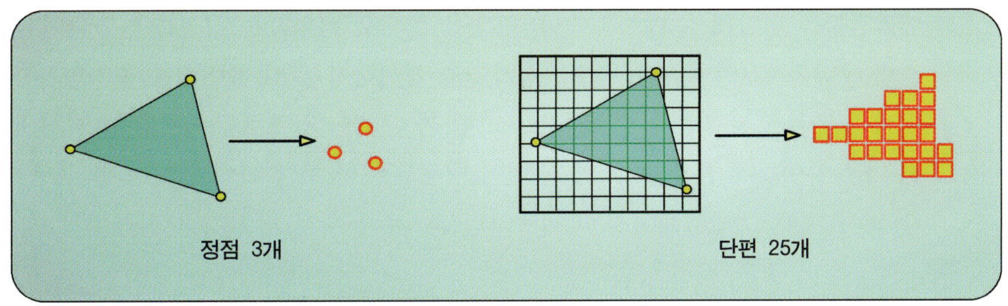


**그림 3.16.** 삼각형 하나의 정점별 계산과 픽셀별 계산의 차이.

정점별 계산의 결과는 픽셀별 계산의 결과와 동일하다(정점 특성들 사이의 보간 때문에). 계산이 일차결합이 아니라고 해도, 정점별 계산으로 완전한 픽셀별 계산을 상당히 잘 근사할 수 있는 경우가 많다. 이러한 근사의 유효성은 계산의 종류에 따라 다르며, 래스터화된 기본도형이 최종 렌더 대상에서 얼마나 큰 영역을 차지하는지에 따라서도 다르다. 정점들 사이에서 생성된 픽셀들이 적을수록 보간된 값과 실제 값의 오차에 의한 결함도 덜 드러난다. 이는 입력 기하구조를 더 많은 정점들로 촘촘하게 만들수록 보간에 의한 결함이 덜 드러난다는 뜻이다(대신 처리할 정점 개수는 늘어나지만). 어떤 한 모형에 필요한 세부수준을 간단하게 결정할 수 있는 공식 같은 것은 없다. 이는 시스템의 가용 처리 능력과 원하는 이미지 화질 사이의 균형점을 찾는 문제이다. 이번 장에서 나중에 좀 더 이야기하겠지만, 좀 더 나은 균형점에 도달할 수 있게 하기 위해서 Direct3D 11에 도입된 것이 바로 테셀레이션 단계들이다. 테셀레이션은 동적으로 적절한 개수의 정점들을 필요한 경우에만(즉, 화면에 실제로 보일 때에만) 생성해준다. 이에 의해 전반적인 정점 처리 비용이 줄어들며, 그러면서도 화면에 작게 나타나는 기본도형들이 제외되지 않는다. 결과적으로 처리량 대비 화질이 높아진다.

## 제어점 처리

정점 셰이더 단계의 또 다른 용도는 정점이 아니라 고차 기본도형 즉 제어 패치(control patch)의 제어점들을 처리하는 것이다. 이 제어점들이 모형 메시의 기하 표면을 직접 정의하지는 않지만, 그래도 정점들의 위치 정보를 포함하며, 경우에 따라서는 방향 정보도 포함한다. 따라서 정점 셰이더에서 손쉽게 다룰 수 있다. 정점 셰이더 단계에서 처리한 제어점들은 파이프라인의 테셀레이션 단계들로 넘어간다. 테셀레이션 단계들은 그 제어점들을 평가해서, 메시의 기하 표면을 실제로 정의하는 정점들을 만들어낸다. 제어점의 종류와 그 안에 담긴 정보, 정점들을 생성하기 위해 제어점을 평가하는 구체적인 방식은 응용 프로그램의 설정과 프로그램 가능 셰이더 프로그램에 의해 결정되며, 따라서 아주 유연하게 응용할 수 있다. 이에 대해서는 이 책 전반에서 여러 번 다시 이야기한다(특히 제4장 "테셀레이션 파이프라인"과 여러 예제 알고리즘 장들에서).

## 정점 캐싱

정점 셰이더 프로그램이 정점마다 한 번씩 실행된다는 점은 이미 이야기했다. 정점 셰이더 단계가 사실상 정점당 한 번씩 실행되긴 하지만, 한 정점을 처리한 결과를 여러 기본도형들이 공유하는 것도 가능하다. 예를 들어 어떤 삼각형 띠의 두 삼각형 기본도형이 정점 하나를 공유한다면, 그 정점을 한 번 처리한 결과를 정점 셰이더 단계 이후의 파이프라인 단계들에서 두 삼각형 기본도형 모두가 사용할 수 있다. '띠' 형태의 기본도형 위상구조들은 모두 이런 종류의 정점 재활용을 지원한다. 또한 색인화된 렌더링에서는 '목록' 기본도형 위상구조들에서도 여러 개의 기본도형들이 하나의 정점 처리 결과를 공유하게 만들 수 있다. 이런 정점 '캐싱(caching)'이 작용하면 그렇지 않은 경우에 비해 정점 처리 횟수가 크게 줄어든다. 한 예로 그림 3.17의 기하구조를 생각해보자. 그림의 세 경우는 같은 모형을 나타내는 것이지만 그 기본도형 위상구조가 모두 다르며, 처리할 정점들의 개수도 다르다.

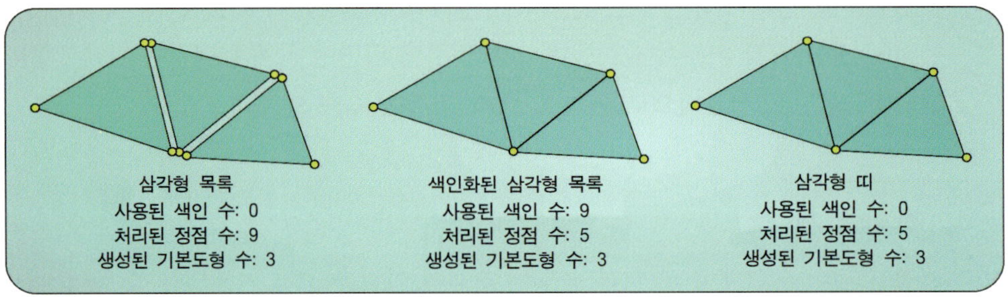


**그림 3.17.** 위상구조가 다른 여러 기하구조들. 위상구조에 따라, 처리가 필요한 정점 개수가 다르다.

정점 캐싱과 관련해서 고려할 사항 또 하나는, 이 캐싱 연산이 하드웨어 의존적이라는 점이다. 캐시의 크기는(심지어 캐시의 존재 여부 자체도) GPU마다 아주 다를 수 있다.

따라서, 공유되는 정점들이 정점 입력 자료 안에서 최대한 가까운 위치에서 참조되게 하는 것이 중요하다. '띠' 형태의 기본도형 위상구조들의 경우에는 이것이 저절로 보장된다. 왜냐하면 띠의 각 기본도형은 그 이전 기본도형의 정점들 바로 근처에 있는 정점을 사용해서 형성되기 때문이다. 그러나 색인화된 렌더링의 경우에는, 같은 정점을 참조하는 색인들이 최대한 가까운 위치에 있도록 개발자가 신경을 써야 한다. 그래야 정점 캐싱이 실제로 일어날 확률이 높아진다.

## 3.4.4 정점 셰이더 단계의 파이프라인 출력

정점 셰이더 프로그램이 출력할 출력 정점 구조체에 어떤 정보를 포함시킬 것인지를 결정할 때에는, 파이프라인의 나머지 부분이 그 출력 자료를 어떤 식으로 사용할 것인지에 관련해서 몇 가지 사항들을 고려해야 한다.

렌더링 파이프라인(그림 3.18 참고)에서 정점 셰이더 단계 다음에는 일단의 테셀레이션 단계들(덮개 셰이더, 테셀레이터, 영역 셰이더)이 있으며, 그 다음을 기하 셰이더 단계와 래스터화기 단계가 뒤따른다. 정점 셰이더 단계와 래스터화기 단계 사이의 단계들 중 어떤 것들이 활성화되느냐에 따라 정점 셰이더 단계의 출력에 포함시켜야 할 정보도 달라진다. 정점 셰이더가 래스터화기 단계에 직접 연결되는 경우 정점 셰이더는 정점의 최종적인 절단 공간(clip space) 위치를 시스템 값 의미소 SV_Position에 포함시켜야 한다. 테셀레이션 단계들(이 세 단계들은 모두 활성화되거나 모두 비활성화된다)이나 기하 셰이더 단계가 활성화된다면 정점 셰이더 프로그램의 출력에 절단 공간 위치를 포함시키지 않아도 된다. 그러나 래스터화기 단계 이전의 마지막 활성 단계는 반드시 SV_Position 시스템 값 의미소를 제공해야 한다.

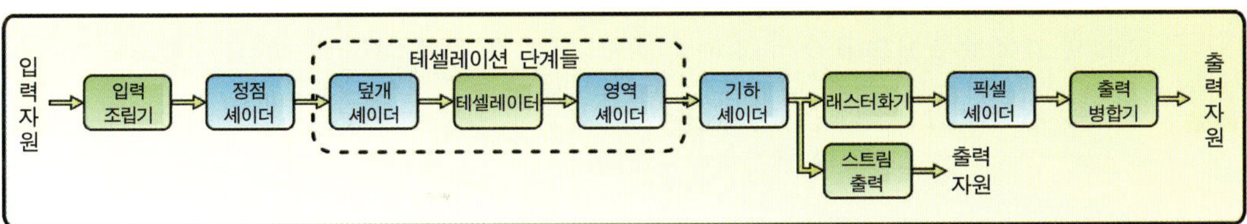


**그림 3.18.** 렌더링 파이프라인의 블록도.

비슷하게, 테셀레이션 단계들이 활성화되었다면 정점 셰이더 단계는 반드시 제어점들을 덮개 셰이더 단계에 제공해야 한다. 사실 출력 정점과 제어점의 구분은 구현된 테셀레이션 방식에만 의존할 뿐이며, 둘 다 정점 셰이더가 생성하는 자료라는 점은 동일하다. 테셀레이션 단계들이 비활성화되고 기하 셰이더 단계가 활성화된 경우 정점 셰이더의 출력은 기하 셰이더로 직접 전달된다. 이 경우 기하 셰이더는 반드시 래스터화기에게 SV_Position 의미소를 제공해야 하는데, 정점 셰이더에서 계산해서 넘겨준 것을 그대로 넘겨줄 수도 있고 기하 셰이더 자신이 직접 계산할 수도 있다. 정점 위치 하나를 계산하는 데에도 이처럼 다양한 선택지가 주어진다는 점은 파이프라인의 유연성을, 그리고 그에 해당하는 개발자의 자율권(어떤 하나의 알고리즘을 응용 프로그램의 요구에 가장 적합한 방식으로 구현할 수 있는)을 잘 보여준다.

### 시스템 값들

앞에서 이야기한 활성 단계에 따른 고려사항들 외에, 정점 셰이더 단계가 출력할 수 있는 새로운 시스템 값이 두 개 있다. 바로 SV_ClipDistance[n]과 SV_CullDistance[n]이다. 정점 셰이더 단계를 비롯한 래스터화 이전 단계들은 모두 이 시스템 값들을 변경할 수 있다. 이 값들은 이후 래스터화기에서 절단(clipping)과 선별 제외(culling; 줄여서 그냥 선별) 연산을 수행하는 데 쓰인다. 절단과 선별에 대해서는 이번 장의 "래스터화기 단계" 절에서 좀 더 자세히 설명하고, 여기에서는 이 두 시스템 값들의 의미를 이해하기 위한 수준으로만 소개하겠다.

절단과 선별을 이해하려면 점과 평면의 거리를 수학적으로 계산하는 방법을 간단하게나마 짚고 넘어갈 필요가 있다. 거두절미하고, 한 점에서 평면까지의 최단 거리는 점의 위치와 평면의 정규화된 법선 벡터의 내적에서 평면과 좌표계 원점의 최단 거리를 뺀 것이다. 평면을 정의하는 평면 방정식이 있으면 이 거리를 간단하게 구할 수 있다. 식 (3.1)이 평면 방정식을 이용한 점과 평면의 거리 계산 공식으로*, 계수 $a$, $b$, $c$는 정규화된 평면 법선 벡터의 세 성분들이고 $d$는 원점과 평면의 최단 거리이다. $x$, $y$, $z$에 점 위치의 성분들을 대입해서 계산하면 하나의 스칼라 값 $D$가 나오는데, 이것이 바로 점과 평면의 거리이다. 이 거리는 크게 세 범위로 나뉜다. 만일 거리가 양이면 점은 평면으로

---

* [역주] 이 공식의 좌변을 0으로 둔 것이 원래의 평면 방정식이다.

나뉘는 두 공간 중 법선이 가리키는 쪽의 공간에 있는 것이고 0이면 평면 바로 위에 있는 것이다. 그리고 음이면 법선 벡터의 반대쪽 공간에 있는 것이다.* 그림 3.19는 첫 번째 경우에 해당한다.

$$D = ax_1 + by_1 + cz_1 - d \qquad\qquad (3.1)$$

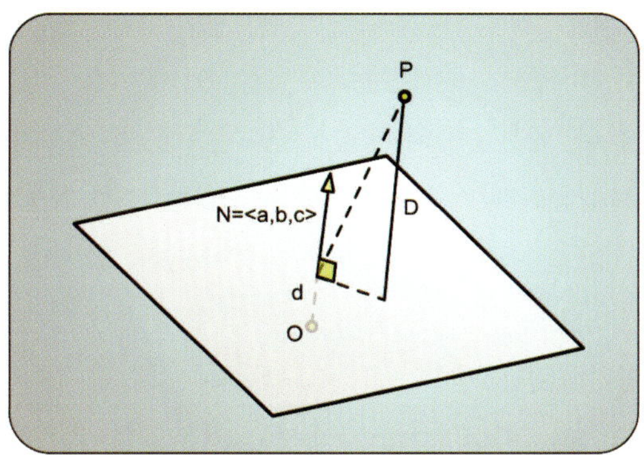


**그림 3.19.** 한 점과 평면의 거리 계산.

어떠한 기본도형을 이후의 처리에서 안심하고 완전히 제외시킬 수 있으려면 그 기본도형의 모든 정점 위치가 절단 공간[11]을 정의하는 여섯 평면들 중 적어도 하나의 바깥쪽에 있어야 한다. 따라서 제외 판정을 위해서는 정점 위치와 여섯 평면 모두에 대해 앞에서 말한 거리 계산을 수행해야 한다. 만일 기본도형의 모든 정점이 여섯 평면들 중 하나의 바깥쪽에 있으면 그 기본도형은 어차피 보이지 않을 것이므로 안심하고 폐기할 수 있다. 시스템 값 의미소 `SV_CullDistance[n]`은 방금 말한 보수적인 선별 판정 방법과 상당히 비슷한 방식으로 작용한다. 이 시스템 값 의미소의 각 성분은 한 선별 판정 평면과 정점 사이의 거리를 나타낸다. 래스터화기 단계는 이 값들을 이용해 절단 공간 선별 판정을 수행해서, 같은 레지스터 안에 음의 값이 있는 모든 정점을 제거한다. 목록 3.12에 이 시스템 값을 사용하는 한 가지 방법이 나와 있다. `clips` 특성의 어떤 한 성분이 기본도형의 모든 정점에 대해 음수이면 그 기본도형은 래스터화 연산에서 제외된다. 이 예의 경우 `clips` 특성에 최대 네 개의 선별 판정 결과를 담을 수 있다.

---

* [역주] 평면의 법선 방향에 있는 공간을 평면의 '안쪽', 그 반대 방향의 공간을 평면의 '바깥쪽'이라고 부른다.
[11] 절단 공간과 그 속성에 대해서는 이번 장의 래스터화와 픽셀 셰이더 부분에서 좀 더 자세히 설명한다.

```
struct VS_OUT
{
    float4 position : SV_Position;
    float4 clips    : SV_CullDistance;
};
```

**목록 3.12.** 4성분 SV_CullDistance 시스템 값 의미소를 사용하는 출력 정점 구조체의 예.

절단 평면과의 거리들을 정의하는 SV_ClipDistance 시스템 값 의미소 역시 비슷한 방식으로 작동한다. 기본도형의 정점들 중 이 특성의 성분이 음인 것이 하나라도 있으면 그 성분을 이용해서 현재 기본도형에서 잘라낼 부분을 계산한다. 실제 절단 연산이 래스 터화 이전에 수행될 수도 있고 이후에 수행될 수도 있는데, 이는 구현에 고유한 세부사 항으로, 개발자가 미리 알 수는 없다. 기반도형의 구체적인 절단 방식이 어떻든, 래스터 화에 의해 생성된 단편들의 SV_ClipDistance 시스템 값 의미소에 음의 값이 포함되는 경우는 없다. 즉, SV_CullDistance에서는 기본도형이 통채로 포함하거나 제외되는 반면, SV_ClipDistance에서는 기본도형의 일부만 '절단'된다(SV_ClipDistance 특성이 음이 아닌 부분만 남도록).

한 파이프라인 구성에서 절단, 선별 의미소 특성들을 최대 두 개까지 사용할 수 있다 (SV_ClipDistance를 두 개 사용하거나, SV_CullDistance를 두 개 사용하거나, 각각 하 나씩 사용하는 등). 그리고 특성당 최대 네 개의 성분들을 포함할 수 있다. 결과적으로 최대 여덟 개의 평면을 절단이나 선별을 위해 사용할 수 있는 셈이다(절단의 경우 float4 형식의 SV_ClipDistance 두 개, 선별의 경우 float4 형식의 SV_CullDistance 두 개).

## 3.5 덮개 셰이더 단계

파이프라인의 다음 경유지는 새로운 테셀레이션 단계들이다. 파이프라인 순서대로 덮개 셰이더 단계, 테셀레이터 단계, 영역 셰이더 단계는 셋이 함께 작동해서 하나의 유연하 고도 구성 가능한 테셀레이션 시스템을 형성한다. 이 세 단계 중 덮개 셰이더 단계와 영역 셰이더 단계는 프로그래밍이 가능한 반면 테셀레이터 단계는 고정된 기능을 수행한다. 덮개 셰이더(hull shader)* 단계는 입력된 기하구조들을 이후의 처리를 위해 가공하는 역할을 수행한다고 할 수 있다. 이 단계는 입력 기하구조를 얼마나 잘게 쪼갤 것인지를 테셀레이터 단계에 알려주며, 영역 셰이더 단계를 위해서는 제어 패치 기본도형들을[12] 처리해서 넘겨준다. 그러면 영역 셰이더 단계는 테셀레이터가 잘게 쪼갠 정점들에 자료를 채워 넣는다. 이처럼 덮개 셰이더는 전체적인 테셀레이션 작업을 조정하는 아주 중요한 역할을 한다. 파이프라인에서 덮개 셰이더 단계의 위치가 그림 3.20에 나와 있다.

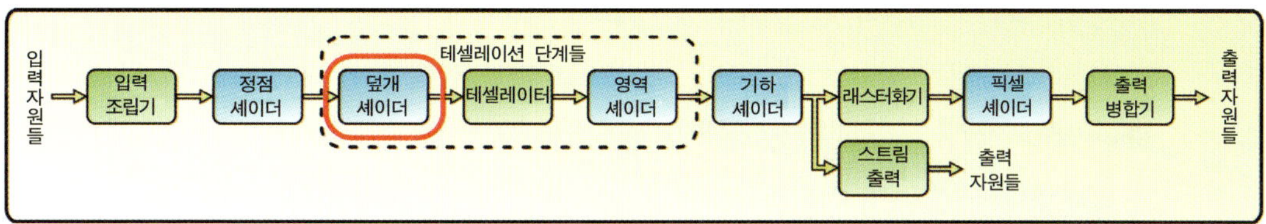


그림 3.20. 덮개 셰이더 단계.

덮개 셰이더 단계의 모든 작업은 두 개의 HLSL 함수가 나누어서 처리한다. 첫째는 덮개 셰이더 프로그램의 주 함수로, 하나의 출력 제어 패치를 생성하는 데 필요한 제어점 개수만큼 이 주 함수가 호출된다. 이 함수는 정점 셰이더가 생성한 제어점들로 이루어진 제어 패치(patch) 기본도형들을 입력으로 받아서, 실행당 하나의 제어점을 출력한다. 정점 셰이더와는 달리, 덮개 셰이더 주 함수는 자신에게 주어진 기하구조의 입력, 출력 기본도형 위상구조를 인식한다. 사실 덮개 셰이더는 실행 때마다 자신의 입력 제어 패치에 속한 모든 입력 제어점들에 접근한다. 이처럼 입력 자료 전체에 접근할 수 있는 덕분에, 제어 패치를 다음 단계로 넘겨주기 전에 덮개 셰이더 단계 안에서 패치 안의 제어점 개수를 통계적으로 늘리거나 줄이는 것도 가능하다. 이러한 제어점 개수 변경은 HLSL 코드 안에서 특별한 특성을 통해 선언한다. 그리고 덮개 셰이더에 전달된 모든 제어 패치는 동일한 방식으로 축소되거나 확장된다. 파이프라인에서 기본도형 자료 스트림을 '증폭(amplification)'할 수 있는 최초의 단계가 바로 이 덮개 셰이더 단계인 것이다.

덮개 셰이더 단계의 둘째 HLSL 함수는 패치 상수 함수라고 부르는 것이다. 덮개 셰이더

---

* [역주] 최종적인 테셀레이션 결과를 감싸는 개괄적인 형태를 제공한다는 뜻에서 '덮개'라는 이름이 붙었다.
[12] 제어 패치 기본도형은 이번 장의 "기본도형 위상구조"에서 소개했었다.

주 함수와는 달리 패치 상수 함수는 완전한 제어 패치 하나마다 한 번씩 실행된다. 이 함수의 주된 임무는 이후 테셀레이터 단계가 입력 기본도형을 얼마나 세밀하게 분할하는지를 결정하는 여러 테셀레이션 계수들을 정의하는 것이다. 또한 이 함수는 한 제어 패치 안의 모든 제어점에 대해 상수인 추가적인 특성들도 계산한다. 그 특성들은 이후 영역 셰이더 단계에 전달된다. 한 단계에 HLSL 함수가 두 개 필요한 경우는 이 덮개 셰이더 단계가 유일하다.

이하의 논의에서 알게 되겠지만, 이 두 함수의 조합을 통해서 다양한 테셀레이션 알고리즘들을 구현할 수 있다. 우선 이 단계에 흔히 입력되는 자료가 어떤 것인지부터 이야기한 후, 이 단계의 구성을 위해 설정할 여러 상태들을 설명한다. 그런 다음 덮개 셰이더에 적합한 주요 처리 연산들을 논의하고, 마지막으로는 덮개 셰이더가 어떤 자료를 산출하며 그 자료가 파이프라인의 어떤 단계들로 공급되는지 살펴보겠다.

## 3.5.1 덮개 셰이더 단계의 파이프라인 입력

덮개 셰이더 단계는 파이프라인에서 정점 셰이더 단계 바로 다음에 위치한다. 덮개 셰이더의 입력 자료는 제어 패치 기본도형들로, 이들은 정점 셰이더 단계의 처리 결과로 생긴 정점 집합과 입력 조립기 단계의 기본도형 스트림 정보가 합쳐져서 만들어진 것이다. 덮개 셰이더 프로그램은 완전한 형태의 제어 패치들을 처리하는데, 그 제어 패치를 구성하는 것은 엄밀히 말하면 정점(vertex)이 아니라 제어점(control point)이다. 정점과 제어점 모두 위치를 정의하며, 그 외에 몇 가지 추가적인 특성을 가진다. 따라서 정점과 제어점의 내용에 큰 차이는 없다. 유일한 차이는 입력 조립기 단계에서 지정한 기본도형 위상구조의 종류이다. 테셀레이션 단계들[13]을 활성화한 파이프라인을 **그리기** 메서드들 중 하나로 실행하는 경우에는 제어점 패치 목록 기본도형 형식들 중 하나를 지정해야 한다. 그에 대응되는 다른 위상구조(이를테면 3점 제어 패치 목록 대신 삼각형 목록 등)를 지정해서 파이프라인을 시행하면 실행시점 모듈이 오류를 보고할 것이다. 이 때문에, 테셀레이션 단계들이 활성화되어 있다는 것은 곧 정점 셰이더가 정점이 아니라 제어점을 처리한다는 뜻이다. 테셀레이션 단계들이 활성화되어 있지 않다면, 정점 셰이더는 정점들을 처리한다.

---

[13] 테셀레이션 단계들뿐만 아니라 기하 셰이더 단계도 제어 패치를 받을 수 있다.

앞에서 말했듯이, 덮개 셰이더 프로그램은 원하는 출력 제어 패치의 제어점당 한 번씩
실행된다. 덮개 셰이더 프로그램은 모든 실행에서 현재 입력 제어 패치의 모든 제어점에
접근할 수 있다(현재 실행의 한 제어점만이 아니라). 이 점들은 C++ 템플릿 비슷한 구문
으로 선언된 한 파이프라인 입력 특성으로 주어진다. 이 특성을 선언할 때 템플릿 매개
변수 두 개를 지정하는데, 하나는 정점 셰이더가 산출한 자료의 형식이고 또 하나는
입력 제어 패치 안의 제어점 개수이다. 이 제어점 개수는 입력 조립기의 기본도형 위상
구조 종류에 지정된 것과 반드시 일치해야 한다. 목록 3.13에서 3점 제어 패치 목록
위상구조를 위한 덮개 셰이더 프로그램에서 입력 제어점 특성을 선언하는 예를 볼 수
있다.

```
HS_CONTROL_POINT_OUTPUT HSMAIN( InputPatch<HS_CONTROL_POINT_INPUT, 3> ip,
                                uint i : SV_OutputControlPointID,
                                uint PatchID : SV_PrimitiveID )
{
    HS_CONTROL_POINT_OUTPUT output;

    // ...여기에서 output을 계산한다 ...

    output.WorldPosition = ip[i].WorldPosition;

    return output;
}
```

**목록 3.13**. 덮개 셰이더 프로그램에서 특성을 선언하는 예.

목록 3.13은 덮개 셰이더 프로그램에서 사용할 수 있는 시스템 값 의미소 특성 두 가지
도 보여준다(이 특성들을 사용하려면 위의 예처럼 반드시 매개변수 목록에 선언해 두어
야 한다). **SV_OutputControlPointID**는 현재 입력 제어 패치에 속한 제어점들 중 '현재
제어점', 즉 이번 덮개 셰이더 프로그램 실행을 유발한 한 제어점의 색인에 해당하는 부호
없는 단일 성분 정수로, 그 값은 지정된 출력 제어 패치의 크기를 넘지 않는다. 덮개 셰이
더 프로그램이 출력 제어점을 산출하기 위해 입력 제어점들 중 어떤 부분을 사용해야
하는지를 결정할 때 이 값을 사용할 수 있다. 둘째 시스템 값은 **SV_PrimitiveID**로, 이것
은 현재 기본도형(좀 더 구체적으로는 제어 패치)을 식별하는 부호 없는 단일 성분 정수

이다. 파이프라인에서 이 시스템 값 의미소를 사용할 수 있는 최초의 단계가 덮개 셰이더 단계이다. 기본도형을 인식하지 못하는 정점 셰이더에는 이 값이 주어지지 않는다.

패치 상수 함수는 덮개 셰이더 단계에 주어진 완전한 제어 패치 기본도형마다 한 번씩만 실행된다. 덮개 셰이더 프로그램처럼 이 함수 역시 입력 제어점들 전체와 그 특성들 모두에 접근할 수 있다. 또한 `SV_PrimitiveID` 시스템 값도 사용할 수 있다. 그러나 `SV_OutputControlPointID`는 주어지지 않는다. 패치 전체를 다루는 함수이므로 개별 제어점의 식별자가 주어지지 않는 것이 당연하다.

## 3.5.2 덮개 셰이더 단계의 상태 구성

덮개 셰이더 단계는 프로그램 가능 셰이더 단계의 하나이므로 정점 셰이더 단계에서 논의한 것과 동일한 종류의 자원들에 접근할 수 있다. 책의 완결성을 위해 그 자원들을 여기에서도 나열하나, 사실 자원을 설정하거나 조회하기 위한 메서드 이름과 관련 구조체 이름들만 다를 뿐이므로(덮개 셰이더를 의미하는 HS가 이름들에 포함된다) 예제 코드는 생략하겠다. 다음은 덮개 셰이더 단계를 위해 자원들을 설정하거나 조회하기 위한 메서드들이다.

- `ID3D11DeviceContext::HSSetShader()`

- `ID3D11DeviceContext::HSSetConstantBuffers()`

- `ID3D11DeviceContext::HSSetShaderResources()`

- `ID3D11DeviceContext::HSSetSamplers()`

응용 프로그램이 덮개 셰이더 단계에 연결할 수 있는 자원들 외에, HLSL 코드 안에서 지정할 수 있는 함수 특성도 여러 가지가 있다. 그 특성들도 아래에서 설명하겠다.

### 셰이더 프로그램

덮개 셰이더 프로그램을 컴파일하는 방법은 다른 모든 HLSL 프로그램과 동일하다.[14] 차이는, 덮개 셰이더 프로그램의 경우 그 앞에 반드시 패치 상수 함수의 정의와 함수

수준 특성들의 목록이 와야 한다는 것이다. 두 항목 모두 덮개 셰이더 프로그램과 동일한 HLSL 파일 안에 존재해야 하며 따라서 동일한 셰이더 바이트 코드로 컴파일된다. 그 바이트 코드로 **ID3D11HullShader** 객체를 생성하고 장치 문맥을 통해서 그것을 파이프라인에 연결하면 된다.

### 상수 버퍼

응용 프로그램에서 덮개 셰이더 프로그램에 자료를 전달하는 주된 수단이 바로 상수 버퍼이다. 상수 버퍼의 작동 방식은 정점 셰이더 단계에서 말한 것과 정확히 동일하다. 파이프라인 실행 사이에서 사용하지 않을 상수 버퍼들을 적절히 해제하는 문제 역시 동일하게 적용된다.

### 셰이더 자원 뷰

셰이더 자원 뷰 역시 덮개 셰이더 프로그램에 읽기 전용 자료를 제공하는 수단이다. 제2장에서 설명했듯이, 셰이더 자원 뷰들은 다양한 자원 배열에 대한 읽기 전용 접근을 제공한다. 셰이더 자원 뷰를 사용하는 경우 상수 버퍼보다 훨씬 더 큰 메모리 풀을 덮개 셰이더에 제공할 수 있으나, 대신 자료에 접근하는 속도는 더 느릴 가능성이 있다.

### 표본추출기

다른 단계들에서와 마찬가지로 표본추출기는 텍스처 자원에 대한 필터링 연산을 수행하는 메커니즘을 제공한다. 덮개 셰이더 단계 역시 이 기능에 접근할 수 있는데, 그 작동 방식은 정점 셰이더 단계에서 말한 것과 동일하다.

### 함수 특성

세 테셀레이션 단계들에서 쓰이는 테셀레이션 기법을 제어하기 위해서는 덮개 셰이더 프로그램의 HLSL 코드 안에서 여러 개의 함수 특성(function attribute)들을 조작할 필요가 있다. 이 '함수 특성'들은 파이프라인 단계들 사이의 입력, 출력 파이프라인 자료에서

---

14) 셰이더 프로그램을 컴파일하고 셰이더 객체를 생성하는 자세한 방법은 제6장에 나온다.

말하는 특성들과 다른 것이다. 이들은 테셀레이션 시스템의 특정 설정을 변경하는 개별 문장이다. HLSL 소스 코드 안에서 이 함수 특성들은 덮개 셰이더 프로그램 자체의 특징을 서술하는 것이므로 반드시 덮개 셰이더 프로그램(의 주 함수)보다 앞에 있어야 한다. 사용 가능한 특성들의 예가 간단한 설명과 함께 목록 3.14에 나와 있다. 각 함수 특성의 좀 더 자세한 설명은 이번 장에서 나중에 해당 주제가 나올 때로 미루기로 한다.

```
// 테셀레이션할 기본도형의 '영역'을 지정한다.
[domain("tri")]

// 테셀레이션 방법을 지정한다.
[partitioning("fractional_even")]

// 테셀레이션을 통해 생성할 기본도형의 종류를 지정한다.
[outputtopology("triangle_cw")]

// 덮개 셰이더가 생성하려는 제어점들의 개수를 지정한다. (이는
// 덮개 셰이더 주 함수가 실행되는 횟수이기도 하다.)
[outputcontrolpoints(3)]

// 패치 상수 함수의 이름을 지정한다.
[patchconstantfunc("PassThroughConstantHS")]

// 패치 상수 함수가 산출할 수 있는 테셀레이션 계수의 최댓값을 지정한다.
// 이 함수 특성은 생략 가능하며, 구동기를 위한 힌트로만 쓰인다.
[maxtessfactor(5)]
```

**목록 3.14.** 덮개 셰이더 프로그램의 함수 특성들.

## 3.5.3 덮개 셰이더 단계의 처리 공정

덮개 셰이더 단계에서 수행해야 하는 작업은 두 개의 HLSL 함수가 나누어서 처리하며, 따라서 응용 프로그램은 그 두 함수 모두 반드시 제공해야 한다. 덮개 셰이더 프로그램은 파이프라인의 이후 단계들이 사용할 출력 제어점들을 산출한다. 이를 위해 덮개 셰이더 프로그램은 파이프라인의 이전 단계들에서 만들어진 입력 제어 패치들을 읽어 들여서 그것들을 다른 단계들이 요구하는 형식의 출력 제어 패치로 변환한다. 한편 패치 상수 함수는 이후 테셀레이션 단계에 필요한 테셀레이션 계수들을 개발자가 정의한 수치에 근거해서 결정한다. 그럼 이 함수들로 수행할 수 있는 몇 가지 고수준 개념들을 살펴보자.

## 덮개 셰이더 프로그램

앞에서 언급했듯이, 덮개 셰이더는 생성해야 할 출력 제어점마다 한 번씩 실행된다. 그 제어점들의 개수(출력 제어 패치의 크기에 해당)는 개발자가 outputcontrolpoints 함수 특성으로 지정한다. 덮개 셰이더 프로그램의 실행마다 시스템 값 의미소 입력 특성 SV_OutputControlPoint에 현재 제어점의 색인이 설정된다. 이 값은 0에서 $n$-1 사이로, 여기서 $n$은 outputcontrolpoints 함수 특성으로 정의된 출력 제어점 개수이다. 이 함수 특성은 덮개 셰이더에서 출력 제어 패치 안의 제어점 개수를 더 늘리거나 줄일 수 있게 하는 메커니즘이다. 덮개 셰이더 프로그램은 입력 제어 패치 기본도형에 속한 모든 제어점을 하나의 입력 특성으로 받아서 적절한 개수의 출력 제어점들을 산출한다. 이러한 개념이 그림 3.21에 나와 있다. 이 그림이 나타내는 덮개 셰이더는 16개의 제어점들로 이루어진 제어 패치를 받아서 4제어점 패치를 만들어 낸다.

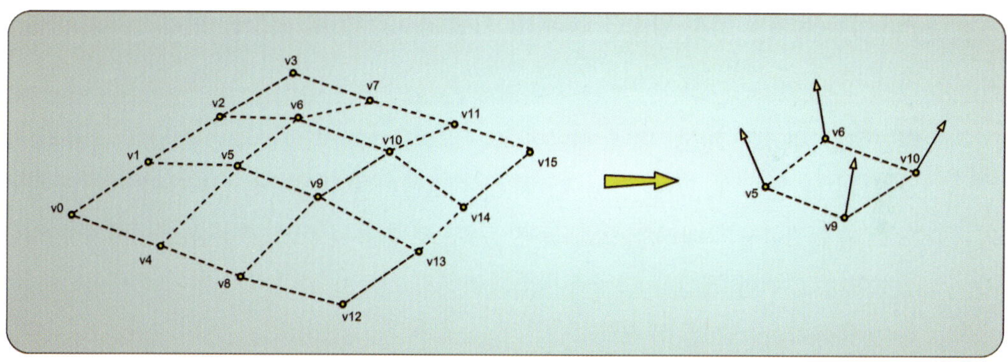

**그림 3.21.** 영역 셰이더 단계로 전달할 제어 패치들의 제어점 개수를 변경한다.

**테셀레이션 알고리즘 설정.** 덮개 셰이더가 출력한 제어 패치는 영역 셰이더 단계의 입력 자료로 쓰인다. 이 점을 생각하면 덮개 셰이더 단계를 테셀레이션 시스템의 자료 설정 단계라고 볼 수도 있을 것이다. 방금 이야기했듯이, 덮개 셰이더가 입력 제어 패치의 형태를 변경, 확장, 축소할 수 있다. 이러한 능력은 영역 셰이더 단계가 구현하고 있는 특정 테셀레이션 알고리즘이 요구하는 형태의 제어 패치를 산출하는 데 유용하다. 즉, 어떤 표준적인 제어 패치 기본도형(이를테면 프로젝트에 쓰이는 특정 콘텐트 제작 도구의 요구를 따르는)을 소비해서 테셀레이션 알고리즘이 요구하는 형태의 출력 제어 패치를 생산해 내는 역할을 덮개 셰이더가 수행할 수 있는 것이다. 다른 말로 하면 덮개 셰이더 단계는 테셀레이션 시스템을 파이프라인의 다른 단계들과 격리시키는 지점이라고 할 수 있다. 표준 형태의 입력을 투입하면 덮개 셰이더 단계는 항상 현재 알고리즘에 적합한 형태의 출력을 산출한다. 이는 마치 입력 조립기 단계가 원래의 기하 자료를 파이프라인의 나머지 단계들에 맞게 조립해서 제공하는 것과 비슷하다. 이러한 격리 덕분에 파이프라인의 나머지 부분에 영향을 주지 않고도 테셀레이션 알고리즘을 다른 것으로(사용 가능한 입력 제어 패치 기하구조를 소비할 수 있는 알고리즘이라면 어떤 것으로도) 교체할 수 있다.

**테셀레이션 알고리즘의 세부수준.** 이러한 테셀레이션 교체 능력을 일종의 세부수준 (LOD) 메커니즘으로 사용하는 것도 가능하다. 즉, 카메라에 가까운 물체에 대해서는 좀 더 정교한 또는 좀 더 공격적인 테셀레이션 알고리즘을 사용하고, 멀리 있는 물체에 대해서는 덜 복잡한 알고리즘을 사용하는 것이다. 물론 이는 테셀레이션의 양을 실제로 변화시키는(패치 상수 함수를 통해서) 기법에 비하면 덜 세밀한 형태의 LOD라 할 수 있다.

**일반적인 제어점 계산.** 덮개 셰이더 프로그램을 테셀레이션과는 무관한 종류의 여러 처리에 사용할 수도 있다. 덮개 셰이더는 테셀레이션이 실제로 일어나기 직전의 단계이므로, 테셀레이션된 여러 개의 점들에 공통으로 적용될 어떤 값들을 계산하기에 적합한 장소이다. 그러한 계산을 테셀레이션 과정에서 자료가 증폭되기 전에 수행함으로써 처리 비용을 크게 줄일 수 있다.


## 테셀레이션 계수 계산

패치 상수 함수의 목적은 두 개의 테셀레이션 계수를 계산해서 특별한 시스템 값 의미소에 기록하는 것이다. 이 테셀레이션 계수들은 즉 입력 제어 패치로부터 만들어진 기본도형을 고정 기능 테셀레이터 단계가 얼마나 잘게 분할해야 하는지(테셀레이션의 '양')를 결정한다. 필요한 테셀레이션 계수의 개수는 앞에서 언급한 domain 함수 특성에 영향을 받는다. 이 함수 특성은 테셀레이션 단계가 개념적으로 분할하는 기본도형의 종류를 결정한다. 이 특성에 어떤 종류의 영역(등치선, 삼각형, 사각형)을 지정하느냐에 따라, 필요한 변 (edge) 테셀레이션 계수들의 개수가 달라진다.

덮개 셰이더 단계에서 실행될 패치 상수 함수 자체는 또 다른 함수 특성인 patchconstantfunc 로 지정된다. 이 특성에는 패치 상수 함수로서 호출될 HLSL 함수의 이름을 지정해야 한다. 앞에서 언급한 나머지 함수 특성들은 테셀레이터 단계의 수행 방식을 설정하는 데 쓰인다. partitioning 함수 특성은 수행할 테셀레이션의 종류이고 outputtopology 함수 특성은 테셀레이션으로 생성할 출력 기본도형의 종류이다. 그리고 생략 가능한 maxtessfactor 함수 특성은 구동기에게 테셀레이션 최대량을 알려준다. 구동기는 테셀레이션 결과를 담을 메모리를 이 특성에 기초해서 적절한 크기로 할당한다.

이 함수 특성들과 설정 가능한 값들을 제4장 "테셀레이션 파이프라인"에서 좀 더 자세히 이야기할 것이다. 지금 논의에서 중요한 것은, 이러한 패치 상수 함수와 함수 특성들이 테셀레이터 단계의 작동 방식과 그 결과물을 구체적으로 결정한다는 점이다. 이는 덮개 셰이더 프로그램에서 이야기한 설정 기능과 여러모로 비슷하다. 함수 특성들은 무엇을(domain 함수 특성) 어떻게(partitioning 함수 특성) 테셀레이션할 것인지, 그리고 그 결과로 무엇을 출력할 것인지(outputtopology 함수 특성)를 결정한다. 패치 상수 함수는 각 패치에 대한 테셀레이션 계수들을 산출하며, 테셀레이터 단계는 주어진 영역 기본도형을 얼마나 잘게 쪼갤 것인지를 결정할 때 그 계수들을 사용한다. 덮개 셰이더 프로그램이 테셀레이션 과정이 소비할 자료를 준비한다면, 패치 상수 함수는 그 자료에 적용할 실제 테셀레이션 메커니즘을 정의한다고 할 수 있다.

**세밀한 세부수준.** 테셀레이션 계수를 계산할 때 사용할 수 있는 기준이나 조건은 얼마든지 다양하다. 예를 들어 입력 제어 패치와 관찰자 사이의 거리에 기초해서 테셀레이션의 양을 수정할 수도 있다. 패치가 관찰자에 가까울수록 테셀레이션 양을 늘리고 멀수록 줄이는 것이 필요한 계산량을 줄이는 데 도움이 됨은 물론이다. 그러나 이런 접근방식이 적합하지 않거나 이상적이지 않은 경우도 존재한다. 예를 들어 날카로운 세부사항이 별로 없고 대체로 매끄러운 물체의 경우 표면의 변화 정도에 따라 테셀레이션 양을 결정하는 것이 더 나을 수 있다. 표면의 변화 정도를 미리 계산해서 제어점들에 저장해 둘 수도 있다(이를테면 텍스처에 저장해서 참조하는 등). 더 나아가서, 이런 문제에 대해 발견법적 규칙을 하나만 사용하지 말고 여러 개를 결합해서 사용하는 것도 가능하다(사실 그게 더 바람직할 것이다). 이런 종류의 분석의 예가 제9장 "동적 테셀레이션"에 나온다.

**이미지 품질.** 바람직한 테셀레이션 세부수준을 결정할 때 고려해야 할 사항들은 그 외에도 많이 있다. 예를 들어 제어 패치가 어떤 메시의 윤곽선에 위치한 경우, 그 패치를 시선 방향과 수직인 패치보다 더 많이 테셀레이션하면 이미지 품질이 높아진다. 테셀레이션 수준을 조정함으로써 이미지 품질을 개선하는 또 다른 좋은 예는 이중 포물면 (dual-paraboloid) 그림자 맵, 즉 환경 맵의 생성이다. 포물면 맵[15]의 커다란 영역을 덮는 삼각형들로 포물면 투영을 수행하면 인위적인 결함이 발생한다고 알려져 있다. 이는 각 정점은 포물면 투영으로 변환되지만 그 정점들로 이루어진 삼각형 기본도형 자체는 선형으로 래스터화되기 때문에 생기는 현상이다. 그림 3.22에 그러한 상황이 나와 있다.

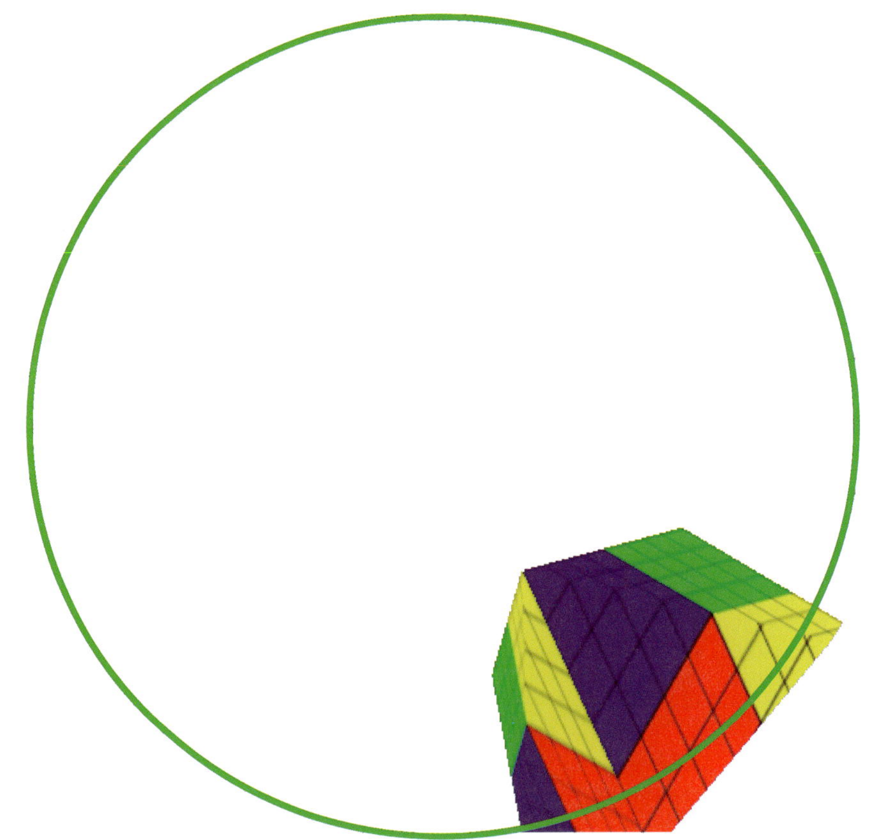

**그림 3.22.** 선들을 보존하지 않는 투영법을 선형 래스터화와 함께 사용했을 때 생기는 인위적인 결함.

---

15) 포물면 맵의 자세한 사항은 제13장 "다중 스레드 예제"에 나온다.

이러한 문제는 기본도형이 덮는 포물면 맵 텍셀들이 많을수록 심해진다. 이를 완화하는 한 가지 간단한 방법은, 패치 상수 함수에서 삼각형이 화면 공간에서 차지하는 넓이를 계산해서 그에 따라 테셀레이션 계수들을 증가하는 것이다. 그러면 영역 셰이더 단계에서 테셀레이션된 점들을 이런 문제가 덜 드러나도록 적절히 투영할 수 있다.

**일반적인 제어 패치 계산.** 테셀레이션 계수들 외에, 현재의 제어 패치에 기초해서 테셀레이션된 모든 점에 적용될 사용자 정의 특성들도 패치 상수 함수에서 계산할 수 있다. 즉, 하나의 제어 패치의 모든 제어점이 공유할 자료(패치 전체의 법선 벡터나 패치 위치의 화면 공간 미분계수 등)를 한 번만 계산해 두고 나중에 여러 번 사용할 수 있다는 뜻이다. 이렇게 하면 테셀레이션을 수행하는 데 필요한 계산량이 줄어든다.

## 3.5.4 덮개 셰이더 단계의 파이프라인 출력

덮개 셰이더 프로그램은 이후 테셀레이션에 쓰일 제어 패치를 구성하는 제어점들을 출력한다. 이 제어점들은 덮개 셰이더가 파이프라인의 나머지 부분에 정보를 넘겨주는 주된 수단이다. 궁극적으로 이 제어점들은 영역 셰이더 단계에서 소비된다. 영역 셰이더 단계는 테셀레이터 단계가 새로이 테셀레이션한 점들 각각의 위치를 이 제어점들을 이용해서 결정한다. 덮개 셰이더의 출력에 포함시켜야 할 특성들에 관한 요구조건은 아주 유연하다. 덮개 셰이더가 반드시 출력해야 할 시스템 값은 없다. 이후 단계들에 어떤 정보를 제공할 것인지는 전적으로 개발자가 결정할 일이다. 일반적으로 덮개 셰이더 프로그램의 출력에는 제어점들의 위치가 포함되는데, 입력 제어점들의 것을 그대로 사용할 때도 있고 추가적인 계산을 거치는 경우도 있다. 또한 어떤 자원에서 읽어 들인 것이 아닌 종류의 재질(material) 속성들도 흔히 제어점에 포함시킨다. 이를테면 제어점별 색상, 반사도, 재질 ID 등이 그러한 속성의 예이다.

반면 패치 상수 함수의 출력은 선택의 여지가 크지 않다. 패치 상수 함수는 반드시 테셀레이터 단계가 사용할 적절한 개수의 테셀레이션 계수들을 계산해서 시스템 값 의미소 `SV_TessFactor` 특성과 `SV_InsideTessFactor` 특성으로 출력해야 한다. 또한 모든 패치 상수 정보도 출력 특성들을 통해서 넘겨주어야 한다. 이 특성들은 테셀레이션 처리 방식을 변경하기 위한 것이 아니므로 테셀레이터 단계에는 전달되지 않고, 각 영역 셰이더 프로그램의 실행에 직접(입력 특성으로서) 전달된다.

## 3.6 테셀레이터 단계

테셀레이터 단계는 테셀레이션을 수행하는 파이프라인 단계들 중 유일한 고정 기능 단계이다. 이 단계는 덮개 셰이더 단계와 영역 셰이더 단계 사이에 위치한다. 따라서 이 단계의 입력과 출력은 그 두 단계의 출력과 입력으로 이어진다. 렌더링 파이프라인에서 테셀레이터 단계를 사용하는 경우 그 두 단계도 함께 사용해야 한다. 셋을 따로 사용할 수는 없다. 그런 만큼, 테셀레이터 단계는 테셀레이션 알고리즘의 구현에서 중요한 역할을 한다. 테셀레이터 단계의 위치가 그림 3.23에 나와 있다.

테셀레이터 단계의 임무는 덮개 셰이더 단계의 패치 상수 함수가 지정한 테셀레이션 계수들에 해당하는 만큼의 테셀레이션을 수행해서, 현재 '영역(domain)' 안에서 일단의 좌표점들을 생성하는 것이다. 점들을 생성할 수 있는 영역의 종류로는 등치선(isoline), 삼각형, 사각형이 있다. 구체적으로 어떤 영역을 사용할 것인지는 덮개 셰이더 프로그램의 `domain` 함수 특성으로 지정한다. 테셀레이터 단계가 수행하는 작업에 제어 패치나 제어점들이 쓰이지 않음을 주목하기 바란다. 테셀레이터 단계는 그냥 정점들이 주어진 영역 안의 어느 위치에서 만들어져야 하는지를 지시하는 일단의 점들을 생성할 뿐이다. 이 점들은 영역 셰이더 단계로 전달되며, 영역 셰이더는 그 점들과 덮개 셰이더 프로그램이 생성한 제어점들을 결합해서 그 점들에 물리적인 의미를 부여한다. 테셀레이터 단계의 작동방식을 이해하면, 그리고 테셀레이터 단계가 왜 이렇게 직관적이지 않은 방식으로 구현되었는지를 이해하고 나면 테셀레이션 알고리즘들을 제대로 구축할 수 있는 튼튼한 기반을 얻게 될 것이다.

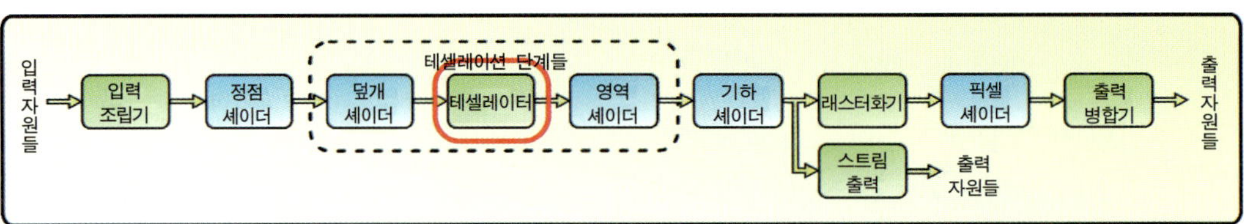


**그림 3.23.** 테셀레이터 단계.

## 3.6.1 테셀레이터 단계의 파이프라인 입력

테셀레이터 단계를 이해하기 위해, 우선 이 단계에 어떤 종류의 자료가 흘러들어오는지 살펴보자. 정점 셰이더 단계는 입력 조립기 단계가 조립한 정점(제어점)들을 받아서 출력 제어점들을 생성한다. 덮개 셰이더 단계는 그 제어점들로부터 만들어진 제어 패치들을 받는다(입력 조립기의 기본도형 정보와 함께). 이상이 그림 3.24의 왼쪽 절반에 해당한다.

여기까지의 과정에서 각 단계는 원래의 입력 자료를 이전의 단계가 나름의 방식으로 처리한 결과를 받는다. 그러나 테셀레이터 단계는 그렇지 않다. 이 단계가 받는 것은 덮개 셰이더 단계의 패치 상수 함수가 '계산'을 통해서 만들어 낸 테셀레이션 계수들이다. 이 계수들은 영역 객체의 각 부분을 얼마나 잘게 쪼갤 것인지를 나타내는 부동소수점 값이다. 덮개 셰이더 단계에서 테셀레이션 계수들을 어떻게 계산하느냐와 무관하게, 만일 두 제어 패치에 대해 계산된 두 테셀레이션 계수 집합이 동일하다면, 테셀레이터 단계의 관점에서 그 두 제어 패치는 동일한 것이다. 즉, 테셀레이터 단계는 두 입력을 구분하지 못하며, 따라서 두 경우 모두 정확히 동일한 출력을 낸다.

엄밀히 말해서, 파이프라인의 다른 모든 단계도 정확히 동일한 입력들이 주어지면 동일한 출력을 낸다. 테셀레이터 단계가 독특한 이유는, 입력 자료를 단순한 부동소수점 계수들로 '평준화'한 결과를 입력받기 때문에 실제로 그렇게 동일한 입력들이 주어질 가능성이 다른 단계들에 비해 크다는 것이다. 이는 다른 파이프라인 단계들과의 심대한 차이다. 테셀레이터 단계가 수행하는 처리의 종류를 살펴볼 때 이 점을 염두에 둘 필요가 있다.

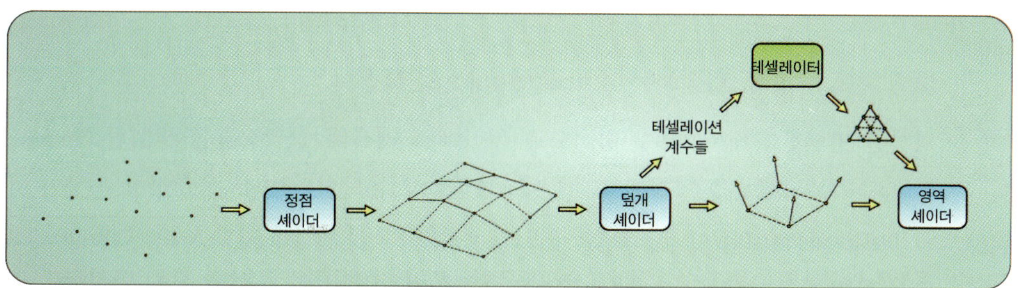


**그림 3.24.** 파이프라인에서 자료가 흘러가는 모습.

## 3.6.2 테셀레이터 단계의 상태 구성

테셀레이터 단계는 응용 프로그램이 직접 구성하지 못하며, 대신 덮개 셰이더 프로그램의 함수 특성들을 통해서 구성한다(이 특성들은 응용 프로그램이 지정할 수 있다). 지정 가능한 함수 특성들을 '덮개 셰이더' 절에서 소개했었다. 이 함수 특성들 대부분은 테셀레이터 단계를 구성하기 위한 것이므로(비록 덮개 셰이더 단계에서 지정한다고 해도), 각 함수 특성의 용도를 여기서 좀 더 자세히 살펴보기로 하자.

### 영역을 지정하는 domain 특성

domain 함수 특성부터 시작하자. 앞에서 언급했듯이, 테셀레이터 단계는 제어 패치들을 분할하는 것이 아니라 영역 객체를 분할한다. 이 함수 특성에 지정할 수 있는 값은 세 가지로, 바로 isoline, tri, quad이다. 개념적으로 말하자면, 테셀레이터 단계는 이 함수 특성에 해당하는 영역 안의 점들을 결정하고, 영역 셰이더 단계에서 그 점들을 실제의 정점들로 '실현'한다. 이 함수 특성은 생략할 수 없다. 영역의 종류는 패치 상수 함수가 계산한 테셀레이션 계수들의 개수가 유효한지를 점검하는 데에도 쓰이기 때문이다.

### 분할 방식을 지정하는 partitioning 특성

다음으로 partitioning 함수 특성을 보자. 이 특성에 지정할 수 있는 값은 integer, fractional_even, fractional_odd, pow2이다. 각 값은 지정된 영역을 분할하는 서로 다른 방식을 나타낸다. 제4장 "테셀레이션 파이프라인"에서 좀 더 자세히 이야기하겠지만, 분할 방식이 다르면 생성되는 테셀레이션 점들도 크게 달라진다. 이 함수 특성 역시 생략할 수 없는 필수 특성이다.

### 출력 위상구조를 지정하는 outputtopology 특성

지정된 영역을 지정된 분할 방식으로 분할해서 테셀레이션 점들을 생성한 후에는 그 점들로 기본도형들을 형성해야 하는데, 형성할 기본도형의 종류를 지정하는 것이 바로 이 outputtopology 함수 특성이다. 이 특성에 지정할 수 있는 값은 triangle_cw, triangle_ccw, line이다. 이 함수 특성 역시 필수이다. 이 특성을 잘못 지정하면 의도했던 것과 상당히 다른 결과를 얻게 된다. 예를 들어 감는 방향이 다른 삼각형을 잘못 지정하면 기하구조가 안팎이 뒤집혀서 렌더링되는 결과가 나온다.

### 최대 테셀레이션 계수를 지정하는 maxtessfactor 특성

테셀레이터 단계에 관련된 마지막 함수 특성은 한 테셀레이션 계수의 최댓값을 지정하는 maxtessfactor이다. 이 특성은 생략 가능한 것으로, 자료 증폭의 최대 한계에 대한 '힌트'를 구동기에게 제시하는 역할을 한다. 구동기는 테셀레이션 작업의 결과를 담기에 충분한 메모리를 효율적으로 미리 할당할 때 이 특성으로 주어진 최댓값을 이용한다.

## 3.6.3 테셀레이터 단계의 처리 공정

앞에서 언급한 테셀레이션 계수들과 설정들로 테셀레이터 단계가 수행하는 연산이 정확히 어떤 것인지 궁금할 것이다. 짧게 답하자면, 테셀레이터 단계는 주어진 영역 안에서 일련의 점들을 선택하고, 그 점들을 이용해서 기본도형들을 생성하고, 그 기본도형들을 파이프라인의 다음 단계에 넘겨준다. 그럼 이러한 작업이 구체적으로 어떻게 수행되는지 좀 더 자세히 살펴보자.

### 표본 위치들

테셀레이터 단계는 자료를 처리하는 단계라기보다는 자료를 생성하는 단계라고 해야 마땅하다. 테셀레이터 단계는 이전 단계에서 지정된 영역 종류와 테셀레이션 계수들(구체적으로 말하면 내부 테셀레이션 계수들과 변 테셀레이션 계수들)에 기초해서 테셀레이션 공정을 진행하는데, 그 공정은 크게 두 부분으로 나뉜다. 첫 부분에서는 적절한 개수의 삼각형들을 생성하기 위한 테셀레이션 점들을 선택한다. 이 때, 가장자리(edge) 테셀레이션 계수들이 내부 테셀레이션 계수들보다 더 큰 값이면 영역의 내부의 점들보다 외곽변 쪽 점들이 더 많이 선택된다. 그 역도 마찬가지이다. 즉, 내부 계수들이 더 크면 영역 안쪽 점들이 더 많이 선택된다. 그림 3.25는 이를 '사각형' 영역(quad)으로 나타낸 것이다.

선택된 점들은 현재 영역 안에서의 좌표들로만 식별된다. 테셀레이터 단계가 하는 일을 생각하면 이런 식별 방법이 다소 의아하게 느껴질 것이다. 이 좌표들은 테셀레이터가 생성하는 유일한 자료로, 이들은 전반적인 영역 도형 안에서의 위치만을 제공한다. 그

위치들을 제어 패치(덮개 셰이더가 제공한)에 기초해서 실제 정점들로 변환하는 것은
테셀레이터 단계가 아니라 영역 셰이더 단계의 몫이다. 이 때문에 테셀레이터 단계를
**자료 처리 단계**가 아니라 **자료 생성 단계**라고 부르는 것이다. 이 단계는 영역 설정과
일단의 테셀레이션 계수들을 받아서 이후에 필요한 모든 표본점 위치들을 산출한다.
일반적으로 이 단계의 출력 자료량은 입력 자료량보다 크다. 이 단계의 유일한 입력은
테셀레이션 계수들인데, 그 분량은 부동소수점 값 다섯 개를 넘지 않기 때문이다..

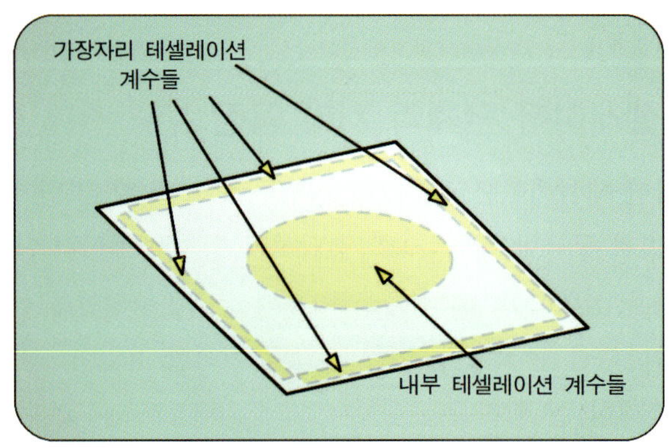


**그림 3.25.** 사각형에서 테셀레이션 계수들에 영향을 받는 부분들.

## 기본도형의 생성

테셀레이터 단계 처리의 둘째 부분에서는, 첫 부분에서 선택한 표본 위치들을 파이프라
인의 이후 단계들이 렌더링 가능한 기하구조로 사용하는 데 필요한 기본도형 정보를
생성하는 것이다. 입력 조립기에서 이미 기본도형 위상구조를 지정했는데 이 테셀레이
터 단계에서 기본도형 정보를 반드시 생성해야 한다는 것이 좀 이상하게 느껴질 수도
있겠다. 테셀레이션 시스템이 활성화된 파이프라인의 경우 입력 조립기가 기본도형 연
결성 정보를 만들어서 덮개 셰이더 단계에(정점 셰이더 단계를 건너뛰고) 넘겨주는 것은
맞는 말이다. 그러나 테셀레이션 단계들이 활성화된 경우 입력 조립기가 산출한 입력
기본도형은 반드시 제어 패치 종류들 중 하나이다. 그 기본도형은 제어점으로서의 정점
들의 연결성이 지정된 하나의 제어 패치일 뿐, 그대로 래스터화할 수 있는 형태의 실제
기본도형이 아니다. 그림 3.26이 기본도형 자료가 파이프라인의 테셀레이션 시스템까지
흘러들어오는 과정을 나타낸 것이다.

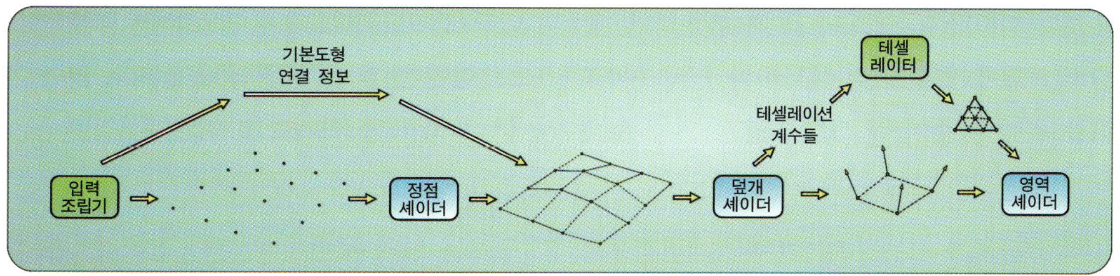

**그림 3.26.** 파이프라인에서 기본도형 자료의 흐름(테셀레이션 단계들까지).

테셀레이션 단계의 출력 기본도형 종류를 outputtopology 함수 특성으로 지정한다는 점은 앞에서 이미 이야기했다. 선(line)을 생성하는 경우에는 기본도형 안에서 정점들이 배치되는 순서가 중요하지 않다. 선에는 앞쪽, 뒤쪽이라는 것이 없기 때문이다. 그러나 삼각형을 생성하는 경우에는 정점들을 지정하는 순서가 중요해진다. 래스터화기 단계에서 보겠지만, 현재 시점(viewpoint)에서 멀어지는 쪽을 바라보는 삼각형은 처리에서 제외되어서 최종 렌더링 이미지에 반영되지 않는다. 삼각형이 어떤 방향을 향하고 있는지는 첫 정점을 공유하는 두 변에 해당하는 벡터들의 외적으로 판정한다. 그림 3.27을 참고하기 바란다.

주어진 표면 기본도형이 보이느냐 보이지 않느냐는 렌더링에서 중요한 문제이므로, 그러한 가시성 판정이 제대로 일어나게 하기 위해서는 outputtopology 설정이 래스터화기 단계에 쓰이는 선별 제외 설정과 모순되지 않게 하는 것이 아주 중요하다. 표본 점들이 모두 선택된 상황에서, 기본도형 정보는 사실상 해당 점들에 대한 참조 두 개(선의 경우) 또는 세 개(삼각형의 경우)를 담은 목록일 뿐이다.

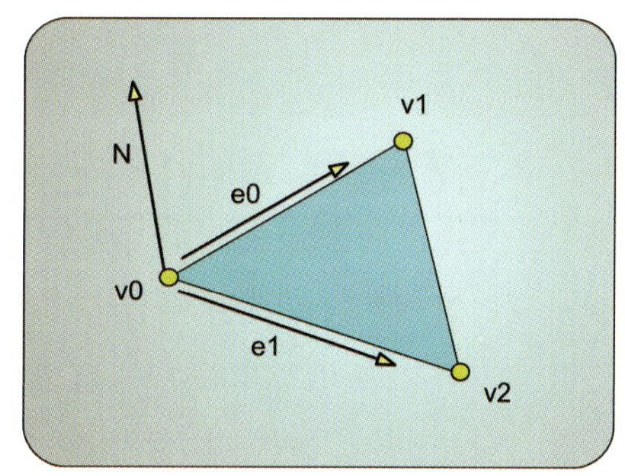

**그림 3.27.** 삼각형이 향한 방향의 판정.

## 3.6.4 테셀레이터 단계의 파이프라인 자료 흐름 출력

테셀레이터 단계의 테셀레이션 공정이 한 번 완료되면, 그 결과가 SV_DomainLocation 이라는 시스템 값 의미소를 통해서 영역 셰이더 단계에 전달된다. 각각의 영역 좌표

점마다 이 시스템 값 하나가 영역 셰이더 단계에 전달된다. 다른 말로 하면, 테셀레이터 단계의 출력 점 하나마다 영역 셰이더 프로그램이 한 번씩 실행되는 것이다. 영역 셰이더에 주어지는 점은 단지 현재 영역 안에서의 좌표일 뿐이다.

새로이 테셀레이션된 기하구조에 대해 만들어진 기본도형 위상구조 정보는 영역 셰이더 단계가 사용하지 않는다. 개념적으로, 그 정보는 영역 셰이더 단계를 건너뛰어서 기하 셰이더 단계에 직접 전달된다고 할 수 있다. 기하 셰이더 단계는 완성된 기본도형들을 인식하므로 그러한 정보를 활용할 수 있다. 여기서 기억해야 할 점 하나는, 테셀레이터 단계에서 인접성 정보를 포함하는 기본도형 위상구조를 생성하지는 못한다는 것이다. 다른 말로 하면, 테셀레이션 단계들이 활성화된 경우 기하 셰이더 단계는 인접 정보를 포함하는 기본도형 종류를 받지 못한다. 이 때문에 기하 셰이더 프로그램으로 구현할 수 있는 알고리즘이 제한되나, 일반적으로 인접성 정보가 필요한 계산이라면 덮개 셰이더나 영역 셰이더 프로그램에서도 수행할 수 있다. 그 단계들에서도 다양한 수준의 인접성 정보에 접근할 수 있기 때문이다. 기하 셰이더 단계가 활성화되지 않은 경우 영역 셰이더 단계가 생성한 기본도형 정보와 정점 자료는 래스터화기로 직접 전달되며, 래스터화기는 그러한 자료를 처리해서 픽셀들을 만들어낸다.

## 3.7 영역 셰이더 단계

영역 셰이더 단계는 테셀레이션 시스템의 마지막 경유지이다. 영역 셰이더 단계도 프로그램 가능 단계의 하나로, 덮개 셰이더 단계와 테셀레이터 단계로부터 모두 입력을 받는다는 점이 특이하다. 영역 셰이더 단계는 정점들을 출력하며, 그 출력 정점들은 래스터화기 단계로 입력된다. 그 역할로 볼 때, 테셀레이션 시스템의 핵심부는 바로 이 영역 셰이더 단계라 할 수 있다. 덮개 셰이더가 설정한 테셀레이션 알고리즘을 테셀레이터 단계가 생성한 위치들에 적용해서 실질적인 테셀레이션 연산을 수행하는 것이 바로 이 영역 셰이더 단계인 것이다. 그림 3.28에 영역 셰이더 단계의 위치가 나와 있다.

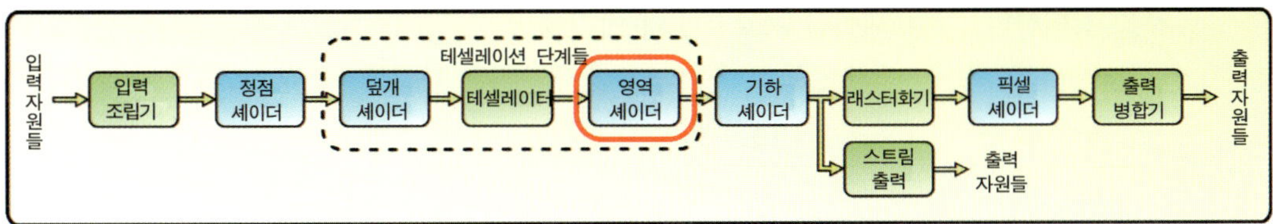

**그림 3.28.** 영역 셰이더 단계.

## 3.7.1 영역 셰이더 단계의 파이프라인 입력

영역 셰이더 단계는 완결적인 기하구조를 정의하는 정점들을 출력함으로써 테셀레이션 공정을 완성한다. 영역 셰이더 단계는 테셀레이터 단계가 생성한 좌표 점마다 한 번씩 실행된다. 영역 셰이더 단계는 또한 덮개 셰이더 단계가 산출한 완성된 제어 패치도 입력받아서 정점 생성에 사용한다. 이 제어 패치의 제어점 개수는 제어 패치의 종류에 따라 1에서 32개로 다양한데, 반드시 덮개 셰이더 프로그램의 `outputcontrolpoints` 함수 특성에 지정된 개수와 일치해야 한다. 영역 셰이더 프로그램의 HLSL 코드에서 입력 제어 패치 자료구조를 선언하는 방식은 덮개 셰이더 프로그램에서와 비슷하다. 즉, 개별 제어점들이 템플릿 스타일의 특성으로 주어진다. 이 템플릿 비슷한 선언에서 첫 인수는 제어점의 구조체 형식이고 둘째 인수는 제어 패치의 제어점 개수이다. 목록 3.15에 영역 셰이더 프로그램의 예가 나와 있는데, 입력 매개변수 목록에서 그러한 템플릿 선언의 예를 볼 수 있다.

목록 3.15에서 보듯이, 입력 제어 패치는 수정이 불가능하므로 `const` 매개변수로 선언된다. 영역 셰이더 프로그램은 입력 제어 패치에 읽기 전용으로만 접근할 수 있으므로, 제어 패치를 수정하거나 자료를 추가할 필요가 있다면 반드시 덮개 셰이더 프로그램에서 미리 처리해 두어야 한다.

제어 패치 외에 영역 셰이더 프로그램은 `SV_DomainLocation`이라는 시스템 값 의미소 특성도 받는데, 여기에는 테셀레이터 단계가 생성한 위치 좌표가 들어 있다. 이 특성의 구체적인 형식은 영역의 종류에 따라 다르다. `isoline`과 `quad`의 경우에는 `float2`, `tri`의 경우에는 `float3`이다. 이 좌표는 영역 셰이더 단계의 현재 실행에서 정점 자료를 생성할 위치(영역 안에서의)를 나타낸다. 다른 말로 하면, 이 좌표는 영역 셰이더 프로그램이 구현하는 함수에 의해 결정되는 가상의 표면에 대한 하나의 표본 추출 지점을 정의한다. 영역 셰이더 프로그램의 처리에 관한 절에서 이 개념을 좀 더 살펴보기로 하겠다.

```
struct HS_CONTROL_POINT_OUTPUT
{
    float3 WorldPosition    : POSITION;
};


struct HS_CONSTANT_DATA_OUTPUT
{
    float Edges[3] : SV_TessFactor;
    float Inside   : SV_InsideTessFactor;
};
[domain("tri")]
DS_OUTPUT DSMAIN(
        const OutputPatch<HS_CONTROL_POINT_OUTPUT, 3> TrianglePatch,
        float3 BarycentricCoordinates : SV_DomainLocation,
        HS_CONSTANT_DATA_OUTPUT input )
{
    // ...
}
```

**목록 3.15.** 예제 영역 셰이더 프로그램. 입력 특성 선언의 예를 보여준다.

영역 셰이더 프로그램은 또한 덮개 셰이더 단계의 패치 상수 함수가 생성한 상수들을 담은 구조체도 받는다, 이 구조체에 담긴 자료는 패치 상수 함수가 무엇을 계산했느냐에 따라 달라지나, 주어진 한 제어 패치에 대한 모든 영역 셰이더 프로그램 실행들에서는 동일하다.

이러한 입력 자료를 보면 영역 셰이더 프로그램이 무슨 일을 해야 하는지를 짐작할 수 있을 것이다. 영역 셰이더 프로그램의 매 실행마다 입력 제어 패치의 모든 자료가 주어진다. 또한 패치 상수 함수가 전달한 자료 역시 제어 패치의 모든 제어점에서 동일하다. 즉, 영역 셰이더 프로그램의 실행마다 변하는 입력은 영역 위치 좌표뿐이다. 테셀레이터 단계가 산출한 점들의 개수는 테셀레이션 수준에 따라 달라지지만 제어 패치 자체의 개수는 달라지지 않는다는 점을 생각하면 당연한 일이다. 덮개 셰이더 단계에서 이 두 기능성이 분리되어 있다는 점을 생각하면 이러한 구분이 이해가 될 것이다.

## 3.7.2 영역 셰이더 단계의 상태 구성

영역 셰이더 단계는 프로그래밍이 가능한 파이프라인 단계의 하나이므로, 다른 모든 프로그램 가능 단계에서 볼 수 있는 표준 상태 구성 항목들이 적용된다. 응용 프로그램에서 **ID3D11DeviceContext**의 메서드들을 이용해 구성들을 설정한다는 점도 동일하다. 메서드 이름에 영역 셰이더를 뜻하는 **DS**가 포함되어 있다는 점이 다를 뿐이다. 이런 종류의 메서드들과 그 사용 방법은 이미 설명했으므로 예제 코드를 다시 되풀이하지는 않고 메서드 이름들만 나열하겠다. 좀 더 설명이 필요하다면 "정점 셰이더 단계" 절을 다시 보기 바란다.

- `ID3D11DeviceContext::DSSetShader()`

- `ID3D11DeviceContext::DSSetConstantBuffers()`

- `ID3D11DeviceContext::DSSetShaderResources()`

- `ID3D11DeviceContext::DSSetSamplers()`

## 3.7.3 영역 셰이더 단계의 처리 공정

영역 셰이더 단계의 주된 임무는 테셀레이터 단계가 생성한 일단의 좌표 점들과 덮개 셰이더 단계가 산출한 제어 패치 및 패치 상수들을 이용해서 정점들을 생성하는 것이다. 정점 생성 과정에서 가장 중요한 과제는 정점의 위치를 결정하는 것이다. 이는 테셀레이션된 기하구조가 최종적으로 래스터화된 결과에 직접적으로 영향을 미치는 것이 바로 정점 위치이기 때문이다. 이 점을 염두에 두고, 영역 셰이더 단계가 정점 위치를 계산하는 방식을 좀 더 자세히 살펴보자. 계산 과정의 이해를 돕기 위한 몇 가지 고수준 개념들도 언급하겠다.

제어 패치 안의 제어점들에 담긴 자료로 표현할 수 있는 고차(high-order) 표면들의 종류는 아주 다양하다. 이를테면 제어점들로 베지에 곡면(Bézier curved surface, [Akenine-Moeller, 2002])을 구현할 수 있으며, 곡점 삼각형(curved point triangle, [Vlachos, 2001])에 쓰이는 법선 정점들을 표현하는 것도 어렵지 않다.[16] 덮개 셰이더 프로그램이 영역 셰이더 프로그램이 기대하는 형식의 자료를 산출하기만 한다면, 그리고 각 제어점마다

---

[16] 베지에 곡면은 제4장에서 좀 더 자세히 논의하며, 곡점 삼각형은 제9장에서 좀 더 이야기한다.

적절한 출력 위치를 결정하는 알고리즘을 영역 셰이더 프로그램으로 구현할 수만 있다면, 어떤 종류의 고차 표면도 구현할 수 있는 것이다.

좀 더 고수준의 관점에서 보았을 때 제어 패치라는 것은 가상의 표면을 정의하는 일단의 매개변수들의 집합이라고 할 수 있다. 그러한 가상 표면은 제어 패치의 영역 전체에 대해 유효해야 한다. 제어 패치의 영역(domain)은 모든 입력 좌표 점이 속한 구역이기 때문이다.* 같은 맥락에서, 테셀레이터 단계가 생성한 각 좌표 점은 그 가상 표면에서 '추출'하고자 하는 표본들의 위치에 해당한다. 그림 3.29가 이러한 관점을 단순화해서 표현한 것으로, 등치선 영역의 제어점 네 개와 그것들이 표현하고자 하는 가상 표면을 볼 수 있다. 등치선 영역에서 선택된 표본점들은 그 가상 표면을 따라 표본화할 위치들을 나타낸다.

이러한 개념에서 중요한 점은, 가상 표면은 테셀레이터가 점들을 어디에 몇 개나 생성했는지와는 무관하게 동일하다는 것이다. 이는 전체적인 테셀레이션 과정을 다음과 같은 여러 구성요소들로 분할해서 설계하는 데 도움이 된다. 첫째는 반드시 우리가 실제로 원하는 표면(곡면)을 정의하는 제어 패치를 만드는 것이다. 물체를 그래픽 작업자가 미리 만드는 경우에는 내용 생산 과정에서 해당 곡면을 정의하는 것이 일반적이다. 둘째는 원하는 곡면을 적절히 표본화하는(따라서 현재의 시야 조건에서 제대로 나타나도록), 그러면서도 그러한 시각적 품질을 달성하는 데 필요한 정점의 개수가 최소가 되는 테셀레이션 계수들을 제어 패치로부터 계산해 내는 것이다. 마지막은 주어진 좌표 점들의 집합을 이용해서 제어 패치 자료로부터 가상 표면을 제대로 표본화하도록 알고리즘을 구현하는 것이다. 이러한 과정이 그림 3.30의 블록도에 나와 있다.

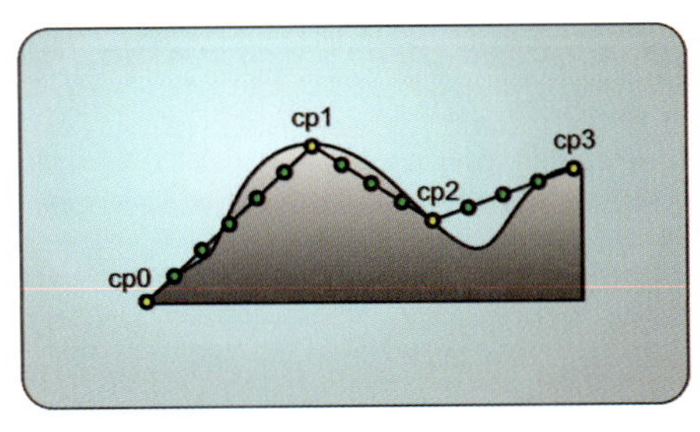


**그림 3.29.** 하나의 제어 패치가 가상 표면의 매개변수들을 정의하는 방식을 보여주는 그림. 테셀레이터 단계가 생성한 점들은 이 가상 표면에 대한 표본 추출 위치들이라고 할 수 있다.

## 베지에 곡면

이러한 과정을 머리에 담아 두고, 전통적인 테셀레이션 알고리즘 하나를 Direct3D 11의 이러한 테셀레이션 메커니즘에 적용해 보자. 시험해 볼 것은 아주 널리 알려진 곡면

---

* [역주] 이런 측면에서 볼 때 domin이라는 용어를 일반적인 '영역' 대신 '정의역'(수학에서 말하는 "함수의 정의역과 치역"의 그 정의역)으로 옮기는 것도 좋을 것이다.

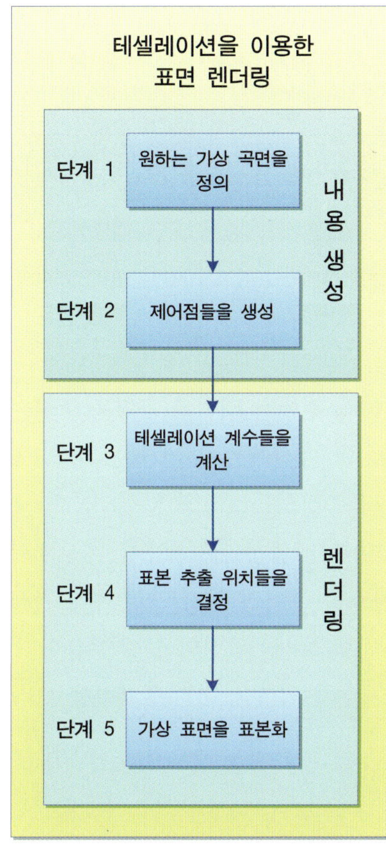



**그림 3.30.** 가상 표면의 표본점들로부터 기하구조를 구축하는 과정.

표현인 베지에 곡면이다. 베지에 곡면은, 아주 간단히 이야기하면 제어점들의 격자를 이동하면서 원하는 표면을 형성해 나가는 것이다. 격자를 이루는 제어점 개수는 다양하나, 여기에서는 4×4 제어점 격자를 이용해서 표면의 한 사각형 구역의 표면 형태를 정의한다고 하겠다(그림 3.31).

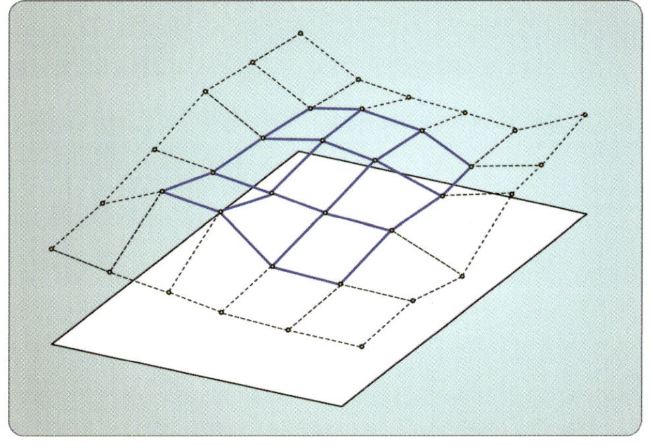

**그림 3.31.** 표면의 한 사각형에 영향을 미치는 제어점들의 집합.

그래픽 작업자가 내용 제작 도구에서 원하는 곡면이 나오도록 제어점들을 편집해서 파일에 저장했다고 하자. 개발자는 그 파일의 정점들을 정점 버퍼에 저장하고, 또한 그 제어점들이 제어 패치를 형성하도록 색인 버퍼도 적절히 설정한다. 그 곡면이 있는 물체를 렌더링할 때 입력 조립기는 그 제어점들을 정점들로서 조립해서 정점 셰이더 단계에 넘겨주고, 그와 동시에 색인 버퍼의 색인들에 기초해서 각 제어점이 어떤 제어 패치에 속하는지를 결정하고 기본도형 종류(이 경우 제어점이 16개인 제어 패치)도 적절히 설정한다. 정점 셰이더는 제어점들을 읽어서 덮개 셰이더에 넘겨준다. 덮개 셰이더는 4×4개의 제어점들을 읽어서 4×4 격자 형태의 제어 패치를 영역 셰이더에 넘겨준다. 여기까지가 전체 테셀레이션 과정의 첫 부분에 해당한다. 그림 3.30과 그림 3.32도 참고하기 바란다.

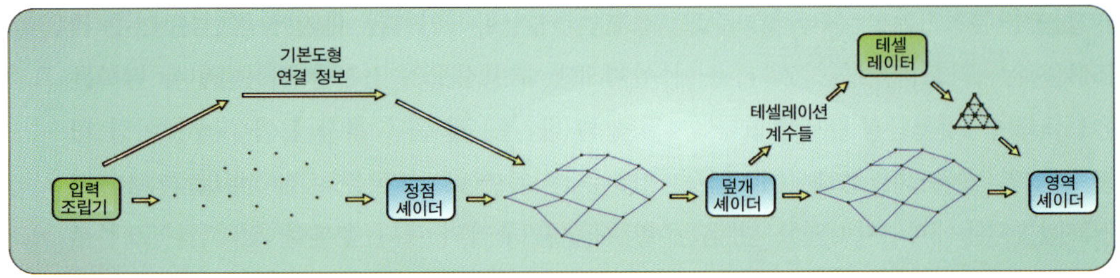

**그림 3.32.** 4×4 베지에 곡면 제어 패치가 입력 조립기, 정점 셰이더, 덮개 셰이더를 거쳐서 영역 셰이더 단계에 도달하는 과정.

한편 덮개 셰이더 단계의 패치 상수 함수는 현재의 시야 조건에서 베지에 곡면을 충실하게 표현하는 데 필요한 테셀레이션의 양을 계산한다. 이 계산에는 제어 패치의 크기, 현재 시점과의 거리가 관여하며, 필요하다면 다른 여러 측정치들도 고려할 수 있다. 패치 상수 함수는 필요한 만큼의 변 테셀레이션 계수와 내부 테셀레이션 계수를 계산해서 테셀레이터 단계에 넘겨준다. 테셀레이터 단계는 그 자료를 주어진 영역 안의 여러 좌표들로 변환해서 영역 셰이더 단계에 넘겨준다. 이것이 테셀레이션 과정의 둘째 부분이다. 그림 3.33은 하나의 사각형 영역에서 변 계수와 내부 계수가 영향을 미치는 부분을 나타낸 것이다.

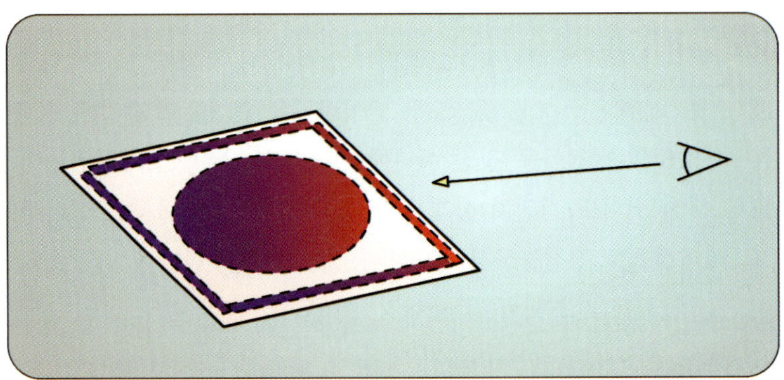

**그림 3.33.** 주어진 사각형 영역에 대한 변 계수와 내부 계수를 현재 시점 조건을 기초로 해서 계산한다.

마지막으로, 각 제어점마다 영역 셰이더 프로그램이 실행되어서, 주어진 제어 패치와 좌표 점(표본)을 이용해 하나의 정점(베지에 곡면을 형성하는)을 생성한다. 이를 위해 프로그램은 베지에 곡면 방정식을 평가하는데, 이 때 각 제어점이 계산 결과(정점 위치)에 기여한다. 기여하는 정도는 표본 점의 좌표들에 의해 결정되는데, 그 좌표들은 각 제어점에 대한 근접도에 해당한다고 할 수 있다. 영역 셰이더 프로그램은 이런 식으로 계산한 정점 위치를 파이프라인의 다음 단계로 넘겨준다. 그림 3.34는 이러한 정점 생성 과정을 나타낸 것이다.

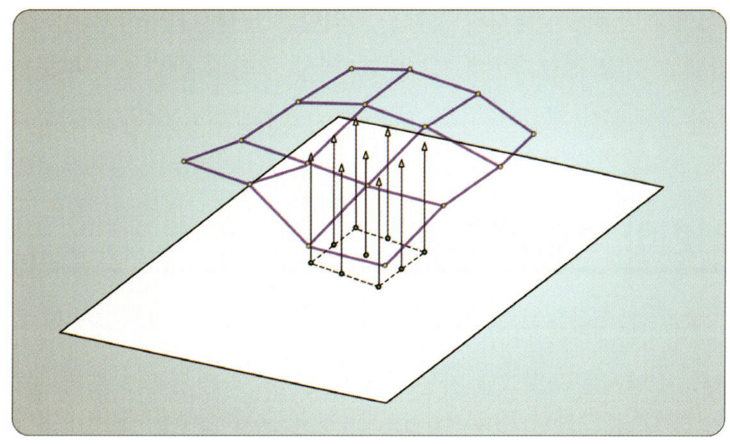

**그림 3.34.** 영역 셰이더에서 4×4 베지에 표면의 정점 위치들을 생성한다.

물론 영역 셰이더 단계가 테셀레이션된 정점들의 위치만을 계산할 수 있는 것은 아니다. 다른 여러 정점 특성들도 계산하는 것이 일반적인데, 대표적인 예가 이후 단계들의 조명 계산에 쓰이는 법선 벡터이다. 그러나 법선을 계산하는 과정 자체는 앞에서 말한 위치 계산 과정과 동일하므로 되풀이하지 않겠다. 유일한 차이는, 영역 셰이더 프로그램 안에서 위치뿐만 아니라 법선 벡터도 계산해야 한다는 점뿐이다. 렌더링에 필요한 다른 여러 특성들 역시 마찬가지이다. 반드시 가용 정보로부터 계산해야 한다(그냥 제어점별 특성들에서 읽어 들이는 것이라고 해도).

## 3.7.4 영역 셰이더 단계의 파이프라인 출력

영역 셰이더 프로그램은 필요한 특성 자료를 계산해서 완성한 정점을 파이프라인의 다음 단계로 넘겨준다. 이 때 출력 정점의 위치를 시스템 값 의미소 SV_Position에 기록하는 것이 일반적이다. 래스터화 공정을 위해서는 이 값이 반드시 필요하다. 또한 최종 적인 픽셀 색상을 결정하는 데 필요한 다른 여러 정점별 특성들 역시 영역 셰이더의 출력에 포함시켜야 한다.

파이프라인의 구성에 따라서는 기하 셰이더 단계가 활성화되어 있을 수도 있고 아닐 수도 있다. 활성화된 경우에는 영역 셰이더 단계의 출력이 기하 셰이더 단계로 넘어간 다. 기하 셰이더 단계는 완성된 형태의 기본도형들을 처리한다(이 경우 기본도형 정보는 테셀레이터 단계에서 생성된 것임을 기억할 것). 활성화되지 않은 경우 출력은 래스터화 기 단계로 직접 전달되는데, 그 단계 역시 처리의 단위는 기본도형이다.

## 3.8 기하 셰이더 단계

기하 셰이더는 파이프라인 전체에서 기하구조가 래스터화되기 전에 경유하는 마지막 단 계이다. 이 단계는 프로그램 가능 단계로, 기하구조를 동적으로 파이프라인에 추가하거나 제거하는 능력이라던가 기하 정보를 스트림 출력 단계를 통해서 정점 버퍼로 넘겨주는 능력, 입력된 기본도형과는 다른 종류의 기본도형을 출력하는 능력 등 다른 단계에서는 볼 수 없는 몇 가지 독특한 능력을 가지고 있다. 이런 능력 덕분에 전통적인 파이프라인 모형으로는 불가능했던 여러 가지 흥미로운 용법이 가능해진다. 통상적인 렌더링 외에, 이를테면 처리된 기하구조 자료를 파일로 저장한다거나, 파이프라인 연산을 디버깅하는 등의 용도로 이 단계를 활용할 수 있다. 기하 셰이더 단계는 완성된 기본도형 단위로 작동 하며, 인접 기본도형 정보에도 접근할 수 있기 때문에 기하구조와 그 인접 기본도형들에 기초해서 각 기본도형의 다양한 측면들을 분석, 판정하고 커스텀화된 계산을 수행하는 것이 가능하다. 파이프라인에서 기하 셰이더 단계의 위치가 그림 3.35에 나와 있다.

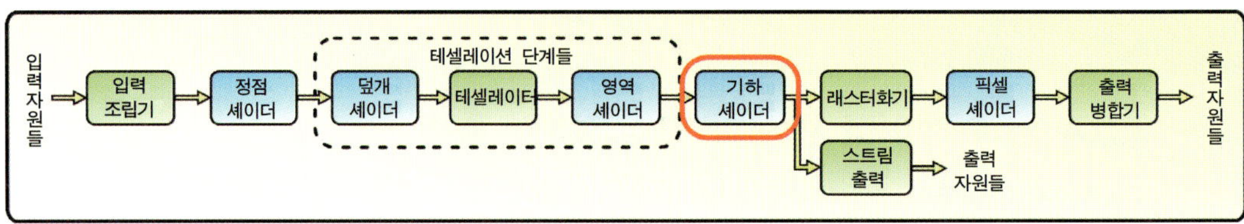


**그림 3.35.** 기하 셰이더 단계.

기하 셰이더 단계는 입력 기본도형들을 형성하는 일련의 정점들을 받는다. 기하 셰이더 단계는 그 정점들을 자신의 목적에 맞게 기본도형들로 재해석해서 출력 스트림 객체를 통해 파이프라인의 다른 단계로 전달한다. 기하 셰이더 단계의 출력에 쓰이는 스트림 객체의 종류에 따라서는, 출력된 정점들로 다른 종류의 기본도형을 형성하는 것이 가능하다. 스트림 출력 단계와 관련해서 최대 네 개까지의 출력 스트림을 사용할 수 있기 때문에, 버퍼 자원에 저장하기 위해 기하구조를 생성하는 것은 렌더링을 위해 기하구조를 생성하는 것만큼이나 간단하다. 이러한 스트림 모형은 기하 셰이더 작동 방식의 핵심에 해당한다. 이번 절 전반을 통해서, 이 모형이 다양한 상황에서 어떤 식으로 작용하는지를 알게 될 것이다.

## 3.8.1 기하 셰이더 단계의 파이프라인 입력

기하 셰이더 단계는 정점들의 배열로 구성된, 완성된 기본도형들을 다룬다. 그 배열의 크기는 주어진 기본도형의 종류에 따라 다른데, 최소는 1(점)이고 최대는 6(인접 정보를 포함한 삼각형)이다. 이 기본도형의 종류는 기하 셰이더 프로그램 주 함수의 매개변수 목록에 선언된 입력 특성 형식과 부합해야 한다. 목록 3.16에 간단한 기하 셰이더 프로그램의 예가 나와 있다.

```
[instance(4)]
[maxvertexcount(3)]
void GSScene( triangleadj GSSceneIn input[6],
              inout TriangleStream<PSSceneIn> OutputStream )
{
    PSSceneIn output = (PSSceneIn)0;

    for ( uint i = 0; i < 6; i += 2 )
    {
        output.Pos = input[i].Pos;
        output.Norm = input[i].Norm;
        output.Tex = input[i].Tex;

        OutputStream.Append( output );
    }

    OutputStream.RestartStrip();
}
```

**목록 3.16.** 입력 특성들의 선언 방법을 보여주는 예제 기하 셰이더 프로그램.

이 예제에서 input 배열 매개변수의 선언에 trangleadj라는 키워드가 있는데, 이는
이 배열이 인접 정보(adjacency)를 가진 삼각형을 나타낸다는 뜻이다. 이 배열에 담긴
여섯 개의 정점들로 총 4개의 삼각형을 구성할 수 있다. 이 input 배열 안의 정점들의
순서는 함수에 주어지는 기본도형의 종류에 따라 다르다. 여러 가지 기본도형 종류와
그 정점 개수, 그리고 정점들의 순서가 표 3.1에 정리되어 있다. 그림 3.36에 나온 각
기본도형 종류의 예를 참고하면 좀 더 쉽게 이해할 수 있을 것이다.

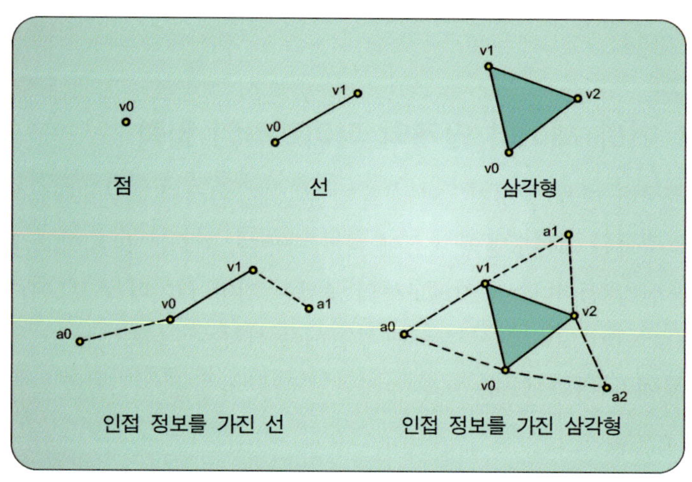


**그림 3.36.** 기하 셰이더 프로그램이 받을 수 있는 여러 종류의 기본도형.

| 키워드 | 기본도형 종류 | 정점 개수 | 정점 순서 |
|---|---|---|---|
| point | 점 목록 | 1 | [V0] |
| line | 선 목록, 선 띠 | 2 | [V0,V1] |
| triangle | 삼각형 목록, 삼각형 띠 | 3 | [V0,V1,V2] |
| lineadj | 인접 정보를 가진 선 목록 및 띠 | 4 | [A0,V0,V1,A1] |
| triangleadj | 인접 정보를 가진 삼각형 목록 및 띠 | 6 | [V0,A0,V1,A1,V2,A2] |

**표 3.1.** 기하 셰이더 프로그램에 입력되는 여러 기본도형들의 종류와 그 정점 개수, 그리고 정점들의 순서.

기하 셰이더 프로그램은 주어진 기본도형 정보를 이용해서 기하구조의 분석이나 가시성
판정 등 기본도형 전체에 대한 어떤 고수준 정보를 계산한다. 기본도형 자료가 기하
셰이더 단계에 도달하는 경로는 파이프라인의 구성에 따라 두 가지로 나뉜다. 덮개 셰이

더 프로그램과 영역 셰이더 프로그램을 NULL로 설정해서 테셀레이션 기능을 비활성화한 경우 기하 셰이더 프로그램은 정점 셰이더에서 직접 정점들을 입력받으며, 기본도형 연결성에 대한 정보는 입력 조립기로부터 받는다. 이 경우 기본도형 위상구조는 입력 조립기가 지정할 수 있는 것이면 어떤 것이라도 가능하다. 여기에는 표준적인 점, 선, 삼각형(인접 정보가 있는 형태들도 포함)뿐만 아니라 제어 패치 기본도형 종류들도 포함된다.

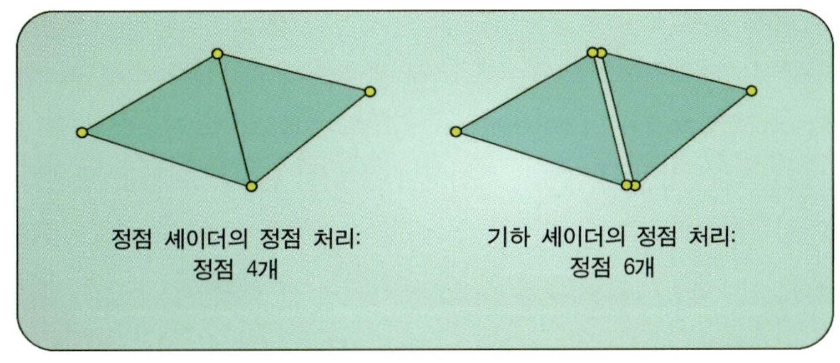



**그림 3.37.** 정점 셰이더와 기하 셰이더의 정점 수준 자료 처리 방식의 차이.

한편 테셀레이션 단계들이 활성화된 경우에는 기하 셰이더가 영역 셰이더로부터 정점들을 입력받으며, 기본도형 위상구조는 테셀레이터 단계의 구성에 의해 결정된다. 테셀레이터 단계는 선이나 삼각형만 만들어낼 수 있으므로, 테셀레이션이 활성화된 경우 기하 셰이더 프로그램이 처리할 수 있는 기본도형 종류는 선 아니면 삼각형이다. 테셀레이터 단계가 활성화된 경우 기하 셰이더 프로그램이 인접 정보를 가진 기본도형들을 지원하지 못하는 이유가 바로 이것이다.

파이프라인의 구성이 어떻든, 기하 셰이더 프로그램이 받는 것은 파이프라인의 이 지점에 존재하는 기본도형을 구성하는 모든 정점이다. 이 사실이 성능에 미치는 영향에 주목하기 바란다. 이는 곧, 정점 처리량을 줄이기 위한 렌더링 파이프라인 구성에서도 기하 셰이더에서의 정점 처리량은 줄어들지 않는 뜻이다. 예를 들어 정점 네 개로 된 삼각형 띠 하나가 파이프라인에 입력되는 경우, 그 삼각형 띠 하나를 위해 정점 셰이더가 처리해야 하는 정점의 개수는 네 개 뿐이다. 그러나 그 삼각형 띠를 기하 셰이더 단계에서 처리할 때에는 여섯 개의 정점들을 처리해야 한다. 정점 네 개로 된 삼각형 띠는 삼각형 두 개에 해당하며, 기하 셰이더 프로그램은 한 기본도형(이 경우 삼각형)의 모든 정점(이 경우 세 개)을 입력받기 때문이다. 이러한 차이가 그림 3.37에 나와 있다.

목록 3.16의 예제 기하 셰이더 프로그램은 출력 스트림 객체도 선언한다. 이 객체는 기하 셰이더 프로그램이 자신의 처리 결과를 출력하는 통로이다. 함수의 반환값을 통해서 출력하는 것이 아님을 주목하기 바란다. 출력을 위한 수단이긴 하지만, 이 출력 스트림 객체 자체는 프로그램 주 함수의 입력 매개변수로 전달되는 것이므로 여기서 설명하겠다. 출력 스트림 객체의 선언을 보면  inout이라는 키워드로 시작하는데, 이는 이 객체가 입력과 출력 모두에 쓰인다는 뜻이다. 그 키워드 다음은 스트림의 자료 형식이다. 이 부분에 사용할 수 있는 형식은 크게 세 종류인데, 점 목록, 선 띠, 삼각형 띠에 해당하는 PointStream<T>, LineStream<T>, TriangleStream<T>이다. 여기서 T는 해당 스트림으로 전달된 정점 구조체의 형식이다. 이러한 출력 스트림을 활용하는 구체적인 방법은 기하 셰이더 단계의 처리를 이야기하는 절에서 좀 더 설명하겠다.

기하 셰이더 프로그램은 또한 두 가지 시스템 값 의미소들도 입력받을 수 있다. 하나는 이전에 살펴본 것이고 또 하나는 이번에 처음 나오는 것이다. SV_PrimitiveID 시스템 값은 기하 셰이더에 전달된 개별 기본도형을 고유하게 식별하는 값이다. 이 시스템 값에 대해서는 덮개 셰이더 단계에서 이야기했었다. 덮개 셰이더 단계는 이 값을 이용해서 각 제어 패치를 고유하게 식별한다. 기하 셰이더는 기본도형당 한 번씩 실행되므로, 이 시스템 값 의미소 특성은 개별 기하 셰이더 실행을 고유하게 식별하는 역할도 한다.

기하 셰이더 단계가 입력으로 사용할 수 있는 또 하나의 시스템 값 의미소는 SV_GSInstanceID이다. 이 시스템 값 의미소는 정점 셰이더 단계에서 본 SV_InstanceID와 비슷하다. 차이는, 지금 경우에는 인스턴스들이 기하 셰이더 단계 자체에서 실제로 인스턴스화된다는 것이다(입력 조립기 단계가 아니라). 기하 셰이더가 받는 기본도형마다 생성할 고정된 인스턴스 개수를 미리 선언하는 것이 가능하다. SV_GSInstanceID는 기하 셰이더 프로그램에서 개별 기본도형 인스턴스마다 다른 처리를 수행하는 데 쓰인다. 이 시스템 값은 입력 스트림 중 하나로 선언할 수 없으므로, 반드시 기하 셰이더 프로그램의 개별적인 입력으로 선언해 두어야 한다. 이 값은 기본도형 인스턴스 단위로 주어지는 값이므로 정점별 스트림 특성의 하나가 될 수는 없다. 이러한 인스턴싱을 활성화하는 방법은 §3.8.2 "기하 셰이더 단계의 상태 구성" 절에서 이야기하겠다. 그리고 인스턴싱 기능을 활용하는 방법은 "기하 셰이더 단계의 처리" 절에서 좀 더 자세히 논의하겠다.

## 3.8.2 기하 셰이더 단계의 상태 구성

다른 모든 프로그램 가능 파이프라인 단계처럼 기하 셰이더 단계 역시 응용 프로그램이 ID3D11DeviceContext 인터페이스를 통해서 설정할 수 있는 통상적인 공통 셰이더 코어 구성 항목들을 제공한다. 단, 기하 셰이더 객체의 생성 방식은 다른 종류의 셰이더 객체들과 좀 다른데, 이는 기하 셰이더 단계가 스트림 출력 단계(이번 절에서 간단히 소개하고, §3.9 "스트림 출력 단계"에서 좀 더 자세히 살펴본다)와 밀접하게 연관되어 있기 때문이다.

### 기하 셰이더 객체

기하 셰이더 객체를 생성하는 메서드는 두 가지이다. 둘 중 어떤 것을 사용해야 하는 지는 스트림 출력 단계를 사용할 것인지 아닌지에 달려 있다.[17] 스트림 출력 단계를 사용하지 않는다면 ID3D11Device::CreateGeometryShader() 메서드를 사용해서 셰이더 객체를 생성한다. 이 메서드의 사용 방법은 다른 프로그램 가능 단계의 셰이더 객체에서와 동일하다. 스트림 출력 단계를 사용하는 경우에는 ID3D11Device:: CreateGeometryShaderWithStreamOutput()이라는 메서드로 셰이더 객체를 생성해야 한다. 이 메서드는 스트림 출력 단계의 구성과 스트림 출력 단계에 부착한 버퍼로 자료를 스트리밍하는 방식을 결정하는 추가적인 매개변수들을 받는다. 이 매개변수들에 대한 자세한 설명은 §3.9 "스트림 출력 단계"에서 이야기하겠다. 일단 지금은 기하 셰이더 단계의 셰이더 객체를 만드는 방법이 스트림 출력 단계의 사용 여부에 따라 두 가지로 나뉜다는 점만 기억해 두기 바란다.

기하 셰이더 객체를 생성한 다음에는 다른 단계에서와 마찬가지 방식으로 ID3D11 DeviceContext의 해당 메서드를 이용해서 객체를 기하 셰이더 단계에 연결하면 된다. 기하 셰이더 프로그램이 사용할 상수 버퍼, 셰이더 자원 뷰, 표본추출기 역시 마찬가지 이다. 이를 위한 메서드들은 다음과 같다.

- ID3D11DeviceContext::GSSetShader()

---

[17] 기하 셰이더가 스트림 출력 단계에 자료를 출력하는 구체적인 방식은 § 3.8.3 "기하 셰이더 단계의 처리 공정"에 나온다.

- `ID3D11DeviceContext::GSSetConstantBuffers()`

- `ID3D11DeviceContext::GSSetShaderResources()`

- `ID3D11DeviceContext::GSSetSamplers()`


## 함수 특성

기하 셰이더 단계도 함수 특성을 지원한다. 함수 특성은 HLSL 소스 파일에서 기하 셰이더 프로그램 주 함수 이전에 선언해야 한다. 기하 셰이더 단계가 지원하는 함수 특성은 두 가지로, 하나는 기하 셰이더의 한 실행에서 출력 스트림으로 방출할 수 있는 정점들의 최대 개수들 뜻하는 `maxvertexcount`이다. 이것은 기하 셰이더 프로그램에 어떤 논리 오류가 있어서 엄청나게 많은 정점들이 출력되는 일을 방지하기 위한 것으로, 따라서 반드시 지정해야 한다. 이것을 지정하지 않으면 기하 셰이더 프로그램이 컴파일되지 않는다. 목록 3.16에도 이 함수 특성이 지정되어 있다.

한 번의 기하 셰이더 실행에서 산출할 수 있는 자료의 양에는 한계가 있다. 구체적으로 말하면, 기하 셰이더 프로그램은 스칼라 값을 최대 1024개까지만 만들어 낼 수 있다. 즉, 한 정점 구조체에 쓰이는 스칼라 값의 개수에 `maxvertexcount` 함수 특성으로 지정된 최대 정점 개수를 곱한 결과가 1024를 넘어서는 안 되는 것이다. 나중에 이야기하겠지만, 스트림 출력 단계를 활성화하는 경우 최대 네 개의 스트림을 동시에 사용할 수 있다. 그러나 이러한 최대 출력량을 계산할 때에는 그냥 그러한 출력 스트림들에 쓰이는 모든 정점 중 가장 큰 정점의 크기에 `maxvertexcount` 함수 특성의 값을 곱하면 된다.

기하 셰이더 프로그램이 지원하는 또 다른 함수 특성은 `instance`이다. 이 함수 특성을 지정하면 기하 셰이더의 인스턴싱 메커니즘이 활성화된다. 즉, 기본도형의 복사본(인스턴스)이 이 함수 특성에 지정된 개수만큼 생성되고 각 인스턴스마다 기하 셰이더 프로그램이 실행된다. 기하 셰이더 프로그램에서는 앞에서 설명한 `SV_GSInstanceID`를 선언해서 개별 인스턴스를 식별하면 된다. 이런 식으로 생성할 수 있는 최대 인스턴스 개수는 32개로, 이를 통해서 자료를 상당히 증폭할 수 있다. 이 인스턴싱 기법은 기하구조를 여러 개의 출력 스트림을 위해 처리해야 하는(이를테면 한 장면을 여러 개의 시점에서 동시에 렌더링하는 경우) 기하 셰이더 프로그램을 좀 더 간단하게 만들기 위한 것이다.  예를 들어 기하 셰이더 프로그램 인스턴싱을 이용하면 한 번의 렌더링으로 입방체 맵[18]의 여섯 면을 모두 생성할 수 있다. 기본도형의 복사본을 여섯 개 만들고 SV_GSInstanceID로 각각을 식별해서 적절한 변환 행렬을 적용하면 되는 것이다.

## 3.8.3 기하 셰이더 단계의 처리 공정

### 기하 셰이더 처리의 흐름

기하 셰이더로 수행할 수 있는 연산들을 살펴보기 전에, 기하 셰이더 프로그램이 자신의 처리 결과를 스트림 객체들을 이용해서 출력하는 방법부터 짚고 넘어가자. 목록 3.16에 나온 기하 셰이더 프로그램을 예로 들어서 설명하겠다. 이전 절에서 보았듯이, 기하 셰이더 프로그램이 입력받는 기본도형 자료는 정점들의 배열 형태이다. 그 배열 안에서 정점들의 순서는 기하 셰이더 단계 이전에서 파이프라인이 산출한 입력 기본도형의 종류에 따라 다르다(표 3.1과 그림 3.36 참고).

기하 셰이더 프로그램은 그러한 정점 자료를 주어진 목적에 맞게 적절히 수정하거나 새로운 정점들을 생성한다. 목록 3.16의 예제 프로그램은 인접 정보를 가진 삼각형 하나를 입력받아서 주된 삼각형만 스트림 출력 객체를 통해 내보내고 인접 삼각형들은 그냥 무시한다. 기본도형 자료를 출력 스트림으로 보내는 수단은 출력 스트림 객체의 Append() 메서드이다. 이 메서드는 출력 정점 구조체를 받는다. 이 메서드를 원하는 기본도형 위상구조(삼각형 띠, 선 띠, 점 목록)에 맞게 적절한 횟수로 호출해야 한다. 예를 들어 삼각형 세 개로 된 삼각형 띠를 출력하려면 이 메서드를 다섯 번 호출해야 한다. 처음 세 호출은 첫 번째 삼각형을 형성하고, 그 다음 두 호출은 각각 하나의 삼각형을 띠에 추가하는 것이다.[19] 선 띠를 위한 스트림 객체에도 마찬가지 원리가 적용된다. 즉, 처음 두 정점 이후에는 정점 하나마다 새 선분이 하나씩 추가된다.

서로 연결되지 않은 기하구조를 만들기 위해 삼각형 띠나 선 띠를 다시 시작해야 하는 경우에는 출력 스트림 객체의 RestartStrip() 메서드를 호출하면 된다. 그러면 띠가 다시 처음부터 만들어진다(이전에 스트림에 추가된 기하구조와는 분리되어서). 기하구

---

[18] 입방체 맵은 제2장 "Direct3D 11 자원"의 "2차원 텍스처 의 용도 및 용법" 절에서 간략히 소개했었다.
[19] 이는 § 3.3 "입력 조립기 단계" 절에서 설명한 '띠' 위상구조 형성 원리와 동일한 것이다.

조 전체를 하나의 띠로 만들어 내는 것이 더 효율적이긴 하지만, 출력 기하구조가 여러 개의 서로 분리된 부분들로 구성되어 있다면 이처럼 띠를 다시 시작해야 할 것이다. 이처럼 출력 스트림에 정점들을 추가해서 기본도형들을 형성하는 과정이 현재의 기하 셰이더 프로그램의 실행이 끝날 때까지(즉, 주 함수의 끝에 도달할 때까지) 계속된다.

### 다중 스트림 객체

Direct3D 11의 새로운 특징 중 하나는 기하 셰이더 프로그램에서 스트림 출력 객체를 최대 네 개까지 동시에 사용할 수 있다는 것이다. 이들을 적절하게 구성한다면, 기본도 형 자료를 래스터화기 단계로 보내는 것은 물론 스트림 출력 단계로도 보내서 버퍼 자원 에 저장할 수 있다. 버퍼 자원은 응용 프로그램이 접근할 수 있는 대상이므로[20], 결과적 으로 이는 지금까지의 파이프라인 처리 결과를 응용 프로그램이 직접 읽어서 사용하거 나 파일에 저장하는 것이 가능하다는 뜻이다. 이는 여러 가지 흥미로운 자료 분석 과제 에 유용하게 써먹을 수 있는 강력한 기법이다. 기하 셰이더 프로그램에서 스트림 객체들 을 여러 개 사용하는 방법은 간단하다. 그냥 함수의 매개변수 목록에 스트림 객체들을 여러 개 선언해서 사용하면 된다. 목록 3.17에 그러한 예가 나와 있다. 이 스트림 객체들 을 사용하는 방법 자체는 앞에서 스트림 객체 하나만 사용하는 경우에서 이야기한 것과 동일하다. 즉, 각 스트림마다 해당 객체의 `Append()`로 정점들을 추가하고, 필요하다면 `RestartStrip()`으로 띠를 다시 시작하면 된다. 각 출력 스트림은 서로 개별적으로 작 동한다. 특히, 각각의 출력 빈도가 서로 달라도 된다.

```
void MyGS( InVertex verts[2],
           inout PointStream<OutVertex1> myStream1,
           inout PointStream<OutVertex2> myStream2 )
{
   OutVertex1 myVert1 = TransformVertex1( verts[0] );
   OutVertex2 myVert2 = TransformVertex2( verts[1] );
   myStream1.Append( myVert1 );
   myStream2.Append( myVert2 );
}
```

**목록 3.17.** 정점 구조체 형식이 서로 다른 여러 개의 출력 스트림을 사용하는 기하 셰이더 프로그램.

---

[20] 자원의 내용을 C/C++에서 읽는 것을 비롯한 여러 가지 자원 조작 기법들은 제2장 "Direct3D 11 자원"에서 이야기했다.

기하 셰이더가 하나의 출력 스트림만 사용하는 경우 그 스트림의 자료가 래스터화기 단계로 입력되는 것이 보통이다. 래스터화기는 그 기본도형 자료를 처리해서 단편들을 생성한다. 기하 셰이더 프로그램에서 여러 개의 출력 스트림을 사용하는 경우 그 중 단 하나의 출력 스트림만 래스터화기로 보낼 수 있다. 어떤 스트림 객체가 래스터화기 단계로 이어지는지는 기하 셰이더 프로그램을 컴파일할 때 응용 프로그램이 지정한 스트림 구성에 의해 결정된다. 그 외의 스트림들은 반드시 스트림 출력 단계에 연결된 버퍼로 이어지도록 설정해야 한다(스트림당 버퍼 하나씩). 래스터화기로 가는 스트림을 버퍼로도 이어지게 하는 것 역시 가능하다. 스트림들을 구성하는 자세한 방법은 §3.9 "스트림 출력 단계"에서 이야기하겠다. 그림 3.38은 기하 셰이더에서 여러 개의 출력 스트림을 사용하는 모습을 나타낸 것이다.

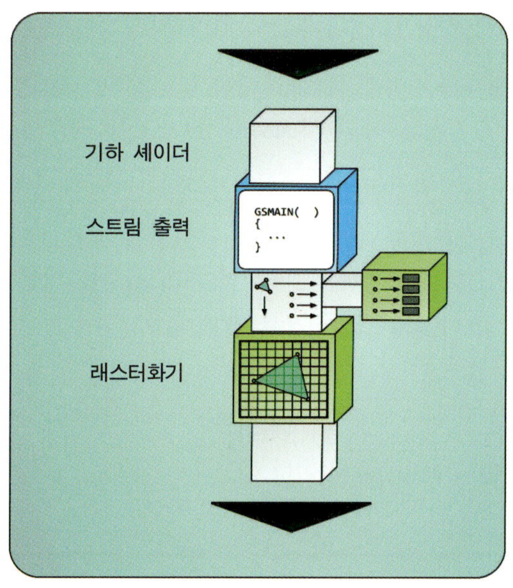


**그림 3.38.** 기하 셰이더의 다중 스트림 출력.

이러한 다중 스트림 출력에서 한 가지 중요한 점은, 모든 스트림이 점 목록 스트림이어야 한다는 것이다. 이는 모든 정점이 각각 개별적으로 버퍼에 전달된다는 뜻이며, 정점들을 공유하는 삼각형이나 선을 만드는 것은 불가능하다는 뜻이기도 하다. 이러한 시나리오에서는 같은 기하구조를 보통의 선 띠나 삼각형 띠로 표현할 때보다 더 많은 메모리가 소비될 수 있다. 그러나 기하 셰이더의 알고리즘이 정점들을 정해진 패턴으로 생성하고, 미리 만들어 둔 색인 버퍼를 이용해서 그 정점들을 원하는 기본도형에 맞게 참조하는 것은 가능한 일이다. 이러한 제약의 또 다른 후과는, 래스터화기 단계로 이어지는 스트림 역시 래스터화기 단계에 점들만 제공한다는 점이다. 이 때문에 다중 스트림 출력을 사용하는 대부분의 기하 셰이더 프로그램들은 점 렌더링을 수행하려는 경우 외에는 스트림들을 전혀 래스터화하지 않는다.

하나의 출력 스트림을 래스터화기 단계와 스트림 출력 단계에 모두 연결할 수도 있다. 세 종류의 스트림 형식 모두 이런 구성을 지원한다. 스트림 출력 버퍼로 전달된 자료는 여전히 색인화되지 않은 기하구조 형태로 저장되므로, 앞에서 말한 것처럼 메모리 소비량이 높을 수밖에 없다. 그러나 물체를 래스터화하는 경우에는 점 대신 삼각형과 선을 사용할 수 있다. 개발자에게 이처럼 다양한 선택이 주어지므로, 어떤 종류의 스트림들을 어떻게 조합해서 사용할 것인가를 상황에 맞게 잘 판단해야 한다.

다중 스트림 출력을 사용할 때 고려해야 할 마지막 사항은 각 기하 셰이더의 실행에서 산출할 수 있는 스칼라 양의 한계이다. 앞에서 말했듯이 한 번의 실행에서 1024개를 넘는 값들을 만들어내지는 못한다. 이 상한은 하나의 출력 스트림에 전달되는 스칼라 값 전체 개수에 적용되는 것이다. 다중 스트림의 경우 가장 큰 정점의 크기를 이용해서 출력 스트림에 전달할 수 있는 정점들의 최대 개수를 계산할 수 있다. 기하 셰이더 단계에는 출력 레지스터들의 집합이 하나뿐이며, 모든 출력 스트림이 레지스터들을 공유한다. 정점 최대 개수를 계산할 때 최대 정점 크기를 사용해야 하는 이유는, 출력 정점 자료를 받는 데 쓰이는 출력 레지스터들이 서로 겹치기 때문이다. 그림 3.39가 이 부분을 이해하는 데 도움이 될 것이다.

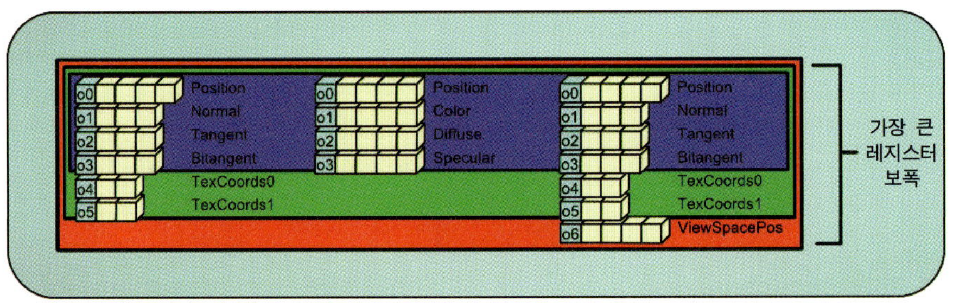


**그림 3.39.** 동일한 출력 레지스터들을 사용하는 여러 개의 정점 구조체들.

스트림들의 출력 빈도가 모두 같아야 하는 것은 아니므로, 동적 분기 때문에 스트림들이 모든 정점 출력에 대해 가장 큰 정점을 출력하게 되는 상황이 벌어지지 않게 하는 것은 쉽지 않은 일이다. 따라서, 1024개 이하의 스칼라들만 출력되게 하는 가장 간단한 방법은 컴파일 시점에서 "최악의 경우"에 해당하는 정점 출력을 결정하고, 그 정점들 중 유효한 개수만 스트림되게 하는 것이다. 스트림 출력되는 다른 모든 정점은 산출된 스칼라 값의 전체 개수를 줄이기만 할 것이므로 스칼라 최대 개수 1024가 지켜진다.

## 기본도형의 조작

지금까지 말한 기하 셰이더 단계의 처리 흐름에서 도출되는 한 가지 흥미로운 결론은, 이 단계로 투입되는 것은 항상 기본도형이지만 이 단계가 출력하는 것은 기본도형이 아닐 수도 있다는 점이다. 이는 기하 셰이더가 필요 없는 기본도형을 선택적으로 폐기함으로써 래스터화기가 처리할 기본도형의 양을 줄일 수 있다는 뜻이다. 그러면 렌더링할 장면의 일부분에만 요구되는 특별한 렌더링 연산을 수행할 여유가 생긴다. 좋은 예가, 장면 안에서 현재 선택된 물체를 강조하기 위해 물체 모형의 윤곽선(실루엣)을 두드러지게 렌더링하는 것이다.

## 그림자 입체

**그림자 입체**(shadow volume) 기법은 광원 시점에서 본 모형의 윤곽선을 이용해서 물체의 그림자를 만들어 내는 기법이다. 이 기법에서는 주어진 물체의 윤곽선에 해당하는 변들을 검출하고, 그 변들을 광원에서 멀어지는 방향으로 연장(즉 '돌출')해서 새로운 기하구조를 생성한다. 그런 다음 그 기하구조를 스텐실 버퍼[21]로 래스터화한다. 그러면 그 스텐실 버퍼의 각 픽셀은 자신이 그 물체의 그림자 안에 있는지, 다시 말하면 그 물체 때문에 빛이 가려졌는지의 여부를 나타내게 된다. 이러한 그림자 알고리즘에서 핵심은 물체의 윤곽변으로부터 기하구조(그림자 입체)를 생성하는 것이다. 어떤 한 픽셀에서 그림자 입체의 한쪽편만 볼 수 있다면 그 픽셀은 그림자 안에 있는 것이므로 주어진 광원에 의한 조명을 가하지 말아야한다. 픽셀에서 그림자 입체의 양쪽편을 모두 볼 수 있다면[*] 그 픽셀은 그림자 바깥에 있는 것이므로 조명을 가해야 한다.

---

[21] 스텐실 버퍼와 그 작동 방식에 대해서는 이번 장에서 출력 병합기 단계를 이야기할 때 함께 설명하겠다.

[*] [역주] 한쪽만 본다, 양쪽 다 본다는 것이 잘 이해가 되지 않는다면, 광원에서 픽셀을 잇는 선이 그림자 입체의

기하 셰이더 단계가 파이프라인에 추가되기 전에는 그림자 입체의 윤곽선 검출 및 돌출을 CPU에서 수행한 후 GPU로 보내서 스텐실 버퍼로 래스터화해야 했다. 그러나 이제는 그러한 작업을 기하 셰이더에서 손쉽게 수행할 수 있다. 어떤 한 삼각형과 그 인접 삼각형들의 법선 벡터들을 비교해 보았을 때, 한 삼각형의 법선이 카메라를 향해 있는 반면 인접 삼각형들 중 하나의 법선이 카메라에서 먼 방향을 향하고 있다면 그 두 삼각형이 공유하는 변이 바로 윤곽선에 해당하는 것이므로 돌출해서 그림자 입체의 일부가 되게 해야 한다. 윤곽선과 무관한 삼각형이라면 그냥 폐기하면 된다(그 정점들을 출력하지 않음으로써). 이 예에서 보듯이, 기하 셰이더는 더 이상의 처리가 필요하지 않는 기하구조를 제거함으로써 파이프라인의 나머지 부분의 작업량을 줄이는 데 효과적이다.

## 점 스프라이트

기하 셰이더는 기본도형을 정점 배열의 형태로 입력받으며, 그 출력은 임의로 결정할 수 있다. 즉, 입력 기본도형의 종류와 출력 기본도형의 종류에 관해 어떠한 제약도 없는 것이다. 게다가 출력하는 정점들의 개수 역시 가변적이므로, 기하 셰이더는 기본도형의 종류를 얼마든지 마음대로 변환할 수 있다. 예를 들어 삼각형을 입력받아서 그것을 삼각형 세 변에 해당하는 선분 세 개로 변환할 수도 있는 것이다. 이것은 와이어프레임 렌더링을 구현하는 한 가지 간단한 방법이다. 그림 3.40에 삼각형의 각 변을 개별적인 선으로 변환한 예가 나와 있다.

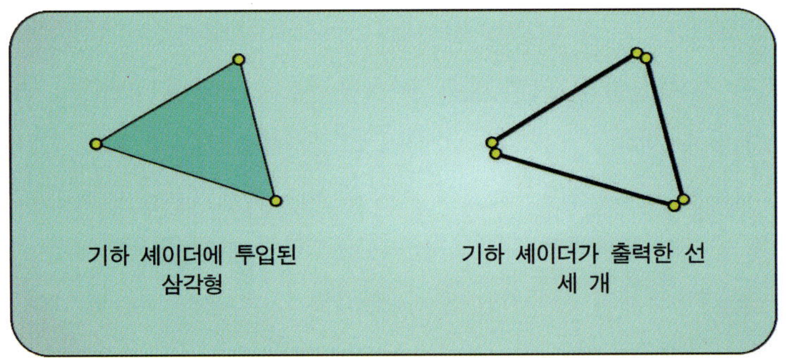


**그림 3.40.** 커스텀화된 와이어프레임 렌더링을 위해 하나의 삼각형을 선(분) 세 개로 분할하는 예.

---

면들과 홀수 번 만나는지 아니면 짝수 번 만나는지로 바꾸어 생각해보기 바란다. 홀수 번 만난다면 그림자 입체 안에 있는 것이다.

흔히 쓰이는 또 다른 기본도형 변환 기법은 하나의 점을 하나의 사각형을 이루는 두 삼각형으로 변환하는 것이다. 그런 다음 그 사각형에 텍스처를 입히면 소위 '스프라이트'가 된다. 이를 흔히 **점 스프라이트**(point sprite)라고 부르는데, 입자 시스템의 입자들을 좀 더 그럴듯하게 나타나기 위해 자주 쓰인다. 점 스프라이트를 생성하는 과정이 그림 3.41에 나와 있다. 그리고 제12장에 이 기법을 실제로 사용하는 예가 나온다(예제 입자 시스템의 입자들에 텍스처를 적용하는 부분).

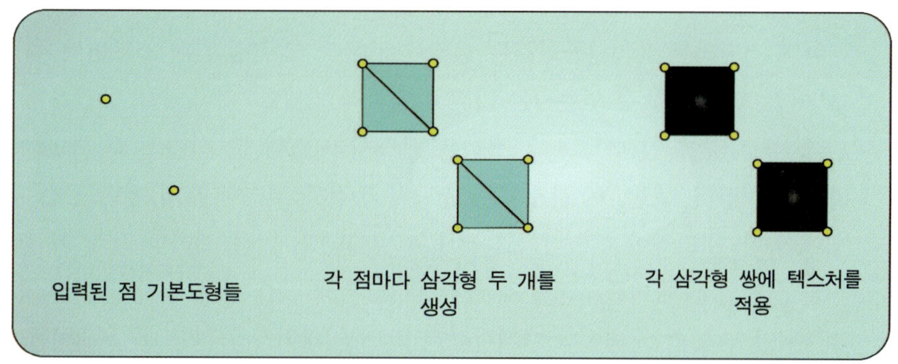


**그림 3.41.** 점 기본도형으로부터 점 스프라이트를 생성하는 과정.

## 기하구조의 인스턴싱

기하 셰이더의 또 다른 중요한 용도는 인스턴싱이다. 이전에 언급했듯이, 각 기본도형으로부터 생성할 인스턴스의 개수는 함수 특성 instance를 통해서 정적으로(HLSL 코드 안에서) 지정된다. 기하 셰이더 프로그램 안에서는 각 인스턴스를 시스템 값 의미소 SV_GSInstanceID로 식별한다. 이는 상당히 범용적인 기능으로, 응용할 수 있는 상황이 아주 다양하다. 예를 들어 하나의 점 스프라이트를 조금씩 다른 위치로 인스턴싱하면, 입자 시스템이 관리하는 입자 개수를 늘리지 않으면서도  최종 렌더링에 나타나는 입자들의 수를 증폭할 수 있다.

이 기능의 또 다른 활용 예는 하나의 기하구조를 여러 렌더 대상을 위해 렌더링하는 것이다. 이는 입방체 맵 기반 환경 매핑이나 이중 포물면 환경 매핑에서처럼 렌더 대상마다 서로 다른 변환 행렬을 기하구조에 적용해야 할 때 특히나 효과적이다. 이를 위해서는, 기하 셰이더에서 주어진 한 기본도형의 여러 인스턴스를 생성해서 각각 다른 행렬로 변환한 후 해당 렌더 대상으로 보내면 된다. 기하 셰이더 단계가 없다면 완전한 렌더링 패스를 렌더 대상의 개수마다 반복 처리해야 하지만, 기하 셰이더 단계를 사용하면 그럴 필요가 없다.[22]

## 3.8.4 기하 셰이더 단계의 파이프라인 출력

앞에서 기하 셰이더 단계의 출력 정점 스트림를 활용하는 여러 가지 방법을 이야기했으며, 그런 출력 스트림들이 기하 셰이더 단계가 자신의 처리 결과를 파이프라인의 나머지 부분에 전달하는 메커니즘이라는 점도 강조했다. 그런데 출력 스트림에 추가하는 정점에 어떤 것을 담을 수 있는지는 아직 설명하지 않았다. 기하 셰이더 단계는 래스터화기 단계 바로 앞에 있으므로, 그 정점은 반드시 시스템 값 의미소 SV_Position 특성을 포함해야 한다. 또한, 이 특성에는 반드시 정점을 투영한 후의 절단 공간 위치가 들어 있어야 한다. 그래야 래스터화가 제대로 일어난다. 기하 셰이더 단계 이전의 단계들은 다른 형태의 위치(이를테면 물체 공간 위치, 세계 공간 위치, 시야 공간 위치 등)를 내보낼 수 있으나, 기하 셰이더 단계만큼은 반드시 최종적인 절단 공간 위치를 래스터화기 단계에 전달해야 한다.

각 정점의 위치 외에도, 기하 셰이더는 파이프라인의 이전 단계들에는 주어지지 않았던 두 개의 시스템 값들을 활용할 수 있다. 하나는 SV_RenderTargetIndex이다. 이 시스템 값은 현재의 기본도형이 렌더링될 렌더 대상의 슬라이스를 식별하는 부호 없는 정수 값을 제공한다. 제2장에서 설명했듯이, 2차원 텍스처 자원 종류 중에 여러 개의 텍스처들로 이루어진 텍스처 배열 자원이 있다. 그러한 배열의 한 텍스처를 슬라이스라고 부른다. 파이프라인의 출력에 연결된 렌더 대상이 여러 개의 슬라이스들로 된 자원인 경우, 기하 셰이더는 주어진 기본도형이 적용될 렌더 대상 슬라이스를 동적으로 결정할 수 있다. 이런 렌더 대상 선택은 좀 전에 언급했던 단일 패스 입방체 맵 렌더링과 잘 맞는다. 그런 경우 현재 주어진 기본도형 인스턴스를 식별하는 SV_GSInstanceID 값을 SV_RenderTargetIndex로 사용하면 될 것이다. 물론 이런 식의 응용에서는 기하 셰이더에서 지정하는 인스턴스 개수에 걸맞은 개수의 슬라이스들이 파이프라인에 연결된 렌더 대상에 존재해야 한다. 파이프라인에 렌더 대상을 묶는 방법은 "출력 병합기 단

---

[22] 이중 포물면 환경 맵을 위해 이 기하 셰이더 인스턴싱 기법을 사용하는 예가 제13장에 나온다.

계” 절에서 좀 더 이야기하겠다. 그림 3.42는 이 시스템 값 의미소의 용법을 나타낸 것이다.

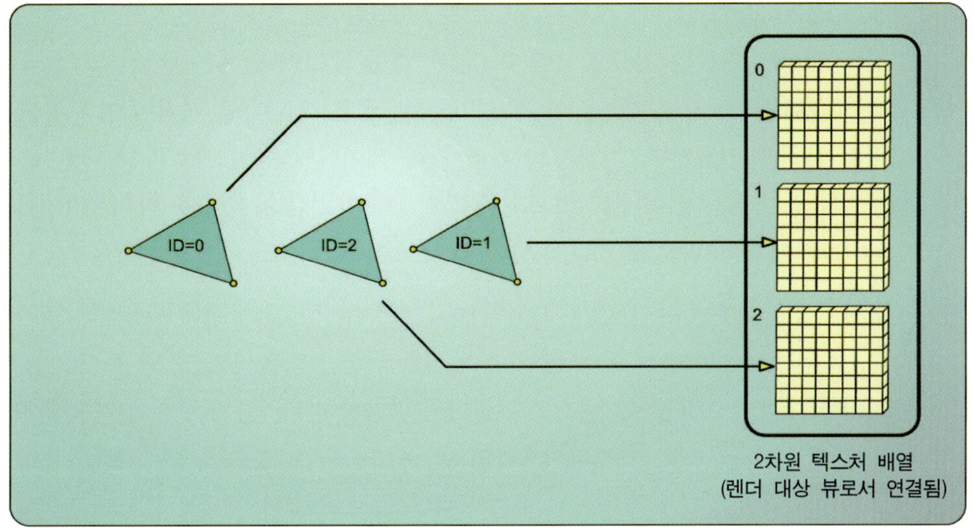



**그림 3.42.** 기하 셰이더에서 **SV_RenderTargetIndex** 시스템 값 의미소를 이용해서 기본도형 인스턴스들을 각각 다른 렌더 대상 슬라이스로 보낸다.

기하 셰이더 단계에서 사용할 수 있는 또 다른 시스템 값은 **SV_ViewportArrayIndex** 특성이다. 이 특성은 **SV_RenderTargetIndex**와 비슷하되, 렌더 대상 슬라이스가 아니라 뷰포트를 결정한다. 뷰포트(viewport)는 래스터화기 안에 존재하는 것이므로 여기서 자세히 설명하지는 않겠다. 일단은 뷰포트라는 것이 렌더 대상 안의 한 부분 영역을 대표한다고만 알아두자. 한 렌더 대상의 서로 다른 부분에 해당하는 여러 개의 뷰포트들을 래스터화기 단계에 동시에 연결해서 사용할 수 있다. 그러면 한 장면의 다양한 측면을 각 뷰포트에 렌더링할 수 있게 된다. 이러한 기법은 이를테면 화면에서 두 명의 사용자가 게임을 함께 즐기게 하기 위해 화면을 분할하는 경우에 유용하다. 이 경우에도 기하 셰이더 단계의 인스턴싱 능력을 이용해서 이 뷰포트 배열 색인 특성을 설정함으로써 한 기하구조의 여러 모습을 여러 개의 뷰포트들에 보낼 수 있다.

# 3.9 스트림 출력 단계

앞 절에서 말했듯이, 기하 셰이더 단계는 출력 스트림 객체를 이용해서 일련의 기본도형
들을 래스터화기 단계에 보낸다. 그 기본도형들은 래스터화기 단계를 거쳐서 결국에는
렌더 대상에 기록될 자료로 쓰인다. 한편 기하 셰이더 단계는 출력 스트림을 스트림
출력 단계로도 보낼 수 있다. 이 경우 기본도형들은 그 단계를 거쳐서 이후 용도를 위한
버퍼 자원에 기록된다. 기하 셰이더와 기하 셰이더의 정점 자료가 기록될 출력 버퍼
자원을 연결하는 것이 바로 스트림 출력 단계의 유일한 목적이다. 파이프라인에서 스트
림 출력 단계의 위치가 그림 3.43에 나와 있다.

이전에 언급했듯이 여러 개(총 4개)의 출력 스트림 객체를 동시에 사용하는 것이 가능하
다. 이는 기하 셰이더가 최대 네 가지의 서로 다른 출력을 만들어 낼 수 있다는 뜻이다.
이러한 다중 스트림 출력 능력 덕분에 아주 다양한 알고리즘의 구현이 가능해진다. 스트
림 출력 단계는 고정 기능 파이프라인 단계라고 할 수 있으나, 이 스트림 출력 단계가
어떤 실질적인 처리를 수행하는 것은 아니다. 스트림 출력 단계의 설정과 관련해서 응용
프로그램이 할 일은 스트림 출력을 위한 기하 셰이더 프로그램을 작성하는 것과 스트림
출력 단계에 적절한 버퍼 자원들을 연결하는 것뿐이다. 스트림 출력 단계는 파이프라인
의 한 출구로 작용하므로, 스트림 출력 단계의 출력이 파이프라인의 다른 어떤 단계의
입력으로 이어지지는 않는다.

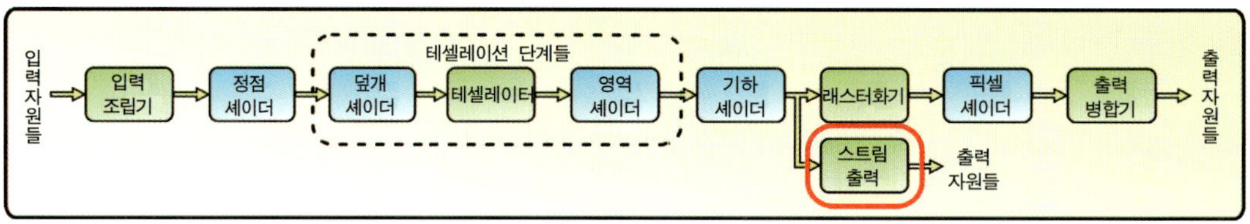



**그림 3.43.** 스트림 출력 단계.

## 3.9.1 스트림 출력 단계의 파이프라인 입력

스트림 출력 단계는 기하 셰이더 단계가 기하 셰이더 프로그램에 선언된 출력 스트림
객체를 통해서 전달한 정보만 받는다. 기하 셰이더는 최대 네 개의 스트림을 통해서

스트림 출력 단계에 자료를 전달하는데, 각 스트림마다 다른 형식의 정점 구조체들을 보낼 수 있다. 이를 통해서, 동일한 기하구조의 여러 변형들을 동시에 전달하는 것이 가능하다. 예를 들어 위치, 법선 벡터, 접선 및 종접선(bitangent) 벡터들과 그 외의 추가적인 정점별 자료를 여러 개의 스트림들로 나누어 보내서 버퍼들에 저장하고, 이후에 그것들을 입력 조립기 단계에서 선택적으로 연결할 수 있다. 이는 어떤 효과에 필요한 정점 자료를 아주 유연하게 파이프라인에 연결하는 방법이다.

스트림으로 출력되는 정점 자료에 대한 제약은, 각 정점 구조체당 스칼라 값들이 128개를 넘지 못한다는 것과 한 번의 셰이더 프로그램 실행에서 출력하는 스칼라 값들이 1024개를 넘지 못한다는 것이다. 따라서 예를 들어 출력 스트림을 네 개 사용하며 각 스트림당 스칼라 128개짜리 정점 구조체를 사용한다면 네 스트림에 총 512개의 스칼라들이 출력되며, 따라서 네 스트림을 두 번 기록할 수 있다. 이러한 제한은 기하 셰이더가 받은 기본도형 하나의 처리에 적용되는 것이므로, 실제 응용의 목적에서 스트림 출력 허용량이 충분히 주어진다고 할 수 있다.

서로 완전히 분리된 자료 스트림들을 만들어 내는 것도 가능하다. 예를 들어 전면(카메라를 향하는 면)들과 후면들을 따로 렌더링해야 하는 알고리즘을 구현하는 경우 주어진 장면 기하구조의 전면들과 후면들을 각각 다른 스트림들로 보내면 된다. 이렇게 하면 표준적인 형식으로 이루어진 기하구조를 비교적 수월하게 전, 후면 기하구조로 분리할 수 있다.

## 3.9.2 스트림 출력 단계의 상태 구성

스트림 출력 단계의 구성은 크게 두 가지이다. 첫째로, 응용 프로그램은 적절한 개수의 버퍼 자원들을 이 단계에 연결해야 한다. 이를 위한 메서드는 `ID3D11DeviceContext::SOSetTargets(...)`인데, 이 메서드는 다른 단계의 자원 연결 메서드들과 비슷한 방식으로 사용한다. 한 번의 호출로 최대 네 개의 버퍼를 동시에 연결할 수 있다. 목록 3.18은 이 메서드의 사용법을 보여주는 예제 코드이다. 이 메서드에 대응되는 `Get` 메서드도 있는데, 이를 이용해서 이 단계에 현재 연결되어 있는 버퍼 자원들에 대한 참조를 얻을 수 있다.

```
ID3D11Buffer* pBuffers[1] = { pBuffer1 };
UINT aOffsets[1] = { 0 };


pContext->SOSetTargets( 1, pBuffers, offset );
```

**목록 3.18**. 스트림 출력 단계에 버퍼 자원을 연결하는 예.

스트림 출력 단계에 연결하는 버퍼 자원들은 스트림 출력을 기록하는 용도이므로 반드시 **D3D11_BIND_STREAM_OUTPUT** 연결 플래그를 지정해서 생성한 것이어야 한다. 또한 자원을 정점 버퍼 용도로 사용하는 데 필요한 다른 여러 연결 플래그들도 적절히 지정해 둔 것이어야 한다. 이 단계에 연결된 버퍼 자원들은 이후의 파이프라인 실행들에서도 계속 유지된다. 즉, 더 이상 필요 없는 버퍼들을 떼어 내는 것은 개발자의 책임이다. 이 점은 다른 단계의 자원 연결에서와 동일하며, 따라서 이전에 말한 자원 관리 기법들이 이 단계에도 그대로 적용된다. 즉, 항상 네 버퍼 항목을 모두 지정하되 더 이상 사용하지 않을 슬롯에는 NULL 포인터를 지정하거나, 아니면 각 슬롯의 상태를 응용 프로그램이 직접 관리하면서 필요할 때마다 적절한 슬롯을 수정하는 등으로 관리를 하면 된다.

스트림 출력 단계의 또 다른 구성 사항은, 어떤 자료를 어떤 출력 슬롯으로 보낼 것인지를 지정하는 것이다. 이 설정은 **ID3D11Device::CreateGeometryShaderWithStream Output()** 메서드에 **D3D11_SO_DECLARATION_ENTRY** 구조체들의 배열을 넘겨줌으로써 이루어진다. 목록 3.19에 그 구조체의 구성원들이 나와 있다.

```
struct D3D11_SO_DECLARATION_ENTRY {
    UINT    Stream;
    LPCSTR SemanticName;
    UINT    SemanticIndex;
    BYTE    StartComponent;
    BYTE    ComponentCount;
    BYTE    OutputSlot;
};
```

**목록 3.19**. D3D11_SO_DECLARATION_ENTRY 구조체의 정의.

이 구조체는 기하 셰이더가 보낸, 그리고 결국에는 스트림 출력 버퍼에 도착할, 모든 출력 정점의 모든 구성요소에 필요한 정보를 담는다. 기하 셰이더가 스트림으로 출력하는 각 출력 특성마다 이러한 구조체를 지정해야 한다. 이 구조체의 첫 필드 Stream은 기하 셰이더가 자료를 보내는 데 사용하는 스트림 출력 객체를 식별하기 위한 색인이다. SemanticName 필드는 기하 셰이더 프로그램에서 해당 출력 특성에 정의된 의미소 이름이고, SemanticIndex 특성은 의미소 이름이 같은 여러 특성들 중 한 특성을 고유하게 식별하기 위한 색인이다. 이는 정점 버퍼 원소 선언에서 본 것과 같은 것이다.

StartComponent 필드와 ComponentCount 필드는 4성분 특성 중 어떤 성분들을 버퍼에 보낼 것인지를 결정한다. StartComponent 필드는 시작 성분 색인으로, 가능한 값은 0, 1, 2, 3이다. 이들은 순서대로 $x$, $y$, $z$, $w$ 성분에 해당한다. ComponentCount는 그 성분부터 몇 개의 성분들을 버퍼로 보낼 것인지를 뜻한다. 예를 들어 StartComponent가 1이고 ComponentCount가 2이면 $y$ 성분과 $z$ 성분이 스트림된다. 구조체의 마지막 필드 OutputSlot은 그러한 스트림 자료를 받을 출력 버퍼의 슬롯 번호로, 최대 4개의 슬롯이 가능하므로 0에서 3까지의 값을 지정할 수 있다.

이러한 구조체들의 배열을 적절히 설정한 후에는 기하 셰이더 객체를 생성해야 한다. 목록 3.20에 스트림 출력을 사용하는 기하 셰이더를 위한 특별한 기하 셰이더 객체를 생성하는 메서드가 나와 있다.

```
HRESULT CreateGeometryShaderWithStreamOutput(
    const void *pShaderBytecode,
    SIZE_T BytecodeLength,
    const D3D11_SO_DECLARATION_ENTRY *pSODeclaration,
    UINT NumEntries,
    const UINT *pBufferStrides,
    UINT NumStrides,
    UINT RasterizedStream,
    ID3D11ClassLinkage *pClassLinkage,
    ID3D11GeometryShader **ppGeometryShader
);
```

**목록 3.20.** ID3D11Device 인터페이스의 CreateGeometryShaderWithStreamOutput() 메서드.

보통의 기하 셰이더 객체를 생성하는 메서드에는 없는 매개변수들만 이야기하겠다. 첫 번째의 새로운 매개변수는 pSODeclaration이다. 이것은 앞에서 말한 구조체들의 배열을 가리키는 포인터이다. 그 다음의 NumEntries은 그 배열의 크기(원소 개수)이다. 그 다음 두 매개변수 pBufferStrides와 NumStrides는 각 버퍼로 전달될 정점들의 정점 보폭 (stride, 인접한 원소 사이의 거리)들과 그 개수를 지정하는 것이다. 이를 통해서 각 버퍼마다 다른 형태의 정점들을 저장할 수 있게 된다. 마지막의 새 매개변수는 RasterizedStream으로, 래스터화기 단계로 이어질 출력 스트림을 지정하는 것이다. 아무 스트림도 래스터화기 단계로 보내지 않는 경우에는 상수 D3D11_SO_NO_RASTERIZED_STREAM을 지정해야 한다. 이 매개변수로 지정한 스트림이라도 여전히 자료를 스트림 출력 버퍼에 보낼 수 있다.

이 메서드로 기하 셰이더 객체를 생성해서 기하 셰이더 단계에 연결하면 스트림 출력 단계가 활성화된다. 이후 파이프라인을 실행하면, 기하 셰이더의 출력 스트림으로 출력된 자료 중 그 의미소 이름과 의미소 색인이 스트림 출력 단계의 구성과 일치하는 것들이 해당 버퍼로 흘러들어가서 완성된 형태의 정점들이 만들어진다.

## 3.9.3 스트림 출력 단계의 처리 공정

### 자동화된 렌더링

스트림 출력 기능성을 활용하는 방법을 크게 두 가지로 나눌 수 있다. 첫째는 기록된 버퍼 자원을 입력 조립기 단계의 입력으로 사용하는 것, 다시 말하면 기록된 자료를 실제 파이프라인 실행의 정점 자료로 공급하는 것이다. 이 경우에는 특별한 **그리기** 메서드를 호출해서 파이프라인을 실행해야 한다. 응용 프로그램은 버퍼 자원을 입력 조립기 단계의 슬롯 0에 연결해야 하며, 그에 해당하는 입력 배치 객체 역시 적절히 설정해야 한다. 그런 다음 ID3D11DeviceContext::DrawAuto() 메서드를 호출하면 메서드는 입력 조립기 단계에 연결된 버퍼(이전에 스트림 출력을 기록해 둔)의 내용을 조사한다. 그런 다음에는 버퍼의 내용 전체가 렌더링될 때까지 적절한 개수의 정점들과 기본도형들을 입력 조립기 단계에 공급하는데, 그 과정에서 응용 프로그램과의 상호작용은 일어나지 않는다('자동화'). 이 경우 기하 셰이더 객체가 정점 스트림을 출력하며[23], 기본도형 연결성 정보는 입력 조립기의 기본도형 종류 설정에 의해 결정된다. 그 기본도형 종류는 반드시 자료를 스트림으로 출력하는 데 쓰인 기본도형 스트림의 종류와 부합해

---

[23] 출력 정점들이 삼각형 스트림이나 선 스트림으로부터 생성되는 경우, 그 스트림들로 전달된 띠들이 해당 기본도형의 목록으로 변환된다. 덕분에 DrawAuto() 메서드에서는 일관된 자료 형식을 사용할 수 있게 된다.

야 한다. 이런 식으로 **DrawAuto** 메서드를 사용할 때에는 렌더링 전체가 응용 프로그램이 버퍼의 내용을 알지 못하는 상태에서 진행되는데, 이는 GPU가 좀 더 자율적으로 (CPU와는 어느 정도 독립적으로) 작동하게 만드는 한 가지 방법이다.

이런 기법에 어떤 쓸모가 있는지 감이 잘 잡히지 않을 수도 있다. 사실 기하구조가 기하 셰이더에 도달했다면, 그것을 그냥 래스터화기로 보내서 직접 사용하면 그만이지 않을까? 군이 기하구조를 버퍼에 저장했다가 다시 렌더링할 필요가 있을까? 그러나 여기에서 중요한 고려사항은, 입력 조립기와 기하 셰이더 사이에서 수행된 모든 연산이 기하 셰이더가 산출한 출력 스트림 안에 포함되어 있다는 점이다. 예를 들어 정점 셰이더에서 수행한 모든 정점 변환을 버퍼에 저장해 두었다가 이후의 렌더링 패스에서 그 때와 동일한 기하구조가 필요해지면 그 버퍼를 사용함으로써 해당 정점 변환 작업을 완전히 건너뛸 수 있는 것이다. 정점 스키닝처럼 비용이 비싼 정점 수준 연산에 이러한 기법을 적용하면 렌더링 패스 도중 수행되는 계산 횟수를 크게 줄일 수 있다.

또한 이러한 기법은 테셀레이션과 다중 패스 렌더링이 필요한 알고리즘에도 특히나 유용하다. 한 모형의 기하구조를 먼저 정점 셰이더에서 변환하고 그런 다음 테셀레이션 단계들에서 테셀레이션한 후 최종적으로 기하 셰이더 단계에서 스트림으로 출력해서 버퍼에 저장해 둔다면, 이후의 렌더링에서는 그러한 계산들을 완전히 제거할 수 있다. 테셀레이션 수준이 높은 경우 테셀레이션 단계의 비용이 상당히 커질 수 있으며, 따라서 테셀레이션된 메시를 이런 식으로 저장해 두면 계산량을 크게 절약할 수 있다. 그림 3.44는 이러한 처리량 절약 기법을 나타낸 것이다.

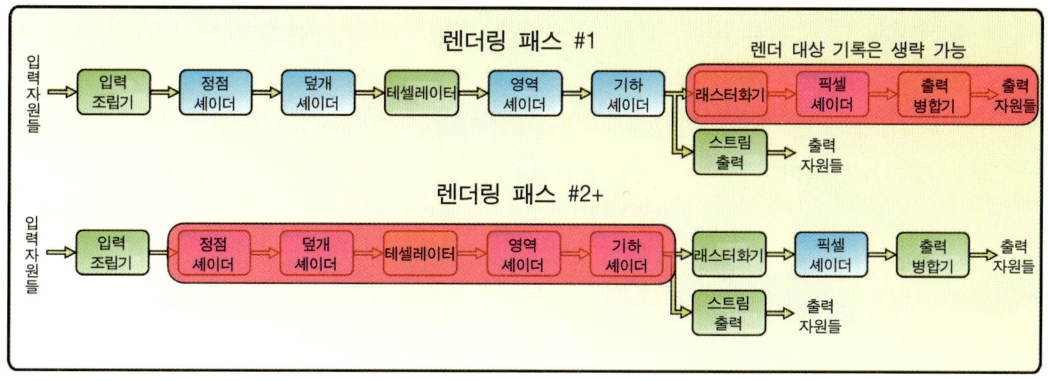


**그림 3.44.** 다중 패스 렌더링에서 테셀레이션된 기하구조의 캐싱을 통한 처리 비용 절감.

## 디버깅 도구로서의 스트림 출력

스트림 출력 단계의 또 다른 용도 하나는, 비유하자면 파이프라인의 기하 셰이더 단계에 '도청기'를 심어서 디버깅용 정보를 빼내는 것이다. 이러한 기법은 최종적으로 렌더링된 출력에는 포함되지 않는 어떤 중간 계산 값을 조사하고자 할 때 유용하다. 이 기법에는 두 가지 버퍼 자원이 필요하다. 하나는 스트림 출력 버퍼로, 반드시 기본 용도 플래그를 지정해서 생성한 것이어야 한다. 그런데 이런 종류의 버퍼에는 응용 프로그램이 직접 접근할 수 없다. 파이프라인이 기록할 수 있고 CPU에서 읽을 수도 있는 버퍼를 생성하는 것은 불가능하다. 그래서 두 번째 버퍼가 필요한 것이다. 예비(staging) 용도 플래그를 지정해서 또 다른 버퍼를 만들고, 기본 용도 버퍼의 내용을 그 버퍼에 복사한다. 그런 다음에는 응용 프로그램에서 그 버퍼를 메모리에 매핑해서 내용을 읽으면 된다.

응용 프로그램에서 버퍼의 내용을 조사할 때, 스트림화된 정점들의 배치 방식에 맞는 구조체를 적용하면 편리하다. 그러한 정점 구조체는 응용 프로그램이 이미 알고 있는 것이다. 어차피 스트림 출력 단계를 구성할 때 그런 정보를 지정해야 하기 때문이다. 버퍼에 기록된 기본도형들의 개수는 `D3D11_QUERY_DATA_SO_STATISTICS` 형식의 파이프라인 질의 객체를 이용해서 알아낼 수 있다(구체적인 파이프라인 질의 방법은 부록 B에 있다). 이를 통해서, 버퍼의 내용 중 파이프라인이 생성한 자료의 끝과 기본 내용(즉 유효하지 않은 내용)이 시작하는 지점을 파악할 수 있다.

평가된 형태(evaluated form)의 버퍼 자료에 접근할 수 있다면, 응용 프로그램은 그 자료를 자신의 요구에 맞는 임의의 방식으로 활용할 수 있다. 이를테면 파일에 저장해 두고 다른 도구를 이용해서 새 자료의 AABB(축 정렬 경계상자)를 찾는 등의 분석이나 조사를 수행할 수도 있고, 또는 기하 셰이더를 거쳐 가는 모형 자료의 실시간 시각화를 위해 통계 자료를 바로 화면에 표시할 수도 있다. 이런 종류의 기법들은 최종 사용자용 응용 프로그램을 위한 것이 아니라 응용 프로그램 개발 도중 디버깅을 돕는 한 수단으로 쓰이는 것이 일반적이다. 사실 자료의 오프라인 분석을 위해서는 이미 PIX(Direct3D 11 응용 프로그램의 주된 디버깅 도구)가 있다. 따라서 이런 기법은 실시간 디버깅 정보 제공에 더 적합하다고 할 수 있다. 또한 스트림 출력 기능은 보통의 경우 PIX로는 읽을 수 없는 기하 셰이더 내부의 중간 값을 저장하는 용도로도 유용하다.

### 3.9.4 스트림 출력 단계의 파이프라인 출력

스트림 출력 단계의 출력은 다른 파이프라인 단계로 연결되지 않는다. 스트림 출력 단계의 출력 지점은 스트림 출력 단계에 연결된 버퍼 자원이라고 해야 할 것이다. 이 단계는 파이프라인에서 자료를 추출하는 여러 가지 수단들 중 하나일 뿐이나, 파이프라인의 구성에 따라서는 이 단계가 파이프라인의 주된 자료 출구의 역할을 할 수 있다. 예를 들어 파이프라인을 다른 어떤 소프트웨어 기반 렌더링 시스템을 위한 변환 및 테셀레이션 가속기로 사용할 수도 있는 것이다. 이런 시나리오에서는 렌더링할 기하구조를 GPU가 변환, 테셀레이션해서 스트림 출력 단계를 통해 버퍼에 저장하고, 그것을 CPU가 읽어 들여서 소프트웨어 렌더러에 보낸다. 이 경우 Direct3D 11은 기하구조의 래스터화에 전혀 관여하지 않는다. 광선 추적(ray-tracing) 엔진을 이용해서, 또는 GPU에서는 불가능한 어떤 고화질 기법을 이용해서 렌더링하려는 경우 이러한 방법이 유용할 것이다.

## 3.10 래스터화기 단계

파이프라인에서 기하 자료만을 다루는 단계는 기하 셰이더 단계가 마지막이다. 래스터화기 단계는 기하학적 파이프라인 자료를 받는다. 그 자료는 정점 셰이더 단계가 직접 전달한 것일 수도 있고, 영역 셰이더 단계나 기하 셰이더 단계를 거쳐서 온 것일 수도 있다. 그림 3.45에 래스터화기 단계의 위치가 나와 있다.

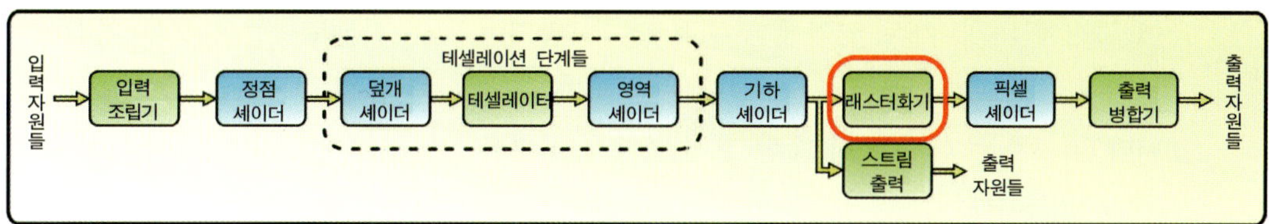



**그림 3.45.** 래스터화기 단계.

이 단계의 주된 임무는 기하 자료를 일정한 간격으로 표본화해서, 이후 렌더 대상에 적용할 수 있는 형태의 표본들을 만들어 내는 것이다. 이러한 표본화 과정을 래스터화

(rasterization)라고 부른다. 이 과정에 의해 개별 기본도형이 텍스처 자원에 저장하기에 적합한 형태로 변한다. 래스터화로 추출한, 원래의 기하구조를 근사하는 표본들을 **단편**(fragment)들이라고 부른다. 이 과정은 최종적인 출력 이미지에 기여할 개별 픽셀 자료를 생성하는 첫 걸음에 해당한다. 그림 3.46에 삼각형 기본도형을 래스터화하는 과정이 나와 있다.

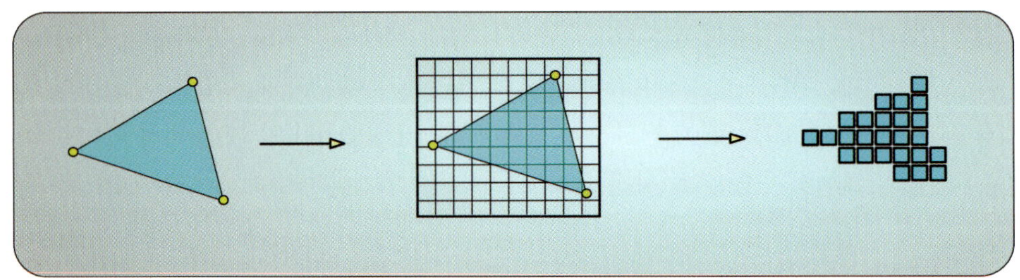

**그림 3.46.** 삼각형의 래스터화.

래스터화기는 단편들을 생산하는 래스터화 연산 이외에 몇 가지 추가적인 연산들도 수행한다. 그러한 연산의 첫 번째는 **기본도형 선별 제외**(culling)로, 절단 공간의 위치에 근거해서 최종 출력 렌더링에 기여하지 않을 기본도형을 제외시키는 것이다. 그런 기본도형들을 래스터화 이전에 제거하므로, 이 단계에서 처리할 기본도형 전체 개수가 줄어들어서 효율성이 높아진다.

둘째 연산은 **기본도형 절단**(clipping)이다. 이는 기본도형에서 절단 공간 바깥에 있는 부분(즉, 렌더링에 기여하지 않을)을 잘라내는 것으로, 역시 래스터화 전에 일어난다. 이 과정에 의해, 가시 영역에 부분적으로 포함되어 있는 기본도형들이 모두 가시영역 안에 완전히 포함된다. 선별과 절단을 거친 기본도형들은 활성 뷰포트로 사상(mapping)된다. 뷰포트는 현재 렌더 대상 전체 중에서 처리된 기본도형 단편들을 받을 부분 영역(직사각형)이다.

마지막으로, 래스터화 도중에 **가위 판정**(scissor test)이라는 연산도 수행된다. 이 판정은 래스터화가 실제로 적용될 직사각형 영역을 응용 프로그램이 지정할 수 있게 하기 위한 것이다. 주어진 '가위' 직사각형의 바깥에 해당하는 단편들은 파이프라인의 나머지 부분에 전달되지 않고 폐기된다. 이 연산 역시 이후 단계들이 처리할 자료를 줄이는 것이므로 결과적으로 파이프라인의 전반적인 효율성이 높아진다.

이 모든 연산을 통해서 래스터화기 단계는 파이프라인 자료의 처리에 상당한 양의 기능성을 기여한다. 래스터화기 단계는 파이프라인의 전반적인 성능에 심대한 영향을 미칠 수 있으므로 방금 언급한 모든 연산의 작동 방식과 응용 프로그램이 그 연산들에 영향을 주는 방법을 잘 이해할 필요가 있다. 래스터화기 단계의 출력은 나머지 픽셀 기반 파이프라인 단계들로 이어지므로, 이 단계에서 자료가 증폭된다고 할 수 있다.

## 3.10.1 래스터화기 단계의 파이프라인 입력

래스터화기 단계는 파이프라인으로부터 개별 기본도형들을 입력받는다. 기본도형 자료는 기본도형의 기하학적 형태를 정의하는 정점들로 이루어져 있다. 각 정점은 적어도 하나의 SV_Position 시스템 값 의미소 특성을 포함한다. 이 특성은 절단 공간 안에서의 정점의 위치를 뜻하는 4성분 동차좌표이다. 래스터화가 이 입력 기본도형에 수행하는 개별 연산들로 들어가기 전에, 절단 공간이 무엇이고 기하구조를 이 절단 공간 좌표계로 변환하는 방법은 어떤 것인지 명확히 할 필요가 있겠다. 좀 더 중요하게는, 이 좌표계가 어떤 특징을 가지고 있으며 장면의 래스터화라는 맥락에서 어떻게 쓰이는지 파악해야 한다.

### 절단 공간과 정규화된 장치 좌표

절단 공간(clip space)이라는 용어는 장면 기하구조를 투영한 후의 한 좌표계를 지칭하는 것으로, 주어진 장면 중에서 현재의 시야 조건 하에서 관찰자가 볼 수 있는 부분을 식별하는 데 쓰인다. 본질적으로 이 공간은 현재의 투영 변환의 결과이다. 투영 변환은 일반적으로 원근 투영 아니면 직교 투영인데, 3차원 그래픽에서는 주로 원근 투영이 쓰이므로 여기에서도 원근 투영을 중심으로 이야기한다. 그러나 여러 개념들이 직교 투영에도 적용되므로, 다음의 논의는 직교 투영에서도 유효하다.[24]

앞에서 SV_Position 시스템 값 의미소 특성으로 주어진 정점 위치 자료가 성분이 네 개인 동차좌표로 이루어진다고 했는데, 일반적으로 그 네 성분들 중 처음 셋은 정점이 현재 놓여 있는 3차원 공간에서의 정점의 $X$, $Y$, $Z$ 좌표에 해당한다. 넷째 성분은 $W$

---

24) 투영 변환을 비롯해서, 기하구조가 거쳐 가는 여러 변환들을 제8장 "메시 렌더링"에서 전반적으로 설명한다.

좌표라고 부르는 것으로, 투영 변환이 적용되기 전에는 값이 항상 1이다. 즉, 위치 좌표
는 항상 $[X, Y, Z, 1]$의 형태이다. 이러한 정점들에 투영 변환을 적용하고 난 후의 정점
위치 좌표의 형태는 적용된 투영 변환의 종류에 따라 다르다. 원근 투영을 적용한 경우
에는 $W$ 좌표가 투영 전의 $Z$ 좌표와 같은 값을 가지게 된다.[25] 그리고 $Z$ 좌표는 투영
변환의 가까운·먼 절단 평면에 따라 적절히 비례된 값으로 변한다. 식 (3.2)와 (3.3)은
입력 $Z$ 성분과 $W$ 성분에 투영 변환을 가한 결과를 보여준다. 이는 식 (8.7)에 나오는
투영 행렬로 투영 변환을 수행한 경우이다. 아래의 식 (3.2)와 (3.3)에서 아래 첨자가
1인 것이 입력 좌표이고 $p$인 것은 투영 후의 좌표이다.

$$z_p = \frac{z_f(z_1 - z_n)}{(z_f - z_n)}, \tag{3.2}$$

$$w_p = z_1 . \tag{3.3}$$

식 (3.2)가 바로 이해되지는 않을 수도 있다. $z_p$ 나누기 $W$를 입력 $Z$ 좌표의 한 함수로
서 그래프로 그려보면 이해에 도움이 될 것이다. 그림 3.47이 그러한 그래프이다. 그림에
서 보듯이, 투영 후의 $Z$ 값들을 크게 세 구간으로 나눌 수 있다. 만일 입력 $Z$ 좌표가
가까운 절단 평면의 $Z$ 좌표 $Z_n$보다 작으면 투영 후의 $Z_p$는 음수가 된다. 입력 $Z$ 좌표
가 $Z_n$과 $Z_f$ 사이라면 투영 후의 $Z_p$는 0과 $Z_f$ 사이이다. 그리고 입력 $Z$ 좌표가 $Z_f$보다
크면 $Z_p$도 $Z_f$보다 크다.[26]

투영 이후의 한 지점에서 이 투영 후 좌표들을 $W$ 좌표로 나누어서 다시 동차좌표로
만들어야 한다. 모든 좌표 성분을 $W$ 좌표로 나누면 $W$ 좌표 자체는 1이 된다. $W$로
나눈 후의 $Z$ 좌표가 어떻게 되는지도 생각해 보자. 원래의 $Z_1$이 $Z_n$과 같으면 나눈
결과는 0이 된다. $Z_1$이 $Z_f$와 같으면 결과는 1이 된다. 따라서 유효한(입력 $Z$ 값이 $Z_n$과
$Z_f$ 사이인) 단편의 경우 $W$로 나눈 후의 $Z$ 좌표, 즉 깊이는 반드시 0에서 1까지이다.
여기서 계산을 되풀이하지는 않겠지만, $X$ 좌표와 $Y$ 좌표 역시 비슷한 방식으로 계산해
보면 $W$로 나눈 후의 값은 반드시 −1에서 1까지이다. 이 논의에서 보듯이 투영 후 좌표
에는 두 종류, 즉 $W$로 나누기 전의 좌표와 나눈 후의 좌표가 있는데, 나누기 전의 좌표

---

[25] 이는 DXSDK의 문서화에 나온, 그리고 제8장에서 설명하는 것과 동일한 투영 행렬이 쓰였다고 가정한 것이다.
[26] 이 모든 공식은 양의 $Z$축이 시선 방향과 같은 왼손잡이 좌표계를 가정한 것이다.

를 그냥 절단 공간 좌표라고 부르고 나눈 후의 좌표를 정규화된 장치 좌표(normalized device coordinates)라고 부른다. 이 둘의 구분은 아주 중요하다. 둘 다 같은 점을 나타내긴 하지만, 그 성분들의 값이 상당히 다르기 때문이다. 여러 가지 좌표 공간들과 공간 변환 연산들이 그림 3.48에 정리되어 있다.

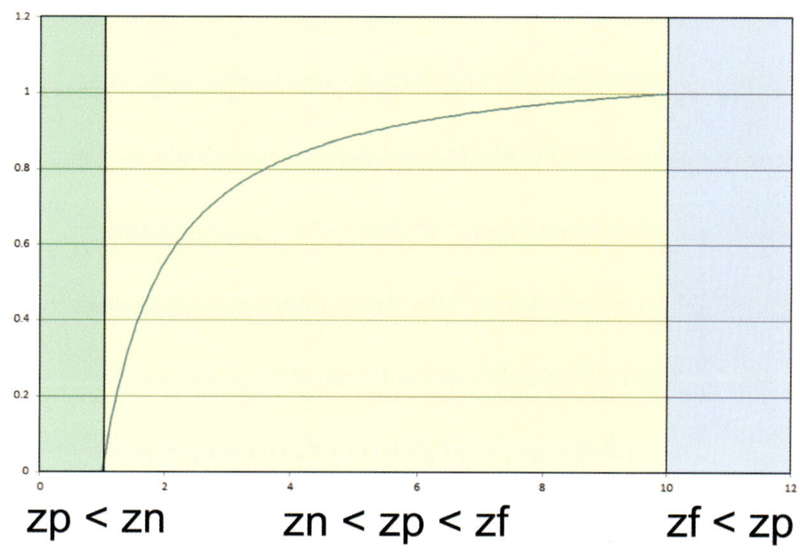


**그림 3.47.** 정점 투영 이후의 $Z$ 좌표들.

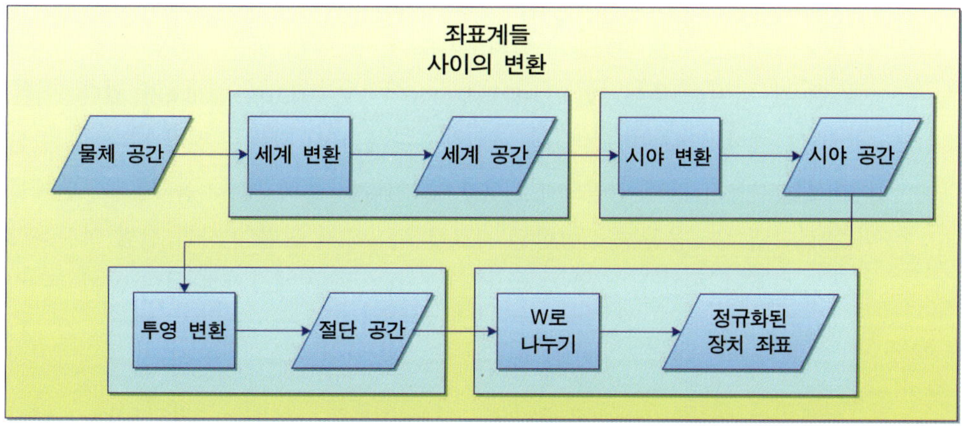


**그림 3.48.** 파이프라인 안에서 벌어지는 좌표계 변환들.

앞에서 언급했듯이, 래스터화기 단계로 입력되는 SV_Position 시스템 값 의미소에 담긴 위치 자료는 반드시 투영 변환의 결과이어야 하며, 따라서 반드시 절단 공간을 기준으로 한 위치이어야 한다. 래스터화기는 자신의 처리 과정 도중에 $W$ 나누기를 수행하므로, 투영 변환을 수행하는 셰이더 프로그램이 $W$ 나누기를 직접 수행할 필요는 없다.[27] 특정 정점이 보이는지 아닌지를 고려할 때에는, 투영 후 좌표보다 정규화된 장치 좌표를 다루는 것이 더 쉬운 경우가 많다. 정규화된 장치 좌표 공간의 정점은 반드시 점 $[-1, -1, 0]$과 $[1, 1, 1]$로 정의되는 하나의 입방체 안에 포함된다. 이러한 좌표 범위가 그림 3.49에 나와 있다.

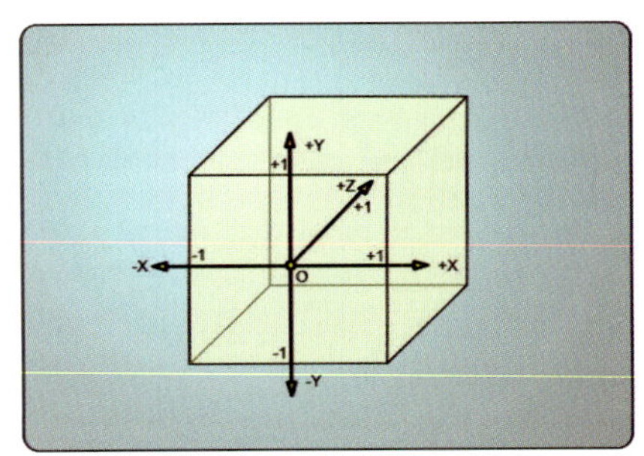


**그림 3.49.** 현재의 시야에 포함되는 정점들이 있는 영역.

그림 3.49에서 보듯이, 양의 $X$축은 오른쪽을 향하고 양의 $Y$축은 위쪽, 양의 $Z$축은 장면이 있는 쪽(시점에서 멀어지는 쪽)을 향한다. 이러한 입방체 영역을 흔히 **단위 입방체**(unit cube)라고 부르는데, 엄밀히 말하면 이것은 단위 입방체가 아니지만($Z$축 방향의 범위 때문) 그래도 흔히 그렇게들 부른다. 절단 공간과 정규화된 장치 좌표는 §3.10.3 "래스터화기 단계의 처리 공정"에서 좀 더 이야기하겠다.

## 절단 거리와 선별 거리

래스터화기 단계가 받는 위치 자료가 어떤 것인지 살펴보았으니, 이제 래스터화기 단계가 받을 수 있는 다른 입력들도 살펴보기로 하자. 우선, 절단 거리와 선별 거리를 뜻하는 시스템 값 의미소 특성 SV_ClipDistance와 SV_CullDistance가 있다. 이들은 정점 셰이더 단계에서 소개했었다. 래스터화기 단계는 이 값들을 절단 및 선별 연산을 위한 추가적인 사용자 정의 입력으로 사용한다. 이들은 프로그램 가능 셰이더 단계들의 셰이더 프로그램이 제공한 커스텀화된 자료를 이용해서 절단 연산과 선별 연산을 조작하기 위한 수단으로 쓰인다. 이에 대해서는 §3.10.3 "래스터화기 단계의 처리 공정"에서 좀 더 자세히 이야기하겠다.

---

27) 그렇다고 셰이더 프로그램에서 $W$ 나누기를 하지 못한다는 뜻은 아니다. 추가적인 계산에 필요하다면 얼마든지 수행할 수 있다. 그런 경우 래스터화기는 다른 좌표들을 그냥 1로 나눈다(따라서 전체적으로는 같은 결과가 나온다).

### 뷰포트 배열 색인

절단 거리와 선별 거리 외에, 래스터화기는 **SV_ViewportArrayIndex**라는 시스템 값 의미소도 받는다. 이것은 기본도형을 래스터화할 때 사용할 뷰포트 정의 구조체를 식별하는 부호 없는 정수이다. 개별 뷰포트들이 출력에 영향을 미치는 방식 역시 §3.10.3 "래스터화기 단계의 처리 공정"에서 자세히 이야기하겠다.

### 렌더 대상 배열 색인

기하 셰이더 단계를 설명할 때 **SV_RenderTargetArrayIndex**라는 시스템 값 의미소 특성을 이야기했었다. 이 시스템 값은 렌더 대상 배열의 텍스처 슬라이스들 중 렌더링 결과를 기록할 슬라이스를 식별하는 부호 없는 정수이다. 이 책에 이 시스템 값을 사용하는 예제 프로그램은 나오지 않는다. 대신, DXSDK의 Direct3D 10용 예제들 중 이 값을 이용하는 기법을 잘 보여주는 것이 있다. **CubeMapGS**라는 예제이다. 그리고 이 값의 활용법을 좀 더 자세히 설명한 문서로는 [Zink]가 있다.

### 추가 입력 특성들

그 외에도 래스터화기는 다양한 정보를 입력받을 수 있다. 응용 프로그램은 입력 기본도형의 각 정점을 정의하는 정점 구조체의 특성들에 추가적인 자료를 포함시킬 수 있으며, 그 특성들이 래스터화기까지 전달된다. 삼각형은 정점 세 개로 이루어지므로, 각 삼각형마다 한 종류의 정점 특성의 인스턴스가 세 개 존재한다. 래스터화 공정에서는 그 정점들 사이의 규칙적인 표본화 패턴을 반영하는 단편들을 생성하므로, 단편들마다 적절한 특성 값들을 부여하려면 세 정점 특성 값들을 반드시 보간해서 적절한 중간 값을 구해야 한다. 이러한 보간 작업이 실제 래스터화 공정에서 일어나는데, 이에 대해서는 잠시 후에 좀 더 설명하겠다.

## 3.10.2 래스터화기 단계의 상태 구성

래스터화기 단계에서는 다양한 종류의 연산이 수행되며, 그런 만큼 그 연산들을 제어하기 위한 상태 구성 항목들도 많다. 응용 프로그램은 기존 상태를 조회하거나 기존 상태를 새 것으로 바꾸는 세 종류의 메서드들을 통해서 그 상태들을 구성한다.

## 래스터화기 상태 객체

래스터화기 단계의 주된 상태 구성은 래스터화기 상태 객체(rasterizer state object)를 통해서 이루어진다. ID3D11RasterizerState 형식의 이 상태 객체는 그 유효성이 생성 시점에서 점검되며 생성 후에는 더 이상의 변경이 불가능하다. Direct3D 11의 다른 모든 객체처럼 이 객체도 장치 인터페이스의 한 메서드로 생성하는데, 구체적으로 말하면 ID3D11Device::CreateRasterizerState() 메서드이다. 다른 여러 상태 객체 생성 메서드처럼 이 메서드도 원하는 구성 설정 값들을 담은 서술 구조체를 가리키는 포인터를 받는다. 목록 3.21에 그 서술 구조체를 설정하고 래스터화기 상태 객체를 생성하는 예가 나와 있다. 이런 식으로 상태 객체를 생성한 다음에는 장치 문맥의 RSSetState 메서드를 이용해서 래스터화기 단계에 설정하면 된다.

```cpp
D3D11_RASTERIZER_STATE rs;

rs.FillMode = D3D11_FILL_SOLID;
rs.CullMode = D3D11_CULL_BACK;
rs.FrontCounterClockwise = false;
rs.DepthBias = 0;
rs.SlopeScaledDepthBias = 0.0f;
rs.DepthBiasClamp = 0.0f;
rs.DepthClipEnable = true;
rs.ScissorEnable = false;
rs.MultisampleEnable = false;
rs.AntialiasedLineEnable = false;

ID3D11RasterizerState* pState = 0;

HRESULT hr = m_pDevice->CreateRasterizerState( &rs, &pState );
```

**목록 3.21**. 래스터화기 상태 객체의 설정과 생성.

그럼 래스터화기 상태 객체의 각 요소를 차례로 살펴보자. 서술 구조체의 FillMode 필드는 기본도형이 차지하는 영역을 단편들로 채우는 방식을 뜻하는 '채우기 모드(fill mod)'를 결정한다. 선택 가능한 채우기 모드는 '고형체 채우기(solid fill)'와 '와이어프레임(wireframe)' 두 가지이다. 고형체 채우기 모드에서는 기본도형의 내부 영역이 단편들

로 완전히 채워지는 반면 와이어프레임 모드에서는 기본도형의 가장자리 변들만 래스터
화된다. 실제 응용에서 이 모드는 삼각형 기본도형에만 영향을 미친다. 선 기본도형은
변이 하나 뿐이고 점 기본도형은 그야말로 점 하나로만 되어 있으므로 두 채우기 모드가
같은 결과를 낸다. 그림 3.50은 삼각형의 경우 두 모드가 어떤 차이를 내는지를 보여주
는 예이다.

**그림 3.50.** 와이어프레임 모드와 고형체 채우기 모드의 차이. (모형은 Radioactive Software가 제공했음).

이 구조체의 둘째 필드 `CullMode`는 래스터화기 단계의 선별 제외 연산을 제어하는
선별 모드이다. 이 모드를 통해서, 관찰자 쪽을 향해 있는 **전면**(front facing) 기본도형
들을 제외시킬 수도 있고 관찰자에서 멀어지는 방향을 보고 있는 **후면**(back facing)
기본도형들을 제외시킬 수도 있다. 또는 선별 연산을 아예 끌 수도 있다. 주어진 삼각
형이 전면인지 후면인지는 삼각형 정점들이 유입된 순서로 결정된다. 렌더 대상 위에
서 그 정점들을 차례로 방문하는 방향이 시계 방향일 수도 있고 반시계 방향일 수도
있다. `FrontCounterClockwise` 필드는 정점들이 시계 방향인 삼각형을 전면으로 간주
할 것인지 아니면 반시계 방향인 삼각형을 전면으로 간주할 것인지를 지정한다. 결과적
으로, 제외될 삼각형의 종류는 이 필드와 앞의 `CullMode` 필드의 조합에 의해 결정된다.

그 다음 세 필드는 래스터화기가 생성하는 단편들에 깊이 편향치(depth bias)를 부여하
는 추가적인 기능을 제어하기 위한 것이다. 어떤 특별한 효과를 위해 개별적인 두 래스

터화 대상을 각자 다른 방식으로 렌더링해야 하는 알고리즘들이 있다. 대표적인 예가 **그림자 매핑**이다. 그림자 매핑 기법에서는 장면을 광원의 시점에서 렌더링해서, 해당 광원에서 보이는 물체들을 담은 맵을 만들어 낸다. 이 맵을 광원의 **깊이 맵**(depth map) 이라고 부르는데, 이는 맵의 각 픽셀이 광원과의 거리를 담고 있기 때문이다. 그 다음 렌더링 패스에서는 장면을 다시 관찰자(카메라)의 시점에서 렌더링하는데, 이 과정에서 각 픽셀마다 깊이 맵에서 표본을 추출해 그 픽셀이 광원에서 "보이는지", 다시 말해 그 픽셀이 빛을 받는지를 판정한다. 이론적으로 이는 주어진 물체가 그림자 안에 있는지 의 여부를 결정하는 아주 합리적인 방법이다. 그러나 현실적으로는, 두 렌더링 패스 사 이의 유효 표본화 패턴의 차이 때문에 수많은 인위적 결함들이 생겨난다.[28] 이 문제가 그림 3.51에 표현되어 있다. 하나의 물체를 광원 깊이 맵과 통상적인 장면 렌더링의 조 합으로 래스터화하는 방식을 이해하는 데 도움이 될 것이다.

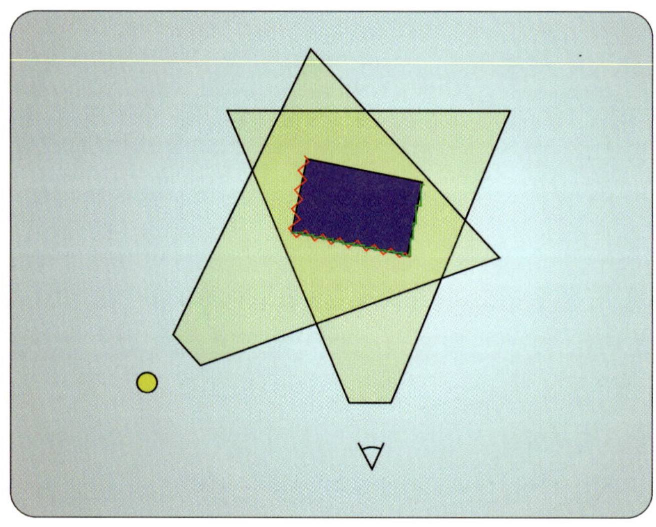

**그림 3.51.** 광원 시점에서 래스터화한 장면과 카메라의 시점에서 렌더링한 장면의 불일치.

이런 종류의 현상을 완화하기 위해, 래스터화기 단계는 생성된 단편들에 깊이 편향치를 도입하는 수단을 제공한다. `DepthBias` 필드와 `SlopeScaledDepthBias` 필드는 각각

---

[28] 그림자 맵 기법으로 렌더링한 이미지의 품질을 개선하기 위한 알고리즘이 아주 많이 고안되었다. 학술 문헌들을 검색해 보면 이 주제에 대한 논문을 100개 이상 발견할 수 있을 것이다.

고정된 오프셋 깊이 값과 기울기 기반 오프셋 깊이 값을 지정한다. 이 두 필드는 하나의 깊이 편향치를 두 가지 방법 중 하나로 적용하는데, 둘 중 어떤 것인지는 파이프라인에 설정된 깊이 버퍼의 종류에 의해 결정된다. 식 (3.4)와 (3.5)는 두 가지 깊이 편향치 적용 방식에 해당하는 계산 공식들이다.

```
Bias = (float)DepthBias * r + SlopeScaledDepthBias * MaxDepthSlope;
```

$$(3.4)$$

```
Bias = (float)DepthBias * 2 (exponent(기본도형의 최대 z) - r) +
           SlopeScaledDepthBias * MaxDepthSlope;
```

$$(3.5)$$

식 (3.4)에 해당하는 첫째 깊이 편향치 적용 방식은 파이프라인에 연결된 깊이 버퍼가 **unorm** 형식일 때, 또는 파이프라인에 깊이 버퍼가 아예 연결되어 있지 않을 때 쓰인다. 식 (3.5)에 해당하는 둘째 방식은 부동소수점 깊이 버퍼가 연결되었을 때 쓰인다. 둘째 공식에서 매개변수 $r$은 깊이 버퍼의 부동소수점 형식의 가수(假數, mantissa)의 비트수이다. 두 경우 모두, 계산된 깊이 편향치 값은 래스터화기 상태 서술 구조체의 **DepthBiasClamp** 필드에 지정된 값으로 한정(clamping)되며, 그런 다음 편향치는 절단 이후의, 그리고 보간이 수행되기 전의 정점의 $z$값에 더해진다. 이렇게 깊이에 편향치를 더하면 래스터화된 표면이 적당히 이동해서, 계산에 작은 오차가 있어도 인위적인 결함이 드러나지 않게 된다.

래스터화기 상태 객체 서술구조체의 나머지 네 필드는 모두 여러 기능성을 켜거나 끄는 부울 값들이다. 이 필드들은 "래스터화기 단계의 처리 공정"에서 좀 더 자세히 이야기할 것이므로 여기에서는 간략하게 소개만 하겠다. 이들 중 첫 필드 **DepthClipEnable**은 기본도형의 깊이 기반 절단을 켜거나 끈다. 깊이에 따른 절단은 간단히 말하면 절단공간의 가까운 절단 평면과 먼 절단 평면으로 기하구조를 잘라내는 것이다. 그 다음의 **ScissorEnable** 필드는 가위 판정을 활성화하거나 비활성화한다. 가위 판정은 가위 직사각형 바깥에 만들어진 단편들을 이후 처리에서 제외하는 것이다. 셋째의 **MultisampleEnable** 필드는 래스터화기가 MSAA 렌더 대상을 위해 포괄 판정(coverage test, 기본도형이 픽셀을 덮는지의 여부를 판정하는 것)을 여러 번 수행할 것인지를 결정한다. 마지막으로, **AntialiasedLineEnable** 필드는 선 기본도형을 렌더링할 때 앨리어싱 제거(anti-aliasing)를 적용할 것인지의 여부를 결정한다.

## 뷰포트 상태

주된 래스터화기 상태 외에, 응용 프로그램은 렌더링 연산에 사용할 뷰포트를 적어도 하나는 제공해야 한다. 뷰포트를 서술하는 **D3D11_VIEWPORT** 구조체는 현재 렌더 대상 중 래스터화가 일어날 부분 영역을 결정하는 여섯 개의 부동소수점 필드들로 구성된다. 목록 3.22에 이 구조체의 정의가 나와 있다.

```cpp
struct D3D11_VIEWPORT {
    FLOAT TopLeftX;
    FLOAT TopLeftY;
    FLOAT Width;
    FLOAT Height;
    FLOAT MinDepth;
    FLOAT MaxDepth;
}
```

**목록 3.22.** D3D11_VIEWPORT 구조체의 정의.

이 뷰포트 구조체는 단위 입방체 기준의 정규화된 장치 좌표를 렌더 대상 좌표계 기준의 픽셀 위치로 사상하는 데 쓰이는 하나의 직사각형 영역을 정의한다. 예를 들어 렌더 대상 전체 영역에 해당하는 뷰포트를 만들고 싶다면 이 구조체의 **TopLeftX** 필드와 **TopLeftY** 필드를 모두 0으로 지정하고 **Width**와 **Height**에는 각각 렌더 대상의 너비와 높이를 지정하면 된다. **MinDepth** 필드와 **MaxDepth** 필드는 깊이 값들의 범위를 통상적인 전체 범위의 한 부분 구간으로 비례시키기 위한 것이다.

응용 프로그램은 뷰포트를 하나만 설정할 수도 있고 여러 개를 동시에 설정할 수도 있다. 여러 개를 설정하는 경우, 파이프라인에서 기본도형이 래스터화될 때 실제로 쓰이는 뷰포트는 시스템 값 의미소 **SV_ViewportArrayIndex**의 값으로 결정된다. 뷰포트들을 파이프라인에 설정하는 메서드는 **ID3D11DeviceContext::RSSetViewports**이다. 이전에 이야기한 다른 상태 배열들과는 달리, 이 메서드로 설정되지 않은 뷰포트들은 자동으로 해제된다. 이 메서드에 대응되는, 현재 설정된 뷰포트 배열을 조회하는 **Get** 메서드도 존재한다.

## 가위 직사각형 상태

래스터화기 단계의 마지막 상태 구성 항목은 가위 직사각형(scissor rectangle)들의 배열을 지정하는 것이다. 가위 직사각형은 가위 판정에 쓰이는 것으로, 렌더 대상 중 단편들의 생성이 허용되는 영역을 지정하는 역할을 한다. 이 판정에 의해 현재 설정된 가위 직사각형 바깥에 있는 단편들이 사실상 제거되며, 따라서 불필요한 계산을 절약하게 된다. 여러 개의 가위 직사각형을 설정한 경우, 주어진 한 기본도형의 가위 판정에 쓰이는 직사각형은 뷰포트에서처럼 시스템 값 의미소 `SV_ViewportArrayIndex`의 값이 결정한다. 따라서 뷰포트와 가위 직사각형은 항상 하나의 쌍으로 작용한다. 가위 직사각형 배열의 설정, 해제 방식 역시 뷰포트 배열과 동일하다. 가위 직사각형 배열을 래스터화기 단계에 연결하는 메서드는 `ID3D11DeviceContext::RSSetScissorRects()`이며, 이 메서드로 지정되지 않은 가위 직사각형들은 해제된다.

## 3.10.3 래스터화기 단계의 처리 공정

래스터화기가 수행하는 모든 처리 연산은 기하 자료를 렌더 대상에 저장하기에 적합한 이미지 기반 자료로 효율적으로 변환하는 데 필수적인 요소들이다. 이번 절에서는 그러한 처리 공정들을 좀 더 자세히 살펴보고, 일반적인 실시간 렌더링 문맥에서 그런 처리들을 어떻게 사용하면 되는지에 대한 통찰도 제시한다. 이 처리 공정들이 실제 GPU 하드웨어에 구현되어 있는 순서는 좀 다를 수 있지만, 개념적으로는 그림 3.52에 나온 순서를 따른다.

그림 3.52에서 보듯이 래스터화기 단계는 완성된 개별 기본도형들을 입력받는다. 파이프라인의 이 지점에서 인접 정보를 가진 기본도형 위상구조는 모두 표준적인 기본도형 위상구조로 변환된 상태이다. 예를 들어 애초에 기본도형들이 띠(strip) 형태로 파이프라인에 입력되었다고 해도, 래스터화기 단계에는 띠를 모두 분해해서 생긴 개별 기본도형들이 입력된다. 이 기본도형들이 그림 3.52에 나온 래스터화기 단계 내부의 파이프라인을 따라 흘러가면서 순차적으로 처리된다. 그럼 이 '래스터화 파이프라인'을 구성하는 기능 블록들을 차례로 살펴보자.

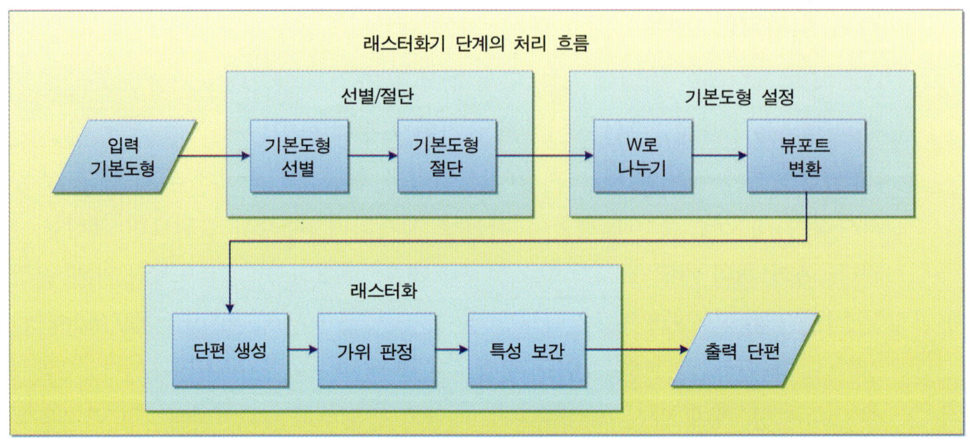



**그림 3.52.** 래스터화기 단계가 수행하는 처리 연산들.

## 선별 제외

입력된 기본도형이 처음으로 겪는 연산은 선별 제외(culling)이다. 이 연산의 목적은, 최종적인 렌더링 결과에 기여하지 않을 기본도형을 통째로 제외시키는 것이다. 그러면 쓸데없는 처리 비용이 줄어들어서 파이프라인의 효율성이 증가한다. 선별 연산은 크게 두 종류인데 하나는 **후면 선별**(back face culling)이고 또 하나는 **기본도형 선별**(primitive culling)이라고 부르는 것이다.

**후면 선별.** 후면 선별은 말 그대로 뒤쪽(시점에서 멀어지는 쪽)을 향한 면을 제외시키는 것이다. 그런데 이 단계에 입력되는 기본도형 중 '면(face)'이라는 개념이 유효한 것은 삼각형뿐이므로, 후면 선별은 삼각형에만 적용된다. 사실 가장 자주 쓰이는 기본도형이 바로 삼각형이므로, 이 공정은 대부분의 렌더링 시나리오에서 상당히 중요하다. 주어진 삼각형이 전면인지 후면인지는 래스터화기가 받는 삼각형 정점들이 '감긴 방향(winding)'에 의해 결정된다. 그림 3.53에 시계 방향으로 감긴 삼각형과 반시계로 감긴 삼각형의 예가 나와 있다. 이러한 점검을 수행하는 방법 하나가 "정점 셰이더 단계의 파이프라인 출력" 절에 나와 있다. 그러나 실제로 하드웨어에 구현되어 있는 방법은 그와 다를 수 있다.

§3.10.2 "래스터화기 단계의 상태 구성" 절에서 보았듯이, 선별 연산에 관련된 설정은 `CullMode`와 `FrontCounterClockwise` 두 가지인데, 방금 말한 감김 방향에 관련된 것

은 FrontCounterClockwise이다. 시계 방향을 전면으로 할 것인지 반시계 방향을 전면
으로 할 것인지는 입력 조립기 단계로 입력할 기하구조 자료의 성격에 따라 결정해야
한다. 입력 기하구조를 생성하는 데 쓰이는 디지털 콘텐트 제작 도구들의 기본적인 정점
감김 방향이 시계 방향일 수도 있고 반시계 방향일 수도 있으나, 최종 사용자용 응용
프로그램의 관례에 맞는 모형을 만들어 내기 위해 그 방향을 사용자가 변경할 수 있도록
하는 옵션을 제공하는 것이 일반적이다. 입력 자료에서 정점 감김 방향을 직접 바꾸고
싶다면, 각 삼각형마다 둘째, 셋째 정점을 맞바꾸면 된다.

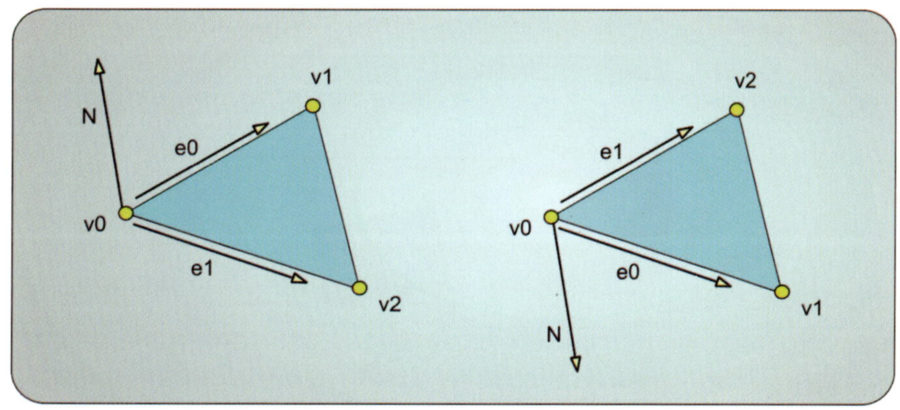


**그림** 3.53. 정점들이 감기는 방향이 다른 두 삼각형.

FrontCounterClockwise는 기본도형의 어느 쪽이 전면이고 어느 쪽이 후면인지를 결
정하는 것이고, 그러한 전면과 후면 중 어떤 것을 선별할지는(또는 아예 하지 않을지는)
CullMode로 결정된다. 선별 연산은 현재 시점에서 먼 쪽을 향한 삼각형들을 제거함으로
써 래스터화기의 작업량을 줄인다. 현재 시점에서 멀어지는 쪽을 향한 삼각형을 후면이
라고 부른다. 통상적인 불투명 렌더링 알고리즘에서 후면들은 최종 이미지에 기여하지
않으므로 제거해야 마땅하다. 일반적으로 관찰자는 모형을 한쪽 부분만 볼 수 있으므로,
이 단계로 진입한 기본도형들 중 대략 절반이 이 선별에 의해 제거된다. 이런 통상적인
시나리오라면 CullMode를 D3D11_CULL_BACK으로 설정해야 한다.

한편, 원하는 효과를 얻기 위해서 하나의 기하구조를 CullMode를 달리 두어 여러 번
렌더링하는 알고리즘들도 많이 있다. 예를 들어 어떤 물체의 모든 픽셀에서 물체의 두께

를 찾아야 하는 경우, 첫 패스에서는 전면을 제외해서 물체를 렌더 대상의 적색 채널에 기록하되, 기록 시 최댓값이 선택되도록 혼합 모드를 설정한다. 둘째 패스에서는 후면을 제외해서 물체를 렌더 대상의 녹색 채널에 기록하되, 기록 시 최솟값이 선택되도록 혼합 모드를 설정한다.[29] 두 패스를 거치고 나면 렌더 대상의 적색 채널에는 가장 먼 점이, 그린 채널에는 가장 가까운 점이 들어 있다. 이 두 값의 차이가 곧 물체의 대략적인 두께에 해당한다.[30] 이러한 개념이 그림 3.54에 나와 있다. 이런 종류의 알고리즘에서는 한 패스에서 한 방향의 면들을 제외하고 그 다음 패스에서는 반대 방향의 면들을 제외하는 것이 요긴하다. 이런 식의 선별 모드 조작으로 얻을 수 있는 특수 효과들이 많이 있다.

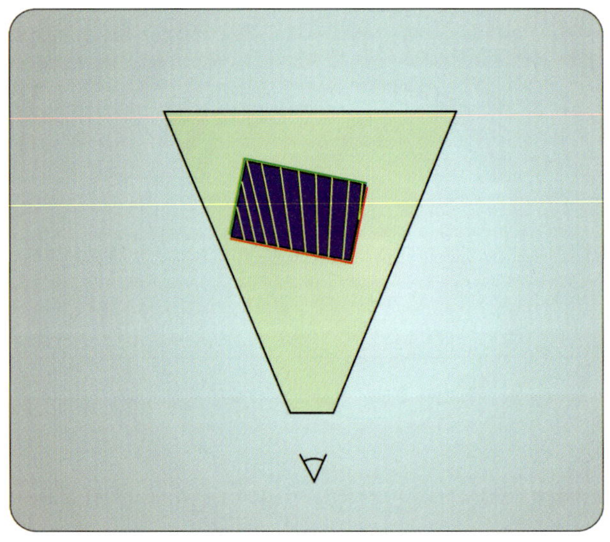

**그림 3.54**. 선별 모드를 바꾸어 렌더링해서 물체의 최소, 최대 깊이를 알아내는 방법.

**기본도형 선별.** 래스터화기 단계에서 수행되는 선별 연산의 두 번째 형태는 정규화된 장치 좌표 안의 단위 입방체에서 완전히 벗어난 기본도형을 제외하는 것이다. 한 기본도형의 정점들 전부가 한 절단 평면의 바깥쪽에 있다면 그 기본도형은 절단 공간 단위 입방체 바깥에 있는 것이 확실하다. 여기서 절단 평면(clipping plane)은 단위 입방체의

---

29) 혼합(blending)에 대해서는 이번 장의 § 3.12 "출력 병합기 단계"에서 좀 더 자세히 다룬다.

30) 이러한 깊이 계산을 한 번의 패스로 수행하는 좀 더 새로운 기법들도 존재한다. 본문의 예는 선별 모드를 변경해 가면서 렌더링을 여러 번 수행해야 하는 상황을 보여주기 위한 것일 뿐이다.

각 면에 의해 정의되는 평면들을 말한다. 이 연산은 절단 공간에서 아주 효율적으로 수행할 수 있다.[31] 절단 공간에서는 절단 평면들이 모두 축에 정렬되어 있으며 원점과의 거리도 항상 동일하기 때문이다. 예를 들어 삼각형의 세 정점 모두가 단위 입방체 상단 평면 바깥에 있는지 알고 싶다면 그냥 절단 공간에서의 정점 위치 $Y$ 성분이 그 $W$ 성분보다 큰지만 보면 된다. 이를 판정하는 한 가지 방법은 정점마다 $W$ 성분에서 $Y$ 성분을 빼는 것이다. 그 결과가 모두 음수이면 그 삼각형을 이후의 처리에서 안심하고 제외시킬 수 있다. 이 판정을 단위 입방체의 각 면마다 수행한다. 그림 3.55는 이러한 기본도형 선별 공정을 표현한 것이다.

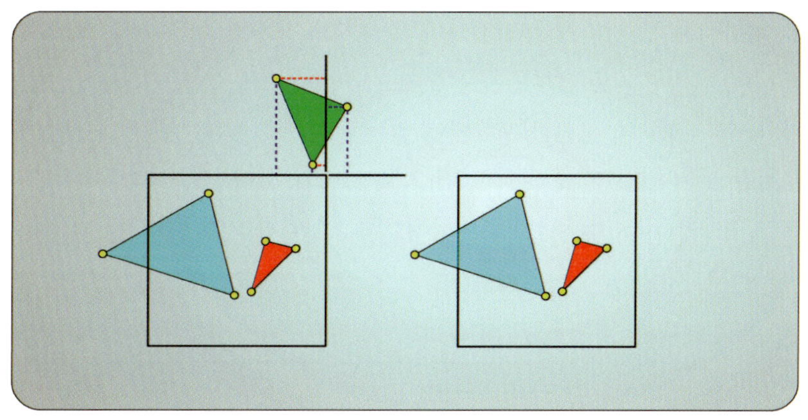

**그림 3.55.** 기본도형 선별 판정. 정점 세 개가 모두 같은 평면의 바깥쪽에 있는 삼각형은 제거한다.

이런 표준적인 형태의 선별 제외 연산 외에, 개발자가 커스텀 선별 알고리즘을 적용할 수도 있다. 정점 셰이더 단계를 설명할 때 SV_CullDistance라는 시스템 값 의미소 특성을 이야기했었다. 래스터화기 단계에 도달한 기본도형의 정점들의 특성 성분들 중 의미소가 SV_CullDistance인 성분들이 모두 음수이면 그 기본도형은 이후의 처리에서 제외된다. 이를 이를테면 어떤 사용자 정의 평면 방정식을 이용해서 정점과 평면과의 거리를 계산한 결과를 이 SV_CullDistance 성분에 저장하는 식으로 응용할 수 있을 것이다. 실제 응용에서 선별 값을 산출하는 데 쓰이는 계산의 종류에는 어떠한 제약도 없다. 좀

---

[31] 그러나 이 연산이 실제로 수행되는 공간은 하드웨어 구현에 따라 다를 수 있다. 절단 공간에서 수행될 수도 있고 아닐 수도 있는 것이다.

더 적절한 선별 판정 방식이 있다면 그것을 구현해서 마찬가지 방식으로 계산 결과를 저장하면 된다. 예를 들어 포물면 환경 맵을 생성할 때, 현재 생성 중인 반구(hemisphere)의 반대쪽 반구에 속한 기하구조들을 제외시키는 것도 가능하다(포물면 맵은 제13장에서 좀 더 논의한다).

## 기본도형 절단

선별 연산들을 수행한 후 래스터화기 단계는 **기본도형 절단**(primitive clipping)을 수행한다. 기본도형 절단에서는 우선 주어진 기본도형이 단위 입방체에 완전히 포함되어 있는지 아니면 일부만 포함되어 있는지를 판정한다. 만일 기본도형이 단위 입방체에서 완전히 포함되어 있으면 그 기본도형에 대해서는 이상의 절단 연산을 수행하지 않고 다음 작업으로 넘어간다. 일부분만 부분적으로 포함되어 있는 경우에는 기본도형을 잘라내서, 단위 입방체에 완전히 포함되어 있는 부분으로 새 기본도형을 생성하고 바깥에 있는 부분은 폐기한다. 이 공정이 그림 3.56에 나와 있다. 단위 입방체는 현재 투영 행렬의 시야 절두체(view frustum)에 대응되므로, 이 연산을 **절두체 절단**(frustum clipping)이라고 부르기도 한다.

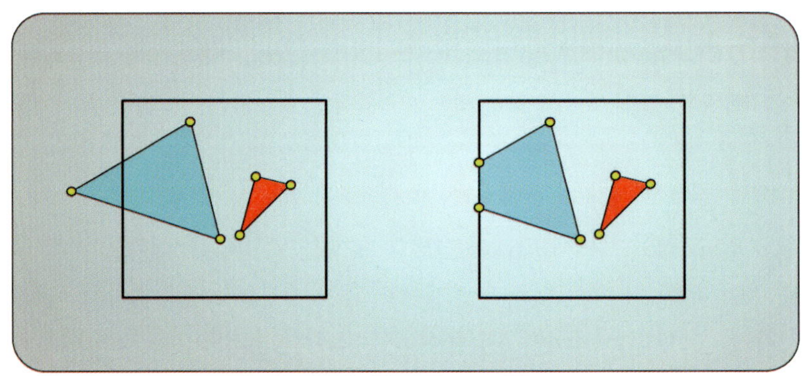

**그림 3.56.** 기본도형 절단 공정.

이 공정의 구체적인 구현 방식은 하드웨어에 의존적이나, 어떤 방식이든 단위 입방체의 경계에서 새 정점들을 생성해서 새로운 기본도형을 형성한다는 점은 동일하다. 이 공정에서 중요한 것은, 이렇게 생성된 정점들의 특성들이 원래 정점들의 특성 값들을 보간한 결과라는 것이다. 보간된 특성 값들은 이후의 실제 래스터화 공정에서 쓰이게 된다.

선별 메커니즘처럼 기본도형 절단에서도 커스텀 단편별 절단 기법을 적용할 수 있다. 시스템 값 의미소 `SV_ClipDistance` 특성을 이용해서 각 정점마다 사용자 정의 절단 함수에 상대적인 자신의 위치를 지정하는 것이 가능하다. 이를 이용해서 커스텀 절단 평면 기준 판정 방식 또는 응용 프로그램의 요구에 맞는 적절한 절단 결과를 내는 함수를 구현할 수 있는 것이다. 이 특성들은 기본도형을 따라 보간되며, 단편별로 절단 판정이 수행된다. 단편이 가진 보간된 특성 값이 음수이면 해당 단편은 폐기된다. 정점 특성당 여러 개의 성분들을 사용함으로써 여러 개의 절단 판정 함수들을 구현하는 것이 가능하다. 예를 들어 정점의 한 특성이 `float4` 형식이면 각 성분마다 하나씩 총 네 개의 절단 함수들을 사용할 수 있는 것이다. 이를 통해서 상당히 많은 수의 판정들을 동시에 수행할 수 있다.

## 동차 나누기

선별 연산과 절단 연산들을 통과한 기본도형에 대해 래스터화기 단계는 **동차 나누기**(同次~, homogenous divide)를 수행한다. 이 절차는 앞에서 이야기했듯이 그냥 투영된 점을 그 $W$ 성분으로 나누는 것으로, 그 결과로 $[X/W, Y/W, Z/W, 1]$ 형태의 동차 좌표가 나온다. 각 좌표 성분의 크기가 $W$ 좌표에 의해 비례되었기 때문에, 이런 형태의 좌표를 **정규화된 장치 좌표**(normalized device coordinates)라고 부른다. 입력 절단 공간 위치의 $W$ 성분은 1일 수도 있고 아닐 수도 있다.

## 뷰포트 변환

실제 래스터화가 일어나기 전의 마지막 과정은 **뷰포트 변환**(viewport transformation)이다. 이 지점에서 기본도형의 정점들은 정규화된 장치 좌표계로 변환된 상태로, 그 $X$, $Y$좌표 성분의 범위는 $[-1, 1]$ 구간이고 $Z$ 성분은 $[0, 1]$이다. 뷰포트는 정규화된 장치 좌표의 기본도형을 화면 공간 픽셀 좌표로 사상(寫像, mapping)하는 데 필요한 정보를 제공한다. 특히, 뷰포트를 서술하는 구조체는 기본도형을 렌더 대상의 원하는 직사각형 영역 안에 배치하기 위한 오프셋(`TopLeftX` 필드와 `TopLeftY` 필드)과 비율(`Width` 필드와 `Height` 필드)을 담고 있다. 그림 3.57은 이러한 사상을 나타낸 것이다.

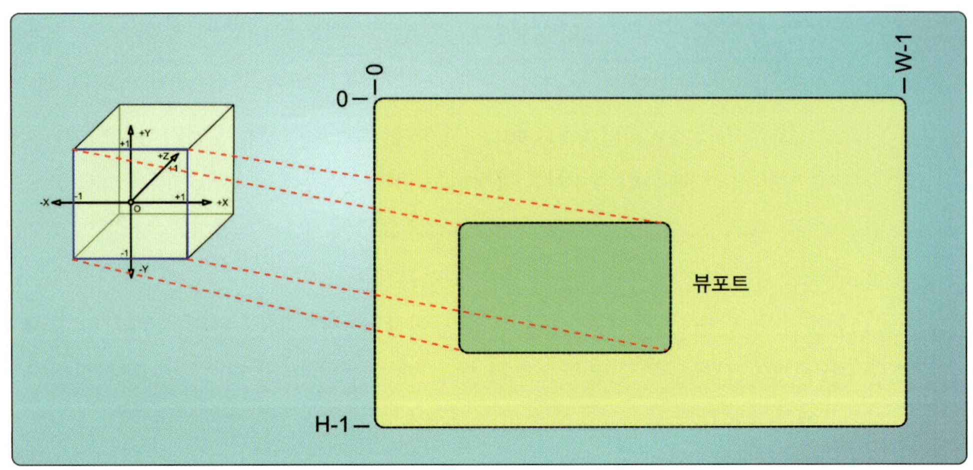


**그림 3.57.** 정규화된 장치 좌표계의 단위 입방체를 렌더 대상의 화면 공간 좌표계로 사상.

뷰포트 변환을 수행하고 나면 새 좌표의 $X$ 성분은 [TopLeftX,TopLeftX+Width] 구간, $Y$ 성분은 [TopLeftY,TopLeftY+Height] 구간에 속하게 된다. 여기서 Width와 Height 는 렌더 대상 중 실제로 픽셀들이 기록될 영역의 너비와 높이이다. 또한 이 과정에서 새 좌표의 $Z$ 성분을 다른 구간으로 비례시킬 수도 있다(파이프라인의 이후 단계에 쓰일 깊이 값들을 조작하기 위해). 이전에 언급했듯이, 화면 분할 렌더링 같은 효과를 얻기 위해 뷰포트를 여러 개 사용하는 것도 가능하다. 이를테면 각 플레이어의 현재 시점에서 보이는 부분들을 각각 다른 영역에 표시하는 식의 응용이 가능하다. 또는, 장면을 화면 에서 사용자 인터페이스 요소가 차지하고 있지 않은 영역에만 렌더링하기 위해 이러한 다중 뷰포트 기법을 사용할 수도 있다. 실시간 전략(RTS) 게임에서는 화면 하단에 커다 란 사용자 인터페이스 영역을 두는 것이 일반적이다. 사용자 인터페이스 영역이 반투명 이 아니라면 장면을 래스터화할 영역의 크기를 크게 줄일 수 있으며, 그러면 생성할 단편, 픽셀 개수도 크게 줄어든다. 정리하자면, 렌더링할 영역을 뷰포트로 제한할 이유 가 있다면, 그렇게 하는 것이 바람직하다!

응용 프로그램이 현재 렌더링 패스에 적용할 뷰포트를 선택하는 방법은 크게 두 가지이 다. 래스터화기 단계의 입력 자료 서명(이는 이전 단계의 출력에 선언된 바를 따른다)에 SV_ViewportArrayIndex 시스템 값 의미소가 포함되어 있다면, 래스터화기 단계는 시 스템 값을 색인으로 사용해서 뷰포트 배열의 한 원소를 선택한다. 입력 서명에 그 시스템 값이 포함되어 있지 않다면 래스터화기 단계는 기본 값인 색인 0에 해당하는 뷰포트를 사용한다. 따라서 뷰포트를 하나만 연결하며 응용 프로그램이 뷰포트를 더 이상 조작하지 않을 것이라면 그냥 래스터화기 입력에 **SV_ViewportArrayIndex**를 포함시키지 않으면 된다. 그러면 기본 뷰포트가 선택된다. 그림 3.58은 다양한 래스터화 영역들을 선택하기 위해 여러 개의 뷰포트들을 마련한 예이다.

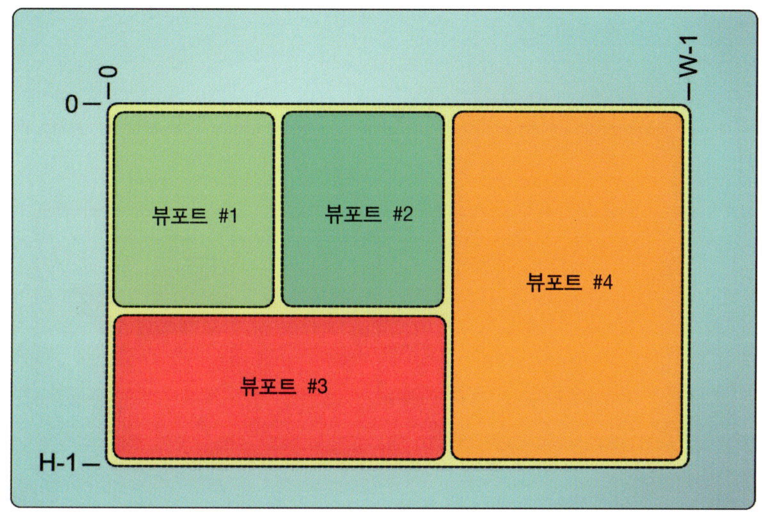


**그림 3.58.** 뷰포트는 기하구조를 렌더 대상의 특정한 부분 영역에 래스터화하기 위한 것이다. 하나의 렌더 대상 안에 여러 개의 뷰포트를 둘 수 있다.

뷰포트 변환이 끝나면 정점의 위치는 기하구조가 렌더 대상에서 차지하는 영역을 알려 주는 $X$, $Y$ 성분과 이후 깊이 버퍼링 시스템에서 개별 단편의 가시성을 판정하는 데 쓰이는 깊이 값에 해당하는 $Z$ 성분으로 나뉜다.

## 실제 래스터화 공정

래스터화기 단계의 마지막 연산은 파이프라인의 이 지점에 도달한 기본도형을 실제로 래스터화하는 것이다. 이 래스터화 공정의 주된 임무는 주어진 기본도형을, 그것을 렌더 대상 안에서 근사하는 이산 표본 자료로 변환하는 것이다.

이 공정 이전의 기하구조는 연속된 자료로 구성되어 있는 것으로 간주되는 반면, 래스터화의 결과로 생긴 자료는 그 기하구조를 일정한 간격의 디지털 값들로 바꾼 것이다. 이런 측면에서 래스터화 연산은 하나의 표본화(표본 추출) 공정이라 할 수 있다. 그림 3.59는 몇 가지 기본도형과 그것을 래스터화한 결과를 나타낸 것이다.

래스터화 공정은 크게 두 가지 작업으로 이루어지는데, 하나는 **단편 생성**(fragment generation)이고 또 하나는 **특성 보간**(attribute interpolation)이다. 그럼 이 두 작업을 각각 설명하고, 다중 표본 앨리어싱 제거(MSAA)가 활성화되었을 때 이 공정에서 일어나는 일들을 좀 더 자세히 살펴보겠다.

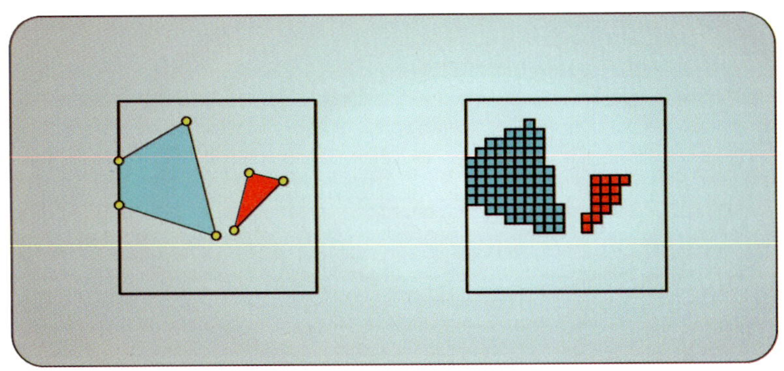

**그림 3.59.** 기본도형들을 래스터화한 예.

**단편 생성.** 래스터화 공정의 첫 작업은 현재 주어진 렌더 대상에서 기본도형이 덮을 픽셀들을 결정하는 것이다. 이 과정에서 일단의 래스터화 규칙들이 적용되는데, 그 규칙들은 래스터화할 기본도형의 종류에 따라, 그리고 렌더 대상의 종류에 따라 다르다. 예를 들어 MSAA를 지원하는 렌더 대상과 보통의 렌더 대상은 래스터화가 다른 방식으로 일어난다. MSAA가 이 공정에 어떤 차이를 내는지는 보통의 방식을 설명한 후에 이야기하기로 하겠다. 래스터화기 단계는 렌더 대상을 일단의 픽셀들의 격자 형태로 간주하고, 그 격자의 픽셀들 중 주어진 기본도형이 "덮는(cover)" 픽셀들을 결정한다. 그런데 이 부분에서 한 가지 까다로운 점은, 기본도형이 어떤 한 픽셀의 일부만을 덮을 수도 있다는 것이다.

이런 일이 어떻게 발생하는지 이해하기 위해서는 단편 생성이 어떤 식으로 진행되는지부터 살펴보아야 한다. 여기에서는 삼각형을 기준으로 이야기하겠다. 렌더 대상의 각 픽셀은 그 픽셀의 중점을 래스터화 지점으로 사용한다. 픽셀의 중점은 말 그대로 픽셀의 중심에 있는 점이고, 한 픽셀의 크기는 1×1단위(화면 공간에서)이므로, 픽셀의 중점은 픽셀의 한 모퉁이에서 0.5×0.5단위만큼 떨어져 있는 지점이다. 기본도형이 픽셀의 중점을 완전히 덮는 경우에는 그 픽셀을 단편 생산에 사용하는 것이 당연하다. 그런데 픽셀의 중점이 기본도형의 가장자리 변에 있을 수도 있다. 그런 경우 인접한 두 삼각형 사이에 있는 모든 픽셀이 선택되게 하되 하나의 픽셀이 인접한 기본도형들에 의해 여러 번 선택되지는 않도록 하기 위한 추가적인 규칙이 필요하다. 그림 3.60에 이러한 상황이 나와 있다.

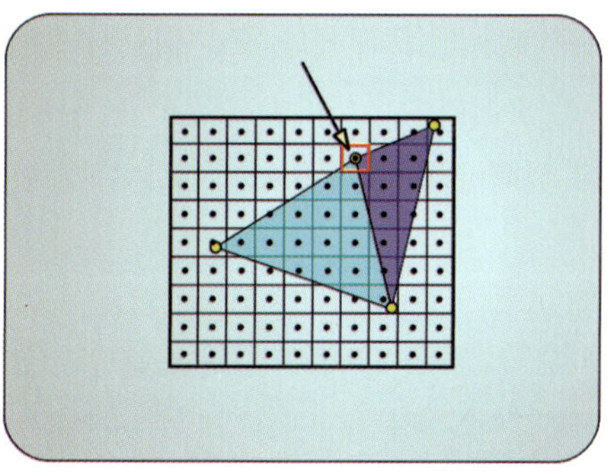

**그림 3.60.** 여러 기본도형의 경계에 있는 픽셀들.

삼각형 래스터화 규칙에 의하면, 한 삼각형의 위쪽 가장자리나 왼쪽 가장자리에 있는 픽셀은 그 삼각형의 래스터화 대상으로 선택된다. 여기서 위쪽 가장자리는 완전히 수평인 변이어야 하는 반면 왼쪽 가장자리는 각도에 상관없이 왼쪽을 향한 변이기만 하면 된다. 변의 법선 벡터가 그림 3.61의 빨간 색 범위에 속한다면 그 변은 왼쪽을 향한 것이다.

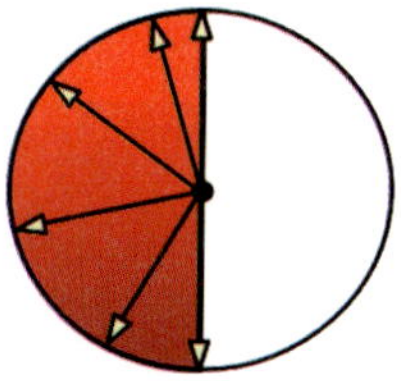

선 래스터화는 삼각형 래스터화와 다소 다르다. 선 래스터화는 크게 **앨리어싱을 허용하는 경우**와 **앨리어싱을 제거하는 경우**(anti-aliasing)로 나뉜다. 앨리어싱 허용 선 래스터화에서는 선이 덮는 픽셀들을 상당히 간단한 알고리즘으로 결정하는 반면 앨리어싱 제거 선 래스터화에서는 좀 더 정교한 알고리즘으로 선의 픽셀 포괄도(선이 픽셀을 어느 정도나 덮는지를 뜻하는 값)를 계산하고, 그 픽셀에 대한

**그림 3.61.** 기본도형 변 법선 벡터의 각도가 이 범위에 속하면 픽셀은 그 기본도형의 일부로 래스터화된다.

최종 색상을 그 포괄도에 곱한다. 선 래스터화에서 앨리어싱 허용·제거 여부는 래스터화기 상태의 `AntialiasedLineEnable` 필드로 결정된다. 여기에서는 앨리어싱 허용 래스터화만 자세히 살펴보겠다. 앨리어싱 제거 선 래스터화 알고리즘의 구현은 하드웨어마다 다를 수 있으므로 여기서 자세히 설명하는 것이 무의미하다.

앨리어싱 허용 선 래스터화의 절차는 다음과 같다. 이전과는 달리 이 선 래스터화에서는 각 픽셀을 마름모꼴로 표현한다(그림 3.62). 주어진 선을 그 기울기를 이용해서 두 종류로 분류하는데, 기울기가 -1 이상, 1 이하인 선을 $x$ 우세(x-major)라고 부르고 그렇지 않은 선을 $y$ 우세(y-major)라고 부른다. $x$ 우세의 경우, 주어진 선 자체가 픽셀 마름모꼴의 왼쪽 아래 변이나 오른쪽 아래 변, 또는 아래쪽 모서리와 교차하면 그 픽셀은 주어진 선의 래스터화 대상으로 선택된다. $y$ 우세의 경우에는 선이 마름모의 왼쪽 아래 변이나 오른쪽 아래 변, 또는 아래쪽 모서리뿐만 아니라 오른쪽 모서리와 교차하는 경우에도 해당 픽셀을 래스터화 대상으로 선택한다. 그림 3.62의 오른쪽에 이 두 경우가 표현되어 있다.

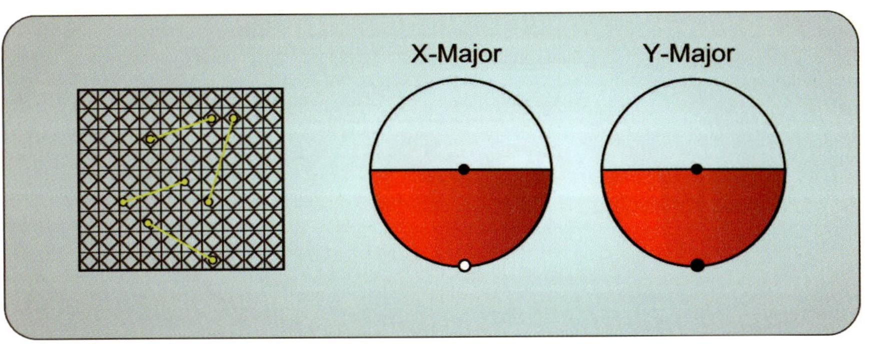


**그림 3.62.** 선 래스터화의 예 몇 가지(왼쪽)와 두 가지 마름모 선택 범위(오른쪽).

**그림 3.63.** 점을 한 쌍의 삼각형으로 확장해서 래스터화한 몇 가지 예.

선, 삼각형 외에 래스터화할 수 있는 기본도형으로 남은 것은 **점 기본도형**뿐이다. 점의 래스터화 규칙은 삼각형 래스터화와 동일하다. 개념적으로 말하면, 주어진 점을 그 점의 위치를 중심으로 하는 하나의 1×1 정사각형을 이루는 두 삼각형으로 확장하고, 그 두 삼각형을 이전에 말한 삼각형 래스터화 규칙에 따라 래스터화하는 것이다. 그림 3.63에 몇 가지 예가 나와 있다.

**가위 판정.** 이 모든 경우에서 기본도형은 래스터화 규칙들을 만족해야 할뿐만 아니라 가위 판정(scissor test)도 반드시 통과해야 한다. §3.10.2 "래스터화기 단계의 상태 구성"에서 보았듯이, 응용 프로그램은 가위 직사각형 배열을 래스터화기 단계에 연결함으로써 가위 판정을 설정한다. 래스터화기는 뷰포트 선택에서와 동일한 방식으로 적절한 가위 직사각형을 선택한다. 만일 래스터화기에 대한 입력 특성들 중 하나에 SV_ViewportArrayIndex가 선언되어 있으면 래스터화기는 그 값을 색인으로 이용해서 배열의 한 직사각형을 선택하고, 그렇지 않으면 기본 값인 0을 색인으로 사용한다(즉, 배열의 첫 가위 직사각형이 선택된다). 이 선택 메커니즘에서 뷰포트 색인과 가위 직사각형 색인이 항상 동일하다. 그 덕분에 응용 프로그램은 두 객체의 쌍을 손쉽게 참조할 수 있다.

가위 판정 자체는 아주 간단하다. 단편의 $X$, $Y$ 성분을 가위 직사각형과 비교해서, 만일 단편이 직사각형의 바깥이면 단편을 제외시킨다. 따라서 그 단편은 렌더 대상에 기여하지 않는다. 래스터화 과정에서 일어나는 일련의 연산들 중 가위 판정이 정확히 언제 일어나는지는 하드웨어의 구현에 따라 다를 수 있다는 점도 반드시 기억하기 바란다. 단편들이 어디에서 제외되느냐에 따라 성능상의 차이가 발생할 수 있기 때문이다. 다만, 가위 판정이 언제 일어나든 가위 판정에 의해 제외된 단편들이 렌더 대상에 기록되지 않는다는 점은 항상 보장된다.

**특성 보간.** 현재 기본도형이 덮는 단편들을 식별하고 가위 판정을 통해서 걸러낸 후에는, 각 단편에 특성 자료를 부여해야 한다. 단편의 특성 값들을 계산하기 위해 래스터화기는 입력 기하구조 정점의 입력 특성들 각각을 보간한다. 기본도형의 입력 특성 값이 그것을 보간한 단편 출력 특성 값에 기여하는 정도는 픽셀 중심과 입력 정점 사이의 거리에 반비례한다. 즉, 기본도형의 어떤 정점이 단편과 가까울수록 그 정점의 특성 값이 단편의 특성 값에 더 큰 영향을 미친다. 그림 3.64는 이러한 보간 방식을 보여주는 간단한 예이다. 이 과정에서 각 단편의 일반적인 특성들은 물론 단편의 깊이도 보간된다. 보간된 깊이는 파이프라인의 이후 과정에서 깊이 판정에 쓰인다.

이러한 단편별 특성을 생성할 때에는 기본적으로 원근 보정 선형 보간(perspective correct linear interpolation)이라는 보간 방법이 쓰인다. 그러나 픽셀 셰이더 입력 특성의 형식을 선언하기 전에 보간 수정자(interpolation modifier)를 추가함으로써 보간 모드를 변경하는 것도 가능하다. 표 3.2는 사용 가능한 보간 모드들을 정리한 것이다.

**그림 3.64.** 한 삼각형을 래스터화해서 생긴 여러 픽셀들. 픽셀들의 색은, 정점과 가까운 픽셀일수록 그 정점으로부터 더 큰 영향을 받는다는 점을 보여준다.

| 보간 모드 | 설 명 |
|---|---|
| linear | 원근 보정 선형 보간으로, 픽셀 중심과의 거리에 따라 보간이 일어난다. |
| centroid | 원근 보정 선형 보간으로, 픽셀이 덮는 영역의 무게중심(centroid)에 따라 보간이 일어난다. |
| nointerpolation | 보간을 하지 않는다. 특성들은 상수로서 전달된다. |
| noperspective | 원근 효과를 고려하지 않는 선형 보간으로, 픽셀 중심과의 거리에 따라 보간이 일어난다. |
| sample | 원근 효과를 고려하는 선형 보간으로, 픽셀 중심이 아니라 MSAA 표본 위치와의 거리에 따라 보간이 일어난다. |

**표 3.2.** 사용 가능한 특성 보간 모드들.

## 다중 표본화 고려사항

Direct3D 11의 래스터화 파이프라인은 3차원 기하구조를 실시간 응용 프로그램에 적합한 수준의 성능으로 렌더링할 수 있는 효율적인 수단이다. 그러나 이러한 래스터화 방식에는 근본적인 단점이 있는데, 산출된 이미지에 **앨리어싱**(aliasing) 결함이 두드러지게 나타난다는 것이다. 앨리어싱이란 신호 처리 분야에서 연속적인 신호를 재현하기 위한 표본율(표본 추출 빈도)이 충분히 크지 않은 경우 발생하는 현상을 일컫는 용어이다. 래스터화를 그러한 용어들로 설명한다면 '신호'는 3차원 기하구조의 벡터 표현이고 표본율은 렌더 대상의 $X$, $Y$ 해상도에 해당한다. 좀 더 일반적인 말로 다시 표현하면, 앨리어 싱은 기하구조를 이분법적인 포괄 판정을 이용해서 이산적인 직사각형 낱칸들의 격자로 렌더링하기 때문에 일어나는 현상이다. 그러한 직사각형 낱칸들의 격자로는 완전히 수평 이거나 완전히 수직이 아닌 변들을 완벽하게 표현하는 것이 불가능하기 때문에 들쭉날쭉 한 '계단 현상'이 발생할 수밖에 없다. 이런 종류의 앨리어싱 결함은 삼각형의 가장자리 변에서 발생하므로 이를 흔히 **가장자리 앨리어싱**(edge aliasing)이라고 부른다. 한편, 픽 셀 셰이더가 각 픽셀당 한 번씩만 실행되기 때문에(그래서 재질 속성들과 BRDF 속성들 로부터 비롯되는 표면 색상들을 이산적으로 표본화하기 때문에) 생기는 앨리어싱도 있 다. 이를 **셰이더 앨리어싱**이라고 부른다. 이미지의 해상도가 디스플레이의 크기에 비해 낮은 경우 이러한 두 종류의 인위적 결함들이 눈에 아주 거슬리게 된다.

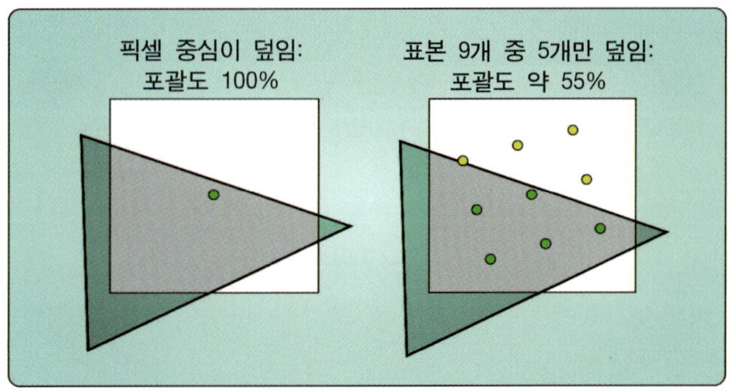


**그림 3.65.** 비 MSAA와 MSAA 렌더링의 래스터화 표본점들.

신호 처리 분야에서 이러한 앨리어싱을 제거하기 위해 쓰이는 고전적인 방법은 표본을 좀 더 높은 빈도(주파수)로 추출한 후 저대역 통과 필터(low-pass filter)를 적용하는 것이 다. 래스터화의 경우 이는 기하구조를 좀 더 높은 해상도의 렌더 대상에 렌더링한 후 인접 픽셀들의 평균을 보통 크기 렌더 대상의 픽셀 값들로 사용하는 것에 해당한다. 실시 간 3차원 그래픽에서 이러한 기법을 *SSAA*(super-sampling anti-aliasing, 초과 표본화 앨리 어싱 제거)라고 부른다. 렌더 대상의 해상도를 증가하면 래스터화와 픽셀 셰이더 모두의 표본율이 높아지므로, 결과적으로 두 종류의 앨리어싱이 모두 줄어든다. 그러나 렌더 대 상 해상도를 두 배 또는 네 배로 하면 이 기법을 실시간으로 사용하기에는 렌더링 비용이 너무 커지는 경우가 많다. 그래서 Direct3D 11에는 좀 더 단순화되고 최적화된 형태의 앨리어싱 제거 기법이 포함되었는데, 바로 *MSAA*(multisample anti-aliasing, 다중 표본 앨리어싱 제거)라는 것이다.

MSAA의 기본 개념은, 래스터화와 깊이·스텐실 판정의 해상도를 정수배('MSAA 계수')만큼 증가하되, 픽셀 셰이더는 여전히 보통의 렌더 대상 해상도에서 수행한다는 것이다. 이렇게 하면 가장자리 앨리어싱은 효과적으로 처리되지만 셰이더 앨리어싱은 여전히 남는다. 깊이 판정과 스텐실 판정이 더 높은 해상도에서 수행되므로 깊이·스텐실 버퍼는 픽셀당 여러 개의 부분 표본(subsample, 하위 표본)들을 저장해야 하며, 따라서 메모리 요구량이 MSAA 계수만큼 증가하게 된다. 렌더 대상 역시 각 표본마다 개별 색상 값들을 담아 두어야 하므로(최종적으로 그 값들이 하나의 값으로 환원되기 전까지) 마찬가지로 메모리 요구량이 높아진다. 이 때문에 응용 프로그램이 렌더 대상과 깊이·스텐실 자원을 생성할 때 반드시 MSAA 표본 개수를 지정해야 한다(실행시점 모듈이 충분한 양의 메모리를 할당할 수 있도록). 또한, 렌더링에 함께 쓰이는 렌더 대상과 깊이·스텐실 버퍼의 MSAA 표본 개수가 반드시 정확히 동일해야 한다. MSAA에 필요한 자원들을 생성하는 자세한 방법은 제2장에서 이야기했다.

**MSAA 활성화 시 래스터화기의 작동 방식.** MSAA의 활성화 여부에 따른 렌더링 파이프라인의 차이는 래스터화기 단계에서부터 나타난다. 앞에서 이야기했듯이, 보통의 (MSAA 비활성화) 래스터화 과정에서는 각 픽셀마다 하나의 점을 이용해서 삼각형이 그 픽셀을 덮는지를 판정한다. Direct3D 11에서 그 점의 위치는 픽셀의 정중앙, 즉 픽셀의 왼쪽 상단 모서리에서 $X$, $Y$ 방향으로 0.5 단위 이동한 지점이다. 이 점은 또한 이전 단계(파이프라인 구성에 따라 정점 셰이더나 영역 셰이더, 기하 셰이더)에서 넘어온 모든 정점 특성과 이후 깊이 판정에 쓰일 깊이를 보간하는 기준으로도 사용된다. 그러나 MSAA가 활성화되면 래스터화기는 한 픽셀 안의 여러 표본점(sample point)을 이용해서 삼각형의 픽셀 포괄 여부를 판정한다. 이 표본점들의 위치는 구현마다 다를 수 있으나, 대체로 회전된 격자 패턴을 따르는 것이 일반적이다. 그림 3.65에 비 MSAA 래스터화를 위한 픽셀 중점과 MSAA를 위한 표본점들의 예가 나와 있다.

깊이·스텐실 대상과 MSAA 렌더 대상을 파이프라인에 연결한 경우 래스터화 공정은 래스터화기 상태 서술 구조체의 `MultisampleEnable` 필드 설정에 따라 달라진다. 이 필드는 래스터화 공정에서 MSAA 렌더 대상을 위한 다중 포괄 판정을 수행할 것인지의 여부에 해당한다. 파이프라인에 MSAA 대상이 연결되어 있지만 다중 포괄 판정이 비활성화된 경우에는 픽셀 중점에서 한 번의 포괄 판정만 수행된다. 픽셀이 그 판정을 통과한 경우 픽셀 세이더의 결과가 픽셀의 모든 부분 표본에 기록된다. 통과하지 못한다면 아무 것도 기록되지 않는다. 이러한 선택적인 MSAA 처리 기능 덕분에, 장면의 한 부분에는 MSAA를 적용하되 앨리어싱을 굳이 제거할 필요가 없는 부분(이를테면 2D 스프라이트들로 구성된 사용자 인터페이스 부분 등)은 보통의 방식으로 렌더링하는 식의 구성이 가능하다. 이렇게 하면 앨리어싱 제거를 적용하지 않은 장면 요소들이 원래 의도한 대로(뭉개지지 않고) 렌더링되며, 게다가 포괄 판정 횟수가 줄어들어서 성능도 향상된다.

그림 3.66은 MSAA를 활성화하지 않았을 때와 활성화했을 때 기본도형 래스터화 결과가 어떻게 다른지를 보여준다. 비 MSAA 버전(왼쪽)보다 MSAA 적용 버전(오른쪽)에서 기본도형 가장자리가 훨씬 더 매끄럽다는 점을 확인할 수 있을 것이다.

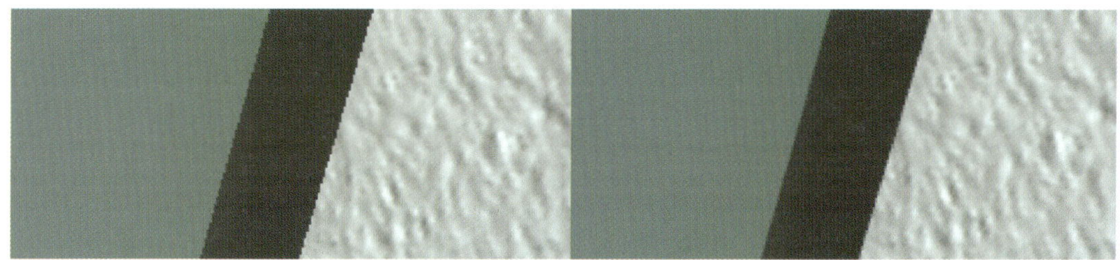

**그림 3.66.** MSAA를 활성화하지 않았을 때(왼쪽)와 활성화했을 때(오른쪽)의 렌더링 결과의 차이.

## 3.10.4 래스터화기 단계의 파이프라인 출력

### 단편 생성

지금까지의 논의를 통해, 래스터화기 단계에서 하나의 기본도형을 일단의 단편들로 변환하는 데 쓰이는 여러 공정들을 각각 살펴보았다. 이 과정에서, 처리가 필요한 기본도형의 수를 줄이기 위한 여러 가지 판정(선별 제외 판정 등)이 일어난다. 또한 절단이나 뷰포트 변환, 가위 판정 등 하나의 기본도형으로부터 만들어지는 단편의 수를 줄이기 위한 처리 공정들도 수행된다. 이처럼 래스터화기 단계는 단편들의 수를 줄이기 위해 상당한 노력을 한다. 그렇다면, 그토록 많은 판정과 공정을 동원에서 이 단계의 출력량을 줄이려는 것은 무슨 이유에서일까?

이유는, 래스터화기 단계의 입력과 출력이 일대다(一對多) 관계이기 때문이다. 즉, 래스터화기에 입력된 기본도형 하나마다 여러 개의 단편들이 생성될 수 있다. 이러한 전반적인 자료 '증폭' 때문에, 파이프라인의 이 지점 이후의 처리 공정들은 이전의 처리 공정들보다 더 많은 횟수로 수행된다. 따라서 이후 단계들에서 쓰이지 않을 또는 필요 없는 기본도형들을 여러 개의 단편들로 분리되기 전에 제거하는 것은 확실한 이득으로 이어지며, 마찬가지로 렌더 대상에 기여하지 않을 단편들을 이후의 처리가 필요하지 않도록 이 단계에서 미리 제거하는 것 역시 확실한 이득이 된다. 이러한 개념을 일반적인 알고리즘 설계로 확장하는 것도 가능하다. 즉, 어떠한 계산을 래스터화 이전에 해도 되고 이후에 해도 된다면, 일반적으로 수많은 단편들이 만들어지기 전에 계산을 수행하는 것이 좀 더 효율적이다. 래스터화 이전에 수행하는 계산이 래스터화 이후에 수행하는 계산의 근사일 뿐이라고 해도, 계산을 래스터화 이전에 수행함으로써 얻는 성능 이득이 이미지 품질의 작은 손실을 상쇄하고도 남는 경우가 많다.

## 단편 자료

이러한 점을 염두에 두고, 래스터화기 단계가 산출할 수 있는 자료 스트림의 종류를 살펴보자. 렌더 대상에서 기본도형이 덮는 위치에 해당하는 단편들이 어떤 식으로 만들어지는지는 앞에서 이야기했다. 주어진 한 위치를 기본도형이 덮는 것으로 판정된 경우 래스터화기는 입력된 정점 특성들을 보간하는데, 이 때 픽셀의 중점을 보간 함수의 입력으로 사용한다.[32] 또한 각 단편마다 깊이 값도 보간해서 다음 단계로 넘겨준다. 그 깊이는 출력 병합기 단계의 깊이 판정에 쓰인다.

단편의 위치는 출력 단편 자료에 포함될 수도 있고 아닐 수도 있다. 이는 픽셀 셰이더 입력 특성들 중에 **SV_Position** 시스템 값 의미소가 존재하느냐에 따라 결정된다. 래스터화기 단계 전에는 **SV_Position** 값이 정점 위치로 쓰였다. 래스터화기 단계로 진입한 정점의 **SV_Position** 특성은 절단 공간에서의 정점 위치에 해당한다. 그러나 래스터화기의 출력에서 **SV_Position**은 단편의 위치이다. 단편 위치는 픽셀 셰이더에서 다른 텍스처 자원을 참조하는 데 쓰이거나, 화면상의 위치에 기초한 어떤 효과(렌더 대상 색상을 화면 가장자리 쪽으로 점차 검게 만드는 등)를 구현하는 데 쓰인다.

---

[32] MSAA 래스터화의 경우 표본 위치들도 보간에 사용할 수 있다.

## 3.11 픽셀 셰이더 단계

래스터화기 단계는 기본도형을 단편들로 변환해서 픽셀 셰이더 단계에 보낸다. 픽셀 셰이더 단계는 렌더링 파이프라인의 마지막 프로그램 가능 셰이더 단계이다. 이 단계는 지정된 픽셀 셰이더 프로그램을 각 단편마다 실행해서 단편들을 처리한다. 각 픽셀 셰이더 실행은 독립적으로 작동한다. 즉, 개별 단편의 처리들 사이에서 어떤 직접적인 소통은 불가능하다.[33][34] 픽셀 셰이더가 처리해서 출력한 단편은 출력 병합기 단계로 전달된다. 파이프라인에서 픽셀 셰이더 단계의 위치가 그림 3.67에 나와 있다.

픽셀 셰이더 단계는 기본도형을 렌더링했을 때 만들어지는 기본적인 모양을 결정한다. 래스터화기 이전 단계들은 주로 기본도형의 개수와 크기, 형태, 특성들을 조작하는 처리에 주력했다. 그러한 처리는 모두 기하학적인 연산에 해당한다. 래스터화기 단계는 기본도형이 영향을 주는 픽셀들을 파악해서 단편들을 적절히 생성한다. 픽셀 셰이더는 래스터화기 단계가 전달한 단편들만 처리한다. 픽셀 셰이더 단계 안에서 단편을 더 만들거나 단편의 위치를 변경하는 것은 불가능하다. 픽셀 셰이더의 주된 임무는 주어진 단편의 특성들과 여러 자원들을 통해 제공된 정보에 기초해서 단편의 겉모습을 결정하는 것이다. 이 때문에 픽셀 셰이더는 실시간 렌더링의 이미지 생성에서 상당히 중요한 역할을 한다.

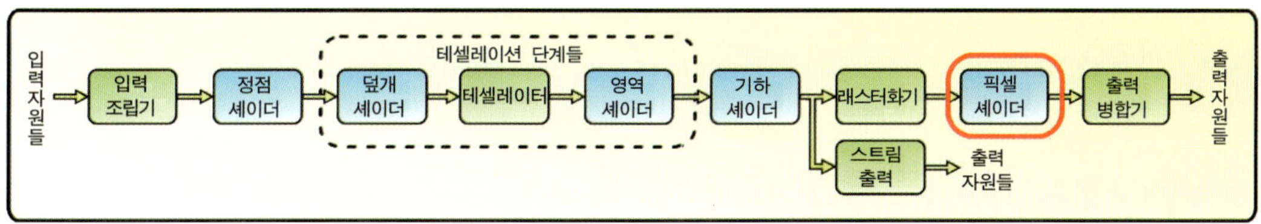

**그림 3.67.** 픽셀 셰이더 단계.

Direct3D 11의 픽셀 셰이더 단계에는 이전에는 없던 기능들이 추가되었다. Direct3D 11의 픽셀 셰이더 단계는 새로운 자원 뷰 종류인 순서 없는 접근 뷰(UAV)를 이용해서 뷰에 부착된 전체 자원에 대한 읽기와 쓰기 연산을 수행할 수 있다.[35] 이는 주어진 픽셀

---

33) 미분 명령들은 여러 단편들이 공유하는 자료를 사용한다.

34) 순서 없는 접근 뷰에서는 이러한 엄격한 격리가 좀 느슨해지지만, 그래도 픽셀 셰이더 실행들 사이의 의사소통 분리는 여전히 강하다.

위치에 색상과 깊이 값만 기록할 수 있었던 예전 픽셀 셰이더에 비해 커다란 진보이다. 픽셀 셰이더의 이러한 범용적인 자원 읽기, 쓰기 능력을 활용하면 아주 다양한 알고리즘들을 렌더링 파이프라인에서 직접 구현할 수 있다. 이를테면 이미지를 렌더링하는 도중에 히스토그램을 생성하는 것이 가능하다.

## 3.11.1 픽셀 셰이더 단계의 파이프라인 입력

픽셀 셰이더 단계는 래스터화기 단계로부터 단편들을 입력받는다. 이는 픽셀 셰이더 단계의 입력 특성들이 래스터화 단계의 출력 특성들을 따른다는 뜻이다. §3.10에서 래스터화기 단계가 특성 값들을 기본도형 안에서의 단편 표본화 위치(보통은 픽셀의 중점이나, 경우에 따라서는 다른 위치일 수도 있다)에 기초해서 보간한다는 점을 배웠다. 또한, 래스터화기가 각 입력 특성에 대해 특정한 보간 모드를 사용하도록 만들기 위해 픽셀 셰이더에서 지정할 수 있는 여러 보간 수정자 키워드들도 살펴보았다. 이러한 보간 모드들은 각자 쓰임새가 다르므로, 입력 특성들이 제대로 계산되게 하려면 보간 모드를 적절히 선택해 주어야 한다. 그럼 여러 보간 모드들을 좀 더 자세히 살펴보자.

### 특성 보간

특성의 보간 공정에 관여하는 필수 정보가 세 가지 있다. 첫째는 보간할 자료, 즉 래스터화되는 기본도형의 정점들의 특성 값들이다. 이 특성들에는 정점의 위치도 포함된다. 둘째는 보간이 일어나는 지점의 위치이다. 이 위치는 각 정점의 특성이 보간된 결과에 얼마나 기여하는지에 큰 영향을 미친다. 셋째는 앞의 두 자료를 이용해서 보간 결과를 얻는 데 사용하는 구체적인 보간 기법의 종류이다. 이를 '보간 모드'라고 부른다. 보간 모드는 픽셀 셰이더 입력 서명에 선언된 보간 수정자에 의해 결정된다.

**선형 보간 모드.** `linear` 보간 수정자를 지정하면 원근 효과를 고려한 선형 보간이 적용된다. 이러한 원근 보정 보간의 필요성은 원근 투영이 선형 연산이 아니며 이 보간이 투영 이후에 일어난다는 점에서 비롯된 것이다. 화면 공간의 정점들을 보간할 때 표준적인 선형 보간을 사용하면 원하는 결과가 나오지 않는다. 반드시 정점의 깊이도 고려해서

---

35) 제2장에서 설명했듯이, 자원 뷰는 자원 전체가 아니라 그 중 일부 영역만을 파이프라인에 노출할 수 있다.

보간을 해야 한다.

원근 보정 보간에서는 각 정점 특성을 정점의 깊이(관찰자 시점에서 본)로 나눈 후에 보간을 수행한다. 투영 변환 이후, 그러나 정규화된 장치 좌표로의 변환 이전에서 정점의 $W$ 성분이 곧 정점의 깊이이다. 또한 이 $W$ 의 역수도 계산해서 수정된 특성들과 함께 보간한다. 래스터화된 단편들마다 이 값들을 보간한 후에는, 보간된 $W$ 의 역수를 이용해서 원래의 특성을 추출한다. 그러면 원근 효과가 보정된 보간 값이 나온다. 이 원근 보정 선형 보간 모드는 가장 흔히 쓰이는 보간 모드로, 이러한 모드가 꼭 필요한 대표적인 예가 3차원 모형에 입힐 텍스처의 좌표를 보간할 때이다. 텍스처 좌표뿐만 아니라, 선형 공간에서 비롯된 위치나 방향 벡터(또는 기타 선형 특성)가 원근 투영 후 단계들에 쓰이는 경우에도 이러한 원근 보정 보간이 필요하다. 그림 3.68에 이러한 선형 보간 모드의 예가 나와 있다.

**그림 3.68.** 선형 보간 모드(linear)를 적용한 예.

**비 원근 보간 모드.** noperspective 보간 수정자를 지정하면 비 원근 보간 모드가 적용된다. 이 경우 특성들은 렌더 대상에서의 2차원 위치에만 근거해서 보간된다. 기하구조를 보간을 수행하기 전에 렌더 대상에 투영하고, 특성 값들을 투영된 정점들 사이에서 표준적인 선형 보간 공식을 이용해 보간한다고 생각하면 될 것이다. 보간할 정점들이 모두 깊이가 같은 경우(이를테면 화면상의 사용자 인터페이스를 렌더링하는 등)라면 이러한 원근 보정 없는 특성 보간을 적용해도 된다. 그림 3.69에 이 보간 모드를 적용한 예가 나와 있다.

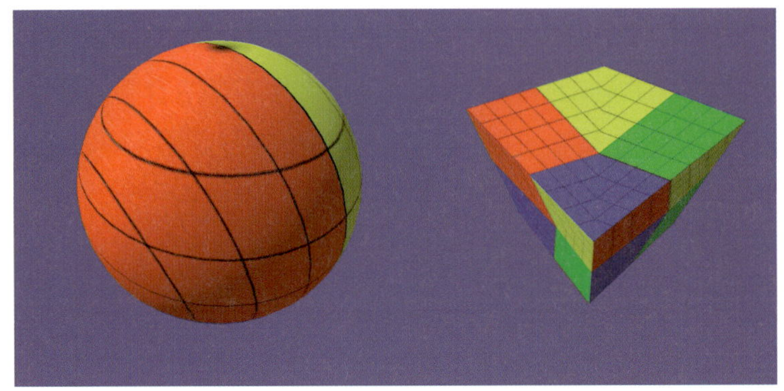

**그림 3.69.** 비 원근 보간 모드(noperspecive)를 적용한 예.

**비 보간 모드.** nointerpolation 보간 수정자를 지정하면 비 보간 모드가 된다. 이름에서 짐작하겠지만 이 모드에서는 정점 특성의 보간이 전혀 일어나지 않는다. 대신, 기본도형의 첫 정점의 특성 값들이 그 기본도형의 모든 단편에 적용된다. 결과적으로 기본도형의 표면 전체가 동일한 특성 값들을 가지게 된다. 이 모드는 각진 면들로 이루어진 모형의 조명 관련 특성들을 수정하고자 할 때 유용하다. 보간을 적용하지 않으면 렌더링된 기하구조의 면이 좀 더 눈에 띄게 된다. 애초에 보간이라는 기법은 원본의 매끄러운 표면을 정점 기반 기하구조로 모형화(근사)할 때 생길 수밖에 없는 각진 모습을 숨기기 위한 것이다. 테셀레 이션 시스템이 활성화된 경우에는 그러한 각진 모습이 최소화될 수도 있으나, 한편으로는 테셀레이션 시스템이 기하구조를 얼마나 잘게 쪼갰는지를 눈으로 확인하는 데 이러한 비 보간 모드가 도움이 될 수도 있다. 그림 3.70은 이 보간 모드를 적용한 예이다.

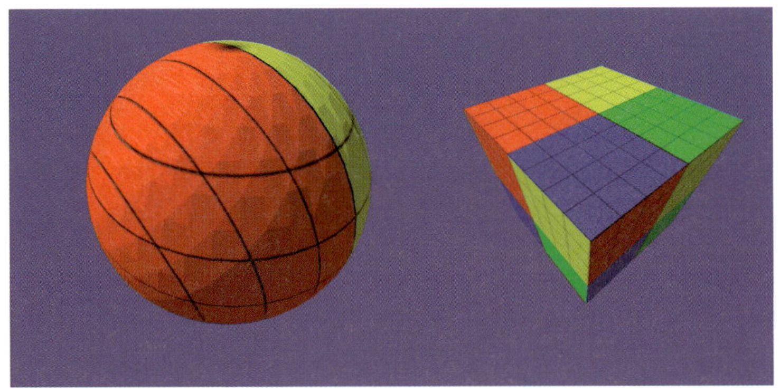

**그림 3.70.** 비 보간 모드(nointerpolation)를 적용한 예.

**무게중심 보간 모드.** centroid 보간 수정자를 지정하면 무게중심 모드가 쓰인다. 이것은 MSAA 렌더링을 위한 특별한 보간 모드이다. 기본도형이 픽셀의 일부분만 덮은 경우, MSAA가 활성화되어 있다면 래스터화기는 그 픽셀에 대해 단편을 생성한다. 그런데 기본도형이 그 픽셀 안의 부분 표본들 중 일부만 덮을 뿐 픽셀의 중심을 덮지는 않는 경우에도 보통의 선형 보간 모드는 여전히 픽셀의 중심 위치를 보간 함수의 입력으로 사용한다. 그러면 정점 특성들이 삼각형의 실제 가장자리 변 너머로, 즉 표본 위치들 중 일부만이 덮인 영역으로 '외삽(extrapolation, 보외)'될 가능성이 있다. 그러한 외삽이 부적합한 경우, 특성별로 입력 변수 선언에 centroid 수정자를 지정해서 무게중심 보간 모드를 적용하는 것이 해결책이 될 수 있다. 무게중심 보간 무드에서는 해당 특성이 반드시 삼각형이 실제로 덮는 한 지점으로 보간된다. 그 지점의 구체적인 위치는 구현에 따라 다를 수 있으나, 일반적으로 기본도형이 덮은 부분 표본 위치들의 평균에 해당하는 지점이 쓰인다. 그림 3.71에 이 무게중심 표본화 보간 모드의 예가 나와 있다.

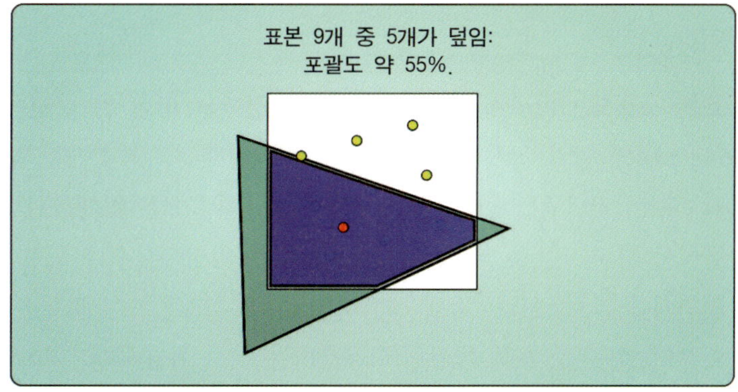


**그림 3.71.** 무게중심 표본화의 보간 지점.

**표본 보간 모드.** sample 보간 수정자를 지정하면 표본 보간 모드가 적용된다. 이 모드 역시 MSAA 렌더링을 위한 것으로, 이 모드에서는 각 표본점에서 보간이 일어난다. 이는 각 MSAA 표본에 대해 실행되는 픽셀 셰이더에서 각 개별 표본 위치마다 특성들을 제공하고자 할 때 유용하다. MSAA가 픽셀 셰이더와 어떻게 연관되는지를 다음 절에서 살펴보겠다.

## MSAA와 픽셀 셰이더

MSAA가 활성화된 경우, 픽셀 셰이더는 MSAA의 작동 방식에 영향을 주는 데 사용할 수 있는 여러 가지 시스템 값 의미소 특성들을 입력 특성으로 선언할 수 있다. Direct3D 11은 '표준적인' MSAA 작동 방식을 수정하는 여러 가지 수단을 제공하는데, 그 작동 방식이 어떤 식으로 수정되는가는 파이프라인에 연결된 픽셀 셰이더에, 그리고 그 픽셀 셰이더에 선언된 입력, 출력 특성들에 의존한다. 그럼 픽셀 셰이더에서 MSAA 작동 방식을 수정하는 다양한 방법을 살펴보자.

**표본별 실행.** 첫 번째로 살펴볼 수정 방식은 픽셀 셰이더를 픽셀당 한 번이 아니라 부분 픽셀(subpixel)당 한 번씩 수행하게 하는 것이다. 픽셀 셰이더의 입력 서명 중 시스템 값 의미소 SV_SampleIndex를 포함시키면 그러한 표본별 실행이 활성화된다. 이 SV_SampleIndex 매개변수는 현재 처리할 부분 표본의 색인을 담고 있다. 또한 sample 보간 수정자가 지정된 입력 특성이 존재하는 경우에도 이러한 표본별 실행이 활성화된다. 이 SV_SampleIndex의 활용 방법에 대해서는 이번 장에서 나중에 좀 더 자세히 논의할 것이다.

**부분 표본 포괄도.** MSAA의 작동 방식을 수정하는 또 다른 방법은 시스템 값 의미소 SV_Coverage의 입력 특성이 존재하면 활성화된다. 그 특성에는 부호 없는 정수 값이 설정되는데, 이 값의 각 비트는 현재 픽셀의 각 부분 표본에 대응된다. 픽셀 셰이더 프로그램 안에서 이 비트들을 조사해 보면 래스터화 과정에서 기본도형이 덮은 부분 표본들이 무엇인지를 알 수 있다. 픽셀 셰이더의 출력 결과에 포함될 부분 표본들을 수정하기 위해 이 시스템 값을 출력 특성으로 사용하는 것도 가능하다. 그러면 알파-포괄도 변환 알고리즘에 흔히 쓰이는 커스텀 포괄도 마스크를 구현할 수 있는데, 이에 대해서는 잠시 후에 좀 더 살펴보겠다.

## 단편 위치

픽셀 셰이더는 단편이 궁극적으로 렌더 대상의 어디에 기록될 것인지를 알려주는 또 다른 두 시스템 값도 특성으로 입력받을 수 있다. 이 특성들 역시 단편을 픽셀 셰이더 프로그램 안에서 원하는 방식으로 처리하는 데 도움이 된다.

**원본 위치.** 픽셀 셰이더가 SV_Position 시스템 값 의미소의 입력 특성을 선언한 경우,

래스터화기 단계는 성분 4개로 된 단편 위치를 그 특성을 통해서 픽셀 셰이더에 전달한다. 일반적으로 이 위치에서 중요한 성분은 2차원 렌더 대상 안에서 단편의 위치를 말해주는 $X$, $Y$ 성분이다. 대부분의 경우 이 좌표는 픽셀의 중심(픽셀 가장자리에서 0.5픽셀만큼 떨어진) 위치를 나타낸 것이다. 여러 장의 텍스처를 이용해서 픽셀 셰이더의 출력을 결정하는 경우, 여러 텍스처에서 표본을 추출할 위치를 구하는 데 이 픽셀 중심 위치를 사용할 수 있다. 예를 들어 지연 렌더링을 위해 여러 개의 텍스처들을 하나의 기하버퍼(G 버퍼)로 사용할 때 그러한 기법이 쓰인다(지연 렌더링은 제11장에서 좀 더 자세히 이야기한다).

픽셀 중심 위치 외에, 이 시스템 값 의미소 특성을 이용해서 현재 단편의 무게중심을 얻는 것도 가능하다. 이전에 설명했듯이 무게중심은 반드시 기본도형의 테두리 안에 위치하며, 따라서 일반적으로 무게중심을 이용해서 보간을 수행하면 특성 값이 기본도형 가장자리를 넘어서 외삽되는 일을 피할 수 있다. 이 의미소 특성의 선언에 **centroid** 보간 수정자를 지정하면 보간에 쓰인 무게중심 값이 전달된다.

한편, **SV_Position** 시스템 값 의미소에는 래스터화기가 생성한 깊이 값도 포함된다. 이 깊이 값은 정규화된 장치 좌표계 기준의 깊이이므로 반드시 [0,1] 범위 안에 있다. 이 깊이 값 성분은 픽셀 셰이더 안에서 깊이 정보가 필요한 계산에 사용하는 것은 물론, 또한 래스터화기가 산출한 깊이 값을 커스텀화된 깊이 값으로 변경하는 용도로도 사용할 수 있다. 픽셀 셰이더가 **SV_Depth** 시스템 값 의미소를 이용해서 단편의 깊이 값을 변경하는 방법은 잠시 후에 이야기하겠다.

**단편의 목적지.** 단편이 생성된 위치뿐만 아니라 단편이 최종적으로 안착할 위치도 픽셀 셰이더의 한 입력으로 선언할 수 있다. 보통의 비 배열 렌더 대상을 파이프라인의 최종 출력 대상으로 연결한 경우, 단편의 출력 위치는 대체로 방금 전에 설명한 **SV_Position** 의미소에 의해 결정된다. 그러나 배열 기반 렌더 대상을 이용해서 장면을 여러 번 동시에 렌더링하는 경우에는 주어진 단편이 최종적으로 기록될 렌더 대상 슬라이스의 배열 색인을 지정해 주어야 한다. 여러 가지 형태의 환경 맵들(제13장)을 생성할 때 이러한 기법이 흔히 쓰인다.

파이프라인은 주어진 기본도형의 단편들이 기록될 렌더 대상 슬라이스를 **SV_Render TargetArrayIndex** 시스템 값 의미소 특성에 근거해서 선택한다. 이 매개변수를 픽셀 세이더의 입력 특성으로 사용할 수도 있다. 그러면 픽셀 세이더 프로그램 안에서 주어진 단편이 어떤 렌더 대상 슬라이스에 안착할 것인가에 따라 다른 방식으로 처리하는 선택적인 단편 처리가 가능해진다.

### 기본도형의 방향

픽셀 세이더의 입력으로 선언할 수 있는 특화된 입력 특성에서 마지막으로 살펴볼 것은 SV_IsFrontFace 시스템 값 의미소이다. 이 매개변수는 단편을 생성한 기본도형의 방향을 알려준다. 이것은 부울 특성으로, 값이 true이면 현재 단편은 전면 기본도형으로부터 생성된 것이고 false이면 후면 기본도형으로부터 생성된 것이다. 래스터화기 상태 구성을 다루는 절에서, 기본도형의 전면에 해당하는 정점 감는 순서를 응용 프로그램이 선택할 수 있으며, 전면과 후면 중 무엇을 통과시키고 무엇을 제외시킬 것인지도 선택할 수 있다고 말했었다. 전면과 후면을 모두 통과시키는 경우 이 시스템 값은 래스터화기 단계에서 판정된 기본도형 방향을 알려준다.

점과 선 기본도형에는 전면, 후면 방향이라는 개념이 없으므로, 그런 기본도형에서 생성된 단편에 대해서는 이 입력 특성이 항상 true이다. 단, 삼각형을 와이어프레임 모드로 래스터화한 경우(그러면 삼각형의 각 변에 해당하는 선들이 만들어진다)에는 삼각형 방향 정보가 여전히 제공된다.

## 3.11.2 픽셀 셰이더 단계의 상태 구성

픽셀 셰이더 프로그램이 받을 수 있는 자료를 이해했으니, 이제 응용 프로그램이 픽셀 셰이더 단계에 대해 어떤 것들을 설정할 수 있는지 살펴보자. 픽셀 셰이더 단계는 프로그램 가능 단계이므로, 이전에 다른 여러 프로그램 가능 단계들에서와 동일한 공통 셰이더 코어 기능성에 접근할 수 있다. 이들은 정점 셰이더 단계에서 살펴본 바와 본질적으로 동일하므로(메서드 이름만 다를 뿐이다) 관련 구조체 정의나 예제 코드를 되풀이하지는 않고, 해당 메서드 이름만 나열하기로 한다.

- `ID3D11DeviceContext::PSSetShader()`
- `ID3D11DeviceContext::PSSetConstantBuffers()`

- `ID3D11DeviceContext::PSSetShaderResources()`
- `ID3D11DeviceContext::PSSetSamplers()`

공통 셰이더의 표준적인 자원들 외에, 픽셀 셰이더는 새로운 순서 없는 접근 뷰도 사용할 수 있다. 이 뷰를 통해서 픽셀 셰이더는 자원을 직접 읽거나 쓸 수 있게 된다. 마지막으로, 깊이·스텐실 판정을 픽셀 셰이더 이전에 수행하게 하는 `earlydepthstencil`이라는 함수 특성이 있다. 그럼 이 두 가지 고유한 구성 항목을 좀 더 자세히 살펴보자.

## 순서 없는 접근 뷰

픽셀 셰이더 단계는 순서 없는 접근 뷰를 활용할 수 있다. 자원에 대한 읽기 전용 임의 접근을 제공하는 셰이더 자원 뷰와는 달리, 순서 없는 접근 뷰가 제공하는 임의 접근에서는 읽기와 쓰기가 모두 가능하다. 이를 통해서 픽셀 셰이더 프로그램은 흩어 쓰기(scatter writing) 연산을 수행할 수 있다. 이는 간단히 말하면 자원에 기록할 자료를 저장할 장소를 프로그래밍적으로 결정할 수 있다는 뜻이다. 순서 없는 접근 뷰가 지원되기 전에는 픽셀 셰이더 프로그램이 처리 결과를 출력 렌더 대상과 깊이·스텐실 대상에만 기록할 수 있었다.

다른 파이프라인 구성과 마찬가지로, 픽셀 셰이더에서 사용할 순서 없는 접근 뷰를 파이프라인에서 묶을 때에는 장치 문맥의 메서드를 사용한다. 그런데 이번 경우에서 한 가지 주의할 것은, 순서 없는 접근 뷰가 사실상 연결되는 곳은 픽셀 셰이더 단계가 아니라 출력 병합기 단계라는 점이다. 이는 파이프라인의 출력을 받을 모든 렌더 대상과 깊이·스텐실 대상, UAV를 응용 프로그램에서 한 번의 호출로 파이프라인에 연결할 수 있게 하기 위한 것이다. 이는 또한 모든 가능한 파이프라인 출력 자원을 하나의 단일한 파이프라인 단계에 묶는 효과를 내는데, 이에 의해 파이프라인 개념이 다소 간단해진다. 픽셀 셰이더에서 순서 없는 접근 뷰를 통해 접근할 수 있도록 자원들을 연결하는 방법은 §3.12 "출력 병합기 단계"에서 이야기하겠다.

## 이른 깊이·스텐실 판정

픽셀 셰이더 단계의 또 다른 고유한 구성 항목은 픽셀 셰이더 프로그램 소스 코드 안에서 지정하는 `earlydepthstencil` 함수 특성이다. 픽셀 셰이더 프로그램의 주 함수 이전에 이 함수 특성을 지정하면 픽셀 셰이더가 실행되기 전에 깊이·스텐실 판정이 수행된다(깊이·스텐실 판정에 대해서는 §3.12에서 좀 더 자세히 다룬다). 어차피 그래픽 하드웨어의 구현 자체가 이런 판정들을 최대한 일찍 수행하도록 되어 있는 경우가 많지만, 이 함수 특성은 그러한 '이른' 판정을 강제하는 효과가 있다.

이러한 이른 판정 기법은 어차피 깊이 판정이나 스텐실 판정에서 실패할 것이 확실한 단편들을 미리 제거함으로써 특정 알고리즘의 효율성을 높이기 위한 것이다. 그런 단편들을 미리 제거하면 픽셀 셰이더의 쓸데없는 처리량을 줄일 수 있다. 이런 기법은 첫 패스에서 장면을 깊이 버퍼에 래스터화해 두고 둘째 패스에서 그 깊이 버퍼를 사용하는 경우에 특히나 유용하다.

다소 덜 명확하지만, 이 함수 특성은 또한 렌더링 파이프라인이 자료를 픽셀 셰이더를 통해서 UAV에만 출력하는 경우에도 유용하다. 그런 경우 자료가 출력 병합기 단계로 가지 않으므로 통상적인 깊이 판정이나 스텐실 판정이 일어나지 않는다. 그런 판정들이 필요한 경우라면 이 함수 특성을 지정함으로써 판정들을 강제할 필요가 있다.

## 3.11.3 픽셀 셰이더 단계의 처리 공정

지금까지 픽셀 셰이더가 래스터화기로부터 받은 정보가 무엇이며 사용 가능한 자료를 더 늘리기 위한 추가 자원으로는 어떤 것이 있는지 살펴보았다. 이번 절에서는 우선 픽셀 셰이더 단계의 전반적인 작동 메커니즘을 개괄하고, 전통적인 렌더링 시나리오에서 물체의 재질 속성들을 표현하기 위해 픽셀 셰이더를 활용하는 방법을 살펴본다. 그런 다음에는 새로운 UAV의 잠재적 용법 몇 가지와 이 새로운 자원 뷰 종류에 의해 가능해지는 일반적인 연산들 몇 가지를 이야기한다. 마지막으로는 MSAA가 픽셀 셰이더 단계와 어떤 식으로 연동되는지를 논의하고, 허용할만한 성능 수준을 유지하면서도 이미지 품질을 개선하기 위해 MSAA의 여러 기능성을 제어하는 방법을 살펴본다.

### 픽셀 셰이더의 작동 방식

그럼 입력 받은 자료로부터 다음 단계가 원하는 형태의 출력을 만들어 내기 위해 픽셀 셰이더가 어떤 작업들을 어떻게 수행하는지 전반적으로 개괄해 보자.

**픽셀 셰이더의 실행.** 개념적으로, 픽셀 셰이더 단계는 주어진 단편마다 한 번씩 픽셀 셰이더 프로그램(의 주 함수)을 호출해서 그 단편의 출력 색상을 계산하고 그것을 출력 병합기 단계에 넘겨준다. 픽셀 셰이더는 래스터화 이후에 작동하므로, 픽셀 셰이더 단계에서 일어나는 계산의 양은 렌더링할 물체가 덮는 단편들의 개수에 비례한다. 입력 기하구조가 얼마나 복잡하든, 픽셀 셰이더는 뷰포트 안에서 기하구조가 덮는 단편들만 처리한다. 하나의 단편을 한 번의 픽셀 셰이더 실행으로 처리한다는 개념이 그림 3.72에 나와 있다.

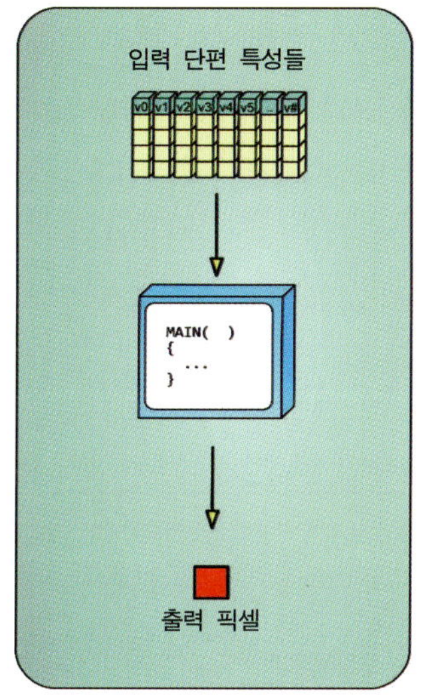
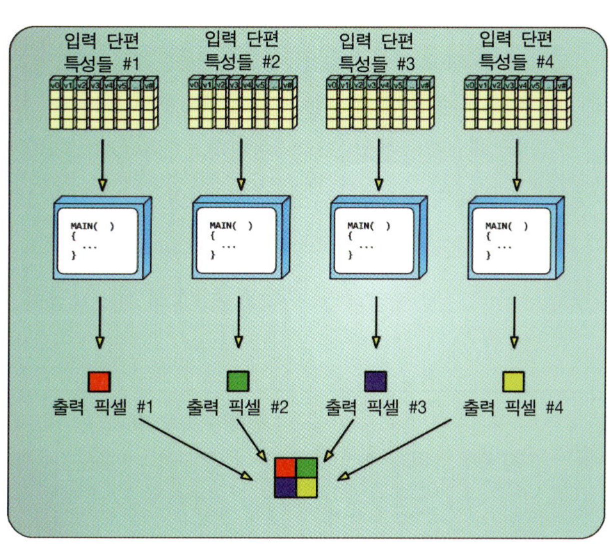

**그림 3.72.** 한 번의 픽셀 셰이더 호출로 하나의 단편이 처리된다.

**그림 3.73.** 다수의 픽셀 셰이더 호출이 동시에 실행된다.

이러한 일대일 모형과 스레드들 사이의 자료 공유 제한 덕분에, 서로 다른 여러 픽셀 셰이더 호출들을 GPU의 병렬 처리 단위들을 이용해서 동시에 수행할 수 있다. 각 호출은 개별적인 입력 단편의 자료를 받아서 그 단편에 지정된 개별적인 위치에 결과를 기록하므로, 한 호출이 인접 호출에 의존할 필요가 없다. 이러한 구조적 개념이 그림 3.73에 나와 있다.

하드웨어의 더 낮은 수준에서도 이러한 개념이 대체로 유효하나, 한 가지 예외가 있다. 실제로는 픽셀 셰이더가 적어도 2×2 크기의 격자에 해당하는 단편들을 단위로 호출되는데, 이는 $X$, $Y$ 방향 호출들에 대해 이산 차분(discrete difference)을 이용해서 화면 공간

미분 명령들을 계산할 수 있게 하기 위한 것이다. 이러한 미분 명령의 계산은 여러 호출들이 동시에 실행된다는 사실에 의존한다. 한 미분 명령에 어떤 변수가 주어진 경우, GPU는 화면 공간에서 그 변수의 값이 변하는 정도를 이웃 호출의 변수들과의 차이를 이용해서 계산한다. 그러나 이러한 작동 방식이 응용 프로그램 자체에 영향을 미치지는 않는다. 응용 프로그램의 관점에서는 픽셀 셰이더 호출들의 경계가 여전히 유효하다.

**다중 렌더 대상.** 픽셀 셰이더는 단편의 색상(color)을 계산해서 출력 병합기 단계에 전달한다. 그런데 단편 하나에 대해 하나의 색상만 계산할 수 있는 것은 아니다. 출력 병합기 단계를 설명할 때 보겠지만, 파이프라인의 출력을 받을 렌더 대상을 최대 여덟 개까지 파이프라인에 연결할 수 있으며(렌더 대상들이 특정한 크기 및 형식 제약을 만족한다고 할 때), 한 번의 픽셀 셰이더 호출에서 그러한 렌더 대상마다 각각 하나씩의 색상을 계산해서 기록할 수 있다. 이처럼 여러 개의 렌더 대상들을 동시에 사용하는 것을 흔히 **다중 렌더 대상**(multiple render targets, MRT) 구성이라고 부른다. MRT를 잘 사용하면 렌더링 알고리즘의 효율성을 높일 수 있다.

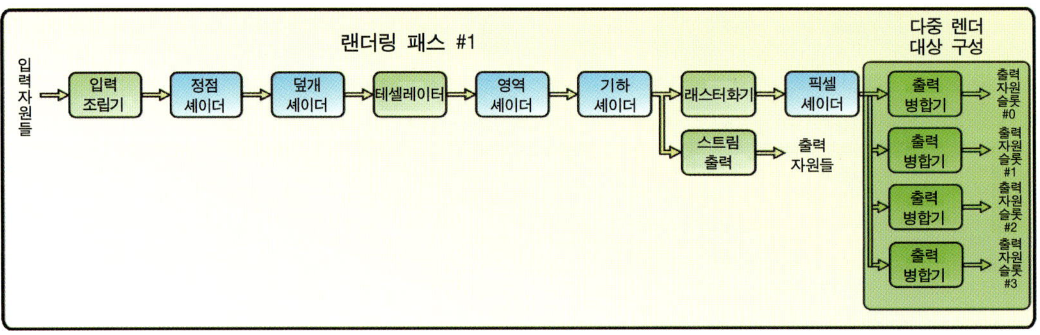


**그림 3.74.** 장면 기반 자료로 여러 개의 렌더 대상들을 채울 때, MRT를 사용하는 경우와 보통의 단일 렌더 대상을 사용하는 경우의 차이.

장면의 기하구조에서 비롯된 자료를 여러 개의 렌더 대상에 채워야 하는 알고리즘을 구현한다고 할 때, 전통적인 단일 렌더 대상을 이용해서 각 렌더 대상을 한 패스에 하나씩 채울 수도 있다. 그러나 이는 정점 셰이더 단계와 테셀레이션 단계들, 기하 셰이더 단계, 래스터화기 단계에서 수행하는 모든 계산을 매번 되풀이해야 한다는 뜻이다. 각 패스마다 다른 계산이 픽셀 셰이더의 계산뿐인 경우라면 그 패스들을 모두 하나의 패스로 합치되 픽셀 셰이더에서 MRT를 이용해서 각 렌더 대상을 기록하면 된다. 그러면 동일한 개수의 렌더 대상들을 원하는 정보로 채우면서도 기하 자료를 여러 번 처리해서 생기는 비용 낭비는 피하게 된다. 그림 3.74는 이 시나리오에서 MRT를 사용하는 경우와 렌더링 패스를 여러 번 수행하는 경우의 차이를 나타낸 것이다. 제11장 "지연 렌더링"에는 MRT 활용의 아주 좋은 예가 나온다.

**깊이 값 수정.** 픽셀 셰이더의 주된 임무는 주어진 단편의 색상을 계산해서 출력하는 것이지만, 그 외에 **SV_Depth** 시스템 값 의미소에 새로운 깊이 값을 출력하는 것도 픽셀 셰이더에서 할 수 있는 일이다. 픽셀 셰이더가 깊이 값을 기록하지 않으면 래스터화기 단계에서 생성된 깊이가 출력 병합기 단계로 전달된다. 그 값을 그대로 전달하지 않고 픽셀 셰이더에서 수정하는 것이 바람직한 경우가 있다. 좋은 예가 **빌보드** 기법이다. 일반적으로 빌보드(billboard)는 좀 더 복잡한 기하구조를 삼각형 두 개로 이루어진 사각형으로 흉내내는 용도로 쓰인다. 그러한 사각형을 현재 시선 방향에 수직이 되도록 정렬하고 적절한 텍스처를 입히면 단 두 개의 삼각형으로도 상당히 세부적인 모습을 표현할 수 있다.[36] 그림 3.75는 이러한 빌보드 개념을 표현한 것이다.

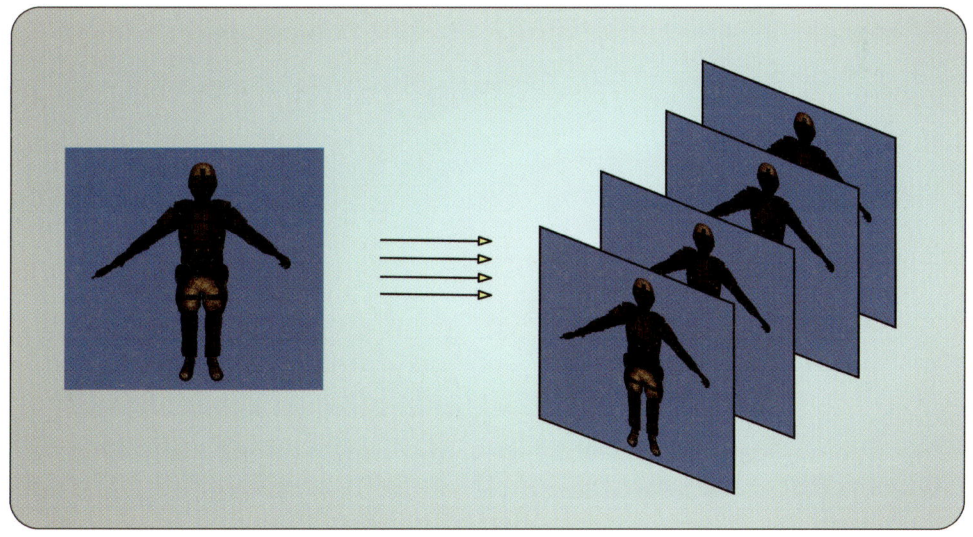

**그림 3.75.** 빌보드를 이용해서 좀 더 복잡한 기하구조를 흉내낸다(모형은 Radioactive Software 제공).

---

[36] 빌보드는 제12장 "시뮬레이션"의 입자 시스템 예제에 쓰인다.

아주 간단한 기하구조로 세부수준을 크게 높일 수 있는 빌보드는 장면의 복잡도를 증가하는 효율적인 수단이다. 그러나 빌보드는 본질적으로 평평한 사각형일 뿐이므로 장면의 다른 기하구조와 교차하는 부분에서는 복잡한 기하구조라는 환상이 깨져버린다. 이는 빌보드의 표면 전체에서 깊이가 일정하기 때문인데, 만일 빌보드 텍스처에 원래의 기하구조의 깊이 차이 정보를 포함시켜 두고(이를테면 알파 채널에), 픽셀 셰이더에서 그 정보를 이용해 단편의 깊이 값을 적절히 조정한다면 빌보드 기하구조에 깊이 복잡도가 다시 부여되는 결과가 만들어진다. 이렇게 하면 장면의 기하구조와 교차하는 부분에서 빌보드가 완전히 가려지는 대신 부분적으로만 가려져서 좀 더 그럴듯한 모습이 나온다. 이런 종류의 깊이 수정 방식이 그림 3.76에 표현되어 있다.

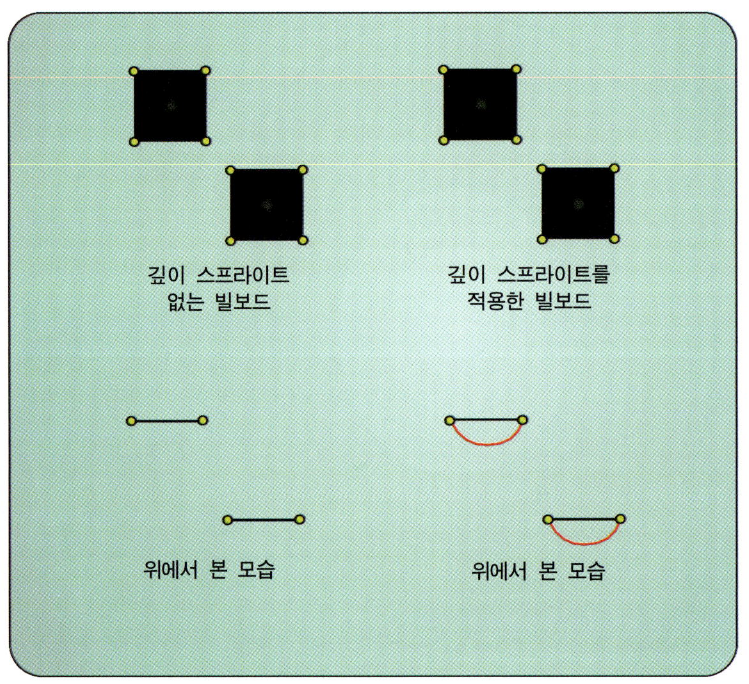



**그림 3.76.** 빌보드에 깊이 정보를 추가해서 깊이 판정이 제대로 일어나게 한다.

**보수적 깊이 출력.** 그런데 픽셀 셰이더에서 깊이 값을 변조하는 데에는 몇 가지 단점이 있다. 현대적인 GPU들은 대부분 **계통적 Z 선별**(hierachical-Z culling, 줄여서 Hi-Z)이라고 부르는 효율성 개선 기법을 구현하고 있다. 이 기법에 깔린 개념은, GPU 하드웨어가 다소 단순화된 형태의 차폐(occlusion, 가려짐) 판정을 수행해서 현재 주어진 일단의 기하구조가 최종 렌더 대상에서 보일 것인지 아니면 다른 물체 뒤에 가려질 것인지를 미리 판단한다는 것이다. 한 장면에서 서로 겹치는 물체들이 많은 경우 이러한 기법을 통해서 파이프라인의 전반적인 계산 비용을 줄일 수 있다. 이 기법의 구체적인 구현 방법은 GPU 제조사마다 다르므로 여기서 자세히 다루지는 않겠다. 지금 맥락에서 중요한 것은, 그러한 계통적 Z 선별 과정에서 GPU는 기하구조의 크기에 관한 몇 가지 가정을 적용하며, 또한 그 과정이 픽셀 셰이더보다 먼저 실행된다는 점이다. 계통적 Z 선별 판정 이후에 깊이 값이 변하면 선별 결과가 부정확해질 수 있으므로, 픽셀 셰이더가 깊이 값을 수정하는 경우에는 GPU가 계통적 Z 선별을 수행하지 않는다. 따라서 성능상의 이득도 사라진다.

픽셀 셰이더에서 깊이를 수정하는 경우에도 계통적 Z 선별 판정이 일어나게 하기 위해 Direct3D 11은 **보수적 깊이 출력**(conservative depth output)이라는 새 기능을 도입했다. 이 기법을 위해서는 픽셀 셰이더에서 새 깊이 값뿐만 아니라 부등 함수(inequality function)도 지정해야 한다. 그 부등 함수는 출력할 깊이 값의 상한 또는 하한을 결정한다. 계통적 Z 선별 판정은 그 상한 또는 하한에 근거해서 제외시켜도 안전한(픽셀 셰이더에서 깊이 값을 변경한다고 해도 판정 결과가 변하지 않을) 단편들을 식별, 제거한다.

픽셀 셰이더에서 이러한 보수적 깊이 출력을 사용하려면 네 가지 시스템 값 의미소 특성 중 하나를 깊이 출력에 쓰이는 값에 배정해야 한다. 표 3.3에 이 의미소들이 나와 있다. 이들은 픽셀 셰이더가 출력한 깊이 값과 래스터화기 단계에서 보간된 깊이 값 사이의 특정한 부등 관계(초과, 이상, 미만, 이하)를 지정한다. 픽셀 셰이더의 출력 깊이 값이 해당 부등 관계를 만족하지 않으면 실행시점 모듈은 그 값을 적절한 최댓값 또는 최솟값으로 한정한다.

| 의미소 | 설 명 |
| --- | --- |
| SV_DepthGreater | 출력 깊이 값이 반드시 보간된 깊이 값보다 커야 함. |
| SV_DepthGreaterEqual | 출력 깊이 값이 반드시 보간된 깊이 값보다 크거나 같아야 함. |
| SV_DepthLess | 출력 깊이 값이 반드시 보간된 깊이 값보다 작아야 함. |
| SV_DepthLessEqual | 출력 깊이 값이 반드시 보간된 깊이 값보다 작거나 같아야 함. |

**표 3.3.** 보수적 깊이 출력을 위한 시스템 값 의미소들.

보수적 깊이 출력에서 어떤 단편이 계통적 Z에 의해 제외되는지의 여부는 이 부등식과 래스터화기가 보간한 깊이 값, 깊이·스텐실 상태에 지정된 깊이 판정 함수, 그리고 깊이 버퍼 안의 현재 값에 의해 결정된다. 제외가 일어나려면, 지정된 부등식을 만족하는 출력 깊이 값들로는 깊이 버퍼의 현재 값에 대한 깊이 판정을 통과할 가능성이 전혀 없어야 한다. 간단한 예로, 어떤 단편의 보간된 깊이가 0.75이고 깊이 버퍼에서 해당 픽셀의 현재 깊이 값이 0.5이며 깊이 판정 함수로는 D3D11_COMPARISON_LESS가 지정되어 있다고 하자. 픽셀 셰이더가 깊이 값을 출력하지 않는 경우 하드웨어의 계통적 Z 선별 모듈은 0.75가 현재 깊이 값보다 크므로 그 단편을 제외시킨다. 픽셀 셰이더가 보수적 깊이 출력을 사용하며 깊이 출력 특성의 의미소로 SV_DepthGreaterEqual을 지정한 경우에도 계통적 Z 선별 모듈은 단편을 제외시킨다. SV_DepthGreaterEqual 때문에 픽셀 셰이더의 출력 깊이 값이 보간된 깊이 값보다 작아질 수는 없으며, 따라서 픽셀 셰이더에서 깊이 값을 어떻게 수정하든 그 단편은 항상 깊이 판정에 실패하게 된다. 그림 3.77에 이러한 시나리오가 나와 있다.

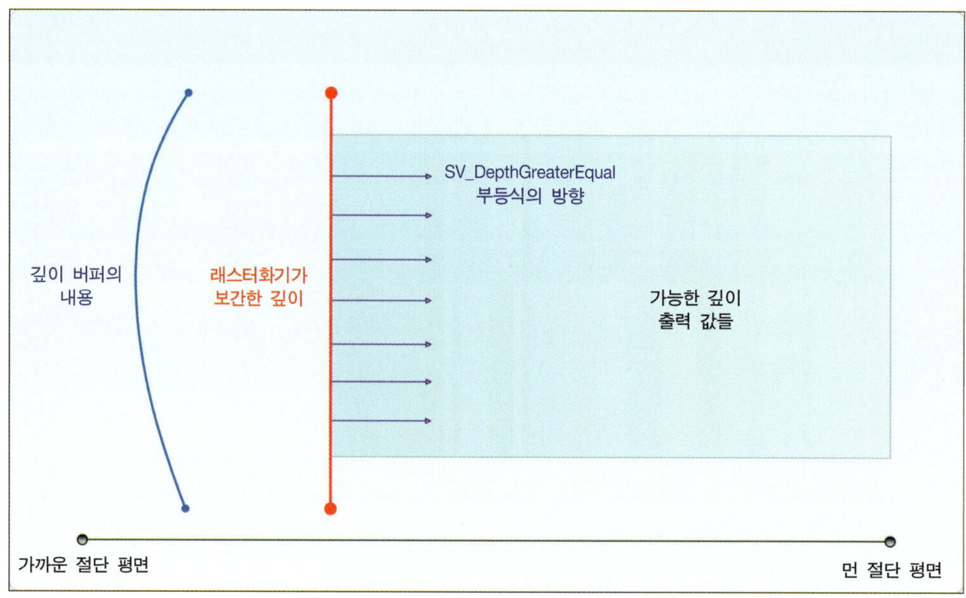


**그림 3.77.** SV_DepthGreaterEqual을 이용한 보수적 깊이 출력.

SV_DepthGreaterEqual이 아니라 SV_DepthLess나 SV_DepthLessEqual을 지정했다면 계통적 Z 선별 모듈이 단편을 제외시킬 수 없었을 것이다. 그런 경우 픽셀 셰이더가 현재 깊이 버퍼 값 0.5보다 작은 깊이 값을 출력하는 것이 가능하며, 그러면 단편이 깊이 판정을 통과하게 될 것이기 때문이다. 사실, SV_DepthLess나 SV_DepthLessEqual을 D3D11_COMPARISON_LESS와 함께 사용하면 계통적 Z 선별 모듈이 단편을 제외시킬 가능성이 전혀 없어진다. SV_DepthGreater나 SV_DepthGreaterEqual을 D3D11_COMPARISON_GREATER와 함께 사용할 때에도 마찬가지이다. 정리하자면, 보수적 깊이 출력으로 성능 이득을 얻으려면 깊이 판정의 방향과는 반대 방향에 해당하는 부등식을 지정해야 한다.

## 작은 예제 하나

지금까지 말한 내용을 기초로 해서, 픽셀 셰이더 단계로 간단한 렌더링 모형을 구현하는 예제 하나를 살펴보기로 하자. 픽셀 셰이더 단계의 주된 임무는 파이프라인 끝에 묶인 렌더 대상에 병합될 출력 색상을 산출하는 것이다. 따라서 이 단계에서 개발자가 주되게 해야 할 일은 픽셀 셰이더 단계에서 어떤 종류의 계산을 수행할 것인지, 그리고 그 계산에서 어떤 종류의 자료를 입력으로 사용할 것인지를 결정하는 것이다. 이 단계에서 수행할 수 있는 계산과 알고리즘의 종류는 렌더링할 모든 픽셀에 대해 하나의 색상을 출력하는 방식의 아주 간단한 것에서부터 여러 번의 시뮬레이션 과정을 거쳐서 최종적인 렌더링이 수행되는 완전한 전역 조명 시스템 같은 아주 복잡한 것에 이르기까지 다양하다.

구현 가능한 여러 알고리즘들을 둘러보기 위해, 먼저 간단한 렌더링 예제를 살펴보면서 픽셀 셰이더가 어떤 식으로 최종 색상 출력을 만들어 내는지 알아보기로 하자. 간단한 예제이긴 하지만, 픽셀 셰이더의 기본적인 작동 방식을 익히기에는 부족함이 없을 것이다. 이러한 개념들을 좀 더 높은 수준에서 바라봄으로써, 다양한 알고리즘들을(심지어는 그림자 맵처럼 색상이 아닌 자료를 생성하는 알고리즘도) 구현할 수 있는 토대를 닦을 수 있다. 지금은 개별 구현의 세부사항보다 픽셀 셰이더 단계 안에서 처리가 수행되는 전반적인 방식을 익히는 것이 더 중요하다.

앞에서 언급했듯이, 픽셀 셰이더의 임무는 파이프라인 끝에 있는 렌더 대상으로 병합될 최종 색상 값을 산출하는 것이다. 이번 예제에서는 물체의 재질 속성과 그 재질이 상호작용하는 몇 가지 환경 속성(빛의 존재 등)에 기초해서 색상을 계산한다. 재질(material) 속성이 같은 물체라도 조명 조건이 다르면 상당히 다른 모습으로 나타난다. 마찬가지로,

같은 조명 조건이라도 재질 속성이 다른 물체들은 서로 다른 모습으로 나타난다. 따라서 픽셀 셰이더에서 색상을 제대로 계산하려면 두 종류의 속성들이 모두 필요하다.

**재질 속성.** 물체의 재질 속성들은 물체의 겉모습을 기본적인 수준에서 결정한다. 전형적인 재질 속성으로는 물체의 기본색, 물체 표면의 반사 성질을 서술하는 계수들이 있으며, 표면 색상의 세부적인 변이들을 나타내는 텍스처 맵도 재질 속성으로 간주할 수 있다. 이 예제에서는 픽셀 셰이더가 정점 법선 벡터와 텍스처 좌표들을 보간된 입력 특성들로 받는다고 가정한다. 목록 3.23은 물체의 재질 색상을 계산하는 픽셀 셰이더 프로그램 주 함수이다.

```
float4 PSMAIN( in VS_OUTPUT input ) : SV_Target
{
    // 텍스처로부터 표면의 색상 속성들을 추출한다.
    float4 SurfaceColor = ColorTexture.Sample( LinearSampler, input.tex );

    // 표면 색상을 출력한다.
    return( SurfaceColor * input.color );
}
```

**목록 3.23.** 물체의 재질 색상을 계산하는 예제 픽셀 셰이더 프로그램.

일반적으로 하나의 장면은 여러 가지 물체들로 구성되며, 각 물체는 다른 물체들과 속성들이 다르다(적어도 일부 속성들만이라도). 지금 예제는 장면의 모든 물체를 한 종류의 픽셀 셰이더 프로그램으로 처리한다고 가정한다. 이를 염두에 두고, 몇 가지 물체 렌더링 과정들을 따라 가면서 픽셀 셰이더의 기준에서 각 과정이 어떻게 다른지 살펴보자. 장면에 물체가 세 개 있다고 가정하고, 그 물체들을 A, B, C라고 부르기로 하겠다. 각 물체에 대해 **그리기** 메서드를 호출해서 파이프라인을 실행하기 전에, 각 물체의 속성들로 파이프라인을 구성해 주어야 한다.

이 예제의 시나리오에서 물체 A의 렌더링하는 과정은 이렇다. 먼저 물체의 텍스처를 셰이더 자원 뷰를 이용해서 파이프라인에 연결하고, 물체의 색상을 상수 버퍼에 담아서 픽셀 셰이더 단계에 묶는다. 그런 다음 **그리기** 메서드를 호출해서 파이프라인을 실행한다. 파이프라인에서는, 래스터화기가 생성한 각 단편이 픽셀 셰이더로 전달되며, 픽셀 셰이더는 텍스처에서 추출한 표본의 색상에 상수 버퍼에 담긴 색상을 곱한 결과를 출력한다(목록 3.23). 이 파이프라인 실행이 끝나면 응용 프로그램은 물체 B의 렌더링을 위해 물체 A와는 다른 텍스처와 색상 상수 버퍼를 묶어서 파이프라인을 구성한 후 파이프라인을 실행한다. 물체 C의 렌더링 역시 마찬가지 패턴이되, 텍스처는 물체 B와 같은 것을 사용하고 색상 상수 버퍼만 다르게 한다.

이 예에서처럼, 물체의 재질 속성들을 셰이더 프로그램의 코드 안에 직접 지정하는 것이 아니라 외부에 있는 자원을 통해서 공급받는 것이 일반적이다. 응용 프로그램은 픽셀 셰이더 단계의 상태를 적절히 구성함으로써 물체 모형의 색상과 텍스처를 제어한다(물체마다 다른 픽셀 셰이더 프로그램을 적용해서가 아니라). 파이프라인으로 입력되는 기하구조는 이러한 재질 속성들의 제어와 무관하다는 점도 중요하다. 다음 번 렌더링 패스에서 각 물체에 대해 다른 기하구조를 파이프라인에 입력한다고 해도, 결과적으로 나타나는 표면 재질의 겉모습은 이전 패스에서와 동일하다. 이는 픽셀 셰이더가 파이프라인에서 실행되는 시점이, 기하 자료가 래스터화된 형태로 변환된 후이기 때문이다. 픽셀 셰이더는 래스터화를 마친 자료를 처리하므로 기하구조의 변화에는 영향을 받지 않는다. 이러한 속성들을 머리에 담아두고, 다음으로는 장면에 조명을 추가했을 때 물체들이 주변 환경과 어떻게 상호작용하는지 살펴보자.

**조명 속성.** 장면에 조명 정보를 제공하면 장면의 렌더링 품질이 크게 향상할 수 있다. 조명(照明, lighting)은 현실의 물리적 세상에서 인간의 시각이 작동하는 데 근본적인 요소이며, 따라서 조명을 적절히 사용하면 장면의 렌더링 결과가 상당히 개선된다. 현대적인 실시간 렌더링에 쓰이는 조명 표현 방식은 그 종류가 아주 다양하나, 지금 예제에서는 간단한 지향광 조명(directional lighting) 모형 하나를 사용하기로 하자. 지향광은 하나의 방향 벡터와 하나의 색상으로 정의되는데, 둘 다 재질 색상과는 다른 상수 버퍼에 담아서 픽셀 셰이더 프로그램에 제공하기로 하겠다. 일반적으로 지향광 조명에서는 주어진 표면에 도달하는 빛의 양을 표면 법선 벡터와 빛의 진행 방향을 나타내는 벡터(줄여서 빛 벡터)의 내적으로 근사한다. 그 내적 연산의 결과는 [0.0, 1.0] 범위의 스칼라 값인데, 이 '조명 값'을 표면에 도달한 빛의 양을 비례시키는 데 사용하면 된다. 목록 3.24는 이상의 조명 모형을 구현하는 픽셀 셰이더 프로그램 주 함수이다.

```
float4 PSMAIN( in VS_OUTPUT input ) : SV_Target
{
```

```
    // 세계 공간 법선 벡터와 빛 벡터를 정규화한다.
    float3 n = normalize( input.normal );
    float3 l = normalize( input.light );


    // 이 단편에 도달한 빛의 양을 계산한다.
    float4 Illumination = max(dot(n,l),0) + 0.2f;


    // 텍스처에서 재질 표면 색상 속성들을 가져온다.
    float4 SurfaceColor = ColorTexture.Sample( LinearSampler, input.tex );


    // 표면 색상을 조명 값으로 변조한 결과를 출력한다.
    return( SurfaceColor * input.color * Illumination );
}
```

**목록 3.24.** 간단한 조명 공식을 구현하는 픽셀 셰이더 프로그램 함수.

이제 물체 A, B, C를 렌더링하는 과정을 살펴보자. 이전의 과정과 다른 점은 조명 정보를 담은 두 번째 상수 버퍼를 픽셀 셰이더 단계에 묶어야 한다는 것이다. 세 물체는 모두 같은 장면 안에 있으므로 조명 정보 역시 동일하다. 따라서 같은 상수 버퍼를 세 번의 파이프라인 실행들에서 재사용하면 된다. 물체 A를 렌더링할 때에는, 텍스처와 기본 색상 상수 버퍼를 이전과 같은 방식으로 파이프라인에 연결하고, 거기에 조명을 위한 상수 버퍼를 추가로 연결해서 파이프라인을 실행한다. 파이프라인 실행이 픽셀 셰이더 단계에 도달하면, 픽셀 셰이더 프로그램은 이전과 같은 방식으로 물체의 재질 색상을 얻는다. 그런 다음에는 주어진 단편 위치에서 보이는 빛의 양을 상수 버퍼에서 얻은 빛의 방향 벡터와 입력 특성으로 제공된 법선 벡터의 내적을 이용해서 계산하고, 그 결과를 이용해서 단편의 출력 색상을 변조한다. 다른 물체들도 마찬가지 방식으로 렌더링하면, 장면 물체들의 재질 색상에 조명이 가해진 결과를 얻게 된다.

이 예제에서 조명 정보는 장면 전체에서 동일하므로, 세 물체 모두 동일한 상수 버퍼를 사용한다. 일반적으로 같은 환경에 있는 모든 물체에는 동일한 환경 정보가 적용된다. 이 예제에서 세 물체의 재질 속성이 각기 다르지만 빛과 상호작용하는 방식은 모두 같다. 셋 다 재질 표면의 색상과 무관하게 동일한 조명 공식을 이용해서 조명 값을 계산한다.

**이 예제의 일반화.** 이 예제에서 우리가 배울 점은 무엇이고, 픽셀 셰이더를 이용해서 렌더링 기법을 구현한다는 일반적인 개념을 이해하는 데 이 간단한 실험의 결과가 어떻게 적용되는 것일까? 픽셀 셰이더 프로그램은 일정한 개수의 입력 인수들을 받아서 하나의 색상을 산출하는 하나의 함수이다. 그 입력들 중에는 재질 속성처럼 파이프라인 실행 마다 달라지는 것도 있고, 조명 속성처럼 렌더링 프레임 단위로만 변하는 것들도 있다. 또한 모형의 정점들과 그 법선 벡터들처럼 응용 프로그램의 수명 전체에서 변하지 않는 것들도 있다.

이런 점들을 생각하면 픽셀 셰이더가 제공하는 유연성이 확실하게 이해될 것이다. 픽셀 셰이더 함수가 생성된 단편의 색상을 계산하는 구체적인 방식에 대해서는 별다른 제약이 없다. 함수가 입력이 변함에 따라 적절히 변하는 색상을 산출하기만 한다면 해당 렌더링 모형의 목적이 만족되는 것이다. 어떠한 렌더링 모형을 구현하기 위해서는 출력 색상을 계산하는 데 필요한 입력들을 식별하고, 그러한 입력을 출력으로 사상하는 함수를 개발해야 한다. 또한 그러한 렌더링 모형에 잘 맞는 기하 콘텐트도 마련해야 한다. 렌더링 모형이 복잡할수록 입력도 많아진다. 심지어는 추가적인 렌더링 패스를 통해서 입력들을 동적으로 생성해야 할 수도 있다. 그러나 픽셀 셰이더 자체가 하는 일은 항상 같다. 주어진 입력 자료를 하나의 색상으로 변환하는 것일 뿐이다.

## 순서 없는 접근 뷰의 활용

앞의 예제는 픽셀 셰이더를 이용해서 렌더링 모형을 구현하는 방법을 보여주었다. 이번 절에서는 픽셀 셰이더 단계에서 순서 없는 접근 뷰(UAV)를 적용함으로써 가능해지는 추가적인 기법들을 살펴보겠다. 순서 없는 접근 뷰를 이용하면 픽셀 셰이더 프로그램에서 다양한 종류의 자원들을 임의의 지점에서 읽거나 쓸 수 있다. 순서 없는 접근 뷰가 도입되기 전에는 픽셀 셰이더에서 자원을 읽을 수만 있었고, '쓰기' 능력은 단편 위치에 색상(들)과 깊이를 기록하는 것으로만 국한되었다.

자원의 임의의 위치에 값을 기록할 수 있다는 이 새로운 능력의 한 가지 용도는 렌더링 공정에서 추가적인 정보를 추출하는 것이다. 예를 들어 장면을 렌더링함과 동시에 렌더링 결과의 히스토그램(histogram)을 생성하는 것이 가능하다. 히스토그램은 여러 개의 **통**(bin, 단위 저장소)들로 이루어지는데, 각 통은 그 값이 특정 범위에 속하는 픽셀들의 개수를 나타낸다. 이러한 히스토그램은 이미지 안에 색상 값들이 어떻게 분포되어 있는지를 알려준다. 픽셀 셰이더에서 히스토그램을 생성하는 과정은 이렇다. 픽셀 셰이더 프로그램은 출력 색상을 계산한 후, 히스토그램의 통들 중 그 색상이 속하는 통을 결정한다. 그런 다음 순서 없는 접근 뷰를 이용해서 히스토그램을 저장할 자원에 접근해 해당 통의 값을 증가시킨다. UAV가 도입되기 전에는 이런 식의 응용이 불가능했다.

순서 없는 접근 뷰를 이용하면 이보다 더 복잡한 렌더링 알고리즘도 구현할 수 있다. 자원을 읽을 수도 있고 쓸 수도 있으므로, 순서 없는 접근 뷰를 이용해서 범용적인 자료 구조를 구현하는 것이 가능하다. 이러한 능력을 이용해서, GPU 자원들로 연결 목록 (linked list)을 구현한 성과가 이미 나와 있다. 그런 연결 목록은 다른 종류의 알고리즘들을 구현하는 구축 요소로 사용할 수 있다.

## MSAA 고려사항

픽셀 셰이더는 최종적인 렌더링 이미지와 아주 가까이에서 작동하므로, MSAA 렌더링을 사용할 때에는 픽셀 셰이더의 몇 가지 특수한 기능들을 고려할 필요가 있다. MSAA를 사용하지 않는 렌더링에서는 각 픽셀의 표본 지점마다 포괄 판정을 수행해서 그 픽셀에 대해 픽셀 셰이더 단계를 실행할 것인지를 결정한다. 보통의 MSAA 렌더링에서, 픽셀 셰이더는 MSAA를 사용하지 않을 때와 마찬가지로 픽셀당 한 번씩만 실행된다. 따라서 보통의 MSAA에서는 픽셀의 여러 표본점들 중 단 하나라도 포괄 판정을 통과한다면 그 픽셀에 대해 픽셀 셰이더가 실행되는 것이다. 실행된 셰이더가 출력한 색상 값(들)은 현재 연결된 렌더 대상(들)의 해당 부분 표본들에 기록된다.

**셰이더에서 MSAA 텍스처 추출.** Direct3D 11의 셰이더 자원 뷰는 MSAA 텍스처를 지원한다. 따라서 MSAA용 텍스처를 여러 셰이더 단계들의 입력으로 묶을 수 있다. 이를 위해서는 `D3D11_SHADER_RESOURCE_VIEW_DESC` 구조체의 `ViewDimension` 필드를 `D3D11_SRV_DIMENSION_TEXTURE2DMS`로 설정해서 `ID3D11Device::CreateShaderResourceView()` 메서드를 호출하면 된다. 그런데 MSAA용 셰이더 자원 뷰를 파이프라인의 한 단계에 묶고 나면 그 단계는 보통의 `Texture2D` 객체와 그 객체의 여러 메서드들을 이용해서 텍스처를 추출할 수 없게 된다. 대신 반드시 `Texture2DMS` 객체를 선언해서 사용해야 한다. 이 객체는 `load` 메서드를 제공하는데, 이 메서드는 추출할 부분 표본이 있는 표본의 $X$, $Y$ 좌표와 부분 표본의 색인을 받는다. 또한 이 객체는 텍스처의 $X$, $Y$ 크기와 부분 표본 개수를 알려주는 `GetDimension` 메서드와 지정된 부분 표본에 해당하는 픽셀 포괄 판정 표본 지점을 알려주는 `GetSamplePosition` 메서드도 제공한다. 이 메서드들을 이용하면 픽셀 셰이더 안에서 하드웨어가 제공하는 환원(resolve) 방식과는 다른 방식의 커스텀 환원 알고리즘을 구현할 수 있다.

**알파—포괄도 변환.** 알파-포괄도 변환(alpha-to-coverage)은 픽셀 셰이더의 출력이 렌더 대상에 기록되는 방식을 수정하는 기법이다. 보통의 경우 픽셀 셰이더의 출력은 래스터화기 단계의 포괄 판정 결과에만 의존해서 여러 부분 표본들에 기록되나, **D3D11_BLEND_DESC** 구조체의 `AlphaToCoverageEnabled` 필드를 `true`로 설정하면 상황이 달라진다. 이 경우에는 포괄 판정에 의해 생성된 마스크와 픽셀 셰이더 출력 색상의 알파 성분으로부터 생성된 마스크에 비트 단위 AND 연산을 적용한다. 그 결과와 화면 공간 디더링(dithering) 마스크에 다시 AND 연산을 적용한다. 결과적으로, 표면의 부분 표본들에 단순화된 고정 디더링 패턴이 적용된다. 이러한 기능의 가장 흔한 용도는 (반)투명 표면을 그 불투명도에 따라 디더링하는(통상적인 알파 혼합이 아니라) 단순화된 투명 적용이다. 그렇게 하면 픽셀출력을 렌더 대상의 내용과 혼합할 필요가 없을 뿐더러 투명 표면들을 카메라와의 거리에 따라 정렬할 필요가 없기 때문에 성능상의 이점이 생긴다.

알파-포괄도 변환을 이용하기 위해 반드시 MSAA를 활성화해야 하는 것은 아니다. 그러나 MSAA와 함께 사용하면 디더링이 픽셀 수준이 아니라 부분 표본 수준에서 수행되므로 출력 이미지의 품질이 훨씬 높아진다.

**픽셀 셰이더로 MSAA 행동 방식 수정하기.** Direct3D 11은 MSAA의 '표준적인' 작동 방식을 수정하는 여러 가지 수단을 제공하는데, 그 작동 방식이 어떤 식으로 수정되는가는 파이프라인에 연결된 픽셀 셰이더에, 그리고 그 픽셀 셰이더에 선언된 입력, 출력 특성들에 의존한다.

**표본별 실행.** 첫 번째로 살펴볼 수정 방식은 픽셀 셰이더를 픽셀당 한 번이 아니라 부분 픽셀당 한 번씩 수행하게 하는 것이다. 픽셀 셰이더의 입력 서명 중 시스템 값 의미소 `SV_SampleIndex`를 포함시키면 그러한 표본별 실행이 활성화된다. 이 `SV_SampleIndex` 매개변수는 현재 처리할 부분 표본의 색인을 담고 있는데, 그 색인은 `Texture2DMS.Load`로 넘겨주는 색인에 대응된다. 이 덕분에 다른 MSAA 렌더 대상에서 적절한 부분 표본을 추출하기가 간단해진다. 이러한 표본별 실행은 `sample` 보간 수정자가 지정된 입력 특성이 존재하는 경우에도 활성화되는데, 그런 경우 특성은 픽셀의 중점이 아니라 현재 표본 지점에 근거해서 보간된다.

이런 식으로 픽셀 셰이더를 높은 빈도로 실행하면 가장자리 앨리어싱은 물론 셰이더 앨리어싱도 줄어들 여지가 있다. 또한, 이런 특별한 작동 방식을 통상적이지 않은 구성의 렌더링 파이프라인을 구현하는 데 활용할 수도 있다. 그러나 픽셀 셰이더를 표본 빈도로 실행하면 그 픽셀에 대한 성능이 사실상 초과표본화(supersampling)의 성능 수준으로 떨어진다는(파이프라인이 본질적으로 동일하기 때문이다) 점을 주의해야 한다. 따라서 장면 기하구조의 일부에만 이러한 표본별 셰이더 실행을 사용하거나, 또는 표본별 실행이 필요하지 않은 픽셀들을 스텐실 버퍼를 이용해서 제외시키는 것이 바람직하다. 표본별 픽셀 셰이더 실행을 활용하는 예는 제11장 "지연 렌더링"에 나온다.

**깊이 출력**. 앞에서 설명했듯이, SV_Depth 의미소를 이용하면 이후의 깊이 판정과 깊이 쓰기(depth write)에 사용될 깊이 값을 픽셀 셰이더 안에서 임의로 조작하는 것이 가능하다. 그런데 픽셀 셰이더가 깊이 값을 변경하면, 여러 개의 삼각형들이 겹치는 픽셀에 대해 MSAA가 부정확하게 작동할 수 있으므로 주의해야 한다.

**커스텀 포괄도 마스크**. 보통의 조건에서는, 픽셀 셰이더가 출력하는 값은 래스터화기 단계에서 수행된 포괄 판정에 의해 만들어진 포괄도 마스크(coverage mask)에 기초해서 렌더 대상에 기록된다. 그러나 필요하다면 픽셀 셰이더가 자신만의 포괄도 마스크를 구현하는 것도 가능하다. 이를 위해서는 픽셀 셰이더에서 SV_Coverage 의미소의 특성을 변경해야 한다. 이 특성은 부호 없는 정수 형식(uint)으로, 그 정수의 각 비트는 렌더 대상 안의 각 부분 표본에 대응된다. 비트가 1이면 그에 해당하는 부분 표본이 기록되고 0이면 기록되지 않는다. 이러한 기법의 명백한 용도 하나는 알파-포괄도 투명 기법을 위한 커스텀 마스크를 구현하는 것이다(대부분의 하드웨어에 구현되어있는 고정된 화면 공간 마스크를 사용하는 대신). MSAA 구현에서 이 기법의 또 다른 용도 하나는 지연 렌더링인데, 이에 대해서는 제11장 "지연 렌더링"에서 좀 더 다루겠다.

## 3.11.4 픽셀 셰이더 단계의 파이프라인 출력

픽셀 셰이더 단계의 출력은 파이프라인의 끝인 출력 병합기 단계로 전달되기 때문에, 픽셀 셰이더가 출력 특성들에 기록할 수 있는 값에는 여러 가지 제약이 따른다. 출력 병합기는 앞에서 설명한 색상 값들과 깊이 값만 처리하므로 그 외의 정보는 받지 못한다. 이는 셰이더 컴파일러에 의해 강제된다. 컴파일러는 픽셀 셰이더의 출력 특성들의 의미소가 색상과 깊이를 나타내는 시스템 값 의미소, 구체적으로 말해서 SV_Target[n]

과 SV_Depth인지 점검한다.

이 특성들 외에도 픽셀 셰이더가 출력할 수 있는 정보가 세 개 있는데, 바로 SV_Depth GreaterThan, SV_DepthLessThan, SV_Coverage 의미소 특성이다. 이전에 설명했듯이, 처음 둘은 픽셀 셰이더에서 SV_Depth 특성을 기록하는 경우에도 계통적 Z 선별 알고리즘이 작동할 수 있게 하기 위한 것이다. 따라서 픽셀 셰이더에서 깊이 값을 직접 변경하지 않는 경우에는 이 두 의미소 특성을 출력할 이유가 없다. SV_Coverage 의미소는 방금 전에 설명했듯이 커스텀화된 부분 표본 포괄도 마스크를 구현하는 데 사용할 수 있다. 그러한 포괄도 마스크는 MSAA 렌더 대상 안에서 하나의 패턴으로 쓰이는 것이므로, MSAA 렌더 대상을 사용하는 경우에만 사용해야 한다.

## 3.12 출력 병합기 단계

파이프라인의 마지막 경유지는 출력 병합기(output merger) 단계이다. 이 단계는 고정 기능 단계로, 픽셀 셰이더가 출력한 색상과 깊이를 파이프라인 출력 대상으로 묶여 있는 렌더 대상에 병합해 넣는다. 그런데 이 단계가 색과 깊이 값을 자원에 단순하게 기록하는 일만 하는 것은 아니다. 출력 병합기는 픽셀의 가시성을 결정하는 깊이 판정도 수행한다. 이에 의해 전통적인 Z 버퍼 알고리즘이 구현된다. 또한 이 단계는 렌더 대상 중 픽셀들이 기록될 영역을 세밀하게 제어하기 위한 스텐실 판정도 수행한다. 이번 절에서 이 두 기능을 자세히 살펴볼 것이다. 출력 병합기 단계의 위치가 그림 3.78에 나와 있다.

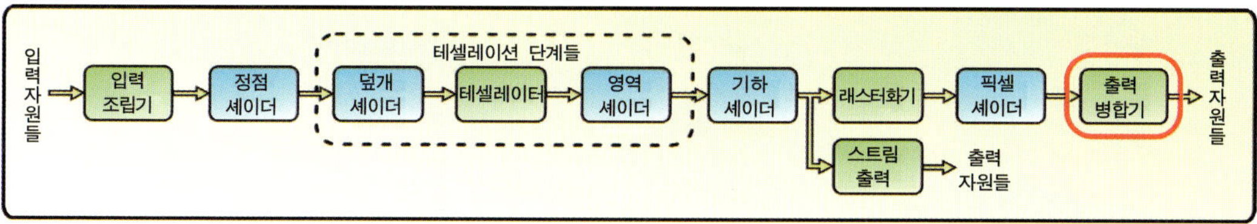


**그림 3.78.** 출력 병합기 단계.

출력 병합기는 또한 픽셀 셰이더가 전달한 색상 값을 수정하는 능력도 가지고 있는데,

알파 혼합 기능이 바로 그것이다. 알파 혼합은 픽셀 셰이더가 넘겨준 값과 렌더 대상에 이미 들어 있는 값을 특정한 혼합 함수를 이용해서 섞는 것으로, 이 때 쓰이는 함수와 매개변수를 응용 프로그램이 설정할 수 있기 때문에 다양한 종류의 혼합 모드를 구성할 수 있다. 이러한 혼합 기능과 MSAA 렌더 대상, 다중 렌더 대상, 렌더 대상 배열 자원 처리 능력 덕분에 출력 병합기는 최종적인 렌더링 이미지를 산출하는 데 있어 중요한 역할을 한다.

## 3.12.1 출력 병합기 단계의 파이프라인 입력

출력 병합기 단계는 파이프라인의 마지막 단계인 만큼, 픽셀 셰이더 단계가 이 단계로 넘겨주는 자료는 거의 완성된 형태의 자료이다. 출력 병합기의 주된 입력은 픽셀 셰이더 프로그램이 산출한 색상 값들이다. 그 색상 값들의 개수는 픽셀 셰이더의 출력 서명에 선언된 바를 따라 다르나, MRT 구성의 경우 일반적으로 그 개수는 출력 병합기에 연결된 렌더 대상의 개수와 일치한다. 단, 이중 원본 혼합(dual source blending) 기법이 쓰인 경우에는 픽셀 셰이더가 두 개의 색상을 출력한다. 이 기법에 대해서는 §3.12.3 "출력 병합기 단계의 처리 공정" 절에서 알파 혼합을 이야기할 때 좀 더 논의하겠다.

출력 병합기 단계의 또 다른 주된 입력은 단편의 깊이 값이다. 이 값은 래스터화기 단계가 직접 넘겨준 것일 수도 있고 픽셀 셰이더 단계의 픽셀 셰이더 프로그램이 수정해서 넘겨준 것일 수도 있다. 이 깊이 값은 깊이 판정의 입력이 되며, 궁극적으로는 깊이 버퍼의 내용을 갱신하는 용도로 쓰인다.

§3.11.4 "픽셀 셰이더 단계의 파이프라인 출력"에서 설명했듯이, MSAA가 활성화된 경우에는 한 단편의 각 부분 표본마다 색상과 깊이가 출력된다. 그리고 이 경우에는 픽셀 셰이더에서 추가적인 시스템 값 의미소 특성들을 입력받을 수 있다. 그 중 하나인 SV_Coverage 의미소 특성에는 픽셀 셰이더 출력이 기록될 부분 표본들이 지정되어 있다. 출력 병합기 단계 안에서 이러한 부분 표본 선택 공정은 자동으로 일어나므로, 응용 프로그램이 특별하게 처리해 주어야 할 것은 없다. 그러나 출력 자료가 궁극적으로 렌더 대상에 어떻게 도착하는지를 이해하는 것은 여전히 중요한 일이다.

## 3.12.2 출력 병합기 단계의 상태 구성

응용 프로그램은 두 개의 상태 객체를 통해서 출력 병합기 단계를 제어한다. 하나는 깊이·스텐실 상태 객체이고 또 하나는 혼합 상태 객체이다. 또한 응용 프로그램은 렌더링 파이프라인의 최종 출력을 담을 자원들을 출력 병합기 단계에 묶을 수 있다. 이번 절에서는 이러한 상태 객체들과 자원들을 어떻게 구성하는지, 그리고 각 상태 객체와 자원을 다룰 때 어떤 제약이 적용되는지 살펴보겠다.

### 깊이·스텐실 상태 객체

깊이 판정과 스텐실 판정을 `ID3D11DepthStencilState` 형식의 상태 객체 하나로 함께 구성한다. Direct3D 11의 다른 모든 자원처럼 이 객체 역시 장치 인터페이스의 한 메서드로 생성해야 한다. 바로 `ID3D11Device::CreateDepthStencilState()`이다. 이 메서드는 원하는 상태 구성을 담은 서술 구조체를 가리키는 포인터를 받는데, 그 구조체의 정의가 목록 3.25에 나와 있다.

```
struct D3D11_DEPTH_STENCIL_DESC {
    BOOL                      DepthEnable;
    D3D11_DEPTH_WRITE_MASK    DepthWriteMask;
    D3D11_COMPARISON_FUNC     DepthFunc;
    BOOL                      StencilEnable;
    UINT8                     StencilReadMask;
    UINT8                     StencilWriteMask;
    D3D11_DEPTH_STENCILOP_DESC FrontFace;
    D3D11_DEPTH_STENCILOP_DESC BackFace;
}
```

**목록 3.25.** D3D11_DEPTH_STENCIL_DESC 구조체의 정의.

이 구조체의 처음 세 필드는 깊이 판정 기능을 설정하는 것이고, 나머지는 스텐실 판정을 위한 것이다. 일단 생성된 깊이·스텐실 상태 객체는 더 이상 수정할 수 없다. 다른 구성을 원한다면 새로 상태 객체를 만들어서 파이프라인에 현재 설정되어 있는 상태 객체를 대체해야 한다. 파이프라인에 깊이·스텐실 상태 객체를 설정 또는 대체하는 메서드는 `ID3D11DeviceContext::OMSetDepthStencilState()`이다. 다른 상태 객체들

과 마찬가지로, 파이프라인에 현재 설정되어 있는 상태 객체를 알려주는 Get 메서드도
존재한다. 깊이·스텐실 상태 객체 서술 구조체의 필드들은 §3.12.3 "출력 병합기 단계의
처리 공정" 절에서 설명하겠다.

## 혼합 상태 객체

출력 병합기 단계가 지원하는 둘째 상태 객체는 ID3D11BlendState 형식의 혼합 상태 객
체이다. 이 상태 객체는 입력된 색상 값을 출력 렌더 대상에 들어 있는 값과 혼합해서 최종
적인 색상을 결정하는 방식을 제어한다. 상태 객체를 생성하는 메서드는 ID3D11Device::
CreateBlendState()로, 이 메서드는 원하는 설정을 담은 서술 구조체를 가리키는 포
인터를 받는다. 목록 3.26에 혼합 상태 서술 구조체의 정의가 나와 있다.

```
struct D3D11_BLEND_DESC {
    BOOL                              AlphaToCoverageEnable;
    BOOL                              IndependentBlendEnable;
    D3D11_RENDER_TARGET_BLEND_DESC    RenderTarget[8];
}
```

**목록 3.26.** D3D11_BLEND_DESC 구조체의 정의.

첫 필드는 부분 표본 포괄도를 결정할 때 래스터화기 단계의 포괄도 값이나 SV_Coverage
시스템 값 의미소(픽셀 셰이더가 그 의미소를 기록한 경우)를 사용하는 대신 출력 색상
의 알파 값을 사용할 것인지의 여부이다. 이러한 알파-포괄도 기법을 활용하면 장면의
물체들을 먼저 정렬하지 않고도 반투명 렌더링을 구현할 수 있다. 둘째, 셋째 필드는
함께 쓰이는 것으로, IndependentBlendEnable 필드는 다중 렌더 대상을 사용하는
경우 각 렌더 대상마다 개별적인 혼합 모드를 적용할 것인지의 여부이다. 이 필드를
true로 설정한 경우 RenderTarget 배열의 여덟 원소가 각 렌더 대상의 혼합 모드를
설정하는 데 쓰인다. false로 한 경우에는 색인 0의 원소가 모든 렌더 대상에 적용된다.
이 서술 구조체를 이용해서 혼합 상태 객체를 생성한 후에는 그것을 장치 문맥의
ID3D11DeviceContext::OMSetBlendState() 메서드를 이용해서 파이프라인에 묶으
면 된다. 다른 상태 객체들과 마찬가지로, 장치 문맥은 파이프라인에 현재 설정되어 있
는 혼합 상태 객체를 알려주는 Get 메서드도 제공한다. 혼합 상태 구성의 좀 더 자세한

사항은 §3.12.3 "출력 병합기 단계의 처리 공정"에서 이야기하겠다.

## 렌더 대상 상태 객체

출력 병합기 단계의 렌더 대상 상태 객체는 파이프라인에서 수행된 그 모든 렌더링 계산의 결과를 받을 실제 자원들을 대표한다. 최종 출력을 받을 렌더 대상으로 사용할 수 있는 자원의 종류가 다양하며, 함께 사용할 수 있는 렌더 대상들의 조합에 대한 제약도 물론 존재한다. 그럼 출력 병합기 단계에 묶을 수 있는 여러 종류의 렌더 대상들을 살펴보고, 응용 프로그램에서 그것들을 조작하는 방법도 알아보자.

출력 병합기 단계에는 렌더 대상 슬롯이 여덟 개, 깊이·스텐실 슬롯이 하나 있다. 각 렌더 대상은 렌더 대상 뷰(render target view, *RTV*)를 통해서 파이프라인에 연결되며, 깊이·스텐실 대상은 깊이·스텐실 뷰(dept stensil view, *DSV*)를 통해서 파이프라인에 연결된다. 통상적인 렌더링 구성에서는 렌더 대상 하나와 깊이 대상 하나만 파이프라인에 묶는다. 그러나 꼭 그래야 하는 것은 아니다. 응용 프로그램은 1에서 8개까지의 렌더 대상을 동시에 묶을 수 있다(이를 테면 한 장면을 여러 버전으로 렌더링하기 위해). 그러한 렌더 대상들은 반드시 그 종류(Texture2D, Texture2DArray 등)와 크기(너비, 높이, 깊이, 배열 크기, 표본 개수 등)가 일치해야 한다. 그러나 자료 형식은 서로 다를 수 있다. 여러 개의 렌더 대상을 파이프라인에 묶는 것을 다중 렌더 대상(multiple render target, *MRT*) 구성이라고 부른다.

렌더 대상이 여러 개인 경우에도 깊이·스텐실 대상은 하나뿐이다. 깊이·스텐실 대상은 깊이 판정과 스텐실 판정을 수행하는 데 쓰이므로, 그 종류와 크기가 반드시 렌더 대상으로 묶인 자원의 종류, 크기와 일치해야 한다. 물론 그 자료 형식은 깊이·스텐실 값을 위한 형식이어야 한다. 종류와 크기가 일치해야 한다는 조건은 MSAA 렌더 대상에도 적용된다. MSAA 렌더 대상을 파이프라인 출력에 연결한 경우 깊이·스텐실 대상 역시 부분 표본 개수가 같은 MSAA 자원이어야 한다. 또한 자원 배열 크기 역시 렌더 대상과 깊이·스텐실 대상이 일치해야 한다. 제2장에서 여러 개의 '슬라이스'들로 이루어진 배열 형태의 자원을 만들 수 있음을 배웠다. 예를 들어 입방체 맵을 만들기 위해 슬라이스가 6개인 배열 자원을 렌더 대상으로 사용하는 경우, 깊이·스텐실 대상 역시 슬라이스가 6개인 배열 자원이어야 한다.

마지막으로, 출력 병합기 단계에 렌더 대상을 하나도 연결하지 않는 것 역시 가능하다. 즉, 파이프라인에 깊이·스텐실 대상만 묶어서 파이프라인을 실행할 수도 있다. 렌더 상태 서술 구조체의 렌더 대상 배열의 모든 원소에 NULL을 지정해서 렌더 상태 객체를 설정하면 렌더 대상이 전혀 연결되지 않는다. 추가적인 렌더링 패스를 위해 장면의 깊이 정보만 깊이·스텐실 대상에 채우는 경우에 이러한 구성이 유용하다.

**MRT 대 렌더 대상 배열.** MRT와 렌더 대상 배열의 차이점을 확실하게 알고 넘어갈 필요가 있겠다. MRT 구성은 텍스처 자원 여덟 개를 따로 만들어서 출력 병합기 단계의 여덟 슬롯에 배정하는 것이다. 반면 텍스처 자원 여덟 개로 이루어진 자원 배열 하나를 출력 병합기 단계에 묶는 것은 단일 렌더 대상 구성이다. 두 구성 모두 사용되는 텍스처 개수는 같지만, 그 작동 방식과 능력 면에서 여러 가지 차이가 존재한다. 다중 렌더 대상 구성은 출력 병합기 단계의 렌더 대상 슬롯을 여러 개(렌더 대상당 하나씩) 사용하는 반면 단일 렌더 구상은 하나만 사용한다. 이 점에서 두 구성의 또 다른 차이가 비롯되는데, MRT 구성에서는 모든 렌더 대상이 동시에 기록되지만 배열 기반의 단일 렌더 대상 구성에서는 한 번에 한 슬라이스만 기록된다는 것이다. 픽셀 셰이더는 MRT 구성의 모든 렌더 대상에 동시에 기록할 수 있으므로, 모든 렌더 대상에 기록하기 위해 필요한 픽셀 셰이더 호출 횟수는 픽셀당 1회뿐이다. 반면 배열 기반 구성에서는 픽셀 셰이더가 한 번에 하나의 대상에만 기록할 수 있으므로, 픽셀당 텍스처 슬라이스 개수만큼 픽셀 셰이더 프로그램이 실행되어야 한다.

같은 개수의 렌더 대상들을 채우는 데 필요한 픽셀 셰이더 실행 횟수가 더 적다는 점에서 MRT 구성이 더 나은 선택인 것 같지만, 배열 기반 구성에도 여러 가지 장점이 있다. 어떤 면에서 볼 때, MRT 구성은 모든 렌더 대상을 동일하게 래스터화한다. 즉, 한 삼각형이 한 렌더 대상의 왼쪽 상단 모서리에 래스터화된다면, 다른 모든 렌더 대상에서도 삼각형이 같은 위치에 래스터화되는 것이다. 반면 렌더 대상 배열에서는 래스터화 방식을 SV_RenderTargetArrayIndex 시스템 값 의미소를 이용해서 각 렌더 대상마다 개별적으로 커스텀화할 수 있다. 예를 들어 래스터화가 일어나기 전에 기하구조에 대해 각각 다른 뷰 변환을 적용함으로써, 삼각형이 렌더 대상마다 다른 위치에 찍혀 나오게 할 수 있는 것이다.

이 두 구성을, 여러 개의 렌더 대상에 값들이 기록되도록 파이프라인의 후반부를 여러 개로 증식(분기)하는 것으로 생각할 수 있다. 두 구성의 차이는 그러한 증식이 파이프라인의 어느 지점에서 시작되는가이다. MRT 구성에서는 그 지점이 파이프라인의 픽셀 셰이더인 반면 배열 기반 구성에서는 래스터화기보다 앞이다. 두 구성은 어떤 종류의 파이프라인이 필요한가에 따라 그 쓰임새가 다르다. 이러한 차이가 그림 3.79에 나와 있다.

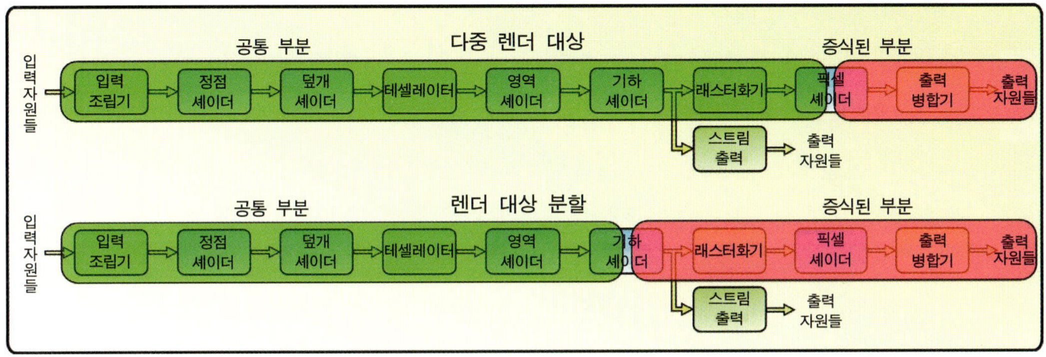


**그림 3.79.** MRT 구성과 자원 배열 기반 구성의 개념적인 파이프라인 분할 증식.

렌더 대상과 깊이·스텐실 대상을 연결하는 것에 관해서도 고려할 측면이 있다. 앞에서 이 자원들을 자원 뷰(렌더 대상 뷰와 깊이·스텐실 뷰)를 이용해서 파이프라인에 연결한다고 했었다. 자원 뷰를 이용해서 한 자원의 부분 자원을 지정할 수 있으므로, 커다란 자원을 파이프라인에 묶고 자원 뷰를 이용해서 그 자원의 작은 한 부분만 사용하게 만드는 것이 가능하다. 이런 가능성을 앞에서 이야기한 모든 구성 및 선택 사항과 연결시켜 생각해 보면 특화된 렌더링 알고리즘을 위해 개발자가 선택할 수 있는 옵션이 얼마나 다양한지 실감할 수 있을 것이다.

**렌더 대상의 연결.** 렌더 대상과 깊이·스텐실 대상을 한 번의 장치 문맥 메서드 호출로 출력 병합기 단계에 연결하는데, 그러한 연결을 수행하는 `ID3D11DeviceContext::OMSetRenderTargets()` 메서드는 렌더 대상 뷰 포인터들의 배열의 크기를 뜻하는 정수와 그 배열을 가리키는 포인터, 그리고 깊이·스텐실 뷰를 가리키는 포인터를 받는다(목록 3.27 참고). 이 메서드로 파이프라인에 연결한 자원 뷰들은(따라서 해당 자원들도) 명시적으로 NULL 포인터를 지정할 때까지 계속 유지된다.

출력 병합기 단계에 연결할 수 있는 자원 종류가 하나 더 있다. 앞에서 픽셀 셰이더 단계를 설명할 때 순서 없는 접근 뷰(UAV)를 픽셀 셰이더에서 사용할 수 있다고 말했다. 그런데 순서 없는 접근 뷰를 픽셀 셰이더 단계 자체에 연결하지는 못한다. 대신 출력 병합기 단계에 연결해야 하는데, 연결 방법은 렌더 대상들을 연결할 때와 대동소이하다. 순서 없는 접근 뷰를 연결하는 메서드는 ID3D11DeviceContext::OMSetRenderTargetsAndUnordered AccessViews()이다. 이 메서드의 처음 세 매개변수는 렌더 대상들만 연결하는 메서드에서와 같다. 나머지 매개변수들은 순서 없는 접근 뷰의 연결에 쓰인다. 출력 병합기 단계에 순서 없는 접근 뷰를 연결할 수 있는 슬롯은 총 8개로, UAVStartSlot 매개변수는 그 중 어떤 슬롯부터 뷰들을 연결할 것인지를 결정하고 NumUAVs 매개변수는 뷰들을 몇 개나 연결할 것인지를 결정한다. ppUnorderedAccessView는 연결할 순서 없는 접근 뷰 포인터들의 배열을 가리키는 포인터이다. 보통의 경우 이 배열의 크기는 NumUAVs 매개변수의 값과 일치해야 한다.

이 메서드의 마지막 매개변수는 UINT 값들의 배열을 가리키는 포인터이다. 그 정수 값들은 추가·소비 버퍼에 쓰이는 현재 버퍼 카운터 값들로 쓰인다. 제2장에서 설명했듯이, 하나의 순서 없는 접근 뷰와 함께 쓰이는 버퍼들에는 버퍼에 요소가 몇 개나 들어 있는지를 뜻하는 내부 카운터가 존재한다. 이 카운터들은 버퍼 안에 숨겨져 있으며 파이프라인 실행 도중에는 실행시점 모듈이 관리하지만, 순서 없는 접근 뷰를 파이프라인에 묶는 시점에서는 이 정수 배열에 담긴 값들로 초기화된다. 이를 통해서 응용 프로그램은 버퍼 안의 카운터를 원하는 값으로 설정할 수 있다. 내부 버퍼 카운터의 현재 값을 바꾸지 않고 그대로 유지하고 싶다면 −1을 지정하면 된다.

렌더 대상들과 순서 없는 접근 뷰들의 전체 개수가 8을 넘어서는 안 된다. 8을 넘지 않는 한, 그 두 가지를 몇 개씩 조합하느냐에는 제약이 없다. 예를 들어 렌더 대상 없이 UAV만 여덟 개 연결하는 것도 가능하다. 렌더 대상을 하나도 연결하지 않으면 UAV들이 파이프라인 전체의 유일한 출구가 된다. 목록 3.27에 이러한 자원들을 출력 병합기 단계에 연결하는 메서드들이 나와 있다.

```
void OMSetRenderTargets(
   UINT NumViews,
   ID3D11RenderTargetView **ppRenderTargetViews,
   ID3D11DepthStencilView *pDepthStencilView
);
```

```
void OMSetRenderTargetsAndUnorderedAccessViews(
    UINT NumViews,
    ID3D11RenderTargetView **ppRenderTargetViews,
    ID3D11DepthStencilView *ppDepthStencilView,
    UINT UAVStartSlot,
    UINT NumUAVs,
    ID3D11UnorderedAccessView **ppUnorderedAccessView,
    const UINT *pUAVInitialCounts
);
```

**목록 3.27.** 자원들을 출력 병합기 단계에 연결하는 장치 문맥 메서드들.

## 읽기 전용 깊이·스텐실 뷰

Direct3D 11의 새로운 기능 하나는, 깊이·스텐실 자원을 출력 병합기 단계의 깊이·스텐실 대상으로 사용함과 동시에 그 자원의 내용을 프로그램 가능 셰이더 단계들 중 하나에서 셰이더 자원 뷰를 통해 읽는 것이다. 그런데 출력 병합기 단계의 깊이 판정 과정에서 깊이·스텐실 자원에 대한 쓰기 접근이 일어나므로, 이 기능은 하나의 자원을 여러 단계에서 동시에 읽고 쓰지 못한다는 규칙을 위반하는 것에 해당한다.

이러한 위반을 피하려면 출력 병합기 단계가 깊이·스텐실 자원을 변경하지 못하게 하는 '읽기 전용' 플래그를 지정해서 깊이·스텐실 뷰를 생성해야 한다. 그런 경우 출력 병합기 단계는 깊이 판정의 통과 여부를 결정하기 위해(깊이 판정이 활성화되어 있다고 할 때) 깊이·스텐실 자원을 읽기만 한다. 결과적으로 파이프라인의 두 지점은 깊이·스텐실 자원을 읽기 전용으로만 접근하므로 동시 읽기·쓰기 금지 규칙이 깨지지 않는다. 이러한 구성이 그림 3.80에 나와 있다. 어떤 다중 패스 렌더링 알고리즘의 두 번째 렌더링 패스에서 깊이 버퍼 내용을 읽어야 할 때 이런 구성을 이용하면 깊이·스텐실 자원을 다른 자원에 복사할 필요 없이 직접 읽을 수 있으며, 게다가 그 자원을 깊이 판정에 사용하는 것도 여전히 가능하다.

## 3.12.3 출력 병합기 단계의 처리 공정

출력 병합기 단계는 두 종류의 연산을 수행한다. 하나는 가시성 판정이고 또 하나는 혼합 연산이다. 깊이 판정과 스텐실 판정으로 이루어진 가시성 판정 결과에 따라, 주어진 단편

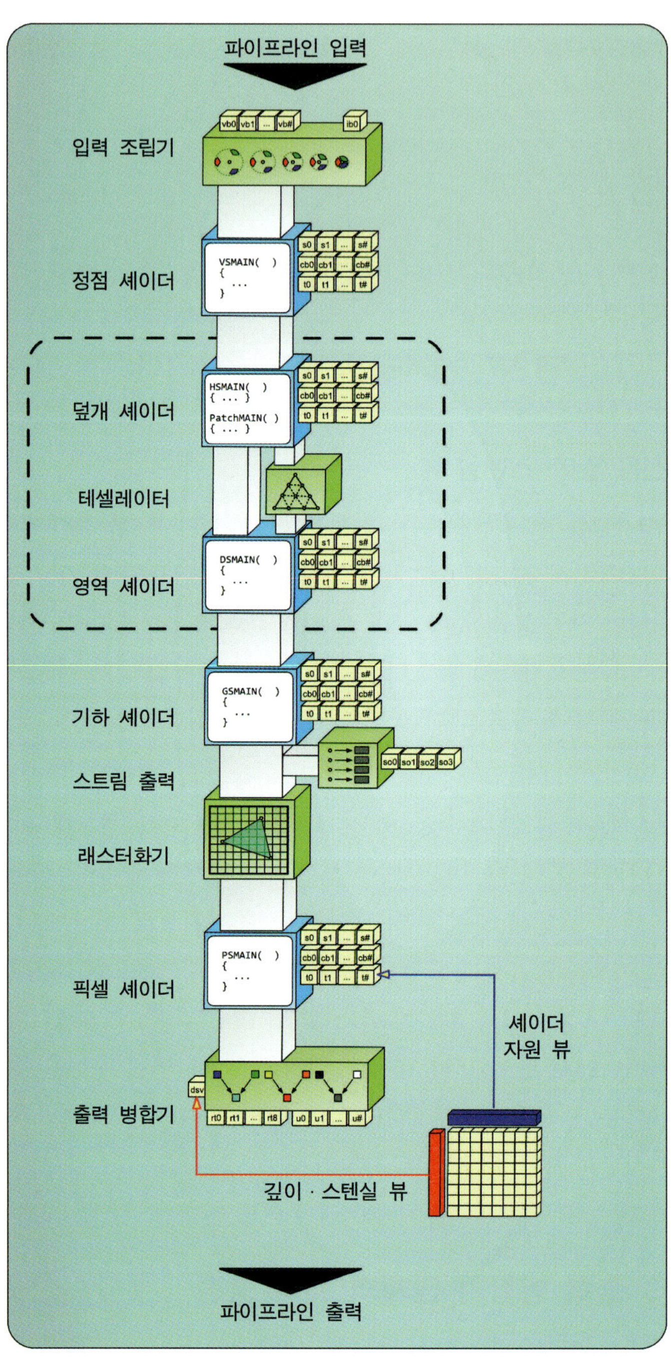


**그림 3.80.** 하나의 자원을 파이프라인의 여러 위치에서 사용할 수 있다. 이 그림에서 출력 병합기 단계의 깊이·스텐실 뷰가 그러한 예이다.

을 출력 병합기 단계에 부착된 출력 자원에 실제로 기록할 것인지의 여부가 결정된다. 구체적인 판정 방식의 여러 측면을 응용 프로그램이 유연하게 설정할 수 있다. 주어진 단편이 깊이 판정과 스텐실 판정을 모두 통과했다면 혼합 연산을 통해서 렌더 대상에 있는 값과 결합된다. 그럼 하나의 단편이 출력 병합기 단계 안에서 거쳐 가는 경로를 따라가 보자. 우선 두 가시성 판정이 어떤 식으로 일어나며 응용 프로그램에서 어떻게 제어할 수 있는지 살펴보고, 그런 다음 혼합 연산에서 혼합 함수가 어떤 식으로 작용하고 응용 프로그램이 선택할 수 있는 혼합 모드들은 어떤 것이 있는지 이야기하겠다.

## 가시성 판정

출력 병합기 단계는 주어진 단편마다 두 가지 가시성 판정, 즉 깊이 판정과 스텐실 판정을 적용한다. 이 두 판정 모두 깊이·스텐실 뷰를 통해 출력 병합기 단계에 연결된 깊이·스텐실 자원을 사용하는데, 그 깊이·스텐실 자원은 반드시 적절한 자료 형식이 지정된 것이어야 한다. 깊이·스텐실 판정에 사용할 자원에는 일반적으로 현재 깊이 값을 담는 부분과 현재 스텐실 값을 담는 부분으로 이루어진 형식을 사용해야 하는데, 그런 형식의 한 예가 `DXGI_FORMAT_D24_UNORM_S8_UINT`이다. 이 형식은 24비트의 깊이 값과 8비트의 스텐실 값을 담는다. 깊이 값만 담고 스텐실 버퍼를 위한 자료는 없는 형식도 있다. 그런 형식을 사용하는 경우에는 스텐실 판정이 비활성화된다(무조건 통과). 두 판정에서 이 두 값이 구체적으로 어떻게 쓰이는지는 잠시 후에 각각 자세히 설명하겠다.

깊이 판정과 스텐실 판정은 출력 병합기 단계로 전달된 모든 단편에 적용된다(물론 판정들이 활성화된 경우). MSAA 렌더링의 경우에는 파이프라인이 산출한 모든 부분표본마다 판정들이 일어난다. 즉, 래스터화기 단계에서와 동일한 입도(granularity, 세밀도)로 가시성 판정이 일어나며, 결과적으로 기하구조가 서로 교차하는 부분에서 화질이 개선된다.

**스텐실 판정.** 두 가시성 판정들 중 스텐실 판정부터 살펴보자. 이 판정은 렌더 대상에서 단편들이 실제로 기록될 영역을 응용 프로그램이 세밀하게 지정할 수 있게 하는 것이다. 판정 방식 자체의 구성 가능성도 아주 커서, 상당히 많은 종류의 구성이 가능하다. 이 판정은 두 요소로 이루어지는데, 첫째는 판정 자체이고 둘째는 판정 결과에 따라 스텐실 버퍼를 갱신하는 과정이다. 이 스텐실 판정의 작동방식을 이해하는 데 도움이 되도록,

우선 스텐실 판정이 구현하는 공식을 정의하자. 식 (3.6)은 스텐실 판정을 의사 코드로
나타낸 것이다.

(스텐실_기준값 & 스텐실_마스크) 비교연산자 (스텐실_버퍼_값 & 스텐실_마스크)

$$(3.6)$$

식 (3.6)은 **참**(*true*) 또는 **거짓**(*false*)으로 평가되는 하나의 조건식으로, 평가 결과가 참
이면 판정을 통과한 것이고 거짓이면 실패한 것이다. 비교연산자 양변의 피연산자들
은 §3.12.2 "출력 병합기 단계의 상태 구성"에서 설명한 구성 가능한 상태들의 조합으
로, 각각을 좀 더 자세히 설명해 보겠다. 연산자 좌변은 스텐실 기준값(refrence value)
을 스텐실 마스크의 값과 비트 단위 AND로 결합한 것이다. 스텐실 기준값은 응용
프로그램이 **ID3D11DeviceContext::OMSetDepthStencilState()** 메서드를 통해서 지정
한 하나의 부호 없는 정수 값이고, 스텐실 마스크는 깊이·스텐실 상태 서술 구조체의
**StencilReadMask** 필드로 지정한 값이다.

식의 양변을 잘 살펴보면, 좌변의 피연산자는 응용 프로그램에서 장치 문맥의 메서드로
설정할 수 있는 반면 우변은 스텐실 버퍼의 현재 값에 의해 결정됨을 알 수 있다. 양변
모두 마스크가 적용되며, 따라서 해당 원본 변수에 담긴 비트들 중 일부만을 선택하는
것이 가능하다. 마스크가 적용된 양변을 비교연산자로 비교한 결과가 스텐실 판정의
최종 결과인데, Direct3D 11은 이 비교연산자로 사용할 수 있는 여러 가지 비교 함수들
을 제공한다. 결과적으로, 이 조건식의 세 요소 모두 응용 프로그램이 설정할 수 있으며,
이를 통해서 스텐실 판정을 아주 다양한 방식으로 수행할 수 있다.

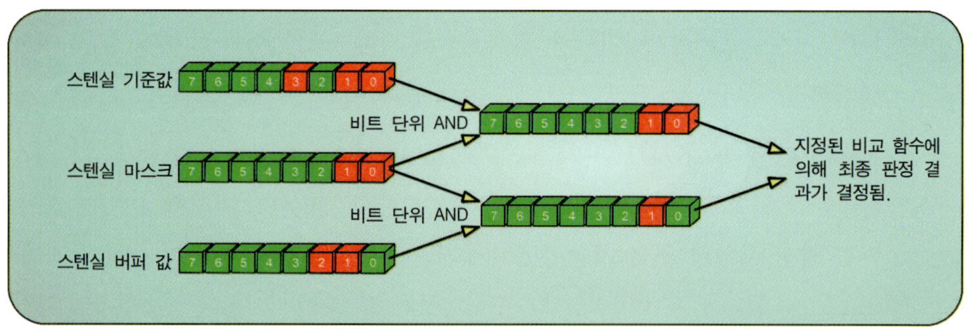


**그림 3.81.** 스텐실 판정의 각 인수들이 최종 판정으로 결합되는 과정.

이 판정은 구성 가능성이 높기 때문에 그 작동 방식을 시각적으로 표현하기가 쉽지 않다. 이해를 돕기 위해 구체적인 값들을 예로 들어서 스텐실 판정을 따라가 보자. 스텐실 기준값은 0번, 1번, 3번 비트가 설정(1)되어 있고 스텐실 버퍼의 값은 1번과 2번 비트가 설정되어 있다고 하겠다. 그리고 스텐실 마스크는 0번, 1번 비트가 설정되어 있다고 하자. 그림 3.81이 이러한 시나리오를 나타낸 것이다.

스텐실 판정 결과는 어떤 비교 함수를 적용하느냐에 따라 달라진다. 지금 예에서 '미만' 연산자에 해당하는 **D3D11_COMPARISON_LESS**를 비교 함수로 선택했다면, 식의 좌변이 우변보다 더 크므로 스텐실 판정 결과는 실패가 된다. 반대로 **D3D11_COMPARISON_GREATER**를 사용한다면 단편은 스텐실 판정을 통과한다. 목록 3.28에 선택 가능한 비교 함수들이 나와 있다.

```cpp
enum D3D11_COMPARISON_FUNC {
    D3D11_COMPARISON_NEVER,
    D3D11_COMPARISON_LESS,
    D3D11_COMPARISON_EQUAL,
    D3D11_COMPARISON_LESS_EQUAL,
    D3D11_COMPARISON_GREATER,
    D3D11_COMPARISON_NOT_EQUAL,
    D3D11_COMPARISON_GREATER_EQUAL,
    D3D11_COMPARISON_ALWAYS
}
```

**목록 3.28.** D3D11_COMPARISON_FUNC 열거형.

응용 프로그램이 스텐실 기준값, 스텐실 마스크, 비교 함수를 지정할 수 있다는 것은 스텐실 판정의 작동 방식을 응용 프로그램이 거의 완전하게 제어할 수 있다는 뜻이다. 스텐실 판정이 끝나면, 그 판정 결과에 따라 추가적인 작업이 뒤따른다. 좀 더 정확하게 말하면 이후의 과정은 스텐실 판정 결과와 깊이 판정(잠시 후에 설명하겠다) 결과 모두에 의존한다. 스텐실 판정과 깊이 판정의 조합에서 나올 수 있는 결과는 다음 세 가지이다.*

---

* [역주] 네 가지가 아닌 이유는, 먼저 수행되는 스텐실 판정이 실패하면 그 다음의 깊이 판정 결과는 무의미하기 때문이다.

1. 스텐실 판정에 실패한다.

2. 스텐실 판정을 통과하지만 깊이 판정에 실패한다.

3. 스텐실 판정을 통과하고 깊이 판정도 통과한다.

수행 가능한 스텐실 연산들은 **D3D11_STENCIL_OP** 열거형에 정의되어 있다(목록 3.29).

```
enum D3D11_STENCIL_OP {
    D3D11_STENCIL_OP_KEEP,
    D3D11_STENCIL_OP_ZERO,
    D3D11_STENCIL_OP_REPLACE,
    D3D11_STENCIL_OP_INCR_SAT,
    D3D11_STENCIL_OP_DECR_SAT,
    D3D11_STENCIL_OP_INVERT,
    D3D11_STENCIL_OP_INCR,
    D3D11_STENCIL_OP_DECR
}
```

**목록 3.29**. D3D11_STENCIL_OP 열거형.

이들은 판정 통과 이후 스텐실 버퍼 값을 어떻게 처리할 것인지를 결정한다. 기존의 스텐실 버퍼 값을 그대로 둘 수도 있고, 0으로 비울 수도 있고, 스텐실 기준값으로 대체할 수도 있다. 또한 스텐실 버퍼 값을 증가하거나, 감소하거나, 뒤집을(invert, 역전)* 수도 있다. 이처럼 판정 결과에 따라 여러 가지 연산을 선택할 수 있는 능력 역시 스텐실 버퍼를 다양한 알고리즘에 사용할 수 있는 유연성을 개발자에게 제공한다. 선택된 연산의 결과로 만들어진 스텐실 값은 스텐실 쓰기 마스크(서술 구조체의 **StencilWriteMask** 필드)와 비트 단위 AND로 결합되어서 스텐실 버퍼에 저장된다.

이상이 한 번의 스텐실 판정이 일어나는 전체 과정이다. 지금까지 이야기한 것 외에도 여러 가지 구성 설정 항목들이 존재한다. 앞에서 말한 모든 설정 항목을, 깊이·스텐실 상태 서술 구조체의 **FrontFace** 필드와 **BackFace** 필드를 이용해서 전면과 후면에 따로 지정하는 것이 가능하다. 이 필드들은 스텐실 판정 구성 설정(비교 함수와 판정 통과 시 수행할 연산의 종류를 포함한)을 담은 또 다른 구조체이다. 이들을 통해서 전면과 후면이 다른 방식으로 판정되게 할 수 있는데, 이러한 전·후면 개별 설정 방식이 쓰이는

---

* [역주] 여기서 스텐실 버퍼 값을 뒤집는다는 것은 값의 각 비트마다 0을 1, 1을 0으로 바꾸는 것을 말한다.

좋은 예는 그림자 입체(shadow volume) 알고리즘이다. 전면과 후면의 판정을 다른 방식으로 설정하는 것과 함께, 부울 형식의 `StencilEnable` 필드를 통해서 스텐실 판정 자체를 비활성화할 수도 있다. 스텐실 판정을 비활성화하면 항상 통과로 간주된다. 즉, 이 경우 스텐실 판정 때문에 단편이 제외되는 일은 결코 생기지 않는다.

**깊이 판정.** 스텐실 판정이 수행되는 동안 깊이 판정도 수행된다. 깊이 판정은 가시성 판정을 위한 고전적인 $Z$ 버퍼 알고리즘([Williamas, 1978])을 구현한 것이라고 할 수 있다. 기본적인 개념은 이렇다. 렌더 대상과 같은 크기의 버퍼 하나를 더 마련해 둔다. 기본도형을 래스터화할 때, 그 버퍼에는 각 단편의 정규화된 장치 좌표의 $Z$ 성분을 저장한다(색상이 아니라). 그러면 각 단편 위치의 $Z$ 성분($W$로 나눈 후이므로 범위는 [0.0,1.0])을 담은 버퍼가 만들어진다. $Z$ 성분이 단편과 관찰자의 거리에 해당하기 때문에, $Z$ 성분들로 이루어진 이 $Z$ 버퍼를 흔히 깊이 버퍼라고 부른다. 출력 병합기 단계의 깊이·스텐실 버퍼의 깊이 성분들이 바로 이 깊이 버퍼에 해당한다.

장면의 기본도형들이 겹칠 수 있으므로 여러 개의 단편들이 같은 위치에 생성될 수 있다. 이 경우 새 단편의 깊이와 깊이 버퍼에 저장되어 있는 깊이를 비교해서, 만일 저장된 값이 새 값보다 작으면(즉, 기존의 단편이 관찰자에 더 가까우면) 새 단편은 장면의 다른 물체에 가려져 있는 것이므로 폐기해도 안전하다. 반대로 새 값이 저장된 값보다 크면(즉, 새 단편이 더 가까우면) 새 단편은 깊이 판정을 통과한 것이므로 새 단편의 색상이 추가적인 처리 단계로 전달되며, $Z$ 버퍼의 값 역시 새로운 가시성 정보를 반영하도록 갱신된다. 이러한 $Z$ 버퍼 기반 깊이 판정은 픽셀 (MSAA의 경우 부분 픽셀) 수준의 가시성 판정이다.

응용 프로그램은 이러한 $Z$ 버퍼 알고리즘의 여러 측면을 설정할 수 있다. 깊이 값을 준비하는 부분과 구체적인 깊이 비교 방식을 지정할 수 있으며, 새 깊이 값이 $Z$ 버퍼에 기록되는 방식도 변경할 수 있다. 이러한 구성 설정들은 대부분 깊이·스텐실 상태 객체에 저장되나, 뷰포트에 저장되는 것도 있다. 스텐실 판정에서처럼, 이해를 돕기 위해 한 단편이 깊이 판정을 거치는 과정을 따라가 보자.

깊이 판정의 활성화 여부는 깊이·스텐실 상태 서술 구조체의 `DepthEnable` 필드로 결정된다. 이 필드는 깊이 판정의 실행 여부만 결정한다. 깊이 쓰기 기능의 활성화 여부와는 무관하다. 출력 병합기가 받는 깊이 값은 래스터화기 단계에서 직접 전달된 것일 수도 있고 래스터화기 단계가 픽셀 셰이더 단계에 넘겨준 것을 픽셀 셰이더 프로그램에서 변경한 것일 수도 있다. 어떤 경우이든, 깊이 값은 단편을 생성하는 데 쓰인 뷰포트의 서술 구조체에 지정된 최소, 최대 깊이 범위 안으로 한정된다. 이러한 한정(clamping) 연산은 깊이 버퍼 자료 형식에 적합한 형태로 수행된다. 그런 다음에는 한정된 깊이 값을 깊이 버퍼(깊이·스텐실 버퍼의 깊이 부분)에서 읽은 값과 비교하는데, 이 때 쓰이는 비교 함수는 깊이·스텐실 상태 서술 구조체의 `DepthFunc` 필드로 결정된다. 목록 3.30에 사용 가능한 깊이 비교 함수들이 나와 있다.

```cpp
enum D3D11_COMPARISON_FUNC {
    D3D11_COMPARISON_NEVER,
    D3D11_COMPARISON_LESS,
    D3D11_COMPARISON_EQUAL,
    D3D11_COMPARISON_LESS_EQUAL,
    D3D11_COMPARISON_GREATER,
    D3D11_COMPARISON_NOT_EQUAL,
    D3D11_COMPARISON_GREATER_EQUAL,
    D3D11_COMPARISON_ALWAYS
}
```

**목록 3.30.** `D3D11_COMPARISON_FUNC` 열거형.

구체적인 판정은 단편의 깊이 값이 좌변이고 깊이 버퍼의 깊이 값이 우변이며 그 사이에 선택된 비교 함수의 이름에 해당하는 비교 연산자가 있는 부등식의 형태로 수행된다. 부등식의 평가 결과가 **참**이면 깊이 판정을 통과한 것이므로 단편은 파이프라인의 나머지 부분으로 넘어간다. 평가 결과가 **거짓**이면 깊이 판정이 실패한 것이므로 단편이 폐기된다. 예를 들어 표준적인 Z 버퍼 알고리즘과 같은 의미의 깊이 판정을 원한다면 `D3D11_COMPARISON_LESS`를 사용해야 한다. 이 경우 단편의 깊이가 깊이 버퍼의 값보다 작으면 깊이 판정을 통과한 것이다. 이는 새 단편이 관찰자에 더 가까우며, 따라서 관찰자에게 보여야 한다는 사실을 반영한다.

깊이 판정에 실패하면 단편은 폐기되며, 성공하면 단편은 혼합 연산(다음 절에서 설명한다)으로 넘어간다. 깊이 판정 이후 깊이 버퍼의 갱신 여부는 여러 가지 조건에 의해 결정된다. 단편이 깊이 판정과 스텐실 버퍼를 모두 통과한 경우, 깊이 값의 운명은 깊이 쓰기의 활성화 여부에 따라 달라진다. 깊이 쓰기의 활성화 여부는 깊이·스텐실 상태 서술 구조체의 `DepthWriteMask` 필드로 결정된다. 이 필드의 값이 `D3D11_DEPTH_WRITE_MASK_ALL`이면 단편의 깊이 값이 깊이 버퍼에 기록되고, 그렇지 않으면 그냥 폐기된다.

깊이 판정을 통과한 경우에도 깊이 버퍼를 갱신하지 않도록 설정할 수 있다는 것이 다소 무의미하다고 생각하는 독자도 있을 것이다. 그러나 현대적인 렌더링 기법들에서는 그런 구성이 바람직한 경우가 있다. 예를 들어 다중 패스 렌더링 기법들에서는, 첫 렌더링 패스에서는 앞에서 설명한 표준적인 Z 버퍼 기법을 이용해서 깊이 버퍼를 채우고, 그 이후의 패스(들)에서는 깊이 버퍼를 깊이 판정에만 사용하는 경우가 흔하다. 어차피 가시성은 첫 패스에서 이미 결정이 났으므로 그 이후에는 깊이 쓰기를 활성화할 필요가 없는 것이다. 깊이 쓰기를 비활성화하면 깊이 버퍼를 읽기 전용으로만 사용할 수 있으며, 그러면 성능 향상에 도움이 된다.

이러한 '읽기 전용 깊이 버퍼' 개념을 한 걸음 더 발전시키는 것도 가능하다. 제2장에서 이야기했듯이, 깊이·스텐실 뷰를 생성할 때 적절한 플래그들을 지정하면 깊이 성분이나 스텐실 성분(또는 둘 다)을 읽기 전용으로 만들 수 있다. 이는 자원을 읽을 수만 있음을 뷰 자체가 보장한다는 뜻이다. 그러한 보장이 존재하면 파이프라인의 여러 위치에서 동시에 자원에 접근할 수 있게 된다. 즉, 깊이 판정에 사용하기 위해 파이프라인에 연결한 자원을 이를테면 셰이더 자원으로도 사용할 수 있는 것이다. 이러한 구성은 깊이 버퍼를 이후 렌더링 패스들의 입력으로 사용해야 하며 그와 함께 깊이 판정 용도로도 사용해야 하는 경우에 아주 유용하다.

## 혼합

스텐실 판정과 깊이 판정을 모두 통과한 단편은 혼합 연산 과정으로 진입한다. 혼합 과정은 선택된 두 색상(원본과 대상)을 섞어서, 출력 렌더 대상에 기록할 최종적인 색상을 산출한다. 응용 프로그램은 두 색상을 섞는 혼합 함수는 물론 그 함수로 섞을 두 색상의 선택 방식도 지정할 수 있다. 전통적으로 이러한 혼합 기능은 반투명 재질을 표현하기 위한 알파 혼합(alpha blending)을 구현하기 위해 쓰였다. 그러나 현대적인 파이프라인에서는 혼합의 원본과 대상, 혼합 함수, 쓰기 방식에 선택의 여지가 아주 크기 때문에, 전통적인 용도 이외의 여러 용도로도 혼합 기능을 활용할 수 있다. 혼합 함수는 혼합 상태 객체를 서술하는 구조체의 한 필드로 결정한다. 목록 3.31에 그 서술 구조체의 정의가 나와 있다.

```
struct D3D11_BLEND_DESC {
    BOOL                            AlphaToCoverageEnable;
    BOOL                            IndependentBlendEnable;
    D3D11_RENDER_TARGET_BLEND_DESC RenderTarget[8];
}
```

**목록 3.31.** D3D11_BLEND_DESC 서술 구조체.

이 구조체는 전반적인 작동 방식을 결정하는 두 필드와 렌더 대상별 혼합 상태 서술 구조체들의 배열로 이루어져 있다. 첫 필드인 **AlphaToCoverageEnable**은 이번 장의 §3.11 "픽셀 셰이더 단계" 절에서 이미 이야기했었다. 그 다음의 **IndependentBlendEnable** 필드 역시 첫 필드처럼 부울 값인데, 출력 병합기 단계에 묶인 렌더 대상들에 각각 개별적인 혼합 상태 설정을 적용할 것인지 아니면 하나의 설정을 적용할 것인지의 여부를 뜻한다. 그 다음 필드는 여덟 개의 혼합 상태 서술 구조체들을 담는데, 짐작했겠지만 이 8이라는 숫자는 출력 병합기 단계가 제공하는 렌더 대상 슬롯 개수이다. **IndependentBlendEnable** 필드를 true로 설정해서 개별 혼합 설정을 활성화한 경우, 이 배열의 각 원소가 해당 슬롯의 렌더 대상에 적용된다. 개별 혼합 설정을 비활성화하면 0번 원소의 혼합 설정이 모든 렌더 대상에 적용된다. 꼭 필요한 경우가 아니라면 개별 혼합 설정을 비활성화하는 것이 성능 향상에 도움이 된다.

스텐실 판정과 깊이 판정에서처럼, 혼합 기능의 작동 방식을 이해하기 위해 한 단편이 거치는 과정을 살펴보기로 하자. 우선, 하나의 혼합 연산 구성을 서술하는 **D3D11_RENDER_TARGET_BLEND_DESC** 구조체의 정의를 보자(목록 3.32).

```
struct D3D11_RENDER_TARGET_BLEND_DESC {
    BOOL            BlendEnable;
    D3D11_BLEND     SrcBlend;
    D3D11_BLEND     DestBlend;
    D3D11_BLEND_OP BlendOp;
    D3D11_BLEND     SrcBlendAlpha;
    D3D11_BLEND     DestBlendAlpha;
    D3D11_BLEND_OP BlendOpAlpha;
    UINT8           RenderTargetWriteMask;
}
```

**목록 3.32.** D3D11_RENDER_TARGET_BLEND_DESC 구조체.

첫 필드 **BlendEnable**은 이름에서 짐작하듯이 혼합 기능 자체의 활성화 여부이다. 지금
예에서는 혼합 기능이 켜져 있다고 가정한다. 그 다음의 여섯 필드들은 세 개씩 묶어서
이해하는 것이 바람직하다. **SrcBlend**, **DestBlend**, **BlendOp**은 색상 값들(단편 색상의
RGB 성분들)을 섞는 데 관련된 필드들이고 **Alpha**가 붙은 세 필드는 알파 값(단편 색상
의 A 성분)을 섞는 데 관련된 필드들이다. 이처럼 필드들이 따로 마련되어 있는 덕분에
색상과 알파 값을 완전히 다른 방식으로 섞을 수 있으며, 따라서 색상과 알파를 서로
다른 목적으로 활용할 수 있다.

색상과 알파를 위한 세 필드는 각각의 혼합 연산이 일어나는 방식을 결정한다.
**SrcBlend**와 **DestBlend**는 섞을 두 색상(원본과 대상)을 결정하고, **SrcBlendAlpha**와
**DestBlendAlpha**는 섞을 두 알파 값을 결정한다. 이 필드들에 설정할 수 있는 값들이
**D3D11_BLEND** 열거형에 정의되어 있다(목록 3.33).

```
enum D3D11_BLEND {
    D3D11_BLEND_ZERO,
    D3D11_BLEND_ONE,
    D3D11_BLEND_SRC_COLOR,
    D3D11_BLEND_INV_SRC_COLOR,
    D3D11_BLEND_SRC_ALPHA,
    D3D11_BLEND_INV_SRC_ALPHA,
    D3D11_BLEND_DEST_ALPHA,
    D3D11_BLEND_INV_DEST_ALPHA,
    D3D11_BLEND_DEST_COLOR,
    D3D11_BLEND_INV_DEST_COLOR,
    D3D11_BLEND_SRC_ALPHA_SAT,
    D3D11_BLEND_BLEND_FACTOR,
    D3D11_BLEND_INV_BLEND_FACTOR,
    D3D11_BLEND_SRC1_COLOR,
    D3D11_BLEND_INV_SRC1_COLOR,
    D3D11_BLEND_SRC1_ALPHA,
    D3D11_BLEND_INV_SRC1_ALPHA
}
```

**목록 3.33.** D3D11_BLEND 열거형의 정의.

이 열거형의 정의에서 보듯이, 선택 가능한 원본과 대상이 아주 다양하다. 열거형의
각 필드의 의미는 그 이름에 반영되어 있다. **ZERO**와 **ONE**은 각각 0과 1을 뜻하고, **COLOR**

와 ALPHA는 선택할 것이 색상인지 또는 알파 값인지를 결정한다. SRC는 현재 단편의 색상 또는 알파 값을 뜻하고 DEST는 기록의 '대상'인 렌더 대상에 있는 값을 뜻한다. 그리고 INV는 '역(inverse)'을 뜻하는데, 구체적으로는 1에서 해당 색상 또는 알파 값을 뺄 것이다. 예를 들어 D3D11_BLEND_SRC_COLOR는 현재 단편의 색상을 선택한다는 뜻이고, D3D11_BLEND_INV_DEST_COLOR는 렌더 대상에 있는 값의 역을 선택한다는 뜻이다. BLEND_FACTOR는 응용 프로그램이 ID3D11DeviceContext::OMSetBlendState() 메서드로 설정한 혼합 계수이다. 혼합 계수의 역에 해당하는 필드도 있다.

D3D11_BLEND_SRC1_COLOR나 D3D11_BLEND_INV_SRC1_ALPHA에 있는 SRC1은 픽셀 셰이더의 제2 출력 레지스터에서 가져온 값을 뜻한다. 이 값들을 제1 출력 레지스터와 섞는 것이 가능하다. 즉, 대상 버퍼의 내용은 무시하고 대신 현재 단편의 두 원본 값을 섞어서 최종 색상을 만들어 낼 수 있는 것이다. 이런 구성을 이중 원본 색상 혼합(dual-source color blending)이라고 부르는데, 단일 렌더 대상 출력에서만 가능하다(단일 렌더 대상이 아니었다면 둘째 색상 값이 둘째 렌더 대상으로 전달되었을 것이므로).

혼합 연산의 두 피연산자들과 함께, 혼합 연산의 종류를 결정하는 혼합 연산자도 선택해야 한다. 혼합 연산은 선택된 두 자료 값을 합쳐서, 최종 렌더 대상에 기록될 하나의 값을 만들어 낸다. 선택 가능한 혼합 연산자가 목록 3.34에 나와 있다. 이 연산자들의 의미는 이름만으로 짐작할 수 있을 것이다. 처음 셋은 산술 연산(A+B, A-B, B-A)이고 그 다음 둘은 최소, 최대 연산이다.

```
enum D3D11_BLEND_OP {
    D3D11_BLEND_OP_ADD,
    D3D11_BLEND_OP_SUBTRACT,
    D3D11_BLEND_OP_REV_SUBTRACT,
    D3D11_BLEND_OP_MIN,
    D3D11_BLEND_OP_MAX
}
```

**목록 3.34.** D3D11_BLEND_OP 열거형.

앞에서 언급했듯이, 이러한 혼합 연산은 색상 값과 알파 값에 대해 개별적으로 수행된다. 혼합 연산이 완료되면, 렌더 대상에 기록할 수 있는 완결적인 4성분 RGBA 값이 만들어진다. 그런데 이 네 성분이 항상 모두 기록되는 것은 아니다. 렌더 대상 쓰기 마스크(write mask)로 걸러진 성분들만 실제로 기록된다. 혼합 상태 서술 구조체의 `RenderTargetWriteMask` 필드가 바로 그 쓰기 마스크로, 그 마스크의 0, 1, 2, 3번 비트가 순서대로 R, G, B, A 성분에 해당한다. 실제로 기록되는 것은 설정된(값이 1인) 비트에 해당하는 성분들뿐이다.

## 3.12.4 출력 병합기 단계의 파이프라인 출력

지금까지, 출력 병합기 단계에 어떤 자료가 입력되며, 그 자료가 이 단계에 연결된 자원들에 출력되기 전까지 어떤 연산들을 거치는지 살펴보았다. 한 번의 파이프라인 실행에서 값이 기록될 수 있는 자원은 세 종류로, 렌더 대상과 순서 없는 접근 뷰, 깊이 · 스텐실 대상이다.

렌더 대상은 혼합 연산의 결과를 받는다. 렌더 대상에 기록되는 값은 스텐실 판정과 깊이 판정을 모두 통과한 단편의 색상과 알파 값에 혼합 연산을 적용한 결과이다. MRT가 쓰이는 경우 각 렌더 대상마다 픽셀 셰이더에서 비롯되어서 혼합 연산을 거친 값이 기록된다. 렌더 대상 배열이 쓰이는 경우에는 래스터화기 단계의 입력에 포함된 `SV_RenderTargetArrayIndex` 시스템 값 의미소 특성으로 결정된 렌더 대상 슬라이스가 출력을 받게 된다. 즉, 자료가 혼합 연산을 거친 시점에서는 이미 적절한 렌더 대상 슬라이스가 선택되어 있는 상태인 것이다.

반면 순서 없는 접근 뷰에 기록되는 자료는 픽셀 셰이더 단계가 직접 제어하며, 따라서 그 어떤 판정도 거칠 필요가 없다. 픽셀 셰이더가 자원을 수정하면 변경 사항이 즉시 GPU로 제출되며, GPU의 메모리 시스템이 그 값들을 메모리에 기록하면 변경이 실제로 적용된다. 이 쓰기 과정에 약간의 지연이 존재하기 때문에, 알고리즘을 설계할 때에는 그러한 변경이 즉시 적용되리라고는 가정하지 말아야 한다.

깊이 · 스텐실 대상은 다소 복잡하다. 출력 자원의 깊이 부분에 기록될 자료는 반드시 깊이 판정과 스텐실 판정을 거쳐야 한다. 깊이 자료의 경우에는 깊이 상태 객체에서 깊이 쓰기가 활성화되어 있어야 실제로 깊이 버퍼에 기록된다. 스텐실 자료는 좀 다른데, 깊이 판정과 스텐실 판정 결과의 조합에 따라 갱신 방식이 결정된다. 이들은 모두 설정 가능한 구성 항목이므로, 출력 병합기 단계로 입력된 자료 스트림에 의해 스텐실 자료가 언제, 어떻게 갱신되는지는 응용 프로그램이 결정한다고 봐도 무방하다.

파이프라인의 한 실행이 완료되면 그러한 자원들의 수정된 내용을 다음 번 렌더링 패스나 계산 패스에서 사용하거나 더 나아가서는 CPU에서 직접 조작할 수 있게 된다. MSAA 렌더링의 경우에는, 자원을 의미있게 활용하려면 한 가지 과정이 더 필요하다. 일반적으로 MSAA에서는 렌더링을 완료한 후 MSAA 렌더 대상을 비 MSAA 텍스처로 환원하는 것이 바람직하다. Direct3D 11의 경우 `ID3D11DeviceContext::ResolveSubresource()` 메서드가 그러한 환원(resolve)을 수행한다. 환원 공정은 개별 부분 표본 값들을 하나의 값으로 결합하며, 결과적으로 화면에 표시하기에 적합한 또는 통상적인 셰이더 표본 추출 방법으로 추출하기에 적합한 보통의 텍스처가 만들어진다. 환원 공정에서 적용되는 필터의 종류는 하드웨어와 구동기에 따라, 그리고 렌더 대상에 지정된 품질 수준에 따라 다르다. 그러나 대부분의 경우에는 상자 필터(box filter)가 쓰인다. 상자 필터는 모든 부분 표본을 동일한 가중치로 결합한다. 간단히 말하면, 그냥 모든 부분 표본 값의 산술 평균을 계산한다.

# 3.13 좀 더 높은 수준에서 본 파이프라인 기능

지금까지 파이프라인의 모든 단계를 차례로 거치면서 상당히 많은 기능들을 자세히 살펴보았다. 그 많은 기능들을 다양한 방식으로 조합해서 할 수 있는 일이 너무나 많아서 어쩌면 질릴 정도이다. 파이프라인의 전형적인 용법들을 명확하게 이해하는 데 도움이 되도록, 이번 절에서는 파이프라인 단계들을 좀 더 높은 수준에서 살펴보기로 한다. 다음의 절들은 파이프라인의 단계들을 전형적인 용도별로 묶어서 이야기하지만, 단계들을 반드시 그런 식으로만 활용할 수 있다는 뜻은 아니다. 파이프라인은 유연하기 때문에 아주 독창적이고 비범한 용도도 얼마든지 고안해 낼 수 있다. 따라서 다음의 절들에 나오는 내용은 단지 독자가 자신의 요구에 맞는 응용 방법을 구축하기 위한 출발점일 뿐이다.

## 3.13.1 정점 다루기

파이프라인의 앞쪽 단계들은 렌더링할 기하 표면을 정의하는 정점들을 만들고 조작하는 데 주로 쓰인다. 입력 조립기 단계의 정점 구축(조립)과 정점 셰이더가 수행하는 개별 정점당 연산이 좋은 예이다. 아주 낮은 수준에서 볼 때 이 두 단계는 파이프라인을 거쳐 가는 입력 기하구조에 대해 가장 기본적인 연산을 수행한다고 할 수 있다. 이 단계들은 원래의 입력 기하구조에 아주 가깝기 때문에, 파이프라인에서 일찍부터 기하구조를 수정하기에 아주 적합한 단계들이라고 할 수 있다. 전통적으로 변환 행렬은 정점 셰이더 단계에서 적용되는데, 변환 행렬을 적용한다는 것은 결국 모형의 기하학적 속성을 조작한다는 것이다.

일반적으로 입력 조립기 단계와 정점 셰이더 단계 모두 정점 수준에서 작용하므로, 한 번의 파이프라인 실행에서 이 두 단계가 배제되는 일은 거의 없다. 하나의 **그리기 호출**에서 입력 조립기 단계는 모형의 각 정점을 산출하고 파이프라인의 이후 처리를 위해 각각의 기본도형을 설정한다. 그 기본도형 정보는 정점 셰이더 단계로는 전달되지 않는다. 정점 셰이더는 각 정점당 한 번씩만 실행된다. 파이프라인의 이후 단계들에 비해 입력 조립기 단계와 정점 셰이더 단계의 계산은 훨씬 낮은 빈도로 실행된다. 입력 조립기는 고정 기능 단계인 반면 정점 셰이더는 프로그래밍이 가능한 단계이므로 커스텀화된 처리 공정을 구현하는 데 사용할 수 있다. 특히, 이후 단계들에서 공통으로 쓰이는 값을 정점 셰이더에서 미리 계산해서 넘겨주는 목적으로 그러한 맞춤식 처리 공정을 활용하면 이후 단계들에서 같은 계산을 여러 번 반복할 필요가 없으므로 성능 향상에 도움이 된다.

또한, 기하구조 표면에 비교적 낮은 주파수의 정보를 제공하는 계산이라면 정점 셰이더에서 수행하는 것이 합리적이다. 예를 들어 전체 모형에서 그리 급하게 변하지 않는 주변광 조명(ambient lighting)은 정점 셰이더에서 계산하는 것이 바람직한 경우가 많다. 그러한 계산을 정점 수준에서 수행하면 파이프라인의 이후 셰이더 단계들에서 계산량을 조금은 줄일 수 있다.

## 3.13.2 테셀레이션 다루기

파이프라인의 그 다음 단계들은 렌더링 파이프라인의 테셀레이션 기능을 구현한다. 덮개 셰이더 단계와 테셀레이터 단계, 영역 셰이더 단계가 함께 작동해서, 아주 유연하고 안정적인 테셀레이션 시스템이 형성된다. 이 시스템 역시 결국은 정점들을 산출하므로,

이 단계들을 앞에서 말한 정점 기반 처리 단계들의 연장으로 볼 수도 있다. 사실 영역 셰이더는 정점 셰이더의 처리를 되풀이하되, 그러기 전에 새로운 정점들을 생성하는 추가적인 임무도 수행하는 단계라고 할 수 있다.

그러나 이 테셀레이션 단계들의 주된 임무는 기하 수준에서의 가용 세부수준을 증폭시키는 것이다. 이는 이 단계들이 입력 조립기와 정점 셰이더 단계로서는 불가능한 일을 한다는 뜻이며, 또한 영역 셰이더가 정점 셰이더보다 훨씬 높은 빈도로 실행된다는 뜻이기도 하다. 이 때문에, 그리고 영역 셰이더에서 수행해야 하는 추가적인 계산들 때문에, 영역 셰이더보다는 정점 셰이더에서 최대한 많은 일을 수행하게 하는 것이 바람직하다. 모든 조건이 같다면 영역 셰이더 대신 정점 셰이더를 택해야 한다.

그렇긴 하지만 테셀레이션 시스템은 개발자에게 몇 가지 고유한 기회를 제공한다. 기하 구조를 표현하는 정점들을 증폭함으로써, 이전 버전의 Direct3D에 비해 계산들을 파이프라인의 훨씬 앞쪽에서 훨씬 높은 빈도로 수행할 수 있다. 극단적인 경우 정점들을 픽셀당 하나씩 생성해서, 정점별 자료의 시각적 충실도가 픽셀별 자료의 시각적 충실도와 맞먹게 하는 것도 가능하다. 래스터 기반 단계들의 빈도 높은 계산을 좀 더 앞쪽의 빈도 낮은 단계들로 옮기려거나 복잡한 계산들을 정점 수준에서 계산해서 그 이후 단계들을 단순화하고자 할 때 이러한 정점 증폭이 유용할 것이다.

## 3.13.3 기하구조 다루기

기하 셰이더 단계와 스트림 출력 단계는 정점 기반 단계들과 래스터 기반 단계들 사이에 놓은 대단히 특화된 단계들로, 기하구조가 래스터화되기 전에 정점 기반 단계들보다 좀 더 높은 수준의 기하 연산을 수행하는 것이 주된 임무이다. 그러한 연산들이 아주 유용한 경우가 있긴 하지만, 일반적인 렌더링 알고리즘들에서 기하 셰이더가 꼭 필요한 경우는 그리 많지 않다. 기하 셰이더를 사용하는 알고리즘들은 대부분 다른 단계로는 불가능한 기하 셰이더만의 특별한 기능 때문에 기하 셰이더를 사용한다. 다른 단계로는 불가능한 기능의 좋은 예는 하나의 점을 사각형으로 확장하는 것이다.

기하 셰이더가 그리 많이 쓰이지 않는 이유는, Direct3D 10에서 처음 도입된 기하 셰이더의 성능이 별로 좋지 않았으며, 그래서 개발자들이 군이 기하 셰이더를 활용하고자 하지 않았기 때문이 아닐까 한다. 그러나 현세대 GPU들이 사용하는 공유 프로세서 아키텍처는 기하 셰이더를 활용하기에 충분한 처리 능력을 제공한다. 가장 큰 걸림돌은 이 단계의 메모리 사용량을 수행할 과제에 맞게 적절히 조절하는 것이다. 예를 들어 각 기하 셰이더 실행마다 100개의 삼각형을 산출해야 한다고 하면, 기하 셰이더 대신 테셀레이션 시스템을 활용하는 방안을 강구하는 것이 나을 수 있다. 그러나 좀 더 작은 규모의 기하구조를 조작하는 경우라면 계산량 대 메모리 사용량의 균형이 훨씬 좋아진다. 예를 들어 약간의 계산을 수행하며 자료 증폭도 그리 크지 않은 점 스프라이트 기법이라면 기하 셰이더를 활용하기에 아주 매력적이다. 어쨌거나, 향후에 기하 셰이더를 활용하는 알고리즘들이 더 등장할 것인지 아니면 기하 셰이더가 파이프라인에서 다소 별난 단계로 남아 있을지를 지켜보는 것도 재미있는 일일 것이다.

## 3.13.4 래스터화와 픽셀 다루기

파이프라인의 나머지 부분, 즉 래스터화기 단계, 픽셀 셰이더 단계, 출력 병합기 단계는 모두 래스터 기반 단계이다. 이 단계들은 그 이전 단계들보다 훨씬 높은 빈도로 작용하는데, 이는 래스터화기의 자료 증폭 때문이다. 이 단계들에서는 처리 연산들이 훨씬 높은 빈도로 수행되며, 이는 픽셀 셰이더가 렌더링 결과에 아주 세밀한 특징을 기여할 수 있는 이유이다. 일반적으로 래스터화기 단계가 렌더링 알고리즘의 병목 지점은 아니나, 픽셀 셰이더는 호출 횟수가 아주 많기 때문에 처리량이나 메모리 대역폭상의 병목이 될 수 있다.

다소 덜 알려진 사실이지만, 출력 병합기도 성능상의 문제를 일으킬 수 있다. 출력 병합기 단계는 깊이·스텐실 버퍼를 읽고 쓰며, 혼합이 활성화된 경우 렌더 대상도 읽고 쓴다. 따라서 출력 병합기 때문에 대역폭 사용량이 크게 증가할 수 있다. 혼합 기능을 사용하지 않는다면 반드시 비활성하라! 마찬가지로, 깊이 버퍼를 갱신하지 않을 것이라면(이를테면 2차, 3차 렌더링 패스에서) 깊이 쓰기 기능도 비활성화할 것.

이러한 고려사항들 외에, 픽셀 셰이더에서 순서 없는 접근 뷰를 활용하는 완전히 새로운 부류의 알고리즘들이 개발되기 시작했다. 파이프라인의 임의의 지점에서 자원을 임의로 읽고 쓰는 능력 덕분에, 이전에는 불가능했던 방식으로 자원들에 자료를 채울 수 있게 되었다. GPU 제조사들은 이러한 새로운 능력을 효율적으로, 그리고 아주 흥미로운 방식으로 활용하는 아주 신선한 데모를 만들고 있다. 개발자들이 이 기능이 좀 더 탐구함에 따라, 성능 또는 이미지 품질 개선을 위해 이 기능을 활용하는 새로운 기법들이 계속 등장할 것이다.

# 4 테셀레이션 파이프라인

## 4.1 소개

테셀레이션은 Direct3D 11에서 가장 주목받는 새 기능 중 하나이다. Direct3D 11에서 많은 것들이 향상되었지만, 대부분은 이전 버전의 기능을 점차 개선한 것이고 이처럼 완전히 새로운 기능은 그리 많지 않다.

테셀레이션(tessellation) 기능이 도입되면서 파이프라인에 새로운 프로그램 가능 단계 두 개와 고정 기능 단계 하나가 추가되었다. 더욱 중요한 것은, 이 기능을 활용하기 위해서는 개발자가 새로운 지식과 전문성을 갖추어야 한다는 점이다. 또한 테셀레이션은 아티스트(그래픽 제작자)들과 콘텐트 작성자들에게도 새로운 기회를 열어준다. 이 기능에 의해 실시간 컴퓨터 그래픽의 작동 방식이 혁명적으로 바뀔 가능성이 있다고 말할 정도이다.

이번 장에서는 제1장과 제3장에서 소개한 개념들에 기초해서 Direct3D 11의 테셀레이션 시스템을 좀 더 자세히 논의한다. 테셀레이션 기능에 깔린 동기와 개념들을 설명하고, 응용 프로그램이 다룰 여러 매개변수들과 진입점들을 살펴본다.

이 기능을 활용하는 구체적인 예제들은 제9장에 나온다.

### 4.1.1 테셀레이션이란?

테셀레이션의 어원은 모자이크(mosaic)에 관련된 라틴어 단어로 거슬러 올라간다. 모자이크화(~畵)를 구성하는 작은 조각을 라틴어로 *tessella*라고 부른다. 그 단어에서 비롯된 테셀레이션은 작은 조각들을 틈이 없게, 그리고 겹치지 않게 이어 붙여서 하나의 표면(surface)*을 형성하는 것을 말한다. '타일링(tiling)'과도 비슷하다.

이러한 테셀레이션의 정의를 컴퓨터 그래픽에 맞게 확장한다면, 여러 개의 작은 기하구조들을 틈 없이 겹치지 않게 붙여서 하나의 표면을 만들어 내는 것이라고 할 수 있다. 가장 간단한 형태에서, 흔히 쓰이는 닫힌 삼각형 메시도 바로 이러한 테셀레이션의 정의를 만족한다.

그러나 컴퓨터 그래픽 분야에서 테셀레이션은 주로 비선형의 수학적 표면을 표현하는 수단을 일컫는 용어로, 이와 관련해서 몇 가지 관련 용어들이 도입되었다. 래스터 기반 컴퓨터 그래픽에서는 표면을 주로 삼각형들로 표현하는 것이 일반적이다. 이는 삼각형이 항상 볼록꼴이며 세 정점이 항상 같은 평면에 있다는 아주 편리한 성질 때문이다. 그러나 이런 편리한 성질은, 삼각형으로는 평평한 기하학적 표면만을 표현할 수 있다는 제약으로도 작용한다. 물론 많은 수의 작은 삼각형들로 매끄러운 곡면(curved surface)을 근사하는 것이 가능하지만, 그래도 기본 단위인 삼각형은 여전히 평평하다.

곡면을 표현하는 기법으로 잘 알려진 것 두 가지를 들자면, 하나는 *NURBS*(non-uniform rational basis splines, 비균일 유리 기저 스플라인)이고 또 하나는 세분 표면(subdivision surface, 흔히 SubD로 표기)이다. 전자는 매끄러운 곡면에 대한 일반화된 수학 형식([Weisstein])으로, 수십 년 간 그래픽 소프트웨어의 필수 기능으로 존재했다. 후자는 메시 정련(refinement)을 위한 일반적인 틀로, 이상적인 곡면을 더 이상 잘 표현할 수 없을 때까지 재귀적으로 삼각형을 추가(분할)해 나간다. 이 기법의 예로 흔히 언급되는 것은 캐트멀–클라크 세분 표면(Catmull-Clark subdivision surfaces, [Catmull & Clark, 1978])이다. NURBS와 세분 표면의 주된 차이는, 세분 표면에서는 수학적 기저(basis)가 필요하지 않은 반면 NURBS에서는 필요하다는 것이다.

수학적으로 정의된 표면을 흔히 고차 표면(higher-order surface)이라고 부르는데, 이는 바탕 공식들이 그 차수(order)로서 정의되며, 또 그 차수가 선형(1차)보다 높기 때문이다 (일반적으로 2차[제곱]와 3차[세제곱]가 쓰인다).

개발자나 아티스트가 원하는 이상화된 곡면과 매끄러운 표면을 통상적인 삼각형 기반 래스터 하드웨어에 입히기 위한 테셀레이션 알고리즘들은 다양하게 나와 있다. 이러한

---

* [역주] 표면에는 평면뿐만 아니라 휘거나 굴곡진 곡면도 포함된다.

알고리즘들은 개별 삼각형들을 기본 단위로 사용해서 최종적인 곡면 모자이크를 형성한다.

## 4.1.2 테셀레이션이 왜 유용한가?

앞에서 말했듯이, 매끄러운 고차 표면을 아주 많은 수의 작은 삼각형들로 근사하는 것이 가능하다. 테셀레이션 기능을 공부하려면, 그런 간단한 기존 기법들로 곡면을 표현할 수 있는데 굳이 복잡한 개념과 추가적인 하드웨어를 도입하는 이유부터 알아야 한다.

결론부터 말하자면, Direct3D 11에서 새로 도입된 이 테셀레이션 기능은 실시간 컴퓨터 그래픽 분야의 실질적인 기술, 예술, 사업상의 문제들을 해결해준다.

사용자들은 좀 더 높은 화질(이미지 품질)을 원하며, 그러한 요구를 만족하기 위해서는 고해상도 모형을 정의하는 데 필요한 자료의 양을 크게 늘려야 하는데, 이는 개발자에게 나 응용 프로그램에게나 막중한 부담으로 작용한다. 필요한 자료의 양이 증가하면 디스크와 메모리의 저장 공간과 I/O 대역폭, 그리고 계산 횟수도 증가한다. 반면 표면을 수학적으로 정의하는 데에는 수학 공식의 계수들 또는 해당 함수에 대한 입력 매개변수들 몇 개로 충분하다. 이는 개별 삼각형들을 직접 저장할 때보다 훨씬 적은 양의 자료이다. 또한 고정된 입력들에 기초해서 표면의 세부수준을 동적으로 조정할 수 있다는 점, 즉 규모가변성이 좋다는 점 역시 다양한 등급의 그래픽 하드웨어들에서 이미지 품질이 적절히 변할 수 있기를 원하는 개발자에게 아주 유용한 장점이다. 여러 하드웨어들에 맞게 수많은 설정 조합들을 관리해야 하는 부담을 줄일 수 있기 때문이다.

테셀레이션이 저장 공간과 대역폭을 줄여준다는 점은 명백하나, 대신 다른 종류의 비용을 증가시킬 수도 있음을 주의해야 한다. 고차 표면을 정의하는 함수들은 반드시 실시간으로 평가해야 한다. 즉, 미리 계산해 둘 수는 없다. 이 함수들은 수학적으로 복잡할 수 있으며, GPU가 처리하는 데 무시할 수 없는 수준의 시간이 걸릴 수 있다. 크게 보아서 GPU 테셀레이션이 비용에 준하는 이득을 제공하긴 하지만, 그렇다고 공짜는 아니다.

고차 표면은 수십 년 전부터 콘텐트 제작 패키지에서 흔히 볼 수 있었던 도구이자 경험 있는 아티스트라면 이미 잘 이해하고 있는 기술이다. 고차 표면이 일반화되기 전까지는 아티스트들이 삼각형 기반 메시에만 의존했는데, 삼각형 메시를 다룰 때에는 아티스트 가 순수한 예술적, 개념적 세부사항이 아니라 구현상의 세부사항에 관여해야 했기 때문에 작업 흐름이 복잡해졌다.

결론적으로 테셀레이션은 기술적인 맥락에서와 예술적인 맥락 모두에서 유용하다. 이러한 장점은 개발에 필요한 시간과 노동을 줄인다는 점에서 사업상의 이득으로도 이어진다.

자원들을 좀 더 아껴 쓰는, 그리고 다양한 수준의 GPU들에 대한 규모가변성이 좋은 기술적 해법을 사용하면 무엇보다도 코드가 간단해진다. 하나의 코드 경로를 다양한 구성들에 적용할 수 있기 때문이다. 역사적으로 실시간 그래픽의 어려움 중 하나는 주요 하드웨어 구성들마다 개별적인 코드 경로들을 구현하고 세밀하게 조율해야 한다는 것이었다. 그러다보면 유지보수와 개발 과정이 악몽으로 변한다. 그런 상황이라면 개발 과정을 좀 더 깔끔하게 만들어 주는 기술만큼 반가운 것이 없다.

아티스트의 작업 생산성이 높아지면 고품질의 그래픽 자산을 만드는 데 필요한 시간이 크게 줄어든다. 콘텐트 제작과 관련해서, 고화질 실시간 그래픽에 대한 요구는 프로그래밍 부서보다 그래픽 부서에 더 큰 부담을 주는 것으로 알려져 있다. Direct3D 11은 그러한 부담의 차이를 평준화하는 데 도움이 된다.

## 4.1.3 테셀레이션의 역사

곡면과 테셀레이션 알고리즘이 새로운 개념인 것은 아니다. 예전에는 이들이 주로 오프라인 렌더링에서만 쓰였다. 실시간 응용 프로그램에 사용하기에는 복잡도가 너무 높기 때문이었다. 곡면을 오프라인 렌더링에서 사용한 좋은 예는 소위 *CGI*(computer-generated imagery)로 만든 영화들, 이를테면 Pixar의 토이 스토리나 Dream Works의 슈렉 같은 영화들이다. 영화 산업 외 설계, 공학 분야에서도 이런 종류의 수학과 렌더링을 일찍부터 사용했다. 1962년에 르노 자동차 디자인 과정에서 폴 드 카스텔조Paul de Casteljau의 작업이 피에르 베지에Pierre Bézier에 의해 유명해졌는데, 그것이 바로 베지에 곡선(또는 베지에 곡면)이다. 이를 계기로, 설계에 수학 곡선을 사용하는 것의 장점(앞에서 말한 여러 가지 이유에 따른)이 즉시 명백해졌다.

수십 년간 고차 표면을 다루기 위한 여러 도구들이 개발되었는데, 특히 *CAD*(computer-aided design, 컴퓨터 보조 설계)를 위한 도구들이 많이 나왔다. 그러나 고차 표면을 실시간 렌더링(통상적인 3차원 컴퓨터 게임의 초창기에서 쓰였던 것 같은)과 결합하려면 수학적 표면을 그에 대응되는, 고정된 삼각형(당시 렌더링 소프트웨어와 하드웨어에서 사용할 수 있는 형태의)으로 "구워야(bake)*" 했다. 그러면 표면의 품질과 해상도를 변경하는 데 필요한 정보가 소실되므로 규모가변성이 사라진다.

컴퓨터 게임 분야에서, 실시간 그래픽의 곡면 활용 가능성을 현실적으로 보여준 주인공은 *Quake 3 Arena*(1999년 12월)에 쓰인 id Software의 id Tech 3 엔진이다.

2001년 후반에 ATI Technologies(현재는 AMD)는 TruForm이라는 기능을 갖춘 Radeon 8500 GPU를 내놓았다([ATI, 2001]). 이 GPU는 고차 표면의 하드웨어 가속 테셀레이션을 지원하는(Direct3D 8.1과 연동해서) 최초의 최종소비자용 하드웨어였다.

이러한 선구적인 새 기능의 인기와 활용도는 오래 가지 못했다. id Tech 4 엔진(대표작은 2004년 8월의 Doom 3)과 실시간 스텐실 그림자 기법이 나오면서 상황이 변한 것이다. **그림자 입체**(shadow volume)는, 정확한 결과를 위해서는 CPU의 처리가 필요한 기하학적 기법이다. 이는 TrueForm와는 잘 맞지 않는다. TrueForm에서 최종적으로 렌더링된 기하구조는 CPU의 처리에 필요한 것과는 다른 형태이기 때문이다. 모형의 윤곽선과 모형의 그림자 사이의 가시적인 차이 때문에 TruForm은 새로운 그림자 기법들과 호환되지 않았다. 그리고 당시 개발자들이 더 관심을 가졌던 것은 그림자 기법이었다.

흥미롭게도, 비슷한 시기에 Valve Software는 자신의 Source Engine(대표작은 2004년 여름에 나온 *Counterstrike: Source*와 *Half Life 2*)을 만들고 있었는데, Source Engine은 id Tech 4의 스텐실 그림자에 상응하는 기능인 그림자 매핑을 지원했다([Valve Software]). 특히, 이 기법은 테셀레이션된 기하구조와 잘 호환되었다.

하드웨어 제조사들과 두 라이벌 3D 엔진들 사이의 경쟁은 아주 거셌다. 스텐실 그림자의 인기 때문에, 그리고 모든 하드웨어 제조사가 보편적으로 TruForm 기능을 지원하지는 않았기 때문에, 결과적으로 TruForm은 경쟁에서 밀려나고 말았다.

id Software의 id Tech 4에서부터, 교묘한 텍스처 요령을 이용해서 저밀도 메시로 더 높은 해상도의 모형을 흉내내는 것이 실용적이고 바람직해졌다. 접선 공간 법선 매핑과 그에 관련된 환경 매핑 기법들을 이용해서, 기하학적으로 복잡한 표면의 조명 상호작용을 흉내내는 한편 훨씬 단순한 평면 모형에는 통상적인 텍스처 매핑을 적용하는 것이 가능했다. 일반적으로 이러한 기법은 성능과 이미지 품질 사이의 합리적인 절충으로

---

* [역주] 다른 형태로는 더 이상 변경할 수 없는 완결적이고 고정된 형태로 만드는 것을 뜻한다.

간주되지만, 한 가지 심각한 단점이 있었다. 바로, 모형의 윤곽은 여전히 세부수준이 낮다는 점이었다. 이 때문에 정말로 해상도 높은 모형을 사용한 것은 아니라는 사실을 사용자가 알아챌 수 있었다.

## 4.2 테셀레이션과 Direct3D 파이프라인

언뜻 보면 Direct3D 11에 추가된 새로운 테셀레이션 단계들이 아주 복잡하지는 않아 보일 것이다. 그러나 좀 더 자세히 조사해보면, 코드를 설계하고 작성할 때 각 단위의 자료 흐름과 책임이 아주 헷갈릴 수 있음을 알게 된다. 이 문제는 파이프라인이 깊을수록 머릿속으로 이해하기가 더 어렵다는 점과 맞물려서 더욱 심해진다. 정점 셰이더 단계와 픽셀 셰이더 단계로 이루어진 고전적인 파이프라인은 훨씬 단순하며, 개발자의 머리 안에 담아 두기에 충분할 정도로 작다. 그러나 파이프라인에 프로그래밍 가능한 단계가 여섯 개나 되면 이해하기가 훨씬 어려워진다.

이번 장의 나머지 부분은 제3장에서 소개한 개념들과 파이프라인 관련 주제들 일부를 좀 더 자세히 살펴본다. 이하의 내용은 독자가 파이프라인, 자원, 셰이더에 대한 고수준 개념들을 이미 익혔다고 가정한 것이며, 따라서 그것들을 명시적으로 다시 설명하지는 않는다.

그림 4.1에서 개념적인 흐름의 각 단계를 그 단계가 수행하는 연산과 대응시켜 보면 새로운 렌더링 파이프라인의 여러 단계에서 어떤 일이 일어나는지를 머릿속에서 그려보는 데 도움이 될 것이다. 이 도식에서 구체적인 알고리즘은 중요하지 않다. 이번 장에서 좀 더 자세히 살펴볼 이 테셀레이션이라는 개념은 파이프라인 실행의 관점에서 볼 때 상당히 추상적이기 때문이다.

그림 4.1에서 왼쪽의 개념적 흐름도와 오른쪽의 세부 흐름도에 쓰인 색상들이 서로 일치한다는 점을 염두에 두면 그림을 좀 더 편하게 살펴볼 수 있을 것이다. 화살표는 자료나 실행의 흐름을 나타낸다. 그리고 개별 셰이더 함수는 $xx(yy)\rightarrow zz$ 형태로 표기되어 있는데, 여기서 $xx$는 셰이더의 종류이고 $yy$는 주요 매개변수들, 그리고 $zz$는 출력이다.

그림 4.1은 하나의 단계가 입력 개수나 출력 개수만큼 여러 번 실행된다는 단순화된 접근방식을 가정한 것이다. 물론 실제의 하드웨어는 공통의 자료를 이용해서(이를테면

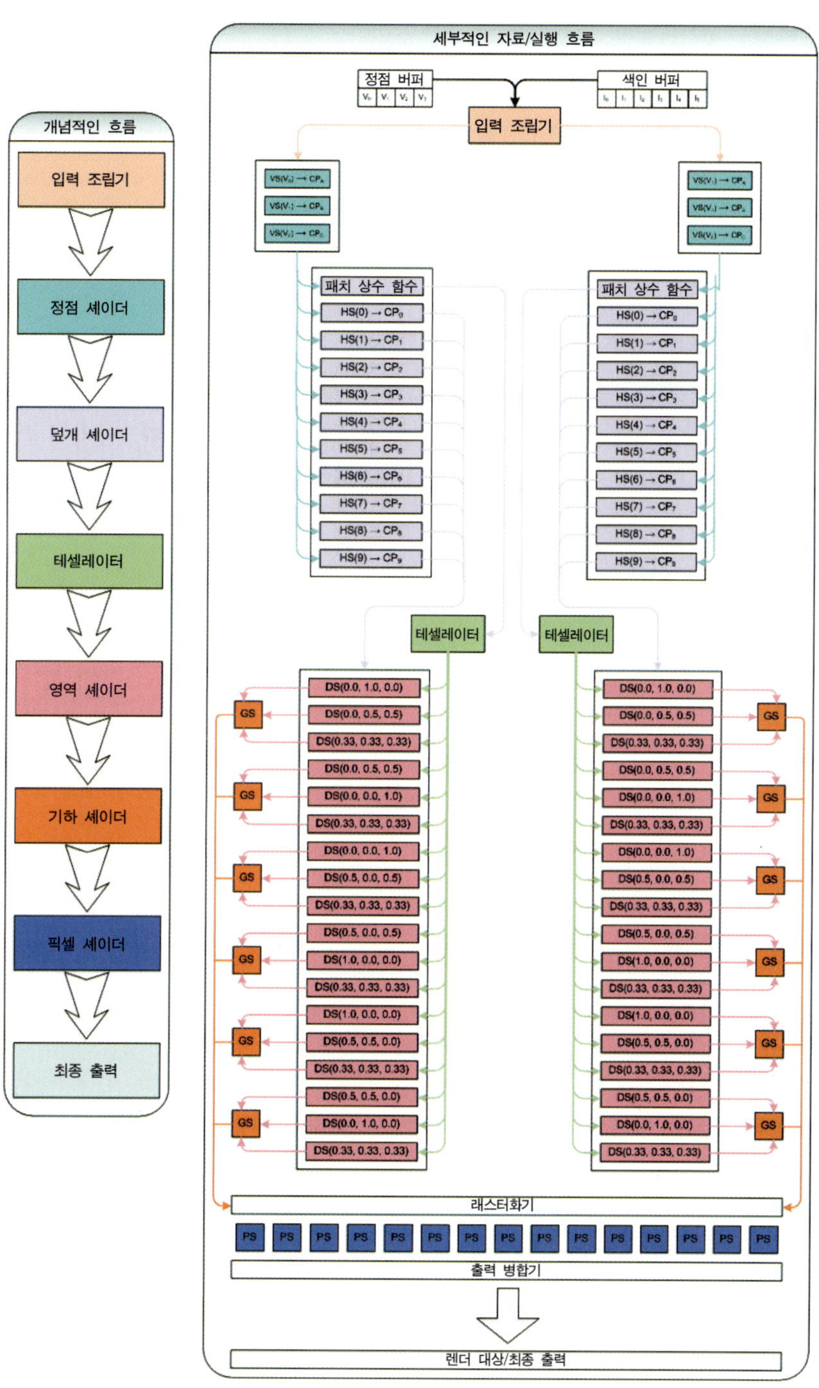


**그림 4.1.** 테셀레이션이 활성화된 파이프라인의 작업 흐름.

변환 전, 후 캐시를 사용하는 등) 호출 횟수를 더 줄일 수 있다. 그런 최적화의 주된 대상은 정점 셰이더와 영역 셰이더이다. 그림에서는 정점 셰이더가 6회, 영역 셰이더가 36회 호출되지만, 실제로 고유한 제어점과 영역점(domain point)은 각각 4개와 14개뿐이다. 따라서 그림의 예는 실제로 필요한 것보다 정점 셰이더를 50% 더 많이, 그리고 영역 셰이더를 157% 더 많이 사용한다. 성능이 중요한 분야에서 더 효율적인 하드웨어가 바람직한 이유를 알 수 있을 것이다.

이 예(그림 4.1)에는 $XZ$ 평면의 한 사각형을 정의하는 정점 네 개와 그 정점들로 삼각형 두 개를 정의하는 색인 여섯 개가 쓰였다. 다른 여러 테셀레이션 알고리즘들과는 달리 Direct3D 11의 테셀레이션에는 인접성 정보가 필요하지 않다. 따라서 이 부분만 보면 그냥 하나의 평범한 사각형을 렌더링하는 파이프라인과 차이가 없다. 테셀레이션이 없다면 렌더링 파이프라인은 그림 4.2와 같은 출력을 만들어 낼 것이다.

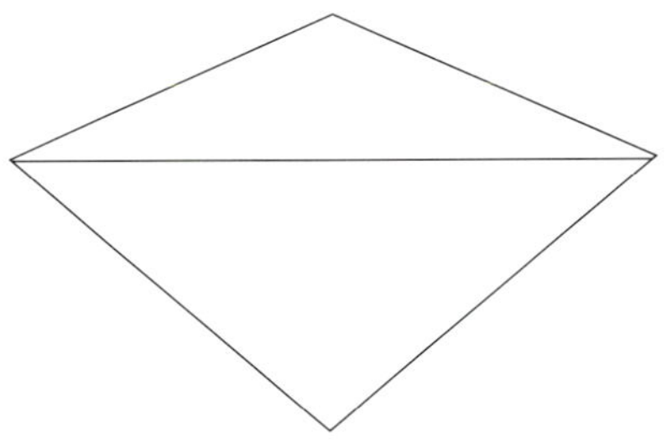

**그림 4.2.** 테셀레이션 없이 렌더링한 사각형.

## 4.2.1 입력 조립기

Direct3D 11에서는 하나의 기본도형을 최대 32개의 정점으로 구성할 수 있다. 그러나 이와는 무관하게, Direct3D 11의 입력 조립기 단계는 이전 버전에서와 정확히 동일하게 작동한다. 이 단계는 정점 선언(D3D11_INPUT_ELEMENT_DESC들의 배열로 생성한 ID3D11InputLayout 객체), 정점 버퍼(연결 플래그가 D3D11_BIND_VERTEX_BUFFER인 ID3D11Buffer 객체), 색인 버퍼(연결 플래그가 D3D11_BIND_INDEX_BUFFER인 또 다른 ID3D11Buffer 객체)를 받는다(그림 4.3). 테셀레이션의 경우 장치에 설정된 기본도형 위상구조는 D3D11_PRIMITIVE_TOPOLOGY_n_CONTROL_POINT_PATCHLIST인데, 여기서 n은 1에서 32까지의 한 정수이다. 입력 조립기는 색인 버퍼에서 색인들을 n개씩 읽어

들이고, 정점 버퍼에서 그 색인들에 해당하는 정점들을 선택한다.

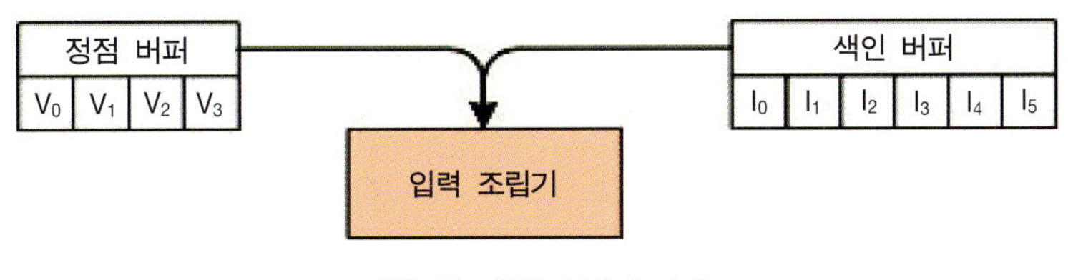

**그림 4.3.** 입력 조립기 단계.

## 4.2.2 정점 셰이더

제3장에서 **제어점**(control point)과 실제 정점의 미묘한 차이를 설명했었다. Direct3D 10과는 달리, 테셀레이션이 활성화된 경우 정점 셰이더(그림 4.4)는 절단 공간 정점을 `SV_Position`으로 출력할 필요가 없다. (따지고 들자면 이를 Direct3D 10의 기하 셰이더에서 수행할 수도 있으나, 통상적인 정점 셰이더 접

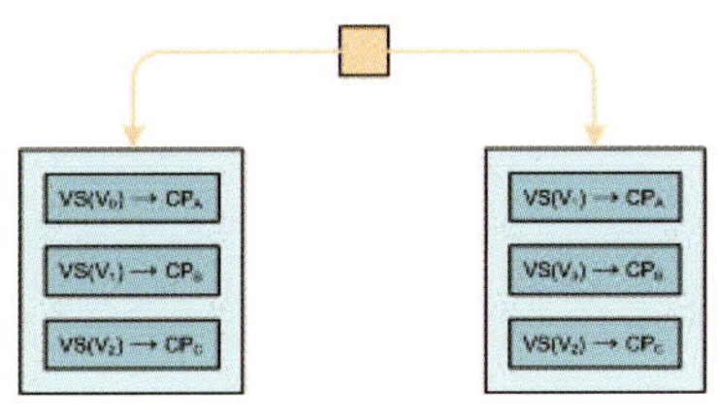

**그림 4.4** 정점 셰이더 단계.

근방식을 고수하는 것이 좀 더 효율적인 경우가 많다.) 이제는 응용 프로그램이 준(입력 조립기를 통해) 형태의 자료를 그대로 다룰 수 있으며, 출력 역시 임의의 좌표계나 형식을 선택해서 사용할 수 있다.

Direct3D 11 테셀레이션에서 정점 셰이더의 일반적인 용도는 애니메이션이다. 그러한 애니메이션의 좋은 예는 모형을 골격 애니메이션에 의해 결정된 뼈대들에 따라 변환하는 것이다(이에 대해서는 제8장에서 좀 더 자세히 이야기한다). 지금의 예에서 정점 셰이더는 그냥 모형 공간 정점 버퍼 자료를 이후 단계들을 위한 세계 공간으로 변환하는 일만 수행한다. 일단 정점 셰이더가 수행되고 나면 이후 단계들은 정점 셰이더에 주어진 원본 자료를 볼 수 없으므로, 이후에도 원본 자료를 사용하려면 출력의 일부로 포함시켜서 넘겨주어야 한다.

## 4.2.3 덮개 셰이더

Direct3D 11 파이프라인에 도입된 새 프로그래밍 가능 단계들 중 첫 번째가 바로 이

덮개 셰이더(hull shader) 단계이다. 이 단계는 개발자가 작성한 두 개의 함수로 이루어지는데, 하나는 덮개 셰이더 자체(주 함수)이고 또 하나는 '패치 상수 함수'이다.

패치 상수 함수는 패치당 한 번씩 실행된다. 이 함수의 임무는 주어진 패치의 모든 제어점이 공유하는, 그리고 논리적으로 제어점별 특성에 해당하지 않는 값들을 계산하는 것이다. Direct3D 11의 경우 이 함수는 SV_TessFactor 값들과 SV_InsideTessFactor 값들의 배열을 출력해야 한다. 이 배열의 크기는 입력 조립기 단계에서 정의된 기본도형 위상구조에 따라 다른데, 자세한 사항은 이번 장에서 나중에 좀 더 이야기하겠다. 하나의 패치 상수는 최대 128개의 스칼라 값들(float4 32개)을 출력할 수 있다. 이 정도면, 테셀레이션 계수들을 제외한 추가적인 패치별 상수들을 담기에 넉넉하다.

덮개 셰이더 주 함수에는 생성할 출력 제어점의 개수를 선언하는 특성이 있다. 출력 제어점은 최대 32개까지인데, 이것이 입력 조립기에 정의된 위상구조 집합과 반드시 일치해야 하는 것은 아니다. 이는 덮개 셰이더에서 제어점들의 개수를 늘리거나 줄일 수 있다는 뜻이다. 덮개 셰이더(의 주 함수)는 선언된 제어점당 한 번씩 실행되므로, 제어점 개수 선언 특성은 해당 덮개 셰이더의 실행 횟수를 결정하는 역할도 한다. (각 주 함수 실행에서는 SV_OutputControlPointID uint 입력 특성을 통해서 현재 제어점의 색인을 알 수 있다.) 한 번의 주 함수 실행에서 출력할 수 있는 자료의 양은 float4 32개(스칼라로

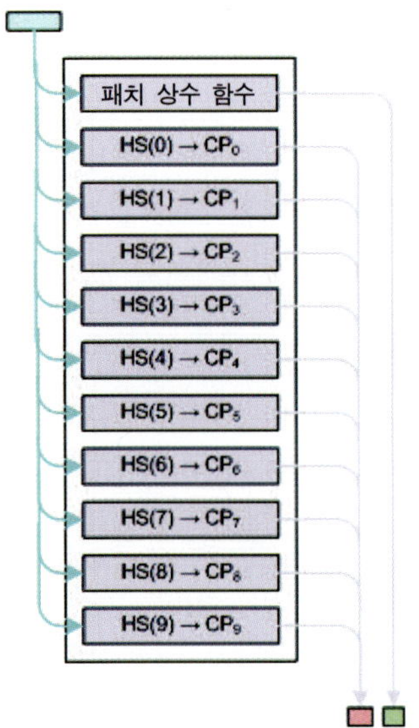


**그림 4.5.** 덮개 셰이더 단계.

치면 128개)로, 패치 상수 함수에서와 같다. 다른 점은, 주어진 입력 패치에 대한 모든 덮개 셰이더 실행의 총 자료 출력량에도 제한이 있다는 것이다. 패치당 총 출력은 스칼라 3,968개를 넘을 수 없다. 여러 수치들을 조합해 보면, 한 번의 파이프라인 실행에서 덮개 셰이더 단계가 출력할 수 있는 자료는 최대 4KB라는 결론이 나온다.

덮개 셰이더 주 함수와 패치 상수 함수는 정점 셰이더가 출력한, 그리고 주어진 기본도형에 속하는 것으로 간주되는 모든 정점에 접근할 수 있다. 그림 4.5의 파란 화살표들(정점 셰이더에서 각 덮개 셰이더 주 함수와 패치 상수 함수 호출로 이어지는)이 그러한 사실을 나타낸 것이다.

### 4.2.4 고정 기능 테셀레이터

처리의 다음 단계는 완전히 고정된 기능을 제공하는 테셀레이터 단계로, 입력 두개만 제외하면 일종의 블랙박스처럼 작동한다. 이 단계에서 고정되지 않는 것은 두 입력, 즉 덮개 셰이더의 패치 상수 함수가 출력한 SV_TessFactor와 SV_InsideTessFactor 값들이다(그림 4.6).

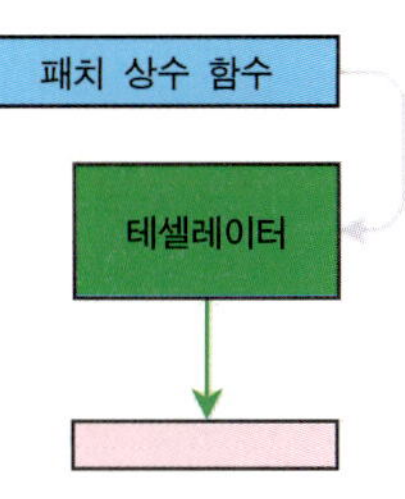

**그림 4.6.** 고정 기능 테셀레이터 단계.

여기서 아주 중요한 점 한 가지는, 덮개 셰이더 단계가 출력한 제어점들을 이 단계가 전혀 사용하지 않는다는 것이다. 이 단계의 모든 테셀레이션 작업은 전적으로 방금 말한 두 입력에만 근거한다. 제어점들은 응용 프로그램 고유의 테셀레이션 알고리즘을 구현하기 위한 것이며(제어점들은 이후 영역 셰이더에서 다시 등장한다), 이 고정 기능 테셀레이터 단계는 그러한 커스텀 알고리즘에 아무런 주의도 기울이지 않는다. (덮개 셰이더의)개별 실행의 출력에 대해 어떠한 제약이나(출력량에 관한 것 외에는) 요구사항도 없는 이유가 바로 이것이다.

테셀레이터의 출력은 덮개 셰이더 단계에서 선언된 기본도형 위상구조에 대응되는 일단의 가중치들이다. 이 가중치들은 각각 다음에 이야기할 영역 셰이더의 개별 호출로 전달된다(SV_DomainLocation 입력 특성). 새로 생성된 정점들 외에, 테셀레이터는 영역 표본점들이 이후의 래스터화기 단계에서 제대로 된 삼각형을 형성하도록 하는 데 필요한 정점 감기 방향과 표본점 사이의 관계도 처리한다.

### 4.2.5 영역 셰이더

영역 셰이더의 각 호출은 서로 독립적으로 진행된다. 그러나 각 호출은 덮개 셰이더 단계가 출력한 모든 제어점과 패치별 상수에 접근할 수 있다(그래야 한다). 영역 셰이더의 임무는 간단히 말하면 테셀레이터가 제공한 선·삼각형·사각형에서 추출한 점과 덮개 셰이더가 제공한 제어점들을 이용해서 완전히 새로운, 렌더링 가능한 정점을 만들어 내는 것이다(그림 4.7). 영역 셰이더는 반드시 절단 공간 기준의 정점 좌표를 담은 SV_Position 특성을 출력해야 한다(엄밀히 말하면 기하 셰이

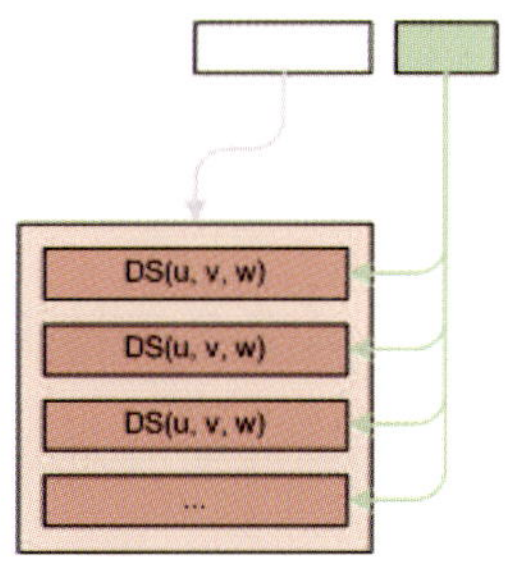

**그림 4.7.** 영역 셰이더 단계.

더도 그러한 정점을 만들어 낼 수 있으나, 영역 셰이더보다 덜 효율적이다).

## 4.2.6 기하 셰이더

테셀레이션과 관련해서 기하 셰이더(GS) 단계는 Direct3D의 이전 버전들과 다를 바가 없다(Direct3D 렌더링의 다른 측면들에 영향을 미치는 이 단계의 다른 개선점들은 제3장에서 이야기했다). 테셀레이션에 관련된 모든 처리는 이 단계에서 끝난다. 영역 셰이더가 제어 메시에 관한 정보를 정점별 특성들에 담아서 넘겨준 것이 아닌 한, 이 단계는 현재 진행 중인 테셀레이션에 대해 아무 것도 알지 못한다.

Direct3D 10에서는 기하 셰이더 호출 횟수가 해당 **그리기** 메서드 호출로 파이프라인에 제출된 기본도형 개수와 직접 연관되지만, 테셀레이션이 활성화된 경우에는 덮개 셰이더 단계의 패치 상수 함수가 제공한 **SV_TessFactor**, **SV_InsideTessFactor** 값들과

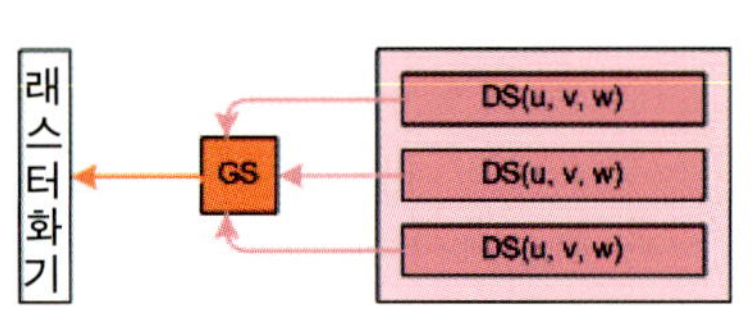


**그림 4.8.** 기하 셰이더 단계.

연관된다(그림 4.8). 그 값들이 항상 일정하면, 또는 응용 프로그램이 항상 일정한 값들을 상수 버퍼를 통해서 제공한다면, 기하 셰이더의 호출 횟수를 유추하는 것도 가능하다. 그러나 좀 더 지능적인 LOD 방식을 사용하는 경우에는 호출 횟수를 예측하기가 훨씬 더 어려워진다.

## 4.2.7 래스터화와 픽셀 셰이더

테셀레이션은 기하구조에 기초한 연산이다. 따라서 테셀레이션 때문에 최종적인 래스터화 공정이 변하지는 않는다. 래스터화기는 자신의 이전 단계들에서 테셀레이션이 일어났다는 사실을 전혀 알지 못한다.

## 4.2.8 테셀레이션이 만들어 내는 기하구조의 예

이번 절 초반의 그림 4.2에 나온 정점 네 개짜리 "평범한" 사각형을 기억할 것이다. 그것은 응용 프로그램이 제출한 원본 자료이다. 이 입력 기하구조에 테셀레이션을 적용하지 않았을 때와 적용했을 때의 결과가 그림 4.9와 4.10에 나와 있다.

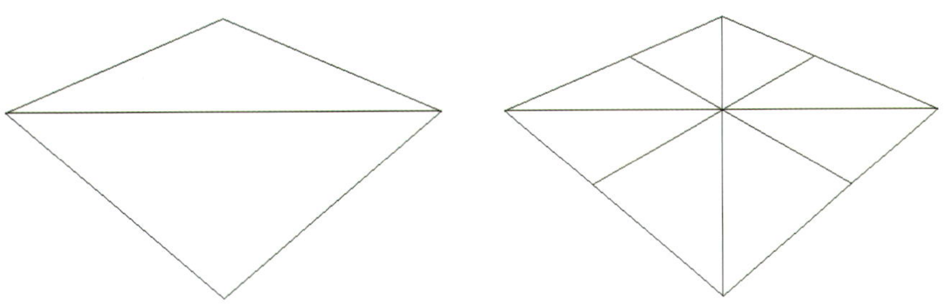

**그림 4.9.** 테셀레이션을 활성화하지 않은 경우.     **그림 4.10.** 테셀레이션을 활성화한 경우.

그림 4.10의 경우 입력된 두 삼각형이 각각 삼각형 네 개로 분할되었다. 이는 변 테셀레이션 계수가 2.0인 경우로, 그냥 삼각형 각 변을 둘로 분할한 것이다. 테셀레이션 계수를 비롯한 테셀레이션 매개변수들은 §4.3절에서 자세히 이야기하겠다.

그림 4.11은 좀 더 복잡한 테셀레이션의 예로, Microsift DirectX SDK의 `Detail Tessellation11` 예제에서 뽑은 것이다. 그림의 왼쪽은 최종적으로 렌더링된 이미지의 모습이고 오른쪽은 와이어프레임의 모습인데, 바탕 기하구조에 의해 정의된 다양한 테셀레이션 수준들을 볼 수 있다(카메라에 가까운 부분과 먼 부분을 비교해 보기 바란다).

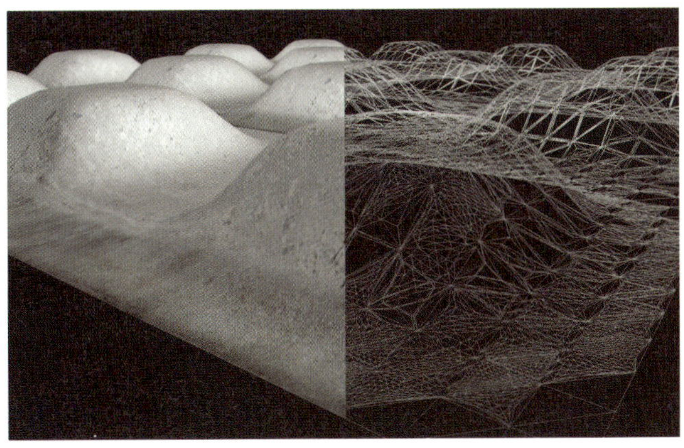

**그림 4.11.** Microsoft DirectX SDK의 DetailTessellation11 예제.

제9장에 몇 가지 테셀레이션 알고리즘의 예가 나오며, Microsoft DirectX SDK에는 그 외의 여러 예제도 포함되어 있다.

## 4.3 테셀레이션을 위한 매개변수들

앞에서 테셀레이션이 활성화된 파이프라인의 자료 흐름과 실행 흐름을 자세히 살펴보았는데, 테셀레이션에 관련된 두 단계에서 자료가 증폭될 수 있음을 독자도 인식했을 것이다. 우선, 덮개 셰이더는 파이프라인으로 전달된 것보다 더 많은 제어점들을 산출할 수 있다(예를 들어 삼각형의 세 정점이 3차 곡면을 위한 제어점 10개가 된다). 둘째로, 고정 기능 테셀레이터 단계는 덮개 셰이더 단계 패치 상수 함수의 출력에 기초해서 여러 개의 새 기본도형들을 생성한다(예를 들어 정점 일곱 개에서 삼각형 여섯 개가 나온다).

Direct3D 11에서는 셰이더 프로그램들을 통해서 이러한 증폭 단계들을 완전하게 제어하는 것이 가능하다.

일반적으로, 증폭의 수준을 결정할 때 고려해야 할 '척도(scale)'가 두 가지 있다. 하나는 품질이고 또 하나는 성능이다. 대부분의 경우 이 둘은 서로 반비례한다. 예를 들어 품질을 높이면 증폭도가 커서 처리량이 많아지며, 결과적으로 성능이 떨어진다.

### 4.3.1 간단한 예제 하나

그림 4.12는 성능 대 품질 절충의 예를 보여준다. 검은 화살표들에 깔린 녹색 곡선은 아티스트나 디자이너가 화면에 표시하고자 하는 이상적인 곡선(3차원의 경우 곡면)에 해당한다. 검은 화살표들은 그 표면을 근사하기 위해 Direct3D 11 파이프라인이 생성한 선분(3차원의 경우 삼각형)에 해당한다.

그림의 제일 위의 예는 선분이 단 세 개이다. 이것이 이상적인 곡선을 그리 잘 근사하지 못한다는 점은 자명하다. 중간 것은 선분이 12개로, 이상적인 곡선을 어느 정도 잘 근사한다. 특히, 곡선이 두 번째로 크게 꺾이는 부분 말고는 선분들이 곡선에서 크게 벗어나지 않는다. 제일 아래는 선분 42개로 구성되어 있으며, 이상적인 곡선을 완벽에 가깝게 근사한다.

응용 프로그램의 요구사항에 따라 다르겠지만, 일반적으로 그림의 이상적인 곡선을 10에서 40개 사이의 선분들로 근사하는 것

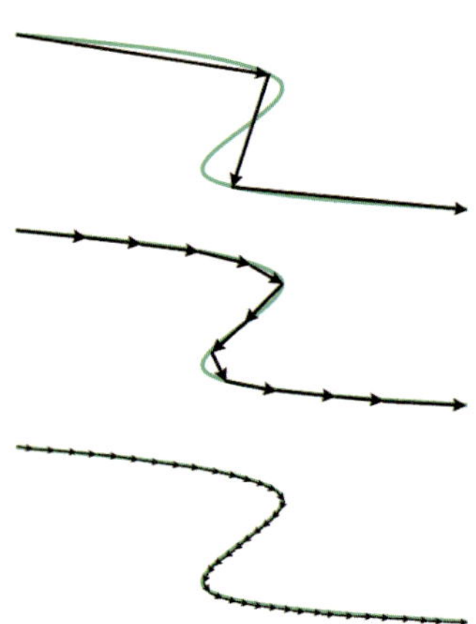

**그림 4.12.** 매끄러운 곡선의 근사.

이 바람직할 것이다. 10개 이하이면 곡선을 근사하기에 충분하지 못하고, 40개 이상이면 추가적인 처리에 비해 가시적인 개선이 없거나 적은 소위 '수확 체감' 현상이 일어난다.

현명한 소프트웨어 알고리즘이라면 최종 이미지에 대한 기여에 근거한 어떤 발견법적 기법을 이용해서 10에서 40 사이의 적절한 척도를 찾아낼 수 있을 것이다. 테셀레이션할 곡면이 장면 전체에서 지배적인 부분(이를테면 화면 중앙 부분의 전경 물체)이라면 상한 인 40을 사용하고, 그 반대의 경우(이를테면 카메라에서 멀고 화면 가장자리에 있는 물체)라면 10을 사용하는 등. 또는, 성능에 근거한 발견법을 사용하는 것 역시 최종 이미 지에의 기여에 근거할 때만큼이나 현명한 접근방식일 수 있다. 즉, 성능이 특정 기준 밑으로 떨어지면 테셀레이션 품질을 낮추고, 성능이 다시 올라가면 품질을 높이는 등의 방식을 생각할 수 있다.


## 4.3.2 테셀레이션 매개변수의 정의

고정 기능 테셀레이터 단계는 덮개 셰이더 단계의 패치 상수 함수가 출력한 값들을 이용 해서 기본도형에 대한 테셀레이션 수준을 결정한다. 다음은 그러한 패치 상수 함수의 간단한 예이다.

```hlsl
struct HS_PER_PATCH_OUTPUT
{
    float edgeTesselation[3] : SV_TessFactor;
    float insideTesselation[1] : SV_InsideTessFactor;
};
HS_PER_PATCH_OUTPUT hsPerPatch
    (
        InputPatch<VS_OUTPUT, 3> ip
        , uint PatchID : SV_PrimitiveID
    )
{
    HS_PER_PATCH_OUTPUT o = (HS_PER_PATCH_OUTPUT)0;

    o.edgeTesselation[0]
        = o.edgeTesselation[1]
        = o.edgeTesselation[2]
        = 2.0f;
```

```
    o.insideTesselation[0] = 2.0f;
    return o;
}
```

**목록** 4.1. 간단한 덮개 셰이더 패치 상수 함수.

이러한 패치 상수 함수에서 가장 중요한 사실은, 함수가 **반드시** SV_TessFactor 값들과
SV_InsideTessFactor 값들을 출력해야 한다는 것이다. 이 출력 값들은 현재 기본모형
을 얼마나 잘게 분할할 것인지를 결정하는 '테셀레이션 계수'들이다. 테셀레이션을 적용
할 수 있는 기본도형은 세 종류이며, 각 종류마다 패치 상수 함수의 출력 구조체가 다르
다. 세 가지 기본도형과 테셀레이션 계수들의 개수(배열 크기), 그리고 간단한 선언의
예가 표 4.1에 정리되어 있다.

| 기본도형 종류 | SV_TessFactor 개수 | SV_InsideTessFactor 개수 | 출력 구조체의 선언 예 |
|---|---|---|---|
| 선 | 2 | 0 | `struct HS_PER_PATCH_OUTPUT`<br>`{`<br>`    float lenAndThick[2] : SV_TessFactor;`<br>`    // ...기타 값들`<br>`};` |
| 삼각형 | 3 | 1 | `struct HS_PER_PATCH_OUTPUT`<br>`{`<br>`    float edges[3] : SV_TessFactor;`<br>`    float inside[1] : SV_InsideTessFactor;`<br>`    // ...기타 값들`<br>`};` |
| 사각형 | 4 | 2 | `struct HS_PER_PATCH_OUTPUT`<br>`{`<br>`    float edges[4] : SV_TessFactor;`<br>`    float inside[2] : SV_InsideTessFactor;`<br>`    // ...기타 값들`<br>`};` |

**표** 4.1. 기본 도형 종류와 테셀레이션 계수의 개수 및 선언 예.

HLSL 컴파일러는 출력 구조체의 선언이 해당 기본도형 종류와 부합하지 않으면 셰이더
프로그램에 오류가 있다고 간주한다.

SV_TessFactor 계수들의 개수는 주어진 기본도형의 변의 개수와 일치한다. 단, 선은 예외로, 배열의 첫 원소는 그 선의 길이이고 둘째 원소는 테셀레이션의 두께이다.

SV_InsideTessFactor 계수들은 지금 말로 설명하기 보다는 나중에 구체적인 그림들과 함께 설명하는 것이 좋겠다.

이러한 테셀레이션 계수들을 결정하는 알고리즘은 구체적인 응용 프로그램 개발 프로젝트에 쓰이는 공통적인 HLSL 및 셰이더 프로그래밍 규칙들에 따라 선택해야 할 것이다. 그러한 계수들을 산출하는 코드는 반드시 개별적인 패치 상수 함수 형태로 존재해야 하며, 그 안에서 하드 코딩된 상수들이나 상수 버퍼, 보통의 버퍼들을 사용해서 계수들을 계산할 수도 있고 아니면 외부 입력 없이 전적으로 자의적인 원리에 따라 계산할 수도 있다.

패치 상수 함수는 정점 셰이더의 모든 출력을 볼 수 있으나, 덮개 셰이더의 주 함수가 산출한 최종 제어점들은 볼 수 없다. 앞에서 말한, 최종 이미지에 대한 기여도에 근거한 적응적인 테셀레이션을 구현할 때, 정점 셰이더의 출력들이 도움이 될 것이다. 정점 셰이더의 출력들을 이용하면 주어진 기본도형을 래스터화한 결과가 렌더 대상에서 차지하는 영역이 어느 정도의 크기인지 유추할 수 있다. 그 크기에 근거해서 테셀레이션 계수들을 적절히 조정하면 된다.

## 4.3.3 HLSL 보조 함수들

테셀레이션 계수들을 적절히 계산해 내는 것은 거의 대부분 덮개 셰이더의 패치 상수 함수를 작성하는 개발자의 몫이다. 그러나 셰이더 모형(SM) 5.0은 중간 값들을 구할 때 유용한 여러 편의성 함수들을 정의하고 있으며, 또한 pow2 분할 모드를 처리할 때 유용한 보조 함수들도 제공한다. 후자를 따로 언급한 것은, 다른 세 가지 분할 모드들은 별다른 보조 함수들이 필요하지 않으며 컴파일러가 "내부적으로" 구현하는 것이기 때문이다. 반면 pow2 분할은 반드시 SM 5.0이 제공하는 고유 함수들을 이용해서 설정해 주어야 한다. 표 4.2에 이러한 보조 함수들이 정리되어 있다.

표를 보면 내부 테셀레이션 계수를 지정하는 함수는 없는데, 내부 계수들은 표의 함수들로 지정된 최소, 최대, 평균 변 테셀레이션 계수와 InsideScale 매개변수의 결합에 의해 결정된다.

표의 함수들에서 마지막 세 매개변수는 출력용이다. 즉, 덮개 셰이더 안의 HLSL 코드에서 이들의 값을 읽을 수 있다. 분할 함수(수학)에 대한 지식이 있다면, 원본(반올림되지 않은) 테셀레이션 계수와 반올림된 테셀레이션 계수들을 이용해서 현재의 보간 계수를 계산하는 함수를 어렵지 않게 작성할 수 있다. 현재 보간 계수(interpolation factor)는 이후의 영역 셰이더 단계에서 아주 요긴하게 쓰일 수 있다. 다음 절에서 설명하겠지만, 표면이 틈 없이 연속적으로 이어지게 하기 위해서는 이웃 기본도형의 테셀레이션 계수들을 아는 것이 꼭 필요한 주요 경우들이 있다.

| 함수 원형 | 설명 |
| --- | --- |
| ```void ProcessQuadTessFactors***(<br>  float4 RawEdgeFactors,<br>  float InsideScale,<br>  float4 RoundedEdgeTessFactors,<br>  float2 RoundedInsideTessFactors,<br>  float2 UnroundedInsideTessFactors<br>);``` | 두 내부 테셀레이션 계수가 서로 독립인 사각형에 적용한다. |
| ```void Process2DQuadTessFactors***(<br>  float4 RawEdgeFactors,<br>  float2 InsideScale,<br>  float4 RoundedEdgeTessFactors,<br>  float2 RoundedInsideTessFactors,<br>  float2 UnroundedInsideTessFactors<br>);``` | 두 내부 테셀레이션 계수가 동일한 사각형에 적용한다. |
| ```void ProcessTriTessFactors***(<br>  float3 RawEdgeFactors,<br>  float InsideScale,<br>  float3 RoundedEdgeTessFactors,<br>  float RoundedInsideTessFactor,<br>  float UnroundedInsideTessFactor<br>);``` | 모든 삼각형에 적용한다. |

여기서 ******* 는 다음 셋 중 하나이다.

Min: 지정된 변 계수들의 최솟값을 취한다.
Max: 지정된 변 계수들의 최댓값을 취한다.
Avg: 지정된 변 계수들의 평균을 취한다.

**표 4.2.** HLSL 보조 함수들.

# 4.4 테셀레이션 매개변수들의 효과

테셀레이션 계수들은 기본도형의 여러 부분에 각각 따로 적용되는 단순 스칼라 값들이기 때문에 테셀레이션 단계들의 출력에 궁극적으로 어떤 영향을 미치는지를 독자에게 시각적으로 보여주기가 쉽지 않다. 이번 절에서는 덮개 셰이더 단계의 패치 상수 함수가 제공한 테셀레이션 계수들이 변함에 따라 테셀레이션의 출력이 어떻게 변하는지를 보여준다. 간결함을 위해 삼각형 기본도형과 사각형 기본도형만을 다루지만, 대부분의 내용은 선 기본도형에도 적용된다.

기본도형에 대한 계수들 중 0보다 작거나 같은, 또는 *NaN*인 것이 하나라도 있으면 그 기본도형은 처리에서 제외된다는 점도 중요한데, 이는 좀 더 복잡한 또는 효율성이 중요한 알고리즘에서 유용하다. 뒤쪽을 향한 기본도형을 테셀레이션할 필요가 있겠는가? 그런 기본도형은 덮개 셰이더에서 그냥 제외시키는 것이 낫다. 그러나 대부분의 경우에는 그냥 테셀레이션 계수들을 그 최솟값인 1.0으로 설정한다.

## 4.4.1 변 계수

두 종류의 테셀레이션 계수 중 **변 계수**(edge factor)부터 살펴보자. 이름에서 짐작하듯이 이 계수들은 기본도형의 변을 얼마나 잘게 분할할 것인지를 결정한다. 따라서 삼각형이나 사각형 영역에 필요한 변 테셀레이션 계수의 개수는 곧 해당 기본도형의 변의 개수인 3 또는 4이다. 고정 기능 테셀레이터는 각 변을 그 변에 해당하는 변 계수만큼 분할한다.

테셀레이션의 주된 용도가 고차 표면을 근사하는 기하구조를 영역 표본점들로부터 생성하는 것이므로, 분할 정도를 결정하는 데 가장 중요한 요인은 그 **표면 영역**이라고(변이 아니라) 가정하는 것도 당연하다. 그러나 실제 구현에서는 이 변 계수들에 관심을 쏟아야 한다.

그 이유는, 표면을 근사하는 기하구조의 개별 조각(patch)이 각자 따로 존재하지는 않으며, 수많은 조각들이 다른 조각과 연결되어 있기 때문이다. 그러한 조각들은 가장자리 변에서 서로 연결된다. 연속적인 표면을 얻으려면 그러한 변들이 모두 일치하도록 조각들을 생성해야 한다. 만일 같은 변을 공유하는 두 사각형의 테셀레이션 수준이 다르면, 다르게 말해서 인접한 두 사각형이 공유하는 변의 테셀레이션 계수들이 사각형마다 다

르면 그 부분에 틈이 생기게 된다. 그림 4.13의 두 주황색 화살표가 바로 그러한 틈을
나타낸 것이다.

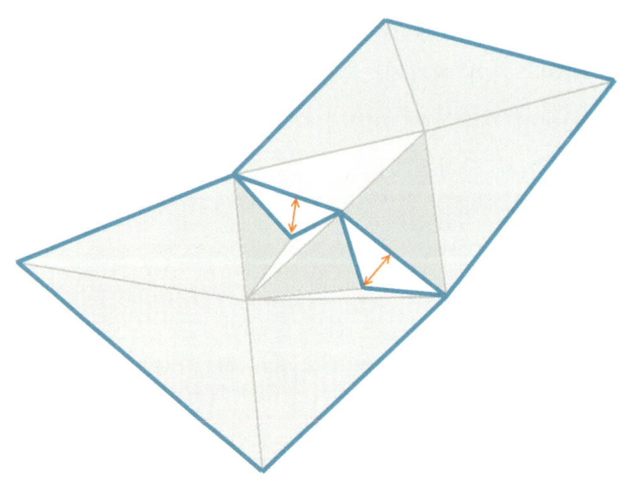

**그림 4.13.** 변 계수의 불일치 때문에 생긴 틈들.

같은 변을 공유하는 인접한 조각들의 결합에 관련해서 **수밀성**(水密性, water-tightness)
이라는 용어가 있다. 예를 들어 물에 떠야 하는 욕조용 플라스틱 장난감(고무 오리 등)을
생각해 보자. 그런 장난감의 표면에 틈이나 구멍이 있으면 내부로 물이 들어가서 가라앉
아 버릴 것이다. 그런 장난감을 기하학적 모형으로 만들어서 렌더링한다고 할 때, 그
표면을 구성하는 조각들 사이에 틈이 전혀 없으면 수밀성이 있는 것이고 틈이 있으면
수밀성이 깨진 것이라고 표현할 수 있다.

이러한 수밀성을 위해 고정 기능 테셀레이터는 몇 가지 사항을 보장한다. 첫째로, 주어
진 테셀레이션 계수와 분할 방법에 대해 테셀레이션이 생성하는 표본들의 분포는 일관
되며 반복 가능하다.* 그 분포의 정밀도와 배치는 하드웨어와 소프트웨어의 명세 모두
에 의해 엄격하게 제어된다. 둘째로, 어떠한 변에서도 표본 위치들은 그 변의 중점에
대해 대칭이다.

수밀성을 보장하는 책임은 궁극적으로 영역 셰이더 프로그램을 작성하는 개발자에게

---

* [역주] 즉, 테셀레이터는 같은 입력에 대해 항상 같은 결과를 낸다.

있다. 공유 변상의 $U$, $UV$, $UVW$ 표본 위치들이 이전과 동일하게 주어졌다면, 영역 셰이더는 이전과 동일한 출력 정점을 만들어 내야 한다.

그림 4.14는 한 변에서의 이러한 반사된 분포를 나타낸 것이다. 그림에서 보듯이, 정점 순서나 기하학적 배치에 따라서는 $U$, $UV$, $UVW$ 값들이 변을 공유하는 인접 조각에서 반대 방향으로 배치될 수도 있다.

결과적으로 표본들은 변의 중점(그림 4.14의 0.5 지점)을 중심으로 반사된다. 즉, $X$ 위치에 있는 표본은 뒤집힌 변의 1.0-$X$ 위치에 있는 표본과 동일하다.

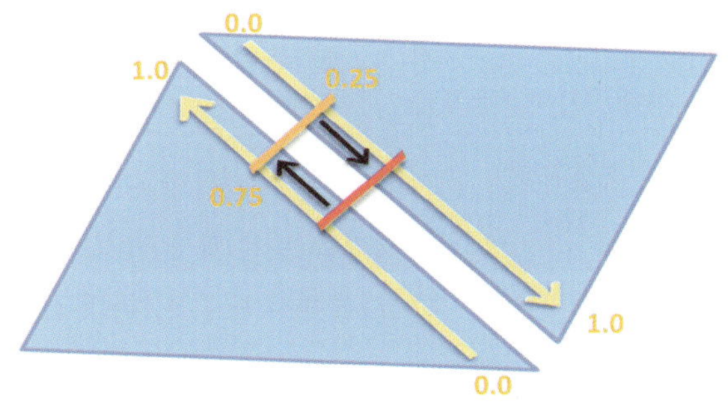


**그림 4.14.** 공유하는 변에서의 대칭형 표본 분포.

이 문제에 대한 한 가지 간단한 해결책은, 인접한 조각들이 공유 변에 대해 동일한 테셀레이션 계수들을 사용하도록 강제하는 것이다. 그렇게 하면 이 문제를 서로 다른 테셀레이션 계수들을 기하구조의 내부 표면 영역으로 혼합하는 문제로 미룰 수 있다.

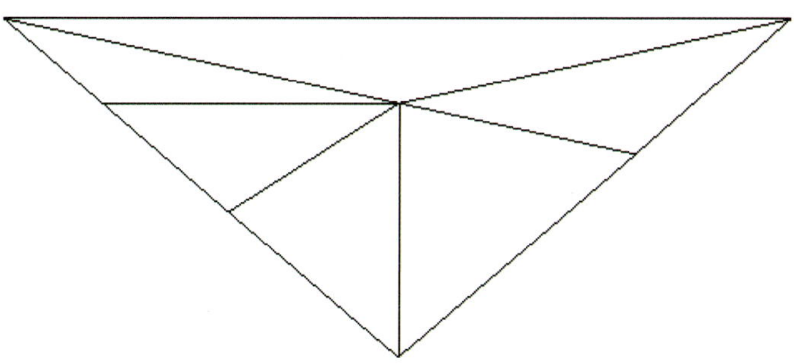

**그림 4.15.** 각 변마다 변 계수를 다르게 지정할 수 있다.

좀 더 복잡한 설정에서는 한 변의 테셀레이션 계수들을 그 인접 조각에 대한 지식을 바탕으로 **상향 혼합**(blend up)하거나 **하향 혼합**(blend down)해야 한다. 이를 구체적으로 언제 어떻게 수행하는가는 구현하려는 알고리즘에 맞게 결정해야 한다.

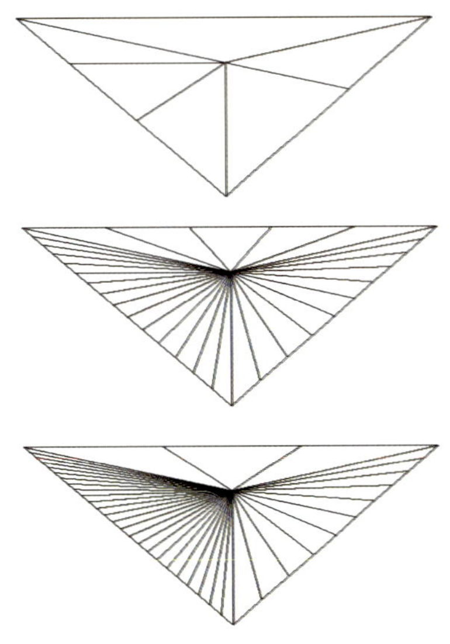

**그림 4.16.** 서로 다른 변 계수의 예. 위: 1, 2, 3(위에서 시계방향), 중간: 5, 10, 15, 아래: 3, 10, 25.

그림 4.15는 변 계수의 한 가지 핵심적인 특징을 보여준다. 무슨 특징이냐 하면, 변 계수들이 서로 독립적이라는 것이다. 이 예에서 입력 메시는 간단한 삼각형 하나이고, 그 변 계수들은 제일 윗변에서 시계 방향으로 1.0, 2.0, 3.0이다.

개별 변 계수들은 독립적이며, 이 계수들에 관련해서 기하구조의 수밀성을 위한 어떤 기술적인 요구조건이 강제되지는 않는다. 그런 요구조건은 아티스트들이 지키기에는 너무 복잡할 수 있다. 그러한 수밀성은 개발자가 알고리즘 수준에서 달성하는 것이 아주 바람직하다. 그리고 실제로 많은 구현들은 인접 기본도형들 사이의 매끄러운 전이에 특별한 주의를 기울인다.

그림 4.16은 여러 가지 변 테셀레이션 계수의 예이다. 모든 경우에서 내부 계수는 1.0이다.

## 4.4.2 내부 테셀레이션 계수

그림 4.16은 서로 독립적인 여러 변 계수들의 효과를 보여준다. 한편, 이 그림의 예들은 변 계수의 중요한 단점 하나도 보여준다. 변 계수들만으로는 기본도형의 내부에 새 정점들이 생성되지 않기 때문에, 조각에 일종의 **초점**이 만들어지는 것이다. 가장자리는 잘게 분할되지만, 그래도 표면은 여전히 하나의 중점을 향해 흐른다. 이러한 특징은 표면의 최종 형태와 겉모습에 상당히 큰 영향을 미친다.

내부 테셀레이션 계수를 하나(삼각형의 경우)나 두 개(사각형의 경우) 사용하면 이러한 문제를 완화할 수 있다. 내부 테셀레이션 계수의 값이 클수록 표면 내부 영역이 좀 더 잘게 쪼개진다.

그림 4.17에 몇 가지 예가 나와 있다. 이 예들에서 네 변의 변 테셀레이션 계수는 모두

1.0이다. 그리고 파란 색 숫자 1, 3, 6, 12는 내부 테셀레이션 계수를 뜻한다. 사각형의 경우 테셀레이션은 $U$축과 $V$축 방향 모두로 일어난다. 그림을 보면 두 방향의 테셀레이션이 본질적으로 같은 방식임을 알 수 있다. 예를 들어 그림의 왼쪽 최하단과 오른쪽 최상단 기하구조들은 방향만 대칭일 뿐 사실상 같은 기하구조이다.

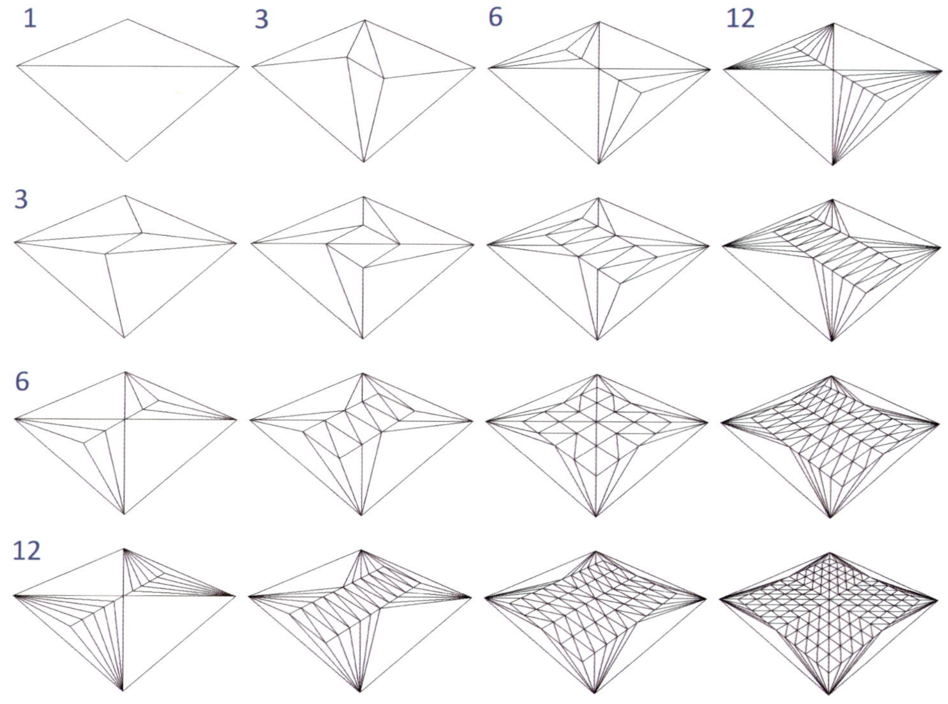

**그림 4.17.** 사각형에 대한 여러 가지 내부 계수들.

삼각형의 내부 계수는 1개뿐이다. 내부 계수의 값이 커질수록 삼각형 내부의 중심에서 작은 삼각형들의 섬이 바깥쪽으로 점차 성장한다(그림 4.18).

그림 4.17과 그림 4.18에서 보듯이, 변계수가 낮고 내부 계수가 높으면 앞에서 말한 것과는 반대의 현상이 발생한다. 즉, 기본도형의 내부는 잘게 쪼개지는 반면 가장자리는 최소한도의 기하구조만 존재하게 된다. 모든 테셀레이션 계수(내부, 가장자리 모두)를 최대한 비슷한 값들로 유지하면 최종 결과가 크게 개선된다. 특히, 크기가 극단적으로 다른 계수들이 만나는 부분에서 생기는 바람직하지 않은 현상을 피할 수 있으므로 기본

도형이 좀 더 균등하게 표본화되며, 그러면 일반적으로 좀 더 높은 품질의 이미지가
출력된다.

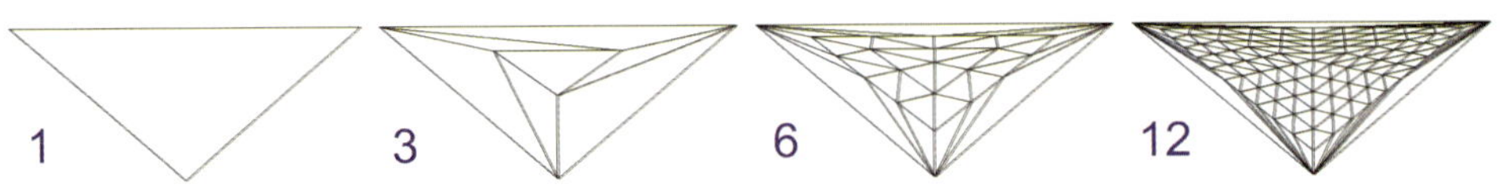

**그림 4.18.** 삼각형에 대한 여러 가지 내부 계수들.

## 4.4.3 분할

이제 구체적인 **분할 방법**(partitioning method)*들을 살펴보기로 하자. 분할에 쓰이는 구
체적인 방법은 덮개 셰이더 주 함수의 한 특성으로 지정한다. 지정 가능한 값은 integer,
fractional_even, fractional_odd, pow2 중 하나이다. 이 특성으로 지정된 분할 방법
은 덮개 셰이더의 패치 상수 함수가 제공한 테셀레이션 계수들을 고정 기능 테셀레이터
가 해석하는 방식에 영향을 미친다.

분할 방법을 지정하는 값은 컴파일 시점 상수로 선언되므로, 하나의 덮개 셰이더 실행이
산출한 모든 패치는 동일한 방법으로 분할된다. 이 덕분에, 서로 다른 분할 방법들에서
패치 변 계수들을 일치시켜야 할 부담이 사라진다. 한 변을 공유하는 두 사각형에 각자
다른 변 계수가 정의된 경우를 처리하는 것도 어려운 일인데, 두 사각형의 분할 방법
자체가 다른 상황까지 처리하는 것은 너무 큰 부담이다.

여기서 한 가지 주목할 점은 패치 상수 함수가 제공하는 테셀레이션 계수가 float, 즉
부동소수점 형식의 값이라는 것이다. 그렇긴 하지만, 새로운 기하구조 조각을 생성하든
아니든 테셀레이션 계수에 분수값(소수부가 있는 값)을 사용하는 것은 별로 말이 되지
않는다(예를 들어 삼각형을 '절반만' 만들 수는 없다).

이와 관련해서 몇 가지 기억해 둘 사항을 들자면,

● 정수 분할(integer를 지정한 경우)에서는 부동소수점 값이 1에서 64 범위의 정수로
  올라간다.**

---

* [역주] Direct3D SDK 문서화에는 분할 모드(mode)라는 용어도 쓰인다.

- 분수-짝수 분할(fractional_even)의 경우에는 부동소수점 값이 2에서 64 범위의 짝수(즉, 2, 4, 6, 8, 10... 중 하나)로 올라간다.

- 분수-홀수 분할(fractional_odd)의 경우에는 부동소수점 값이 1에서 63 범위의 홀수(즉, 1, 3, 5, 7, 9... 중 하나)로 올라간다.

- 2 거듭제곱 분할(pow2)에서는 부동소수점 값의 올림 대상이 $2^n$의 형태로, 여기서 $n$은 0에서 7까지이다. 즉, 부동소수점 값은 1, 2, 4, 8, 16, 32, 64로 올라간다.

그림 4.19에 네 가지 분할 방법이 나와 있다. 제일 왼쪽은 integer, 그 다음은 fractional_odd, 그 다음은 fractional_even, 제일 오른쪽이 pow2이다. 수직축은 덮개 세이더 패치 상수 함수가 제공한 부동소수점 테셀레이션 계수들의 값을 나타낸다. 사각형에 대한 여섯 가지 계수(변 네 개, 내부 두 개) 모두에 같은 값을 적용한 것이다.

정수 분할 방법이 가장 간단하다. 그냥 가장 가까운 정수로 반올림하는 것일 뿐이다. 그림에 총 아홉 가지 값들(한 줄당 하나)이 나와 있지만, 반올림의 결과로 실제로 적용되는 값은 3, 4, 5 세 가지 뿐이다. 부동소수점 값이 3.0을 넘으면 실제로 적용되는 값은 4.0이 된다. 3과 4 사이에 매끄러운 전이는 일어나지 않는다. 3이 아니면 4인 것이다.

pow2 분할 방법도 마찬가지로 간단하다. 그냥 주어진 부동소수점과 가장 가까운 다음 번 $2^n$ 정수를 택하는 것일 뿐이다. 아홉 가지 테셀레이션 계수 값들 중 올림에 의해 나오는 값은 단 두 개, 즉 4와 8 뿐이다. 정수 분할에서처럼, 둘 사이의 보간은 일어나지 않는다.

나머지 두 분수 기반 방법들에서는 상황이 좀 더 흥미로워진다. 해당 행, 열을 살펴보면 테셀레이션 계수의 변화에 따라 삼각형 조각들의 크기가 변한다는 점을 알 수 있다. 더욱 자세히 살펴보면, 조각 크기가 덮개 세이더 단계가 제공한 부동소수점 계수 값에 따라 비교적 매끄럽게 변함을 알 수 있을 것이다.

정수 분할에서처럼, 두 분수 기반 방법은 부동소수점 계수 값이 홀수나 짝수 경계를 넘을 때마다 새 조각들을 추가한다. 정수 방법과의 다른 점은, 새로 추가된 조각을 작게 설정해서 다음 번 경계에 도달할 때까지 점차 키워 나간다는 것이다.

---

** [역주] 반올림이 아니라 올림임을 주의할 것. 즉, 예를 들어 1.1과 1.9 모두 2가 된다. 아래의 항목들도 마찬가지이다.

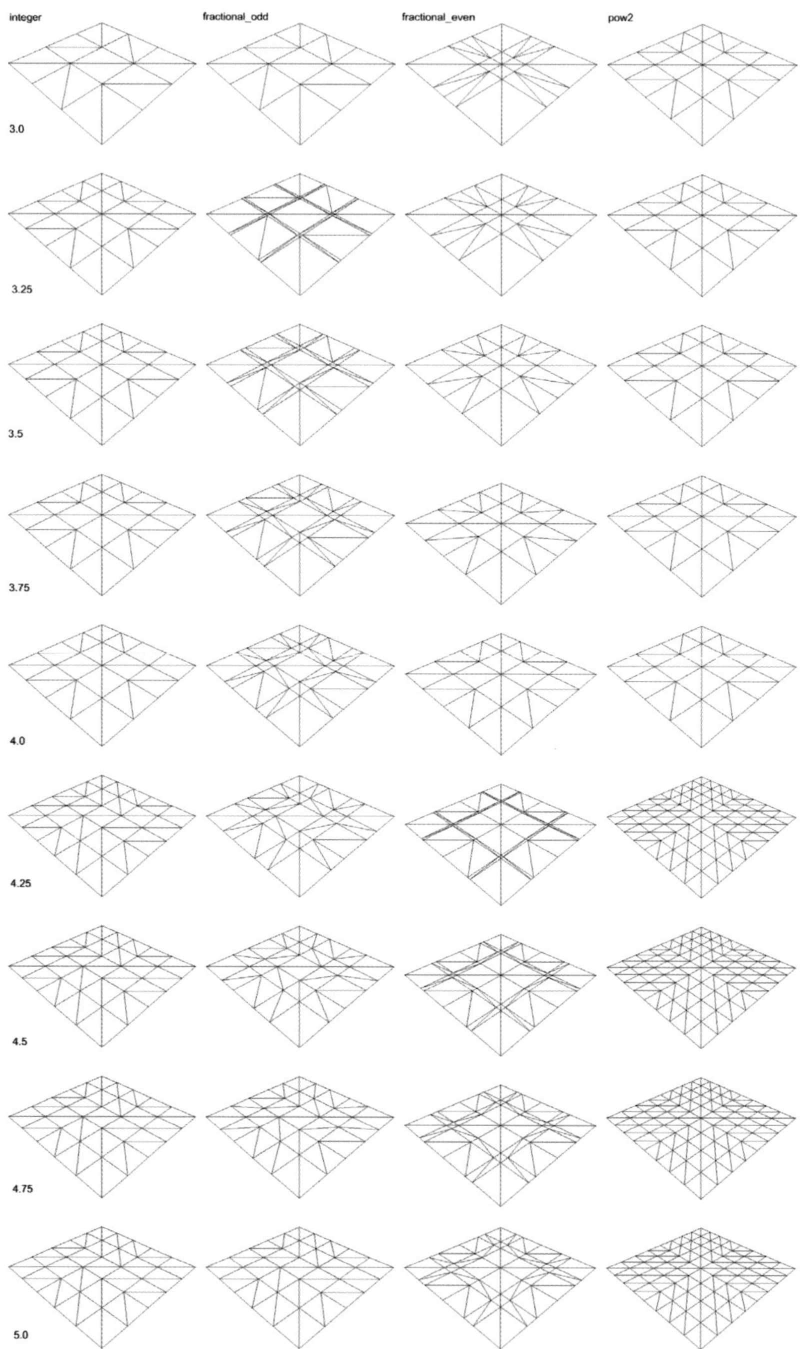

**그림 4.19.** 네 가지 분할 방법의 출력 예.

계수 값의 변화를 백분율로 간주한다면 이러한 매끄러운 전이를 좀 더 잘 이해할 수 있을 것이다. 그림 4.19의 제2열을 보자. '원래의' 테셀레이션 계수 값은 위에서 아래 순으로 3.00, 3.25, 3.50, 3.75, 4.00, 4.25, 4.50, 4.75, 5.00이다. 그러나 이 열에서 테셀레이션이 완전히 끝난 것은 첫 이미지와 마지막 이미지뿐이다(홀수 정수에 해당하는 것은 3.00과 5.00 뿐이므로). 즉, 이 열은 3.00, 12.5%, 25%, 37.5%, 50.0%, 62.5%, 75.0%, 87.5%, 4.00으로 변한다고 할 수 있다. 중간의 비율들은 개별 테셀레이션 계수 값이라기 보다는 통상적인 선형 보간 공식의 가중치 역할을 한다고 생각하면 된다. 제3열, 즉 `fractional_even`의 경우도 마찬가지이다. 이 경우에는 중간의 4.00만이 짝수에 해당한다. 그래서 그 행의 이미지에서만 조각들의 크기가 균일한 것이다. 전체적으로 이 열은 (3.0에서부터)75%, 87.5%, 4.00, 12.5%, 25%, 37.5%, 50%, 62.5%(5.00을 향해)에 해당한다.

`fractional_odd`나 `fractional_even`에서 테셀레이션 계수 값이 정수 경계를 넘을 때마다(이를테면 3에서 5로, 또는 2에서 4로) 항상 새 조각이 두 개씩 추가된다. 이 덕분에 GPU에서 전이 패턴을 구현하기가 쉬워진다. 그냥 작은 조각 두 개를 두 기존 분할 지점들 중 서로 대칭되는 두 지점에 끼워 넣으면 되기 때문이다. 정수 분할에서는 GPU의 전이 패턴을 예측하기가 훨씬 힘들다. 정수 분할에서는 새 조각이 하나씩 추가되는데, 예를 들어 한 변이 홀수개로 분할된 상태(즉, 완벽한 대칭이 아닌 상황)에서 새 조각을 추가한다면 새 조각이 한 쪽으로 치우친 위치에 만들어질 수밖에 없다.

정수 분할 방법에 대한 세부수준(LOD) 전이는 다소 까다롭지만, 2 거듭제곱 분할(pow2)에서는 계수 값이 비교적 크게 변한다는 점이 전이에 도움이 된다. 우선, 조각들 사이의 전이가 텍스처 밉맵 수준들 사이의 전이와 상응한다(통상적으로 텍스처 가로, 세로가 2의 제곱수라고 가정할 때). 이점은 영역 셰이더가 텍스처를 이용해서 최종 기하구조를 생성할 때 도움이 된다. 둘째로, 각 전이마다 조각 개수가 두 배가 되며, 따라서 기존 조각을 둘로 쪼개는 식으로 전이를 수행하면 된다. 커스텀 모핑(morphing) 알고리즘에서는 이러한 사실이 아주 유용하다. 더 낮은 수준(이전 수준)의 표본 지점들이 여전히 남아 있고 새 정점들은 모두 이전 지점들 사이에서 등간격으로 배치되기 때문에 새 값들을 보간하기가 비교적 간단하다.

### 4.4.4 세부수준 전이와 튐 현상의 위험

그림 4.19에는 서로 다른 세부수준들 사이의 전이에 관련된 잠재적으로 큰 문제점 하나가 드러나 있다. `integer`와 `pow2` 분할의 경우 최종 출력에 새 기하구조가 추가될 때 변화가 크다. 동적 세부수준을 사용하는 애니메이션 시퀀스를 렌더링할 때 관찰자가 이런 급격한 변화를 인식하게 되는데, 이를 흔히 '튄다'고 표현한다. 일반적으로 이러한 튐 현상(popping)이 발생하면 관찰자는 아주 거슬리는 느낌을 받게 된다.

`fractional_odd`와 `fractional_even`은 테셀레이션 수준 사이의 전이가 점진적이기 때문에 이런 문제가 아주 덜하다. 표면의 형태가 변하는 것이 보이긴 하지만, 훨씬 덜 두드러지기 때문에 거슬리는 것도 덜하다. 그러나 테셀레이션 수준 사이의 전이를 완전히 감추는 것은 불가능하다. 원래의 입력 테셀레이션 계수들이 매끄럽고 연속적으로 변하는 경우에는 전이가 꽤 잘 일어나겠지만, 원래의 계수가 비약을 하면 분할 역시 비약을 하게 되어서 최종 출력에 튐 현상이 발생하게 된다.

이 부분에서는 시간적인 고려가 중요하다. 거의 모든 경우, 이러한 시각적 결함은 시간에 따라(애니메이션의 여러 프레임들에 걸쳐서) 변하는 입력에서 비롯되기 때문이다. 따라서 테셀레이션 계수들을 프레임마다 개별적으로 결정하는 것보다는, 계수들이 여러 프레임들에 걸쳐서 시간에 따라 어떻게 변하게 할 것인지를 세심하게 설계하는 것이 중요하다.

# 5 계산 파이프라인

## 5.1 소개

제4장까지는 렌더링 연산을 극도로 유연한 방식으로 수행하는 데 사용할 수 있는 Direct3D 11의 새 기능들을 살펴보았다. 그런데 Direct3D 11의 파이프라인에는 좀 더 광범위한 분야에 적용할 수 있는 유연한 계산을 위한 파이프라인 단계가 하나 있다. 그 단계를 이용하면 GPU를 광선 추적이나 물리 시뮬레이션 같은 다양한 응용 분야에서 사용할 수 있으며, 심지어는 인공지능 계산에 사용하는 것도 가능하다. 그 파이프라인 단계는 바로 **계산 셰이더**(compute shader) 단계로, 흔히 *DirectCompute*라고 부르는 기술이 바로 이 단계에서 구현된다. DirectCompute는 Direct3D에 범용 처리 패러다임을 추가하는 첫 걸음으로, GPU의 계산 능력을 렌더링 이외의 알고리즘에도 사용하기 위한 좀 더 자연스럽고 유연한 처리 환경을 개발자에게 제공한다.

이번 장에서는 이 새로운 계산 파이프라인 단계를 살펴본다. 먼저 계산 셰이더 단계의 작동 방식을 구조적인 관점에서 자세히 소개한다. 특히 새로운 스레드 적용 모형과 메모리 모형, 동기화 시스템, 스레드 식별 방식을 논의할 것이다. 계산 셰이더의 작동 방식을 명확하게 이해한 다음에는, 다종다양한 계산 과제를 위해 계산 셰이더 단계를 활용하는 방법으로 눈을 돌려서, DirectCompute를 위한 알고리즘을 설계할 때 따라야 할 일반적인 지침들을 제시한다. GPU에서 수천 개의 스레드가 동시에 활성화될 수 있으므로, 그 스레드들 전부를 완전히 가동해서 GPU의 모든 능력을 최대한 발휘하게 만드는 방법을 확실하게 이해할 필요가 있다.

### 5.1.1 DirectCompute

DirectCompute는 GPU가 제공하는 대규모 병렬 계산 능력을 통상적인 래스터 기반 렌더링 이외의 분야에 활용하기 위한 새로운 처리 패러다임이다. GPU는 병렬로 작동하는 아주 많은 수의 소규모 처리기들로 이루어져 있기 때문에 크게 병렬화할 수 있는 계산 과제에 아주 적합하다. 사실 DirectCompute가 GPU를 렌더링 이외의 분야에 사용하려 한 최초의 시도인 것은 아니다. 이미 몇 년 전에 *GPGPU*(general purpose GPU computaion, 범용 GPU 계산)라는 응용 개발 분야가 등장했다.

당시 GPGPU에서는 기존의 렌더링 API를 이용해서 원하는 알고리즘을 구현했는데, 그러한 접근방식은 효과가 있긴 하지만 단점도 가지고 있다. 응용 프로그램 개발자가 사용하는 API는 애초에 3차원 그래픽 렌더링을 위한 것이지 범용 계산을 위한 것이 아니기 때문에, C++ 같은 전통적인 프로그래밍 언어를 사용할 때보다 알고리즘을 구현하기가 훨씬 어렵다. 또한 렌더링 API를 이용해서 GPU에서 계산하는 것이 아예 불가능한 연산들도 존재한다. 자원에 대한 흩어 쓰기가 그러한 예이다. GPU 제조사들도 이러한 상황을 잘 알고 있었기 때문에, GPU의 처리 능력을 좀 더 유연하게 사용할 수 있게 하는 새로운 API들이 여러 개 등장했다. *CUDA*나 *OpenCL*이 그 좋은 예이다. 이 API들은 3차원 렌더링용 API를 사용할 때보다 좀 더 일반적인 처리 환경을 제공한다. 이러한 해법들은 응용 프로그램 개발자가 직접 만든 프레임워크에 비해서 개선된 것들이라고 할 수 있다.

DirectCompute는 그런 개선된 유연성을 한 걸음 더 밀고 나간 것이다. DirectCompute는 Direct3D 11 처리 환경에 직접 내장되어 있으며, Direct3D 렌더링 API와 기존 프레임워크의 상당 부분을 공유한다. 덕분에 Direct3D 10이나 Direct3D 11에 익숙한 응용 프로그램 개발자라면 응용 프로그램의 설정과 실행에 필요한 정도의 API 사용법은 따로 배우지 않아도 될 정도이다. 게다가 자원 모형이나 실행 패러다임, 일반적인 디버깅 공정에도 기존 지식을 재활용할 수 있다. 이러한 점들은 DirectCompute를 사용해 보기에 매력적인 기술로 만들어주는 요인이 된다. 그러나 DirectCompute가 제공하는 가장 중요한 장점은, DirectCompute가 렌더링 파이프라인과 아주 가깝기 때문에 범용 계산의 결과를 렌더링 연산의 입력으로 직접 사용하는 것이 가능하다는 것이다. 이는 수많은 Direct3D 프로그래머가 자신의 응용 프로그램에서 DirectCompute API를 바로 써먹을 수 있게 하는 요인이다. DirectCompute는 렌더링에 쓰이는 것과 정확히 동일한 종류의 자원들을 사용하기 때문에 렌더링 파이프라인과 계산 파이프라인을 함께 사용하기가 아주 쉽다. 렌더링과 범용 처리 능력의 조합은 아주 다양한 응용 프로그램에 적용할 수 있는 잠재력을 가지고 있다.

DirectCompute의 또 다른 커다란 이득은, 구체적인 알고리즘의 성능을 사용자의 하드웨어에 맞게 높이거나 낮추기가 아주 쉽다는 것이다. 사용자가 고급 GPU를 둘 이상 장착한 고급 게임용 PC를 가지고 있다면, 어떠한 코드도 다시 작성하지 않고도 게임이 더 정교하게 돌아가게 만들 수 있다. 계산 셰이더의 스레드 모형은 자원의 병렬 처리를 고유하게 지원하므로, 사용할 수 있는 계산 능력이 더 큰 경우 작업을 더 추가하는 것은 아주 쉬운 일이다. 이는 사용자가 최대한 많은 양의 자료를 최대한 빠르게 처리하려고 하는 GPGPU 응용 프로그램에서 더욱 그렇다. 어떤 알고리즘을 계산 셰이더에서 구현한다면, 알고리즘이 현재 시스템의 능력에 맞게 적절히 작동하도록 만드는 것이 어렵지 않다.

이러한 다양한 장점과 Direct3D 11과의 밀접한 통합 특징으로 볼 때, DirectCompute를 완전한 범용 보조 처리기로 가는 첫 걸음이라고 말하는 것도 과언은 아니다. 이번 장에서는 이러한 DirectCompute 기술의 작동 방식과 활용법을 자세히 살펴본다.

## 5.1.2 계산 셰이더 단계

계산 셰이더의 전체적인 사용 방법은 개념적으로 다른 프로그램 가능 셰이더 단계와 동일하다. 작성한 셰이더 프로그램을 컴파일한 후 장치 인터페이스를 이용해서 셰이더 객체를 생성하고, 장치 문맥 인터페이스를 이용해서 그 상태 객체를 계산 셰이더 단계에 연결하면 된다. 계산 셰이더 단계에서도 제3장에서 보았던 다른 여러 렌더링 파이프라인 단계들에서와 동일한 종류의 자원, 상수 버퍼, 표본추출기를 사용할 수 있다. 또한 순서 없는 접근 뷰(UAV)를 이용해서 그런 자원들을 계산 셰이더 단계에 연결할 수 있다. 그러나 계산 셰이더 단계는 다른 프로그램 가능 파이프라인 단계들과 근본적으로 다르다. 무엇보다도, 계산 셰이더는 다른 단계로부터 입력을 받지 않으며, 출력을 다른 단계에 넘겨주지도 않는다. 몇 가지 시스템 값 의미소들(잠시 후에 설명한다)은 입력 매개변수로 받을 수 있지만, 이는 셰이더 프로그램에서 사용할 수 있는 특성 형태의 자료에만 국한된다. 그 외의 모든 자료 입·출력은 자원을 통해서만 일어난다.

이러한 구조 때문에 계산 셰이더에서는 하나의 프로그램 안에서 알고리즘을 완결적으로 구현해야 한다. 이는 한 알고리즘을 여러 단계들에 걸쳐서 구현할 수도 있는 렌더링 파이프라인과는 다른 특징이다. 물론 계산 셰이더를 반복 실행해서 어떠한 알고리즘을 여러 단계(step)들로 구현하는 것 역시 가능하지만, 알고리즘을 구현하는 최선의 방법을 선택하는 일은 개발자의 몫이다. 이는 흥미로운 설계로, 알고리즘을 계산 셰이더가 도입되기 전에 가능했던 것과는 다른 방식으로 구성할 여지를 준다. API의 관점에서 계산 셰이더를 사용하는 방법은 이번 장에서 나중에 좀 더 자세히 살펴보기로 하겠다.

## 5.2 DirectCompute의 스레드 적용 모형

DirectCompute에 관해 가장 먼저 살펴볼 것은 그 스레드 적용(threading) 모형과 실행 모형이다. GPU가 많은 수의 처리 코어들로 이루어져 있기 때문에 병렬 알고리즘 처리에 아주 적합하다는 점은 앞에서 이미 언급했다. 작업을 수행할 처리기가 아주 많기 때문에, 특정 알고리즘을 다수의 스레드들에 효과적으로 대응시키기 위한 적당한 방법론을 갖출 필요가 있다. 전통적인 CPU 기반 알고리즘에 쓰이는 전형적인 다중스레드는 스레드들이 각자 개별적으로 실행되되 공유 메모리 공간과 수동적인 동기화를 통해서 서로 의사소통하는 방법을 사용한다. 이는 상당히 잘 알려진 모형으로, 다중 프로세서 시스템들에서 오랫동안 쓰였다.

그러나 이러한 모형은 수천 개의 스레드가 동시에 돌아가야 하는 처리 패러다임에 그리 잘 맞지 않는다. DirectCompute는 일반성과 사용 편의의 균형을 도모하는 또 다른 종류의 스레드 적용 및 실행 모형을 사용한다. 이번 절에서 보겠지만, 이 모형에서는 스레드들을 자료 요소에 사상(대응)시키기가 더 쉽다. 이 덕분에 하나의 처리 과제를 더 작은 여러 조각으로 분할해서 GPU에서 실행하는 것이 수월해진다.

### 5.2.1 핵 기반 처리

다른 여러 프로그램 가능 셰이더 단계들처럼 계산 셰이더 단계는 핵(核, kernel)*기반 처리 시스템을 구현한다. 계산 셰이더 프로그램 자체는 하나의 함수이며, 그 함수는 일

---

* [역주] 계산 셰이더에서(그리고 일반적으로 GPGPU에서) 말하는 kernel은 운영체제의 커널('커널 함수', '셸과 커널' 등)보다는 이미지 처리를 위한 필터링과 그에 관련된 수학(특히 적분변환, 합성곱 등)의 kernel function(핵 함수)에 더 가까운 개념이므로, '커널' 대신 '핵'이라는 용어를 사용하기로 한다.

종의 핵함수(kernel function)처럼 작용한다. 즉, 계산 셰이더 프로그램은 한 단위의 작업을 처리하는 데 쓰일 핵을 제공한다. 그러한 작업의 단위는 알고리즘마다 다르지만, 현재 적재된 핵의 각 인스턴스가 각각의 단일한 입력 자료 집합을 처리하는 식으로 알고리즘이 실행된다는 점은 동일하다. 계산 셰이더 프로그램에 주어지는 입력 자료 집합은 계산 셰이더 단계에 연결된 자원으로부터 온 것이다.

이러한 구조에서는 하나의 알고리즘이 GPU상의 수천 개의 스레드들에서 실행되도록 프로그래밍하기가 아주 쉽고 직관적이다. 각 스레드는 핵의 한 인스턴스를 실행해서 특정한 하나의 자료 항목을 처리한다. 이처럼 개념이 간단한 구조에서는 알고리즘 설계의 과제가 "각 스레드를 어떻게 활용할 것인가"에서 "각 스레드가 어떤 자료 조각을 처리할 것인가"로 변하기 때문에 알고리즘을 설계하기가 덜 복잡하다. 모든 스레드가 같은 핵을 실행하므로, 스레드들의 행동을 일일이 동기화하는 데 힘을 빼는 대신 원하는 자료를 각자 독립적으로 처리될 자료 항목들로 분할하는 방법을 찾는 데 주력하면 된다. 즉, 각 스레드의 서로 다른 임무를 조율하는 대신, 하나의 문제를 모든 스레드에서 동일한 방식으로 처리할 작은 문제들로 분할하는 최선의 방법을 찾는 데 집중하면 되는 것이다.

## 5.2.2 작업의 배분

개별 스레드가 어떤 일을 하는지 알았으니, 이제 작업이 원하는 개수의 스레드에서 실제로 수행되게 만드는 방법을 살펴보자. 작업을 시작할 때 사용할 수 있는 메서드는 `ID3D11DeviceContext::Dispatch()` 또는 `ID3D11DeviceContext::DispatchIndirect()` 이다. 이들은 제 3장에서 설명한 렌더링 파이프라인의 여러 그리기 메서드들(Draw로 시작하는)에 비견할 수 있다. 특히, 이 두 메서드의 관계는 보통의 렌더링 메서드와 간접 렌더링 메서드의 관계에 대응된다. 전자의 `Dispatch` 메서드는 부호 없는 정수 매개변수 세 개를 받는다. 이 세 매개변수는 원하는 처리 핵의 실행을 '배분(dispatch)'할 스레드들의 **그룹**의 개수를 결정한다. 좀 더 구체적으로, 이 세 매개변수는 인스턴스화할 스레드 그룹들을 담는 3차원 배열의 $x$, $y$, $z$ 차원 크기로, 유효한 범위는 셋 모두 1에서 65535이다. 예를 들어 응용 프로그램이 `Dispatch(4,6,2)`를 호출했다면 4×6×2=48개의 스레드 그룹들이 만들어진다. 그 배열 안에서 각 스레드 그룹은 세 차원 색인(범위는 0에서 차원 크기-1)의 고유한 조합으로 이루어진 식별자로 식별된다.

이러한 **배분** 메서드를 호출할 때 지정하는 것은 인스턴스화할 스레드 그룹의 개수이지 개별 스레드들의 개수가 아님을 주의하기 바란다. 한 그룹당 인스턴스화될 스레드들의 개수는 계산 셰이더 프로그램의 주 함수 앞에서 **numthreads**라는 HLSL 함수 특성으로 지정한다. **배분** 메서드에서처럼 이 함수 특성도 3차원 배열의 세 차원의 크기를 지정하나, 그 배열은 스레드 그룹들이 아니라 실제 스레드들을 담는 것이다. 각 차원의 크기는 셰이더 모형에 따라 다른데, **cs_5_0**의 경우 $x$와 $y$가 1 이상이어야 하고 $z$는 반드시 1에서 64 범위이어야 한다. 또한 그룹의 전체 스레드 개수($x \times y \times z$)가 1024를 넘으면 안 된다. 목록 5.1은 HLSL 셰이더 프로그램에서 그러한 함수 특성을 지정한 예이다.

```
[numthreads( 10, 10, 2 )]
// 이 다음에 셰이더 핵 함수의 정의가 온다...
```

**목록 5.1.** 스레드 그룹당 스레드 개수를 지정하는 예.

이 예에서는 각 스레드 그룹마다 총 10×10×2 = 200개의 스레드가 인스턴스화된다. 이 스레드들의 개별 스레드 역시 차원 색인(범위는 0에서 차원 크기 − 1) 세 개의 고유한 조합으로 이루어진 식별자로 식별된다. 앞에서처럼 **Dispatch(4,6,2)**라고 호출한 경우, 계산 셰이더 단계 전체적으로 인스턴스화되는 스레드는 48×200 = 6,400개이다.

한 그룹 안의 스레드들을 3차원 배열 형태로 지정하고 식별하기 때문에, 그 스레드들을 3차원 공간의 격자 형태로 생각하는 것이 더 직관적일 수 있다. 이를 표현한 것이 그림 5.1이다.

마찬가지로, 스레드 그룹들 역시 3차원 배열 형태이므로 3차원 격자 형태로 생각할 수 있다. 이를 표현한 것이 그림 5.2이다.

이러한 방식에서, **배분** 메서드의 한 호출에서 인스턴스화되는 스레드들의 배치 구조는 다수의(앞의 예의 경우 6,400개) 스레드가 일렬로 배치되어 있는 형태가 아니라, 스레드 그룹 색인을 일차적인 좌표로 삼아서 개별 스레드에 접근할 수 있는 입체적이고 계통적인 형태라고 할 수 있다. 각 스레드 그룹마다 고유한 식별자가 있고 한 그룹의 스레드들 역시 고유한 식별자를 가지므로, 특정 그룹의 특정 스레드를 지칭하기가 쉽다. 이러한 개념을 나타낸 것이 그림 5.3이다.

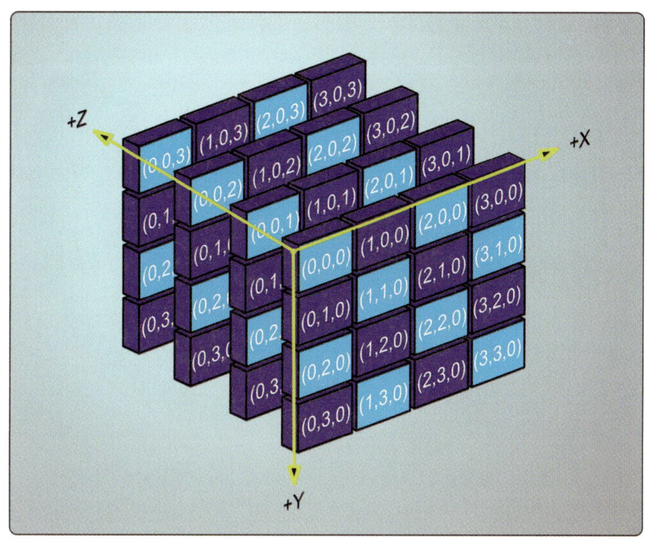

**그림 5.1.** 스레드 그룹 안의 스레드들이 3차원 격자를 이룬다.

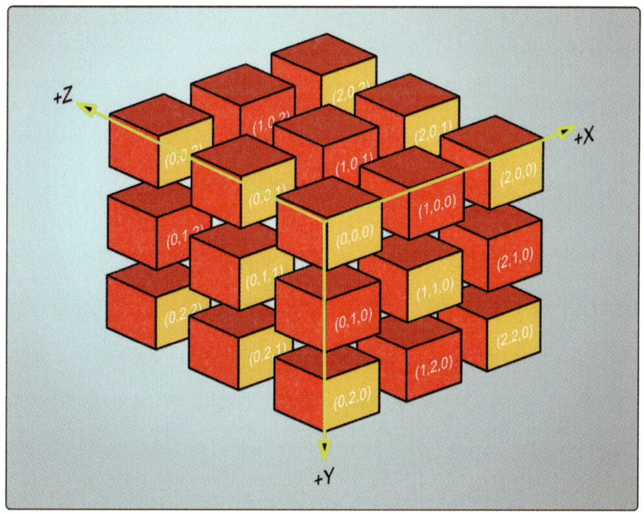

**그림 5.2.** 스레드 그룹들 역시 3차원 격자를 이룬다.

그림 5.3에서 보듯이, 특정 그룹의 특정 스레드를 3차원 격자 안에서의 $X$, $Y$, $Z$ 위치를 이용해 고유하게 식별할 수 있다. 앞에서 말했듯이, 이러한 스레드들 각각은 처리 핵의 한 인스턴스를 실행하는 데 쓰인다.

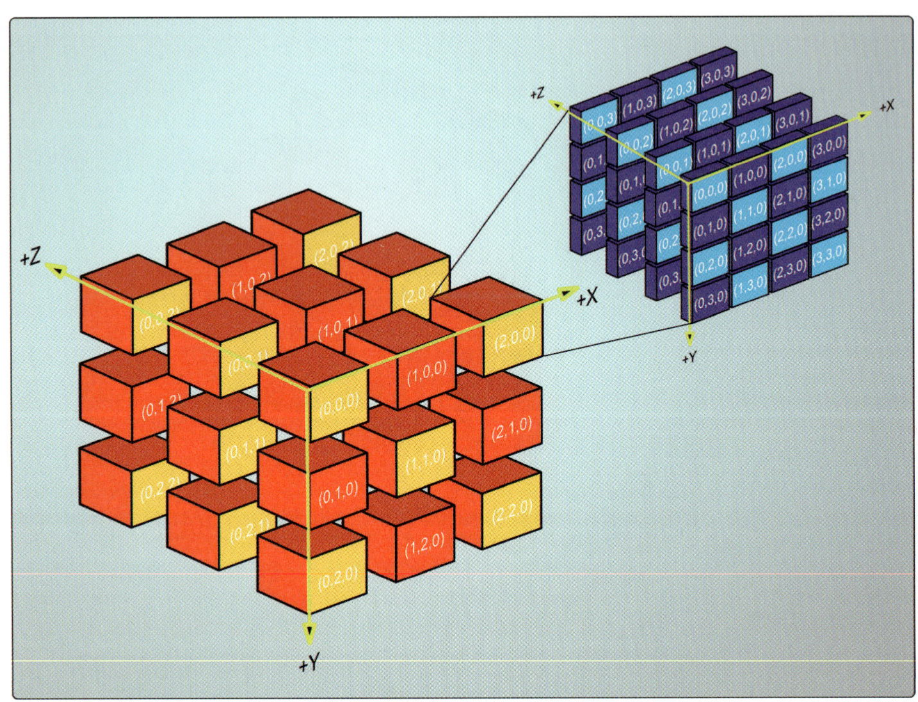


그림 5.3. 한 배분 호출의 스레드 그룹들과 개별 스레드들.

## 5.2.3 스레드 식별 체계

이제 계산 셰이더가 배분 호출에 지정된 배분 크기에 해당하는 수의 스레드들을 인스턴 스화해서 각 스레드마다 처리 핵을 실행하는 전반적인 구조를 이해했을 것이다. 앞 절의 예에서처럼 Dispatch(4,6,2)를 호출했다면 총 6,400개의 스레드(핵 인스턴스)가 실행 된다. 그런데 이 스레드들은 자신이 처리할 자료를 어떻게 알게 될까? 모든 인스턴스가 같은 핵(셰이더 프로그램)을 실행하므로, 셰이더 프로그램 소스 코드 자체에서 자료를 지정할 수는 없는 일이다. 따라서 처리할 자료 집합을 스레드에게 알려주는 다른 어떤 메커니즘이 필요하다.

앞 절에서 이야기한 기하학적 스레드 조직화 방식이 바로 그러한 메커니즘의 기반이 된다. 스레드들을 그렇게 기하학적으로 조직화하는 데에는 다 이유가 있었던 것이다. 앞 절에서 보았듯이, 하나의 **배분** 호출에 관여하는 스레드 그룹들 중 특정 스레드 그룹 을 3차원 좌표 형태로 지정하는 것은 아주 간단한 문제이며, 특정 스레드 그룹의 특정 스레드를 지정하는 것 역시 마찬가지로 간단하다. 결과적으로, 한 **배분** 호출의 모든 스레드를 각각 고유한 식별자로 간단하게 식별할 수 있다. 계산 셰이더가 각 스레드에게 처리할 자료를 알려주는 메커니즘 역시 이러한 스레드 식별 체계에 기초한다.

셰이더 프로그램을 작성할 때 개발자는 셰이더 함수의 입력 매개변수로 쓰일 일단의 시스템 값 의미소들을 지정할 수 있는데, 그런 시스템 값 의미소들 중에는 현재 실행되는 셰이더 프로그램 인스턴스(스레드)를 식별하는 데 사용할 수 있는 것들이 있다. 바로 다음과 같다.

- `SV_GroupID`: 이 **배분** 호출의 스레드 그룹들 중 현재 스레드가 속한 그룹의 3차원 식별자(`uint3`).
- `SV_GroupThreadID`: 그 스레드 그룹 안에서의 현재 스레드의 3차원 식별자(`uint3`).
- `SV_DispatchThreadID`: 전체 배분 안에서의 현재 스레드의 3차원 식별자(`uint3`).
- `SV_GroupIndex`: 현재 스레드가 속한 스레드 그룹의 3차원 식별자를 1차원으로 직렬화한 색인(`uint`).

각 스레드 실행마다 이러한 식별 정보가 주어지므로, 개발자는 이들을 이용해서 입력 자료 중 현재 스레드가 처리할 부분을 결정하도록 셰이더 프로그램을 작성하면 된다. 예제가 있으면 이를 더 쉽게 이해할 수 있을 것이다. `Buffer<float>` 형식의 자원에 있는 모든 원소의 값을 두 배로 만드는 간단한 계산 셰이더를 만들어 보자. 버퍼에 원소가 2,000개라고 할 때, 스레드 그룹들은 [20,1,1] 크기의 3차원 격자로 구성하고 각 스레드 그룹의 스레드들은 [100,1,1]로 구성한다. 목록 5.2는 이러한 구성에서 각 스레드마다 하나의 원소를 처리하도록 하는 방법을 보여주는 계산 셰이더 프로그램이다.

```
Buffer<float>    InputBuf : register( t0 );
RWBuffer<float>  OutputBuf : register( u0 );

// 그룹 크기
#define size_x 20
#define size_y 1
```

```
// 입력 텍스처의 각 텍셀마다 하나의 스레드를 선언한다.
[numthreads( size_x, size_y, 1)]

void CSMAIN( uint3 DispatchThreadID : SV_DispatchThreadID )
{
    float Value = InputBuf.Load( DispatchThreadID.x );

    OutputBuf[DispatchThreadID.x] = 2.0f * Value;
}
```

**목록 5.2.** 1차원 버퍼 자원의 내용을 두 배로 만드는 예제 계산 셰이더.

이 코드는 스레드 그룹의 크기를 numthreads 함수 특성으로 선언한다. 그 다음 부분은
계산 셰이더의 처리 핵에 해당하는 주 함수이다. 이 함수의 매개변수는 앞에서 말한
스레드 식별용 시스템 값 의미소 특성들 중 하나이다. 그 시스템 값들에는 중복이 존재
하므로(스레드를 식별하는 방법이 여러 가지이다), 처리 핵의 요구에 가장 잘 맞는 또는
가장 효율적인 것을 선택할 수 있는 여지가 존재한다. 지금 예제에서는 버퍼가 1차원
배열 형태이므로 그냥 **SV_DispatchThreadID**의 $X$ 성분을 사용하는 것이 가장 적합하
다. 이러한 스레드 지정 방식이 그림 5.4에 나와 있다.

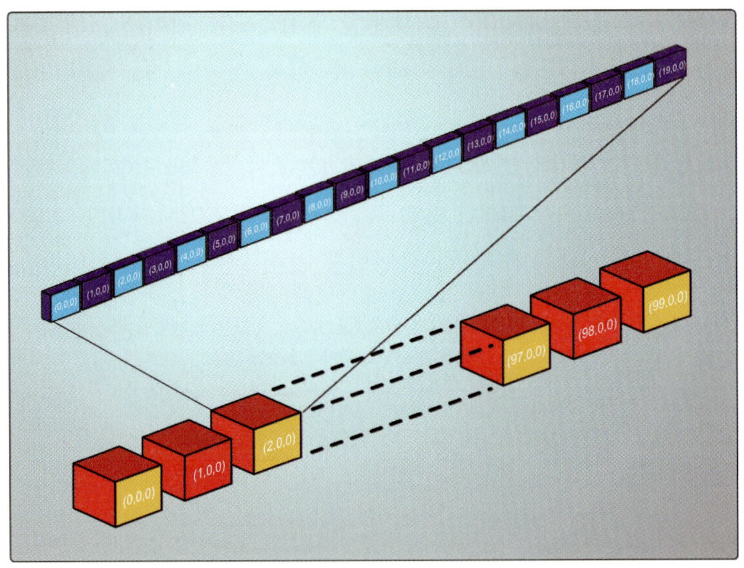

**그림 5.4.** 예제 계산 셰이더 프로그램의 스레드 식별 체계.

주 함수는 **SV_DispatchThreadID**의 $X$ 성분을 버퍼 자원의 한 원소에 대한 색인으로 직접 사용한다. 버퍼의 원소에 접근할 때 **Load** 메서드를 사용했지만, 통상적인 대괄호 표기를 사용할 수도 있다. 주 함수는 그 버퍼 자원을 순서 없는 접근 뷰로 계산 셰이더 단계에 묶었다고 가정한 것이다. 이 덕분에 자원에서 **float** 값을 읽는 것은 물론 변경된 값을 자원에 기록할 수도 있다. 이 예에서 보듯이, **SV_DispatchThreadID** 특성을 이용하면 자원의 원소에 아주 간단하게 접근할 수 있다. 개발자는 **배분** 메서드 호출 시 스레드 그룹 크기를 적절히 지정하는 데에만 신경쓰면 된다.

이 예제에서 사용한 **float** 값들의 1차원 배열 자원은 아마도 구조가 가장 간단한 자원에 해당할 것이다. 계산 셰이더의 스레드 식별 체계는 그보다 복잡한 구조의 자원도 처리할 수 있다. 예를 들어 Texture2D 자원이 모든 원소(텍셀)를 두 배로 만든다고 하면, HLSL 셰이더 코드를 목록 5.3처럼 바꾸면 된다.

```hlsl
Texture2D<float>    InputTex : register( t0 );
RWTexture2D<float>  OutputTex : register( u0 );


// 그룹 크기
#define size_x 20
#define size_y 20


// 입력 텍스처의 각 텍셀마다 하나의 스레드를 선언한다.
[numthreads(size_x, size_y, 1)]


void CSMAIN( uint3 DispatchThreadID : SV_DispatchThreadID )
{
    int3 texturelocation = int3( 0, 0, 0 );
    texturelocation.x = DispatchThreadID.x;
    texturelocation.y = DispatchThreadID.y;


    float Value = InputTex.Load( texturelocation );


    OutputTex[DispatchThreadID.xy] = 2.0f * Value;
}
```

**목록 5.3.** 2차원 텍스처 자원의 내용을 두 배로 만드는 예제 계산 셰이더.

스레드 그룹당 스레드 개수가 변했으며, 입력 및 출력 저장소로 쓰이는 자원의 형식도 달라졌다. 스레드 식별을 위한 시스템 값 의미소는 변하지 않았다. SV_DispatchThreadID를 2차원 식별자로도 사용할 수 있기 때문이다. 입력 텍스처 차원이 640×480이라고 하면, 그 자원을 순서 없는 접근 뷰를 이용해서 계산 셰이더 단계에 연결한 후 배분 크기를 [32,24,1]로 해서 Dispatch 메서드를 호출하면 된다. 메서드 호출이 끝나면 자원의 원소들은 모두 원래의 두 배가 되어 있을 것이다. 3차원 텍스처의 경우에도 이러한 방식을 적용하면 된다.

지금까지의 예들에서는 스레드 식별을 위한 기하학적 구조가 자원의 실제 구조와 직접 대응되었다. 그러나 자원 접근 방식을 개발자가 셰이더 프로그램에서 직접 구현할 수 있기 때문에, 스레드 식별 구조와 자원의 구조가 직접 대응되지 않는 경우도 얼마든지 처리할 수 있다. 예를 들어 한 자원에 4차원의 자료 집합을 저장한다고 하자. 그런 자료에 직접 대응되는 4차원 자료 형식은 존재하지 않는다. 그러나 이는 문제가 되지 않는다. 자료를 선형(1차원) 버퍼 자원에 담아 두되 셰이더 프로그램 안에서 그 자료에 4차원으로 접근하면 그만이다. 예를 들어 [10,10,10,10] 크기의 자원을 원한다면, 10×10×10×10 = 10,000개의 원소들을 담는 버퍼 자원을 마련해서 파이프라인에 연결한다. 계산 셰이더 프로그램에서 numthreads 함수 특성을 통해 그룹 크기를 [10,10,10]으로 지정하고, 응용 프로그램에서 **배분** 메서드를 호출할 때에는 배분 크기를 [10,1,1]로 지정한다. 계산 셰이더 프로그램 주 함수에서는 그룹 ID와 배분 스레드 ID에 해당하는 시스템 값 의미소 특성들을 이용해서 현재 스레드에 해당하는 원소에 접근하면 된다. 이상에 해당하는 계산 셰이더 프로그램 코드가 목록 5.4에 나와 있다.

```
Buffer<float>      InputBuf : register( t0 );
RWBuffer<float>    OutputBuf : register( u0 );

// 그룹 크기
#define size_x 10
#define size_y 10
#define size_z 10
#define size_w 10

// 입력 텍스처의 각 텍셀마다 하나의 스레드를 선언한다.
[numthreads(size_x, size_y, size_z)]
```

```
void CSMAIN( uint3 DispatchThreadID : SV_DispatchThreadID, uint3 GroupID : SV_GroupID )
{

    int index = DispatchThreadID.x +
                DipsatchThreadID.y * size_x +
                DipsatchThreadID.z * size_x * size_y +
                GroupID.x          * size_x * size_y * size_z +


    float Value = InputBuf.Load( index );


    OutputBuf[index] = 2.0f * Value;
}
```

**목록 5.4**. 커스텀 4차원 텍스처 자원의 내용을 두 배로 만드는 예제 계산 셰이더.


이번 경우에는 현재 스레드가 속한 그룹을 가리키는 **SV_GroupID** 시스템 값의 한 성분을 네 번째 차원의 색인으로 사용해서 버퍼 자원의 특정 원소에 접근했다. 여기서 중요한 사항은, 자원 접근 방식이 얼마든지 복잡할 수 있다는 점이다. 예를 들어 자원 안의 임의의 메모리 주소를 계산하는 것도 가능하다. 이러한 유연성 덕분에, 개발자는 원하는 접근 패턴을 상당히 자유로이 구현할 수 있다.


## 5.2.4 스레드 실행 패턴

지금까지는 계산 셰이더 프로그램의 스레드 조직화와 배분 방식을 개발자의 관점에서 살펴보았다. 그런데 실제 GPU 구현은 개발자가 지시한 스레드 명령들을 선언된 순서대로 실행하지 않을 수도 있다. 예를 들어 하나의 스레드 그룹은 최대 1024개의 스레드를 가질 수 있으며, 프로그래머의 관점에서 그 스레드들은 모두 동시에 실행된다. 그러나 실제 하드웨어는 그 스레드들 모두를 병렬로 실행하지는 않을 수도 있는 것이다. 좀 더 구체적으로 말하면, GPU의 처리 코어가 1024개 미만이라면 스레드 1024개로 이루어진 스레드 그룹 전체를 동시에 실행하는 것은 애초에 불가능한 일이다.

대신 하드웨어는 그 스레드들을 동시에 운영했을 때와 동일한 결과가 나오는 방식으로 적당히 나누어 실행한다. 예를 들어 셰이더 프로그램의 한 지점에서 모든 스레드가 동기화되어야 한다면(동기화에 대해서는 나중에 이번 장에서 좀 더 다루겠다), GPU는 스레드 그룹의 한 부분집합을 동기화 지점까지 실행한 후 다른 부분 집합을 동기화 지점까지 실행하는 과정을 반복해서 스레드 그룹의 모든 스레드가 동기화 지점에 도달한 다음에 다음 스레드 그룹으로 넘어간다. 이런 방식에서는 계산 셰이더에 동기화 지점이 너무 많으면 전반적인 성능이 떨어질 수 있는데, 얼마나 떨어지는지는 구체적인 GPU 하드웨어에 따라 다를 것이다. 그러나 GPU들의 처리 코어 개수가 점점 늘어가는 만큼, 이런 종류의 성능 문제는 점차 줄어들 것이라고 전망한다.

## 5.3 DirectCompute 메모리 모형

지금까지 이야기한 계산 셰이더의 실행 모형에서, 개발자는 자신이 원하는 처리 핵으로 자원의 원소들을 처리하는 데 사용할 스레드들의 개수나 그것들을 인스턴스화하는 방식을 아주 유연하게 결정할 수 있다. 이러한 실행 모형에서는, 자원 전체를 일정한 개수의 스레드들에 대응시켜서 각 자료 원소에 대해 어떠한 계산이 수행되도록 만드는 것이 전혀 어려운 일이 아니다. 이러한 실행 모형을 염두에 두고, 이제부터는 계산 셰이더로 할 수 있는 일들로 관심을 돌리기로 하자. 우선, 이번 절에서는 알고리즘 구현 방법을 결정할 때 개발자에게 더욱 많은 선택 가능성을 제공하는 계산 셰이더 메모리 모형의 독특한 특징 몇 가지를 살펴본다.

### 5.3.1 레지스터 기반 메모리

계산 셰이더는 다른 프로그램 가능 셰이더 단계들과 동일한 하드웨어(프로그래밍이 가능한 처리기)에서 실행된다. 따라서 계산 셰이더 단계에서도 다른 프로그램 가능 셰이더 단계들에서와 동일한 일반적인 처리 패러다임이 적용되며, 공통 셰이더 코어를 구현한다. 계산 셰이더 단계는 다른 파이프라인 단계들과 비슷한 레지스터 기반 처리 개념을 사용한다. 계산 셰이더 단계 하나가 하나의 완전한 계산 파이프라인을 이룬다는 점이 다를 뿐이다. 계산 셰이더가 지원하는 레지스터 집합은 다른 프로그램 가능 단계의 것들과 비슷하다. 계산 셰이더는 입력 특성 레지스터들(v#)과 텍스처 레지스터들(t#), 상수 버퍼 레지스터들(cb#), 순서 없는 접근 레지스터들(u#), 임시 레지스터들(r#, x#)을 지원한다. 모든 셰이더 프로그래밍은 HLSL이라는 고수준 언어로 이루어지므로, 개발자가 이 레지스터들을 직접 조작하거나 접근할 일은 없다. 그러나 셰이더 프로그램을 파이프라인에서 사용하려면 일단 어셈블리 형태로 컴파일해서 셰이더 객체를 생성해야 하므로 레지스터들을 알아둘 필요가 있다. 또한 레지스터에 대한 지식은 셰이더 프로그램을 컴파일해서(`fxc.exe` 도구로) 얻은 어셈블리 코드를 보면서 셰이더 프로그램의 저수준 세부사항을 조사할 때 도움이 된다.

공통 셰이더 코어의 기본적인 구조는 제3장에서 이야기했다. 이번 절을 읽으면서 제3장을 다시 참고해야 할 수도 있겠다. 이번 절에서는 주로 임시 레지스터들을 소개한다. 이 레지스터들은 셰이더 프로그램의 실행 도중 중간 계산 결과를 담는 데 주로 쓰인다. 임시 레지스터는 현재 실행 중인 스레드에서만 접근할 수 있으며, 일반적으로 접근이 극도로 빠르다. 공통 셰이더 코어에는 임시 레지스터를 최대 4096 개까지(r#, x# 합쳐서) 지정할 수 있는데, 이 정도면 소규모의 셰이더 프로그램에 사용하기에는 충분한 개수이다. 하드웨어 구현이 4096개의 레지스터들을 반드시 다룰 수 있어야 하긴 하지만, 각 처리 코어마다 개별적인 레지스터 집합을 제공해야 하는 것은 아니다. 실제로, 여러 처리 코어들이 하나의 레지스터 풀을 공유하는 아키텍처들도 많다. 그런 경우 가용 임시 레지스터 개수는 4096개 미만이 된다. 그런 기술적인 세부사항은 개발자가 알 수 없다고 해도, 임시 레지스터 최대 개수가 4096이라는 사실 정도는 알아두면 한 셰이더 프로그램의 실행 도중 얼마만큼의 자료를 임시 레지스터들에 담을 수 있는지를 예측하는 데 도움이 된다.

이런 계산 파이프라인 아키텍처에 쓰이는 임시 레지스터들은 계산 셰이더가 사용할 수 있는 일급 메모리로 생각할 수 있다. 임시 레지스터는 접근 속도가 빠르기 때문에, 셰이더 프로그램 안에 간직할 자료를 담을 저장소를 결정할 때 가장 먼저 선택되는 후보라고 할 수 있다. 이 레지스터들의 선택과 할당은 컴파일러가 자동으로 처리하므로, 일반적으로 일단 셰이더 코어에 적재된 자료는 최대한 이 임시 레지스터들에 저장된다.


## 5.3.2 장치 메모리

레지스터 기반 메모리는 아주 빠르긴 하지만 용량이 크지 않다. 또한, 사용할 자료를 먼저 셰이더 코어에 적재한 후에야 레지스터들을 사용할 수 있으며, 스레드의 셰이더 프로그램 실행이 끝나면 레지스터 내용이 초기화된다(다음 셰이더 프로그램이 사용하도록). 계산 파이프라인을 본격적으로 활용하려면 레지스터 기반 메모리에 담을 수 있는 것보다 훨씬 큰 자원이 필요하며, 또한 셰이더 프로그램의 실행들 사이에서 계속 유지되는 자원도 필요하다. 그런 자원들은 **장치 메모리**에 담는다. 그리고 그런 자원들을 다른 종류의 메모리에 저장되는 자원과 구분해서 흔히 **장치 메모리 자원**이라고 부른다.

Direct3D 11은 읽기 전용이나 쓰기 전용, 또는 읽기·쓰기 접근으로 사용할 수 있는 아주 다양한 종류의 자원들을 제공한다. 계산 셰이더는 셰이더 자원 뷰와 순서 없는 접근 뷰를 이용해서 장치 메모리 자원에 접근할 수 있는데, 전자는 자원에 대한 읽기 전용 접근을 제공하고 후자는 읽기·쓰기 접근을 제공한다. 또한 계산 셰이더는 상수 버퍼도 사용할 수 있다. 상수 버퍼의 연결 및 접근 방법은 렌더링 파이프라인의 단계들에서와 다를 바 없다. 상수 버퍼에 저장된 자료에는 읽기 전용으로만 접근할 수 있다.

다양한 종류의 자원과 자원 뷰를 통해서 계산 셰이더는 말 그대로 수 기가바이트의 자료에 접근할 수 있다. 그런데 그런 대량의 자료 중 상당 부분은 GPU 바깥에 있는 메모리에 저장되어 있는 것이다. 현재 그렇게 큰 자료를 GPU 자체에 담아 두는 것은 비현실적이므로, GPU가 있는 기판의 외부에 존재하는 메모리 모듈이 필요하다. 일반적으로 GPU가 그러한 메모리에 접근하는 통로는 대역폭이 아주 크다. 그러나 메모리에 어떤 값을 요청한 시점과 그 값이 실제로 반환되는 시점 사이에는 상대적으로 높은 잠복지연(latency)이 존재한다. 이 때문에 장치 메모리 자원은 레지스터 기반 메모리 자원보다 훨씬 느리다. 레지스터 기반 메모리에 대한 연산들을 순서 없는 접근 뷰를 이용해서 장치 메모리에 대해서도 구현할 수는 있지만, 읽기·쓰기 연산이 자주 수행되면 성능 하락이 상당히 커진다.

장치 메모리 자원의 또 다른 특징은, 현재 셰이더 프로그램을 실행하는 모든 스레드가 자원에 접근할 수 있다는 것이다. 예를 들어, 이전에 나온 예제들에서처럼 스레드가 6400개인 경우 6400개의 스레드들이 순서 없는 접근 뷰를 통해서 자원의 임의의 지점을 읽거나 쓸 수 있다. 당연한 말이지만, 그런 경우 자료에 모순이 생기지 않으려면 원자적 연산을 이용해서 자원 접근을 동기화할 필요가 있다. 또는, 각 스레드가 다른 스레드의 자료 범위를 침범하지 않도록 하는 접근 패턴을 강제하는 것도 한 방법이다.

## 5.3.3 그룹 공유 메모리

제3장 "렌더링 파이프라인"에서 논의했듯이, 렌더링 파이프라인의 모든 프로그램 가능 셰이더 단계는 핵 기반이다. 렌더링 파이프라인 핵들의 각 인스턴스는 서로 완전히 격리되어서 실행된다. 그러나 계산 셰이더 단계는 그러한 제약에서 자유롭다. 계산 셰이더에서는 여러 스레드가 공통의 메모리 영역에 동시에 접근할 수 있다. 좀 더 구체적으로, 한 스레드 그룹의 모든 스레드는 동일한 메모리 영역에 접근할 수 있다. 그러한 메모리 영역을 **그룹 공유 메모리**(group shared memory, *GSM*)라고 부른다. 그룹 공유 메모리의 크기는 스레드 그룹당 최대 32KB이다. 그룹 공유 메모리는 GPU 처리기와 같은 다이(die)에 상주하게 되어 있으며, 따라서 장치 메모리 자원보다 접근이 훨씬 빠르다.

계산 셰이더 프로그램에서는 그룹 공유 메모리를 groupshared라는 특별한 저장 부류 키워드를 이용해서 전역 변수로 선언한다. 그룹 공유 메모리 영역을 기본 자료 형식의 배열로 선언할 수도 있고 좀 더 복잡한 형태의 구조체로 선언할 수도 있다. 일단 스레드 그룹이 인스턴스화되면 그룹의 모든 스레드가 그룹 공유 메모리에 접근할 수 있게 된다. 그룹 공유 메모리 전체를 그룹의 모든 스레드가 읽거나 쓸 수 있으므로, 스레드들이 메모리를 사용하고 상호작용하는 방식을 반드시 계산 셰이더 프로그램이 결정해야 하며, 또한 메모리 접근들을 반드시 동기화해야 한다. 어떤 식으로 제어하고 동기화하는가는 구현할 알고리즘에 따라 다르겠지만, 일반적으로 앞에서 이야기한 스레드 식별 메커니즘을 이용해서 원자적 함수 없이도 스레드들이 그룹 공유 메모리에 안전하게 접근할 수 있게 만들어야 할 것이다.

그룹 공유 메모리가 스레드 그룹 안의 스레드들이 정보를 빠르고 효율적으로 공유하는 수단이긴 하지만, 몇 가지 제약을 안고 있기도 하다. 우선, 그룹당 크기가 32KB를 넘지 못하기 때문에 그보다 많은 양의 자료를 공유하는 경우에는 다른 수단이 필요하다. 또한 정보 공유가 하나의 스레드 그룹의 경계를 넘지 못한다는 점도 중요하다. 더 많은 수의 스레드가 공통의 메모리 풀에 접근해야 하는 알고리즘을 구현할 때에는 역시 다른 수단이 필요해진다.

그룹 공유 메모리는 프로그램 가능 셰이더 코어들의 레지스터 기반 메모리 및 파이프라인에 묶을 수 있는 좀 더 큰 자원 기반 메모리와 더불어 계산 파이프라인이 사용할 수 있는 세 종류의 메모리 중 하나이다. 이 메모리들은 접근 속도와 가용 크기가 다르기 때문에 적합한 용도도 각자 다르다. 레지스터 기반 메모리는 접근이 가장 빠른 대신 용량이 가장 작다. 장치 기반 메모리 자원은 가용 메모리 크기가 아주 크지만 접근은 가장 느리다. 그룹 공유 메모리는 그 둘 사이의 균형점에 해당한다. 장치 기반 메모리보다는 빠르고 레지스터 기반 메모리보다는 용량이 크다.

그룹 공유 메모리의 존재는 계산 셰이더의 유연성을 크게 높여준다. 여러 개의 스레드가 동시에 접근할 수 있는 메모리 영역이 있다는 것은 스레드들이 서로 정보를 공유할 수 있다는 뜻이다. 또한 그룹 공유 메모리는 스레드 그룹 전체의 효율성을 높여주는 요인이 될 수 있다. 예를 들어 여러 스레드가 텍스처의 자료를 사용해야 하는 경우, 한 스레드가 그 자료를 적재해서 그룹 공유 메모리에 담아 두고 다른 스레드들과 공유하면 된다. 그러면 스레드 그룹의 전체적인 텍스처 접근 횟수가 줄어들어서 알고리즘의 전반적인 효율성이 높아진다. 이는 그룹 공유 메모리를 일종의 커스텀화된(셰이더 프로그램에서 직접 제어할 수 있는) 메모리 캐시로 사용하는 것이라 할 수 있다. 스레드들이 공유할 수 있는 것이 단순한 텍스처 접근만은 아니다. 예를 들어 개별 스레드가 같은 계산을 되풀이하지 않도록 중간 계산 결과를 공유하는 것 역시 가능하다. 그러한 두 종류의 최적화의 여러 예들이 이 책의 후반부에 나온다.

## 5.4 스레드 동기화

계산 셰이더에서는 다수의 스레드들이 동시에 돌아간다. 또한 그 스레드들이 그룹 공유 메모리나 자원의 순서 없는 접근 뷰를 통해서 서로 상호작용하기도 한다. 따라서 스레드들 사이에서 메모리 접근을 동기화할 필요가 분명히 존재한다. 여러 개의 스레드가 같은 메모리 장소를 동시에 읽고 쓰는 전통적인 다중 스레드 프로그래밍에서처럼, 계산 셰이더에서도 '쓴 뒤 읽기(read-after-write)' 때문에 메모리가 깨질 위험이 존재한다(CPU상의 다중 스레드 프로그래밍에 관한 추가적인 정보가 제7장 "다중 스레드 렌더링"에 나온다). 수많은 스레드들을 효율적으로(GPU의 병렬성이 제공하는 성능 이득을 상쇄하지 않고) 동기화하려면 어떻게 해야 할까? 다행히 한 스레드 그룹 안의 스레드들을 효율적으로 동기화하는 다양한 메커니즘이 존재한다. 이번 절에서는 그러한 동기화 접근방식들을 차례로 살펴보겠다.

## 5.4.1 메모리 장벽

가장 먼저 살펴볼 기법은 **메모리 장벽**(memory barrier)이라고 부르는 가장 높은 수준의 동기화 기법이다. 지금 말하는 기법은 하나의 **배분** 메서드 호출의 모든 스레드에 대한 동기화가 아니라 하나의 스레드 그룹 안의 스레드들에 대한 동기화라는 점을 명심하기 바란다. HLSL은 한 스레드 그룹의 모든 스레드의 메모리 접근을 동기화하는 데 사용할 수 있는 여러 가지 고유 함수들을 제공한다. 이 함수들은 두 가지 속성이 서로 다르다. 첫째는 동기화의 대상이 되는 메모리의 종류이다. 그룹 공유 메모리에 대한 동기화를 유발하는 함수가 있고, 장치 메모리에 대한 동기화를 유발하는 함수도 있으며, 그 둘 다에 대한 동기화를 유발하는 함수도 있다. 둘째 속성은 그룹 동기화 여부, 즉 주어진 스레드 그룹의 다른 모든 스레드가 동일한 동기화 지점에 도달할 때까지 기다릴 것인지의 여부이다. 이 두 속성의 조합을 통해서 개발자는 다양한 방식의 동기화 방식들 중 가장 적합한 것을 선택할 수 있다. 표 5.1에 이러한 메모리 장벽 고유 함수들이 정리되어 있다.

| 그룹 동기화 안 함 | 그룹 동기화 수행 |
| --- | --- |
| `GroupMemoryBarrier()` | `GroupMemoryBarrierWithGroupSync()` |
| `DeviceMemoryBarrier()` | `DeviceMemoryBarrierWithGroupSync()` |
| `AllMemoryBarrier()` | `AllMemoryBarrierWithGroupSync()` |

**표 5.1.** 그룹 동기화 수행 여부와 메모리 종류별로 정리한 메모리 장벽 고유 함수들.

이 함수들은 두 가지 속성으로 정의되는 조건이 만족될 때까지 스레드의 실행을 차단한다. 우선, 표 첫 행의 `GroupMemoryBarrier()` 함수는 스레드 그룹의 스레드들의 그룹 공유 메모리 쓰기(write)가 모두 완료될 때까지 현재 스레드(함수를 호출한 스레드)의 실행을 차단한다. 따라서 이 함수는 그룹의 일부 스레드가 그룹 공유 메모리를 수정하며 수정이 모두 완료된 후에만 다른 스레드들이 그것을 읽어야 하는 경우에 적합한 함수이다. 여기서, 셰이더 코어가 쓰기 명령을 수행하는 것과 GPU의 메모리 시스템이 실제로 그러한 쓰기 명령을 실행해서 메모리에 값을 기록하는(따라서 다른 스레드가 그 값을 볼 수 있게 되는) 것이 동일한 사건이 아님을 인식할 필요가 있다. 하드웨어 구현에 따라서는 값을 메모리에 기록하는 명령을 실행하는 시점과 실제로 그 값이 메모리의 대상 지점에 나타나는 시점 사이에 가변적인 시간 지연이 존재한다. 메모리 장벽 함수를 이용해서 모든 쓰기가 실제로 완료될 때까지 실행을 차단하면, 개발자는 '쓴 뒤 읽기' 상황에 관련된 오류가 발생하지 않음을 확신할 수 있게 된다.

GroupMemoryBarrierWithGroupSync() 함수는 GroupMemoryBarrier() 함수의 자매 격이다. 이 함수는 그룹의 모든 그룹 공유 메모리 쓰기가 완료되었을 뿐만 아니라 그룹의 다른 모든 스레드가 이 동기화 지점(함수를 호출한 지점)에 도달해야만 현재 스레드의 실행을 재개한다. 이에 의해 개발자는 모든 스레드가 실행의 특정 지점에 도달한 후에야 실행의 다음 지점으로 진행하게 됨을 확신할 수 있다. 이는 스레드 그룹의 각 스레드가 그룹 공유 메모리에서 다른 스레드가 사용할 일단의 자료를 적재하는 경우에 유용하다. 그런 경우 모든 자료가 그룹 공유 메모리에 적재되지 않은 상황에서 일부 스레드가 앞서 나가는 일이 없도록 동기화하는 하는 데 적합한 함수가 바로 이 함수이다. 그림 5.5는 그러한 스레드 동기화 상황을 표현한 것이다.

**그림 5.5.** 그룹 동기화 메모리 장벽 함수를 이용해서 한 스레드 그룹의 여러 스레드들을 동기화하는 예.

표 5.2의 둘째 행에 있는 두 동기화 함수는 앞의 함수들과 동일하게 작동하되, 동기화할 접근 대상이 **장치** 메모리 자원이라는 점이 다르다. 즉, 이 함수들은 순서 없는 접근 뷰로 연결된 자원에 대한 쓰기 연산들을 동기화한다. 그룹 공유 메모리는 그룹당 32KB이기 때문에 그보다 더 큰 자료가 필요하다면 장치 메모리 자원을 사용해야 한다. 그런 장치 메모리 자원에 대한 스레드들의 접근을 동기화할 때 이 **장치** 메모리 장벽 함수들이 필요하다. 이전의 두 함수처럼, 장치 메모리 장벽 함수도 그룹 동기화를 수행하는 버전과 수행하지 않는 버전이 있다.

표 5.1의 마지막 행은 이전 두 행의 함수들의 역할을 모두 수행하는 함수들이다. 이들은 그룹 공유 메모리와 장치 메모리 자원 모두에 접근하는 스레드들을 동기화할 때 필요하다. 그런 종류의 혼성 메모리 사용 상황에서는 동기화가 특히나 중요하다. 왜냐하면 두 종류의 메모리는 자료 기록 시스템이 다르므로 동시적인 쓰기 연산들 사이의 시간 지연도 다를 것이기 때문이다.

## 5.4.2 원자 함수

메모리 장벽 함수는 스레드 그룹의 모든 스레드를 동기화할 때 아주 유용하다. 그러나 그런 동기화가 항상 필요하거나 바람직한 것은 아니다. 한 번에 스레드 몇 개만 동기화하는 식의 좀 더 소규모의 동기화가 필요한 상황도 많다. 또한, 스레드들을 동기화하는 지점이 모두 동일하지는 않은 상황도 있다(이를테면 한 스레드 그룹의 여러 스레드가 서로 다른 과제를 수행하는 등). 그런 경우에서 메모리 장벽 함수는 적합한 동기화 방법이 아니다.

이런 문제를 해결하기 위해, 셰이더 모형 5는 좀 더 세밀한 동기화를 가능하게 하는 새로운 원자 함수(atomic function)들을 도입했다. 원자 함수 또는 원자적 함수는 반드시 프로그래밍된 순서대로 실행된다. 따라서 한 스레드에서 원자적 함수를 호출하면 그 함수의 결과는 같은 메모리 장소에 접근하려 하는 다른 모든 스레드에 전파된다.* 다음은 사용 가능한 원자 함수들이다.

---

* [역주] 원자 함수의 주된 특징은 그 실행이 중간에 다른 스레드에 의해서 가로채이지 않는다는 점이다. 마치 원자처럼(물론 고전 역학의) 더 이상 쪼갤 수 없는 함수라서 원자 함수라는 이름이 붙었다. 예를 들어 원자 함수가 어떤 값을 읽어서 수정한 후 다시 기록하는 과정은 하나의 단위('원자')로 실행된다.

- `InterlockedAdd()`

- `InterlockedMin()`

- `InterlockedMax()`

- `InterlockedAnd()`

- `InterlockedOr()`

- `InterlockedXor()`

- `InterlockedCompareStore()`

- `InterlockedCompareExchange()`

- `InterlockedExchange()`

메모리 장벽 함수처럼 이 원자 함수도 그룹 공유 메모리는 물론 자원 메모리(장치 메모리)에 사용할 수 있다. 그 덕분에 잠재적 용도가 훨씬 넓어진다. 이 함수들을 이용하면 그룹 공유 메모리나 장치 메모리 자원의 한 장소의 내용을 뮤텍스나 세마포 같은 일종의 동기화 기본수단으로 만들 수 있다. 예를 들어 계산 셰이더 프로그램에서 특정한 자료 값을 발견한 스레드들의 개수를 센다고 하자. 그런 경우 그룹 공유 메모리(접근이 가장 빠르다)나 장치 메모리 자원(여러 **배분** 호출 사이에서 유지된다)에 카운터 변수를 하나 두고 0으로 초기화한다. 각 스레드는 특정 자료를 만나면 `InterlockedAdd()`를 이용해서 그 변수의 값을 원자적으로 증가한다. 이런 식으로 원자적 실행 함수를 활용하면 서로 다른 스레드가 중간 값을 덮어 쓰는 일 없이 전체 개수가 정확하게 증가하게 된다..

함수 이름에서 알 수 있듯이 다양한 종류의 연산을 수행하는 원자 함수들이 존재하며, 따라서 개발자는 원하는 동기화 방식에 잘 맞는 함수를 골라서 쓸 수 있다. 예를 들어 `InterlockedCompareExchange()`는 대상의 값과 기준값을 비교해서 둘이 일치하면 세 번째 값을 대상에 기록한다. 이러한 기능을 이용하면 한 스레드가 어떤 자료를 "체크아웃"해서 수정한 후 이후에 다른 스레드가 사용할 수 있도록 다시 체크인하는 식의 자료 접근 패턴을 구현할 수 있다. 이 원자 함수들은 아주 낮은 수준의 함수이므로, 특정한 상황에 맞게 아주 유연한 방식으로 적용할 수 있다. 함수마다 입력 요구사항과 연산이 다르기 때문에, 주어진 상황에 맞는 함수를 고를 때에는 Direct3D 11의 문서화를 참고해야 한다. 이 함수들은 픽셀 셰이더 단계에서도 사용할 수 있다. 이는 픽셀 셰이더 단계에서도 자원들에 대한 스레드 접근을 동기화할 수 있다는 뜻이다. (픽셀 셰이더는 그룹 공유 메모리가 없으므로 스레드 간 통신에 사용할 수 있는 것은 장치 메모리 자원뿐이다.)

### 5.4.3 암묵적 동기화

마지막으로 살펴볼 동기화 기법은 **암묵적 동기화**(implicit sychronization)라고 부르는 것으로, 사실 계산 셰이더 자체의 기능을 사용하는 기법은 아니며, 대신 알고리즘 자체를 스레드들 사이의 잠재적 경쟁이나 충돌이 없도록 설계함으로써 동기화 자체를 피한다. 이 방법이 이번 절에서 말한 세 가지 방법 중 가장 바람직한 것이다. 앞의 두 방법은 효과적이고 유용하긴 하지만 성능상의 비용이 존재한다. 알고리즘 자체를 스레드들이 메모리 자원에 조화롭게 접근하도록 설계한다면 추가적인 함수도 필요 없고 값비싼 스레드 문맥 전환도 필요하지 않으므로 성능이 하락할 여지가 없다.

예를 들어 이번 장 초반에 나온 간단한 예제에서는 각 스레드가 각자 하나의 값을 자원에서 읽어서 두 배로 만들어 다시 저장한다. 이 경우 스레드들이 어떠한 소통도 하지 않으므로 동기화가 전혀 필요없다. 각 스레드는 각자 완전히 따로 돌아간다. 입자 시스템에서도 이런 종류의 알고리즘의 예를 볼 수 있다. 입자 시스템에서는 입자 상태를 하나의 구조적 버퍼에 담아 두고 추가·소비 구조적 버퍼 자원 객체를 이용해서 접근한다. 각 스레드는 **Consume** 메서드를 이용해서 한 입자의 자료를 읽는다. 이 경우 스레드는 자신이 어떤 입자를 읽는지 알지 못한다. 즉, 이는 다른 입자의 자료와는 완전히 독립적이며, 따라서 다른 스레드들과 독립적이다. 입자를 갱신한 후에는 **Append** 메서드를 이용해서 다시 추가 구조적 버퍼에 추가한다. 이런 방식에서는 다른 스레드와의 동기화가 전혀 필요 없으므로 개별 GPU 처리 요소가 추가적인 스레드 간 통신의 관리 부담 없이 실행될 수 있다. 이런 종류의 입자 시스템을 제12장 "시뮬레이션"에서 좀 더 자세히 살펴볼 것이다.

## 5.5 알고리즘 설계

지금까지 계산 셰이더의 여러 기능과 능력을 배웠다. 지금까지 살펴본 개념들 중에는 다른 프로그램 가능 셰이더 단계에서 본 것과 상당히 비슷한 것들도 있고 아주 다른 것들도 있다. 사실 전적으로 계산을 위한 셰이더 단계를 둔다는 것 자체가 Direct3D 11에서 도입된 아주 새로운 발상이라고 할 수 있다. 새로운 개념과 기능을 너무나 많이 소개했기 때문에, 계산 셰이더를 위한 알고리즘을 어떤 식으로 설계해야 하는지, 그리고 어떤 수단들로 구현해야 하는지가 좀 어렵게 느껴질 것이다. 물론 알고리즘 설계의 왕도 는 없다. 지금부터 이야기하는 내용을, 독자에게 주어진 구체적인 과제에 맞는 설계 방 법을 찾아나가는 출발점으로 받아들이기 바란다.

## 5.5.1 병렬성

가장 먼저 고민할 것은 알고리즘의 병렬성(parallelism)을 어떻게 하면 극대화할 수 있을 것인가이다. 애초에 계산 셰이더를 Direct3D 11에 추가한 이유가, 개발자가 GPU의 가용 병렬 처리 능력을 최대한 이끌어 낼 수 있게 하려던 데 있었다. 지금까지의 내용에도 병렬성의 극대화에 대한 고려가 암묵적으로 녹아 있었지만, 계산 셰이더에서 실행할 알고리즘을 개발할 때에는 병렬성 극대화를 명시적인 설계 목표로 삼아야 한다. 이를 위해서는 최소한의 메모리 접근과 계산으로 처리할 수 있는 형태로 자료를 조직화해야 한다. 그러면 알고리즘의 실행이 훨씬 빨라진다. 좀 더 작고 응집된 부분들로 분할할 수 있는 문제라면 계산 셰이더를 적용하기에 좋은 후보라고 할 수 있다.

### 동기화의 최소화

§5.4에서 보았듯이, 스레드들을 동기화는 방법은 여러 가지이다. 그룹 공유 메모리와 장치 메모리 자원, 메모리 장벽 함수들과 원자 함수들의 조합에 의해 아주 다양한 동기 화 기법들이 가능해진다. 그러나 이런 동기화 기법들은 모두 계산 셰이더 실행 도중 어느 정도의 처리 부담을 유발한다. 같은 계산을 동기화 없이 수행할 수만 있다면 알고 리즘의 실행 속도가 좀 더 빨라질 것이다. 동기화 있는 알고리즘이 동기화 없는 알고리 즘보다 설계하기가 쉬운 경우가 많지만, 효율성을 증가시키기 위해 동기화를 사용하는 것이 아닌 이상 동기화는 성능에 해로운 경우가 많다.

### 스레드 간 자료 공유

방금 말한 것과는 모순적으로 느껴지겠지만, 알고리즘 설계에 명시적인 동기화를 포함시킴으로써 알고리즘의 성능을 높일 수 있는 경우도 있다. 스레드 간 자료 공유를 통해 메모리 대역폭이나 계산량을 줄임으로써 얻는 성능상의 이득이 스레드 간 동기화의 부담을 상쇄하고 남는 경우가 얼마든지 있을 수 있다. 핵심은 언제 그런 기법을 적용할 것인가이다.

**적재된 메모리 공유.** 계산 셰이더 프로그램의 주된 용도 중 하나는 이미지 처리 알고리즘의 적용이다. 이 경우에는 이미지나 이미지와 유사한 자원에 접근하는 것이므로, 계산 셰이더를 이미지 처리 기저(basis)에 사상하는 것이 당연하다. 이는 또한 그룹 공유 메모리를 성능 향상에 활용하기에 좋은 분야이기도 하다. 구현할 알고리즘에 따라 다르겠지만, 대체로 이미지 처리의 성능에서 결정적인 요인은 메모리 접근 속도이다. 그러나 한 스레드 그룹에서 여러 픽셀들에 대해 동일한 표본 값들을 사용할 수 있다면, 각 스레드가 적은 수의 값들을 장치 메모리에서 그룹 공유 메모리로 적재하고, 그룹 동기화 메모리 장벽을 통해서 스레드들을 적절히 동기화한 후부터 그룹의 모든 스레드가 그 값들에 접근하게 만드는 것이 얼마든지 가능하다. 이렇게 하면 각 스레드의 실행에 필요한 장치 메모리 접근 횟수가 줄어들며, 필요한 자료가 좀 더 빠르게 접근할 수 있는 그룹 공유 메모리로 옮겨지므로 성능이 향상된다.

그러나 이 접근방식에서는 그룹 공유 메모리에 값을 기록하는 시점과 그 값을 읽는 시점 사이에 잠복지연이 존재한다는 점을 주의해야 한다. 만일 장치 메모리 대역폭 절감이 그룹 공유 메모리 접근 비용을 상쇄하지 않는다면, 결과적으로 이 접근방식은 성능에 해가 된다. 텍스처 캐시까지 고려하면 상황이 더욱 복잡해진다. 내장 텍스처 캐시가 이미 자료 캐싱을 충분히 수행하고 있을 가능성이 상당히 크기 때문에, 이 접근방식으로 실질적인 속도 이득을 얻을 수 있을지를 예측하기가 어렵다. 이에 관련된 요인들이 GPU 제조사마다 다를 수 있다는 점도 문제를 더욱 복잡하게 만든다. 한 가지 권장할만한 지침은, 두 가지 시나리오 모두에서 빠르게 시험해 볼 수 있는 방식으로 알고리즘을 작성하고, 성능 측정치가 더 높은 방법을 택하라는 것이다. 그보다 더 나은 접근방식은, 응용 프로그램이 실행되는 플랫폼을 검사해서 더 나은 기법을 동적으로 결정하는 것이다.

**복잡한 계산 결과 공유.** 장치 메모리의 내용뿐만 아니라 중간 계산 결과를 그룹 공유 메모리에 담아서 공유할 수도 있다. 그러나 그런 방법이 각 스레드가 그냥 각자 계산하는 것에 비해 더 빠를 것인지 역시 예측하기 힘들다. 대체로 현대적인 GPU들은 장치 메모리에서 내용을 가져오는 동안 다수의 산술 논리 단위(ALU) 연산들을 수행하는 능력을 갖추고 있으며, 그룹 공유 메모리에서 읽어 올 때와는 다소 작은 차이가 존재한다. 이 경우에도 두 시나리오의 성능을 측정해서 결정하는 것이, 더 나아가서 실행 시점에서 동적으로 둘 중 하나를 선택하는 것이 바람직하다.

## 5.5.2 적절한 자원 종류의 선택

사용할 자원의 종류를 적절히 선택하는 것도 아주 중요한 고려사항이다. 알고리즘의 설계는 처리할 자료의 성격에 따라 달라진다. 자원의 종류는 스레드 그룹이 자원에 접근하는 방식에 큰 영향을 미치며, 스레드 그룹 자체의 구성과 크기에도 큰 영향을 미친다.

### 메모리 접근 패턴

최적의 자원 종류를 고민할 필요가 별로 없는 경우도 있다. 예를 들어 이미지 처리 알고리즘이라면 2차원 텍스처가 당연한 선택이다. 이미지 자체가 그런 형태로 존재하기 때문이다. 그러나 그런 당연한 선택이 가능하지 않은 경우도 많다. GPGPU 알고리즘을 구현할 때에는 입력 자료 집합을 그에 가장 잘 맞는 종류의 자원으로 조작할 수 있게 만드는 것이 중요하다. 이 부분에서 중요하게 고려할 사항은 자료 접근 방식이다. 앞에서 추가·소비 버퍼를 사용하는 입자 시스템의 예를 언급했었다. 그 예의 입자 갱신 알고리즘에서 입자가 처리되는 순서는 중요하지 않다. 그래서 추가·소비 기능성을 제공하는 버퍼 자원을 사용할 수 있었다. 자료 집합에 직접 접근하지 않고 공간적으로 표본을 추출하는 경우라면 텍스처 자원이 더 나은 선택일 것이다. 또한, 버퍼 자원에 대해서는 사용할 수 없는 메서드나 고유 함수들도 있다. 이를테면 텍스처 자원들에서 여러 개의 값들을 모아 돌려주는 Gather 메서드가 그렇다. 자원 종류를 선택할 때에는 알고리즘이 하드웨어와 소프트웨어가 제공하는 기능을 최대한 활용할 수 있는가도 점검할 필요가 있다.

### 스레드 그룹과 배분 크기

자원 종류를 선택했다면, 적절한 스레드 운용 패턴도 선택해야 한다. 현실적으로, 자원 종류 선택과 관련해서 자료에 대한 최적의 접근 패턴을 결정할 때 스레드 운용 방식도 함께 결정하게 된다. 스레드 그룹의 차원 크기들은 자원 접근, 즉 입력 자료 읽기와 출력 자료 쓰기에 사용할 스레드 식별·지정 방식을 결정한다. 한편 자원의 전체 크기는 스레드 그룹들을 인스턴스화하는 배분 크기에 영향을 미친다. 따라서 가장 간단하면서도 효율적인 방식으로 자원에 접근하는 적합한 방법을 찾기 위해서는 이 두 종류의 크기를 동시에 고려해야 한다.

여러 가지 요인들을 동시에 고려하는 것은 꽤나 까다로운 일이다. 주어진 상황에 가장 적합한 선택을 찾으려면 어느 정도는 시행착오를 거쳐야 할 것이다. 일반적인 지침은, 한 스레드 그룹의 스레드들이 응집된 메모리 장소들에 접근할 수 있거나 중간 계산 결과를 서로 공유할 수 있는(둘 다 가능하면 더 좋다) 크기들을 선택하는 것이다. 그런 다음에는 자원 전체를 적절히 처리할 수 있도록 하는 배분 크기를 구하면 된다.

## 계산과 렌더링의 혼합

마지막의 설계 고려사항은 자원을 렌더링에 활용하는 문제와 관련된 것이다. 계산 셰이더가 자료 집합을 처리한 결과를 렌더링 패스에 사용하는 경우에는 렌더링 파이프라인이 가장 효율적으로 접근할 수 있는 종류의 자원을 계산 셰이더의 출력 대상 자원으로 사용해야 한다. 결론적으로, 자원의 종류를 선택할 때에는 계산 셰이더 안에서 효율적으로 계산하는 것과 출력 자료를 렌더링 연산에서 효율적으로 사용하는 것 사이의 균형점을 찾아야 한다.

# 6 HLSL—고수준 셰이딩 언어

## 6.1 소개

Direct3D 11 파이프라인의 핵심은 여러 가지 프로그램 가능 셰이더 단계들이다. 렌더링 작업의 대부분이 수행되는 곳이 바로 이 단계들이며, GPU의 능력과 유연성을 사용자가 활용하는 수단 역시 이 단계들이다. 이런 단계들에서 실행할 셰이더 프로그램의 상태를 조작하는 API 함수들도 많이 있지만, 셰이더 프로그램의 실제 기능과 행동을 결정하는 것은 그 API 함수들이 아니다. 셰이더 프로그램의 기능과 행동은 *HLSL*(High Level Shading Language, 고수준 셰이딩 언어)이라고 부르는 특별히 설계된 프로그래밍 언어로 작성된 코드가 결정한다.

HLSL은 기본적으로 C/C++에서 파생된 언어인데, C/C++에 비하면 기능이 단순하다. 문장의 끝의 세미콜론이나 중괄호로 감싸인 문장 블록, C 스타일의 함수와 구조체 선언 등은 C나 C++ 프로그래머가 HLSL에 쉽게 익숙해질 수 있는 특징들이다. C/C++과의 주된 차이점으로는 포인터 형식과 포인터 산술 연산을 지원하지 않으며 C++ 스타일의 템플릿을 지원하지 않는다는 점을 들 수 있다. 또한 동적 메모리 할당 모형을 지원하지 않는다는 점 역시 중요한 차이다. C나 C++처럼, 하나의 HLSL 프로그램에는 실행의 진입점 역할을 하는 함수가 있어야 한다. 프로그램이 실행되면 그 함수의 코드가 실행되며, 실행이 그 함수의 끝에 도달하면 프로그램도 끝난다. Direct3D 11에서 한 가지 중요한 점은, 셰이더 프로그램을 먼저 컴파일한 후에 파이프라인에 연결한다는 것이다. 스크립팅 언어들처럼 프로그램이 실행 시점에서 동적으로 해석되는 방식이 아님을 기억하기 바란다. 이러한 정적 컴파일을 지원하기 위해, HLSL 컴파일러는 C 스타일의 전처리기

(preprocessor)를 갖추고 있다. 그 전처리기는 매크로 정의, 조건부 컴파일, 포함 문장 (#include) 같은 통상적인 전처리 기능을 제공한다.

Direct3D 11에서 고수준 언어를 사용함으로써 생기는 중요한 장점은, 모든 셰이더 단계에서 셰이더 프로그램을 동일한 언어로 작성할 수 있다는 것이다. 이 덕분에 모든 단계에 일관된 표준 기능 집합이 제공되며, 따라서 개발자는 파이프라인의 서로 다른 단계를 위한 셰이더 프로그램들에서 공통의 코드를 공유할 수 있다. 고수준 언어로 프로그램을 작성하는 것의 또 다른 장점은 바탕 그래픽 하드웨어의 여러 저수준 세부사항을 추상화할 수 있다는 것이다. 이 덕분에 셰이더 프로그램이 다양한 종류의 그래픽 하드웨어들로부터 적절한 성능을 이끌어낼 수 있다.

## 6.2 HLSL 프로그램의 전반적인 적용 절차

그림 6.1은 하나의 HLSL 프로그램을 작성하고 실행하는 전형적인 절차를 표현한 것이다.

### 6.2.1 작성 및 컴파일

활용 절차의 시작은 HLSL로 셰이더 프로그램을 작성하는 것이다. 일반적으로 이는 셰이더 프로그램의 함수들과 기타 선언 코드를 담은 표준 ASCII 텍스트 파일을 만드는 것에 해당한다. 텍스트 파일은 통상적인 텍스트 편집기로 만들 수도 있고 통합 개발 환경에서 만들 수도 있다. 프로그램 코드를 다 작성했다면, 다음으로 할 일은 D3D 셰이더 컴파일러로 셰이더 프로그램을 컴파일하는 것이다. 명령줄에서 독립형 도구인 **fxc.exe**를 사용해서 컴파일할 수도 있고, 응용 프로그램 안에서 **D3DCompiler** DLL이 제공하는 **D3DCompile** 함수로 컴파일할 수도 있다. 또한 파일이나 내장 자원으로부터 프로그램을 직접 컴파일하는 과정을 단순화해주는 **D3DX** 보조 함수들도 존재한다 (**D3DXCompileFromFile**과 **D3DXCompileFromResource**). 어떤 경우이든, 컴파일러는 코드 자체뿐만 아니라 여러 구성 설정 매개변수들도 받는다. 그 매개변수들을 통해서 진입점 함수를 지정하거나, 컴파일에 사용할 셰이더 프로필을 지정하거나, 전처리기로 포함시킬 추가적인 파일들을 지정하거나, 컴파일에 영향을 미치는 일련의 컴파일 플래그들(최적화나 디버그 옵션들을 포함해서)을 지정할 수 있다. **D3DCompile** 함수나 **D3DX** 보조 함수들은 컴파일이 실패하거나 경고 사항이 있으면 오류 또는 경고 메시지를 **ID3D10Blob** 객체의 문자열에 저장한다. C++ 컴파일에서처럼, 이 메시지들에는 오류나 경고를 식별하고 교정하는 데 도움이 되는 정보성 문구와 행번호가 포함되어 있다. **fxc.exe**로 컴파일하는 경우에는 그런 메시지들이 명령줄에 직접 출력된다.

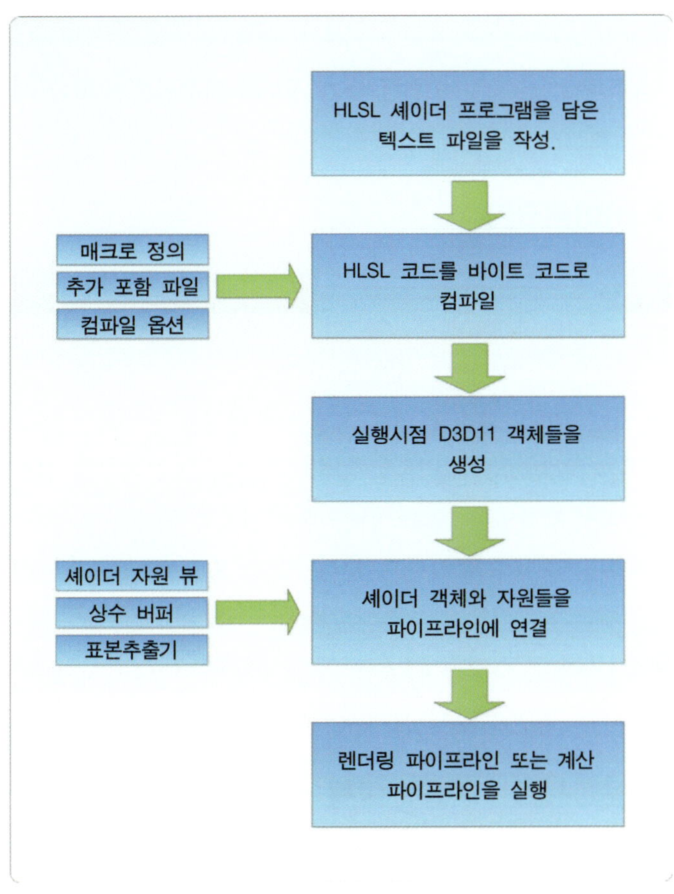


**그림 6.1.** 셰이더 프로그램의 적용 절차.

일반적으로 응용 프로그램의 디버그 빌드에서는 셰이더 프로그램을 컴파일할 때 **D3D10_ SHADER_DEBUG** 플래그(**fxc.exe**의 경우 **/Zi** 스위치)를 주는 것이 바람직하다. 이 플래그를 지정하면 컴파일러는 바이트코드 스트림에 디버그 정보를 포함시킨다. 그런 정보가 있으면 바이트코드의 특정 명령과 상수를 그에 해당하는 HLSL 소스 코드 행번호로 대응시킬 수 있으며, 그러면 셰이더 프로그램을 소스 코드 수준에서 디버깅하는 것이 가능해진다. 소스 코드를 보면서 디버깅하는 것은 어셈블리 코드를 직접 조사하는 방식에 비해 훨씬 편하다. 디버그 빌드에서는 D3D10_SHADER_SKIP_OPTIMIZATIONS 플래그(fxc.exe의 경우 /Od)를 지정해서 최적화를 끄는 것이 바람직할 수 있다. 그러면 프로그램의 디버깅을 어렵게 만드는 명령 순서 재배치나 접기(folding)가 방지된다.

셰이더 프로그램의 디버깅에는 DirectX SDK에 포함된 디버깅·프로파일링 유틸리티인 PIX가 유용하다. 이 도구에 대한 추가 정보와 사용법은 SDK 문서화를 참고하기 바란다.

## 6.2.2 바이트코드

컴파일이 성공하면 컴파일러는 중간 형태의 이진 자료를 출력하는데, 그 출력을 흔히 바이트코드(bytecode)라고 부른다. 이 바이트코드는 셰이더 프로그램의 실행을 위한 어셈블리 명령들과 내부 반영(reflection) 정보, 디버깅 메타자료 등으로 이루어진 불투명한 이진 스트림이다. 확인을 위해 어셈블리 명령을 조사하고 싶다면, D3DCompiler DLL이 제공하는 D3DDisassemble 함수로 어셈블리 코드 목록을 얻을 수 있다. 명령줄 도구 fxc.exe 역시 컴파일이 완료되었을 때 어셈블리 목록을 출력하며, 옵션에 따라서는 어셈블리 목록을 파일로 출력하게 할 수 있다. 또한 PIX를 이용해서 Direct3D 11 셰이더 객체의 어셈블리 코드를 보는 것도 가능하다. 셰이더 어셈블리에 대해서는 DirectX SDK 문서화의 HLSL 레퍼런스 섹션을 보기 바란다.

## 6.2.3 실행시점 셰이더 객체

셰이더 프로그램을 컴파일해서 바이트코드를 얻었다면, 다음으로 할 일은 그 바이트코드를 이용해서 D3D11 셰이더 객체를 생성하는 것이다. 장치 인터페이스(ID3D11Device)는 파이프라인의 각 프로그램 가능 단계마다 하나씩 총 여섯 가지의 셰이더 객체 생성 메서드를 제공한다. 바로 CreateVertexShader, CreateHullShader, CreateDomainShader, CreateGeometryShader, CreatePixelShader CreateComputeShader이다. 이 메서드들은 바이트코드 스트림을 입력받아서 ID3D11*Shader 형식의 실행 시점 셰이더 객체를 생성한다. 이후 이 객체를 파이프라인에 연결하면 된다. 목록 6.1은 정점 셰이더 프로그램을 컴파일해서 실행시점 셰이더 객체를 생성하는 예이다.

```cpp
ID3D10Blob* compiledShader;
ID3D10Blob* errorMessages;
HRESULT hr = D3DX11CompileFromFile( filePath, NULL, NULL, "VSMain",
                                    "vs_5_0", 0, 0, NULL, &compiledShader,
                                    &errorMessages, NULL );

if ( FAILED( hr ) )
{
    if ( errorMessages )
    {

        const char* msg = (char*)( errorMessages->GetBufferPointer() );
        Log::Get().Write( msg );
    }
    else
    {
        Log::Get().Write( "D3DX11CompileFromFile failed" );
    }
}
else
{
    ID3D11VertexShader* vertexShader = NULL;
    device->CreateVertexShader( compiledShader->GetBufferPointer(),
                                compiledShader->GetBufferSize(),
                                NULL,
                                &vertexShader );
}
```

**목록 6.1.** 텍스트 파일에 담긴 정점 셰이더 프로그램의 컴파일.

## 6.2.4 셰이더 객체를 파이프라인에 연결

셰이더 객체를 파이프라인에 연결할 때에는 장치 문맥 인터페이스(`ID3D11DeviceContext`)의 여러 `*SetShader` 메서드들을 사용한다. 셰이더 객체를 성공적으로 연결한 후 그리기 메서드들 중 하나를 호출하면 렌더링 파이프라인이 실행되어서 해당 셰이더 프로그램이 작동하게 된다. 계산 파이프라인의 경우에는 물론 그리기 메서드 대신 **Dispatch** 같은 **배분** 메서드를 호출해야 한다. 셰이더 프로그램이 셰이더 자원이나 표본추출기,

상수 버퍼를 사용한다면 반드시 **그리기** 메서드나 **배분** 메서드를 호출하기 전에 그것들을 파이프라인에 연결해야 한다. 그러한 연결에 필요한 수단은 장치 문맥의 *SetShader Resources, *SetConstantBuffers, *SetSamplers 메서드들이다. 한편 순서 없는 접근 뷰는 CSSetUnorderedAccessViews 메서드(계산 셰이더 단계에 연결할 때) 또는 OMSetRenderTargetsAndUnorderedAccessViews 메서드(픽셀 셰이더 단계에 연결할 때)를 이용해서 연결한다. 셰이더 단계의 구성 방법에 대해서는 제3장 "렌더링 파이프라인"과 제5장 "계산 파이프라인"에 더 많은 정보가 있다.

# 6.3 HLSL 언어의 기초

## 6.3.1 기본 형식

HLSL은 모든 셰이더 프로필에 공통인 여러 기본 형식들을 제공한다. C++의 기본 형식과 마찬가지로, HLSL의 기본 형식은 다양한 정수 및 부동소수점 수치 형식들로 이루어져 있다. 표 6.1은 HLSL의 기본 형식들을 정리한 것이다.

| 형식 | 설명 |
|---|---|
| bool | 32비트 정수. '참'과 '거짓'에 해당하는 논리 값도 담을 수 있다. |
| int | 32비트 부호 있는 정수. |
| uint | 32비트 부호 없는 정수. |
| half | 16비트 부동소수점 값(하위 호환성을 위해서만 제공되는 것임. Direct3D 11 셰이더 프로파일들은 모든 half 값을 float으로 사상한다.) |
| float | 32비트 부동소수점 값. |
| double | 64비트 부동소수점 값. |

**표 6.1**. HLSL의 기본 형식들.

C나 C++처럼 이 형식들로 스칼라 변수를 선언할 수도 있고 배열 변수를 선언할 수도 있다. 스칼라 변수는 더하기, 빼기, 부정(부호를 반대로 하는 것), 곱하기, 나누기, 나머지 등의 표준적인 산술 연산자들을 지원한다. 또한 스칼라는 표준적인 논리 및 비교

연산자들도 지원하는데, 문법은 C/C++에서와 같다. 배열 변수의 크기는 반드시 컴파일 시점에서 결정되는 고정 크기이어야 한다. HLSL은 동적 메모리 할당을 지원하지 않기 때문이다.

## 6.2.2 벡터

HLSL은 벡터 변수와 행렬 변수도 지원한다. 성분 개수(1에서 4개)와 성분의 자료 형식(앞에서 말한 모든 기본 형식을 사용할 수 있다)의 조합에 따라 다양한 벡터 형식들이 존재한다. 목록 6.2는 벡터 변수를 선언하는 구문을 보여주는 예이다.

```
vector<float, 4> floatVector;      // float 성분 네 개짜리 벡터.
vector<int, 2> intVector;          // int 성분 두 개짜리 벡터.
```

**목록 6.2**. 벡터 선언 구문.

편의를 위해, HLSL은 기본 형식과 성분 개수의 모든 조합에 해당하는 벡터 형식들을 미리 정의해 두었다. 목록 6.3은 그러한 '단축 표기' 형식들을 이용해서 벡터 변수를 선언하는 예이다.

```
float4 floatVector;      // float 성분 네 개짜리 벡터.
int2 intVector;          // int 성분 두 개짜리 벡터.
```

**목록 6.3**. 벡터 단축 표기 선언 구문.

벡터 형식의 변수를 선언할 때 배열 초기화 구문을 이용해서 벡터를 초기화하는 것이 가능하다. 벡터 성분 개수만큼의 초기 값들을 중괄호로 감싸서 지정하면 된다. 벡터 형식은 또한 생성자 스타일의 구문도 지원하는데, 이 경우 매개변수들로 스칼라 값들을 지정하는 것은 물론 다른 벡터를 지정하는 것도 가능하다. 그리고 벡터를 하나의 스칼라 값으로 초기화할 수도 있다. 이 경우에는 모든 성분이 그 스칼라 값으로 초기화된다. 목록 6.4에 이러한 네 가지 초기화 구문의 예가 나와 있다.

```
float2 vec0 = { 0.0f, 1.0f };
float3 vec1 = float3( 0.0f, 0.1f, 0.2f );
float4 vec2 = float4( vec1, 1.0f );
float4 vec3 = 1.0f;
```

**목록 6.4.** 벡터 초기화 구문.

벡터의 개별 성분에 접근하는 방법은 C의 구조체 필드 또는 C++의 객체 멤버 접근
방식과 동일하다. 멤버(필드) 이름 x, y, z, w를 이용해서 벡터의 첫째, 둘째, 셋째, 넷째
성분에 접근할 수 있으며, 원한다면 r, g, b, a를 사용해도 된다. 또한 배열 색인 구문을
통해서 각 성분에 접근하는 것도 가능하다. 이는 루프를 돌리면서 벡터의 성분들을 훑을
때 유용하다. 목록 6.5에 이러한 여러 가지 성분 접근 방법의 예가 나와 있다.

```
float4 floatVector = 1.0f;
float firstComponent = floatVector.x;
float secondComponent = floatVector.g;
float thirdComponent = floatVector[2];
```

**목록 6.5.** 벡터 성분 접근 구문.

개별 성분에 접근하는 것 외에, 벡터 형식은 여러 개의 성분들에 동시에 접근할 수 있는
**스위즐**(swizzle) 구문도 지원한다. 스위즐을 이용하면 하나 이상의 성분들을 원하는 순
서로 얻을 수 있다. 또한 하나의 성분을 여러 성분들로 복제하는 것도 가능하다. 이를
통해서 예를 들어 성분 두 개짜리 벡터로부터 성분 네 개짜리 벡터를 만들 수 있다.
스위즐 구문에서 벡터들의 순서에는 아무런 제약이 없으나, 표기법은 일관되어야 한다.
즉, 하나의 스위즐 구문에서 **xyzw** 표기와 **rgba** 표기를 섞어 쓰면 안 된다. 목록 6.6은
스위즐을 여러 가지 방식으로 사용하는 예이다.

```
float4 vec0 = float4(0.0f, 1.0f, 2.0f, 3.0f);
float3 vec1 = vec0.xyz;
float2 vec2 = vec1.rg;
float3 vec3 = vec0.zxy;
float4 vec4 = vec2.xyxy;
float4 vec5;
vec5.zyxw = vec0.xyzw;
```

**목록 6.6.** 벡터 스위즐 구문.

한 벡터 값을 그보다 성분이 적은 벡터 변수에 배정하면 소위 '암묵적 절단(implicit truncation)'이 일어나서 여분의 성분들이 폐기된다. 따라서 벡터에 벡터를 배정할 때에는 의도치 않은 절단이 일어나지 않도록 조심할 필요가 있다. 그러한 절단이 의도적임을 명시적으로 표현하고 싶다면 C++ 스타일의 캐스팅 구문을 사용하거나 스위즐을 사용하면 된다. 편의를 위해, HLSL 컴파일러는 암묵적 절단이 발생하면 경고 메시지를 출력한다.

벡터는 스칼라와 동일한 종류의 산술, 논리, 비교 연산자들을 지원한다. 그런 연산자를 벡터 형식에 적용하면 성분별로(즉 같은 위치의 성분 대 성분 방식으로) 각 연산의 결과로 구성된(따라서 피연산자와 성분 개수가 같은) 벡터가 만들어진다.

## 6.3.3 행렬

행렬(matrix) 변수를 선언하고 사용하는 방식은 벡터 변수와 비슷하다. 행렬 변수를 선언할 때에는 성분의 자료 형식(여러 기본 형식들 중 하나)과 행, 열 수를 지정한다. 행과 열이 모두 4이면 총 16개의 성분으로 이루어진 행렬이 된다. 행렬의 성분에 접근할 때에는 2차원 배열 구문을 사용하는데, 이 경우 첫 색인은 행을 결정하고 둘째 색인은 열을 결정한다. 색인을 하나만 지정하면 해당 행의 성분들로 이루어진 벡터가 반환된다. 행렬은 또한 벡터와는 다른 고유한 멤버 접근 구문도 지원한다. 목록 6.7에 여러 가지 접근 구문의 예가 나와 있다.

```
float4x4 worldMatrix = float4x4( float4( 1.0f, 0.0f, 0.0f, 0.0f ),
                                 float4( 0.0f, 1.0f, 0.0f, 0.0f ),
                                 float4( 0.0f, 0.0f, 1.0f, 0.0f ),
                                 float4( 0.0f, 0.0f, 0.0f, 1.0f ) );
float matVal0 = worldMatrix._m00;      // 첫 행 첫 열의 성분.
float matVal1 = worldMatrix._12;       // 첫 행 둘째 열의 성분.
float matVal2 = worldMatrix[0][1];     // 첫 행 둘째 열의 성분.
float2 matVal3 = worldMatrix._11_12; // 스위즐.
```

**목록** 6.7. 행렬 성분 접근 구문.

벡터처럼 행렬 형식에 대한 연산자들은 성분 대 성분 방식으로 수행된다. 따라서 행렬 곱셈과 변환을 위해 곱하기 연산자를 사용해서는 안 된다. 선형대수의 행렬 곱하기 행렬 연산이나 행렬 곱하기 벡터 연산을 위해서는 고유 함수 **mul**을 사용해야 한다. 이에 대한 좀 더 자세한 사항은 §6.7 "고유 함수"나 SDK 문서화를 보기 바란다.

일반적으로 셰이더 프로그램에서는 행렬을 행우선(row-major) 형태로 초기화하며, 모든 벡터, 행렬 변환 역시 행우선 방식을 따른다. 그러나 컴파일러는 최적화를 위해 행렬을 열우선(column-major) 방식으로 저장하는 경우가 많다. 어셈블리 수준에서는 열우선 행렬을 네 개의 내적(dot product)을 이용해서 좀 더 효율적으로 표현할 수 있기 때문이다. 또한 컴파일러는 상수 버퍼에 선언된 모든 행렬을 마치 열우선 형태의 자료를 담고 있는 것처럼 처리한다(심지어 고유 명령 **mul**이 행우선 변환을 수행하는 경우에도). 따라서 응용 프로그램에서 행렬을 미리 전치해서 상수 버퍼에 설정하거나 셰이더 프로그램에서 행렬을 전치시키는 조치가 필요하다. 또는 셰이더 컴파일 함수를 호출할 때 `D3D10_SHADER_PACK_MATRIX_ROW_MAJOR` 플래그를 지정하거나, 행렬을 선언할 때 `row_major` 수정자를 지정함으로써 행우선을 명시적으로 지시하는 방법도 있다.

## 6.3.4 구조체

HLSL은 사용자 정의 구조체를 지원한다. 이에 관련된 규칙은 C++과 아주 비슷하다. 구조체는 임의의 개수의 멤버를 담을 수 있으며, 멤버의 형식으로는 스칼라 기본 형식들은 물론 벡터, 행렬도 가능하다. 또한 배열 형식의 멤버와 다른 구조체 형식의 멤버도 지원한다. 목록 6.8은 간단한 구조체를 선언한 예이다.

```
struct MyStructure
{
    float4 Vec;
    int Scalar;
    float4x4 Mat;
    float Array[8];
};
```

**목록 6.8.** 구조체 선언 구문.

## 6.3.5 함수

HLSL은 사용자 정의 함수를 지원한다. 함수의 선언 방식은 C/C++과 비슷하다. HLSL 함수는 그 어떤 형식도 돌려줄 수 있으며(void도 포함해서), 임의의 개수의 매개변수들을 받을 수 있다. HLSL은 참조나 포인터 형식을 지원하지 않는다. 대신 매개변수의 입력/출력 용도를 고유한 수정자를 이용해서 지정한다. 표 6.2가 그러한 매개변수 수정자들이다.

| 수정자 | 설명 |
| --- | --- |
| in | 매개변수가 함수의 입력이다. 함수 안에서 매개변수에 생긴 모든 변경은 임시적이다. 즉, 그 변경들이 함수를 호출한 코드에는 반영되지 않는다. C++의 '값 전달(pass-by-value)' 의미론과 비슷하다. 이것이 기본 수정자이다. |
| out | 매개변수가 함수의 출력이다. 함수는 매개변수의 값을 반드시 설정해야 한다. 그 값은 호출 코드에 반영된다. |
| inout | 매개변수가 함수의 입력이자 출력이다. 함수는 호출 코드가 설정한 매개변수의 값에 접근할 수 있으며, 함수 안에서 매개변수에 가한 변경은 호출 코드에도 반영된다. C++의 '참조 전달(pass-by-reference)'와 비슷하다. |
| uniform | 매개변수가 프로그램 실행 전반에서 상수이다. 진입점이 아닌 함수의 경우 이 수정자는 in과 동등하다. 진입점 함수의 경우 uniform 매개변수는 $Param 기본 상수 버퍼*[역주]에 속하게 된다. |

**표 6.2.** 함수 매개변수 수정자들.

함수를 사용할 때, 셰이더 프로그램이 C++에 쓰이는 것 같은 통상적인 스택을 사용하지 않는다는 점을 명심해야 한다. 예를 들어 함수의 재귀 호출은 불가능하며, 따라서 재귀적인 알고리즘을 구현할 때에는 재귀 구조를 직접적인 반복 구조로 변환해야 한다.

## 6.3.6 인터페이스

HLSL의 인터페이스는 C++의 추상 가상 클래스와 비슷한 것으로, 동적 셰이더 연계(linkage)를 위해 쓰인다. 인터페이스는 멤버 함수(메서드)만 가질 수 있으며 멤버 변수는 가지지 못한다. 목록 6.9에 간단한 인터페이스 형식의 선언 예가 나와 있다.

---

* [역주] §6.4.1에서 소개하는 두 가지 기본 상수 버퍼 중 하나이다.

```
interface MyInterface
{
    float3 Method1( );
    float2 Method2( float2 param );
};
```

**목록** 6.9. 인터페이스 선언 구문.

인터페이스에 선언된 메서드는 항상 순수 가상 함수로 간주되므로 따로 **virtual** 같은
키워드를 지정할 필요는 없다. HLSL에서 인터페이스를 활용하는 방법에 대해서는 §6.6
"동적 셰이더 연계"에서 좀 더 이야기하겠다.

## 6.3.7 클래스

C++의 클래스처럼 HLSL의 클래스는 멤버 함수뿐만 아니라 멤버 변수들도 가질 수 있
다. 또한 단일 기반 클래스 상속과 다중 인터페이스 상속도 지원한다. 인터페이스를 상
속하는 클래스는 그 인터페이스에 선언된 모든 메서드를 완전히 구현해야 한다. 목록
6.10은 인터페이스를 구현하는 간단한 클래스의 예이다.

```
interface MyInterface
{
    float3 Method1( );
    float2 Method2( float2 param );
};

class MyClass : MyInterface
{
    float3 Member1;
    float3 Method1( )
    {
        return Member1;
    }
};

float2 MyClass::Method2( float2 param )
{
    return Member1.xy + param.xy;
}
```

**목록** 6.10. 클래스 정의 구문.

보통의 셰이더 프로그램에서도 클래스의 인스턴스를 생성해서 메서드를 호출할 수 있지만, 클래스는 주로 동적 셰이더 연계를 위해 쓰인다. HLSL에서 클래스를 활용하는 방법에 대해서는 §6.6 "동적 셰이더 연계"에서 좀 더 이야기하겠다.

## 6.3.8 조건문

코드의 실행을 조건에 따라 제어하는 구문으로는 if문과 case문이 있다. 이들은 C/C++의 해당 제어문들과 동일한 방식으로 작동한다. 모든 if 문은 항상 하나의 부울 값에 대해 작동하는데, 논리 연산자와 비교 연산자로 구성된 조건식으로 그러한 부울 값을 만들어 낼 수 있다. 벡터들에 대한 논리, 비교 연산의 부울 결과를 if문에 직접 사용하지는 못한다는 점을 기억하기 바란다. 그런 연산들은 하나의 단일한 부울 값이 아니라 벡터를 만들어 내기 때문이다. 이는 switch문에서도 마찬가지이다.

프로그램을 실제로 실행해서야 알 수 있는 값에 기초한 조건 분기를 셰이더 어셈블리로 표현하는 방식이 두 가지라는 점도 기억해 두기 바란다. 하나는 술어 조건부 **단정**(predication)이고 또 하나는 **동적 분기**(dynamic branching)이다. 단정이 쓰이는 경우 컴파일러는 분기의 양쪽 표현식을 모두 평가하고, 그런 다음 주어진 술어 조건의 판정 결과에 따라 둘 중 적절한 값을 "취사선택"하는 코드를 생성한다. 반면 동적 분기에서는 셰이더 프로그램의 실행 흐름을 실제로 제어하는 분기 명령들을 만들어 낸다. 따라서 불필요한 계산과 메모리 접근이 생략될 **가능성이** 있다.

분기의 한 가지의 명령들이 생략되는지는 분기의 '응집성(coherency)'에 달려 있다. 동시에 실행되는 한 셰이더 프로그램의 인스턴스들이 모두 동일한 가지를 선택한다면, 하드웨어는 다른 가지의 실행을 생략할 수 있게 된다. 일반적으로 하드웨어는 정점 셰이더·기하 셰이더·픽셀 셰이더에서 다수의 연속된 정점·기본도형·픽셀들을 동시에 처리한다. 계산 셰이더의 경우에는 스레드들이 명시적으로 스레드 그룹으로 조직화되며, 각 그룹 안의 응집성이 요구된다. 또한 동적 분기에는 고정된 크기의 성능 비용(실제 분기 명령들을 실행하는 데에서 비롯된)이 따른다. 그리고 픽셀 셰이더의 동적 분기에서는 기본적인 텍스처 표본 추출 메서드(Sample)를 사용하지 못할 수 있다. 한 기본도형의 픽셀들이 각자 다른 분기 가지들을 택할 수 있기 때문이다. 따라서 동적 분기가 유발하는 추가 부담과 명령들의 실행을 생략함으로써 얻는 성능 이득을 잘 비교해 볼 필요가 있으며, 그와 함께 분기의 응집성도 고려해야 한다.

기본적으로 컴파일러는 단정과 동적 분기를 나름의 발견법(heuristics)에 기초해서 자동으로 선택한다. 그러나 셰이더 프로그램 안에서 '특성'을 이용해서 컴파일러의 선택에 영향을 줄 수도 있다. 이에 대해서는 §6.3.11 "특성"에서 좀 더 이야기하겠다.

## 6.3.9 반복문

HLSL이 지원하는 반복문은 for, while, do...while 세 가지이다. 조건문처럼 이들의 구문과 사용법도 C/C++의 해당 반복문과 동일하다. 루프 반복이 실행 시점의 값에 기초해서 결정되는 경우 반복문도 조건문처럼 실행 흐름을 동적으로 제어하는 어셈블리 명령들을 만들어 낼 수 있다. 따라서 분기의 응집성과 관련된 성능 고려사항들이 반복문에도 그대로 적용된다.

## 6.3.10 의미소

HLSL에서 의미소(semantic, 意味素)는 변수의 의미 또는 용도를 결정하는 식별자로, 주로 다음 세 가지 목적으로 쓰인다.

1. 셰이더 단계들 사이에서 값들을 전달하는 데 쓰이는 변수들의 연결 관계를 지정한다.

2. 파이프라인이 생성한 특별한 시스템 값을 셰이더 프로그램에 전달한다.

3. 셰이더 프로그램이 시스템 값들을 파이프라인에 전달하게 만든다.

목록 6.11에 이 세 가지 쓰임새를 보여주는 코드가 나와 있다.

```
cbuffer PSConstants
{
    float4x4 WVPMatrix;
}
void VSMain(  in float4 VPos : POSITION        // 변수를 입력 조립기에
                                               // 연결한다.
```

```
            in uint VID : SV_VertexID        // 변수를 시스템이 생성한 값에
                                             // 연결한다.
            out float4 OPos : SV_Position    // 파이프라인에게 이 변수의 값을
                                             // 출력 정점 위치로 해석하라고
                                             // 알려준다.

    )
{
    OutPos = mul( VPos, WVPMatrix );
}
```

**목록 6.11.** 정점 셰이더에서 의미소를 사용하는 예.

목록 6.11에 나온 정점 셰이더 주 함수의 첫 입력 매개변수에는 **POSITION**이라는 의미소가 지정되어 있다. 이는 한 셰이더 프로그램이 그 이전 셰이더 단계로부터 어떤 자료를 입력 받고자 하는지를 명시하기 위해 의미소를 사용한 예이다. 이 경우 입력 조립기는 정점 자료구조 중 위치 정보에 해당하는 부분의 바이트 오프셋을 입력 배치를 이용해서 적절히 계산해 정점 셰이더에게 넘겨줄 것이다. 이와 비슷하게, 셰이더 프로그램이 다음 셰이더 단계에게 넘겨줄 자료를 명시할 때에도 의미소를 사용한다. 이에 의해 실행시점 모듈은 적절한 출력 값을 다음 단계의 적절한 입력 매개변수에 연결한다.

**SV_**로 시작하는 의미소는 어떤 값을 실행시점 모듈로부터 받거나 실행시점 모듈에게 넘겨주기 위한 시스템 값 의미소이다. 위의 예에서 **SV_VertexID**가 그러한 시스템 값 의미소의 하나로, 이 의미소에 의해 둘째 매개변수는 정점 버퍼 안의 정점 색인 값을 받게 된다. 셋째 매개변수에 적용된 **SV_Postion**은 이 정점 셰이더 프로그램이 출력하는 값이 래스터화에 사용할, 변환을 마친 정점 위치임을 지정하는 역할을 한다. Direct3D 11이 지원하는 모든 시스템 값 의미소를 알고 싶다면 SDK의 HLSL 레퍼런스 섹션을 찾아보기 바란다. 또한, 제3장에서도 이 시스템 값 의미소들 각각의 의미와 용도를 좀 더 배울 수 있다.

## 6.3.11 특성

HLSL에서 말하는 **특성**(attribute)은 컴파일러가 생성하는 어셈블리 코드를 수정하기 위해 또는 파이프라인이 셰이더 프로그램을 실행하는 방식을 변경하기 위해 HLSL 코드 안에 삽입하는 특별한 지시문이다. HLSL의 특성들 중에는 생략 가능한 것들도 있고

특정 종류의 셰이더에 반드시 지정해야 하는 것들도 있다. 어떤 경우이든, 특성은 그것이 영향을 미치는 함수나 조건문, 루프 직전에 지정해야 한다. 표 6.3에 **HLSL**의 모든 특성이 간단한 설명과 함께 나와 있다.

| 특성 | 설명 |
| --- | --- |
| [branch] | 컴파일러가 조건문을 동적 분기 명령들로 표현하게 만든다. |
| [flatten] | 컴파일러가 분기를 "평평하게" 만든다. 즉, 적절한 값을 선택하는 비교 명령들을 생성하게 한다. |
| [loop] | 컴파일러가 반복문을 동적 반복 명령들로 표현하게 만든다. |
| [unroll] | 컴파일러가 루프를 "펼치게" 만든다. 즉, 루프 안의 명령들을 반복해서 생성하게 한다. 최대 반복 횟수를 뜻하는 매개변수를 지정할 수 있다. |
| [maxvertexcount] | (기하 셰이더의 필수 특성) 셰이더가 산출하는 정점들의 최대 개수를 지정한다. |
| [domain] | 덮개 셰이더에 쓰이는 패치의 종류(tri, quad, isoline)를 지정한다. |
| [earlydepthstencil] | 픽셀 셰이더에서 쓰이는 것으로, 깊이·스텐실 판정을 픽셀 셰이더보다 먼저 수행되게 한다. |
| [instance] | 실행할 기하 셰이더 인스턴스 개수를 지정한다. |
| [maxtessfactor] | 덮개 셰이더가 돌려줄 테셀레이션 계수의 최댓값을 지정한다. |
| [numthreads] | 계산 셰이더의 한 스레드 그룹에 배분할 스레드들의 개수를 지정한다(3차원 형태로). |
| [outputcontrolpoints] | 덮개 셰이더가 산출할 제어점 개수를 지정한다. |
| [outputtopology] | 테셀레이터에 쓰이는 기본도형 위상구조(line, triangle_cw, triangle_ccw)를 지정한다. |
| [partitioning] | 덮개 셰이더에 쓰이는 테셀레이션 방법(integer, fractional_even, fractional_odd, pow2)을 지정한다. |
| [patchconstantfunc] | 다음의 함수가 덮개 셰이더의 패치 상수 함수임을 명시한다. |

**표 6.3.** HLSL 특성들.


# 6.4 상수 버퍼

제3장 "Direct3D 11의 자원들"에서 언급했듯이, 상수 버퍼(constant buffer)는 하나의 그리기 호출이나 배분 호출이 진행되는 내내 변하지 않는 소량의 상수 자료를 담기 위한 자원이다. 셰이더 프로그램에서 상수 버퍼의 자료에 접근하려면 그 상수 버퍼의 배치

구조를 HLSL로 선언해 두어야 한다. 이 배치 구조를 선언하는 구문은 구조체를 선언하는 구문과 아주 비슷하다. 즉, 여러 멤버의 이름과 형식을 나열하는 형태이다. 일단 선언된 상수 버퍼 멤버는 셰이더 프로그램의 어디에서도 그 이름만으로 접근할 수 있다. 일반 버퍼나 텍스처 같은 다른 종류의 자원과는 달리 별다른 코드 없이도 자료에 접근할 수 있으므로 아주 편하다. 목록 6.12는 간단한 정점 셰이더 프로그램에서 아주 기초적인 상수 버퍼의 배치를 선언하고 그 멤버들을 사용하는 예이다.

```hlsl
cbuffer VSConstants
{
    float4x4 WorldMatrix;
    float4x4 ViewProjMatrix;
    float3 Color;
    uint EnableFog;
}
float4 VSMain( in float4 VtxPosition : POSITION ) : SV_Position
{
    float4 worldPos = mul( VtxPosition, WorldMatrix );
    return mul( worldPos, ViewProjMatrix );
}
```

**목록** 6.12. HLSL 상수 버퍼의 선언과 사용 예.

호스트 응용 프로그램에서 상수 버퍼를 매핑해서 상수 값들을 설정할 때 사용하는 오프셋(버퍼 시작으로부터의)은 HLSL의 상수 버퍼 배치 선언에 지정된 오프셋과 반드시 일치해야 한다. 이를 위해 임의의 개별 상수의 오프셋을 반영(reflection) API로 알아내서 상수 자료를 설정할 수도 있고, HLSL의 배치와 정확히 일치하는 C나 C++ 구조체를 선언해서 사용할 수도 있다. 후자의 경우에는 반영 API 함수들에 의존하지 않고 상수 버퍼 전체를 하나의 `memcpy` 호출로 설정할 수 있어서 편하지만, HLSL의 바이트 정렬(alignement)과 압축(packing) 규칙이 대부분의 C나 C++ 컴파일러에 쓰이는 것과 다르다는 점에 특별히 주의를 기울여야 한다. 기본적으로 HLSL 컴파일러는 하나의 상수가 여러 개의 float4 레지스터들에 걸치지 않도록 상수들을 정렬한다. 따라서 C/C++ `struct`의 멤버들을 반드시 16바이트 경계에 정렬되도록 선언해야 HLSL의 배치와 일치하게 된다. 필요하다면 C/C++ 구조체의 멤버들 사이에 채움(padding)용 가짜 멤버를 삽입해야 할 수도 있다. 컴파일러에 따라서는 채움, 압축 정렬 방식을 지정하는 특별한

#pragma 지시문을 사용해도 될 것이다. 한편, HLSL에서 상수 버퍼의 압축 방식을 packoffset 키워드로 직접 지정하는 방법도 있다. 목록 6.13은 packoffset을 이용해서 상수 버퍼의 멤버들을 4바이트 단위로 빽빽하게 꾸린 예이다.

```
cbuffer VSConstants
{
    float4x4 WorldMatrix : packoffset(c0);
    float4x4 ViewProjMatrix : packoffset(c4);
    float3 Color : packoffset(c8);
    uint EnableFog : packoffset(c8.w);
    float2 ViewportXY : packoffset(c9);
    float2 ViewportWH : packoffset(c9.z);
}
```

**목록 6.13.** 상수 버퍼의 압축 지정.

HLSL 컴파일러는 상수 버퍼 선언에 기초해서 상수 버퍼를 해당 파이프라인 단계를 위한 15개의 상수 버퍼 레지스터들 중 하나에 대응시킨다. 그 레지스터들에는 cb0에서 cb14까지의 이름이 붙어 있는데, cb 다음의 번호, 즉 레지스터 색인은 호스트 응용 프로그램에서 상수 버퍼를 파이프라인에 연결할 때 *SSetConstantBuffers 함수에 지정한 슬롯 색인과 일대일로 대응된다. 응용 프로그램은 반영 API를 이용해서 셰이더 프로그램에 대한 레지스터 색인을 알아낼 수 있다(따라서 어떤 슬롯을 지정해야 할지 알 수 있다). 한편, HLSL에서 register 키워드를 이용해 레지스터 색인을 직접 지정하는 것도 가능하다. 목록 6.14에 이 키워드의 사용 예가 나와 있다.

```
cbuffer VSConstants : register(cb0)
{
    float4x4 WorldMatrix : packoffset(c0);
    float4x4 ViewProjMatrix : packoffset(c4);
    float3 Color : packoffset(c8);
    uint EnableFog : packoffset(c8.w);
    float2 ViewportXY : packoffset(c9);
    float2 ViewportWH : packoffset(c9.z);
}
```

**목록 6.14.** 상수 버퍼 레지스터 색인을 지정하는 예.

## 6.4.1 기본 상수 버퍼들

셰이더 컴파일러는 static const 수정자가 없이 선언된 모든 전역 변수를 $Globals라는 기본 상수 버퍼 안의 상수로 취급한다. 비슷하게, 셰이더 프로그램 진입점의 매개변수들 중 uniform 키워드가 붙은 것들은 모두 $Params라는 기본 상수 버퍼에 속하게 된다.

## 6.4.2 텍스처 버퍼

상수 버퍼는 작은 크기의 균일 접근 패턴에 최적화된 것이기 때문에 상황에 따라서는 바람직하지 않은 성능 특성을 보일 수 있다. 좋은 예가 뼈대 행렬 배열로 스키닝을 적용하는 경우이다. 이 경우 각 정점의 자료에는 그 정점의 위치와 법선을 변환하는 데 사용할 뼈대를 가리키는 하나 이상의 색인들이 포함되어 있다. 그런데 그래픽 하드웨어 아키텍처들 중에는 이런 상황에서 셰이더 프로그램을 실행하는 스레드들의 뼈대 자료에 대한 접근을 직렬화해야 하기 때문에 실행 지연을 유발하는 것들이 많다.

이 문제를 완화하기 위해 Direct3D 11은 **텍스처 버퍼**라고 하는 특별한 종류의 상수 버퍼를 제공한다. 셰이더 프로그램 안에서 텍스처 버퍼를 선언하고 사용하는 방법은 상수 버퍼의 것과 동일하다. 그러나 내부적으로는 메모리 접근이 텍스처 조회(fetching) 파이프라인을 통해서 일어난다. 이는 통상적인 텍스처 표본 추출에서와 동일한 방식의 캐싱 및 비동기 접근 패턴이 수행된다는 뜻이다. 목록 6.15는 정점 셰이더 프로그램에서 텍스처 버퍼를 선언하고 사용하는 예이다.

```
cbuffer VSConstants : register(cb0)
{
    float4x4 WVPMatrix;
}


tbuffer Bones : register(t0)
{
    float4x4 BoneMatrices[256];
}
float4 VSMain( in float4 VtxPosition : POSITION,
```

```
            in uint BoneIndex : BONEINDEX ) : SV_Position
{
    float4x4 boneMatrix = BoneMatrices[BoneIndex];
    float4 skinnedPos = mul( VtxPosition, boneMatrix );
    return mul( skinnedPos, WVPMatrix );
}
```

**목록 6.15.** 정점 셰이더 프로그램에서 텍스처 버퍼를 선언하고 사용하는 예.

텍스처 버퍼 선언 시 한 가지 명심해야 할 점은, 텍스처 버퍼가 상수 버퍼 레지스터가 아니라 텍스처 레지스터에 대응된다는 것이다. 또한 호스트 응용 프로그램이 텍스처 버퍼 자원을 버퍼 자원이 아니라 텍스처 자원으로서 생성해야 하며, 텍스처 버퍼에 대한 셰이더 자원 뷰를 만들어서 *SSetShaderResources를 통해(*SSetConstantBuffers 가 아니라) 파이프라인에 연결해야 한다는 점도 기억해야 한다.


## 6.5 자원 객체

HLSL에는 셰이더 프로그램에서 Direct3D 11의 다양한 자원과 상호작용하기 위한 여러 가지 셰이더 객체 형식이 있다. 각 객체 형식은 자신이 대표하는 자원에 맞는 여러 메서드를 제공한다. 이 메서드들 대부분은 지정된 주소나 색인에 해당하는 위치의 자료를 자원에서 읽어 들이기 위한 것이지만, 자원 자체에 대한 정보를 제공하는 메서드들도 있다. 읽기와 쓰기가 모두 가능한 자원의 경우에는 자원에 자료를 기록하기 위한 메서드들도 제공된다.

읽기 전용 자원 객체들은 모두 셰이더 자원 뷰에 대응되는 반면, 읽기·쓰기 자원 객체는 순서 없는 접근 뷰에 대응된다. 상수 버퍼와 비슷하게, 컴파일러는 선언된 자원 객체를 SSetShaderResources나 OMSetRenderTargetsAndUnorderedAccessViews, CSSetUnorderedAccessViews 호출 시 지정된 슬롯 번호에 해당하는 레지스터에 대응 시킨다. 역시 상수 버퍼처럼, HLSL에서 자원 객체를 선언할 때 register를 키워드를 이용해서 레지스터 색인을 직접 지정할 수도 있다. 셰이더 자원 뷰의 경우에는 t0에서 t127까지의 레지스터를 사용할 수 있고, 순서 없는 접근 뷰는 u0에서 u7까지의 레지스

터를 사용할 수 있다. 여러 종류의 자원과 자원을 파이프라인에 연결하는 방법은 제2장
에서 자세히 이야기했다.

## 6.5.1 버퍼 자원 객체

버퍼 자원 객체는 ID3D11Buffer 자원에 대해 생성된 셰이더 자원 뷰에 대응된다. 대부
분의 경우 버퍼 자원 객체는 자원의 크기를 돌려주는 메서드나 주어진 주소의 값을 읽는
Load 메서드, 그리고 주어진 색인에 해당하는 값을 읽는 배열 연산자 등으로 이루어진
아주 단순한 인터페이스를 제공한다. 한 버퍼에 여러 가지 형식의 자료가 들어 있을
수 있는 경우, Load나 배열 연산자로 자료 값을 읽을 때 자료의 구체적인 형식을 템플릿
비슷한 구문으로 지정할 수 있다. 목록 6.16은 자료 형식이 float4인(DXGI_FORMAT_
R32G32B32A32_FLOAT에 해당) 표준 Buffer 객체를 선언한 예이다.

```
Buffer<float4> Float4Buffer : register(t0);
```

**목록** 6.16. float4 버퍼의 선언 예.

### Buffer 형식

Buffer 객체는 HLSL에서 가장 간단한 형식의 자원 객체이다. Buffer 객체는 Load
메서드와 배열 연산자를 통해서 자신의 자료에 대한 읽기 전용 접근을 제공한다. 메서드
와 연산자 모두 지정된 색인에 있는 자료를 돌려준다. 또한 버퍼의 크기(바이트 단위)를
돌려주는 GetDimensions 메서드도 제공한다.

### ByteAddressBuffer 형식

ByteAddressBuffer 형식의 버퍼 객체에서는 색인 대신 바이트 오프셋을 이용해서 버
퍼의 자료에 접근할 수 있다. 이를 위한 메서드는 Load, Load2, Load3, Load4로, 각각
1, 2, 3, 4개의 uint 값들을 돌려준다. 이 메서드들은 uint 형식의 값만 돌려주므로
다른 형식의 자료를 담은 버퍼를 이 형식의 버퍼 객체로 다룰 때에는 반환된 값을 변환·
캐스팅 고유 함수를 이용해서 직접 변환할 필요가 있다.

### StructuredBuffer 형식

DXGI_FORMAT의 한 값에 해당하는 기본 형식 자료에만 접근할 수 있는 Buffer 형식과는 달리, 이 StructuredBuffer 형식의 버퍼 객체로는 버퍼에 담긴 구조체 형태의 원소에 읽기 전용으로 접근할 수 있다. 그 구조체의 형식을 HLSL에서 struct로 선언해 두고, StructuredBuffer 객체 선언 시 템플릿 인수로 그 구조체 형식을 지정해야 한다.

### 세 가지 읽기 · 쓰기 버퍼 객체 형식

읽기·쓰기 버퍼 객체로는 버퍼 자원의 임의의 위치를 읽는 것은 물론 값을 쓸 수도 있다. 읽기와 쓰기를 장치가 자동으로 동기화하지는 않기 때문에, 이런 버퍼 객체를 사용할 때에는 동기화 고유 함수나 원자 함수를 이용해서 스레드들의 메모리 접근을 제어해 주어야 한다. 기본적으로 동기화 고유 함수는 쓰기 연산의 결과가 스레드 그룹 전체에 반영되게 하는 역할만 수행한다. 쓰기 결과가 GPU 전체에 반영되게 하려면 버퍼 객체를 선언할 때 globallycoherent 키워드를 붙여 주어야 한다.

읽기 · 쓰기 버퍼 객체 형식은 세 가지로, RWBuffer, RWByteAddressBuffer, RWStructured Buffer이다. 읽기의 경우에는 RW가 붙지 않은 읽기 전용 버퍼 객체와 동일하게 작동하며, 제공하는 메서드들도 동일하다. 쓰기의 경우 RWBuffer와 RWStructuredBuffer에서는 배열 연산자를 이용해서 특정 자료를 기록할 수 있고, RWByteAddressBuffer는 Store, Store2, Store3, Store4 메서드를 사용하면 된다. RWByteAddressBuffer는 또한 자원 내용에 대한 원자적인 연산을 수행하는 일단의 맞물린 메서드(interlocked method, 상호잠금 메서드)들도 제공한다. 숨겨진 카운터가 있는 버퍼(즉, D3D11_ BUFFER_ UAV_FLAG_COUNTER 플래그를 지정해서 생성한 구조적 버퍼 자원)에 대한 RWStructured Buffer 객체의 경우에는 IncrementCounter 메서드와 DecrementCounter 메서드를 이용해서 그 카운터를 증가, 감소할 수 있다. 구조적 버퍼 자원에 대해서는 제2장에서 자세히 이야기했다.

## 6.5.2 추가 · 소비 버퍼

추가·소비 버퍼(append/consume buffer)는 픽셀 셰이더나 계산 셰이더에서 자원에 값을 추가하거나 제거하는 용도로 쓰이는 버퍼 자원이다. 추가 및 제거 연산이 버퍼의 끝에서 일어나기 때문에 추가·소비 버퍼는 스택과 다소 비슷한 방식으로 작동한다. 그러나 통상적인 스택과는 달리 추가와 제거의 순서 관계가 보장되지 않는다. 여러 스레드가 동시에 자원에 접근하기 때문이다. HLSL에서 버퍼에 값을 추가할 때에는 AppendStructuredBuffer 객체의 Append 메서드를 사용하고, 제거할 때에는 ConsumeStructuredBuffer 객체의 Consume 메서드를 사용한다. 이름에서 짐작하겠지만, 두 버퍼 객체 모두 구조적 버퍼(structured buffer) 자원을 위한 것이다.

## 6.5.3 스트림 출력 버퍼

스트림 출력 버퍼는 기하 셰이더가 기본도형 정점 자료를 출력하는 데 쓰이는 간단한 자원이다. 다른 종류의 자원과는 달리 이 버퍼는 전역적으로 선언되지 않으며, 레지스터에 대응되지도 않는다. 대신 기하 셰이더 진입점 함수의 한 inout 매개변수를 통해서 접근이 일어난다. 스트림 출력 버퍼를 위한 HLSL 형식은 세 가지로, 각각 점 띠(strip), 선 띠, 삼각형 띠에 해당하는 PointStream, LineStream, TriangleStream이다. 진입점 매개변수 선언에는 정점의 자료 형식을 지정하는 템플릿 인수도 반드시 포함되어야 한다. 일반적으로 그 형식은 픽셀 셰이더에게 넘겨주어야 할 또는 스트림 출력 단계가 출력할 모든 정점 자료를 담은 구조체이다. 기본도형 띠에 정점을 추가하는 메서드는 Append이며, 현재 띠를 끊고 새 띠를 시작할 때에는 RestartStrip 메서드를 사용한다. 최소 개수 미만의 정점이 추가된 상태에서, 즉 즉 하나의 기본도형을 완성하지 못한 채로 띠를 끊으면 완성되지 않은 기본도형이 폐기된다.[1]

## 6.5.4 출력 및 입력 패치

HLSL은 두 가지 패치(patch) 형식을 제공한다. 이들은 덮개 셰이더와 영역 셰이더의 제어점 자료 배열에 접근하는 데 쓰이며, 기하 셰이더의 입력으로 쓰이기도 한다.[2] 하나는 제어점들의 배열을 담는 InputPatch로, 덮개 셰이더나 패치 상수 함수, 기하 셰이더

---

[1] 기능 수준이라는 개념은 잠시 후에 설명한다.

[2] 일반적으로 기하 셰이더가 InputPatch를 입력받을 수 있다고 간주되지는 않지만, 덮개 셰이더와 마찬가지 방식으로 InputPatch를 선언하고 사용하는 것이 가능하다. 제어 패치들을 테셀레이션 단계에서 소비하지 않고 기하 셰이더에서 고차 표면 연산을 수행할 때 그러한 기법을 사용할 수 있다.

의 입력 특성 선언에 이 형식을 사용할 수 있다. 또 하나는 OutputPatch로, 영역 셰이더의 입력으로 선언할 수 있는 제어점 배열에 해당한다. 두 형식 모두 개별 원소 접근을 위한 배열 연산자를 제공하며, 원소 개수를 돌려주는 Length 속성도 제공한다.

## 6.5.5 텍스처

텍스처는 렌더링 파이프라인에서 아주 흔히 쓰이는 자원으로, 접근 시 그래픽 하드웨어의 특별한 텍스처 표본 추출 장치가 작동한다는 특징을 가지고 있다. 셰이더 프로그램이 하드웨어의 능력을 최대한 활용할 수 있도록 하기 위해, HLSL은 텍스처 자료 표본 추출을 위한 커다란 인터페이스를 제공한다. 거기에는 Direct3D 11의 여러 텍스처 자원 종류에 대응되는 읽기 전용 텍스처 자원 객체 형식들이 포함되어 있다. 표 6.4가 바로 그러한 텍스처 자원 객체 형식들이다.

| 형식 | 설명 |
| --- | --- |
| Texture1D | 1차원 텍스처. |
| Texture1DArray | 1차원 텍스처 배열. |
| Texture2D | 2차원 텍스처. |
| Texture2DArray | 2차원 텍스처 배열 |
| Texture2DMS | 다중 표본화 2차원 텍스처. |
| Texture2DMSArray | 다중 표본화 2차원 텍스처 배열. |
| Texture3D | 3차원 텍스처. |
| Texture3DArray | 3차원 텍스처 배열 |
| TextureCube | 입방체의 여섯 면에 해당하는 2차원 텍스처 여섯 개짜리 배열. |
| TextureCubeArray | 입방체 텍스처 배열. |

**표 6.4.** 텍스처 자원 객체 형식.

각각의 텍스처 자원 객체 형식은 모든 텍스처 연산의 한 부분집합을 지원하며, 따라서 각 객체 형식마다 고유의 인터페이스가 있다. 특정한 텍스처 객체 형식이 어떤 메서드들을 지원하는지는 HLSL 문서화를 참고하기 바란다. 그럼 텍스처 객체를 통해 텍스처 자원에 접근하는 데 쓰이는 주요 메서드 몇 가지를 살펴보자.

## Sample 메서드

여러 텍스처 객체 형식들이 제공하는 여러 Sample 메서드들은 전통적인 텍스처 표본 추출 연산을 수행한다. 이 메서드들은 자원을 담고 있는 메모리 안의 특정 표본 위치를 뜻하는 부동소수점 텍스처 좌표를 인수로 받는데, 그 좌표의 각 성분은 $[0,1]$ 구간으로 정규화된다. 성분 개수는 텍스처의 종류에 따라 다르다. Texture1D는 float 하나인 반면 Texture2D는 float 두개, Texture3D는 세 개이다. 텍스처 배열에 대한 Sample 메서드의 경우에는 사용할 텍스처의 배열 색인에 해당하는 부동소수점 값을 하나 더 받는다.

Sample 메서드는 주어진 표본추출기의 상태에 따라 하드웨어 텍스처 필터링(최소화, 최대화, 밉맵 보간)을 수행할 수 있다. 표본추출기(sampler) 상태는 반드시 HLSL 코드에서 SamplerState 객체로 선언해 두어야 한다. 그 객체는 상수 버퍼와 자원 객체들이 해당 레지스터에 대응되는 것과 마찬가지 방식으로 표본추출기 레지스터(s0에서 s15까지)에 사상되며, 그 레지스터의 색인은 장치 문맥의 *SSetSamplers 메서드 호출시 지정한 슬롯 번호에 대응한다. Sample 메서드 호출 시 앞서 선언한 SamplerState 객체를 지정하면 Sample 메서드는 해당 표본추출기를 이용해서 필터링을 수행한다. 간단한 픽셀 셰이더에서 Texture2D에 대한 Sample 메서드를 표본추출기를 지정해서 호출하는 예가 목록 6.17에 나와 있다.

```
SamplerState LinearSampler : register(s0);
Texture2D ColorTexture : register(t0);

float4 PSMain( in float2 TexCoord : TEXCOORD ) : SV_Target
{
    return ColorTexture.Sample( LinearSampler, TexCoord );
}
```

**목록 6.17.** 픽셀 셰이더에서 2차원 텍스처의 표본을 추출하는 예.

여러 개의 밉맵 수준을 담은 텍스처에 대해 Sample 메서드를 호출하는 경우 밉맵 수준이 텍스처 좌표들의 화면 공간 미분 계수('기울기')에 기초해서 자동으로 선택된다. Sample을 오직 픽셀 셰이더에서만, 그리고 동적 루프나 분기 구조 바깥에서만 사용할 수 있는 이유가 바로 이것이다. 다른 셰이더 단계에서 또는 픽셀 셰이더의 동적 분기·루프 안에서 텍스처 표본 추출을 수행하려면 Sample 대신 기울기나 밉맵 수준을 명시적으로 지정할 수 있는 메서드인 SampleGrad나 SampleLevel을 사용해야 한다. SampleBias라는 메서드도 있는데, SampleLevel과 같은 방식이되 편향치(bias value)도 지정할 수 있다는 점이 다르다.

Sample류 메서드의 반환 형식은 텍스처 객체를 연결하는 데 쓰이는 셰이더 자원 뷰를 생성할 때 지정한 DXGI_FORMAT 값에 의해 결정된다. 예를 들어 DXGI_FORMAT_R32G32B32A32_FLOAT를 지정했다면 반환 형식은 float4이고 DXGI_FORMAT_R32G32_UINT를 지정했다면 uint2, DXGI_FORMAT_R8G8B8A8_UNORM이라면 float4이다.

## SampleCmp 메서드

SampleCmp 메서드는 텍스처에서 추출한 표본 값을 그대로 돌려주는 것이 아니라 CompareValue 매개변수로 지정된 기준 값과 표본 값을 비교한 결과를 돌려준다. 반환 값이 1.0이면 비교 결과가 참인 것이고 0.0이면 거짓인 것이다. 짐작했겠지만, 이 메서드는 그림자 매핑 기법의 구현에 아주 유용하다.

비교에 쓰이는 부등 연산자의 종류는 셰이더 단계를 구성하는 데 쓰인 표본추출기 상태 객체를 생성할 때 사용했던 D3D11_SAMPLER_DESC 구조체의 ComparisonFunc 멤버에 의해 결정된다. 표본추출기 상태에 지정된 필터는 D3D11_FILTER 열거형에서 이름에 COMPARISON이 있는 값이어야 한다는 점을 주의하기 바란다. 또한, SampleCmp 호출 시 지정하는 표본추출기 상태는 반드시 HLSL 안에서 SamplerComparisonState 형식으로 선언된 객체이어야 한다. 표본추출기 상태에 선형 필터링 모드가 지정되어 있다면 텍스처가 여러 번 표본화되어서 기준 값과 비교된다. 최종 반환값은 모든 비교의 결과를 필터링한 것이다. 이는 그림자 맵을 위한 비율 근접 필터링(percentage closer filtering)을 효율적으로 구현하는 데 유용하다.

## Gather 메서드

Gather류 메서드들은 하나의 텍스처 좌표에 대해 네 개의 값을 돌려준다. 그 값들은 $2 \times 2$ 격자 형태의 텍셀들(겹선형 필터링에 쓰이는 것과 동일한)에서 비롯된 것이다.

GatherRed 메서드는 그 텍셀들의 적색 성분 네 개를 돌려주며, GatherGreen은 녹색 성분 네 개, GatherBlue는 청색 성분 네 개, GatherAlpha 메서드는 알파 성분 네 개를 돌려준다. Gather 메서드는 적색 성분 네 개를 돌려준다. 따라서 GatherRed와 기능이 같다. 이 메서드들은 $2 \times 2$ 정사각형 영역의 텍셀들에서 값을 읽으므로 Texture2D나 Texture2DArray에 대해서만 사용할 수 있다. SampleCmp처럼 비교를 수행하는 GatherCmp 메서드도 있다. 픽셀 셰이더에서 Gather류 메서드들은 이미지 처리에 아주 유용하다. 보통의 경우 $2 \times 2$ 격자 텍셀들의 RGB 값을 얻으려면 표본 추출 연산을 텍셀당 한 번씩 총 네 번 수행해야 한다. 그러나 GatherRed, GatherGreen, GatherBlue를 이용하면 같은 결과를 세 개의 명령으로 얻을 수 있으므로 더 효율적이다. 또한, 커스텀 그림자 맵 필터링 핵(kernel)을 구현하는 경우 GatherCmp를 이용하면 효율적이다.

## Load 메서드

Load 메서드는 텍스처의 자료를 필터링 없이 직접 읽어서 돌려준다. Buffer 객체의 Load 메서드와 비슷한 방식이다. 텍스처 객체의 다른 메서드와는 달리, 이 Load 메서드는 $[0,1]$ 구간의 부동소수점 텍스처 좌표 성분들이 아니라 하나의 int 색인을 받는다. 이는 텍스처 자료에 접근하는 가장 기본적인 수단이기 때문에, 모든 단계에서 모든 종류의 텍스처 자원이 이 메서드를 지원한다. 비슷한 기능을 제공하는 배열 연산자도 있다. 다중 표본화 텍스처의 경우 Load를 통해서 한 픽셀의 개별 부분 표본을 읽을 수 있다. 이 기능성은 커스텀 MASS 환원(resolve) 공정을 구현하거나 MSAA를 지연 렌더링 파이프라인에 통합할 때 유용하다. Buffer 객체의 Load처럼 이 메서드의 반환 형식은 텍스처 객체를 선언할 때 템플릿 인수로 지정한 형식을 따른다.

## Get 메서드

텍스처 자원 객체는 바탕 자원에 관한 정보를 돌려주는 여러 가지 메서드를 제공한다. 모든 텍스처 자원 객체 형식은 자원 크기, 밉맵 수준 개수, 표본 개수(다중 표본화 텍스처의 경우), 원소 개수(텍스처 배열의 경우)를 돌려주는 GetDimensions 메서드를 지원한다. Texture2DMS 객체는 또한 주어진 표본 색인에 해당하는 픽셀 안에서의 MSAA 표본점 위치를 돌려주는 GetSamplePosition 메서드도 지원한다.

### 입방체 텍스처

입방체 텍스처(cube texture)는 한 입방체의 여섯 면을 대표하는 특별한 텍스처 배열로, 반사나 환경 매핑에 흔히 쓰인다. Texture2DArray 형식의 객체를 통해서 보통의 텍스처 배열처럼 입방체 텍스처에 접근할 수도 있지만, TextureCube 형식의 객체를 이용해서 입방체 텍스처 고유의 기능을 사용할 수도 있다. TextureCube에 대한 **Sample** 메서드는 정규화된 3성분 방향 벡터를 받아서 그 방향 벡터가 가리키는 텍셀을 찾아 표본을 추출한다. 입방체 텍스처의 좀 더 자세한 작동 방식과 사용법이 제2장에 나온다.

### 읽기 · 쓰기 텍스처

읽기·쓰기 텍스처는 읽기·쓰기 버퍼 자원과 비슷한 방식으로 작동한다. 읽기·쓰기 텍스처 자원 객체는 배열 연산자를 통해서 임의 접근 읽기 및 쓰기를 지원한다. 또한 자원의 크기를 돌려주는 GetDimensions 메서드도 제공한다. HLSL에서 읽기·쓰기를 지원하는 텍스처 자원 객체 형식은 RWTexture1D, RWTexture1DArray, RWTexture2D, RWTexture2DArray, RWTexture3D이다.

## 6.6 동적 셰이더 연계

프로그래밍 가능한 그래픽 하드웨어가 주류가 된 이후로 3차원 그래픽 응용 프로그램의 그래픽 특징을 구현하기 위한 셰이더 코드의 크기와 복잡도가 크게 증가했다. 그러나 Direct3D 11 이전의 HLSL은 셰이더 프로그램 안에서의 동적 배분(dynamic dispatch)* 을 지원하는 내장 수단을 전혀 제공하지 않았다. 셰이더 모형 3.0에서는 값에 기초한 동적 분기 기능이 셰이더에 추가되었지만, 그러한 동적 분기는 성능에 크게 해가 되었기 때문에 동적 배분을 구현하는 수단으로 사용하는 것이 현실적으로 불가능했다. 정적 분기는 셰이더 모형 2.0에서부터 있었지만, 분기 가지의 개수에 제한이 있을 뿐만 아니라 성능상의 부담도 존재했기 때문에 역시 동적 배분을 구현하는 데 사용하기가 적합하지

---

* [역주] 실행 시점에서 조건에 따라 서로 다른 코드가 실행되게 하는 것을 말한다. C++의 가상 함수 호출 메커니즘 도 동적 배분의 한 형태이다.

않았다. 그래서 한 셰이더 프로그램에 필요한 모든 조합을 매크로와 조건부 컴파일을 이용하거나 작은 셰이더 코드 조각을 이어 붙이는 식으로 생성해서 정적으로 컴파일하는 방법으로 후퇴한 응용 프로그램들이 많았다. 그러한 접근방식의 경우 동적 분기가 필요 없으며 컴파일러의 최적화기가 완전한 프로그램 전체에 접근할 수 있다는 장점이 있지만, 새로운 옵션이 추가될 때마다 필요한 조합의 수가 기하급수적으로 늘어난다는 단점도 가지고 있었다. 이를 흔히 **셰이더의 조합적 폭발**(shader combinatorial explosion)이라고 부른다. 그래서 프로그래머는 셰이더 성능을 줄이는 것과 셰이더 컴파일 시간을 늘리는 것, 그리고 셰이더 빌드 파이프라인을 좀 더 복잡하게 만드는 것 중에 하나를 어렵게 택해야 했다.

이러한 상황을 바로잡기 위해 Direct3D 11은 **동적 셰이더 연계**(dynamic shader linkage)라는 기능을 도입했다. 이 기능은 간단히 말하면 응용 프로그램에서 셰이더 프로그램을 파이프라인에 연결할 때 한 HLSL 코드 경로의 여러 구현들 중 원하는 것을 동적으로 선택할 수 있게 하는 것이다. 이를 통해 그리기 호출이나 배분 호출 수준에서 동적 배분이 가능해진다. 그럼 이러한 기능을 실시간 렌더링 응용 프로그램에서 어떻게 사용하는지 좀 더 살펴보자.


## 6.6.1 동적 연계를 위한 셰이더 프로그램 작성

동적 연계를 활용하려면 셰이더 프로그램을 HLSL 인터페이스와 클래스를 이용해서 작성해야 한다. 이를 위한 절차는 본질적으로 C++의 가상 함수 배분과 비슷하다. 즉, 일단의 메서드들로 된 인터페이스를 선언해 두고, 그 인터페이스의 메서드를 호출하는 셰이더 프로그램을 작성한다. 실행 시점에서 호스트 응용 프로그램은 그 인터페이스를 구현하는 클래스의 인스턴스를 만들어서 그리기 호출이나 배분 호출에 지정한다. 인터페이스를 사용하는 셰이더 프로그램은 다른 모든 변수 형식에서처럼 인터페이스의 전역 인스턴스를 선언할 수 있다. 그 인스턴스는 C++의 다형적 포인터처럼 작동한다. 즉, 그 인스턴스의 한 메서드를 호출하면 응용 프로그램이 지정한 클래스 인스턴스의 해당 메서드가 실행된다. 목록 6.18에 인터페이스의 인스턴스를 선언하고 한 메서드를 호출하는 예가 나와 있다.

```
interface Light
{
    float3 GetLighting( float3 Position, float3 Normal );
};

Light LightInstance;

float4 PSMain( in float3 Position : POSITION,
               in float3 Normal : NORMAL ) : SV_Target
{
    float3 lightColor = LightInstance.GetLighting( Position, Normal );
    return float4( lightColor, 1.0f );
}
```

**목록 6.18.** 인스턴스 메서드 호출 예.

인터페이스를 구현하는 클래스는 HLSL 셰이더 프로그램 안에서 직접 정의할 수도 있고 다른 파일에 담아 두고 **#include** 지시문을 통해서 포함시킬 수도 있다. 클래스에 멤버 변수가 있는 경우 그 클래스의 인스턴스를 반드시 상수 버퍼 안에 선언해 주어야 한다. 그렇게 하면 호스트 응용 프로그램은 그 멤버들의 값을 실행 시점에서 설정할 수 있다. 목록 6.19는 인터페이스를 구현하는 클래스를 정의하고 그 클래스의 한 인스턴스를 상수 버퍼에서 선언하는 예이다.

```
class DirectionalLight
{
    float3 Color;
    float3 Direction;
    float3 GetLighting( float3 Position, float3 Normal )
    {
        return saturate( dot( Normal, Direction) ) * Color;
    }
};

cbuffer ClassInstances : register( cb0 )
{
    DirectionalLight DLightInstance;
}
```

**목록 6.19.** 클래스 인스턴스의 선언 예.

## 6.6.2 클래스를 인터페이스에 연계

실행 시점에서 동적 셰이더 연계를 사용하는 응용 프로그램은 셰이더 프로그램이 사용하는 인터페이스를 구현하는 구체적인 클래스를 반드시 지정해야 한다. 이를 위한 첫 단계는 ID3D11Device::CreateClassLinkage 메서드를 호출해서 ID3D11ClassLinkage 형식의 클래스 연계 객체를 생성하는 것이다. 그런 다음에는 그 객체를 셰이더 프로그램의 한 인스턴스에 연결한다. 앞에서 생성한 ID3D11ClassLinkage 객체를 CreateVertexShader나 CreateHullShader, CreateDomainShader, CreateGeometryShader, CreatePixelShader, CreateComputeShader 메서드의 pClassLinkage 매개변수에 지정하면 된다. 목록 6.20에 픽셀 셰이더를 위해 이러한 절차를 진행하는 예가 나와 있다.

```cpp
ID3D10Blob* compiledShader;
ID3D10Blob* errorMessages;
HRESULT hr = D3DX11CompileFromFile( filePath, NULL, NULL, "PSMain",
                                    "ps_5_0", 0, 0, NULL, &compiledShader,
                                    &errorMessages, NULL );


ID3D11ClassLinkage* classLinkage = NULL;
if ( SUCCEEDED( hr ) )
{
    device->CreateClassLinkage( &classLinkage );
    device->CreatePixelShader(  compiledShader->GetBufferPointer(),
                                compiledShader->GetBufferSize(),
                                classLinkage,
                                &pixelShader );
}
```

**목록 6.20.** 클래스 연계 객체를 생성해서 적용하는 예.

일단 클래스 연계 객체를 셰이더에 적용한 후에는 ID3D11ClassInstance 형식의 클래스 인스턴스 객체를 얻을 수 있다. 클래스 인스턴스 객체는 셰이더에 선언된, 인터페이스를 구현하는 클래스들 중 하나를 대표한다. 클래스 인스턴스 객체를 얻는 가장 간단한 방법은 ID3D11ClassLinkage 인터페이스의 GetClassInstance 메서드를 호출하는 것이다. 이 때 원하는 클래스의 이름(셰이더 프로그램 안에 선언된)을 지정한다. 클래스 인스턴스가 상수 버퍼 안에 선언되어 있지 않은 경우(멤버 변수가 없는 클래스에 유용하다)에는 **CreateClassInstance**를 사용하면 된다. 목록 6.21에 클래스 인스턴스 객체를 얻는 예가 나와 있다.

```
ID3D11ClassInstance* dLightInstance = NULL;
classLinkage->GetClassLinkage( L"DLightInstance", 0, &dLightInstance );
```

**목록 6.21**. 클래스 인스턴스 객체를 얻는 예.

이런 식으로 필요한 만큼의 클래스 인스턴스 객체들을 얻었다면, 이제 셰이더 프로그램을 파이프라인에 묶을 때 그 객체들을 담은 배열을 지정하면 동적 셰이더 연계 과정이 마무리된다. **ID3D11DeviceContext::*SSetShader** 메서드들에는 모두 **ID3D11Class Instance** 객체들의 배열을 받는 **ppClassInstances**라는 매개변수가 있다. 목록 6.22는 픽셀 셰이더를 위해 그러한 배열을 초기화하고 설정하는 예이다.

```
ID3D11ClassInstance* classInstances[1];
classInstances[0] = dLightInstance;
deviceContext->PSSetShader( pixelShader, classInstances, 1 );
```

**목록 6.22**. 셰이더를 파이프라인에 연결할 때 클래스 인스턴스들을 지정하는 예.

셰이더 프로그램 안에서 쓰이는 각 클래스 인스턴스에는 고유한 색인이 부여되는데, 그 색인은 ***SSetShader**에 지정한 클래스 인스턴스 배열의 해당 색인과 일치한다. 이후 셰이더 반영 API의 일부인 **ID3D11ShaderReflectionVariable** 인터페이스를 이용해서 그 색인을 조회하는 것도 가능한데, 이에 대해서는 §6.8 "셰이더 반영 API"에서 좀 더 이야기하겠다.

# 6.7 고유 함수

HLSL은 일단의 전역 함수들을 내장하고 있다. 그런 함수들을 고유 함수(intrinsics)라고
부르기도 한다. C나 C++의 고유 함수들*처럼 이들은 구체적인 셰이더 어셈블리 명령과
직접 대응되는 경우가 많다. 이들을 통해서 HLSL 셰이더 프로그램은 어셈블리 명령
집합이 제공하는 모든 기능에 접근할 수 있다. 또한 흔히 쓰이는 몇몇 수학 연산을 최적
화된 방식으로 구현해 놓은 고유 함수들도 제공한다(프로그래머가 직접 구현할 필요가
없도록). 이번 절은 고유 함수들을 범주별로 분류해서 간단한 설명과 함께 정리한 표들
을 제시한다. 각 함수의 완전한 설명(반환 형식과 매개변수 목록을 포함한)은 SDK 문서
화를 참고하기 바란다.

## 6.7.1 수학 함수

### 벡터, 행렬 연산

표 6.5는 HLSL이 제공하는 모든 벡터 및 행렬 연산 고유 함수를 정리한 것이다. 이
고유 함수들은 벡터와 행렬 형식의 자료에 적용할 수 있는 수학 연산을 구현한다.

| 고유 함수 | 설명 |
| --- | --- |
| mul | 행렬 곱하기 행렬, 행렬 곱하기 벡터, 벡터 곱하기 벡터. |
| dot | 벡터 내적. |
| cross | 벡터 외적. |
| transpose | 행렬 전치. |
| determinant | 행렬식. |
| length | 벡터 길이(크기) |
| normalize | 기하 벡터 정규화. |
| distance | 두 점의 거리. |
| faceforward | 표면 법선을 입사 벡터의 반대 방향을 가리키도록 뒤집는다. |
| reflect | 주어진 법선과 입사 벡터에 기초해서 반사 벡터를 계산한다. |
| refract | 주어진 입사 방향과 법선 벡터, 굴절률에 기초해서 굴절 벡터를 계산한다. |

**표 6.5.** 벡터, 행렬 수학 고유 함수.

---

* [역주] Visual C++의 _rot18처럼 특정 컴파일러가 특정한 CPU 아키텍처를 위해 또는 특정한 언어 확장 기능을
  위해 제공하는 함수를 말한다.

## 일반 수학 함수

표 6.6은 HLSL의 일반 수학 고유 함수들로, 대부분 C 표준 라이브러리의 것들과 비슷한 스칼라 산술 연산 함수이다.

| 고유 함수 | 설명 |
| --- | --- |
| cos | 코사인 함수. |
| sin | 사인 함수. |
| tan | 탄젠트 함수. |
| acos | 역코사인 함수. |
| asin | 역사인 함수. |
| atan | 역탄젠트 함수. |
| atan2 | 부호 있는 역탄젠트 함수. |
| sincos | 사인과 코사인을 동시에 계산한다. |
| cosh | 쌍곡코사인. |
| sinh | 쌍곡사인. |
| tanh | 쌍곡탄젠트. |
| log | 자연로그(밑 e). |
| log2 | 로그(밑 2). |
| log10 | 상용로그(밑 10). |
| exp | 지수(밑 e) |
| exp2 | 지수(밑 2) |
| pow | 거듭제곱. |
| sqrt | 제곱근. |
| abs | 절댓값. |
| trunk | 부동소수점 절단. |
| floor | 주어진 값보다 작은 최대 정수를 돌려준다. |
| ceil | 주어진 값보다 큰 최소 정수를 돌려준다. |
| round | 가장 가까운 정수로 반올림한다. |
| frac | 주어진 값의 소수부를 돌려준다. |
| fmod | 부동소수점 나머지 연산. |
| modf | 주어진 값의 정수부와 소수부를 돌려준다. |
| countbits | 주어진 정수의 저장 비트수를 돌려준다. |
| sign | 주어진 값의 부호를 돌려준다. |

| 고유 함수 | 설명 |
|---|---|
| all | 주어진 값의 모든 성분이 0이 아니면 **true**를 돌려준다. |
| any | 주어진 값에 0이 아닌 성분이 하나라도 있으면 **true**를 돌려준다. |
| clamp | 주어진 값을 지정된 상, 하한으로 한정한다. |
| degrees | 주어진 값을 라디안 단위에서 도(디그리) 단위로 변환한다. |
| firstbithigh | 주어진 정수의 비트들을 최상위 비트에서 최하위 비트로 훑으면서 설정된 (값이 1인) 첫 비트를 찾아서 그 위치를 돌려준다. |
| firstbitlow | 주어진 정수의 비트들을 최하위 비트에서 최상위 비트로 훑으면서 설정된 첫 비트를 찾아서 그 위치를 돌려준다. |
| frexp | 주어진 부동 소수점 값의 가수와 지수를 돌려준다. |
| isfinite | 주어진 부동 소수점 값이 무한이 아니면 **true**를 돌려준다. |
| isinf | 주어진 부동 소수점 값이 −INF나 +INF이면 **true**를 돌려준다. |
| isnan | 주어진 부동 소수점 값이 NAN이나 QNAN이면 **true**를 돌려준다. |
| ldexp | 주어진 값과 2를 지정된 지수만큼 거듭제곱한 값을 곱한다. |
| lerp | 두 값을 지정된 비율로 선형 보간한다. |
| lit | 블린-퐁 BRDF(Blinn-Phong BRDF)를 위한 주변광, 분산광, 반영광 값들을 계산한다. |
| mad | 두 값을 곱한 결과에 세 번째 값을 더한다. |
| max | 두 값 중 큰 것을 돌려준다. |
| min | 두 값 중 작은 것을 돌려준다. |
| modf | 부동소수점 값을 정수부와 소수부로 분할한다. |
| radians | 도(디그리) 단위의 값을 라디안 단위로 변환한다. |
| rcp | 주어진 값의 역수의 근삿값을 빠르게 계산한다. |
| reversebits | 주어진 정수 값의 비트들의 순서를 뒤집는다. |
| rsqrt | 주어진 값의 제곱근의 역수를 계산한다. |
| saturate | 주어진 값을 $[0, 1]$ 구간으로 한정한다. |
| smoothstep | 주어진 값과 상한, 하한에 에르미트 보간(Hermite interpolation) 공식을 적용해서 0과 1 사이의 값을 계산한다. |
| step | 주어진 한 값이 다른 값보다 크면 1을, 그렇지 않으면 0을 돌려준다. |

**표 6.6**. 일반 수학 고유 함수.


## 6.7.2 캐스팅 · 변환 함수

어떤 자원이 HLSL에서 직접 읽을 수 없는 형식의 자료를 담고 있는 경우가 있다. 이를 위해 HLSL은 자원의 값을 적절한 자료 형식으로 캐스팅하거나 변환하는 고유 함수들을 제공한다.

| 고유 함수 | 설명 |
| --- | --- |
| asfloat | 주어진 값을 float 값으로 재해석(캐스팅)한다. |
| asdouble | 두 32비트 값을 하나의 double 값으로 재해석한다. |
| asint | 주어진 값을 하나의 int 값으로 재해석한다. |
| asuint | 주어진 값을 하나의 uint 값으로 재해석한다. |
| f16to32 | 16비트 부동소수점 값을 32비트 부동소수점 값으로 변환한다. |
| f32to16 | 32비트 부동소수점 값을 16비트 부동소수점 값으로 변환한다. |

**표 6.7.** 캐스팅·변환 고유 함수.

## 6.7.3 테셀레이션 함수

표 6.8은 모든 테셀레이션 고유 함수를 정리한 것이다. 이 함수들은 이를테면 덮개 셰이더 프로그램에서 한 패치에 대한 적절한 테셀레이션 계수를 계산하는 데 유용하다.

| 고유 함수 | 설명 |
| --- | --- |
| Process2DQuadTessFactorsAvg | 2차원 사각형 패치를 위한 테셀레이션 계수들을 변 테셀레이션 계수들의 평균을 이용해서 계산한다. |
| Process2DQuadTessFactorsMax | 2차원 사각형 패치를 위한 테셀레이션 계수들을 변 테셀레이션 계수들의 최댓값을 이용해서 계산한다. |
| Process2DQuadTessFactorsMin | 2차원 사각형 패치를 위한 테셀레이션 계수들을 변 테셀레이션 계수들의 최솟값을 이용해서 계산한다. |
| ProcessIsolineTessFactors | 등치선(isoline)을 위한 반올림된(rounded) 테셀레이션 계수들을 계산한다. |
| ProcessQuadTessFactorsAvg | 사각형 패치를 위한 테셀레이션 계수들을 변 테셀레이션 계수들의 평균을 이용해서 계산한다. |
| ProcessQuadTessFactorsMax | 사각형 패치를 위한 테셀레이션 계수들을 가변 테셀레이션 계수들의 최댓값을 이용해서 계산한다. |
| ProcessQuadTessFactorsMin | 사각형 패치를 위한 테셀레이션 계수들을 변 테셀레이션 계수들의 최솟값을 이용해서 계산한다. |
| ProcessTriTessFactorsAvg | 삼각형 패치를 위한 테셀레이션 계수들을 변 테셀레이션 계수들의 평균을 이용해서 계산한다. |
| ProcessTriTessFactorsMax | 삼각형 패치를 위한 테셀레이션 계수들을 변 테셀레이션 계수들의 최댓값을 이용해서 계산한다. |
| ProcessTriTessFactorsMin | 삼각형 패치를 위한 테셀레이션 계수들을 변 테셀레이션 계수들의 최솟값을 이용해서 계산한다. |

**표 6.8.** 테셀레이션 고유 함수.

## 6.7.4 픽셀 셰이더 함수

표 6.9는 픽셀 셰이더 프로그램에 특화된 고유 함수들이다.

| 고유 함수 | 설명 |
| --- | --- |
| clip | 주어진 값이 0보다 작으면 픽셀 셰이더 결과를 폐기한다. 커스텀 절단 평면을 구현하는 데 유용하다. |
| ddx | 주어진 값의, 현재 픽셀의 화면 공간 $X$ 좌표에 대한 편미분 값을 돌려준다. |
| ddx_coarse | 주어진 값의, 현재 픽셀의 화면 공간 $X$ 좌표에 대한 낮은 정밀도 편미분 값을 돌려준다. |
| ddx_fine | 주어진 값의, 현재 픽셀의 화면 공간 $X$ 좌표에 대한 고정밀도 편미분 값을 돌려준다. |
| ddy | 주어진 값의, 현재 픽셀의 화면 공간 $Y$ 좌표에 대한 편미분 값을 돌려준다. |
| ddy_coarse | 주어진 값의, 현재 픽셀의 화면 공간 $Y$ 좌표에 대한 낮은 정밀도 편미분 값을 돌려준다. |
| ddy_fine | 주어진 값의, 현재 픽셀의 화면 공간 $Y$ 좌표에 대한 고정밀도 편미분 값을 돌려준다. |
| fwidth | 주어진 값의 **ddx**와 **ddy**의 합의 절댓값을 돌려준다. |
| EvaluateAttributeAtCentroid | 픽셀 셰이더 입력 특성을, 포괄된(기본도형에 덮인) 모든 표본점의 무게중심을 이용해서 보간한다(입력 특성에 **centroid** 수정자가 지정되었을 때처럼). |
| EvaluateAttributeAtSample | 픽셀 셰이더 입력 특성을, 지정된 색인에 해당하는 표본점을 이용해서 보간한다(입력 특성에 **sample** 수정자가 지정되었을 때처럼). |
| EvaluateAttributeSnapped | 픽셀 셰이더 입력 특성을, 지정된 오프셋을 무게중심에 적용한 지점에서 보간한다. |
| GetRenderTargetSampleCount | 현재 렌더 대상의 표본 개수를 돌려준다. |
| GetRenderTargetSamplePosition | 주어진 색인에 해당하는 표본점의 $XY$ 위치를 돌려준다. |

**표 6.9.** 픽셀 셰이더 고유 함수.

## 6.7.5 동기화 함수

표 6.10의 동기화 고유 함수는 계산 셰이더에서만 사용할 수 있는 것으로, 일반적으로 공유 메모리나 자원 객체에 대한 스레드들의 접근을 동기화하는 데 쓰인다. 이 함수들과 그 사용법을 제5장에서 자세히 설명했었다.

| 고유 함수 | 설명 |
| --- | --- |
| AllMemoryBarrier | 스레드 그룹의 모든 스레드의 모든 메모리 접근이 완료될 때까지 실행을 차단한다. |
| AllMemoryBarrierWithGroupSync | 스레드 그룹의 모든 스레드의 모든 메모리 접근이 완료되고 모든 스레드가 동기화 지점에 도달할 때까지 실행을 차단한다. |
| DeviceMemoryBarrier | 스레드 그룹의 모든 장치 메모리 접근(텍스처, 버퍼 자원들에 대한 읽기 및 쓰기)이 완료될 때까지 실행을 차단한다. |
| DeviceMemoryBarrierWithGroupSync | 스레드 그룹의 모든 장치 메모리 접근(텍스처, 버퍼 자원들에 대한 읽기 및 쓰기)이 완료되고 모든 스레드가 동기화 지점에 도달할 때까지 실행을 차단한다. |
| GroupMemoryBarrier | 스레드 그룹의 모든 공유 메모리 접근(그룹 공유 변수들에 대한 읽기 및 쓰기)이 완료될 때까지 실행을 차단한다. |
| GroupMemoryBarrierWithGroupSync | 스레드 그룹의 모든 공유 메모리 접근(그룹 공유 변수들에 대한 읽기 및 쓰기)이 완료되고 모든 스레드가 동기화 지점에 도달할 때까지 실행을 차단한다. |

표 6.10. 동기화 고유 함수.

## 6.7.6 원자 함수

목록 6.11의 고유 함수들은 지역 변수나 공유 변수, 자원 변수에 대해 원자성이 보장되는 연산을 수행한다. 이들은 픽셀 셰이더나 계산 셰이더에서 int나 uint 변수에 대해서만 사용할 수 있다. 대부분의 원자 고유 함수는 변수의 원래 값을 돌려줄 수 있으나, 그러면 실행 시점 비용이 추가된다.

| 고유 함수 | 설명 |
| --- | --- |
| InterlockedAdd | 원자적 더하기 연산. 이전 값을 돌려줄 수 있음. |
| InterlockedAnd | 원자적 AND 연산. |
| InterlockedCompareExchange | 변수를 기준 값과 비교한 후 다른 값과 교환한다. |
| InterlockedCompareStore | 변수를 기준 값과 비교한다. |
| InterlockedExchange | 변수를 다른 값과 교환한다. |
| InterlockedMax | 원자적 최댓값 연산. |
| InterlockedMin | 원자적 최솟값 연산. |
| InterlockedOr | 원자적 OR 연산. |
| InterlockedXor | 원자적 XOR 연산. |

표 6.11. 원자 고유 함수.

### 6.7.7 디버깅 함수

목록 6.12는 HLSL의 디버깅용 고유 함수들이다. 이들은 셰이더 프로그램에서 디버깅 메시지를 정보 대기열로 출력하는 데 쓰인다.

| 고유 함수 | 설명 |
|---|---|
| abort | 디버그 메시지를 출력하고 현재의 그리기 호출이나 배분 호출을 취소한다. |
| errorf | 오류 메시지를 정보 대기열에 출력한다. |
| printf | 디버그 메시지를 정보 대기열에 출력한다. |

**표 6.12.** 디버그 고유 함수.

### 6.7.8 자료 형식 변환 함수

DirectX SDK에는 D3DX_DXGIFormatConvert.inl이라는 이름의 파일이 있는데, 이 파일에는 다양한 인라인 형식 변환 함수들이 들어 있다. 그 함수들은 픽셀 셰이더나 계산 셰이더 안에서 DXGI의 형식에 해당하는 정수 값을 표준 셰이더 산술 연산에 사용할 수 있는 벡터 부동소수점 형식이나 정수 형식으로 변환하기 위한 것이다. 보통의 읽기 전용 텍스처의 경우에는 Sample 메서드나 Load 메서드 실행 도중 하드웨어의 텍스처 처리 단위에서 그러한 변환이 일어난다. 그러나 순서 없는 접근 뷰로 바이트 주소 버퍼 자원이나 구조적 버퍼 자원에 접근하는 경우에는 하드웨어 텍스처 단위가 쓰이지 않으므로 셰이더 프로그램 안에서 그러한 변환을 직접 수행해야 주어야 한다. 이 인라인 함수들은 그런 변환을 위한 함수들을 프로그래머가 일일이 작성할 필요가 없도록 하기 위한 것이다. 어떤 변환 함수가 있고 어떻게 사용하는지는 SDK 문서화를 참고하기 바란다.

## 6.8 셰이더 반영 API

Direct3D 11은 컴파일된 셰이더 프로그램에 관한 상세한 정보를 응용 프로그램 안에서 조회하는 데 필요한 수단들을 온전히 갖춘 '반영(reflection)*' API를 제공한다. 이 API를 효과적으로 사용하면 실행 시점에서 셰이더 프로그램의 요구사항을 파악해서 적절한 형식의 자료를 준비하는 방식의 정교한 콘텐트 파이프라인을 개발하는 것이 가능하다. 또는, 범용적인 셰이더 프로그램을 마련해 두고 실행 시점에서 그 셰이더를 위한 적절한 환경을 동적으로 설정하는 방식의 응용 프로그램을 만들 수도 있다.

## 6.8.1 셰이더 프로그램 정보

ID3D11ShaderReflection 인터페이스에는 하나의 셰이더 프로그램에 관한 전반적인 정보와 통계 수치를 조회하는 데 사용할 수 있는 여러 메서드들이 있다. 또한 이 인터페이스는 상수 버퍼, 변수, 형식 정보의 조회를 위한 수단들도 제공한다. 컴파일된 셰이더 프로그램에 대한 ID3D11ShaderReflection 인터페이스를 얻으려면 반드시 D3DCompiler DLL이 제공하는 D3D11Reflect 함수를 호출해야 한다. 사실 이 함수는 ID3D11ShaderReflection의 인터페이스 ID를 지정해서 D3DReflect 함수를 호출하는 래퍼(wrapper) 함수일 뿐이다. 목록 6.23에 정점 셰이더 프로그램 하나를 컴파일하고 그에 대한 반영 인터페이스를 얻는 예가 나와 있다.

```cpp
ID3D10Blob* compiledShader;
ID3D10Blob* errorMessages;
HRESULT hr = D3DX11CompileFromFile( filePath, NULL, NULL, "VSMain",
                                    "vs_5_0", 0, 0, NULL, &compiledShader,
                                    &errorMessages, NULL );

ID3D11ShaderReflection* reflection = NULL;
if ( SUCCEEDED( hr ) )
    D3D11Reflect( compiledShader->GetBufferPointer(),
              compiledShader->GetBufferSize(),
              &reflection );
```

**목록 6.23.** 셰이더 프로그램에 대한 반영 인터페이스를 얻는 예.

---

* [역주] 마치 거울에 자신의 모습을 비추어 보듯이 스스로를 조사한다는 의미에서 reflection이라는 이름이 쓰였다. 그런 맥락에서는 '반영' 대신 '반성(反省)'이 더 이해가 쉬울 수도 있겠다. reflection 대신 introspection이라는 용어도 쓰이는데, 역시 같은 의미이다.

일단 반영 인터페이스를 얻었다면 여러 메서드를 이용해서 다양한 정보를 조회할 수
있다. 스레드 그룹 크기를 돌려주는 메서드나 세이더 실행에 필요한 최소한의 장치 기능
수준을 돌려주는 메서드, 픽셀 세이더 실행 빈도를 알려주는 메서드 등 다양한 메서드들
이 존재하는데, SDK 문서화에 모든 메서드가 나와 있으니 참고하기 바란다.

**ID3D11ShaderReflection** 인터페이스가 제공하는 정보는 대부분 **GetDesc** 메서드로
얻는다. 이 메서드는 풍부한 정보를 담은 D3D11_SHADER_DESC 구조체를 돌려준다. 목록
6.24가 이 구조체의 정의이다.

```
struct D3D11_SHADER_DESC {
    UINT                              Version;
    LPCSTR                            Creator;
    UINT                              Flags;
    UINT                              ConstantBuffers;
    UINT                              BoundResources;
    UINT                              InputParameters;
    UINT                              OutputParameters;
    UINT                              InstructionCount;
    UINT                              TempRegisterCount;
    UINT                              TempArrayCount;
    UINT                              DefCount;
    UINT                              DclCount;
    UINT                              TextureNormalInstructions;
    UINT                              TextureLoadInstructions;
    UINT                              TextureCompInstructions;
    UINT                              TextureBiasInstructions;
    UINT                              TextureGradientInstructions;
    UINT                              FloatInstructionCount;
    UINT                              IntInstructionCount;
    UINT                              UintInstructionCount;
    UINT                              StaticFlowControlCount;
    UINT                              DynamicFlowControlCount;
    UINT                              MacroInstructionCount;
    UINT                              ArrayInstructionCount;
    UINT                              CutInstructionCount;
    UINT                              EmitInstructionCount;
    D3D10_PRIMITIVE_TOPOLOGY          GSOutputTopology;
    UINT                              GSMaxOutputVertexCount;
    D3D11_PRIMITIVE                   InputPrimitive;
    UINT                              PatchConstantParameters;
    UINT                              cGSInstanceCount;
```

```
UINT                                cControlPoints;
D3D11_TESSELLATOR_OUTPUT_PRIMITIVE  HSOutputPrimitive;
D3D11_TESSELLATOR_PARTITIONING      HSPartitioning;
D3D11_TESSELLATOR_DOMAIN            TessellatorDomain;
UINT                                cBarrierInstructions;
UINT                                cInterlockedInstructions;
UINT                                cTextureStoreInstructions;
}
```

**목록 6.24.** D3D11_SHADER_DESC 구조체의 정의.

## 6.8.2 상수 버퍼 정보

셰이더 프로그램이 사용하는 상수 버퍼에 대한 정보를 조회하려면 ID3D11Shader
Reflection 인터페이스를 이용해서 ID3D11ShaderReflectionConstantBuffer 인터
페이스를 얻어야 한다. 이를 위한 메서드는 GetConstantBufferByName과 GetConstant
BufferByIndex이다. 전자는 상수 버퍼 이름을 담은 문자열을 받는 버전으로, 해당 셰이
더 프로그램을 미리 알고 있는 상태에서 몇 가지 특정 세부사항만 필요한 경우에 유용하
다. 후자는 색인을 받는다. 이를 이용하면 모든 상수 버퍼를 나열할 수 있다. 따라서
알지 못하는 셰이더 프로그램을 다룰 때 좀 더 유용하다. 셰이더 프로그램이 사용하는
상수 버퍼의 개수는 GetDesc 메서드로 얻은 D3D11_SHADER_DESC 구조체에서 알 수
있다. 목록 6.25는 상수 버퍼 개수를 알아낸 후 ID3D11ShaderReflectionConstant
Buffer 인터페이스를 이용해서 상수 버퍼들에 차례로 접근하는 공통적인 패턴을 보여준다.

```
D3D11_SHADER_DESC shaderDesc;
shaderReflection->GetDesc( &shaderDesc );
const UINT numCBuffers = shaderDesc.ConstantBuffers;
for ( UINT i = 0; i < numCBuffers; i++ )
{
    ID3D11ShaderReflectionConstantBuffer* cbReflection = NULL;
    cbReflection = shaderReflection->GetConstantBufferByIndex( i );

    // 여기서 현재 상수 버퍼의 정보를 조회한다.
}
```

**목록 6.25.** 상수 버퍼 반영 인터페이스를 얻는 예.

ID3D11ShaderReflection 인터페이스처럼 ID3D11ShaderReflectionConstant Buffer 인터페이스도 GetDesc 메서드를 제공한다. 이 메서드는 D3D11_SHADER_BUFFER_DESC 구조체를 돌려준다. 목록 6.26에 이 구조체의 정의가 나와 있다.

```
struct D3D11_SHADER_BUFFER_DESC {
    LPCSTR              Name;
    D3D11_CBUFFER_TYPE  Type;
    UINT                Variables;
    UINT                Size;
    UINT                uFlags;
}
```

**목록 6.26.** D3D11_SHADER_BUFFER_DESC 구조체의 정의.

D3D11_SHADER_BUFFER_DESC 구조체에서 주목할 필드는 Size와 Variables이다. Size 필드는 상수 버퍼의 모든 상수의 전체 크기이다. 실행 시점에서 파이프라인에 연결된 실제 상수 자료를 담는 ID3D11Buffer를 초기화할 때 이 값이 유용할 것이다. Variables 필드는 상수 버퍼 안에 담긴 상수들의 개수로, GetVariableByIndex 메서드를 이용해서 상수 버퍼의 모든 상수를 차례로 훑을 때 필요하다.

## 6.8.3 변수 정보

상수 버퍼의 개별 상수에 대한 정보는 ID3D11ShaderReflectionVariable 인터페이스로 얻을 수 있다. 이 인터페이스 자체는 ID3D11ShaderReflectionConstantBuffer 인터페이스의 GetVariableByIndex 메서드나 GetVariableByName 메서드로 얻는다. 전역 변수에 대한 ID3D11ShaderReflectionVariable 인터페이스가 필요하다면 ID3D11ShaderReflectionInterface의 GetVariableByName 메서드를 사용하면 된다. 여기서 전역 변수에는 상수는 물론 자원 객체, 표본추출기, 인터페이스 인스턴스도 포함된다. 그런 식으로 ID3D11ShaderReflectionVariable 인터페이스를 얻은 후 GetDesc를 호출하면 해당 변수의 여러 정보를 담은 D3D11_SHADER_VARIABLE_DESC 구조체를 얻게 된다. 이 구조체의 정의가 목록 6.27에 나와 있다.

```
struct D3D11_SHADER_VARIABLE_DESC {
    LPCSTR Name;
    UINT   StartOffset;
    UINT   Size;
    UINT   uFlags;
    LPVOID DefaultValue;
}
```

**목록 6.27.** D3D11_SHADER_VARIABLE_DESC 구조체의 정의.

Name 필드는 HLSL 소스 코드 안에서의 변수 이름에 해당하는 문자열이다. 실행 시점에서 이름을 이용해 상수 값을 변경하는 시스템을 만들 때 유용하다. StartOffset 필드는 변수가 담긴 구조체의 시작에서 변수의 시작까지의 오프셋이고 Size 필드는 변수의 크기이다(둘 다 바이트 단위). 이들은 메모리에 매핑된 상수 버퍼의 정확한 위치에 상수 값을 memcpy로 복사할 때 유용하다. DefaultValue 필드는 셰이더 프로그램 소스 코드에서 변수를 초기화할 때 쓰인 값이다(초기화된 경우에만). 주로 상수 버퍼를 처음 생성할 때 그 내용을 초기화하는 데 쓰인다.

인터페이스 인스턴스에 대한 ID3D11ShaderReflectionVariable의 경우 GetInterfaceSlot 메서드를 이용해서 그 인스턴스를 위한 인터페이스 슬롯 번호를 알아낼 수 있다. *SSetShader 메서드에서 클래스 인터페이스 배열의 다음에 지정하는 배열 색인에 바로 이 번호를 사용하면 된다.

## 6.8.4 변수 형식 정보

변수의 형식에 관한 정보는 변수에 대한 ID3D11ShaderReflectionVariable 인터페이스의 GetType 메서드로 얻은 ID3D11ShaderReflectionType 인터페이스를 통해서 얻을 수 있다. 이 인터페이스의 GetDesc 메서드는 D3D11_SHADER_TYPE_DESC 구조체를 돌려주는데, 이 구조체에 변수의 형식에 대한 정보가 들어 있다. 목록 6.28이 이 구조체의 정의이다.

```
struct D3D11_SHADER_TYPE_DESC {
    D3D10_SHADER_VARIABLE_CLASS  Class;
    D3D10_SHADER_VARIABLE_TYPE   Type;
    UINT                         Rows;
    UINT                         Columns;
    UINT                         Elements;
    UINT                         Members;
    UINT                         Offset;
}
```

**목록** 6.28. D3D11_SHADER_TYPE_DESC 구조체.

D3D11_SHADER_TYPE_DESC 구조체의 Class 필드는 변수의 종류를 뜻한다. 변수의 종류로는 스칼라, 벡터, 행렬, 자원 객체, 구조체, 클래스, 인터페이스 포인터가 있다. Type 필드는 스칼라나 벡터, 행렬 변수의 경우 기본 자료 형식(float, uint, double 등)을 뜻하고, 자원 객체의 경우에는 Texture2D나 Buffer, AppendStructuredBuffer 같은 자원 종류를 뜻한다. Rows 필드와 Columns 필드는 행렬 변수의 행, 열 개수이며, 다른 수치 형식 변수의 경우에는 1이다. Elements 필드는 배열 변수의 배열 원소 개수, Members 필드는 구조체나 클래스 형식 변수의 멤버 개수이다. Offset은 부모 구조체에서 이 변수까지의 오프셋(바이트 단위)이다.

ID3D11ShaderReflectionType 인터페이스는 인터페이스나 클래스의 완전한 상속 트리를 파악하는 데 사용할 수 있는 여러 가지 메서드들도 제공한다. 기반 클래스 형식을 알려주는 메서드나 지원하는 모든 인터페이스를 알려주는 메서드, 클래스가 특정 인터페이스를 구현하는지의 여부를 알려주는 메서드 등이 있다. 또한 이 인터페이스는 구조체나 클래스의 모든 멤버를 위한 ID3D11ShaderReflectionType 인터페이스를 돌려주는 GetMemberTypeByName 메서드와 GetMemberTypeByIndex 메서드도 담고 있다.

## 입·출력 서명

ID3D11ShaderReflection 인터페이스는 셰이더 프로그램의 입력, 출력 서명(signature)을 조회하는 수단을 제공한다. 그러한 서명 정보는 한 파이프라인 단계의 셰이더 프로그램이 다른 단계의 셰이더 프로그램과 부합하는지, 정점 버퍼와 정점 셰이더가 부합하는

지를 판단할 때 중요하다. 입·출력 서명을 파악하는 전반적인 과정은, 우선 셰이더 프로그램에 대한 **D3D11_SHADER_DESC** 구조체에서 입, 출력 매개변수 개수들을 얻고, 그 개수들을 이용해서 GetInputParameterDesc와 GetOutputParameterDesc를 반복 호출해 개별 입력, 출력 매개변수에 대한 정보를 얻는 것이다. 두 메서드 모두 **D3D11_SIGNATURE_PARAMETER_DESC** 구조체를 돌려주는데, 여기에 해당 매개변수에 대한 정보가 들어 있다. 목록 6.29는 이 구조체의 정의이다.

```
struct D3D11_SIGNATURE_PARAMETER_DESC {
    LPCSTR                          SemanticName;
    UINT                            SemanticIndex;
    UINT                            Register;
    D3D10_NAME                      SystemValueType;
    D3D10_REGISTER_COMPONENT_TYPE   ComponentType;
    BYTE                            Mask;
    BYTE                            ReadWriteMask;
    UINT                            Stream;
}
```

**목록 6.29.** D3D11_SIGNATURE_PARAMETER_DESC 구조체.

SemanticName 필드와 SemanticIndex 필드는 매개변수에 부여된 의미소(사용자 정의 의미소일 수도 있고 시스템 값 의미소일 수도 있다)의 이름과 색인이다. Register 필드는 컴파일러가 매개변수에 배정한 레지스터($v0$에서 $v3$까지)를 뜻한다. 시스템 값 의미소가 붙은 매개변수의 경우 SystemValueType 필드는 그 시스템 값 의미소의 종류를 뜻한다. ComponentType 필드는 매개변수의 기본 형식(float, int, uint)이고 Mask 필드는 레지스터에서 매개변수 값을 저장하는 데 쓰이는 성분들을 나타낸다. ReadWriteMask 필드는 입력 매개변수의 경우 셰이더 프로그램이 읽을 성분들을, 출력 매개변수의 경우에는 기록할 성분들을 나타낸다. 마지막으로 Stream 필드는 기하 셰이더 단계가 매개변수 값을 출력하는 데 사용할 스트림을 뜻한다.

## 6.8.6 자원 연결 정보

ID3D11ShaderReflectionVariable 인터페이스와 ID3D11ShaderReflectionType 인

터페이스는 셰이더 프로그램에 필요한 자원들에 대한 정보를 얻는 데에는 유용하나, 셰이더 프로그램의 적절한 실행 환경을 위해 자원들을 파이프라인에 어떻게 연결해야 하는지를 파악고자 할 때에는 그리 편리하지 않다. 특히 이 인터페이스들로는 중요한 정보 하나를 얻지 못하는데, 바로 자원을 연결할 슬롯 색인이다. 이 정보를 얻으려면 ID3D11ShaderReflection 인터페이스의 GetResourceBindingDesc 메서드나 GetResource BindingDescByName 메서드를 호출해야 한다. 두 메서드 모두 목록 6.30에 나온 D3D11_ SHADER_INPUT_BIND_DESC 구조체를 돌려준다.

```
struct D3D11_SHADER_INPUT_BIND_DESC {
    LPCSTR                      Name;
    D3D10_SHADER_INPUT_TYPE     Type;
    UINT                        BindPoint;
    UINT                        BindCount;
    UINT                        uFlags;
    D3D11_RESOURCE_RETURN_TYPE  ReturnType;
    D3D10_SRV_DIMENSION         Dimension;
    UINT                        NumSamples;
}
```

**목록 6.30.** D3D11_SHADER_INPUT_BIND_DESC 구조체의 정의.

이 구조체에는 자원의 이름(Name 필드)과 종류(Type) 같은 자원 연결에 관한 기본적인 정보가 들어 있다. BindPoint 필드는 단일 자원의 경우에는 그 자원이 연결될 슬롯의 색인이고 배열 자원의 경우에는 시작 슬롯의 색인이다. BindCount 필드는 자원 배열의 자원 개수이다. uFlags 필드는 자원이 register 지시문을 통해서 해당 슬롯에 직접 배정되었는지의 여부와 표본추출기가 비교 표본추출기인지의 여부를 담고 있다. ReturnType 필드는 자원 객체의 템플릿 인수로 지정한 반환 형식을 나타내고  Dimension 필드는 자원 연결에 필요한 셰이더 자원 뷰의 형식을 뜻한다. 마지막으로, NumSamples 필드는 Texture2DMS나 Texture2DMSArray 자원 객체의 템플릿 인수로 지정한 표본 개수이다.

# 6.9 fxc.exe 사용법

DirectX SDK에는 `fxc.exe`라는 명령줄 유틸리티가 포함되어 있는데, 이것을 이용하면 셰이더 프로그램과 효과 파일을 `D3DCompiler` DLL이 제공하는 것과 동일한 컴파일러를 이용해서 컴파일할 수 있다. 셰이더 프로그램을 미리 바이트코드로 컴파일해서 파일로 저장해 두고 실행 시점에서 빠르게 적재하기 위해 이 도구를 사용할 수도 있고, 셰이더 프로그램에 관한 유용한 진단(diagnostic) 정보를 얻기 위해 사용할 수도 있다. 그러한 정보를 얻는 가장 간단한 방법은 셰이더 프로필과 진입점, 파일 이름만 지정해서 `fxc`를 실행하는 것이다. 그러면 해당 정보가 명령줄 창에 출력된다. 목록 6.31은 Light Prepass 예제 프로젝트(부록 A 참고)의 한 픽셀 셰이더를 `fxc`로 컴파일할 때 나오는 진단 메시지이다.

```
icrosoft (R) Direct3D Shader Compiler 9.29.952.3111
Copyright (C) Microsoft Corporation 2002-2009. All rights reserved.
//
// Generated by Microsoft (R) HLSL Shader Compiler 9.29.952.3111
//
//
//   fxc /T ps_5_0 /E PSMainPerSample LightsLP.hlsl
//
//
// Buffer Definitions:
//
// cbuffer CameraParams
// {
//
//   float4x4 ViewMatrix;                 // Offset:    0 Size:     64 [unused]
//   float4x4 ProjMatrix;                 // Offset:   64 Size:     64
//   float4x4 InvProjMatrix;              // Offset:  128 Size:     64 [unused]
//   float2 ClipPlanes;                   // Offset:  192 Size:      8 [unused]
//
// }
//
//
// Resource Bindings:
//
// Name                              Type  Format         Dim Slot Elements
// ------------------------------ ---------- ------- ----------- ---- --------
// GBufferTexture                    texture float4         2dMS    0        1
```

```
// DepthTexture                               texture    float      2dMS    1       1
// CameraParams                               cbuffer    NA         NA      0       1
//
//
//
// Input signature:
//
// Name                         Index    Mask Register SysValue Format    Used
// -------------------- ----- ------ -------- -------- ------ ------
// SV_Position                    0     xyzw       0       POS  float    xy
// VIEWRAY                        0     xyz        1      NONE  float    xyz
// RANGE                          0       w        1      NONE  float      w
// POSITION                       0     xyz        2      NONE  float    xyz
// COLOR                          0     xyz        3      NONE  float    xyz
// SV_SampleIndex                 0     x          4    SAMPLE  uint     x
//
//
// Output signature:
//
// Name                         Index    Mask Register SysValue Format    Used
// -------------------- ----- ------ -------- -------- ------ ------
// SV_Target                      0     xyzw       0    TARGET  float    xyzw
//
// Pixel Shader runs at sample frequency
//
ps_5_0
dcl_globalFlags refactoringAllowed
dcl_constantbuffer cb0[7], immediateIndexed
dcl_resource_texture2dms(0) (float,float,float,float) t0
dcl_resource_texture2dms(0) (float,float,float,float) t1
dcl_input_ps_siv linear noperspective v0.xy, position
dcl_input_ps linear v1.xyz
dcl_input_ps linear v1.w
dcl_input_ps linear v2.xyz
dcl_input_ps linear v3.xyz
dcl_input_ps_sgv v4.x, sampleIndex
dcl_output o0.xyzw
dcl_temps 4
ftoi r0.xy, v0.xyxx
mov r0.zw, l(0,0,0,0)
ldms_indexable(texture2dms)(float,float,float,float) r0.z, r0.xyzw, t1.yzxw, v4.x
ldms_indexable(texture2dms)(float,float,float,float) r0.xyw, r0.xyww, t0.xywz, v4.x
add r0.z, r0.z, -cb0[6].z
div r0.z, cb0[6].w, r0.z
mad r1.xyz, -v1.xyzx, r0.zzzz, v2.xyzx
dp3 r1.w, r1.xyzx, r1.xyzx
```

```
sqrt r1.w, r1.w
div r1.xyz, r1.xyzx, r1.wwww
div r1.w, r1.w, v1.w
add r1.w, -r1.w, l(1.000000)
max r1.w, r1.w, l(0.000000)
mad r2.xyz, -v1.xyzx, r0.zzzz, r1.xyzx
dp3 r0.z, r2.xyzx, r2.xyzx
rsq r0.z, r0.z
mul r2.xyz, r0.zzzz, r2.xyzx
mov r3.zw, l(0,0,-1.000000,1.000000)
mov r3.xy, r0.xyxx
dp3 r0.z, r3.xywx, -r3.xyzx
sqrt r2.w, r0.z
mul r0.xy, r2.wwww, r3.xyxx
mad r0.xyz, r0.xyzx, l(2.000000, 2.000000, 2.000000, 0.000000), l(0.000000, 0.000000,
 -1.000000, 0.000000)
dp3_sat r2.x, r0.xyzx, r2.xyzx
dp3_sat r0.x, r0.xyzx, r1.xyzx
log r0.y, r2.x
mul r0.y, r0.y, r0.w
add r0.z, r0.w, l(8.000000)
mul r0.z, r0.z, l(0.039789)
exp r0.y, r0.y
mul r0.y, r0.z, r0.y
mul r0.y, r0.x, r0.y
mul r0.xzw, r0.xxxx, v3.xxyz
mul o0.xyzw, r1.wwww, r0.xzwy
ret
// Approximately 35 instruction slots used
```

**목록 6.31.** fxc.exe가 출력한 진단 메시지.

출력의 첫 부분("Buffer Definitions:")은 셰이더 프로그램이 사용하는 모든 상수 버퍼의 정보이다. 개별 상수의 오프셋과 크기는 물론 해당 상수가 셰이더 프로그램에서 실제로 쓰이는지도 파악할 수 있다. 그 다음 부분("Resource Bindings:")은 셰이더에 쓰이는 모든 자원 객체와 상수 버퍼의 이름, 종류, 슬롯을 나열한 것이다. 셋째 부분("Input signature:")에는 셰이더 프로그램에 필요한 모든 입력이 나열되어 있다. 한 단계의 셰이더 프로그램을 다른 단계의 셰이더 프로그램과 대조할 때 이 부분의 입력 서명이 아주 유용할 것이다. 이전 단계의 셰이더 프로그램이 없는 정점 셰이더 프로그램에서도 이 부분이 유용하다. 정점 셰이더 단계에 연결된 정점 버퍼와 해당 입력 배치가 입력 서명에서 요구하는 요소들과 부합하는지를 점검해 보면 된다. 마지막 부분("Output signature:")은 셰이더 프로그램이 출력하는 모든 값을 나열한 것이다. 또한 픽셀 셰이더가 표본 빈도로 실행되는지의 여부도 알려준다. 지금 예의 경우 셰이더가 SV_SampleIndex를 입력받으므로 표본 빈도로 실행된다.

주석 형태로 된 진단 정보 다음에는 셰이더 프로그램의 컴파일 결과로 생성된 어셈블리 코드가 나온다. 보통의 경우 생성된 어셈블리를 봐도 별 도움이 되지 않지만, 성능 분석을 위한 검증 목적으로는 유용할 수 있다. 특히, 성능에 커다란 영향을 미치는 동적 분기나 반복 구조를 점검할 때에는 어셈블리 코드를 살펴보는 것이 도움이 될 수 있다. 어셈블리 코드에 if_XX 명령이 보이면 동적 분기가 있는 것인데, 여기서 XX는 특정 비교 연산을 뜻한다. 예를 들어 if_lt는 미만(less-than) 비교에 의한 분기이고 if_ge는 이상(greater-than-or-equal) 비교에 의한 분기이다. 동적 반복 루프에 해당하는 명령은 rep이다.

출력의 끝에는 명령 슬롯 개수가 나오는데, 이는 프로그램의 어셈블리 명령의 개수에 해당한다. 이 수치를 셰이더 프로그램의 상대적인 성능 비용을 아주 대략적으로 추정하는 데 사용할 수도 있으나, 그리 믿을만한 것은 아님을 기억하기 바란다. 이는 셰이더 어셈블리가 단지 중간 형태의 코드이며 하드웨어가 실제로 실행하는 것은 그래픽 구동기가 어셈블리 코드를 한 번 더 컴파일해서 만들어 낸 마이크로코드이기 때문이다. 따라서 최종적인 프로그램의 명령 개수는 이 출력에 나온 것과 아주 다를 수 있다. 게다가 그 명령들을 실행하는 데 필요한 주기(사이클)수 역시 하드웨어에 따라 다를 수 있다. 더욱 중요한 점은, 실제 마이크로코드 명령들조차도 메모리 접근이나 다중 스레드 실행에 의한 더 큰 규모의 성능 특성을 제대로 반영하지는 못한다는 것이다. 다행히, 주요 그래픽 하드웨어 제조사들은 셰이더 프로그램에 관한 좀 더 정확한 성능 통계치를 얻을 수 있는 특화된 분석 및 프로파일링 도구를 제공한다.

# 7 다중 스레드 렌더링

## 7.1 소개

지금까지의 내용에서 보았듯이, Direct3D 11에는 아주 흥미롭고도 강력한 개념들과 기능들이 새로이 추가되었다. 그러한 새 기능 중 아마도 가장 중요한 것은 **다중 스레드 적용**(multithreading)에 관련된 API일 것이다. 전형적인 사용자의 PC에 있는 CPU 코어의 평균 개수는 꾸준히 증가해 왔는데(그 코어들이 운용되는 빈도의 증가세는 멈춘 상태이지만), 어느 정도까지는 이러한 추세가 계속 유지될 것으로 보인다([Sutter]). 이러한 가용 처리 코어 개수의 증가에 발맞추기 위해서는, 예전에는 단일한 실행 줄기(스레드)에서 수행했던 과제(task)들에 그러한 코어들을 활용하는 기법을 찾아야 한다. 즉, 개발자는 최대한 많은 과제를 병렬로 처리하는 방법을 고민해야 한다.

Direct3D 11은 응용 프로그램의 렌더링 시스템이 여러 개의 CPU 코어를(따라서 여러 개의 실행 스레드를) 활용할 수 있도록 특별히 설계되었다. 응용 프로그램이 Direct3D 11과 상호작용하는 데 사용하는 핵심 인터페이스들은 다중 스레드 프로그램에서 잘 정의된 방식으로 행동하도록 세심하게 설계되어 있다. 이 덕분에 그런 인터페이스에 대한 특별한 조치 없이도 다중 스레드 프로그래밍을 적용할 수 있다. Direct3D의 이전 버전들은 모두 다중 스레드 지원이 없거나 부족했다. 그런 차원에서 Direct3D 11은 완전히 다른 종류의 API라고 할 수 있다. 한편 이는, 그러한 새로운 능력을 활용하려면 개발자가 기존의 소프트웨어 설계를 근본적으로 재검토할 필요가 있다는 뜻이기도 하다. 이번 장에서 보겠지만, Direct3D 11의 다중 스레드 지원 기능들은 하나의 프레임을 렌더링하는 데 필요한 작업을 여러 개의 가용 CPU 코어들에 분산함으로써 렌더링 성능을 향상하기 위한 것이다. 이를 제대로 사용한다면 응용 프로그램의 성능이 사용자 시스템의 CPU 코어 개수에 따라 증가하는 유연한 능력을 갖출 수 있다. 그러한 능력을 흔히 소프트웨어의 **규모가변성**(scalability)이라고 부른다. 평균 CPU 코어 개수가 계속 증가하는 만큼, 소프트웨어의 그러한 규모가변성도 더욱 중요해진다.

이번 장에서는 다중 스레드 렌더링 연산을 보조하기 위해 Direct3D 11 API에 추가된 도구와 수단을 소개하고 논의한다. 이는 **일반적인 다중 스레드 계산**[1]과 다른 것이므로 혼동하지 말기 바란다. 이번 장에서 이야기하는 다중 스레드 기법은 하나의 프레임을 여러 개의 실행 스레드를 이용해서 최대한 빨리 렌더링하는 데 국한된 것이며, 응용 프로그램의 실행에 필요한 다른 여러 처리 과제들은 고려하지 않는다. 그러나 한 프레임의 렌더링에 걸리는 시간을 다중 스레드를 통해서 최소화할 수 있다면 응용 프로그램의 전반적인 성능이 향상되므로 다른 과제들을 처리할 시간을 벌게 된다. Direct3D 11의 새로운 도구들을 이용해서 개발자는 두 종류의 작업에 다중 스레드를 적용할 수 있는데, 하나는 자원 생성이고 또 하나는 **그리기 제출** 절차이다. 렌더링에 필요한 객체들을 생성하는 것과 그것들을 GPU를 놀리지 않고 끊임없이 제출하는 것은 모든 Direct3D 11 응용 프로그램이 수행하는 근본적인 두 가지 과제이다. Direct3D 11 API와의 상호작용 대부분을 다중 스레드 코드에서 실행함으로써 이 두 핵심 과제를 효율적으로 수행한다면 성능 규모가 CPU 코어 개수에 따라 증가하는 규모가변성을 얻을 수 있다.


## 7.2 다중 스레드 렌더링의 동기와 목적

Direct3D 11의 스레드 적용 모형을 세부적으로 살펴보기 전에, 렌더링 관련 연산에 다중 스레드를 도입함으로써 우리가 성취하고자 하는 것이 무엇인지부터 명확히 짚고 넘어가자. 사실, 다중 스레드를 사용해서 생기는 이득이 없다면 굳이 복잡한 다중 스레드 기법을 렌더링 코드에 도입할 필요가 없다. 다행히, 렌더링 코드 경로를 직선적인 실행 흐름에서 벗어나게 하는 것이 바람직한 이유는 충분하다. 이번 절에서는 **자원 생성**과 **파이프라인 조작**의 관점에서 다중 스레드 적용의 장점을 논의하겠다.

최근의 다른 Direct3D 버전의 작동 방식을 알고 있다면 이번 논의를 이해하는 데 도움이

---

[1] 이 방대한 주제에 관한 자료는 많이 나와 있다. 좀 더 알고 싶은 독자라면, 스레드 관리 라이브러리에 관한 두 문헌 [Microsoft Corporation]과 [OpenM Architecture Review Board]를 출발점으로 삼으면 좋을 것이다.

될 것이다. D3D9와 D3D10에서는 장치를 생성할 때 특별한 **다중 스레드** 플래그*를 지정하면 장치 인터페이스의 메서드들이 스레드에 안전해진다. 그러나 이러한 스레드 안전성은 성긴(적용 범위가 긴) 동기화 기본수단들을 이용해서 메서드 안의 코드에 대한 접근을 사실상 직렬화해 얻는 것이기 때문에, 두 스레드가 같은 장치 메서드를 동시에 호출하는 경우 한 스레드는 다른 스레드의 메서드 호출이 끝날 때까지 기다려야 했다. 이처럼 API가 동기화를 자주 강제하는 방식에서는 다중 스레드 사용에 의한 성능 이득이 사라져 버린다. 이 때문에 이런 API를 흔히 **렌더링 스레드**라고 부르는 하나의 스레드에서만 사용하는 것이 권장되었다. 즉, 프로그램의 다른 영역에 대해서는 일반적인 다중 스레드 기법을 사용하되, 렌더링 연산들은 모두 하나의 실행 흐름에서 처리하는 방식이 권장되었던 것이다.

## 7.2.1 자원 생성

자원 생성이라는 주제에는 아주 다양한 과제가 관여하는데, 그 과제들은 모두 Direct3D 11 API를 통해서 API 기반 자원 객체를 생성하는 형태이다. 셰이더 객체나 파이프라인 상태 객체를 생성하는 것 같은 간단한 객체 생성 과제도 있고, 버퍼나 텍스처 같은 장치 메모리 기반 자원을 생성하는 과제도 있다. 다중 스레드 기법이 이런 종류의 연산에 어떻게 도움이 되는지 이해하는 데 도움이 되도록, 전통적인 직렬 실행 응용 프로그램의 몇 가지 사용 패턴을 살펴보겠다.

간단한 구조의 응용 프로그램이라면 필요한 API 기반 자원들을 모두 프로그램 시작 부분에서 생성하고, 나머지 실행 기간 내내 그 자원들을 사용하는 형태일 것이다. 지금 우리는 그러한 과제들의 직렬 실행을 고려하는 것이므로, 응용 프로그램은 반드시 자원 들을 모두 보통의 연산으로 진입하기 전에 생성해야 한다. 생성할 자원의 개수나 자원을 적재하는 일이 얼마나 복잡한지에 따라서는 생성 과정에 상당히 길어져서, 사용자가 프로그램을 실제로 사용할 수 있게 될 때까지 많은 시간을 기다려야 할 수 있다. 텍스처 같은 자원을 생성할 때에는 하드 디스크에서 텍스처 자료를 읽어 와야 하는데, 그러한 읽기 요청마다 지연이 발생할 가능성이 있다. 한편, 원본 자료에 추가적인 처리를 가한 후에야 사용 가능한 형태가 되는 자원도 있다. 예를 들어 셰이더의 경우에는 셰이더

---

* [역주] **D3DCREATE_MULTITHREADED**를 뜻한다. 참고로 이 플래그는 D3D8에도 있었다.

프로그램 소스 코드를 컴파일한 후에야 API로 셰이더 객체를 생성할 수 있다. 정리하자면, 이런 간단한 구조의 응용 프로그램에서는 자원 생성을 위해 수행할 과제들이 많은 경우 전체적인 지연 시간이 상당히 길어질 수 있다.

좀 더 복잡한 응용 프로그램에서는 메모리에 담을 수 있는 분량 이상의 자원이 필요한 경우가 많다. 전형적인 예가 비행 시뮬레이션 프로그램이다. 그런 프로그램에서는 미리 모든 자원을 생성해 두고 사용하기에는 필요한 자료가 너무나 많다. 대신, 지형과 세계 자료를 관찰자가 현재 보고 있는 장면에 기초해서 동적으로 메모리에 적재해야 한다. 이를 위해서는 프로그램 실행 도중에 하드 디스크에서(또는 네트워크 연결로부터) 자료를 읽어야 하는데, 적재할 자료의 양에 따라서는 이 때문에 응용 프로그램의 프레임률이 순간적으로 떨어질 수 있다. 이는 사용자의 입장에서는 아주 신경 거슬리는 일이다.

사용자의 CPU에 코어가 여러 개라면 이 두 문제를 어느 정도 해소할 수 있다. 앞에서 설명했듯이, Direct3D 11 이전의 최근 Direct3D 버전들의 경우 그 자체로 다중 스레드를 지원하지는 않지만, 그래도 다중 스레드 환경에서 API를 사용하는 것은 가능하다. 따라서 하드 디스크 읽기에 의해 지연이 발생하는 상황이라면 2차 스레드를 생성해서 해당 자료를 메모리에 적재하고 주 스레드는 그 자료를 이용해서 API 기반 자원을 생성하게 만들 수 있다. 이러한 기법을 적용하면 앞에서 말한 지연을 어느 정도는 줄일 수 있지만, 안타깝게도 모든 상황에 이 기법을 적용할 수 있는 것은 아니다. 예를 들어 컴파일된 바이트코드로 셰이더 객체를 만드는 경우에는 다중 스레드가 도움이 되지 않는다(장치 인터페이스를 한 스레드에서만 접근할 수 있으므로).

이전 Direct3D 버전들에서 자원 생성에 다중 스레드를 사용하는 기법들은 주로 API가 원래부터 다중 스레드 환경을 위해 설계된 것이 아니라는 사실에서 비롯된 제약을 피하기 위한 것이었다. 그러다 보니 응용 프로그램의 전반적인 구조가 복잡해졌으며, 2차 스레드들과 주 스레드(렌더링 스레드) 사이의 모든 상호작용이 제대로 구현되었는지를 확인하는 데 추가적인 개발 시간이 필요했다.


## 7.2.2 그리기 제출

다중 스레드가 렌더링에 도움이 되는 두 번째 분야는 그리기 제출 절차이다. 여기에는 파이프라인 상태 설정, 그리기 메서드나 배분 메서드 호출을 통한 파이프라인 실행을 포함한 응용 프로그램과 파이프라인 사이의 모든 상호작용이 포함된다. 시동 과정을 완료하고 정상 실행 모드로 들어간 응용 프로그램이 주로 하는 일은 계속해서 프레임을 하나씩 렌더링하는 것이다. 그림 7.1이 이러한 작업 흐름을 나타낸 것인데, **그리기 호출**에 의한 여러 가지 상태 변화들도 나와 있다.

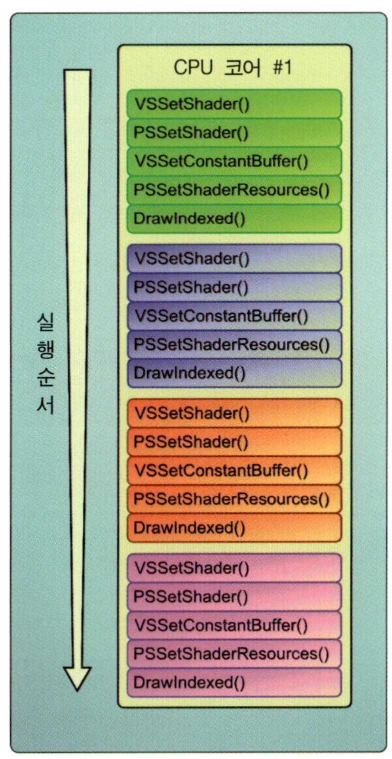



**그림** 7.1. 하나의 프레임을 렌더링하는 데 필요한 일련의 API 호출들.

그림 7.1을 보면 하나의 물체를 렌더링하는 데 필요한 API 호출들이 색깔별로 구분되어 있다. 또한 이 API 호출들이 순차적으로 진행된다는 점도 표현되어 있는데, 이러한 직렬 실행은 전통적인 구조에서 렌더링 연산들이 하나의 스레드로 국한된다는 점에서 비롯된 것이다. 일반적으로 하나의 프레임을 렌더링하려면 많은 수의 API 호출이 필요하기 때문에 CPU가 응용 프로그램의 전반적인 성능에 병목이 될 수 있다. D3D9에서 D3D10으로 넘어오면서 그러한 API 호출의 부담을 줄이기 위해, 그리고 그럼으로써 원하는 프레

임률을 유지하면서도 한 프레임을 렌더링하는 데 사용할 수 있는 최대 호출 횟수를 늘리기 위해, 구동기(driver) 모형의 상당 부분이 바뀌었다. 사실 기존 API에 대한 최적화 기법들 중에는 그러한 **일괄 단위 크기**(batch size)를 키우기 위한 것들이 많다. 여기서 **일괄 단위**(batch)란 상태 변경 없이 한 번의 **그리기** 호출로 함께 렌더링할 수 있는 객체들의 집합을 말한다. 일괄 단위 크기가 커진다는 것은 결국 한 프레임의 렌더링에 필요한 API 호출 횟수가 줄어든다는 뜻이다.

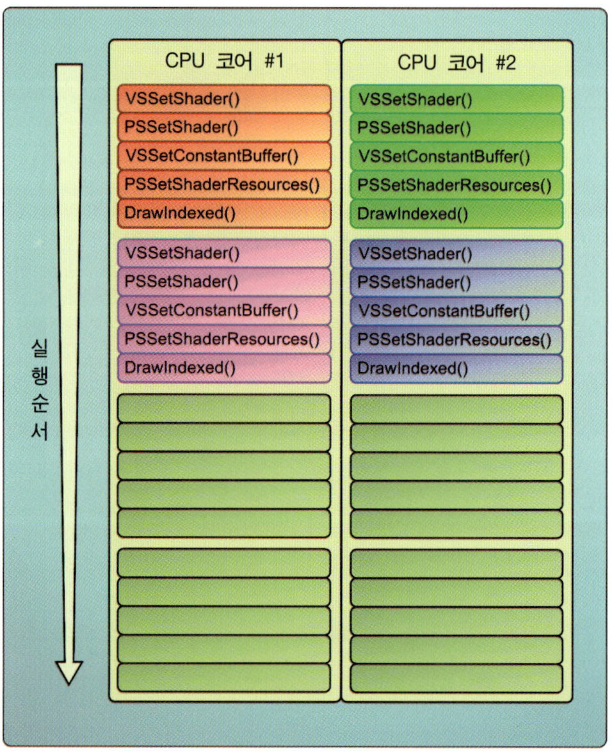


**그림 7.2.** 한 프레임의 렌더링에 필요한 API 호출들을 병렬화한 예.

병렬화가 그림 7.1에 나온 것 같은 **그리기** 제출 과제의 효율적인 수행에 도움이 될 것임은 명백하다. 수행할 연산들이 이미 종류별로 깔끔하게 분류되어 있으며, 각각의 집합을 서로 독립적으로 실행할 수 있기 때문이다. 각 색상의 집합을 각자 다른 스레드로 나누어 처리하는 것은 어렵지 않은 일이다. 이렇게 하면 실제 처리 시간은 전체 API 호출

시간을 처리 코어 개수로 나눈 것이 된다. 이처럼 API 호출들을 여러 개의 스레드에서 나누어서 진행하는 것이 Direct3D 11에서야 비로소 가능해졌다. 그림 7.2는 그러한 병렬 처리 시스템을 나타낸 것이다.

이를 좀 더 발전시켜서, 일련의 API 호출들을 하나의 객체로 캡슐화하는 것도 가능하다. 그러한 객체를 흔히 **표시 목록**(display list) 또는 **명령 목록**(command list)이라고 부른다. 원하는 API 호출들을 기록한 객체를 한 번 만들어 두면, 이후에는 CPU 시간을 거의 소비하지 않고도(사실 소비할 필요가 없다) 그 API 호출들 전체를 구동기에 보내서 실행할 수 있다. 프레임이 변할 때 자료가 변하지 않는 한, 그런 목록을 여러 프레임에서 재사용할 수도 있다. 다른 렌더링 시스템(OpenGL이나 XBOX 360용 Direct3D 등)들은 이런 종류의 명령 목록 객체를 전부터 제공했지만, DirectX에서는 D3D9나 D3D10에서 부터 사용할 수 있게 되었다.

요약하자면, 하나의 **그리기** 제출 과제에 대해 우리가 근본적으로 바라는 것은 렌더링 소프트웨어의 규모가변성 증대이다. 소프트웨어가 수행하는 작업을 제대로 병렬화할 수 있다면 한 프레임의 렌더링을 위한 CPU 작업을 수행하는 데 필요한 시간을 줄일 수 있으며, 그러면 CPU 코어 개수가 증가함에 따라 응용 프로그램의 효율성이 자동으로 증가하게 된다. 그러한 규모가변성 증대를 위한 한 가지 방안은 API 호출들을 여러 스레 드로 분산시키는 것이고, 또 하나는 순차적인 API 호출들의 개수를 명령 목록을 이용해 서 줄이는 것이다. 전체 렌더링 시스템에서 CPU가 병목 지점이 될 가능성을 줄이면 GPU의 능력을 최대한 사용할 가능성이 커진다.


## 7.3 Direct3D 11의 스레드 적용 모형

렌더링 시스템을 다중 스레드화하는 것이 왜 좋은지는 이제 충분히 납득했을 것이다. 그럼 Direct3D 11이 제공하는 스레드 적용 모형을 살펴보자. 앞에서 언급했듯이, D3D9 와 D3D10에서는 장치 인터페이스를 생성할 때 특별한 플래그를 지정하면 장치 인터페 이스를 다중 스레드 환경에서 사용할 수 있게 된다. 그러한 다중 스레드 플래그를 지정 하지 않고 생성한 장치는 **스레드에 안전하지 않은** 것으로 간주되며, 따라서 하나의 스레드에서만 사용해야 한다. 다중 스레드 플래그를 지정해서 생성한 장치는 성긴 동기화 기본수단을 이용해서 한 번에 한 스레드만 장치의 메서드를 사용할 수 있도록 강제한다. 그러한 동기화 덕분에 여러 스레드가 장치의 동일한 메서드를 사용해도 간섭이 일어나지 않는다. 이 때문에 그런 장치를 **스레드에 안전한** 장치라고 부른다.

Direct3D 11은 다중 스레드 지원을 주된 요구사항 중 하나로 삼아서 설계된 것이다. D3D9, D3D10과는 달리, D3D11에서 그래픽 장치에 접근하는 수단은 **장치**와 **장치 문맥**이라는 두 가지 인터페이스로 분리되었다. 그럼 Direct3D 11의 이 두 인터페이스가 다중 스레드 적용을 어떤 식으로 지원하는지 차례로 살펴보자.

## 7.3.1 장치 인터페이스

Direct3D 11 이전의 최근 Direct3D 버전들에서는 장치 인터페이스의 임무가 거의 변하지 않았다. 그 버전들에서 장치 인터페이스는 GPU 전체를 대표하며, **그리기** 제출 절차와 자원 생성 활동을 비롯한 장치와의 모든 상호작용이 이 하나의 인터페이스를 통해서 일어난다. Direct3D에서 쓰이는 주된 인터페이스가 바로 이 장치 인터페이스인 것도 당연한 일이었다. Direct3D 11에서는 장치 인터페이스의 임무 중 상당 부분을 다른 인터페이스로 이전했다. 이제 장치 인터페이스는 이전 기능성의 일부분만 담당한다. 살을 뺀 장치 인터페이스는 자원 생성만 책임지며, 파이프라인을 직접 조작하는 부분은 새로운 장치 문맥 인터페이스가 담당한다. 두 인터페이스가 구체적으로 어떤 책임을 맡는지는 제1, 2, 3장에서 자세히 이야기했었다.

그러나 이것이 단지 책임의 분할만은 아니다. 분할은 기능성에 대한 다중 스레드 요구사항이 달라지는 경계를 따라 일어났다. 자원 생성 메서드들은 스레드로부터 자유로운 형태로 구현되었다. **스레드 자유**(thread-free)는 여러 스레드가 메서드를 동시에 호출해도 안전하다는 점에서 스레드 안전(thread-safe)과 비슷하면서도 그와 다른 중요한 차이가 있는데, 바로 스레드 자유 메서드들의 경우 무거운 동기화 기본수단을 사용하지 않는다는 점이다. 대신 이 메서드들은 재진입(reentrance)이 가능하도록 설계되었다. 이는 주어진 한 메서드의 여러 호출들 사이에 의존관계가 존재하지 않는다는 뜻이다. 이 덕분에 장치는 인위적인 직렬화(이전 버전의 Direct3D에서 스레드 안전성을 위해 사용했던) 없이도 여러 스레드에서 객체를 생성할 수 있다.

Direct3D 11에서는 자원 생성을 진정한 다중 스레드 환경에서 수행할 수 있으며 구현상의 추가 부담도 최소한이기 때문에 프로그래머가 병렬적인 자원 적재 기능을 아주 간단하게 구현하는 것이 가능하다. 이제는 디스크에서 자원을 적재한 바로 그 스레드에서 그 자료를 가지고 텍스처나 버퍼 자원을 직접 생성할 수 있다. 이러면 스레드들 사이에 필요한 의사소통의 양이 최소화되며, 따라서 그런 종류의 연산의 복잡도가 줄어든다.

## 7.3.2 장치 문맥 인터페이스

장치에서 분리된 절반의 기능은 장치 문맥(device context)이라는 개별적인 인터페이스가 담당하게 되었다. 장치 문맥은 크게 두 종류로 나뉘는데, 하나는 즉시 문맥(immediate context)이고 또 하나는 지연 문맥(deferred context)이다. 그럼 구성은 같지만 그 행동 방식은 다른 두 장치 문맥 인터페이스를 차례로 살펴보자.

### 즉시 문맥

즉시 문맥은 응용 프로그램이 GPU와 직접 연동할 수 있는 관문을 제공한다는 점에서, 어느 정도까지는 Direct3D 이전 버전의 장치 인터페이스에 쓰이는 **그리기** 제출 기능에 해당한다고 할 수 있다. 즉시 문맥의 파이프라인 상태 설정 메서드는 호출 즉시 구동기에 전달되어서 어느 정도 '즉시' 실행된다(실제로는 구동기 구현이 연산들을 대기열에 모아둘 수도 있기 때문에 정말로 '즉시'는 아니겠지만, 응용 프로그램의 입장에서는 최대한 즉시에 가깝다).

이 새 인터페이스는 스레드에 안전하지 않게 구현되었다. 이는 인터페이스 객체 자체가 어떤 동기화 기본수단을 사용하지는 않는다는 뜻이다. 애초에 여러 스레드에서 동시에 사용할 것을 염두에 두고 설계된 것이 아닌 것이다. 이는 장치 인터페이스의 다중 스레드 특성, 즉 '스레드 자유'와는 반대되는 것이다. 즉시 문맥 인터페이스를 이렇게 스레드에 친화적이지 않게 구현한 이유는 무엇일까? 답은, 이것이 사실은 아주 스레드 친화적인 설계라는 데 있다. 즉시 문맥은 한 스레드에서만 사용해야 하지만, 다중 스레드 프로그램의 다른 스레드들에서는 다른 종류의 문맥인 지연 문맥을 사용할 수 있다.

## 지연 문맥

지연 문맥은 즉시 문맥의 기능성 대부분을 제공할 뿐만 아니라, 파이프라인에 대한 관문 역할도 한다. 지연 문맥의 다중 스레드 행동 방식은 즉시 문맥과 동일하다. 즉, 지연 문맥 역시 하나의 스레드에서만 사용해야 한다. 그러나 이름에서 짐작하듯이 지연 문맥을 통해 이루어진 모든 상태 및 파이프라인 변경 요청은 이후의 한 시점으로 '지연'된다. 지연 문맥에서는 각각의 상태 변경 호출과 그리기, 배분 호출이 즉시 실행되는 것이 아니라 **명령 목록**(command list)이라는 것에 추가된다. 이후 응용 프로그램은 그 명령 목록을 즉시 문맥을 이용해서 즉시 실행하거나, 또는 또 다른 지연 문맥을 이용해서 명령 목록 자체를 그 문맥의 현재 명령 목록에 추가할 수 있다. 이 방식에서는 즉시 문맥을 사용할 때와 동일한 방식으로 메서드들을 호출하면 되므로 명령 목록을 생성하기가 아주 직관적이다. 차이는 즉시 문맥에서는 호출이 즉시 적용되지만 지연 문맥에서는 호출이 명령 목록에 쌓인다는 것뿐이다. 지연 문맥을 스레드별, 코어별 명령 목록 생성기라고 생각해도 좋다.

즉시 문맥에서는 가능하지만 지연 문맥에서는 가능하지 않은 기능도 몇 가지 있다. 지연 문맥은 직접적인 질의 수행을 지원하지 않는다. 그런 질의는 반드시 즉시 문맥으로 수행해야 한다. 또한 지연 문맥으로는 자원에서 자료를 다시 읽어올 수 없다. 지연 문맥이 뭔가를 직접 실행하는 것이 아니라 명령들의 목록을 생성하는 것이라는 점을 생각하면 이러한 제한을 납득할 수 있을 것이다. 그러나 지연 문맥이 자원의 내용을 기록하는 것은 가능하다. 단, 그 자원이 `D3D11_MAP_WRITE_DISCARD` 플래그로 매핑되어 있어야 한다. 이 역시 당연하다면 당연한 일이다. 그렇게 해야 명령 목록에 자원의 내용 전체에 대한 쓰기 요청을 담을 수 있게 되기 때문이다. 이는 지연 문맥이 자원의 내용에 접근하지 못할 수 있다는 개념을 더욱 강화한다.

## 7.3.3 명령 목록

명령 목록은 Direct3D 11의 전체적인 다중 스레드 구현에서 아주 중요한 역할을 차지하므로, 명령 목록의 작동 방식을 정확하게 이해하고 넘어갈 필요가 있겠다. 명령 목록은 지연 문맥의 `FinishCommandList()` 메서드에 의해 비로소 생성된다. `FinishCommandList()` 메서드는 가장 최근 호출 이후의 모든 상태 변경과 그리기, 배분 호출을 포함한 명령 목록을 생성한다. 일단 명령 목록을 생성하고 나면 그 안의 연산들을 변경할 수 없다. 즉, 명령 목록 객체는 불변이(immutable) 객체이다. 명령 목록에 담긴 명령들을 제출, 재생하는 메서드는 `ExecuteCommandList()`로, 즉시 문맥으로 이 메서드를 호출할 수도 있고 다른 지연 문맥으로 호출할 수도 있다. 따라서 명령 목록의 전반적인 사용 패턴은, 우선 지연 문맥을 이용해서 명령 목록을 생성하고, 즉시 문맥을 이용해서 그 명령 목록을 바로 사용하거나, 아니면 다른 지연 문맥에 적용하는 것이다. 후자의 경우 명령 목록의 명령들은 그 지연 문맥에 있는 명령 목록의 명령들에 추가된다.

명령 목록을 사용한 후에는 `Release()` 메서드를 호출해서 해제해 주어야 한다. 그런데 명령 목록을 해제하는 시점은 전적으로 개발자가 결정한다. 명령 목록 자체는 불변이이지만, 그 실행 횟수에는 제한이 없다. 이로부터, 상태 변경이나 **그리기**, **배분** 호출들 중 특정 부분집합을 명령 목록으로 '캐싱'해 둔 후 응용 프로그램 수명 전반에서 계속 재사용한다는 흥미로운 용법이 가능해진다. 이러한 접근방식의 장점을 취할 수 있는, 명령 목록의 여러 수준의 입도(세밀도)들을 이번 장에서 나중에 살펴볼 것이다.

이러한 논의를 위해서는 한 물체의 렌더링 절차의 **정적** 상태와 **동적** 상태를 구분할 필요가 있다. **정적 상태**(static state)란 프레임이 바뀌어도 변하지 않는 파이프라인 구성 설정을 뜻하고, **동적 상태**(dynamic state)는 시간이 지남에 따라 어떤 형태로는 변하는 설정을 뜻한다. 정적 상태의 예로는 혼합 상태, 정점 셰이더, 텍스처가 있다. 그런 상태들 외에, 프레임마다 변하는 변환 행렬 등등 시간에 따라 계속 변할 수 있는 모든 상태는 동적 상태이다. 일반적으로 하나의 물체를 렌더링하는 데에는 동적 상태들과 정적 상태들이 모두 관여한다. 동적 상태라는 것이 존재한다면 명령 목록을 재사용하는 게 불가능하지 않을까 하는 생각이 들 수도 있다. 예를 들어 물체가 프레임마다 다른 위치에 나타나게 하는 경우 카메라나 물체 자체의 위치가 계속 변해야 한다. 따라서 정점 셰이더가 사용할 변환 행렬을 매 프레임마다 갱신해서 제출해야 한다. 이는 변경이 불가능한 명령 목록의 재사용과는 맞지 않는 방식인 것처럼 보인다.

그러나 명령 목록이 지연 문맥에 설정되는 상태들을 기록한다는 점에 주목하자. 앞에서 언급한 변환 행렬의 예라면 다음과 같은 방식으로 명령 목록을 재사용할 수 있다. 응용 프로그램은 변환 행렬들을 담은 상수 버퍼 하나를 정점 셰이더 단계에 연결한다. 일단 `FinishCommandList()`로 명령 목록을 생성하고 나면, 정점 셰이더에 묶인 상수 버퍼를 그 명령 목록 안에서 변경하지는 못한다. 그런데 이는 그 상수 버퍼가 연결된 지점에 다른 어떤 상수 버퍼를 연결하는 것이 불가능하다는 뜻일 뿐이다. 이미 묶여 있는 상수 버퍼의 **내용**은 명령 목록을 새로 만들지 않고도 변경할 수 있다. 이는 C/C++에서 함수에 인수를 값으로 또는 참조로 전달하는 개념과 비슷하다. 명령 목록은 특정 자원의 포인터를 기록할 뿐, 그 포인터가 가리키는 값 자체는 명령 목록과 무관하게 변경할 수 있다. 즉, 명령 목록 자체는 변경할 수 없어도 동적인 상태를 명령 목록 안에 주입하는 것은 가능하다. 정리하자면, 명령 목록은 자원 연결 명령을 해당 API 호출 목록에 고착시키지만 그 자원의 내용을 고착시키지는 않는다. 이러한 개념이 그림 7.3에 나와 있다.

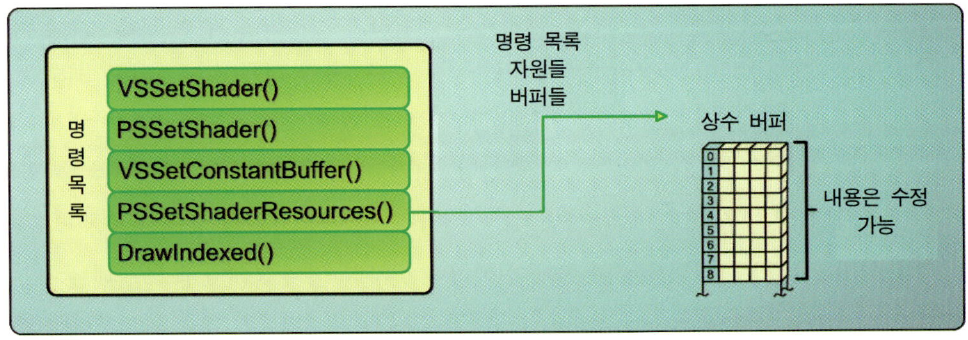



**그림 7.3.** 지연 문맥을 통해 연결한 자원의 내용은 나중에도 변경할 수 있다.

이에 따라, 명령 목록 객체의 사용법을 크게 둘로 나눌 수 있다. 첫째는 명령 목록을 매 프레임마다 생성해서 사용하고, 매번 목록을 해제하는 것이다. 이렇게 하면 한 물체의 렌더링에 쓰이는 임의의 상태를 동적으로 간단하게 갱신할 수 있다. 이 사용법의 주된 목적은 API 호출 비용을 여러 스레드로 분산하는 것이다. 둘째 방법은 명령 목록을 일단 한 번 생성한 후 여러 프레임에서 사용하되, 필요하다면 프레임마다 그 '자원'들을 갱신하는 것이다. 이렇게 하면 매 프레임마다 명령 목록을 생성하는 비용을 줄일 수 있다. 대신, 오직 자원들만이 물체의 렌더링을 위한 동적 상태를 담아야 하므로 응용 프로그램이 좀 더 복잡해질 수 있다.

## 7.3.4 장치와 장치 인터페이스의 사용

지연 문맥의 작동 방식을 이해했다면, 이제 지연 문맥을 이용해서 렌더링 시스템을 구현하는 방법으로 넘어가는 것이 좋겠다. 지연 문맥에 관한 일반적인 지침은, 사용자 시스템의 CPU에 있는 코어당 (많아야)하나의 문맥/스레드를 사용하라는 것이다.[2] 응용 프로그램은 그러한 각각의 지연 문맥 스레드마다 일정한 렌더링 작업을 명령 목록으로 만든다. 명령 목록이 모두 완성되면 즉시 문맥을 이용해서 목록들을 적절한 순서로 하나씩 실행한다. 이러한 기본적인 과정이 그림 7.4에 나와 있다. 그림은 4중 코어 CPU의 경우이다.

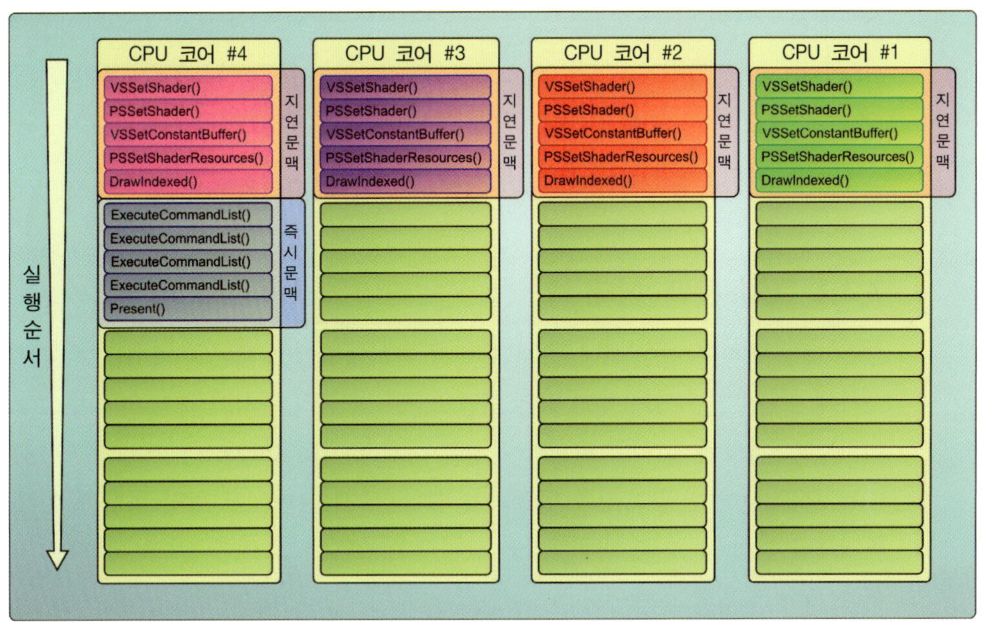


**그림 7.4.** 네 개의 지연 문맥에서 명령 목록들을 생성해서 즉시 문맥으로 실행하는 예.

그림에서 보듯이, 이러한 새로운 구성에서는 **그리기 상태 변경 호출**을 API에 제출하는 데 필요한 시간이 크게 줄어든다. 렌더링 요청들을 제출하는 전체적인 시간이 줄어들

---

[2] 사용자 컴퓨터의 CPU 코어 개수를 알아내는 방법은 여러 가지이다. Windows XP부터는 `GetLogical ProcessorInformation()`이라는 API 함수를 제공하는데, 이 함수는 하이퍼스레드 CPU 개수까지도 코어 개수에 포함시킨다는 단점이 있다. 그러한 수치가 아주 틀린 것은 아니지만, 지금 맥락에서 필요한 것은 실제 CPU 코어 개수이다. Windows 7은 `GetLogicalProcessorInformationEx()`라는 함수를 제공하며, 이 함수는 알고자 하는 정보를 세세하게 지정할 수 있는 추가적인 플래그를 지원한다. Direct3D 11은 현재 Windows Vista와 Windows 7에서 실행되므로, 사용자의 실제 운영체제에 따라서는 두 함수를 모두 사용해야 할 수도 있다.

뿐만 아니라, 명령 목록이 구동기가 빠르고 효율적으로 재생할 수 있는 형태로 생성되기 때문에 응용 프로그램의 GPU 쪽에서 최종 출력의 렌더링을 완성하는 데 필요한 전체 시간이 더욱 줄어든다. Direct3D 11 인터페이스들의 설계 변경 덕분에, 응용 프로그램 자체를 아주 많이 뜯어고치지 않고도 속도를 크게 높일 여지가 생긴다.

## 7.4 문맥의 파이프라인 상태 전파

앞에서는 명령 목록의 생성과 사용에 관한 구조적인 측면을 이야기했다. 이번에는 그와는 다른 측면으로, 명령 목록의 사용에 관련된 여러 연산들에서 파이프라인의 상태를 보존하고, 복원, 제거하는 방법을 살펴보겠다.

### 7.4.1 즉시 문맥 상태

우선 명령 목록의 실행 도중 즉시 문맥의 파이프라인 상태가 어떤 식으로 행동하는지 조사해 보자. 그림 7.5의 제일 위는 명령 목록을 실행하기 전의 즉시 문맥과 그 파이프라인 상태를 나타낸 것이다. 현재의 구성은 즉시 문맥의 SetXXX() 메서드를 통해서 일어나는 모든 상태 변경 요청을 반영하고 있다. 즉시 문맥에서 명령 목록을 실행하면 그 파이프라인 상태는 기본 파이프라인 상태로 대체된다. 그 기본 상태는 장치를 처음 생성했을 때와 동일한 상태이다.[3]

즉시 문맥에 원래 있던 기존 파이프라인 상태가 처리되는 방식은 두 가지인데, 어떤 것이 선택되는지는 ExecuteCommandList() 메서드의 부울 매개변수에 의해 결정된다. 이 매개변수에 true를 지정하면 즉시 문맥의 기존 파이프라인 상태가 저장되었다가 명령 목록의 실행이 끝난 후 복원된다. false를 지정하면 기존 파이프라인 상태는 그냥 삭제되며, 명령 목록의 실행이 끝난 후 즉시 문맥은 기본 상태로 되돌아간다. 이러한 두 가지 실행 경로가 그림 7.6에 나와 있다. 두 경우 모두, 파이프라인의 기존 상태는 절대로 명령 목록과 공유되지 않으며, 명령 목록 실행 도중에 변경된 상태가 실행이 끝난 후에도 즉시 문맥에 여전히 남아 있는 일 역시 결코 없다.

---

[3] 기본 파이프라인 상태를 구성하는 개별 값들은 DirectX SDK 문서화에 나와 있다.

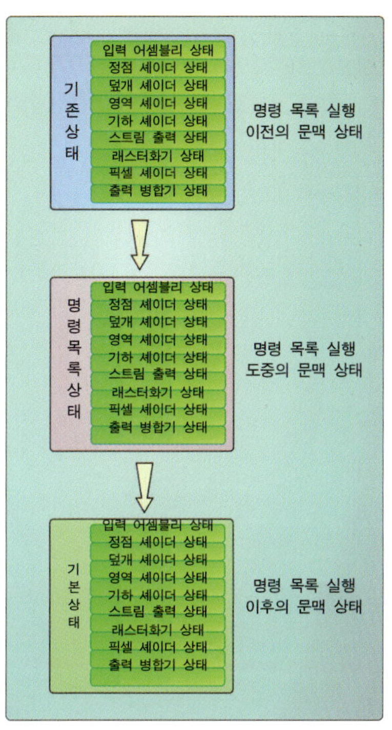

그림 7.5. 명령 목록 실행 이전, 도중, 이후의 즉시 문맥 상태.

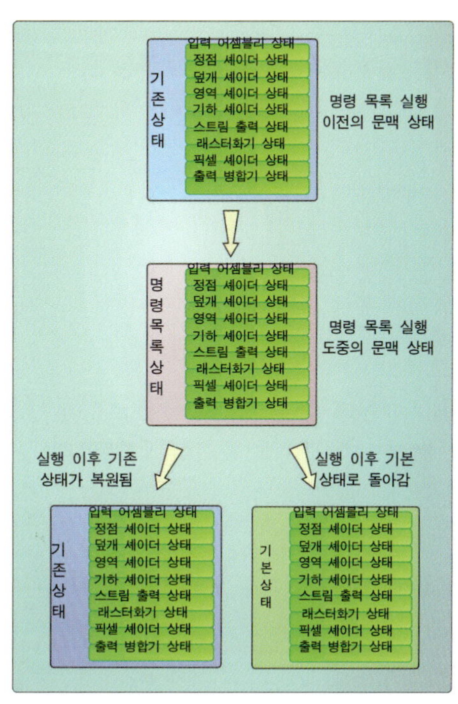

그림 7.6. 명령 목록 실행 이후 즉시 문맥 파이프라인 상태가 처리되는 두 가지 방식.

## 7.4.2 지연 문맥 상태

지연 문맥도 즉시 문맥과 동일한 파이프라인 상태 구조를 가진다. 생성된 지연 문맥은 기본 파이프라인 상태로 시작한다. 파이프라인 상태를 변경하는 지연 문맥 메서드를 호출하면 해당 상태 변경 호출이 누적되며, FinishCommandList()를 호출하면 누적된 호출들을 담은 명령 목록 객체가 만들어진다. 그 명령 목록을 실행할 때 문맥의 파이프라인 상태가 변하는 방식은 즉시 문맥에서와 비슷하다. 단, 즉시 문맥에서는 ExecuteCommandList()를 호출할 때 지정한 부울 매개변수에 따라 처리 방식이 달라지지만, 지연 문맥에서는 그러한 부울 매개변수를 FinishCommandList()를 호출할 때 지정한다. true를 지정하면 FinishCommandList() 호출 이전의 상태가 보존되고, false를 지정하면 기본 파이프라인 상태로 초기화된다. 그림 7.7에 이러한 두 가지 방식이 표현되어 있다.

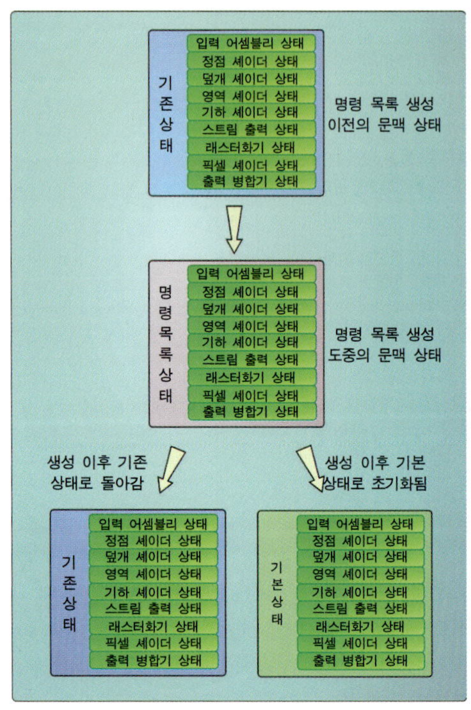



**그림 7.7.** 명령 목록 생성 이후 지연 문맥 파이프라인 상태가 처리되는 두 가지 방식.

두 방식 중 어떤 것을 선택하느냐에 따라, 지연 문맥의 다음 번 명령 목록의 시작상태가 결정된다. 즉, 이를 통해서 응용 프로그램은 명령 목록의 시작 상태를 제어할 수 있다. 이러한 메커니즘을 적절히 활용한다면, 여러 개의 명령 목록이 같은 설정을 사용하는 경우 상태 설정 비용을 줄일 수 있다.

## 7.4.3 성능 고려사항

앞 절에서 지연 문맥의 파이프라인 상태를 보존할 수도 있고 초기화할 수도 있다는 점을 배웠다. 상태를 보존하는 것이 바람직한 상황과 초기화하는 것이 바람직한 상황 몇 가지를 살펴보면 둘을 적절히 선택하는 데 도움이 될 것이다. 여기서 주되게 고려할 요인은 명령 목록의 크기와 응용 프로그램이 명령 목록을 사용하는 방식이다. 응용 프로그램이 한 프레임에서 작은 목록 여러 개를 사용한다면, 그리고 그 명령 목록들에 공통의 파이프라인 구성 설정들이 존재한다면, `FinishCommandList()` 호출들 사이에서 상태를 유지함으로써 전체적인 지연 문맥 파이프라인 상태 설정 호출 횟수를 줄일 수 있다. 반대로, 명령 목록들이 아주 길거나 여러 목록들이 설정을 공유하지 않는다면 문맥의 상태를 보존해도 이득이 없거나 아주 적을 것이다.

즉시 문맥의 상태 전파는 명령 목록 실행 빈도에 어느 정도 의존한다. 일반적으로는 실행 이후 즉시 문맥을 기본 파이프라인 상태로 초기화하는 것이 실행 이전에 상태를 저장했다가 이후에 다시 복원하는 것보다 빠르다. 이 점을 생각하면, 다수의 명령 목록을 연달아 실행하는 경우 상태를 보존할 이유가 없다는 결론에 이르게 된다. 매번 명령 목록이 기본 파이프라인 상태에서 실행될 것이기 때문이다. 명령 목록 실행 사이에서 기존 상태를 사용하지 않을 것이라면 기존 상태를 저장했다가 다시 복원한다는 것이 아무 의미가 없다. 반면, 명령 목록 실행들 사이에서 즉시 문맥을 이용해 보통의 렌더링을 수행한다면, 명령 목록 실행 이후 상태를 복원하는 것이 의미 있다. 물론 이 부분에는 명령 목록 실행 이전과 이후에 공통인 상태 설정들이 얼마나 많은지도 중요하다. 따라서 특정 렌더링 절차에 대해 어떤 기법이 더 적합한지를 판정하는 일반 규칙 같은 것은 없다. 섣불리 판단하기 보다는, 개발 과정 후반부에서 프로파일링과 검사를 거쳐 결정하는 것이 가장 바람직할 것이다.

이전에 설정했던 상태의 사용에 관련해서 한 가지 더 고민할 사항은 렌더링 연산의 디버깅 문제이다. 상태 전파를 제대로 처리하지 못하면, 렌더링 코드의 한 부분에서 설정한 상태가 다른 어떤 부분에까지 영향을 미칠 수 있다. 이를테면 한 물체의 렌더링 코드를 변경했는데 그 이후에 렌더링하는 다른 물체의 모습이 엉뚱하게 변하는 결과가 나올 수 있는 것이다. 일반적으로 그런 종류의 의존성은 최소화하는 것이 바람직한 코딩 습관이다. 특히 렌더링 코드가 하드 코딩이 아니라 자료 주도적(data-driven)인 경우에 더욱 그렇다. 적어도 가끔씩은 상태 전파를 모두 비활성화한 상태에서 렌더링 코드를 실행해서 그런 의존관계가 존재하는지를 점검해 보아야 할 것이다.

## 구동기의 다중 스레드 지원 여부 판단

Direct3D 11은 렌더링 작업의 두 가지 주요 과제인 자원 생성과 그리기 제출이 다중 스레드 환경에서 안전하게 진행됨을 보장한다. 그런데 그런 다중 스레드 활용이 최적으로 일어나려면 GPU 구동기 역시 최적으로 작동해야 한다. 만일 구동기가 스레드에 자유로운 자원 생성을 완전하게 지원하지 않는다면 실행시점 모듈은 자신만의 경량 동기화 기본수단을 사용해서 스레드 안전성을 보장한다. 비슷하게, 구동기가 다중 스레드 방식의 명령 목록을 직접 구현하고 있지 않다면 실행시점 모듈이 해당 기능을 흉내낸다(에뮬레이션 모드). 두 경우 모두, 그 성능은 개별 구현에 따라 조금씩 다를 것이나, 어쨌든 에뮬레이션 모드가 있으므로 구동기가 지원하지 않더라도 다중 스레드 기능을 사용할 수 있다. 에뮬레이션 구현이 네이티브 구현에 비해 느리다고 해도, 다중 스레드를 사용할 수 있다는 것의 장점이 그러한 단점을 훨씬 능가한다.

**ID3D11Device** 인터페이스는 두 과제에 대한 사용자의 비디오 카드 구동기의 다중 스레드 지원 여부를 알려주는 수단을 제공한다. 다중 스레드 지원 여부를 알아내려면 우선 알고자 하는 장치에 대한 인터페이스가 있어야 한다. (장치 인터페이스를 얻는 방법은 제1장에서 자세히 이야기했다). 다중 스레드를 사용하는 경우에는 장치 인터페이스를 초기화할 때 **D3D11_CREATE_DEVICE_SINGLETHREADED** 플래그를 지정하지 말아야 한다. 장치를 성공적으로 초기화했다면, **ID3D11Device::CheckFeatureSupport()** 메서드로 다중 스레드 지원 여부를 알아내면 된다. 목록 7.1에 그 예가 나와 있다. 이 메서드가 성공적으로 반환되었다면, 인수로 지정했던 **D3D11_FEATURE_DATA_THREADING** 구조체의 두 부울 필드 **DriverConcurrentCreates**와 **DriverCommandLists**에 다중 스레드 자원 생성과 명령 목록에 대한 구동기의 지원 여부가 설정되어 있는 상태이다.

```
D3D11_FEATURE_DATA_THREADING ThreadingOptions;
m_pDevice->CheckFeatureSupport( D3D11_FEATURE_THREADING,
                        &ThreadingOptions, sizeof( ThreadingOptions ) );
```

**목록 7.1.** 다중 스레드 기능에 대한 구동기 지원 여부 점검.

에뮬레이션 모드가 있으므로 이 필드들로 지원 수준을 점검하지 않아도 다중 스레드를 사용할 수는 있지만, 이전 세대 GPU 하드웨어를 위해서라면 이를 명시적으로 점검하는 것이 잠재적으로 이득이 될 수 있다. Direct3D 11 실행시점 모듈은 이전 수준의 하드웨어에서도 돌아가므로, GPU 제조사가 D3D10 하드웨어를 위한 구동기를 갱신해서 제공할 수도 있다. 그러면, 단지 갱신된 구동기와 Direct3D 11을 사용하는 것만으로도 이전 하드웨어에서 진정한 다중 스레드가 적용되어서 성능이 향상될 가능성이 생긴다. 따라서 장치 구동기의 지원 여부를 파악해서 적절히 활용한다면 최종 사용자에게 엄청난

혜택이 돌아갈 수 있는 것이다.

# 7.5 잠재적인 다중 스레드 활용 시나리오

Direct3D 11 인터페이스들의 다중 스레드 적용에 대한 지금까지의 논의는 주로 그 인터페이스들이 무엇을 할 수 있는지를 기술적인 관점에서 설명하는 데 초점을 두었다. 이제부터는 그러한 수단들을 렌더링 응용 프로그램에서 활용하는 몇 가지 시나리오를 살펴보기로 하자. 다중 스레드 적용이 한 과제의 수행 성능을 높이는 경우들 몇 가지를 살펴보고, 새로운 렌더링 시스템을 설계할 때 고려할 사항들도 이야기한다.

## 7.5.1 지형 페이지 관리에 다중 스레드를 적용

Direct3D 11 다중 스레드 능력을 지형 페이지 관리 시스템에 적용하는 방법으로 시작하자. 여기서 페이지(page)는 컴퓨터에서 물리적으로 사용할 수 있는 것보다 더 많은 메모리를 사용하는 메모리 관리 기법에서 쓰이는 용어이다. 응용 프로그램이 사용하는 주 메모리 공간은 '페이지'라고 부르는 블록들로 구성되며, 새로운 자료가 필요해지면 대용량 저장소에서 자료를 가져와서 주 메모리의 기존 페이지에 있던 내용과 '교체'한다. 주 메모리에는 응용 프로그램에 당장 필요한 자료만 유지되며, 필요에 따라 페이지를 '교체'함으로써 전반적으로는 응용 프로그램이 물리적인 시스템 메모리에 담을 수 있는 것보다 훨씬 더 많은 자료를 사용할 수 있게 된다. 사용자가 아주 넓은 공간을 돌아다닐 수 있는 응용 프로그램에서는 지형(地形) 렌더링을 위한 페이지 관리 시스템을 잘 설계할 필요가 있다. 그런 응용 프로그램에서는 장면 자료가 상당히 크기 때문에 필요한 모든 지형 자료를 직접 Direct3D 자원으로 만들어서 사용하는 것이 불가능한 경우가 많다. 따라서 실행 시점에서 관찰자의 현재 위치에 따라 자원의 페이지들을 적절히 교체할 필요가 있다. 이런 지형 렌더링 페이지 관리 시스템에는 병렬적인 자원 생성과 병렬적인 그리기 제출이 모두 관여하므로, 앞에서 논의한 다중 스레드 기법을 적용하기에 아주 적합하다.

이러한 시스템의 한 가지 가능한 설계는 이런 것이다. 응용 프로그램 시동 시점과 실행 도중에 일단의 **일꾼 스레드**(worker thread)들을 생성한다. 각 일꾼 스레드마다 응용 프로그램 수명 전반에서 사용할 지연 문맥 하나를 배정한다. 또한 장치에 대한 참조도 스레드에 제공한다. 그런데 지형 자료를 담을 페이지 개수가 CPU 코어보다 많은 경우가 일반적일 것이므로, 한 스레드가 여러 개의 지형 페이지들을 담당해야 한다. 우선, 시동 시점에서 각 일꾼 스레드는 디스크에서 하나의 지형 페이지만 적재한다. 그런 다음에는 장치의 스레드 자유 버퍼 생성 메서드를 이용해서 정점 버퍼를 하나를 할당하고, 적재한 지형 페이지를 그 버퍼에 채운다. 자원 적재가 병렬로 일어나므로, 이 시동 시점 작업의 속도는 오직 가용 I/O 대역폭에 의해서만 제한될 가능성이 크다. 그런데 가용 I/O 대역폭은 자료를 저장하는 매체에 따라 다르다. 예를 들어 하드 디스크, DVD 드라이브, 네트워크 저장소는 각각 그 접근 특성이 다르다. 한편, 자원들을 렌더링 연산과 병렬로 생성할 수 있으므로, 응용 프로그램은 지형 페이지들을 적재하고 생성함과 동시에 간단한 시작 화면이나 메시지를 렌더링하기 시작할 수 있다.

실행 시점에서는 각 일꾼 스레드가 지형 페이지를 렌더링하는 데 필요한 셰이더들과 자원들(텍스처, 상수 버퍼 등), 기타 상태들을 설정하는 명령 목록을 생성한다. 렌더링할 각 프레임마다, 현재 관찰자에게 보이는 모든 지형 페이지의 명령 목록을 즉시 문맥으로 실행한다. 렌더링에 필요한 시야 행렬(또는 시야 행렬을 포함한 여러 행렬들의 결합)을 상수 버퍼에 담아 두고 적절히 갱신한다면 그 명령 목록들을 재사용하는 것도 가능하다. 물론 그렇게 하려면 상수 버퍼의 내용 자체가 명령 목록에 포함되어서는 안 된다. 목록에는 상수 버퍼에 대한 참조만 담아야 한다.

관찰자가 장면 안에서 이동하면 일꾼 스레드는 필요에 따라 새 지형 페이지를 동적으로 디스크에서 적재한다. 일꾼 스레드는 자신의 지연 문맥을 이용해서, 지형 페이지의 정점 버퍼를 갱신하는 Map/UnMap 메서드 호출들을 명령 목록에 추가한다. 이후 특정 지형 페이지를 렌더링할 때가 되면 정점 버퍼 자원을 적절히 갱신해서 렌더링에 사용하면 된다. 이상이 주 렌더링 스레드와 일꾼 스레드 사이의 동기화를 최소화하면서 지형 페이지들을 갱신하는 간단한 접근방식이다.

## 7.5.2 셰이더 생성에 다중 스레드를 적용

앞에서 논의한 지형 페이지 관리 시스템은 다중 스레드 시스템에서 실행할 때 이득이 확실한 설계의 한 예이다. 그런데 모든 응용 프로그램이 동적 페이지 방식으로 메모리를 관리해야 할 정도로 큰 자료 집합을 필요로 하지는 않는다. 그러나 모두는 아니지만 대부분의 응용 프로그램이 구현해야 하는, 그리고 다중 스레드 적용에 의해 이득이 생기는 과제들도 있다. 그런 좀 더 보편적인 과제의 한 예로, 이번 절에서는 렌더링에 사용할 셰이더 객체를 시동 시점에서 생성하는 과제를 살펴보기로 한다. 이것이 다소 사소한 과제처럼 보일 수도 있지만, 응용 프로그램이 사용할 셰이더 프로그램의 개수와 그 복잡도, 그리고 그것들이 쓰이는 상황에 따라서는 "조합적 폭발"에 의해서 엄청나게 많은 수의 셰이더 객체들이 필요할 수 있으며, 그 모든 객체를 생성하는 데 걸리는 시간 역시 감당할 수 없을 정도로 길어질 수 있다.

셰이더 프로그램을 사용하려면 원하는 파이프라인 단계에 적절한 셰이더 객체를 연결해야 하는데, 그러한 셰이더 객체를 만들려면 먼저 셰이더 프로그램 소스 코드를 컴파일해서 바이트코드를 만들어야 한다(셰이더 컴파일과 셰이더 객체 생성에 대해서는 제6장에서 자세히 이야기했다). 그러한 컴파일 과정에는 CPU가 비교적 많이 쓰이므로, CPU 코어가 여러 개인 시스템에서 여러 개의 셰이더를 컴파일하는 경우라면 컴파일 과정을 병렬화하는 것이 이득이 될 수 있다.

컴파일 이후 과정에서도, 장치 인터페이스의 스레드 자유 메서드들을 통해서 여러 개의 셰이더 객체를 동시에 생성할 수 있다. 스레드 자유 메서드들 덕분에 셰이더 객체 생성 스레드들을 동기화할 필요가 없다. 이전 버전의 Direct3D였다면 그러한 동기화가 필요했을 것이다. Direct3D 11에서 셰이더 프로그램의 컴파일 및 셰이더 객체 생성을 병렬로 진행하는 구조를 간단하게 설명하면 이렇다. 우선, CPU 코어당 하나의 일꾼 스레드로 이루어진 스레드 풀(thread pool)을 준비한다. 일반적인 다중 스레드 설계를 공부해 본 독자라면 스레드 풀이라는 개념에 이미 익숙할 것이다. 그런 다음 셰이더 프로그램 목록을 적재해서, 프로그램 소스 코드와 정보(셰이더 종류, 필수 셰이더 모형 등)를 각 일꾼 스레드에 배분한다. 각 일꾼 스레드는 다른 스레드와는 완전히 격리되어서 자신의 셰이더 프로그램을 컴파일하고 셰이더 객체를 생성한다. 응용 프로그램의 주 스레드는 그냥 모든 일꾼 스레드가 작업을 완료할 때까지 기다리면 된다. 모든 작업이 끝나면 생성된 셰이더 객체들을 모아서 저장해 두었다가 이후 과정에서 사용한다.

## 7.5.3 그리기 명령 제출에 다중 스레드를 적용

앞의 두 예는 흥미로울 뿐만 아니라, 처리할 자원이 많은 과제의 수행 성능을 Direct3D 11의 몇 가지 다중 스레드 수단을 이용해서 높이는 방법에 대한 영감도 제공한다. 그러나 잠재적인 성능 향상폭이 가장 큰 것은 아마도 한 프레임의 렌더링을 여러 CPU 코어로 분할하는 기법일 것이다. 앞에서 설명했듯이, 그렇게 하면 한 장면의 렌더링을 위한 전체적인 CPU 비용과 구동기 비용이 여러 개의 스레드들에서 동시에 상각(amortizing)되고 작업을 GPU로 전송하는 데 소비되는 시간이 줄어든다. 물론 이러한 개념을 구현하는 방법은 여러 가지이며, 어떤 방법이 더 나은지는 구체적인 응용 프로그램에 따라 다르다. 여기에서는 몇 가지 가능성을 논의하고, 특정 상황에서 어떤 방법을 선택하면 좋은지에 대한 지침을 제시한다.

이번 절에서 살펴볼 여러 방법들에 공통으로 적용되는 시나리오는 다음과 같다. 응용 프로그램에는 즉시 문맥을 사용하는 주 스레드 하나와 각각 하나의 지연 문맥을 사용하는 여러 개의 일꾼 스레드(시스템의 CPU에 있는 코어당 하나씩)가 있다. 한 프레임을 렌더링할 때에는 전체 작업을 일정한 방식으로 여러 일꾼 스레드에 나눈다. 일꾼 스레드들은 각자 하나의 명령 목록을 생성한다. 주 스레드는 그 명령 목록들을 즉시 문맥에서 적절한 순서로 실행한다. 이에 의해 최종적인 렌더링 이미지가 만들어진다. 명령 목록들을 실행하는 순서는 한 자원의 내용을 수정하는 경우에만 중요하다. 그런 경우 반드시 자원이 수정된 후에 그 자원이 사용되도록 해야 한다. 예를 들어 그림자 맵을 생성하는 명령 목록이 있고 그 그림자 맵을 장면에 적용하는 명령 목록이 있다면, 반드시 첫 명령 목록을 먼저 실행해야 한다. 물체별 명령 목록(잠시 후 논의한다)들처럼 명령 목록 실행 순서가 중요하지 않은 경우도 있다.

작업을 여러 스레드로 나누는 방식은 렌더링할 장면의 종류와 내용에 따라 결정해야 할 것이다. 그럼 장면의 렌더링 작업을 분할하는 세 가지 기법을 살펴보자. 이들은 단지 수많은 분할 기법들 중 세 가지일 뿐이며, 주어진 상황에서 더 높은(또는 더 낮은)성능을 내는 기법들도 많을 것임을 명심하기 바란다.


### 보기별 명령 목록

장면 렌더링 작업을 분할하는 첫 번째 기법은 여기서 말하는 세 가지 방법 중 가장 덜 개입적인(intrusive)* 방법이다. 이 기법의 핵심은 하나의 장면의 각 **보기**(view)마다 하나씩의 명령 목록을 만든다는 것이다. 여기서 '보기'라는 것을 장면 전체를 완전히 렌더링하는 하나의 완성된 렌더링 패스라고 생각해도 무방하다. 예를 들어 그림자 맵을 생성하는 것은 장면의 한 보기이고, 환경 맵 생성도 하나의 보기이다. 또한 통상적인 원근 렌더링 역시 하나의 보기이다. 하나의 스레드에서 렌더링 명령들을 순차적으로 수행하는 것을 하나의 연속적인 명령 목록으로 간주할 때, 그러한 하나의 명령 목록을 보기별로 분할하는 일반적인 지침은 렌더 대상이 바뀌거나 비워질 때마다 (계산 파이프라인의 경우에는 UAV가 변할 때마다) 새로운 보기 명령 목록을 만든다는 것이다. 이러한 분할 방식이 그림 7.8에 나와 있다.

렌더링 작업을 이렇게 개별 조각으로 분할한 후 일꾼 스레드들에 맡겨서 각자 하나의 보기별 명령 목록을 생성하게 한다. 각 일꾼 스레드는 통상적인 렌더링 코드를 사용하되, 즉시 문맥이 아니라 지연 문맥에서 해당 메서드들을 호출한다. 렌더링 프레임워크에서 렌더링 패스가 현재 어떻게 구현되어 있는가에 따라서는 이러한 작업 분할을 구현하기가 다소 어려울 수도 있다. 이 부분에서 반드시 고민해야 할 사항 하나는 자료의 동기화이다. 예를 들어, 응용 프로그램이 장면의 모든 요소를 담은 장면 그래프(scene graph)를 사용한다고 하자. 각 렌더링 보기마다 장면을 한 번씩 운행한다고 하면, 그리고 그러한 운행들이 여러 스레드들에서 일어난다면, 장면 그래프 자체의 상태 변경이 다른 스레드의 작업에 방해가 되지 않도록 해야 한다. 그런 일이 발생하면 렌더링 스레드들 사이에서 자료가 깨질 가능성이 크다. 또한 직접적인 동기화 코드의 사용도 가능하면 피해야 한다. 동기화 기본수단을 직접 사용해서 스레드들을 동기화하면 스레드 자유 메서드들에 기초

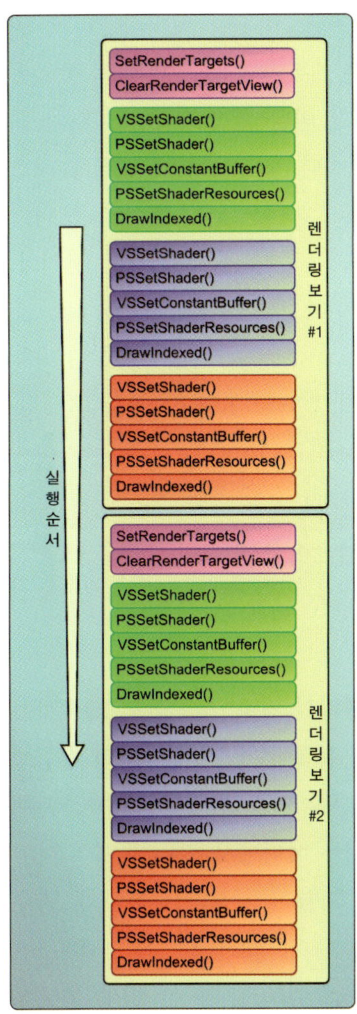



**그림 7.8.** 하나의 렌더링 절차를 고수준 렌더링 연산들을 이용해서 여러 '보기'들로 분할할 수 있다.

---

* [역주] 개입적이라는 것은 간단히 말하면 기존 코드를 수정할 부분이 많거나 기존 자료구조와의 결합도가 크다는 뜻이다.

한 다중 스레드 적용으로 얻는 성능상의 이점이 사라질 것이기 때문이다. 정리하자면, 주어진 한 프레임에 대한 모든 갱신은 렌더링 패스 이전에 완료해야 하며, 그렇지 않은 모든 자료 수정은 아주 세심한 계획 하에서 수행해야 한다.

다중 스레드의 이러한 '보기' 수준 분할 입도(granularity)는 CPU 부담을 줄이기에 적합하다. 렌더링 패스들 중에는 장면의 모든 물체에 대해 아주 비슷한 렌더링 효과들을 사용하는 것들이 있다. 예를 들어 그림자 맵 생성 패스는 대부분의 물체에 대해 동일한 픽셀 셰이더를 이용해서 적절한 깊이 값을 출력한다. 또한 변환 설정(정점 셰이더나 테셀레이션 기반 셰이더들의) 역시 대부분의 물체에서 비슷하다. 이런 종류의 렌더링 패스들은 보기 수준에서 미리 정렬되어 있는 경우가 많으므로, 하나의 렌더링 패스를 위해 한 지연 문맥에서 실행된 모든 연산이 다수의 **그리기** 호출들에 걸쳐 상각될 것이다.

그러나 이러한 보기 기반 기법에서는 대체로 커다란 명령 목록들이 만들어지기 때문에 명령 목록들을 여러 프레임에서 재사용할 수 있는 가능성이 그리 크지 않다. 이전에 논의했듯이, 렌더링할 물체의 동적 상태를 렌더링에 쓰이는 자원의 내용을 수정함으로써 갱신하는 것은 가능한 일이다. 그러나 주어진 프레임에서 렌더링할 물체 자체를 변경하거나 제외시키는 것은 불가능하다. 물론 각 프레임마다 생성되는 보기 수준 명령 목록들이 아주 많지는 않을 것이므로 이것이 아주 큰 문제는 아닐 것이다.

## 물체별 명령 목록

다음 수준의 분할 입도는 장면을 구성하는 물체마다 개별적인 명령 목록을 만드는 것이다. 이 경우 각 스레드는 렌더링할 물체마다 하나의 명령 목록을 생성한다. 이전 방법에 비해 처리의 세밀도가 훨씬 높기 때문에, 생성하고 실행할 명령 목록의 개수도 크게 늘어난다. 명령 목록 개수가 많다는 것은 명령 목록 생성들 사이에서 지연 문맥의 파이프라인 상태를 전파(보존 및 복원)함으로써 이득을 얻을 확률이 커진다는 뜻이다. 명령 목록이 많으면 렌더 대상 설정 같은 고수준 렌더링 설정 메서드 호출 횟수도 많아지는데, 지연 문맥 상태를 전파한다면 그런 횟수를 훨씬 줄일 수 있다. 또한 명령 목록이 많으면 `FinishCommandList()`와 `ExecuteCommandList()`의 호출 횟수도 많아지는데, 이것이 성능에 악영향을 줄 수도 있고 주지 않을 수도 있다. 그리고 명령 목록들은 장면의 나머지 부분과 격리되어서 생성되므로, 명령 목록이 많으면 수행할 수 있는 일괄 처리(batching)의 양도 줄어든다.

그러나 이 기법에는 응용 프로그램에 이득이 될 만한 몇 가지 흥미로운 부수효과들이 존재한다. 특정 렌더링 패스의 특정 물체를 위한 명령 목록을 일단 한 번 생성하고 나면 매 프레임마다 그 명령 목록을 해제하고 다시 생성할 필요가 없다. 시야 행렬이나 스키닝 행렬 등의 모든 프레임별 동적 렌더링 자료는 상수 버퍼에 담겨서 셰이더 프로그램들에 전달되므로, 모든 프레임에서 동일한 상수 버퍼를 갱신해서 사용하는 한, 프레임마다 명령 목록이 바뀌지는 않는다. 명령 목록 생성의 추가 부담이 없다는 점에서 비롯된 이득이 앞에서 말한 모든 추가 비용을 상쇄하고도 남는다. 또한 그냥 물체마다 하나씩 명령 목록을 만들어서 필요에 따라 사용하면 된다는 기법 자체의 간단함도 커다란 매력이다.

또한 지연 문맥에서도 명령 목록을 사용할 수 있다는 점 역시 성능 향상의 여지를 제공한다. 즉, 작은 명령 목록 여러 개를 하나의 명령 목록으로 합침으로써 즉시 문맥에서 수행할 명령 목록의 개수를 줄일 수 있는 것이다. 구동기가 해당 기능을 어떻게 구현하고 있는가에 따라서는, 저수준 명령 목록들로 한 프레임을 렌더링하는 데 연관된 전체적인 비용을 줄이기 위해 이러한 접근방식을 활용하는 것도 가능할 것이다.

## 재질별 명령 목록

마지막으로 살펴볼 분할 기법은 작업을 재질(material)별로 나누는 것이다. 렌더링에 들어가기 전에, 장면의 물체들을 재질별로 분류해 둔다. 렌더링 시에는 같은 재질을 공유하는 물체들의 렌더링 작업을 각 스레드에 배정한다. 각 스레드는 재질별 작업으로 명령 목록을 만들고, 주 스레드는 그러한 모든 명령 목록을 즉시 문맥에서 실행한다. 이런 종류의 물체 분류는 D3D9 응용 프로그램에서 보편적으로 쓰였다(각 API 호출의 CPU 비용이 비교적 높았기 때문). 물체들을 재질별로 분류해서 처리 순서를 잘 조정하면 파이프라인 상태 변화 횟수를 줄일 수 있었다. D3D9 코드 기반이 남아 있는 경우라면 이미 구현해둔 물체 분류 코드를 재활용할 수 있을 것이다.

이 기법은 앞의 두 기법 사이의 절충에 해당한다. 렌더링할 재질별 물체 집합의 크기는 전적으로 주어진 재질이 얼마나 공통적인가에 의존하므로, 경우에 따라서는 하나의 렌더링 일괄 단위로 처리하는 물체의 수가 가장 많아지는 기법이 바로 이 기법일 수 있다. 재질별 명령 목록은 비교적 적은 수의 상태 변경으로 더 많은 물체들을 처리하므로 전체

적인 명령 목록 개수가 물체별 기법에 비해 더 적고, 따라서 물체별 기법에 비해 성능이
더 우월할 가능성이 크다. 그러나 명령 목록을 만들기 전에 물체들을 재질별로 분류하는 데
추가적인 비용이 따른다는 점도 고려해야 한다. 따라서 이 기법의 이득은 장면의 복잡도
와 재질의 다양성에 따라 다르다. 비교적 균일한 렌더링 재질들이 쓰이는 장면에서는
이 기법을 이용해서 장면 물체들을 좀 더 효율적으로 처리하고 GPU에 제출할 수 있을
것이다.

# 7.6 실제 적용 시 고려사항과 요령

그럼 Direct3D 11의 다중 스레드 적용 기능을 사용하는 응용 프로그램이나 프레임워크
를 구축할 때 유용한, 전반적인 설계 조언을 제시하는 것으로 이번 장을 마무리하겠다.
다중 스레드 응용 프로그램의 전형적인 복잡도 때문에, 잠재적인 문제점을 애초에 제거
함으로써 나중에 문제를 찾고 고칠 일이 아예 생기지 않도록 만드는 것이 최선이다.

## 7.6.1 해야 할 일

우선 가능한 한 초기 설계에 도입하는 것이 마땅한 사항 몇 가지를 살펴보자. 이들은
Direct3D가 요구하는 사항들이 아니라, 필자가 Direct3D API를 다루면서 발견한 유용한
요령과 조언이다.

### 여러 수준의 스레드 적용

가장 먼저 말하고 싶은 것은, 응용 프로그램이나 렌더링 프레임워크가 사용하는 스레드
개수를 특정한 수치로 고정시켜서는 안 된다는 것이다. 이 점이 중요한 이유는 여러
가지이다. 첫째로, 최종 사용자의 시스템에 있는 CPU 코어 개수를 미리 알 수 있는 방법
은 없다. 따라서 생성하고 사용할 스레드 개수를 실행 시점에서 동적으로 결정하는 것이
당연하다. 더 나아가서, 가능하다면 렌더링 작업량의 요구에 따라 스레드를 더 추가하거
나 제거해서 추가적인 성능 향상을 꾀하는 것이 바람직하다.

스레드 개수 가변성이 중요한 둘째 이유는 프로그램의 디버깅 편이성이다. 프레임 렌더링 결과가 원하는 것과 다른 경우, 다중 스레드 렌더링 자체가(좀 더 정확하게는 그러한 기법의 적용 방식이) 문제일 수 있다. 디버깅 시간을 줄이려면 다음과 같은 여러 구성들을 전환해 가면서 코드를 살펴볼 수 있어야 한다.

- 다중 스레드/지연 문맥 렌더링: 여러 스레드에서 지연 문맥을 이용해서 생성한 명령 목록들을 한 스레드의 즉시 문맥에서 실행한다.
- 단일 스레드/지연 문맥 렌더링: 하나의 스레드에서 지연 문맥을 이용해서 생성한 명령 목록들을 그 스레드의 즉시 문맥에서 실행한다.
- 완전한 단일 스레드 렌더링: 하나의 스레드에서 즉시 문맥만을 이용해서 렌더링을 수행한다(명령 목록은 생성하지 않고).

이런 여러 조합들을 시험해 보면 주어진 렌더링 버그의 원인이 통상적인 렌더링 오류인지, 여러 문맥들 사이의 상태 설정 불일치인지, 여러 스레드 사이의 자료 경합 때문인지를 분류할 수 있다. 이런 종류의 유연성은 즉시 문맥과 지연 문맥이 겉으로는 똑같아 보인다는 사실 때문에 더욱 유용하다. 렌더링 시스템의 일괄 처리 단위들이 하나의 처리 스레드로 전달할 수 있는 객체 형태로 캡슐화되어 있다고 할 때, 각 스레드에 그 객체뿐만 아니라 그것을 처리할 문맥도 함께 전달한다면 같은 스레드 함수를 지연 문맥으로도, 즉시 문맥으로도 사용할 수 있게 된다. 즉, 응용 프로그램이 스레드 개수뿐만 아니라 각 스레드를 어떤 방식으로 사용할 것인지도 동적으로 결정할 수 있게 되는 것이다.

## PIX 활용

응용 프로그램의 디버깅과 분석을 위해 PIX를 활용할 때 고려해야 할 사항이 몇 가지 있다. PIX는 주어진 한 프레임에서 응용 프로그램이 Direct3D 11 API로 무엇을 했는지를 보여주는 아주 유용한 도구이다. 한 프레임에서 여러 개의 문맥과 스레드로 명령 목록들을 생성하고 소비하는 경우에도 PIX로 프레임을 갈무리해서 그 프레임이 어떻게 구축되었는지에 대한 상당한 정보를 얻을 수 있다. 특히, 각 문맥별로 어떤 API가 호출되었는지 알 수 있다(각 문맥은 그 주소로 식별할 수 있다). 그림 7.9는 하나의 프레임 갈무리(frame capture)에서 얻은 정보를 보여주는 화면이다.

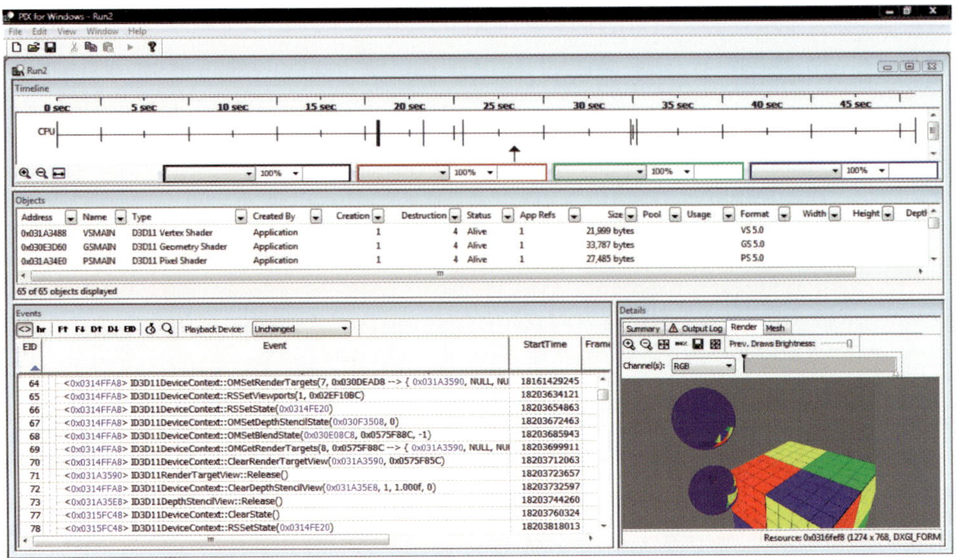

**그림 7.9.** 다중 스레드 응용 프로그램에 대한 PIX 프레임 갈무리 화면.

그러나 안타깝게도 이 글을 쓰는 현재 PIX의 일부 시각화 도구는 지연 문맥·명령 목록에 대해 잘 작동하지 않는다. 단일 문맥 프레임 갈무리의 경우에는 각 API 호출을 차례로 훑으면서 렌더링되는 표면 내용과 기하구조를 시각화할 수 있으며, 메모리 자원의 내용도 조사할 수 있다. 그러나 지연 문맥에서 API 호출들을 하나의 명령 목록으로 감싼 경우에는 그 호출들이 훨씬 나중에(명령 목록을 실제로 실행할 때) 한꺼번에 실행되기 때문에 그러한 시각화가 작동하지 않는다. 그렇긴 해도 API 호출들의 시간과 순서는 여전히 파악할 수 있으며, 이는 API 호출 순서에 뭔가 문제가 있어서 생기는 버그를 잡을 때 큰 도움이 된다.

이 부분 역시 지연 문맥 대신 즉시 문맥을 사용하도록 응용 프로그램 구성을 변경할 수 있는 유연성이 중요한 이유가 된다. 즉, 디버깅 과정에서는 즉시 문맥 모드에서 오류 점검용 시각화를 위한 완전한 PIX 프레임 갈무리를 얻고, 렌더링 코드에 오류가 없음이 확실해 진 다음에는 다시 지연 렌더링으로 손쉽게 전환할 수 있다면 큰 도움이 될 것이다.

## 7.6.2 피해야 할 일

해야 할 일들 외에 반드시 하지 말아야 할 일들도 있다. 이번 절에서는 그런 사항 몇 가지를 간단하게 설명하겠다. 이들 역시 Direct3D 11의 필수 요구사항이 아니라 필자의 지난 경험에서 얻은 제안일 뿐임을 기억하기 바란다.

## 파이프라인 멈춤

지연 문맥과 명령 목록을 이용하면 여러 개의 CPU 코어로 렌더링 작업을 수행할 수 있지만, 그래도 렌더링에 관한 일반적인 함정과 조언은 여전히 적용된다. 명령 목록은 Direct3D 11 실행시점 모듈과 구동기에 여러 상태 변화들과 **그리기/배분** 호출들을 효율적으로 제출하는 수단이다. 그러나 명령 목록들을 실행하는 순서에 선택의 여지가 있는 경우, 파이프라인이 멈추는 일 없이 실행이 지속되도록 순서를 결정하는 데 신경을 쓸 필요가 있다. 예를 들어 그림자 맵을 생성하는 명령 목록이 있고 계산 셰이더로 시뮬레이션을 갱신하는 명령 목록, 그리고 통상적인 원근 시야 렌더링을 이용해서 최종적으로 장면을 렌더링하는 명령 목록이 있다고 하자. 시뮬레이션은 두 개의 버퍼 자원에 자신의 상태를 저장한다. 렌더링 시에는 현재 버퍼의  내용으로 현재 프레임을 렌더링하고, GPU 자원을 이용해서 다음 프레임을 위한 버퍼를 갱신한다. 이런 구성에 적합한 명령 목록 실행 순서는 그림자 맵 생성 - 시뮬레이션 갱신 - 원근 렌더링이다. 이것이 왜 올바른 순서인지는 그림 7.10을 보면 알 수 있을 것이다.

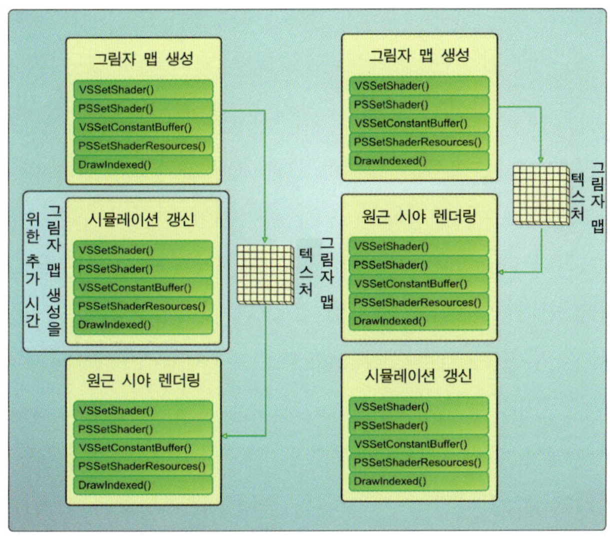


**그림 7.10.** 파이프라인 멈춤에 기초한 명령 목록 실행을 위한 적절한 순서.

명령 목록들을 이 순서로 제출하면 최종 렌더링 패스의 실행이 시작되는 시점은 그림자 맵의 생성이 이미 완료된 후이다. 이는 마지막 패스를 진행하기 전에 다른 패스가 완료되길 기다리는 일 없이 계속해서 GPU를 바쁘게 돌릴 수 있다는 뜻이다.

## 모드 전환

명령 목록의 순서에 관련해서 도움이 되는 또 다른 일반적인 조언은, 응용 프로그램이 GPU를 **렌더링**을 위해 사용하는 모드와 **계산**을 위해 사용하는 모드 사이의 전환 횟수를 최소화하라는 것이다. 한 프레임을 완전히 렌더링하는 데 렌더링 작업(이를테면 그리기 호출을 이용한)이 여러 개 필요할 뿐만 아니라 계산 작업(즉 배분 호출)도 여러 개가 필요한 경우에는 계산 명령 목록들을 될 수 있으면 한데 몰아 실행해서 GPU가 모드를 전환하는 횟수를 최소한으로 하는 것이 바람직하다. 이는 현세대 GPU 구현들에 기초한 일반적인 조언이며, 이후 세대의 하드웨어에는 적용되지 않을 수도 있다.

## 문맥 상태에 대한 가정

기존 렌더링 시스템을 Direct3D 11로 이식하는 경우, 기존 렌더링 시스템의 파이프라인 상태 설정 부분에는 중복된 상태 변경을 제거해서 프레임 당 API 호출 횟수를 줄이기 위한 최적화가 어느 정도 가해져 있을 것이다. 그러한 최적화의 전형적인 예는, 현재 렌더 대상에 대한 참조를 유지하고, 응용 프로그램이 렌더 대상을 설정할 때마다 먼저 현재 렌더 대상이 원하는 렌더 대상과 이미 일치하는지를 판정하는 것이다.

이전 버전의 Direct3D에서는 실제로 그런 최적화로 API 호출 횟수를 줄일 수 있다. 또한 응용 프로그램 코드에서 상태를 직접 관리해야 하는 부담을 벗을 수 있는 효과도 얻을 수 있다. 그러나 Direct3D 11의 문맥 상태 구현 방식 때문에 그런 상태 캐싱 시스템의 작동 방식에 커다란 차이가 존재한다. 그런 시스템을 계속 사용하는 것은 가능하나, 이전에 이야기했듯이 `FinishCommandList` 호출이나 `ExecuteCommandList` 호출 시 지정하는 부울 매개변수에 따라서는 파이프라인 상태 전체가 초기화될 수도 있고 아닐 수도 있음을 주의해야 한다. 상태 캐싱으로 한 명령 목록 생성 패스 안에서 불필요한 API 호출을 줄이는 것은 여전히 가능하나, 명령 목록의 생성 및 실행 방식에 따라서는 캐싱 시스템을 적절한 지점에서 초기화할 필요가 있다.

# 7.7 결론

Direct3D 11의 API 아키텍처가 다중 스레드 프로그래밍을 염두에 두고 특별히 설계된 덕분에 개발자는 다양한 성능 향상 기법들을 사용할 수 있게 되었다. 새로운 설계를 잘 활용하면 응용 프로그램 시동 과정에서의 자원 적재 등 응용 프로그램의 여러 부분을 단순화할 수 있을 뿐만 아니라, 렌더링 절차의 API 호출들을 병렬화함으로써 작업을 GPU에 제출하는 데 드는 비용도 최소화할 수 있다. 또한, 가용 CPU 코어 개수가 계속 늘어감에 따라, 응용 프로그램 프레임워크의 나머지 부분 역시 다중 스레드화될 가능성이 아주 크다. 이러한 경향에 따라 렌더링 프레임워크를 그러한 처리 시스템에 적응시키려는 요구 또한 높아질 것이며, 따라서 Direct3D 11 기반 렌더러에서 다중 스레드를 채용할 필요성이 더욱 커진다.

그러한 추가적인 기능들을 좀 더 높은 수준의 관점에서 고찰할 수도 있을 것이다. Direct3D 11은 다중 스레드를 직접 지원하기 때문에, 개발자는 이전의 여러 D3D 버전들에서 사용해 온 순차적인 렌더링 공정을 더 작은 단위들로 분할할 수 있게 된다. 설계의 측면에서, 이제는 한 프레임의 렌더링을 한 덩어리로 뭉쳐진 일련의 사건들이 아니라 개별적인 과제들과 그들 사이의 의존 관계라는 논리적인 관점에서 바라볼 수 있게 되었다.

# 8 메시 렌더링

본격적인 예제가 처음 등장하는 이번 장은 메시 렌더링이라는 상당히 방대한 주제를 다룬다. 제3장에서 보았듯이, 수행할 작업을 GPU에 제출하는 방법은 여러 가지가 있다. 이번 장은 렌더링 작업을 GPU에 제출해서 실제로 렌더링이 일어나게 하는 과정을 예제들을 통해서 살펴본다. 우선 하나의 메시(mesh)를 장면에 배치하기 위해 간단한 변환 행렬을 설정, 제출하는 방법을 이야기하며, 그런 다음에는 메시 자체의 애니메이션을 위한 정점 스키닝 기법도 소개한다. 정점 스키닝은 메시를 좀 더 유연한 방식으로 조작하는 한 방법으로, 여러 개의 변환 행렬을 이용해서 모형의 기본 형태를 변형한다는 것이 핵심이다. 마지막으로는 정점 스키닝 예제에 변위 매핑을 추가한다. 모형의 좀 더 높은 주파수의 세부사항을 메시가 아니라 텍스처에 담아두고 활용하는 변위 매핑을 이용하면 표준적인 정점 스키닝 기법보다 정교한 효과를 얻을 수 있다. 이번 장은 또한 Direct3D 11 렌더링 파이프라인의 기본적인 사용법과 이 책 나머지 부분의 예제들에 나오는 렌더링 기법들의 설계 및 구현에 쓰이는 방법론의 예를 보여주는 역할도 한다.

## 8.1 메시 변환

이번 절에서는 전형적인 실시간 렌더링 응용 프로그램에서 볼 수 있는 기초적인 렌더링 연산 몇 가지를 설명한다. 하나의 삼각형 메시를 장면 안의 원하는 위치에 원하는 방향, 원하는 크기로 배치하는 것은 렌더링 프레임워크가 갖추어야 할 최소한의 기능이라고 할 수 있다.

### 8.1.1 이론

일반적으로 3차원 그래픽 응용 프로그램은 외부 모형 제작 프로그램으로 미리 만들어 둔 3차원 모형 자료를 렌더링에 사용한다. 여기서 외부 모형 제작 프로그램은 그래픽 아티스트용 모형 제작 패키지일 수도 있고 CAD 공학 프로그램 등 다른 종류의 소프트웨어 패키지일 수도 있다. 그런 프로그램들을 흔히 *DCC*(digital content creation, 디지털 콘텐트 작성) 도구라고 부른다. 실시간 렌더링 프로그램은 우선 디스크에서 3차원 모형 자료를 적재해서 적절한 형태로 가공해 두고, 이후 주어진 장면에 맞게 모형을 적절히 렌더링한다.

모형을 응용 프로그램의 장면 안에서 제대로 렌더링하기 위해서는 모형이 나타날 위치와 방향, 비율(scale)을 지정해야 한다. 모형 자체는 물체 공간(object space)을 기준으로 정의되어 있으므로, 모형의 삼각형들이 래스터화되기 전에 모형이 장면 안에서 원하는 위치와 방향, 크기로 나타나도록 그 정점들을 적절히 조작할 필요가 있다. 그러한 조작의 기본적인 방법은, 특별히 만들어 둔 변환 행렬들을 정점 위치에 곱하는 것이다.

여기서 변환 행렬을 간단하게 소개하겠지만, 그 기능성에 깔린 수학적 기초까지 설명하지는 않는다. 이 책의 목표는 Direct3D 11을 최대한 잘 설명하는 것이지 컴퓨터 그래픽을 완전하게 설명하는 것이 아니다. 다음에 나오는 공식들은 DirectX SDK에서 뽑은 것으로, 현재 예제의 목적에도 잘 맞는다. 지금 하려는 것은 기초 수준의 행렬 조작이므로, 이 행렬들의 세부사항을 완전히 이해하지 못한다고 해도 행렬들을 사용하는 데에는 문제가 없다. 변환 행렬을 좀 더 알고 싶은 독자에게는 좀 더 상세한 설명이 있는 [Eberly, 2007]과 [Akenine-Moeller, 2002]를 권한다. 특별히 언급하지 않는 한, 아래의 모든 변환 연산은 위치를 뜻하는 $1 \times 4$ 벡터에 $4 \times 4$ 변환 행렬을 곱해서(즉, 행렬이 곱셈 연산자의 우변) 또 다른 $1 \times 4$ 행벡터를 얻는 형태이다.

### 세계 공간

하나의 삼각형 메시를 렌더링하는 과정에서 모형에 대한 첫 번째 작업은 장면 안에서의 모형의 공간 상태를 결정하는 것이다. 좀 더 구체적으로 말하면, 장면 안에서 모형을 어느 위치에, 어떤 방향으로, 어떤 크기(비례)로 배치할 것인지를 결정해야 한다. 위치, 방향, 비례라는 세 속성을 모두 하나의 $4 \times 4$ 행렬로 나타낼 수 있는데, 그러한 표현을 흔히 **동차 행렬 표현**(同次-, homogenous matrix representation)이라고 부른다. 이번 절에서 보겠지만, 동차 행렬을 이용하면 메시의 세 가지 속성을 좀 더 손쉽게 다루고 조합할 수 있다.

**비례 행렬.** 우선 메시의 **비례**(scale) 속성부터 살펴보자. 일반적으로 비례는 모형을 장면 안에서 원래 크기(DCC 도구에서 만들었을 때의)보다 크게 또는 작게 나타내려는 데 쓰인다. 또한 시간에 따라 물체가 줄어들거나 늘어나는(또는 그 둘을 반복하는) 간단한 효과를 얻으려 할 때에도 비례 조작이 쓰인다. 모형의 크기는 식 (8.1)과 같은 형태의 비례 행렬(scale matrix, 축척 행렬)로 조작한다.

**그림 8.1.** 예제 모형(왼쪽)을 균일 비례 행렬로 변환한 결과(가운데)와 비균일 비례 행렬로 변환한 결과(오른쪽).

$$S = \begin{bmatrix} sx & 0 & 0 & 0 \\ 1 & sy & 0 & 0 \\ 0 & 0 & sz & 0 \\ 0 & 0 & 0 & 1 \end{bmatrix}. \tag{8.1}$$

이 공식에서 보듯이, 세 좌표축마다 다른 비율을 적용할 수 있다. 세 비율 값이 모두 동일한 비례 행렬을 **균일 비례 행렬**(uniform scale matrix)이라고 부른다. 균일 비례 행렬은 물체의 형태는 그대로 유지하고 그 크기만 변경하는 반면, **비균일 비례 행렬**(non-uniform scale matrix)은 물체의 크기와 형태를 모두 변경한다. 그림 8.1은 하나의 모형에 두 가지 비례 행렬이 적용된 결과를 보여주고 있다. 각 결과가 원래의 모형과 어떻게 다른지 살펴보기 바란다.

**회전 행렬.** 다음으로 살펴볼 모형의 속성은 '방향'이다. 일반적으로 한 물체의 방향은 물체를 세 기본축 각각에 대해 차례로 회전시켜서 수정한다. 이 때 회전각을 **오일러 각**이라고 부르는데, 이러한 회전을 레온하르트 오일러Leonhard Euler가 처음 서술했기 때문에 이런 이름이 붙게 되었다. 세 축의 회전을 각각 개별적인 회전 행렬로 적용할 수 있으며, 따라서 한 물체의 완전한 방향을 세 개의 회전 행렬(각 기본축마다 하나씩)로 표현할 수 있다. 각각의 회전은 해당 축을 중심으로 일어나며, 따라서 전체적인 회전은 물체의 기준계 원점을 중심으로 일어난다고 할 수 있다.

회전을 다룰 때에는 세 가지 회전을 일관된 순서로 적용하는 것이 중요하다. 이는 행렬 곱셈에 교환법칙이 성립하지 않기 때문이다. 식 (8.2)는 세 축에 대한 회전을 나타내는 회전 행렬들이다.

$$R_X = \begin{bmatrix} 1 & 0 & 0 & 0 \\ 0 & \cos\theta & \sin\theta & 0 \\ 0 & -\sin\theta & \cos\theta & 0 \\ 0 & 0 & 0 & 1 \end{bmatrix}, R_Y = \begin{bmatrix} \cos\theta & 0 & -\sin\theta & 0 \\ 0 & 1 & 0 & 0 \\ \sin\theta & 0 & \cos\theta & 0 \\ 0 & 0 & 0 & 1 \end{bmatrix}, R_Z = \begin{bmatrix} \cos\theta & \sin\theta & 0 & 0 \\ -\sin\theta & \cos\theta & 0 & 0 \\ 0 & 0 & 1 & 0 \\ 0 & 0 & 0 & 1 \end{bmatrix}.$$

$$(8.2)$$

**그림 8.2.** 모형 회전의 예. 다양한 조합이 가능하다. 왼쪽은 $x$축 중심 회전, 가운데는 $y$축 중심 회전, 오른쪽은 그 두 축의 회전을 결합한 것이다.(모형은 Radioactive Software가 제공한 것임.)

경우에 따라서는 특정 축에 대한 회전을 제한할 수도 있다. 한 예로, **1인칭 슈팅 게임** (first person shooter, FPS)에서는 $Z$축 중심 회전을 허용하지 않는다.* 그러나 일반적으

---

* [역주] 지금 말하는 것은 사실 물체의 국소 회전이며, $Z$축이 구체적으로 어떤 방향인지는 응용 프로그램마다 또는 장면마다 다를 수 있으므로 조금 오해의 소지가 있는 문장이다. 아마도 "지면 위를 뛰어 다니는 인간형 캐릭터의 경우 시선 방향의 축을 중심으로 한 회전이 거의 일어나지 않는다"라는 말을 하려고 했던 것이 아닌가 한다.

로는 장면 안의 물체를 세 축 모두로 회전할 수 있어야 한다. 한 모형에 여러 회전을
적용한 예가 그림 8.2에 나와 있다.

**이동 행렬.** 마지막으로, 장면 안에서 물체의 위치는 **이동 행렬**(translation matrix)이라는
것으로 조작한다. 이 행렬은 물체를 한 장소에서 다른 장소로 옮기는 데 쓰인다. 이 행렬
은 물체의 위치만 변경할 뿐 방향이나 비례는 변경하지 않는다. 이동 행렬은 식 (8.3)과
같은 형태이다.

$$T = \begin{bmatrix} 1 & 0 & 0 & 0 \\ 0 & 1 & 0 & 0 \\ 0 & 0 & 1 & 0 \\ t_x & t_y & t_z & 1 \end{bmatrix}. \tag{8.3}$$

세 변환 연산 중 가장 간단한 것이 바로 이동 행렬이다. 벡터·행렬 곱셈을 안다면 이
행렬에 의해 정점의 위치가 어떻게 변하는지를 즉시 이해할 수 있을 것이다. 그림 8.3에
몇 가지 예가 나와 있다.

**그림 8.3.** 모형 이동의 예. 가운데는 $x$축을 따라 이동한 것이고 오른쪽은 $x$축과 $y$축을 따라 이동한 것이다.

**행렬 결합.** 이 세 종류의 변환을 하나의 행렬로 결합하는 것이 가능하다. 식 (8.4)가
바로 그것이다. 행렬 $W$를 정점 위치를 뜻하는 행벡터에 곱하면(행렬이 연산자 우변에
오도록) 세 가지 변환이 식에 나온 순서대로(즉 비례, 회전, 이동) 적용된다. 이 식에서
회전 행렬 $R$은 세 축의 회전을 하나로 결합한 것으로, 모형의 방향을 결정한다.

$$W = S * R * T. \tag{8.4}$$

모든 행렬을 하나의 행렬로 결합한 덕분에, 모형을 변환할 때 행렬 연산을 여러 번이 아니라 한 번만 수행하면 된다. 이렇게 결합된 변환 행렬을 모형에 적용하면 모형의 정점들이 모형 자신의 **물체 공간**(object space)에서 장면의 **세계 공간**(world space)으로 변환된다. 그래서 이러한 변환 행렬을 흔히 **세계 행렬**(world matrix)이라고 부른다. 그런데 모형의 법선 벡터를 변환할 때에는 좀 더 주의가 필요하다. 법선 벡터는 위치가 아니라 방향을 뜻하는 벡터이기 때문에, 비례 성분이 포함된 변환 행렬을 그대로 적용하면 부정확한 결과가 나올 수 있다. 균일 비례를 포함하는 변환 행렬을 적용하는 경우에는 변환 결과를 정규화하기만 하면 정확한 법선 벡터가 나온다. 그러나 비균일 비례를 포함하는 변환 행렬의 경우에는 변환된 법선 벡터를 그 변환 행렬의 역 행렬의 전치 행렬로 다시 변환해 주어야 한다. 이를 나타낸 것이 식 (8.5)이다.

$$N = (W^{-1})^T. \tag{8.5}$$

## 시야 공간

모형의 정점들을 장면의 세계 공간으로 옮겼다면, 다음으로 할 일은 정점들을 관찰자가 장면을 바라보는 시야 안으로 적절히 옮기는 것이다. 이를 위해 흔히 **시야 공간**(views space) 변환 행렬을 적용한다. 이 시야 공간 변환 행렬, 줄여서 **시야 행렬**(view matrix)은 세계 공간 좌표를 시야 공간, 즉 장면을 렌더링에 쓰이는 가상의 카메라를 원점으로 하는 기준계로 옮기는 역할을 한다. 식 (8.6)은 전형적인 시야 행렬 공식이다.

$$V = \boldsymbol{T} * \boldsymbol{R}_z * \boldsymbol{R}_y * \boldsymbol{R}_x. \tag{8.6}$$

여기서 이동 행렬 $T$는 카메라의 뒤집힌(negated) 위치를 나타낸다. 이는 세계 공간 변환에서처럼 세계 공간을 기준으로 물체를 이동하는 것이 아니라, 카메라를 기준으로 세계 공간을 이동하는 것이기 때문이다. 세 회전 행렬들도 마찬가지이다. 세 회전 행렬들은 카메라 자체를 렌더링했다면 적용했을 회전을 반대로 적용한다. Direct3D 11의 보조 라이브러리 D3DX에는 `D3DXMatrixLookAtLH()`라는 C++ 함수가 있는데, 이 함수를 이용하면 카메라 위치나 카메라로 바라보는 위치 같은 좀 더 직관적인 매개변수들을 이용해서 시야 행렬을 만들 수 있다. 그림 8.4는 세계 공간에 놓인 물체에 시야 행렬을 적용해서 물체를 시야 공간으로 변환하는 과정을 나타낸 것이다.

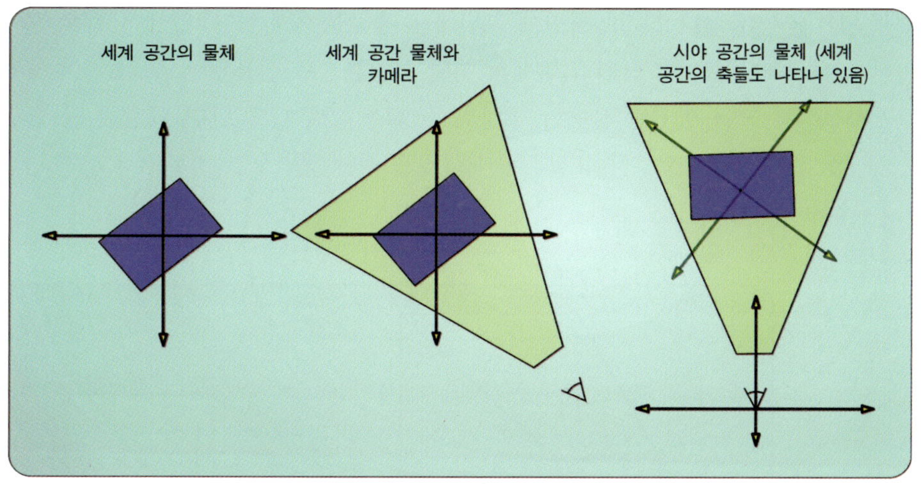


**그림 8.4.** 장면을 시야 행렬을 이용해서 시야 공간으로 변환.

## 투영 공간

모형 자료를 시야 공간 안으로 이동했다면 다음으로는 투영(投影, projection)을 적용해야 한다. 게임이나 여러 시각화 응용 프로그램에서는 실세계의 원근감을 흉내내기 위해 원근 투영(遠近~, perspective projection)을 사용하는 경우가 많다. 투영에 원근 투영만 있는 것은 아니다. 여러 CAD 패키지들은 직교 투영(直交~, orthographic projection)도 지원한다. 그러나 이 책은 실시간 3차원 렌더링에 초점을 두는 만큼 원근 투영을 주로 다룬다. 시야 행렬이 장면을 바라보는 카메라의 위치와 방향을 정의하는 것이라면, 투영 행렬은 카메라의 다른 여러 속성들을 정의한다고 할 수 있다. 이를테면 흔히 FOV(field of view)라고 부르는 **렌즈 화각**(畫角)과 화면 종횡비(aspect ratio), 가까운·먼 절단 평면이 이 투영 행렬로 결정된다. 이러한 속성들은 **시야 절두체**(view frustum, ~截頭體. 또는 시야 사각뿔)를 정의하는데, 이 시야 절두체는 주어진 위치와 투영 속성들 하에서 보이는 물체들을 결정한다.

투영 행렬을 모형 정점들에 적용하면 정점들은 소위 **절단 공간**이라는 좌표계로 변환된다. 절단 공간(clip space)은 제3장에서 어느 정도 자세히 이야기했으므로 여기에서는 개념만 간단히 정리하겠다. 절단 공간은 투영 행렬이 적용된 직후의 좌표계이다. 정점의 위치를 그 $w$ 성분으로 나누면, 정점은 장면 중 **단위 입방체** 형태의 가시 영역에 해당하는 공간 안에 들어가게 된다. 이 단위 입방체는 절단 공간 원점을 기준으로 $x$, $y$축 각각 $[1, 1]$구간, $z$축 $[0, 1]$ 구간에 해당하는 공간을 차지한다. 앞에서 말한 시야 절두체의 여덟 꼭짓점은 이 단위 입방체의 여덟 꼭짓점으로 대응된다. 이는 시야 공간에서 시야 절두체 안에 있었던 물체는 투영과 $w$ 나누기 후에도 단위 입방체 안에 있게 된다는 뜻이다. 그림 8.5에 시야 절두체와 그것을 절단 공간으로 변환해서 생긴 단위 입방체가 나와 있다.

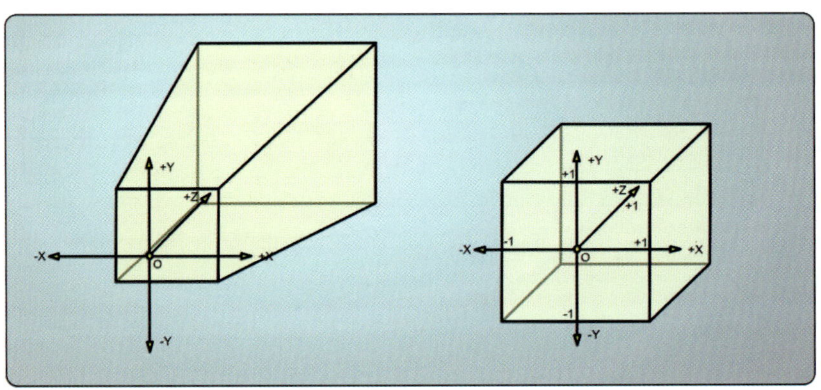


**그림 8.5.** 세계 공간의 시야 절두체와 절단 공간의 단위 입방체.

이러한 투영은 하나의 투영 행렬을 적용해서 일어난다. 식 (8.7)은 전형적인 투영 행렬로, 해당하는 D3DX 함수는 `D3DXMatrixPerspectiveFovLH()`이다.

$$
P = \begin{bmatrix} \text{xScale} & 0 & 0 & 0 \\ 0 & \text{yScale} & 0 & 0 \\ 0 & 0 & z_f / (z_f - z_n) & 1 \\ 0 & 0 & -z_n * z_f / (z_f - z_n) & 0 \end{bmatrix} \tag{8.7}
$$

$$
\text{yScale} = \cot\left(\frac{\text{fovY}}{2}\right)
$$

$$
\text{xScale} = \text{yScale} / \text{aspect}.
$$

지금까지 말한 세 가지 변환 행렬, 즉 세계 행렬, 시야 행렬, 투영 행렬을 모두 합쳐서 하나의 완전한 변환 행렬로 만드는 것도 가능하다. 많은 수의 정점을 렌더링하는 경우 (이후 실제로 그런 예가 나온다), 여러 변환 행렬을 따로따로 적용하는 대신 결합된 행렬 하나를 적용하면 성능 향상에 큰 도움이 된다. 같은 결과를 내면서도 계산량이 훨씬 줄기 때문이다.

## 8.1.2 구현 설계

변환 행렬들이 하는 일을 이해했다면, 이제 Direct3D 11 렌더링 파이프라인에서 그러한 변환 행렬들을 이용해서 메시를 실제로 변환하는 구현 단계로 들어가자. 가장 먼저 할 일은 입력 모형이 어떤 형태의 자료인지 파악하는 것이다. 여기서는 DCC 도구에서 모형을 예제 프로그램에서 읽을 수 있는 어떤 파일 형식으로 저장했다고 가정하자. 이번 예제에 사용할 모형은 애니메이션이 없는 정적인 모형으로, 도구에서 지정한 정점 위치들과 법선 벡터들로 이루어져 있다. 또한 그 모형에 입힐 텍스처 맵도 만들어져 있으며, 모형의 정점별 텍스처 좌표들도 정의되어 있다고 하겠다. 그림 8.6은 이러한 가정에 기초한 정점 형식이다.

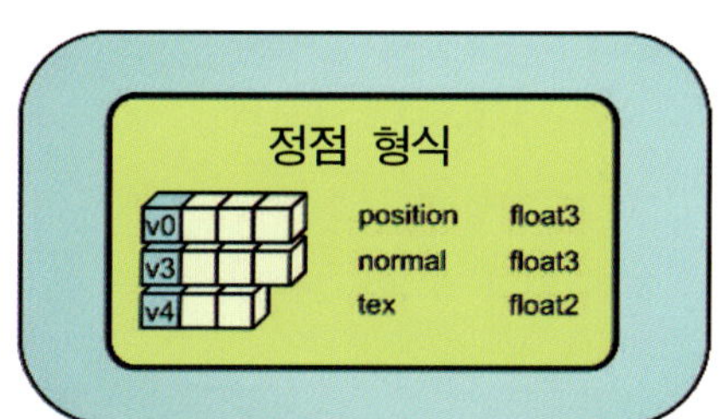


**그림 8.6.** 사용할 정점 형식.

다음으로, 이러한 모형 자료를 담을 자원들의 구조를 결정해야 한다. 흔히 쓰이는 방식은 한 버퍼 자원에 모형의 정점별 자료를 담고 또 한 버퍼 자원에는 기본도형에 관한 자료를 담는 것이다. 전자를 **정점 버퍼**라고 부르고 후자를 **색인 버퍼**라고 부른다. 우선 정점 버퍼부터 생각해 보자. 그림 8.6에서 보듯이 예제 응용 프로그램은 정점의 위치와 법선 벡터, 텍스처 좌표로 이루어진 형태의 정점 구조체를 사용한다. 정점 버퍼는 입력 모형의 각 정점에 해당하는 그러한 정점 구조체들의 배열을 담으면 된다.

다음으로 색인 버퍼를 보자. Direct3D 11은 통상적인 기본도형들은 물론 테셀레이션 시스템에 쓰이는 제어 패치 형식들까지 수많은 종류의 기본도형을 지원한다. 또한 각 기본도형 종류마다 위상구조(색인 순서에 관련된)도 여러 가지가 존재한다. 예를 들어 삼각형 목록은 하나의 삼각형을 세 개의 색인으로 나타내는 반면 삼각형 띠는 첫 삼각형 이후부터는 색인 하나만으로 새 삼각형을 지정한다. 이번 예제는 자료를 지정하고 조사하기 쉬운 기본적인 삼각형 목록을 기본도형 위상구조로 사용하기로 한다. 따라서 색인 버퍼는 정점 버퍼의 정점들을 가리키는 일련의 색인들로 이루어지며, 색인의 전체 개수 는 삼각형 개수에 3을 곱한 것이다.

입력 버퍼들이 결정되었으니, 이제 파이프라인의 출력을 어떻게 구성할 것인지 결정해야 한다. 이번 예제에서는 흔히 쓰이는 방식대로 렌더 대상 하나와 깊이·스텐실 버퍼 하나 를 파이프라인의 출력 병합기 단계에 연결하기로 하자. 이 때 렌더 대상은 렌더링된 출력 을 응용 프로그램 창에 표시하는 데 쓰이는 교환 버퍼(swap buffer)에서 얻는다. 특별한 언급이 없는 한 이후의 예제들에서도 이러한 출력 구성을 사용한다.

이렇게 해서 파이프라인의 입력과 출력이 결정되었다. 다음으로 할 일은 원하는 렌더링 을 수행하기 위해 파이프라인의 어떤 부분을 사용할 것인지 결정하는 것이다. 이번 예제 의 초점은 입력 모형의 각 정점에 앞에서 언급한 변환 행렬을 적용하는 것이다. 변환 행렬을 정점마다 한 번씩 적용하는 것이므로 정점 셰이더에서 그러한 연산을 수행하는 것이 자연스럽다. 그리고 모형에 텍스처 맵도 적용해야 하는데, 텍스처 적용은 픽셀 셰 이더에서 수행하는 것이 일반적이다. 그래야 모든 가시 단편에 대해 텍스처 조회가 일어 나서 그래픽 충실도가 높은 결과가 나온다. 우리가 원하는 결과도 바로 그것이다.

전반적인 파이프라인 배치가 결정되었으니 이제 파이프라인 구성을 전체적으로 검토해 보자. 그림 8.7은 이번 예제의 렌더링 알고리즘으로 모형을 렌더링하는 데 사용할 파이 프라인의 전체 모습이다.

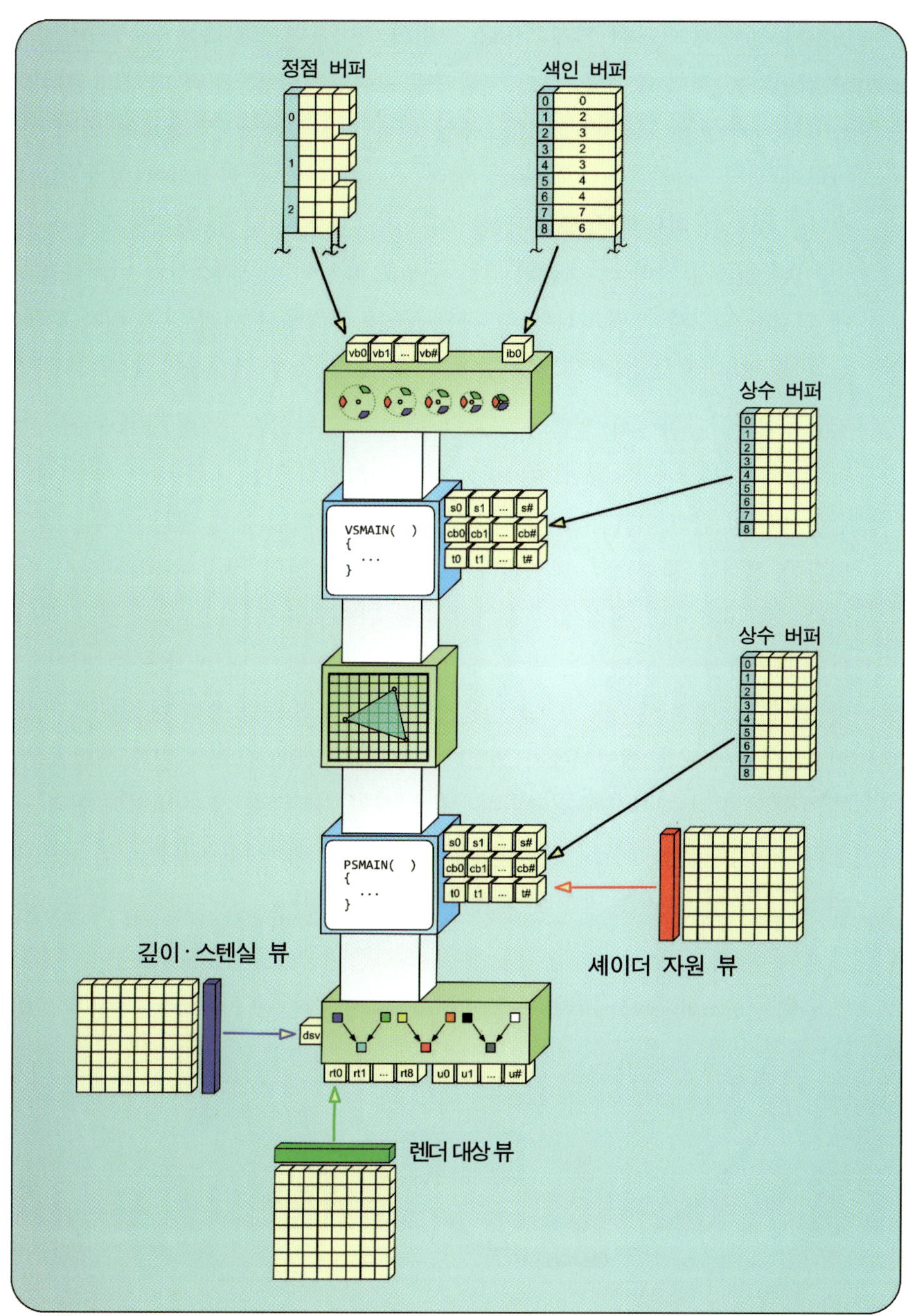


**그림 8.7.** 이번 예제의 렌더링 방식에 따른, 정적 삼각형 메시의 렌더링을 위한 파이프라인 구성.

이것이 첫 번째의 구현 설계이므로, 그림의 파이프라인에 나온 각 상태를 좀 더 논의하고 넘어가는 것이 좋겠다. 그림은 렌더링 파이프라인 중 정적 메시의 렌더링에 실제로 쓰이는 부분들을 표현한 것이다. 제일 위를 보면 알고리즘 전체의 입력 자료인 정점 버퍼와 색인 버퍼가 있다. 이들은 입력 조립기 단계에 연결되어 있다. 입력 조립기는 주어진 자료를 이용해서 정점 셰이더에서 사용할 완성된 정점들을 조립해 낸다. 그림에는 이해를 돕기 위해 각 정점의 자료 구조도 표시되어 있다. 입력 버퍼들을 파이프라인에 연결하는 것과 함께, 기본도형 위상구조를 설정해서 현재 입력 배치 객체(현재의 정점 버퍼 배치와 정점 셰이더 조합에 대해 생성한)에 연결해야 한다.

정점을 물체 공간에서 절단 공간으로 변환하는 작업을 정점 셰이더에서 수행하므로, 입력 조립기가 조립한 정점들은 정점 셰이더로 입력된다. 이를 위한 정점 셰이더 프로그램은 상당히 간단하다(목록 8.1). 이 프로그램은 입력된 물체 공간 위치를 절단 공간으로 변환한 결과를 출력으로 내보낸다. 또한 물체 공간의 정점 위치와 법선 벡터를 세계 공간으로 변환하고, 정점에서 장면의 광원 위치로의 또 다른 세계 공간 벡터도 계산한다. 이 세계 공간 벡터들은 픽셀 셰이더에서 간단한 조명 계산을 수행하는 데 쓰인다. 마지막으로, 정점 셰이더 프로그램은 입력 텍스처 좌표를 출력 구조체에 직접 복사한다. 이 좌표 역시 픽셀 셰이더에서 쓰인다. 이러한 계산에 필요한 변환 행렬들은 상수 버퍼를 통해서 정점 셰이더에 전달된다. 그림 8.7의 오른쪽에 상수 버퍼의 연결 관계가 나와 있다. 또한 조명 속성들도 또 다른 상수 버퍼를 통해서 제공된다. 정점 셰이더 프로그램의 한 실행이 끝나면 변환된 정점 하나가 출력된다.

```
cbuffer StaticMeshTransforms
{
    matrix WorldMatrix;
    matrix WorldViewProjMatrix;
};

cbuffer LightParameters
{
    float3 LightPositionWS;
    float4 LightColor;
};
```

```hlsl
Texture2D        ColorTexture : register( t0 );
SamplerState     LinearSampler : register( s0 );


struct VS_INPUT
{
    float3 position : POSITION;
    float2 tex      : TEXCOORDS0;
    float3 normal   : NORMAL;
};

struct VS_OUTPUT
{
    float4 position : SV_Position;
    float2 tex      : TEXCOORD0;
    float3 normal   : NORMAL;
    float3 light    : LIGHT;
};

VS_OUTPUT VSMAIN( in VS_INPUT input )
{
    VS_OUTPUT output;

    // 래스터화기 단계를 위한 절단 공간 위치를 생성한다.
    output.position = mul( float4( input.position, 1.0f ), WorldViewProjMatrix );

    // 세계 공간 법선 벡터를 만든다.
    output.normal = mul( input.normal, (float3x3)WorldMatrix );

    // 정점의 세계 공간 위치를 구한다.
    float3 PositionWS = mul( float4( input.position, 1.0f ), WorldMatrix ).xyz;

    // 세계 공간 빛 벡터를 계산한다.
    output.light = LightPositionWS - PositionWS;

    // 텍스처 좌표를 그대로 전달한다.
    output.tex = input.tex;


    return output;
}
```

**목록 8.1.** 정적 메시 렌더링을 위한 정점 셰이더.

이번 예제에서는 하드웨어 테셀레이션을 사용하지 않으므로 덮개 셰이더 단계, 테셀레이터 단계, 영역 셰이더 단계를 건너뛴다. 또한 모형의 자료를 기본도형 수준에서 조작하지도 않으므로 기하 셰이더 단계 역시 건너뛴다. 따라서 정점 셰이더 단계가 산출한 정점들은 래스터화기 단계가 직접 소비하게 된다. 래스터화기는 하나의 기본도형(이번 예제의 경우 삼각형 목록의 정점 세 개로 이루어진 삼각형)을 받아서 그 기본도형이 덮는 픽셀들에 해당하는 단편들을 생산해 픽셀 셰이더에게 넘긴다. 각 단편의 형식은 래스터화기가 소비하는 정점의 형식과 비슷하나, 위치 정보는 더 이상 필요하지 않으므로 래스터화기의 출력 형식에는 위치 정보가 없다.

**그림 8.8.** 정적 메시 렌더링의 최종 결과.(모형은 Radioactive Software가 제공한 것임.)

픽셀 셰이더는 래스터화기 단계가 보낸 단편들을 받아서, 각 단편에서 모형이 어떤 색깔로 나타나야 하는지를 결정한다. 이를 위한 픽셀 셰이더 프로그램이 목록 8.2에 나와 있다

프로그램은 텍스처 맵에서 표본을 추출해 메시 표면 속성들을 결정한다. 제2장에서 보았듯이, Texture2D 자원을 사용하려면 읽기 전용 셰이더 자원 뷰를 픽셀 셰이더 단계에 연결해야 한다. 픽셀 셰이더 프로그램은 그 텍스처에서 표본을 추출해서 표면의 기본 색상을 결정하고, 법선 벡터와 빛 벡터의 내적을 이용해서 표면의 해당 지점이 받는 빛의 양을 구한다. 마지막으로 기본 색상을 빛의 양으로 조절해서 만든 최종 색상 정보를 출력 병합기 단계로 넘겨준다. 그러면 출력 병합기 단계는 깊이 판정 이후 그 출력 색상 자료를 연결된 렌더 대상과 깊이·스텐실 대상에 기록한다(이번 예제에서 스텐실 판정과 혼합 연산은 사용하지 않는다).

```
float4 PSMAIN( in VS_OUTPUT input ) : SV_Target
{
    // 세계 공간 법선과 빛 벡터를 정규화한다.
    float3 n = normalize( input.normal );
    float3 l = normalize( input.light );
    // 이 단편에 도달한 빛의 양을 계산한다.
    float4 Illumination = max(dot(n,l),0) + 0.2f;


    // 이 표면의 색상 속성을 텍스처에서 가져온다.
    float4 SurfaceColor = ColorTexture.Sample( LinearSampler, input.tex );


    // 표면 색상을 조명 값(빛의 양)으로 조절한 결과를 돌려준다.
    return( SurfaceColor * Illumination );
}
```

**목록 8.2.** 정적 메시 렌더링을 위한 픽셀 셰이더 프로그램.

그림 8.8은 지금까지 말한 방식으로 모형을 렌더링한 최종 결과의 예 세 가지이다. 각각 모형의 방향과 카메라의 방향을 달리 해서 렌더링한 것이다.


## 8.1.3 결론

정적 메시를 렌더링하는 것은 실시간 렌더링 알고리즘 개발의 첫 진입점이라 할 수 있다. 정적 메시 렌더링 기법을 확실히 닦았다면, 물체의 일부 속성을 시간에 따라 변경함으로써 물체를 애니메이션하는 수준으로 올라갈 수 있다. 예를 들어 물체가 원을 그리며 움직이게 만들고 싶다면 물체를 $y$축에 대해 회전시키면 된다. 장면에 물체가 여러 개인 경우 이번 예제의 기법을 물체마다 적용해야 한다. 각 물체마다 고유한 변환 행렬과 텍스처 맵이 쓰이므로, 각 물체마다 관련 자원을 갱신하고 파이프라인에 연결한 후 개별적인 **그리기** 메서드를 호출해 주어야 한다.

## 8.2 정점 스키닝

이전 절에서는 장면 안에서의 물체의 공간적 속성을 제어하기 위해 변환을 수행하는 방법을 살펴보았다. 그러한 기초적인 정적 메시 렌더링 기법으로도 이룰 수 있는 것이 놀랄 만큼 많다. 예를 들어 체스 게임에서는 각각의 말을 정적 메시로 렌더링해서 장면 안에서 그 위치만 이동시키면 된다. 그러나 정적 메시와 단순한 위치 이동 이상의 애니메이션이 필요한 물체들도 많다. 예를 들어 서로 상대적으로 움직이는 여러 개의 조각으로 구성된 물체(이를테면 로봇 팔)라면 하나의 정적 메시와 위치 이동으로는 제대로 표현할 수 없다. 그런 경우 여러 개의 메시들을 준비해서 각 메시의 변환 속성들을 적절히 조작해야 그럴듯한 결과가 나올 것이다. 그러나 동물이나 인간형 캐릭터 같은 유기적인 물체라면 더욱 정교한 기법이 필요하다. 정적 메시들에 대한 단순한 변환으로는 그런 종류의 물체를 제대로 렌더링하는 것이 불가능하다.

그런 물체에 대해서는 **정점 스키닝**(vertex skinning)이라는 기법을 사용해야 한다. 이 기법에서는 한 삼각형 메시의 여러 부분이 각자 고유한 물체 공간에서 애니메이션된 후에 변환 행렬이 적용된다. 이 덕분에 유연한 형태의 물체를 좀 더 그럴듯하게 렌더링할 수 있다. 또한 이 기법을 이용하면 물체의 모든 움직임을 코드에서 직접 제어하는 것이 아니라 애니메이션의 정의를 따로 만들어 두고 모형에 적용하는 것이 가능해진다. 이번 절에서는 정점 스키닝의 개념과 그에 깔린 이론을 소개하고, Direct3D 11을 이용해서 정점 스키닝 알고리즘을 구현해 본다. 또한 이러한 접근방식이 성능에 미치는 영향도 고찰한다.

## 8.2.1 이론

정점 스키닝의 핵심 개념은 여러 변환들을 계통적으로(hierachical) 적용한다는 것이다. 이전 절에서 하나의 물체를 장면의 특정 위치에 특정한 방향, 특정한 크기로 배치하는 방법을 배웠다. 그러한 렌더링 기법에서는 각각의 물체를 세계 공간의 원점을 기준으로 배치한다. 그런데 앞에서 언급한 로봇 팔처럼 각 부품의 위치와 방향이 다른 부품에 상대적으로 결정되는 물체의 경우 각 부품을 세계 공간 원점을 기준으로 배치하려면 각 부품마다 서로 의존하는 두 개의 세계 공간 변환 행렬을 다루어야 하기 때문에 계산과 관리가 상당히 복잡해진다. 팔의 관절이 두 개를 넘기면 문제는 더욱 심각해진다. 그림 8.9에 그러한 다관절 팔의 예가 나와 있다. 이 팔의 구성 부품들은 다른 부품과 연결된 관절에 상대적으로만 움직일 수 있다.

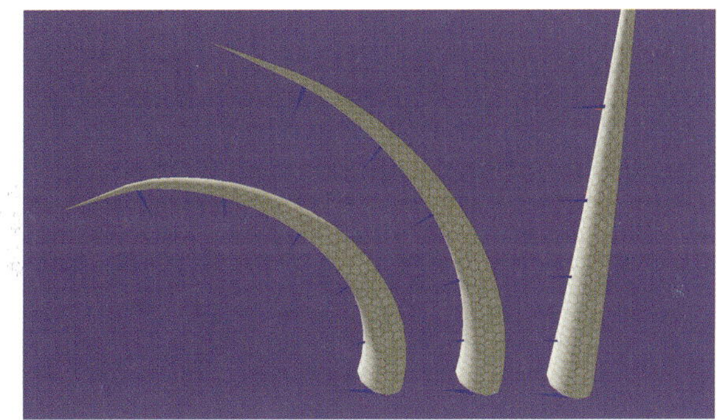

**그림 8.9.** 메시의 여러 구성 요소가 서로의 움직임을 제약한다는 개념을 보여주는 다관절 팔.

### 변환 계통구조

그러한 종류의 구성요소 간 운동 제약을 실현하는 한 가지 수단이 **변환 계통구조**(transform hierarchy)이다. 한 물체의 메시의 위치와 방향이 그 물체가 부착된 다른 물체('부모' 물체)에 상대적으로 변환되도록 물체의 변환 행렬을 설정한다면, 그 변환 행렬을 '부모' 물체의 세계 공간 변환 행렬과 결합함으로써 그 물체의 세계 공간 변환을 수행할 수 있게 된다. 로봇 팔의 예로 돌아가서, 팔 부품들이 적절히 부모-자식 관계로 연결되어 있다고 하면, 각 부품의 변환 상태를 그 부모를 기준으로 관리하기만 하면 된다. 로봇 팔을 렌더링할 때에는 우선 부모가 없는 부품부터 시작해서 그 변환 행렬을 계산한다.

그런 다음 첫 자식 부품의 변환 행렬을 계산해서 부모의 변환 행렬과 결합한다. 이러한 결합에 의해, 결과적으로 자식 부품은 부모가 정의하는 국소 공간으로부터 부모가 놓인 세계 공간으로 이동하게 된다. 이러한 과정을 모든 부품에 대해 반복한 후에는 각 부품을 새로이 계산된 세계 행렬을 이용해서 렌더링하면 된다.

컴퓨터 그래픽 분야는 프로그래밍이 가능한 GPU가 등장하기 훨씬 전부터 이러한 개념을 사용해 왔다. 그러나 이 개념은 유기체의 렌더링이라는 좀 더 어려운 문제에도 적용할 수 있다는 점에서 여전히 흥미로운 주제이다. 변환 계통구조를 이용하면 로봇 팔의 개별 부품을 렌더링할 수 있다. 이는 개별 부품이 실제로 개별적인 메시 조각이기 때문이다. 그러나 인간의 팔은 관절로 연결된 개별 뼈대들로만 구성된 것이 아니다. 팔에는 근육도 있고, 팔 전체를 매끄럽게 감싼 피부도 있다. 인간의 팔을 로봇 팔처럼 개별 조각으로 나누어 렌더링하면 진짜 팔처럼 연속된 표면이 제대로 표현되지 않는다.

이 문제의 해답을 찾는 데 있어 핵심은 여전히 변환 계통구조이다. 팔을 여러 개의 개별적인 조각으로 분할하려 드는 대신, 팔의 정점이 그 정점과 접하는 물체에 어떻게 영향을 받는가의 관점에서 문제를 고찰함으로써 해결책에 좀 더 쉽게 도달할 수 있다. 예를 들어 팔꿈치의 피부는 어느 정도는 위팔을 따라, 어느 정도는 아래팔을 따라 움직인다. 각 정점에 그것이 각 부품으로부터 받는 영향력을 뜻하는 가중치들을 배정할 수 있는 시스템을 개발한다면, 렌더링 시 정점이 마치 각 부품에 붙어 있는 것처럼 취급해서, 각 부품에 배정된 가중치에 기초한 보간을 통해서 정점의 최종 위치를 계산할 수 있을 것이다.

### 피부와 뼈대

방금 말한 것이 바로 정점 스키닝에 깔린 주된 착상이다. 메시의 정점들은 모형의 **피부**(skin)를 정의한다. 그리고 변환 계통구조를 이루는 각 부품은 **뼈대**(bone)에 해당한다. 그리고 변환 계통구조를 이루는 뼈대들을 통틀어 모형의 **골격**(skeleton)이라고 부른다. 실제 인간의 피부와 뼈대, 골격을 상상하면 알고리즘을 이해하는 데 도움이 된다. 정점 스키닝 알고리즘에는 상황에 따라 장단점이 다른 여러 가지 변형들이 존재하는데, 이번 절에서는 상당히 일반적인 버전을 소개하겠다. 이번 절의 정점 스키닝 알고리즘에서 정점 하나에 연관시킬 수 있는 뼈대는 최대 네 개이다. 그 정도면 인간형 캐릭터의 애니메이션이 제대로 나타나게 하는 데 충분한 유연성을 얻을 수 있다.

렌더링할 모형을 개발할 때에는 모형에 사용할 뼈대들의 개수와 그 연결 관계를 결정해야 한다. 일반적으로 이 결정은 설계 단계에서 이루어지는데, 해당 응용 프로그램의 요구에 맞게 적절히 선택하면 된다. 인간형 캐릭터 모형의 경우에는 실제 인체의 뼈대 및 관절과 비슷한 형태의 골격이 쓰이는 경우가 많다. 일반적으로 골격 계통구조의 뿌리(루트)는 소위 '단전' 부근(아랫배 어딘가)이다. 그 뿌리는 모형 전체를 세계 공간 안에 배치할 때의 기준 위치로 사용할 수 있다. 각 뼈대의 현재 뼈대 변환 행렬은 뿌리 뼈대에서 그 뼈대가 부착된 현재 관절까지의 각 뼈대 변환 행렬들을 계속 곱한 것이다. 그림 8.10에 예제에서 사용하는 메시와 그 골격이 나와 있다.

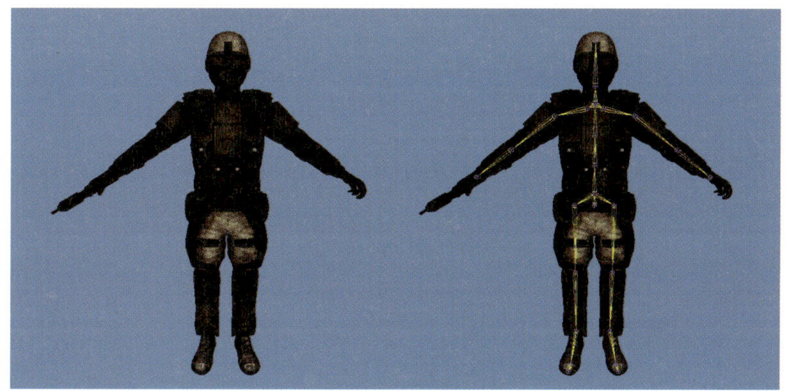

**그림 8.10.** 예제 메시와 그 골격.(모형은 Radioactive Software가 제공.)

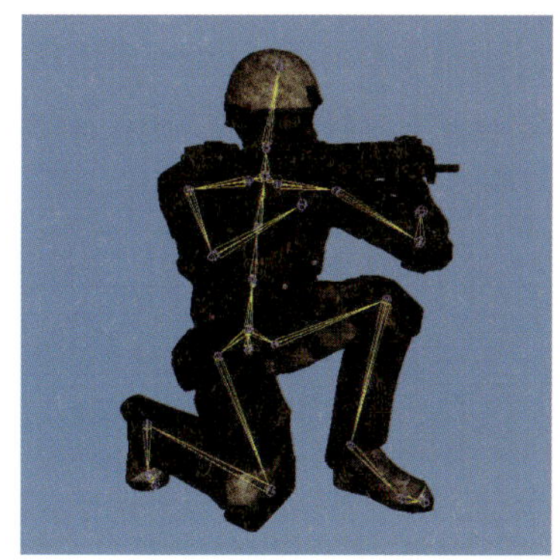

**그림 8.11.** '앉아 쏴' 자세를 하고 있는 예제 모형.(모형은 Radioactive Software가 제공.)

그림에 나온 골격의 뼈대들은 소위 **구속 자세**(bind pose)를 이루는 방향으로 설정되어 있는 상태이다. 그 방향들은 모형을 제작할 당시의 뼈대 기본 방향에 해당한다. 정점들의 뼈대 가중치들 역시 이 기본 방향 뼈대들에 기초해서 배정한다. 이런 식으로 모형을 만든 후에는, 기본 정보를 이용해서 개별 애니메이션을 작성한다. 정점 스키닝을 위한 애니메이션을 만들 때에는 애니메이터가 모형의 모든 정점을 일일이 직접 움직일 필요가 없다. 그냥 뼈대들의 방향과 위치를 조정해서 원하는 자세를 만들기만 하면 된다. 그림 8.11은 뼈대들을 적절히 조절해서 '앉아 쏴' 자세를 만들어 낸 것이다.

### 스키닝 관련 수학

구속 자세는 콘텐트 제작자가 간단하고 이해하기 쉬운 방법으로 모형을 제작할 수 있게 하기 위한 것이다. 그런데 이러한 구속 자세의 사용은 스키닝 구현을 위한 수학 연산에 일정한 영향을 미친다. 모형 제작자가 정점들을 골격 주변에 배치할 때, 정점 위치는 모형 전체의 좌표 공간에 상대적으로 정의된다. 해당 뼈대가 기준이 아닌 것이다. 이 때문에 계통적인 뼈대 변환 행렬을 한 정점에 적용하려면 먼저 물체 공간 기준의 정점 위치를 **뼈대 공간 위치**로 변환해야 한다. 문제는, 이번 예제처럼 정점 당 뼈대가 여러 개일 수 있는 경우에는 그러한 변환을 모형 제작 패키지에서 미리 적용해 둘 수 없다는 점이다. 대신, 반드시 실행 시점에서(각 뼈대 변환 행렬을 계산할 때) 수행해야 한다.

다행히, 행렬 연산을 이용하면 이런 종류의 변환을 손쉽게 수행할 수 있다. 여기서 우리가 하려는 것은 간단히 말해서 구속 자세의 뼈대 변환들을 '취소'하고 현재 원하는 자세의 뼈대 변환들을 다시 적용하는 것이다. 이에 대한 공식이 식 (8.8)에 나와 있다. 이 식은, 말로 설명하자면, 한 뼈대의 최종적인 변환 행렬은 구속 자세 뼈대 변환 행렬의 역행렬에 현재의 뼈대 변환 행렬을 곱한 것이다.

$$\boldsymbol{B}[n]_{\text{final}} = \boldsymbol{B}[n]_{\text{bind}}^{-1} * \boldsymbol{B}[n]_{\text{curr}}. \tag{8.8}$$

이러한 일련의 변환들이 어떤 효과를 내는지를 손목에 붙은 손 뼈대의 예를 가지고 생각해 보자. 구속 자세에서 정점들의 위치는 모형 전체의 물체 공간 기준이다. 구속 자세 역행렬은 손 뼈대를 손 뼈대의 기준 좌표계(손목 관절을 원점으로 하는)로 옮긴다. 그리고 현재 뼈대 변환 행렬은 그 손 뼈대를 원하는 자세에 해당하는 방향과 위치로 변환한다. 모형의 구속 자세는 응용 프로그램 수명 전체에서 동일하므로, 시동 시점에서 한 번만 계산해 두고 애니메이션의 매 프레임마다 계통구조 뼈대 변환 행렬들에 적용하면 된다.

## 8.2.2 구현 설계

정점 스키닝의 작동 방식을 머리에 담아 두고, Direct3D 11을 이용한 정점 스키닝 구현을 설계해 보자. 렌더링 파이프라인 구성은 §8.1의 정적 메시 렌더링 예제에서와 비슷하나, 두 가지 차이가 있다. 우선 정점 구조체에 뼈대에 관련된 정보를 추가해야 한다. 그리고 정점을 변환하는 정점 셰이더 프로그램는 뼈대 행렬들의 배열을 갱신하도록,

그리고 뼈대 가중치 보간을 수행하도록 고쳐야 한다. 그럼 그림 8.12에 나온 파이프라인 구성을 참고해 가면서 두 변화를 좀 더 자세히 살펴보자.

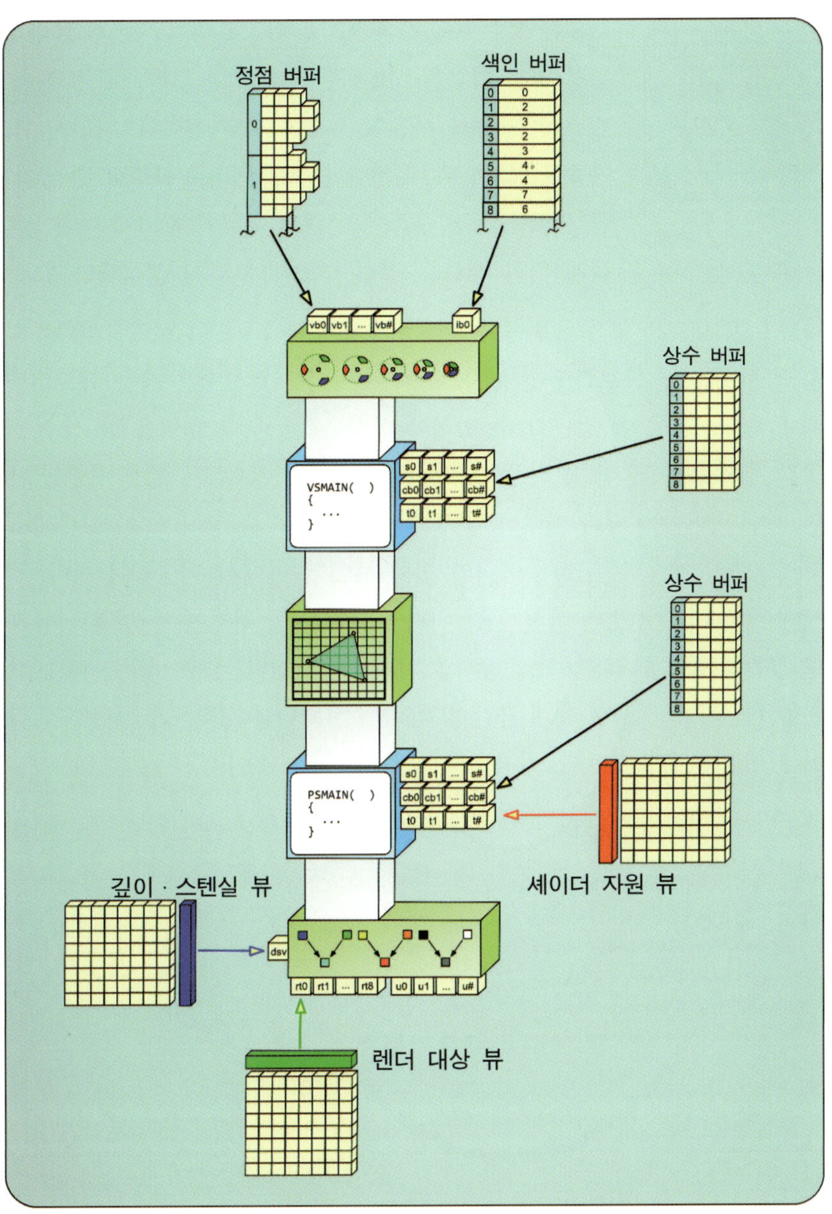


**그림 8.12.** 정점 스키닝 파이프라인 구성.

정점 스키닝을 위해서는, 정적 메시 렌더링에 쓰이는 것과는 다른 종류의 정점 당 정보가 필요하다. 정점 스키닝을 위한 새 정점 형식은 그 정점이 연관된 뼈대들과 각 뼈대가 정점에 미치는 영향력을 뜻하는 가중치들도 포함해야 한다. 이를 위해, 모형의 각 뼈대에 고유한 정수 색인을 배정해 둔다. 그 색인은 이후 뼈대 행렬 배열에서 특정 뼈대 행렬을 식별하는 용도로 쓰인다. 이 예제는 정점 당 최대 네 개의 뼈대를 사용할 수 있다고 가정한다. 따라서 한 정점의 정점 가중치들을 성분 네 개짜리 정수 벡터로 표현할 수 있다. 이상을 반영한 새로운 정점 구조체의 정의가 목록 8.13에 나와 있다. 입력 배치 객체 역시 새로운 정점 구조체에 맞게 생성해야 함은 물론이다.

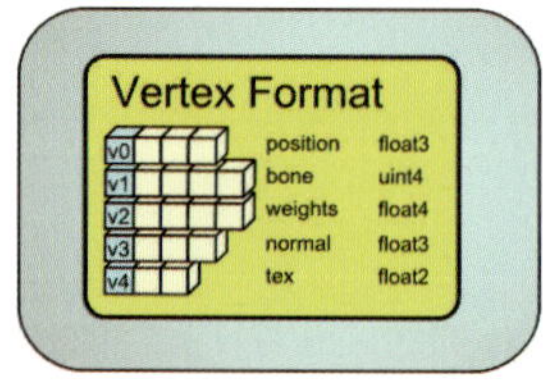


**그림 8.13.** 정점 스키닝 구현을 위한 정점 배치 구조.

다음으로, 새로운 형식의 정점 자료를 이용해서 §8.2.1에 나온 알고리즘을 구현하는 새로운 정점 셰이더 프로그램을 보자. 정점 셰이더 프로그램은 응용 프로그램이 제공하는 뼈대 변환 행렬들에 접근할 수 있어야 한다. 예제는 그 행렬을 한 상수 버퍼를 통해서 정점 셰이더에 제공한다. 이전의 정적 메시 렌더링 예제에서 세계 행렬을 담는 데 사용했던 상수 버퍼를 이제는 뼈대 행렬을 담는 데 사용하는 것이다. 이제는 세계 행렬을 응용 프로그램이 제공하는 것이 아니라 정점 셰이더 안에서 직접 계산한다. 정점 셰이더는 세계 행렬로 각 정점의 세계 공간 위치를 계산하고, 거기에 뷰 행렬과 투영 행렬을 하나로 결합한 행렬을 적용해서 최종적인 위치를 산출한다. 상수 버퍼는 뼈대 변환 행렬 배열뿐만 아니라, 스키닝된 세계 공간 정점의 법선 벡터를 정확하게 계산하기 위한 법선 벡터 뼈대 변환 행렬도 담는다. 목록 8.3에 새로운 정점 셰이더 프로그램의 코드가 나와 있다.

```
cbuffer SkinningTransforms
{
    matrix WorldMatrix;
    matrix ViewProjMatrix;
    matrix SkinMatrices[6];
    matrix SkinNormalMatrices[6];
};

cbuffer LightParameters
{
    float3 LightPositionWS;
    float4 LightColor;
```

```hlsl
};

Texture2D        ColorTexture : register( t0 );
SamplerState     LinearSampler : register( s0 );

struct VS_INPUT
{
    float3  position  : POSITION;
    int4    bone      : BONEIDS;
    float4  weights   : BONEWEIGHTS;
    float3  normal    : NORMAL;
    float2  tex       : TEXCOORDS;
};

struct VS_OUTPUT
{
    float4 position  : SV_Position;
    float3 normal    : NORMAL;
    float3 light     : LIGHT;
    float2 tex       : TEXCOORDS;
};

VS_OUTPUT VSMAIN( in VS_INPUT input )
{
    VS_OUTPUT output;

    // 정점의 출력 위치를 계산한다.
    output.position  = (mul( float4( input.position, 1.0f ),
        SkinMatrices[input.bone.x] ) * input.weights.x);
    output.position += (mul( float4( input.position, 1.0f ),
        SkinMatrices[input.bone.y] ) * input.weights.y);
    output.position += (mul( float4( input.position, 1.0f ),
        SkinMatrices[input.bone.z] ) * input.weights.z);
    output.position += (mul( float4( input.position, 1.0f ),
        SkinMatrices[input.bone.w] ) * input.weights.w);

    // 시야-투영 행렬을 적용해서 세계 공간 위치를 절단 공간으로 변환한다.
    output.position = mul( output.position, ViewProjMatrix );

    // 세계 공간 법선 벡터를 계산한다.
    output.normal =
        (mul( input.normal, (float3x3)SkinNormalMatrices[input.bone.x] )
            * input.weights.x).xyz;
```

```
output.normal +=
    (mul( input.normal, (float3x3)SkinNormalMatrices[input.bone.y] )
        * input.weights.y).xyz;
output.normal +=
    (mul( input.normal, (float3x3)SkinNormalMatrices[input.bone.z] )
        * input.weights.z).xyz;
output.normal +=
    (mul( input.normal, (float3x3)SkinNormalMatrices[input.bone.w] )
        * input.weights.w).xyz;


// 세계 공간 빛 벡터를 계산한다.
output.light = LightPositionWS - output.position.xyz;


// 텍스처 좌표는 그대로 전달한다.
output.tex = input.tex;


return output;
}
```

**목록 8.3.** 정점 스키닝 예제에 쓰이는 정점 셰이더 프로그램.

목록 8.3의 프로그램은 정점의 뼈대 ID 특성이 가리키는 뼈대 변환 행렬들을 이용해서 물체 공간 위치를 변환하고, 그 결과를 정점의 뼈대 가중치 특성이 가리키는 뼈대 가중 치들을 이용해서 비례시킨다. 법선 벡터 역시 비슷한 방식으로 변환하되, 뼈대 변환 행 렬의 역의 전치 행렬을 사용한다는 점이 다르다. 마지막으로는 가중된 결과 네 개를 더해서 최종적인 세계 공간 위치와 법선 벡터를 구한다. 이후 그 세계 공간 위치를 `ViewProjMatrix` 매개변수를 이용해서 절단 공간으로 변환할 수 있다. 셰이더 프로그램 의 나머지 부분은 정적 메시 렌더링 예제에서와 동일하다.

이 구현을 잘 살펴보면 렌더링 파이프라인의 여러 부분이 모형 외양의 특정 측면들에 어떻게 영향을 미치는지를 짐작할 수 있다. 예를 들어 이번 예제에서는 모형의 기하구조 를 계산하는 방식이 변했는데, 이를 위해 수정한 것은 정점 셰이더뿐이다. 정점 셰이더 와 관련 입력 배치를 제외한 파이프라인 구성의 나머지 부분은 이전과 동일하다. 일반적 으로 모형의 기하학적 속성은 파이프라인의 앞쪽 단계들에서 결정되고, 그 기하구조의 표면 속성은 뒤쪽 단계들에서 결정된다. 이러한 책임 분할 덕분에, 적절한 경우 한 셰이 더 프로그램을 여러 가지 파이프라인 구성들에 재활용할 수 있다. 그러면 작성할 셰이더 프로그램의 수가 줄어든다. 새 알고리즘을 개발할 때에는 이 점을 염두에 두는 것이 좋다. 셰이더 프로그램을 처음부터 다시 짜는 대신 기존 것을 사용하면 개발 기간이 훨씬 짧아질 것이기 때문이다.

### 8.2.3 결론

정점 스키닝 알고리즘의 작동 방식을 곰곰이 생각해 보면, 입력 모형의 특징에 따라 알고리즘의 성능이 어떻게 변할 것인지를 짐작할 수 있다. 정적 메시 알고리즘을 성능 비교의 기준으로 삼는다고 하자. 그에 비해 정점 스키닝에서는 상수 버퍼(뼈대 행렬들을 담는)가 더 크며, 정점 셰이더가 각 정점에 대해 수행하는 연산도 많다. 정점 당 최대 네 개의 뼈대를 지원하므로 정점 셰이더는 정점마다 네 번의 변환 및 가중 연산을 수행해야 한다. 정점이 실제로는 네 개 미만의 뼈대에 영향을 받는다고 해도 여전히 뼈대마다 계산이 필요하다. 영향을 주지 않은 뼈대의 가중치는 0이므로 그러한 뼈대에 의해 계산된 중간 위치는 최종 출력 위치에 기여하지 하지 않지만, 그래도 계산은 해야 하는 것이다.

이는 알고리즘의 수행 시간이 모형에 포함된 정점의 개수에 비례함을 뜻한다. 즉, 기하 모형이 세밀할수록 렌더링 시간이 선형적으로 증가한다. 전반적인 파이프라인 구성과 응용 프로그램이 실행되는 하드웨어에 따라서는 이 때문에 주어진 한 장면에서 사용 가능한 모형의 세밀도에 제한이 가해질 수 있다. 많은 경우 이 문제가 그리 심각하지는 않겠지만, 기하 처리가 전체 렌더링 알고리즘의 병목이라면 정점 스키닝이 성능을 제한하는 요인이 될 수 있는 것이다. 다행히, 이러한 정점 개수 의존성을 줄이는 기법들이 나와 있다.

## 8.3 정점 스키닝과 변위 매핑

지금까지 정적 메시 렌더링과 동적 메시 렌더링 기법, 그리고 유기적인 메시의 애니메이션을 수행하는 정적 스키닝 기법을 살펴보았다. 정점 스키닝을 사용하면 그렇지 않을 때보다 훨씬 다양한 종류의 물체를 표현할 수 있다. 그러나 앞 절에서 언급했듯이 정점 스키닝은 각 정점마다 추가적인 수학 연산이 필요하기 때문에 성능상의 병목이 될 수 있다. 모형의 기하학적인 복잡도와 렌더링 시 처리할 정점 개수 사이의 의존관계를 줄일 수 있다면 좋을텐데, 다행히 Direct3D 11 렌더링 파이프라인에는 그러한 의존성 분리에 도움이 되는 새로운 기능 몇 가지가 있다.

이상적으로 우리가 원하는 것은 스키닝 연산을 저해상도 모형에 대해 수행하면서도 고해상도 모형만큼의 세부적인 모습을 얻는 것이다. 렌더링 파이프라인의 테셀레이션 단계들을 이용하면 그러한 기하 세부 '주입'이 가능해진다. 이를 위해 사용할 수 있는 기법들은 많지만, 여기에서는 그 중에서도 유연성이 큰 해법들 중 하나인 **변위 매핑**(變位~, displacement mapping)을 소개하겠다. 변위 매핑은 간단히 말하면 하나의 높이 맵(height-map)을 삼각형 메시의 모든 삼각형에 적용하는 것이다. 테셀레이션 단계들에서 저해상도 메시를 잘게 쪼개 더 많은 수의 정점들을 생성하고, 변위 맵에서 추출한 표본을 이용해서 각 정점의 위치를 수정한다(원래의 저해상도 메시 삼각형을 기준으로 해서).

결국 이 기법은 세밀도 높은 기하구조의 세부사항을 정적인 정점 자료가 아니라 텍스처로부터 생성하는 것이라고 할 수 있다. 이러한 접근방식의 장점은 무엇보다도 스키닝을 저해상도 기하구조에 대해 수행할 수 있다는 것이다. 그 외에도 여러 가지 장점이 있는데, 예를 들어 변위 맵을 밉맵화함으로써 간단한 LOD(level of detail) 시스템이 자동으로 갖추어진다. 이번 절에서는 이러한 변위 매핑의 작동 방식을 설명하고 Direct3D 11 렌더링 파이프라인에서 실제로 구현해 본다.

## 8.3.1 이론

저해상도 삼각형 메시 표면에 '변위'를 적용하려면 다음 두 가지가 선행되어야 한다. 첫째는 모형에 추가할 세부사항의 양을 동적으로 결정하는 방법을 선택하는 것이고, 둘째는 그러한 변위 연산을 구체적으로 수행하는 방법을 선택하는 것이다. 알고리즘의 구현으로 들어가기 전에 이 두 사항을 먼저 살펴보자.

### 동적 테셀레이션

저해상도 메시에 추가할 세부사항의 정도를 동적으로 결정하려면 주어진 삼각형을 어느 정도나 잘게 분할할 것인지를 결정하는 데 사용할 어떤 측정값이 필요하다. 사용할 수 있는 측정치가 많으므로, 가장 높은 수준의 세밀도가 필요한 상황들을 기준으로 여러 측정치와 세부수준 선택 방식을 살펴보자.

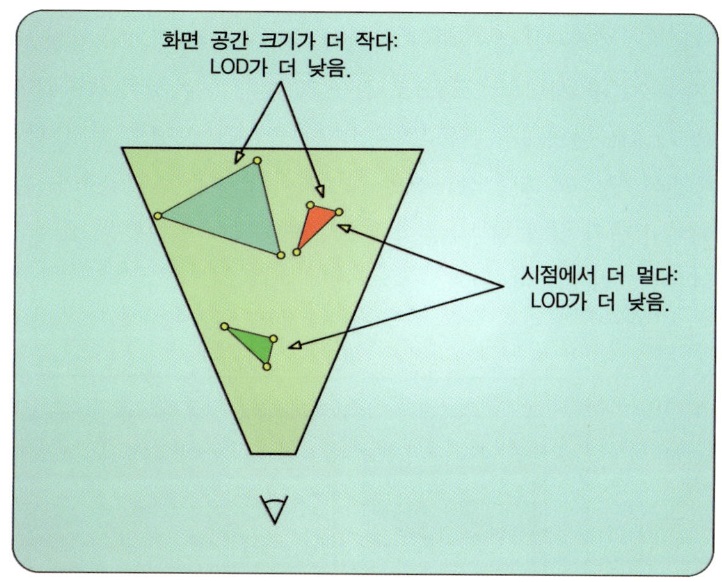


**그림 8.14.** 적절한 테셀레이션 수준을 결정하는 데 쓰이는 몇 가지 삼각형 속성.

삼각형의 면이 관찰자에서 멀어지는 방향을 가리킨다면 그 삼각형의 세부도를 증가할 필요가 전혀 없다. 그런 삼각형은 최종 렌더링 출력 이미지에 전혀 기여하지 않으므로 이후 처리에서 아예 제외시키는 것이 바람직하다. 후면 삼각형에서 전면 삼각형으로 넘어가는 지점은 모형의 윤곽선에 해당한다. 그러한 윤곽선 변들은 아주 중요하다. 사용자가 배경에서 물체를 인식할 때 주목하는 것이 바로 물체의 윤곽선이기 때문이다. 만일 윤곽선이 저해상도이면 사용자는 그 사실을 즉시 알아채게 될 것이다. 윤곽선 변을 지나서 있는 삼각형들은 한 사용자에게 보이는 표면을 형성한다(장면의 다른 기하구조에 가려져 있지 않은). 실제로 보이는 삼각형 역시 현재 시야 조건이 허용하는 가장 높은 수준으로 세분하는 것이 바람직하다. 여러 가지 측정치들을 고려해야 할 부분이 바로 이 지점이다.

삼각형의 속성들 중 가장 간단한 것은 카메라와의 거리이다. 삼각형이 카메라와 아주 가깝다면 최대한 세밀하게 분할해야 한다. 카메라에서 아주 멀다면 훨씬 낮은 세부도를 적용해야 한다. 이러한 계산에는 삼각형의 평균 크기와 시선에 대한 삼각형의 각도가 관여한다. 이 둘을 결합함으로써 삼각형의 유효 화면 크기를 얻을 수 있다. 그림 8.14는 지금까지 말한 여러 상황을 나타낸 것이다.

거리 기반 선택이나 화면 공간 크기 선택 외에, 기하구조의 고해상도 버전 역시 고려해야 한다. 즉, 기하구조를 얼마나 분할할 것인지 결정할 때, 해당 부분에 적용할 변위 맵의 세부수준을 하나의 기준으로 삼을 필요가 있는 것이다(변위 맵 자체가 고해상도 버전을 제대로 반영해서 만들어져 있다고 할 때). 표면의 특정 위치에서의 변위 맵의 세부수준이 낮다면 해당 삼각형의 테셀레이션 수준을 낮추어도 된다. 반대로 주어진 위치에서의 변위 맵의 세부수준이 높으면 테셀레이션 수준을 적절히 높여야 한다. 이러한 개념이 그림 8.15에 나와 있다.

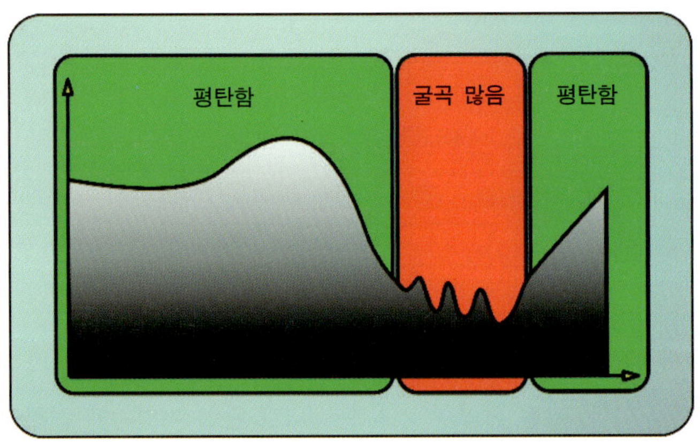


**그림 8.15**. 변위 맵의 옆모습과 각 영역에 적합한 테셀레이션 수준.

## 표면 변위 적용

필요한 테셀레이션 양을 결정하는 기법을 선택했다면, 다음으로는 테셀레이션된 정점들에 변위를 적용하는(즉, 위치를 변경하는) 방법을 생각해 보아야 한다. 변위를 적용하는 함수(이하 변위 함수) 자체는 테셀레이션 수준을 선택하는 데 쓰인 방법과 무관하다. 변위 함수에서 중요한 것은 주어진 정점 위치에 그 위치에 필요한 변위를 구해서 적용하는 것뿐이다. 그런데 이 작업은 보기보다 조금 복잡하다. 평면적인 텍스처를 평면에 가깝지만(semi-flat) 평면은 아닌 삼각형 메시에 적용하는 것이기 때문이다. 일반적으로 메시에서 인접한 두 삼각형이 동일평면(coplanar)이 아니므로 두 삼각형의 법선 방향에 적어도 약간의 차이가 존재하는데, 이 때문에 변위를 단순한 방식으로 적용하면 면들이 벌어지거나 겹치게 된다. 이런 문제가 그림 8.16에 나와 있다.

한편으로, 이는 삼각형 메시에서 법선 벡터를 삼각형마다 지정하는 것이 아니라 정점마다 지정하는 것이 바람직한 이유 중 하나이다. 삼각형 메시는 어떤 매끄러운 표면을 이산적인 삼각형들로 근사(近似, approximation)한 것이다. 삼각형들이 만나는 지점의 정점 법선 벡터들을 하나의 법선 벡터로 결합해서 삼각형의 법선으로 사용하면 메시 표면이 실제보다 더 매끄럽게 나타난다. 변위 매핑에서도 그와 같은 방식으로 정점 법선 벡터를 활용함으로써 삼각형 면들 사이의 전이를 좀 더 매끄럽게 만들 수 있다. 그림 8.17이 그러한 기법을 나타낸 것이다.

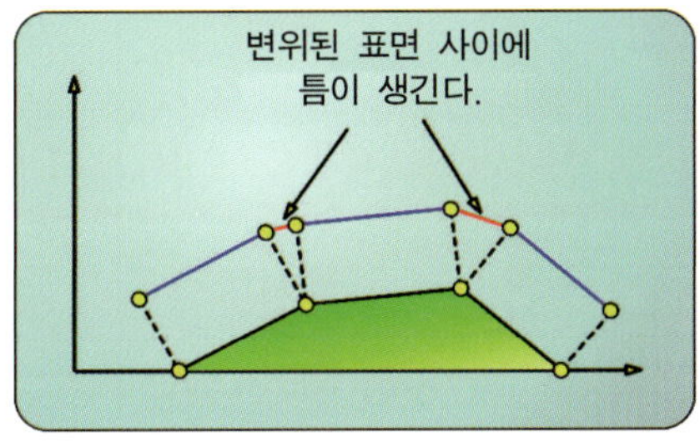


그림 8.16. 삼각형 메시의 옆모습. 동일평면이 아닌 삼각형들의 정점을 단순하게 변위시켰을 때 생기는 문제점을 보여준다.

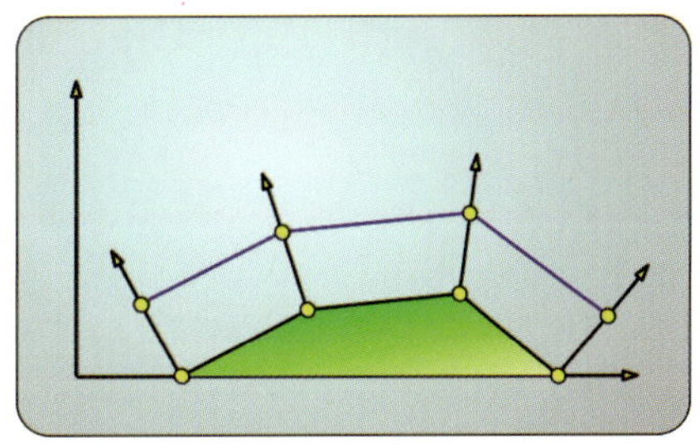

그림 8.17. 테셀레이션으로 생성된 정점의 위치를 정점 법선 벡터들의 결합을 이용해서 변위시킨다.

## 8.3.2 구현 설계

이번 예제에서도 이전 구현의 파이프라인 구성을 조금만 변경하면 된다. 이번에는 저해상도 모형 자료를 파이프라인에 입력하지만, 정점 스키닝 공정 자체는 고칠 것이 거의 없다. 단지 절단 공간으로의 최종 투영이 파이프라인의 뒷부분으로 미루어진다는 점만 다를 뿐이다. 스키닝 공정에 변화가 거의 없으므로 정점 배치와 정점 셰이더 프로그램 역시 이전과 거의 동일하다. 차이는, 이제는 테셀레이션 단계들을 사용하므로 입력 위상구조 설정에서 삼각형 목록이 아니라 제어 패치들을 지정해야 한다는 점이다. 사실 입력 버퍼들은 그대로이다. 이번에 테셀레이션에 사용할 3점 제어 패치가 위상구조상으로 삼각형과 동일하기 때문이다. 테셀레이션을 이용해서 기하구조의 해상도를 높이는 것이므로 덮개 셰이더 단계와 테셀레이터 단계, 영역 셰이더 단계를 모두 사용해야 한다(어차피 이들은 따로 사용할 수 없다). 마지막으로, 픽셀 셰이더 단계는 이전과 동일하다. 이제는 기하구조를 테셀레이션 단계들이 생성하지만, 그것에 색상 텍스처를 입히는 작업 자체는 이전과 같기 때문이다. 갱신된 파이프라인 구성이 그림 8.18에 나와 있다.

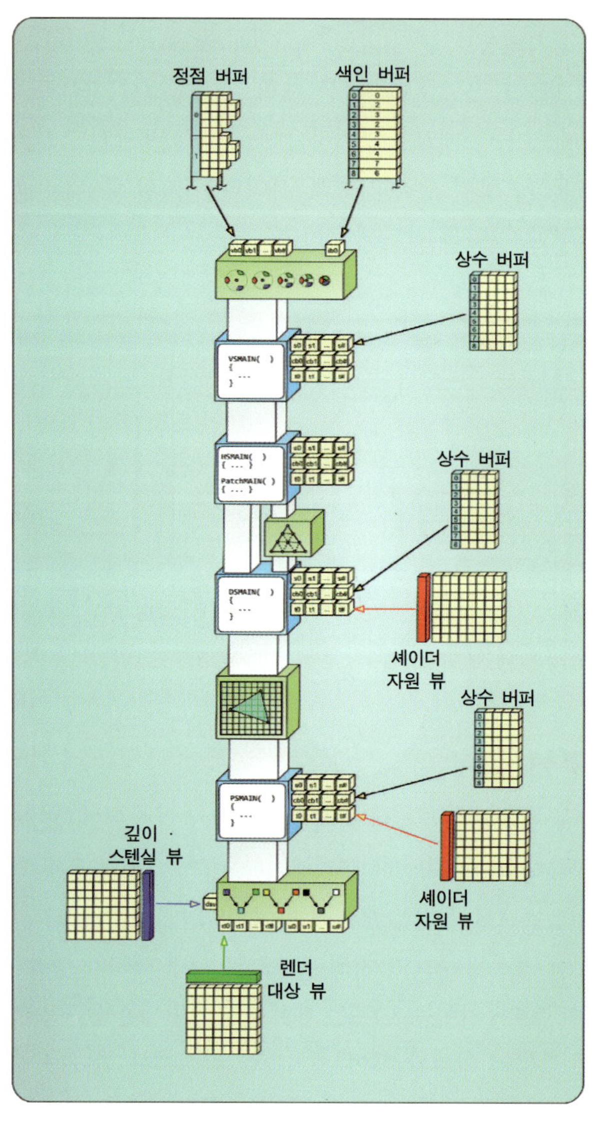


**그림 8.18.** 변위매핑 이 추가된 정점 스키닝의 파이프라인 구성.

정점 셰이더는 절단 공간 투영이 제거되었다는 점만 빼면 이전과 동일하므로 따로 설명하지 않겠다. 변위 매핑을 위한 실질적인 작업의 첫 번째는 테셀레이션 공정을 위해 덮개 셰이더를 구성하는 것이다. 덮개 셰이더는 정점 셰이더가 스키닝한 정점들을 받아서 3점 제어 패치로 해석한다. 덮개 셰이더에는 두 가지 셰이더 함수가 필요한데, 하나는 주 함수이고 또 하나는 패치 상수 함수이다. 테셀레이션 계수들을 패치 상수 함수가 계산하므로, 이번 예제의 덮개 셰이더 주 함수는 아무 일도 할 필요가 없다. 덮개 셰이더 주 함수는 그냥 입력 제어점들을 그대로 출력 제어점들로 전달한다. 3점 제어 패치를 받아서 그대로 3점 제어 패치를 출력하는 것일 뿐이다.

패치 상수 함수는 입력 제어 패치를 얼마나 잘게 쪼갤 것인지를 결정한다. 구체적으로, 패치 상수 함수는 입력된 삼각형 제어 패치의 각 변에 대한 변 테셀레이션 계수를 결정하며, 또한 삼각형 내부 영역에 대한 하나의 테셀레이션 계수도 결정한다. 그 테셀레이션 계수들을 계산할 때 §8.3.1에서 논의한 측정 및 선택 방법들을 사용할 수도 있지만, 이번 예제에서는 패치 상수가 고정된 테셀레이션 계수 값들을 출력하는 것으로 하겠다. 패치 상수 함수는 고정된 값들을 각각의 테셀레이션 계수 시스템 값 의미소 특성들을 통해서 출력한다. 목록 8.4의 후반부에 덮개 셰이더의 두 함수가 나와 있다.

```
cbuffer SkinningTransforms
{
    matrix WorldMatrix;
    matrix ViewProjMatrix;
    matrix SkinMatrices[6];
    matrix SkinNormalMatrices[6];
};


cbuffer LightParameters
{
    float3 LightPositionWS;
    float4 LightColor;
};


Texture2D     ColorTexture    : register( t0 );
Texture2D     HeightTexture   : register( t1 );
SamplerState LinearSampler   : register( s0 );
```

```
struct VS_INPUT
{
    float3 position : POSITION;
    int4   bone     : BONEIDS;
    float4 weights  : BONEWEIGHTS;
    float3 normal   : NORMAL;
    float2 tex      : TEXCOORDS;
};
//------------------------------------------------------------------
struct VS_OUTPUT
{
    float4 position : SV_Position;
    float3 normal   : NORMAL;
    float3 light    : LIGHT;
    float2 tex      : TEXCOORDS;
};
//------------------------------------------------------------------
struct HS_POINT_OUTPUT
{
    float4 position : SV_Position;
    float3 normal   : NORMAL;
    float3 light    : LIGHT;
    float2 tex      : TEXCOORDS;
};
//------------------------------------------------------------------
struct HS_PATCH_OUTPUT
{
    float Edges[3]  : SV_TessFactor;
    float Inside    : SV_InsideTessFactor;
};
//------------------------------------------------------------------
struct DS_OUTPUT
{
    float4 position : SV_Position;
    float3 normal   : NORMAL;
    float3 light    : LIGHT;
    float2 tex      : TEXCOORDS;
};
//------------------------------------------------------------------
VS_OUTPUT VSMAIN( in VS_INPUT input )
{
    VS_OUTPUT output;
```

```
    // 정점의 출력 위치를 계산한다.
    output.position  = (mul( float4( input.position, 1.0f ),
        SkinMatrices[input.bone.x] ) * input.weights.x);
    output.position += (mul( float4( input.position, 1.0f ),
        SkinMatrices[input.bone.y] ) * input.weights.y);
    output.position += (mul( float4( input.position, 1.0f ),
        SkinMatrices[input.bone.z] ) * input.weights.z);
    output.position += (mul( float4( input.position, 1.0f ),
        SkinMatrices[input.bone.w] ) * input.weights.w);

    // 세계 공간 법선 벡터를 계산한다.
    output.normal  =
        (mul( input.normal, (float3x3)SkinNormalMatrices[input.bone.x] )
            * input.weights.x).xyz;
    output.normal +=
        (mul( input.normal, (float3x3)SkinNormalMatrices[input.bone.y] )
            * input.weights.y).xyz;
    output.normal +=
        (mul( input.normal, (float3x3)SkinNormalMatrices[input.bone.z] )
            * input.weights.z).xyz;
    output.normal +=
        (mul( input.normal, (float3x3)SkinNormalMatrices[input.bone.w] )
            * input.weights.w).xyz;

    // 세계 공간 빛 벡터를 계산한다.
    output.light = LightPositionWS - output.position.xyz;

    // 텍스처 좌표는 그대로 전달한다.
    output.tex = input.tex;

    return output;
}
//--------------------------------------------------------------------------
HS_PATCH_OUTPUT HSPATCH( InputPatch<VS_OUTPUT, 3> ip, uint PatchID : SV_PrimitiveID
)
{
    HS_PATCH_OUTPUT output;
    const float factor = 16.0f;

    output.Edges[0] = factor;
    output.Edges[1] = factor;
```

```
    output.Edges[2] = factor;


    output.Inside = factor;


    return output;
}
//--------------------------------------------------------------------------
[domain("tri")]
[partitioning("fractional_even")]
[outputtopology("triangle_cw")]
[outputcontrolpoints(3)]
[patchconstantfunc("HSPATCH")]
HS_POINT_OUTPUT HSMAIN( InputPatch<VS_OUTPUT, 3> ip,
                        uint i : SV_OutputControlPointID,
                        uint PatchID : SV_PrimitiveID )
{
    HS_POINT_OUTPUT output;

    // 출력 제어점을 계산한다.
    output.position = ip[i].position;
    output.normal = ip[i].normal;
    output.light = ip[i].light;
    output.tex = ip[i].tex;


    return output;
}
```

**목록 8.4.** 테셀레이션 공정의 설정을 위한 덮개 셰이더 주 함수와 패치 상수 함수.

덮개 셰이더 단계 다음의 테셀레이터 단계는 주어진 테셀레이션 계수들을 이용해서 일단의 무게중심 좌표들을 생성해 영역 셰이더 단계에 넘겨준다. 영역 셰이더는 덮개 셰이더 주 함수로부터는 제어점들을, 테셀레이터 단계로부터는 무게중심 좌표들을 넘겨받는다. 영역 셰이더는 그 무게중심 좌표들을 절단 공간 정점들로 변환한다. 이를 위해 영역 셰이더는 우선 입력 제어점 위치들을 보간해서 무게중심 좌표의 세계 공간 위치를 계산한다. 입력 제어점 위치들은 정점 셰이더에서 계산한, 스키닝된 세계 공간 정점 위치들이다. 이들을 보간함으로써, 원래의 스키닝된 메시와 동일한 모습을 가진 삼각형 메시가 만들어진다. 정점 위치들을 보간하는 것과 함께 정점 당 법선 벡터도 보간하며, 정점의 텍스처 좌표도 보간한다. 그리고 보간된 법선 벡터를 재정규화해서 단위 길이 벡터가

되게 만든다. 목록 8.5에 이러한 작업을 수행하는 코드를 포함한 영역 셰이더 프로그램
전체 코드가 나와 있다.

```hlsl
[domain("tri")]
DS_OUTPUT DSMAIN( const OutputPatch<HS_POINT_OUTPUT, 3> TriPatch,
                        float3 Coords : SV_DomainLocation,
                        HS_PATCH_OUTPUT input )
{
    DS_OUTPUT output;

    // 세계 공간 위치를 보간한다.
    float4 vWorldPos = Coords.x * TriPatch[0].position
                     + Coords.y * TriPatch[1].position
                     + Coords.z * TriPatch[2].position;

    // 법선 벡터를 보간한다.
    output.normal = Coords.x * TriPatch[0].normal
                  + Coords.y * TriPatch[1].normal
                  + Coords.z * TriPatch[2].normal;

    // 변위 적용을 위해 법선 벡터를 정규화한다.
    output.normal = normalize( output.normal );

    // 텍스처 좌표를 보간한다.
    output.tex = Coords.x * TriPatch[0].tex
               + Coords.y * TriPatch[1].tex
               + Coords.z * TriPatch[2].tex;

    // 세계 공간 빛 벡터를 보간한다.
    output.light  = Coords.x * TriPatch[0].light
                  + Coords.y * TriPatch[1].light
                  + Coords.z * TriPatch[2].light;

    // 표본을 추출할 변위 맵의 밉맵 수준을 계산한다.
    float fHeightMapMIPLevel =
      clamp( ( distance( vWorldPos.xyz, vEye.xyz ) - 100.0f ) / 100.0f,
             0.0f,
             3.0f);

    // 변위 맵에서 표본을 추출한다. 이 표본은 표면 변위의 크기로 쓰인다.
```

```
    float4 texHeight =
            HeightTexture.SampleLevel( LinearSampler, output.tex,
 fHeightMapMIPLevel );

    // 변위를 수행한다. 'fScale'은 표면에 가할 수 있는 최대 변위 크기(세계 공간 오프셋)를
    // 결정한다. 보간된 정점 법선 벡터를 따라 정점 위치를 변위 크기만큼 이동시키는 것이
    // 바로 변위 연산이다.
    const float fScale = 0.5f;
    vWorldPos.xyz = vWorldPos.xyz + output.normal * texHeight.r * fScale;

    // 시야-투영 행렬을 적용해서 세계 공간 위치를 절단 공간으로 변환한다.
    output.position = mul( vWorldPos, ViewProjMatrix );

    return output;
}
```

**목록 8.5.** 변위 매핑을 구현하는 영역 셰이더 프로그램.

**그림 8.19.** 정점 스키닝에 변위 매핑을 추가해서 얻은 결과.

세계 정점 위치와 정점 법선 벡터, 텍스처 좌표를 보간한 다음에는 비로소 변위 매핑을
처리한다. 우선 높이 맵이라고도 하는 변위 맵(HeightTexture)에서 표본을 추출한다.
이 표본이 변위의 크기로 쓰인다. 그런데 영역 셰이더 단계에서는 사용할 밉맵 수준이
자동으로 결정되지 않으므로, 반드시 직접 계산한 밉맵 수준을 지정해서 SampleLevel

함수로 표본을 추출해야 한다는 점을 주의하기 바란다. 밉맵 수준 계산 자체는 간단하다. 그냥 시점(관찰자)과의 거리를 적당히 나눈 결과를 $[0, 3]$ 구간으로 한정시키는 것일 뿐이다. 그런 식으로 높이 값을 추출한 후에는 그 값에 하나의 비례 계수를 곱한다. 이 계수는 변위 값들의 전체적인 범위를 조정하기 위한 것이다. 이제 최종적인 변위 값으로 법선 벡터의 크기를 비례시키고, 그것을 보간된 세계 위치에 더한다. 그러면 '주입된' 고해상도 기하구조의 한 조각을 나타내는, 테셀레이션된 정점의 최종적인 세계 공간 위치가 나온다.

마지막으로, 영역 셰이더는 계산된 정점 위치를 `ViewProjMatrix` 변환 행렬을 이용해서 절단 공간으로 변환해 텍스처 좌표와 함께 출력한다. 그 텍스처 좌표는 이후 픽셀 셰이더로 전달되는데, 앞에서 언급했듯이 픽셀 셰이더는 이전 예제와 동일하다. 픽셀 셰이더의 관점에서는 기하구조가 입력 정점 버퍼에서 비롯된 것인지 테셀레이션 시스템에서 비롯된 것인지를 구분할 필요가 없기 때문이다. 이러한 방식의 렌더링에서는 사용자에게 잘 보이는 부분에 좀 더 세밀도 높은 기하구조가 주입되고, 보이지 않는 부분에는 덜 세밀한 기하구조가 쓰이게 된다. 그림 8.19에 이 새 알고리즘을 이용해서 얻은 렌더링 결과 몇 가지가 나와 있다.

## 8.3.3 결론

이번 절에서 구현한 알고리즘은 이전 절의 예제처럼 복합적인 물체의 상세한 애니메이션을 수행할 수 있음은 물론, 이전보다 더 적은 양의 기하구조를 처리하면서도 동일한 표면 세부도를 얻을 수 있다. 변위 매핑 덕분에 비용이 큰 스키닝 계산을 더 낮은 세부수준에서 수행하고 고수준 세부사항은 스키닝 이후에 도입할 수 있게 되었다. 테셀레이션 단계들을 통해서 기하구조의 세부도를 적절한 기준에 따라 높일 수 있으며, 성능 규모가 사용자의 하드웨어에 따라 변하는 효과까지 얻을 수 있다. 변위 맵을 사용함으로써 하나의 텍스처 표본을 통해서 추가적인 기하구조 세부도를 비교적 빠르게 얻을 수 있으며, 정점 개수를 늘려서 세부도를 높이는 것에 비해 메모리 소비양도 작다. 마지막으로, 변위 매핑에서는 추출된 변위 맵이 돌려준 값에 기초해서 세부수준을 제한하는 LOD 기법도 아주 간단하게 적용할 수 있다.

# 9 동적 테셀레이션

제3장에서는 Direct3D 11 파이프라인에 새로이 추가된 테셀레이션 관련 단계들을, 그리고 제4장에서는 그 핵심 매개변수들과 구현 세부사항을 설명했지만, Direct3D 11의 이 새로운 핵심 기술에 대한 실질적인 예제는 아직 제시하지 않았다.

이번 장에서는 제4장에서 소개한 테셀레이션에 대한 두 가지 공통적인 접근방식인 세분(subdivision)과 고차 표면(higher-order surface)을 실제로 구현하는 예제들을 통해서 두 방법을 비교하고, 새로운 셰이더 단계들과 여러 매개변수들이 함께 작동해서 최종적인 출력이 만들어지는 방식을 좀 더 구체적으로 살펴보겠다.

세분은 정련(refinement)에 기초한 테셀레이션의 한 형태로, 어떤 이상적인 형태를 충분히 잘 표현하게 될 때까지 메시에 세부사항을 점진적으로 추가해 나간다. §9.1 "지형 테셀레이션"에서 이러한 세분의 실제 응용 예를 보게 될 것이다.

애초에 테셀레이션이 굴곡진 또는 매끄러운 표면을 나타내기 위한 것이라는 점을 염두에 둔다면 고차 표면을 이해하기가 좀 더 수월할 것이다. 일반적으로 고차 표면 접근방식에서는 이상적인 메시를 매개변수가 있는 수학 공식(주로 이차, 삼차 방정식 형태의)으로 표현한다. §9.2에 이러한 접근방식에 기초한 예제가 나온다.

크게 볼 때, 세분은 좀 더 알고리즘적인 반면, 고차 표면은 좀 더 수학적이다. 이번 장을 통해서 두 접근방식의 차이를 알 수 있게 될 것이며, 제3, 4장에서 배운 내용에 기초해서 테셀레이션이라는 중요한 기술을 좀 더 폭넓게 이해하게 될 것이다.

# 9.1 지형 테셀레이션

실시간 렌더링 분야에서 절차적 그래픽 생성, 다시 말해 실행 시점 그래픽 생성의 가장 흔한 형태는 바로 지형(地形, terrain) 렌더링일 것이다. 최종 이미지를 만들기 위해 렌더링하는 다른 대부분의 미술 자산들과는 달리, 지형은 그래픽 작성자가 손으로 직접 만드는 것이 아니라 소프트웨어 알고리즘으로 만들어 내는 경우가 많다(물론 수작업과 알고리즘을 조합해서 만드는 경우도 흔하다). 그러한 절차적 지형 생성의 입력으로 흔히 쓰이는 것이 **높이 맵**(height map)이다. 높이 맵은 각 픽셀에 격자의 한 점에서의 지형 고도(높이)를 담은 단색 텍스처이다.

지형 렌더링에 필요한 자료 집합(텍스처와 기하구조 모두)은 그 덩치가 커지기 쉽다. 지형을 표현할 때에는 카메라 바로 앞의 전경에서 저 멀리 수평선까지 아주 넓은 영역을 한 화면에 담아야 하는 경우가 드물지 않다. 오래 전부터 이러한 문제를 효율적으로 해결하기 위한 수많은 알고리즘들이 고안되고 다듬어졌으며, 더욱 중요한 것은 이 문제의 거의 대부분이 잘 파악되어 있다는 점이다. 하드웨어 성능과 기능이 향상됨에 따라(CPU에서 GPU 처리로의 이동 등), 그러한 알고리즘들 역시 새로운 성능과 기능에 맞게 개선되었다.

Direct3D 11의 테셀레이션 기능이 이러한 문제 공간을 혁명적으로 바꾸었다고 하기는 힘들겠지만, 적어도 몇 가지 흥미로운 대안을 제공하는 것은 사실이다. 이러한 새로운 기능성을 활용하기에 좋은 후보가 지형 렌더링이다. 기존 지형 렌더링 알고리즘들에서는 GPU가 실제 렌더링을 수행하기 전에 어떤 형태로든 CPU가 끼어들어서 일정한 처리를 수행해야 한다. 그러나 Direct3D 11을 이용하면 모든 처리를 GPU에 맡길 수 있다. 기존의 "고전적" 알고리즘들을 새로운 하드웨어에 맞게 개정하는 것은 물론, 처음부터 새로운 하드웨어를 염두에 둔 완전히 새로운 알고리즘과 렌더링 접근방식을 고안해 내는 것도 얼마든지 가능한 일이다.

## 9.1.1 GPU 가속식 맞물린 타일 알고리즘

그림 9.1은 전통적인 높이 맵 기반 지형을 소박한 방식으로 렌더링하는 예이다. 이 경우 기하구조가 지형 전체에 고르게(지형의 특성이나 관찰자의 위치와 무관하게) 분포되어

있다. 그림 9.2는 동일한 높이 맵을 이번 절에서 소개할 '맞물린 타일(interlocked tile)' 알고리즘을 이용해서 렌더링한 것이다. 이 경우에는 꼭 필요한 부분에만 세밀한 기하구조가 적용되므로, 최종 이미지에 아무 기여도 못하는 여분의 기하구조 때문에 성능이 희생되는 일이 없다.

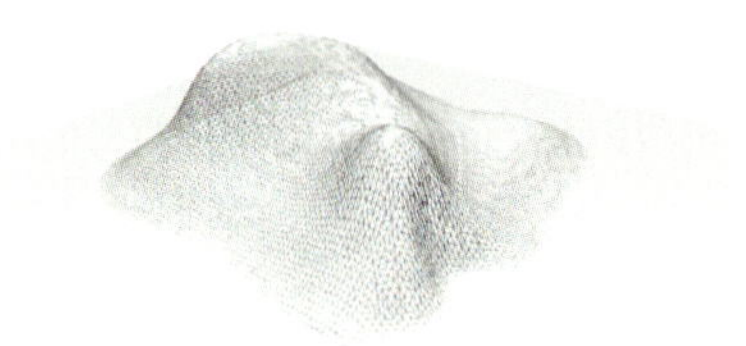

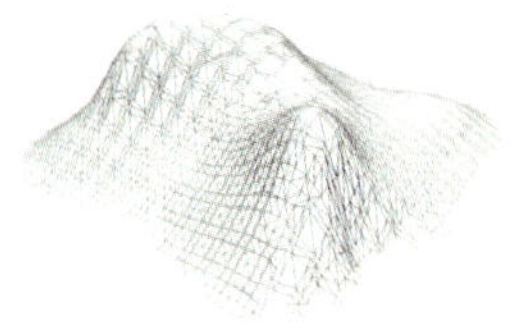

**그림 9.1.** 소박한 방식의 지형 렌더링.　　　　**그림 9.2.** 맞물린 지형 타일 알고리즘.

하드웨어 변환 및 조명(T&L)은 가능했으나 프로그램 가능 셰이더 단위들이 등장한 시점보다는 약간 이른 시기에 그렉 스누크Greg Snook는 당시의 초창기 GPU 아키텍처들에 아주 잘 대응되는 알고리즘 하나를 "Simplified terrain using interlocking tiles"([Snook, 2001])에서 소개했다.

스누크가 소개한 알고리즘은 정점 버퍼나 색인 버퍼를 수정할 필요가 없다는 점에서 특히나 유용했다. 대신 알고리즘은 여러 개의 색인 버퍼들을 이용해서 LOD 메커니즘을 제공한다. 정점 버퍼나 색인 버퍼를 수정할 필요가 없다는 것은 CPU가 렌더링에 쓰이는 자원을 수정할 일이 없다는 뜻이다. 지금도 그렇지만 당시 CPU의 렌더링 자원 수정은 비용이 아주 큰 작업이었으나, 하드웨어 변환 및 조명 능력을 활용하기 위해서는 그러한 수정이 중요했다. 스누크의 알고리즘은 색인 버퍼를 수정하는 대신 그냥 다른 색인 버퍼를 사용하는 방식이었기 때문에 CPU의 자원 수정 없이도 LOD를, 따라서 성능 대 이미지 품질의 균형점을 변경할 수 있었다.

그 알고리즘은 2차원 높이 맵 텍스처를 여러 개의 작은 타일들로 분할한다. 하나의 타일은 한 변이 정점 $2^n + 1$개인 정사각 영역을 대표한다(원래의 구현에서는 $9 \times 9$ 크기의 타일이 쓰였다). 지형 정점 격자 자료는 높이 맵 각 점의 높이를 나타내는 것으로, 적재

시점에서 고정된다. 또한 이 자료는 지형을 가장 세밀하게 표현하는 경우에 해당한다.[*]

$n = 3$의 경우 $9 \times 9$ 크기($2^3 + 1 = 9$)의 타일에 총 네 개($n + 1$)의 LOD 수준이 있다. 그리고 각 LOD마다 다섯 개의 색인 버퍼를 사용한다. 그림 9.3에 하나의 타일을 위한 색인 버퍼들의 배치 구조가 나와 있다.

그림 9.3에서 보듯이, 타일 중앙 부분을 위한 색인 버퍼가 하나 있고 타일 네 변을 위한 색인 버퍼 네 개가 있어서 총 다섯 개의 색인 버퍼인 것이다. 그림은 또한 서로 다른 LOD 사이의 대응 관계도 보여 준다. 표시된 비율은 내부:외부 형태이다. 영민한 독자라면 이것이 제4장에서 소개한 사각형 테셀레이션과 의심스러울 정도로 비슷함을 눈치챘을 것이다.

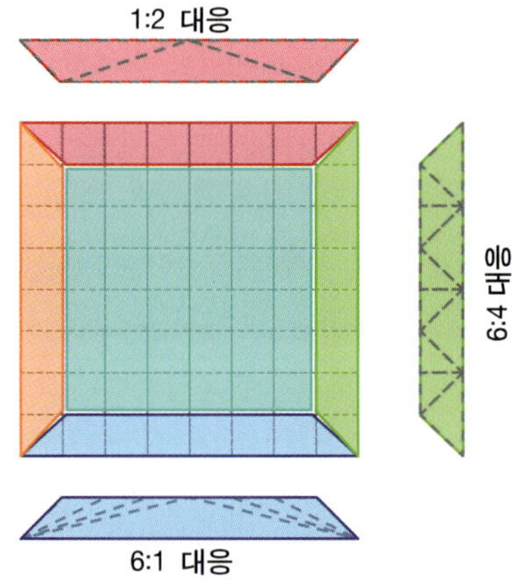


**그림 9.3.** 한 타일의 색인 버퍼 배치 구조.

중앙의 색인 버퍼는 타일 가장자리 정점들을 제외한 모든 정점을 대표한다. 따라서 지금 예와 같은 $9 \times 9$ 타일의 경우 중앙 색인 버퍼는 이웃 타일과의 연결을 위해 선택된 LOD와 무관하게 항상 $7 \times 7$ 정점을 나타낸다. 네 개의 '가장자리' 색인 버퍼들은 본질적으로 이웃 타일과의 연결을 위한 것이다. 두 타일의 가장자리를 대응시킬 때 LOD가 높은 쪽에 맞출 수도 있고 낮은 쪽에 맞출 수도 있지만, 그림 9.4에 나온 것처럼 낮추는 쪽으로

---

[*] [역주] 따라서 LOD 메커니즘은 격자 영역의 해상도를 필요에 따라 낮추는 방식으로 작동한다.

섞는 것이 더 일반적이다. 이론적으로는 임의의 두 세부수준 사이의 도약이 가능하나, 제4장에서 말한 것처럼 그렇게 하면 시각적인 **튐 현상**(popping)이 눈에 두드러져서 최종 결과의 품질을 떨어뜨린다. 그러한 튐 현상을 피하는 가장 간단한 방법은 이웃한 LOD 수준들 사이에서만 전이가 일어나게 하고, 그것이 불가능하다면 정점 혼합이나 기타 모핑 기법으로 결과를 개선시키는 것이다.

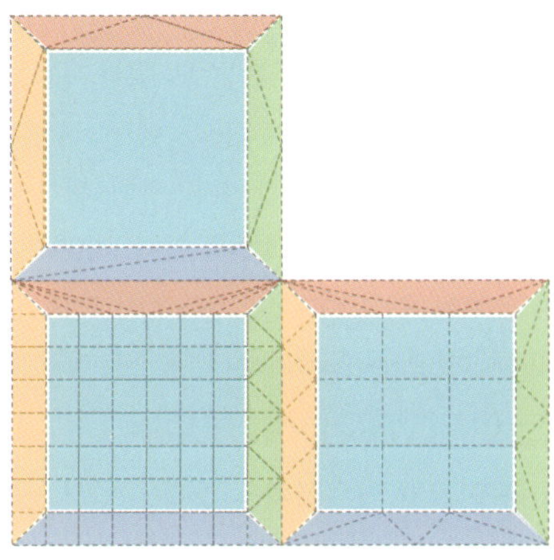

**그림 9.4.** 이웃 타일들을 하향 혼합.

이 알고리즘은 Direct3D 8 시절에 나왔기 때문에 구현 시 한 쌍의 정점, 색인 버퍼만 사용할 수 있었다. 이 때문에 `DrawIndexedPrimitive()`의 매개변수들을 이용해서 각 타일 조각의 렌더링을 위한 기준 정점의 위치를 이동하는 기법이 유용하게 쓰였다. 그렇게 하면 불필요한 상태 변경(이전 버전의 Direct3D에서는 비싼 연산이었다)을 피할 수 있기 때문이다. 또한 하나의 색인을 저장하는 데 필요한 공간이 작기 때문에 서로 구별되는 조합들 전체를 색인 버퍼에 담아 둘 수 있었으며, **그리기 호출**의 매개변수만 조절함으로써 각 타일의 LOD를 변경할 수 있었다.

그러나 이는 커다란 단점이기도 하다. 왜냐하면 **그리기 호출** 횟수가 아주 많아질 수 있기 때문이다. 당시 GPU들은 각 영역에 사용할 색인 버퍼를 동적으로 선택할 수 없었다. 따라서 타일마다 CPU에서 색인 버퍼를 설정해서 각 조각마다 **그리기** 메서드를 호출해야 했다. 그러한 호출 횟수를 줄이는 데 힘써온 그래픽 개발자의 입장에서 이는 결코 좋은 일이 아니다. 당시 흔히 권장된 **그리기 호출 횟수**는 프레임 당 500회 미만이었는데, 그러한 목표를 달성하려면 $22 \times 22$ 격자에서 프레임 당 타일을 484개밖에 그릴 수 없었다(22는 $\sqrt{500} = 22.36$에서 나온 것이고 484는 $22 \times 22$이다). 4진 트리(quad tree)[1] 와 절두체 선별을[2] 적용한다면 이것이 큰 문제가 아니지만, 그래도 반드시 처리해야 할 문제임은 변하지 않는다. 또한 그러한 처리에 의해 추가적인 CPU 주기(다른 더 나은 일에 사용하면 좋았을)가 소비되며, CPU와 GPU의 결합도도 높아진다.

타일 크기를 키우는 것도 **그리기 호출 횟수**를 줄이는 한 방법이다. 예를 들어 $9 \times 9$ 대신 $17 \times 17$이나 심지어 $33 \times 33$을 사용할 수도 있다. 그러나 그렇게 하면 또 다른 골칫거리인 튐 현상이 더욱 두드러진다. 제4장과 이번 절 앞에서 이야기했듯이, 튐 현상은 아주 보기 싫고 거슬리는 시각적 결함이다. 지형 렌더링의 경우에는 시선 각도 때문에 사용자가 이 현상을 훨씬 더 거슬려 할 수 있다. 세부수준 전이 시 변화의 주된 축(수직 축)이 최종 이미지의 주된 수직 축(Y)일 가능성이 크며, 따라서 변화의 축이 시선 방향과 일치하면(최종 이미지 안으로 들어가거나 밖으로 나오는 등) 문제가 더욱 두드러지게 된다.

대체로 튐 현상이 가장 크고 두드러지는 경우는 낮은 LOD들 사이의 전이(이를테면 0에서 1로)가 일어날 때이다. 그런 경우에는 기하구조의 차이가 아주 크기 때문이다. 위쪽 LOD들 사이의 전이(이를테면 4에서 5로)에서는 튐 현상이 덜 두드러진다. 그런 경우에는 이미 메시의 세밀도가 충분히 높아서 삼각형들이 비교적 작기 때문에 기하구조의 차이가 크지 않다. 지형 윤곽(산이나 지평선)은 최종 이미지에서 두드러지게 인식되기 때문에, 윤곽의 커다란 변화 역시 특히 잘 보이게 된다. 따라서 윤곽이 크게 변하는 일을 최대한 피할 필요가 있다. 안타깝게도, 가장 간단한 세부수준 선택 방법에서는 카메라에서 가장 먼 기하구조에 가장 낮은 LOD가 설정된다. 그러나 좀 더 지능적인 선택 방법을 사용한다면 문제를 완화할 수 있다.

이 문제를 해결하기가 까다로운 것은 애초에 우리가 바탕 버퍼들을 동적으로 변경하지 않으려 하기 때문이다(앞에서 이야기했듯이 동적인 버퍼 갱신은 값비싼 연산이라서 이 알고리즘으로 얻는 이득이 상쇄되어 버린다). 또한 Direct3D 8과 Direct3D 9 시절의

---

[1] 2차원 지형 높이 맵을 $X$, $Y$ 축 모두를 따라 반으로 나누어서 더 작은 타일 네 개를 만들고, 그 네 타일들 역시 각각 네 개로 분할하는 과정을 반복해서 하나의 분할 계통구조를 만든다. 그러한 분할 구조를 이용해서 지형의 커다란 영역의 시야 절두체 포함 여부를 빠르게 판정할 수 있다.

[2] 시야 절두체 선별은 기하구조가 현재의 시야 조건들 하에서 보이는지를 결정하는 수학적 판정이다.

GPU상의 정점 및 기하구조 처리는 지금에 비하면 단순한 수준이었다. 이 문제에 대한 첫 번째의 좋은 해법은 LOD 선택을 좀 더 정교하게 하는 것이다. 지형의 해당 부분이 화면에 기여하는 정도를 가중치로 삼는다면(이를테면 경계상자를 화면에 투영한 결과의 넓이를 LOD 계수로 사용하는 등) 멀리 있는 물체가 지평선에서 갑자기 튀어 나오는 현상을 줄일 수 있다. 구현하기가 까다롭긴 하지만, 정점 혼합(vertex blending)[3]역시 세부수준 사이의 매끄러운 보간을 위한 한 방법이다.

결과적으로, 다른 측면에서는 GPU에 친화적이고 장점이 많은 이 알고리즘이 **그리기** 호출 횟수가 많다는 단점과 튐 현상이 두드러진다는 단점 때문에 그리 많이 쓰이지 못했다. 그러나 Direct3D 11에서는 그러한 두 가지 단점을 모두 피할 수 있다. Direct3D 11 구현에서는 한 번의 **그리기** 호출로 지형 전체를 렌더링할 수 있으며, 테셀레이션을 이용해서 세부수준들을 매끄럽게 전이할 수 있다.


## 구현

개괄적으로 말하자면, 이 Direct3D 11 테셀레이션 예제는 입력 조립기 단계와 덮개 셰이더 단계, 영역 셰이더 단계에 초점을 둔다. 예제 응용 프로그램(호스트)은 파이프라인의 입력으로 쓰이는 정점 버퍼와 색인 버퍼, 텍스처 자원을 준비하고 **그리기** 메서드를 호출하는 역할만 하며, 나머지 모든 기능은 HLSL 셰이더로 구현된다.

정점 셰이더는 모형 공간 기하구조를 세계 공간으로 변환하는 일만 한다. 대부분의 작업은 덮개 셰이더의 패치 상수 함수에서 일어나는데, 이 함수는 현재 패치(지형 타일)와 네 이웃 타일의 LOD들을 결정한다. 덮개 셰이더 주 함수는 그냥 현재 패치의 네 모서리 정점을 다음 단계로 넘겨주는 일만 한다. 영역 셰이더 단계는 테셀레이션된 점들에 변위 매핑을 적용해서 실제 지형 기하구조를 생성한다. 그 기하구조를 파이프라인의 나머지 부분이 래스터화해서 최종 이미지를 만들어낸다.


## 단계 1: 입력 자료 준비

이 알고리즘에는 세 가지 입력 자료가 필요하다. 정점 버퍼 하나, 색인 버퍼 하나, 그리

---

[3] 애니메이션에서 흔히 쓰이는 방법으로, 두 정점의 위치를 동적인 변환 행렬에 연관된 가중치들에 기초해서 보간(혼합)한다.

고 높이 맵 텍스처이다.

목록 9.1은 정점 버퍼를 생성하는 C++ 코드이다. 그냥 렌더링할 지형의 바탕 구조로 쓰이는 등간격 격자 형태의 정점들을 만들어서 버퍼에 넣는 것일 뿐이다.

```cpp
// 실제 자원을 설정한다.
SAFE_RELEASE( m_pTerrainGeometry );
m_pTerrainGeometry = new GeometryDX11( );


// 정점 자료를 만든다.
VertexElementDX11 *pPositions
    = new VertexElementDX11( 3, (TERRAIN_X_LEN + 1) * (TERRAIN_Z_LEN + 1) );
    pPositions->m_SemanticName = "CONTROL_POINT_POSITION";
    pPositions->m_uiSemanticIndex = 0;
    pPositions->m_Format = DXGI_FORMAT_R32G32B32_FLOAT;
    pPositions->m_uiInputSlot = 0;
    pPositions->m_uiAlignedByteOffset = 0;
    pPositions->m_InputSlotClass = D3D11_INPUT_PER_VERTEX_DATA;
    pPositions->m_uiInstanceDataStepRate = 0;


VertexElementDX11 *pTexCoords
    = new VertexElementDX11( 2, (TERRAIN_X_LEN + 1) * (TERRAIN_Z_LEN + 1) );
    pTexCoords->m_SemanticName = "CONTROL_POINT_TEXCOORD";
    pTexCoords->m_uiSemanticIndex = 0;
    pTexCoords->m_Format = DXGI_FORMAT_R32G32_FLOAT;
    pTexCoords->m_uiInputSlot = 0;
    pTexCoords->m_uiAlignedByteOffset = D3D11_APPEND_ALIGNED_ELEMENT;
    pTexCoords->m_InputSlotClass = D3D11_INPUT_PER_VERTEX_DATA;
    pTexCoords->m_uiInstanceDataStepRate = 0;


Vector3f *pPosData = pPositions->Get3f( 0 );
Vector2f *pTCData = pTexCoords->Get2f( 0 );


float fWidth = static_cast< float >( TERRAIN_X_LEN );
float fHeight = static_cast< float >( TERRAIN_Z_LEN );


for( int x = 0; x < TERRAIN_X_LEN + 1; ++x )
{
    for( int z = 0; z < TERRAIN_Z_LEN + 1; ++z )
```

```cpp
    {
        float fX = static_cast<float>(x) / fWidth - 0.5f;
        float fZ = static_cast<float>(z) / fHeight - 0.5f;
        pPosData[ x + z * (TERRAIN_X_LEN + 1) ] = Vector3f( fX, 0.0f, fZ );
        pTCData[ x + z * (TERRAIN_X_LEN + 1) ] = Vector2f( fX + 0.5f, fZ + 0.5f );
    }
}


m_pTerrainGeometry->AddElement( pPositions );
m_pTerrainGeometry->AddElement( pTexCoords );
```

**목록** 9.1. 정점 버퍼 생성.

TERRAIN_X_LEN 상수와 TERRAIN_Z_LEN 상수는 격자의 타일 단위 크기를 뜻한다. 코드에는 이 상수들에 1을 더한 것이 자주 나오는데, 이는 타일 개수가 아니라 정점 개수를 얻기 위한 것이다. 예를 들어 $3 \times 3$ 타일 격자를 위해서는 $4 \times 4$개의 정점이 필요하다.

기본 격자가 3차원 공간에서 $XZ$ 평면에 평평하게 놓인 형태로 정의된다는 점도 주목하기 바란다. 지형의 굴곡을 표현하는 높이 맵의 값들은 전적으로 $Y$축에만 적용된다. 이 코드는 격자의 모든 정점의 높이($Y$)를 0.0으로 초기화한다.

목록 9.2는 각 패치를 정의하는 색인 버퍼를 만드는 코드이다. 색인 버퍼는 이 알고리즘에 필요한 자원들 중 가장 복잡하고도 중요한 자원이다. 입력 조립기가 정점 버퍼의 정점들로부터 덮개 셰이더와 영역 셰이더를 위한 제어점들을 만들어 낼 때 바로 이 색인 버퍼의 색인들을 이용한다.

```cpp
// 아래 코드에 쓰이는 매크로.
#define clamp(value,minimum,maximum) (max(min((value),(maximum)),(minimum)))


for( int x = 0; x < TERRAIN_X_LEN; ++x )
{
    for( int z = 0; z < TERRAIN_Z_LEN; ++z )
    {
        // 지형 타일 사각형 당 12개의 제어점을 정의한다.

        // 0에서 3까지는 실제 사각형 정점들이다.
        m_pTerrainGeometry->AddIndex( (z + 0) + (x + 0) * (TERRAIN_X_LEN + 1) );
```

```cpp
m_pTerrainGeometry->AddIndex( (z + 1) + (x + 0) * (TERRAIN_X_LEN + 1) );
m_pTerrainGeometry->AddIndex( (z + 0) + (x + 1) * (TERRAIN_X_LEN + 1) );
m_pTerrainGeometry->AddIndex( (z + 1) + (x + 1) * (TERRAIN_X_LEN + 1) );


// 4와 5는 +X 방향 이웃 타일을 위한 것이다.
m_pTerrainGeometry->AddIndex
(
    clamp(z + 0, 0, TERRAIN_Z_LEN)
    + clamp(x + 2, 0, TERRAIN_X_LEN) * (TERRAIN_X_LEN + 1)
);
m_pTerrainGeometry->AddIndex
(
    clamp(z + 1, 0, TERRAIN_Z_LEN)
    + clamp(x + 2, 0, TERRAIN_X_LEN) * (TERRAIN_X_LEN + 1)
);


// 6과 7은 +Z 방향 이웃.
m_pTerrainGeometry->AddIndex
(
    clamp(z + 2, 0, TERRAIN_Z_LEN)
    + clamp(x + 0, 0, TERRAIN_X_LEN) * (TERRAIN_X_LEN + 1)
);
m_pTerrainGeometry->AddIndex
(
    clamp(z + 2, 0, TERRAIN_Z_LEN)
    + clamp(x + 1, 0, TERRAIN_X_LEN) * (TERRAIN_X_LEN + 1)
);


// 8과 9는 -X 방향 이웃.
m_pTerrainGeometry->AddIndex
(
    clamp(z + 0, 0, TERRAIN_Z_LEN)
    + clamp(x - 1, 0, TERRAIN_X_LEN) * (TERRAIN_X_LEN + 1)
);
m_pTerrainGeometry->AddIndex
(
    clamp(z + 1, 0, TERRAIN_Z_LEN)
    + clamp(x - 1, 0, TERRAIN_X_LEN) * (TERRAIN_X_LEN + 1)
);


// 10, 11은 -Z 방향 이웃.
```

```cpp
        m_pTerrainGeometry->AddIndex
        (
            clamp(z - 1, 0, TERRAIN_Z_LEN)
            + clamp(x + 0, 0, TERRAIN_X_LEN) * (TERRAIN_X_LEN + 1)
        );
        m_pTerrainGeometry->AddIndex
        (
            clamp(z - 1, 0, TERRAIN_Z_LEN)
            + clamp(x + 1, 0, TERRAIN_X_LEN) * (TERRAIN_X_LEN + 1)
        );
    }
}


// 메모리에 담긴 기하 자료를 렌더링에 실제로
// 사용할 수 있는 자원으로 옮긴다.
m_pTerrainGeometry->LoadToBuffers();
m_pTerrainGeometry->SetPrimitiveType( D3D11_PRIMITIVE_TOPOLOGY_12_CONTROL_POINT
_PATCHLIST );
```

**목록 9.2.** 색인 버퍼 생성.

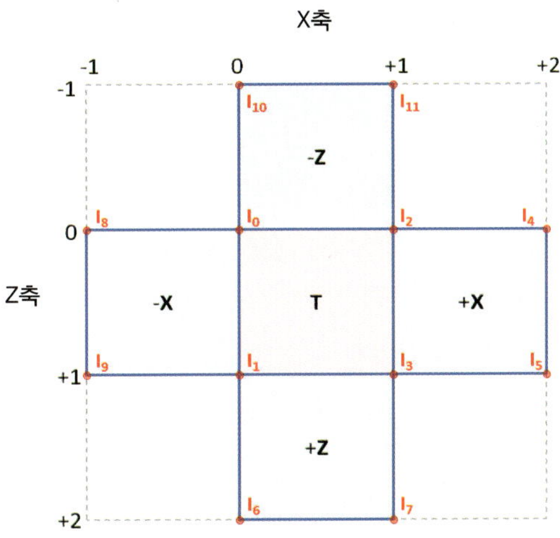



**그림 9.5.** 한 타일에 대한 입력 조립기 배치.

그림 9.5에서 보듯이, 처음 네 개의 제어점(붉은 바탕 사각형의 $I_0$에서 $I_3$까지)은 이

타일에 대해 생성하고 렌더링할 기하구조의 영역을 정의한다. 나머지 여덟 제어점 $(I_4 \sim I_{11})$은 네 개의 이웃 타일을 정의하는 전적으로 정보 전달 용도로 쓰이는 것으로, 덮개 셰이더는 이들을 이용해서 적절한 테셀레이션 계수들을 결정한다. 코드는 clamp() 라는 매크로를 사용하는데, 이름에서 짐작하듯이 이 매크로는 첫 인수를 둘째, 셋째 인수로 정의된 구간으로 한정(clamping)한다. 이러한 한정 연산이 왜 필요한지는 나중에 좀 더 확실하게 드러나겠지만, 간단히 이야기하자면 지형 가장자리에 있는 타일들의 경우 이 연산은 인접 타일의 중점을 가장자리 변의 중점으로 설정하는 역할을 한다. 이렇게 하는 것이 다른 어떤 나머지 연산이나 순환(wrapping), 경계(border) 연산보다 훨씬 더 나은 결과를 내며, 텍스처 '여백(gutter)'이라는 개념과도 좀 더 잘 맞는다.

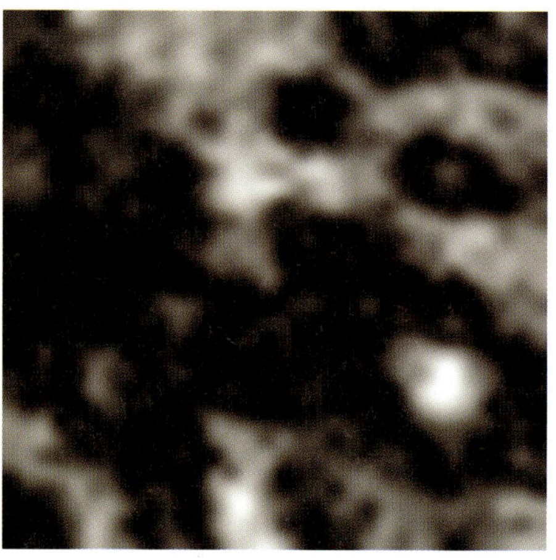

**그림 9.6.** 예제 높이 맵.

세 필수 입력 자원 중 마지막은 높이 맵이다. 목록 9.3은 이전 두 코드보다 훨씬 간단하다. 그냥 그림 9.6과 같은 높이 맵 이미지를 메모리에 적재해서 적절한 텍스처 자원을 생성하는 것일 뿐이다.

```cpp
// 텍스처를 적재한다.
m_pHeightMapTexture = m_pRenderer11->LoadTexture
                    ( std::wstring( L"../Data/Textures/TerrainHeightMap.png" ) );
```

```cpp
// 매개변수 관리자 객체를 이용해서 높이와 너비를 저장한다.
D3D11_TEXTURE2D_DESC d = m_pHeightMapTexture->m_pTexture2dConfig->GetTextureDesc
();
Vector4f vTexDim = Vector4f(
                           static_cast<float>(d.Width)
                           , static_cast<float>(d.Height)
                           , static_cast<float>(TERRAIN_X_LEN)
                           , static_cast<float>(TERRAIN_Z_LEN)
                      );
m_pRenderer11->m_pParamMgr->SetVectorParameter( L"heightMapDimensions", &vTexDim );

// 셰이더 자원 뷰를 생성한다.
ShaderResourceParameterDX11* pHeightMapTexParam = new ShaderResourceParameterDX11
();
pHeightMapTexParam->SetParameterData( &m_pHeightMapTexture->m_iResourceSRV );
pHeightMapTexParam->SetName( std::wstring( L"texHeightMap" ) );

// 셰이더 자원 뷰를 매개변수 관리자에 설정한다.
m_pRenderer11->m_pParamMgr->SetShaderResourceParameter
                           ( L"texHeightMap", m_pHeightMapTexture );

// 표본추출기를 생성한다.
D3D11_SAMPLER_DESC sampDesc;
sampDesc.AddressU = D3D11_TEXTURE_ADDRESS_CLAMP;
sampDesc.AddressV = D3D11_TEXTURE_ADDRESS_CLAMP;
sampDesc.AddressW = D3D11_TEXTURE_ADDRESS_CLAMP;
sampDesc.BorderColor[0] =
    sampDesc.BorderColor[1] =
    sampDesc.BorderColor[2] =
    sampDesc.BorderColor[3] = 0;
sampDesc.ComparisonFunc = D3D11_COMPARISON_ALWAYS;
sampDesc.Filter = D3D11_FILTER_MIN_MAG_MIP_LINEAR;
sampDesc.MaxAnisotropy = 16;
sampDesc.MaxLOD = D3D11_FLOAT32_MAX;
sampDesc.MinLOD = 0.0f;
sampDesc.MipLODBias = 0.0f;
int samplerState = m_pRenderer11->CreateSamplerState( &sampDesc );

// 표본 추출기 상태를 매개변수 관리자에 설정한다.
m_pRenderer11->m_pParamMgr->SetSamplerParameter( L"smpHeightMap", &samplerState );
```

**목록** 9.3. 높이 맵을 텍스처 자원에 적재.

높이 맵의 크기와 생성할 기하구조가 부합해야 함을 주의하기 바란다. 일반적으로 높이 맵을 바탕 기하구조의 4에서 8배로 하면 적당하다. 그보다 작으면 테셀레이션을 적용해도 기하구조에 새로운 세부사항이 그리 많이 추가되지 않는다. 그보다 너무 크면 인접 LOD들 사이의 차이가 상당히 커질 수 있다. 테셀레이션을 사용할 때는 이처럼 표본율에 관련된 사항을 따져보아야 하는 경우가 많다. 추가로 생성된 기하구조로 표현할 더 높은 세부도의 자료가 주어지지 않는다면 애초에 기하구조를 그렇게 잘게 쪼갤 필요가 없는 것이다. 예제 코드에서는 $32 \times 32$개의 타일들로 이루어진 격자의 렌더링을 위해 $512 \times 512$ 크기의 단색 텍스처를 사용한다.

이상의 코드가 모두 아무 문제 없이 실행되었다면, 지형 렌더링에 필요한 모든 자원이 생성된 것이다.

## 단계 2: 덮개 셰이더

앞에 나온 예제 코드는 지금 설명할 덮개 셰이더와 다음에 설명할 영역 셰이더를 위한 원본 자원을 준비하는 것이었다. 알고리즘의 실질적인 구현에 해당하는 코드는 이번 절부터 나온다.

제4장에서 설명했듯이, 덮개 셰이더는 두 가지 HLSL 함수로 이루어진다. 하나는 패치 상수 함수이고 또 하나는 제어점을 생성하는 함수이다. 목록 9.4에 이번 예제의 덮개 셰이더 제어점 함수가 나와 있다.

```
struct VS_OUTPUTww
{
    float3 position : WORLD_SPACE_CONTROL_POINT_POSITION;
    float2 texCoord : CONTROL_POINT_TEXCOORD;
};

struct HS_OUTPUT
{
    float3 position : CONTROL_POINT_POSITION;
    float2 texCoord : CONTROL_POINT_TEXCOORD;
};
```

```
[domain("quad")]
[partitioning("fractional_odd")]
[outputtopology("triangle_cw")]
[outputcontrolpoints(4)]
[patchconstantfunc("hsPerPatch")]
HS_OUTPUT hsSimple
            (
                InputPatch<VS_OUTPUT, 12> p,
                uint i : SV_OutputControlPointID
            )
{
    HS_OUTPUT o = (HS_OUTPUT)0;


    o.position = p[i].position;
    o.texCoord = p[i].texCoord;


    return o;
}
```

**목록 9.4.** 덮개 셰이더 제어점 함수.

이 제어점 셰이더 함수는 그 입력 특성들 때문에 덮개 셰이더의 진입점 역할을 하는 주 함수이기도 하다(적어도 Direct3D에 한해서). 언뜻 보면 그냥 주어진 입력을 그대로 출력하는 코드 같은데, 어느 정도는 그렇지만 완전히 그런 것은 아니다. 자세히 보면 **InputPatch**는 제어점이 12개이지만, **outputcontrolpoints**의 제어점은 4개라는 미묘한 차이가 존재한다.

다음 절에서 보겠지만, 영역 셰이더는 현재 렌더링하는 타일의 경계를 결정하는 제어점 네 개만 알면 된다. 여분의 여덟 제어점들은 덮개 셰이더에서 적절한 테셀레이션 계수들을 계산하는 데에만 쓰인다. 따라서 그 여덟 제어점들을 굳이 파이프라인의 나머지 부분으로 전달할 필요가 없다. 그런 여분의 자료는 GPU 구동기가 아주 똑똑해서 자동으로 제거하지 않는 한 단지 자원 사용량을 늘리기만 할 뿐이므로, 이처럼 출력에서 제외시키는 것이 바람직하다.

목록 9.4의 **patchconstantfunc** 함수 특성을 보면 **hsPerPatch**가 지정되어 있는데, 목록 9.5에 그 **hsPerPatch** 함수가 나와 있다. 이 함수가 그렉 스누크의 알고리즘을 실제로 구현한다.

```cpp
struct HS_PER_PATCH_OUTPUT
{
    float edgeTesselation[4]   : SV_TessFactor;
    float insideTesselation[2] : SV_InsideTessFactor;
};


HS_PER_PATCH_OUTPUT hsPerPatch
                    (
                        InputPatch<VS_OUTPUT, 12> ip
                        , uint PatchID : SV_PrimitiveID
                    )
{
    HS_PER_PATCH_OUTPUT o = (HS_PER_PATCH_OUTPUT)0;

    // 현재 타일과 이웃 타일들의 중점을 구한다.
    float3 midPoints[] =
    {
        // 주 사각형
        ComputePatchMidPoint(ip[0].position,ip[1].position,ip[2].
        position,ip[3].position)

        // +X 방향 이웃
        , ComputePatchMidPoint(ip[2].position,ip[3].position,ip[4].
        position,ip[5].position)

        // +Z 방향 이웃
        , ComputePatchMidPoint(ip[1].position,ip[3].position,ip[6].
        position,ip[7].position)

        // -X 방향 이웃
        , ComputePatchMidPoint(ip[0].position,ip[1].position,ip[8].
        position,ip[9].position)

        // -Z 방향 이웃
        , ComputePatchMidPoint(ip[0].position,ip[2].position,ip[10].
        position,ip[11].position)
    };
    // 각 타일의 적절한 LOD를 결정한다.
    float dist[] =
    {
        // 현재 타일 사각형.
        ComputePatchLOD( midPoints[0] )

        // +X 방향 이웃
```

```
                , ComputePatchLOD( midPoints[1] )

                // +Z 방향 이웃
                , ComputePatchLOD( midPoints[2] )

                // -X 방향 이웃
                , ComputePatchLOD( midPoints[3] )

                // -Z 방향 이웃
                , ComputePatchLOD( midPoints[4] )
    };

    // 현재 타일 내부 조각의 LOD는 항상 타일 자체의 LOD와 같다.
    o.insideTesselation[0] =
        o.insideTesselation[1] = dist[0];

    // 가장자리 조각의 LOD는 이웃 타일에 맞게 결정해야 하므로 좀 더 복잡하다.
    // 이 구현에 쓰이는 규칙은 다음과 같다.
    //
    // - 이웃 타일의 LOD가 더 낮다면 그 LOD를 가장자리 조각의
    //   LOD로 설정한다.
    //
    // - 이웃 타일의 LOD가 더 높다면 현재 타일의 LOD를
    //   가장자리 조각에 그대로 사용한다. (그 이웃 타일이
    //   현재 타일에 맞게 자신의 가장자리 LOD를 낮춘다.)

    o.edgeTesselation[0] = min( dist[0], dist[4] );
    o.edgeTesselation[1] = min( dist[0], dist[3] );
    o.edgeTesselation[2] = min( dist[0], dist[2] );
    o.edgeTesselation[3] = min( dist[0], dist[1] );

    return o;
}
```

**목록 9.5**. 덮개 셰이더 패치 상수 함수.

목록 9.5의 코드는 크게 세 부분으로 나뉜다. 첫 부분에서는 렌더링할 타일과 그 네 이웃
타일의 중점을 각각 계산한다. 둘째 부분에서는 각 중점과 카메라의 거리를 이용해서
각 타일의 기본 LOD를 계산한다. 마지막 부분에서는 그 LOD 값들을 인접한 이웃을
고려해서 적절히 조정한 후 Direct3D 파이프라인의 이후 단계가 요구하는 여섯 개의
출력 특성들에 배정한다(내부 테셀레이션 계수를 뜻하는 SV_InsideTessFactor 두 개,

변 테셀레이션 계수를 뜻하는 SV_TessFactor 네 개).

이 단계로 입력된 제어점들은 모두 세계 공간 기준이다(정점 셰이더가 수행한 유일한 변환이 그것이다). 따라서 그냥 네 꼭짓점의 산술 평균만으로 사각형 중점을 구할 수 있다. 그러한 계산을 수행하는 ComputePatchMidPoint()의 코드가 목록 9.6에 나와 있다. 이 부분에서 주목할 것이 두 가지 있다. 첫째로, 격자의 가장자리에 있는 타일의 경우 그 중점은 타일 자체가 아니라 가장자리 변의 중점이 된다(앞에서 말한 한정 연산 때문). 둘째로, ip[]에 대한 색인 접근 방식은 알고리즘 1단계를 설명할 때 제시한 그림 9.5의 방식과 일치한다.

```
float3 ComputePatchMidPoint(float3 cp0, float3 cp1, float3 cp2, float3 cp3)
{
    return (cp0 + cp1 + cp2 + cp3) / 4.0f;
}
```

**목록 9.6.** ComputePatchMidPoint()의 정의.

중점 다섯 개를 얻은 후에는 각각을 카메라 위치와 비교해서 각 타일 조각에 대한 원본 LOD 값을 구한다. 여기서 주목할 것은 이 원본 LOD 값들이 연속적이라는 점(물론 IEEE-754 부동소수점 표현의 한계 안에서), 그리고 응용 프로그램이 제공한 최소, 최댓값(minLOD와 maxLOD)으로 한정되는 것 외에는 별다른 제약이 없다는 점이다. 그러한 연속적인 값들로 '분수-홀수' 분할(앞에서 partitioning 함수 특성에 fractional_odd를 지정했다)을 진행하면 프레임이 진행됨에 따라 세부수준들의 전이가 매끄럽게 일어난다.

목록 9.7에 나온 ComputePatchLOD() 함수는 아주 간단한 방식으로 구현된 것이라서 개선의 여지가 크지만, 지금 예제의 목적에서는 충분히 잘 작동한다. 이 보조 함수는 그냥 응용 프로그램이 제공한 최소, 최대 수준과 간단한 선형 비례 공식을 중점과 카메라 사이의 거리에 적용해서, 중점이 카메라에서 멀수록 낮은 LOD 값을 돌려준다.

```cpp
float ComputeScaledDistance(float3 from, float3 to)
{
    // 카메라와 타일 중점의 거리를 계산한다.
    float d = distance( from, to );

    // 그 거리를 0.0(최소 거리)에서 1.0(최대 거리) 구간으로 비례한다.
    return (d - minMaxDistance.x) / (minMaxDistance.y - minMaxDistance.x);
}


float ComputePatchLOD(float3 midPoint)
{
    // 비례된 거리를 계산한다.
    float d = ComputeScaledDistance( cameraPosition.xyz, midPoint );

    // 이 [0.0,1.0] 구간 거리를 원하는 LOD 구간으로 비례시킨다.
    // 주의: 거리가 가까울수록 높은 LOD가 나와야 하므로 거리 값을 뒤집어야 한다.
    return lerp( minMaxLOD.x, minMaxLOD.y, 1.0f - d );
}
```

**목록 9.7.** ComputePatchLOD()의 정의.

좀 더 지능적인 구현이라면 가까운 평면과 먼 평면을 고려한다거나, 관찰자에 가까울수록 세부수준이 더욱 더 높아지는 비선형 비례(깊이 버퍼에서처럼)를 사용할 수도 있을 것이며, 아예 완전히 다른 측정 방식을 사용할 수도 있을 것이다. 특히, 비용이 좀 비싸긴 하겠지만 앞에서 언급한 화면 공간 기여도를 LOD 값 계산에 사용할 수도 있다. 타일의 경계상자(bounding box) 꼭짓점 좌표들을 화면 공간으로 투영해서 면적을 구하고, 그 면적이 클수록 LOD가 높게 나오게 하면 된다.

목록 9.8의 마지막 부분은 계산된 원본 LOD 값들을 이웃 타일과의 관계에 맞게 적절히 조절해서 Direct3D가 요구하는 출력 특성들에 배정한다. 이 부분에는 성능에 영향을 미치는 두 가지 미묘한 사항이 숨어 있다. 첫째로, 주석과 코드에 나온 것과는 반대로 현재 가장자리 조각의 LOD를 이웃 타일 쪽으로 높여도 된다. 그러나 이는 새로 생성되는 기하구조의 양에 영향을 미치므로, 높이느냐 낮추느냐는 품질 대 성능의 균형점을 고려해서 결정할 필요가 있다. 둘째는 훨씬 더 미묘한 사항인데, 출력 배열에서 테셀레이션 계수들의 순서가 중요하다.

Direct3D 11 명세에 따르면, 사각형 패치의 경우 0번 원소는 $U = 0.0$이고 1번 원소는 $V = 0.0$, 2번은 $U = 1.0$, 3번은 $V = 1.0$이다 이 $U$, $V$ 좌표들이 활용되는 곳은 영역 셰이더이지만, 설정되는 곳은 이 덮개 셰이더이다. 설정과 활용이 분리되어 있기 때문에 순서를 잘못 지정할 여지가 있다. 그러면 원했던 것과는 다른 결과가 나온다. 그림 9.7은 이번 구현의 맥락에서 이 원소들의 패턴을 나타낸 것이다.

이 구현에서는 패턴을 통상적인 텍스처 좌표계에 맞게 뒤집었는데, 이는 단지 편의와 구현 전체에서의 일관성을 위한 것일 뿐이다. 반드시 이렇게 해야 할 이유는 없다.

덮개 셰이더의 패치 상수 함수는 정점 셰이더가 제공한 모든 입력 자료를 읽을 수 있으며, 이 예제의 경우 덮개 셰이더 주 함수(제어점 함수)와는 달리 중간 값들을 추가하기만 할 뿐 기존 자료를 제거하지는 않는다.

이 함수가 출력한 여섯 테셀레이션 계수는 **HS_PER_PATCH_OUTPUT** 구조체에 담겨서, 덮개 셰이더 다음의 파이프라인 단계인 고정 기능 테셀레이터 단계로 전달된다.

### 단계 3: 영역 셰이더

실행이 영역 셰이더 단계에 도달했다면, 이제부터는 렌더링할 패치에만 신경쓰면 된다. 실제로 영역 셰이더에서는 패치 자체를 구성하는 제어점 네 개만 볼 수 있다(그림 9.7의 $CP_0$~$CP_3$). 네 개의 이웃 패치들에 관한 정보는 전혀 없다. 그리고 패치의 렌더링을 위한 기본도형들을 구성하는 여러 개의 새 정점들은 이미 고정 기능 테셀레이터 단계에서 생성되었다.

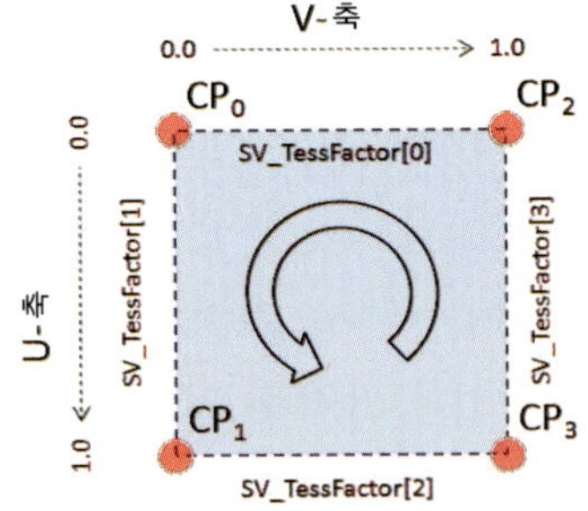


**그림 9.7.** 한 타일에 대한 출력 원소들의 순서.

영역 셰이더가 할 일은 개별 *UV* 좌표들을 래스터화기가 다룰 투영 공간 좌표들로 변환하는 것이다. 좀 더 구체적으로 말하면, 이 지점까지의 모든 기하구조는 세계 공간이 기준이었으나, 영역 셰이더에서 벗어나면 모두 절단 공간이 기준이어야 한다. 유일한 예외는 기하 셰이더 단계가 활성화된 경우인데, 그런 경우에는 투영 변환을 기하 셰이더 단계로 미룰 수 있다.

```hlsl
struct DS_OUTPUT
{
    float4 position : SV_Position;
    float3 colour : COLOUR;
};

float SampleHeightMap(float2 uv)
{
    // 밉맵 수준을 직접 지정해야 하므로 반드시 SampleLevel()을 사용해야 한다.
    // 영역 셰이더에도 밉맵 수준을 구하는 데 필요한 기울기 정보가 주어진다...

    // 출력이 좀 더 그럴듯한 모습이 되기 위한 비례 계수. 3.0은 그냥
    // 시행착오로 정한 값임.
    const float SCALE = 3.0f;
    return SCALE * texHeightMap.SampleLevel( smpHeightMap, uv, 0.0f ).r;
}


[domain("quad")]
DS_OUTPUT dsMain( HS_PER_PATCH_OUTPUT input,
                 float2 uv : SV_DomainLocation,
                 const OutputPatch<HS_OUTPUT, 4> patch )
{
    DS_OUTPUT o = (DS_OUTPUT)0;

    // patch[]에서 뽑은 세계 공간 좌표 성분 세 개와 uvw(무게중심 좌표)의
    // 보간 계수들을 이용해서 위치를 적절히 보간한다.
    float3 finalVertexCoord = float3( 0.0f, 0.0f, 0.0f );

    // u,v
    // 0,0 : patch[0].position
    //1,0 : patch[1].position
    // 0,1 : patch[2].position
    // 1,1 : patch[3].position
```

```
/*
0--1
  /
 /
2--3
*/

finalVertexCoord.xz = patch[0].position.xz * (1.0f-uv.x) * (1.0f-uv.y)
                    + patch[1].position.xz * uv.x * (1.0f-uv.y)
                    + patch[2].position.xz * (1.0f-uv.x) * uv.y
                    + patch[3].position.xz * uv.x * uv.y
                    ;
float2 texcoord     = patch[0].texCoord * (1.0f-uv.x) * (1.0f-uv.y)
                    + patch[1].texCoord * uv.x * (1.0f-uv.y)
                    + patch[2].texCoord * (1.0f-uv.x) * uv.y
                    + patch[3].texCoord * uv.x * uv.y
                    ;

// 높이 맵 텍스처에서 높이 값을 뽑는다.
finalVertexCoord.y = SampleHeightMap(texcoord);

// 이제 세계 공간 위치를 래스터화기가 사용할 투영 공간 위치로
// 적절히 변환해서 출력해야 한다. 이를 기하 셰이더로 미룰 수도 있지만,
// 이번 예제에서는 그냥 이렇게 하기로 한다.
o.position = mul( float4( finalVertexCoord, 1.0f ), mViewProj );

// 높이 맵에 소벨 필터를 적용해서 적절한 법선 벡터를 가져온다.
float3 normal = Sobel( texcoord );
normal = normalize( mul( float4(normal, 1.0f), mInvTposeWorld ).xyz );
o.colour = min(0.75f, max(0.0f, dot( normal, float3( 0.0f, 1.0f, 0.0f ) ) ) );

return o;
}
```

**목록 9.8.** 영역 셰이더 프로그램.

목록 9.8의 영역 셰이더 프로그램에 의해 최종적인 지형 기하구조가 완성된다. 이 영역 셰이더 프로그램은 원래의 그렉 스누크의 알고리즘의 일부가 아니다. 이 프로그램은 그냥 간단한 형태의 변위 매핑을 수행하는 것일 뿐이다.

본질적으로, 덮개 셰이더와 고정 기능 테셀레이터 단계의 출력은 단지 $XZ$ 평면상의

한 패턴을 정의하는 것일 뿐이다. 그 패턴을 높이 맵 텍스처에 담긴 높이 값들로 변형해야 지형의 형태가 만들어진다. 이 구현과 단순한 지형 렌더러의 차이는, 단순한 지형 렌더러는 표본 위치들이 균일하게 분포된 격자를 사용하지만 이 구현은 격자에 분포된 표본 위치들의 밀도가 LOD에 따라 다르다는 것이다. 영역 셰이더는 그냥 그 표본 위치들에서 텍스처를 추출해 높이를 변조할 뿐이다. 코드에서 보듯이 영역 셰이더 프로그램은 기하구조의 세밀도 분포를 참고하지 않으며, 분포를 변경하지도 않는다.

이 영역 셰이더 프로그램은 크게 세 부분으로 구성되어 있다. 첫 부분에서는 $UV$ 좌표 성분들을 이용해서 $XZ$ 평면상의 최종적인 세계 공간 정점 위치를 구한다. 이 때 앞에 나온 그림 9.7에 기초한 간단한 보간을 사용한다. 둘째 부분에서는 그 정점의 텍스처 좌표를 마찬가지 방식으로 구해서 높이 맵 텍스처에서 표본 하나를 추출하고, 그것으로 정점의 높이를 변조한다. 변조된 정점을 래스터화기 단계를 위해 투영 공간으로 변환한다.

마지막 부분에서는 렌더링된 지형이 좀 더 그럴듯하게 보이도록 간단한 조명 모형을 적용한다. 물론 적당한 세부 지형 텍스처를 적용하고 좀 더 사실적인 조명 모형을 적용한다면 더욱 좋을 것이다. 법선 벡터를 구하는 부분에서 Sobel()이라는 함수가 쓰이는데, 이 함수의 정의가 목록 9.9에 나와 있다.

```
cbuffer sampleparams
{
    // xy : 픽셀 크기
    // zw : 기하구조 크기
    float4 heightMapDimensions;
}


float3 Sobel( float2 tc )
{
    // 자주 쓰이는 값을 미리 계산해 둔다.
    float2 pxSz = float2( 1.0f / heightMapDimensions.x, 1.0f
                                / heightMapDimensions.y );

    // 필요한 오프셋들을 계산한다.
    float2 o00 = tc + float2( -pxSz.x, -pxSz.y );
    float2 o10 = tc + float2(    0.0f, -pxSz.y );
    float2 o20 = tc + float2(  pxSz.x, -pxSz.y );
```

```
float2 o01 = tc + float2( -pxSz.x, 0.0f    );
float2 o21 = tc + float2(  pxSz.x, 0.0f    );


float2 o02 = tc + float2( -pxSz.x,  pxSz.y );
float2 o12 = tc + float2(    0.0f,  pxSz.y );
float2 o22 = tc + float2(  pxSz.x,  pxSz.y );


// 소벨 필터를 적용하려면 현재 픽셀 주위의 여덟 픽셀이
// 필요하다.
float h00 = SampleHeightMap(o00); // 이 함수의 정의는 목록 9.8에 있다.
float h10 = SampleHeightMap(o10);
float h20 = SampleHeightMap(o20);

float h01 = SampleHeightMap(o01);
float h21 = SampleHeightMap(o21);

float h02 = SampleHeightMap(o02);
float h12 = SampleHeightMap(o12);
float h22 = SampleHeightMap(o22);

// 소벨 필터들을 평가한다.
float Gx = h00 - h20 + 2.0f * h01 - 2.0f * h21 + h02 - h22;
float Gy = h00 + 2.0f * h10 + h20 - h02 - 2.0f * h12 - h22;

// 빠진 Z 성분을 생성한다.
float Gz = 0.01f * sqrt( max(0.0f, 1.0f - Gx * Gx - Gy * Gy ) );

// 법선이 단위 길이가 되도록 정규화한 후 반환한다.
return normalize( float3( 2.0f * Gx, Gz, 2.0f * Gy ) );
}
```

**목록 9.9.** Sobel() 함수의 정의.

이 함수는 그냥 높이 맵에 간단한 소벨 연산자를 적용할 뿐이다. 소벨 연산자는 높이 맵에서 기울기를 검출해서 쓸 만한 법선을 효율적으로 생성하는 유용한 기법이다. 여기서 한 가지 중요한 세부사항은, 이 기법을 이용하면 영역 셰이더에서 법선 벡터를 다른 이웃 삼각형이나 바탕 표면에 의존하지 않고 독립적으로 계산할 수 있다는 점이다. 변위 매핑 알고리즘에서 이는 구현을 아주 단순화시켜주는 대단히 유용한 장점이 된다. 이런 요령이 없다면 높이 맵에 대응되는 또 다른 텍스처에서 법선 벡터를 읽어 들이거나(그러

면 품질이 높아질 수 있다), 기하 셰이더에서 간단한 '면 법선(face normal)'을 생성해야
했을 것이다.

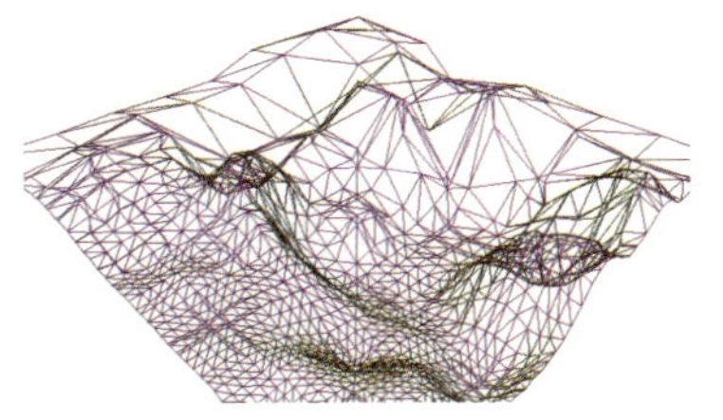

**그림 9.8.** 와이어프레임 모드.

**그림 9.9.** 고형체 모드.

## 결과

이렇게 해서 그렉 스누크의 맞물린 타일 알고리즘 전체를 Direct3D 11 GPU에서 구현하
는 데 꼭 필요한 세 가지 단계(step)를 모두 살펴보았다. 예제 지형의 렌더링 결과가
그림 9.8과 9.9에 나와 있는데, 전자는 와이어프레임으로 렌더링한 것이고 후자는 고형
(solid) 모드로 렌더링할 것이다. 한 프레임의 렌더링에 관련된 통계 수치들을 간단히
정리하자면 다음과 같다.

- 자원 :
  - 정점 버퍼 : 9×9 격자를 이루는 정점 81개. 1,620바이트.
  - 색인 버퍼: 색인 768개. 타일(총 64개) 당 12개. 1,536바이트.
  - 텍스처: 64×64 32비트 텍스처. 16,384바이트.
  - 총 용량: 19.1 KB

- 렌더링 :
  - `DrawIndexed()` 호출 1회.
  - 정점 셰이더 실행 768회.
  - 덮개 셰이더 패치 상수 함수 실행 64회.
  - 덮개 셰이더 제어점 함수 실행 256회.

- 영역 셰이더 프로그램 실행 3,596회.
- 생성된 삼각형 2,872개.

저장 요구량과 관련해서, 동일한 기하 패턴을 CPU로 구현했다면 정점 자료만 최대 70KB까지 필요했을 것이며, 매 프레임마다 그 프레임에 쓰인 LOD에 따라 입력량이 변했을 것이다. 이번 예제의 요구량은 그 3분의 1도 되지 않으며, 게다가 입력량이 완전히 고정되어서 변하지 않는다. 가변적인 출력 크기들은 모두 Direct3D 11 실행시점 모듈과 구동기가 내부적으로 처리한다.

## 9.1.2 맞물린 타일 구현의 확장

앞에서 목록 9.7의 LOD 계산이 아주 단순한 방식이라고 말했는데, 이 예제를 좀 더 개선한다고 할 때 가장 먼저 고려할 부분이 바로 그 LOD 계산 방식이다.

이 부분을 품질과 성능이 모두 높아지도록 개선하는 것이 가능하다. 주어진 성능 요구조건(이를테면 초 당 백만 개의 삼각형을 렌더링할 수 있어야 한다 등등)을 지킨다고 할 때, 품질을 위해서는 최종 결과에서 가장 눈에 띄는 영역의 테셀레이션에 집중하는 것이 바람직하다. 투자한 만큼의 이득이 나오지 않는 부분에는 굳이 비용을 허비할 필요가 없다. 주어진 지형 표면을 더욱 잘게 쪼개도 더 이상의 품질 향상이 일어나지 않는 한계가 존재한다. 예를 들어 삼각형 650개로 충분히 잘 표현할 수 있는 부분에 굳이 1000개의 삼각형을 생성할 필요는 없는 것이다.

그림 9.11은 특정 시야 조건에서의 지형을 패치 내부 테셀레이션 계수에 따라 적(세밀도 높음) 녹(세밀도 중간) 청(세밀도 낮음) 색조로 시각화한 것이다. 전체적으로 빨간 부분이 별로 없음을 주목하기 바란다. 아래쪽 가장자리(카메라에 가까운) 부분만 조금 불그스름할 뿐이다. 대부분은 청색조이다. 특히, 지형의 굴곡진 윤곽에 해당하는 타일들에 청색이 많다는 점을 주목할 필요가 있다.

비교를 위해, 그림 9.10은 그림 9.11에 쓰인 지형 높이 맵이다. 높이 변화가 큰 부분(어두운 색에서 밝은 색으로, 또는 밝은 색에서 어두운 색으로)과 그림 9.11의 세밀도 분포 사이에 직접적인 상관관계가 없다는 점이 중요하다. 이는 현재의 LOD 계산 공식이 만들어 내는 세밀도 분포가 그리 좋지 못함을 강하게 암시한다.

이 두 그림은 현재 구현된 소박한 LOD 알고리즘으로는 높은 품질과 높은 성능 모두 달성할 수 없음을 잘 보여준다. 이미지에서 가장 세밀하게 나타나야 할 부분이 가장 덜 세밀하게 나타나며, 가장 세밀하게 나타난 부분은 래스터화기 단계에서 잘려 나가서 보이지도 않는다.

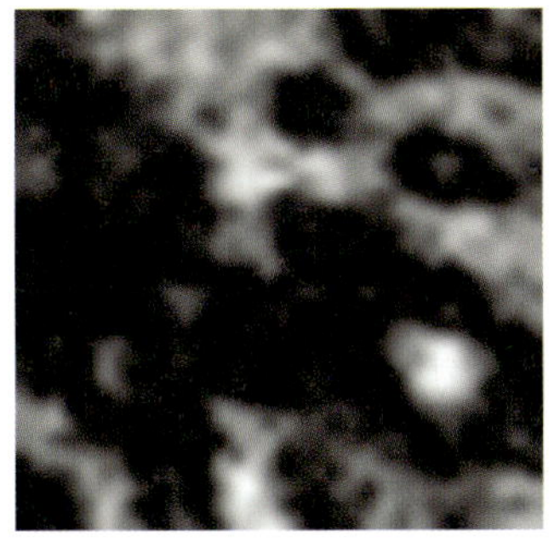

**그림 9.10.** 원본 높이 맵.

**그림 9.11.** 원래의 알고리즘을 이용한 디버깅용 렌더링.

LOD 계산 방식의 한 부분만 간단하게 수정하면 이 문제를 완화할 수 있다. 그럼 어떻게 수정하면 되는지 살펴보자. 이 수정은 Direct3D 11의 새로운 기능인 계산 셰이더를 활용할 기회도 제공한다.

이번에는 $256 \times 256$ 높이 맵을 $16 \times 16$ 타일 격자로 표현한다고 하겠다. 따라서 영역 셰이더는 타일 당 $16 \times 16$ 영역의 픽셀(표본)들을 사용하게 된다. 그런데 LOD 선택을 담당하는 덮개 셰이더는 그러한 정보를 알지 못한다. 영역 셰이더가 사용한 픽셀들을 패치 상수 함수에서 볼 수 있다면 테셀레이션 계수들을 좀 더 정교한 방식으로 결정할 수 있을 것이다.

패치 상수 함수에서 표본추출기들 중 하나에 연결된 텍스처의 픽셀들을 읽어 들이는 것도 한 방법이지만, 각 실행마다 $256(16 \times 16)$회의 텍스처 표본 추출을 수행하려면 비용이 너무 커지게 된다. 대신, 미리 계산된 값들을 참조용 텍스처에 담아두면, 패치 상수 함수에서 한 번의 표본 추출 연산으로 원하는 값들을 모두 뽑아낼 수 있다.

## 높이 맵의 전처리

그럼 참조용 텍스처를 만드는 전처리 과정을 살펴보자. 순서상으로는 전처리이지만, 개념상으로는 최근 몇 년 사이에 실시간 그래픽에서 인기를 끈 화면 공간 후처리와 아주 비슷하다.

전처리 과정은 입력 높이 맵을 여러 개의 핵(kernel)들로 나누어 처리한다. 각 핵마다 서로 다른 픽셀들을 읽어서 네 개의 값을 산출한 후 2차원 출력 텍스처에 저장한다. 이후 덮개 셰이더의 패치 상수 함수에서 LOD를 계산할 때 이 텍스처에서 필요한 정보를 뽑아낸다.

이 과정의 설계에서 핵심은, 한 타일을 위한 $256(16 \times 16)$개의 높이 맵 표본 값들을 한 번의 텍스처 참조로 얻을 수 있는 하나의 값으로 요약하는 방법을 고안하는 것이다.

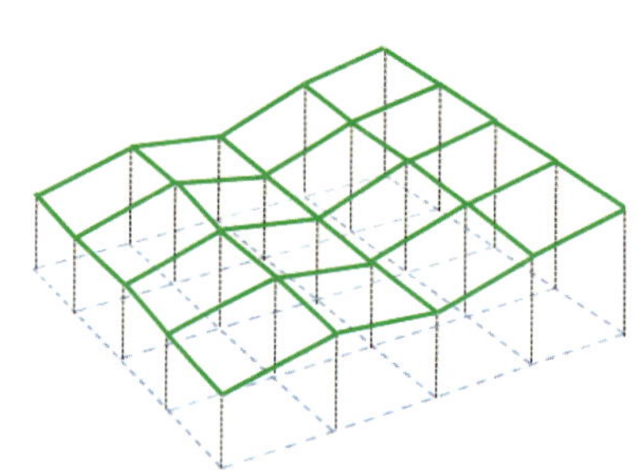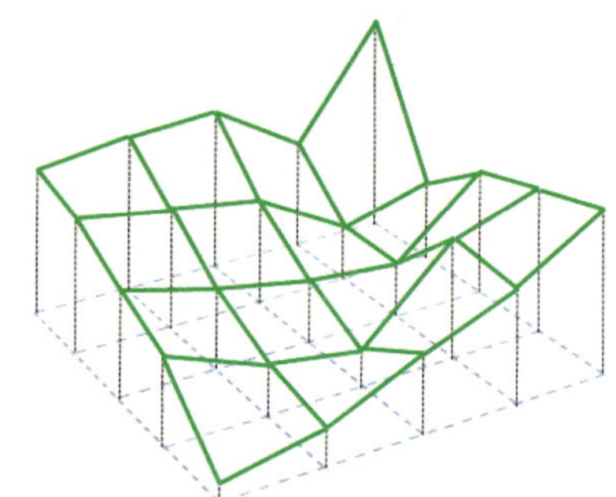

**그림 9.12.** 동일평면도의 예들.

원본 자료로부터 다양한 통계 수치들을 계산하는 것은 어렵지 않은 일이나, 덮개 셰이더에서 필요한 것은 주어진 패치(타일)에 필요한 세부수준을 잘 말해주는 하나의 측정치이다. 그러한 통계적 측정치로 쓸만한 것 하나가 **동일평면도**(~度, coplanarity)라는 것이다. 동일평면도에 기초한 LOD 선택에 깔린 개념은 이런 것이다: 이 지형 조각이 평평한가? 그렇다면 덜 세밀해도 된다. 반대로, 이 지형 조각의 굴곡이 심한가? 그렇다면 좀 더 세밀하게 만들어야 한다.

이번 예제에서 한 타일의 동일평면도는 타일의 표본 256개가 3차원 공간의 한 평면을 기준으로 얼마나 평평하게 분포되어 있는지를 뜻한다. 이번 절에서는 전처리 과정에서 그러한 동일평면도를 GPU에서 계산하는 쓸만한 방법 하나를 살펴볼 것이다. 한편, 수학이나 물리학에 익숙한 독자라면 잘 알고 있을 푸리에 해석이나 조화 해석 기법에 기초한 LOD 선택 방식을 사용한다면 더 나은 품질의 결과를 얻을 수 있다. 그런 기법의 구현은 모험심 넘치는 독자의 몫으로 남기겠다.

그림 9.12를 보자. 왼쪽은 비교적 평탄한 경사면으로, 아마도 낮은 언덕이나 계곡의 한 사면일 것이다. 오른쪽은 훨씬 더 복잡한 형태의 지형으로, 그래서 오차와 잡음이 훨씬 많다. 이상적으로는 덮개 셰이더가 왼쪽보다 오른쪽에 더 높은 LOD를 부여해야 한다. 주어진 지형을 제대로 표현하는 데 필요한 삼각형이 오른쪽에 더 많기 때문이다. 그림 9.13은 그림 9.12의 각 예에 평면을 배치한 모습이다.

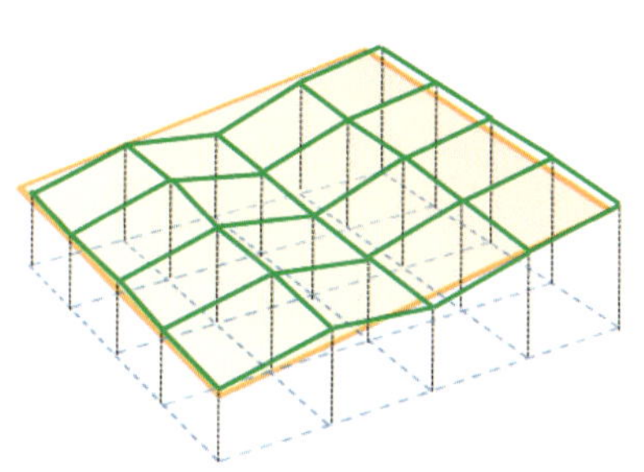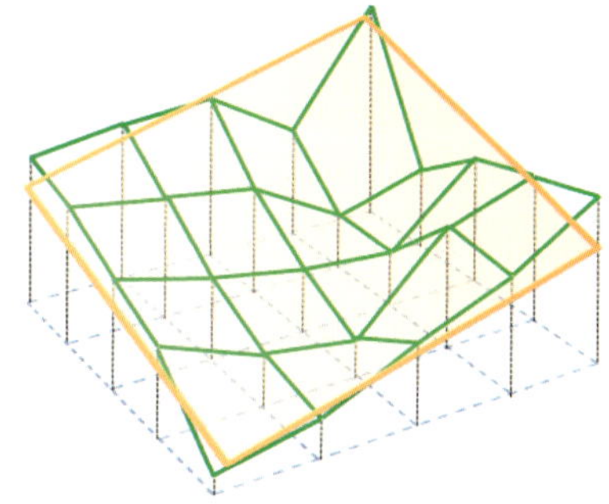

그림 9.13. 두 지형 구역의 동일평면도가 서로 다름을 보여주는 평면들.

Direct3D에서는 사각형을 직접 그리지 못하므로[4], 그림에 나온 평면은 가상의 평면이다. 어쨌든 이 평면은 테셀레이션이 일어나지 않으며 단 하나의 기본도형만으로 해당 지형 구역을 표현한다고 할 때 그 영역의 표면을 가장 잘 나타내는 기하구조에 해당한다.

그림 9.14는 한 지형 구역의 측면도로, 주황색 선은 가상 평면이고 녹색 선은 지형 표본

---

4) 물론 정점이 네 개(또는 그 이상)인 기하구조를 파이프라인에 입력할 수는 있지만, 최종 이미지로 래스터화되기 전에 반드시 삼각형으로 변환되는 과정을 겪는다(테셀레이션 단계들에서).

들을 나타낸다. 그림은 그 둘의 차이를 측정함으로서 동일평면도를 측정할 수 있음을 보여준다. 표본과 평면 사이의 선분이 짧을수록 주어진 자료 집합의 동일평면도가 높은 것이다.

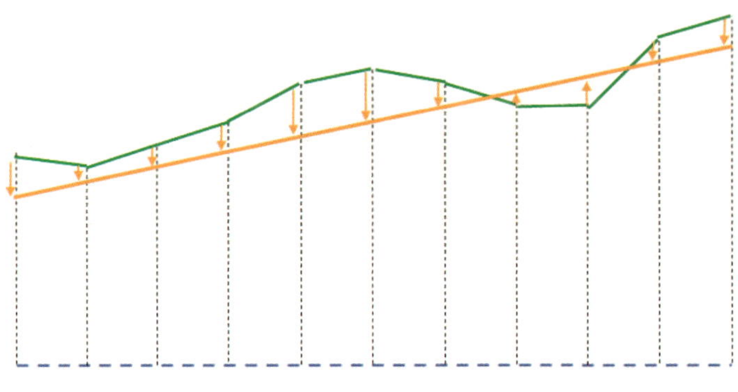

그림 9.14. 지형 구역의 측면도.

그렇다면 문제는 그러한 가상의 평면을 구하는 것이다. 가상 평면의 경우 주어진 지형 구역의 실제 자료와 완벽하게 일치할 가능성은 없겠지만, 그래도 지형 조각의 전체적인 형태를 최대한 잘 반영해야 한다. 그러한 평면을 '최적 적합(best fit)' 평면이라고 부르기로 하자.

그림 9.15는 쓸만한 최적 적합 평면을 효율적으로 계산하는 한 가지 방법을 보여준다. 왼쪽은 앞의 그림들에 나온 원래의 지형 기하구조이고, 오른쪽은 그 기하구조의 네 모서리만 연결한 것이다. 이 그림의 경우에는 오른쪽의 단순화된 기하구조가 하나의 동일 평면상에 있는 것으로 보이지만, 항상 그러리라는 보장은 없다.

네 모서리 각각마다 인접한 두 모서리를 향한 벡터(그림의 빨간 색 벡터)를 간단히 구할 수 있다. 그 두 벡터의 외적을 구하면 그 모서리에서의 법선 벡터가 나온다(그림의 파란 색 벡터). 네 개의 법선 벡터들을 더해서 정규화하면 이 지형 구역의 단위 길이 법선 벡터가 된다. 이 벡터는 해당 표면의 전체적인 방향을 대표한다.[5] 이제 이 표면 법선 벡터와 네 모서리 중 하나의 위치로부터 식 (9.1)과 같은 표준 평면 방정식을 얻을 수 있다.

---

[5] 법선 벡터를 계산하는 방법이 제3장의 정점 셰이더 단계에 관한 절과 래스터화기 단계에 관한 절에 나온다.

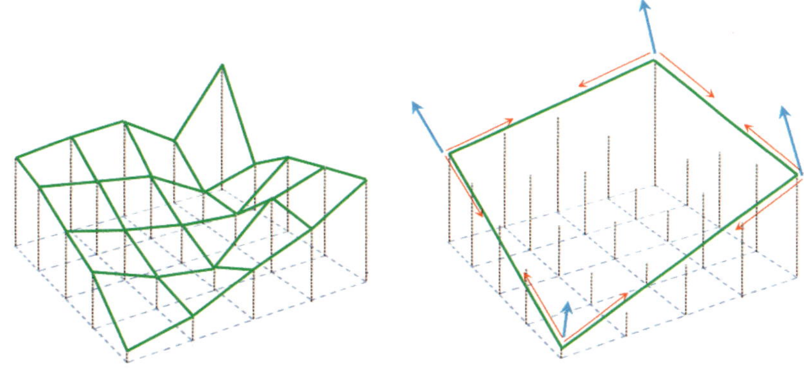

**그림 9.15.** '최적 적합' 평면.

$$Ax + By + Cz + D = 0,$$

$$A = N_x,$$

$$B = N_y,$$

$$C = N_z,$$

$$D = -\left(N \cdot P\right).$$

$$(9.1)$$

이러한 평면 방정식을 구했다면, 계산 셰이더에서 각 높이 맵 표본과 평면 사이의 거리를 구하는 것이 가능하다.

## 계산 셰이더 구현

계산 셰이더 프로그램의 표기법과 색인 접근 방식이 아주 직관적이지는 않다. 그림 9.16은 지형 렌더링 전처리 단계에 관련된 두 가지 핵심 변수를 보여준다. 목록 9.10에 계산 셰이더 HLSL 프로그램의 진입점 함수와 그 함수에 적용되는 `[numthreads(x, y,z)]` 특성이 나와 있다.[6]

---

[6] 계산 셰이더는 제5장에서 자세히 설명했다.

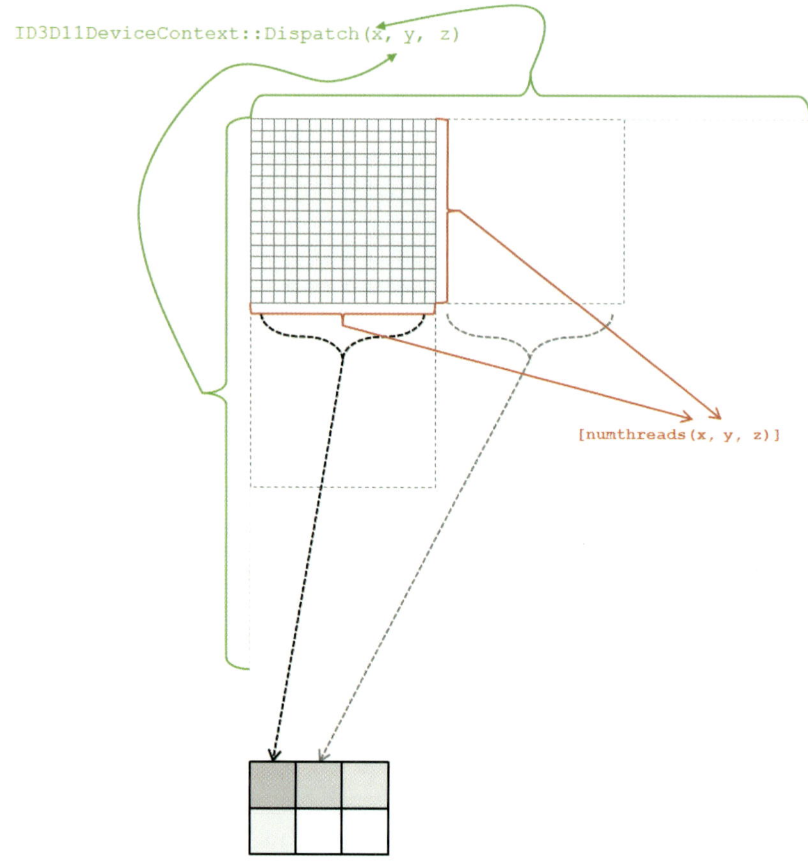


**그림 9.16**. 한 타일을 위한 계산 셰이더 프로그램의 매개변수들.

```
[numthreads(16, 16, 1)]
void csMain
    (
        uint3 Gid : SV_GroupID
      , uint3 DTid : SV_DispatchThreadID
      , uint3 GTid : SV_GroupThreadID
      , uint GI : SV_GroupIndex
    )
{
    /* 여기에 실제 셰이더 코드를 채워 나간다. */
}
```

**목록 9.10**. 계산 셰이더 진입점.

이 특성은 '핵(kernel)'이라고 부르는 하나의 스레드 그룹을 정의한다. 목록 9.10에 나온 이 특성은 그룹 당 $16 \times 16 \times 1$개의 스레드들로 이루어진 배열을 정의하는 것이다.[7] 각 스레드는 계산 셰이더 주 함수(이 경우 `csMain`)의 본문을 실행한다. 즉, 이 예제의 경우 총 $256(16 \times 16 \times 1)$개의 스레드가 각자 `csMain`을 실행하게 된다. 현재 주 함수가 어떤 스레드 그룹의 어떤 스레드에서 실행되는지는 함수의 입력 매개변수들로 알아낼 수 있다. 따라서 각 스레드가 각자 적절한 위치의 값을 읽어서 기록하게 만드는 것이 가능하다.

그림 9.16을 보면 `Dispatch(x, y, z)` 호출도 표시되어 있다. 이것은 응용 프로그램이 호출하는 것으로, 렌더링 파이프라인의 **그리기** 호출에 해당한다. 이 **배분** 호출의 $x$, $y$, $z$ 매개변수는 생성할 스레드 그룹$(16 \times 16 \times 1)$들의 개수를 결정한다. 이번 예제의 경우 응용 프로그램은 그냥 입력 높이 맵 텍스처의 너비, 높이를 16으로 나눈 값들을 사용한다.[8]

예를 들어 $1024 \times 1024$ 높이 맵의 경우 응용 프로그램은 `Dispatch(64, 64, 1)`을 호출하며, 이에 의해 $16 \times 16 \times 1$개의 스레드들로 이루어진 핵이 $64 \times 64$개 만들어진다. 이는 개념적으로 아주 많은 스레드(픽셀 당 하나씩)이지만, GPU상의 실행 일정 수립 방식이나 실질적인 동시 실행 개수 등은 전적으로 구현이 책임진다.

지금까지는 언급하지 않은 핵심 세부사항 하나는, 계산 셰이더 주 함수 실행 시 현재 스레드가 현재 그룹에서, 또는 **배분** 호출 전체에서 어떤 스레드인지를 알아내는 방법이다. 이를 위해 Direct3D 11은 다음과 같은 시스템 값 의미소 특성들을 제공한다.

1. `SV_GroupID`

이것은 현재 스레드 그룹을 식별하는 세 색인을 담은 `uint3` 값이다. 각 색인은 `ID3D11DeviceContext::Dispatch()` 호출 시 지정된 범위 안에 속한다. 이 특성을 통해서, **배분** 호출의 모든 스레드 그룹 중 현재 스레드가 속한 스레드 그룹을 알아낼 수 있다. 이번 예제의 경우 현재 스레드 그룹의 스레드들이 기록할 출력 텍스처를 선택하는 용도로 이 특성을 사용한다.

---

[7] API의 요구 때문에, 스레드 그룹이 3차원 구조가 아니어도 이 특성의 값을 반드시$(X, Y, Z)$ 형태로 설정해야 한다. 지금 예제는 스레드 그룹이 2차원 격자 형태이므로 $Z = 1$로 두었다.

[8] 16의 배수를 사용한 것은 예제 코드상의 편의를 위한 것이다. 필요하다면(이를테면 다른 크기의 지형에서라면) 이와 다른 값들을 사용해도 된다.

2. SV_GroupThreadID

이것은 현재 스레드 그룹 안에서의 현재 스레드를 식별하는 세 색인을 담은 uint3 값이다. 각 색인은 [numthreads()] 특성으로 지정된 범위 안에 속한다. 이번 예제의 경우 현재 스레드가 처리하는 것이 16×16 픽셀 영역 중 모서리 픽셀인지를 판단하는 데 이 특성을 사용한다.

3. SV_DispatchThreadID

이것은 앞의 두 특성을 결합한 uint3 값이다. 앞의 둘은 ::Dispatch()나 [numthreads()] 중 하나의 설정에 상대적인 색인들을 제공하지만, 이것은 전역 색인들을 제공한다. 이 전역 색인의 범위는 앞의 두 특성의 해당 차원들을 곱한 것이라고 할 수 있다. 예를 들어 스레드 그룹이 16×16×1이고 배분 크기가 64×64×1인 경우 이 특성의 색인들은 1024×1024×1 범위가 된다. 이번 예제의 경우 이 특성은 읽어 들일 원본 픽셀의 주소로 쓰인다.

4. SV_GroupIndex

이것은 현재 그룹을 식별하는 색인들을 하나로 결합한 uint 값이다. 16×16 영역의 경우 이 특성의 범위는 0에서 255까지이다. 이번 예제의 경우 이 특성은 같은 그룹에 속한 스레드들의 협동을 위해서만 쓰인다.

이번 예제를 이해하는 데 필요한 마지막 퍼즐 조각은 스레드들의 상호 소통 방식이다. 이번 예제에서 스레드들은 4KB 크기의 그룹 공유 메모리와 동기화 고유 함수들을 이용해서 정보를 공유한다. 전역 범위에서 **groupshared** 키워드와 함께 선언된 변수들은 현재 그룹의 모든 스레드가 읽고 쓸 수 있다(목록 9.11).

```
groupshared float      groupResults[16 * 16];
groupshared float4     plane;
groupshared float3     rawNormals[2][2];
groupshared float3     corners[2][2];
```

**목록 9.11.** 계산 셰이더 상태 선언들.

동기화는 여섯 가지 메모리 장벽(memory barrier) 함수들 중 하나로 수행한다. 메모리 장벽 함수들은 그룹 동기화 여부에 따라 *MemoryBarrier() 함수들과 *Memory

BarrierWithGroupSync() 함수들로 나눌 수 있다. 전자는 모든 메모리 연산이 완료될 때까지 현재 스레드의 실행을 차단한다. 이 함수는 메모리 연산 이외의 ALU 연산들의 완료를 기다리지는 않는다. 후자는 전자처럼 그룹의 모든 메모리 연산이 완료될 때까지 기다릴 뿐만 아니라, 그룹의 모든 스레드가 지정된 지점에 도달할 때까지 기다린다. 이 경우 메모리 연산과 산술 연산이 모두 완료되어야 한다. *에 들어갈 수 있는 이름은 All, Device, Group으로, 이들은 장벽의 범위를 뜻한다(큰 것에서 작은 것 순으로). 예를 들어 AllMemoryBarrierWithGroupSync()는 가장 무겁고 엄격한 장벽인 반면 GroupMemoryBarrier()는 좀 더 가볍다. 이번 예제에서는 GroupMemoryBarrier WithGroupSync()만 사용한다. 그림 9.17에 알고리즘의 첫 번째 페이즈(phase)가 나와 있다.

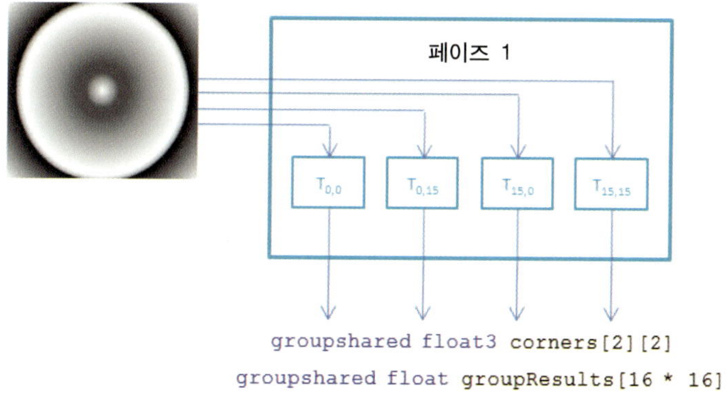


**그림 9.17.** 계산 셰이더 페이즈 1.

페이즈 1에서는 스레드 네 개를 사용함을 주목하기 바란다. 이들은 $16 \times 16$ 픽셀 그룹의 네 모서리 픽셀에 해당한다. 네 스레드는 각각 하나의 표본을 읽어서 그 높이를 group Results[]에 저장하고 3차원 위치를 corners[][]에 저장한다. 그 외의 모든 스레드는 유휴 상태이다. 목록 9.12에 이 부분의 코드가 나와 있다.

```
if(
    ((GTid.x ==  0) && (GTid.y ==  0))
    ||
    ((GTid.x == 15) && (GTid.y ==  0))
```

```
    ||
    ((GTid.x ==  0) && (GTid.y == 15))
    ||
    ((GTid.x == 15) && (GTid.y == 15))
  )
{
    // 현재 스레드는 모서리 픽셀에 해당하는 스레드이다.
    // 우선 모서리 픽셀의 값을 적재한다.
    groupResults[GI] = texHeightMap.Load( uint3( DTid.xy, 0 ) ).r;

    corners[GTid.x / 15][GTid.y / 15]
        = float3(GTid.x / 15, groupResults[GI], GTid.y / 15);
    // 높이 범위들의 부당한 편향을 보정한다.
    corners[GTid.x / 15][GTid.y / 15].x /= 64.0f;
    corners[GTid.x / 15][GTid.y / 15].z /= 64.0f;
}

// 그룹의 모든 스레드가 읽기 작업을 마칠 때까지 실행을 차단한다.
GroupMemoryBarrierWithGroupSync();
```

**목록 9.12.** 계산 셰이더의 페이즈 1.

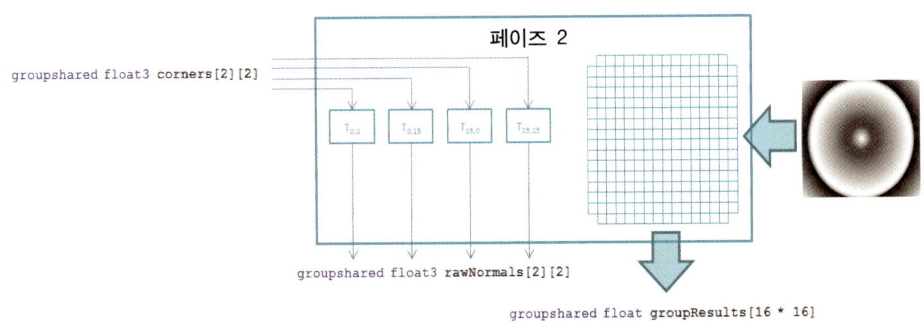


**그림 9.18.** 계산 셰이더 페이즈 2.

그림 9.18은 페이즈 2이다. 네 모서리 스레드는 두 이웃 모서리로의 벡터들을 외적해서 현재 모서리의 법선 벡터를 구한다. 이는 전적으로 ALU 작업이다. 이와 동시에, 다른 252개의 스레드들은 각자의 높이 맵 표본을 읽어 들인다. 목록 9.13이 페이즈 2의 코드이다.

```cpp
if((GTid.x ==  0) && (GTid.y ==  0))
{
    rawNormals[0][0] = normalize(cross
                            (
                                corners[0][1] - corners[0][0],
                                corners[1][0] - corners[0][0]
                            ));
}
else if((GTid.x ==  15) && (GTid.y ==  0))
{
    rawNormals[1][0] = normalize(cross
                            (
                                corners[0][0] - corners[1][0],
                                corners[1][1] - corners[1][0]
                            ));
}
else if((GTid.x ==  0) && (GTid.y ==  15))
{
    rawNormals[0][1] = normalize(cross
                            (
                                corners[1][1] - corners[0][1],
                                corners[0][0] - corners[0][1]
                            ));
}
else if((GTid.x ==  15) && (GTid.y ==  15))
{
    rawNormals[1][1] = normalize(cross
                            (
                                corners[1][0] - corners[1][1],
                                corners[0][1] - corners[1][1]
                            ));
}
else
{
    // 모서리가 아닌 스레드에서는 그냥 해당 표본을 공유 메모리에
    // 읽어 들인다.
    groupResults[GI] = texHeightMap.Load( uint3( DTid.xy, 0 ) ).r;
}

// 모든 자료가 준비될 때까지 실행을 차단한다.
GroupMemoryBarrierWithGroupSync();
```

**목록 9.13**. 계산 셰이더의 페이즈 2.

실질적인 오프셋 계산은 그림 9.20에 나온 페이즈 4에서 진행되는데, 이를 위해서는 먼저 오프셋의 기준이 될 평면을 구해야 한다. 이를 수행하는 것이 바로 페이즈 3이다(그림 9.19). 페이즈 3은 스레드 하나만 있으면 된다. 목록 9.14에서 보듯이, 그냥 법선과 점 하나를 이용해서 평면 방정식 계수들을 구하는 것일 뿐이다.

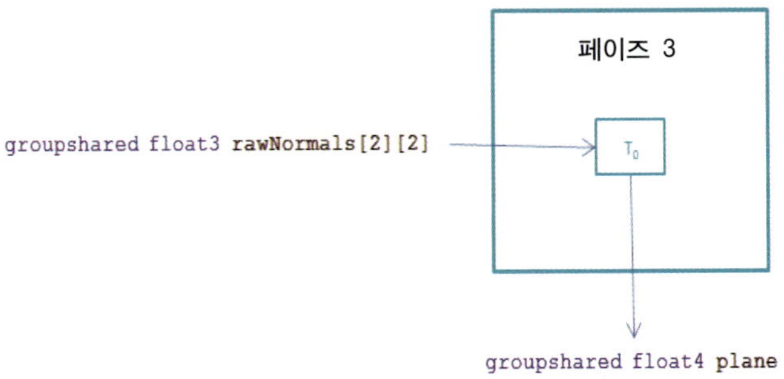


**그림 9.19.** 계산 셰이더 페이즈 3.

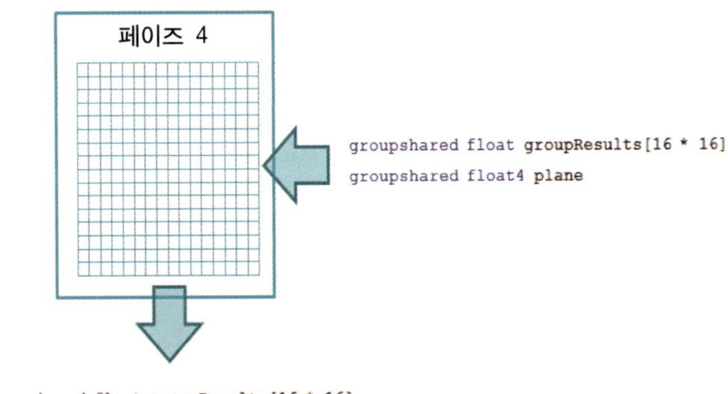


**그림 9.20.** 계산 셰이더 페이즈 4.

```
/ 계산 셰이더의 페이즈 3:
if(GI == 0)
{
        // 스레드 그룹의 첫 스레드만 평면 방정식 계수들을 구하면 된다.

        // 우선 평균 법선 벡터를 구한다.
```

```cpp
        float3 n = normalize
                   (
                       rawNormals[0][0]
                       + rawNormals[0][1]
                       + rawNormals[1][0]
                       + rawNormals[1][1]
                   );

        // 다음으로, 기준으로 삼을 최저점을 결정한다.
        float3 p = float3(0.0f,1e9f,0.0f);
        for(int i = 0; i < 2; ++i)
            for(int j = 0; j < 2; ++j)
                if(corners[i][j].y < p.y)
                    p = corners[i][j];

        // 마지막으로, 그 점과 법선을 이용해서 평면 계수들을 결정한다.
        plane = CreatePlaneFromPointAndNormal(n,p);
    }

    GroupMemoryBarrierWithGroupSync();
```

**목록 9.14.** 계산 셰이더의 페이즈 3.

목록 9.14의 코드에 쓰인 `CreatePlaneFromPointAndNormal()` 함수는 다음과 같다.

```cpp
float4 CreatePlaneFromPointAndNormal(float3 n, float3 p)
{
    return float4(n,(-n.x*p.x - n.y*p.y - n.z*p.z));
}
```

앞에서 언급했듯이, 그림 9.20은 페이즈 4를 나타낸 것이다. 평면을 구한 다음에는 높이 맵에서 읽은 원본 높이 값들을 처리해야 한다. 각 스레드는 각자 하나의 높이 값을 취해서 앞에서 계산한 평면과의 거리를 구한 후 그 거리를 원래의 높이 값에 덮어 쓴다(목록 9.15).

```
// 계산 셰이더의 페이즈 4:
groupResults[GI] = ComputeDistanceFromPlane
                    (
                        plane
                      , float3
                       (
                            (float)GTid.x / 15.0f
                          , groupResults[GI]
                          , (float)GTid.y / 15.0f
                       )
                    );


GroupMemoryBarrierWithGroupSync();
```

**목록 9.15.** 계산 셰이더의 페이즈 4.

목록 9.15의 코드에 쓰인 ComputeDistanceFromPlane() 함수는 다음과 같다.

```
float ComputeDistanceFromPlane(float4 plane, float3 position)
{
    return dot(plane.xyz,position) - plane.w;
}
```

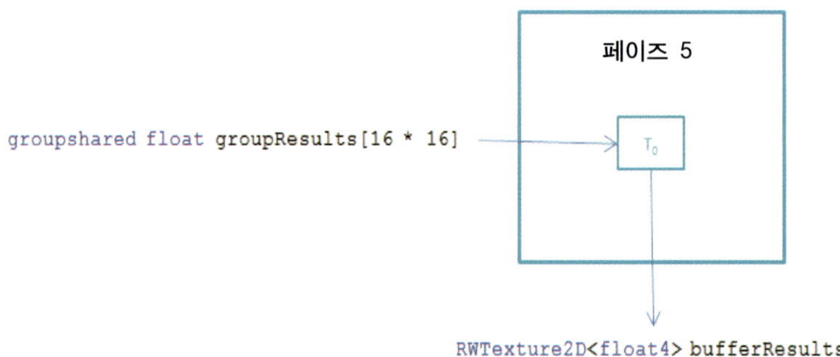


**그림 9.21.** 계산 셰이더 페이즈 5.

그림 9.21은 알고리즘의 마지막 페이즈이다. 이 페이즈 5에서는 모든 높이 값을 취해서 평면과의 표준 편차를 구한다. 이 표준 편차가 바로 256개의 개별 높이 표본들이 어느

정도나 동일평면상에 있는지를 잘 나타내는 하나의 값이다. 이 표준 편차가 작을수록 지형 조각이 좀 더 평평한 것이고, 클수록 굴곡이 심한 것이다. 코드는 이 하나의 값과 평면의 법선 벡터를 하나의 **float4**에 담아서 출력 텍스처에 기록한다. 결과적으로 256 개의 높이 맵 표본들이 네 개의 수치로 축약된다. 목록 9.16에 계산 셰이더의 이 마지막 페이즈의 코드가 나와 있다.

```cpp
if(GI == 0)
{
    // 이 스레드가 그룹의 첫 스레드이면 이 타일의 표준 편차를 계산한다.
    // 평면과의 차이들의 '평균'이 아니라 '편차'를 구하는 것임을 주의할 것.
    // 이제 평면상의 임의의 점의 '높이'는 0이므로, 그냥 '평균(산술 평균)'을
    // 구하면 0.0이 나와 버린다.
    float stddev = 0.0f;

    for(int i = 0; i < 16*16; ++i)
        stddev += pow(groupResults[i],2);

    stddev /= ((16.0f * 16.0f) - 1.0f);

    stddev = sqrt(stddev);

    // 이제 법선 벡터와 표준 편차를 출력 버퍼에 기록한다.
    // 이후 영역 셰이더와 덮개 셰이더가 이들을 사용한다.
    bufferResults[uint2(Gid.x, Gid.y)] = float4(plane.xyz, stddev);
}
```

**목록 9.16**. 계산 셰이더의 페이즈 5.

## 계산 셰이더의 통합

지금까지 알고리즘을 구현한 계산 셰이더 프로그램을 상세히 살펴보았다. 이제 이를 응용 프로그램에서 실제로 사용하는 방법을 살펴보자.

우선 출력 텍스처를 생성해야 한다. 이 텍스처가 지금은(높이 맵 전처리 과정) 계산 셰이더의 출력이지만, 이후의 실제 지형 렌더링에서는 덮개 셰이더의 입력으로 쓰인다. 이 텍스처의 자원 종류는 보통의 2차원 텍스처이나, 연결 플래그에 **D3D11_BIND_ UNORDERED_ACCESS**를 설정해서 생성한다는 점이 중요하다(목록 9.17).

```cpp
// 입력 텍스처 크기에 관한 단언문들.
D3D11_TEXTURE2D_DESC d = m_pHeightMapTexture->m_pTexture2dConfig->GetTextureDesc();
_ASSERT( 0 == (d.Width % 16) );
_ASSERT( 0 == (d.Height % 16) );


// 출력 텍스처를 생성한다.
Texture2dConfigDX11 LookupTextureConfig;
LookupTextureConfig.SetFormat( DXGI_FORMAT_R32G32B32A32_FLOAT );
LookupTextureConfig.SetColorBuffer( TERRAIN_X_LEN, TERRAIN_Z_LEN );
LookupTextureConfig.SetBindFlags( D3D11_BIND_UNORDERED_ACCESS
                                  | D3D11_BIND_SHADER_RESOURCE );


m_pLodLookupTexture = m_pRenderer11->CreateTexture2D( &LookupTextureConfig, 0 );


// 효과 객체를 생성한다.
SAFE_DELETE( m_pComputeShaderEffect );
m_pComputeShaderEffect = new RenderEffectDX11( );


// 계산 셰이더 프로그램을 컴파일한다.
m_pComputeShaderEffect->m_iComputeShader =
    m_pRenderer11->LoadShader( COMPUTE_SHADER,
    std::wstring(
        L"../Data/Shaders/InterlockingTerrainTilesComputeShader.hlsl" ),
    std::wstring( L"csMain" ),
    std::wstring( L"cs_5_0" ) );
_ASSERT( -1 != m_pComputeShaderEffect->m_iComputeShader );
```

**목록** 9.17. 출력 텍스처와 계산 셰이더 프로그램 준비.


이제 필요한 자원이 모두 만들어졌으니, 그것들을 파이프라인에 연결하고 계산 셰이더를 실행하기만 하면 된다(목록 9.18).


```cpp
// 자원들을 연결한다.
m_pRenderer11->m_pParamMgr->SetUnorderedAccessParameter
                          ( L"bufferResults", m_pLodLookupTexture );
m_pRenderer11->m_pParamMgr->SetShaderResourceParameter
                          ( L"texHeightMap", m_pHeightMapTexture );
```

```
// 스레드 개수를 결정한다.
D3D11_TEXTURE2D_DESC d = m_pHeightMapTexture->m_pTexture2dConfig->GetTextureDesc
();

// 계산 셰이더를 실행한다.
m_pRenderer11->pImmPipeline->Dispatch
                            (
                                    *m_pComputeShaderEffect
                                    , d.Width / 16
                                    , d.Height / 16
                                    , 1
                                    , m_pRenderer11->m_pParamMgr
                            );
// 출력된 텍스처를 덮개 셰이더에 연결한다.
m_pRenderer11->m_pParamMgr->SetShaderResourceParameter
                            ( L"texLODLookup", m_pLodLookupTexture );
```

**목록 9.18**. 계산 셰이더의 실행.

목록 9.18에서 `Dispatch()` 호출 다음의 코드가 특히나 중요하다. 이 부분이 없으면 순서 없는 접근 뷰는 여전히 계산 셰이더에 연결되어서 2차원 텍스처를 가리키는 상태로 남는다. 그 상태에서 2차원 텍스처를 덮개 셰이더의 입력으로 연결하려 들면 Direct3D가 거부한다. 하나의 자원을 동시에 입력과 출력으로 사용할 수는 없기 때문이다.

## 결과

그림 9.22와 그림 9.23에서 이전 구현의 결과와 이번 구현의 결과를 비교해 보기 바란다.

색깔이 매끄럽게 전이된 그림 9.22이 더 그럴듯해 보이겠지만, 기하학적인 관점에서는 색조가 혼란스러운 그림 9.23이 훨씬 나은 결과이다. 두 결과에서 타일의 색상은 타일의 세부수준을 나타낸다. 빨간 색으로 갈수록 더 세밀하고, 파란 색으로 갈수록 덜 세밀하다. 검은 색은 최저 세부수준이다.

각 그림의 아래쪽 절반은 해당 지형의 와이어프레임 표현인데, 이를 보면 이번 구현의 삼각형 개수가 이전에 비해 줄었음을(약 40% 정도) 확인할 수 있을 것이다.

두 결과에서 아래쪽 중앙 부분에 주목하기 바란다. 그림 9.22의 경우는 그 부분이 거의 다 주황색인 반면, 그림 9.23은 검은 색이다. 여기서 중요한 것은 그 중앙 부분의 지형이

평평하다는 점이다. 이전 버전은 그냥 카메라와의 거리만으로 LOD를 선택했기 때문에
평탄한 지형을 쓸데없이 세밀하게 표현했다. 이처럼 최종 이미지에 기여하지도 못하는
여분의 삼각형들을 수없이 생성하고 래스터화하느라 처리 능력과 메모리 대역폭을 사용
하는 것은 전적으로 낭비이다.

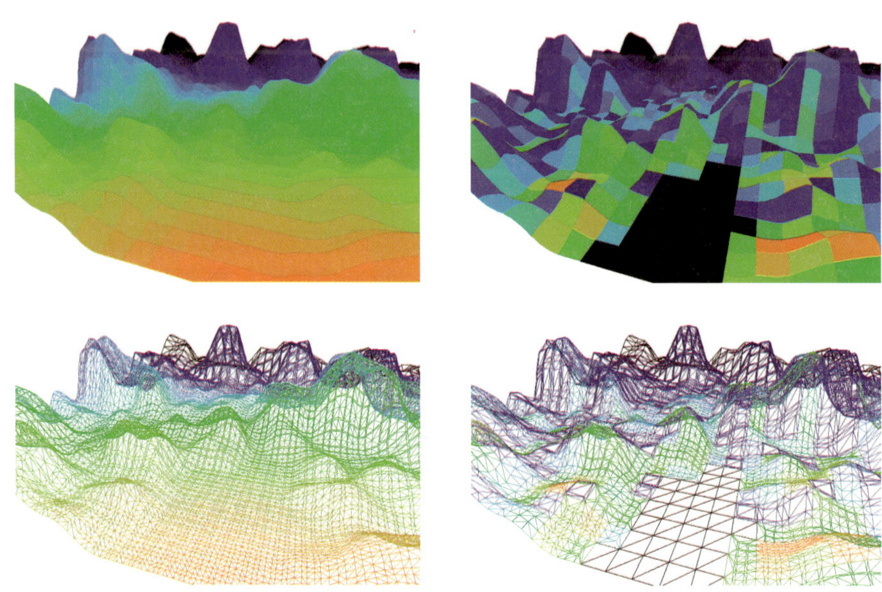

**그림 9.22.** 소박한 거리 기반 LOD. 생성된 삼각형 32,500개. 그 중 76%가 래스터화됨.

**그림 9.23.** 계산 셰이더 기반 LOD. 생성된 삼각형 22,232개. 그 중 77%가 래스터화됨.

그림 9.22와 9.23을 비교해 보면, 그림 9.22에서는 대부분의 지형 타일이 녹색이나 노란
색이지만 그림 9.23에서는 대부분의 지형 타일이 파란 색임을 알 수 있다. 이는 소박한
거리 기반 LOD 방식에 비해 계산 셰이더 접근방식이 이미지 전반에서 LOD를 크게
줄였음을 말해준다.

그림 9.24에서 두 접근방식을 좀 더 잘 비교할 수 있을 것이다. 왼쪽은 소박한 접근방식
의 경우이고 오른쪽은 계산 셰이더 접근방식의 경우이다. 그 둘은 간단한 N·L 형태의
직접 조명 모형과 고형(solid) 셰이딩을 적용한 것으로, 실제 응용 프로그램에서 지형을
렌더링한 것에 훨씬 가까운 모습이다(실제 렌더링에서 풀, 바위 등의 텍스처만 빠진 것

이라고 할 수 있다). 가운데 그림은 좌우 이미지의 차이를 나타낸 것인데, 검은 색은 차이가 없는 것이고 흰색은 완전히 다르다는 뜻이다. 이처럼 래스터화된 이미지들을 비교하는 것이 바탕 기하구조를 비교하는 것보다 더 나은 방법이다. 어차피 가장 중요한 것은 화면에 표시되는 이미지이기 때문이다. 기하구조는 단지 그러한 이미지를 구축하는 수단일 뿐이다.

**그림 9.24.** 소박한 접근방식과 계산 셰이더 접근방식의 최종 이미지 비교.

이 차이 이미지를 잘 살펴보면, 무엇보다도 두 접근방식에 차이가 별로 없다는 점을 알 수 있다. 윤곽선(잠시 후에 이야기하겠다)을 제외할 때 두 이미지의 차이가 15% 이상이 되는 부분은 거의 없다. 기하구조가 40% 줄었다는 점을 생각하면 계산 셰이더 접근방식의 품질 대 성능 절충이 괜찮은 편이다. 이 접근방식에서는 시각적으로 좀 더 보기 좋은 결과를 얻기 위해 셰이더를 조율하는 것도 비교적 수월하다. 해당 HLSL 코드에서 가중치와 편향치를 적절히 조정하면 된다.

## 향후 개선안

세부수준 선택에 지형의 실제 복잡도를 반영시킴으로써, 가용 처리 시간을 최종 이미지에 실제로 기여하는 영역에 좀 더 정확하게 투여할 수 있게 된다. 이는 단순한 거리 기반 LOD에 비해 훨씬 개선된 방식이다. 그러나 더욱 개선할 부분도 여전히 남아 있다.

이 구현은 LOD를 그 어떤 렌더링도 일어나기 전의 한 사전 패스에서 계산했다. 지형이 동적으로 변하는 경우라면 그냥 계산 셰이더를 다시 한 번 실행하면 된다. 그러면 실제 렌더링에 필요한 입력이 모두 다시 갱신된다.

이 구현의 두드러진 한계 하나는, 거리가 여전히 LOD 계산의 한 요인으로 쓰인다는 점이다. 카메라에서 먼 기하구조는 항상 덜 중요한, 따라서 세밀함이 덜 필요한 것으로 간주된다.

그림 9.25에서 지평선(지형과 하늘의 경계)을 보자. 정의에 의해, 지평선은 관찰자에서 멀리 떨어져 있다. 따라서 현재의 구현에서는 지평선이 이미지 전체에서 아주 중요한 부분임에도 항상 세부수준이 낮게 나올 수밖에 없다.

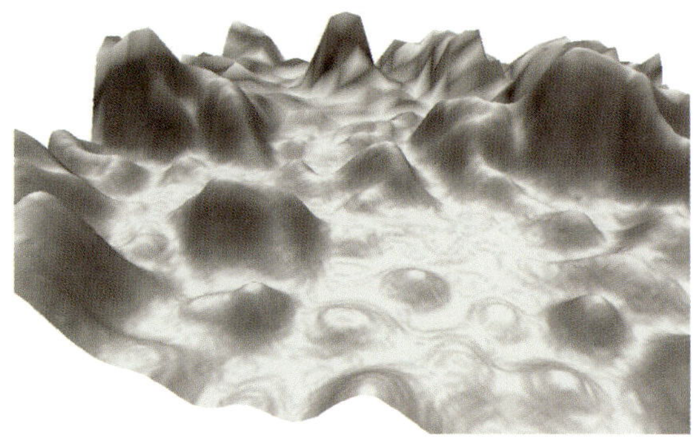

**그림 9.25.** 세부수준이 낮은 지평선의 예.

실제로 덜 중요한 원경 지형에 비해 지평선의 LOD가 높게 나오도록 알고리즘을 개선할 수 있다면 좋을 것이다. 지평선은 윤곽선이며, 모형의 윤곽선은 그 모형의 진정한 세부수준을 말해주는 두드러진 시각적 단서 중 하나로, 사람의 눈이 근사나 기타 시각적 결함을 아주 잘 인식하는 부분 중 하나이다.

또 다른 높이 맵을 도입하는 것도 고려해볼 만한 일이다. 원래의 높이 맵은 지형의 기본적인 형태를 대표하는 덮개 셰이더 제어점들의 생성에 사용하고, 2차적인 높이 맵은 영역 셰이더가 생성한 정점들에 추가적인 세부사항을 더하는 용도로 사용한다. 그렇게 하면 대부분의 높이 맵 기반 렌더러가 지원하지 못하는 돌출부(overhang)나 동굴을 지형에 추가할 수 있다는 중요한 장점이 생긴다.

지금까지 언급하지 않은, 그리고 사실 이번 장의 범위에는 속하지 않는 중요한 문제가 하나 있다. 바로 지형과의 상호작용이다.

구체적으로, CPU에서 실행되는 호스트 응용 프로그램은 최종 기하구조를 전혀 알지 못한다. 최종 기하구조는 전적으로 GPU에서 생성되기 때문이다. 이는 물리 지향적 알고리즘이나 사용자 상호작용 기반 알고리즘의 구현을 어렵게 만드는 요인이다. 예를 들어 마우스로 지형지물을 클릭해서 선택한다거나, 지형과 물체가 상호작용하거나(충돌 반응 등), 경주로 지형을 따라 차를 주행하는 것처럼 물체가 지형을 따라 움직이는 등의 효과를 내려고 할 때 이 점이 문제가 된다.

이 문제를 완화하는 방법은 크게 두 가지인데, 하나는 CPU 쪽에서 항상 최고 수준의 지형 자료를 사용하는 것이고 또 하나는 선택이나 반직선 투사를 GPU에서 실행하게 하는 것이다. 전자의 경우, 이번 절에서 설명한 것 같은 적응적 GPU 테셀레이션을 이용해서 지형을 생성한다면 생성된 지형 기하구조는 사용자에게 명백히 드러나는 모든 경우에서 최고 LOD에 아주 가까울 것이다. 후자의 경우, 지형과 반직선의 교점들을 기하 셰이더로 구해서 스트림 출력으로 내보내는 것이 가능하다[9] 그러나 이를 구현하는 것이 간단한 일은 아니며, 또한 CPU의 스트림 읽기 때문에 GPU의 연산이 멈추는 일은 없도록 세심하게 구현할 필요가 있다. 그러나 제대로 해낸다면 견실한 해결책이 될 수 있다.


## 9.2 고차 표면

고차 표면은 세분보다 더 널리 알려진 테셀레이션 접근방식이다. 지난 수십 년간 대부분의 그래픽, 설계 소프트웨어에 쓰인 알고리즘들과 수학 공식들이 이 고차 표면 접근방식을 위한 것이다. 또한 고차 표면은 테셀레이션이 **구부러진** 또는 **매끄러운** 표면에 관한 것이라는 가정과 좀 더 잘 맞는다.

아래의 식 (9.2)를 보자. 이 공식은 두 종류의 요소로 이루어져 있다. 하나는 상수($a$, $b$, $c$, $d$)이고 또 하나는 변수(이 경우 $x$ 하나)이다. 테셀레이션의 맥락에서 상수들은 덮개 셰이더 단계가 출력하는 제어점들에 해당하고 변수들은 고정 기능 테셀레이터가 영역 셰이더 단계로 전달하는 입력 표본 위치들에 해당한다. 영역 셰이더는 그러한 상수들과 변수들을 취해서 공식의 최종 결과를 평가하는 책임을 진다.

---

[9] 기하 셰이더와 스트림 출력 기능에 대해서는 제3장에서 자세히 설명했다.

$$f(x) = a + bx + cx^2 + dx^3. \tag{9.2}$$

이런 종류의 테셀레이션에 쓰이는 공식의 정확한 모습은 구체적인 응용에 따라 다르며, 공식의 속성들(재현할 형태 또는 지형의 복잡도나 도형 종류 등)은 임의의 테셀레이션 문맥에서 그 공식의 유용함을 평가하는 데 있어 핵심적인 요인이다. 이점을 그림 9.26과 그림 9.27, 그림 9.28에서 볼 수 있다.

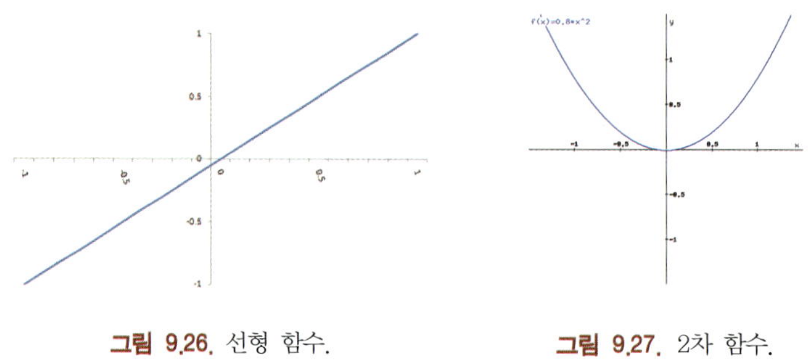

그림 9.26. 선형 함수.                                              그림 9.27. 2차 함수.

대부분의 경우, 고차 표면에 쓰이는 수학 함수는 2차(그림 9.27) 아니면 3차이다(그림 9.28). 그림 9.26은 통상적인 렌더링에 쓰이는 평면 삼각형/선분과 관련된 기준으로 제시한 것일 뿐이다.

하나의 2차 곡선이나 3차 곡선으로 나타낼 수 있는 형태는 제한적이다. 그래서 고차 표면을 사용하는 실제 응용 프로그램들은 여러 개의 작은 곡선 조각들을 조합해서 좀 더 복잡한 표면을 표현한다. 그러한 곡선 조각, 즉 '곡선분(curve segment)'을 어떤 식으로 이어나가느냐는 표면의 전체적인 모양에 커다란 영향을 미친다. 곡선분들의 연결 특성을 **기하 연속성**(geometric continuity)이라고 부른다. 그림 9.29~9.32에 네 가지 수준의 연속성이 나와 있다.

척 보기에도 $G_2$ 연속성이 가장 그럴듯한 것 같다. 미학적으로 볼 때 '완벽한' 곡선을 얻을 수 있는 것이 바로 이 이 $G_2$ 연속성이다. 그러나 다른 수준의 연속성들도 유용한 특징을 가지고 있다. $G_2$ 이외의 연속성은 주로 비유기체나 인공적인 물체의 날카로운 가장자리를 나타내는 데 필요하다. 예를 들어 배(船)는 전체적으로 매끄럽게 구부러진 형태이지만, 세부적으로는 그렇지 않은 부분도 많다.

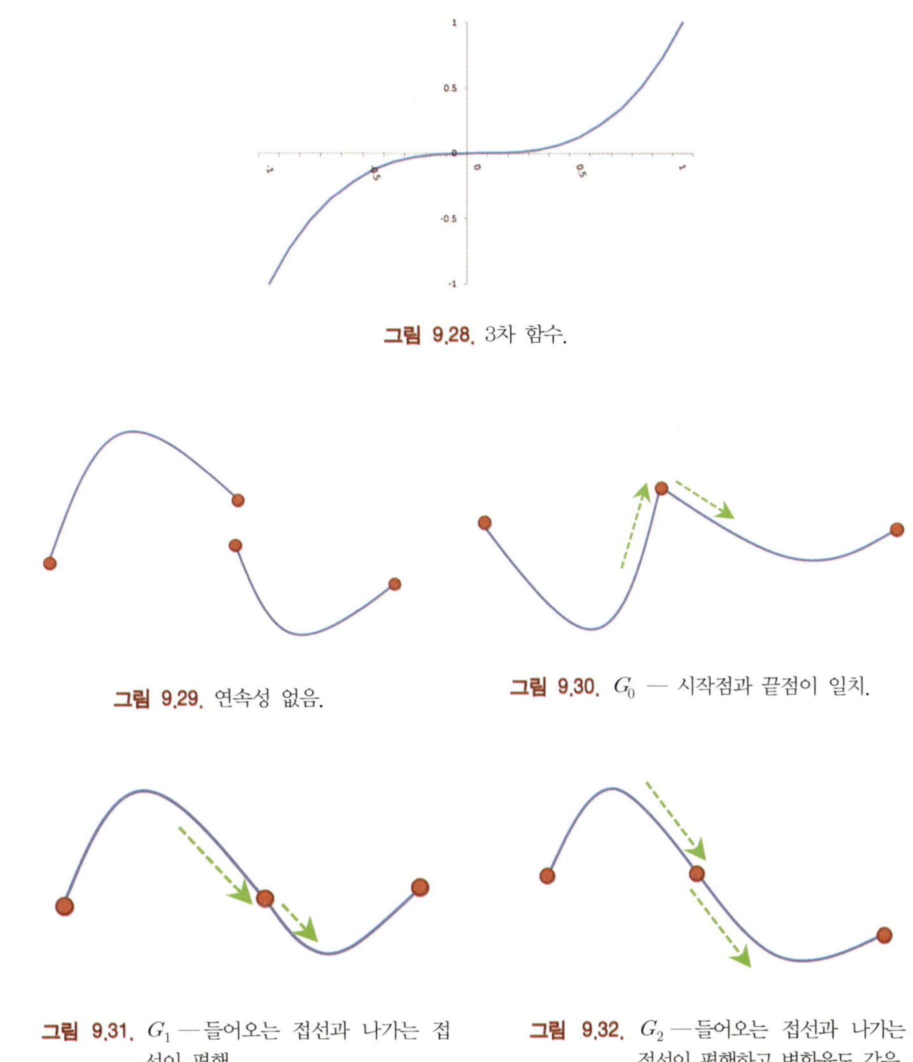

**그림 9.28.** 3차 함수.

**그림 9.29.** 연속성 없음.

**그림 9.30.** $G_0$ — 시작점과 끝점이 일치.

**그림 9.31.** $G_1$ —들어오는 접선과 나가는 접선이 평행.

**그림 9.32.** $G_2$ —들어오는 접선과 나가는 접선이 평행하고 변화율도 같음.

$G_0$과 $G_1$을 이용하면 좀 더 날카롭고 정밀한 기하 도형을 표현할 수 있으나, 정확한 표현을 위해서는 핵심적인 세부사항 주변에 추가적인 기하구조를 도입해야 할 수도 있음을 기억하기 바란다. 그림 9.33와 9.34가 그러한 경우를 보여준다.

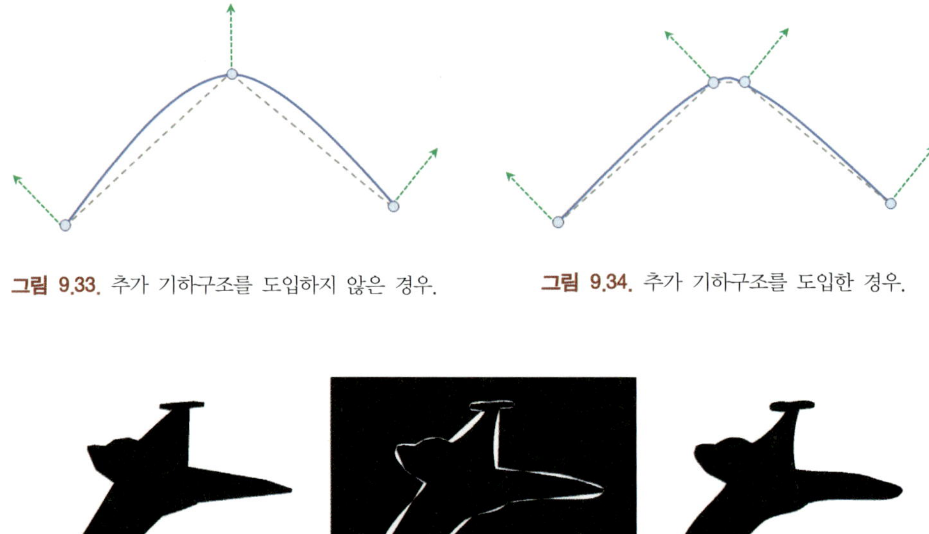

**그림 9.33.** 추가 기하구조를 도입하지 않은 경우.          **그림 9.34.** 추가 기하구조를 도입한 경우.

**그림 9.35.** 윤곽선 개선의 예.

## 9.2.1 곡면 점법선 삼각형

제4장에서 현세대 컴퓨터 그래픽에서의 테셀레이션의 역사를 개괄하면서, ATI Technology
의 Radeon 8500 GPU가 제공하는 *TruForm* 기술을 소개하고 그것이 최종 소비자급 하드
웨어에서 고차 표면 테셀레이션을 처음으로 시도한 것이었음을 언급했었다. *TruForm* 기
술은 여러 가지 장점을 가지고 있었지만, 한편으로는 치열한 경쟁 때문에, 또 다른 한편으
로는 소프트웨어의 진보 때문에 당시 다수 대중의 관심을 끌지 못했다.

고차 표면 알고리즘(TruForm 당시의 것과 현재의 것 모두)의 명백한 장점은 시각적 품
질을 개선한다는 것이다. 그러나 시각적 품질에서 중요한 것이 표면의 연속성과 매끄러
움만은 아니다. 윤곽선 역시 주목해야 할 중요한 요인이다. 그림 9.35에 윤곽선 개선의
예가 나와 있다. 여기서 핵심은, 모형의 윤곽선이 사실은 삼각형의 변들로 이루어진 인
위적인 선분 집합이라는 사실이 오른쪽 그림에서는 잘 드러나지 않는다는 것이다. 최근
수년 간 픽셀 당 조명과 범프 매핑 관련 진보 덕분에 모형의 안쪽 면들에 대한 체감
품질은 크게 개선되었지만, 모형의 윤곽은 그렇지 못하다. 그래서 화면에 나타나 있는

것이 실제로는 수많은 삼각형들일 뿐이라는 사실이 여전히 뚜렷하게 노출된다. 인간의 뇌는 그러한 사실을 잘도 집어내서 환상을 깨버린다.

세부적인 내용을 MS가 명시적으로 밝히지는 않았지만, Direct3D 8 API에 쓰인 고차 표면 알고리즘은 ATI Technologies가 자신의 하드웨어 구현과 함께 발표한 논문 "Curved PN Triangles"([Vlachos, Peters, Boyd, & Mitchell, 2001])에서 논의한 방법으로 환원되는 것이었다. Vlachos 등의 곡면 점법선 삼각형(curved point-normal triangle) 알고리즘을 사람들이 받아들이는 데 주된 걸림돌로 작용했던 요인을 최초로 제거한 것은 Direct3D 11이다. 이번 장의 나머지 부분에서는 원래의 곡면 점법선 삼각형 알고리즘을 Direct3D 11에서 구현하는 방법과 몇 가지 잠재적인 개선안들을 논의한다.

## 알고리즘의 개요

이 알고리즘의 주된 장점은 응용 프로그램이 추가적인 자료를 제공할 필요가 없다는 것이다. 이는 이 알고리즘을 당시의 소비자용 하드웨어에 손쉽게 적용하는 데, 그리고 상업적으로 성공하는 데(비록 당시에 실제로 성공하지는 못했지만) 중요한 요인이었다. 원래 목표는 개발자가 API 렌더 상태의 한 스위치를 바꾸기만 하면 하드웨어가 알아서 알고리즘을 적용하도록 하는 것, 다시 말하면 코드를 크게 변경하지 않고도 매끄러운 표면들을 얻을 수 있게 하는 것이었다. 이를 위해 그래픽 아티스트가 또 다른 기하구조를 만들 필요도 없었다. 그러나 여러 종류의 하드웨어들을 지원해야 했다는 점과 당시 흔히 쓰이던 작성 도구들에 적용시키지 못했다는 점 때문에 그런 목표를 이루기가 아주 어려웠다

다행히, 이 알고리즘은 점 세 개와 법선 벡터 세 개로 이루어진 통상적인 삼각형만을 요구한다. 인접성 정보(기본도형 당 최대 32개의 제어점)를 비교적 쉽게 제공할 수 있는 Direct3D 11에서도 이러한 단순함은 상당히 유용한 특징이다. 무엇보다도 이 특징은 일종의 '업그레이드' 경로를 가능하게 한다. 즉, 기존 자산을 아무 변경 없이 Direct3D 11에서 이 알고리즘을 이용해 렌더링할 수 있으며, 자산이 지원한다면 좀 더 복잡한 모형화 형식들과 알고리즘들을 사용하는 것 역시 여전히 선택 가능한 옵션이다.

곡면 점법선 삼각형은 또한 Direct3D 11의 테셀레이션 파이프라인과도 잘 맞는다. 입력 삼각형을 좀 더 세밀한 **제어 메시**(control mesh)로 분할하는 과정은 '증폭기'라고 할 수

있는 덮개 셰이더 단계가 맡으면 된다. 표본 위치들을 생성하는 것은 고정 기능 테셀레이터 단계의 몫이다. 그리고 제어 메시와 표본들을 수학적으로 평가해서 최종적인 곡면을 만들어내는 작업은 전형적인 Direct3D 11 영역 셰이더 프로그램의 몫이다.

## 기하 구성요소

입력 기하구조를 테셀레이션해서 최종 래스터화를 위한 표면을 만들어 내려면 3차 기저 함수와 추가적인 일곱 개의 제어점이 필요하다.

그림 9.27과 그림 9.28을 다시 보면, 2차 곡선으로는 표현할 수 있는 표면 굴곡에 한계가 있음이 명확하지만, 3차 함수로는 표면의 다양한 굴곡을 포착해서 좀 더 정확하고 보기 좋은 표현을 산출할 수 있음을 알 수 있다.

그림 9.36은 응용 프로그램이 제공한 삼각형 세 정점(파란 색)과 추가적인 일곱 제어점 (녹색)의 위치를 보여준다. 각 변 당 두 개, 중앙에 하나인 이 일곱 개의 제어점들이 삼각형 표면에 균등하게 분포되어 있다.

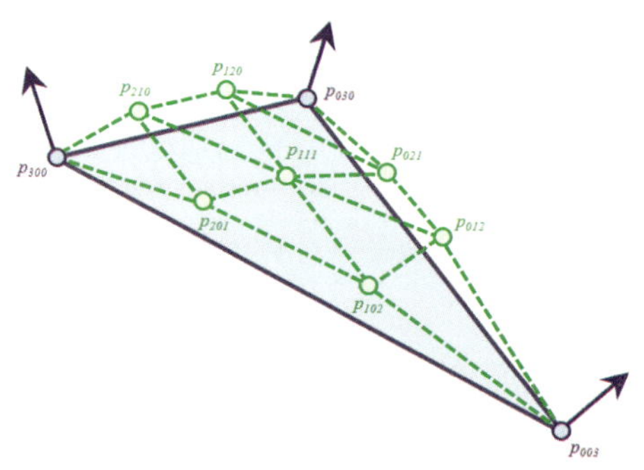

**그림 9.36.** 추가적인 제어점들.

세 변에 있는 여섯 제어점들은 각 제어점의 이웃 정점(꼭짓점)으로 정의되는 접평면 (tangent plane)을 이용해서 계산한다. 한 변을 임의의 비율로 나누는 한 점의 위치를 구하는 것은 간단하다. 식 (9.3)에 나온 공식을 이용해서 변의 두 정점을 선형 보간하면 된다. 식 (9.4)는 정점과 그 법선으로 접평면을 구하는 공식으로, 이 역시 컴퓨터 그래픽 전반에서 쓰이는 기본 공식이다. 식 (9.5)는 이 두 공식을 이용해서 적절한 변 제어점을 구하는 공식이다. 그림 9.37은 그림 9.36의 제어점들에 이 세 공식이 어떻게 적용되었는지를 보여준다.

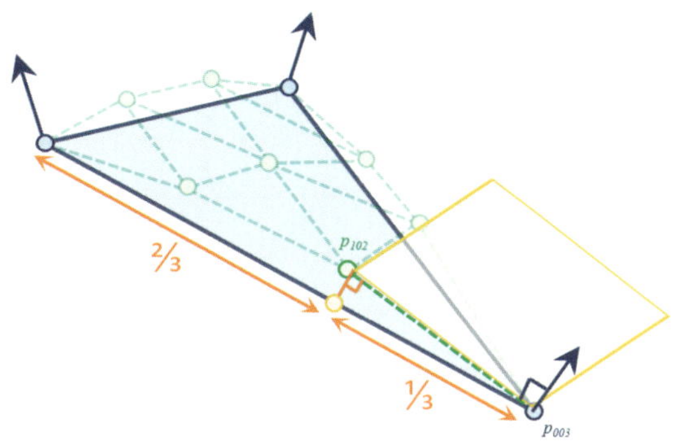


**그림 9.37.** 제어점 공식을 시각적으로 표현한 그림.

$$Q = p_i + \tau(p_j - p_i);\tag{9.3}$$

$$P = (P_x, P_y, P_z),$$
$$N = (N_x, N_y, N_z),\tag{9.4}$$
$$0 = xX_x + yX_y + zX_z + (-N \cdot P);$$

$$Q' = Q - N \times ((Q - P) \cdot N).\tag{9.5}$$

다음으로, 중앙의 제어점을 구하는 공식을 보자. 앞의 공식으로 얻은 여섯 제어점들은 중앙 제어점을 중심으로 한 하나의 고리를 형성한다. 중앙 제어점을 구할 때 바로 이 점을 활용한다. 간단한 선형 보간을 이용해서 그 고리의 중점을 구하고(식 9.7), 그것을 원래의 삼각형 중점(식 (9.6)과의 거리의 절반만큼 위쪽으로 밀어 올린 것이 우리가 원하는 중앙 제어점이다(식 9.8). 여기서 절반만 위로 올린 것은 최종적으로 테셀레이션된 표면이 원래의 삼각형 표면에서 너무 멀어지지 않게 하기 위한 것이다. 이렇게 하면 원래의 성긴 삼각형 메시와는 아주 동떨어진 결과가 나올 확률이 작아진다.

$$V = \frac{P_{300} + P_{030} + P_{003}}{3}, \tag{9.6}$$

$$E = \frac{P_{120} + P_{210} + P_{021} + P_{012} + P_{201} + P_{102}}{6}, \tag{9.7}$$

$$P_{111} = E + \frac{E - V}{2}. \tag{9.8}$$

## 법선 벡터

법선 벡터의 테셀레이션은 2차 기저에서 수행한다. 이를 위해서는 네 개의 제어점이 필요하다. 위치의 테셀레이션은 3차인데 법선은 2차인 이유는 무엇일까?

원래의 연구 논문([Vlachos, Peters, Boyd, & Mitchell, 2001])에는 이것이 단순함을 위한 특별한 경우에 해당하는 결정임이 설명되어 있다. 일반적인 경우를 위해 위치에 걸맞은 3차 법선을 구하려면 계산이 아주 복잡해지지만, 최종 이미지 품질이 그만큼 개선되지는 않는다. 최근 GPU들은 TruForm 당시의 것보다 수십, 수백 배 빠르지만, 그래도 투자한 것만큼의 이득이 생기지 않는 부분에 귀중한 처리 시간을 낭비할 필요가 없다는 것은 여전히 진리에 속한다.

2차 법선 보간을 위한 추가적인 제어점들(녹색)이 그림 9.38에 표시되어 있다. 그냥 각 변의 중점을 응용 프로그램이 제공한 원래의 정점 법선 벡터(파란색)를 따라 이동한 것일 뿐이다.

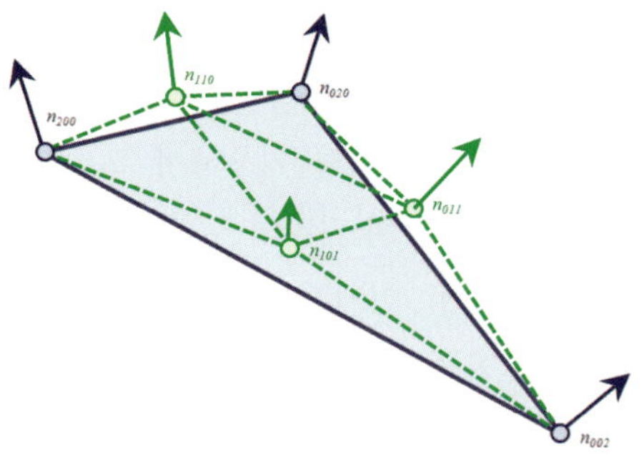


**그림 9.38.** 추가적인 중앙 제어점.

한 변의 중점에 대한 제어점은 그 변에 수직인 평면에 대한 반사를 통해서 구한다. 3차 위치 테셀레이션으로 가능한 기하학적 굴곡을 2차 기저로 근사하려면 이것이 필수이다.

그림 9.39를 보자. 이 그림에서 중점의 법선 벡터(주황색)는 그냥 변 양 끝점 벡터들(짙은 녹색)의 평균이다. 반면 그림 9.40의 중점 법선 벡터는 평균 벡터를 변에 수직인 평면으로 반사시킨 것이다. 두 그림은 중점 법선 벡터가 처하는 상황을 양 끝점 법선 벡터의 방향에 따라 크게 세 가지로 분류한 것으로, (a)는 두 벡터 모두 바깥을 향하는 경우이고 (b)는 둘 다 안쪽을 향하는 경우, (c)는 둘이 같은 방향을 향하는 경우이다. 세 경우 모두 기하 표면에 3차 테셀레이션 함수가 적용된다고 가정한다.

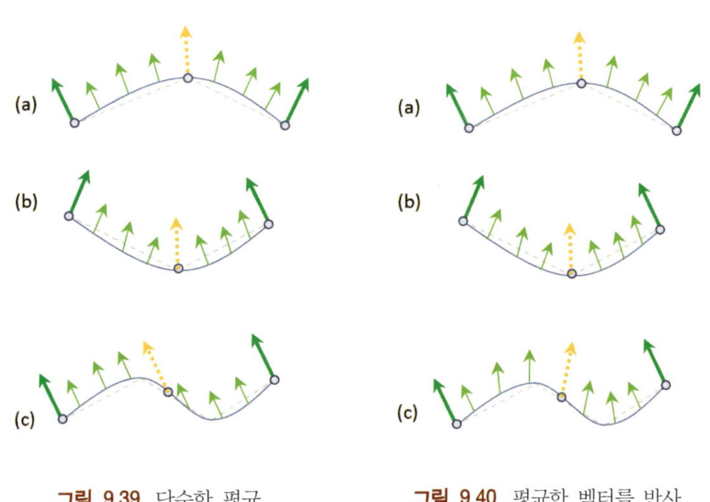


**그림 9.39.** 단순한 평균.   **그림 9.40.** 평균한 벡터를 반사.

식 (9.9)는 일반적인 경우에서 반사된 법선 벡터를 구하는 과정을 보여준다. 여기서 $n$은 반사시킬 벡터이고 $b$는 평면에 대해 정규화되지 않은 벡터이다. 한편 식 (9.10)은 이를 2차 법선 벡터 보간의 맥락에서 적용한 것이다.

$$n' = n - 2 \times \left( \frac{b \cdot n}{b \cdot b} \right) \times b; \qquad (9.9)$$

$$N_1 = n_{200},$$
$$N_2 = n_{020},$$

$$N_3 = n_{002},$$
$$P_1 = p_{300},$$
$$P_2 = p_{030},$$
$$P_3 = p_{003}, \qquad\qquad (9.10)$$
$$\nu_{ij} = 2 \times \frac{(P_j - P_i) \cdot (N_i - N_j)}{(P_j - P_i) \cdot (P_j - P_i)}$$
$$n_{110} = N_1 + N_2 - \nu_{12} \times (P_2 - P_1),$$
$$n_{011} = N_2 + N_3 - \nu_{23} \times (P_3 - P_2),$$
$$n_{101} = N_3 + N_1 - \nu_{31} \times (P_1 - P_3).$$

## 덮개 셰이더에서 법선과 위치 생성

제어 메시를 계산하는 공식들을 이해했다면, 다음으로 할 일은 그 공식들을 Direct3D 11 파이프라인에서 구현하는 것이다. 이 일을 하기에 적합한 단계는 덮개 셰이더이다. 이는 또한 덮개 셰이더가 파이프라인으로 전달된 기하구조의 양을 증폭하거나 감소하는 능력을 가지고 있음을 잘 보여주는 예이기도 하다. 물론 이번 경우에는 자료를 증폭해야 한다. 구체적으로, 덮개 셰이더는 꼭짓점 세 개를 받아서 위치 열 개와 법선 벡터 여섯 개를 산출한다.

이 부분의 구현에서는 제어 메시를 덮개 셰이더의 패치 상수 함수로 생성할 것인지 아니면 주 함수를 사용할 것인지를 결정해야 한다. 논리적으로는 주 함수가 적합하나, 코드에 조건 분기(`SV_OutputControlPointID`의 값에 따라 적용할 공식을 선택하는)를 많이 집어넣어야 하기 때문에 GPU상의 실행이 그리 효율적이지 않을 수 있다. 게다가 주 함수는 패치 상수 함수에 비해 실행 횟수도 많다(각각의 출력 제어점마다 한 번씩). 패치 상수 함수에서 제어 메시를 생성한다면 분기를 피할 수 있고 실행도 패치 당 1회뿐이다.

그러나 이런 선택은 덮개 셰이더의 출력 자료량이 많지 않은 테셀레이션 알고리즘들에만 유효함을 기억하기 바란다. 패치 상수 함수의 경우에는 제어 메시 자료를 테셀레이션 계수들의 형태로 출력해야 하는데, 테셀레이션 계수들에는 스칼라 값을 많아야 128개 (`float4` 32개)밖에 담지 못한다. 곡면 점 법선 삼각형 알고리즘에서는 적어도 위치 10

개와 법선 6개가 필요하다. 위치와 법선이 **float3** 형식이라고 하면 적어도 48개의 스칼라를 출력해야 하는 것이다. 게다가 텍스처 좌표나 색상, 접선 벡터 같은 추가적인 속성들까지 고려한다면 출력량이 넉넉하지 않다.

그래서 여기에서는 각 출력 제어점을 분기를 이용해서 평가하는 논리적인 접근방식을 사용하기로 한다. 목록 9.19가 바로 그러한 방식으로 구현한 HLSL 코드이다. 패치 상수 함수 접근방식을 사용한 구현의 예는 DirectX SDK의 **PNTriangles11** 예제([AMD & Microsoft])에서 볼 수 있다.

```hlsl
cbuffer TessellationParameters
{
    float4 EdgeFactors;
};


struct VS_OUTPUT
{
    float3 position       : WORLD_SPACE_CONTROL_POINT_POSITION;
    float3 normal         : WORLD_SPACE_CONTROL_POINT_NORMAL;
};


struct HS_OUTPUT
{
    float3 position       : WORLD_SPACE_CONTROL_POINT_POSITION;
    float3 normal         : WORLD_SPACE_CONTROL_POINT_NORMAL;
};
struct HS_CONSTANT_DATA_OUTPUT
{
    float Edges[3]        : SV_TessFactor;
    float Inside          : SV_InsideTessFactor;
};


HS_CONSTANT_DATA_OUTPUT hsConstantFunc( InputPatch<VS_OUTPUT, 3> ip,
    uint PatchID : SV_PrimitiveID )
{
    HS_CONSTANT_DATA_OUTPUT output;

    output.Edges[0] = EdgeFactors.x;
    output.Edges[1] = EdgeFactors.y;
```

```
    output.Edges[2] = EdgeFactors.z;

    output.Inside = EdgeFactors.w;

    return output;
}


[domain("tri")]
[partitioning("fractional_even")]
[outputtopology("triangle_cw")]
[outputcontrolpoints(13)]
[patchconstantfunc("hsConstantFunc")]
HS_OUTPUT hsDefault( InputPatch<VS_OUTPUT, 3> ip, uint i :
    SV_OutputControlPointID, uint PatchID : SV_PrimitiveID )
{
    HS_OUTPUT output;

    // 아래의 어떤 분기에도 해당하지 않는 경우를 위해
    // 기본 출력을 미리 설정해 둔다.
    output.position = float3(0.0f, 0.0f, 0.0f);
    output.normal = float3(0.0f, 0.0f, 0.0f);
    switch(i)
    {
        // 삼각형의 실제 꼭짓점인 경우에는 그대로 출력

        // b(300)
        case 0:
        // b(030)
        case 1:
        // b(003)
        case 2:

            output.position = ip[i].position;
            output.normal = ip[i].normal;
            break;

        // v0과 v1을 잇는 변의 두 제어점

        // b(210)
        case 3:
            output.position = ComputeEdgePosition(ip, 0, 1);
            break;
```

```
        // b(120)
        case 4:
            output.position = ComputeEdgePosition(ip, 1, 0);
            break;

        // v1과 v2

        // b(021)
        case 5:
            output.position = ComputeEdgePosition(ip, 1, 2);
            break;
        // b(012)
        case 6:
            output.position = ComputeEdgePosition(ip, 2, 1);
            break;

        // v2와 v0

        // b(102)
        case 7:
            output.position = ComputeEdgePosition(ip, 2, 0);
            break;
        // b(201)
        case 8:
            output.position = ComputeEdgePosition(ip, 0, 2);
            break;

        // 삼각형 중앙 제어점

        // b(111)
        case 9:
            float3 E =
                    (
                        ComputeEdgePosition(ip, 0, 1) +
                        ComputeEdgePosition(ip, 1, 0)
                        +
                        ComputeEdgePosition(ip, 1, 2) +
                        ComputeEdgePosition(ip, 2, 1)
                        +
                        ComputeEdgePosition(ip, 2, 0) +
                        ComputeEdgePosition(ip, 0, 2)
                    ) / 6.0f;
            float3 V = (ip[0].position + ip[1].position + ip[2].position)
```

```
                    / 3.0f;

        output.position = E + ( (E - V) / 2.0f );

        break;

    // 법선 생성

    // n(110) : v0과 v1을 잇는 변의 법선
    case 10:
        output.normal = ComputeEdgeNormal(ip, 0, 1);
        break;
    // n(011) : v1과 v2
    case 11:
        output.normal = ComputeEdgeNormal(ip, 1, 2);
        break;

    // n(101) : v2와 v0
    case 12:
        output.normal = ComputeEdgeNormal(ip, 2, 0);
        break;
    }

    return output;
}
```

**목록 9.19.** 곡면 점법선 삼각형 알고리즘을 위한 덮개 셰이더 프로그램.

목록 9.20은 목록 9.19에 쓰인 여러 함수들의 정의이다. 이들은 식 (9.6)과 (9.7)을 개별 함수들로 구현한 것이다.

```
float ComputeWeight(InputPatch<VS_OUTPUT, 3> inPatch, int i, int j)
{
    return dot(inPatch[j].position - inPatch[i].position, inPatch[i].normal);
}
float3 ComputeEdgePosition(InputPatch<VS_OUTPUT, 3> inPatch, int i, int j)
{
    return (
            (2.0f * inPatch[i].position) + inPatch[j].position
            - (ComputeWeight(inPatch, i, j) * inPatch[i].normal)
```

```
            ) / 3.0f;
}
float3 ComputeEdgeNormal(InputPatch<VS_OUTPUT, 3> inPatch, int i, int j)
{
    float t = dot
            (
                inPatch[j].position - inPatch[i].position
              , inPatch[i].normal + inPatch[j].normal
            );

    float b = dot
            (
                inPatch[j].position - inPatch[i].position
              , inPatch[j].position - inPatch[i].position
            );

    float v = 2.0f * (t / b);
        return normalize
            (
                inPatch[i].normal + inPatch[j].normal
              - v * (inPatch[j].position - inPatch[i].position)
            );
}
```

**목록 9.20.** 덮개 셰이더 보조 함수들.

## 영역 셰이더

지금까지 입력 위치들과 법선 벡터들을 이용해서 제어 메시를 구축하는 방법을 살펴보았다. 앞에서 설명했듯이, 이 제어 메시는 이상적인 곡면을 나타내는 방정식의 계수들에 해당한다.

그러한 계수들과 고정 기능 테셀레이터가 생성한 표본점들을 이용해서 최종적인 곡면을 구성하는 새로운 기하구조를 생성하는 것은 영역 셰이더의 몫이다. 영역 셰이더는 다음과 같은 공식을 평가해서 새 기하구조를 위한 위치들과 법선들을 만들어낸다.

$$P_{uvw} = w^3 p_{300} + u^3 p_{030} + v^3 p_{003}$$
$$+ 3w^2 u p_{210} + 3u^2 w\, p_{120}$$
$$+ 3w^2 u p_{201} + 3v^2 w\, p_{102} \tag{9.11}$$

$$+ 3u^2 v p_{021} + 3v^2 u p_{012}$$

$$+ 6uvw p_{111};$$

$$n_{uvw} = w^2 n_{200} + u^2 n_{020} + v^2 n_{002} + uw n_{110} + uv n_{011} + vw n_{101}. \tag{9.12}$$

식 (9.11)은 영역 셰이더가 각 출력 위치마다 평가해야 할 3차 함수이고 (9.12)는 각 법선 벡터마다 계산해야 할 2차 함수이다. 목록 9.21은 이 두 함수를 HLSL로 구현한 것이다.

```
cbuffer Transforms
{
    matrix mWorld;
    matrix mViewProj;
    matrix mInvTposeWorld;
};


cbuffer TessellationParameters
{
    float4 EdgeFactors;
};
cbuffer RenderingParameters
{
    float3 cameraPosition;
    float3 cameraLookAt;
};
struct DS_OUTPUT
{
    float4 Position     : SV_Position;
    float3 Colour       : COLOUR;
};


[domain("tri")]
DS_OUTPUT dsMain
    (
        const OutputPatch<HS_OUTPUT, 13> TrianglePatch
        , float3 BarycentricCoordinates : SV_DomainLocation
        , HS_CONSTANT_DATA_OUTPUT input
    )
{
```

```
DS_OUTPUT output;

float u = BarycentricCoordinates.x;
float v = BarycentricCoordinates.y;
float w = BarycentricCoordinates.z;

// 원래의 세 꼭짓점.
float3 p300 = TrianglePatch[0].position;
float3 p030 = TrianglePatch[1].position;
float3 p003 = TrianglePatch[2].position;

// v0-v1 변의 두 제어점.
float3 p210 = TrianglePatch[3].position;
float3 p120 = TrianglePatch[4].position;
// v1-v2 변의 두 제어점.
float3 p021 = TrianglePatch[5].position;
float3 p012 = TrianglePatch[6].position;

// v2-v0 변의 두 제어점.
float3 p102 = TrianglePatch[7].position;
float3 p201 = TrianglePatch[8].position;

// 삼각형 중앙 제어점.
float3 p111 = TrianglePatch[9].position;

// 현재 표본점을 계산한다.
float3 p = (p300 * pow(w,3)) + (p030 * pow(u,3)) + (p003 * pow(v,3))
        + (p210 * 3.0f * pow(w,2) * u)
        + (p120 * 3.0f * w * pow(u,2))
        + (p201 * 3.0f * pow(w,2) * v)
        + (p021 * 3.0f * pow(u,2) * v)
        + (p102 * 3.0f * w * pow(v,2))
        + (p012 * 3.0f * u * pow(v,2))
        + (p111 * 6.0f * w * u * v);
// 세계 공간 위치를 시야-투영 행렬로 변환한다.
output.Position = mul( float4(p, 1.0), mViewProj );

// 법선을 계산한다(2차).
float3 n200 = TrianglePatch[0].normal;
float3 n020 = TrianglePatch[1].normal;
float3 n002 = TrianglePatch[2].normal;
float3 n110 = TrianglePatch[10].normal;
float3 n011 = TrianglePatch[11].normal;
float3 n101 = TrianglePatch[12].normal;
```

```
float3 n101 = TrianglePatch[12].normal;

float3 vWorldNorm = (pow(w,2) * n200) + (pow(u,2) * n020) + (pow(v,2) * n002)
                    + (w * u * n110) + (u * v * n011) + (w * v * n101);

vWorldNorm = normalize( vWorldNorm );
// 간단한 조명 모형을 이용해서 색상 값을 계산한다.
float3 toCamera = normalize( cameraPosition.xyz );
output.Colour = saturate( dot(vWorldNorm, toCamera) ) * float3( 0.4, 0.4, 1.0 );

return output;
}
```

**목록 9.21.** 곡면 점법선 삼각형 알고리즘을 위한 영역 셰이더 프로그램.

영역 셰이더 단계의 중요성에 비하면 코드와 관련 수학이 비교적 간단하고 직접적이다.

## 출력 예

지금까지 설명한 셰이더 프로그램들을 전통적인 삼각형 기하구조에 적용하면 그림 9.41
에 나온 것 같은 결과가 만들어진다. 그림 9.42는 곡면 점법선 삼각형 알고리즘 없이
렌더링한 것으로, 원래의 모형의 다각형 개수가 얼마나 적은지를 잘 보여준다. 이를 그
림 9.41과 비교해보면 곡면 점법선 삼각형 알고리즘에 의한 개선이 어느 정도인지를
명확히 알 수 있을 것이다.

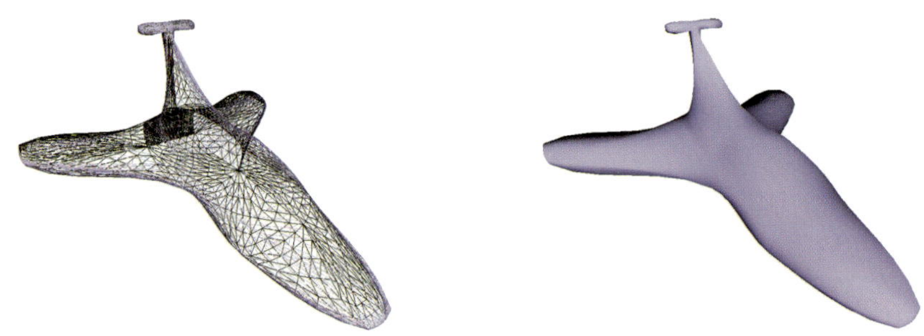

**그림 9.41.** 곡면 점법선 삼각형 알고리즘을 적용한 렌더링의 출력 예.

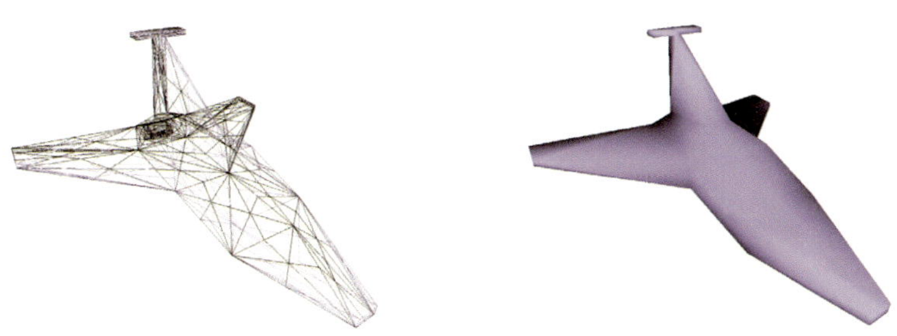

그림 9.42. 원래의 기하구조를 곡면 점법선 삼각형 알고리즘 없이 렌더링한 결과.

그림 9.41의 와이어프레임 표현에서 한 가지 주목할 것은, 테셀레이션이 메시 전체에서 고르게 일어나 있다는 점이다. 이것이 최종적인 시각적 결과에 문제가 되지는 않지만, 성능 면에서는 비효율적일 수 있다.

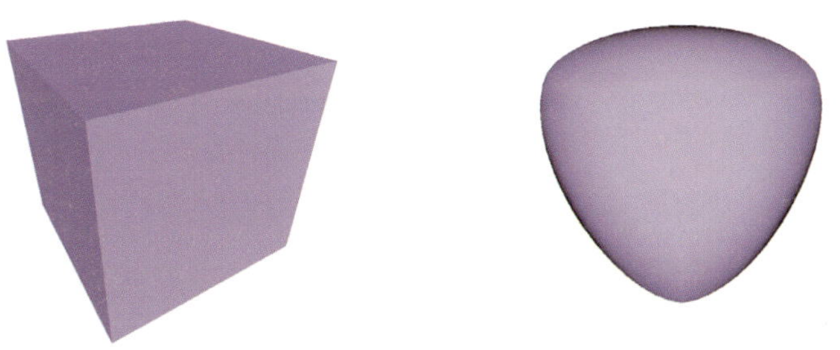

그림 9.43. 기하구조를 너무 매끄럽게 만들면 당연히 있을 법한 날카로운 가장자리가 사라져버린다.

이 알고리즘은 대체로 좋은 결과를 내긴 하는데, 그리 잘 작동하지 않는 경우도 가끔 있다. 그림 9.43은 의도했던 물체의 결정적인 특징인 날카로운 가장자리가 사라져서 너무 둥근 모습이 나온 예이다.

## 날카로운 가장자리의 부호화

지금 논의에서 **날카로운 가장자리**(sharp edge)는 두 삼각형이 한 변에서 만나되, 각 삼각형의 변 법선이 서로 다른 경우에 발생한다. 그림 9.44에 날카로운 가장자리와 매끄러운 가장자리의 간단한 예가 나와 있다. 오른쪽은 두 삼각형이 만나는 변의 법선이 일치하기 때문에 조명 값이 매끄럽게 보간되지만, 왼쪽은 두 법선이 달라서 날카로운 모습이 나온다.

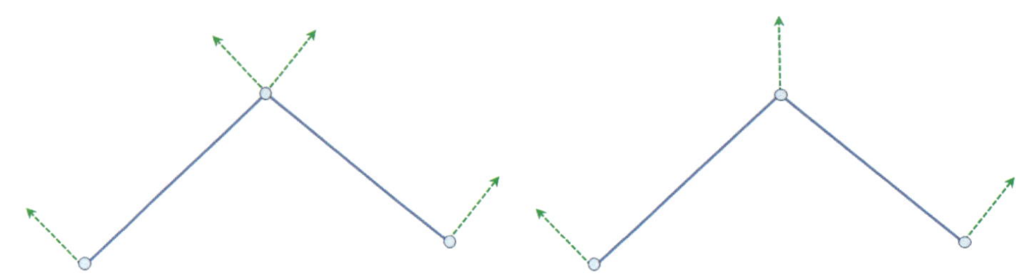

**그림 9.44.** 날카로운 가장자리의 예.

이 알고리즘을 설명한 원래의 연구 논문에서 저자들은 그냥 한 꼭짓점을 분리하기만 한다면 물체의 표면에 틈(crack)이 만들어지는 경우가 많다는 놀라운 주장을 펼쳤으며, 그것을 뒷받침하는 증명도 제시했다. 그러한 틈은 제4장에서 소개한 수밀성(water-tightness)을 깨뜨릴 수 있다!

논문에 증명되어 있듯이, 순수 GPU 구현에서 국소적인 정보만 주어진 경우(이 알고리즘의 한 가지 중요한 장점이 인접성 정보가 없는 삼각형 자료를 수정 없이 그대로 사용할 수 있다는 것임을 기억할 것이다)에는 이 문제를 해결할 수 없다. 따라서 소프트웨어적인 전처리 단계를 도입할 필요가 있다.

처리가 필요한 것은 두 삼각형이 만나는 변의 법선들이 서로 다른 상황이다. 이를 크게 두 가지 경우로 분류할 수 있는데, 하나는 변의 양 끝점 중 하나에서 두 법선이 서로 다른 경우이고 또 하나는 두 끝점 모두에서 두 법선이 서로 다른 경우이다. 전처리 과정에서는 주어진 메시의 모든 정점 자료를 조사해서 위치가 동일하나 법선 벡터는 다른 정점들을 찾아내야 한다. 그런 다음에는, 같은 위치의 두 정점 중 하나를 다른 쪽에서 약간 멀어지게 이동함으로써 해당 꼭짓점을 분리하면 된다. 그림 9.45에 그런 간단한 예가 나와 있다.

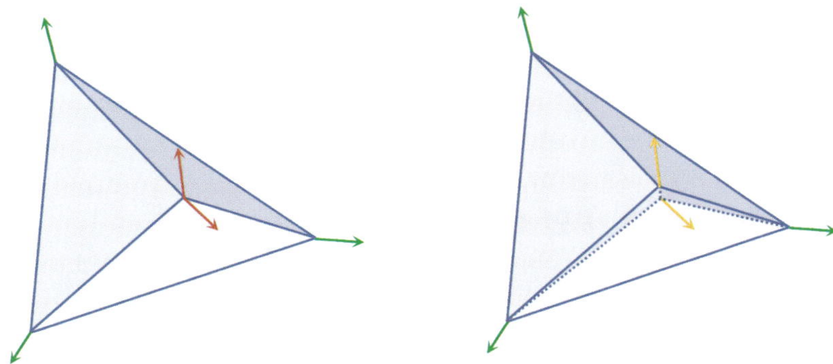

그림 9.45. 공유 정점의 분할.

그러나 이런 단순한 접근방식은 수많은 삼각형이 여러 개의 서로 다른 법선 벡터들을 가지게 된다는 문제점을 가지고 있다. 그림 9.46은 그림 9.43에 나온 입방체의 한 모서리를 나타낸 것이다. 세 개의 삼각형이 이 모서리 위치를 공유하나, 의도했던 날카로운 가장자리를 정확하게 표현하기 위해서는 세 삼각형이 각각 다른 법선 벡터를 가져야 한다.

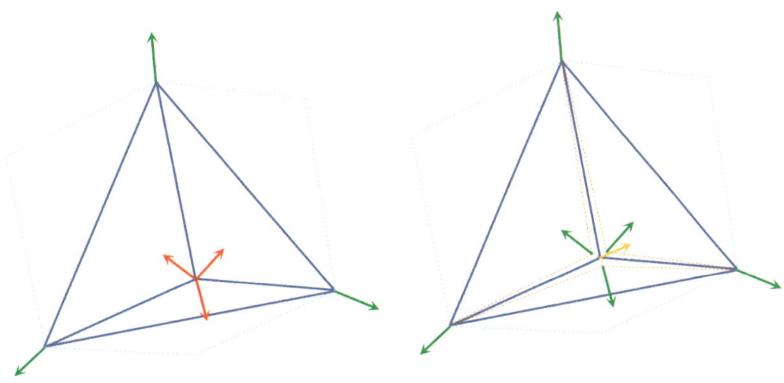

그림 9.46. 모서리 기하구조의 분리.

이 알고리즘에는 날카로운 가장자리를 얼마나 충실하게 표현하는가에 따라 그 복잡도가 다른 여러 가지 변형들이 존재한다. 가장 복잡한 수준이라고 한다면, 표면에 아주 가깝게 일치하는 임시 삼각형들과 제어점들(보통은 GPU에서 생성할)을 소프트웨어 구현에서 직접 생성하는 형태일 것이다.

그러한 접근방식은 문제를 해결하긴 해도 이상적인 해법이라고는 할 수 없다. 구현하기도 간단하지 않지만, 원래의 기하구조를 수정하지 않는다는 애초의 목표를 위반한다는 점이 더욱 큰 문제이다.

### 덮개 셰이더에서의 후면 선별

관찰자에서 먼 쪽을 향한 기본도형을 골라 제외시키는 기법은 3차원 컴퓨터 그래픽에서 오래 전부터 쓰여 왔다. 현대적인 하드웨어 파이프라인도 여전히 이를 수행한다(응용 프로그램의 파이프라인 구성에 따라 다르겠지만). 현대적인 하드웨어 파이프라인에서 이를 위한 과정은 대체로 응용 프로그램에 투명하며, 사실 개발자가 자주 간과하는 부분이기도 하다.

그러나 테셀레이션에서는 기하구조가 증폭되기 때문에 이 과정에 관심을 가질 필요가 있다(마찬가지 이유로, 기하 셰이더 역시 관심의 대상이 된다). 이번 장에서 지금까지 사용한 파이프라인 구성의 경우 후면 선별은 래스터화 이전에 일어난다. 이는 예상 했던 일이다. 중요한 것은, 이 과정이 테셀레이션 이후에 일어난다는 것이다.

간단히 말하면 하드웨어는 무작정 수백, 수천 개의 새 삼각형들을 생성해 놓고는 나중에야 최종 이미지에 기여하지 않는 것들을 폐기한다. 높은 성능이 필요한 상황이라면 이러한 처리 능력의 낭비를 줄여야 하며, 더욱 좋은 것은 그런 낭비가 아예 없게 만드는 것이다.

다행히, Direct3D 11의 덮개 셰이더가 바로 그러한 능력을 가지고 있다. 증폭이나 복잡한 처리가 일어나기 전에 덮개 셰이더에서 패치 전체를 폐기할 수 있는 것이다. 단, 주어진 패치가 후면인지는 덮개 셰이더 프로그램 자체에서 판정해야 한다. 삼각형 하나의 후면 판정은 아주 간단하지만, 패치의 후면 판정은 테셀레이션 알고리즘에 따라서는 그리 간단하지 않을 수 있다.

패치의 후면 판정을 구현할 때에는, 패치 자체는 후면이라도 테셀레이션으로 생성된 기하구조에 후면 방향이 아닌 요소가 존재할 수도 있다는 점을 고려해야 한다. 다행히 곡면 점법선 삼각형 알고리즘의 경우 최종 기하구조가 바탕 제어 메시와 비교적 가깝기 때문에, 그냥 패치만으로 후면 판정을 수행해도 큰 문제가 되지 않는다.

```
HS_CONSTANT_DATA_OUTPUT hsConstantFunc( InputPatch<VS_OUTPUT, 3> ip, uint
PatchID : SV_PrimitiveID )
{
    HS_CONSTANT_DATA_OUTPUT output;
    float3 faceNormal
            = normalize
              (
                cross
                (
                    ip[2].position - ip[0].position
                  , ip[1].position - ip[0].position
                )
              );
    float3 viewDirection = normalize(cameraLookAt - cameraPosition);

    float backFace = sign(0.2 + dot(faceNormal,viewDirection));

    output.Edges[0] = EdgeFactors.x * backFace;
    output.Edges[1] = EdgeFactors.y * backFace;
    output.Edges[2] = EdgeFactors.z * backFace;

    output.Inside = EdgeFactors.w * backFace;

    return output;
}
```

**목록 9.22**. 수정된 덮개 셰이더 패치 상수 함수.

목록 9.22의 덮개 셰이더 패치 상수 함수는 패치가 후면이면 변 테셀레이션 계수에 0이
나 음수를 설정한다. 그러면 이후 파이프라인이 그 패치를 제외시킨다. 후면 여부는 그
냥 입력된 삼각형의 면 법선으로 판정한다. 그 법선과 현재의 시선 방향의 내적이 양수
이면 패치는 시선 방향(즉 관찰자에서 멀어지는 쪽)을 향한 것이므로 후면이다. 여기서
주목할 세부사항이 두 가지 있다. 첫째로, **sign** 함수는 –1.0 또는 +1.0을 돌려주므로,
이를 변 테셀레이션 계수에 곱하면 조건 분기가 필요하지 않다. 둘째로, 후면 판정
시 내적 값에 0.2라는 '마법의 상수'를 더하는데, 이는 패치가 설불리 제외되지 않게
하기 위한 것이다. 패치의 곡률 때문에, 딱 내적만 가지고 판정을 하면 최종 이미지에
눈에 띄는 시각적 결함이 생긴다. 이 상수는 시행착오를 통해서 조율할 필요가 있을

것이다. 0.0에 가까울수록 더 많은 패치가 제외되나, 대신 시각적 결함이 생길 가능성도 높아진다.

한 가지 중요한 점은, 덮개 셰이더의 주 함수(제어점들을 처리하는)가 이 패치 상수 함수보다 먼저 실행된다는 것이다. 따라서 후면 선별이 일어나서 이후 과정에서의 처리를 피할 기회가 생기기도 전에 덮개 셰이더가 이미 상당한 작업을 수행했을 가능성이 있다. 그림 9.47에 이상의 후면 선별 최적화의 결과가 나와 있다(오른쪽).

이 최적화 기법의 특성상 차이가 잘 보이지 않겠지만, 그래도 오른쪽의 와이어프레임이 좀 덜 조밀하다는 점은 확인할 수 있을 것이다. 이는 렌더링된 패치의 수가 더 적다는 뜻이다. 실제로 이 모형에 대한 통계 수치를 보면 영역 셰이더 호출 횟수가 19,488에서 9,570으로 줄어 들었으며, 래스터화된 삼각형 수는 16,800에서 8,250개로 줄었다. 영역 셰이더 호출과 삼각형 래스터화 둘 다 50%나 감소한 것이다.

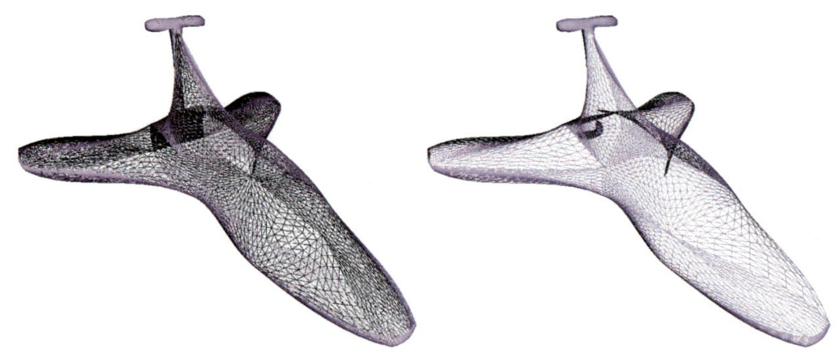

**그림 9.47.** 후면 선별의 결과.

이러한 최적화가 최종 이미지에는 영향을 미치지 않으면서도(반투명이나 그와 비슷한 복합 혼합 연산을 사용하지 않는 한) GPU가 수행할 작업량을 상당히 줄여준다는 점에 주목하기 바란다.

## 9.2.2 결론

지금까지 보았듯이, Direct3D 8 시절에 제안된 원래의 알고리즘을 Direct3D 11에서 그리 어렵지 않게 구현할 수 있었다. Direct3D 11을 지원하는 하드웨어는 당연히 테셀레이션을 지원하므로(그렇지 않다면 Direct3D 11을 지원하는 것이 아니다), ATI의 TruForm 구현이 가지고 있던 '일부 하드웨어에서만 작동한다'는 문제점은 사라진 셈이다. 즉, Direct3D 11 세대 하드웨어는 모두 이 알고리즘을 지원한다.

Direct3D 11 파이프라인의 높아진 표현 능력을 이용하면 원래의 알고리즘을 더욱 개선할 수 있다. 가장 주된 개선안은 테셀레이션이 메시의 표면 전체에서 균일하게 일어나는 문제를 해결하는 것이다. 앞의 그림들에서 보았듯이 현재 구현에서는 삼각형들이 표면 전체에 고르게(변화가 심한 부분과 적은 부분을 가리지 않고) 생성, 분포된다.

후면 선별 제외에 쓰인 것과 비슷한 종류의 수학을 활용한다면, 메시의 가장자리에 가까이 있거나 변이 주파수가 높은(즉, 굴곡이 많은) 영역에 대해서는 테셀레이션 계수를 높게 출력하도록 덮개 셰이더 패치 상수 함수를 개선할 수 있을 것이다. 그러나 이를 위해서는 입력 자료도 수정해야 한다. 이웃한 타일들 사이에 틈이 생기지 않게 하려면 인접성 정보가 필요하기 때문이다.

그런 수정을 가하지 않더라도, 곡면 점법선 삼각형 알고리즘은 Direct3D 11의 새로운 기능성을 잘 보여주며, 기존의 삼각형 기반 메시 렌더러를 개선하는 데 유용하게 써먹을 만한 기법이다.

# 10 이미지 처리

Direct3D 11에 추가된 가장 흥미로운 기능들을 뽑는다면 아마 계산 셰이더가 포함될 것이다. 계산 셰이더는 GPU 하드웨어를 이전과는 전혀 다른 방식으로 활용할 수 있는 수단으로, 이를 이용해서 수많은 새로운 알고리즘을 구현할 수 있다. 특히 '이미지 처리 (image processing; 화상 처리 또는 영상 처리)'는 계산 셰이더를 활용하기에 아주 적합한 분야이다. GPU가 애초에 생성과 조작에 뿌리를 두고 있으므로, 가용 알고리즘의 영역에 일반 화상 처리 능력을 포함시키는 것은 자연스러운 전개라고 할 수 있다. 그림 10.1은 한 이미지의 절반에 흐리기(blurring) 필터를 적용한 예이다.

**그림 10.1.** 이미지 오른쪽 절반에 흐리기 필터를 적용한 예.

실제로 계산 셰이더는 이미지에 손쉽게 대응시킬 수 있는 스레드 적용 모형을 가지고 있다. 전역 $x$, $y$ 스레드 주소로 2차원 이미지 픽셀들의 $x$, $y$ 좌표에 직접 대응시키면 된다(스레드 모형 자체는 제5장에서 자세히 설명했다). 이 덕분에 최근 GPU의 대규모 병렬 처리 능력을 활용하는, 그럼으로써 전통적인 CPU 구현에 비해 월등한 성능을 보이는 구현을 간단하게 개발할 수 있다. 더 나아가서 계산 셰이더는 원자적인 HLSL 함수들과 그룹 공유 메모리, 장치 메모리 자원, 동기화 고유 함수 등 스레드 간 통신을 돕는 도구들을 제공한다. 이러한 추가적인 수단들을 적절한 알고리즘에서 활용한다면 성능을 더욱 향상시킬 수 있다.

이번 장은 이미지 처리 알고리즘을 계산 셰이더의 능력을 이용해서 구현하는 예제 몇 가지를 소개한다. 처음으로 살펴볼 알고리즘은 잘 알려진 **가우스 흐리기**(Gaussian blur) 연산이다. 이 알고리즘은 용도가 광범위하며 수학적으로 바람직한 성질을 가지고 있기 때문에 계산 셰이더를 이용한 화상 처리의 입문용으로 적격이다. 둘째 예제는 최근 들어 인기를 얻은 **양방향 필터**(bilateral filter)의 구현이다. 이것은 가장자리를 보존하는 흐리기 필터로, CPU에서 계산하기에는 상당히 비싸기 때문에 GPU에서 구현하는 것이 아주 바람직하다.

## 10.1 이미지 처리의 기초

계산 셰이더를 이용한 이미지 처리 알고리즘 구현으로 들어가기 전에, 이미지 처리라는 주제 자체를 간단하게나마 소개하고 넘어가는 것이 좋겠다. 이번 절에서는 이번 장의 알고리즘 논의의 틀을 형성하는 기초적인 이미지 처리 개념 몇 가지를 살펴본다. 이 주제를 좀 더 공부하고 싶은 사람이라면 아주 좋은 책들이 많이 나와 있으니(이를테면 [Gonzalez, 2008] 등) 읽어보기 바란다.

**이미지 처리**는 이미지에 대해 수행하는 신호 처리 연산들을 통칭하는 용어이다. 이번 장의 맥락에서 이미지는 실시간으로 생성되거나 파일에서 적재한 2차원 텍스처 자원인 경우가 대부분이다. 이미지 처리 알고리즘의 입력은 항상 이미지이며, 출력은 또 다른 이미지이거나 입력 이미지에서 추출한 어떤 정보이다. 이번 장에서는 그러한 알고리즘들 중 이미지 필터링에 쓰이는 알고리즘 몇 가지만을 살펴보지만, 이번 장에서 논의하는 개념들은 이미지 처리의 다른 영역에도 적용된다.

## 10.1.1 함수로서의 이미지

이미지의 내용을 조작하는 데에는 입력 이미지가 무엇을 나타내는지를 좀 더 정밀하게 정의하는 것이 도움이 된다. 이번 장의 목적에서 이미지는 어떠한 신호를 같은 등간격 표본 위치들에서 추출해서 만든 신호의 2차원 표현이다.* 추출한 각 표본을 **화소**(畵素) 또는 **픽셀**(pixel)이라고 부른다. 하나의 픽셀은 그 위치에서 추출한 신호 값을 최대 네 개의 성분들로 표현한다. 한 이미지의 모든 픽셀은 그 구성 형태가 동일하다. 이러한 설명은 이미지 표시에 흔히 쓰이는, 그림 10.2와 같은 친숙한 2차원 격자와 잘 맞는다.

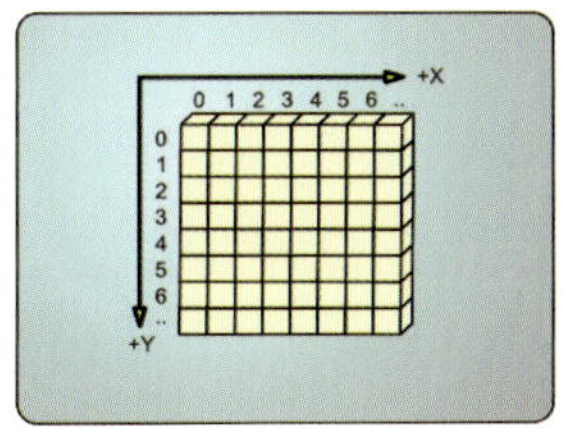


**그림 10.2.** 격자 형태의 2차원 이미지와 Direct3D 11의 픽셀 주소 식별 방식.

그림 10.2는 또한 Direct3D 11에 쓰이는 픽셀 주소 식별 방식도 보여준다.

그런데 이미지라는 것이 반드시 2차원이어야 하는 것은 아님을 기억하기 바란다. 이미지 처리 알고리즘 중에는 1차원과 2차원은 물론 3차원 이상의 신호들을 처리하는 것들도 많이 있다. 그러나 이 책은 실시간 렌더링에 초점을 두고 있으므로, 여기에서는 2차원 이미지 처리 알고리즘만 다루기로 한다.

## 10.1.2 이미지 합성곱

이러한 이미지의 기본 정의를 바탕으로, 이미지 처리 알고리즘의 작동 방식을 좀 더 자세히 살펴보자. 여러 필터링 알고리즘들은 입력 이미지 자체와 다른 어떤 함수 사이의 합성곱(convolution) 형태로 구현되는데, 후자의 함수를 **필터링 핵**(filtering kernel) 또는 필터 핵이라고 부른다. 지금 말하는 이미지처럼 그 정의역(domain)이 이산적(discrete)인 경우 합성곱 연산은 식 (10.1)과 같이 정의된다.

---

* [역주] 따라서 이미지라는 것을 표본 위치에 해당하는 매개변수들을 받고 표본 값으로 돌려주는 함수, 좀 더 수학적으로 말하면 표본 위치를 표본 값으로 사상하는 함수로 볼 수 있다. 이번 절 제목이 뜻하는 바가 바로 그것이다.

$$w(x, y) * f(x, y) = \sum_{s=-a}^{a} \sum_{t=-b}^{b} w(s, t) f(x - s, y - t). \qquad (10.1)$$

이 수학 정의가 좀 복잡해 보일 것이다. 합성곱 연산이 이미지에 어떻게 적용되는지를 좀 더 명확히 알 수 있도록, 이 합성곱을 좀 더 단순화해서 설명해보겠다. 합성곱은 두 개의 함수를 입력으로 해서 하나의 함수를 산출하는 연산이다. 이미지 처리의 경우 이는 출력 이미지의 각 픽셀이 여러 이동된(shfited) 위치들에서의 두 입력 이미지*의 픽셀들의 곱을 합한 결과임을 뜻한다. 좀 더 간단히 말하면, 필터 핵 이미지가 입력 이미지의 픽셀들을 하나씩 훑는 식으로 이동하면서 출력 픽셀이 계산된다. 이러한 개념을 도식화한 것이 그림 10.3으로, 원래의 이미지와 한 픽셀 위치를 처리하는 도중의 필터 핵을 볼 수 있다.

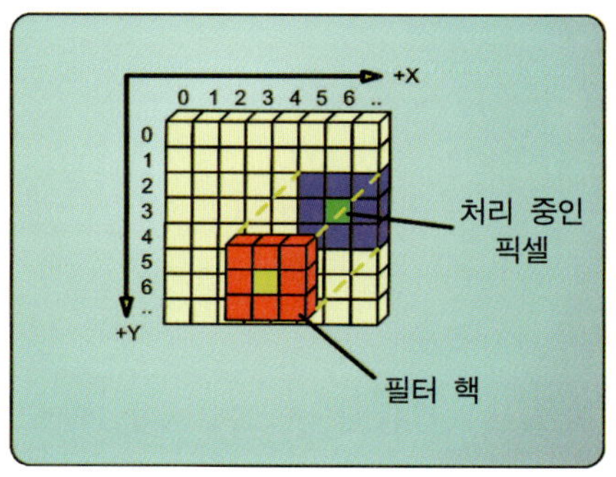


**그림 10.3.** 입력 이미지와 한 픽셀 위치를 처리하는 도중의 필터 핵을 도식화한 그림.

이러한 필터 이동 연산을 계산 셰이더 프로그램 구현의 관점에서 생각해 본다면, 출력 이미지의 각 픽셀마다 그 픽셀 주변의 이미지 자료를 적재해야 하며, 필터 이미지를 그 이미지 자료에 적용해야 하며, 적용한 결과들의 합을 출력 이미지에 저장해야 한다는 결론에 도달할 수 있을 것이다. 그러한 과정을 출력 이미지의 모든 픽셀에 되풀이하면 필터링 연산이 완료된다. 이러한 방식에서 각 픽셀의 계산량이 필터 크기에 비례하므로, 필터 핵의 크기가 필터링 연산 전체의 계산 비용에 심대한 영향을 미친다.

---

* [역주] 여기서 입력은 합성곱에 대한 입력을 뜻한다. 즉, 하나는 원래의 입력 이미지이고 또 하나는 필터 핵에 해당하는 이미지이다. 알고리즘 자체의 입력 이미지가 두 개 필요하다는 뜻이 아님을 주의할 것.

이미지 처리를 이런 식으로 해석하면 머릿속으로 그려보기가 비교적 간단하다. 그리고 이번 장의 이후 구현 논의들은 이 정도의 해석으로도 충분히 이해할 수 있다. 그러나 이런 해석이 모든 이미지 처리 필터에 적용되지는 않음을 기억하기 바란다. 픽셀의 이웃 픽셀들에 대해 방금 말한 것과는 다른 종류의 계산을 수행하는 필터들도 많이 있다. 다행히 그런 알고리즘들에서도, 현재 픽셀 주변의 픽셀들 몇 개를 선택해 어떤 계산을 수행한 결과를 이용해서 출력 이미지에 저장할 값을 결정한다는 기본적인 개념은 동일하다. 차차 보겠지만, 이번 장에서 구현하는 모든 알고리즘은 바로 그러한 패턴을 따른다.

물론 이미지 필터링 알고리즘을 개발하는 사람에게 유용한 수학 이론과 분석 기법들은 많이 있다. 주파수 영역 표현이라든가 필터의 공간 및 주파수 영역에서의 여러 속성들, 다른 방식의 필터 구현들과 그 장단점 등 더 배워 두면 좋은 것들이 얼마든지 많다. 앞에서 언급했듯이, 좀 더 공부하고 싶은 독자라면 본격적인 이미지 처리 교재들을 읽어 보기 바란다.

## 10.1.3 분리 가능 필터

예제 알고리즘 구현으로 넘어가기 전에 한 가지만 더 논의하기로 하자. 2차원 필터 핵 중에는 두 개의 1차원 핵으로 분리해서 두 핵을 따로 적용하는 것이 가능한 핵들이 있다. 그림 10.4는 그러한 분리 적용을 표현한 것이다.

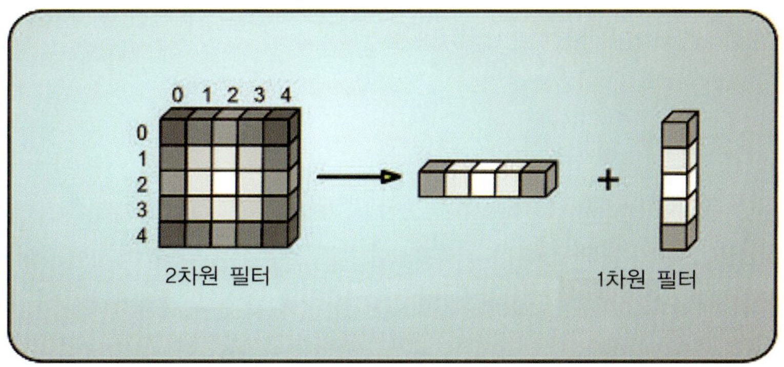


**그림 10.4.** 2차원 필터 핵을 두 개의 1차원 필터 핵으로 분할.

그러한 필터를 **분리 가능**(separable) 필터라고 부른다. 이러한 분리 가능성은 성능에 도움이 된다는 점에서 아주 중요한 특징이다. 일반적으로 크기가 $p \times q$인 2차원 필터를 크기가 $m \times n$인 이미지에 적용하는 경우 필요한 연산 횟수는 $p \times q \times m \times n$에 비례한다. 그러나 필터를 분리할 수 있다면 연산 횟수가 극적으로 줄어든다. 원래의 2차원 필터 핵을 두 개의 1차원 필터 핵으로 나누어서 따로 적용하면 전체 연산 횟수는 첫 단계의 연산 횟수 $p \times m \times n$에 둘째 단계의 연산 횟수 $q \times m \times n$을 더한 것이 된다. 즉, 연산 횟수가 $p \times q \times m \times n$에서 $(p+q) \times m \times n$으로 줄어드는 것이다. $p$와 $q$가 큰 경우 이는 상당한 절감에 해당한다. 이번 장의 예제 알고리즘들에서도 이러한 분리 가능성을 활용한다.

## 10.2 가우스 필터

이번 장에서 처음으로 살펴볼 구체적인 이미지 처리 알고리즘은 **가우스 필터**(Gaussial filter)이다. 이 필터는 그 용도가 광범위하고 계산 비용도 비교적 낮기 때문에 아주 잘 알려져 있다. 필터의 이름은 수학의 여러 분야에 커다란 기여를 한 위대한 독일 수학자 칼 프리드리히 가우스Carl Friedrich Gauss(1777-1885)에서 비롯되었다. 통계학에서 정규 분포를 흔히 **가우스 분포**라고 칭하는데, 그 이름이 이미지 처리 필터에도 붙게 되었다.

가우스 필터는 신호 처리 분야의 용어로 말하면 일종의 **저대역 통과**(low-pass) 필터로, 입력 이미지를 흐리게 만드는 효과를 내기 때문에 가우스 흐리기(blurring) 필터라고도 한다.

### 10.2.1 이론

가우스 필터는 필터 핵 가중치를 계산할 때 (짐작했겠지만)가우스 함수를 사용한다. 식 (10.2)는 2차원 입력에 대한 가우스 함수로, $x$, $y$는 입력 매개변수이고 $\sigma$는 개발자가 정하는 하나의 상수이다(이에 대해서는 잠시 후에 이야기하겠다). 이 공식을 지수 항(거듭제곱 부분)과 거기에 곱해지는 상수 계수(식의 앞쪽)로 나누어서 살펴보자. 지수 항의 지수를 보면 원점에서 입력 표본 위치까지의 거리의 제곱이 있다. 거리 제곱은 항상 양수이므로 지수 전체는 항상 음수이다. 따라서 지수 항은 항상 1에서 0 사이의 값이 된다. $x$와 $y$가 모두 0이면 지수는 1이 되며, 그 외의 경우에는 $\sigma$ 계수에 따라 특정 거리에서부터 0으로 감소한다. 식 앞 부분의 상수는 정의역 전체에 대한 적분이 1이 되는 등의 몇 가지 바람직한 성질을 만들어 내기 위해 지수 항의 크기를 비례시키기 위한 것이다.

$$g(x, y) = \frac{1}{2\pi\sigma^2} e^{\frac{-(x^2+y^2)}{2\sigma^2}} \tag{10.2}$$

이 공식에서 변하는 것은 표본의 위치를 뜻하는 $x$와 $y$ 뿐이다. 출력 필터 가중치 생성 공식의 입력이 표본의 공간적 위치뿐이므로, 출력 필터의 가중치들은 그 본성이 공간적이라고 할 수 있다. 일반적으로 표본이 필터 중심에서 멀수록, 그 표본이 현재 필터링되는 픽셀의 전체적인 결과에 미치는 영향(가중치)이 작아진다. 상수인 시그마($\sigma$)는 필터링 핵의 모양에 영향을 미치며, 결과적으로 이미지가 흐려지는 정도에 영향을 준다. 아주 간단히 말하면 시그마가 클수록 이미지가 더 많이 흐려진다. 그림 10.5는 이 값이 증가함에 따라 필터 핵의 모양이 어떻게 변하지를 보여준다. 필터 핵의 모양을 보면 이미지가 얼마나 흐려질 것인지 짐작할 수 있을 것이다.

식 (10.2)는 '임의의 크기'의 필터 핵에 대한 필터 가중치 집합을 계산하는 공식이다. 그러나 현실적으로 필터 핵의 크기에는 제한이 따르며, 일반적으로 필터 핵을 원하는 품질과 계산 비용이 균형을 이루는 적당한 크기로 한정시켜야 한다. 식 (10.2)는 입력 정의역이 무한하다고 가정한 것이라 다소 복잡하지만, 필터 크기를 고정하면 식 (10.2)에서 상수항을 제거할 수 있다. 이를 위해서는 각 필터 핵 위치에서 필터 가중치들을 계산하고, 각 가중치를 가중치들의 총합으로 나누어서 재정규화해야 한다(가중치 총합이 1.0이 되도록). 흐리기 수행 이전과 이후에서 이미지 신호 안에 담긴 전체 에너지가 동일하게 보존되도록 하려면 이러한 재정규화가 필요하다.[1]

가우스 필터는 많은 분야에서 쓰인다. 렌더링에 관련된 전형적인 용도로는 블루밍(blooming) 같은 이미지 흐리기 효과나 상향·하향 표본화(up/down-sampling) 연산을 들 수 있다. 또한 가우스 필터는 문자 인식 시스템에서 확대 연산 이전에 수행하는 흐리기 연산 등

---

[1] 필터 가중치 총합을 변경해서 다른 효과도 함께 얻을 수 있다. 예를 들어 가중치 총합을 1.0보다 작은 값이나 큰 값이 되도록 재정규화하면 이미지가 전체적으로 어두워지거나 밝아진다.

비렌더링 분야에서도 널리 쓰인다.

## 10.2.2 구현 설계

가우스 필터의 기본 구현은 비교적 간단하다. 우선, 이미지를 얼마나 흐릴 것인지에 따라 적절한 시그마 값을 정하고, 그 값을 포함한 가우스 함수로 필터 가중치들을 생성한다. 이 과정은 일반적으로 설계 시점에서 수행한다. 즉, 처리할 픽셀마다 매번 필터 핵을 다시 계산하지는 않는다. 그러나 필터 크기가 동적으로 변하는 경우라면 필터 가중치 역시 동적으로 계산해야 할 것이다. 어떤 방법으로든 필터링 핵을 마련했다면, 계산 셰이더 단계에서 각각의 픽셀마다 각각 하나의 스레드에서 핵을 적용하는 것은 어렵지 않은 일이다. 그럼 이를 아주 직접적인 '주먹구구식'으로 구현해 본 후에 좀 더 정교한 구현으로 넘어가자.

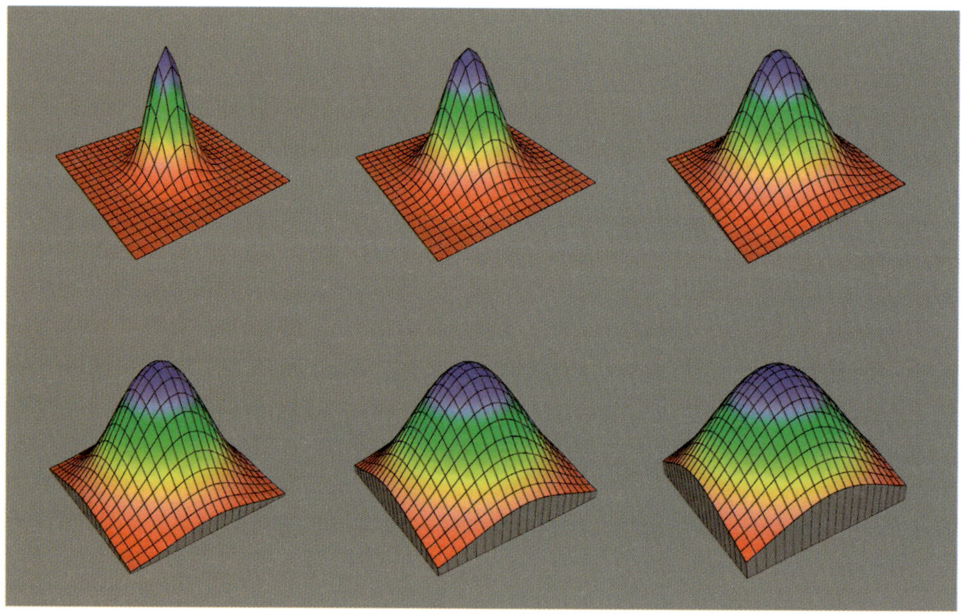

**그림 10.5.** 시그마 값의 증가에 다른 필터 핵의 변화. 시그마 값이 클수록 이미지가 더욱 흐려진다.

그런데 필터 가중치 계산을 구현할 때 고려해야 할 사항이 하나 더 있다. 입력 이미지 가장자리 부근에서는 필터가 이미지 바깥에 있는 위치에서 표본을 추출하게 된다. 그런 상황을 반드시 적절히 처리해야 하는데, 방법은 여러 가지이다. 하나는 외부 표본을 이미지 가장자리 픽셀로 한정시키는 것이다. 그러면 결과적으로 가장자리(테두리) 픽셀들이 내부 픽셀들보다 약간 선명해진다. 또 다른 방법은 이미지 바깥의 표본들을 제거하는 것이다. 이를 위해서는 해당 표본을 가중 연산에 포함시키지 않아야 할 뿐만 아니라 전체적인 표본 총합도 감소시켜야 한다. 필터 가중치들의 총합이 1이어야 하므로, 이는 보통의 내부 픽셀 경우들에서 이미지에 대해 암묵적 중화 연산(neutral operation)을 수행하는 것이라고 할 수 있다. 일부 표본을 제거하면 필터 가중치 총합이 1보다 작아지며, 따라서 출력 값을 새로운 필터 가중치 총합으로 다시금 나누어서 결과를 재정규화해야 한다. 이러한 처리가 추가되면 계산 과정이 좀 더 복잡해진다. 따라서 알고리즘의 전체적인 성능이 크게 떨어지지 않도록 세심하게 구현할 필요가 있다. 이번 장은 계산 셰이더를 효율적인 방식으로 사용하는 데 초점을 두고 있으므로, 이번 장의 예제 구현들에서는 이미지 외부 표본 처리를 그냥 무시하고 넘어간다.

## 주먹구구식 구현

입력 이미지의 각 픽셀마다 각각 하나의 계산 셰이더 스레드가 실행되게 하려면 스레드 그룹 크기와 배분 크기를 적절히 설정해야 하는데, 스레드 그룹 크기에는 한계가 있으므로(스레드 총 1024개 이하) 배분 크기를 입력 이미지 전체에 맞게 설정할 필요가 있다. 예를 들어 입력 이미지가 $640 \times 480$ 픽셀이라고 할 때 스레드 그룹 크기는 상한에 해당하는 $[32, 32, 1]$로 하고 배분 크기를 $[20, 15, 1]$로 하면 모든 픽셀이 처리된다. 이러한 타일 기반 스레드 그룹 조직화 방식이 그림 10.6에 나와 있다. 일반적으로 스레드 그룹 자체의 크기는 사용할 렌더 대상 크기들의 공약수에 해당하는 것으로 선택해 두는 것이 바람직하다. 그렇게 하면 하나의 필터 셰이더 프로그램을 다양한 크기의 입력 이미지들에 재사용할 수 있다.

첫 구현 예제에서는 필터 핵 크기를 $7 \times 7$로 둔다. 미리 계산해 둔 필터 가중치들을 셰이더 프로그램 파일 안의 정적 2차원 배열로 선언해 두고, 루프에서 배열 접근 연산자를 이용해서 개별 가중치에 접근한다. 셰이더 프로그램을 실행하는 각 스레드는 자신이

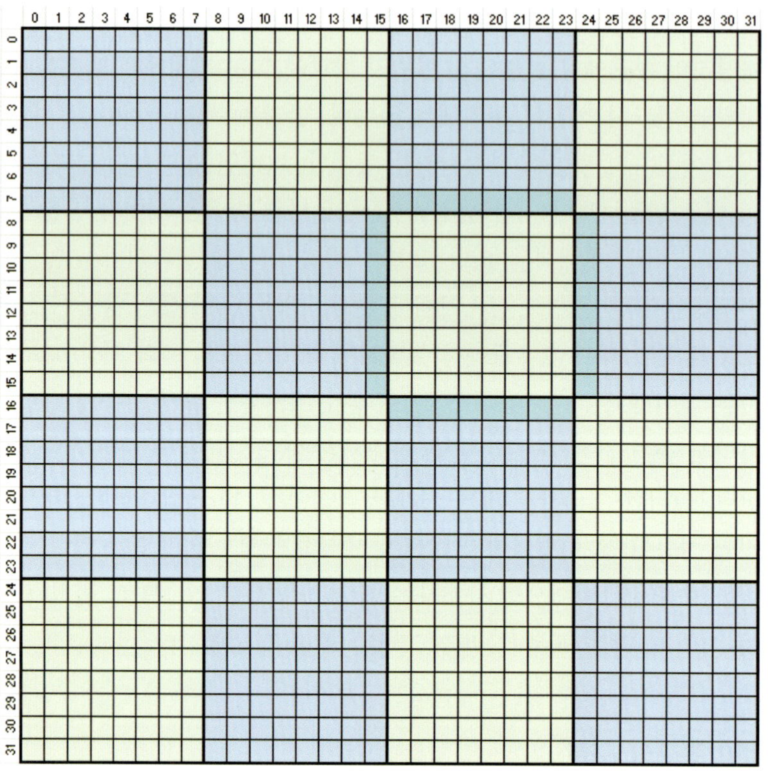

**그림 10.6.** 하나의 이미지를 정사각 타일 크기의 스레드 그룹들로 처리한다. 그림은 8×8 타일의 예이다.

처리할 픽셀을 배분 스레드 ID를 통해서 식별한다. 배분 스레드 ID의 범위가 이미지의 크기와 정확히 일치하기 때문에 이렇게 하면 편하다. 사실 스레드 주소 지정 체계 자체가 바로 그런 식의 응용이 가능하도록 설계된 것이다.

일단 모든 스레드가 각각 자신이 처리할 픽셀을 알게 되면, 각 스레드는 자신의 픽셀에 필터 핵을 적용하는 데 필요한 입력 이미지 자료를 읽어 들인다. 스레드는 각 픽셀 값에 해당 필터 핵 가중치를 곱하고, 그러한 곱들을 모두 합해서 출력 이미지를 위한 출력 픽셀 값을 산출한다. 그런 다음에는 그 출력 값을 출력 텍스처의 해당 위치의 픽셀(애초에 입력 이미지에서 해당 픽셀 값을 읽어올 때와 마찬가지 방식으로 배분 스레드 ID로부터 알아낸)에 기록한다. 이상의 기초적인 구현이 목록 10.1에 나와 있다. 그림 10.7은 한 픽셀에 대한 필터 적용 과정을 나타낸 것이다.

```
// 입력 자원과 출력 자원을 선언한다.
Texture2D<float4>   InputMap : register( t0 );
RWTexture2D<float4> OutputMap : register( u0 );

// 그룹 크기
#define size_x 32
#define size_y 32

// 필터 핵 가중치들을 선언한다.
// 필터 핵 가중치들을 선언한다.
static const float filter[7][7] = {
    0.000904706, 0.003157733, 0.00668492, 0.008583607, 0.00668492,
0.003157733, 0.000904706,
    0.003157733, 0.01102157, 0.023332663, 0.029959733, 0.023332663,
0.01102157, 0.003157733,
    0.00668492, 0.023332663, 0.049395249, 0.063424755, 0.049395249,
0.023332663, 0.00668492,
    0.008583607, 0.029959733, 0.063424755, 0.081438997, 0.063424755,
0.029959733, 0.008583607,
    0.00668492, 0.023332663, 0.049395249, 0.063424755, 0.049395249,
0.023332663, 0.00668492,
    0.003157733, 0.01102157, 0.023332663, 0.029959733, 0.023332663,
0.01102157, 0.003157733,
    0.000904706, 0.003157733, 0.00668492, 0.008583607, 0.00668492,
0.003157733, 0.000904706
};

// 현재 타일 크기의 각 텍셀 당 하나의 스레드를 선언한다.
[numthreads(size_x, size_y, 1)]

void CSMAIN( uint3 DispatchThreadID : SV_DispatchThreadID )
{
    // 첫 표본 위치로의 텍스처 위치 오프셋을 계산한다.
    int3 texturelocation = DispatchThreadID - int3( 3, 3, 0 );

    // 출력 값을 먼저 0으로 초기화하고, 필터 표본들을 훑으면서 가중치를
    // 적용하고, 그 결과를 누적한다.
    float4 Color = float4( 0.0, 0.0, 0.0, 0.0 );

    for ( int x = 0; x < 7; x++ )
        for ( int y = 0; y < 7; y++ )
            Color += InputMap.Load( texturelocation + int3(x,y,0) ) * filter[x][y];

    // 출력 값을 출력 자원에 기록한다.
    OutputMap[DispatchThreadID.xy] = Color;
}
```

**목록 10.1.** 가우스 필터의 주먹구구식 구현.

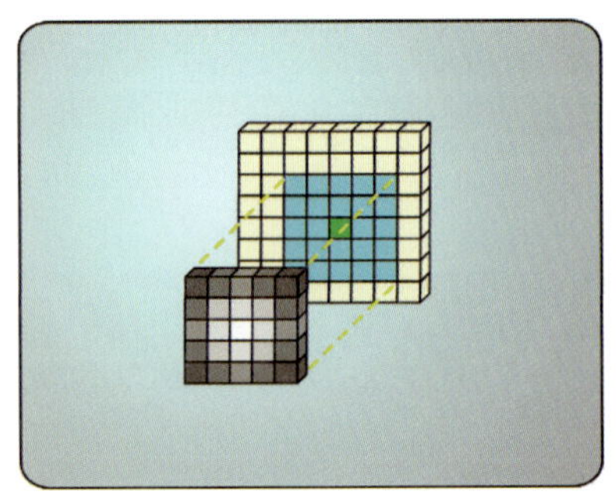

**그림 10.7.** 한 픽셀에 필터 핵을 적용하는 방식.

이 구현은 출력 이미지를 수학적으로 정확한 방식으로 흐리고자 할 때 아주 적합하다. 현대적인 GPU의 높은 병렬성 덕분에 흐리기 연산이 상당히 빠르게 수행될 가능성이 크다. 그러나 이미지 품질을 높이기 위해서이든 또는 GPGPU 응용 프로그램에서 한 연산의 산출량을 높이기 위해서이든, 매 프레임마다 더 많은 연산을 수행해야 할 필요는 언제나 존재한다. 그런 취지에서, 동일한 출력 이미지를 산출하면서도 알고리즘의 성능을 더욱 높이는 방법을 찾아보자.

## 분리 가능 가우스 필터

앞에서 이미지 처리라는 분야를 소개하면서 일부 필터 핵은 분리가 가능함을 이야기했다. 사실 가우스 필터도 그러한 분리 가능 필터의 하나이다. 이 점을 이용하면 가우스 필터 적용 성능을 크게 높일 수 있다. 2차원 필터를 두 개의 1차원 필터로 분리하면 이미지 처리 패스도 둘이 된다(1차원 필터당 한 패스씩). 가우스 필터의 경우 두 1차원 필터는 2차원 필터의 중심에서 직교한다. 이전 절의 $7 \times 7$ 필터 핵을 두 1차원 필터로 분리하면 $1 \times 7$ 필터 하나와 $7 \times 1$ 필터 하나가 나온다(그림 10.8). 이 필터들을 각 패스에서 $x$ 방향 또는 $y$ 방향으로 적용하면 된다.

첫 패스에서는 입력 이미지에 첫째 필터를 적용해서 그 결과를 새 텍스처 자원('중간 결과')에 저장한다. 둘째 패스에서는 중간 결과 이미지에 둘째 필터를 적용한 결과를 최종 출력 이미지에 저장한다. 이처럼 추가적인 이미지가 필요하므로 알고리즘의 메모리 사용량도 늘어난다. 그러나 필터 적용 속도의 개선이 메모리 소비 증가라는 단점을 상쇄하고도 남는다.

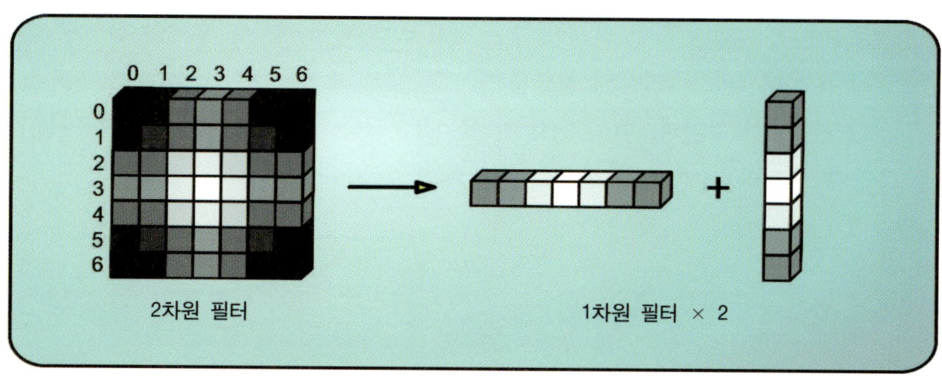


**그림 10.8.** 7×7 필터를 두 개의 1차원 필터로 분리.

이전과는 다른 필터 핵을 사용하는 것이므로 스레드 모형 설정도 변경할 필요가 있다. 이전 예제에서는 2차원 필터의 형태를 반영한 정방형의 스레드 그룹을 사용했으나, 이번 구현에서는 각 패스마다 해당 필터의 형태에 맞는 1차원적인 스레드 그룹을 사용하는 것이 합리적이다. 예를 들어 $640 \times 480$ 이미지의 경우 첫 패스에서는 $[640, 1, 1]$ 크기의 스레드 그룹을 사용하고, 둘째 패스에서는 $[1, 480, 1]$ 스레드 그룹을 사용한다. 이렇게 하면 그룹 공유 메모리도 사용할 수 있기 때문에 장치 메모리 대역폭을 좀 더 줄일 수 있다.

가우스 필터 적용 시 한 스레드가 출력 값을 계산하기 위해 읽어야 할 픽셀의 수는 필터 자체의 크기와 같다. 이전 예제에서는 $7 \times 7$ 필터를 사용했기 때문에 하나의 스레드가 입력 이미지에서 49개의 값을 읽어야 한다. 이번 경우 각 스레드는 $1 \times 7$ 필터를 한 번, $7 \times 1$ 필터를 한 번 적용하므로, 스레드당 $7 + 7 = 14$개의 픽셀만 읽으면 된다. 명시적인 메모리 읽기 횟수가 이전에 비해 크게 줄어든 것이다. 그러나 GPU의 텍스처 자료 캐싱 시스템 때문에 실질적인 절감 효과는 그보다 덜 할 수 있다. 어쨌거나, 그룹 공유 메모리(GSM)를 이용해서 입력 텍스처 읽기 횟수를 더 줄이는 것도 가능하다. 각 스레드가 자신의 입력 픽셀 자료를 읽어서 스레드 그룹의 모든 스레드가 공유하는 그룹 공유 메모리에 저장한다면, 스레드당 실질적인 장치 메모리 읽기 회수는 $7 + 7$에서 무려 $1 + 1$로 줄어든다! 물론 그룹 공유 메모리를 읽고 쓰는 부담이 추가되긴 하지만, 장치 메모리 읽기 횟수를 크게 줄여서 얻는 성능상의 이득이 그러한 부담을 넘어선다. 각 스레드는 자신의 자료를 GSM에 적재한 후 그룹 메모리 장벽 및 그룹 동기화 함수를 호출한다. 이렇게 하면 필요한 모든 자료가 GSM에 기록된 후에야 필터링 연산이 진행된다. 목록 10.2는 이상의 설명을 반영한 계산 셰이더 프로그램으로, 수평 방향 1차원 필터를 위한 것이다. 수직 방향 버전은 표본들을 수직 방향으로 추출한다는 점과 그룹 공유 메모리 선언이 다르다는 점만 빼면 동일하므로 생략하겠다.

```hlsl
// 입력 자원과 출력 자원을 선언한다.
Texture2D<float4>   InputMap  : register( t0 );
RWTexture2D<float4> OutputMap : register( u0 );


// 이미지 크기
#define size_x 640
#define size_y 480


// 필터 핵 가중치들을 선언한다.
static const float filter[7] = {
    0.030078323, 0.104983664, 0.222250419, 0.285375187, 0.222250419,
0.104983664, 0.030078323
};


// 적재된 자료를 담을 그룹 공유 메모리를 선언한다.
groupshared float4 horizontalpoints[size_x];
// 수평 패스의 경우 한 행의 스레드만 사용한다.
[numthreads(size_x, 1, 1)]


void CSMAINX( uint3 DispatchThreadID : SV_DispatchThreadID )
{
    // 입력 자료에서 현재 자료를 적재한다.
    float4 data = InputMap.Load( DispatchThreadID );

    // 그 자료를 현재 스레드가 속한 그룹의 공유 메모리에 저장한다.
    horizontalpoints[DispatchThreadID.x] = data;

    // 모든 스레드를 동기화한다.
    GroupMemoryBarrierWithGroupSync();

    // 첫 표본 위치로의 텍스처 위치 오프셋을 계산한다.
    int3 texturelocation = DispatchThreadID - int3( 3, 0, 0 );
```

```
    // 출력 값을 먼저 0으로 초기화하고, 필터 표본들을 훑으면서 가중치를
    // 적용하고, 그 결과를 누적한다.
  float4 Color = float4( 0.0, 0.0, 0.0, 0.0 );


  for ( int x = 0; x < 7; x++ )
      Color += horizontalpoints[texturelocation.x + x] * filter[x];


  // 출력 값을 출력 자원에 기록한다.
  OutputMap[DispatchThreadID.xy] = Color;
}
```

**목록 10.2**. 분리 가능 가우스 필터 예제의 수평 패스 계산 셰이더 프로그램.

이 코드에서 우선 주목할 것은 스레드 그룹 크기가 1차원 필터 형태에 맞게 수정되었다는 점이다. 현재 Direct3D 11에서 스레드 그룹의 총 스레드 개수 상한이 1024이므로 이미지가 큰 경우 스레드 그룹 하나로는 부족할 수 있다. 그런 경우에는 배분 크기를 늘려서 각 패스마다 여러 개의 스레드 그룹들이 이미지의 너비 또는 높이 전체를 포괄하게 만들면 된다. 그룹 공유 메모리 역시 현재 스레드 그룹 크기에 부합하는 개수의 픽셀들을 담도록 선언되어 있다는 점도 주목하기 바란다. 마지막으로, 모든 스레드가 자료 적재를 끝내서 그룹 공유 메모리를 채운 후에야 실제 필터링 연산이 진행되도록 하기 위해 `GroupMemoryBarrierWithGroupSync()`를 호출한다는 점도 중요한 사항이다.

## GSM을 이용한 자료 공유

분리 가능 가우스 필터 구현에서는 그룹 공유 메모리를 이용해서 필터링 연산에 필요한 장치 메모리 접근 횟수를 크게 줄였다. 다른 여러 경우에도 이처럼 그룹 공유 메모리를 메모리 캐시로 사용함으로써(그리고 메모리 장벽을 적절히 적용해서) 장치 메모리 접근 횟수를 줄일 수 있다(물론 그룹 공유 메모리 접근은 늘겠지만). 이를 좀 더 확장해서, 이번에는 스레드들의 중간 계산 결과까지도 그룹 공유 메모리에 캐싱함으로써 GPU의 전반적인 계산 비용을 줄여보자. 알고리즘의 메모리 접근을 줄인다면 알고리즘의 계산 부분이 전체 성능에 미치는 영향이 더욱 커질 것이다. 그 계산 부분까지 최적화한다면 성능을 더욱 끌어 올릴 수 있을 것이다.

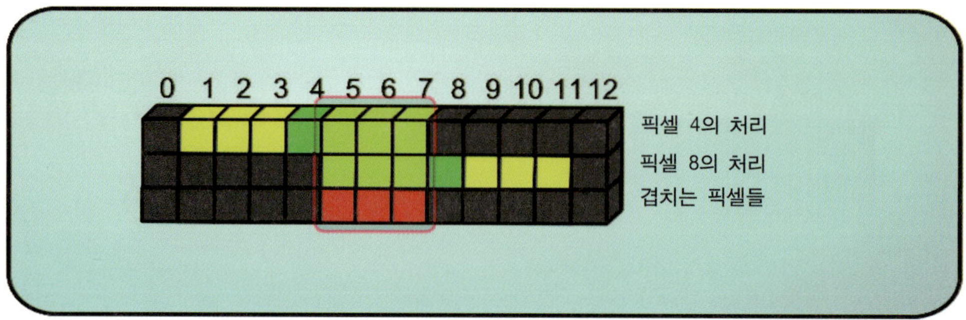



**그림 10.9.** 인근 픽셀들에서 서로 겹치는 계산들.

분리 가능 가우스 필터의 경우 두 1차원 필터의 필터 가중치들이 중앙에 대해 대칭이라
는 점에 주목할 필요가 있다. 여기에 행 및 열 기반 스레드 배정 방식을 결합하면, 서로
다른 두 픽셀에서 중간 계산 결과들을 공유하는 것이 가능해진다. 서로 가까운 위치에
있는 두 픽셀의 처리에 필요한 계산들을 표시한 그림 10.9를 보면 이를 쉽게 이해할
수 있을 것이다. 여기서 핵심은, 두 픽셀 사이의 중점에 해당하는 한 픽셀에 대한 계산
결과를 두 픽셀이 공유할 수 있다는 것이다.

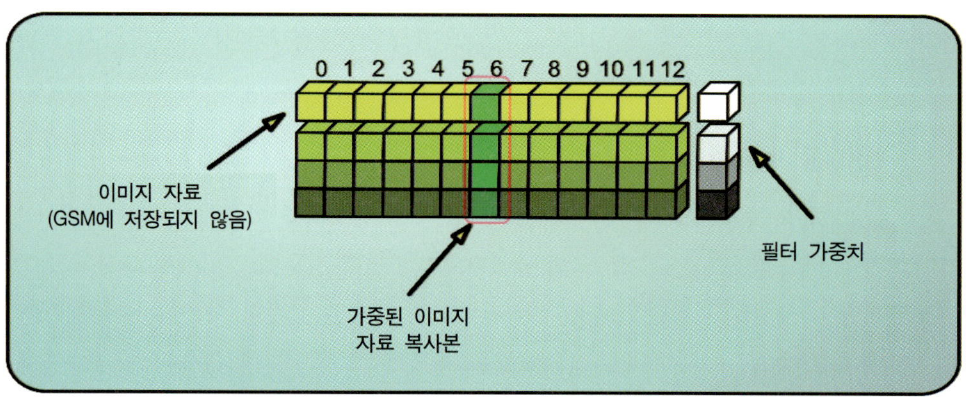



**그림 10.10.** 계산 결과의 캐싱을 위한 그룹 공유 메모리 구조.

이번 최적화의 전체적인 과정은 이렇다. 각 스레드는 자신의 픽셀 값에 가중치를 곱한
결과를 GSM에 저장한 후 그룹 동기화 메모리 장벽 함수를 호출한다. 이후 필터링 적용

시 각 스레드는 GSM에 저장된 적절한 중간 결과를 사용한다. 이렇게 하면 전체적인 곱셈 횟수가 대략 절반으로 줄어든다. 이 기법을 위해서는 그룹 공유 메모리가 더 많이 필요하며, 그룹 공유 메모리 읽기/쓰기도 더 많이 수행된다. 각 스레드가 동기화 이전에 계산한 중간 결과를 담는 그룹 공유 메모리의 구조가 그림 10.10에 나와 있다. 목록 10.3은 이 최적화를 적용하는 계산 셰이더 프로그램이다.

```
// 입력 자원과 출력 자원을 선언한다.
Texture2D<float4>   InputMap : register( t0 );
RWTexture2D<float4> OutputMap : register( u0 );

// 이미지 크기
#define size_x 640
#define size_y 480

// 필터 핵 가중치들을 선언한다.
static const float filter[7] = {
    0.030078323, 0.104983664, 0.222250419, 0.285375187, 0.222250419,
    0.104983664, 0.030078323
};

// 적재된 자료를 담을 그룹 공유 메모리를 선언한다.
groupshared float4 horizontalpoints[size_x][3];

// 수평 패스의 경우 한 행의 스레드만 사용한다.
[numthreads(size_x, 1, 1)]

void CSMAINX( uint3 DispatchThreadID : SV_DispatchThreadID )
{
    // 입력 자료에서 현재 자료를 적재한다.
    float4 data = InputMap.Load( DispatchThreadID );

    // 자료에 가중치를 적용한 결과를 현재 스레드가 속한 그룹의 공유 메모리에 저장한다.
    horizontalpoints[DispatchThreadID.x][0] = data * filter[0];
    horizontalpoints[DispatchThreadID.x][1] = data * filter[1];
    horizontalpoints[DispatchThreadID.x][2] = data * filter[2];

    // 모든 스레드를 동기화한다.
    GroupMemoryBarrierWithGroupSync();

    // 첫 표본 위치로의 텍스처 위치 오프셋을 계산한다.
```

```
int3 texturelocation = DispatchThreadID - int3( 3, 0, 0 );

// 출력 값을 먼저 0으로 초기화하고, 필터 표본들을 훑으면서 가중치를
// 적용하고, 그 결과를 누적한다.
float4 Color = float4( 0.0, 0.0, 0.0, 0.0 );

Color += horizontalpoints[texturelocation.x + 0][0];
Color += horizontalpoints[texturelocation.x + 1][1];
Color += horizontalpoints[texturelocation.x + 2][2];
Color += data * filter[3];
Color += horizontalpoints[texturelocation.x + 4][2];
Color += horizontalpoints[texturelocation.x + 5][1];
Color += horizontalpoints[texturelocation.x + 6][0];


// 출력 값을 출력 자원에 기록한다.
OutputMap[DispatchThreadID.xy] = Color;
}
```

**목록 10.3.** 계산 캐시를 적용한 가우스 필터 구현.

이렇게 하면 각 스레드당 산술 연산 횟수가 줄고 메모리 접근 연산 횟수가 늘어난다. 그룹 공유 메모리가 아주 빠른 메모리 영역이긴 하지만, 그래도 접근에는 비용이 따른다. 또한 지금 예에서 줄어드는 산술 연산은 현대적인 GPU가 상당히 빠르게 수행할 수 있는 단순한 곱셈이다. 따라서 실질적인 성능 이득이 비교적 작을 수 있다. 이런 종류의 최적화는 좀 더 긴 계산이나 비싼 명령의 결과를 캐싱할 때 더 큰 이득을 낼 것이다. 정리하자면, 최종적인 결과는 GPU의 특성에 따라, 그리고 개별 산술 연산과 메모리 접근 연산의 특성에 따라 다를 수 있다.


## 10.2.3 결과

가우스 필터는 아주 널리 쓰이는 필터로, 흐리기의 정도를 상수 값을 통해 조절할 수 있으며 필터 핵의 크기도 여러 가지로 선택해서 사용할 수 있다. 이는 필터의 성능을 주어진 상황에 맞게 조정하는 것이 가능하다는 뜻이기도 하다. 또한 가우스 필터는 분리가 가능한 필터로, 이 점을 이용하면 메모리 접근과 산술 연산 횟수를 크게 줄일 수 있다. 메모리 접근 횟수는 그룹 공유 메모리를 맞춤형 메모리 캐시로 사용함으로써 더욱

줄일 수 있으며, 산술 연산 횟수 역시 여러 픽셀들이 공유하는 필터 요소들을 미리 계산해 그룹 공유 메모리에 담아 둠으로써 좀 더 줄일 수 있다. 후자의 최적화는 산술 연산과 메모리 접근 연산을 맞바꾸는 것으로, 따라서 충분히 무거운 산술 연산을 캐싱하는 경우에는 성능이 향상되겠지만 성능 향상이 항상 가능한 것은 아님을 명심해야 할 것이다. 이는 GSM을 실제로 이득이 되는 경우에만 사용하도록 알고리즘을 세심하게 설계해야 한다는 뜻이다.

.

## 10.3 양방향 필터

이번 장에서 두 번째로 살펴볼 필터 알고리즘은 **양방향 필터**(bilateral filter)이다. [Tomasi, 1998]에서 처음 소개된 이 필터는 그 본성이 가우스 필터와 비슷하며, 따라서 흐리기 필터의 일종이라고 할 수 있다. 양방향 필터의 특징은, 이미지 내용의 날카로운 가장자리(색이 서로 다른 영역의 경계 부분)를 보존한다는 것이다. 이는 내용과 무관하게 이미지 전체를 흐리는 가우스 필터와의 중요한 차이점이다. 한 이미지를 가우스 필터를 이용해서 여러 번 흐리면 이미지 안의 물체들을 구별할 수 없을 정도로 이미지가 완전히 뭉개진다. 그림 10.11은 한 이미지에 두 필터를 적용한 결과를 비교한 것이다.

**그림 10.11.** 가우스 필터와 양방향 필터의 비교—왼쪽은 원본, 가운데는 가우스 필터 적용 결과, 오른쪽은 양방향 필터 적용 결과.

양방향 필터는 그 가장자리 보존 성질 때문에 가우스 필터와는 다른 종류의 기능을 수행하는 데 사용할 수 있다. 예를 들어 어떤 복잡한 대상의 속성들을 확률론적 방법을 이용해서 표본화하는 알고리즘에서는 표본 추출 기법의 무작위성 때문에 출력에 잡음이 섞이는 경우가 있다. 양방향 필터를 이용하면 신호 안의 잡음을 줄이거나 최소화하면서도 대상 안의 여러 특징을 구분하는 중요한 정보(이미지 안의 여러 물체를 규정하는 중요한 경계 등)를 유지할 수 있다. 화면 공간 주변광 차폐(SSAO) 계산의 결과를 평탄화하기 위해 양방향 필터를 사용하는 것이 그 좋은 예이다.

## 10.3.1 이론

양방향 필터는 가우스 필터와 비슷한 구석이 많다. 양방향 필터의 가중치들도 가우스 필터에서처럼 필터 중심으로부터의 공간적 거리에 기초한다. 가우스 필터와 다른 점은, 가중치 계산에 추가적인 계수가 도입된다는 것이다. 양방향 필터에서는 필터 가중치를 현재 처리하는 픽셀의 색상과 표본 픽셀 색상의 차이에 따라 비례시킨다. 두 픽셀이 비슷한 색상이면 가중치가 거의 변하지 않으나, 색상 차이가 크면 가중치가 작아져서 픽셀의 전체적인 결과에 덜 영향을 미치게 된다. 즉, 양방향 필터의 가중치는 표본의 공간적 위치 관계뿐만 아니라 이미지 안에 담긴 색상 강도(intensity, 수식의 $I$) 값에도 의존한다. 양방향 필터의 개별 표본 가중치를 계산하는 공식이 식 (10.3)에 나와 있다.

$$BF[I_p] = \frac{1}{W_p} \sum_{q \in S} G_S(\, \| \, p - q \, \| \,) \, G_r(I_p - I_q) I_q. \tag{10.3}$$

식 (10.3)([Paris])에서 보듯이, 양방향 필터의 가중치는 공간적 거리에 기초한 가우스 함수($G_S$)와 색상 차이 값에 기초한 가우스 함수($G_r$)의 곱이다. 양방향 필터가 이미지의 가장자리를 유지하는 것은 바로 이런 색상 강도에 대한 의존성 때문이다. 그런데 이미지의 모든 색상이 서로 다른 값일 수 있으므로, 양방향 필터에서는 하나의 출력 픽셀 값을 산출하는 데 쓰이는 모든 표본에 대한 가중치들을 반드시 동적으로 계산해야 한다. 이는 원하는 시그마 값에 기초해서 가중치들을 미리 계산해 둘 수 있는 가우스 필터와는 상당히 다른 특징이다. 또한 가중치들이 픽셀마다 다를 수 있기 때문에 양방향 필터는 비선형 필터에 속한다. 일반적으로 비선형 필터는 분리가 불가능하다. 필터 크기가 어느 정도 큰 경우에는 이 점이 성능에 커다란 영향을 미친다.

가중치들을 계산했다면, 그것들을 이용해서 출력 픽셀 값을 계산하는 방법은 가우스 필터에서와 동일하다. 즉, 적절한 이웃 픽셀들을 추출해서 현재 픽셀의 해당 가중치 값들을 곱한 결과를 모두 합하면 된다. 양방향 필터의 가중치를 계산할 때 한 가지 고려해야 할 중요한 사항은, 이미지의 내용에 따라서는 계산된 가중치들의 합이 1보다 약간 작을 수 있다는 점이다. 이 때문에 특정 영역이 실제보다 비정상적으로 어두워져서 뭔가 어긋나 보이는 결과가 나올 수 있다. 이는 총합이 항상 1이 되는 가우스 필터 가중치들과는 대비되는 특징이다. 이러한 가중치 총합의 변동을 보정하기 위해서는 모든 픽셀의 기여도를 재정규화해주어야 하는데, 방법은 간단하다. 출력 픽셀 값을 가중치들의 합으로 나누어주면 된다. 그림 10.12가 이러한 재정규화를 표현한 것이다.

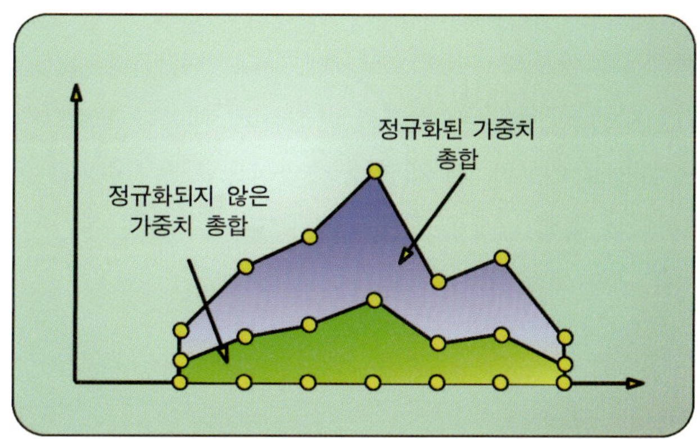


**그림 10.12.** 양방향 필터 가중치의 재정규화.

양방향 필터를 사용할 때 주의해야 할 사항이 한 가지 더 있다. 바로, 보통의 색상 텍스처에는 적어도 세 개의 독립적인 성분(채널)이 존재한다는 것이다. 즉, 색상은 하나의 스칼라 값이 아니라 3차원 벡터인 것이다. 따라서 가중치 계산 시 색상의 각 채널을 따로 처리하거나, 아니면 3차원적인 색상 값을 그에 해당하는 1차원 스칼라 값으로 변환해 주어야 한다. 두 방법 모두에서, 가중치 계산에 필요한 산술 연산의 수가 늘어난다. 그리고 후자의 방법은 색상 공간을 하나의 스칼라 값으로 근사하는 것이기 때문에 필터의 출력 이미지 품질이 조금 떨어지게 된다. 원칙적으로 GPU는 벡터 산술 능력을 가지

고 있으므로, 각 색상 채널을 따로 계산한다고 해도 명령 개수는 변하지 않을 것이다.[2]

## 10.3.2 구현 설계

양방향 필터의 기본적인 구현 방식은 가우스 필터의 것과 아주 비슷하다. 계산 셰이더에서 필터를 실행한다는 점, 입력 이미지를 셰이더 자원 뷰에 연결한다는 점, 그리고 쓰기 접근이 가능한 순서 없는 접근 뷰를 통해서 텍스처 자원에 결과를 출력한다는 점은 이전과 동일하다. 우선 간단한 주먹구구식 구현을 살펴보고, 그런 다음 좀 더 효율적인 접근 방식으로 넘어가겠다.

### 주먹구구식 구현

주먹구구식 구현은 가우스 필터의 주먹구구식 버전과 아주 비슷하다. 단, 필터 가중치들을 픽셀 색상들에 기초해서 동적으로 계산한다는 점이 다르다. 이 구현에서는 입력 색상 이미지가 네 채널 모두를 사용한다고 가정하고, 셰이더 프로그램 전반에서 **float4** 형식에 기초한 산술을 이용해 각 채널을 개별적으로 처리한다. 이 소박한 구현에서는 각 픽셀마다 하나의 출력 픽셀을 산출하며, 스레드 그룹은 이전처럼 $32 \times 32$ 스레드이다. 목록 10.4에 구현 코드가 나와 있다.

```
// 입력 자원과 출력 자원을 선언한다.
Texture2D<float4>   InputMap : register( t0 );
RWTexture2D<float4> OutputMap : register( u0 );

// 그룹 크기
#define size_x 32
#define size_y 32

// 필터 핵 가중치들을 선언한다.
static const float filter[7][7] = {
    0.000904706, 0.003157733, 0.00668492, 0.008583607, 0.00668492,
0.003157733, 0.000904706,
```

---

2) 과거에는 모든 GPU 아키텍처가 벡터 레지스터 기반이었다. 그러나 이제는 그렇지 않다. 최근 NVIDIA는 스칼라 실행 파이프라인을 사용하는 아키텍처를 내놓았다(AMD 아키텍처들은 여전히 벡터 기반이지만). 따라서 이 문장이 모든 GPU에 적용되지는 않음을 이렇게 각주로 밝혀둔다.

```
    0.003157733, 0.01102157, 0.023332663, 0.029959733, 0.023332663,
0.01102157, 0.003157733,
    0.00668492, 0.023332663, 0.049395249, 0.063424755, 0.049395249,
0.023332663, 0.00668492,
    0.008583607, 0.029959733, 0.063424755, 0.081438997, 0.063424755,
0.029959733, 0.008583607,
    0.00668492, 0.023332663, 0.049395249, 0.063424755, 0.049395249,
0.023332663, 0.00668492,
    0.003157733, 0.01102157, 0.023332663, 0.029959733, 0.023332663,
0.01102157, 0.003157733,
    0.000904706, 0.003157733, 0.00668492, 0.008583607, 0.00668492,
0.003157733, 0.000904706
};

// 현재 타일 크기의 각 텍셀당 하나의 스레드를 선언한다.
[numthreads(size_x, size_y, 1)]
void CSMAIN( uint3 GroupID : SV_GroupID, uint3 DispatchThreadID :
SV_DispatchThreadID, uint3 GroupThreadID : SV_GroupThreadID, uint GroupIndex
: SV_GroupIndex )
{
    // 첫 표본 위치로의 텍스처 위치 오프셋을 계산한다.
    int3 texturelocation = DispatchThreadID - int3( 3, 3, 0 );

    // 중심 픽셀의 색상을 적재한다.
    float4 CenterColor = InputMap.Load( DispatchThreadID );

    // 범위 시그마 값
    const float rsigma = 0.051f;

    float4 Color = 0.0f;
    float4 Weight = 0.0f;

    for ( int x = 0; x < 7; x++ )
    {
        for ( int y = 0; y < 7; y++ )
        {
          // 현재 표본을 얻는다.
          float4 SampleColor = InputMap.Load( texturelocation + int3( x, y, 0 ) );

            // 색상 차이를 구해서 범위 가중치를 계산한다.
            float4 Delta = CenterColor - SampleColor;
```

```cpp
        float4 Range = exp( ( -1.0f * Delta * Delta )
                        / ( 2.0f * rsigma * rsigma ) );


        // 가중합으로 출력 값을 갱신하고, 가중치 총합도 갱신한다.
        Color += SampleColor * Range * filter[x][y];
        Weight += Range * filter[x][y];
    }
}


// 결과를 재정규화해서 출력 자원에 기록한다.
OutputMap[DispatchThreadID.xy] = Color / Weight;
}
```

**목록 10.4.** 양방향 필터의 주먹구구식 구현.

목록 10.4에서 보듯이, 색상 기반 가중 계수는 중심 픽셀의 색상과 현재 표본 픽셀의 색상의 차이에 기초한다. 그 차이를 가우스 함수의 입력으로 사용한다. 공간적 가중치는 가우스 필터 구현에서처럼 미리 계산해 두는데, 그렇게 하는 대신 동적으로 계산하는 것도 간단한 일이며, 응용 프로그램이 상수 버퍼를 통해서 제공할 수도 있다. 필터의 모든 표본을 처리하고 나면 **Weight** 변수에는 가중치들의 총합이 저장된 상태이다. 마지막으로, 프로그램은 표본 가중합을 이 가중치 총합으로 나누어서 '재정규화'한 결과를 순서 없는 접근 뷰를 통해서 출력 자원에 기록한다.

가우스 필터 주먹구구식 구현에서처럼, 이 구현의 스레드당 연산 횟수는 필터 핵에 쓰인 표본의 개수에 대략 비례한다. $7 \times 7$ 필터의 경우 제일 안쪽 루프의 본문이 49회 실행되는데, 본문은 한 번의 장치 메모리 자원 읽기와 몇 번의 산술 연산을 수행한다. 모든 루프를 벗어난 후에는 장치 메모리 자원에 결과를 기록하는 연산이 한 번 수행된다. 이것이 최적의 해법이 아님은 명백하다. 메모리 접근 연산마다, 알고리즘이 GPU 메모리 시스템에게 요청한 자료가 실제로 반환되기까지 상당한 시간 지연이 존재할 것이기 때문이다.

## 분리 가능 양방향 필터

가우스 필터의 경우에는 가우스 필터의 분리성을 활용해서 한 픽셀의 처리에 필요한 작업량을 크게 줄일 수 있었다. 필터를 분리해서 알고리즘을 두 단계로 수행하면 연산 횟수가 줄어들 뿐만 아니라 그룹 공유 메모리를 이용해서 장치 메모리 접근 횟수까지도 더 줄일 수 있다. 이에 의해 전체적인 성능이 주먹구구식 구현에 비해 크게 향상된다. 양방향 필터에서도 그런 식으로 연산 횟수와 메모리 접근 횟수를 줄일 수 있으면 좋을 것이다.

그러나 앞에서 이야기했듯이 양방향 필터는 일반적으로 분리가 불가능한 비선형 필터의 일종이다. 따라서 원칙적으로는 가우스 필터에서 했던 것 같은 종류의 최적화를 수행할 수 없다. 그러나, 수학적인 정확성을 조금 희생한다면 양방향 필터를 분리해서 구현하는 것이 가능하다. 그 결과로 나온 이미지가 기본적인 구현의 결과와 완전히 동일하지는 않지만, 어차피 양방향 필터는 이미지를 흐리기 위한 것이므로 진짜 알고리즘의 결과와 정확히 일치하지 않다고 해도 그 사실을 관찰자가 눈치채기는 힘들다. 필터 분리에 의한 성능상의 이득이 결과의 불완전함을 능가하며, 따라서 시도할만한 가치가 있다. 그럼 분리 가능 양방향 필터의 구현을 살펴보자.

알고리즘의 전체적인 설정은 분리 가능 가우스 필터와 거의 비슷하다. 차이는 필터 적용 시 표본별 색상 기반 계산이 필요하다는 점이다. 가우스 구현에서처럼 그룹 공유 메모리를 맞춤형 캐시로 사용하는 최적화도 적용하기로 하자. 이번 경우에는 필요한 색상 값을 캐싱한다. 이전 주먹구구식 양방향 필터 구현과의 가장 큰 차이는 알고리즘을 하나의 패스가 아니라 두 개의 패스로 실행한다는 점이다. 목록 10.5에 수정된 구현 코드가 나와 있다.

```
// 입력 자원과 출력 자원을 선언한다.
Texture2D<float4>    InputMap : register( t0 );
RWTexture2D<float4> OutputMap : register( u0 );


// 이미지 크기
#define size_x 640
#define size_y 480
// 필터 핵 가중치들을 선언한다.
static const float filter[7] = {
    0.030078323, 0.104983664, 0.222250419, 0.285375187, 0.222250419,
    0.104983664, 0.030078323
};


// 적재된 자료를 담을 그룹 공유 메모리를 선언한다.
```

```hlsl
groupshared float4 horizontalpoints[size_x];

// 수평 패스의 경우 한 행의 스레드만 사용한다.
[numthreads(size_x, 1, 1)]

void CSMAINX( uint3 DispatchThreadID : SV_DispatchThreadID )
{
    // 입력 자료에서 현재 자료를 적재한다.
    float4 CenterColor = InputMap.Load( DispatchThreadID );

    // 그 자료를 현재 스레드가 속한 그룹의 공유 메모리에 저장한다.
    horizontalpoints[DispatchThreadID.x] = CenterColor;

    // 모든 스레드를 동기화한다.
    GroupMemoryBarrierWithGroupSync();

    // 첫 표본 위치로의 텍스처 위치 오프셋을 계산한다.
    int3 texturelocation = DispatchThreadID - int3( 3, 0, 0 );

    // 범위 시그마 값
    const float rsigma = 0.051f;

    float4 Color = 0.0f;
    float4 Weight = 0.0f;

    for ( int x = 0; x < 7; x++ )
    {
        // 현재 표본을 얻는다.
        float4 SampleColor = horizontalpoints[texturelocation.x + x];

        // 색상 차이를 구해서 범위 가중치를 계산한다.
        float4 Delta = CenterColor - SampleColor;
        float4 Range = exp( ( -1.0f * Delta * Delta )
                            / ( 2.0f * rsigma * rsigma ) );

        // 가중합으로 출력 값을 갱신하고, 가중치 총합도 갱신한다.
        Color += SampleColor * Range * filter[x];
        Weight += Range * filter[x];
    }

    // 결과를 재정규화해서 출력 자원에 기록한다.
    OutputMap[DispatchThreadID.xy] = Color / Weight;
}
```

**목록 10.5.** 양방향 필터의 분리 가능 구현.

그림 10.13. 양방향 필터의 표준 구현과 분리 가능 구현의 비교.

이 구현이 주먹구구식 구현보다 훨씬 빠르다. 결과 이미지의 품질 역시 크게 떨어지지 않는다. 그림 10.13은 주먹구구식 구현과 분리 가능 구현의 결과를 비교한 것인데, 눈에 거슬리는 결함을 발견하기 어려울 것이다.

## 10.3.3 결론

양방향 필터는 모든 이미지 처리 라이브러리에서 매우 중요한 도구이다. 이미지를 흐리면서도 가장자리 경계를 최대한 유지한다는 특징은 쓸모가 상당히 많다. 양방향 필터는 후처리 기법에 흔히 쓰이는데, 특히 확률론적이거나 무작위한(난수 기반의) 표본화 기법의 결과를 매끄럽게 만드는 데 아주 유용하다. 주먹구구식 구현에서의 이미지 품질이 조금 더 좋긴 하지만, 분리 가능 필터 기법을 적용하면 성능상의 큰 이득을 얻을 수 있다. 그렇게 하면 계산량이 줄어들기 때문에 필터 크기를 더욱 키우는 것도 가능하다.

# 11 지연 렌더링

## 11.1 개요

그래픽 하드웨어의 범용성과 프로그래밍 가능성이 높아짐에 따라, 실시간 3차원 그래픽 응용 프로그램 개발자들은 전통적인 렌더링 파이프라인의 단점을 극복할 수 있는 대안 렌더링 기법을 모색하기 시작했다. 그런 대안들 중 아주 유명한 기법으로 **지연 렌더링**(deferred rendering)이라는 것이 있다. 기본적으로 이 기법은 많은 수의 동적 광원을 복잡한 셰이더 프로그램들을 사용하지 않고 지원하기 위한 것이다(그림 11.1 참고). 이 기법은 Crytek, Naughty Dog, Guerrilla Games가 만든 엔진들에 성공적으로 통합되었다 ([Mittring, 2009], [Balestra & Engstad, 2008], [Hable, 2010], [Valient, 2007]).

이번 장에서는 지연 렌더링과 그 장단점을 간략하게 소개하고, 전통적인 지연 렌더링과 좀 더 최근의 **사전 조명 패스 렌더링**(light pre-pass rendering)을 Direct3D 11을 이용해서 기본적인 형태로 구현하는 방법을 살펴본다. 마지막으로는 Direct3D 11의 기능들을 이용해서 지연 렌더러의 품질과 성능 모두를 향상하는 방법을 논의한다.

### 11.1.1 순방향 렌더링의 문제점

렌더러를 설계할 때 중요한 문제 한 가지는 조명 처리 방식을 결정하는 것이다. 조명(照明, lighting)은 간단히 말하면 특정 지점에서의 표면 기하구조가 반사하는 빛의 세기와 색을 계산하는 과정인데, 그 반사광의 세기와 색상은 한 픽셀의 최종 색상을 결정하는 데 있어 가장 중요한 요인이다. 따라서 조명 처리는 엄청나게 중요한 과정이라 할 수 있다. 일반적으로 조명 과정은 다음과 같은 단계들로 이루어진다.

**그림 11.1.** 지연 렌더러의 최종 출력과 중간 기하 버퍼 텍스처. 모형은 Radioactive Software가 제공했다.

1. 한 픽셀이 주어졌을 때, 그 픽셀에 적용해야 할 빛들을 광원의 종류와 감쇠(attenuation) 속성에 기초해서 결정한다.

2. 주어진 픽셀에 대해, 재질 속성(**반사율**[albedo])과 표면 속성(**법선**과 **위치**), 그리고 픽셀에 적용되는 각 광원의 속성을 이용해서 *BRDF*(bidirectional reflection distribution function, 양방향 반사 분포 함수)[1]를 평가한다.

3. 2의 계산 결과를 빛 가시성 판정 결과에 따라, 즉, 픽셀이 '그림자 안'에 있는지의 여부에 따라 적절히 적용한다.

.

이러한 과정을 처리하는 전통적인 방식을 **순방향 렌더링**(forward rendering, 또는 전방 렌더링)이라고 부른다. 순방향 렌더링에서는 정점 특성 자료와 텍스처 및 상수 버퍼에 담긴 여러 표면 속성들을 이용해서 기하구조를 래스터화한다. 그런 다음에는 하나 이상

---

[1] BRDF는 표면이 반사하는 빛의 양을 평가하는 데 쓰이는 함수(수학 공식)이다. 일반적으로 BRDF는 빛의 속성과 표면의 재질 속성, 시점 또는 카메라의 위치를 포함한 여러 개의 입력 매개변수들을 사용한다([Zink, Hoxley, Engel, Kornman, Suni]).

의 광원에 대해, 래스터화된 각 픽셀마다 재질 자료를 이용해서 조명 공식을 적용한다. 조명 공식을 평가한 결과가 바로 해당 픽셀의 출력이다. 경우에 따라서는 그 출력을 렌더 대상에 이미 들어 있던 내용과 혼합하기도 한다. 이러한 접근방식은 간단하고 직관적이며, 프로그래밍이 가능한 그래픽 하드웨어가 등장하기 전에는 거의 대부분의 실시간 3차원 그래픽에 쓰인 주도적인 접근방식이다. 이러한 접근방식에 기초한 고정 기능 GPU(그리고 그런 GPU를 사용하는 초기 Direct3D API)는 다음과 같은 세 종류의 빛을 지원했다.

1. 점광(point light)—모든 방향으로 동일하게 기여하는 빛으로, 그 기여도는 광원과 빛을 받는 표면 사이의 거리에 비례해서 감소한다. 따라서 점광이 영향을 미치는 영역(area of effect, 이하 효과 영역)은 구(sphere) 형태이다.

2. 점적광(點滴~, spot light)—특정 방향으로 기여하는 빛으로, 그 기여도는 표면과 빛의 방향 사이의 각도에 의존한다. 따라서 점적광의 효과 영역은 원뿔 형태이다.

3. 지향광(directional light)—앞의 두 빛과는 달리 지향광에서는 빛의 기여도를 계산할 때 광원과의 거리를 고려하지 않는다. 이는 지향광의 광원이 위치 없이 방향만 있는 '전역' 광원이기 때문이다. 다른 식으로 말하면, 지향광은 무한히 멀리 있는 점광원에서 특정한 방향으로 표면에 도달한다고 간주된다.

실시간 렌더링 엔진이 프로그램 가능 하드웨어와 좀 더 복잡한 장면에 맞게 진화해 왔지만, 이 세 가지 기본 빛들은 여전히 변하지 않고 살아남았다. 이는 이 빛들이 유연하고 보편적이기 때문이다. 그러나 이러한 빛들을 적용하는 방식은 이제 변할 때가 되었다. 최근 하드웨어와 API에서, 동적 광원의 수가 많은 경우 기존의 순방향 렌더링은 몇 가지 치명적인 단점을 드러낸다.

첫 번째 단점은, 광원의 적용이 렌더링할 장면 기하구조의 입도(粒度, granularity)에 의존적이라는 점이다. 다른 말로 하면, 한 그리기 호출에서 어떤 한 광원을 활성화시키면, 그 광원은 그 호출에서 래스터화되는 모든 기하구조에 무조건 적용된다. 이것이 왜 나쁜 일인지 언뜻 이해가 되지 않을 수도 있다. 특히 광원이 몇 개 없는 간단한 장면에서는 더욱 그럴 것이다. 그러나 광원이 많아지면 픽셀 셰이더에서 수행하는 조명 계산량을 줄이기 위해 하나의 광원을 선택적으로 적용하는 능력이 중요해진다. 기존의 순방향 렌더링에서는 적용할 광원들을 **그리기 호출**과 **그리기 호출** 사이에서만 변경할 수 있다. 하나의 그리기 호출 안에서는 필요하지 않은 광원들을 세밀하게 선택하는 것이 불가능한 것이다. 예를 들어 어떤 광원이 한 **그리기 호출**에서 래스터화되는 기하구조의 작은 한 부분에만 영향을 미치는 경우에도, 순방향 렌더링에서는 조명을 픽셀 수준에서 선택적으로 적용할 수 없기 때문에 그 광원을 기하구조 전체에 적용해야 한다. 조명 적용의 입도(세밀도)를 개선하기 위해 장면 메시를 좀 더 작은 부분들로 분할하는 방법도 있겠지만, 그러면 한 프레임에 필요한 **그리기 호출** 횟수가 늘어나서 CPU 부담이 증가한다. 또한 주어진 빛이 메시 표면에 영향을 미치는지를 판정하기 위한 교차 판정 횟수도 늘어나는데, 이 역시 CPU 작업량의 증가로 이어진다. 더 나아가서, 기하구조의 여러 인스턴스들을 하나의 일괄 단위(batch)로 렌더링할 수 있는 확률이 줄어드는 문제도 발생한다. 한 일괄 단위의 기하구조 인스턴스들에 쓰이는 빛들이 모두 동일해야 하기 때문이다. 인스턴스들이 장면 안에서 여러 위치에 나타나는 경우에는 그 인스턴스들은 각자 다른 광원 조합에 영향을 받을 것이며, 그러면 그 인스턴스들을 하나의 일괄 단위로 렌더링할 수 없게 된다.

다중 광원과 관련한 순방향 렌더링의 또 다른 주요 단점은 셰이더 프로그램이 복잡해진다는 것이다. 재질 속성과 빛의 종류가 서로 다른 여러 가지 광원을 사용하다 보면 필요한 셰이더 순열[2]들의 수가 기하급수적으로 늘어나게 된다. 셰이더 프로그램이 많을수록 메모리 사용량이 많아지고 셰이더 프로그램들 사이의 전환 비용도 커지므로, 셰이더 순열이 느는 것은 바람직하지 않은 현상이다. 셰이더 순열들을 컴파일하는 방식에 따라서는 컴파일 시간 역시 크게 늘어날 수 있다. 셰이더 프로그램을 여러 개 사용하는 대신 한 프로그램 안에서 동적 분기와 흐름 제어를 사용하는 방법도 있으나, 이 역시 GPU 성능에 여러 가지 영향을 미친다. 또 다른 대안은 한 번에 하나의 빛만 렌더링하고 그 결과를 렌더 대상에 계속 누적하는 것인데, 이를 **다중 패스 렌더링**(multipass rendering)이라고 부른다. 그러나 이 접근방식에서는 기하구조의 변환과 래스터화를 여러 번 수행해야 한다. 여러 개의 순열들을 사용하는 데 관련된 문제를 무시한다고 해도, 결과적으

---

[2] 여기서 셰이더 순열(shader permutation)이란 공통의 HLSL 소스 코드를 기반으로 해서 여러 개의 변형된 셰이더 프로그램을 만들어 내는 것 또는 그렇게 만들어낸 프로그램들을 가리킨다. 흔히 쓰이는 순열 생성 방법은, 조건부 컴파일과 매크로를 이용해서 기본 셰이더 프로그램의 특정 부분들을 활성화하거나 비활성화하는 것이다.

로 만들어지는 픽셀 셰이더 프로그램 자체가 아주 복잡해서 실행 비용이 커진다는 문제가 있다. 근본적으로 이러한 문제점은 셰이더 프로그램이 모든 활성 광원에 대해 재질 속성들을 평가해야 할 **뿐만 아니라** 필요한 조명 및 그림자 계산도 수행해야 한다는 점에서 비롯된 것이다. 이 때문에 셰이더 프로그램을 작성하고, 유지보수하고, 최적화하기가 어렵다. 또한 셰이더 프로그램의 성능은 장면의 겹쳐 그리기(overdraw, 렌더 대상의 한 픽셀이 여러 번 기록되는 것) 특성에도 종속된다. 겹쳐 그리기가 발생한다는 것은 어차피 보이지도 않을 픽셀에 대해 조명 계산을 수행했다는 뜻이기 때문이다. 사전 Z 전용 패스(Z-only pre-pass) 기법을 이용하면 겹쳐 그리기를 크게 줄일 수 있으나, 그 효과는 하드웨어의 계통적 Z(Hi-Z) 단위의 구현에 의존적이다. 그리고 픽셀 셰이더가 적어도 $2 \times 2$ 픽셀 단위로 실행되므로 셰이더 실행 역시 낭비된다. 이는 작은 삼각형들이 아주 많이 있는 고도로 테셀레이션된 장면에서 특히나 큰 문제가 된다.

이러한 단점들이 함께 작용해서, 실시간 응용 프로그램에서 성능을 유지하면서 동적 광원의 개수를 늘리는 것이 어려워진다. 그런데 이상의 설명을 자세히 들여다보면 이 모든 단점은 순방향 렌더링에 내재되어 있는 한 가지 주된 문제점에서 비롯된 것임을 알 수 있을 것이다. 그 문제점은 바로, 조명이 장면 기하구조의 래스터화에 밀접하게 묶여 있다는 것이다. 따라서 만일 조명과 래스터화를 분리할 수만 있다면 이 단점들 중 일부를 줄이거나 완전히 극복할 수 있을 것이다. 그러나 그 둘을 어떻게 떼어낼 것인가? 앞에서 소개한 조명 과정의 단계 2를 다시 보자. 조명 값을 계산하기 위해서는 재질 속성뿐만 아니라 장면 기하구조의 기하학적 표면 속성도 필요하다. 만일 한 단계에서 미리 그 모든 속성을 계산해서 어떤 버퍼에 담아 놓는다면(그러한 버퍼를 **기하 버퍼** [geometry buffer] 또는 **G-버퍼**라고 부른다. [Saito & Takahashi, 1990]), 이후의('지연 된') 또 다른 단계에서 장면의 모든 빛을 훑으면서 각 픽셀의 조명 값을 계산할 수 있다. 이것이 바로 지연 렌더링의 핵심이다. 이번 장의 나머지 부분에서는 이 지연 렌더링 기법의 여러 특징을 살펴볼 것이다.

## 11.1.2 지연 렌더링 파이프라인

지연 렌더링 파이프라인(그림 11.2)의 첫 과정은 장면 기하구조를 하나의 **기하 버퍼**에 렌더링하는 것이다. 일반적으로 기하 버퍼는 여러 개의 렌더 대상 텍스처들로 이루어진다.

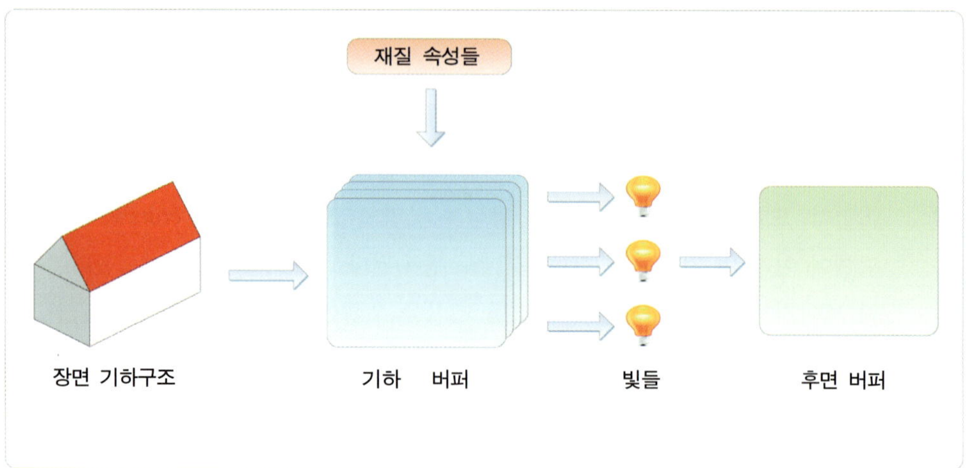


**그림 11.2.** 지연 렌더링 파이프라인.

이 과정에서 기하구조 표면의 픽셀별 정보(표면 법선, 재질 속성 등)를 기하 버퍼 텍스처들의 여러 채널에 저장한다. 둘째 과정에서는 조명을 적용한다. 이 과정에서는 픽셀에 영향을 주는 광원마다, 화면에서 그 광원이 영향을 주는 영역을 대표하는 기하구조를 렌더링한다. 이 때 래스터화된 픽셀마다 기하 버퍼에서 추출한 정보와 해당 광원의 속성을 이용해서 조명 값을 계산한다. 그런 식으로 계산한 조명 값들을 모두 결합해서 해당 픽셀의 최종적인 색상을 결정한다.

순방향 렌더링의 주된 단점(조명이 기하구조에 너무 밀접하게 연관되어 있다는 점)을 극복함으로써 생기는 지연 렌더링의 장점은 다음과 같다.

- 조명 계산과 그림자 계산을 각자 개별적인 셰이더 프로그램으로 옮길 수 있기 때문에 셰이더 순열의 수가 크게 줄어든다.
- 장면 기하구조를 렌더링할 때 조명 매개변수들이 필요하지 않으므로, 한 메시의 여러 인스턴스들을 렌더링할 때 반드시 활성 광원들이 동일해야 할 필요가 없다. 결과적으로, 일괄 단위로 함께 렌더링할 수 있는 메시 인스턴스의 수가 늘어난다.
- 조명을 다중 패스로 처리하는 것이 아니므로 장면 기하구조를 한 번만 렌더링하면 된다.

- 어떤 빛이 장면의 어떤 부분에 영향을 미치는지를 CPU에서 파악할 필요가 없다. 대신, 빛의 효과 영역을 대표하는 경계입체(bouding volume) 또는 화면 공간 사각형을 렌더링하기만 하면 된다. 깊이 및 스텐실 판정을 이용해서 세이더 실행 횟수를 더욱 줄이는 것도 가능하다.
- 조명과 기하구조가 분리되었기 때문에, 필요한 세이더 프로그램과 전체적인 렌더링 프레임워크가 단순해진다.

이러한 장점들 때문에 지연 렌더링은 현대적인 실시간 렌더링 엔진들에서 아주 인기를 끌고 있다. 그러나 안타깝게도 이 접근방식에도 단점은 있다. 다음은 지연 렌더링의 주요 단점들이다.

- 기하 버퍼의 생성과 표본화에 상당한 양의 메모리와 대역폭이 소비된다. 한 픽셀의 조명을 계산하는 데 필요한 모든 정보를 기하 버퍼에 담아야 하기 때문이다.
- 하드웨어 MSAA를 적용하기가 간단하지 않다. 이를 위해서는 각 부분 표본(subsample, 하위 표본)마다 조명 계산을 수행해야 하는데, 그러면 계산 부담이 상당히 커질 수 있다.
- 투명 기하구조를 불투명 기하구조와는 다른 방식으로 처리해야 한다. 기하 버퍼는 하나의 표면을 위한 속성들만 담을 수 있는데, 투명 기하구조를 렌더링하려면 겹쳐 그려지는 픽셀에 대해 조명을 여러 번 계산해서 그 결과들을 결합해야 한다. 따라서 투명 기하구조는 기하 버퍼에 렌더링할 수 없다.
- 한 픽셀의 최종 색상을 평가하는 작업이 조명 패스로 이동했기 때문에, 재질마다 다른 BRDF를 사용하기가 순방향 렌더링보다 어렵다.

다음 절들에서는 지연 렌더링의 장점을 최대한 발휘하면서 단점을 최소화하는 여러 방법들을 살펴보겠다.

## 11.2 기초적인 지연 렌더링

이번 절에서는 아주 기초적인 지연 렌더링을 Direct3D 11로 구현해 본다. 첫 구현인 만큼, 단순함을 위해 모든 재질에 동일한 **블린-퐁** *BRDF*(Blinn-Phong BRDF, [Zink, Hoxley, Engel, Kornmann, & Suni])를 사용하기로 하겠다. 또한 이번 구현에서는 성능 최적화를 전혀 고려하지 않는다. 성능 최적화는 이후의 절들에서 다룬다.

### 11.2.1 지연 렌더링의 기하 버퍼 배치 구조

우선 할 일은 기하 버퍼의 배치와 형식을 설계하는 것이다. 앞 절에서 말했듯이 이 예제의 기하 버퍼는 BRDF의 평가에 필요한 장면 기하구조의 표면 속성들을 저장하는 역할을 한다. 따라서 기하 버퍼에 구체적으로 무엇을 담을 것인지를 결정하려면 BRDF 공식 자체를 자세히 파악할 필요가 있다. 이번 예제에서 사용할 BRDF 공식이 식 (11.1)에 나와 있다. 이것은 블린-퐁 BRDF의 한 변형이다.

$$\mathrm{DiffuseColor} = \mathrm{Albedo}_{\mathrm{diffuse}} \times \mathrm{LightColor}_{\mathrm{diffuse}} \times (N \cdot L),$$

$$\mathrm{SpecularColor} = \mathrm{Albedo}_{\mathrm{specular}} \times \mathrm{LightColor}_{\mathrm{speculiar}} \times (N \cdot H)^{P}, \qquad (11.1)$$

$$H = \frac{L + V}{\| L + V \|} .$$

이 공식에서 $N$은 표면 법선 방향 벡터이고 $L$은 표면에서 광원으로의 방향 벡터, $V$는 표면에서 카메라로의 방향 벡터이다. 그리고 $P$는 이 조명 모형에서 빛이 빛나는 정도를 결정하는 반영 지수(specular power)이다. *Albedo* 항들은 표면 재질의 반사율로, 아래첨자가 specular인 것은 반영광(specular light)에 대한 반사율이고 diffuse인 것은 분산광(diffuse light)에 대한 반사율이다. 이 둘은 각각 최종적인 분산광 색상과 반영광 색상을 조정하는 계수로 쓰인다. 이 공식들을 평가하기 위해서는 분산광 반사율, 반영광 반사율, 반영 지수, 표면 법선 벡터, 표면 위치 벡터를 기하 버퍼에 저장해야 한다. 정리하자면 기하 버퍼에 픽셀당 13개의 부동소수점 값을 저장해야 한다. 그런데 한 텍스처의 한 텍셀에 저장할 수 있는 스칼라 값은 최대 4개이므로[3]), 기하 버퍼를 총 네 개의 렌더 대상으로 구성해야 할 것이다. 그림 11.3에 이 예제에서 사용할 렌더 대상들의 형식과 렌더 대상 안에서의 자료 배치 방식이 나와 있다.

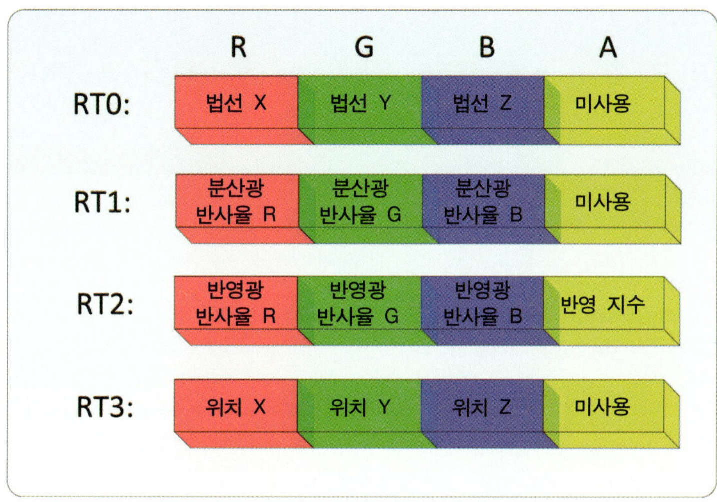


**그림 11.3.** 지연 렌더링을 위한 기하 버퍼의 구조.

이러한 렌더 대상 형식들을 사용하면 결과적으로 각 픽셀당 64바이트가 필요하다. 따라서 화면 해상도가 $1280 \times 720$이면 기하 버퍼의 전체 크기는 56.25메가바이트가 된다. $1920 \times 1080$이면 126.56메가바이트이다. 게다가 후면 버퍼(back buffer)와 깊이 스텐실 버퍼(순방향 렌더링에 필요한 최소한의 자원인)를 위한 메모리도 필요함을 잊어서는 안 된다. 메모리 사용량이 아주 크긴 하지만, 이를 크게 줄이는 여러 가지 최적화 기법들도 존재한다. 이에 대해서는 "기하 버퍼 특성 압축" 절에서 좀 더 이야기하겠다.

## 11.2.2 기하 버퍼 렌더링

### 법선 매핑 없는 기하 버퍼 렌더링

Direct3D 11에서 동시에 렌더링할 수 있는 렌더 대상은 최대 8개이다. 따라서 장면의

---

3) 이는 사용 가능한 텍셀 형식들의 성분 개수가 많아야 4개이기 때문이다.

각 메시마다 한 번의 패스로 기하 버퍼를 채우는 것이 가능하다.[4] 이 과정에서는 조명 계산 없이 재질 속성들과 표면 속성들만 출력하면 되므로 간단한 정점 셰이더 프로그램과 픽셀 셰이더 프로그램으로 충분하다. 정점 셰이더는 정점 위치를 절단 공간으로 변환하며(래스터화기를 위해), 또한 세계 공간으로도 변환한다(기하 버퍼에 저장하기 위해). 픽셀 셰이더는 그냥 정점 위치와 정점 법선, 분산광 반사율, 반영광 반사율, 반영 지수를 출력하기만 한다. 이 두 셰이더 프로그램의 코드가 목록 11.1에 나와 있다.

```
// 상수들
cbuffer Transforms
{
    matrix WorldMatrix;
    matrix WorldViewMatrix;
    matrix WorldViewProjMatrix;
};


cbuffer MatProperties
{
    float3 SpecularAlbedo;
    float  SpecularPower;
};


// 텍스처와 표본추출기
Texture2D DiffuseMap          : register( t0 );
SamplerState AnisoSampler     : register( s0 );

// 입력, 출력 구조체들
struct VSInput
{
    float4 Position          : POSITION;
    float2 TexCoord          : TEXCOORDS0;
    float3 Normal            : NORMAL;
};
```

---

[4] 기하 버퍼 자료를 렌더 대상 배열에 담는 것도 가능하나, 그렇게 하면 SV_RenderTargetArrayIndex 시스템 값 의미소 특성이 필요하며, 기하구조를 배열의 각 렌더 대상마다 한 번씩 래스터화해야 한다. 지금 예제에서는 렌더 대상별로 시야나 원근 매개변수를 다르게 하지 않으므로 래스터화를 여러 번 수행할 필요가 전혀 없다. 따라서 렌더 대상 배열 대신 다중 렌더 대상을 사용하는 것이 더 나은 선택이다.

```cpp
struct VSOutput
{
    float4 PositionCS        : SV_Position;
    float2 TexCoord          : TEXCOORD;
    float3 NormalWS          : NORMALWS;
    float3 PositionWS        : POSITIONWS;
};

struct PSInput
{
    float4 PositionSS        : SV_Position;
    float2 TexCoord          : TEXCOORD;
    float3 NormalWS          : NORMALWS;
    float3 PositionWS        : POSITIONWS;
};

struct PSOutput
{
    float4 Normal            : SV_Target0;
    float4 DiffuseAlbedo     : SV_Target1;
    float4 SpecularAlbedo    : SV_Target2;
    float4 Position          : SV_Target3;
};

// 기하 버퍼 정점 셰이더
VSOutput VSMain( in VSInput input )
{
    VSOutput output;
    // 위치와 법선을 세계 공간으로 변환한다.
    output.PositionWS = mul( input.Position, WorldMatrix ).xyz;
    output.NormalWS = normalize( mul( input.Normal, (float3x3)WorldMatrix ) );

    // 절단 공간 위치를 계산한다.
    output.PositionCS = mul( input.Position, WorldViewProjMatrix );

    // 텍스처 좌표는 그대로 넘겨준다.
    output.TexCoord = input.TexCoord;

    return output;
}
```

```cpp
// 기하 버퍼 픽셀 셰이더
PSOutput PSMain( in PSInput input )
{
    PSOutput output;

    // 분산광 맵의 표본을 얻는다.
    float3 diffuseAlbedo = DiffuseMap.Sample( AnisoSampler, input.TexCoord ).rgb;

    // 보간된 법선을 정규화한다.
    float3 normalWS = normalize( input.NormalWS );

    // 조명 계산에 필요한 값들을 기하 버퍼에 저장한다.
    output.Normal = float4( normalWS, 1.0f );
    output.DiffuseAlbedo = float4( diffuseAlbedo, 1.0f );
    output.SpecularAlbedo = float4( SpecularAlbedo, SpecularPower );
    output.Position = float4( input.PositionWS, 1.0f );

    return output;
}
```

**목록 11.1.** 기하 버퍼를 채우는 셰이더 프로그램들.

추가로, 기하 버퍼를 렌더링할 때 테셀레이션 파이프라인을 활용할 수 있다는 점도 기억
하기 바란다. 지연 렌더링에서 장면 기하구조는 이 기하 버퍼 렌더링 과정에서만 쓰이므
로, 테셀레이션이 필요한 기하구조라면 반드시 이 과정에서 테셀레이션을 수행해야 기
하 버퍼에 잘게 쪼개진 메시에 대한 정보가 포함된다.


### 법선 매핑을 수반한 기하 버퍼 렌더링

조명 계산에 최종적인 표면 법선이 필요하므로, 법선 매핑을 사용하려면 반드시 이 기하
버퍼 렌더링 패스에서 사용해야 한다.[5] 순방향 렌더링에서 법선 매핑을 활용할 때에는
정점 셰이더에서 빛의 위치와 방향 벡터들을 접선 공간으로 변환하고([Lengyel, 2001])
그 공간에서 조명을 계산하는 방법이 흔히 쓰인다. 그러나 지연 렌더링에서는 조명 패스

---

[5] **법선 매핑**(normal mapping)은 복잡한 기하구조의 표면 법선 벡터들을 텍스처에 저장해 두고, 단순화된 기하구
조를 렌더링할 때 픽셀 셰이더에서 그 텍스처의 법선 벡터를 추출해서 조명 계산에 사용함으로써 원래의 기하구조
의 세밀한 표면 굴곡을 흉내내는 기법이다.

에 접선 공간 좌표계 정보가 주어지지 않으므로 그런 접근방식을 사용할 수 없다.[6] 대신 법선 맵 값을 빛의 위치와 방향과 동일한 시야 공간이나 세계 공간으로 변환해야 한다. 이번 구현에서는 조명 계산을 세계 공간에서 수행하므로 법선 맵 값도 세계 공간으로 변환한다. 이를 위한 첫 단계는 정점 셰이더에서 정점의 접선 공간 기저 벡터들을 세계 공간으로 변환하는 것이다. 그런 다음에는 픽셀 셰이더에서는 보간을 거친 정점별 접선 공간 기저들로부터 접선 공간 좌표계를 재구축하고, 그것을 이용해서 법선 맵에서 추출한 값을 세계 공간으로 변환한다. 이러한 방식으로 수정된 정점, 픽셀 셰이더 프로그램들이 목록 11.2에 나와 있다.

```
// 상수들
cbuffer Transforms
{
    matrix WorldMatrix;
    matrix WorldViewMatrix;
    matrix WorldViewProjMatrix;
};


cbuffer MatProperties
{
    float3 SpecularAlbedo;
    float SpecularPower;
};


// 텍스처와 표본추출기
Texture2D DiffuseMap         : register( t0 );
Texture2D NormalMap          : register( t1 );
SamplerState AnisoSampler  : register( s0 );


// 입력, 출력 구조체들
struct VSInput
{
    float4 Position     : POSITION;
    float2 TexCoord     : TEXCOORDS0;
    float3 Normal       : NORMAL;
    float4 Tangent      : TANGENT;
```

---

[6] 이 접선 공간 기저 벡터들을 기하 버퍼에 추가할 수도 있으나, 접선 공간을 제대로 표현하기 위해서는 부동소수점 값이 9개가 필요하다.

```hlsl
};

struct VSOutput
{
    float4 PositionCS       : SV_Position;
    float2 TexCoord         : TEXCOORD;
    float3 NormalWS         : NORMALWS;
    float3 PositionWS       : POSITIONWS;
    float3 TangentWS        : TANGENTWS;
    float3 BitangentWS      : BITANGENTWS;
};
struct PSInput
{
    float4 PositionSS       : SV_Position;
    float2 TexCoord         : TEXCOORD;
    float3 NormalWS         : NORMALWS;
    float3 PositionWS       : POSITIONWS;
    float3 TangentWS        : TANGENTWS;
    float3 BitangentWS      : BITANGENTWS;
};

struct PSOutput
{
    float4 Normal           : SV_Target0;
    float4 DiffuseAlbedo    : SV_Target1;
    float4 SpecularAlbedo   : SV_Target2;
    float4 Position         : SV_Target3;
};

// 기하 버퍼 정점 셰이더(법선 매핑 적용)
VSOutput VSMain( in VSInput input )
{
    VSOutput output;

    // 위치와 법선을 세계 공간으로 변환한다.
    output.PositionWS = mul( input.Position, WorldMatrix ).xyz;
    float3 normalWS = normalize( mul( input.Normal, (float3x3)WorldMatrix ) );
    output.NormalWS = normalWS;
    // 접선 공간 기저 벡터들을 세계 공간으로 변환한다.
    float3 tangentWS = normalize( mul( input.Tangent.xyz,
                                (float3x3)WorldMatrix ) );
    float3 bitangentWS = normalize( cross( normalWS, tangentWS ) )
                            * input.Tangent.w;
```

```
    output.TangentWS = tangentWS;
    output.BitangentWS = bitangentWS;


    // 절단 공간 위치를 계산한다.
    output.PositionCS = mul( input.Position, WorldViewProjMatrix );


    // 텍스처 좌표는 그대로 넘겨준다.
    output.TexCoord = input.TexCoord;


    return output;
}


// 기하 버퍼 픽셀 셰이더(법선 매핑 적용)
PSOutput PSMain( in PSInput input )
{
    PSOutput output;


    // 분산광 맵의 표본을 얻는다.
    float3 diffuseAlbedo = DiffuseMap.Sample( AnisoSampler,
                        input.TexCoord ).rgb;
    // 보간을 거친 접선 공간 기저들을 재정규화한다.
    float3x3 tangentFrameWS = float3x3( normalize( input.TangentWS ),
                                normalize( input.BitangentWS ),
                                normalize( input.NormalWS ) );


    // 접선 공간 법선 맵에서 법선 벡터를 추출, 복원한다.
    float3 normalTS = NormalMap.Sample( AnisoSampler, input.TexCoord ).rgb;
    normalTS = normalize( normalTS * 2.0f - 1.0f );


    // 법선을 세계 공간으로 변환한다.
    float3 normalWS = mul( normalTS, tangentFrameWS );


    // 조명 계산에 필요한 값들을 기하 버퍼에 저장한다.
    output.Normal = float4( normalWS, 1.0f );
    output.DiffuseAlbedo = float4( diffuseAlbedo, 1.0f );
    output.SpecularAlbedo = float4( SpecularAlbedo, SpecularPower );
    output.Position = float4( input.PositionWS, 1.0f );


    return output;
}
```

**목록 11.2.** 기하 버퍼를 채우는 셰이더 프로그램들(법선 매핑 적용).

### 11.2.3 조명 렌더링

전체 장면 기하구조로 기하 버퍼를 채운 후에는 두 번째 렌더링 패스를 수행한다. 이 과정에서는 장면의 모든 빛을 렌더링한다. 각 빛마다 하나의 렌더 대상 전체를 덮는 사각형 하나(삼각형 두 개로 이루어진)를 렌더링하는데, 이 때 쓰이는 정점 셰이더는 아주 간단하다. 그냥 정점 위치를 다음 단계로 넘겨줄 뿐이다. 픽셀 셰이더는 좀 더 복잡한데, 우선 화면 공간 픽셀 위치(시스템 값 의미소 SV_Position으로 얻는다)에 기초해서 텍스처 좌표를 계산한다. 그런 다음 그 좌표로 기하 버퍼 텍스처를 추출해서 재질 매개변수들과 표면 매개변수들을 얻고, 그 매개변수들을 이용해서 식 (11.1)의 블린-퐁 공식을 평가해서 분산광의 기여도와 반영광의 기여도를 얻는다. 그런 다음에는 그 둘을 합한 것에 감쇠 계수를 적용한다. 감쇠 계수는 광원의 종류에 따라 다른데, 점광원의 경우에는 단순한 선형 거리 기반 감쇠 모형을 사용하고 점적광의 경우에는 거리와 각도 모두를 고려한다. 지향광은 무한한 거리에 있는 전역 광원이므로 감쇠가 일어나지 않는다(따라서 감쇠 계수를 1로 한다). 적절한 감쇠 계수를 적용한 결과가 바로 픽셀 셰이더의 출력이다. 이후 이 출력 색상은 가산 혼합을 거쳐서 픽셀의 최종적인 색상이 된다. 목록 11.3에 이러한 계산을 수행하는 셰이더 코드가 나와 있다.

```hlsl
// 텍스처들
Texture2D NormalTexture                 : register( t0 );
Texture2D DiffuseAlbedoTexture          : register( t1 );
Texture2D SpecularAlbedoTexture         : register( t2 );
Texture2D PositionTexture               : register( t3 );

// 상수들
cbuffer LightParams
{
    float3 LightPos;
    float3 LightColor;
    float3 LightDirection;
    float2 SpotlightAngles;
    float4 LightRange;
};


cbuffer CameraParams
{
```

```
 float3 CameraPos;
};


// 기하 버퍼 특성들을 추출하는 보조 함수
void GetGBufferAttributes( in float2 screenPos, out float3 normal,
                           out float3 position,
                           out float3 diffuseAlbedo, out float3 specularAlbedo,
                           out float specularPower )
{
    // 텍스처 표본 추출을 위한 색인들을 현재 화면 위치에 기초해서
    // 구한다.
    int3 sampleIndices = int3( screenPos.xy, 0 );


    normal = NormalTexture.Load( sampleIndices ).xyz;
    position = PositionTexture.Load( sampleIndices ).xyz;
    diffuseAlbedo = DiffuseAlbedoTexture.Load( sampleIndices ).xyz;
    float4 spec = SpecularAlbedoTexture.Load( sampleIndices );


    specularAlbedo = spec.xyz;
    specularPower = spec.w;
}


// 하나의 기하 버퍼 텍셀로부터 조명 항을 계산하는 함수
float3 CalcLighting( in float3 normal,
                     in float3 position,
                     in float3 diffuseAlbedo,
                     in float3 specularAlbedo,
                     in float specularPower )
{
    // 분산광 항을 계산한다.
    float3 L = 0;
    float attenuation = 1.0f;
    #if POINTLIGHT || SPOTLIGHT
        // 광원 위치와 현재 위치를 이용해서 빛 벡터를 구한다.
        L = LightPos - position;
        // 광원과의 거리에 기초해서 감쇠 계수를 구한다.
        float dist = length( L );
        attenuation = max( 0, 1.0f - ( dist / LightRange.x ) );


        L /= dist;
    #elif DIRECTIONALLIGHT
        // 지향광의 경우에는 빛의 방향이 명시적이다. 감쇠는 없다.
```

```cpp
        L = -LightDirection;
    #endif

    #if SPOTLIGHT
        // 점적광의 경우에는 빛 방향과의 각도도 감쇠 계수에 영향을 미친다.
        float3 L2 = LightDirection;
        float rho = dot( -L, L2 );
        attenuation *= saturate( ( rho - SpotlightAngles.y )
                                 / ( SpotlightAngles.x -
                                     SpotlightAngles.y ) );
    #endif

    float nDotL = saturate( dot( normal, L ) );
    float3 diffuse = nDotL * LightColor * diffuseAlbedo;

    // 반영광 세기를 계산한다.
    float3 V = CameraPos - position;
    float3 H = normalize( L + V );
    float3 specular = pow( saturate( dot( normal, H ) ), specularPower )
                              * LightColor * specularAlbedo.xyz * nDotL;

    // 분산광 더하기 반영광에 감쇠를 적용한 것이 최종 색상이다.
    return ( diffuse + specular ) * attenuation;
}

// 조명을 처리하는 픽셀 셰이더
float4 PSMain( in float4 screenPos : SV_Position ) : SV_Target0
{
    float3 normal;
    float3 position;
    float3 diffuseAlbedo;
    float3 specularAlbedo;
    float specularPower;

    //기하 버퍼 텍스처에서 기하 정보를 추출한다.
    GetGBufferAttributes( screenPos.xy, normal, position, diffuseAlbedo,
                     specularAlbedo, specularPower );

    float3 lighting = CalcLighting( normal, position, diffuseAlbedo,
                              specularAlbedo, specularPower );

    return float4( lighting, 1.0f );
}
```

**목록 11.3.** 조명을 처리하는 픽셀 셰이더 프로그램.

이후 단계에서 가산 혼합이 적용되므로, 한 광원에 대한 픽셀 셰이더의 출력은 렌더 대상에 이미 있는 내용과 합해진다. 이러한 과정을 모든 광원에 대해 반복하면 각 광원의 결과가 누적되어서 픽셀의 최종 색상이 만들어진다.

## 11.3 사전 조명 패스 렌더링

지연 렌더링에는 장점이 많지만, 필요한 표면 속성과 재질 속성을 모두 기하 버퍼에 담아 두어야 한다는 점 때문에 성능과 유연성에서 문제가 생길 수 있다. 기하 버퍼에 많은 수의 특성들을 저장하면 메모리와 대역폭이 크게 소비되며(특히 MSAA를 사용하는 경우), 또한 여러 종류의 재질들과 조명 모형들을 구현하기가 어려워진다. 이러한 문제를 어느 정도 해소할 수 있는 기법이 사전 조명 패스 렌더링(light pre-pass rendering, [Engel, 2009])*이다. 이 기법은 조명 렌더링을 둘이 아니라 세 개의 과정으로 분할한다. 그러면 기하 버퍼가 훨씬 작아지며, 조명 패스의 계산 비용도 줄어든다. 대신 장면 기하구조를 한 번이 아니라 두 번 렌더링해야 한다. 사전 조명 패스 기법의 전반적인 절차는 다음과 같다.

1. 장면 기하구조를 렌더링하되, 조명 공식의 핵심 부분을 평가하는데 필요한 표면 속성들만으로 기하 버퍼를 채운다.
2. 장면의 모든 광원에 대해, 각 광원이 영향을 주는 픽셀들을 덮는 기하구조를 렌더링해서 조명 공식의 핵심 부분을 평가하고, 그 결과를 빛 버퍼(조명 버퍼)에 기록한다.
3. 장면 기하구조를 다시 한 번 렌더링하되, 이번에는 재질 속성(반사율들)과 빛 버퍼에서 추출한 정보를 이용해서 최종적인 표면 색상을 계산한다.

이번 절에서는 이러한 사전 조명 패스 렌더링의 기본적인(최적화 없는) 구현을, 이전

---

* [역주] 원서에는 light pre-pass deferred rendering이라고 되어 있지만 Engel이 원래 제안한, 그리고 현재 주로 쓰이는(적어도 웹이나 책에서) 용어는 deferred가 생략된 light pre-pass rendering이다. 참고로 이 'light pre-pass'라는 이름은 아마도 'Z pre-pass(미리 Z 버퍼를 채우는 패스를 두어서 픽셀 셰이딩 비용을 줄이는 기법)'에서 따온 것으로 보인다.

절의 지연 렌더링 기본 구현에서와 비슷한 틀로 설명한다. 참고로, 이러한 사전 조명 패스를 원래의 **지연 렌더링**이나 **지연 셰이딩**과 구분하기 위해 **지연 조명**(deferred lighting)이라고 부른다는 점도 알아두기 바란다. 지연 조명이라는 이름은 기본적인 조명 계산이 하나의 지연된 단계에서 수행된다는(최종 셰이딩 단계는 장면 기하구조의 래스터화 과정에서 일어나지만) 사실을 강조한 것이다.*

## 11.3.1 사전 조명 패스 렌더링의 기하 버퍼 배치 구조

앞에서 설명했듯이 사전 조명 패스 렌더링에서는 기하 버퍼가 아주 작다. 이전 예제처럼 블린-퐁 BRDF를 사용한다고 할 때, 위에서 말한 조명 공식의 '핵심 부분'에 해당하는 것은 분산광 성분과 반영광 성분뿐이다. 반사율들은 필요하지 않다. 따라서 기하 버퍼에는 표면 위치와 표면 법선 벡터, 반영 지수만 저장하면 된다. 그림 11.4에 두 개의 렌더 대상으로 이루어진 기하 버퍼의 배치 구조가 나와 있다.

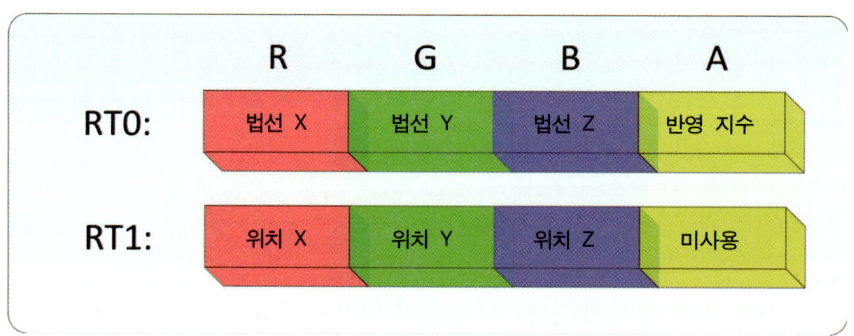


**그림** 11.4. 사전 조명 패스 렌더링을 위한 기하 버퍼의 구조.

기존 지연 렌더링에서는 기하 버퍼에 렌더 대상이 4개가 필요하지만, 기초적인 사전 조명 패스 렌더링에서는 두 개면 충분하다. 그리고 이번에 살펴볼 최적화되지 않은 구현에서는 기하 버퍼 메모리 사용량이 64바이트가 아니라 그 절반인 32바이트이다. 더 나아가서, 위치를 기하 버퍼에 명시적으로 저장하는 대신 깊이 버퍼에서 재구축한다면 렌더

---

* [역주] 한편 '사전 조명 패스'는 최종 셰이딩 패스 '앞에' 개별적인 조명 패스가 존재한다는 점을 강조하는 것이라 할 수 있다.

대상을 하나만 사용하는 것도 가능하다. 이에 대해서는 "기하 버퍼 특성 압축" 절에서 이야기하겠다. 다중 렌더 대상을 사용하면 성능이 크게 떨어지는 하드웨어의 경우 그러한 최적화가 큰 도움이 될 것이다.

## 11.3.2 기하 버퍼 렌더링

기하 버퍼를 렌더링하는 과정은 기존 지연 렌더링에서와 아주 비슷하다. 유일한 차이는 분산광 반사율과 반영광 반사율을 기록하지 않는다는 것이다. 이 과정을 수행하는 셰이더 프로그램 코드가 목록 11.4에 나와 있다.

```hlsl
// 텍스처와 표본추출기
Texture2D       NormalMap     : register( t0 );
SamplerState    AnisoSampler  : register( s0 );


// 상수들
cbuffer Transforms
{
    matrix WorldMatrix;
    matrix WorldViewMatrix;
    matrix WorldViewProjMatrix;
};


cbuffer MaterialProperties
{
    float SpecularPower;
};
// 입력, 출력 구조체들
struct VSInput
{
    float4 Position     : POSITION;
    float2 TexCoord     : TEXCOORDS0;
    float3 Normal       : NORMAL;
    float4 Tangent      : TANGENT;
};


struct VSOutput
```

```hlsl
{
    float4 PositionCS      : SV_Position;
    float2 TexCoord        : TEXCOORD;
    float3 NormalWS        : NORMALWS;
    float3 TangentWS       : TANGENTWS;
    float3 BitangentWS     : BITANGENTWS;
    float3 PositionWS      : POSITIONWS;
};

struct PSInput
{
    float4 PositionSS      : SV_Position;
    float2 TexCoord        : TEXCOORD;
    float3 NormalWS        : NORMALWS;
    float3 TangentWS       : TANGENTWS;
    float3 BitangentWS     : BITANGENTWS;
    float3 PositionWS      : POSITIONWS;
};

struct PSOutput
{
    float4 Normal          : SV_Target0;
    float4 Position        : SV_Target1;
};

// 사전 조명 패스 렌더링의 기하 버퍼 렌더링을 위한 정점 셰이더
VSOutput VSMain( in VSInput input )
{
    VSOutput output;

    // 법선을 세계 공간으로 변환한다.
    float3 normalWS = normalize( mul( input.Normal, (float3x3)WorldMatrix ) );
    output.NormalWS = normalWS;

    // 접선 공간 기저들을 세계 공간으로 변환한다.
    float3 tangentWS = normalize( mul( input.Tangent.xyz,
                                  (float3x3)WorldMatrix ) );
    float3 bitangentWS = normalize( cross( normalWS, tangentWS ) )
                                  * input.Tangent.w;

    output.TangentWS = tangentWS;
    output.BitangentWS = bitangentWS;
```

```
        // 세계 공간 위치를 계산한다.
        output.PositionWS = mul( input.Position, WorldMatrix ).xyz;


        // 절단 공간 위치를 계산한다.
        output.PositionCS = mul( input.Position, WorldViewProjMatrix );


        // 텍스처 좌표는 그대로 넘겨준다.
        output.TexCoord = input.TexCoord;


        return output;
}


// 사전 조명 패스 렌더링의 기하 버퍼 렌더링을 위한 픽셀 셰이더
PSOutput PSMain( in PSInput input )
{
        // 보간을 거친 접선 공간 기저들을 재정규화한다.
        float3x3 tangentFrameWS = float3x3( normalize( input.TangentWS ),
                                            normalize( input.BitangentWS ),
                                            normalize( input.NormalWS ) );


        // 접선 공간 법선 맵에서 법선 벡터를 추출, 복원한다.
        float3 normalTS = NormalMap.Sample( AnisoSampler, input.TexCoord ).rgb;
        normalTS = normalize( normalTS * 2.0f - 1.0f );


        // 법선을 세계 공간으로 변환한다.
        float3 normalWS = mul( normalTS, tangentFrameWS );


        // 조명 계산에 필요한 값들을 기하 버퍼에 저장한다.
        PSOutput output;
        output.Normal = float4( normalWS, SpecularPower );
        output.Position = float4( input.PositionWS, 1.0f );
        return output;
}
```

**목록 11.4.** 기하 버퍼를 채우는 셰이더 프로그램들(사전 조명 패스 렌더링).


## 11.3.3 빛 버퍼 렌더링

조명 적용 과정에서는 조명 공식의 한 부분만 평가하고, 그 결과를 빛 버퍼(light buffer)

라고 부르는 렌더 대상에 기록한다. 이 과정에서 사용할 단순화된 조명 공식이 식 (11.2)
에 나와 있다.

$$\text{LightColor} = \text{LightColor}_{\text{diffuse}} \times (N \cdot L),$$

$$\text{SpecularLight} = \text{LightColor}_{\text{specuiar}} \times (N \cdot H)^{P}, \qquad (11.2)$$

$$H = \frac{L + V}{\| L + V \|}.$$

*DiffuseLight*와 *SpecularLight*는 각각 세 개의 성분으로 구성되어 있으므로, 이 둘을 빛
버퍼에 저장하면 총 6개의 부동소수점 값을 차지한다. 따라서 빛 버퍼는 적어도 두 개의
렌더 대상으로 구성되어야 하며, 셰이더에서 두 렌더 대상을 동시에 기록해야 한다. 그
런데 이는 메모리 소비의 관점에서 최적이 아니다. 이런 경우 흔히 쓰이는 최적화 기법
은 반영광을 색상 성분 세 개로 저장하는 대신 하나의 세기(intensity) 값으로 저장하는
것이다. 그러면 4채널 텍스처 한 장을 빛 버퍼로 사용할 수 있다. 목록 11.5는 조명 과정
을 그런 식으로 구현하는 셰이더 프로그램들이다.

```
// 텍스처들
Texture2D NormalTexture        : register( t0 );
Texture2D PositionTexture      : register( t1 );

// 상수들
cbuffer LightParams
{
    float3 LightPos;
    float3 LightColor;
    float3 LightDirection;
    float2 SpotlightAngles;
    float4 LightRange;
};


cbuffer CameraParams
{
    float3 CameraPos;
```

```hlsl
}

// 사전 조명 패스 렌더링의 조명 과정을 위한 정점 셰이더 프로그램
float4 VSMain( in float4 Position : POSITION ) : SV_Position
{
    // 화면 전체 사각형의 위치를 그대로 넘겨준다.
    return Position;
}


// 기하 버퍼 특성들을 추출하기 위한 보조 함수
void GetGBufferAttributes( in float2 screenPos, out float3 normal,
                           out float3 position, out float specularPower )
{
    // 텍스처 표본 추출을 위한 색인들을 현재 화면 위치에 기초해서
    // 구한다.
    int3 sampleIndices = int3( screenPos.xy, 0 );

    float4 normalTex = NormalTexture.Load( sampleIndices );
    normal = normalTex.xyz;
    specularPower = normalTex.w;
    position = PositionTexture.Load( sampleIndices ).xyz;
}

// 하나의 기하 버퍼 텍셀로부터 조명 항을 계산하는 함수
float4 CalcLighting( in float3 normal, in float3 position, in float specularPower
)
{
    // 분산광 항을 계산한다.
    float3 L = 0;
    float attenuation = 1.0f;
#if POINTLIGHT || SPOTLIGHT
        // 광원 위치와 현재 위치를 이용해서 빛 벡터를 구한다.
        L = LightPos - position;

        // 광원과의 거리에 기초해서 감쇠 계수를 구한다.
        float dist = length( L );
        attenuation = max( 0, 1.0f - ( dist / LightRange.x ) );

        L /= dist;
#elif DIRECTIONALLIGHT
        // 지향광의 경우에는 빛의 방향이 명시적이다. 감쇠는 없다.
        L = -LightDirection;
#endif
```

```cpp
#if SPOTLIGHT
    // 점적광의 경우에는 빛 방향과의 각도도 감쇠 계수에 영향을 미친다.
    float3 L2 = LightDirection;
    float rho = dot( -L, L2 );
    attenuation *= saturate( ( rho - SpotlightAngles.y )
                    / ( SpotlightAngles.x - SpotlightAngles.y ) );
#endif

    float nDotL = saturate( dot( normal, L ) );
    float3 diffuse = nDotL * LightColor * attenuation;


    // 반영광 항을 계산한다.
    float3 V = CameraPos - position;
    float3 H = normalize( L + V );
    float specular = pow( saturate( dot( normal, H ) ), specularPower )
                        * attenuation * nDotL;

    // 분산광 색상과 반영광 세기(스칼라)를 출력한다.
    return float4( diffuse, specular );
}


// 사전 조명 패스 렌더링의 조명 과정을 위한 픽셀 셰이더 프로그램
float4 PSMain( in float4 screenPos : SV_Position ) : SV_Target0
{
    float3 normal;
    float3 position;
    float specularPower;


    // 기하 버퍼 텍스처에서 기하 정보를 추출한다.
    GetGBufferAttributes( screenPos.xy, normal, position, specularPower );

    return CalcLighting( normal, position, specularPower );
}
```

**목록 11.5.** 빛 버퍼를 채우는 픽셀 셰이더 코드.


일단 빛 버퍼를 렌더링한 후에는, 화면 공간 후처리 연산들을 빛 버퍼의 내용에 적용해서 빛들의 좀 더 복잡한 상호작용을 흉내내는 것도 가능하다. 예를 들어 피부나 기타 반투명 재질을 위한 표면하 산란(subsurface scattering, [Mikkelsen, 2010])을 양방향 흐리기 필터를 이용해서 흉내낼 수 있다.

## 11.3.4 최종적인 셰이딩 과정

마지막 패스에서는 불투명한 장면 기하구조를 다시 한 번 렌더링한다. 이 과정의 정점 셰이더는 아주 간단하다. 그냥 메시의 분산광 맵 텍스처 좌표를 픽셀 셰이더에 전달하는 역할만 한다. 픽셀 셰이더는 주어진 픽셀의 화면 공간 위치에 기초해서 빛 버퍼의 표본을 추출하고, 거기에 재질 반사율들을 적용해서 표면의 최종 색상을 결정한다. 목록 11.6에 두 셰이더 프로그램의 코드가 나와 있다.

```
// 텍스처와 표본추출기
Texture2D      DiffuseMap      : register( t0 );
Texture2D      LightTexture    : register( t1 );
SamplerState   AnisoSampler    : register( s0 );


// 상수들
cbuffer Transforms
{
    matrix WorldMatrix;
    matrix WorldViewMatrix;
    matrix WorldViewProjMatrix;
};


cbuffer MaterialProperties
{
    float3 SpecularAlbedo;
}

// 입력, 출력 구조체들
struct VSInput
{
    float4 Position     : POSITION;
    float2 TexCoord     : TEXCOORDS0;
};


struct VSOutput
{
    float4 PositionCS   : SV_Position;
    float2 TexCoord     : TEXCOORD;
};


struct PSInput
```

```hlsl
{
    float4 ScreenPos      : SV_Position;
    float2 TexCoord       : TEXCOORD;
};


// 사전 조명 패스 렌더링의 최종 셰이딩 과정을 위한 정점 셰이더
VSOutput VSMain( in VSInput input )
{
    VSOutput output;

    // 절단 공간 위치를 계산한다.
    output.PositionCS = mul( input.Position, WorldViewProjMatrix );

    // 텍스처 좌표는 그대로 넘겨준다.
    output.TexCoord = input.TexCoord;

    return output;
}


// 사전 조명 패스 렌더링의 최종 셰이딩 과정을 위한 픽셀 셰이더
float4 PSMain( in PSInput input ) : SV_Target0
{
    // 분산광 맵의 표본을 추출한다.
    float3 diffuseAlbedo = DiffuseMap.Sample( AnisoSampler, input.TexCoord ).rgb;

    // 현재 픽셀의 화면 공간 위치에 기초해서 빛 버퍼 텍스처의 표본 추출을 위한
    // 색인들을 결정한다.
    int3 sampleIndices = int3( input.ScreenPos.xy, 0 );

    // 빛 버퍼에서 조명 값을 추출한다.
    float4 lighting = LightTexture.Load( sampleIndices );

    // 분산광 반사율과 반영광 반사율을 조명 값에 적용한다.
    float3 diffuse = lighting.xyz * diffuseAlbedo;
    float3 specular = lighting.w * SpecularAlbedo;

    // 분산광 색상과 반영광 색상을 더한 것이 최종 출력 색상이다.
    return float4( diffuse + specular, 1.0f );
}
```

**목록 11.6**. 최종 셰이딩을 위한 셰이더 프로그램들.

최종 픽셀 색상의 계산에 이를테면 백열(白熱, glow) 효과를 위한 발광(emissive) 성분이나 프레넬/테두리 조명, 반사 맵 같은 또 다른 요인들을 도입할 수도 있다. 그렇게 하는 것이 사전 조명 패스 렌더링에서 그런 종류의 재질 변형들을 구현하는 자연스러운 방법이다.

# 11.4 최적화

지금까지 살펴본 지연 렌더링 구현 예제들은 지연 렌더링의 핵심 개념을 보여주기 위한 것이기 때문에 최적화는 고려하지 않았다. 그래서 여러 상황에서 최적이 아닌 성능을 보인다. 실시간 응용 프로그램에서 이 기법들을 실제로 사용하기 위해서는 성능을 좀 더 개선할 필요가 있는데, 다행히 Direct3D 11의 유연성과 프로그래밍 가능성을 이용하면 그러한 성능 최적화가 가능하다. 그럼 기하 버퍼의 렌더링과 사용에 관련된 메모리 소비량과 대역폭을 줄이는 방법과 조명 처리를 위한 픽셀 셰이더 실행 횟수를 최소화하는 방법을 살펴보자..

## 11.4.1 기하 버퍼 특성 압축

지연 렌더링의 주요 단점들은 모든 표면 속성과 재질 속성을 하나 이상의 렌더 대상들에 기록해야 한다는 점에서 비롯된다. 기하 버퍼의 크기가 크면 기하 버퍼를 채우는 과정에서 기하 버퍼에 값들을 기록할 때 대역폭이 상당히 소비되며, 조명 과정에서 기하 버퍼 텍스처들에서 표본들을 추출할 때에도 마찬가지이다. 따라서 지연 렌더러의 전반적인 성능 개선을 위한 간단하고도 효과적인 한 가지 방법은 기하 버퍼의 메모리 소비량을 줄이는 것이다. 이를 위해 셰이더 프로그램들에서 기하 버퍼의 값들을 압축하고 복원함에 따라 추가적인 계산 비용이 발생한다고 해도, 현대적인 GPU에는 그 대역폭 및 텍스처 접근 단위에 비해 ALU(산술, 논리 연산 단위)가 훨씬 풍부하기 때문에 결과적으로는 대부분의 경우 성능상의 이득을 얻을 수 있다. 이 점을 염두에 두고, 기하 버퍼에 흔히 저장되는 여러 가지 자료 형식들을 압축해서 저장하는 방법들을 살펴보자. 압축 및 복원 시 허용 불가능한 시각적 결함이 생기지 않으려면 어느 정도의 정밀도가 필요한지를 자료 형식의 범위에 기초해서 파악하고, 자료의 압축 및 해제에 필요한 계산 비용도 예측해 보겠다.

## 법선 벡터의 압축

법선 벡터를 압축할 때 중요한 것은 법선 벡터가 단위 길이 벡터라는 점이다. 이 점을 이용하면 정규화된 벡터 성분 값들의 정의역을 크게 줄여서, 성분마다 부동소수점 값이 아니라 부호 있는 8비트 정수를 사용하는 것이 가능하다. 즉, 법선 벡터 하나를 DXGI_FORMAT_R8G8B8A8_SNORM 형식에 담을 수 있다. 더 나아가서, 법선 벡터가 하나의 방향을 나타낸다는 점을 이용하면, 벡터의 성분 하나를 완전히 생략해서, 벡터 하나를 성분 세 개가 아니라 두 개로 저장하는 것도 가능하다.

법선 벡터의 한 성분을 생략하기 위한 가장 명백한 접근방식은 법선 벡터를 구면 좌표계로 변환하는 것이다. 정규화된 방향 벡터의 경우 $\rho = 1$이므로 $\rho$는 굳이 저장할 필요가 없다. 데카르트 좌표계의 벡터를 구면 좌표계로 변환하는 공식은 잘 알려져 있으며 HLSL에서 구현하기도 간단하다. 그리고 $\rho = 1$인 경우 변환 공식을 대수학적으로 더욱 단순화하는 것이 가능하다. 그러면 압축 및 해제에 필요한 셰이더 명령의 개수가 줄어든다 ([Wilson, 2008]). 목록 11.7에 그러한 방식으로 구현된 변환 함수(HLSL)들이 나와 있다.

```hlsl
float2 CartesianToSpherical(float3 cartesian)
{
    float2 spherical;

    spherical.x = atan2(cartesian.y, cartesian.x) / 3.14159f;
    spherical.y = cartesian.z;

    return spherical;
}

float3 SphericalToCartesian(float2 spherical)
{
    float2 sinCosTheta, sinCosPhi;

    sincos(spherical.x * 3.14159f, sinCosTheta.x, sinCosTheta.y);
    sinCosPhi = float2(sqrt(1.0 - spherical.y * spherical.y), spherical.y);

    return float3(sinCosTheta.y * sinCosPhi.x,
                  sinCosTheta.x * sinCosPhi.x,
                  sinCosPhi.y);
}
```

**목록 11.7.** 최적화된 법선 벡터 좌표계 변환 함수들.

그런데 구면 좌표계에서는 *sin()*, *cos()*, *atan2()* 같은 삼각 함수들을 사용해야 한다. 그런 함수들은 소위 초월(transcendental) 산술이라고 부르는 특별한 부류의 산술 연산에 속하는 것으로, 현대적인 GPU의 다소 넉넉지 않은 하드웨어 자원을 소비한다는 점이 문제이다. 따라서 성능의 관점에서 볼 때, 이런 함수들을 전혀 사용하지 않는 다른 대안이 있으면 좋을 것이다.

그러한 대안의 하나는, 데카르트 좌표계의 법선 벡터에서 $Z$ 성분을 생략하고 $X$, $Y$ 성분만 저장하는 것이다. 이 방법은 단위 벡터의 경우 $Z$의 부호와 $X$, $Y$의 크기를 알면 $Z$의 크기를 알아낼 수 있다는 점에 근거한 것이다. 식 (11.3)에 $Z$를 구하는 공식이 나와 있다.

$$z = \sqrt{1 - (x^2 + y^2)}. \tag{11.3}$$

$Z$의 부호를 $X$ 값이나 $Y$ 값의 한 비트에 저장할 수 있으므로, 그 어떤 좌표계의 법선 벡터라도 이 기법을 적용하는 것이 가능하다. 그런데 구현들 중에는 시야 공간 법선 벡터를 저장할 때 $Z$가 항상 음수(또는, 오른손 좌표계의 경우에는 양수)라고 가정하는 것들이 있다. 보이는 물체는 항상 관찰자를 향하고 있을 것이므로 그럴듯한 가정인 것 같다. 그러나 시야 공간 법선에서 $Z$의 부호가 음수라는 가정이 깨지는 경우도 있다. 원근 투영에서는 래스터화 이후에 표면 법선이 양의 $Z$ 방향을 가리킬 수 있다([Lee, 2009]). 그림 11.5를 보면 이해가 될 것이다.

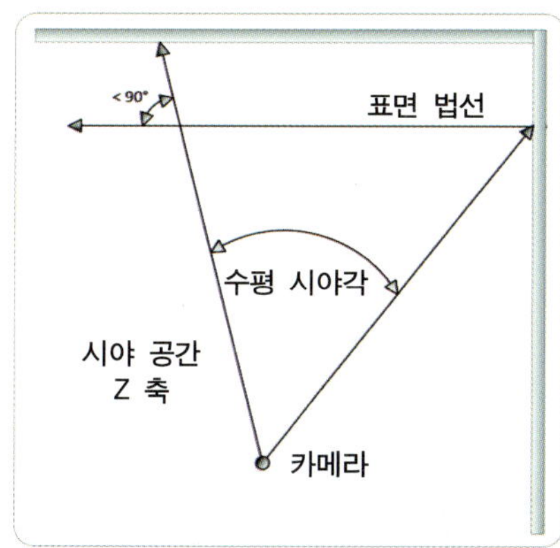


그림 11.5. 음의 시야 공간 법선.

게다가 법선 매핑을 사용하는 경우 법선 맵의 법선이 정점 법선을 완전히 덮어쓰게 되므로 표면 법선의 방향에 대한 가정은 무의미하다. 법선 방향에 대한 가정이 깨지면 조명 결과도 부정확해진다. 잘못된 부호에 의한 오차의 크기에 따라서는 허용할 수 없는 수준의 시각적 결함이 생길 수 있다.

법선 벡터 압축의 세 번째 접근방식은 **구면 맵 변환**(sphere map transformation, [Mittring, 2009]*을 이용하는 것이다. 원래 이 변환은 반사 벡터를 [0,1] 구간으로 사상하기 위해 개발된 것이나, 법선 벡터에도 잘 맞는다. 이 기법의 핵심은 각 텍셀이 구면에 고르게 분포된 방향 벡터들에 대응되는 2차원 텍스처를 미리 만들어 둔다는 것이다. 그렇게 하면 2차원 좌표를 이용해서 3성분 벡터를 참조할 수 있다. 목록 11.8은 이 기법을 위해 3성분 벡터를 압축하거나 복원하는 셰이더 함수들이다.

```
float2 SpheremapEncode( float3 normal )
{
    return normalize( normal.xy ) * ( sqrt( -normal.z * 0.5f + 0.5f ) );
}


float3 SpheremapDecode( float2 encoded )
{
    float4 nn = float4( encoded, 1, -1 );
    float l = dot( nn.xyz, -nn.xyw );
    nn.z = l;
    nn.xy *= sqrt( l );
    return nn.xyz * 2 + float3( 0, 0, -1 );
}
```

**목록 11.8.** 구면 맵 변환을 위한 셰이더 코드.


## 분산광 반사율

분산광 반사율은 간단히 처리할 수 있다. 일반적으로 분산광 반사율의 원본 자료는 각 성분이 [0, 1] 구간인 색상 값이다. 따라서 **DXGI_FORMAT_R8G8B8A8_UNORM** 같은 부호 없는, 정

---

* [역주] 구면 매핑과 그 특징은 [Zink, Hoxley, Engel, Kornmann, & Suni]를 참고하기 바란다.

규화된 8비트 정수 형식을 사용하면 된다. 그리고 반사율을 sRGB 색상 공간*의 값으로 저장하는 것이 바람직할 수 있다. 분산광 텍스처에 흔히 쓰이는 색상 표현 형식이 바로 그것이기 때문이다. 그런 경우 DXGI_FORMAT_R8G8B8A8_UNORM_SRGB 같은 자료 형식을 사용하면 하드웨어가 픽셀 셰이더의 출력 값에 대해 sRGB 변환 연산을 수행한다. 마지막으로, 넷째 성분에 다른 어떤 자료를 담을 것이 아니라면 DXGI_FORMAT_R10G10B10A2_UNORM 같은 10비트 형식을 사용해서 정밀도를 높일 수도 있다.

### 반영광 반사율과 반영 지수

반영광 반사율도 정밀도가 아주 높을 필요가 없으므로 분산광 반사율과 비슷한 방식으로 처리하면 된다. 반사율과 반영 지수 모두, 255개의 구별되는 값을 제공하는 8비트 정수 형식으로도 충분한 경우가 많다. 또한 RGB 성분들 대신 하나의 단색 반사율 값만 저장하는 경우도 흔하다. 그렇게 하면 반사율과 지수를 스칼라 4개가 아니라 2개에 저장할 수 있다.

### 위치

일반적으로 위치는 그 정의역이 상당히 클 수 있으며 고주파 그림자 계산에도 쓰이기 때문에 정밀도가 높아야 한다. 세계 공간 위치나 시야 공간 위치의 $X$, $Y$, $Z$ 성분들을 저장하는 경우, 인위적인 결함을 피하고 싶다면 일반적으로 16비트 부동소수점 형식조차도 부족하다. 다행히 $XYZ$ 성분들을 모두 저장하지 않아도 되는 방법이 있다. 픽셀 셰이더에서 SV_Position 의미소 특성을 통해서 픽셀의 화면 공간 $XY$ 위치를 알아낼 수 있음을 기억할 것이다. 장면 기하구조를 그리는 데 쓰인 시야 행렬과 투영 행렬이 있으면 픽셀의 화면 공간 위치로부터 픽셀의 시야 공간 또는 세계 공간 위치를 복원하는 것이 가능하다.

우선 원근 투영의 기초를 다시 떠올려보자. 화면상의 임의의 픽셀에 대해, 카메라(시점) 위치에서 시작해서 먼 평면상의 픽셀 위치를 향하는 방향 벡터가 존재한다. 이 방향 벡터는 픽셀의 화면 공간 $XY$ 위치를 시야 절두체의 먼 절단 평면에 투영한 위치(먼

---

* [역주] *sRGB* 색상공간은 이미지 파일들과 디스플레이 장치들에서 흔히 쓰이는 표준(standard) RGB 색상 공간이다. sRGB에서는 좀 더 어두운 색상 값들에 더 큰 정밀도가 부여된다. 이는 그런 범위의 색들에 더 민감한 인간의 눈에 잘 부합하는 방식이다.

절단 평면과 절두체가 만나는 꼭짓점들을 적절히 선형 보간해서 구할 수 있다)에서 카메라 위치를 빼서 구할 수 있다. 이를 시야 공간에서 계산하는 경우에는 카메라의 위치가 곧 시야 공간의 원점이므로 카메라 위치를 뺄 필요가 없다. 기하구조가 그 픽셀 위치에서 래스터화된다고 할 때, 그 픽셀이 놓인 표면은 원점에서 그 픽셀로의 벡터 위의 한 지점에 있다. 원점에서 그 지점까지의 거리는 기하구조와 카메라의 거리에 따라 다르겠지만, 그 방향만큼은 항상 동일하다. 이는 광선 추적기(ray tracer)에서 주 광선들을 투사할 때 쓰이는 방법과 아주 비슷하다. 즉, 가까운 또는 먼 절단 평면에 놓인 픽셀의 경우 카메라에서 그 픽셀로의 방향을 계산해서 평면과의 교점을 구하면 된다. 이 모든 이야기가 궁극적으로 뜻하는 바는, 화면 공간 픽셀 위치와 카메라 위치, 그리고 픽셀이 비롯된 삼각형 표면과 카메라 사이의 거리를 알면 그 삼각형 표면(의 한 점)의 위치를 알 수 있다는 것이다. 그림 11.6에 이러한 개념을 표현되어 있다.

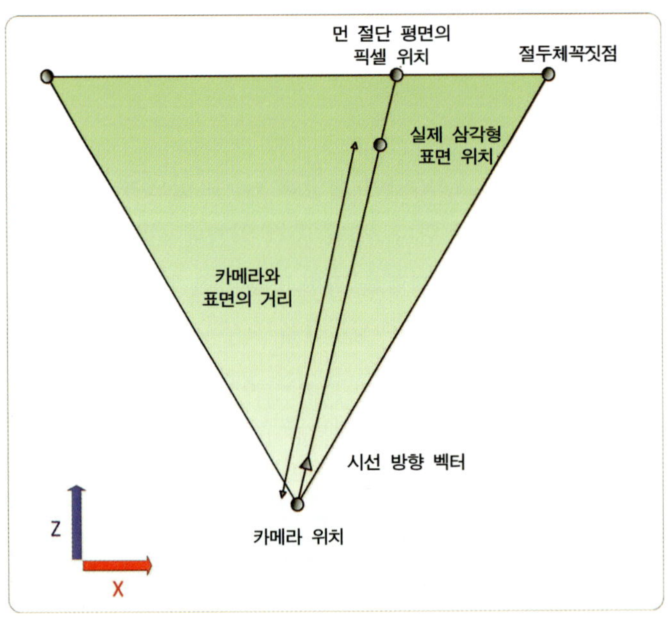


**그림 11.6.** 시선 방향 벡터와 카메라 거리를 이용한 표면 위치 재구축.

이제 이러한 개념을 지연 렌더러에서 간단하게 구현해 보자. 첫 과정은 기하 버퍼를 채우는 것으로, 이 때 카메라에서 삼각형 표면으로의 거리를 하나의 부동 소수점 값으로 기하 버퍼에 저장한다. 이를 수행하는 가장 간단하고도 효율적인 방법은, 정점 셰이더에서 정점 위치를 시야 공간으로 변환해 두고(앞에서 설명했듯이 시야 공간으로 변환된 위치 벡터는 카메라 위치에 상대적인 벡터이다), 픽셀 셰이더에서 해당 위치 벡터의 크기를 계산하는 것이다. 목록 11.9에 기하 버퍼 생성 과정에서 카메라 거리를 계산하는 셰이더 코드가 나와 있다.

```
// -- 기하 버퍼 생성 과정을 위한 정점 셰이더 프로그램 중에서 --
// 정점의 시야 공간 위치를 계산해서 픽셀 셰이더에 넘긴다.
output.PositionVS = mul(input.PositionOS, WorldViewMatrix).xyz;

// -- 기하 버퍼 생성 과정을 위한 픽셀 셰이더 프로그램 중에서 --
// 시야 공간 위치 벡터의 길이 벡터를 구한다. 이는 곧 카메라에서
// 표면까지의 거리이다.
output.Distance.x = length(input.PositionVS);
```

**목록 11.9.** 기하 버퍼 생성 과정 중 카메라 거리 계산을 위한 셰이더 코드.

그 다음의 조명 과정에서는 시선 벡터(반직선)를 계산해야 한다. 이를 위해, 정점 셰이더에서 카메라에서 정점 위치로의 벡터를 계산해 둔다. 픽셀 셰이더에서는 그 벡터를 정규화해서 최종적인 시선 벡터를 만든다. 이 벡터에 기하 버퍼에서 추출한 거리 값을 곱하고 카메라 위치에 더하면 원래의 표면 위치가 나온다. 여기서 정점 위치, 카메라 위치, 카메라 시선 벡터의 좌표계는 반드시 동일해야 한다. 동일하기만 하다면 어떤 좌표계라도 좋다. 따라서 최종적인 표면 위치 역시 시야 공간일 수도 있고 세계 공간일 수도 있는데, 목록 11.0에서는 표현의 단순함을 위해 세계 공간을 사용한다.

```
// -- 조명 과정을 위한 정점 셰이더 프로그램 중에서 --
#if VOLUMES
    // 빛 입체를 위한 세계 공간 위치를 계산한다.
    float3 positionWS = mul(input.PositionOS, WorldMatrix);
#elif QUADS
```

```cpp
    // 전체 화면 사각형을 위한 세계 공간 위치를 계산한다(입력 정점이 투영 변환을
    // 거쳤으며, 따라서 성분들이 [-1,1] 구간이라고 가정).
    float3 positionWS = mul(input.PositionOS, InvViewProjMatrix);
#endif

// 시선 벡터를 계산한다.
output.ViewRay = positionWS - CameraPositionWS;

// -- 조명 과정을 위한 픽셀 셰이더 프로그램 중에서 --
// 시선 벡터를 정규화하고, 거리를 적용해서 표면 위치를 재구축한다.
float3 viewRay = normalize(input.ViewRay);
float  viewDistance = DistanceTexture.Sample(PointSampler, texCoord);
float3 positionWS = CameraPositionWS + viewRay * viewDistance;
```

**목록 11.10.** 조명 과정 중 시선 벡터 계산과 표면 위치 재구축을 위한 셰이더 코드.

이렇게 해서, 기하 버퍼에 담긴 하나의 고정밀도 값만으로 표면상의 위치를 유연하고도 상당히 효율적으로 재구축할 수 있게 되었다. 그런데 계산을 시야 공간에서 수행한다면, 시야 공간에서는 시야 절두체가 $Z$축에 정렬된다는 점을 이용해서 효율을 더욱 높일 수 있다.

방법은 이렇다. 시야 공간 위치를 재구축할 때, 시선 벡터를 연장해서 먼 절단 평면과 만나는 교점을 구한다. 이 교점을 구하는 것은 간단하다. 시야 공간에서의 $Z$ 성분이 먼 절단 평면까지의 거리(이하 먼 절단 평면 거리)와 같아지는 점이 바로 그 교점이다. 지향광을 위해 전체 화면 사각형을 래스터화할 때에는 계산이 더욱 간단해진다. 절두체 모서리 꼭짓점 위치로 선형 보간을 적용할 수 있기 때문이다. 시선 벡터의 $Z$ 성분을 알려진 값으로 설정하고 나면 픽셀 셰이더에서 시선 벡터를 정규화할 필요가 없다. 대신, 카메라의 $Z$축을 따라 비례되는 한 값을 시선 벡터에 곱하기만 하면 최종적인 표면 위치가 나온다. 그 '한 값'은 먼 절단 평면 거리에 비한 원래의 표면 깊이의 비율, 다시 말하면 표면 위치의 시야 공간 $Z$ 성분을 먼 절단 평면 거리로 나눈 것이다. 이 비율을 기하 버퍼 생성 과정에서 계산해서 기하 버퍼에 저장해 두었다가 조명 과정에서 사용하면 된다. 그림 11.7에 이러한 기법이 표현되어 있다.

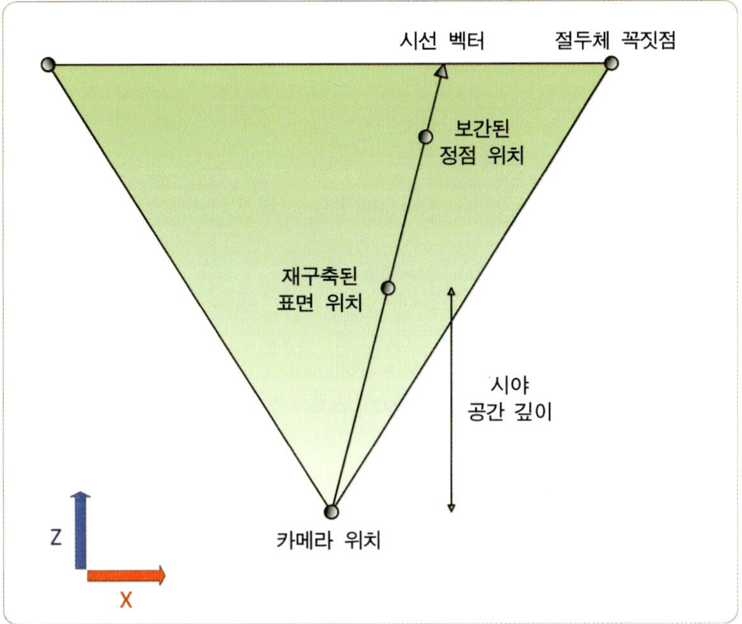



**그림 11.7.** 최적화된 시야 공간 위치 재구축.

```
// -- 기하 버퍼 생성 과정을 위한 정점 셰이더 프로그램 중에서 --
// 정점의 시야 공간 위치를 계산해서 픽셀 셰이더에 넘긴다.
output.PositionVS = mul(input.PositionOS, WorldViewMatrix).xyz;


// -- 기하 버퍼 생성 과정을 위한 픽셀 셰이더 프로그램 중에서 --
// 시야 공간 Z 성분을 먼 절단 평면 거리로 나눈다.
output.Depth.x = input.PositionVS.z / FarClipDistance;


// -- 조명 과정을 위한 정점 셰이더 프로그램 중에서 --
#if VOLUMES
    // 시야 공간 정점 위치를 계산한다.
    output.PositionVS = mul(input.PositionOS, WorldViewMatrix);
#elif QUADS
    // 시야 공간 정점 위치를 계산한다(변환을 피하기 위해, 그냥 정점을 절두체의
    // 한 꼭짓점으로 사상할 수도 있다).
    output.PositionVS = mul(input.PositionOS, InvProjMatrix);
#endif


// -- 조명 과정을 위한 픽셀 셰이더 프로그램 중에서 --
```

```
#if VOLUMES
    // 시야 공간 위치를 먼 절단 평면으로 연장(외삽)해서 시선 벡터를 구한다.
    float3 viewRay = float3(input.PositionVS.xy *
                    (FarClipDistance / input.PositionVS.z),
                    FarClipDistance);
#elif QUADS
// 지향광의 경우에는 정점이 이미 먼 절단 평면에 있으므로 연장할
// 필요가 없다.
    float3 viewRay = input.PositionVS.xyz;
#endif

// 깊이 값을 추출하고, 그것으로 시선 벡터를 비례시켜서 시야 공간 표면 위치를 재구축한다.
float normalizedDepth = DepthTexture.Sample(PointSampler, texCoord).x;
float3 positionVS = viewRay * normalizedDepth;
```

**목록 11.11.** 최적화된 시야 공간 위치 재구축을 위한 셰이더 코드.

이 버전에서는 픽셀 셰이더에서 시선 벡터를 정규화 할 필요가 없으므로 산술 연산 횟수가 줄어든다. 게다가 지향광의 경우에는 시선 벡터가 이미 먼 평면까지 연장되어 있는 상태이므로 연산 횟수를 더욱 줄일 수 있다. 기하 버퍼에 저장된 깊이 값들이 항상 $[0, 1]$ 구간이라는 점도 중요하다. 덕분에 픽셀 셰이더에서 깊이 값을 추출한 후 다시 비례시킬 필요 없이, 그대로 정규화된 정수 형식(DXGI_FORMAT_R16_UNORM 등)에 저장할 수 있다.

이상의 최적화 기법은 깊이나 거리 값을 기하 버퍼에 명시적으로 기록하지만, 명시적인 기록 없이 진행하는 것도 가능하다. 기하 버퍼 생성 과정에 쓰이는 깊이·스텐실 버퍼에서 깊이 값을 추출하면 된다. 깊이 버퍼에는 원근 투영 후의 $Z$ 값을 원근 투영 후의 $W$ 값으로 나눈 결과가 저장되는데, 그 $W$ 값은 표면 위치의 시야 공간 $Z$ 성분과 같다. 그 깊이 값 자체를 바로 사용할 수는 없지만, 다행히 원근 투영 행렬을 이용해서 그 값으로부터 시야 공간 $Z$ 성분을 복원하는 것이 가능하다([Baker]). 일단 시야 공간 $Z$성분을 얻었다면 그것을 정규화된 깊이 값으로 변환해서 위에 나온 것과 같은 접근방식으로 진행하면 된다. 그러나 이조차도 불필요하다. 시선 벡터를 먼 절단 평면으로 연장하는 대신 $Z = 1$인 평면으로 한정한 후 애초의 시야 공간 $Z$로 비례시키면 된다. 픽셀 셰이더에서 $Z$값을 비례시키는 것이 아니라 정점 셰이더에서 시선 벡터를 비례시키는 것이므로 픽셀 셰이더의 산술 연산이 하나 줄어든다.

```cpp
// -- 조명 과정을 위한 정점 셰이더 프로그램 중에서 --
#if VOLUMES
    // 시야 공간 정점 위치를 계산한다.
    output.PositionVS = mul(input.PositionOS, WorldMatrix);
#elif QUADS
   // 지향광의 경우 XY 방향에서만 보간을 수행하므로 정점 셰이더에서
   // 벡터를 한정시킬 수 있다.
    float3 positionVS = mul(input.PositionOS, InvProjMatrix);
    output.ViewRay = float3(positionVS.xy / positionVS.z, 1.0f);
#endif
// -- 조명 과정을 위한 픽셀 셰이더 프로그램 중에서 --
#if VOLUMES
    // 시선 벡터를 Z = 1 평면으로 한정한다.
    float3 viewRay = float3(input.PositionVS.xy / input.PositionVS.z, 1.0f);
#elif QUADS
    // 지향광의 경우에는 정점 셰이더에서 이미 시선 벡터가 한정되었다.
    float3 viewRay = input.ViewRay.xyz;
#endif

// 원근 투영을 위한 매개변수들을 계산한다(응용 프로그램에서 계산해서 상수 버퍼를
// 통해 전달할 수도 있다).
ProjectionA = FarClipDistance  / (FarClipDistance - NearClipDistance);
ProjectionB = (-FarClipDistance * NearClipDistance)
                  / (FarClipDistance - NearClipDistance);

// 깊이 값을 추출해서 선형 시야 공간 Z 성분으로 변환한다.
float depth = DepthTexture.Sample(PointSampler, texCoord).x;
float linearDepth = ProjectionB / (depth - ProjectionA);
float3 positionVS = viewRay * linearDepth;
```

**목록 11.12**. 깊이·스텐실 버퍼를 이용한 시야 공간 위치 재구축 셰이더 코드.

임의의 좌표계를 사용해야 한다면, 선형 깊이 값을 앞에서 첫 번째로 살펴본 위치 재구축 기법과 함께 사용하면 된다. 목록 11.13에서 보듯이, 시선 벡터를 카메라의 국소 $Z$ 축에 투영한 결과를 이용해서 적절한 비례 계수를 구할 수 있다.

```
// -- 조명 과정을 위한 픽셀 셰이더 프로그램 중에서 --
// 시선 벡터를 정규화한다.
float3 viewRay = normalize(input.ViewRay);


// 깊이 값을 추출해서 선형 깊이 값으로 변환한다.
float depth = DepthTexture.Sample(PointSampler, texCoord).x;
float linearDepth = ProjectionB / (depth - ProjectionA);


// 시선 벡터를 카메라의 z 축에 투영한다.
float viewZProj = dot(EyeZAxis, viewRay);


// 선형 z 값과 투영된 시선 벡터 길이의 비율로 시선 벡터를 비례시킨다.
float3 positionWS = CameraPositionWS + viewRay * (linearDepth / viewZProj);
```

**목록 11.13**. 임의의 좌표계에서 깊이·스텐실 버퍼를 이용한 위치 재구축 셰이더 코드.


위치 자료를 복원하는 방법을 선택할 때에는 해당 저장 형식에서 비롯되는 정밀도와 오차 범위에 신경을 써야 한다. 깊이 버퍼에 저장되는 $Z/W$ 값은 카메라와의 거리에 대해 선형(1차)이 아니다. 그 값은 거리 증가에 따라 로그함수 형태로 증가한다. 그림 11.8에 가까운 절단 평면에서 먼 절단 평면까지의 $Z$값들(이 경우 1에서 100까지)에 대한 $Z/W$의 그래프가 나와 있다.

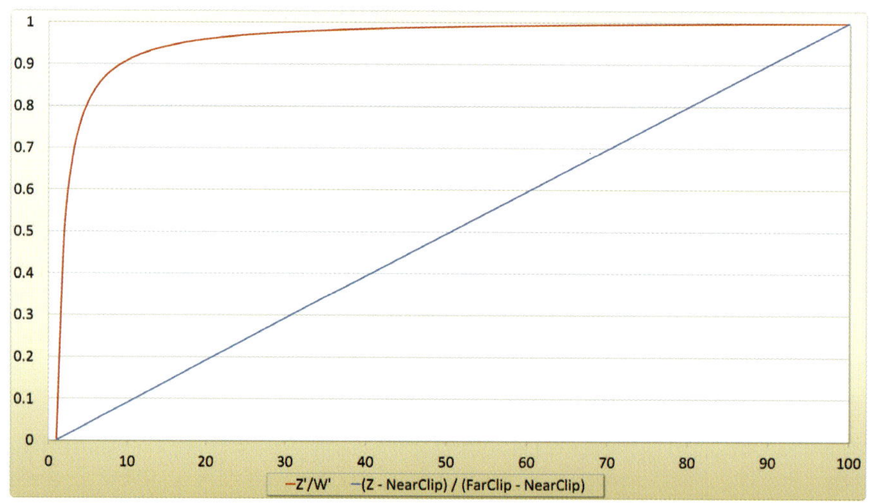


**그림 11.8**. 원근 투영 후 $Z/W$ 대 시야 공간 $Z$.

이러한 비선형성 때문에, 먼 절단 평면 근처의 깊이 값들에 비해 가까운 절단 평면 근처의 깊이 값들(그림 11.8에서 $Z/W$ 그래프 곡선이 빠르게 치솟는 부분)에 더 많은 정밀도가 필요하다. 이 점을 고려하지 않으면 먼 절단 평면에 가까운 표면들에서 재구축된 위치들이 너무 높아져서 오차가 발생한다. Direct3D 11이 32비트 부동소수점 깊이·스텐실 형식을 지원하긴 하지만, 부동소수점 형식 자체의 정밀도 분포가 원래 비선형적이다(부동소수점 수는 그 값이 0에서 멀어질수록 오차가 커진다; [Kemem, 2009]). 따라서 문제가 더욱 심각해진다. 이를 극복하는 한 가지 방법은 원근 투영 행렬을 생성할 때 먼 평면과 가까운 평면의 거리를 뒤집는 것이다. 그렇게 하면 $Z/W$는 가까운 절단 평면의 1.0에서 시작해서 먼 절단 평면의 0.0으로 감소하며, 그러면 두 비선형 정밀도 분포의 영향이 대부분 상쇄된다. 이 기법을 사용하는 경우 깊이 판정의 방향도 뒤집어야 함을 기억하기 바란다.

## 11.4.2 조명 셰이딩의 최적화

이전 절에서 언급했듯이 지연 렌더링의 조명과 셰이딩은 기하 버퍼 텍스처의 표본을 추출하고, 픽셀 셰이더에서 조명 값을 계산하고, 그 결과들을 렌더 대상의 내용에 합침으로써 이루어진다. 따라서 주어진 장면의 렌더링 성능은 조명 과정에서 처리하는 픽셀의 수에 직접 비례하는 경우가 많다. 이번 절에서는 조명 과정에서 처리되는 픽셀의 수를 줄임으로써 조명 과정의 대역폭 및 셰이더 산술 연산 자원을 절약하는 최적화 기법들을 살펴본다.

### 가위 판정

파이프라인의 래스터화기 단계에서 소위 **가위 판정**(scissor test)이라고 하는 연산을 수행할 수 있다.*이 판정은 래스터화된 픽셀의 화면 공간 위치가 '가위' 사각형 안에 있는지 점검하는 것으로, 만일 그 위치가 가위 사각형 바깥에 있다면 그 픽셀의 셰이딩이 생략된다. 지연 렌더링에서는 주어진 광원에 영향을 받지 않는 픽셀들을 대략적으로 제외시키는 목적으로 이 가위 판정을 활용할 수 있다. 그러나 이 기법은 한 광원이 영향을

---

* [역주] 가위 판정을 설정하고 실행하는 방법은 제3장의 래스터화 절에서 설명했다.

미치는 화면 영역에 기초하는 것이므로 국소 광원(점광원, 점적광원)에서만 유효하고, 지향광 같은 전역 광원에서는 효과가 없다.

이 가위 판정 기법을 사용하려면 광원의 효과 범위에 해당하는 화면 공간 직사각형('가위 사각형')이 필요하다. 가위 사각형을 구하려면 먼저 광원이 영향을 미치는 화면 공간 영역부터 알아내야 한다. 이 계산에는 해당 광원의 속성과 카메라 위치 및 방향, 그리고 투영 매개변수들이 관여한다. 점광원의 경우에는 계산이 간단하다. 점광은 모든 방향으로 동일하게 기여하므로 광원의 효과 범위는 세계 공간에서나 시야 공간에서나 완벽한 구 형태라고 가정할 수 있다. 따라서 시야 공간에서 광원의 효과 범위에 해당하는 경계 구를 구하는 것은 간단한 일이다. 그런 다음에는 그 구를 감싸는 축 정렬 경계 상자를 구하고, 그 상자의 여덟 꼭짓점을 투영 행렬을 이용해서 화면 공간에 투영하고, 투영된 여덟 좌표의 $X$, $Y$ 값들의 최소, 최댓값을 구해서 하나의 2차원 직사각형을 결정하면 된다. 그림 11.9에 그러한 과정이 표현되어 있다.

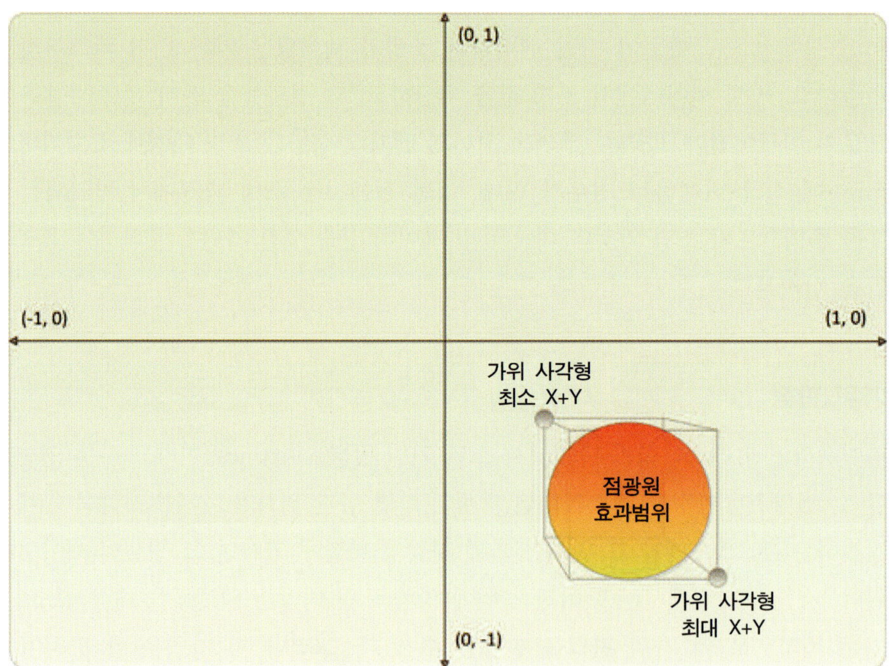


**그림 11.9.** 점광원을 위한 가위 사각형 계산.

투영이 원근 투영이며 카메라의 $X$, $Y$ 축에 대칭인 형태라면 이 과정을 좀 더 최적화할 수 있다. 그런 경우 최소 또는 최대 $X$, $Y$ 값이 상자의 면들 중 카메라에 가장 가까운 면에 있는지 아니면 가장 먼 면에 있는지를 경계구의 시야 공간 $X$, $Y$ 좌표를 이용해서 알아낼 수 있다. 목록 11.14는 이러한 최적화를 이용해서 최종적인 화면 공간 직사각형을 구하는 C++ 메서드이다. 이 메서드는 ID3D11DeviceContext::RSSetScissorRects 메서드에 사용할 수 있는 D3D11_RECT 구조체를 돌려준다.

```cpp
D3D11_RECT ViewLights::CalcScissorRect( const Vector3f& lightPos,
                                        float lightRange )
{
    // 광원의 위치와 범위에 기초해서 광원의 효과 범위에 해당하는 경계구를
    // 계산한다.
    Vector4f centerWS = Vector4f( lightPos, 1.0f );
    float radius = lightRange;


    // 구의 중심을 시야 공간으로 변환한다.
    Vector4f centerVS = ViewMatrix * centerWS;


    // 구의 상, 하, 좌, 우 경계점을 구한다.
    Vector4f topVS = centerVS + Vector4f( 0.0f, radius, 0.0f, 0.0f );
    Vector4f bottomVS = centerVS - Vector4f( 0.0f, radius, 0.0f, 0.0f );
    Vector4f leftVS = centerVS - Vector4f( radius, 0.0f, 0.0f, 0.0f );
    Vector4f rightVS = centerVS + Vector4f( radius, 0.0f, 0.0f, 0.0f );


    // 사각형의 윗변과 오른쪽 변이 구의 앞쪽에 접할 것인지 아니면 구의 뒤쪽에 접할
    // 것인지를 파악한다.
    leftVS.z = leftVS.x < 0.0f ? leftVS.z - radius : leftVS.z + radius;
    rightVS.z = rightVS.x < 0.0f ? rightVS.z + radius : rightVS.z - radius;
    topVS.z = topVS.y < 0.0f ? topVS.z + radius : topVS.z - radius;
    bottomVS.z = bottomVS.y < 0.0f ? bottomVS.z - radius
                                   : bottomVS.z + radius;


    // z 성분들을 절단 평면들로 한정한다.
    leftVS.z = Clamp( leftVS.z, m_fNearClip, m_fFarClip );
    rightVS.z = Clamp( rightVS.z, m_fNearClip, m_fFarClip );
    topVS.z = Clamp( topVS.z, m_fNearClip, m_fFarClip );
    bottomVS.z = Clamp( bottomVS.z, m_fNearClip, m_fFarClip );


    // 원근 투영 변환을 적용해서 절단 공간 안의 직사각형을 계산한다.
```

```cpp
// 원근 투영 변환을 적용해서 절단 공간 안의 직사각형을 계산한다.
// 원근 투영 변환이 X, Y에 대해 대칭이라고 가정한다.
float rectLeftCS = leftVS.x * ProjMatrix( 0, 0 ) / leftVS.z;
float rectRightCS = rightVS.x * ProjMatrix( 0, 0 ) / rightVS.z;
float rectTopCS = topVS.y * ProjMatrix( 1, 1 ) / topVS.z;
float rectBottomCS = bottomVS.y * ProjMatrix( 1, 1 ) / bottomVS.z;
// 직사각형을 화면 크기에 맞게 한정한다.
rectTopCS = Clamp( rectTopCS, -1.0f, 1.0f );
rectBottomCS = Clamp( rectBottomCS, -1.0f, 1.0f );
rectLeftCS = Clamp( rectLeftCS, -1.0f, 1.0f );
rectRightCS = Clamp( rectRightCS, -1.0f, 1.0f );


// 이제 뷰포트 변환을 적용해서 화면 공간의 좌표들로 변환한다.
float rectTopSS = rectTopCS * 0.5f + 0.5f;
float rectBottomSS = rectBottomCS * 0.5f + 0.5f;
float rectLeftSS = rectLeftCS * 0.5f + 0.5f;
float rectRightSS = rectRightCS * 0.5f + 0.5f;


rectTopSS = 1.0f - rectTopSS;
rectBottomSS = 1.0f - rectBottomSS;


rectTopSS *= m_uVPHeight;
rectBottomSS *= m_uVPHeight;
rectLeftSS *= m_uVPWidth;
rectRightSS *= m_uVPWidth;


// 마지막으로, 그 좌표들을 정수로 변환해서
// D3D11_RECT 구조체에 채운다.
D3D11_RECT rect;
rect.left = static_cast<LONG>( rectLeftSS );
rect.right = static_cast<LONG>( rectRightSS );
rect.top = static_cast<LONG>( rectTopSS );
rect.bottom = static_cast<LONG>( rectBottomSS );


// 뷰포트 크기로 한정한다.
rect.left = max( rect.left, 0 );
rect.top = max( rect.top, 0 );
rect.right = min( rect.right, static_cast<LONG>( m_uVPWidth ) );
rect.bottom = min( rect.bottom, static_cast<LONG>( m_uVPHeight ) );


return rect;
}
```

**목록 11.14.** 점광원을 위한 가위 사각형을 만드는 C++ 코드.

점적광의 경우에도 이와 동일한 방식으로 경계구를 만들고 화면 공간상의 크기를 결정한다. 사실 점적광에서도 목록 11.14의 메서드를 그대로 사용할 수 있다. 점적광의 방향이나 각 감쇠(angular attenuation) 매개변수가 어떻든, 이 메서드에서 계산하는 경계구는 점적광의 원뿔 형태의 효과 범위를 완전히 감쌀 것이기 때문이다. 그러나 점적광에 좀 더 잘 맞는 가위 사각형을 원한다면, 각 감쇠 계수들을 이용해서 점적광의 경계 원뿔을 구하고 그것으로 축 정렬 경계상자를 구해야 할 것이다.

아니면 메시 정점들을 화면 공간에 투영한 위치들에 근거해서 점적광의 경계 원뿔을 근사하고 그것으로 축 정렬 경계 상자를 만들 수도 있다. 이를 위해서는 실행 시점에서 더 많은 계산이 필요하지만, 경계구를 사용할 때보다 점적광 효과 범위를 좀 더 밀접하게 감싸는 결과를 얻을 가능성이 있다.

## GPU에서 사각형을 생성

가위 사각형을 구하는 알고리즘을 정점 셰이더나 기하 셰이더에서 구현하는 것도 어려운 일이 아니다. 그렇게 하면 CPU의 부담을 GPU에 넘길 수 있으며, 각 광원을 그릴 때마다 상태를 변경해야 할 필요도 없어진다. 따라서 여러 개의 광원을 하나의 **그리기 호출**로 한꺼번에 처리하는 것이 가능하다. 광원이 많은 경우 이렇게 하면 CPU의 처리 부담이 극적으로 줄어든다. 예제 코드 모음의 *LightPrepass* 응용 프로그램(부록 A 참고)에 이러한 접근방식의 구현 예가 나와 있으니 참고하기 바란다.

## 경계 입체

방금 전에 설명했듯이 점광과 점적광을 위한 가위 판정에서는 해당 빛의 효과 범위를 감싸는 경계 입체(bounding volume)를 이용해서 가위 사각형을 구한다. 그러한 개념을 좀 더 확장해서, 빛의 효과 범위를 좀 더 잘 근사하는 삼각형 메시를 만들어서 화면 전체 사각형 대신 그 메시를 렌더링할 수도 있다. 그렇게 하면 화면 공간 사각형의 한계들을 극복하고 GPU의 정점 처리 및 래스터화 능력을 좀 더 자연스럽게 활용하게 된다.

그러한 경계 입체 기하구조를 개별 광원마다 따로 만들 필요는 없다. 모든 점광원과 점적광원에 사용할 구 하나와 원뿔 하나를 만들어 두고, 각 광원마다 세계 변환 행렬의 이동, 회전, 비례 성분들을 광원의 속성들에 기초해서 계산하면 된다. 점광원들을 위해서는 원점을 중점으로 하고 반지름이 1인 구 형태의 메시면 충분하다. 점광원을 실제로 적용할 때에는 광원의 위치에 따라 이동 성분들을 설정하고, 빛의 효과 범위에 맞게 $X$, $Y$, $Z$ 비례 성분들을 설정해서 세계 변환을 적용한다. 점적광원의 경우에는 뾰족한 정점이 원점에 있으며 벌어진 각도가 45도인 $Z$축 방향의 원뿔 메시를 경계 입체로 사용하면 된다. 각 광원에 대해서는 광원의 위치와 방향에 맞게 세계 변환 행렬의 이동, 회전 성분들을 설정하고 빛의 효과 범위에 맞게 $Z$ 비례 성분을 설정한다. $X$, $Y$ 비례 성분들은 원뿔의 반지름에 따라 설정한다(점적광 각도의 탄젠트를 효과 범위 길이에 곱하면 된다).

경계 입체를 렌더링할 때에는 픽셀들에 전면(front-face) 선별을 적용할 것인지 아니면 후면(back-face) 선별을 적용할 것인지를 결정해야 한다. 선별 제외를 아예 비활성화할 수는 없다. 그러면 픽셀들이 두 번 조명될 것이기 때문이다. 이 선택은 아주 신중해야 하는데, 왜냐하면 경계 입체가 시야 절두체의 가까운 절단 평면이나 먼 절단 평면과 교차하는 경우 전면 삼각형들 또는 후면 삼각형들 중 일부가 래스터화되지 않을 것이기 때문이다. 경계 입체가 가까운 절단 평면과 만나는 경우에는 반드시 후면 선별을 사용하고, 먼 절단 평면과 만난다면 전면 선별을 사용해야 한다. 둘 다 교차한다면 빛이 아주 큰 것이므로 경계 입체 대신 화면 공간 사각형을 사용하거나 다른 방법을 이용해서 렌더링해야 할 것이다. 선별 모드를 전환하는 것이 바람직하지 않다면 정점 셰이더에서 정점들을 가까운 절단 평면과 먼 절단 평면으로 한정하는 방법도 있다. 여러 빛들을 하나의 **그리기** 호출로 일괄 처리하고자 하는 경우 이 방법이 유용할 것이다.

픽셀 셰이딩을 경계 입체의 화면 공간 투영으로 한정하는 것 외에, 하드웨어 깊이 판정을 통해서 추가적인 픽셀들을 제외시키는 용도로 경계 입체 기하구조를 사용할 수도 있다. 여기에 깔린 착안은, 장면 기하구조가 빛의 경계 입체 메시와 교차하는 부분의 픽셀들만 조명을 가하면 된다는 것이다. 다른 말로 하면, 장면 기하구조가 빛을 가리는 부분의 픽셀들과 빛이 "공중에 떠 있는" 부분의 픽셀들은 제외시키면 된다. 후면 기하구조를 렌더링할 때에는, 깊이 판정 함수를 D3D11_COMPARISON_LESS_EQUAL로 설정함으로써 전자의 픽셀들을 제외시킬 수 있다. 전면 기하구조를 렌더링할 때에는 D3D11_ COMPARISON_GREATER_EQUAL을 이용해서 후자의 픽셀들을 제외시킬 수 있다. 후면 선별과 전면 선별을 둘 다 적용할 수는 없으므로 두 부류의 픽셀들을 한 번의 패스에서 동시에 제외시키는 것은 불가능하다. 따라서 어떤 선별·깊이 판정 모드를 사용할 때 더 많은 픽셀들이 제외될 것인지를 추정하는 적당한 발견법(heuristics)을 고안해서 사용하는 것이 바람직하다.

## 스텐실 판정

스텐실 버퍼에는 픽셀당 8비트 정수 값을 담을 수 있으며, 그 값들을 주어진 픽셀의 제외 여부를 결정하는 간단한 논리 판정에 사용할 수 있다. 지연 렌더링의 경우 기하구조가 빛을 받는지의 여부를 뜻하는 마스크 값을 스텐실 버퍼에 저장해 두고, 이후 그 마스크에 근거해서 조명이 필요하지 않은 픽셀들의 셰이딩을 생략하면 된다. 화면의 상당 부분이 하늘 상자 (skybox)*나 배경 기하구조에 해당하는 경우, 또는 장면 기하구조 중에 동적 조명이 필요하 지 않은 재질이 많은 경우 그러한 최적화를 적용하면 픽셀 셰이딩 비용을 크게 줄일 수 있다.

구현 방법을 간단히 이야기하면 이렇다. 조명을 받을 장면 기하구조로 기하 버퍼를 채울 때 스텐실 비교 함수 D3D11_COMPARISON_ALWAYS를 적용한다. 그렇게 하면 래스터화되는 픽셀마다 스텐실 버퍼에 기준값이 기록된다. 기준값으로는 스텐실 버퍼가 비워졌을 때의 값과는 구별되는 어떤 알려진 값을 사용하면 된다. 빛들을 렌더링할 때에는 비교 함수 D3D11_COMPARISON_EQUAL을 적용한다. 기준값은 이전과 동일하게 설정한다. 이렇게 하면 빛 을 받는 픽셀들에만 정확한 스텐실 값이 기록되고 다른 픽셀들은 제외된다. 요즘 그래픽 하드웨 어들은 대부분 $Z$ 선별과 스텐실 선별을 픽셀 셰이더보다 먼저 실행하는 계통적 $Z$(Hi-Z) 기능 을 갖추고 있으므로, 이러한 스텐실 판정에 의해 해당 픽셀들의 셰이딩이 애초에 방지된다.

이러한 개념을 좀 더 확장해서 빛 마스킹(light masking)을 구현할 수도 있다. 빛 마스킹은 특정 광원이 장면 기하구조의 특정 부분에만 영향을 미치게 하기 위한 것이다. 예를 들어 특정 광원이 플레이어 캐릭터에만 적용되고 레벨의 배경 기하구조에는 적용되지 않게 만들 수 있다. 또는 한 방의 빛이 그 방의 벽만 비추고 옆방으로까지 '번지는' 일이 생기지 않아야 할 때, 빛 마스킹을 이용하면 그림자 처리나 감쇠 처리 없이도 그런 목표를 달성할 수 있다. 스텐실 버퍼의 한 픽셀의 여덟 비트들을 개별적으로 판정하는 것이 가능하다는 점을 생각하면, 빛 마스 킹을 구현할 때 스텐실 버퍼의 각 비트가 하나의 빛 그룹을 대표하며, 각 빛 그룹마다 해당 비트가 1일 때에만 적용할 광원 또는 장면 내 물체를 배정해 두는 방식이 논리적이다. '옆 방 문제'는, 각 방마다 그 방의 벽과 광원을 고유한 빛 그룹에 배정해 두면 된다. 그렇게 하면 한 방의 빛은 그 방에만 영향을 미치며, 다른 방으로 "번지는" 일은 생기지 않는다.

---

* [역주] 하늘 상자는 그 중심에 카메라를 배치해서 렌더링하는 하나의 입방체이다. 일반적으로 이 하늘 상자의 각 면에는 관찰자에서 아주 멀리 있는 물체나 풍경의 모습을 담은 텍스처를 적용한다. 하늘 상자의 각 면은 아주 멀리 있는 물체를 나타내는 것이므로 지금 말하는 종류의 빛은 받지 않으며, 따라서 픽셀 셰이딩 처리에서 제외시 켜도 안전하다.

장면 기하구조를 렌더링할 때에도 비슷한 방식을 사용하면 된다. 이 경우에는 주어진 장면 기하구조가 속한 모든 빛 그룹의 비트들을 OR(논리합)로 결합한 8비트 부호 없는 정수를 스텐실 버퍼 기준값으로 설정해서 스텐실 버퍼를 채운다. 조명 과정에서는 광원이 속한 빛 그룹들로부터 그러한 8비트 값을 만든다. 그런데 그 값을 기준값으로 사용하는 것이 아니라 스텐실 읽기 마스크로 사용한다는 점이 중요하다. 스텐실 판정에서는 그 마스크를 스텐실 버퍼에 이미 있는 값과 비트 단위 AND(논리곱)로 결합한 값을 스텐실 기준 값과 비교한다. 예를 들어 기준값이 0이고 비교 함수가 **D3D11_COMPARISON_ LESS**인 경우, 그 픽셀에서의 기하구조와 현재 광원이 동일한 빛 그룹에 속한 경우에만 스텐실 판정을 통과하게 된다.

## 화면 공간 타일 정렬

화면 공간 타일 정렬(tile sorting) 기법 역시 국소(지역) 광원들의 공간적 응집성을 활용하는 것이다. 기본 개념은 이렇다. 화면을 고정된 크기의 타일들로 분할하고, 각 타일마다 그 타일에 영향을 미치는 광원들을 파악한다. 그런 다음에는 그 광원들을 하나의 일괄 단위(batch) 또는 일련의 일괄 단위들로 렌더링하는데, 이 때 픽셀 셰이더는 일괄 단위의 모든 빛의 기여를 평가, 누적한다([Balestra & Engstad, 2008], [Lauritzen, 2010]). 그림 11.10에 이러한 개념이 나타나 있다.

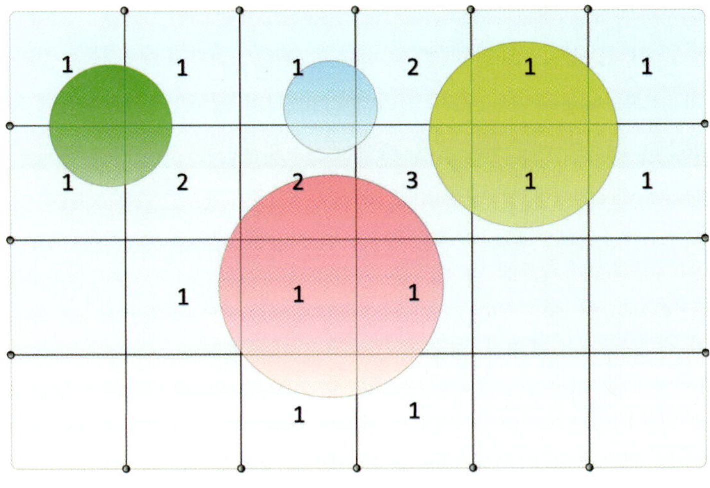

**그림 11.10.** 화면 공간 타일 정렬.

이 기법에서는 픽셀들이 오직 타일 크기 수준의 입도로만 제외될 것이므로, 언급한 다른 기법들보다 못하다는 느낌이 들 것이다. 특히 작은 빛이 여러 개의 타일에 걸쳐 있는 경우 비효율성이 커진다. 그러나 이 기법에는 중요한 장점이 세 가지 있다. 첫째로, 기하 버퍼를 일괄 단위당 한 번만 추출하면 된다. 따라서, 한 일괄 단위로 여러 개의 빛들을 처리하는 경우 각 빛의 렌더링에 필요한 계산량이 줄어든다. 이는 또한 기하 버퍼의 특성들을 일괄 단위당 한 번만 복원 또는 재구축하면 된다는 뜻이며, 따라서 셰이더의 산술 연산 횟수가 더욱 줄어든다. 둘째 장점은 조명 기여도를 일괄 단위당 한 번만 렌더 대상에 기록하면(그리고 설정에 따라서는 혼합하면) 된다는 것이다. 이에 의해 조명 과정의 대역폭 사용량이 더욱 줄어들 것이다. 셋째 장점은, 래스터화가 필요하지 않고 메모리 접근이 아주 응집적이므로, 조명 공식을 CPU나 계산 셰이더 같은 범용 계산 자원에서 평가하기에 적합하다는 점이다([Lauritzen, 2010]).

이 기법을 표준적인 GPU 렌더링 파이프라인을 이용해서 수행한다면, 이번 절에서 언급한 다른 몇몇 최적화들과 결합해서 사용할 수 있다. 예를 들어 사각형을 렌더링하되 각 정점의 시야 공간 $Z$를 일괄 단위 안의 모든 빛의 최대 또는 최소 깊이로 설정한다면 깊이 판정 최적화를 여전히 사용할 수 있다. 또한 가위 판정을 이용해서 더 작은 빛들에 해당하는 픽셀들을 제외시키는 것도 여전히 가능하다.

## 11.5 앨리어싱 제거

지연 렌더링에는 여러 가지 장점이 있는데, 그런 장점들은 렌더링 파이프라인을 적절히 재조직화하는 데에서 비롯된 것이다. 그러나 그러한 재조직화 때문에 전통적인 순방향 렌더링에서 잘 작동했던 몇 가지 기법들과 개선안들이 더 이상 작동하지 않는다는 문제도 있다. 그런 기법 중 중요한 것이 바로 MSAA(multisample anti-aliasing, 다중 표본 앨리어싱 제거)이다.*MSAA를 위한 래스터화 공정에서는 삼각형 포괄도가 부분 픽셀 (하위 픽셀) 수준에서 계산된다. 이에 의해 각 픽셀의 출력은 렌더 대상의 부분 표본들 전부에 기록되거나, 일부에만 기록되거나, 전혀 기록되지 않는다. 그 부분 픽셀들을 섞

---

* [역주] MSAA에 대해서는 제3장 "렌더링 파이프라인"에서 좀 더 자세히 이야기했다.

어서 '환원'한 것이 해당 픽셀의 최종 색상이 된다. 이러한 방식이 제대로 작동하려면 최종 픽셀들이 셰이딩되는 패스에서 장면 기하구조를 반드시 래스터화해야 한다. 또한 기하구조가 교차하는 픽셀들의 경우 그 부분 표본들이 적절한(해당 삼각형을 완전하게 조명하고 셰이딩한 결과로 나왔을) 색상 값을 담고 있어야 한다. 고전적인 지연 렌더링에서는 이러한 조건들 모두가 만족되지 않으며, 사전 조명 패스 렌더링에서도 단 하나만 만족될 뿐이다. 이번 장에서는 지연 렌더링에서 앨리어싱을 제거하기 위한 대안과 우회책들을 살펴본다.

## 11.5.1 초과 표본 앨리어싱 제거(SSAA)

흔히 SSAA로 줄여 쓰는 **초과 표본화를 이용한 앨리어싱 제거**(supersampled anti-aliasing)는 구현하기가 가장 간단한 앨리어싱 제거 대안이며, 제3장에서도 간단히 언급한 바 있다. SSAA에서는 장면을 출력보다 더 높은 표본율(해상도)로 렌더링하고, 그 결과로 생긴 이미지를 필터링(하향 표본화)해서 디스플레이에 표시한다. 하드웨어 SSAA 기능을 제공하는 GPU도 있으나(구동기 설정에서 활성화할 수 있다), 소프트웨어로 구현하는 것도 간단하다. 지연 렌더링의 경우에는 후면 버퍼보다 큰 렌더 대상들로 기하 버퍼와 빛 버퍼를 만들고, 조명 패스(사전 조명 패스 렌더링의 경우에는 두 번째 기하 패스)의 결과를 하향 표본화하면 그만이다. 아니면 그냥 기하 버퍼를 더 높은 해상도에서 렌더링해도 된다. 그런 다음 조명 패스에서 여러 개의 기하 버퍼 텍셀들을 추출, 평가해서 필터링한다.

짐작했겠지만 SSAA의 주된 단점은 성능이다. 해상도를 2배나 4배로 높이면 GPU 파이프라인의 거의 모든 부분에 부하가 가중되며, 렌더 대상들을 위한 GPU 메모리 사용량도 크게 늘어난다. 그러나 SSAA는 확실히 효과적이며, 다른 종류의 앨리어싱 제거 기법을 구현하기가 마땅치 않은 경우라면 시도해 볼만한 선택이다.

## 11.5.2 다중 표본 앨리어싱 제거(MSAA)

이전에 언급했듯이, 렌더링 파이프라인을 둘이나 세 개의 패스로 분할하는 방식은 MSAA와 맞지 않는다. 그러나 하드웨어의 MSAA 지원 기능을 이용해서, 초과 표본화를 사용하지 않고도 앨리어싱이 제거된 출력을 얻는 것은 가능하다.

우선 기하 버퍼 패스부터 분석해보자. 다중 표본화 렌더 대상들로 구성된 기하 버퍼를 MSAA를 활성화해서 렌더링하면, 그 기하 버퍼에는 다중 표본화된 표면 및 재질 속성들이 기록된다. 다른 말로 하면, 삼각형에 완전히 덮이지 않은 픽셀에서 비롯된 기하 버퍼 특성들에 해당 부분 표본들이 포함되는 것이다. 따라서 만일 그 모든 부분 표본들을 개별적으로 추출해서 조명을 적용한 후 그 결과들을 필터링(평균)하면 앨리어싱이 제거된 이미지가 나오게 된다. 목록 11.15가 그러한 작업을 수행하는 픽셀 셰이더 프로그램이다.

```
// 텍스처들
Texture2DMS<float4> NormalTexture            : register( t0 );
Texture2DMS<float4> DiffuseAlbedoTexture     : register( t1 );
Texture2DMS<float4> SpecularAlbedoTexture    : register( t2 );
Texture2DMS<float4> PositionTexture          : register( t3 );

// 기하 버퍼 특성들을 추출하는 보조 함수.
void GetGBufferAttributes( in float2 screenPos,
                           in int ssIndex,
                           out float3 normal,
                           out float3 position,
                           out float3 diffuseAlbedo,
                           out float3 specularAlbedo,
                           out float specularPower )
{
    // 텍스처 표본 추출을 위한 색인들을 현재 화면 위치에
    // 기초해서 구한다.
    int2 samplePos = int2( screenPos.xy );

    normal = NormalTexture.Load( samplePos, ssIndex).xyz;
    position = PositionTexture.Load( samplePos, ssIndex).xyz;
    diffuseAlbedo = DiffuseAlbedoTexture.Load(samplePos, ssIndex).xyz;
    float4 spec = SpecularAlbedoTexture.Load(samplePos, ssIndex);

    specularAlbedo = spec.xyz;
    specularPower = spec.w;
}

// 조명 패스에서 MSAA 환원 연산을 수행하는 픽셀 셰이더 프로그램
float4 PSMain( in float4 screenPos : SV_Position ) : SV_Target0


{
    PSOutput output;
    float3 lighting = 0;
```

```
for ( int i = 0; i < NUMSUBSAMPLES; ++i )
  {
      float3 normal;
      float3 position;
      float3 diffuseAlbedo;
      float3 specularAlbedo;
      float specularPower;


      GetGBufferAttributes( screenPos.xy, i, normal, position,
                            diffuseAlbedo, specularAlbedo,
                            specularPower );
      lighting += CalcLighting( normal, position, diffuseAlbedo,
                                specularAlbedo, specularPower );
  }


  lighting /= NUMSUBSAMPLES;


  return float4( lighting, 1.0f );
}
```

**목록 11.15**. 조명 과정에서 MSAA 부분 표본들을 픽셀로 환원하는 픽셀 셰이더 프로그램.

이러한 접근방식에서 한 가지 주의해야 할 사항은, 기하 버퍼에서 모든 부분 표본을 추출해서 조명을 계산하는 것이 항상 바람직하지는 않다는 점이다. 조명을 위해 렌더링한 기하구조가 한 픽셀을 완전히 덮지는 않거나, 부분 표본들중 일부가 깊이·스텐실 판정을 통과하지 못한 경우에는 부분 표본들을 선택적으로 사용할 필요가 있다. 실제로 필요한 부분 표본들만 사용하는 한 가지 방법을 소개하자면 이렇다. 픽셀 셰이더에서 **SV_Coverage** 의미소 특성 하나를 입력받는다. 이 특성은 하나의 **uint** 값으로, 그 값의 각 비트는 각각의 MSAA 부분 표본에 대응된다. 비트가 1인 MSAA 부분 표본은 해당 위치에서의 삼각형 포괄 판정을 통과한 것이고 0인 표본은 통과하지 못한 것이다. 루프 안에서 이 비트 마스크 값을 현재 표본의 비트 값과 비트 단위 AND로 결합한 결과에 따라 해당 부분 표본을 사용하거나 건너뛰면 된다. 목록 11.16은 목록 11.15의 코드를 그런 식으로 수정한 것이다.

```
float4 PSMain( in float4 screenPos   : SV_Position,
in uint coverageMask : SV_Coverage ) : SV_Target0
{
    PSOutput output;
    float3 lighting = 0;
    float numSamplesApplied = 0.0f;
    for ( int i = 0; i < NUMSUBSAMPLES; ++i )
    {
        if ( coverageMask & ( 1 << i ) )
        {
            float3 normal;
            float3 position;
            float3 diffuseAlbedo;
            float3 specularAlbedo;
            float specularPower;

            GetGBufferAttributes( screenPos.xy, i, normal,
                                  position, diffuseAlbedo,
                                  specularAlbedo, specularPower );
            lighting += CalcLighting( normal, position,
                                      diffuseAlbedo, specularAlbedo,
                                      specularPower );

            ++numSamplesApplied;
        }
    }

    lighting /= numSamplesApplied;

    return float4( lighting, 1.0f );
}
```

**목록 11.16.** 조명 과정에서 MSAA 부분 표본들을 픽셀로 환원하는 픽셀 셰이더 프로그램—포괄도 판정을 적용한 버전.

적절한 기하 버퍼 부분 표본 사용을 보장하는 또 다른 방법은, 픽셀 셰이더를 픽셀별 빈도가 아니라 표본별 빈도로 실행하는 것이다. 이 경우 픽셀 셰이더는 삼각형 포괄 판정과 깊이·스텐실 판정을 모두 통과한 표본에 대해서만 실행되므로 포괄도 비트 마스크를 직접 점검할 필요가 없다.

이러한 MSAA 기법에서는 기하 버퍼를 더 높은 해상도로 렌더링하지 않아도 되기 때문에 초과 표본화보다 성능이 더 좋게 나온다. 그런데 성능을 더욱 높이는 것이 가능하다. MSAA로 렌더링을 할 때에는 화면의 픽셀들 대부분이 장면 기하구조의 삼각형에 의해 완전히 덮이게 된다. 따라서 기하 버퍼 안의 한 픽셀의 모든 부분 표본은 동일한 값을 가지게 된다. 이는, 모든 부분 표본이 동일한 픽셀의 경우에는 부분 표본들 중 하나에만 조명을 계산하면 된다는 뜻이다. 그러면 성능을 좀 더 최적화할 수 있다. 이러한 최적화를 구현하는 한 가지 방법은, 조명 과정에서 기하 버퍼 텍스처들 중 하나의 모든 부분 표본을 읽어 들이고, 그것들이 모두 동일한지를 판정해서 그에 따라 적절한 계산 코드를 실행하는 것이다(동적 분기). 이런 방법이 적합한 경우도 있겠지만, 기하버퍼의 한 텍스처에서는 부분 표본들이 모두 동일하지만 다른 텍스처들에서는 그렇지 않을 경우가 있다는 점을 주의해야 한다. 또한 이 방법의 성능 향상은 GPU의 동적 분기의 입도(세밀도)에 따라 달라진다. 한 픽셀이 느린 경로(모든 부분 표본을 평가하는)로 분기된 경우, 특정 타일 크기 안의 모든 인접 픽셀이 분기의 양쪽 경로 모두를 취하게 될 수 있다.

이 문제를 피하는 한 가지 방법은 픽셀 셰이더에서 동적 분기 대신 스텐실 마스크를 활용하는 것이다. 방법은 이렇다. 화면 전체를 덮는 사각형 하나를 렌더링해서 픽셀 셰이더를 실행한다. 픽셀 셰이더에서는 기하 버퍼에서 부분 표본들을 추출해서 동일성(상등) 판정을 수행한 후 그 결과를 스텐실 버퍼에 기록하다. 이 때 픽셀 자체는 고유 함수 `clip()`이나 `discard()`를 이용해서 출력되지 않게 해야 한다. 이런 식으로 스텐실 마스크를 생성한 다음에는 그것을 이용해서 조명 과정을 두 패스로 나누어 실행한다. 하나는 부분 표본들에 개별적으로 조명을 적용하는 것이고 또 하나는 표본 하나만 사용하는 것이다([Persson, 2008]).

그러나 이러한 접근방식 역시 기하 버퍼 내용에 대한 상등 판정에서 비롯되는 고유한 문제점을 겪을 가능성이 있음을 주의해야 한다. 이상적인 방법은, '가장자리' 픽셀들(부분 표본들이 모두 동일하지는 않은 픽셀들)을 실제의 부분 픽셀 삼각형 포괄도에 따라 식별하는 것이다(사후의 비교 판정을 통해서가 아니라). Direct3D 11의 경우 픽셀 셰이더는 **SV_Coverage** 의미소 특성을 통해서 그러한 정보를 직접 입력받을 수 있다. 따라서 주어진 픽셀이 완전히 덮였는지를 파악해서 적절한 값을 기하 버퍼에 기록하는 것은 간단한 일이다. 목록 11.7에 그런 방식의 구현 예가 나와 있다.

```
// 기하 버퍼 픽셀 셰이더 — SV_Coverage를 이용해서 MSAA 마스크를 생성한다.
float4 PSMain( in PSInput input, in uint coverageMask : SV_Coverage ) : SV_Target0
{
    // 입력 마스크와 "완전 포괄 마스크"를 비교해서, 모든 부분 표본이
    // 포괄 판정을 통과했는지를 파악한다.
    const uint FullMask = ( 1 << NUMSUBSAMPLES ) - 1;
    float edgePixel = coverageMask != FullMask ? 1.0f : 0.0f;

    ...
}
```

**목록 11.17.** SV_Coverage를 이용해서 가장자리 픽셀을 식별하는 셰이더 코드.

## 사전 조명 패스 렌더링과 MSAA

사전 조명 패스 렌더링에서는 렌더링 공정이 둘이 아니라 세 과정으로 분할된다. 따라서 MSAA 부분 표본들을 조명 과정에서 환원한 후 마지막 셰이딩 과정에서 MSAA 없이 렌더링을 수행한다면, 한 표면의 반사율이 서로 다른 두 표면의 결합을 통해 얻은 조명 값에 잘못 적용되는 문제가 발생한다. 반대로, 마지막 과정에서 MSAA를 적용한다면 이미 결합된 조명 값에 서로 다른 두 반사율이 적용되는데, 조명 공식이 비선형이 아니기 때문에 그렇게 하면 인위적 결함이 발생한다.

이상적인 방법은 조명 과정에서 기하 버퍼 안의 개별 부분 표본에 대해 조명을 계산하고 그 결과를 MSAA 렌더 대상의 해당 부분 표본에 기록하는 것이다. Direct3D 11에서 한 텍스처의 부분 표본들을 적재하는 것은 가능하지만, 픽셀 셰이더가 픽셀별 빈도로 실행된다고 할 때 한 렌더 대상의 개별 부분 표본들에 각각 다른 값을 기록하는 메커니즘은 없다. 한 가지 우회책은 조명 과정의 픽셀 셰이더를 표본별 빈도로 실행해서 각 부분 표본의 조명 값을 보존하는 것이다. 목록 11.18의 셰이더 코드가 그러한 접근방식을 보여준다.

```
// 조명 과정에서 MSAA 부분 표본마다 실행되는 픽셀 셰이더.
float4 PSMainPerSample( in float4 screenPos : SV_Position,
in uint subSampleIndex : SV_SampleIndex )   : SV_Target0
{
    float3 normal;
    float3 position;
```

```
float specularPower;

    // 현재의 부분 표본을 위한 기하 버퍼 값들을 가져와서 조명 값을
    // 계산한다.
    GetGBufferAttributes( screenPos.xy, ViewRay, subSampleIndex,
                            normal, position, specularPower );

    return CalcLighting( normal, position, specularPower );
}
```

**목록** 11.18. 조명 과정의 표본별 픽셀 셰이더 코드.

물론 픽셀 셰이더를 표본별 빈도로 실행하면 픽셀별 빈도로 실행할 때보다 부담이 커진다. 앞에서 언급한 스텐실 마스크 기법을 이용해서 표본별 셰이딩이 필요하지 않은 픽셀들을 제외시킨다면 그러한 부담을 어느 정도 상쇄할 수 있다.

최종 셰이딩 패스에서는 더 이상 표본별로 개별적인 값들을 출력할 필요가 없다. 빛 버퍼에서 관련 부분 표본들을 모두 적재해서 해당 결과들을 필터링하고, 마지막으로 반사율들을 적용하면 된다. 따라서 이 과정에서는 픽셀 셰이더를 픽셀별 빈도로 실행하고 부분 표본 선택 문제는 포괄 판정과 깊이·스텐실 판정에 의존하는 것으로 충분하다. 그러나 현재 래스터화되는 삼각형이 아예 덮지 않는 부분 표본들에 조명이 잘못 적용되는 일이 없도록 할 필요는 있다. 이를 간과하면 인위적인 결함이 발생한다. 그런 결함을 피하기 위해서는, 입력 포괄도 마스크를 전형적인 지연 렌더링의 조명 패스에서와 아주 비슷한 방식으로 사용하면 된다. 목록 11.19가 그러한 예이다.

```
float4 PSMain( in PSInput input, in uint coverageMask : SV_Coverage ) : SV_Target0
{
    // 텍스처 표본 추출을 위한 좌표를 현재 화면 위치에 기초해서
    // 구한다.
    int2 sampleCoord = int2( input.ScreenPos.xy );

    float3 diffuse = 0;
    float3 specular = 0;
    float numSamplesApplied = 0.0f;
    // MSAA 표본들을 훑으면서 분산광과 반영광에 반사율을
    // 적용한다.
```

```
for ( uint i = 0; i < NUMSUBSAMPLES; ++i )
  {
        // 포괄도 마스크에 근거해서, 래스터화된 기하구조가 해당 부분 표본 지점을
        // 실제로 덮은 경우에만 조명을 적용한다.
        if ( coverageMask & ( 1 << i ) )
        {
              // 현재 부분 표본을 위한 정보를 빛 버퍼에서 추출한다.
              float4 lighting = LightTexture.Load( sampleCoord, i );


              // 분산광 성분과 반영광 성분을 갱신한다.
              diffuse += lighting.xyz;
              specular += lighting.www;


              ++numSamplesApplied;
        }
  }


  // 분산광 정규화 계수를 적용한다.
  const float DiffuseNormalizationFactor = 1.0f / 3.14159265f;
  diffuse *= DiffuseNormalizationFactor;


  // 반사율들을 적용한다.
  float3 diffuseAlbedo = DiffuseMap.Sample( AnisoSampler, input.TexCoord ).rgb;
  float3 specularAlbedo = float3( 0.7f, 0.7f, 0.7f );
  diffuse *= diffuseAlbedo;
  specular *= specularAlbedo;


  // 분산광 더하기 반영광을 실제로 덮인 부분 표본들의 개수로 나눈 것이
  // 최종 출력이다.
  float3 output = ( diffuse + specular ) / numSamplesApplied;
  return float4(output , 1.0f );
}
```

**목록 11.19.** MSAA를 수반한 사전 조명 패스 렌더링의 최종 셰이딩 과정의 셰이더 코드.


조명 과정에서처럼 이 과정에서도 스텐실 마스크나 동적 분기를 이용해서 불필요한 부분 표본들을 제외시킬 수 있다. 그러나 이 최종 과정에서는 부분 표본별 작업이 거의 일어나지 않으므로, 픽셀 셰이딩 성능상의 이득이 조명 패스에 비해 훨씬 작을 것임을 염두에 두어야 할 것이다. 또한, 스텐실 마스크 기법에서는 장면 기하구조 전체를 두 번 렌더링해야 하므로 그냥 루프로 모든 부분 표본을 처리하는 것에 비해 오히려 성능이

나빠질 수도 있다. 어떤 경우이든, 대상 하드웨어에서 구체적인 프로파일링을 통해서 성능을 측정한 후 최적의 성능을 내는 접근방식을 선택하는 것이 바람직할 것이다.

### 11.5.3 화면 공간 앨리어싱 제거

이번 절에서는 장면을 완전히 렌더링하고 셰이딩한 후 화면 공간에서 앨리어싱 제거를 수행하는 기법들을 소개하겠다. 이러한 기법들의 주된 장점은, 기하구조를 렌더링하는 데 쓰인 기법에 제약을 받거나 제약을 가하지 않는다는 점이다. 즉, 이러한 화면 공간 기법들은 순방향 렌더링은 물론 지연 렌더링이나 기타 비전통적 렌더링 방법에도 적용할 수 있다. 또한 화면 공간 기법은 MSAA보다 훨씬 효율적일 가능성이 있다. MSAA에서는 대역폭과 메모리 사용량이 아주 커질 수 있기 때문이다(특히 지연 렌더링을 사용하는 경우). 따라서 화면 공간 기법들은 해상도가 높아져도 성능이 크게 떨어지지 않는다. 이 기법들의 추가적인 장점 하나는, HDR 색조 매핑(tone mapping) 이후에 적용할 수 있다는 것이다. MSAA 환원 공정이 색조 매핑 이전에 일어나는 경우 대비(contrast)가 큰 영역의 화질이 피해를 입는다. 이는 색조 매핑이 비선형 연산자를 사용하기 때문이다. 이 때문에 삼각형 가장자리 변에서 앨리어싱이 제거되지 않는 현상이 생긴다 ([Persson, 2008]). MSAA 환원을 색조 매핑 이후로 옮기면 고대비 영역에서의 그러한 결함이 크게 줄어든다.

이러한 기법들의 주된 단점은, 화면 공간 후처리 단계에는 그 어떤 종류의 부분 픽셀 정보도 주어지지 않기 때문에 작거나 가는 기하구조의 신호를 재구축하기가 어렵거나 불가능하다는 것이다. 또한 MSAA에서와는 달리 기하구조의 가장자리를 부분 픽셀 위치로 맞추지 못하기 때문에 시간적인(temporal) 앨리어싱 결함을 제거하기가 어렵다.

### 가장자리 흐리기

아주 오래되고 간단한 화면 공간 앨리어싱 제거 기법들 중 하나는 장면 물체들의 윤곽선 (가장자리 변)을 검출해서 그 부분의 픽셀들을 흐림으로써 앨리어싱을 제거한다 ([Policarpo & Fonseca, 2005]). 일반적으로 그런 부류의 기법은 화면 공간에서 소벨 필터(Sobel filter) 같은 가장자리 검출 연산자를 장면 깊이와 법선 벡터에 적용해서 가장자리 픽셀들을 검출한다. 픽셀 색상이나 밝기가 아니라 법선 벡터와 깊이를 사용하기 때문에 삼각형 가장자리 변만 검출되며, 따라서 삼각형 내부가 잘못 흐려지는 일이 없다. 메시 윤곽선 변은 깊이만으로 검출할 수 있다. 법선 벡터는 삼각형들이 만나는 변들을 검출하는 데 필요한 것이다. 그러나 법선 벡터들을 사용한다고 해도, 재질 속성이 다른 삼각형들이 같은 평면에 있는 경우에는 해당 변을 검출하지 못한다.

이 기법의 명백한 단점은 대체로 품질이 상당히 낮다는 것이다. 픽셀 색상들에 상자 필터(box filter)나 가우스 필터를 적용하면 앨리어싱 결함이 다소 줄지만, 그 과정에서 세부사항도 소실된다.

## 형태적 앨리어싱 제거(MLAA)

또 다른 화면 공간 AA 기법으로 형태적 앨리어싱 제거(morphological anti-aliasing, [Reshetov, 2009])라는 것이 있다. 흔히 *MLAA*로 줄여 쓰는 이 기법은 정교한 패턴 인식 기법을 이용해서 삼각형 변들을 검출한다. MLAA 알고리즘에서는 소벨 필터 같은 단순한 가장자리 검출 연산자를 한 번에 하나의 픽셀에 적용하는 대신, 화면을 여러 개의 타일들로 분할하고 각 타일마다 타일 안의 모든 가장자리 패턴을 검출한다. 그런 다음 그 패턴들을 이용해서 한 픽셀에 대한 실제 삼각형 포괄도를 추정하고, 그 포괄도를 이용해서 변 양쪽의 색상을 섞는다. 이 알고리즘은 단순히 흐리기에 의존하는 것이 아니라 실제 삼각형 변들을 재구축하는 것이기 때문에 정지된 이미지의 경우 아주 훌륭한 결과를 얻을 수 있다. 그러나 움직이는 영상에서는 시간적 결함들이 여전히 발생한다(이는 부분 픽셀 정보가 없는 화면 공간에서 작업을 수행한다는 근본적인 한계에서 비롯된 것이다). 물론 앨리어싱을 전혀 제거하지 않는 경우에 비하면 그런 앨리어싱 결함들이 덜 생긴다. 이 알고리즘은 또한 가는 선 같은 기하구조에서 제대로 효과를 내지 못하는 경우가 많다. 이는 앨리어싱 패턴들의 주파수가 아주 낮기 때문이다.

Intel이 제시한 원래의 기준 구현은 전적으로 CPU에서 실행된다(SIMD 명령 스트리밍을 활용). CPU를 사용하면 GPU 부담을 줄일 수 있으며 GPU가 일을 하는 동안 어차피 쉬고 있을 CPU 코어들을 효과적으로 활용할 수 있다. 그러나 CPU와 GPU가 렌더 대상 자료를 주고받는 데 소비되는 비용 때문에 전체적인 성능이 크게 떨어질 수 있다는 점이 중요하다. 따라서 모든 처리를 GPU에서 수행하는 것이 더 이득이다. MLAA 알고리즘은 전적으로 픽셀 셰이더에서 구현할 수 있다([Biri, Herubel, & Deverly, 2010]). 계산 셰이더로 구현할 수도 있는데, 그러면 좀 더 유연한 구현과 메모리 자원 공유가 가능해진다는 장점이 생긴다.

## 11.6 투명 효과

지연 렌더링은 불투명한 기하구조에는 아주 잘 작동한다. 불투명 기하구조에서는 각 픽셀(MSAA의 경우 각 부분 표본)이 단 하나의 표면만 표현한다고 가정해도 안전하다. 이는 셰이딩되는 각 픽셀마다 하나의 기하 버퍼 텍셀만 있으면 된다는 뜻이며, 따라서 표면 정보를 저장하는 데 필요한 기하 버퍼는 단 하나로 충분하다. 그러나 투명 기하구조에서는 픽셀당 1 표면이라는 가정이 깨진다. 이제는 한 픽셀에서 하나의 표면이 보이거나 아니면 아무 표면도 보이지 않는 것이 아니라, 개수를 미리 알 수 없는 여러 개의 투명 표면들이 겹쳐질 가능성이 존재하는 것이다. 이 때문에 지연 렌더링에서는 투명도를 특별한 경우로 취급해서 적절히 처리해 주어야 한다.

### 11.6.1 순방향 렌더링

투명 기하구조를 처리하는 가장 간단한 방법은 그냥 예전의 순방향 렌더링으로 돌아가는 것이다. 즉, 불투명 기하구조들을 지연 렌더링 기법을 이용해서 완전히 렌더링/셰이딩하고 나서, 투명 기하구조들만 순방향 렌더링을 이용해서 혼합·누적하면 된다. 동적 조명이나 그림자가 필요하지 않은 간단한 투명 재질의 경우에는 이러한 접근방식이 특별한 문제없이 잘 작동한다. 그러나 동적 조명이 필요하다면, 지연 렌더링 파이프라인과 함께 완전한 형태의 순방향 렌더링 파이프라인도 갖추어야 한다는 이야기가 된다. 이는 지연 렌더링의 가장 큰 장점 중 하나인 '렌더링 구현의 단순화'를 무효로 만드는 일이다. 실제로 이 경우 필자의 엔진 개발 팀은 전통적인 순방향 렌더러보다 오히려 더 복잡한 렌더러를 만들 수밖에 없었다(두 개의 개별적인 파이프라인이 필요했기 때문에). 또한, 동적 조명과 투명 재질의 조합에서는 작은 삼각형들에서의 비효율성이라던가 일괄 단위의 감소 등등 이번 장 도입부에서 이야기한 순방향 렌더링의 모든 성능 단점이 나타난다.

투명 재질과 동적 조명의 조합이 이처럼 많은 단점을 가지고 있기 때문에, 가능하면 단순화된 재질들을 사용하는 것이 바람직하다. 유리 같은 재질들에서는 동적 조명과 그림자가 시각적 사실감의 가장 중요한 단서는 아닌 경우가 많다. 일반적으로 동적 조명과 그림자보다는 반사를 제대로 표현하는 것이 더 중요한데, 다행히 반사는 정적인 반사 맵으로 구현할 수 있다. 전체적인 주변광(ambient light) 항이나 분산광 항 역시 미리 계산해서 정점이나 **빛 맵**(light map, 조명 맵)*에 담아둠으로써 동적 조명을 피할 수 있으며, 또한 투명 기하구조를 불투명 기하구조와 섞는 것이 가능해진다.

## 11.6.2 다층 기하 버퍼

지연 렌더링에서 투명 기하구조를 지원하는 방법을 생각하다 보면 자연스럽게 표면 정보를 여러 개의 기하 버퍼들에 저장하는 방법에 도달하게 된다. $N$개의 기하 버퍼를 사용해서 $N$개의 표면들에 개별적으로 조명을 가하고 그 결과를 표준적인 지연 조명 기법으로 혼합한다면 서로 겹치는 투명한 기하구조들을 제대로 지원할 수 있다. 이 방법의 주된 단점은 여러 층의 기하 버퍼들을 읽고 써야 하기 때문에 메모리와 대역폭 소비량이 증가한다는 것이다.

### 성긴 계층 분류 과정

여러 층의 기하 버퍼들을 채우는 한 가지 간단한 방법은, CPU에서 장면 구성요소들을 적절한 기준에 따라 여러 개의 '통'들에 나누어 담는 '통 분류(binning)' 기법을 사용하는 것이다. 여기서 통(bin)은 개별 기하 버퍼 계층을 뜻한다. 첫 '통'(즉, 첫 기하 버퍼 계층)에는 불투명한 면들을 저장하고 나머지 통들에는 투명한 면들을 담는데, 어떤 면을 어떤 통에 담는지는 면의 깊이에 따라 결정할 수도 있고(전체 깊이 범위의 부분 범위들을 각 통에 배정해 두는 식으로)**,또는 면들이 겹치는 관계(간단한 경계 입체를 통해서 판정하면 된다)에 따라 결정할 수도 있다. 두 접근방식 모두, 삼각형들이 맞물려 겹치는 경우는 처리하지 못한다. 이는 순서 의존적 투명도 방법의 근본적인 한계이다. 이후 조명 패스에서는 각 광원마다 모든 계층의 표본을 추출해서 개별적으로 조명을 가하고,

---

* [역주] **빛 맵**은 삼각형 표면들에 대해 미리 계산해 둔 조명 값들을 담은 2차원 텍스처이다.

** [역주] 이것이 '통 분류(binning)'라는 이름에 걸맞은 방식이다. '통 정렬'(bin sort) 또는 '버킷 정렬'(bucket sort) 알고리즘을 안다면 어떤 방식인지 바로 이해할 수 있을 것이다.

각 계층의 조명 값을 기하 버퍼에 저장된 표면의 투명도에 근거해서 혼합한다.

그런데 이렇게 하면 빛 경계 입체에 대한 깊이 버퍼 기반 최적화가 작동하지 않는다. 이제는 하나의 깊이 값만으로 판정을 수행할 수가 없기 때문이다. 그러나 셰이더에서 각 계층마다 깊이를 추출해서 그 깊이가 빛의 경계 바깥이면 그 계층에 대한 조명 계산을 생략하는 식의 동적 분기 기법은 사용할 수 있다. 또한 스텐실 버퍼를 이용해서 조명을 가할 필요가 없는 계층의 픽셀들을 표시해 두는 것도 가능하나, 이를 위해서는 광원당 여러 번의 패스가 필요하다. 각 계층마다 개별적인 빛 버퍼를 두는 방법도 있는데, 그렇게 하면 메모리가 더 소비되고 패스를 한 번 더 실행해야 하긴 하지만 하드웨어 깊이 최적화를 적용할 수 있다.

### 깊이 벗기기

기하 버퍼 계층들을 **깊이 벗기기**(depth peeling, [Everitt, 2001])를 이용해서 처리할 수도 있다. 깊이 벗기기에서는 모든 기하구조를 각 계층마다 렌더링하되, 현재 렌더링하는 표면 픽셀의 깊이를 이전 계층에서 저장해 두었던 해당 픽셀 깊이와 비교해서 현재 깊이가 이전 깊이보다 큰 경우에만 픽셀을 기록한다. 이렇게 하면 겹치는 기하구조가 픽셀 수준 깊이에 따라 '자동으로' 정렬된다. 이후 조명 패스에서는 계층들을 다시 한 번 순서대로 조명해서 혼합한다. 이 기법의 주된 장점은 기하구조의 제출 순서에 의존하지 않는다는 것으로, 이는 CPU 쪽에서의 정렬이 필요하지 않다는 뜻이다. 또한 이 기법은 투명한 삼각형들이 맞물려 겹치는 경우도 잘 처리한다. 깊이가 삼각형이 아니라 픽셀 수준에서 정렬되기 때문이다. 명백한 단점은 장면 기하구조 전체를 여러 번(장면의 깊이 계층 수만큼) 렌더링해야 한다는 것이다. 이에 의해 치솟는 픽셀 셰이더의 비용을 줄이는 한 가지 방법은, 깊이만 처리하는 패스를 미리 수행해 두고, 이후 기하 버퍼 출력 시 깊이 판정을 이용해서 계층당 하나의 픽셀만 셰이딩하는 것이다([Persson, 2007]).

## 11.6.3 추정 조명

**추정 조명**(inferred lighting, [Kircher & Lawrance, 2009])은 원래 조명을 최종 출력 해상도보다 낮은 해상도에서 수행하기 위해 개발된 기법이다. 이것은 사전 조명 패스 렌더링의 변형으로, 장면 기하구조를 두 번째로 렌더링할 때 이전의 조명 패스 결과를 양방향

상향 표본화한다는 것이 특징이다. 양방향 상향 표본화(bilateral upsampling)의 구체적인 방법은 이렇다. 기하 버퍼에서 표본 네 개를 추출 후 깊이, 법선, 물체 ID 값을 비교해서 특정 문턱값을 넘긴 표본은 폐기한다. 이렇게 하면 다른 표면에 대해 수행된 조명이 현재 렌더링하는 기하구조에 적용되는 일이 생기지 않는다.

원래 성능 최적화를 위한 저해상도 셰이딩을 목표로 했던 이 기법은 투명 기하구조를 처리하기 위한 혁신적인 방법으로도 이어졌다. 빛 버퍼에서 추출한 픽셀들 중 같은 메시에서 비롯된 것이 아닌 픽셀들이 양방향 필터링에 의해 자동으로 제외된다는 점을 생각하면, 투명 기하구조를 간단한 점묘 패턴(stipple pattern)을 이용해서 기하 버퍼에 교차 삽입(interleaving)해 둘 수 있다는 점을 알 수 있을 것이다. 예를 들어 기하 버퍼를 $2 \times 2$ 텍셀 정규 격자 형태로 분할한다고 할 때, 불투명 표면을 위한 텍셀 하나와 투명 표면을 위한 텍셀 세 개로 이루어진 점묘 패턴을 사용하되 불투명 표면은 왼쪽 상단 텍셀에 렌더링하고 첫 번째 투명 계층은 오른쪽 상단 텍셀에 렌더링하는 식으로 진행하면 될 것이다. 그림 11.11에 그러한 예가 나와 있다.

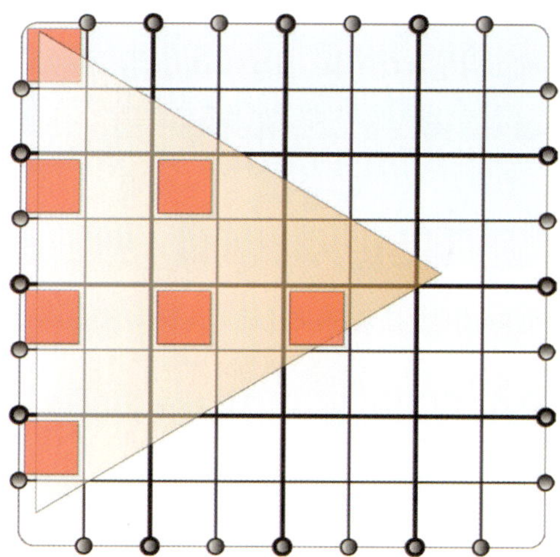

**그림 11.11.** 추정 렌더링에서 투명 기하구조를 렌더링하는 데 쓰이는 점묘 패턴.

투명 기하구조를 특정 텍셀에 배정하는 문제는 §11.6.2 '다층 기하버퍼' 절에서 이야기한 성긴 분류 과정으로 해결하면 될 것이다. 이 경우에는 분류 과정을 CPU에서 수행하는 것이 바람직하다. 그래야 적용할 점묘 패턴을 셰이더가 미리 알 수 있기 때문이다.

조명 과정에서는 보통의 방법으로 기하 버퍼에서 조명 정보를 가져오면 된다. 이 때 주어진 텍셀이 투명 기하구조에 속하는지 불투명 기하구조에 속하는지는 신경쓰지 않아도 된다. 마지막으로는 장면 기하구조 전체를 다시 렌더링한다. 이 때 다시 조명 버퍼(빛 버퍼)에서 표본들을 가져오되, 다른 메시에서 비롯된 표본들은 폐기한다.

이 기법에서, 투명 기하구조가 없는 격자의 경우 불투명 기하구조는 기하 버퍼에 사용된 해상도에서 세이딩된다. 그러나 겹치는 투명 기하구조가 존재하는 계층에서는 표본율이 25% 감소한다. 따라서 최악의 경우, 즉 겹치는 투명도 계층이 세 개인 경우 불투명 기하구조는 1/4의 표본율로 세이딩된다. 투명 기하구조는 점묘 패턴에 의해 항상 1/4의 표본율로 세이딩된다. 이 때문에 고주파 법선 맵을 사용하거나 그림자 매핑을 적용하는 경우 인위적인 결함이 두드러질 수 있다. 그러나 분산광 반사율 맵은 여전히 출력 해상도와 동일한 표본율로 추출할 수 있으므로, 거기에 담긴 고주파 세부사항은 온전히 보존된다. 표본율 문제 외에, 양방향 상향 표본과 때문에 성능 비용이 추가된다는 단점도 있다. 이 추가 비용은 기하 버퍼와 빛 버퍼의 해상도를 줄여서 상쇄할 수 있으나, 그러면 방금 언급한 표본율 문제가 더욱 심해진다.

# 12 시뮬레이션

제10장 "이미지 처리"에서 보았듯이, 계산 셰이더를 이용하면 새로운 종류의 알고리즘들을 GPU에서 아주 직관적인 방식으로 구현할 수 있다. 그런데 그런 식으로 구현할 수 있는 새로운 알고리즘들이 이미지 처리 분야에만 국한되는 것은 아니다. 다른 분야의 알고리즘들 중에도 대규모 병렬 아키텍처에서 실행할 수 있는 것들이 많다. 이번 장에서는 그런 응용 사례 몇 가지를 소개한다. 일반적으로, GPU의 능력이 커짐에 따라 작업 부하를 CPU에서 GPU로 좀 더 옮기려는 경향도 커졌다. 그러한 과정에서, 주어진 임의의 프레임에서 CPU와 GPU 사이에 필요한 상호작용을 최소화하기 위한 여러 지침이 제기되었다. 이번 장의 예제들은 그러한 지침들을 염두에 두고, 시뮬레이션을 실행하고 그 결과를 렌더링하는 데 있어 CPU에 필요한 입력을 최소화하는 쪽으로 설계된 것이다.

첫 예제 알고리즘은 유체 표면 시뮬레이션을 위한 것이다. 좀 더 구체적으로는, 실시간 렌더링에서 아주 중요한 주제가 된 물 시뮬레이션을 다룬다. 실시간 렌더링 응용 프로그램들에서 주변 환경과 사실적인 방식으로 상호작용하는 유체의 시뮬레이션에 대한 요구가 점점 높아지고 있다. 첫 예제는 유체 기둥들로 이루어진 2차원 격자의 상태를 계산 셰이더를 이용해서 동적으로 갱신하는 방법을 보여준다. 2차원 물기둥 격자를 통한 근사를 이용하면 계산 셰이더에서 사용 가능한 새로운 기능들에 잘 맞는 자료 구조를 유지할 수 있으며, 최종 결과도 아주 그럴듯하다.

둘째 예제 알고리즘은 컴퓨터 그래픽 분야에서 유서 깊은 특수 효과 기법 중 하나인 입자 시스템이다. 입자 시스템의 개념은 오래전부터 있었지만, 시도해 볼만한 새로운 요령들이 여전히 등장한다. 이번 장에서 소개하는 입자 시스템은 전적으로 GPU에서 구현되며, CPU와는 오직 상수 버퍼에 담긴 매개변수 몇 개를 통해서만 상호작용한다.

이 예제는 블랙홀 주변에서의 입자들의 행동을 흉내낸다. 이 시뮬레이션 예제가 물리학적으로 아주 정교한 것은 아니지만 그래도 그럴듯한 효과를 내며, 다른 종류의 시뮬레이션의 기초로 사용할 수 있는 입자 시스템의 일반 개념을 잘 보여준다.

이 두 알고리즘은 구세대 GPU 하드웨어라면 CPU에서 수행했을 계산을 계산 셰이더를 이용해서 수행하는 기법을 보여준다. 그런 시뮬레이션 계산을 GPU에서 수행하면 그 결과(시뮬레이션의 현재 상태)를 렌더링에 직접 이용할 수 있다. 그러면 필요한 CPU 작업이 줄어들며, 게다가 GPU의 대규모 병렬 처리 능력을 최대한 발휘할 수 있게 된다.


## 12.1 물 시뮬레이션

장면 안의 물을 그럴듯하게 렌더링하면 전체적인 사실감이 크게 높아진다. 사실적인 물 렌더링을 위해서는 적절한 시뮬레이션을 통해서 물 표면의 기하구조와 여러 광학적 속성들의 현재 상태를 결정해야 한다. 물을 비롯한 유체는 아주 복잡한 속성들을 노출한다. 그러한 속성들은 수억 개의 개별 분자들이 서로 또는 주변 환경과 상호작용한 결과로 결정된다. 현세대 GPU의 강력한 능력으로도 그런 규모의 진정한 물리 시뮬레이션을 수행하는 것은 여전히 가망이 없는 일이다. 다행히, 유체 시뮬레이션에서 모든 분자의 상태에 접근하지 않고도 장면에 유체 렌더링을 추가하는 것은 얼마든지 가능하다. 사실 우리가 관심이 있는 것은 유체의 주된 시각적 속성들뿐이다. 좀 더 구체적으로 말하면, 주된 초점은 수면(물의 표면)이다. 렌더링 결과에 반영되는 부분이 그것이기 때문이다. 따라서, 시뮬레이션 본체를 구성하는 개별 요소들의 미시적 행동 대신 유체의 거시적 행동을 고려하는 쪽으로 방향을 잡아야 한다.

거시적 행동에 초점을 두면, 시뮬레이션의 여러 측면을 단순화시켜서 계산 복잡도를 줄이면서도 유체 표면의 행동을 사실적으로 예측하는 것이 가능하다. 이번 예제의 알고리즘에서는 대량의 물 입자(분자)들을 가상의 '물기둥'으로 근사해서, 그러한 물기둥들을 격자 형태로 배치한다. 시뮬레이션 안에서 가상의 유체*는 한 기둥에서 그에 인접한

---

* [역주] 이번 예제는 물의 시뮬레이션에 대한 것이지만, 대부분의 개념과 공식을 다른 종류의 유체에도 적용할 수 있으므로 유체라는 용어도 함께 사용한다.

기둥(column)들로만 이동할 수 있다. 이러한 배치에서 격자의 각 기둥의 높이는 그 지점에서의 유체 표면의 높이를 결정한다. 시뮬레이션은 그러한 격자 지점 위치와 표면 높이를 추출해서 유체 표면을 나타내는 기하구조 정점들을 생성한다. 그러한 정점들은 이후의 유체 표면 렌더링에 직접 사용할 수 있다는 점에서 바람직한 결과물이라 할 수 있다.

물기둥과 2차원 격자로의 단순화 덕분에 계산량이 줄어서, 같은 비용으로 더 큰 유체를 시뮬레이션하거나 같은 크기의 유체를 더 높은 해상도로 시뮬레이션할 수 있게 된다. 그러나 이러한 단순화에는 대가가 따른다. 격자 구조의 한계 때문에 물이 튀는 모습(splash)이나 뒤집어지는 파도(breaking wave) 같은 고급 특징은 표현하지 못한다. 그래도 시뮬레이션된 유체의 행동이 여전히 사실적이고 실시간 렌더링에 사용하기에 충분히 그럴듯한 모습이다.

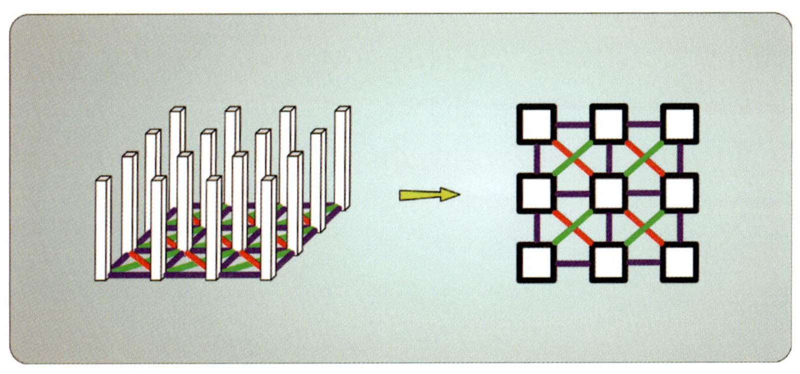

**그림 12.1.** 가상의 물기둥과 물기둥들 사이의 파이프 연결.

## 12.1.1 이론

이 예제에 깔린 개념은 Yann Lombard와 웹에서 나눈 대화([Lombard])에 기초한 것으로, 그 대화에서 James F. O'Brien과 Jessica K. Hodgins의 논문 "Dynamic Simulation of Splashing Fluids"([O'Brien, 1995])이 언급되었다. 그 논문은 파이프로 연결된 '물기둥'들에 기초한 물 상호작용 시뮬레이션 방법 하나를 설명한다. 물기둥들은 정규 격자 형태로 배치되며, 각 물기둥은 상하좌우 네 방향과 대각선 네 방향 해서 총 여덟 방향의 이웃 물기둥들과 파이프로 연결된다. 알고리즘은 여덟 이웃과 연결된 여덟 파이프 각각마다, 고정된 시간 간격 동안 그 파이프를 통해서 전송되는 물의 양을 두 물기둥의 높이 차이에 기초해서 근사한다. 그리고 전송된 물의 양에 기초해서 두 기둥의 높이를 갱신한다. 갱신된 높이들은 다음 번 시뮬레이션 반복에 쓰인다. 그림 12.1에 물기둥과 파이프의 배치 구조가 나와 있다.

이러한 모형에서 유체 자체와 유체 기둥의 물리적 특성을 나타내는 물리적 매개변수들을 고찰해보자. 우선, 물기둥들의 단면적은 모두 동일하다고 가정한다. 단면적($A$)이 상수이면 물기둥에 담긴 유체의 부피($V$)는 물기둥 높이($h$)에 정비례한다. 식 (12.1)이 이를 나타낸 것이다.

$$h_{ij} = \frac{V_{ij}}{A_{ij}}. \tag{12.1}$$

유체 기둥의 높이를 알면 그 기둥 안의 최대 압력을 구할 수 있다. 이 계산에는 중력과 유체의 밀도, 그리고 기둥 위의 대기압이 관여한다. 기둥에서 압력이 최대인 곳은 기둥 바닥으로, 기둥들을 연결하는 파이프들은 바로 이 바닥 부분에 배치되어 있다고 가정한다. 식 (12.2)가 유체 기둥의 최대 압력을 구하는 공식으로, $\rho$는 유체의 밀도이고 $g$는 중력 가속도, $p_0$은 대기압이다.

$$H_{ij} = h_{ij}\rho g + p_0. \tag{12.2}$$

각 기둥의 압력을 구했다면 다음으로는 인접 기둥 사이의 압력 차를 계산한다. 그 압력 차는 기둥 간 파이프의 유체 흐름에 가속을 일으킨다. 압력 차가 클수록 가속이 크다. 이러한 관계가 식 (12.3)에 나와 있다. $c$는 이웃 기둥과 연결된 가상 파이프의 단면적이고 $m$은 기둥에 담긴 유체의 질량이다. 이 질량은 유체의 부피와 밀도로 구할 수 있다.

$$a_{ij \to kl} = \frac{c(H_{ij} - H_{kl})}{m}. \tag{12.3}$$

가상 파이프의 유체 흐름이 주어진 시간 구간동안 일정하다고 가정할 때, 유량(유체가 흐른 양) $Q$를 식 (12.4)와 같이 계산할 수 있다.

$$Q_{ij \to kl}^{t + \triangle t} = Q_{ij \to kl}^{t} + \triangle t (ca_{ij \to kl}). \tag{12.4}$$

이러한 공식을 이용해서, 주어진 유체 기둥과 그 여덟 이웃 기둥들 사이의 모든 가상 파이프의 유량 총합을 구한다. 이 '총 유량'을 이용해서 주어진 시간 구간에서의 유체 기둥의 부피 변화량을 구할 수 있다. 식 (12.5)는 이전 시간 단계의 총 유량과 현재 단계의 총 유량의 평균을 이용해서 기둥의 부피 변화량을 구하는 공식이다.

$$\triangle V_{ij} = \triangle t \sum_{kl \in n_{ij}} \left( \frac{Q_{ij \to kl}^{t} + Q_{ij \to kl}^{t + \triangle t}}{2} \right). \tag{12.5}$$

부피 변화량을 구했다면 식 (12.1)을 이용해서 유체 기둥의 높이를 갱신한다. 이상이 시뮬레이션의 전반적인 작동 주기이다. 즉, 이웃 기둥과의 높이 차이 때문에 압력이 발생하고, 그러면 파이프로 유체가 흐르고, 그러면 기둥의 부피가 변해서 높이가 변한다. 시간의 흐름에 따라 이러한 과정을 반복하면 유체 표면이 사실적으로 변하는 모습이 나온다. 그림 12.2는 두 이웃 기둥의 예로, 앞에 나온 공식들의 여러 매개변수를 시각적으로 보여준다.

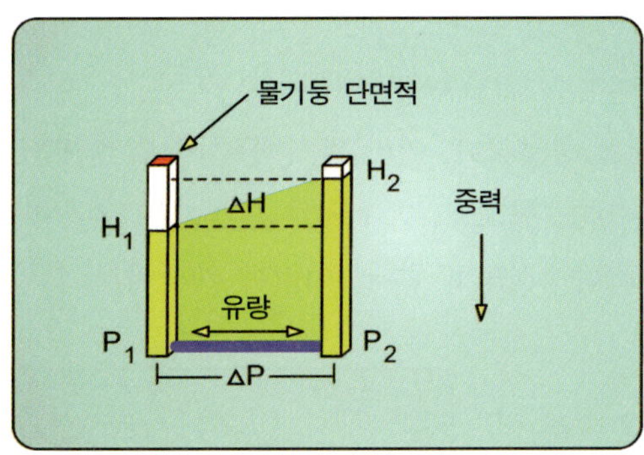


**그림 12.2.** 물 시뮬레이션의 주요 매개변수들.

이 시뮬레이션을 구현하려면 각 유체 기둥마다 두 종류의 정보가 필요하다. 하나는 기둥의 높이이고 또 하나는 각 파이프의 현재 유량이다. 높이 값은 시뮬레이션 결과를 렌더링하는 데에도 쓰인다. 유량은 시간 단계들 사이에서 시뮬레이션 계의 관성을 유지하는

데 필요하다. 이에 의해, 유체 높이의 교란(disturbance)이 시뮬레이션 장(격자)의 한 쪽
에서 다른 쪽으로 전파되었다가 다시 반사되는 모습을 재현할 수 있다.

## 12.1.2 구현 설계

알고리즘에 깔린 이론을 잘 이해했다면, 이제 Direct3D 11의 기능들을 이용해서 이 시뮬
레이션을 구현하고 그 결과를 렌더링하는 방법으로 넘어가자. 시뮬레이션 상태의 갱신
은 계산 셰이더에서 수행한다. 따라서 자료 공유와 스레드 동기화 같은 계산 셰이더의
몇몇 특별한 능력을 활용할 수 있다.

### 자원 선택

§12.1.1 "이론" 절에서 보았듯이, 갱신해야 할 시뮬레이션 상태는 일단의 높이 값들로
이루어진다. 시뮬레이션 장이 유체 기둥들의 2차원 격자로 구성되어 있으므로, 높이 값
들을 2차원 텍스처 자원에 담는 것이 자연스럽다. 높이 값은 하나의 스칼라이므로 하나
의 부동소수점 성분으로 된 텍스처로 충분하다. 높이 값들 외에, 각 기둥으로 들어오거
나 나가는 유량들도 유지해야 한다. 하나의 유체 기둥이 최대 8개의 이웃 기둥들과 연결
되므로, 부동소수점 성분 4개로 이루어진 텍스처 두 장이 필요한 것으로 보인다. 그러나
파이프가 양방향이므로(즉, 하나의 파이프를 두 기둥이 공유하므로), 실제로는 부동소수
점 성분 네 개로 충분하다. 여러 가지 방법이 있겠지만, 여기에서는 여덟 개의 파이프
유량들 중 네 개는 현재 기둥의 자료 항목으로 저장하고, 나머지 네 값은 해당 이웃
기둥에서 가져오는 것으로 한다. 이러한 개념이 그림 12.3에 나와 있다.

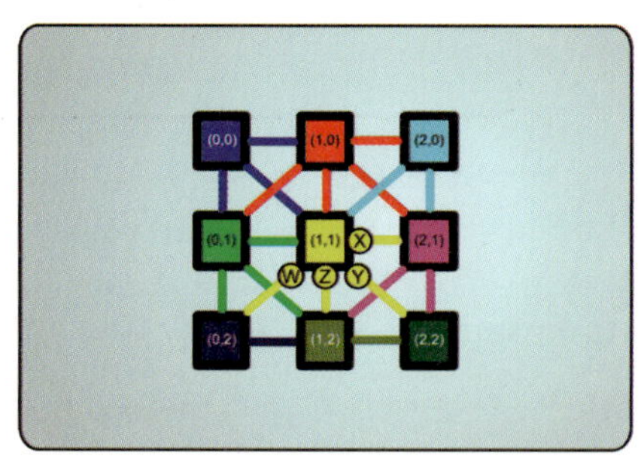

**그림 12.3.** 각 유체 기둥마다 많아야 네 개의 유량 값만 저장해도 충분하다.

정리하자면 하나의 기둥에 필요한 부동소수점 매개변수는 총 다섯 개(높이와 네 유량)이
다. 그런데 한 텍셀에 담을 수 있는 부동소수점 성분은 최대 네 개이므로, 필요한 모든
자료를 보통의 텍스처에 담으려면 텍스처가 두 장이 필요하다. 그렇게 하는 대신, 구조
적 버퍼 자원을 이용해서 다섯 개의 변수 모두를 하나의 버퍼 원소에 담기로 하자. 이렇
게 하면 한 유체 기둥의 상태 전체를 한 지점에서 조회할 수 있으며, 간단한 배열 구문을
통해서 원하는 자료에 접근할 수 있다. 안타깝게도 구조적 버퍼는 항상 1차원이므로
2차원 격자 좌표를 해당 1차원 버퍼 색인으로 직접 변환해 주어야 한다. 다행히 시뮬레
이션 격자의 전체 크기를 미리 알고 있으므로, 복잡한 절차를 동원할 필요 없이 그냥
간단한 공식 하나로 변환이 가능하다. 목록 12.1은 이번 예제를 위한 구조적 버퍼를 만
드는 방법을 보여주는 코드이다.

```cpp
// 여기서 size는 원소 개수이고 structsize는 사용할 구조체의
// 크기이다.
m_State.ByteWidth = size * structsize;
m_State.BindFlags = D3D11_BIND_SHADER_RESOURCE | D3D11_BIND_UNORDERED_ACCESS;
m_State.MiscFlags = D3D11_RESOURCE_MISC_BUFFER_STRUCTURED;
m_State.StructureByteStride = structsize;
m_State.Usage = D3D11_USAGE_DEFAULT;
m_State.CPUAccessFlags = 0;

// 포인터 변수 pData에 초기 자료를 담은 시스템 메모리 버퍼의 주소가
// 설정되어 있어야 한다.
ID3D11Buffer* pBuffer = 0;
HRESULT hr = m_pDevice->CreateBuffer( &m_State, pData, &pBuffer );
```

**목록 12.1.** 물 시뮬레이션에 사용할 구조적 버퍼의 생성.

자원의 종류와 형식을 결정했다면, 다음으로는 각 갱신 과정에서 시뮬레이션 상태를
갱신하는 방법을 고민할 차례이다. 시뮬레이션의 새 상태를 계산하려면 현재 상태가
있어야 하므로, 개별적인 상태 두 개를 유지해야 한다. 따라서 목록 12.1에서 생성한
구조적 버퍼와 동일한 크기와 구성의 구조적 버퍼가 하나 더 필요하다. 시뮬레이션의
매 갱신마다 두 버퍼의 역할(현재 상태 버퍼와 새 상태 버퍼)을 맞바꾸어서 사용한다.
이처럼 두 버퍼로 상태를 주고받는 기법을 흔히 '핑퐁(ping-pong)'이라고 부른다.

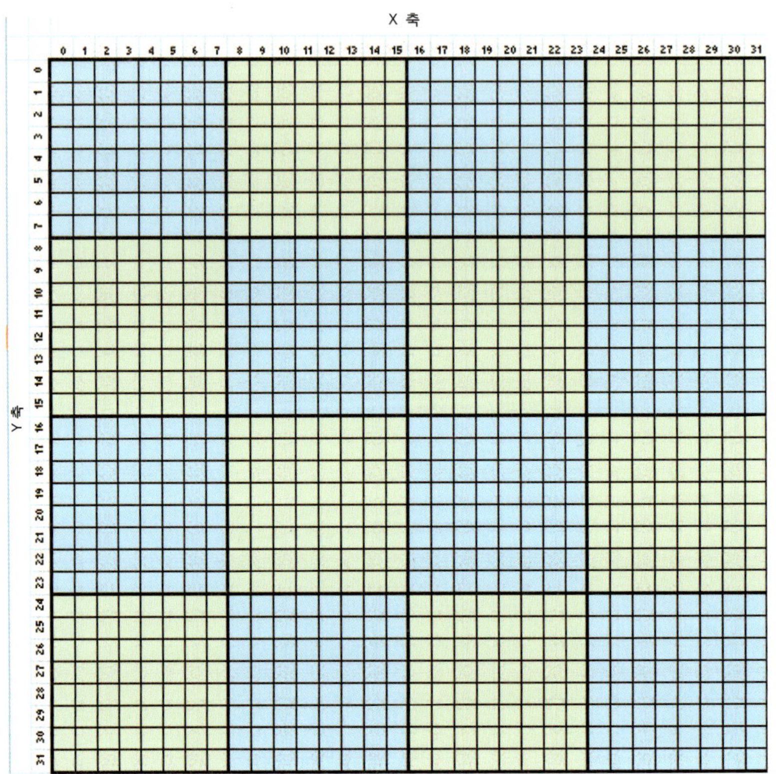


**그림 12.4.** 유체 기둥 격자를 위한 스레드 그룹 배치(편의상 8×8 스레드 그룹 단위로 표시했음).

## 스레드 적용 모형

다음으로 할 일은 시뮬레이션 갱신 과정에서 사용할 스레드 적용 모형을 결정하는 것이다. 갱신할 유체 기둥마다 하나씩의 스레드를 사용한다고 할 때, 적절한 스레드 배치 방식을 선택하려면 각 스레드에서 어떤 자료에 어떻게 접근할 것인지부터 생각해 보아야 한다. 한 유체 기둥으로 들어오거나 나가는 유량을 구하려면 인접 기둥들의 자료가 필요하다. 따라서 스레드 그룹 역시 물기둥 격자처럼 정사각 격자 형태로 하는 것이 바람직하다. 그렇게 하면 인접 기둥들이 그룹 공유 메모리를 이용해서 장치 메모리 접근과 중간 계산 결과들을 캐싱하기가 쉽다. 그림 12.4에 정사각 격자 유체 기둥들을 스레드 그룹들로 분할한 예가 나와 있다. 계산 파이프라인을 실행할 때에는, 시뮬레이션 격자 전체를 갱신하기에 충분한 수의 스레드 그룹들이 생성되도록 배분 크기를 적절히 설정해야 한다. 그림과는 달리 예제 응용 프로그램에서는 한 스레드 그룹이 시뮬레이션 격자 칸 16×16개로 된 영역('타일')을 처리한다. 따라서 시뮬레이션 격자 전체의 가로, 세로 크기는 반드시 16의 배수이어야 한다.

이러한 방식에서 특별히 주목할 사항이 하나 있는데, 바로 스레드 그룹이 처리하는 타일의 가장자리에 있는 유체 기둥들을 처리하는 방식이다. 하나의 유체 기둥을 처리하려면 여덟 이웃 기둥들의 자료가 필요하며, 그 자료는 현재 시뮬레이션 반복에서 계산된 결과이어야 하므로, 현재의 설계에서는 유량 계산 결과를 모두 장치 자원에 기록한 후에야 높이 값들을 갱신할 수 있다. 이는 상당히 비효율적인 방식이다. 새 유량을 계산하기 위해 이미 유량과 높이 자료를 적재했으므로, 그것들을 장치 메모리에 기록했다가 다음 과정에서 다시 적재한다면 장치 메모리 대역폭 소비가 두 배가 되기 때문이다. 다행히, 스레드 그룹에 스레드들을 몇 개 더해서 스레드 그룹 가장자리의 유체 기둥들에 대한 추가 유량들을 계산하게 한다면 그러한 추가적인 메모리 접근을 피할 수 있다. 그림 12.5에 원래의 스레드 그룹을 완전히 감싸는 추가 스레드들이 나와 있다. 이제 예제 응용 프로그램에서 이 추가 스레드들까지 포함하는 스레드 그룹의 크기는 [18,18,1]이다. 단, 각 스레드 그룹이 처리하는 시뮬레이션 격자 타일은 여전히 16×16이다.

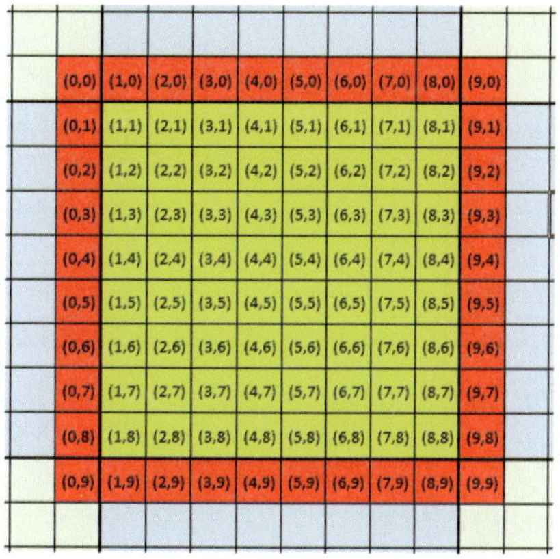

**그림 12.5.** 스레드 그룹 가장자리의 추가 스레드들(편의상 8×8 스레드 그룹으로 표시했음).

그림 12.5에 나온 것과 같은 추가 스레드들도 원래의 스레드들처럼 자신의 높이 값을 읽어서 자신의 새 유량(흘러들어오거나 나간)을 계산한다. 그 유량들을 그룹 공유 메모

리에 저장해 두고 원래의 $16 \times 16$ 스레드들이 높이 갱신 과정에서 참조한다면, 앞에서 말한 추가적인 장치 메모리 접근이 필요하지 않다. 가장자리 추가 스레드들은 자신의 높이 값을 갱신하지 않으며, 따라서 출력 자원에 접근하지 않는다. 이 추가 스레드들에 해당하는 유체 기둥들의 상태는 인접 스레드 그룹이 갱신한다. 이 스레드들의 유량 계산은 전적으로 현재 타일의 유체 기둥들(그림 12.4의 구성을 따르는)을 갱신하는 데에만 쓰인다. 현재 타일에 해당하는 스레드 그룹과 가장자리의 추가 스레드들, 그리고 그 이웃 스레드 그룹들이 그림 12.6에 나와 있다.

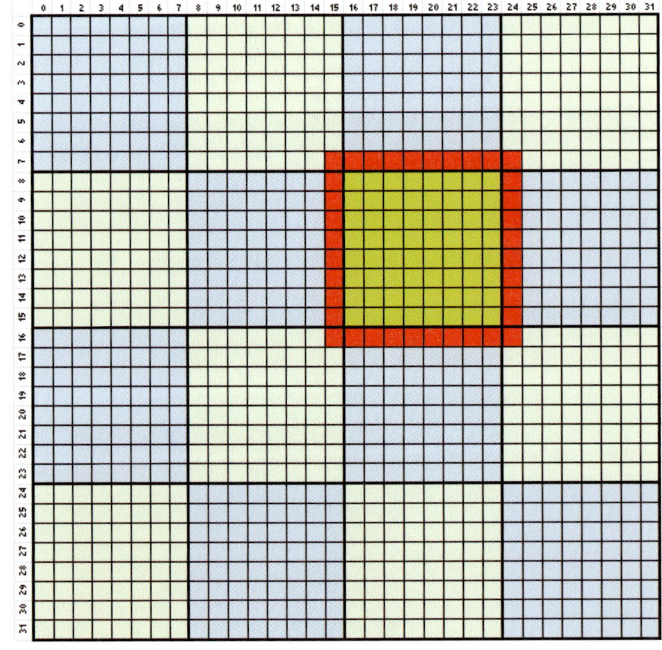

**그림 12.6.** 인접 스레드 그룹과 겹치는 가장자리 추가 스레드들(편의상 $8 \times 8$ 스레드 그룹으로 표시했음).

## 유체 시뮬레이션 갱신 과정

전반적인 스레드 적용 모형을 결정했으니, 이제 개별 스레드가 수행하는 실제 작업으로 초점을 돌리자. 각 스레드는 기본적으로 네 가지 작업을 수행하는데, 스레드 그룹 안에서 그리고 전체 시뮬레이션 격자 안에서의 스레드의 위치에 따라 일부 작업이 축소되거나 생략된다. 그 부분에 대한 세부적인 사항은 해당 작업을 설명할 때 다시 이야기하겠다.

**현재 시뮬레이션 상태를 조회.** 갱신을 수행하려면 시뮬레이션 계의 현재 상태부터 알아야 한다. 제10장에 나왔던 것처럼, 필요한 정보를 그룹 공유 메모리에서 적재할 수 있다면 장치 메모리 접근을 최소화할 수 있으므로 좋을 것이다. 이를 위해, 관련 시뮬레이션 상태 자료를 담을 적절한 크기의 그룹 공유 메모리 배열을 선언한다. 목록 12.2에 그러한 선언이 나와 있다.

```
// 한 유체 기둥의 상태를 대표하는 구조체.
struct GridPoint
{
    float  Height;
    float4 Flow;
};


// 입력 자원과 출력 자원 선언.
RWStructuredBuffer<GridPoint> NewWaterState     : register( u0 );
StructuredBuffer<GridPoint>   CurrentWaterState : register( t0 );


// 상수 버퍼 매개변수 선언.
cbuffer TimeParameters
{
    float4 TimeFactors;
    float4 DispatchSize;
};


// 시뮬레이션 대상 그룹의 크기.
#define size_x 16
#define size_y 16


// 가장자리 추가 스레드들을 포함하는 스레드 그룹 크기.
#define padded_x (1 + size_x + 1)
#define padded_y (1 + size_y + 1)


// 추가 스레드들을 포함한 그룹 크기에 맞는 그룹 공유 메모리를 선언한다.
groupshared GridPoint loadedpoints[padded_x * padded_y];


// 갱신할 유체 기둥들과 가장자리 추가 기둥들 각각마다 하나씩의
// 스레드를 사용한다.
[numthreads(padded_x, padded_y, 1)]
```

**목록 12.2.** 스레드 그룹 크기와 그룹 공유 메모리 크기 선언.

이 코드는 우선 유체 기둥 하나의 상태를 서술하는 필드들로 구성된 **GridPoint** 구조체를 선언한다. 그 다음에는 **GridPoint**를 템플릿 인수로 사용하는 두 구조적 버퍼 자원 형식들을 선언한다. 이렇게 하면 셰이더에서 구조적 버퍼의 각 요소에 대해 구조체 필드들을 직접 사용할 수 있으므로 셰이더 코드를 좀 더 읽기 쉽게 만들 수 있다. 그 다음은 시뮬레이션 갱신 과정에서 사용할 상수 버퍼의 선언이다. 이 상수 매개변수들에 대해서는 이들이 쓰이는 과정을 설명할 때 다시 이야기하겠다.

자원들을 선언한 다음에는 스레드 그룹 크기와 그룹 공유 메모리를 선언한다. size_x와 size_y는 한 스레드 그룹에서 갱신할 격자 타일의 크기이다. 스레드 그룹 자체의 크기는 그 타일의 상하좌우에 1을 더한 것으로, 이는 타일 가장자리의 추가 스레드들을 반영한 것이다. 이 증가된 크기들은 스레드 그룹 크기는 물론 그룹 공유 메모리로 사용할 **GridPoint** 구조체들의 배열의 선언에도 쓰인다. 구조체를 그룹 공유 메모리의 배열 원소 형식으로 사용할 수 있다는 것은 아주 멋진 기능으로, 다양한 자료 형식을 대표할 수 있는 그룹 공유 메모리의 유연성을 잘 보여준다. 이러한 방식에서는 셰이더에서 그룹 공유 메모리의 자료에 접근할 때 간결한 멤버 접근 표기법을 사용할 수 있으므로 셰이더 프로그램이 좀 더 깔끔해진다.

필요한 모든 메모리와 자원이 갖추어졌으니, 이제 알고리즘의 실제 작동 방식을 살펴보자. 앞에서 언급했듯이 가장 먼저 할 일은 시뮬레이션의 현재 상태를 그룹 공유 메모리로 적재하는 것이다. 스레드 그룹의 모든 스레드(가장자리 추가 스레드들도 포함)는 각자 자신이 맡은 유체 기둥의 상태를 그룹 공유 메모리에 적재한다. 하나의 스레드에 대응되는 개별 상태들을 그림 12.6에서 볼 수 있다. 이번 예제에서는 배분 스레드 ID와 시뮬레이션 격자 사이에 1대1 관계가 성립하지 않기 때문에, 현재 스레드가 처리할 유체 기둥의 색인을 구하기가 조금 까다롭다. 목록 12.3에서 **location** 변수가 바로 그 색인에 해당한다. 목록 12.3의 코드는 현재 스레드에 해당하는 유체 기둥의 시뮬레이션 격자 안에서의 2차원 위치를 **DispatchSize** 변수로 주어진 크기들에 기초해서 계산하고, 그 2차원 좌표를 하나의 1차원 버퍼 색인으로 변환해서 **textureindex** 변수에 저장한다. 다음으로는 **textureindex**를 색인으로 사용하여 구조적 버퍼 자원의 한 항목을 읽어서 그룹 공유 메모리에 저장한다. 그런 다음에는 그룹 동기화를 수반한 메모리 장벽을 세워서, 모든 스레드가 각자 그룹 공유 메모리에 해당 자료를 적재할 때까지 기다린다.

```
// 격자 크기: 이는 배분 호출 크기와 일치한다.
int gridsize_x = DispatchSize.x;
int gridsize_y = DispatchSize.y;

// 텍스처 전체 크기.
int totalsize_x = DispatchSize.z;
int totalsize_y = DispatchSize.w;

// 구조적 버퍼 자원들로부터 이전 프레임의 높이와 유량을 가져와서
// 그룹 공유 메모리에 넣는다.
// '범위 밖' 텍셀들을 고려해서, 일단은 높이와 유량을 0으로 초기화해둔다.

loadedpoints[GroupIndex].Height = 0.0f;
loadedpoints[GroupIndex].Flow = float4( 0.0f, 0.0f, 0.0f, 0.0f );

// GroupThreadID와 GroupID를 이용해서, 현재 스레드가 다루는 유체 기둥에
// 해당하는 버퍼 색인을 구한다.
int3 location = int3( 0, 0, 0 );
location.x = GroupID.x * size_x + ( GroupThreadID.x - 1 );
location.y = GroupID.y * size_y + ( GroupThreadID.y - 1 );
int textureindex = location.x + location.y * totalsize_x;

// 자료를 GSM으로 적재한다.
loadedpoints[GroupIndex] = CurrentWaterState[textureindex];

// 모든 스레드가 자신의 상태를 그룹 공유 메모리에 적재할 때까지
// 기다렸다가 다음 과정으로 넘어간다.
GroupMemoryBarrierWithGroupSync();
```

**목록 12.3.** 현재 시뮬레이션 상태를 그룹 공유 메모리에 적재하는 셰이더 코드.

**새 유량 계산.** 현재 시뮬레이션 상태를 그룹 공유 메모리에 저장한 후에는 시뮬레이션의 새 상태를 계산하는 과정으로 넘어간다. 여기에서는 현재 스레드에 해당하는 기둥과 연결된 모든 가상 파이프로 얼마만큼의 유체가 흘러 나가거나 들어오는지를 계산해야 한다. 앞에서 언급했듯이 한 스레드당 네 개의 유량만 계산하면 된다. 나머지 네 유량은 이웃한 다른 유체 기둥의 스레드에서 계산한다. 네 개의 유량을 float4 변수의 네 성분에 담는데, 오른쪽, 오른쪽 아래, 아래, 왼쪽 아래 방향 이웃과 연결되는 파이프의 유량을 순서대로 x, y, z, w 성분에 담기로 한다. 그림 12.7에 네 성분과 이웃 파이프들의 관계가 나와 있다.

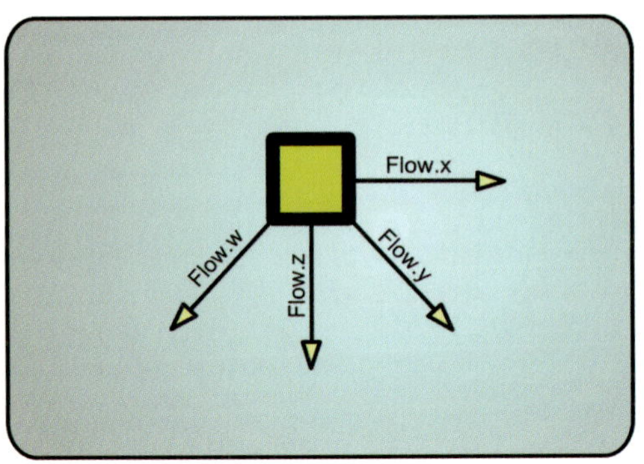


**그림** 12.7. 유량 값들과 그에 해당하는 가상 파이프들.

이러한 구성을 염두에 두고, 새 유량을 계산하는 과정을 구체적으로 살펴보자. 우선 **NewFlow** 변수를 0으로 초기화해둔다. 그런 다음 네 이웃 기둥과의 높이 차이들을 계산해서 그 변수의 각 성분에 설정한다. 목록 12.4가 그러한 코드이다. 그런데 이 부분은 현재 스레드가 스레드 그룹의 가장자리 추가 스레드이거나 시뮬레이션 격자의 가장자리에 해당하는 스레드가 아닌 경우에만 수행된다. 그런 스레드에서는 엉뚱한 이웃 유체 기둥(1차원 버퍼 저장 방식 때문에)에 접근하거나 범위 밖 색인 접근이 일어날 수 있기 때문이다. 전자의 경우에는 엉뚱한 이웃 유체의 높이와의 차이가 계산되고, 0(후자의 경우 범위 밖 접근의 결과)과의 차이가 계산된다. 둘 다 부정확한 시뮬레이션으로 이어지므로 피해야 한다.

```
// 이번 프레임의 유량을 담을 변수를 0으로 초기화한다.
float4 NewFlow = float4( 0.0f, 0.0f, 0.0f, 0.0f );

// 오른쪽 가장자리가 '아닌' 경우에만.
if ( ( GroupThreadID.x < padded_x - 1 ) && ( location.x < totalsize_x - 1 ) )
{
    NewFlow.x = ( loadedpoints[GroupIndex+1].Height
                - loadedpoints[GroupIndex].Height );

    // 아래쪽 가장자리가 '아닌' 경우에만.
    if ( ( GroupThreadID.y < padded_y - 1 ) && ( location.y < totalsize_y - 1 ) )
    {
```

```
        NewFlow.y = ( loadedpoints[(GroupIndex+1) + padded_x].Height
                    - loadedpoints[GroupIndex].Height );
    }
}


// 아래쪽 가장자리가 '아닌' 경우에만.
if ( ( GroupThreadID.y < padded_y - 1 ) && ( location.y < totalsize_y - 1 ) )
{
    NewFlow.z = loadedpoints[GroupIndex+padded_x].Height
              - loadedpoints[GroupIndex].Height;


    // 왼쪽 가장자리가 '아닌' 경우에만.
    if ( ( GroupThreadID.x > 0 ) && ( location.x > 0 ) )
    {
        NewFlow.w = ( loadedpoints[GroupIndex + padded_x - 1].Height
                    - loadedpoints[GroupIndex].Height );
    }
}
```

**목록 12.4.** 이웃 유체 기둥들과의 높이 차이를 계산한다.

이러한 높이 차이 값들을, 시뮬레이션의 물리적 속성들을 나타내는 여러 상수들을 이용해서 하나의 값으로 결합할 수 있다. 그런 상수들을 셰이더 프로그램 안의 리터럴 상수로 선언해 둘 수도 있지만, 응용 프로그램의 수명 주기 동안 변하는 값들이라면 상수 버퍼를 통해서 셰이더로 적재하는 것도 어렵지 않다. 목록 12.5는 높이 차이 값들을 이용해서 현재 기둥의 새 유량을 계산하는 코드이다. 이 코드는 계산한 유량을 방금 전까지 높이 차이들을 담았던 **NewFlow** 변수에 저장한다. 새 유량 값은 시뮬레이션의 이전 갱신에서의 유량과 이번 갱신에서 높이 차이에 의해 발생한 추가적인 흐름을 결합한 것으로, 여기에는 이전 갱신과의 시간 간격도 관여한다. **TimeFactors.x**에는 응용 프로그램이 설정한 이전 프레임으로부터 흐른 시간이 들어 있다. 셰이더 코드는 실제 시간 간격과 최대 시간 간격 중 작은 것을 선택해서 유량 계산에 사용한다. 이처럼 시간 간격에 상한을 두는 것은 느린 참조 구현으로 계산을 수행하는 경우에도 시간 간격이 비정상적으로 커지지 않게 하기 위한 것이다. 마지막으로, 계산된 유량 값에 감쇠 계수를 뜻하는 **DAMPING_FACTOR**를 곱한다. 이는 유체계의 관성을 점차 줄이기 위한 것이다. 이에 의해, 일정한 시간이 흐르면 계가 평형 상태에 도달한다.

셰이더 코드는 계산된 새 유량을 그룹 공유 메모리에 저장한다(시뮬레이션의 다른 스레드들이 현재 높이 값을 갱신하는 데 사용할 수 있도록). 여기서 한 가지 주목할 점은, 현재 스레드가 가장자리 스레드인 경우에도 유량을 갱신해서 그룹 공유 메모리에 저장한다는 점이다. 그 스레드들이 저장한 유량 값들은 다음 과정에서 이웃 유체 기둥들의 정확한 높이 값을 산출하는 데 쓰인 후 폐기된다. 다음 과정으로 넘어가기 전에, 또 다른 그룹 동기화 메모리 장벽을 이용해서 모든 스레드가 그룹 공유 메모리를 갱신할 때까지 기다린다.

```
const float TIME_STEP = 0.05f;
const float PIPE_AREA = 0.0001f;
const float GRAVITATION = 10.0f;
const float PIPE_LENGTH = 0.2f;
const float FLUID_DENSITY = 1.0f;
const float COLUMN_AREA = 0.05f;
const float DAMPING_FACTOR = 0.9995f;

float fAccelFactor = ( min( TimeFactors.x, TIME_STEP ) * PIPE_AREA * GRAVITATION )
                    / ( PIPE_LENGTH * COLUMN_AREA );

// 새 유량과 기존 유량을 더한 결과에 계의 관성을 줄이기 위한 감쇠 계수를 곱한다.
NewFlow = ( NewFlow * fAccelFactor + loadedpoints[GroupIndex].Flow )
            * DAMPING_FACTOR;

// 갱신된 유량을 다른 스레드들이 접근할 수 있도록 그룹 공유 메모리에 저장한다.
loadedpoints[GroupIndex].Flow = NewFlow;

// 모든 스레드가 작업을 마치길 기다린다.
GroupMemoryBarrierWithGroupSync();
```

**목록 12.5.** 시뮬레이션의 현재 단계의 높이 차이 및 이전 단계의 유량에 근거해서 새 유량을 계산하는 코드.

여기서 새 유량을 계산하는 데 필요한 메모리 접근들을 짚어보는 것이 좋겠다. 모든 높이 값과 기존 유량 값을 그룹 공유 메모리에서 읽어온다. 따라서 이 계산 과정은 장치 메모리를 전혀 건드리지 않는다. 또한 스레드 그룹의 모든 스레드가 그룹 공유 메모리를 채울 때까지 기다렸기 때문에, 유량 값들을 계산하는 도중 좀 더 저수준의 동기화를 수행할 필요가 없다. 이 덕분에 그룹 공유 메모리가 효율적으로 활용되며, 상당한 양의 산술 계산이 수행된 후에 메모리 장벽이 동기화되어서 메모리 장벽 동기화를 사용하는 보람이 생긴다.

**유체 기둥 높이 갱신.** 그룹 공유 메모리에 유량 값들이 모두 채워졌다면, 다음으로는 이웃 기둥들로 흘러 나가거나 들어온 유량을 모두 통합해서 현재 기둥의 용량을(따라서 높이를) 갱신한다. 여기서 읽어 들이는 모든 자료는 이전 단계에서 그룹 공유 메모리 안에 동기화해 둔 것이므로, 자료를 읽는 과정에서 더 이상의 동기화는 필요하지 않다. 이러한 작업을 수행하는 코드가 목록 12.6에 나와 있다. 이번 경우에는 가장자리 스레드들을 따로 처리할 필요가 없기 때문에 조건 분기가 없다. 이전의 조건 분기에 의해 범위 밖 유체 기둥 들의 유량 값이 모두 0으로 남아 있기 때문에, 여기에서는 특별한 처리 없이 그냥 함께 계산하면 된다.

```
// 현재 스레드에 해당하는 유체 기둥의 새 높이를 계산해서
// loadedpoints 공유 메모리에 저장한다.

// 현재 기둥에 속한 네 파이프의 유량들.
loadedpoints[GroupIndex].Height = loadedpoints[GroupIndex].Height + NewFlow.x
                                  + NewFlow.y + NewFlow.z + NewFlow.w;

// 왼쪽 기둥으로부터의 유량과,
loadedpoints[GroupIndex].Height = loadedpoints[GroupIndex].Height
                                  - loadedpoints[GroupIndex-1].Flow.x;

// 왼쪽 위 기둥으로부터의 유량,
loadedpoints[GroupIndex].Height = loadedpoints[GroupIndex].Height
                                  - loadedpoints[GroupIndex-padded_x-1].Flow.y;

// 위쪽 기둥으로부터의 유량,
loadedpoints[GroupIndex].Height = loadedpoints[GroupIndex].Height
                                  - loadedpoints[GroupIndex-padded_x].Flow.z;

// 오른쪽 위 기둥으로부터의 유량을 적용한다.
loadedpoints[GroupIndex].Height = loadedpoints[GroupIndex].Height
                                  - loadedpoints[GroupIndex-padded_x+1].Flow.w;
```

**목록 12.6.** 이번 시뮬레이션 갱신에서의 새 유체 기둥 높이 계산.

**시뮬레이션 상태의 저장.** 마지막으로 할 일은 갱신된 시뮬레이션 상태(새로 계산한 높이와 유량)를 다음 번 시뮬레이션 갱신에서 사용할 수 있도록 구조적 버퍼 자원에 저장하는 것이다. 이 과정이 목록 12.7에 나와 있다. 이 과정에서 가장자리 추가 스레드들은 값을 기록하지 말아야 한다. 어차피 실행 중인 다른 스레드 그룹들이 그런 추가 스레드들의 값을 모두 덮어 쓰겠지만, 스레드 그룹들이 처리되는 순서에 따라서는 유효하지 않은 자료가 기록되는 일이 발생할 수 있다. 이는 장치 메모리 접근이 최소화되었다는 뜻으로, 다른 알고리즘들에서도 본받을만한 좋은 미덕이다.

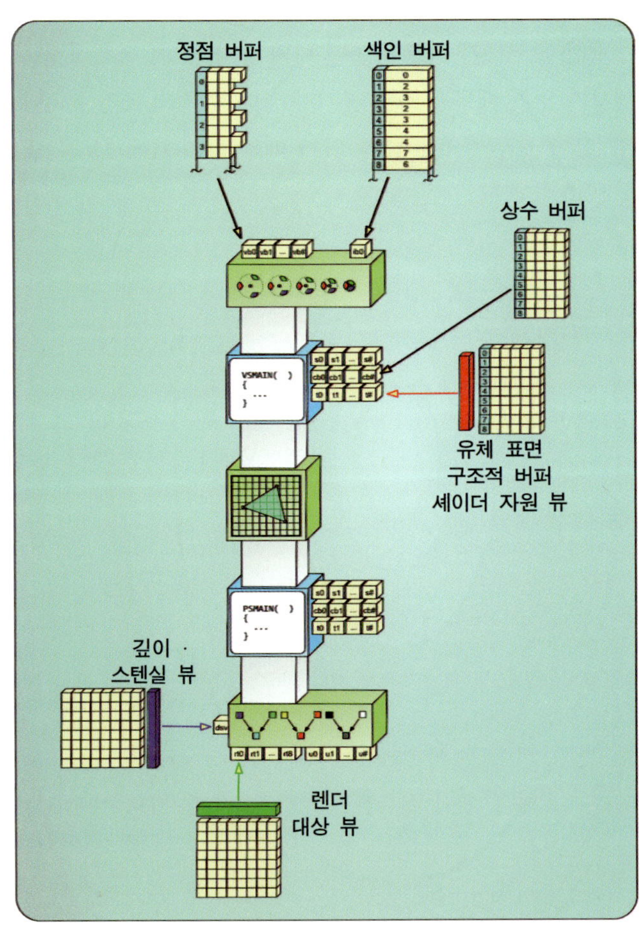


**그림 12.8.** 유체 표면의 시각화에 쓰이는 렌더링 파이프라인의 구성.

```
// 마지막으로, 갱신된 높이와 유량을 기록한다. 단, 현재 스레드가 실제 격자 타일에 해당하는
// 스레드인 경우에만 이를 수행한다. 이렇게 하지 않으면 가장자리 텍셀에서 계산이 이중으로
// 일어나서 시뮬레이션이 부정확해진다!
if ( ( GroupThreadID.x > 0 ) && ( GroupThreadID.x < padded_x - 1 )
        && ( GroupThreadID.y > 0 ) && ( GroupThreadID.y < padded_y - 1 ) )
{
    NewWaterState[textureindex] = loadedpoints[GroupIndex];
}
```

**목록 12.7.** 시뮬레이션 갱신 결과를 출력 구조적 버퍼에 저장한다.

## 유체 표면의 렌더링

시뮬레이션 상태를 갱신한 후에는 유체의 표면을 렌더링한다. 이제는 필요한 계산이 모두 끝난 상태이다. 현재 시뮬레이션 상태를 담은 구조적 버퍼에서 높이 값들을 읽어서 유체 표면 기하구조를 적절히 변형하기만 하면 된다. 그림 12.8에 렌더링을 위한 파이프 라인의 구성이 나와 있다.

**그림 12.9.** 유체 표면 렌더링 결과.

높이 값들을 정점 셰이더에서 읽어 들이는데, 이 때 구조적 버퍼의 항목 색인을 구하는 방법은 계산 셰이더에서와 기본적으로 동일하다. 차이는, 주어진 정점이 2차원 시뮬레이션 격자의 어떤 기둥에 해당하는지를 입력 정점 특성들을 이용해서 결정한다는 것이다. 각 스레드 그룹이 격자의 각 타일을 어떤 식으로 갱신하는지 눈으로 확인할 수 있도록, 스레드 그룹들에 두 가지 색깔을 번갈아 적용한다. 결과적으로, 그림 12.9에서 보듯이 유체 표면이 체스판 같은 모습이 된다.

## 12.1.3 결론

이번 예제를 통해서, 시간에 따라 사실적으로 변하는 유체 표면을 효율적으로 표현하는 유체 시뮬레이션 방법 하나를 살펴보았다. 이 시뮬레이션은 전적으로 GPU에서 실행되며, 따라서 CPU가 다른 작업을 수행할 여유가 생긴다. 시뮬레이션 격자 크기가 고정되어 있지 않으므로, 구조적 버퍼 자원에 맞기만 한다면 어떤 크기도 가능하다. 즉, 아주

커다란 시뮬레이션 공간을 표현하거나 또는 작은 공간에 대한 아주 높은 해상도의 시뮬
레이션을 수행할 수 있는 것이다. 또한 이 방법은 고도로 병렬적인 알고리즘을 사용하기
때문에 그 성능이 이후의 하드웨어 성능 향상에 따라 자연스럽게 높아진다.


## 12.2 입자 시스템

유체 렌더링은 장면의 사실감과 매력을 높여주는 아주 유용한 기능이다. 그러나 모든
장면에 유체가 등장하는 것은 아니므로 그 용도는 제한적이라 할 수 있다. 장면에 추가
할만한 자연 현상 또는 인위적 현상은 유체 말고도 많이 있다. 그리고 그 행동 방식이
유체와는 근본적으로 다른 현상들도 많다. 이를테면 연기, 불, 폭발의 파편 등이 그러한
예이다. 유체 시뮬레이션에서처럼 이런 현상들의 겉모습은 수백만 또는 수천만의 개별
분자들이 일정 시간동안 다양한 방식으로 상호작용한 결과이다. 실시간 렌더링에서 그
모든 상호작용을 직접 시뮬레이션하는 것은 비현실적이므로, 시각적으로 비슷한 결과를
내면서도 상호작용들을 크게 단순화할 수 있는 기법을 찾아야 한다.

그러한 기법들 중 하나가 바로 입자 시스템이다. **입자 시스템**(particle system)은 **입자**라
고 부르는 여러 개의 개별 원소들로 이루어진다. 각 입자마다 입자의 현재 상태를 규정
하는 여러 변수들이 있다. 주어진 한 순간에서 그러한 수많은 입자들의 현재 상태가
입자 시스템의 현재 상태를 형성한다. 이러한 맥락에서, 입자 시스템의 시뮬레이션이란
새 입자의 생성과 파괴 사이에서 시간의 흐름에 따라 입자 상태를 변경하는 과정이다.
하나의 입자는 생성되고, 시뮬레이션의 각 단계마다 갱신되고, 결국에는(더 이상 필요
없어지면) 파괴된다. 입자 시스템에서 주된 제약은 모든 입자가 동일한 종류의 변수들을
사용해야 한다는 것이다. 그래야 모든 입자의 갱신을 동일한 방식으로 처리할 수 있다.

이처럼 다수의 개별 원소들을 사용하되 그것들을 같은 규칙에 따라 갱신함으로써, 단순
한 구성요소들로부터 복잡한 현상을 이끌어낼 수 있다. 예를 들어 불에서 피어오르는
연기를 흉내내는 입자 시스템에서 각 입자는 연기 한 조각을 대표한다. 각 입자는 위치
와 속도를 가지며, 경우에 따라서는 회전과 비례 속성도 가진다. 그런 변수들을 시뮬레
이션의 매 단계마다 모두 갱신한다. 이 때 갱신 메서드에서는 각 입자를 어느 정도 무작

위한 방향으로 흘려보낸다. 모든 입자를 갱신했다면 각 입자를 연기 조각 텍스처를 입힌 사각형으로 렌더링한다. 모든 입자는 각자 개별적으로 움직이지만 모두 동일한 규칙이 적용되며, 이에 의해 단순한 입자들로부터 하나의 복잡계가 '창발'한다. 앞에서 언급한 다른 현상의 시뮬레이션에도 이와 동일한 개념이 적용된다. 입자의 속성들과 렌더링 방식, 갱신 방법을 해당 현상에 맞게 변경하기만 하면 된다.

입자 시스템은 아주 오래 전부터 컴퓨터 그래픽에 쓰였다. 예전에는 CPU가 입자들을 갱신하고, GPU는 렌더링만 담당했다. 그러나 입자 시스템 갱신 과정의 병렬성은 GPU 의 병렬성과 잘 맞으므로, 시뮬레이션 갱신을 GPU에서 실행하는 것이 아주 바람직하다. 게다가, GPU에서 입자 시스템을 갱신하면 그 결과가 비디오 메모리에 남아 있으므로 렌더링 과정에서 시스템 메모리와의 자료 전송이 필요없다. 이번 절에서는 그러한 GPU 기반 입자 시스템을 Direct3D 11의 몇 가지 새 기능을 활용해서 구현한 예제 프로그램을 살펴본다. 이번 예제는 특정한 종류의 입자 시스템을 구현하는 것이지만, 다른 종류의 입자 시스템으로도 쉽게 수정할 수 있다.

## 12.2.1 이론

이번 예제에서 구현할 입자 시스템은 입자 방출기(emitter)와 소모기(consumer)로 구성 된다. 방출기는 입자들을 생성하고, 소모기는 자신에 가까이 도달한 입자들을 파괴한다. 입자들은 소모기를 중심으로 한 간단한 중력장에 의해 움직인다. 이를 단순화된 블랙홀 이라고 생각해도 좋을 것이다. 즉, 소모기는 중력으로 입자들을 끌어당기며, '사건의 지 평(event horizon)'을 넘어선 입자들을 집어삼킨다. 이 입자 시스템의 구현으로 넘어가기 전에, 입자 갱신 메서드를 물리적으로 그럴듯하게 구현하는 데 필요한 몇 가지 기본적인 중력 법칙들을 살펴보자.

뉴턴의 만유인력의 법칙에 따르면 두 질점(質點) 사이에는 중력(인력)이 존재하며, 중력 의 크기는 둘의 거리의 제곱에 반비례한다. 이를 나타낸 것이 그림 12.10이다. 식 (12.6) 은 중력의 공식으로, $F$가 중력이고 $G$는 중력 상수, $m_1$과 $m_2$는 두 물체의 질량, $r$은 두 물체의 질량 중심 사이의 거리이다.

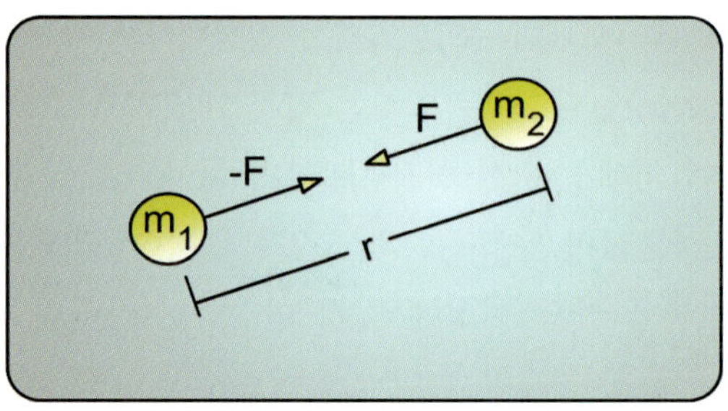



**그림 12.10.** 뉴턴의 만유인력의 법칙에 의해, 두 질점은 서로를 끌어당긴다.

$$F = G\frac{m_1 m_2}{r^2}.$$ 

(12.6)

이 공식은 두 물체가 가까울수록 둘을 서로 끌어당기는 중력이 더 커짐을 말해준다. 또한 중력은 물체가 무거울수록 더 크다. 무한대의 질량을 가진 특이점으로서의 블랙홀 (이는 단순화이지만, 지금 목적에서는 적당한 설명이다)에서 이 공식이 어떻게 작용할지 생각해 보자. 어떤 물체가 블랙홀에 다가가다가 일정한 지점을 넘기면 블랙홀로 끌려가게 된다. 이 때 중력에 의한 물체의 가속도는 뉴턴의 제2법칙으로 계산할 수 있다. 식 (12.7)이 바로 그것이다. 간단히 말하면, 물체에 가해지는 힘(여기에서는 중력)을 물체의 질량으로 나눈 것이 물체의 가속도이다.

$$F = ma.$$ 

(12.7)

이번 예제의 경우 블랙홀은 무한대의 질량이 아니라 아주 커다란 질량을 가진다고 가정한다. 이는 계산에 무한대가 끼어들면 여러 가지로 골치아픈 문제가 생기기 때문이다. 각 입자는 고정된 질량을 가지며, 중력에 의해 블랙홀로 끌려간다. 입자의 초기 속도는 입자 방출기에서 입자가 처음 튀어 나올 때 무작위로 설정된다. 입자 방출기와 입자 소모기 둘 다 장면 안에 존재하며, 따라서 사용자는 입자가 어디에서 나와서 어디로 끌려가는지를 볼 수 있다. 시뮬레이션의 각 갱신마다 입자의 속도를 식 (12.8)을 이용해서 갱신한다. 이 공식에서 $v_0$은 해당 시간 간격의 시작에서의 초기 속도이고 $a$는 중력에 의한 가속도, $t$는 시간 간격의 크기(이전 갱신으로부터 흐른 시간)이다.

$$v = v_0 + at.$$ 

(12.8)

입자의 새 속도를 계산한 다음에는, 그것을 이용해서 현재 시간 간격에 대한 입자의 새 위치를 구한다. 식 (12.9)가 입자의 위치를 갱신하는 공식이다.

$$p = p_0 + vt.$$

(12.9)

여기까지가 이번 예제에 쓰이는 물리적 상호작용을 서술하는 기본 공식들이다. 그럼 이에 기초한 입자들의 상호작용을 GPU에서 효율적으로 시뮬레이션하는 구현의 설계를 살펴보자.

## 12.2.2 구현 설계

입자 시스템의 개념은 잘 알려져 있지만, 그것을 Direct3D 11의 새로운 기능들을 이용해서 구현하는 방법은 아직 널리 알려져 있지 않다. 이번 절에서는 가능한 구현 방법 하나를 살펴보고 그에 쓰인 기법들을 설명한다. 유체 시뮬레이션 예제에서처럼 이번 입자 시스템 예제도 계산 셰이더에서 입자들을 갱신하고 렌더링 파이프라인에서 입자들을 렌더링한다. 그럼 어떤 종류의 자원들을 사용하는지 설명하고, 시스템에 입자를 추가하는 방법을 이야기하겠다. 그런 다음에는 입자들을 갱신하는 방법과 갱신된 입자들을 렌더링하는 방법으로 나아간다.

### 자원 선택

시스템에 사용할 자원을 적절히 선택하려면 자원에 어떤 종류의 자료를 담을 것인지를 고민해야 한다. 기본적으로는 입자 시스템 안에 존재하는 모든 입자의 목록을 자원에 저장해야 한다. 입자들의 목록이므로 1차원 구조의 자원이 적합하다. 한편, 각 입자마다 저장할 자료는 기본적으로 입자의 위치와 속도이다. 그 외에 입자 시스템의 구체적인 종류에 따라 추가적인 정보를 저장해야 할 수도 있다. 한 입자당 저장할 자료 항목이 스칼라 네 개보다 많으므로(위치와 속도 모두 벡터이다) 보통의 1차원 텍스처 한 장으로는 부족하다. 따라서 입자의 자료를 반영하는 구조체를 만들고 그 구조체들을 담는 구조적 버퍼를 사용한다면 셰이더에서 입자의 자료에 접근하기가 쉬워질 것이다.

이번 예제 입자 시스템에는 방출기와 소모기가 존재한다. 이들은 구조적 버퍼의 특정한 하위 종류들에 아주 잘 맞는다. 제2장에서 보았듯이, 순서 없는 접근 뷰를 이용해서 구조적 버퍼를 HLSL 안에서 추가 버퍼(AppendStructuredBuffer) 또는 소비 버퍼(Consume StructuredBuffer)로서 사용할 수 있다. 이들은 요소(입자)들의 순서가 보존되지 않는 아주 간단한 저장 메커니즘으로 작용한다. 순서를 보존할 필요가 없기 때문에, 자원을 읽거나 쓸 때 GPU에서 추가적인 최적화가 가능해진다. 이번 입자 시스템에서 입자들의 개수는 가변적이며, 모든 입자가 동일한 방식으로 갱신되므로 입자를 처리하는 스레드는 자신이 버퍼 안의 몇 번째 입자를 처리하는지 알 필요가 없다. 간단히 말하면 버퍼 안에서 입자들의 순서는 중요하지 않은 것이다. 이는 유체 시뮬레이션과 입자 시스템의 근본적인 차이점이다. 유체 시뮬레이션에서는 각 유체 기둥의 갱신이 이웃 유체 기둥들의 상태에 의존하며, 따라서 각 스레드는 자신이 어떤 유체 기둥을 처리하는지 알아야 한다. 반면 입자 시스템에서는 입자의 순서(버퍼 안에서의 위치)가 중요하지 않으므로 추가 버퍼와 소비 버퍼를 잘 활용할 수 있다.

이러한 고찰에 따라, 이번 예제는 두 개의 구조적 버퍼 자원에 입자 시스템을 담는다. 하나는 현재의 입자 자료를 담은 '현재 상태 버퍼'이고, 또 하나는 갱신 과정에 의해 갱신된 입자 자료를 담는 '새 상태 버퍼'이다. 그림 12.11에 이 두 자원이 어떻게 쓰이는지가 나와 있다. 새 상태 버퍼는 입자 시뮬레이션의 다음 번 반복에서 '현재 상태 버퍼'가 되고, 원래의 현재 상태 버퍼는 다음 번 갱신 과정 전에 비워진다. 갱신 과정에서는 현재 상태 버퍼의 입자들을 '소비'해서 새 상태 버퍼에 '추가'한다. 이처럼 버퍼들의 역할을 맞바꾸어서 입자들을 갱신하는 과정이 계속 반복된다.

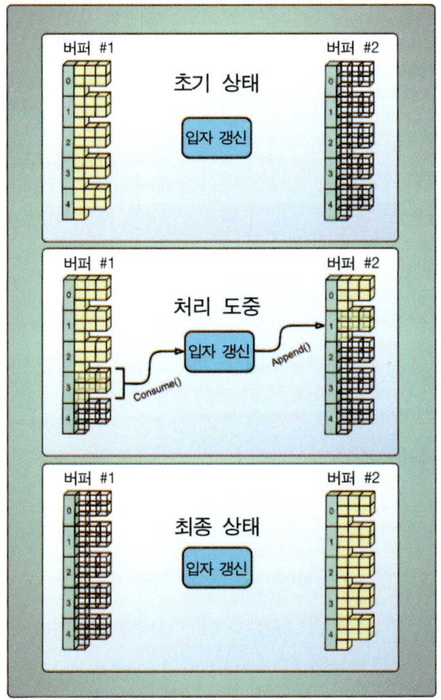


**그림 12.11.** 입자 자료를 관리하기 위한 추가 버퍼와 소비 버퍼로 쓰이는 두 구조적 버퍼 자원.

## 스레드 적용 방식

다음으로, 이러한 자원들에 담긴 자료를 적절한 개수의 스레드들이 처리하게 만드는 방법을 살펴보자. 앞에서 설명했듯이 입자들은 각자 개별적으로, 그리고 모두 동일한 방식으로 갱신된다. 입자들 사이에서 어떤 정보를 주고받을 필요가 없으므로 그룹 공유 메모리는 사용할 필요가 없다. 따라서 현재 활성화된 입자들 모두를 처리하기에 충분한 개수의 스레드들이 실행되게 하는 데에만 신경을 쓰면 된다. 입자 시스템의 최대 입자 개수는 입자 자료를 담을 버퍼 자원의 크기에 의존한다.

그런데 이 예제 입자 시스템에서는 입자들이 블랙홀로 들어가서 소멸되므로, 활성 입자 개수가 줄어드는 경우도 생긴다. 여기서 미묘한 문제가 발생한다. 입자들의 개수는 시간에 따라 가변적이며, 그 개수는 버퍼 자원 자체에서 알아낼 수 있다. 그러나 처리 스레드 개수는 **배분** 메서드를 호출하는 CPU에서 결정하게 된다. CPU에서 버퍼 자원의 원소 개수를 알려면 장치 문맥의 한 메서드를 이용해서 원소 개수를 다른 버퍼 자원에 복사하고, 그 버퍼를 시스템 메모리에 매핑해서 원소 개수를 읽어야 한다. 그런데 이러한 CPU로의 자료 전송은 상당한 시간 지연을 유발한다. 매 프레임마다 CPU와 자료를 동기화하면 빠른 GPU 기반 구현으로 얻는 이득이 무효가 되어 버린다. 따라서 입자 개수를 CPU에서 읽어서 정확한 개수의 스레드들을 띄우는 대신, 좀 더 보수적인 방법을 취하기로 하자. 좀 더 구체적으로 말하면, 입자의 생성 및 소비 패턴에 근거해서 입자 시스템의 현재 입자 개수를 추정하고, 그것을 스레드 그룹 크기의 정수배로 '반올림'하는 것이다. 예를 들어 추정치가 2,000이고 스레드 그룹 크기가 $[1024, 1, 1]$이면 생성할 스레드 개수는 2,048이다.

이렇게 반올림하면 처리할 입자가 없는 여분의 스레드들이 생기게 된다. 그런 스레드들이 존재하지 않는 입자 자료에 접근해서 작업을 수행하면 예상할 수 없는 결과가 나올 수 있다. 그런 일이 생기지 않도록, CPU에서 입자 개수를 CopyStructureCount를 이용해서 상수 버퍼에 저장하고, 계산 셰이더에서는 조건 분기를 이용해서 여분의 스레드들이 아무 일도 하지 않도록 한다. 목록 12.8의 셰이더 코드에 그러한 처리 방식이 나와 있으며, 필요한 자원들의 선언 코드도 볼 수 있다.

```
struct Particle
{
    float3 position;
    float3 velocity;
    float  time;
};


AppendStructuredBuffer<Particle>  NewSimulationState : register( u0 );
ConsumeStructuredBuffer<Particle> CurrentSimulationState  : register( u1 );

cbuffer SimulationParameters
{
    float4 TimeFactors;
    float4 EmitterLocation;
    float4 ConsumerLocation;
};


cbuffer ParticleCount
{
    uint4 NumParticles;
};


[numthreads( 512, 1, 1)]


void CSMAIN( uint3 DispatchThreadID : SV_DispatchThreadID )
{
    // 이 스레드가 실제로 입자를 갱신해야 하는지를 점검한다.
    uint myID = DispatchThreadID.x
                + DispatchThreadID.y * 512
                + DispatchThreadID.z * 512 * 512;


    if ( myID < NumParticles.x )
    {
        // 여기서 갱신 절차를 수행한다.
    }
}
```

**목록 12.8.** 입자 시스템의 입자들을 모두 갱신하는 계산 셰이더 프로그램의 틀.


이 목록의 처음 부분은 하나의 입자를 대표하는 구조체를 선언한다. 이 구조체의 필드들
은 순서대로 입자의 위치와 속도, 그리고 입자의 수명에 해당하는 스칼라 시간 값이다.

그 다음 두 줄은 이 입자 구조체를 이용해서 추가 버퍼와 소비 버퍼를 선언하는 것이다. 그 다음의 `ParticleCount`는 입자 시스템의 현재 입자 개수를 담은 상수 버퍼이다. 이러한 자원들을 선언한 다음에는 스레드 그룹 크기를 $[512, 1, 1]$로 선언한다. 따라서 계산 셰이더 프로그램을 실행하는 스레드 개수는 항상 512의 정수배가 된다. 셰이더 프로그램 주 함수에서는 현재 스레드의 3차원 배분 스레드 ID들을 결합해서 하나의 전역 배분 ID를 얻고, 그것을 입자 개수(소비 버퍼의 원소 개수를 `CopyStructureCount` 메서드로 상수 버퍼에 복사한 것)와 비교한다.

이러한 설계에는 순서 없는 접근의 최적화 외에도 여러 가지 장점이 있다. 추가·소비 버퍼가 자신의 원소 개수를 관리하므로, 현재 활성화된 입자 개수를 응용 프로그램이 손쉽게 알아낼 수 있다. 이 덕분에 처리가 필요한 원소 개수를 파악하기 위해 CPU와 GPU를 밀접하게 동기화할 필요가 없으며, 따라서 GPU의 능력을 최대한 발휘할 수 있게 된다.

## 입자 생성

입자들을 저장하는 방식과 그것들을 갱신하기 위한 스레드들을 관리하는 방식을 알았으니, 이제 입자 시스템의 실질적인 작동 방식으로 넘어가자. 우선 살펴볼 것은 새로운 입자를 시스템에 추가하는 방법이다. 이번 예제의 경우 크게 두 가지 방법이 가능한데, 하나는 애초에 일정한 개수의 입자들을 미리 담아 두고 입자 시스템의 시뮬레이션을 시작하는 것이고 또 하나는 실행 시점에서 계속 입자들을 추가하는 것이다. 그럼 그 두 방법을 좀 더 자세히 살펴보자.

**시스템 초기화.** 이미 일정한 개수의 입자들이 존재하는 상태에서 시뮬레이션을 시작하려면 다음과 같은 두 가지 작업이 필요하다. 첫째는 구조적 버퍼에 입자들의 자료를 채워 넣는 것이다. 제2장에서 보았듯이, 버퍼를 생성할 때 버퍼의 초기 내용을 지정할 수 있다. 입자 시스템의 경우라면 미리 채워진 입자 구조체들의 배열을 지정하면 된다. 입자 시스템이 담을 수 있는 최대 개수보다 적은 입자들로 시작한다고 해도, 초기 자료 배열을 완전히 채워 두어야 함을 주의하기 바란다. 둘째는 구조적 버퍼 안에 실제 입자들이 몇 개나 있는지를 순서 없는 접근 뷰에 알려주는 것이다. `ID3D11DeviceContext::`

CSSetUnorderedAccessViews() 메서드 호출 시 초기 원소 개수를 지정하면 된다.

버퍼 안의 실제 원소 개수는 버퍼를 처음 사용할 때에만 지정하면 된다. 일단 시뮬레이션이 시작되면 계산 셰이더가 모든 활성 입자를 갱신해서 출력 버퍼에 기록한다. 이때 append 메서드를 사용하므로 출력 버퍼(추가 버퍼)의 원소 개수가 자동으로 갱신된다. 마찬가지로, '현재 상태'를 담은 소비 버퍼의 원소 개수는 consume 메서드가 호출될 때마다 자동으로 감소하며, 첫 갱신 과정이 끝나면 그 버퍼의 원소 개수는 0이 된다. 정리하자면, 초기 자료를 담은 버퍼의 원소 개수를 초기 입자 개수로 설정하는 것과 출력 버퍼의 원소 개수를 0으로 설정하는 것은 시뮬레이션의 첫 갱신에서 한 번만 수행해 주면 된다. 그 이후부터는 원소 개수를 –1로 지정해서 버퍼 자신이 관리하는 내부 개수가 적용되게 하면 그만이다.

**동적 추가.** 동적인 입자 시스템을 위해서는 실행 도중에 새로운 입자를 추가하는 기능도 필요하다. 그런데 초기 자원 생성 과정 이후에는 CPU가 버퍼의 내용을 직접 수정할 수 없다(버퍼 시 '기본 용도'를 지정했으므로). 그러나 CPU가 입자 추가를 간접적으로 유발하는 것은 가능하다. 새 입자를 출력 버퍼 자원에 추가하는 또 다른 계산 셰이더 프로그램을 지정하면 된다. 이렇게 하면 CPU에서 새 입자의 방출을 제어하면서도, 원하는 개수의 새 입자들이 일괄적으로 처리되도록 GPU의 병렬 능력을 효율적으로 활용할 수 있다.

이 예제 구현의 경우 새 입자들이 방출기에서 무작위한 방향으로 뿜어져 나오게 한다. 즉, 새 입자의 초기 위치는 방출기의 위치와 같으며, 초기 방향은 무작위 벡터로 설정된다. 각 스레드 그룹마다 한 번에 여덟 개의 입자를 생성하기로 하겠다. 이 입자들의 초기 방향은 단위 크기 입방체의 여덟 꼭짓점을 가리키는 여덟 벡터들의 정적 배열을 준비해 두고, 응용 프로그램이 제공한 무작위 벡터를 중심으로 그 벡터들을 반사시켜서 얻는다. 스레드 그룹의 여덟 스레드는 각자 정적 벡터 하나를 읽어서 무작위 벡터로 반사시킨 것을 입자의 초기 방향으로 지정한다. 목록 12.9에 이를 수행하는 계산 셰이더 프로그램이 나와 있다. 이 셰이더 프로그램은 응용 프로그램이 한 번에 한 스레드 그룹씩 실행한다고 가정한 것이다. 그 때마다 입자 초기 방향을 결정하는 데 사용할 무작위 벡터 하나를 상수 버퍼에 저장해야 한다. 한 번에 여러 개의 스레드 그룹이 이 프로그램을 실행하게 하고 싶다면, 여러 개의 무작위 벡터들을 상수 버퍼에 저장하고 각 스레드 그룹마다 **SV_GroupID** 시스템 값 의미소 특성을 이용해서 자신의 무작위 벡터를 읽도록 수정하면 된다.

```
struct Particle
{
    float3 position;
    float3 direction;
    float  time;
};


AppendStructuredBuffer<Particle> NewSimulationState : register( u0 );

cbuffer ParticleParameters
{
    float4 EmitterLocation;
    float4 RandomVector;
};


static const float3 direction[8] =
{
    normalize( float3(  1.0f,  1.0f,  1.0f ) ),
    normalize( float3( -1.0f,  1.0f,  1.0f ) ),
    normalize( float3( -1.0f, -1.0f,  1.0f ) ),
    normalize( float3(  1.0f, -1.0f,  1.0f ) ),
    normalize( float3(  1.0f,  1.0f, -1.0f ) ),
    normalize( float3( -1.0f,  1.0f, -1.0f ) ),
    normalize( float3( -1.0f, -1.0f, -1.0f ) ),
    normalize( float3(  1.0f, -1.0f, -1.0f ) )
};



[numthreads( 8, 1, 1)]

void CSMAIN( uint3 GroupThreadID : SV_GroupThreadID )
{
    Particle p;

    // 현재 방출기 위치를 입자의 초기 위치로 설정한다.
    p.position = EmitterLocation.xyz;

    // 무작위로 반사된 벡터를 입자의 초기 방향으로 설정한다.
```

```
    p.direction = reflect( direction[GroupThreadID.x], RandomVector.xyz ) * 5.0f;


    // 입자의 수명(초 단위)을 초기화한다.
    p.time = 0.0f;


    // 새 입자를 출력 버퍼에 추가한다.
    NewSimulationState.Append( p );
}
```

**목록 12.9.** 입자를 동적으로 시스템에 추가하는 계산 셰이더 프로그램.

이 계산 셰이더를 실행하면 균일하게 분포된, 그러나 초기 방향은 무작위한 입자 여덟
개가 시스템에 추가된다. 이를 연달아 실행하면 입자 방출기에서 입자들이 모든 방향으
로 뿜어져 나오는 모습이 연출된다. 그림 12.12가 이를 표현한 것으로, 초기에는 입자가
초기 방향(무작위로 결정된)을 유지하면서 나아감을 보여준다.

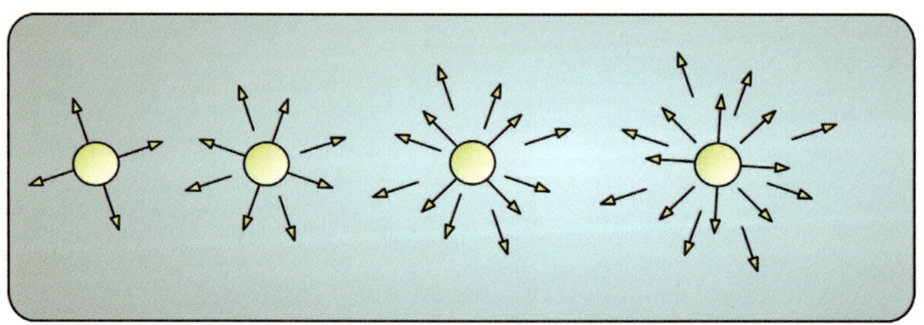

**그림 12.12.** 방출기 위치에서 무작위한 방향으로 방출되는 입자들.

## 입자 상태 갱신

입자들을 시스템에 추가하는 방법을 알았으니, 이제 그 입자들의 상태를 실제로 갱신하
는 방법을 살펴보자. 이 갱신은 "스레드 적용 방식" 절에서 말한 스레드 적용 모형을
따르는 계산 셰이더 프로그램이 수행한다. 응용 프로그램은 입자 시스템의 모든 입자를
처리하기에 충분한 수의 스레드들이 실행되게 하는 적절한 배분 크기로 계산 파이프라
인을 실행한다. 단순함을 위해 이 예제는 그냥 초기에 생성한 입자 개수가 계속 유지된
다고 가정하고, 그것을 512(스레드 그룹 크기)의 정수배로 올린 배분 크기를 사용한다.

응용 프로그램의 **배분** 호출에 의해, 각 입자마다 목록 12.8에서 처음 소개한 계산 셰이더 프로그램이 실행된다. 계산 셰이더 프로그램의 주 함수는 §12.2.1 "이론" 절에서 소개한 물리 기반 중력 공식들을 이용해서 입자의 상태를 갱신한다. 목록 12.10은 목록 12.8의 틀에 실제 갱신 코드를 삽입한, 완성된 계산 셰이더 프로그램이다.

```hlsl
static const float G = 10.0f;
static const float m1 = 1.0f;
static const float m2 = 1000.0f;
static const float m1m2 = m1 * m2;
static const float eventHorizon = 5.0f;


[numthreads( 512, 1, 1)]

void CSMAIN( uint3 DispatchThreadID : SV_DispatchThreadID )
{
    // 이 스레드가 실제로 입자를 갱신해야 하는지를 점검한다.
    uint myID = DispatchThreadID.x
              + DispatchThreadID.y * 512
              + DispatchThreadID.z * 512 * 512;

    if ( myID < NumParticles.x )
    {
        // 현재 입자의 자료를 얻는다.
        Particle p = CurrentSimulationState.Consume();

        // 블랙홀(소모기)이 입자에 미치는 중력을 구한다.
        float3 d = ConsumerLocation.xyz - p.position;
        float r = length( d );
        float3 Force = ( G * m1m2 / (r*r) ) * normalize( d );

        // 중력으로 가속도를 얻고, 그 가속도와 현재 시간 간격을 이용해서
        // 입자의 새 속도를 구한다.
        p.velocity = p.velocity + ( Force / m1 ) * TimeFactors.x;
        // 속도와 시간 간격을 이용해서 입자의 새 위치를 구한다.
        p.position += p.velocity * TimeFactors.x;

        // 입자의 수명을 갱신한다.
        p.time = p.time + TimeFactors.x;

        // 입자가 블랙홀에 충분히 가깝다면 입자를 출력 버퍼에 기록하지 않는다.
```

```
        // 이에 의해 입자가 '파괴'된다.
        if ( r > eventHorizon )
        {
            if ( p.time < 10.0f )
            {
                NewSimulationState.Append( p );
            }
        }
    }
}
```

**목록 12.10.** 각 입자의 상태 갱신.

현재 스레드가 활성 입자에 해당하는 것이라면, 소비 버퍼에서 입자 하나를 가져온다. 그런 다음 블랙홀과의 중력을 계산하고, 그것으로 가속도를 얻고, 그것으로 입자의 속도를 갱신하고, 갱신된 속도를 이용해서 입자의 위치를 갱신한다. 그런 다음에는 입자가 블랙홀의 '사건의 지평' 안으로 들어갔는지를 점검한다. 입자와 블랙홀의 거리가 사건의 지평 반지름 eventHorizon보다 작으면 입자를 출력 버퍼에 추가하지 않는다. 이렇게 하면 다음 번 갱신에서 이 입자가 처리되지 않는다. 즉, 입자가 시스템에서 제거된다. 또한, 입자가 충분히 오래 살아남았다면 역시 출력 버퍼에 추가하지 않는다.

## 입자 시스템의 렌더링

시뮬레이션 갱신 과정이 끝나서 두 구조적 버퍼 중 하나에 입자 시스템의 현재 상태가 기록되어 있다면, 다음으로 할 일은 그것을 효율적인 방식으로 화면에 렌더링하는 것이다. 그림 12.13에 이 렌더링을 위한 파이프라인 구성이 나와 있다. 앞에서 언급했듯이, 효율을 위해서는 가능한 한 CPU가 입자 시스템의 정보를 다시 읽어 들이는 일이 없도록 해야 한다. 입자 시스템의 결과를 렌더링할 때에도 마찬가지로, CPU가 입자 자료를 다시 시스템 메모리로 읽어 들이는 일을 최대한 피하는 것이 바람직하다. 그러나 안타깝게도 구조적 버퍼를 정점 버퍼로 직접 사용할 수는 없다. 순서 없는 접근 뷰의 '추가소비' 기능에 필요한 용도 플래그가 정점 버퍼와는 호환되지 않기 때문이다.

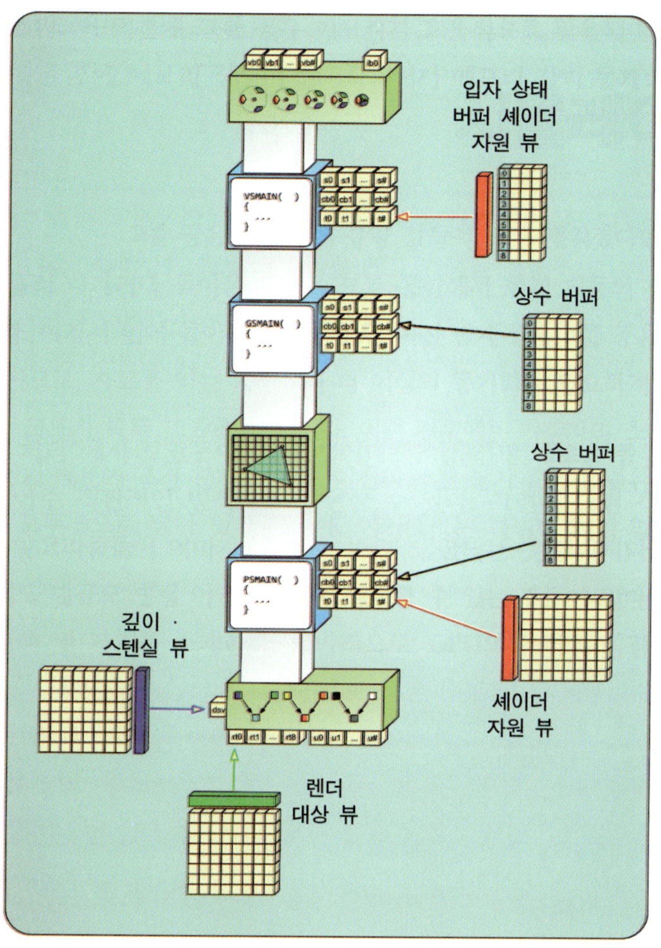


**그림 12.13.** 입자 시스템의 렌더링을 위한 렌더링 파이프라인 구성.

입자 시스템 버퍼의 내용을 제3의 버퍼 자원에 복사해서 그것을 정점 버퍼로 사용할
수도 있다. 그러나 입자 시스템의 크기에 따라서는 이에 의해 대역폭이 크게 소비될
수 있다. 그렇게 하는 대신 간접 그리기를 사용하면 어떨까? 즉, 버퍼에서 일단의
입자들을 간접 인수 버퍼 자원에 복사하고, `ID3D11DeviceContext::DrawInstanced`
`Indirect()`를 호출해서 파이프라인을 실행하는 것이다. 그러면 렌더링 파이프라인이
적절한 횟수로 실행될 것이다. 그러나 이 방법에서도, 입자 시스템 상태를 정점 자료로
서 입력 조립기에 넘겨주는 문제는 여전히 해결이 필요하다. 이 문제를 푸는 한 가지
방법은 입력 조립기 단계를 아예 건너뛰는 것이다. 정점 버퍼를 입력 조립기에 연결하지

않아도, 점 기본도형을 지정해서 간접 그리기 호출로 파이프라인을 실행하는 것은 가능하다. 그러면 입력 조립기가 해당 개수의 정점들을 생성한다. 이제 유일한 문제는, 그 정점들의 입력 특성들을 응용 프로그램이 원하는 대로 지정할 수는 없다는 것이다. 다행히 **SV_VertexID**를 선언하는 것은 여전히 가능하며, 이를 통해서 파이프라인에 전달된 각 정점을 고유하게 식별할 수 있다. 정점 셰이더에서 정점을 식별할 수 있다면, 구조적 버퍼에서 그 정점을 위한 자료를 뽑아오는 것도 가능하다. 결론적으로, 정점 셰이더에서 입력 조립기가 아니라 파이프라인에 묶인 버퍼로부터 입자의 상태 자료를 가져올 수 있는 것이다. 이러한 방식으로 구현된 정점 셰이더가 목록 12.11에 나와 있다.

```
struct Particle
{
    float3 position;
    float3 direction;
    float  time;
};


StructuredBuffer<Particle> SimulationState;


struct VS_INPUT
{
    uint vertexid : SV_VertexID;
};


struct GS_INPUT
{
    float3 position : Position;
};


GS_INPUT VSMAIN( in VS_INPUT input )
{
    GS_INPUT output;

    output.position.xyz = SimulationState[input.vertexid].position;


    return output;
}
```

**목록 12.11.** 정점 셰이더에서 **SV_VertexID** 시스템 값 의미소 특성을 이용해서 입자 자료를 빈 정점에 채워 넣는다.

입자의 상태 자료를 얻었다면, 이제 점 기본도형을 해당 입자 위치에 그리면 될 것이다.
그런데 하나의 입자를 그냥 하나의 점 기본도형으로 그리면 하나의 입자가 화면에서
단 하나의 픽셀만 차지하게 된다. 이는 입자 시스템을 렌더링하는 좋은 방법이 아니다.
대신, 기하 셰이더를 이용해서 점 기본도형을 하나의 사각형을 형성하는 두 삼각형으로
확장기로 하자. 목록 12.12가 그러한 작업을 수행하는 기하 셰이더 프로그램이다.

```hlsl
cbuffer ParticleRenderParameters
{
    float4 EmitterLocation;
    float4 ConsumerLocation;
};

static const float4 g_positions[4] =
{
    float4( -1, 1, 0, 0 ),
    float4( 1, 1, 0, 0 ),
    float4( -1, -1, 0, 0 ),
    float4( 1, -1, 0, 0 ),
};

static const float2 g_texcoords[4] =
{
    float2( 0, 1 ),
    float2( 1, 1 ),
    float2( 0, 0 ),
    float2( 1, 0 ),
};

[maxvertexcount(4)]
void GSMAIN( point GS_INPUT input[1], inout TriangleStream<PS_INPUT> SpriteStream
)
{
    PS_INPUT output;

    float dist = saturate( length( input[0].position - ConsumerLocation.xyz )
                     / 100.0f );
    float4 color = float4( 0.2f, 0.2f, 1.0f, 0.0f ) * ( dist )
                + float4( 1.0f, 0.2f, 0.2f, 0.0f ) * ( 1.0f - dist );

    // 시야 공간으로 변환한다.
    float4 viewposition = mul( float4( input[0].position, 1.0f ),
            WorldViewMatrix );
```

```
// 삼각형 두 개를 새로 만든다.
for ( int i = 0; i < 4; i++ )
{
    // 절단 공간으로 변환한다.
    output.position = mul( viewposition + g_positions[i], ProjMatrix );
    output.texcoords = g_texcoords[i];
    output.color = color;
    SpriteStream.Append(output);
}

SpriteStream.RestartStrip();
}
```

**목록 12.12.** 하나의 점을 사각형(삼각형 두 개)으로 확장하는 기하 셰이더 프로그램.

목록 12.12의 프로그램은 점을 사각형으로 확장한다. 우선 입력 정점 위치를 시야 공간으로 변환하는데, 이는 미리 정해둔 정적인 정점 위치 오프셋들을 이용해서 새 삼각형 정점들을 만들어 내기 위한 것이다. 그런 다음에는 변환된 정점 위치들을 래스터화기 단계를 위해 절단 공간으로 변환한다. 텍스처 좌표 역시 미리 정해둔 배열을 사용해서 생성한다. 이 텍스처 좌표들은 입자 텍스처 전체를 사각형에 입히는 역할을 한다. 기하 셰이더 프로그램은 또한 입자와 블랙홀 사이의 거리에 기초해서 결정한 하나의 색상을 출력 정점들에 설정한다. 이 출력 정점들은 래스터화기 단계로 전달되며, 거기서 래스터화된 픽셀들이 픽셀 셰이더로 넘어간다. 픽셀 셰이더는 입자 텍스처를 참조해서 결정한 픽셀 색상을 출력 병합기에 전달한다. 목록 12.13이 그러한 일을 수행하는 픽셀 셰이더 프로그램이다.

```
Texture2D     ParticleTexture : register( t0 );
SamplerState LinearSampler : register( s0 );

float4 PSMAIN( in PS_INPUT input ) : SV_Target
{
    float4 color = ParticleTexture.Sample( LinearSampler, input.texcoords );
    color = color * input.color;

    return( color );
}
```

**목록 12.13.** 출력 픽셀들에 입자 텍스처를 적용하는 픽셀 셰이더 프로그램.

다음으로, 픽셀 셰이더의 출력 색상이 최종 렌더 대상에 적절한 스타일로 기록되게 위한 출력 병합기의 구성을 살펴보자. 이번 입자 시스템 예제의 입자들을 표현하기에 적합한 스타일은 **가산 혼합**(additive blending)이다. 이를 위해, 픽셀 셰이더의 색상이 렌더 대상의 기존 내용에 더해지도록 출력 병합기의 혼합 상태를 설정한다. 이렇게 하면 입자들이 겹칠수록 색이 밝아진다. 수많은 입자들이 동시에 같은 장소에 몰리면 '백열(glowing)' 효과까지 생긴다. 이러한 가산 혼합을 위해서는 깊이·스텐실 버퍼의 깊이 버퍼 쓰기 기능을 비활성화하는 것이 중요하다(깊이 버퍼의 깊이 판정은 여전히 적용한다). 깊이 버퍼 쓰기를 비활성화한 상태에서 장면 구성요소들과 입자 시스템의 깊이 관계가 제대로 표현되려면 입자 시스템에 의해 부분적으로 가려질 장면 요소들을 입자 시스템보다 먼저 렌더링해 두어야 한다는 점도 잊지 말기 바란다. 그림 12.14에 입자 시스템의 렌더링 결과가 나와 있다.

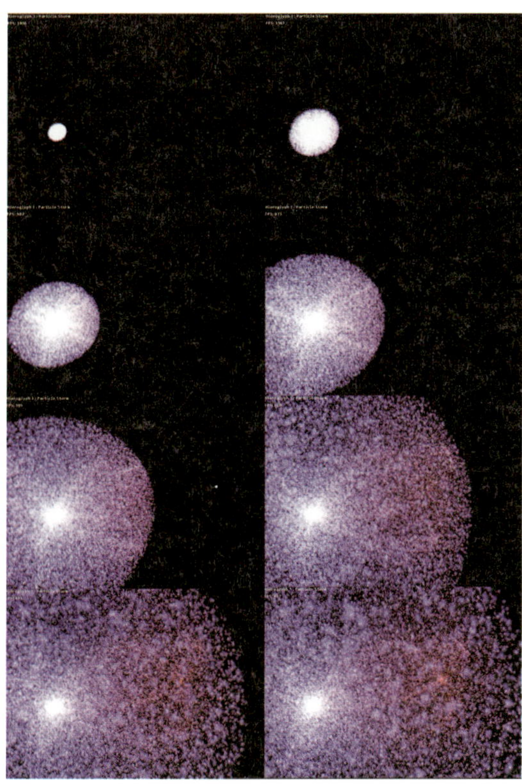

**그림 12.14.** 입자 시스템의 최종 렌더링 결과.

## 결론

이번 예제에서 보았듯이, 다수의 병렬적 자료 항목들을 동시에 처리할 수 있는 GPU의 능력을 이용하면 입자 시스템의 수많은 입자들을 효율적으로 갱신할 수 있다. Direct3D 11의 몇 가지 새로운 기능 덕분에 입자 시스템을 전적으로 GPU에서 처리하는 것이 가능하다. CPU는 시뮬레이션의 갱신 및 렌더링을 간단하게 제어하는 역할만 한다. 이러한 구조에서는 GPU와 CPU 사이의 동기화가 최소화되므로 GPU가 최대한 빠르게 실행된다. 또한 이번 예제는 입자를 사각형로 렌더링하고 가산 혼합을 적용해서 그럴듯한 모습을 만들어 내는 방법도 보여주었다.

# 13 다중 스레드 포물면 매핑

제7장에서 보았듯이, Direct3D 11은 다중 스레드 활용을 위한 아주 상세하고 일관된 API를 제공한다. Direct3D 11 응용 프로그램에서 다중 스레드를 활용할 수 있는 분야는 크게 두 가지인데, 하나는 자원 생성이고 또 하나는 그리기 요청 제출(즉 **그리기 메서드** 및 관련 **API**들의 호출)이다. 자원 생성에 다중 스레드를 적용하면 여러 가지 작업을 좀 더 간단하게 구현할 수 있으며, 그리기 요청 제출에 다중 스레드를 적용하면 하나의 프레임을 렌더링하는 데 필요한 CPU의 작업량을 크게 줄일 수 있다. 이번 장에서는 다중 스레드 그리기 요청 제출 능력을 활용하는 예제 응용 프로그램을 소개하고, 그러한 다중 스레드 적용이 특정 장면의 전반적인 렌더링 성능에 어떤 영향을 미치는지도 살펴 본다.

이미 제7장에서 다중 스레드 그리기 요청을 활용하는 여러 가지 방법을 살펴보았다. 명령 목록으로 만들 렌더링 과제의 입도(granularity)에 따라 다르겠지만, 이론적으로 다중 스레드 렌더링은 응용 프로그램의 성능을 향상시킨다. 이번 장에서는 제7장에서 논의했던 입도들 중 가장 큰 것에 해당하는, 한 장면의 완전한 '보기(view)'를 개별적인 패스로 렌더링하는 접근방식에 초점을 둔다. 간단히 말하면 이 수준의 입도는 렌더 대상을 비우는 순간에서부터 렌더 대상을 완전히 채우고 난(그리고 파이프라인에서 떼어낼 수 있게 되는) 시점 사이에서 벌어지는 모든 작업을 포괄한다. 따라서, 다중 스레드 적용에 의한 성능 이득을 조사하기 위해서는 그러한 보기 수준의 렌더링 패스가 여러 개가 필요한 렌더링 과제가 필요하다. 즉, 장면에 대한 여러 개의 '보기' 수준 패스들을 병렬로 렌더링해서 명령 목록들을 만들고, 그 명령 목록들을 하나의 스레드에서 적절한 순서로 GPU에 제출해서 완전한 결과 이미지를 얻을 수 있어야 한다.

그러한 요구를 만족하기 위해, 이번 장의 예제는 **이중 포물면 환경 매핑**(dual-paraboloid environment mapping, [Heidrich, 1998], [Brabec, 2002])이라는 기법을 사용한다. 환경 매핑의 일종인 이 기법은 물체의 주변 환경을 포물면에 기초한 특화된 변환을 이용해서 한 쌍의 특별한 렌더 대상에 렌더링함으로써 물체가 주변 환경을 반사하는 모습을 흉내 낸다. 주된 특징은 단 두 개의 렌더 대상에 물체의 주변 환경 전체를 담아서, 픽셀별 참조를 이용해서 반사체(주변 환경을 반사하는 물체)의 각 픽셀에 나타날 근사적인 색상 을 찾아낸다는 것이다. 이를 장면 전체에 적용하려면 장면의 각 반사체마다 그러한 특별 한 렌더 대상들을 채워야 한다. 그 작업이 바로 다중 스레드 그리기 제출 기법을 적용할 대상이다. 반사체들의 개수를 변경해 가면서 다중 스레드 기법을 적용했을 때와 적용하 지 않았을 때의 성능을 측정해 보면 다중 스레드 기법이 응용 프로그램의 전체적인 성능 에 어떤 영향을 미치는지 알 수 있을 것이다.

이번 장에서는 이중 포물면 환경 매핑 기법을 자세히 소개하고, 실제로 그것을 Direct3D 11로 구현하고, 그 구현을 다중 스레드를 적용해서 실행할 때와 적용하지 않고 실행할 때의 결과를 비교해서 다중 스레드 **그리기** 제출의 성능 이득이 어느 정도인지를 파악해 본다. 마지막으로는 이 기능을 어디에 어떻게 사용하면 좋은지를 정리한다.

## 13.1 이론

포물면 매핑의 기본 개념을 이해하기 위해, 완전 반사 포물면을 바라본다고 상상해보기 바란다. 크리스마스트리의 은빛 공을 바라볼 때와 비슷하게, 포물면에는 여러분과 방 안의 다른 물체들이 왜곡된 상이 나타날 것이다. 그러나 포물면은 완전한 구와는 형태가 다르므로, 은빛 공과는 조금 다른 결과를 보일 것이다. 포물면의 기초 속성들 몇 가지를 조사해보면 주변 환경이 포물면에 어떤 식으로 비치는지를 좀 더 잘 이해할 수 있다. 우선 포물면 자체의 수학적 정의부터 살펴보자. 식 (13.1)이 바로 그것이다.

$$f(x, y) = \frac{1}{2} - \frac{1}{2}(x^2 + y^2).$$

(13.1)

$x,\, y$의 정의역 [-1,1]에 대해 이 공식을 평가한 결과로 생긴 포물면이 그림 13.1에 나와

있다. 이 그래프에서 보듯이, 포물면은 $x$와 $y$가 모두 0일 때 가장 높고 $x$와 $y$가 0에서 멀어질수록 아래로 떨어진다. 포물면 환경 매핑에는 포물면 공식의 결과가 양수인, 즉 $x$ 제곱과 $y$ 제곱의 합이 1 이하인 '양의 포물면' 영역이 쓰인다. 이제부터, 특별한 언급이 없는 한 '포물면'은 바로 그러한 양의 포물면 영역을 뜻한다.

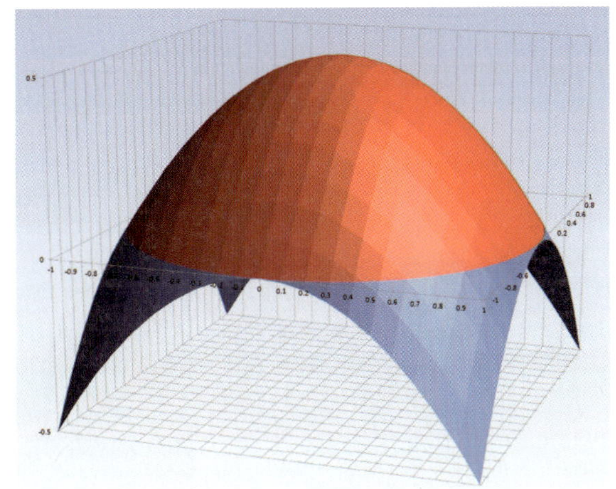

**그림 13.1.** 포물면 그래프. $x$, $y$ 매개변수의 정의역은 [−1,1]이다.

다시 포물면 반사 특징으로 돌아가서, 포물면을 바로 위에서 보면 포물면 주변의 반구(半球) 전체를 볼 수 있다. 그림 13.2가 이를 표현한 것으로, 모든 입사 광선이 위쪽으로 반사된다는 점을 주목하기 바란다.

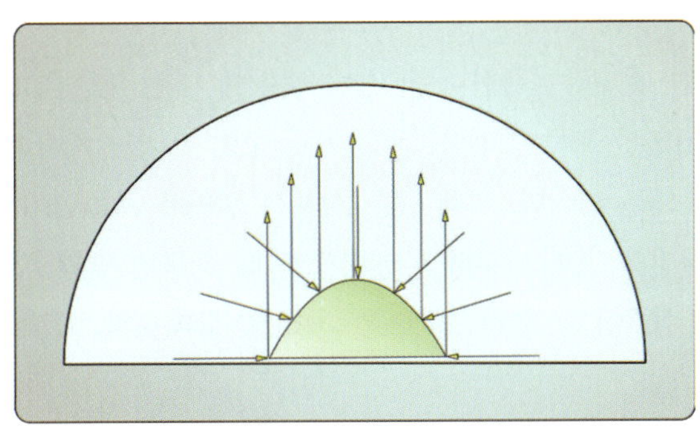

**그림 13.2.** 반사 포물면으로 보이는 영역.

이처럼 반구 전체가 '보인다'는 것은 중요한 성질이다. 이를 이용해서 포물면을 하나의 평면에 투영함으로써, 공간의 한 점의 주변 환경의 절반을 정확하게 포착할 수 있기 때문이다. 시점을 포물면 위에 두고 포물면이 반사하는 빛들을 포물면과 시점 사이의 시야 평면에 투영함으로써, 포물면 주변 환경의 절반을 하나의 평면에 갈무리할 수 있는 것이다. 그림 13.3이 그러한 개념을 나타낸 것이다.

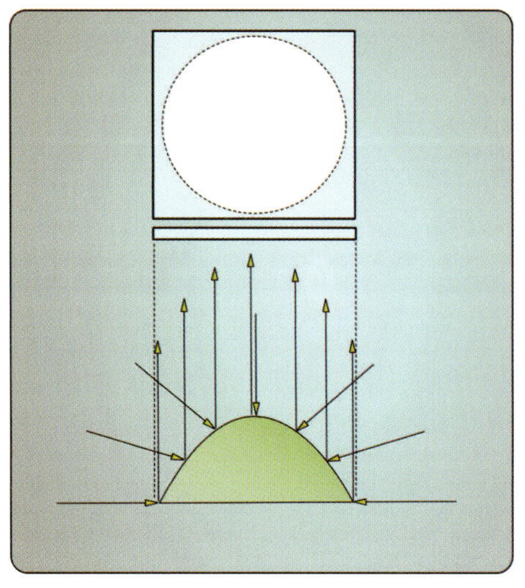

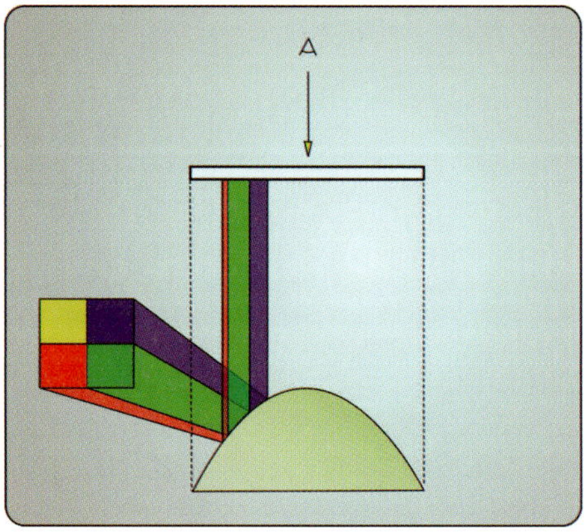

**그림 13.4.** 가상의 관찰자와 포물면, 그리고 포물면 맵에 렌더링되는 물체의 측면도.

**그림 13.3.** 포물면을 하나의 평면에 투영한다.

그림 13.3에 나온 개념이 포물면 환경 매핑 기법 전체의 핵심이다. 포물면에 비친 내용을 앞에서 설명한 포물면 정의역($x$와 $y$ 모두 $[-1, 1]$ 구간)에 대응되는 하나의 렌더 대상('포물면 맵')에 기록한다면, 장면 절반에 대한 일종의 환경 맵이 만들어진다. 방향이 서로 180도인 포물면 맵을 두 개 만든다면 주어진 좌표계 원점 주변의 장면 전체를 갈무리하게 되는 셈이다. 이제 남은 과제는 장면을 포물면에 투영해서 포물면 맵을 생성하는 구체적인 방법과 반사체를 렌더링할 때 포물면 맵의 적절한 픽셀을 추출하는 방법을 고안하는 것이다. 그럼 그 둘을 차례로 살펴보자.

## 13.1.1 포물면 맵의 생성

포물면 맵을 생성하려면, 장면을 구성하는 모형의 각 정점마다 그것이 포물면에 반사되어서 시야 평면(렌더 대상)에 도달하는 위치를 구해야 한다. 이를 위해서는 포물면을 바라보는 관찰자의 위치와 포물면의 위치, 그리고 변환할 정점의 위치가 필요하다. 반사할 주변 환경이 반사체에서 충분히 멀리 있다면[1], 포물면의 해당 영역으로 들어오는 시선들이 포물면 전체에서 평행이라고 가정할 수 있다. 이를 나타낸 것이 그림 13.4이다.

이를 염두에 두고, 시선 벡터를 렌더링할 물체의 방향으로 반사시키는 데 필요한 포물면 법선 벡터를 계산해보자. 이 법선 벡터는 물체가 포물면의 어디에 비치는지를 고유하게 식별하는 정보를 제공한다. 이후, 물체의 각 정점을 포물면에 배치(투영)할 위치를 구할 때 이 벡터가 쓰인다. 또한, 환경 매핑 시 포물면 맵을 참조할 위치를 지정하는 데에도 이 벡터가 쓰인다. 이 법선 벡터를 구하기 위한 접근방식은 크게 두 가지이다. 하나는 포물면 표면에서 서로 수직인 두 벡터를 구하고, 그 둘의 외적으로 법선 벡터를 구하는 것이다(그림 13.5). 그 두 벡터는 $x$와 $y$에 대한 편미분들로 간단하게 구할 수 있다. 식 (13.2)에서 (13.5)까지가 이를 위한 공식들이다.

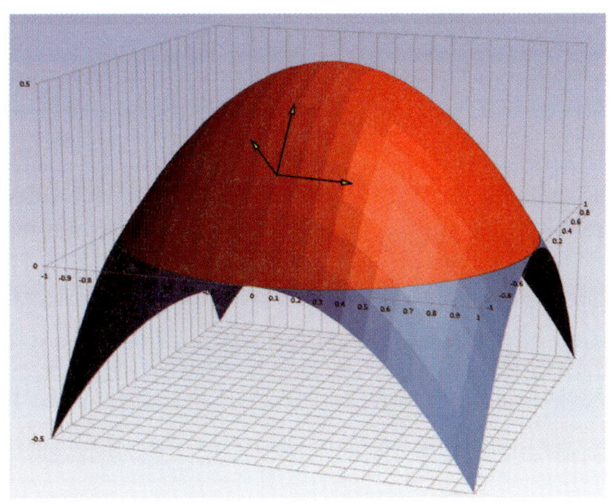

**그림 13.5.** 두 접선 벡터의 외적으로 법선 벡터를 구한다.

---

[1] 이 가정이 반드시 물리학적으로 정확한 것은 아니다. 하나의 점으로서의 시점이 포물면에 평행하지 않은 시선들을 투사할 수 있기 때문이다(원근 투영에서처럼). 그러나 이러한 단순화된 가정을 허용한다면 포물면 생성과 추출 비용이 크게 낮아진다. 게다가 부정적인 효과도 아주 적다. 포물면 자체가 장면 안에서 물리적으로 무한히 작다고 가정해도 마찬가지 결과가 된다.

$$P = (x, \, y, \, f(x, \, y)); \tag{13.2}$$

$$T_x = \frac{\partial P}{\partial x} = \left(1, \, 0, \, \frac{\partial f(x, \, y)}{\partial x}\right) = (1, \, 0, \, -x) \tag{13.3}$$

$$T_y = \frac{\partial P}{\partial y} = \left(1, \, 0, \, \frac{\partial f(x, \, y)}{\partial y}\right) = (1, \, 0, \, -y) \tag{13.4}$$

$$N_P = T_x \times T_y = (x, \, y, 1). \tag{13.5}$$

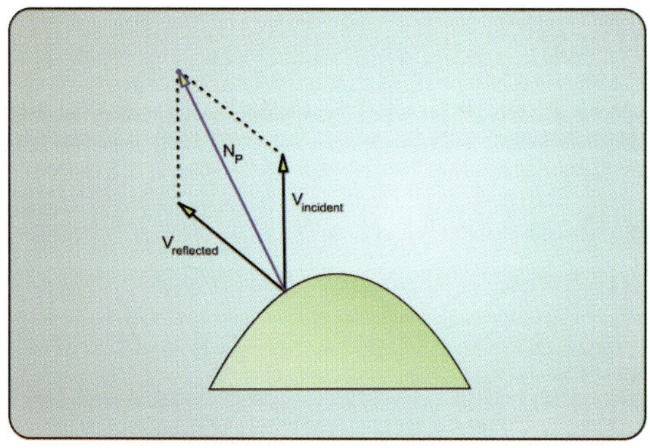


**그림 13.6.** 입사 벡터와 반사 벡터.

이 공식들을 이용하면 포물면 위의 한 점에서의 법선 벡터를 구할 수 있다. 그런데 포물면 맵을 생성하거나 참조할 때에는 포물면 위의 그 점을 알지 못하는 경우가 많다. 대신, 입사 벡터(시선 방향에서 비롯된)와 반사 벡터(투영할 정점과 포물면 원점으로 구한다) 만 주어진 상태에서, 입사 벡터를 반사시켜서 그 반사 벡터를 얻을 수 있는 기준이 되는 법선 벡터를 구해야 한다. 그림 13.6을 보면 이해가 될 것이다. 입사 벡터와 반사 벡터가 모두 포물면의 한 점에서 비롯된다고 가정하면 그 반사 벡터를 구하는 것은 쉬운 일이 다. 그냥 두 벡터를 더하면 법선 벡터가 된다(비록 정규화된 단위 길이 벡터는 아니지 만). 식 (13.6)이 이에 해당하는 공식이다.

$$N_P = V_{\text{inc}} + V_{\text{refl}}. \tag{13.6}$$

식 (13.5)와 (13.6)을 함께 사용함으로써, 손쉽게 구할 수 있는 정보를 이용해서 법선 벡터는 물론 포물면 위의 한 점도 구할 수 있다. 입사 벡터와 반사 벡터를 더해서 법선 벡터를 구한 후, 그 법선 벡터의 세 성분을 $z$ 성분으로 나누어서 $z$ 성분을 1로 만들면 식 (13.5)와 같은 형태가 된다. 이를 공식으로 정리한 것이 식 (13.7)이다.

$$V_{\mathrm{inc}} + V_{\mathrm{refl}} + V_{\mathrm{sum}} = (x_{\mathrm{sum}}, y_{\mathrm{sum}}, z_{\mathrm{sum}}) = \frac{1}{z_{\mathrm{sum}}}(x, y, 1). \qquad (13.7)$$

이제 물체의 정점이 포물면의 투영되는 위치를 규정하는 $x$, $y$ 좌표를 구할 수 있게 되었다. 포물면 맵을 생성할 때 이 공식을 이용해서 포물면 투영을 수행한다. 포물면 투영을 통해서 물체의 각 정점을 포물면 맵의 적절한 위치에 배치한 후 래스터화 과정을 거치면 물체가 포물면에 비친 모습이 포물면 맵에 채워진다. 하나의 포물면은 그 주변 환경의 절반을 표현하므로, 해당 지점의 주변 환경 전체를 표현하기 위해서는 포물면 맵을 두 개 만들어야 한다.

## 13.1.2 포물면 맵의 표본 추출

원하는 지점의 주변 모습을 담은 두 포물면 맵이 만들어져 있다고 할 때, 그 포물면 맵들을 이용해서 반사체를 렌더링하기 위해서는 반사체 표면의 한 점에 대해 참조할 포물면 맵의 텍셀 위치를 구할 수 있어야 한다. 일반적으로, 포물면 맵을 적용할 반사체를 렌더링할 때에는 물체의 표면 법선 벡터와 카메라에서 해당 표면 점으로의 시선 벡터가 주어진다. 시선 벡터와 표면 법선을 이용하면 시선 벡터가 표면에 반사되는 방향을 뜻하는 반사 벡터를 계산할 수 있다. 그 벡터가 바로 포물면 맵 참조에 필요한 벡터이다. 이 벡터들 사이의 관계가 그림 13.7에 나와 있다.

다행히 포물면 맵 참조(표본 추출) 공정은 포물면 맵 생성에서 했던 것과 아주 비슷하다. 이 공정에서도 포물면 맵의 생성에 사용했던 시선 방향을 알 수 있으며, 반사 벡터 역시 알 수 있다. 그 둘이 바로 포물면 투영에 쓰인 입사 벡터와 반사 벡터이다. 따라서, 식 (13.7)에 나온 대로 두 벡터의 합을 그 $z$ 성분으로 나누면 포물면 위의 해당 점의 $x$, $y$ 좌표를 알게 된다. 그 위치가 바로 반사된 모습을 만들어 내기 위해 포물면 맵에서 표본을 추출할 위치이다. 이러한 방식으로 물체의 표면에 포물면 맵을 입히면 물체가 주변 환경을 반사하는 모습이 나오게 된다.

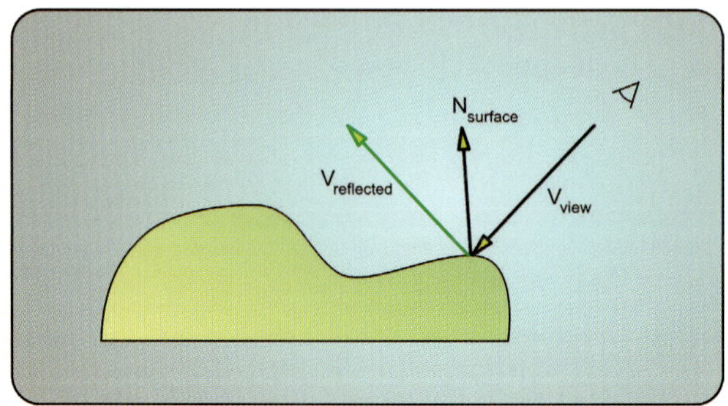


**그림 13.7.** 포물면 맵 추출에 관련된 벡터들.

# 13.2 구현 설계

이러한 이론을 바탕으로, Direct3D 11 렌더링 파이프라인에서 이를 가장 잘 구현하는 방법이 무엇인지 생각해 보자. 우선 포물면 맵의 생성을 구현하는 방법을 살펴보고, 그런 다음 렌더링 패스에서 포물면 맵을 물체에 입히는 방법을 살펴보겠다. 그런 다음에는 두 연산을 동시에 수행하는(이를테면 한 반사체를 다른 반사체의 포물면 맵에 렌더링하는 등) 방법도 고찰한다.

## 13.2.1 자원 선택

가장 먼저 할 일은 포물면 매핑에 사용할 적절한 자원들의 종류와 형식을 결정하는 것이다. 포물면 맵 자체는 그 주변 환경의 2차원 투영이므로 2차원 텍스처가 당연한 선택이다. 문제는 하나의 쌍을 이루는 두 포물면 맵을 어떤 식으로 연관시킬 것인가이다. 언뜻 생각하면 그냥 각각 2차원 텍스처 자원 하나씩을 사용하면 될 것 같다. 그러나 그렇게 하면 다중 렌더 대상 기능을 이용해서 두 렌더 대상을 동시에 렌더링하는 것이 불가능하다. 두 포물면 맵에서 물체의 위치가 서로 다르기 때문이다. 게다가 깊이 버퍼를 통해서 적절한 깊이 정렬이 일어나게 하려면 각 포물면 맵마다 개별적인 깊이 버퍼를 사용해야한다.

다행히 Direct3D 11의 새로운 기능 몇 가지를 이용하면 한 번의 렌더링 과정에서 두 포물면 맵을 모두 채우는 것이 가능하다. 핵심은 원소가 두 개인 2차원 텍스처 배열자원을 만들어서 각 원소에 각 포물면 맵을 넣는 것이다. 두 맵이 하나의 자원 안에 있으므로, 기하 셰이더에서 **SV_RenderTargetArrayIndex** 시스템 값 의미소를 이용해서 기하구조를 어떤 렌더 대상에 보낼 것인지를 동적으로 결정할 수 있다. 이렇게 하면한 번의 **그리기** 호출 안에서 각 포물면 맵에 적절한 기하구조를 전달할 수 있다.

이러한 장점만으로도 2차원 배열 자원 형식을 택하기에 충분한 이유가 된다. 그러나더 나아가서, 배열 자원과 기하 셰이더에 기초한 이러한 렌더링 기법에서는 Direct3D 11의 또 다른 기능을 이용해서 기하구조를 포물면 맵에 렌더링하는 과정을 더욱 단순화할 수 있다. 기하구조를 기하 셰이더에서 적절한 렌더 대상에 전달하는 것이므로, 각 포물면 맵마다 기하구조의 복사본을 만들어야 한다. 이를 포물면 투영 코드를 두 번복사해서 정적으로 수행할 수도 있고, 아니면 간단한 루프로 구현할 수도 있다. 두 방법모두 최적은 아니다. 하나는 코드가 지저분해지고(복사&붙여넣기), 또 하나는 코드가복잡해진다(루프 때문에). 더 나은 방법은 그냥 인스턴싱 기능을 이용해서 기하구조의복사본을 여러 개 생성하고, 기하 셰이더에서는 **SV_GSInstanceID** 시스템 값 의미소를이용해서 현재 인스턴스를 적절한 포물면 맵에 적용하는 것이다. 그러면 깔끔한 셰이더코드를 통해서 여러 개의 포물면 맵을 동시에 효과적으로 채울 수 있다.[2)]

## 13.2.2 포물면 맵 생성

포물면 환경 매핑의 첫 단계는 장면을 반사체의 포물면 맵 렌더 대상에 렌더링해서 포물면 맵을 만드는 것이다. 논의를 간단하게 하기 위해, 예제의 장면이 반사체 하나와 텍스처가 입혀진 물체 하나로 구성되어 있다고 가정하겠다. 따라서 포물면 맵을 만들려면

---

[2)] 사실, 반드시 한 렌더링 패스에서 하나의 물체에 대한 포물면 맵 두 개만 채울 수 있는 것도 아니다. 예를 들어 장면에 반사체가 네 개 있다면 한 번의 렌더링 패스에서 그 물체들을 위한 포물면 맵 여덟 개를 동시에 채우는 것이 가능하다. 그러나 이번 장의 예제에서는 단순함을 위해 한 번에 기하 셰이더 인스턴스를 두 개만 사용하기로 한다.

그 물체를 포물면 맵 텍스처에 렌더링해야 한다. 이 과정에서 대부분의 작업은 정점 셰이더 단계와 기하 셰이더 단계가 담당한다. 목록 13.1은 포물면 맵 생성을 위한 정점 셰이더 프로그램이고 목록 13.2는 기하 셰이더 프로그램이다.

목록 13.1에서 보듯이 정점 셰이더가 받는 정점 자료에는 위치와 텍스처 좌표만 들어 있다. 정점 셰이더로 전달되는 **WorldViewMatrix** 행렬은 렌더링할 물체의 세계 행렬과, 채우고자 하는 포물면이 놓인 좌표계의 기저를 정의하는 시야 행렬이 결합된 것이라고 가정한다. 현실적으로는 그냥 반사체의 위치와 방향에서 뽑은 시야 행렬을 사용하면 된다. 이때 방향은 반사체의 주변 환경을 절반씩 대표하는 두 포물면 맵 중 하나를 선택 하는 역할을 한다. 정점 셰이더 프로그램은 이 행렬을 이용해서 정점 위치를 '포물면 공간(포물면 좌표계 기저로 정의되는)'으로 변환한다.

다음으로, 포물면 공간의 원점과 정점 사이의 거리를 계산해서 원점에서 정점으로의 벡 터를 정규화하고, 그 벡터(정규화된)의 $z$ 성분을 **OUT.z_value**에 담아서 파이프라인의 다음 단계로 넘겨준다. 또한 정점으로의 거리를 적절히 비례시킨 값도 다음 단계로 넘겨 준다. 그 값은 이후 깊이 버퍼에 사용된다. 마지막으로 $w$ 성분은 그냥 1로 설정한다(원근 투영을 사용하지 않았으므로). 입력 텍스처 좌표는 그냥 그대로 넘겨준다.

```hlsl
cbuffer ParaboloidTransforms
{
    matrix WorldViewMatrix;
};


Texture2D        ColorTexture : register( t0 );
SamplerState     LinearSampler : register( s0 );


struct VS_INPUT
{
    float3 position : POSITION;
    float2 tex      : TEXCOORDS0;
};


struct GS_INPUT
{
    float4 position : SV_Position;
    float2 tex      : TEXCOORD0;
```

```hlsl
    float   z_value : ZVALUE;
};

struct PS_INPUT
{
    float4 position : SV_Position;
    float2 tex      : TEXCOORD0;
    float  z_value  : ZVALUE;
    uint   rtindex  : SV_RenderTargetArrayIndex;
};

GS_INPUT VSMAIN( VS_INPUT IN )
{
    GS_INPUT OUT;

    // 정점을 포물면 공간으로 변환한다.
    OUT.position = mul( float4( IN.position, 1 ), WorldViewMatrix );

    // 포물면 원점과 정점 사이의 거리를 구한다.
    float L = length( OUT.position.xyz );

    // 원점에서 정점으로의 벡터를 정규화한다.
    OUT.position = OUT.position / L;

    // 정규화된 벡터의 z 성분을 저장한다.
    OUT.z_value = OUT.position.z;

    // 정점으로의 거리를 적절히 비례시킨 값(깊이 버퍼에 사용됨)을 저장한다.
    OUT.position.z = L / 500;

    // 원근 투영이 없었으므로 w를 그냥 1로 설정한다.
    OUT.position.w = 1;

    // 텍스처 좌표는 그대로 넘겨준다.
    OUT.tex = IN.tex;

    return OUT;
}
```

**목록 13.1.** 텍스처 입힌 물체를 포물면 맵에 렌더링하기 위한 정점 셰이더 프로그램.

이제 기하 셰이더 프로그램으로 넘어 가자. 기하 셰이더가 실행될 때마다 삼각형 기본도형 하나를 만들 것이므로, 최대 정점 개수를 3으로 설정한다. 그리고 instance 함수 특성을 이용해서, 주어진 기하구조의 인스턴스를 두 개 생성하겠다고 선언한다. 기하 셰이더 주 함수에서는 정점들의 순서를 뜻하는 order 변수와 삼각형 방향을 뜻하는 direction 변수를 현재 렌더링하는 것이 앞쪽 포물면인지 뒤쪽 포물면인지에 따라 적절히 설정한다. 앞쪽인지 뒤쪽인지는[3] 시스템 값 의미소 SV_GSInstanceID 형식의 id 특성으로 알아낸다. id가 0이면 앞쪽 포물면이고 1이면 뒤쪽 포물면이다. 뒤쪽 포물면의 경우에는 order의 성분들의 순서를 스위즐링을 이용해서 적절히 변경하고 direction 에는 −1을 설정한다. 그런 다음에는 order 변수만을 이용해서 입력 기본도형 정점들에 접근한다. 이렇게 하면 삼각형의 적절한 정점 순서를 간단하게 선택할 수 있다.[4]

다음으로는 삼각형의 정점들을 차례로 훑으면서 각각을 포물면에 투영한다. 이를 위해 각 정점마다 투영 계수 projFactor를 구하는데, 이것은 정점 셰이더에서 생성한 원점에서 정점으로의 벡터의 $z$ 성분에 direction 변수를 곱하고 1을 더한 것이다. direction 변수를 곱함으로써, 뒤쪽 포물면을 처리하는 경우 음의 절반 공간이 양의 절반 공간으로 변환된다. 1은 식 (13.7)의 입사 벡터에 해당한다. 포물면 공간에서 입사 벡터(시선 벡터)는 (0, 0, 1)이며, 따라서 정점으로의 벡터(반사 벡터)의 $z$ 성분에 1을 더하면 입사 벡터를 더하는 것과 같은 결과가 된다. 정점의 $x$ 성분과 $y$ 성분을 이 projFactor로 나누면 포물면 맵에서의 출력 위치의 $x$, $y$ 좌표가 된다. 이 두 성분 모두 범위가 $[-1, 1]$이므로 래스터화기 단계에 제공할 절단 공간 위치로 사용하기에 적합하다.

또 한 가지 주목할 만한 유용한 성질은, 다른 쪽 절반 공간(음의 절반 공간에서는 양의 $z$ 값들이 처리되고, 양의 절반 공간에서는 음의 $z$ 값들이 처리된다)에 있는 정점들은 그 깊이가 음수가 된다는 것이다. 두 가지 예를 생각해 보면 이해가 될 것이다. 현재 처리하는 것이 앞쪽 포물면 맵인 경우, 포물면 기저의 양의 절반 공간('앞쪽')에 있는

---

[3] 여기서 '앞쪽'과 '뒤쪽'은 포물면의 방향(정점 셰이더로 전달된 시야 행렬로 결정되는)만을 지칭할 뿐이다. 포물 면 맵 자체는 포물면 방향과 무관하게 어떤 각도에서도 참조될 수 있으며, 따라서 다루기 쉬운 기저를 임의로 선택할 수 있게 하는 것이 바람직하다. 여러 구현들은 구현의 단순함을 위해 세계 공간 좌표계에 정렬된 방향을 사용하지만, 이 예제에서는 기저 선택의 유연성을 위해 정점 셰이더에서 좌표계 변환을 수행한다.

[4] HLSL의 내장 벡터 자료 형식은 배열 접근 구문도 지원한다. 이 예에서는 벡터 성분들의 순서를 바꿀 때에는 멤버 접근 구문을 이용하고(xyz를 xzy로), 성분들을 실제로 사용할 때에는 배열 접근 구문을 사용한다 (order[0], order[1] 등).

기하구조는 그 정점들의 $z$ 성분은 양수가되어서 $z$ 판정을 통과하고, 음의 절반에 있는 기하구조는 $z$ 판정을 통과하지 못하고 제외된다. 반면 뒤쪽 포물면 맵의 경우에는 direction 변수에 의해 $z$ 성분의 부호가 바뀌기 때문에 음의 절반에 있는 기하구조가 $z$ 판정을 통과하고 양의 절반에 있는 기하구조가 제외된다. 이것이 각 포물면 맵마다 적절한 기하구조들만 렌더링되게 하는 메커니즘의 핵심이다.

```
[maxvertexcount(3)]
[instance(2)]
void GSMAIN( triangle GS_INPUT input[3],
             uint id : SV_GSInstanceID,
             inout TriangleStream<PS_INPUT> OutputStream )
{
    PS_INPUT output;

    // 정점 순서와 포물면 방향을 초기화한다.
    uint3 order = uint3( 0, 1, 2 );
    float direction = 1.0f;

    // 현재 처리하는 기하구조 복사본(인스턴스)의 ID를 점검해서, 만일 1이 아니면
    // 앞쪽 포물면에 해당하는 것이므로 정점 순서와 포물면 방향을 그대로 두고,
    // 1이면 뒤쪽 포물면에 해당하는 것이므로 정점 순서와 포물면 방향을
    // 뒤집는다.
    if ( id == 1 )
    {
        order.xyz = order.xzy;
        direction = -1.0f;
    }

    // 완전한 기본도형(삼각형)을 위한 정점 세 개를 방출한다.
    for ( int i = 0; i < 3; i++ )
    {
        // 투영 계수를 구한다. direction을 곱함으로써, 포물면 주변의 두 절반 공간 중
        // 어떤 쪽이 양의 방향인지가 결정된다. 1을 더하는 것은 정점으로의 벡터(반사 벡터)에
        // 시선 벡터 (0, 0, 1)을 더하는 효과를 내기 위한 것이다.
        float projFactor = input[order[i]].z_value * direction + 1.0f;
        output.position.x = input[order[i]].position.x / projFactor;
        output.position.y = input[order[i]].position.y / projFactor;
        output.position.z = input[order[i]].position.z;
        output.position.w = 1.0f;
```

```
        output.position.z = input[order[i]].position.z;
        output.position.w = 1.0f;

        // 그냥 기하 셰이더 인스턴스 ID를 이 기본도형을 위한 렌더 대상 색인으로
        // 사용한다.
        output.rtindex = id;

        // 텍스처 좌표를 픽셀 셰이더에 그대로 넘겨준다.
        output.tex = input[order[i]].tex;

        output.z_value = input[order[i]].z_value * direction;

        // 정점을 출력 스트림에 추가한다.
        OutputStream.Append(output);
    }

    OutputStream.RestartStrip();
}
```

**목록 13.2.** 텍스처 입힌 물체를 이중 포물면 맵에 렌더링하기 위한 기하 셰이더 프로그램.

출력 기본도형들이 적절한 렌더 대상에 래스터화되고 나면 각각의 단편마다 픽셀 셰이더가 실행된다. 픽셀 셰이더 프로그램에서는 그냥 전달된 텍스처 좌표로 물체의 텍스처를 추출해서 출력 색상으로 설정한다. 이에 의해, 포물면 주변 환경에 해당하는 물체의 모습이 포물면 맵에 적절히 기록된다. 목록 13.3에 이를 수행하는 픽셀 셰이더 프로그램이 나와 있다.

```
float4 PSMAIN( PS_INPUT IN ) : SV_Target
{
    float4 OUT;

    clip( IN.z_value + 0.05f );

    // 텍스처에서 추출한 표본을 출력 색상으로 설정한다.
    OUT = ColorTexture.Sample( LinearSampler, IN.tex );

    return OUT;
}
```

**목록 13.3.** 텍스처 입힌 물체를 포물면 맵에 렌더링하는 픽셀 셰이더 프로그램.

이런 식으로 생성한 앞, 뒤 포물면 맵들의 예가 그림 13.8에 나와 있다. 포물면 투영에 의해 물체가 왜곡된 모습을 확인할 수 있을 것이다. 그림 13.9는 같은 장면을 와이어프레임 모드로 렌더링한 것이다.

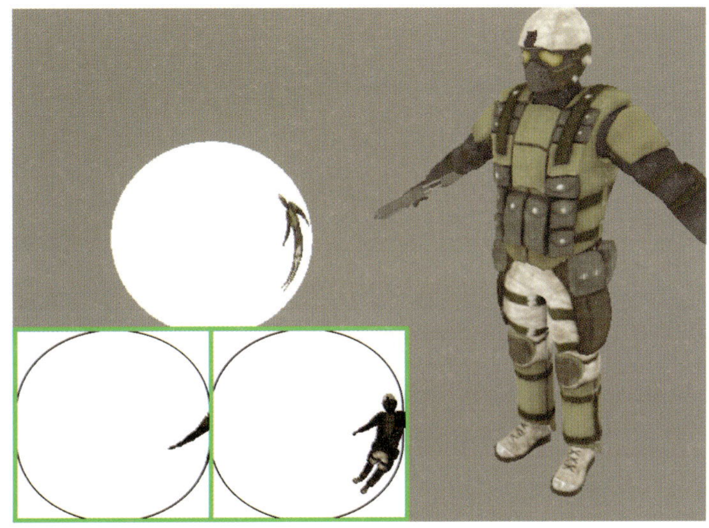

**그림 13.8.** 시험용 장면을 위한 두 포물면 맵. 포물면 앞쪽, 뒤쪽의 시야가 표현되어 있다.(모형은 Radioactive Software가 제공했음.)

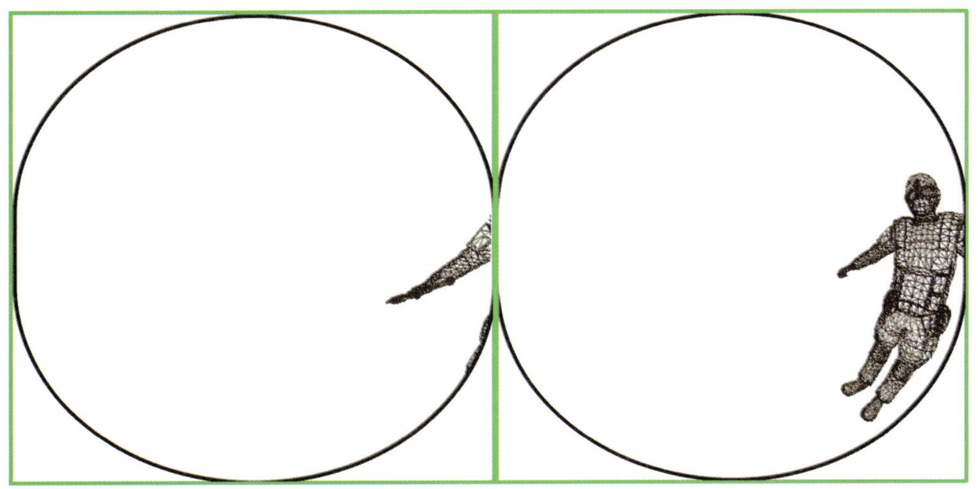

**그림 13.9.** 그림 13.8의 장면을 와이어프레임 모드로 렌더링한 모습.(모형은 Radioactive Software가 제공했음.)

### 13.2.3 포물면 맵의 표본 추출

포물면 맵들을 생성했다면, 다음으로는 그 포물면 맵들을 적절히 추출해서 반사체의 표면을 최종 출력 렌더 대상에 렌더링해야 한다. 이 과정은 대체로 전통적인 렌더링 기법을 따른다. 주된 작업은 정점 셰이더 단계와 픽셀 셰이더 단계가 수행한다. 필요한 입력 정점 자료는 물체 공간에서의 정점 위치와 법선 벡터 뿐이다. 정점 셰이더는 그 위치를 세계 공간으로 변환하고, 카메라에서 세계 공간 정점으로의 세계 공간 벡터 하나를 만든다. 또한 정점 셰이더는 세계 공간 법선 벡터를 계산하며, 래스터화기 단계로 넘겨줄 절단 공간 위치도 물론 생성한다.

```hlsl
cbuffer ParaboloidLookupParams
{
    matrix WorldViewProjMatrix;
    matrix WorldMatrix;
    matrix ParaboloidBasis;
    float4 ViewPosition;
}


Texture2DArray  ParaboloidTexture : register( t0 );
SamplerState    ParaboloidSampler : register( s0 );
struct VS_INPUT
{
    float3 position : POSITION;
    float3 normal   : NORMAL;
};


struct PS_INPUT
{
    float4 position : SV_Position;
    float3 normal   : TEXCOORD0;
    float3 eye      : TEXCOORD1;
};


struct pixel
{
    float4 color    : COLOR;
};
PS_INPUT VSMAIN( VS_INPUT IN )
{
```

```
    PS_INPUT OUT;

    // 정점의 세계 공간 위치를 구한다.
    float4 WorldPos = mul( float4( IN.position, 1 ), WorldMatrix );

    // 래스터화기 단계를 위한 절단 공간 위치를 출력한다.
    OUT.position    = mul( float4( IN.position, 1 ), WorldViewProjMatrix );

    // 세계 공간 법선 벡터와 시선 벡터를 구한다.
    OUT.normal      = normalize( mul( IN.normal, (float3x3)WorldMatrix ) );
    OUT.eye         = normalize( WorldPos.xyz - ViewPosition.xyz );

    return OUT;
}
```

**목록 13.4.** 포물면 맵을 적용해서 반사체를 렌더링하는 데 쓰이는 정점 셰이더 프로그램.

반사체의 기하구조가 래스터화되어서 픽셀 셰이더가 실행되면, 픽셀 셰이더 프로그램은 주어진 단편 위치에 적용할 색상을 결정하는 작업을 수행한다. 이를 위해 픽셀 셰이더 프로그램은 우선 세계 공간 표면 법선 벡터와 시선 방향 벡터를 정규화한다. 그런 다음 시선 벡터를 법선 벡터에 대해 반사시켜서 반사 벡터를 만든다. 이 벡터는 현재의 시선 각도 하에서, 주어진 단편이 주변 환경의 어디를 반사하는지를 규정한다. 이 반사 벡터를 포물면 공간으로 변환해서, 포물면 생성 시 사용했던 것과 동일한 좌표계를 기준으로 하는 반사 벡터를 얻는다.

이제 새 반사 벡터를 이용해서 포물면 맵 참조 좌표를 계산한다. 이는 이전에 했던 것과 본질적으로 동일한 작업이다. 즉, 반사 벡터의 $z$ 성분에 1을 더해서 식 (13.7)의 $z_{sum}$을 구하고, 그것으로 반사 벡터의 $x$, $y$ 성분을 나누어서 포물면 맵 참조 위치를 얻는다. 그런데 그렇게 해서 얻은 $x$, $y$ 성분은 $[-1, 1]$ 구간이다. 포물면 맵은 하나의 텍스처이므로, 그 좌표 성분들에 적절한 비례 계수와 편향치를 적용해서 유효한 텍스처 좌표를 얻는다. 마지막으로, 반사 벡터의 $z$ 성분의 부호에 근거해서 앞/뒤 포물면 맵 중 하나를 선택한다.[5] 적절한 포물면 맵에서 표본을 추출한 후에는 그 표본 값에 감쇠 계수 역할

---

[5] 2차원 텍스처 배열 자원에서 표본이 추출될 텍스처는 지정된 텍스처 좌표의 $z$ 성분에 의해 결정된다. 이 예제에서는 0와 1을 이용해서 각각 앞쪽, 뒤쪽 포물면 맵을 선택한다.

을 하는 적당한 비례 계수를 적용한다. 이는 이후 반사를 여러 번 적용할 때 각 반사를 차별화하는 데 도움이 된다.

```
float4 PSMAIN( PS_INPUT IN ) : SV_Target
{
    float4 OUT;

    // 입력 법선 벡터와 시점을 향한 벡터를 정규화한다.
    float3 N = normalize( IN.normal );
    float3 E = normalize( IN.eye );

    // 세계 공간 반사 벡터를 구해서 포물면 공간으로
    // 변환한다.
    float3 R = reflect( E, N );
    R = mul( R, (float3x3)ParaboloidBasis );

    // 앞쪽 포물면 맵의 텍스처 좌표를 계산한다. 여기서 z 성분은
    // 두 포물면 맵(앞쪽, 뒤쪽) 중 하나를 선택하는 역할을 한다.
    float3 front;
    front.x = (R.x / (2*(1 + R.z))) + 0.5;
    front.y = 1-((R.y / (2*(1 + R.z))) + 0.5);
    front.z = 0.0f;

    // 뒤쪽 포물면 맵의 텍스처 좌표를 계산한다. 여기서 z 성분은
    // 두 포물면 맵(앞쪽, 뒤쪽) 중 하나를 선택하는 역할을 한다.
    float3 back;
    back.x = (R.x / (2*(1 - R.z))) + 0.5;
    back.y = 1-((R.y / (2*(1 - R.z))) + 0.5);
    back.z = 1.0f;

    // 반사 벡터가 향한 방향에 따라 적절한 포물면 맵을 선택해서
    // 표본을 추출한다.
    if ( R.z > 0 )
        OUT = ParaboloidTexture.Sample( ParaboloidSampler, front );
    else
        OUT = ParaboloidTexture.Sample( ParaboloidSampler, back );

    OUT *= 0.8f;

    return OUT;
}
```

**목록 13.5.** 포물면 맵을 적용해서 반사체를 렌더링하는 데 쓰이는 픽셀 셰이더 프로그램.

**그림 13.10.** 포물면 매핑의 결과.(모형은 Radioactive Software가 제공.)

이 픽셀 셰이더 프로그램은 포물면 맵에서 추출한 표본을 출력 병합기에 보내서 최종 렌더 대상에 기록되게 한다. 이러한 포물면 맵 참조 기법으로 장면을 렌더링한 예가 그림 13.10에 나와 있다.

## 13.2.4 반사체가 여러 개인 장면의 처리

이번 장의 예제들의 궁극의 목적은 한 프레임을 여러 개의 렌더링 패스들로 그리는 렌더링 과제에서 다중 스레드 **그리기** 기법이 성능에 어떻게 도움이 되는지를 파악하는 것이다. 그러한 맥락에서, 이번에는 한 장면에서 반사체가 하나가 아니라 여러 개 있는 상황을 살펴보기로 하자. 한 반사체가 다른 반사체를 완전히 가리는 것이 아닌 한, 반사체의 모습이 다른 반사체의 포물면 맵들에 반영되어야 한다. 이는 장면에 반사체를 더 추가할수록 한 반사체의 포물면 맵에 나타나는 다른 반사체들이 많아질 것임을 뜻한다. 따라서 렌더링 파이프라인을 구성할 때 그러한 상황을 고려해서 적절한 선택을 해야 할 것이다.

이번 예제에서는 이전 예제에서 사용한 두 방법을 조합해서 사용한다. 각 반사체마다 개별적인 포물면 맵 쌍이 쓰이므로, 반사체 A가 반사체 B에 비치게 하기 위해서는 반사체 B의 포물면 맵들을 생성할 때 반사체 A의 기하구조에 대해 포물면 투영을 수행하고,

반사체 A의 포물면 맵을 추출해서 반사체 A의 표면의 모습을 반사체 B의 포물면 맵에 렌더링해야 한다. 이런 과정을 반복하면 반사체들 사이의 상호 반사를 실현할 수 있다. 이러한 기법이 성능에 미치는 영향과 이를 장면 수준에서 처리하는 방법은 다음 절로 미루기로 하고, 먼저 다른 반사체를 반영하는 포물면 맵 렌더링을 위한 셰이더 프로그램들을 살펴보자.

이 렌더링의 주된 작업은 정점 셰이더와 기하 셰이더, 픽셀 셰이더가 담당한다. 해당 셰이더 프로그램들이 목록 13.6, 13.7, 13.8에 나와 있다. 정점 셰이더 프로그램은 이전 두 기법들을 그대로 결합한 것으로, 전반부에서는 포물면 투영을 수행하고 후반부는 자신의 포물면 맵을 참조하는 데 필요한 세계 공간 벡터들을 계산한다.

```
struct VS_INPUT
{
    float3 position : POSITION;
    float3 normal   : NORMAL;
};

struct GS_INPUT
{
    float4 position : SV_Position;
    float  z_value  : ZVALUE;
    float3 normal   : TEXCOORD0;
    float3 eye      : TEXCOORD1;
};

struct PS_INPUT
{
    float4 position : SV_Position;
    float  z_value  : ZVALUE;
    float3 normal   : TEXCOORD0;
    float3 eye      : TEXCOORD1;
    uint   rtindex  : SV_RenderTargetArrayIndex;
};

GS_INPUT VSMAIN( VS_INPUT IN )
{
    GS_INPUT OUT;

    // 정점을 포물면 공간으로 변환한다.
```

```
        OUT.position = mul( float4( IN.position, 1 ), WorldViewMatrix );

        // 포물면 원점과 정점 사이의 거리를 구한다.
        float L = length( OUT.position.xyz );

        // 원점에서 정점으로의 벡터를 정규화한다.
        OUT.position = OUT.position / L;

        // 정규화된 벡터의 z 성분을 저장한다.
        OUT.z_value = OUT.position.z;

        // 정점으로의 거리를 적절히 비례시킨 값(깊이 버퍼에 사용됨)을 저장한다.
        OUT.position.z = L / 500;

        // 원근 투영이 없었으므로 w를 그냥 1로 설정한다.
        OUT.position.w = 1;

        // 정점의 세계 공간 위치를 구한다.
        float4 WorldPos  = mul( float4( IN.position, 1 ), WorldMatrix );

        // 세계 공간 법선 벡터와 시선 벡터를 구한다.
        OUT.normal       = normalize( mul( IN.normal, (float3x3)WorldMatrix ) );
        OUT.eye          = normalize( WorldPos.xyz - ViewPosition.xyz );

        return OUT;
}
```

**목록 13.6.** 한 반사체를 다른 반사체의 포물면 맵에 렌더링하는 데 쓰이는 정점 셰이더 프로그램.

기하 셰이더 역시 이전에 나온 두 기법을 결합한 것이다. 기하 셰이더 프로그램은 포물
면 투영 계산을 수행하고(렌더 대상 선택과 정점 순서 변경도 포함해서), 그런 다음 세계
공간 벡터들을 픽셀 셰이더에 넘겨준다. 이 기하 셰이더 프로그램은 이전 예제에서 두
개의 포물면 맵을 채우는 데 사용한 것과 동일한 인스턴싱 기법을 사용한다.

```
[maxvertexcount(3)]
[instance(2)]
void GSMAIN( triangle GS_INPUT input[3],
             uint id : SV_GSInstanceID,
             inout TriangleStream<PS_INPUT> OutputStream )
```

```
{
    PS_INPUT output;

    // 정점 순서와 포물면 방향을 초기화한다.
    uint3 order = uint3( 0, 1, 2 );
    float direction = 1.0f;

    // 현재 처리하는 기하구조 복사본(인스턴스)의 ID를 점검해서, 만일 1이면
    // 뒤쪽 포물면에 해당하는 것이므로 정점 순서와 포물면 방향을 뒤집는다.
    // 1이 아니면 방금 초기화한 값들이 그대로 유지된다.
    if ( id == 1 )
    {
        order.xyz = order.xzy;
        direction = -1.0f;
    }


    // 완전한 기본도형(삼각형)을 위한 정점 세 개를 방출한다.
    for ( int i = 0; i < 3; i++ )
    {
        // 투영 계수를 구한다. direction을 곱함으로써, 포물면 주변의 두 절반 공간 중
        // 어떤 쪽이 양의 방향인지가 결정된다. 1을 더하는 것은 정점으로의 벡터(반사 벡터)에
        // 시선 벡터 (0, 0, 1)을 더하는 효과를 내기 위한 것이다.
        float projFactor = input[order[i]].z_value * direction + 1.0f;
        output.position.x = input[order[i]].position.x / projFactor;
        output.position.y = input[order[i]].position.y / projFactor;
        output.position.z = input[order[i]].position.z;
        output.position.w = 1.0f;

        // 그냥 기하 셰이더 인스턴스 ID를 이 기본도형을 위한
        // 렌더 대상 색인으로 사용한다.
        output.rtindex = id;

        // 법선 벡터와 시선 벡터를 픽셀 셰이더에 전달한다.
        output.normal = input[order[i]].normal;
        output.eye = input[order[i]].eye;

        output.z_value = input[order[i]].z_value * direction;

        // 정점을 출력 스트림에 추가한다.
        OutputStream.Append(output);
    }


    OutputStream.RestartStrip();
}
```

**목록** 13.7. 한 반사체를 다른 반사체의 포물면 맵에 렌더링하는 데 쓰이는 기하 셰이더 프로그램.

마지막으로, 포물면 맵을 참조해서 반사체를 렌더링한다. 목록 13.8이 이를 위한 픽셀 셰이더 프로그램으로, 반사체를 표준적인 렌더 대상으로 렌더링할 때 사용했던 것과 동일한 코드이다.[6]

```
float4 PSMAIN( PS_INPUT IN ) : SV_Target
{
    float4 OUT;


    clip( IN.z_value + 0.05f );


    // 입력 법선과 시선 벡터를 정규화한다.
    float3 N = normalize( IN.normal );
    float3 E = normalize( IN.eye );
    // 세계 공간 반사 벡터를 구해서 포물면 공간으로
    // 변환한다.
    float3 R = reflect( E, N );
    R = mul( R, (float3x3)ParaboloidBasis );


    // 앞쪽 포물면 맵의 텍스처 좌표를 계산한다. z 성분은 두 포물면 맵(앞쪽과 뒷쪽)
    // 중 어떤 것을 추출해야 하는지를 결정한다.
    float3 front;
    front.x = (R.x / (2*(1 + R.z))) + 0.5;
    front.y = 1-((R.y / (2*(1 + R.z))) + 0.5);
    front.z = 0.0f;


    // 뒤쪽 포물면 맵의 텍스처 좌표를 계산한다. z 성분은 두 포물면 맵(앞쪽과 뒷쪽)
    // 중 어떤 것을 추출해야 하는지를 결정한다.
    float3 back;
    back.x = (R.x / (2*(1 - R.z))) + 0.5;
    back.y = 1-((R.y / (2*(1 - R.z))) + 0.5);
    back.z = 1.0f;


    // 반사 벡터가 향한 방향에 따라 적절한 포물면 맵을 선택해서
    // 표본을 추출한다.
    if ( R.z > 0 )
```

---

[6] 파이프라인의 이 지점에 도달하면 픽셀 셰이더는 현재 렌더링 작업의 대상이 다른 포물면 맵인지 아니면 표준적인 원근 투영 기반 렌더 대상인지를 구분하지 않는다. 덕분에 개별 셰이더 프로그램의 재활용이 쉽다. 이는 렌더링 파이프라인을 여러 단계들로 나누는 것의 장점 중 하나이다.

```
        OUT = ParaboloidTexture.Sample( ParaboloidSampler, front );
    else
        OUT = ParaboloidTexture.Sample( ParaboloidSampler, back );


    OUT *= 0.8f;


    return OUT;
}
```

**목록 13.8.** 한 반사체를 다른 반사체의 포물면 맵에 렌더링하는 데 쓰이는 픽셀 셰이더 프로그램.

**그림 13.11.** 반사체가 두 개인 장면의 예.(모형은 Radioactive Software가 제공.)

이상이 한 반사체를 다른 반사체의 포물면 맵에 렌더링하는 방법이다. 이를 통해서 반사체들이 서로를 반사하게 함으로써 이를테면 '거울의 방' 같은 효과를 얻는 것이 가능하다. 그림 13.11에 이러한 렌더링 기법의 결과가 나와 있다.

# 13.3 다중 스레드 시나리오

자신의 주변 환경을 반사하는 물체를 렌더링하는 것이 흥미롭고 유용한 기법이긴 하지만, 그러한 기법 자체가 이번 장의 주된 초점은 아니다. 그 기법은 Direct3D 11의 다중 스레드 능력을 파악하기에 적합한 묵직한 렌더링 과제를 마련하기 위한 것일 뿐이다. 그럼 적당한 시험용 장면을 이용해서 이 과제의 수행 성능을 측정, 분석해보자. 먼저 시험용 장면을 정의하고 그 특징 몇 가지를 살펴본다. 그런 다음에는 수행 성능 측정에 쓰인 몇 가지 변수들을 소개하고, 그중 몇몇 변수들, 이를테면 사용할 스레드 개수와 수행할 렌더링 패스 수(이는 장면의 반사체의 개수와 대략 같다)에 대해 어떤 수치를 왜 선택했는지도 설명한다.

## 13.3.1 장면의 정의

시험용 장면에는 여러 개의 반사체가 있다. 각 반사체마다 개별적인 렌더링 패스를 통해서 각자의 포물면 맵 쌍을 렌더링해야 한다. 또한 장면에는 전통적인 렌더링 기법으로 그려낼 다른 물체들도 존재한다. 장면 자체의 렌더링 과정에서는 그러한 보통의 물체들을 렌더링할 뿐만 아니라, 여러 포물면 맵들을 이용해서 반사체들도 렌더링한다. 정리하자면, 장면의 각 반사체마다 한 번씩의 렌더링 패스가 필요하며, 그러한 렌더링 패스의 결과들을 화면에 표시하기 위한 최종 렌더링 패스도 하나 필요하다. 그림 13.12에 장면의 기본적인 구성이 나와 있다.

**그림 13.12.** 시험용 장면의 전체적인 구성. 장면 가운데의 구들이 바로 반사체들이다.

렌더링할 반사체마다 반사체 현재 위치에서 본 주변의 모습을 담은 포물면 환경 맵들을 생성해야 한다. 모든 반사체에 대해 포물면 맵들을 생성했다면, 최종 렌더링 패스에서 장면의 모든 물체를 마지막으로 렌더링한다. 이는 모든 렌더링 패스마다 매번 장면의 (거의)모든 물체를 렌더링해야 함을 뜻한다. 렌더링할 개별 물체가 많을수록 CPU가 수행할 API 호출 횟수도 많아진다. 각 물체마다 파이프라인 구성을 위한 메서드들과 파이프라인 실행을 위한 그리기 메서드를 호출해야 하기 때문이다. 결국, 한 장면의 렌더링 공정은 장면의 각 물체의 렌더링 패스마다 수행할 일단의 렌더링 연산들이 이어지는 것이라고 할 수 있다. 그림 13.13이 이를 표현한 것이다.

반사체를 렌더링할 때에는(포물면 맵 생성 과정에서나, 최종 렌더링 패스 모두에서나) 반사체의 포물면 맵들을 추출해서 반사체 표면의 색상을 결정한다. 이에 의해 반사체의 주변 환경이 반사체 표면에 비치게 된다. 반사율 높은 반사체들이 가까이 있으면 '거울의 방' 효과(인접한 거울들이 서로의 상을 무한히 반사하는)가 생긴다. 그러나 현실적으로 한 프레임에서 그러한 반사체 간 상호 반사를 무한히

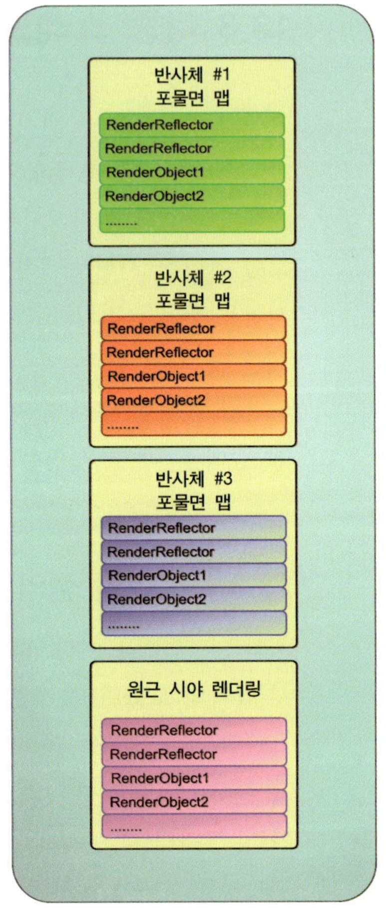



**그림 13.13.** 시험용 장면의 처리를 '렌더링 연산'들의 관점에서 표현한 도표.

반복할 수는 없으므로, 효율을 고려해서 각 반사체의 포물면 맵 쌍을 프레임당 한 번씩만 갱신하기로 한다. 어떤 반사체의 포물면 맵들을 한 프레임에서 여러 번 생성해야 하는 경우에는, 그 맵들을 재생성하는 대신 그냥 이전 프레임의 맵들을 사용한다. 이렇게 하면 일부 반사들에서 약간의 지연이 생기지만(즉, 처음 몇 프레임들에서는 반사가 제대로 표현되지 않는다), 어느 정도 시간이 지나면 이러한 제약에 의한 결함이 거의 눈에 띄지 않게 된다. 환경의 2차, 3차 반사를 사용자가 정확하게 식별하기는 힘들 것이므로, 이러한 단순화가 최종적인 장면 렌더링 출력에 미치는 시각적 영향은 (거의) 없다.

그리고 사실 이번 예제의 주된 목적은 다중 스레드 성능 측정이므로 그 정도의 사소한 결함은 감수하기로 한다.

## 13.3.2 다중 스레드 해법

이 장면 렌더링을 단일 스레드로 수행한다면 포물면 맵 생성 패스들을 한 번에 하나씩 직렬로 처리해야 할 것이다. 즉, 그림 13.13에 나온 각 렌더링 연산들을 하나의 긴 사슬 형태로 하나씩 처리하는 식으로 작업이 진행된다. 이 방식에서는 수많은 포물면 맵 생성 패스들이 끝난 후에야 최종 렌더링 패스를 시작할 수 있다. 이 모든 연산을 직렬로 수행한다면, 장면의 반사체 개수가 $n$이고 장면의 물체 개수(반사체와 비 반사체 모두)가 $m$이라 할 때, 수행해야 할 렌더링 패스는 총 $m(n+1)$개이다.

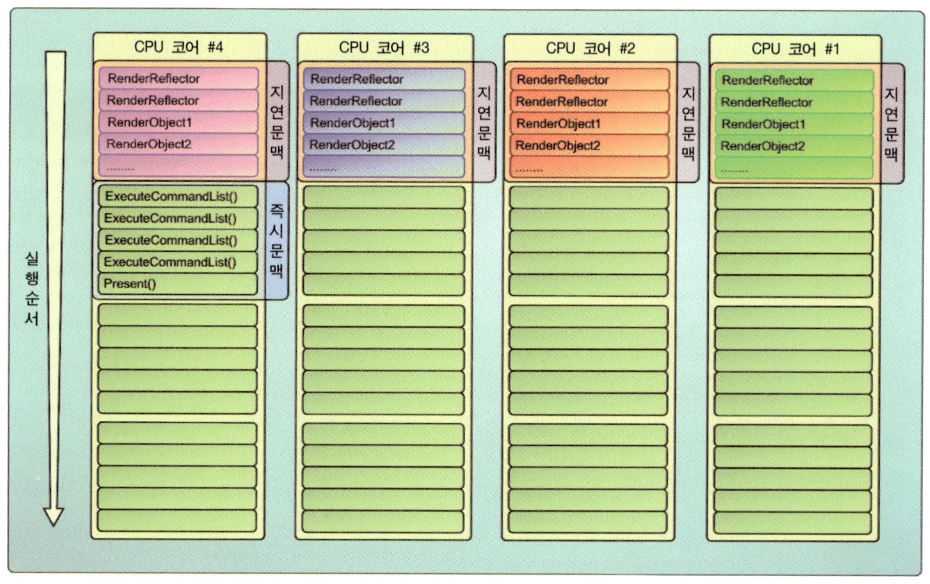


**그림 13.14.** 렌더링 연산들의 병렬 처리. 시스템의 CPU 코어가 네 개라고 가정한 도표이다.

다양한 렌더링 패스들을 다수의 스레드로 처리하려면, 각 렌더링 패스를 개별적인 스레드에서 처리해서 명령 목록을 만들고, 주 스레드에서 그 명령 목록들을 실행하면 된다. 이렇게 하면 장면 그리기 제출을 위한 CPU 비용이 사용자의 컴퓨터에 있는

CPU 코어 개수에 비례하는 비율로 줄어든다.[7] 물론 명령 목록 객체의 생성과 처리에 필요한 추가 비용이 발생하긴 하지만, 충분히 큰 장면(렌더링 연산이 충분히 많은)이라면 전반적인 성능 향상을 기대할 수 있다. 이러한 병렬 처리 구조가 그림 13.14에 나와 있다.

## 13.3.3 실험 결과

이러한 사항들을 염두에 두고, 필자들이 두 대의 개발용 컴퓨터에서 얻은 성능 측정 결과를 살펴보자. 한 컴퓨터는 CPU 코어가 두 개이고(이중 코어) 또 하나는 네 개이다(사중 코어). CPU 이외의 구성은 동일하므로, 이 실험 결과는 같은 응용 프로그램을 코어가 더 많은 컴퓨터에서 실행했을 때 성능이 상대적으로 어느 정도 향상되는지를 보여준다고 할 수 있다. 다음은 두 컴퓨터의 구성을 정리한 것이다.

| | 프로세서 | 시스템 메모리 | 비디오 카드 | 운영체제 |
|---|---|---|---|---|
| PC 1 | AMD Phenom II X4 @ 3.2GHz | 4GB | AMD 5700 | Windows 7 Ultimate 64bit |
| PC 2 | Intel Core 2 Duo @ 2.4GHz | 4GB | AMD 5830 | Windows 7 Ultimate 64bit |

이 두 대의 컴퓨터에서, 반사체가 세 개인 장면을 비반사 물체들의 개수를 달리 두고 여러 번 렌더링해서 성능을 측정했다. 비반사 물체들의 개수가 다르다는 것은 파이프라인 구성과 그리기 제출을 위한 API 호출 횟수가 다르다는 뜻이다. 이를 통해서, 다중 코어 프로세서에서 다수의 API 호출들을 다중 스레드로 처리할 때의 성능 향상이 어느 정도인지를 파악할 수 있을 것이다. 실험 결과가 그림 13.15에 나와 있다. 그림의 그래프에서 $X$축은 장면의 물체 개수이고 $Y$축은 그 장면을 한 프레임 렌더링하는 데 걸린 시간(밀리초 단위)이다. 따라서 $Y$축의 수치가 작을수록 성능이 좋은 것이다. 그래프에

---

[7] 물론 주어진 한 컴퓨터 시스템의 성능에는 수많은 요인이 영향을 미친다. 특히 다중 스레드가 관여하는 경우에는 더욱 그렇다. 성능에는 메모리 구성이 상당히 중요한 요인이며, 다른 스레드들에서 돌아가고 있는 다른 작업들 역시 큰 영향을 미친다. 그러나 모든 것이 동일하다면, 그리기 연산들의 병렬 처리에 의해 전체적인 비용이 CPU 코어 개수에 비례하는 비율로 줄어든다고 가정할 수 있다.

는 단일 스레드에서 장면을 렌더링했을 때의 수치들도 나타나 있다.[8]

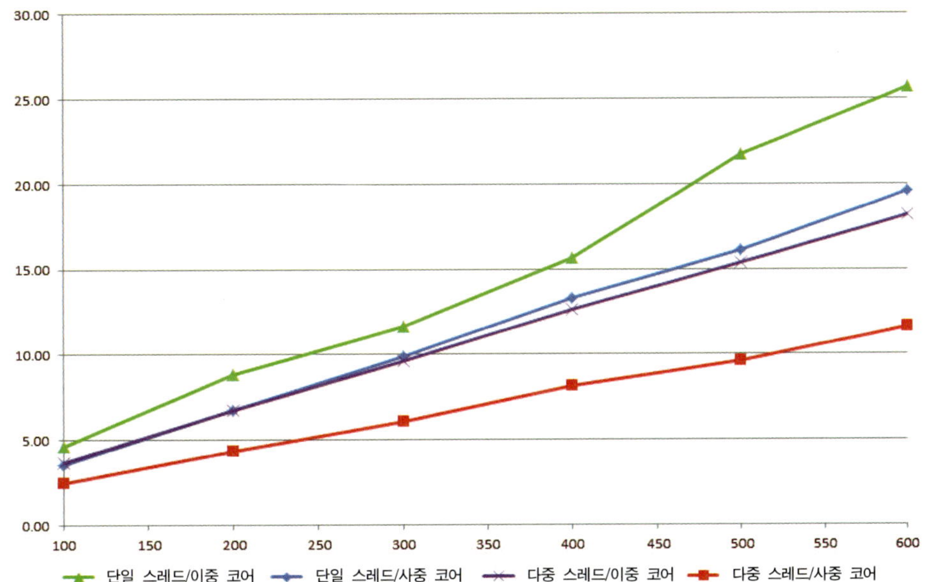


**그림 13.15.** 여러 스레드/코어 구성과 장면 구성에서 한 프레임을 렌더링하는 데 걸린 시간을 보여주는 그래프.

이 그래프에서 보듯이, 다중 스레드 모드에서 이중 코어와 사중 코어 모두 성능이 확실히 향상되었다. 또한 장면 물체 개수의 증가에 따른 프레임 시간의 변화가 아주 직선적이라는 점도 중요하다. 이는 응용 프로그램 성능의 주된 제한 요인이 CPU임을 말해준다. 다른 말로 하면, 전체적인 렌더링 속도는 CPU가 필요한 API 호출들을 얼마나 빠르게 제출하느냐에 달린 것이다. 그러한 API 호출 수행 비용을 여러 CPU 코어들로 분산함으로써 전체적인 프레임 렌더링 속도를 효과적으로 높일 수 있다. 그림 13.16에 시험용 장면의 최종 렌더링 결과가 나와 있다.

---

8) 단일 스레드 모드에서는 물체들을 즉시 문맥에서 직접 렌더링한 반면, 다중 스레드 모드에서는 각 렌더링 패스마다 지연 문맥을 이용해서 명령 목록을 만들고, 주 스레드에서 즉시 문맥을 이용해서 그 명령 목록들을 GPU에 제출했다.

**그림 13.16.** 시험용 장면의 렌더링 결과.

## 13.4 결론

이번 장에서는 장면 안의 반사체에 동적인 환경 매핑을 적용하기 위한 효율적인 이중 포물면 환경 매핑 기법을 구현해 보았다. Direct3D 11의 새 기능 몇 가지를 사용한 덕분에, 하나의 완결적인 환경 맵을 한 번의 렌더링 패스에서 생성할 수 있었다.

또한 이번 장에서는 이 구현에 기초해서, 많은 수의 비반사 물체들로 둘러싸인 여러 개의 반사체들을 렌더링하기 위한 API 호출들(파이프라인 구성 및 그리기 제출)을 다중 스레드로 처리함으로써 성능이 얼마나 향상되는지도 실험해 보았다. 실험 결과는 CPU 작업 부하가 충분히 큰 경우 다중 코어 시스템에서 Direct3D 11의 다중 스레드 지원 기능을 활용하면 전체적인 렌더링 속도가 상당히 향상됨을 보여준다. 특히 스레드 개수와 코어 개수가 증가함에 따라 렌더링 속도도 높아진다는 사실로 볼 때, 그러한 성능 향상이 다중 스레드 렌더링 접근방식에서 비롯된 것임을 알 수 있다.

# 부록 A: 소스 코드

이 책 전반에 나오는 예제 코드는 대부분 짧은 '코드 조각' 형태이다. 이는 독자가 해당 주제에 구체적으로 관련된 코드에만 집중할 수 있도록 하기 위한 것이다. 본문 중간에 길고 긴 코드가 나오면 주의가 흩뜨려지기 쉽다. 이 부록에서는 CodePlex의 한 오픈소스 프로젝트로서 제공되는 예제 소스 코드 모음을 소개한다. 여기에는 이 책에서 구체적인 알고리즘이나 활용법을 다루는 장(chapter)들에 나오는 각 예제 프로그램의, 완결되고 작동 가능한 형태의 소스 코드가 포함되어 있다.

예제 소스 코드를 부록 CD 대신 이처럼 웹상의 오픈소스 프로젝트 형태로 제공하는 이유는 여러 가지인데, 무엇보다도 중요한 이유는 책이 나온 뒤에도 오랫동안 예제들을 유지, 갱신하고 확장할 수 있다는 것이다. 이는 대체로 소스 코드가 시간이 지남에 따라 점차 개선될 것이며, 궁극적으로는 사용자를 위한 더 나은 참고자료를 제공하게 될 것임을 뜻한다. 또한 모든 예제 코드의 공통 기반을 하나의 오픈소스 라이브러리로 제공하기 때문에, 독자가 자신의 필요에 맞게 라이브러리를 사용하기도 쉽다. 이러한 방식에서 책의 예제 프로그램들은 라이브러리 사용법에 대한 예제의 역할도 한다.

이러한 방식을 통해서, 궁극적으로는 독자가 예제 응용 프로그램들을 좀 더 다양한 방식으로 활용할 수 있게 되길 희망한다.

## Hieroglyph 3 라이브러리

예제들이 기초하는 라이브러리의 이름은 *Hieroglyph 3*이다. 이것은 원래 2000년경에

                                                    

Jason Zink가 Direct3D 및 소프트웨어 공학의 학습을 위한 도구로 개발하기 시작한 것이다. 당시에는 Direct3D 8로 시작했지만, 이후 Direct3D API의 변화와 함께 계속 진화해서 현재는 Direct3D 11을 사용한다. Direct3D로 가능한 일들을 시험해보기에 좋은 유연한 시스템을 제공하는 것을 목표로 하는 이 엔진은 응용 프로그램과 링크할 수 있는 하나의 정적 라이브러리로 구성된다. Hieroglyph 3은 2010년 2월에 오픈소스 프로젝트가 되었다. 이는 Direct3D의 여러 부분의 활용법을 독자에게 좀 더 열린 방식으로 보여주기 위한 것이자, 초보자도 응용 프로그램의 작동 방식을 빠르고 쉽게 파악할 수 있게 하기 위한 것이다. Jack Hoxley와 Matt Pettineo는 이 책을 함께 저술하는 과정에서 라이브러리와 예제 프로그램에도 기여했다.

예제 코드를 엔진이나 라이브러리의 일부로 제공하는 컴퓨터 그래픽 책들이 많이 있지만, 그러한 라이브러리는 오직 해당 서적을 위해 만들어지고 해당 서적의 학습용으로만 사용할 수 있는 경우가 많다. 이 때문에 독자는 책마다 다른 라이브러리를 구해서 익혀야 하는 불편을 겪게 된다. 물론 예제 코드를 아예 제공하지 않는 것보다는 나은 상황이지만, 그래도 같은 라이브러리를 여러 프로젝트들에서 이어서 사용할 수 있다면 더욱 좋을 것이다. Hieroglyph 3은 오픈소스 프로젝트이므로 다양한 용도로 재사용할 수 있으며, 특히 다른 책들의 예제 구축을 위한 용도로 사용할 수 있다.

이 모든 것은 독자에게 더 나은 학습 경험을 제공하기 위한 것으로, 사실 애초에 이 책을 쓰기 시작한 동기 자체가 바로 그것이다!

## 주요 특징

Hieroglyph 3 라이브러리는 개발자가 Direct3D 11의 여러 기능들을 이용해서 새로운 렌더링 기법들을 간단하고도 효율적으로 시도해 볼 수 있게 하기 위한 것이다. 앞에서 언급했듯이 Hieroglyph 3은 Direct3D 11 기반이다. 이 라이브러리는 다양한 구성요소와 기능을 갖추고 있는데, 여기에서는 가장 중요하고도 두드러진 기능들만 간단하게 소개하겠다.

이 라이브러리가 제공하는 기능성은 크게 두 가지로 나뉜다. 하나는 응용 프로그램 개발 지원을 위한 것으로, 여기에는 확장 가능한 기반 응용 프로그램 클래스와 사건 처리 시스템, Win32 메시지 처리 메커니즘, 고해상도 타이머, 수학/기하학 클래스 등 하나의 응용 프로그램에 필요한 여러 개별 기능들이 포함된다. 이 부분의 주된 의도는 매번 되풀이되는 응용 프로그램 지원 코드 작성을 생략함으로써 프로그래머가 렌더링 알고리즘의 개발에 좀 더 많은 시간을 투자할 수 있게 한다는 것이다.

또 하나는 개발자가 장면과 그것의 렌더링을 커스텀화된 방식으로 정의하는 데에만 관련된 것이다. 여기에는 3차원 그래픽 장면을 구성하는 물체들의 정의와 그 물체들을 장면그래프 기반 표현으로 연결하는 방식 등이 포함된다. 렌더링 가능 객체들마다 커스텀 가능한 기하구조를 부여할 수 있으며, 재질 역시 유연하게 설정할 수 있다. 이러한 객체들은 장면을 구성하는 물체를 표현하는 데 쓰이며, 따라서 렌더링 시스템의 주된 입력이 된다.

렌더링 라이브러리는 기하구조를 나타내는 클래스들과 재질을 나타내는 클래스들로 구성되는데, 기하구조 클래스 객체들은 렌더링 파이프라인의 입력으로 쓰이고 재질 클래스객체들은 파이프라인 구성을 위한 자료로 쓰인다. 그리고 한 물체에 상황에 따라 서로다른 재질을 적용하는 방법을 정의하는 고수준 메커니즘들이 여러 개 있는데, 이를 통해서 렌더링 과정을 아주 유연하게 설정할 수 있다. 또한 그러한 메커니즘들을 이 책에서설명한 기법들을 포함한 아주 다양한 알고리즘들을 구현하는 데에도 사용할 수 있다.

## 라이브러리를 구하는 방법

Hieroglyph 3 라이브러리는 CodePlex의 해당 프로젝트 페이지(http://hieroglyph3.codeplex.com)에서 내려 받을 수 있다. 이 라이브러리는 MIT 사용권을 따르는데, 프로젝트 페이지의 License 링크를 따라가면 이 사용권에 관한 자세한 사항을 볼 수 있다. 프로젝트 페이지의 Source Code 링크를 따라가면 라이브러리와 모든 예제 응용 프로그램을 포함하는스냅샷 ZIP 파일을 내려 받을 수 있으며, 소스 코드 버전 관리용 저장소에 직접 연결해서소스 코드를 가져올 수도 있다. 그러면 최신 버전으로 갱신하기도 쉽다.

현재 Hieroglyph 3은 Subversion을 사용해서 버전을 관리한다. 널리 쓰이는 Subversion클라이언트로는 TortoiseSVN(http://tortoisesvn.tigris.org)이 있다. 물론 이 외에도 여러가지 SVN 클라이언트들이 존재하며, 앞에서 언급했듯이 SVN 클라이언트를 사용하지않고 라이브러리와 예제들을 내려 받는 것도 가능하다. SVN 소스 저장소에서 코드를체크인하는 방법 역시 Source Code 페이지에 나와 있다.

라이브러리에는 Visual Studio를 위한 솔루션 파일 하나와 여러 프로젝트 파일들도 포함되어 있다. 라이브러리의 모든 내용은 상대 경로로 정의되어 있으므로, 라이브러리가 하드 디스크의 어떤 디렉터리에 있어도 문제가 되지 않는다. 개별 프로젝트 파일들은 Hieroglyph 3 라이브러리 자체가 먼저 컴파일되고 그런 다음 각 예제 응용 프로그램이 차례로 빌드되도록 구성되어 있다(예제들이 라이브러리에 의존하므로 이런 순서가 적용된다). 라이브러리와 예제 응용 프로그램들이 성공적으로 빌드되고 나면 각 예제를 개별적으로 실행할 수 있다. IDE 안에 실행해도 되고, 생성된 EXE 파일을 실행해도 된다.

## 의존 관계와 도구들

Hieroglyph 3과 관련 예제들은 Microsoft의 Visual C++ 2008 IDE와 컴파일러로 만든 것이다. 그 이후 버전들과도 호환되지만, 사소한 수정이 필요할 수도 있다(프로젝트 파일을 갱신하는 등).

또한 Hieroglyph 3의 라이브러리와 예제 프로그램들은 다음 두 라이브러리에 의존한다.

- Microsoft DirectX SDK(2010년 6월판)
- Boost C++ 라이브러리(1.44)

DirectX SDK(줄여서 DXSDK)는 Microsoft가 주기적으로 갱신하므로, 이 책이 출판된 이후에 더 새로운 버전들이 나왔을 것이다. 책의 예제들은 2010년 6월자 DXSDK를 이용해서 만든 것이다. 그 이후 버전과도 호환되겠지만, 구체적인 사항은 해당 버전의 릴리스 노트를 참고해야 할 것이다. DXSDK(2010년 6월 버전과 그 이후 버전)는 Microsoft DirectX Developer Center(http://msdn.microsoft.com/directx)에서 내려 받을 수 있다. Boost C++ 라이브러리도 Hieroglyph 3 라이브러리의 빌드에 필요하다.* Boost는 잘 알려지고 철저히 검증된 C++라이브러리로, C++ 개발에서 마주치는 여러 공통의 문제들에

---

* [역주] 2013년 1월 현재 버전의 Hieroglyph 3은 Boost에 의존하지 않는 것으로 보인다. Visual C++ 2012 Express에서 Boost 없이도 라이브러리 파일들을 빌드할 수 있었다. Hieroglyph 3 및 Hieroglyph 3 응용 프로젝트의 설정과 빌드에 관련된 문제는 GpgStudy의 카탈로그 시스템(역자의 글 참고)과 포럼을 통해서 함께 해결해 나갔으면 한다.

대한 해법을 제공한다. Boost 라이브러리는 http://www.boost.org에서 내려 받을 수 있다. Visual C++ IDE에서 이 라이브러리를 사용하려면 헤더 라이브러리 디렉터리를 추가해 주어야 한다. 우선 주 메뉴에서 **도구 ➤ 옵션**(영문판은 Tools ➤ Options)을 선택해서 옵션 대화상자를 띄우고, 왼쪽의 **프로젝트 및 솔루션**(Projects and Solutions) 탭의 VC++ 디렉터리(VC++ Directories)를 클릭한다. 이제 오른쪽에서 **포함 디렉터리**(Include files)의 드롭다운 목록을 열어서 Boost 라이브러리가 있는 디렉터리를 지정하면 된다.*

## Hieroglyph 3에 기여하기

Hieroglyph 3은 오픈소스 프로젝트인 만큼, 오픈소스 개발 모형의 장점을 취할 수 있다. 혹시 버그를 발견했거나 새로운 기능 또는 예제 알고리즘을 떠올렸다면, 아니면 이미 새로운 콘텐트를 구현했다면 CodePlex 프로젝트 페이지에 제출해주길 부탁한다. CodePlex에는 원하는 기능이나 기여 방법과 관련해서 개발자와 소통할 수 있는 토론 공간과 문제점 추적 시스템도 갖추어져 있다.

또한 이 책의 저자들은 www.gamedev.net의 게시판에도 자주 들리므로, 거기에 질문을 올리는 것도 저자들과(그리고 다수의 DirecX 사용자들과) 소통하는 좋은 방법이다.

# Hieroglyph 3을 이용하는 새 Direct3D 11 프로젝트 만들기**

Hieroglyph 3의 모든 예제 응용 프로그램은 Hieroglyph3/Applications 폴더에 들어 있다. 이 폴더를 보면 각 예제별로 하위 폴더가 있으며, 각 하위 폴더에는 Visual C++ 프로젝트 파일과 해당 소스 코드 파일들이 있다. 새 응용 프로그램 프로젝트를 만들려면 이 폴더 안에 하위 폴더를 만들어서 그 안에 새 프로젝트를 만들면 된다. 새 프로젝트를 만드는 가장 간단한 방법은 예제들 중 하나의 프로젝트 파일(확장자가 `vcxproj`인)을

---

* [역주] Visual Studio 2010부터는 이러한 전역 디렉터리 설정이 없어졌다. 대신 관련 설정을 담은 '속성 시트'라는 것을 만들어서 여러 프로젝트들에 적용할 수 있는데, 자세한 사항은 MSDN에서 '속성 시트'를 검색해 보기 바란다.

** [역주] 이하의 내용은 Visual Studio 2008을 기준으로 한다. 그 이후 버전에도 대부분 적용되겠지만, 그렇지 않은 경우라면 해당 제품의 도움말을 참고하기 바란다.

새 하위 폴더에 복사한 후 텍스트 편집기로 열고, 기존의 프로젝트 이름과 경로 정보를 새 프로젝트에 맞게 고치는 것이다. 또한 기존 예제의 **App.h**와 **App.cpp**도 복사해 와서 새 응용 프로그램의 출발점으로 삼으면 좋을 것이다.

이런 식으로 프로젝트를 만들었다면, 두 가지 과정만 거치면 컴파일해서 실행할 수 있다. 첫째는 프로젝트를 Hieroglyph 3 솔루션에 추가하는 것이다. IDE에서 솔루션을 오른쪽 클릭한 후 **추가 ➤ 기존 프로젝트**(Add ➤ Existing Project)를 선택해서 새 프로젝트 파일을 지정해 주면 된다. 둘째는 이 프로젝트가 Hieroglyph 3 프로젝트에 의존하도록 설정하는 것인데, 우선 솔루션 오른쪽 클릭 후 **속성**을 선택해서 솔루션 속성 대화상자를 띄우고, 거기에서 **공용 속성 ➤ 프로젝트 종속성**(Common Properties ➤ Project Dependencies)을 선택한 후 상단 목록에서 **새 프로젝트**를 선택하고 그 아래에서 Hieroglyph 3 프로젝트의 체크 상자를 체크한다. 이렇게 하면 Hieroglyph 3 프로젝트가 성공적으로 빌드된 후에만 새 프로젝트가 제대로 빌드된다.

**Hieroglyph3/Applications** 폴더에는 개별 프로젝트 폴더들 외에 예제들에 쓰이는 자원 파일들을 담은 **Data** 폴더도 있다. 여기에는 셰이더 프로그램 파일과 텍스처 파일, Lua 스크립트 파일, 기하 모형 파일들이 있다. 프로젝트 파일들의 경로들은 이 **Data** 폴더를 적절히 참조하도록 상대 경로 형태로 설정되어 있다. 새 프로젝트에서 새로운 자원을 사용한다면 이 **Data** 폴더의 적절한 장소에 추가해야 한다. 이러한 폴더 구조 때문에 예제 프로그램을 Visual C++ IDE 밖에서 실행하는 경우 실행 파일이 적절한 장소(**Data** 폴더에 상대적인)에 존재해야 하는데, 그러한 용도로 쓰이는 장소가 바로 **Application/Bin** 폴더이다. 프로젝트가 성공적으로 빌드되면 실행 파일이 자동으로 이 폴더에 복사된다.

## 컴파일과 설치

Visual Studio에서 Hieroglyph 3 응용 프로그램을 컴파일하는 것은 아주 간단한 일이다. 그냥 Hieroglyph 3의 솔루션을 열고 주 메뉴에서 **빌드 ➤ 솔루션 빌드**(Build ➤ Build Solution)을 선택하면 된다. 그러면 Hieroglyph 3 프로젝트와 모든 응용 프로그램 프로젝트가 컴파일, 링크된다. 디버깅을 위해서는 프로젝트들을 Debug 구성으로 빌드해야 하는데, Debug 구성에서는 최적화가 비활성화되고 디버깅 기호들이 모두 생성된다. 현재 빌드 구성은 주 메뉴 아래의 도구 모음에 있는 드롭다운 상자들 중 제일 왼쪽 것에서 선택할 수 있다. 완전한 최적화를 활성화하려면 그 드롭다운 상자에서 Release를 선택하면 된다. 응용 프로그램을 디버깅하고 싶다면 우선 해당 프로젝트를 오른쪽 클릭한 후 **시작 프로젝트로 설정**(Set as StartUp Project)을 선택하고, 그런 다음 주 메뉴에서 **디버그 ➤ 디버깅 시작**(Debug ➤Start Debugging)을 선택한다. 그러면 응용 프로그램이 디버거 안에서 실행된다.

Hieroglyph 3 기반 응용 프로그램을 최종 사용자의 컴퓨터에 실행하고 싶다면, 컴파일된 릴리스 모드 실행 파일과 세이더·텍스처·모형 파일들뿐만 아니라 응용 프로그램이 의존하는 DLL과 기타 파일들도 설치해야 함을 기억하기 바란다. 기본적으로 Hieroglyph 3 기반 응용 프로그램은 DirectX 최종 사용자용 실행시점(런타임) 파일들과 Visual C++ 2008 실행시점 파일들에 의존한다.

DirectX 최종 사용자용 실행시점 모듈을 배포하는 방법은 두 가지로, 하나는 웹 설치 프로그램이고 또 하나는 오프라인 설치 프로그램이다. 웹 설치 프로그램(web installer)은 DirectX Developer Center에서 구할 수 있는데, 사용자의 컴퓨터에서 실행하면 자동으로 최신 DirectX 구성요소들을 웹에서 내려 받아서 설치한다. 오프라인 설치 프로그램 역시 DirectX Developer Center에서 구할 수 있으며, DirectX SDK의 Redist 폴더에도 있다. 웹 설치 프로그램과는 달리 이 오프라인 설치 프로그램은 실행 시 존재하는 .cap 파일들에 기초해서 구성요소들을 선택적으로 설치한다. 따라서 개발자는 응용 프로그램이 실제로 사용하는 구성요소들만 설치되게 할 수 있다. 이는 설치 패키지나 ZIP 파일의 크기를 줄이는 데 도움이 된다. 2010년 6월자 DirectX SDK로 컴파일하는 경우 Hieroglyph 3 응용 프로그램은 오직 다음 파일들에만 의존한다.

- `dsetup.dll`
- `dsetup32.dll`
- `dxdllreg_x86.cab`
- `dxsetup.exe`
- `dxupdate.cab`
- `Jun2010_d3dx10_43_x86.cab`

- `Jun2010_d3dx11_43_x86.cab`
- `Jun2010_D3DCompiler_43_x86.cab`

응용 프로그램을 32비트가 아니라 64비트 실행 파일로 컴파일한(그리고 그에 해당하는 64비트 버전 DirectX 라이브러리들로 링크한) 경우, 이름이 x86이 아니라 x64로 끝나는 .cab 파일들을 사용해야 한다. 또한 XInput이나 XAudio 같은 추가적인 DirectX 구성요소들을 사용한다면 해당 .cab 파일도 오프라인 설치 패키지에 포함시켜야 한다. 해당 DLL들을 응용 프로그램 설치 패키지 자체에 포함시켜서 최종 사용자에게 배포하는 것은 DirectX SDK의 EULA(End User License Agreement)를 위반하는 일임을 주의하기 바란다. 따라서 반드시 Microsoft가 제공하는 재배포 가능 설치 프로그램을 사용해야 한다. DirectX 구성요소들의 재배포에 관한 추가 정보를 다음 URL에서 볼 수 있다.

`http://msdn.microsoft.com/en-us/library/ee418267%28v=vs.85%29.aspx#`
`DirectX_Redistribution`

Visual C++ 2008 실행시점 모듈의 경우에는 해당 DLL들을 직접 배포해도 되고 Microsoft가 제공하는 재배포 가능 패키지를 사용해도 된다. 직접 배포하는 경우에는 Visual Studio 2008이 설치된 디렉터리의 `VC\redist\x86\Microsoft.VC90.CRT` 폴더에 있는 파일들을 응용 프로그램 실행 파일이 있는 폴더에 포함시키면 된다. 재배포 가능 패키지는 표준적인 설치 프로그램으로, 해당 CRT DLL들을 자동으로 설치, 등록해준다. 이 패키지는 Microsoft Dowload Center에서 내려 받을 수 있는데, 주소는 다음과 같다.

`http://www.microsoft.com/downloads/en/details.aspx?FamilyID=9b2da534-`
`3e03-4391-8a4d-074b9f2bc1bf&displaylang=en`

재배포 패키지는 실행시점 DLL들의 릴리스 버전만을 설치하므로, 응용 프로그램의 디버그 버전을 배포하기 위해서는(이를테면 원격 디버깅 세션을 위해) 직접 설치 방법을 사용해야 할 것이다. 그러나 릴리스 버전만 있으면 되는 경우라면 재배포 패키지를 사용하는 것이 잠재적인 문제를 피하는 방법이다. 그리고 Visual Studio 2008의 서비스 팩 1을 설치했다면, 새로운 버전의 Visual C++ 재배포 패키지를 다음 URL에서 구할 수 있다.

```
http://www.microsoft.com/downloads/en/details.aspx?familyid=ba9257ca-
337f-4b40-8c14-157cfdffee4e&displaylang=en
```

또한, 32비트 대신 64비트 응용 프로그램을 빌드한 경우에는 x64용 재배포 파일들을 사용해야 한다. 직접 배포의 경우에는 `VC\redist\amd64\Microsoft.VC90.CRT` 폴더의 파일들을 사용하면 된다. Visual C++ 응용 프로그램의 배포 및 설치에 관한 추가 정보를 원한다면 다음 URL에 있는 MSDN의 문서를 보기 바란다:

```
http://msdn.microsoft.com/en-us/library/ms235299%28v=VS.90%29.aspx
```

# 이 책의 소스 코드

앞에서 설명했듯이, 이 책의 예제 프로그램들은 Hieroglyph 3 프로젝트의 예제 프로그램들로 추가되었다. 응용 프로그램 자체에 대한 설명을 최소화하기 위해, 본문에서는 해당 알고리즘을 구현하는 예제 프로그램을 직접 지칭하는 대신 주어진 주제에 연관된 코드 조각만을 제시했다. 그러나 해당 응용 프로그램 전체를 살펴보고 실행도 해보고 싶은 독자를 위해, 본문의 예제와 Hieroglyph 3 예제 프로그램 사이의 대응 관계를 여기서 제공한다.

## 예제 코드 대조표

다음은 이 책의 각 장 및 각 절의 예제 코드가 Hieroglyph 3의 어떤 예제 프로젝트에 해당하는지를 정리한 표이다.

| 장 | 제목 | 절 | 예제 프로젝트 이름 |
|---|---|---|---|
| 1 | Direct3D 11 둘러보기 | (해당 없음) | (해당 없음) |
| 2 | Direct3D 11의 자원들 | 전체 | (Hieroglyph 3 라이브러리에 통합) |
| 3 | 렌더링 파이프라인 | 모든 절 | (Hieroglyph 3 라이브러리에 통합) |
| 4 | 테셀레이션 파이프라인 | §4.3 | TessellationParams |
| 5 | 계산 파이프라인 | 전체 | (Hieroglyph 3 라이브러리에 통합) |

| 장 | 제목 | 절 | 예제 프로젝트 이름 |
| --- | --- | --- | --- |
| 6 | HLSL | (해당 없음) | (해당 없음) |
| 7 | 다중 스레드 렌더링 | 전체 | (Hieroglyph 3 라이브러리에 통합) |
| 8 | 메시 렌더링 | 전체 | SkinAndBones |
| 9 | 동적 테셀레이션 | §9.1.1 | InterlockingTerrainTiles |
|  |  | §9.2.1 | CurvedPointNormalTriangles |
| 10 | 이미지 처리 | 전체 | ImageProcessor |
| 11 | 지연 렌더링 | §11.2 | DeferredRendering |
|  |  | §11.3 | LightPrePass |
| 12 | 시뮬레이션 | §12.1 | WaterSimulationI |
|  |  | §12.2 | ParticleStorm |
| 13 | 다중 스레드 포물면 매핑 | 전체 | MirrorMirror |

**표 A.1.** 예제 코드 대조표.

# B 부록 B:<br>Direct3D 11 질의 인터페이스

이 책 전반에서, 개발자가 사용할 수 있는 Direct3D 11의 여러 기능을 아주 자세히 살펴보았다. 그러한 기능들 중에는 현세대의 고성능 GPU가 수행하는 개별 작동을 조작하고 제어할 수 있는 능력도 포함된다. GPU가 대단히 정교하고 특화된 처리 장치로 진화했기 때문에, CPU의 자료 요청에 응답하느라 GPU가 자신의 작업을 멈추어야 해서 생기는 지연이 응용 프로그램의 가장 큰 병목으로 작용하는 경우가 많다. 예를 들어 CPU가 어떤 버퍼의 내용을 읽기 위해 그 버퍼를 시스템 메모리에 매핑하는 경우, CPU가 매핑을 해제하기 전까지는 GPU가 그 버퍼를 사용할 수가 없게 된다. 그러면 CPU가 GPU의 응답을 기다리거나 GPU가 CPU의 응답을 기다리는 상황이 벌어질 수 있다. 두 경우모두, 두 처리 단위 중 하나는 다른 하나를 기다리느라 그 어떤 유용한 연산도 수행하지 않으며, 따라서 사실상 '멈춘' 것으로 간주할 수 있다.

Direct3D 11은 이러한 멈춤 상황들 중 일부를 피하거나 적어도 최소화하기 위한 메커니즘을 제공한다. Direct3D 11에는 CPU가 일부 파이프라인 정보에 비동기적으로 접근할 수 있는, 즉 GPU의 연산을 멈추지 않고도 실행할 수 있는 여러 질의(query) 연산들을 제공하는 인터페이스가 있다. 바로 `ID3D11Query` 인터페이스이다. 이 부록에서는 이 인터페이스의 작동 방식을 자세히 살펴보고, 몇 가지 사용예도 제시한다.

## 질의 인터페이스 사용법

앞에서 언급했듯이 `ID3D11Query` 인터페이스는 GPU로부터 비동기적으로 정보를 가져

오는 능력을 제공한다. 이를 이용해서 CPU가 일련의 API 호출들의 시작과 끝 사이에서
수행된 연산들에 대한 정보를 GPU에게 요청하면, 구동기(드라이버)는 해당 정보가 마
련되는 즉시 응답을 돌려준다. 이러한 요청-응답은 비동기적으로 진행된다. 즉, GPU가
질의에 관련된 과제들을 마쳐서 구동기가 질의에 대한 응답을 돌려줄 때까지 CPU는
자신의 일을 진행할 수 있다. 이러한 메커니즘은 두 처리 단위 사이의 통신 수단으로
작용하며, 이후에 살펴보겠지만 이러한 통신 메커니즘을 활용하는 방법은 다양하다.

CPU가 GPU에게 요청할 수 있는 질의의 종류는 다양하나, 그 질의들은 모두 하나의
질의 인터페이스, 즉 **ID3D11Query** 인터페이스를 통해서 수행된다. 질의의 구체적인 종
류는 질의 인터페이스로 질의 객체를 생성할 때 지정한다. Direct3D 11의 다른 여러
객체들처럼 질의 객체도 장치 인터페이스의 한 메서드로 생성하는데, 바로 **ID3D11
Device::CreateQuery()**이다. 이 메서드는 질의 서술 구조체를 가리키는 포인터 하나
와 생성된 질의 인터페이스 객체를 가리킬 포인터 하나를 받는다. 질의 서술 구조체의
필드는 단 두 개이다. 목록 B.1에 그 구조체의 정의와 관련 열거형들의 정의가 나와
있다.

```cpp
struct D3D11_QUERY_DESC {
  D3D11_QUERY Query;
  UINT        MiscFlags;
};
enum D3D11_QUERY {
  D3D11_QUERY_EVENT,
  D3D11_QUERY_OCCLUSION,
  D3D11_QUERY_TIMESTAMP,
  D3D11_QUERY_TIMESTAMP_DISJOINT,
  D3D11_QUERY_PIPELINE_STATISTICS,
  D3D11_QUERY_OCCLUSION_PREDICATE,
  D3D11_QUERY_SO_STATISTICS,
  D3D11_QUERY_SO_OVERFLOW_PREDICATE,
  D3D11_QUERY_SO_STATISTICS_STREAM0,
  D3D11_QUERY_SO_OVERFLOW_PREDICATE_STREAM0,
  D3D11_QUERY_SO_STATISTICS_STREAM1,
  D3D11_QUERY_SO_OVERFLOW_PREDICATE_STREAM1,
  D3D11_QUERY_SO_STATISTICS_STREAM2,
  D3D11_QUERY_SO_OVERFLOW_PREDICATE_STREAM2,
  D3D11_QUERY_SO_STATISTICS_STREAM3,
  D3D11_QUERY_SO_OVERFLOW_PREDICATE_STREAM3
```

```
}
enum D3D11_QUERY_MISC_FLAG {
  D3D11_QUERY_MISC_PREDICATEHINT
}
```

**목록 B.1.** D3D11_QUERY_DESC 구조체와 관련 열거형들의 정의.

목록 B.1에서 보듯이, 이 서술 구조체의 주된 용도는 질의의 종류를 지정하는 것이다. 사용 가능한 질의 종류들은 **D3D11_QUERY** 열거형에 정의되어 있다. 파이프라인 사건과 시간 정보에 관한 질의도 있고, 선택된 일련의 **API** 호출들에서 수행된 파이프라인 연산의 통계치에 관한 질의도 있으며, 여러 출력 스트림들에 관련된 질의들도 있다(총 네 종류의 스트림 질의가 가능). **D3D11_QUERY_DESC** 구조체의 둘째 필드는 **D3D11_QUERY_MISC_FLAG** 열거형인데, 이것은 술어 힌트 옵션으로 쓰인다. 이에 대해서는 '술어 조건부 렌더링' 절에서 좀 더 이야기하겠다.

그럼 개발자에게 아주 유용한 정보인 파이프라인 통계치(statistics) 질의의 예를 통해서 질의 인터페이스 사용법을 좀 더 구체적으로 익혀보자. 너무 당연해 보이겠지만, 파이프라인 통계치를 질의하는 절차는 다음과 같다.

- 질의 객체를 생성한다.
- 질의를 시작한다.
- 질의를 끝낸다.
- 결과를 얻는다.

앞에서 언급했듯이 질의 객체는 **ID3D11Device::CreateQuery()** 메서드로 생성한다. 질의할 것이 파이프라인 통계치이므로, 서술 구조체의 첫 필드에는 **D3D11_QUERY_PIPELINE_STATISTICS**를 설정해야 한다. 질의 객체를 성공적으로 생성한 다음에는 **ID3D11DeviceContext**의 메서드들을 이용해서 질의를 시작하고 끝낸다. 질의 과정을 시작하는 메서드는 **ID3D11DeviceContext::Begin()**이고 끝내는 메서드는 **ID3D11DeviceContext::End()**이다. 통계치를 알고자 하는 모든 API 호출을 이 두 메서드 호출 사이에 넣으면 된다. 참고로, 이 시작 메서드와 끝 메서드를 언제 호출하는가는 질의의 종류에 따라 다르며, 시작 메서드를 호출하지 않아도 되는 종류의 질의들도 있음을 알아두기 바란다.

질의 종료 메서드를 호출하고 난 후에는 질의 처리 상태를 조회해야 한다. 해당 질의 객체를 인수로 해서 ID3D11DeviceContext::GetData() 메서드를 호출하면 되는데, 이 메서드는 S_OK나 S_FALSE를 돌려준다. S_OK를 돌려주었다면 질의 결과가 준비된 것이다. 이 경우 GetData 메서드 호출 시 지정한 포인터에 질의 결과의 주소가 설정된다. 질의 결과의 구체적인 형식은 질의 종류마다 다른데, 파이프라인 통계치의 경우에는 목록 B.2에 나온 D3D11_QUERY_DATA_PIPELINE_STATISTICS 구조체가 쓰인다.

```
struct D3D11_QUERY_DATA_PIPELINE_STATISTICS {
  UINT64 IAVertices;
  UINT64 IAPrimitives;
  UINT64 VSInvocations;
  UINT64 GSInvocations;
  UINT64 GSPrimitives;
  UINT64 CInvocations;
  UINT64 CPrimitives;
  UINT64 PSInvocations;
  UINT64 HSInvocations;
  UINT64 DSInvocations;
  UINT64 CSInvocations;
}
```

**목록 B.2.** D3D11_QUERY_DATA_PIPELINE_STATISTICS 구조체.

이 구조체의 각 필드는 파이프라인의 각 단계에 대한 전반적인 통계치를 제공한다. 이 통계치를 통해서 파이프라인의 수행 성능을 어느 정도 짐작할 수 있다(이를테면 유효한 LOD 변화들을 파악하는 등). 또한 렌더링 연산의 결과가 예상과 다르게 나와서 파이프라인을 디버깅하려는 경우에도 이 통계치들이 유용할 것이다. 결과의 형식은 질의 종류에 따라 다르므로, 다른 종류의 질의를 시험해 보고 싶다면 DirectX SDK의 해당 문서를 참고해서 적절한 형식을 사용해야 할 것이다. 질의를 마친 다음에는 통상적인 COM 객체와 마찬가지 방식으로 질의 객체를 해제하면 된다.

# 술어 조건부 렌더링

질의 인터페이스를 이용해서, 특정한 하나의 **그리기** 호출이 현재의 렌더 대상에 영향을 미칠 것인지를 미리 파악하는 것이 가능하다. 좀 더 구체적으로 말해서, '차폐' 질의 (D3D11_QUERY_OCCLUSION)는 주어진 렌더링 연산의 깊이·스텐실 판정을 통과하는 픽셀(단편)들의 개수를 돌려준다. 이 개수를 이용하면 하나의 **그리기** 호출이 이전의 렌더링 결과에 비해 의미 있는 시각적 차이를 유발하는지를 판단할 수 있다. 차폐 술어 질의 (D3D11_QUERY_OCCLUSION_PREDICATE)도 같은 판정을 수행하나, 픽셀 개수가 아니라 하나의 부울 값을 돌려준다.

사실 이러한 차폐 술어 질의에는 ID3D11Query 인터페이스가 아니라 그 인터페이스에서 파생된 ID3D11Predicate 인터페이스를 사용한다. 그리고 질의 객체는 ID3D11Device::CreatePredicate() 메서드를 이용해서 질의 객체를 생성해야 하는데, 생성 방법 자체는 앞에서 말한 보통의 질의 객체와 거의 비슷하다.

이런 종류의 술어 질의를 이용하면 술어 조건부 렌더링(predicated rendering)이라고 부르는 특별한 렌더링 기법이 가능해진다. 본질적으로 질의는 Begin 메서드의 호출에서 시작되며, 그때부터 End 메서드 호출 시점까지 렌더링되는 모든 물체가 차폐 질의에 포함된다. 일단 차폐 질의가 시작되면, 응용 프로그램은 이 질의의 결과를 이후의 API 호출들이 실제로 효과를 낼 것인지를 결정하는 술어 조건으로서 파이프라인에 설정할 수 있다. ID3D11DeviceContext::SetPredication() 메서드가 바로 그러한 설정에 쓰이는데, 이 메서드는 해당 질의 객체뿐만 아니라 술어의 해석 방식을 결정하는 부울 매개변수도 받는다. 이 부울 매개변수에 TRUE를 지정하면, 차폐 술어 질의의 결과가 FALSE (깊이·스텐실 판정을 통과한 픽셀이 하나도 없음)일 경우 이후의 렌더링 호출들이 무효가 된다. 그 역도 마찬가지이다. 이러한 술어 조건부 실행을 아예 비활성화하고 싶으면 첫 인수에 NULL을 지정해서 SetPredication() 메서드를 호출하면 된다.

이런 식으로 어떠한 물체에 대해 술어 질의를 적용함으로써, 그 물체가 출력 렌더 대상에 영향을 미치는 경우에만 그 물체를 실제로 렌더링할 수 있다. 이는 아주 복잡한 장면에서 불필요한 처리량을 줄이는 최적화 기법의 하나이다.

C

# 부록 C: 테셀레이션 요약

제4장에서 고정 기능 테셀레이터 단계를 제어하는 데 필요한 매개변수들을 개괄했으며, 사용자 정의 HLSL 코드의 실행을 위한 진입점들도 소개했다. 제9장에서는 Direct3D 11의 이 멋진 테셀레이션 기능을 좀 더 자세히 설명하고 실질적인 과제에 테셀레이션을 적용하는 예제도 살펴보았다.

독자의 편의를 위해, 이 부록은 이 새로운 파이프라인 기능의 핵심 매개변수들과 이 기능을 사용할 때 고려해야 할 사항들을 요약한다.

## 테셀레이션 매개변수 요약

테셀레이션 기능의 활용에 관련된 핵심 매개변수들은 다음과 같다.

1. 테셀레이션을 적용할 수 있는 기본도형은 다음 세 종류이다.

   a. 선(선분)

   b. 삼각형

   c. 사각형

2. 테셀레이션은 다음 두 영역에서 일어난다.

   a. 변

   b. 내부

3. 래스터화할 최종적인 삼각형들을 산출하는 고정 기능 테셀레이터 단계는 제공된 매
   개변수들을 현재 설정된 분할 방법에 따라 적절히 해석한다. 테셀레이터 단계가 지원
   하는 분할 방법은 다음 네 가지이다.

   a. integer
   b. pow2
   c. fractional_odd
   d. fractional_even

다음은 테셀레이션 알고리즘을 구현할 때 고려해야 할 핵심 사항들이다.

1. '수밀성(水密性)'이 중요하다. 가장자리 변들을 테셀레이션할 때에는 인접 기하구조
   가 어떻게 테셀레이션되는지도 고려해야 한다.
2. 시간적 변화에 의해 시각적 결함이 발생할 수 있다. 튐 현상('popping')을 피하는 데 신
   경을 써야 하며, 매끄러운 전이를 위해 모핑 기법을 도입하는 것도 생각해 보아야 한다.
3. 품질 대 성능의 절충에서 핵심은 테셀레이션 계수들을 적절히 조율하는 것이다.

테셀레이션 구현의 기본 과정은 다음과 같다.

1. 제어 메시를 제공한다: 응용 프로그램이 API 호출을 통해 제공한 정점 버퍼와 색인
   버퍼는 개별 기본도형을 형성하는 개별 정점들이 아니라 제어점들을 정의한다.
2. 덮개 셰이더 프로그램을 작성한다: 제어 메시를 처리하는 맞춤형 HLSL 셰이더 프로
   그램을 작성한다. 이 프로그램은 두 가지 역할을 하는데, 하나는 고정 기능 테셀레이
   터 단계를 위한 매개변수들을 제공하는 것이고 또 하나는 영역 셰이더 단계를 위한
   적절한 입력을 제공하는 것이다.
3. 영역 셰이더 프로그램을 작성한다: 고정 기능 테셀레이터가 산출한 개별 표본 위치들
   과 덮개 셰이더가 제공한 알고리즘 고유의 출력들을 이용해서 최종적인 삼각형(기하
   셰이더 단계 또는 래스터화기 단계로 전달될)을 생성하는 또 다른 커스텀 HLSL 셰이
   더 프로그램을 작성한다.

# 참고문헌


Akenine-Moeller, T. a. (2002). *Real-Time Rendering 2nd Ed*. Natick, MA: A K Peters, Ltd.

AMD & Microsoft. (n.d.). *PNTriangles11*. Microsoft Developer Network (MSDN), http://msdn.microsoft.com/en-us/library/ee416573(VS.85).aspx

ATI. (2001). *TruForm Resources*. AMD Developer Central, http://developer.amd.com/archive/gpu/trueform/Pages/default.aspx

Baker, S. (n.d.). Learning to Love your Z-buffer. http://www.sjbaker.org/steve/omniv/love_your_z_buffer.html.

Balestra, C., & Engstad, P.-K. (2008). The Technology of Uncharted: Drake's Fortune. *Game Developers Conference 2008*.

Biri, V., Herubel, A., & Deverly, S. (2010). Practical morphological antialiasing on the GPU. *SIGGRAPH 2010: Games & Real Time*. ACM.

Brabec, S. A. (2002). Shadow mapping for hemispherical and omnidirectional light sources. *Proceedings of Computer Graphics International*.

Catmull, E., & Clark, J. (1978). Recursively generated B-spline surfaces on arbitrary topological meshes. *Computer-Aided Design*, 350-355.

Eberly, D. H. (2007). *3D Game Engine Design, Second Edition*. San Francisco: Morgan Kaufmann Publishers.

Engel, W. (2009). *ShaderX 7: Advanced Rendering Techniques*. Boston, MA: Course Technology PTR.

Engel, W. (2009). The Light Pre-Pass Renderer: Renderer Design for Efficient Support of Multiple Lights. *SIGGRAPH 2009: Advances in Real-Time Rendering in 3D Graphics and Games*. ACM.

Everitt, C. (2001). *Interactive Order-Independent Transparency*. Nvidia Corporation.

Fatahalian, K. (n.d.). *From Shader Code to a Teraflop: How GPU Shader Cores Work*. http://bps10.idav.ucdavis.edu/talks/03-fatahalian_gpuArchTeraflop_BPS_SIGG RAPH2010.pdf, 2011년 1월 16일에 최종 확인.

Goldberg, D. (1991). What Every Computer Scientist Should Know About Floating-Point Arithmetic. *ACM Computing Surveys Volume 23 Issue 1*.

Gonzalez, R. C. (2008). *Digital Image Processing, 3rd Edition*. Upper Saddle River, NJ: Pearson Prentice Hall.

Hable, J. (2010). Uncharted 2: HDR Lighting. *Game Developers Conference 2010*.

Heidrich, W. a.-H. (1998). View independent environment maps. *Proceedings of the ACM SIGGRAPH/EUROGRAPHICS workshop on Graphics hardware*, 39-ff.

Hoxley, J. (n.d.). *Programming Vertex, Geometry, and Pixel Shaders*. GameDev.net. http://wiki.gamedev.net/index.php/D3DBook:Table_of_Contents#Lighting, 최종 확인 2011년 1월 16일*

Kaplanyan, A. (2010). Cascaded Light Propagation Volumes for Real-time Indirect Illumination. *ACM SIGGRAPH Symposium on Interactive 3D Graphics and Games*, 99-107.

Kemen, B. (2009). Floating Point Depth Buffers. *Gamasutra*, http://www.gamasutra. com/blogs/BranoKemen/20091231/3972/Floating_Point_Depth_Buffers.php.

Kircher, S., & Lawrance, A. (2009). Inferred Lighting: Fast dynamic lighting and shadows for opaque and translucent objects. *SIGGRAPH 2009: Game Paper Proceedings*. ACM.

Lauritzen, A. (2010). Deferred Rendering for Current and Future Rendering Pipelines. *SIGGRAPH 2010: Beyond Programmable Shading*. ACM.

Lee, M. (2009). Pre-lighting in Resistance 2. *Game Developers Conference 2009*.

Lengyel, E. (2001). Computing Tangent Space Basis Vectors for an Arbitrary Mesh. *Terathon Software 3D Graphics Library*, http://www.terathon.com/code/tangent. html.

---

* [역주] Programming Vertex, Geometry, and Pixel Shaders는 Game Programming Wiki(http:// content.gpwiki.org/)로 자리를 옮겼다. 새 주소는 http://content.gpwiki.org/index.php/D3DBook: Table_Of_Contents#Lighting이다.

Lombard, Y. (n.d.). www.andyc.org, http://www.andyc.org/lecture/viewlog.php?log=Realistic%20Water%20Rendering,%20by%20Yann%20L, 2011년 1월 16일에 최종 확인.

Lorensen, W. E. (1987). Marching Cubes: A high resolution 3D surface reconstruction algorithm. *SIGGRAPH '87 Proceedings of the 14th annual conference on Computer graphics and interactive techniques*, 163-169.

Microsoft Corporation. (n.d.). *Process and Thread Functions*. MSDN, http://msdn.microsoft.com/en-us/library/ms684847(v=vs.85).aspx, 2011년 1월 16일에 최종 확인.

Mikkelsen, M. S. (2010). *Skin Rendering by Pseudo-Separable Cross Bilateral Filtering*. Naughty Dog, Inc.

Mittring, M. (2009). A bit more Deferred. *Triangle Game Conference*. Crytek.

Nguyen, H. (2008). *GPU Gems 3*. Upper Saddle River, NJ: Addison-Wesley.

O'Brien, J. a. (1995). Dynamic Simulation of Splashing Fluids. *Proceedings of Computer Animation Conference*, 198-205, 220.

OpenMP Architecture Review Board. (n.d.). *OpenMP*. http://www.OpenMP.org, http://openmp.org/wp/, 최종 확인 2011년 1월 16일

Paris, S. K. (n.d.). *A Gentle Introduction to Bilateral Filtering and its Applications*. http://people.csail.mit.edu/sparis/bf_course/, 최종 확인 2011년 2월 20일

Persson, E. (2007). Deep deferred shading. *Humus*, http://www.humus.name/index.php?page=3D&ID=75.

Persson, E. (2008). Deferred shading 2. *Humus*, http://www.humus.name/index.php?page=3D&ID=81.

Persson, E. (2008). Post-tonemapping resolve for high quality HDR antialiasing in D3D10. In W. Engel, *ShaderX6: Advanced Rendering Techniques*. Charles River Media.

Persson, E. (2009). A couple of notes about Z. *Humus*, http://www.humus.name/index.php?page=News&ID=255.

Policarpo, F., & Fonseca, F. (2005). *Deferred Shading Tutorial*. CheckMate Games.

Reshetov, A. (2009). Morphological Antialiasing. *Proceedings of the 2009 ACM Symposium on High Performance Graphics*. ACM.

Saito, T., & Takahashi, T. (1990). Comprehensible rendering of 3D shapes. *SIGGRAPH '90 Proceedings of the 17th annual conference on Computer graphics and interactive techniques* (pp. 197-206). New York, NY: ACM.

Snook, G. (2001). Simplified Terrain Using Interlocking Tiles. M. DeLoura, *Game Programming Gems 2*. Charles River Media. (번역서는 "맞물린 타일들을 이용한 단순화된 지형 시스템," *Game Programming Gems 2*, 정보문화사, 2002.)

Spherical Coordinates. (n.d.). *Wolfram MathWorld*, http://mathworld.wolfram.com/SphericalCoordinates.html.

Sutter, H. (n.d.). *The Free Lunch Is Over: A Fundamental Turn Toward Concurrency in Software*. www.GotW.ca, http://www.gotw.ca/publications/concurrency-ddj.htm, 2011년 1월 16일에 최종 확인.

Tomasi, C. a. (1998). Bilateral Filtering for Gray and Color Images. *Sixth International Conference on Computer Vision*, 839-846.

Valient, M. (2007). Deferred Rendering in Killzone 2. *Develop Conference*. Brighton, UK.

Valve Software. (n.d.). *Source Engine Features*. Valve Developer Community, http://developer.valvesoftware.com/wiki/Source_Engine_Features, 2011년 1월 16일에 최종 확인.

Vlachos, A. e. (2001). *Curved PN Triangles*.

Vlachos, A., Peters, J., Boyd, C., & Mitchell, J. L. (2001). *Curved PN Triangles*.

Weisstein, E. W. (n.d.). *NURBS Surface*. Wolfram MathWorld에서: http://mathworld.wolfram.com/NURBSSurface.html

Williams, L. (1978). Casting curved shadows on curved surfaces. *SIGGRAPH '78 Proceedings of the 5th annual conference on Computer graphics and interactive techniques*, 270-274.

Wilson, P. (2008). G-Buffer Normals and Trig Lookup Textures. *Torque Games Blog*, http://www.garagegames.com/community/blogs/view/15340.

Zink, J. (n.d.). *Programming Vertex, Geometry, and Pixel Shaders*. GameDev.net, http://wiki.gamedev.net/index.php/D3DBook:Single_Pass_Environment_Mapping, 2011년 1월 16일에 최종 확인.*

---

* [역주] http://content.gpwiki.org/index.php/D3DBook:Single_Pass_Environment_Mapping

Zink, J., Hoxley, J., Engel, W., Kornmann, R., & Suni, N. (n.d.). *Programming Vertex, Geometry, and Pixel Shaders*. GameDev.net, http://wiki.gamedev.net/index.php/D3DBook, 2011년 1월 16일에 최종 확인. [*]

---

[*] [역주] http://content.gpwiki.org/index.php/D3DBook:Table_Of_Contents

[V]

vertex　☞　정점

view　447

view frustum　254, 463

view matrix　462

viewport　229

viewport transformation　255

views space　462

virtualization　4

voxel　119

VSSetConstantBuffers() 메서드　177

[W]

WARP 장치　21

water-tightness　336, 560

Win32 API　2

Win32RenderWindow 클래스　19

Windows 그래픽 아키텍처　2

Windows 디스플레기 구동기 모형(WDDM)　4

worker thread　444

world matrix　462

world space　462

[X]

XP 구동기 모형(XPDM)　4

[Z]

Z 버퍼　305

Z/W 그래프　634